采矿工程师手册

（上）

于润沧　主编

北　京

冶金工业出版社

2013

内 容 提 要

本书分为上、下两册，共计 18 章，是一部全面介绍现代金属矿山开采工艺技术的工具书，它以矿山开采流程为线索，阐述了矿山开采的法律法规，矿产资源储量评价，相关的水文地质和矿山岩石力学应用，露天矿的开拓运输和开采工艺设计及优化，地下矿的开拓和提升运输，空场、充填和崩落三大类采矿方法及多种变形方案，同时专篇论述了深海采矿的崛起与发展，以深井开采、溶浸采矿和数字化矿山等为代表的现代采矿工艺技术，突出了矿山安全、环保和清洁生产等人本要求，强调了资源及项目的经济性和评价方法，并从国际矿业的视角汇集近年矿业并购的概况、合同采矿的管理等。全书贯穿了资源－经济－环境协调可持续发展的理念、企业的社会责任，并力求向读者简要展示全球矿业的前沿科学技术和管理，以及未来的发展趋势。

本书可供从事矿产资源开发的科技人员、管理人员，高等院校相关专业师生查阅，也可供政府部门在制定相关规划和政策时参考。

图书在版编目（CIP）数据

采矿工程师手册（上册）/于润沧主编. —北京：冶金工业
出版社，2009.3（2013.1 重印）
ISBN 978-7-5024-4683-3

Ⅰ. 采…　Ⅱ. 于…　Ⅲ. 矿山开采—手册　Ⅳ. TD8 –62

中国版本图书馆 CIP 数据核字（2009）第 024927 号

出 版 人　谭学余
地　　址　北京北河沿大街嵩祝院北巷 39 号，邮编 100009
电　　话　（010）64027926　电子信箱　yjcbs@cnmip.com.cn
责任编辑　程志宏　刘　源　美术编辑　李　新　版式设计　张　青
责任校对　王贺兰　责任印制　牛晓波
ISBN 978-7-5024-4683-3
冶金工业出版社出版发行；各地新华书店经销；北京盛通印刷股份有限公司印刷
2009 年 3 月第 1 版，2013 年 1 月第 2 次印刷
787mm×1092mm　1/16；41.25 印张；1110 千字；650 页
196.00 元

冶金工业出版社投稿电话：（010）64027932　投稿信箱：tougao@cnmip.com.cn
冶金工业出版社发行部　电话：（010）64044283　传真：（010）64027893
冶金书店　地址：北京东四西大街 46 号（100010）　电话：（010）65289081（兼传真）

（本书如有印装质量问题，本社发行部负责退换）

《采矿工程师手册》编撰人员

主　编　　于润沧

（以下按姓氏笔画排序）

副主编　　刘育明　唐　建　郭　然　彭怀生　熊小放

撰稿人　　于长顺　　教授级高级工程师

　　　　　于润沧　　中国工程院院士、教授级高级工程师

　　　　　王树勋　　教授级高级工程师

　　　　　史本琳　　高级工程师

　　　　　刘育明　　教授级高级工程师

　　　　　安建英　　教授级高级工程师

　　　　　朱瑞军　　高级工程师

　　　　　张　敬　　高级工程师

　　　　　李云武　　教授级高级工程师

　　　　　束国才　　教授级高级工程师

　　　　　施士虎　　高级工程师

　　　　　唐　建　　教授级高级工程师

　　　　　徐京苑　　教授级高级工程师

　　　　　郭旭东　　高级工程师

　　　　　郭　然　　教授级高级工程师

　　　　　高明权　　高级工程师

　　　　　彭怀生　　教授级高级工程师

　　　　　谢志勤　　教授级高级工程师

　　　　　熊小放　　教授级高级工程师

特邀撰稿人　王明和　教授级高级工程师
　　　　　　庄世勇　高级工程师
　　　　　　严铁雄　教授级高级工程师
　　　　　　李开文　教授级高级工程师
　　　　　　李占民　教授级高级工程师
　　　　　　李裕伟　研究员
　　　　　　肖卫国　高级工程师
　　　　　　邹来昌　高级工程师
　　　　　　陈业立　高级工程师
　　　　　　宫永军　教授级高级工程师
　　　　　　胡汉华　教授
　　　　　　唐绍辉　教授级高级工程师
　　　　　　曾鹏毅　工程师
　　　　　　童阳春　教授级高级工程师
　　　　　　魏顺仪　教授级高级工程师

前　言

　　曾几何时,有人将矿业比喻为夕阳工业,诸多高等学府的采矿系鉴于生源日趋紧缺而纷纷"更名换姓"。然而,矿业是人类步入文明社会的奠基石,是国民经济发展乃至高新技术产业的重要物质基础。在实现工业化、建设小康社会的进程中,无论从保障原材料可持续供应的角度,还是从节能减排的角度,矿业的地位都更加突出。进入21世纪以来,中国、印度等若干发展中国家的工业化高潮,极大地刺激了金属市场需求和矿业投资的猛增,国际间跨国矿业集团的兼并、重组浪潮风起云涌,一时间,矿业界呈现出一派欣欣向荣的景象。近十多年来,尽管矿石品位趋于降低、开采难度不断增加、环保要求日益严格,但在计算机技术、信息技术、现代化大型设备、岩石力学研究成果和经济全球化等的推动下,采矿技术获得了突飞猛进的发展,出现了日出矿13.7万t的地下矿山,采深达1000 m的露天矿山和采深达4500 m的深井开采矿山,年产阴极铜30万t的溶浸采矿矿山,数百千米的长距离矿浆管道输送工程,催生了生态矿业工程(如无废开采矿山)和远程遥控、自动化采矿的采区(最大单日生产能力达到2.8万t),采矿办公室化(在地表办公室遥控井下采矿作业)的理想已进入实现的婴幼期。在这些堪称"世界之最"的工程里,积淀了大量有代表性的采矿工程师的创造性成果,同时也赋予采矿工程师更崇高的历史使命:进一步推动矿业的加速发展。这种形势必将对高校采矿学科的教学和发展产生重要影响,同时也要求采矿工程师不但应具备广博的知识和高超的技术水平,而且还必须具有国际视野,以适应经济全球化和我国在平等互利前提下实施全球矿产资源战略的要求,这些正是编写这部手册的历史背景。

　　本书以有限的篇幅为采矿工程师,特别是年轻的采矿工程师提供了在自己的实际工作中拓宽知识,更新思维,促进创新的参考资料,为此在书中既介绍了目前实用的专业技术知识,也介绍了采矿科技前沿的发展成果。基于技术的进步,书中有些提法可能会有别于过去的设计规范和手册,供读者参考。本书分为上、下两册,共计18章,涵盖国家现行有关矿业的法律、法规,矿产资源,矿山岩石力学,露天开采,地下开采的矿床开拓、空场采矿法、充填采矿法、崩落采矿法,深井开采的特殊技术,溶浸采矿,矿山清洁生产及生态与环境保护,矿山安全,矿山项目评价,数字化矿山,深海采矿,矿业企业并购及合同(承包)采矿以及若干常用的相关参考资料。如果本书能促使采矿工程师更加热爱采矿专业,能更加激发起其敬业的精神,手册的编撰者便感到非常欣慰了。

　　本书由中国工程院院士于润沧担任主编,中国有色工程设计研究总院的著名教授级高级工程师彭怀生、郭然、熊小放、刘育明、唐建担任副主编,30 多位专家、学者参加了本书的编写,参加撰稿的人员有:第 1 章,熊小放、史本琳;第 2 章,熊小放、徐京苑、郭旭东;第 3 章,郭然、唐绍辉;第 4 章,唐建、王树勋、于长顺、宫永军、庄世勇、曾鹏毅、陈业立、魏顺仪;第 5 章,刘育明、安建英;第 6 章,施士虎、张敬;第 7 章,郭然、于润沧;第 8 章,于润沧、童阳春;第 9 章,李云武、朱瑞军、肖卫国;第 10 章,刘育明、高明权;第 11 章,郭然、胡汉华;第 12 章,于润沧、李开文、邹来昌;第 13 章,彭怀生、高明权、朱瑞军;第 14 章,彭怀生、来国才、朱瑞军;第 15 章,谢志勤;第 16 章,于润沧;第 17 章,王明和、李裕伟、严铁雄;第 18 章,唐建、李占民。本书由于润沧、唐建统稿及终审定稿。由于水平所限,书中不妥之处望同行不吝赐教。

　　本书在编撰过程中参阅了大量的国内外文献资料,在此谨向有关文献作者表示衷心的感谢。阚世喆、高士田、顾秀华、本杰明、朱维根、宋连臣、刘国栋、夏长念等同行也为本书提供了珍贵的资料,在此一并向他们致以谢忱。

编　者
2008 年 5 月

总 目 录

（上 册）

1 国家有关矿业的法律、法规

○

1.1 中国矿业开发管理历史概况

    矿产资源是自然资源的重要组成部分,是人类社会发展的重要物质基础。新中国成立五十多年来,矿产资源勘查开发取得了巨大成就,探明一大批矿产资源,建成了比较完善的矿产品供应体系,为中国经济的持续、快速、协调、健康发展提供了重要保障。目前,全国92%以上的一次能源、80%的工业原材料、70%以上的农业生产资料来自于矿产资源。

    我国是世界上最早开发利用矿产资源的国家之一。新中国成立以后,国家非常重视地质工作,明确要求地质工作要走在国民经济建设的前面。不仅提出了"开发矿业"的战略方针,并且在每个五年计划期间,都对矿产资源勘查开发做出部署。矿产资源勘查开发得到了极大的发展,使中国逐步成为世界矿产资源大国和矿业大国。矿产资源勘查开发为经济建设提供了大量的能源和原材料,提供了重要的财政收入来源,推动了区域经济特别是少数民族地区、边远地区经济的发展。

我国高度重视可持续发展和矿产资源的合理利用,把可持续发展确定为国家战略,把保护资源作为可持续发展战略的重要内容。1992 年联合国环境与发展大会后,我国政府率先制定了《中国二十一世纪议程——中国二十一世纪人口、环境与发展白皮书》,2001 年 4 月又批准实施了《全国矿产资源规划》,2003 年 1 月开始实施《中国二十一世纪初可持续发展行动纲要》。

全面建设小康社会是我国在新世纪头二十年的奋斗目标,我国主要依靠开发本国的矿产资源来保障现代化建设的需要。政府鼓励勘查开发有市场需求的矿产资源,特别是西部地区的优势矿产资源,以提高国内矿产品的供应能力。同时,引进国外资本和技术开发中国矿产资源,利用国外市场与国外矿产资源,推动我国矿山企业和矿产品进入国际市场,是我国的一项重要政策。国外矿业公司进入中国,中国矿山企业走向世界,实现各国资源互补,对推进世界矿产资源勘查开发的共同繁荣和健康发展具有重要意义。

1.1.1 我国矿业开发管理机构沿革

新中国成立五十多年来,我国矿产资源管理逐步得到加强,并走上法制化、规范化、科学化轨道。为不断适应经济体制改革的要求,国家对矿产资源管理体制进行了改革,转变并加强政府职能,实行政企分开、政事分开。概括起来,建国至今,我国矿产资源管理机构主要经历了以下几次变动。

1950～1981 年,矿产资源的管理职能由原地质部和有关工业管理部门分别承担,地质部门主要承担组织开展全国地质勘查、矿产资源储量管理和地质资料汇交管理的职能,有关工业管理部门负责管理矿产资源的开采活动。

1982 年,地质部更名为地质矿产部,负责矿产资源开发监督管理和地质勘查行业管理。1988 年和 1993 年政府机构改革时,进一步明确地质矿产部对地质矿产资源进行综合管理,对地质勘查工作进行行业管理,对地质矿产资源的合理开发利用和保护进行监督管理,以及对地质环境进行监测、评价和监督管理等四项基本职能。

1996 年 1 月,全国矿产资源委员会成立,以加强中央政府对矿产资源的统一管理,维护矿产资源的国家所有权益。

1998 年 3 月 10 日,九届人大一次会议第三次全体会议表决通过关于国务院机构改革方案的决定。根据这个决定,由地质矿产部、国家土地管理局、国家海洋局和国家测绘局共同组建了国土资源部,将原国家计委和煤炭、冶金等有关工业部门的矿产资源管理职能转移到国土资源部,实现了全国矿产资源的统一管理。目前,全国 90% 以上的地市和 80% 以上的县都建立了地矿行政管理机构。

新组建的国土资源部的主要职能是:土地资源、矿产资源、海洋资源等自然资源的规划、管理、保护与合理利用。在国务院机构改革方案中,国务院机构被分为四类:宏观调控部门,专业经济管理部门,教育科技文化、社会保障和资源管理部门,国家政务部门。国土资源部放在教育科技文化、社会保障和资源管理部门一类中,与教育科技文化、社会保障一起作为国民经济发展的基础保障部门。

1.1.2 矿产资源管理方式的转变

新中国成立以来,我国的矿产资源管理方式发生了很大转变,尤其是改革开放以来,先后制定并逐步完善了多部矿产资源管理方面的法律、法规。目前,我国已建立了以宪法为基础,由矿产资源法和相关法律法规构成的矿产资源法律体系。

1982 年以来,我国立法机关陆续颁布实施了《矿产资源法》、《土地管理法》、《煤炭法》、《矿山安全法》、《环境保护法》、《海洋环境保护法》、《海域使用管理法》等法律,我国政府还发布实施了《矿产资源法实施细则》、《对外合作开采海洋石油资源条例》、《对外合作开采陆上石油资源条例》、《矿产资源勘查区块登记管理办法》、《矿产资源开采登记管理办法》、《探矿权采矿权转让管理办法》、《矿产资源补偿费征收管理规定》、《矿产资源监督管理暂行办法》、《地质资料管理条例》等 20 多项配套法规和规章,各省、自治区、直辖市也制定了相关的地方性法规。这些法律法规确立了中国矿产资源管理的基本法律制度,为实行依法行政、依法管矿、依法办矿提供了法律保障。

1.1.3 改革探矿权、采矿权管理制度

我国《宪法》规定矿产资源属于国家所有,同时《矿产资源法》又明确规定"由国务院行使国家对矿产资源的所有权"。近年来,国家改革了探矿权、采矿权管理制度,明确了探矿权、采矿权的财产权属性,确立了探矿权、采矿权的有偿取得和依法转让制度。确立了探矿权人优先取得勘查区内采矿权的法律制度,强化了探矿权、采矿权的排他性。改革了勘查、开采矿产资源审批和颁发勘查许可证、采矿许可证的权限。探矿权、采矿权可以通过招标、拍卖、挂牌等竞争的方式有偿取得。转让探矿权、采矿权,应当遵循市场规则并得到政府部门的许可,依法办理转让手续。我国政府将继续按照产权明晰、规则完善、调控有力、运行规范的要求,培育和规范探矿权、采矿权市场,加强对市场运行的监管。

1.2 矿产资源法

为了发展矿业,加强矿产资源的勘查、开发利用和保护工作,保障社会主义现代化建设的当前和长远的需要,根据中华人民共和国宪法,我国制定了第一部关于矿产资源管理方面的法律《中华人民共和国矿产资源法》,该法律 1986 年 3 月 19 日由第六届全国人民代表大会常务委员会第十五次会议通过。1996 年 8 月 29 日第八届全国人民代表大会常务委员会第二十一次会议通过了《全国人民代表大会常务委员会关于修改〈中华人民共和国矿产资源法〉的决定》,修改后的矿产资源法自 1997 年 1 月 1 日起施行。

新的矿产资源法包括总则、矿产资源勘查的登记和开采的审批、矿产资源的勘查、矿产资源的开采、集体矿山企业和个体采矿、法律责任以及附则 7 章共 53 条。

关于矿产资源的定义,《中华人民共和国矿产资源法实施细则》第 2 条指出:矿产资源是指由地质作用形成的,具有利用价值的,呈固态、液态、气态的自然资源。

1.2.1 总则的主要内容

矿产资源法总则中明确规定,矿产资源属于国家所有,由国务院行使国家对矿产资源的所有权。地表或者地下的矿产资源的国家所有权,不因其所依附的土地的所有权或者使用权的不同而改变。国家保障矿产资源的合理开发利用,禁止任何组织或者个人用任何手段侵占或者破坏

矿产资源。同时规定:勘查、开采矿产资源,必须依法分别申请,经批准取得探矿权、采矿权,并办理登记。国家保护探矿权和采矿权不受侵犯,保障矿区和勘查作业区的生产秩序、工作秩序不受影响和破坏。从事矿产资源勘查和开采的,必须符合规定的资质条件。

总则第五条规定:国家实行探矿权、采矿权有偿取得的制度;但是,国家对探矿权、采矿权有偿取得的费用,可以根据不同情况规定予以减缴、免缴。开采矿产资源,必须按照国家有关规定缴纳资源税和资源补偿费。同时规定了探矿权、采矿权合法转让的具体条件,即:探矿权人有权在划定的勘查作业区内进行规定的勘查作业,有权优先取得勘查作业区内矿产资源的采矿权。探矿权人在完成规定的最低勘查投入后,经依法批准,可以将探矿权转让他人。已取得采矿权的矿山企业,因企业合并、分立,与他人合资、合作经营,或者因企业资产出售以及有其他变更企业资产产权的情形而需要变更采矿权主体的,经依法批准可以将采矿权转让他人采矿。

1.2.2 矿产资源勘查的登记和开采的审批

国家对矿产资源勘查实行统一的区块登记管理制度。矿产资源勘查登记工作由国务院地质矿产主管部门负责;特定矿种的矿产资源勘查登记工作可以由国务院授权有关主管部门负责。矿产资源勘查区块登记管理办法由国务院制定。

国土资源部和省、自治区、直辖市人民政府地质矿产主管部门负责矿产资源储量评审认定管理。供矿山建设设计使用的采矿权或取水许可证依据的矿产资源储量;探矿权人或者采矿权人在转让探矿权或者采矿权时应核实的矿产资源储量;以矿产资源勘查、开发项目公开发行股票及其他方式筹资、融资时依据的矿产资源储量;停办或关闭矿山时提交的尚未采尽的和注销的矿产资源储量;矿区内的矿产资源储量发生重大变化,需要重新评审认定的矿产资源储量;矿产资源储量评审机构和评审专家负责矿产资源储量的评审工作。经评审的矿产资源储量须到国土资源部和省、自治区、直辖市人民政府地质矿产主管部门登记备案和认定。

下列矿产资源储量由国土资源部管理评审工作并负责认定:

(1)石油、天然气、煤层气和放射性矿产的矿产资源储量;

(2)以矿产资源勘查、开发项目公开发行股票时依据的矿产资源储量;

(3)外商投资勘查、开采的矿产资源储量;

(4)领海及中国管辖的其他海域的矿产资源储量;

(5)跨省、自治区、直辖市的矿产资源储量;

(6)前五项以外的矿产资源储量规模在大型以上的。

前款规定以外的矿产资源储量由省、自治区、直辖市人民政府地质矿产主管部门管理评审工作并负责认定。其中,零星分散矿产资源的矿产资源储量评审认定办法由省、自治区、直辖市人民政府地质矿产主管部门制定;只能用作普通建筑材料的砂、石、黏土的矿产资源储量,由市(地)、县(市)负责地质矿产管理工作的部门管理评审工作并负责认定,具体办法由省、自治区、直辖市人民政府地质矿产主管部门制定。

关闭矿山,必须提出矿山闭坑报告及有关采掘工程、不安全隐患、土地复垦利用、环境保护的资料,并按照国家规定报请审查批准。

1.2.3 矿产资源的勘查

对于区域地质调查、矿产资源普查和矿床勘探,矿产资源法做出了如下规定。

区域地质调查按照国家统一规划进行。区域地质调查的报告和图件按照国家规定验收,提供有关部门使用。

矿产资源普查在完成主要矿种普查任务的同时,应当对工作区内包括共生或者伴生矿产的成矿地质条件和矿床工业远景做出初步综合评价。

矿床勘探必须对矿区内具有工业价值的共生和伴生矿产进行综合评价,并计算其储量。未作综合评价的勘探报告不予批准。但是,国务院计划部门另有规定的矿床勘探项目除外。

矿产资源法第26条规定,普查、勘探易损坏的特种非金属矿产、流体矿产、易燃易爆易溶矿产和含有放射性元素的矿产,必须采用省级以上人民政府有关主管部门规定的普查、勘探方法,并有必要的技术装备和安全措施。

关于矿产资源勘查各种原始成果的保存及其使用,矿产资源法做了如下规定:矿产资源勘查的原始地质编录和图件,岩矿芯、测试样品和其他实物标本资料,各种勘查标志,应当按照有关规定保护和保存。矿床勘探报告及其他有价值的勘查资料,按照国务院规定实行有偿使用。

1.2.4　矿产资源的开采

对于矿产资源的开采,矿产资源法规定:开采矿产资源,必须采取合理的开采顺序、开采方法和选矿工艺。矿山企业的开采回采率、采矿贫化率和选矿回收率应当达到设计要求。

在开采主要矿产的同时,对具有工业价值的共生和伴生矿产应当统一规划,综合开采,综合利用,防止浪费;对暂时不能综合开采或者必须同时采出而暂时还不能综合利用的矿产以及含有有用组分的尾矿,应当采取有效的保护措施,防止损失破坏。

开采矿产资源,必须遵守国家劳动安全卫生规定,具备保障安全生产的必要条件。

开采矿产资源,必须遵守有关环境保护的法律规定,防止污染环境。

在建设铁路、工厂、水库、输油管道、输电线路和各种大型建筑物或者建筑群之前,建设单位必须向所在省、自治区、直辖市地质矿产主管部门了解拟建工程所在地区的矿产资源分布和开采情况。非经国务院授权的部门批准,不得压覆重要矿床。

1.2.5　集体矿山企业和个体采矿

关于集体矿山企业和个体采矿,矿产资源法做出如下规定:国家对集体矿山企业和个体采矿实行积极扶持、合理规划、正确引导、加强管理的方针,鼓励集体矿山企业开采国家指定范围内的矿产资源,允许个人采挖零星分散资源和只能用作普通建筑材料的砂、石、黏土以及为生活自用采挖少量矿产。同时规定,矿产储量规模适宜由矿山企业开采的矿产资源、国家规定实行保护性开采的特定矿种和国家规定禁止个人开采的其他矿产资源,个人不得开采。

矿产资源法第36条规定,国务院和国务院有关主管部门批准开办的矿山企业矿区范围内已有的集体矿山企业,应当关闭或者到指定的其他地点开采,由矿山建设单位给予合理的补偿,并妥善安置群众生活;也可以按照该矿山企业的统筹安排,实行联合经营。

集体矿山企业和个体采矿应当提高技术水平,提高矿产资源回收率。禁止乱挖滥采,破坏矿产资源。

1.2.6　法律责任

对于违反矿产资源法的行为应依法追究其法律责任。

(1)违反矿产资源法规定,未取得采矿许可证擅自采矿的,擅自进入国家规划矿区、对国民经济具有重要价值的矿区范围采矿的,擅自开采国家规定实行保护性开采的特定矿种的,责令停止开采、赔偿损失,没收采出的矿产品和违法所得,可以并处罚款;拒不停止开采,造成矿产资源破坏的,依照刑法第一百五十六条的规定对直接责任人员追究刑事责任。

（2）超越批准的矿区范围采矿的，责令退回本矿区范围内开采、赔偿损失，没收越界开采的矿产品和违法所得，可以并处罚款；拒不退回本矿区范围内开采，造成矿产资源破坏的，吊销采矿许可证，依照刑法第一百五十六条的规定对直接责任人员追究刑事责任。

（3）盗窃、抢夺矿山企业和勘查单位的矿产品和其他财物的，破坏采矿、勘查设施的，扰乱矿区和勘查作业区的生产秩序、工作秩序的，分别依照刑法有关规定追究刑事责任；情节显著轻微的，依照治安管理处罚条例有关规定予以处罚。

（4）买卖、出租或者以其他形式转让矿产资源的，没收违法所得，处以罚款。

（5）违反本法规定收购和销售国家统一收购的矿产品的，没收矿产品和违法所得，可以并处罚款；情节严重的，依照刑法第一百一十七条、第一百一十八条的规定，追究刑事责任。

（6）违反本法规定，采取破坏性的开采方法开采矿产资源的，处以罚款，可以吊销采矿许可证；造成矿产资源严重破坏的，依照刑法第一百五十六条的规定对直接责任人员追究刑事责任。

（7）负责矿产资源勘查、开采监督管理工作的国家工作人员和其他有关国家工作人员徇私舞弊、滥用职权或者玩忽职守，违反本法规定批准勘查、开采矿产资源和颁发勘查许可证、采矿许可证，或者对违法采矿行为不依法予以制止、处罚，构成犯罪的，依法追究刑事责任；不构成犯罪的，给予行政处分。违法颁发的勘查许可证、采矿许可证，上级人民政府地质矿产主管部门有权予以撤销。

（8）以暴力、威胁方法阻碍从事矿产资源勘查、开采监督管理工作的国家工作人员依法执行职务的，依照刑法第一百五十七条的规定追究刑事责任；拒绝、阻碍从事矿产资源勘查、开采监督管理工作的国家工作人员依法执行职务未使用暴力、威胁方法的，由公安机关依照治安管理处罚条例的规定处罚。

1.2.7 附则

矿产资源法附则中对外商投资勘查、开采矿产资源及缺少相关手续的情形做出如下规定。

外商投资勘查、开采矿产资源，法律、行政法规另有规定的，从其规定。

本法施行以前，未办理批准手续、未划定矿区范围、未取得采矿许可证开采矿产资源的，应当依照本法有关规定申请补办手续。

以上所列内容为我国矿产资源法中的主要条款，详细内容请参看《中华人民共和国矿产资源法》。

1.3 探矿权的获取及转让

1.3.1 探矿权

《中华人民共和国矿产资源法实施细则》对探矿权的含义进行了解释。探矿权是指在依法取得的勘查许可证规定的范围内，勘查矿产资源的权利。取得勘查许可证的单位或者个人称为探矿权人。

1.3.2 探矿权的获取

获取探矿权首先应提出申请，并提交申请材料，经有关部门审查批准后即可获得指定区块的探矿权。按照不同情况,探矿权申请人应提交如下材料。

1.3.2.1 探矿权新立申请需要提交的材料

(1)《探矿权申请登记书》(原件,一式3份,每跨一个省级行政区增加一式3份);

(2)申请的区块范围图(原件,一式1份,每跨一个省级行政区增加一式1份);

(3)探矿权申请人《法人营业执照》,或涉外项目探矿权申请人的《非法人营业执照》,公民申请为身份证,在有效期内(复印件,1份);

(4)勘查单位《地质勘查单位资格证》,在有效期内并已经年检(复印件,1份);

(5)勘查计划、合同(原件或复印件,1份);

(6)资金证明文件(原件或复印件,1份);

(7)勘查工作实施方案及附件(原件或复印件,1份);

(8)交通位置图(1份);

(9)涉外项目还应提交探矿权申请人的《企业批准证书》(复印件,1份);

(10)合作勘查项目申请还应提交合作合同(复印件,1份)。

1.3.2.2 探矿权变更申请需要提交的材料

(1)《探矿权变更、延续、保留申请登记书》(原件,一式3份,每跨一个省级行政区增加一式3份);

(2)申请的区块范围图(原件,一式1份,每跨一个省级行政区增加一式1份);

(3)勘查许可证(原件);

(4)勘查单位《地质勘查单位资格证》,在有效期内并已经年检(复印件,1份)。

按变更类型不同,还应提交如下文件:

扩大或缩小勘查范围的,应提交勘查工作实施方案及附件(1份);变更勘查主矿种的,应提交勘查年度报告或勘查工作阶段性报告(1份);探矿权人改变名称(包括法人代表易人)或改变地址的,应提交:探矿权申请人营业执照(复印件1份)和变更前原探矿权人营业执照(复印件,1份);转让探矿权的,应提交:转让审批机关出具的探矿权转让批准书(原件,1份)、探矿权申请人营业执照(复印件1份)、勘查计划、合同(原件或复印件,1份)、资金证明文件(原件或复印件,1份)以及勘查工作实施方案及附件(原件或复印件,1份)。

1.3.2.3 探矿权延续申请需要提交的材料

(1)《探矿权变更、延续、保留申请登记书》(原件,一式3份,每跨一个省级行政区增加一式3份);

(2)申请的区块范围图(原件,一式1份,每跨一个省级行政区增加一式1份);

(3)勘查许可证(原件);

(4)勘查单位《地质勘查单位资格证》,在有效期内并已经年检(复印件,1份);

(5)勘查工作年度报告(复印件,1份);

(6)勘查项目资金投入情况的会计报表(复印件,1份);

(7)资金证明文件(原件或复印件,1份)。

1.3.2.4 探矿权保留申请需要提交的材料

(1)《探矿权变更、延续、保留申请登记书》(原件,一式3份,每跨一个省级行政区增加一式3份);

(2)申请的区块范围图(原件,一式1份,每跨一个省级行政区增加一式1份);

(3)勘查许可证(原件)。

首次申请保留的,还应提交:勘查项目完成报告或勘查项目终止报告(复印件,1 份)以及勘查项目资金投入情况的会计报表(复印件,1 份)。

1.3.2.5 探矿权注销申请

(1)《探矿权注销申请书》(原件,1 份);

(2)勘查项目完成报告或者勘查项目终止报告(原件或复印件,1 份);

(3)项目成果资料汇交的证明文件(原件或复印件,1 份);

(4)资金投入情况报表和有关证明文件(原件或复印件,1 份);

(5)勘查许可证原件。

1.3.3 探矿权的转让

为了加强对探矿权、采矿权转让的管理,保护探矿权人、采矿权人的合法权益,促进矿业发展,1998 年 2 月 12 日,中华人民共和国国务院颁布了《探矿权采矿权转让管理办法》,决定自颁布之日起施行。

《探矿权采矿权转让管理办法》第三条规定,除按照下列规定可以转让外,探矿权不得转让:探矿权人有权在划定的勘查作业区内进行规定的勘查作业,有权优先取得勘查作业区内矿产资源的采矿权。探矿权人在完成规定的最低勘查投入后,经依法批准,可以将探矿权转让他人。

《探矿权采矿权转让管理办法》第四条规定:国务院地质矿产主管部门和省、自治区、直辖市人民政府地质矿产主管部门是探矿权、采矿权转让的审批管理机关。

1.3.3.1 探矿权转让的条件

《探矿权采矿权转让管理办法》规定转让探矿权,应当具备下列条件:

(1)自颁发勘查许可证之日起满 2 年,或者在勘查作业区内发现可供进一步勘查或者开采的矿产资源;

(2)完成规定的最低勘查投入;

(3)探矿权属无争议;

(4)按照国家有关规定已经缴纳探矿权使用费、探矿权价款;

(5)国务院地质矿产主管部门规定的其他条件。

探矿权转让的受让人,应当符合《矿产资源勘查区块登记管理办法》或者《矿产资源开采登记管理办法》规定的有关探矿权申请人的条件。

1.3.3.2 探矿权转让需提交的资料

《探矿权采矿权转让管理办法》规定探矿权人在申请转让探矿权时,应当向审批管理机关提交下列资料:

(1)转让申请书;

(2)转让人与受让人签订的转让合同;

(3)受让人资质条件的证明文件;

(4)转让人具备转让探矿权条件的证明;

(5)矿产资源勘查情况的报告;

(6)审批管理机关要求提交的其他有关资料。

探矿权出让(新立与变更)审批程序见图 1 – 1。

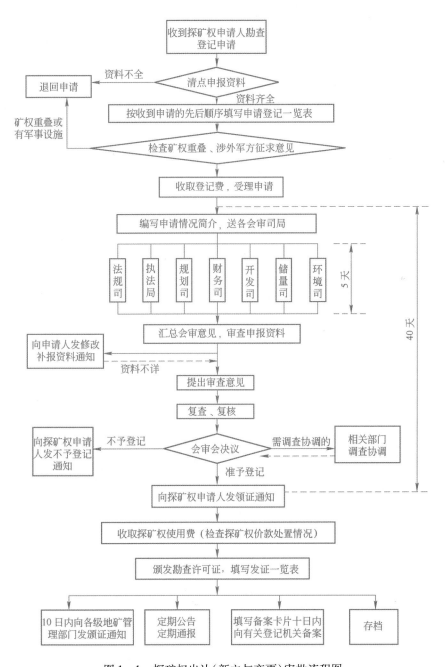

图 1-1 探矿权出让(新立与变更)审批流程图

1.3.4 探矿权申请书的种类及内容

探矿权申请书包括以下八种：

（1）地质调查申请登记书；

（2）探矿权申请登记书；

（3）探矿权、采矿权使用费减免申请书；

（4）矿产资源勘查登记项目开工报告；

（5）探矿权转让申请书；

（6）探矿权注销申请书；

（7）矿产资源勘查年度报告；

（8）探矿权变更、延续、保留申请登记书。

以上每种申请书的格式及内容都不相同，由于内容较多，此处不一一列出，如果需要可从相关网站下载。

1.3.5 探矿权人的权利和义务

《中华人民共和国矿产资源法实施细则》对探矿权人的权利和义务做出如下规定。

1.3.5.1 探矿权人的权利

（1）按照勘查许可证规定的区域、期限、工作对象进行勘查；

（2）在勘查作业区及相邻区域架设供电、供水、通讯管线，但是不得影响或者损害原有的供电、供水设施和通讯管线；

（3）在勘查作业区及相邻区域通行；

（4）根据工程需要临时使用土地；

（5）优先取得勘查作业区内部发现矿种的探矿权；

（6）优先取得勘查作业区内矿产资源的采矿权；

（7）自行销售勘查中按照批准的工程设计施工回收的矿产品，但是国务院规定由指定单位统一收购的矿产品除外。

探矿权人行使以上所列权利时，有关法律、法规规定应当经过批准或者履行其他手续的，应当遵守有关法律、法规的规定。

1.3.5.2 探矿权人的义务

（1）在规定的期限内开始施工，并在勘查许可证规定的期限内完成勘查工作；

（2）向勘查登记管理机关报告开工等情况；

（3）按照探矿工程设计施工，不得擅自进行采矿活动；

（4）在查明主要矿种的同时，对共生、伴生矿产资源进行综合勘查、综合评价；

（5）编写矿产资源勘查报告，提交有关部门审批；

（6）按照国务院有关规定汇交矿产资源勘查成果档案资料；

（7）遵守有关法律、法规关于劳动安全、土地复垦和环境保护的规定；

（8）勘查作业完毕，及时封、填探矿作业遗留的井、硐或者采取其他措施，消除安全隐患。

探矿权人可以对符合国家边探边采规定要求的复杂类型矿床进行开采；但是，应当向原颁发勘查许可证的机关、矿产储量审批机构和勘查项目主管部门提交论证材料，经审核同意后，按照国务院关于采矿登记管理法规的规定，办理采矿登记。

1.4 采矿权的获取及转让

1.4.1 采矿权

《中华人民共和国矿产资源法实施细则》对采矿权的含义进行了解释。采矿权是指在依法取得的采矿许可证规定的范围内，开采矿产资源和获得所开采的矿产品的权利。取得采矿许可证的单位或者个人称为采矿权人。

1.4.2 采矿权的获取

根据我国有关法律规定,企业必须依法取得采矿许可证,拥有采矿权才能获得开采矿产资源的权利,其采矿权才能得到法律的保护。采矿权的设立有两种方式,一是通过竞争方式审批;二是通过提出申请方式审批设立采矿权。符合规定资质条件的竞得人或申请人,经批准并办理规定手续,领取采矿许可证,成为采矿权人。符合条件的采矿权,经批准可以转让。符合规定资质条件的受让人,经批准并办理规定手续,领取采矿许可证,成为采矿权人。

1.4.2.1 采矿权设立

A 采用竞争方式审批采矿权

按照国土资源部《探矿权采矿权招标拍卖挂牌管理办法(试行)》的规定,有下列5种情形之一的新采矿权设置,采矿权主管部门应当通过招标拍卖挂牌的方式授予采矿权:

(1)国家出资勘查并已探明可供开采的矿产地;

(2)采矿权灭失的矿产地;

(3)探矿权灭失的可供开采的矿产地;

(4)主管部门规定无须勘查即可直接开采的矿产地;

(5)国土资源部、省级主管部门规定的其他情形。

B 批准申请方式出让采矿权

根据《探矿权采矿权招标拍卖挂牌管理办法(试行)》的规定,有下列情形之一的,采矿权主管部门不得以招标拍卖挂牌的方式授予采矿权:

(1)探矿权人依法申请其勘查区块范围内的采矿权;

(2)符合矿产资源规划或者矿区总体规划的矿山企业的接续矿区、已设采矿权的矿区范围上下部需要统一开采的区域;

(3)为国家重点基础设施建设项目提供建筑用矿产;

(4)探矿权采矿权权属有争议;

(5)法律法规另有规定以及主管部门规定因特殊情形不适于以招标拍卖挂牌方式授予的。

我国实行采矿权有偿取得制度。申请国家出资勘查并已探明的矿产地的采矿权时,采矿权申请人需缴纳经评估确认的国家出资勘查形成的采矿权价款,方可获得采矿权。

1.4.2.2 采矿权转让中的受让人获得采矿权

因企业合并、分立,与他人合资、合作经营,或者因企业资产出售以及有其他变更企业资产产权的情形而需要变更采矿权主体的,经依法批准,采矿权可以转让,受让人办理变更登记手续,领取采矿许可证,成为采矿权人。

1.4.3 采矿权的转让

为了加强对探矿权、采矿权转让的管理,保护探矿权人、采矿权人的合法权益,促进矿业发展,1998年2月12日,中华人民共和国国务院颁布了《探矿权采矿权转让管理办法》,决定自颁布之日起施行。

1.4.3.1 采矿权转让的条件

《探矿权采矿权转让管理办法》第六条规定,转让采矿权,应当具备下列条件:

(1)矿山企业投入采矿生产满1年;

(2)采矿权属无争议;

（3）按照国家有关规定已经缴纳采矿权使用费、采矿权价款、矿产资源使用费和资源税；

（4）国务院地质矿产主管部门规定的其他条件。

国有矿山企业在申请转让采矿权前,应当征得矿山企业主管部门的同意。

采矿权转让的受让人,应当符合《矿产资源勘查区块登记管理办法》或者《矿产资源开采登记管理办法》规定的有关采矿权申请人的条件。

1.4.3.2 采矿权转让需提交的资料

《探矿权采矿权转让管理办法》规定采矿权人在申请转让采矿权时,应当向审批管理机关提交下列资料：

（1）转让申请书；

（2）转让人与受让人签订的转让合同；

（3）受让人资质条件的证明文件；

（4）转让人具备转让采矿权条件的证明；

（5）矿产资源开采情况的报告；

（6）审批管理机关要求提交的其他有关资料。

国有矿山企业转让采矿权时,还应当提交有关主管部门同意转让采矿权的批准文件。

1.4.4 采矿权申请书及采矿登记审批收费

1.4.4.1 采矿权申请书

采矿权申请书包括以下六种,即采矿权申请登记书、采矿权变更申请登记书、采矿权延续申请登记书、采矿权注销申请登记书、采矿权转让申请书和划定矿区范围申请登记书,每种申请书的格式及内容均可从相关网站下载。

1.4.4.2 采矿登记审批

我国实行采矿登记审批制度,国土资源部对我国采矿登记审批收费项目及收费金额作出了明确规定,详见表1-1。

表1-1 国土资源部采矿登记审批收费项目一览表

收费项目名称	收费标准	说 明	收费依据
新设采矿权登记费	500 元/次	生产规模为大型,一次缴纳	国家物价局、财政部《关于发布中央管理的地矿系统行政事业性收费项目及标准的通知》（价费字[1992]251 号）
	300 元/次	生产规模为中型,一次缴纳	
	200 元/次	生产规模为小型,一次缴纳	
采矿权变更、延续登记费	100 元/次	一次缴纳	
采矿权使用费	1000 元/km²	按法定的费率乘以矿区面积,矿区面积或尾数小于等于 0.5 km² 的按 0.5 km² 计,大于 0.5 km² 小于 1 km² 的按 1 km² 计。采矿许可证有效期内每年缴纳	矿产资源开采登记管理办法（国务院 241 号令）
采矿权价款	依据国土资源部确认的评估金额缴纳	可一次性缴清,或最多分 6 期缴清	矿产资源开采登记管理办法（国务院 241 号令）

1.4.5　采矿权人的权利和义务

《中华人民共和国矿产资源法实施细则》对采矿权人的权利和义务做出如下规定。

1.4.5.1　采矿权人的权利

（1）按照采矿许可证规定的开采范围和期限从事开采活动；

（2）自行销售矿产品，但是国务院规定由指定的单位统一收购的矿产品除外；

（3）在矿区范围内建设采矿所需的生产和生活设施；

（4）根据生产建设的需要依法取得土地使用权；

（5）法律、法规规定的其他权利。

采矿权人行使前款所列权利时，法律、法规规定应当经过批准或者履行其他手续的，依照有关法律、法规和规定办理。

1.4.5.2　采矿权人的义务

（1）在批准的期限内进行矿山建设或者开采；

（2）有效保护、合理开采、综合利用矿产资源；

（3）依法缴纳资源税和矿产资源补偿费；

（4）遵守国家有关劳动安全、水土保持、土地复垦和环境保护的法律、法规；

（5）接受地质矿产主管部门和有关主管部门的监督管理，按照规定填报矿产储量表和矿产资源开发利用情况统计报告。

1.5　矿产资源的利用

1.5.1　我国矿产资源的基本特点

国务院新闻办公室 2003 年 12 月 23 日发表了《〈中国的矿产资源政策〉白皮书》，白皮书指出，中国现已发现 171 种矿产资源，查明资源储量的有 158 种，其中石油、天然气、煤、铀、地热等能源矿产 10 种，铁、锰、铜、铝、铅、锌等金属矿产 54 种，石墨、磷、硫、钾盐等非金属矿产 91 种，地下水、矿泉水等水气矿产 3 种。矿产地近 18000 处，其中大中型矿产地 7000 余处。概括起来，我国矿产资源的基本特点为：

（1）资源总量较大，矿种比较齐全。中国已探明的矿产资源种类比较齐全，资源总量比较丰富。煤、铁、铜、铝、铅、锌等支柱性矿产都有较多的查明资源储量。煤、稀土、钨、锡、钼、锑、钛、石膏、膨润土、芒硝、菱镁矿、重晶石、萤石、滑石和石墨等矿产资源在世界上具有明显优势。地热、矿泉水资源丰富，地下水质量总体较好。

（2）人均资源量少，部分资源供需失衡。人口多、矿产资源人均量低是中国的基本国情。中国人均矿产资源拥有量在世界上处于较低水平，金刚石、铂、铬铁矿、钾盐等矿产资源供需缺口较大。

（3）优劣矿并存。既有品质优良的矿石，又有低品位、组分复杂的矿石。钨、锡、稀土、钼、锑、滑石、菱镁矿、石墨等矿产资源品质较高，而铁、锰、铝、铜、磷等矿产资源贫矿多、共生与伴生矿多、难选冶矿多。

（4）查明资源储量中地质控制程度较低的部分所占的比重较大。查明资源储量结构中，资源量多，储量、基础储量少，经济可利用性差或经济意义未确定的资源储量多，经济可利用的资源储量少；控制和推断的资源储量多，探明的资源储量少。

（5）成矿条件较好，通过勘查工作找到更多矿产资源的前景较好。石油、天然气、金、铜等矿产资源的找矿潜力很大。老矿山深部、外围和西部地区是重要的矿产资源接替区。

（6）相继发现和探明了一大批矿产资源。以大庆油田为代表的一大批油气田，使中国由一个贫油国转变为世界上主要产油国之一。发现和扩大了白云鄂博稀土金属矿、德兴铜矿、金川镍矿、柿竹园钨矿、栾川钼矿、阿什勒铜矿、焦家金矿、玉龙铜矿、大厂锡矿、厂坝和兰坪铅锌矿、东胜—神木煤田、紫金山铜金矿、羊八井地热田等一批重要矿床。发现和探明了一批重要地下水供水水源地，西部地区矿产资源集中区逐渐显示出良好的找矿前景。

（7）矿产资源开发规模迅速扩大。1949 年，中国保留比较完整的矿山仅 300 多座，年产原油 12 万 t，煤 0.32 亿 t，钢 16 万 t，有色金属 1.30 万 t，硫铁矿 1 万 t，磷不足 10 万 t。经过五十多年的努力，中国先后建立了大庆、胜利、辽河等大型石油基地，大同、兖州、平顶山、"两淮"、准格尔等煤炭基地，上海、鞍山、武汉、攀枝花等大型钢铁基地，白银、金川、铜陵、德兴、个旧等大型有色金属基地，开阳、昆阳、云浮等大型化工矿山基地，形成了能源与原材料矿产品的强大供应系统。一大批矿业城市拔地而起，促进了中国的城市化建设。目前，中国的矿产品产量、消费量居世界前列。国土资源部公布，截至 2006 年年底，全国共有各类非油气矿山企业 12.637 万个，比上年减少 325 个。其中大型矿山增加 352 个，中型矿山增加 471 个，小型矿山增加 1343 个，小矿减少 2491 个。全年采掘业开采矿石总量（原矿量）58.33 亿 t，各类矿山企业现价工业总产值 6709.73 亿元，从业人员 798.30 万人。

（8）矿产资源保护和合理利用水平逐步提高。五十多年来，中国物探、化探、遥感、钻探、坑探等矿产资源勘探技术和实验测试、计算技术取得了很大进展，提高了矿产资源勘查的科学技术水平。矿产资源综合利用和回收利用成效明显，资源利用率逐步提高。

（9）矿产品对外经济贸易快速发展。2002 年中国矿产品及相关能源与原材料进出口贸易总额为 1111 亿美元，占全国进出口贸易总额的 18%。原油、铁矿石（砂）、锰矿石（砂）、铜精矿、钾肥进口量较大。铅、锌、钨、锡、锑、稀土、菱镁矿、萤石、重晶石、滑石、石墨等优势矿产品的出口量较大。中国矿产资源领域的对外合作不断扩大。

在矿产资源勘查开发方面中国仍面临一些矛盾和问题，主要有：

（1）经济快速增长与部分矿产资源大量消耗之间存在矛盾。石油、富铁、富铜、优质铝土矿、铬铁矿、钾盐等矿产资源供需缺口较大。东部地区地质找矿难度增大，探明储量增幅减缓。部分矿山开采进入中晚期，储量和产量逐年降低。

（2）矿产资源开发利用中的浪费现象和环境污染仍较突出。开采矿山布局不够合理，探采技术落后，资源消耗、浪费较大，矿山环境保护需进一步加强。

（3）区域之间矿产资源勘查开发不平衡。西部地区和中部边远地区资源丰富，但自然条件差、生态环境脆弱、地质调查评价工作程度低，制约了资源开发。

（4）矿产资源勘查、开发的市场化程度不高。探矿权采矿权市场体系有待进一步健全，矿产资源管理秩序需要继续整顿和规范，矿产资源领域的国际交流与合作需要拓宽。

1.5.2　矿产资源保护与合理利用

21 世纪头 20 年，我国将全面建设小康社会，对矿产资源的需求总量将持续扩大。我国将加强矿产资源的调查、勘查、开发、规划、管理、保护与合理利用，实施可持续发展战略，走新型工业化道路，努力提高矿产资源对经济社会发展的保障能力。中国将继续按照有序有偿、供需平衡、结构优化、集约高效的要求，通过实施有效的矿产资源政策，最大限度地发挥矿产资源的经济效益、社会效益和环境效益。

1.5.2.1 本世纪初矿产资源保护与合理利用的总体目标

我国21世纪初矿产资源保护与合理利用的总体目标主要有以下三个。

(1) 提高矿产资源对全面建设小康社会的保障能力。加大矿产资源勘查开发的有效投入,扩大勘查开发的领域和深度,强化对矿产资源的保护,增加矿产资源的供应。扩大对外开放,积极参与国际合作。建立战略资源储备制度,对关系国计民生的战略矿产资源进行必要的储备,确保国家经济安全和矿产品持续安全供应。

(2) 促进矿山生态和环境的改善。减少和控制矿产资源采选冶等生产环节对资源环境造成的破坏和污染,实现矿产资源开发与生态和环境保护的良性循环。健全矿山环境保护的法律法规,加强对矿山生态环境防治的执法检查和监督。加强宣传教育,提高矿山企业和全社会的资源环境保护意识。

(3) 创造公平竞争的发展环境。按照建立和完善社会主义市场经济体制的要求和矿产资源勘查开发运行规律,进一步完善矿产资源管理的法律法规,调整和完善矿产资源政策,改善投资环境,提供良好的信息服务,创造市场主体平等竞争和公开、有序、健全统一的市场环境。

1.5.2.2 矿产资源保护与合理利用应坚持的原则

实现以上目标,必须继续坚持以下六条原则:

(1) 坚持实施可持续发展战略。落实保护资源措施,正确处理经济发展与资源保护的关系。在保护中开发,在开发中保护。加强矿产资源勘查,合理开发和节约使用资源,努力提高资源利用效率,走出一条科技含量高、经济效益好、资源消耗低、环境污染少、人力资源优势得到充分发挥的新型工业化道路。

(2) 坚持市场经济体制改革方向。在国家产业政策与规划的引导下,充分发挥市场在矿产资源配置中的基础性作用,建立政府宏观调控与市场运作相结合的资源优化配置机制。加强对矿产资源开发总量的调控,培育和规范探矿权采矿权市场,促进矿产资源勘查开发投资多元化和经营规范化,切实维护国家所有者和探矿权采矿权人的合法权益。

(3) 坚持区域矿产资源勘查、开发与环境保护协调发展。统筹规划,正确处理东部地区与西部地区、发达地区与欠发达地区,矿产资源勘查与开发,国有矿山企业与非国有矿山企业,以及规模开发与小矿开采之间的关系。

(4) 坚持扩大对外开放与合作。改善投资环境,鼓励和吸引国外投资者勘查开发中国矿产资源。按照世界贸易组织规则和国际通行做法,开展矿产资源的国际合作,实现资源互补互利。

(5) 坚持科技进步与创新。实施科技兴国战略,加强矿产资源调查评价、勘查开发及综合利用、矿山环境污染防治等关键技术和成果的攻关和推广应用,加强新能源、新材料技术和海洋矿产资源开发等高新技术的研究与开发,加强新理论、新方法、新技术等基础研究。

(6) 坚持依法严格管理矿产资源。健全法制,大力推进依法行政,加强对矿产资源勘查开发的监督管理。整顿和规范矿产资源管理秩序,促进矿产资源保护与合理利用的法制化、规范化和科学化。

1.5.3 开办矿山企业的条件

1.5.3.1 开办国有矿山企业应具备的条件

《中华人民共和国矿产资源法实施细则》规定,开办国有矿山企业,除应当具备有关法律、法规规定的条件外,并应当具备下列条件:

(1) 有供矿山建设使用的矿产勘查报告;

（2）有矿山建设项目的可行性研究报告（含资源利用方案和矿山环境影响报告）；

（3）有确定的矿区范围和开采范围；

（4）有矿山设计；

（5）有相应的生产技术条件。

国务院、国务院有关主管部门和省、自治区、直辖市人民政府，按照国家有关固定资产投资管理的规定，对申请开办的国有矿山企业审查合格后，方予批准。

1.5.3.2 申请开办集体所有制矿山企业或私营矿山企业应具备的条件

申请开办集体所有制矿山企业或者私营矿山企业，除应当具备有关法律、法规规定的条件外，并应当具备下列条件：

（1）有供矿山建设使用的与开采规模相适应的矿产勘查资料；

（2）有经过批准的无争议的开采范围；

（3）有与所建矿山规模相适应的资金、设备和技术人员；

（4）有与所建矿山规模相适应的，符合国家产业政策和技术规范的可行性研究报告、矿山设计或者开采方案；

（5）矿长具有矿山生产、安全管理和环境保护的基本知识。

1.5.3.3 申请个体采矿应当具备条件

《中华人民共和国矿产资源法实施细则》规定，申请个体采矿应当具备下列条件：

（1）有经过批准的无争议的开采范围；

（2）有与采矿规模相适应的资金、设备和技术人员；

（3）有相应的矿产勘查资料和经批准的开采方案；

（4）有必要的安全生产条件和环境保护措施。

《中华人民共和国矿产资源法》第32条规定，开采矿产资源，应当节约用地。耕地、草原、林地因采矿受到破坏的，矿山企业应当因地制宜地采取复垦利用、植树种草或者其他利用措施。开采矿产资源给他人生产、生活造成损失的，应当负责赔偿，并采取必要的补救措施。

1.5.4 矿产资源的开发利用

根据《中华人民共和国矿产资源法实施细则》，矿产资源的开发利用必须遵守以下规定。

1.5.4.1 矿产资源勘查报告的审批

矿产资源勘查报告按照下列规定审批。

（1）供矿山建设使用的重要大型矿床勘查报告和供大型水源地建设使用的地下水勘查报告，由国务院矿产储量审批机构审批；

（2）供矿山建设使用的一般大型、中型、小型矿床勘查报告和供中型、小型水源地建设使用的地下水勘查报告，由省、自治区、直辖市矿产储量审批机构审批；

矿产储量审批机构和勘查单位的主管部门应当自收到矿产资源勘查报告之日起六个月内作出批复。

1.5.4.2 矿产资源勘查的损害赔偿

《中华人民共和国矿产资源法实施细则》第21条规定，探矿权人取得临时使用土地权后，在勘查过程中给他人造成财产损害的，按照下列规定给以补偿。

（1）对耕地造成损害的，根据受损害的耕地面积前三年平均年产量，以补偿时当地市场平均价格计算，逐年给以补偿，并负责恢复耕地的生产条件，及时归还；

（2）对牧区草场造成损害的，按照前项规定逐年给以补偿，并负责恢复草场植被，及时归还；

（3）对耕地上的农作物、经济作物造成损害的，根据受损害的耕地面积前三年平均年产量，以补偿时当地市场平均价格计算，给以补偿；

（4）对竹木造成损害的，根据实际损害株数，以补偿时当地市场平均价格逐株计算，给以补偿；

（5）对土地上的附着物造成损害的，根据实际损害的程度，以补偿时当地市场价格，给以适当补偿。

对于矿产资源勘查中的其他问题，实施细则中规定：

探矿权人在没有农作物和其他附着物的荒岭、荒坡、荒地、荒漠、沙滩、河滩、湖滩、海滩上进行勘查的，不予补偿；但是，勘查作业不得阻碍或者损害航运、灌溉、防洪等活动或者设施，勘查作业结束后应当采取措施，防止水土流失，保护生态环境。

探矿权人之间对勘查范围发生争议时，由当事人协商解决；协商不成的，由勘查作业区所在地的省、自治区、直辖市人民政府地质矿产主管部门裁决；跨省、自治区、直辖市的勘查范围争议，当事人协商不成的，由有关省、自治区、直辖市人民政府协商解决；协商不成的，由国务院地质矿产主管部门裁决。特定矿种的勘查范围争议，当事人协商不成的，由国务院授权的有关主管部门裁决。

1.5.4.3　矿产资源的开采

《中华人民共和国矿产资源法实施细则》对矿产资源的开采作出以下规定。

（1）全国矿产资源的分配和开发利用，应当兼顾当前和长远、中央和地方的利益，实行统一规划、有效保护、合理开采、综合利用。

（2）全国矿产资源规划，在国务院计划行政主管部门指导下，由国务院地质矿产主管部门根据国民经济和社会发展中、长期规划，组织国务院有关主管部门和省、自治区、直辖市人民政府编制，报国务院批准后施行。

（3）矿产资源开发规划是对矿区的开发建设布局进行统筹安排的规划。矿产资源开发规划分为行业开发规划和地区开发规划。

矿产资源行业开发规划由国务院有关主管部门根据全国矿产资源规划中分配给本部门的矿产资源编制实施。

矿产资源地区开发规划由省、自治区、直辖市人民政府根据全国矿产资源规划中分配给本省、自治区、直辖市的矿产资源编制实施；并作出统筹安排，合理划定省、市、县级人民政府审批、开发矿产资源的范围。

（4）设立、变更或者撤销国家规划矿区、对国民经济具有重要价值的矿区，由国务院有关主管部门提出，并附具矿产资源详查报告及论证材料，经国务院计划行政主管部门和地质矿产主管部门审定，并联合书面通知有关县级人民政府。县级人民政府应当自收到通知之日起一个月内予以公告，并报国务院计划行政主管部门、地质矿产主管部门备案。

（5）确定或者撤销国家规定实行保护性开采的特定矿种，由国务院有关主管部门提出，并附具论证材料，经国务院计划行政主管部门和地质矿产主管部门审核同意后，报国务院批准。

（6）单位或者个人开采矿产资源前，应当委托持有相应矿山设计证书的单位进行可行性研究和设计。开采零星分散矿产资源和用作建筑材料的砂、石、黏土的，可以不进行可行性研究和设计，但是应当有开采方案和环境保护措施。

矿山设计必须依据设计任务书，采用合理的开采顺序、开采方法和选矿工艺。

矿山设计必须按照国家有关规定审批；未经批准，不得施工。

1.5.4.4 停办或关闭矿山

采矿权人在采矿许可证有效期满或者在有效期内,停办矿山而矿产资源尚未采完的,必须采取措施将资源保持在能够继续开采的状态,并事先完成下列工作:

(1) 编制矿山开采现状报告及实测图件;

(2) 按照有关规定报销所消耗的储量;

(3) 按照原设计实际完成相应的有关劳动安全、水土保持、土地复垦和环境保护工作,或者缴清土地复垦和环境保护的有关费用。

采矿权人停办矿山的申请,须经原批准开办矿山的主管部门批准、原颁发采矿许可证的机关验收合格后,方可办理有关证、照注销手续。

矿山企业关闭矿山,应当按照下列程序办理审批手续:

(1) 开采活动结束的前一年,向原批准开办矿山的主管部门提出关闭矿山申请,并提交闭坑地质报告;

(2) 闭坑地质报告经原批准开办矿山的主管部门审核同意后,报地质矿产主管部门会同矿产储量审批机构批准;

(3) 闭坑地质报告批准后,采矿权人应当编写关闭矿山报告,报请原批准开办矿山的主管部门会同同级地质矿产主管部门和有关主管部门按照有关行业规定批准。

关闭矿山报告批准后,矿山企业应当完成下列工作:

(1) 按照国家有关规定将地质、测量、采矿资料整理归档,并汇交闭坑地质报告、关闭矿山报告及其他有关资料;

(2) 按照批准的关闭矿山报告,完成有关劳动安全、水土保持、土地复垦和环境保护工作,或者缴清土地复垦和环境保护的有关费用。

矿山企业凭关闭矿山报告批准文件和有关部门对完成上述工作提供的证明,报请原颁发采矿许可证的机关办理采矿许可证注销手续。

1.5.5 资源税

1.5.5.1 资源税条例

《中华人民共和国资源税暂行条例》规定:在中华人民共和国境内开采本条例规定的矿产品或者生产盐(以下简称开采或者生产应税产品)的单位和个人,为资源税的纳税义务人(以下简称纳税人),应当依照本条例缴纳资源税。

资源税的税目、税额,依照条例所附的《资源税税目税额幅度表》及财政部的有关规定执行。税目、税额幅度的调整,由国务院决定。资源税税目税额见表1-2。

纳税人开采或者生产不同税目应税产品的,应当分别核算不同税目应税产品的课税数量;未分别核算或者不能准确提供不同税目应税产品的课税数量的,从高适用税额。

资源税的应纳税额,按照应税产品的课税数量和规定的单位税额计算。应纳税额计算公式:

应纳税额 = 课税数量 × 单位税额

资源税的课税数量:纳税人开采或者生产应税产品销售的,以销售数量为课税数量;纳税人开采或者生产应税产品自用的,以自用数量为课税数量。

有下列情形之一的,减征或者免征资源税:

(1) 开采原油过程中用于加热、修井的原油,免税。

(2) 纳税人开采或者生产应税产品过程中,因意外事故或者自然灾害等原因遭受重大损失的,由省、自治区、直辖市人民政府酌情决定减税或者免税。

表1-2 资源税税目税额幅度表

序号	税 目	单 位	税额幅度	备 注
1	原 油	元/t	8～30	
2	天然气	元/km³	2～15	
3	煤 炭	元/t	0.3～5	
4	其他非金属原矿	元/t 或 km³	0.5～20	税额幅度经常会调整,地区间也会有差别,
5	黑色金属矿原矿	元/t	2～30	具体引用时应查阅新标准
6	有色金属矿原矿	元/t	0.4～30	
7	盐			
	固体盐	元/t	10～60	
	液体盐	元/t	2～10	

(3)国务院规定的其他减税、免税项目。

《中华人民共和国资源税暂行条例》规定资源税由税务机关征收。

1.5.5.2 近期有关资源税的调整

A 原油、天然气类

2005年7月29日财政部、国家税务总局关于调整原油天然气资源税税额标准的通知(财税〔2005〕115号),对石油天然气税额标准进行调整,具体见表1-3。

表1-3 原油天然气资源税税额表

税目	企 业	税 额	课税单位
原油	中国石油天然气股份有限公司新疆油田分公司、中国石油天然气股份有限公司吐哈油田分公司、中国石油天然气股份有限公司塔里木油田分公司、塔里木河南勘探公司、中国石油化工股份有限公司西北分公司、中国石油天然气股份有限公司青海油田分公司、大庆油田有限责任公司	30元	t
	中国石油天然气股份有限公司华北油田分公司、中国石油天然气股份有限公司长庆油田分公司、延长油矿管理局	28元	t
	中国石油天然气股份有限公司冀东油田分公司、中国石油天然气股份有限公司大港油田分公司、中国石油化工股份有限公司江汉油田分公司、中国石油化工股份有限公司中原油田分公司、中国石化中原油气高新股份有限公司	24元	t
	中国石化胜利油田有限公司、中国石油天然气股份有限公司辽河油田分公司、中国石油天然气股份有限公司吉林油田分公司、中国石油化工股份有限公司华东分公司、中国石油化工股份有限公司江苏油田分公司、中国石油化工股份有限公司河南油田分公司	22元	t
	中国石油天然气股份有限公司西南油气分公司、中国石油天然气股份有限公司玉门油田分公司	18元	t
	其他石油开采企业	16元	t
	各企业的稠油、高凝油	14元	t

续表1－3

税 目	企 业	税 额	课税单位
天然气	中国石油天然气股份有限公司西南油气田分公司	15元	km³
	大庆油田有限责任公司	14元	km³
	中国石化胜利油田有限公司、中国石油天然气股份有限公司辽河油田分公司	13元	km³
	中国石油天然气股份有限公司长庆油田分公司	12元	km³
	中国石油天然气股份有限公司华北油田分公司、中国石油天然气股份有限公司大港油田分公司、中国石油化工股份有限公司中原油田分公司、中国石化中原油气高新股份有限公司、中国石油化工股份有限公司河南油田分公司、中国石油天然气股份有限公司新疆油田分公司、中国石油天然气股份有限公司冀东油田分公司、中国石油天然气股份有限公司吐哈油田分公司、中国石油天然气股份有限公司塔里木油田分公司、中国石油天然气股份有限公司吉林油田分公司	9元	km³
	其他天然气开采企业	7元	km³

B　黑色金属矿原矿

财政部、国税总局财税〔2005〕168号文,《关于调整钼矿石等品目资源税政策的通知》中规定,2006年1月1日起,调整对冶金矿山铁矿石资源税减征政策,暂按规定税额标准的60%征收;将锰矿石资源税适用税额标准由2元/t调整到6元/t。

C　有色金属原矿

财政部、国税总局财税〔2005〕168号文,《关于调整钼矿石等品目资源税政策的通知》中规定,2006年1月1日起取消对有色金属矿资源税减征30%的优惠政策,恢复按全额征收;调整钼矿石资源税适用税额标准:一等税额标准为8元/t,二等税额标准为7元/t,三等税额标准为6元/t,四等税额标准为5元/t,五等税额标准为4元/t。

2007年7月5日财政部、国家税务总局关于调整铅锌矿石等税目资源税适用税额标准的通知(财税〔2007〕100号),对部分有色金属矿石资源税进行了调整。具体如下:

(1) 铅锌矿石单位税额标准:一等矿山调整为每吨20元;二等矿山调整为每吨18元;三等矿山调整为每吨16元;四等矿山调整为每吨13元;五等矿山调整为每吨10元。

(2) 铜矿石单位税额标准:一等矿山调整为每吨7元;二等矿山调整为每吨6.5元;三等矿山调整为每吨6元;四等矿山调整为每吨5.5元;五等矿山调整为每吨5元。

(3) 钨矿石单位税额标准:三等矿山调整为每吨9元;四等矿山调整为每吨8元;五等矿山调整为每吨7元。

1.6　矿产资源开发过程安全管理

为了保障矿山生产安全,防止矿山事故,保护矿山职工人身安全,促进采矿业的发展,我国制定了《中华人民共和国矿山安全法》,1992年11月7日第七届全国人民代表大会常务委员会第二十八次会议通过,1993年5月1日起施行。

1.6.1　矿山建设的安全保障

《中华人民共和国矿山安全法》对矿山建设的安全保障作出以下主要规定:

（1）矿山建设工程的安全设施必须和主体工程同时设计、同时施工、同时投入生产和使用。

（2）矿山建设工程的设计文件必须符合矿山安全规程和行业技术规范，并按照国家规定经管理矿山企业的主管部门批准；不符合矿山安全规程和行业技术规范的，不得批准。

（3）矿山设计下列项目必须符合矿山安全规程和行业技术规范：

1）矿井的通风系统和供风量、风质、风速；

2）露天矿的边坡角和台阶的宽度、高度；

3）供电系统；

4）提升、运输系统；

5）防水、排水系统和防火、灭火系统；

6）防瓦斯系统和防尘系统；

7）有关矿山安全的其他项目。

（4）每个矿井必须有两个以上能行人的安全出口，出口之间的直线水平距离必须符合矿山安全规程和行业技术规范。

（5）矿山必须有与外界相通的、符合安全要求的运输和通讯设施。

（6）矿山建设工程必须按照管理矿山企业的主管部门批准的设计文件施工。

矿山建设工程安全设施竣工后，由管理矿山企业的主管部门验收。

1.6.2 矿山开采的安全保障

《中华人民共和国矿山安全法》规定，矿山开采必须具备保障安全生产的条件，执行开采不同矿种的矿山安全规程和行业技术规范。

（1）矿山设计规定保留的矿柱、岩柱，在规定的期限内，应当予以保护，不得开采或者毁坏。

（2）矿山使用的有特殊安全要求的设备、器材、防护用品和安全检测仪器，必须符合国家安全标准或者行业安全标准；不符合国家安全标准或者行业安全标准的，不得使用。

（3）矿山企业必须对机电设备及其防护装置、安全检测仪器，定期检查、维修，保证使用安全。

（4）矿山企业必须对作业场所中的有毒有害物质和井下空气含氧量进行检测，保证符合安全要求。

（5）矿山企业必须对下列危害安全的事故隐患采取预防措施：

1）冒顶、片帮、边坡滑落和地表塌陷；

2）瓦斯爆炸、煤尘爆炸；

3）岩爆（冲击地压）、瓦斯突出、井喷；

4）地面和井下的火灾、水灾；

5）爆破器材和爆破作业发生的危害；

6）粉尘、有毒有害气体、放射性物质和其他有害物质引起的危害；

7）其他危害。

（6）矿山企业对使用机械、电气设备，排土场、矸石山、尾矿库和矿山闭坑后可能引起的危害，应当采取预防措施。

1.6.3 矿山企业的安全管理

《中华人民共和国矿山安全法》规定，矿山企业必须建立、健全安全生产责任制。矿长对本企业的安全生产工作负责。

（1）矿长应当定期向职工代表大会或者职工大会报告安全生产工作，发挥职工代表大会的监督作用。

（2）矿山企业职工必须遵守有关矿山安全的法律、法规和企业规章制度，有权对危害安全的行为，提出批评、检举和控告。

（3）矿山企业工会依法维护职工生产安全的合法权益，组织职工对矿山安全工作进行监督。

（4）矿山企业违反有关安全的法律、法规，工会有权要求企业行政方面或者有关部门认真处理。矿山企业召开讨论有关安全生产的会议，应当有工会代表参加，工会有权提出意见和建议。

（5）矿山企业工会发现企业行政方面违章指挥、强令工人冒险作业或者生产过程中发现明显重大事故隐患和职业危害，有权提出解决的建议；发现危及职工生命安全的情况时，有权向矿山企业行政方面建议组织职工撤离危险现场，矿山企业行政方面必须及时做出处理决定。

（6）矿山企业必须对职工进行安全教育、培训；未经安全教育、培训的，不得上岗作业。

（7）矿长必须经过考核，具备安全专业知识，具有领导安全生产和处理矿山事故的能力；矿山企业安全工作人员必须具备必要的安全专业知识和矿山安全工作经验。

（8）矿山企业必须向职工发放保障安全生产所需的劳动防护用品。

（9）矿山企业不得录用未成年人从事矿山井下劳动。矿山企业对女职工按照国家规定实行特殊劳动保护，不得分配女职工从事矿山井下劳动。

（10）矿山企业必须制定矿山事故防范措施，并组织落实。

（11）矿山企业应当建立由专职或者兼职人员组成的救护和医疗急救组织，配备必要的装备、器材和药物。

（12）矿山企业必须从矿产品销售额中按照国家规定提取安全技术措施专项费用。安全技术措施专项费用必须全部用于改善矿山安全生产条件，不得挪作他用。

1.6.4 矿山安全的监督和管理

《中华人民共和国矿山安全法》第三十三条规定，县级以上各级人民政府劳动行政主管部门对矿山安全工作行使下列监督职责：

（1）检查矿山企业和管理企业的主管部门贯彻执行矿山安全法律、法规的情况；

（2）参加矿山建设工程安全设施的设计审查和竣工验收；

（3）检查矿山劳动条件和安全状况；

（4）检查矿山企业职工安全教育、培训工作；

（5）监督矿山企业提取和使用安全技术措施专项费用的情况；

（6）参加并监督矿山事故的调查和处理；

（7）法律、行政法规规定的其他监督职责。

《中华人民共和国矿山安全法》第三十四条规定，县级以上人民政府管理矿山企业的主管部门对矿山安全工作行使下列管理职责：

（1）检查矿山企业贯彻执行矿山安全法律、法规的情况；

（2）审查批准矿山建设工程安全设施的设计；

（3）负责矿山建设工程安全设施的竣工验收；

（4）组织矿长和矿山企业安全工作人员的培训工作；

（5）调查和处理重大矿山事故；

（6）法律、行政法规规定的其他管理职责。

劳动行政主管部门的矿山安全监督人员有权进入矿山企业，在现场检查安全状况发现有危及职工安全的紧急险情时,应当要求矿山企业立即处理。

1.6.5 矿山事故处理

《中华人民共和国矿山安全法》对矿山事故处理做出以下规定。

(1) 发生矿山事故,矿山企业必须立即组织抢救,防止事故扩大,减少人员伤亡和财产损失,对伤亡事故必须立即如实报告劳动行政主管部门和管理矿山企业的主管部门。

(2) 发生一般矿山事故,由矿山企业负责调查和处理;发生重大矿山事故,由政府及其有关部门、工会和矿山企业按照行政法规的规定进行调查和处理。

(3) 矿山企业对矿山事故中伤亡的职工按照国家规定给予抚恤或者补偿。

(4) 矿山事故发生后,应当尽快消除现场危险,查明事故原因,提出防范措施。现场危险消除后,方可恢复生产。

《中华人民共和国矿山安全法》还对违反本法所应承担的法律责任进行了规定。

经国务院批准,我国于1996年10月30日发布施行了《中华人民共和国矿山安全法实施条例》,条例中对矿山安全法做出许多重要的补充规定,详细内容请参阅《中华人民共和国矿山安全法实施条例》。

1.7 矿产资源开发中的环境管理

1.7.1 《环境保护法》中的有关规定

我国政府历来非常重视环境保护工作,继《中华人民共和国环境保护法(试行)》后,又于1989年12月26日颁布施行了《中华人民共和国环境保护法》,其中与矿产资源开发有关的条款摘录如下。

(1) 关于环境的定义。《中华人民共和国环境保护法》第二条指出,本法所称环境,是指影响人类社会生存和发展的各种天然的和经过人工改造的自然因素总体,包括大气、水、海洋、土地、矿藏、森林、草原、野生动物、自然古迹、人文遗迹、自然保护区、风景名胜区、城市和乡村等。

(2)《环境保护法》第六条规定:一切单位和个人都有保护环境的义务,并有权对污染和破坏环境单位和个人进行检举和控告。

(3)《环境保护法》第十三条规定:建设污染环境项目,必须遵守国家有关建设项目环境保护管理的规定。建设项目的环境影响报告书,必须对建设项目产生的污染和对环境的影响做出评价,规定防治措施,经项目主管部门预审并依照规定的程序报环境保护行政主管部门批准。环境影响报告书经批准后,计划部门方可批准建设项目设计书。

(4)《环境保护法》第十九条规定:开发利用自然资源,必须采取措施保护生态环境。

(5)《环境保护法》第三十六条规定:建设项目的防止污染设施没有建成或者没有达到国家规定的要求,投入生产或者使用的,由批准该建设项目的环境影响报告书的环境保护行政主管部门责令停止生产或者使用,可以并处罚款。

(6)《环境保护法》第三十七条规定:未经环境保护行政主管部门同意,擅自拆除或者闲置防治污染的设施,污染物排放超过规定的排放标准的,由环境保护行政主管部门责令重新安装使用,并处罚款。

(7)《环境保护法》第三十八条规定:对违反本法规定,造成环境污染事故的企业事业单位,由环境保护行政主管部门或者其他依照法律规定行使环境监督管理权的部门根据所造成的危害后果处以罚款；情节严重的，对有关责任人员由其所在单位或者政府主管机关给予行政处分。

1.7.2　我国矿产资源开发中环境保护的其他有关规定

2006 年 2 月 10 日财政部、国土资源部、环保总局出台关于逐步建立矿山环境治理和生态恢复责任机制的指导意见，具体摘录如下：

（1）从 2006 年起要逐步建立矿山环境治理和生态恢复责任机制。各地可根据本地实际，选择煤炭等行业的矿山进行试点，在试点的基础上再全面推开。具备条件的地区可先行在所有矿山企业普遍推开。

（2）地方环境保护、国土资源行政主管部门应当组织有资质的机构对试点矿山逐个进行评估，按照基本恢复矿山环境和生态功能的原则，提出矿山环境治理和生态恢复目标及要求。地方国土资源、环境保护行政主管部门应当督促新建和已投产的矿山企业根据上述要求，制订矿山生态环境保护和综合治理方案，并提出达到矿山环境治理及生态恢复目标的具体措施。在此基础上，地方国土资源、环境保护行政主管部门要会同财政部门依据新矿山设计年限或已服役矿山的剩余寿命，以及环境治理和生态恢复所需要的费用等因素，确定按矿产品销售收入的一定比例，由矿山企业分年预提矿山环境治理恢复保证金，并列入成本。

（3）各地要按照"企业所有、政府监管、专款专用"的原则，由企业在地方财政部门指定的银行开设保证金账户，并按规定使用资金。地方财政部门会同国土资源、环境保护行政主管部门对企业预提的矿山环境治理恢复保证金进行监管，具体办法由各地根据本地区企业实际情况和国家有关规定自行制定。

（4）对本通知发布前的矿山环境治理问题，各级政府要制定矿区环境治理和生态恢复规划，按企业和政府共同负担的原则加大投入力度。对不属于企业职责或责任人已经灭失的矿山环境问题，以地方政府为主根据财力区分重点逐步解决。

（5）各级财政、国土资源、环境保护行政主管部门要高度重视建立矿山环境治理和生态恢复责任机制的工作，切实负起责任，采取有效措施督促企业按规定提取矿山环境治理恢复保证金，确保资金专项用于矿山环境治理和生态恢复。财政部、国土资源部、环保总局将对各地工作进行指导和检查，并研究采取必要措施推动此项工作。

1.7.3　我国矿产资源开发中的环境保护工作

勘查开发矿产资源会改变和影响矿区周围的生态环境。我国政府高度重视在开发利用矿产资源过程中的环境保护和污染防治，实行矿产资源开发与环境保护治理同步发展，在已公布实施的法律法规中，对矿山环境保护、污染防治、土地复垦作出了明确规定。

（1）继续坚持矿产资源开发利用与生态环境保护并重、预防为主、防治结合的方针。严格执行矿山环境影响评价报告书制度、土地复垦制度和排污收费制度；严格执行矿山建设与矿山环境保护设施的设计、施工与投产使用的"三同时"制度；积极引导企业在矿产资源勘查、开采过程中实施清洁、安全生产。

（2）限制对生态环境有较大影响的矿产资源开发。在自然保护区和其他生态脆弱的地区，严格控制矿产资源勘查开发活动。禁止在自然保护区、重要风景区和重要地质遗迹保护区内开采矿产资源，严格控制在生态功能保护区内开采矿产资源。严格禁止土法炼焦、金属冶炼、炼硫、炼矾等；限制新建、改建含硫量大于 1.50% 的煤矿，禁止新建含硫量大于 3% 的煤矿。限制在地质灾害易发区开采矿产资源，禁止在地质灾害危险区开采矿产资源。未经批准，不得在铁路、重要公路两侧一定距离以内开采矿产资源。

（3）新建矿产资源开发项目应当论证其对生态环境的影响,采取生态环境保护措施,避免或减少对大气、水、耕地、草原、森林、海洋等的不利影响和破坏。矿产资源开发利用方案中应当包括水土保护方案、土地复垦实施方案、矿山地质灾害防治方案和地质环境影响评估报告,并按照规定报批。加强对矿山"三废"治理的监督管理,严格按国家规定标准控制废气排放,加大对矿山有毒有害废水污染物的监督治理和查处力度。

（4）加强矿山环境调查、监测和灾害防治。国家组织开展全国矿山生态环境调查评价。矿山企业应加强在矿山开发过程中可能诱发灾害的调查、监测及预报预警,及时采取有效防治措施,并向当地政府主管部门提交监测报告。建立信息网络,做好防灾减灾预案,最大限度地避免突发性灾害发生。

（5）建立多元化的矿山环境保护投资机制。建立矿山环境保护和土地复垦履约保证金制度,实行政府引导、市场运作,确保矿山环境能够得到有效恢复和治理。对废弃矿山和老矿山,国家将在示范项目的基础上,加大生态环境恢复治理的力度,并鼓励社会资金投入。对生产矿山,建立以矿山企业为主的环境治理投资机制;对新建矿山,由企业负担治理资金。

1.8　国家有关矿业的法律、法规目录

国家有关矿业的法律、法规见表1-4。

表1-4　国家有关矿业的法律、法规

序　号	法律、法规名称	发布日期
1	中华人民共和国矿产资源法	1996.8.29（修改）
2	中华人民共和国土地管理法	2004.8.28（修改）
3	中华人民共和国煤炭法	1996.8.29
4	中华人民共和国矿山安全法	1992.11.7
5	中华人民共和国环境保护法	1989.12.26
6	中华人民共和国海洋环境保护法	1999.12.25
7	中华人民共和国海域使用管理法	2001.10.27
8	中华人民共和国矿产资源法实施细则	1994.3.26
9	中华人民共和国对外合作开采海洋石油资源条例	2001.9.23（修改）
10	中华人民共和国对外合作开采陆上石油资源条例	2001.9.23（修改）
11	中华人民共和国矿产资源勘查区块登记管理办法	1998.2.12
12	中华人民共和国矿产资源开采登记管理办法	1998.2.12
13	中华人民共和国探矿权采矿权转让管理办法	1998.2.12
14	中华人民共和国矿产资源补偿费征收管理规定	1997.7.3（修改）
15	中华人民共和国矿产资源监督管理暂行办法	1987.4.29
16	中华人民共和国地质资料管理条例	2002.3.19
17	中华人民共和国矿山安全法实施条例	1996.10.30
18	中华人民共和国资源税暂行条例	1993.11.26
19	中华人民共和国矿产资源补偿费征收管理规定	1997.7.3（修改）
20	中华人民共和国矿产资源开采登记管理办法	1998.2.12

续表1-4

序　号	法律、法规名称	发布日期
21	中华人民共和国探矿权采矿权使用费和价款管理办法	1999.6.7
22	矿产资源登记统计管理办法	2003.11.26
23	中华人民共和国地质资料管理条例实施办法	2002.12.20
24	全国地质资料汇交管理办法	1988.5.20
25	矿产资源规划管理暂行办法	1999.10.12
26	探矿权采矿权招标拍卖挂牌管理办法(试行)	2003.6.11
27	中华人民共和国草原法	2002.12.28(修改)
28	中华人民共和国防沙治沙法	2001.8.31
29	中华人民共和国环境影响评价法	2002.10.28
30	中华人民共和国森林法	1998.4.29(修改)
31	中华人民共和国水法	1988.1.21
32	中华人民共和国水土保持法	1991.6.29
33	矿产资源储量评审认定办法	1999.7.15
34	矿产资源登记统计管理办法	2003.11.26
35	矿产资源勘查、采矿登记收费标准及其使用范围的暂行规定	1987.7.1
36	矿山闭坑地质报告审批办法	1995.3.11
37	取水许可制度实施办法	1993.6.11
38	探矿权采矿权评估资格管理暂行办法	2000.10.31(修改)
39	地质勘查市场管理暂行办法	1991.2.19
40	公益性地质资料提供利用暂行办法	2000.6.13
41	招标拍卖挂牌出让国有土地使用权规定	2002.4.3
42	地质资料管理条例	2002.3.19
43	地质资料管理条例实施办法	2002.12.20
44	土地权属争议调查处理办法	2002.12.20
45	协议出让国有土地使用权规定	2003.6.5
46	地质灾害危险性评估单位资质管理办法	2005.5.12
47	地质灾害治理工程勘查设计施工单位资质管理办法	2005.5.12
48	地质灾害治理工程监理单位资质管理办法	2005.5.12
49	中华人民共和国节约能源法	1997.11.1

2 矿 产 资 源

○

2.1 我国非煤固体矿产资源及勘查概况

2.1.1 矿产资源勘查及开发概况

    矿产资源是地壳在其长期形成、发展与演变过程中的产物,是自然界矿物质在一定的地质条件下,经一定地质作用而聚集形成的。不同的地质作用可以形成不同类型的矿产。依据形成矿产资源的地质作用和能量、物质来源的不同,一般将形成矿产资源的地质作用(即成矿作用)分为内生成矿作用、外生成矿作用、变质成矿作用与叠生成矿作用。内生成矿作用是指由地球内部热能的影响导致矿床形成的各种地质作用;外生成矿作用是指在太阳能的直接作用下,在地球外应力导致的岩石圈上部、水圈、生物圈和气圈的相互作用过程中,在地壳表层形成矿床的各种地质作用;变质成矿作用是指由于地质环境的改变,特别是经过深埋或其他热动力事件,使已由内生成矿作用和外生成矿作用形成的矿床或含矿岩石的矿物组合、化学成分、物理性质以及结构构造发生改变而形成另一类性质不同、质量不同矿床的地质作用;叠生成矿作用是一种复合成矿作用,是指因多种成矿作用复合叠加而形成矿床的一种地质作用。这四种不同的成矿作用形成四类不同的矿床,即内生矿床、外生矿床、变质矿床和叠生矿床。一个地区范围内矿产能否形成、形成多少与优劣均与该地区的成矿地质条件的好坏直接相关。

    由于成矿地质条件的特点,我国既拥有一大批在世界上占有优势的矿产资源,又有一些不能满足自身需要的短缺资源。优势矿产资源通过开发可以出口,短缺资源则需要从国际市场进口或开发国外资源以弥补不足。近十年来,随着全球经济一体化进程的加快和我国与世界各国经济合作的加强,中国矿产品进出口贸易取得了长足进展。但矿产品进出口贸易额持续处于逆差状态,进口大于出口是我国矿产品进出口贸易的基本态势。从长期看,国内矿产资源供需形势将日趋严峻,需要通过加大国内矿产资源勘查和开发力度、加大海外矿产资源勘查和开发力度、加大进口矿产品和矿产加工制品的规模,才能满足国内经济发展的需要。矿产资源供需矛盾日趋紧张主要表现在这样几个方面:国产矿产原料自给率低;老矿山生产能力下降,闭坑增多;矿产品进口量逐年增加;长远发展矛盾更为突出。

我国政府要求主要依靠开发本国的矿产资源和其他自然资源来发展经济。目前,已发现的矿产有171种,探明有一定数量的矿产有158种,其中能源矿产10种,金属矿产54种,非金属矿产91种,水气矿产3种,是世界上矿产资源丰富、矿种齐全配套的少数几个国家之一。但人均拥有探明资源量和储量除稀有、稀土金属等少数品种外,一般都低于世界人均拥有水平,特别是石油、铁矿、铝土矿、铜矿等主要矿产资源的探明资源量和储量明显不足。在全国已发现20多万处矿点、矿化点,目前仅对2万多处作了勘查评价。20世纪80年代以来,发现矿化异常7.20万处,检查异常2.50万处,发现矿床217个。其余未检查异常,有着良好的找矿前景。西部广大地区、东部地区深部地带和管辖海域的地质工作程度不高,还存在大量的空白区,这些都是今后我国国内矿产资源勘查开发的方向。我国54种金属矿产已探明的资源量包括:铁矿、锰矿、铬矿、钛矿、钒矿、铜矿、铅矿、锌矿、铝土矿、镁矿、镍矿、钴矿、钨矿、锡矿、铋矿、钼矿、汞矿、锑矿、铂族金属、锗矿、镓矿、铟矿、铊矿、铪矿、铼矿、镉矿、钪矿、硒矿、碲矿等。但各种矿产的地质工作程度不一,其资源丰度也不尽相同。有的资源比较丰富,如钨、钼、锡、锑、汞、钒、钛、稀土、铅、锌等;有的则明显不足,如铜矿、铁矿、铝土矿、铬矿。

中国非金属矿产品种很多,资源丰富,分布广泛。已探明资源储量的88种非金属矿产为:金刚石、石墨、自然硫、硫铁矿、水晶、刚玉、蓝晶石、矽线石、红柱石、硅灰石、钠硝石、滑石、石棉、蓝石棉、云母、长石、石榴子石、叶蜡石、透辉石、透闪石、蛭石、沸石、明矾石、芒硝、石膏、重晶石、毒重石、天然碱、方解石、冰洲石、菱镁矿、萤石、宝石、玉石、玛瑙、颜料矿物、石灰岩、泥灰岩、白垩、白云岩、石英岩、砂岩、天然石英砂、脉石英、粉石英、天然油石、含钾砂叶岩、硅藻土、页岩、高岭土、陶瓷土、耐火黏土、凹凸棒石黏土、海泡石黏土、伊利石黏土、累托石黏土、膨润土、铁矾土、橄榄岩、蛇纹岩、玄武角闪岩、辉长岩、辉绿岩、安山岩、闪长岩、花岗岩、珍珠岩、浮石、霞石正长岩、粗面岩、凝灰岩、火山灰、火山渣、大理岩、板岩、片麻岩、泥炭、盐矿、钾盐、镁盐、碘、溴、砷、硼矿、磷矿。

中国矿业的发展采取"双向发展战略"。首先,贯彻开源与节约并重的方针,既广辟矿产资源来源渠道,又十分珍惜与合理开发利用矿产资源;第二,既要充分挖掘国内资源潜力,又积极开拓与建立我国全球矿产资源供应体系,贯彻实施利用国际、国内两个市场和国内、国外两种资源的方针;第三,既开发利用传统能源与矿产资源,又要依靠科技进步开发利用新能源和替代矿产资源;第四,既要增加勘查投入,建设新矿山,扩大勘查开发规模,更要通过依靠科技进步,挖掘老矿山资源潜力;第五,既要依靠边深部勘探继续推动东部、中部地区的矿业发展,又要勘查开发西部地区的矿产资源,贯彻实施区域经济协调发展的方针;第六,既要充分合理利用一次资源,又要积极开发利用再生资源,大力发展循环经济。

我国政府按照建立和完善社会主义市场经济体制的要求,深化矿产资源勘查体制改革,实行公益性、基础性地质调查评价和战略性矿产资源勘查同商业性矿产资源勘查分开运行。1999年组建了中国地质调查局,组织开展新一轮国土资源大调查,实施基础调查计划、矿产资源调查评价工程、资源调查与利用技术发展工程,重点开展地质工作程度较低地区的基础地质调查和矿产资源远景评价。为矿产资源规划和政府管理决策提供科学依据,为商业性矿产资源勘查提供地质矿产基础信息。政府鼓励并积极引导符合规划要求,以市场需求为导向,以经济效益为中心的商业性矿产资源勘查活动。

加快矿产资源开发利用结构调整。政府将加快矿产资源开发利用结构的调整步伐,增加产能,提高效益。通过矿山企业技术改造和机制转换,鼓励在矿产资源勘查开发中积极推行清洁生产,应用成熟技术和高新技术,提高矿产资源勘查开发水平。实行规模开发,提高集约化水平,淘汰落后、分散的采矿能力。依法清理关闭无证开采、污染环境、浪费资源、不具备安全办矿条件的矿山企业。通过市场和政策引导,发展具有国际竞争力的矿山企业集团,继续支持和帮助非国有矿山企业的发展。

提高矿产资源综合利用水平。中国已探明的矿产资源中有相当数量为品质较低、目前技术经济条件下尚难利用的资源,对这些资源的开发利用是解决中国矿产资源供应问题的一条重要途径。政府鼓励通过加强矿产资源集中区的基础设施建设,改善矿山建设外部条件,利用高新技术,降低开发成本等措施,使经济可利用性差的资源加快转化为经济可利用的资源。开展资源综合利用是政府矿产资源勘查、开发的一项重大技术经济政策。对矿产资源应该实行综合勘查、综合评价、综合开发、综合利用。政府鼓励和支持矿山企业开发利用低品位难选冶资源、替代资源和二次资源,扩大资源供应来源,降低生产成本;鼓励矿山企业开展"三废"(废渣、废气、废液)综合利用的科技攻关和技术改造;鼓励对废旧金属及二次资源的回收利用。积极开发非传统矿产资源。中国政府在1985年颁布实施《关于开展资源综合利用若干问题的暂行规定》,1996年颁布实施《关于进一步开展资源综合利用的意见》,并发布《资源综合利用目录》。从企业税收、土地供给、安全、环境保护、土地复垦等方面对矿产资源综合利用实行调节政策,鼓励矿山企业依靠科技进步和创新,提高资源综合利用水平。

2.1.2 主要金属矿产资源供需概况

改革开放以来,由于我国经济的长期快速发展,需要大量的有色金属和钢材等许多重要矿产品,而矿产开发从勘查到开发是一个长期的过程,使得生产钢铁、铜、铝、铅、锌和镍等主要金属材料的矿产品自给率不断下降。基于我国现有老矿山生产能力下降,闭坑增多,以及我国成矿地质条件、人口数量和经济发展前景,从长远看,随着国内需求的扩大,矿产品需求还要发展,而矿产资源供需矛盾将日趋紧张,长远发展矛盾更为突出。

2.1.2.1 铁矿

我国是铁矿资源总量丰富、矿石含铁品位较低的一个国家,目前已探明储量的矿区有1834处。铁矿在全国各地均有分布,以东北、华北地区资源为最丰富,西南、中南地区次之。探明储量中辽宁位居榜首,河北、四川、山西、安徽、云南、内蒙古随其后。我国铁矿以贫矿为主,富铁矿较少,富矿石保有储量在总储量中占2.53%,仅见于海南石碌和湖北大冶等地。铁矿成因类型以分布于东北、华北地区的变质—沉积磁铁矿为最重要。该类型铁矿含铁量虽低(35%左右),但储量大,约占全国总储量的一半,且可选性能良好,经选矿后可以获得含铁65%以上的精矿。从成矿时代看,自元古宙至新生代均有铁矿形成,但以元古宙更重要。我国铁矿资源的基本特点是:矿床类型多,成矿条件复杂;中、小型矿床多,超大型矿床少;贫矿多,富矿少;伴生组分多,选冶技术条件差。世界上所有铁矿类型,除前寒武纪沉积变质型铁矿经风化淋滤作用而形成的"古风化壳"富铁矿在我国不具规模外,其他类型均有发现。在已探明储量中,除前寒武纪沉积变质型属易采、易选铁矿外,其余类型因其成矿条件复杂,构造、热液能活动强烈,多源物质叠加,矿石中有益、有害组分含量较高。

我国铁矿资源勘探程度总的是东高、西低,鞍本、邯邢、宁芜、鲁中、鄂东等铁矿区,勘探和详查矿区达87%;勘探程度较低的辽西、五台、密怀、蒙中以及西部地区的祁连山、阿尔泰山、东西天山等,多数矿区仅达到普查阶段。我国铁矿床勘探深度,绝大部分在250～700 m之间,平均500 m,其中东部地区部分矿区大于700 m,个别达1000 m,西部地区不少矿区小于200 m。东部地区绝大多数铁矿床,矿体沿走向和倾向延伸(深)很大,外围和隐伏区找矿有望,重点是鞍本、冀东等铁矿化集中区,具有扩大铁矿储量,延长矿山服务年限的潜力。中、西部地区的五台、蒙中、东西天山、阿尔泰山以及东部地区的辽西等成矿区,工作程度低。

我国的铁矿石产量远远无法满足钢铁工业需求,2006年我国钢产量41878万t,生铁40417万t,铁矿石58800万t,进口量32600万t。据初步分析,进口矿石在我国铁矿石消费量中的比重将可能由1996年的27%上升到2010年的超过50%,尽管一些品位低、埋藏深、采选技术条件差的边际经济或次边际经济资源储量得到一定程度的开发利用,以及二次资源利用量的不断增长,但继续利用国外铁矿资源的状况短期内不会改变。

到2002年底,已探明的2034处铁矿产地中,超大型矿床(超过10亿t)仅10处;大型矿床(1亿～10亿t)99处;中型铁矿(0.1亿～1亿t)500处;小型矿床(0.01亿～0.1亿t)837处。累计探明储量628亿t,保有资源/储量578.72亿t,其中保有储量118.36亿t,基础储量213.57亿t,资源量365.15亿t。目前实际保有可采储量仅占保有资源/储量的20%,80%左右的铁矿储量属于勘探程度低、品位低、埋藏深、采选技术条件差的边界经济储量、次边界经济储量或远景储量。近20年来铁矿资源勘探基本处于停滞状态,可采储量出现大幅度负增长趋势。

根据近年资料分析,国内铁矿资源仍有较好的前景。全国21个主要铁矿区带中,共发现航磁异常6607处,其中已知矿致异常543处,有望异常1176处,性质不明异常1755处,非矿异常3132处。根据成矿地质条件、地质工作程度、地球物探资料综合分析,对全国15个找矿有远景区的潜在资源量进行了预测,预测铁矿资源量378亿t,其中东部地区178亿t,西部地区200亿t,预测15个远景区内的37个重点找矿区段资源量为96亿t,其中东部地区40亿t,西部地区56亿t。

2.1.2.2 铜矿

我国铜矿床类型以斑岩型铜矿为最重要,如江西德兴特大型斑岩铜矿和西藏玉龙大型斑岩铜矿;其次为铜镍硫化物矿床(如甘肃白家嘴子铜镍矿),矽卡岩型铜矿(如湖北铜录山铜矿、安徽铜官山铜矿),火山岩型铜矿(如甘肃白银厂铜矿等);沉积岩中层状铜矿(如山西中条山铜矿、云南东川式铜矿),陆相砂岩型铜矿(云南六直铜矿)以及少量热液脉状铜矿等。从铜矿形成时代来看,从太古宙至第三纪皆有铜矿形成。但从储量规模和矿床数量来看,则主要集中在中生代和元古宙。中生代铜矿多与侵位浅的中酸性岩浆活动有关,如德兴铜矿;元古宙铜矿多与海相火山岩浆活动有关,如甘肃白银厂铜矿;两者相比,又以中生代斑岩型铜矿更重要。

在918处铜矿产地中,总保有资源量6281.23万t。在已探明的铜矿产地中有大型矿产地30处,保有资源量2633.79万t,占总保有资源量的41.9%;中型矿产地104处,保有资源量1695.08万t,占总保有资源量的27.0%;小型矿产地806处,保有资源量1952.36万t,占总保有资源量的31.1%。我国大型矿产地保有储量偏少,中小型矿产地保有储量比例偏多,不利于规模化开发利用。

中国铜矿基础储量的地理分布相对较分散,其中保有资源量最多的省区为江西(占全国的19.9%)、西藏(15.2%)和云南(11.1%),3省区合计46.2%;其次有甘肃(占全国的6.4%)、安徽(5.5%)、内蒙古(5.4%)、黑龙江(5%)和湖北(4.9%);其余的26.6%分布在其他22个省区内。我国铜矿资源的另一个特点是特大型矿少,截止到2001年,我国有铜矿山790座,其中大型矿山只有 15 座,占总数的 2%,中型矿山 29 座,占 4%。有资料统计,世界上铜金属量超过 500 万 t 的矿山近 60 个,中国的玉龙铜矿和德兴铜矿排在 40 位以后。第三个特点是富矿少,品位低,中国铜矿矿石的平均品位为 0.87%,品位大于 1% 的铜矿仅占总保有资源量的 35.2%,特别是大型斑岩铜矿的矿石品位普遍较低,一般为 0.5% 左右,它们的保有资源量约占总保有资源量的 35%。第四个特点是共伴生矿多,在全国 900 多个铜矿床中,共伴生矿占 72.9%,共伴生矿具有较大的综合利用价值,但细粒嵌布的铜矿和多金属矿选矿难度大。

由于大型矿床少,难以集约化大规模开采。1949 年中国铜矿山仅产铜 1900 t,1979 年全国矿山产铜 21.7 万 t,到 2006 年矿山产铜(铜精矿含铜)75.54 万 t,仍抵不上智利埃斯康迪达一个矿的年产量(2006 财政年度为 120.7 万 t),2006 年我国铜精矿含铜进口量 90.8 万 t,高于国内铜精矿产量。

我国铜消费一直保持高速增长,1990 年精铜消费量为 73 万 t,到 2006 年增加到 380 万 t。国内精铜产量为 299.9 万。精铜进口量 82.7 万 t,出口量 24.3 万 t。铜产品供需矛盾十分突出。

在全国 36 个骨干铜矿山中,将近 22 座面临资源枯竭而被迫关闭的局面。加上我国铜冶炼能力的不断扩张,可供近期设计利用和可供未来规划利用的矿产地仅 216 处,保有资源量 1808.79 万 t,仅占总保有资源量的 28.8%。铜精矿产量增长缓慢,使国内铜原料的供应缺口不断增加,对国外铜原料进口的依存度逐年提高,需要寻求更多的铜资源供应途径。

2.1.2.3　铅锌矿

中国铅锌矿资源比较丰富,产地有 700 多处,保有铅总储量 3572 万 t;锌储量 9384 万 t。从省际比较来看,云南铅储量占全国总储量 17%,位居全国榜首;广东、内蒙古、甘肃、江西、湖南、四川次之,探明资源量均在 200 万 t 以上。全国锌储量以云南为最,占全国 21.8%;内蒙古次之,占 13.5%;其他如甘肃、广东、广西、湖南等省(区)的锌矿资源也较丰富,均在 600 万 t 以上。铅锌矿主要分布在滇西兰坪地区、滇川地区、南岭地区、秦岭—祁连山地区以及内蒙古狼山—渣尔泰地区。从矿床类型来看,有与花岗岩有关的花岗岩型(广东连平)、矽卡岩型(湖南水口山)、斑岩型(云南姚安)矿床,有与海相火山有关的矿床(青海锡铁山),有产于陆相火山岩中的矿床(江西冷水坑和浙江五部铅锌矿),有产于海相碳酸盐(广东凡口)、泥岩—碎屑岩系中的铅锌矿(甘肃西成铅锌矿),有产于海相或陆相砂岩和砾岩中的铅锌矿(云南金顶)等。铅锌矿成矿时代从太古宙到新生代皆有,以古生代铅锌矿资源量丰富。

我国铅锌矿的资源特点和开发利用总体条件是:大中型矿多,特大型矿较少,在已发现的矿产地中,大中型矿床占有的铅和锌储量分别达 72% 和 88%;矿石中铅少锌多,铅锌比约为 1:2.6,而国外为 1:1.2;贫矿多,富矿少,易选,矿山铅锌品位之和多在 5%~10% 之间,大于 10% 品位的矿石仅占总储量的 15%,而国外矿山品位一般都比较高,铅加锌大都在 10% 以上;硫化矿占绝大多数,90% 的储量为原生硫化矿石,只有云南的兰坪、会泽,广西的泗顶,辽宁的紫河和陕西的铅峒山等少数几个铅锌矿床含较多氧化矿;矿石类型复杂,单一的铅或锌矿石类型少,共伴生组分较多。主要矿石类型为铅锌矿石、铅锌铜矿石、铅锡矿石、铅锑矿石、铅锌锡锑矿石、锌铜矿石等。

根据 1998 年国土资源部所进行的储量套改结果,截至 1999 年底,铅矿资源储量中,有 98.29 万 t 为边际经济的占 3.22%,有 263.55 万 t 为次边际经济的占 8.62%;锌矿中有 42.93 万 t 为边际经济的占 0.50%,有 591.79 万 t 为次边际经济的占 6.92%;边际经济的加上次边际经济的,即两者之和,约有 365 万 t 金属量的铅矿石资源和 550 万 t 金属量的锌矿石资源,可以明确地归类于低品位矿,这类低品位矿分别占铅、锌资源储量的 12% 与 7.5%。铅资源储量中内蕴经济的占 57.46%;锌资源储量中内蕴经济的占 56.98%。2005 年年底,我国铅、锌矿的查明资源储量中,有 2541 万 t 铅、5226 万 t 锌属于资源量。

我国铅锌矿石主要有五种工业类型。一是矽卡岩型铅锌矿床,为铅锌矿床重要类型之一。二是热液脉状铅、锌矿床,产于各种岩石的构造裂隙中,成矿作用以充填为主,矿体呈脉状,矿体品位高,分布广泛,但矿床规模变化较大。三是黄铁矿型铅锌矿床,这种矿床与含铜黄铁矿型矿床的特征相同,只是含铅锌多些。四是碳酸盐岩层中热液交代铅锌矿床,以交代作用为主。矿石组成以方铅矿、闪锌矿为主,并有石英、方解石、萤石和重晶石等伴生矿物可供综合回收利用。矿石以致密块状为主,铅锌含量较丰富。矿石中伴生的元素如银、稀散元素如镉、锗、铟可供综合利用。五是碳酸盐岩层中层状铅锌矿床,产于灰岩和白云岩中。矿体多为层状,矿化现象一般都是浸染状。矿石矿物组成主要有方铅矿、闪锌矿,有时有黄铜矿;脉石矿物主要为方解石。矿石中铅锌含量不高,但矿床规模往往较大。

2005 年,我国铅锌矿石产量为 2243.82 万 t,开采以坑采为主,其产量占总产量 75.92%;出矿平均品位为铅 3.61%,锌 4.91%;露采出矿平均品位为铅 1.98%,锌 11.92%。同年铅精矿含铅 114.2 万 t,锌精矿含锌 254.78 万 t,其中规模以下企业产量分别为 37.8 万 t 和 45.3 万 t。

我国是世界上金属铅储量较为丰富的国家,同时也是全球最大的精铅生产国和仅次于美国的第二大精铅消费国。2005 年精炼铅产量 239.14 万 t,再生精炼铅产量 53.7 万 t;精炼铅消费量 191 万 t,精炼铅出口量 45.5 万 t,铅矿实物进口量 103 万 t。2005 年国内锌产量为 277.61 万 t,再生锌产量 1.63 万 t,锌消费量 310 万 t,锌出口量 15 万 t,锌进口量 62 万 t,锌精矿实物进口量 56.8 万 t。

综上所述,铅锌矿产量及再生金属产量均满足不了消费需求,但铅初级产品出口量约占消费量的 1/4,凸显当前国内铅锌矿产资源保证程度下降、产业结构不合理以及环境污染严重等问题,使产业可持续发展能力严重削弱。

2.1.2.4 镍矿

全球镍资源分三类,红土型约占 55%,硫化物型占 28%,海底铁锰结核中的镍占 17%。我国已探明镍矿区 84 处,分布于全国 18 个省、自治区。镍资源总保有储量镍金属 784 万 t,以硫化型为主。镍矿产地以甘肃省为最,新疆、吉林、四川等省(区)次之。甘肃金川镍矿区规模仅次于加拿大的萨德伯里镍矿区,为世界第二大镍矿。我国红土型以云南墨江镍矿为代表,基本未开发利用;海底铁锰结核由于开采技术及对海洋污染等因素,目前尚未实际开发。

从成矿时代分析,红土矿型从前寒武纪到新生代皆有产出。岩浆型镍矿主要产于前寒武纪和晚古生代,早古生代、中生代也有镍矿产出,风化壳型镍矿则形成于新生代。

我国镍矿资源的第一个特点是资源分布高度集中,仅甘肃金川镍矿区储量就占全国总资源量的 63.9%,新疆喀拉通克、黄山和黄山东三个铜镍矿的资源量也占到全国总保有资源量的 12.2%。第二,我国镍矿主要是硫化铜镍矿,占全国总保有资源量的 86%,而且具有铂族金属、金、钴等 10 余种有用伴生元素;红土镍矿占全国总保有资源量的 9.6%。第三,我国镍矿石品位较富,平均镍大于 1% 的硫化镍富矿石约占全国总保有资源储量的 44.1%。第四,我国镍矿的地质勘查工作程度比较高,矿区达到勘探程度的资源量占到了全国总保有资源量的 74%。第五,我国镍矿适合地下开采的镍矿资源比重较大,占全国总保有资源量的 68%。

2006 年我国全年精镍产量 14.2 万 t,其中镍精矿含镍 6.89 万 t,消费量 24.9 t,供需矛盾也较突出。

2.1.2.5 铝土矿

我国铝土矿资源丰度属中等水平,产地 310 处,分布于 19 个省(区),总保有资源量矿石 22.7 亿 t。山西铝资源最多,保有资源量占 41%;贵州、广西、河南次之,各占 17% 左右。铝土矿的矿床类型主要为古风化壳型矿床和红土型铝土矿床,以前者为最重要。古风化壳型铝土矿又可分贵州修文式、遵义式、广西平果式和河南新安式4个亚类。从成矿时代来看,古风化壳铝土矿主要产于石炭纪和二叠纪地层之中,为一水型铝土矿。福建漳浦式红土型铝土矿为由第三系到第四系玄武岩受近代风化作用形成的残积红土型铝矿床,为三水型铝土矿。我国铝土矿除了分布集中外,以大、中型矿床居多。资源量大于2000万t的大型矿床共有31个,其拥有的资源量占全国总资源量的49%;500万~2000万t之间的中型矿床共有83个,其拥有的资源量占全国总资源量的37%,大、中型矿床合计占到了86%。我国铝土矿的质量比较差,加工困难、耗能大的一水硬铝石型矿石占全国总资源量的98%以上。在保有资源量中,一级矿石(Al_2O_3 60%~70%,$Al/Si \geq 12$)只占1.5%,二级矿石(Al_2O_3 51%~71%,$Al/Si \geq 9$)占17%,三级矿石(Al_2O_3 62%~69%,$Al/Si \geq 7$)占11.3%,四级矿石($Al_2O_3 > 62\%$,$Al/Si \geq 5$)占27.9%,五级矿石($Al_2O_3 > 58\%$,$Al/Si \geq 4$)占18%,六级矿石($Al_2O_3 > 54\%$,$Al/Si \geq 3$)占8.3%,七级矿石($Al_2O_3 > 48\%$,$Al/Si \geq 6$)占1.5%,其余为品级不明的矿石。我国铝土矿保有资源量中属于勘探阶段的占32.5%,属于详查阶段的占55.8%,两者合计占全国总保有资源量的88.3%。

我国已开发利用的铝土矿区有38处,2006年年产矿石约1600万t。据统计,1996年有色系统铝土矿生产矿区年采选综合能力为166.00万t(金属含量),年采选冶综合能力(自产原料)为165.98万t(金属含量)。2006年氧化铝产量1324万t。我国的生产状况是,1990年产精炼铝85.43万t,1995年精炼铝产量也翻了一番,达到186.97万t,2005年增至780.6万t,2006年增至935万t。近年来我国铝的消费量急剧增长,1990年我国消费原生铝86.10万t,到1995年翻了一番,达到187.49万t,2005年则增至711.9万t,2006年则增至867万t。根据产消对比,我国氧化铝对消费的缺口约1/3,不足部分依靠进口。1990年,我国铝及铝合金为纯进口量(进口量减出口量),数量为6646t,1996年增至256084t,但到2006年时纯出口量已达68万t,原铝产量已超过消费水平。

2.1.3 渐进式地质勘查工作

计划经济条件下的矿产资源开发对象通常为完成或基本完成了勘探的矿床或资源。但市场经济条件下,资源开发企业一般针对的并不是已经完成了勘探的矿床,相当多的情况是在只有找矿苗头的潜在找矿区,只有通过渐进式逐步加深勘查程度,排除不利矿点,才能找到适合开发的矿床或资源,因此市场经济条件下的资源开发是从资源勘查开始的开发。

矿产地质勘查的高风险性要求地质勘查采用渐进式逐步提高勘查深度,以尽可能降低勘查风险,从而出现了勘查程度和勘查阶段的问题。计划经济国家采用严格的勘查阶段以控制风险;市场经济国家的企业也采用渐进式提高勘查程度的方式,但紧密结合矿床本身的地质、资源情况和市场发展,分阶段进行勘查,但勘查阶段的划分并不明显,即并没有严格的阶段划分标准和要求。

矿产地质勘查工作阶段的划分在不同国家有所不同,即使在我国,在不同历史时期都有不同的划分,另外,针对不同的对象、不同的目的也有不同的划分方式。地质勘查阶段的划分有根据地质可靠程度划分的,有根据勘查目的划分的,有根据勘查程度划分的,有根据勘查风险大小划分的,有根据时间划分的,有根据勘查资金来源划分的等。其中根据勘查地质可靠程度划分勘查阶段是国际上最通行的方式,但地质可靠程度也存在矿床总体地质可靠程度还是矿床内不同区段的地质可靠程度问题。勘查的目的可以是公益性的,可以是商业性的;可以是以地质调查为主的,也可以是以开采需要为主的;可以是总体性的,也可以是针对专门问题的。而我国在1999年以前一直采用的是根据勘查目的、矿床总体地质勘查程度、风险大小和时间顺序综合划分方案,或者为以时间顺序为主,并考虑了勘查目的、矿床总体地质勘查程度和风险大小的划分方案。而《固体矿产资源/储量分类》(GB/T17766—1999)和《固体矿产地质勘查规范总则》(GB/T13908—2002)采用将矿产勘查工作分为预查、普查、详查和勘探四个阶段的划分方案,虽然没有明确是采用何种划分方案,通过其对矿产资源/储量分类和地质可靠程度定义可以很清楚看出只是根据区段地质可靠程度划分的,没有了我们传统的和习惯的时间概念。因此,目前的勘查四阶段划分概念完全不同于 1999 年以前的踏勘、普查、详查和勘探阶段概念。严格来说,按照《固体矿产资源/储量分类》(GB/T17766—1999),一般不应该存在传统的踏勘、普查、详查和勘探总结报告,而通常与国际上一般的市场经济国家类似,只存在一定时间段内地质勘查工作的总结报告。

市场经济条件下并不存在严格的时间顺序上的地质勘查阶段,但是对不同勘查的时间段,其勘查工作内容和勘查程度是有基本共识的。因此,地质勘查阶段的划分并不是通常所指的严格的时间上阶段的划分,而是按矿床或探矿权区域总体勘查程度和地质可靠程度分段,只是必然伴有一定的时间顺序而已。

我国的地质管理工作由于长期由地质行政主管部门直接管理勘查队伍,主要的地质勘查力量和工作也集中管理,因此,对于矿产资源勘查阶段的划分都明显地反映出这种行政管理色彩,虽然目前我国的行政管理已发生了很大变化,但由于资源开发企业的地质勘查力量和技术力量薄弱的状况并没有根本性改变,所以目前通常使用勘查报告的提交要求、资源/储量评审备案要求以及勘查阶段划分等,更多的是带有国家地质行政主管部门的划分规定色彩。由于国家地质行政主管部门过去管理的矿产地质勘查工作并没有包括矿产开发勘查过程的全部,因此这个划分规定只包括了主要阶段,而且,实际操作中要求的勘探阶段形成的探明的资源量,其地质可靠程度明显低于国际通常标准,达不到矿产开采最终需要达到的地质可靠程度(一般相当于过去的 A 级),只达到过去传统勘探阶段要求探求的 B 级。

鉴于现行的规范没有给出我们习惯阶段概念的勘查阶段,而实际给出的是矿床内一定区段内地质可靠程度分级方案,因此本手册的编写基于矿产勘查是矿产资源开发的基础和重要部分这样一种认识,其理由是:

(1) 传统地质勘查只是矿业开发过程中整个矿产勘查的一部分。

(2) 不同时间段地质勘查工作主要目的不同。

(3) 矿产资源的开发决策是基于探矿权范围内全部资源而进行的。作为地质可靠程度,整个探矿权范围内的总体地质可靠程度是首要的,同时,首采地段的地质可靠程度是需要重点考虑的。

(4) 结合不同国家、国内外的不同矿业开发企业和协会的分类。

本手册将矿产资源从发现到开采结束作为一个整体考虑。将整个矿产地质勘查(或称为广义的矿产地质勘查)划分为四个主要阶段(目的性分段而不是时间性分段):公益性地质调查[预查或踏勘(SURVEY)]、地质勘探、矿产开发勘探和闭坑复垦勘探。其中地质勘探阶段又划分为地质普查和地质详查两个次级阶段。

2.1.3.1 公益性地质调查[预查或踏勘(SURVEY)]

依据区域地质和(或)物化探异常研究结果、初步野外观测、极少量工程验证结果,与地质特征相似的已知矿床类比、预测,提出可供普查的矿化潜力较大地区。有足够依据时可估算出预测的资源量,属于潜在矿产资源。

地质调查的目的是通过初步的地质调查和取样,初步分析有利的成矿地质条件和发现有利的成矿区域。因此,按国际上通行的做法,这个阶段的地质调查工作是由国家投入并组织实施,其勘查成果是公开和可以共享的。它也是所有地质勘查中风险最高的,但也是单位面积中需要投入资金最少的阶段。

2.1.3.2　地质勘探

地质勘探阶段是针对地质调查中发现或根据地质调查资料分析推断可能发现矿产的有利找矿地段开展的地质调查工作,目的是为了找到有开发价值的矿产资源。因此是商业性地质勘查工作,也是矿产地质商业勘查中风险最大的阶段。这个阶段勘查工作基本结束时应该进行预可行性研究,以初步确定是否具有开发价值,并确定进一步勘探的必要性和勘探方案。地质勘探工作结束,勘查矿区内的主要部分的矿产资源勘探工程控制程度和地质工作研究都要达到控制级的程度(INDICATED 或 PROBABLE)。

由于本阶段结束前,通常并不能初步确定是否具有开发价值,加之地质勘查固有的风险性,随着勘查工作的深入,必然带来资金投入的增加和风险的增加,为了降低风险,通常将这个阶段划分为普查和详查两个次级阶段。通过对普查资料的分析,分析矿区成矿地质条件,重新评估找矿前景,决定是否转入详查。对于转入详查的矿区,除需要继续对矿区的成矿地质条件深入调查外,同时还应对矿床开发条件、矿石选矿冶炼加工条件、外部基本建设条件等进行初步研究调查。详查阶段接近结束时进行预可行性研究,以便初步确定是否具有开发价值、是否需要转入开发勘探工作以及如何转入勘探和全面开发。

从上述矿产地质勘查阶段的主要目的和内容可以看出,本阶段的地质勘查工作的重心和主要内容是针对矿区的成矿地质条件的调查,地层、构造、岩浆岩、蚀变、矿物组成和基本化学成分等基础性地质工作研究是其主要内容,勘查过程工程控制的目的中,控制矿化体和控制了解成矿地质条件处于同样重要的地位,而且一定有一部分工程是主要用于调查成矿地质条件的。因此,这阶段的地质工作虽然主要目的是商业性的勘探,但地质找矿工作规律决定了这个阶段的工作中基本地质调查信息研究的重要性。

2.1.3.3　矿产开发勘探

矿产开发勘探阶段是指主要为了满足采矿、选矿冶炼和加工而进行的勘探研究工作。这部分工作的重点是准确控制矿体的形态、边界、有益有害组分的分布、矿体和围岩的开采技术条件等。这个阶段的工程控制和研究的内容中基本地质特征的研究成为次要部分,而直接影响采矿开采条件、排产和矿石选冶性能的矿体和矿石地质特征研究成为重点。部分矿产资源的工程控制和地质研究程度应达到探明的程度(MEASURED 或 INPROVED),它包括目前通常所指的地质勘探、基建勘探和生产勘探,其他部分的矿产资源勘探工程控制程度和地质工作研究都要达到控制级的程度(INDICATED 或 PROBABLE)。

目前的地质勘探、基建勘探和生产勘探划分完全是计划经济的产物。市场经济情况下通常所指的地质勘探、基建勘探和生产勘探都是指为了开发矿床而进行的勘探和补充勘探工作。另外,验证勘探、边坡工程地质勘探、选矿冶金试验取样勘探等都属于补充性开发勘探。

2.1.3.4　闭坑复垦勘探

闭坑复垦勘探是矿山开发过程中,为了在资源开发完后、关闭矿山前,进行复垦、残矿处理和开采可能带来地质灾害处理需要而进行的地质勘探工作,重点是防止开发带来地质灾害的勘探研究工作,是企业为社会安全应该完成的资源开发工作的一部分。

为了降低资源开发对环境的破坏和影响,国际上对资源开发后环境的恢复越来越重视,资源开发企业承担了修复生态恢复环境的责任,但对环境恢复相关的地质工作目前还没有非常明确的勘查要求,需要不断总结。

从上述划分可以看出,地质调查是国家为了社会发展需要而进行的基础性的地质勘查工作。

其中闭坑复垦勘探是国家为了社会的安全而要求资源开发企业进行的工作,是企业应尽的义务;地质勘探和开发勘探则是企业进行资源开发过程中企业出于自身或直接利益相关方要求规避风险而进行的勘查工作。因此,通常情况下,只有地质调查有明确的阶段划分,其他地质勘查工作,资源开发企业完全可能根据矿区资源特征,在基本遵循地质认识规律和资源开发规律的情况下,灵活掌握和划分勘查阶段。但是,不同的勘查程度形成的勘查结果决定不同的开发进程,是资源开发的基本规律,也是资源开发过程中资源变化的高风险性决定的。

在资源开发过程中,如何根据矿床本身的地质和资源特征,将勘查阶段、勘查程度、地质可靠程度和开发进度合理安排,是有效降低资源勘查风险、加快开发进程,从而降低开发风险的有效手段。

按照《固体矿产资源/储量分类》(GB/T17766—1999)和《固体矿产地质勘查规范总则》(GB/T13908—2002),目前提交的不同勘查报告,如果单就资源的可靠程度看,普查区段的报告应该使矿区的资源控制和研究程度达到推断要求(普查程度要求);详查区段的报告应该使矿区的主要资源的控制和研究程度达到控制要求(详查程度要求);勘探区段的报告应该有足够(通常要满足投资回收风险控制要求)资源的控制和研究程度达到探明要求(勘探程度要求)或保证矿山正常生产足够资源的控制和研究程度达到探明要求(勘探程度要求)。可以看出,准备开发的矿山或正在开发的矿山,其资源探明程度需要有足够量的勘探资源(即探明资源),部分详查资源(即控制资源),矿床中也可能实际还存在部分普查资源(即推断资源)。因此,按照现在执行的《固体矿产资源/储量分类》(GB/T17766—1999)标准,在矿山生产期间的地质勘查工作既有矿山生产勘探,地质勘探又有详查,甚至对矿区周边和深部还存在完全以找矿为目的的普查。对于一个正在勘探的矿区,一般同时存在勘探、详查阶段,甚至存在普查阶段的勘查工作。对于目前大部分生产矿山的地质人员和管理者,在生产的同时进行详查甚至普查是面临的新课题。

从上面的分析可以看出,既想按照现有的《固体矿产资源/储量分类》(GB/T17766—1999)和《固体矿产地质勘查规范总则》(GB/T13908—2002)执行,又采用1999年以前地质勘查报告普查、详查和勘探报告名称是不合适的。而采用国际常用的"一定时间段内地质勘查总结报告"可能才能反映出报告名称与报告内容、勘查内容的一致性。

2.2 地质可靠程度对矿产开发决策的影响

2.2.1 市场经济引起的地质工作的变化

中国过去长期的计划经济导致矿产地质勘查行业与矿产资源开发行业相分离。市场经济要求矿产地质勘查与矿产资源开发的紧密结合和不可分离,强调矿产勘查仅作为矿产资源开发的一个内容,而且始终伴随资源开发的全过程,矿产勘查已经失去了作为一个行业存在的基础。传统的矿山地质与地质勘探的概念也在逐渐丧失,取而代之的是包括了预查、普查、详查、勘探、矿山地质管理等的矿产地质勘查。

矿产地质各个阶段勘查及勘查评价等,以前分别由地质队,地质管理局承担,他们为政府找矿。矿产资源的开发评价工作由矿山设计院的地质专业人员完成,对政府负责;矿山生产中由矿山地质负责矿山地质管理工作,为矿山企业负责;矿山深部及外围仍由地质队承担,由地质管理局管理找矿工作。地质勘查的不同阶段由不同的地质人员负责,并对不同的政府部门负责。目前矿产地质商业勘查工作逐步由矿业开发公司投资,专业的地质勘探公司受雇于矿业开发公司完成矿区地质勘查工作;专业的矿产资源开发咨询设计公司(院)受雇于矿业开发公司完成矿产资源评价、开发工艺和工程咨询设计;虽然目前地质勘查的不同阶段仍由不同的地质人员完成,但都是受雇于矿业开发公司,为矿业开发公司开发矿山的一个企业负责。

2.2.2 地质勘查和研究程度决定地质可靠程度

矿产地质勘查的最终目的是为矿山开发建设和生产提供相对可靠的矿产资源/储量和开采技术条件等必需的地质资料,减少投资开发和生产风险,并获得最大的经济效益。

地质可靠程度包括影响矿区矿产资源开发的基本地质信息的可靠性、获取相关信息的方式和手段的有效合理性、研究方法和研究深度及其有效性等,也就是要达到一定的地质可靠程度,单依靠足够的勘查控制程度、充足的样品数据的获取和正确的取样手段和方法是不够的,同时还要配套采用合适正确的研究方法和手段,并进行充足的研究。通常地质可靠程度取决于以下勘查控制程度和地质研究程度。

2.2.2.1 勘查工程控制程度——基本地质信息的收集程度

通过物探、化探和通常的探矿工程等不同的勘查工程进行取样和收集信息,通过以下几个方面考察确认基本地质信息是否充分。

A 对矿床总体控制程度

对矿床总体控制程度包括对矿体分布空间及一定周边地区范围内地层、构造、岩石、蚀变和矿化特征的控制,矿体空间分布特征及其规律的控制。不同的勘查阶段通常采用不同的勘查手段,对矿床进行总体控制要求也不同。要满足矿床开发和可行性研究,通常要求对矿体的平面延伸边界应一次性基本完成控制,对矿床深部边界则根据矿体的埋藏深度、矿化变化规律和一期可能的开采深度,采用一次完成深部边界控制或分期勘查,逐步控制矿床深部边界。总体原则是,要求勘查程度必须满足矿床开发采、选、冶、尾矿和其他公用工程合理布置要求,以便使永久性工程不建于矿体上方,尽可能实现资源的充分利用和工程使用的安全。

在考虑对矿床的总体控制程度中,应该注意对矿体分布范围的控制。查明矿体总体产出情况和分布范围;查明矿床和矿体在平面和垂直空间上的分布范围,查明构成矿床的矿体数量、大小、空间分布,查明矿体之间的相互关系和分组分带情况,及其分组分带之间的关系和变化规律;查明矿体、矿体群(组)之间无矿地带的分布规律;查明矿带(组)和主要矿体的规模以及矿床规模。

对矿体边界和深部的控制。根据查明的矿体的基本规模、产出状态,初步确定矿床的开采方式和开拓方案,针对露天开采和地下开采的不同特点,制定不同的控制矿体边界和深部界限的勘查方案。对于适合露天开采的矿床,应尽可能一次完成对矿床四周边界和深部边界的控制;对于适合地下开采的矿床,特别应注意对矿体顶部边界的控制,对于矿体延伸和延深特别大的矿床(体),应注意分期勘查控制与适当超期了解性勘探相结合。

B 对矿体赋存状态的控制

对矿体赋存状态的控制包括对矿体的规模、矿体的形态及其变化、厚度及其变化、产状及其变化的控制;对矿体内部矿化富集规律、矿石类型及其变化规律、矿石技术品级分布规律、有用有害组分的分布及其变化规律等的控制。原则上应该满足矿山设计合理地确定建设规模、服务年限、开采开拓方式、采矿方法、矿山总体布置、矿山初期坑道布置、矿石选冶加工工艺流程的选取和确定等需要的足够资料。

C 对首采地段的控制程度

矿床不同部位资源开采的难易程度、开采成本是不一样的;同时,由于矿床中有用组分分布的不均匀性和开采难易不同,同样单位体积的资源的价值和开发收益是不同的。同一个矿床、同样的资源,不同的开采顺序方案必然带来不同的开发收益。为了尽可能提高矿床开发效益,寻找最佳的开采顺序是矿山开发前需要重点研究的内容之一。为了满足相关研究的需要,充分利用已有的开发经验,在充分研究矿床地质规律、成矿规律和资源分布规律基础上,合理分析确定可能的首采地段,并对首采地段矿体及其地质特征进行充分控制是勘探工程布置中必须足够引起重视的问题。对于选定的首采地段,应该运用最有效、可靠的勘查手段和足够数量、密度的勘查工程加以控制,以满足对投资回收、投资风险控制、初期采矿工程布置和选冶工艺流程确定等研究的需要。

D　对小矿体的控制程度

矿床中通常有部分小矿体,由于它本身的规模和资源量小,如果单独开采,通常都不具备开发价值。但是,如果与主矿体一同开采,通常又能带来开发效益和获取利润,并带来资源的综合利用,提高资源利用率。

对于主矿体上下盘的小矿体,应该根据小矿体可能的规模、距主矿体的远近、小矿体可能的开发价值和开发成本,确定适当勘查控制程度。对于有开发价值的小矿体,一定要与主矿体一同完成勘探工作,并同时满足同样的开发研究要求;对于距离主矿体远而且矿体规模又小,价值低,开发成本高,没有实际开发效益的小矿体,应该区分情况,适时放弃进一步勘查,节约勘查资源。

E　对地质构造的控制程度

成矿前的构造往往是矿体产出的重要控制因素,成矿后构造往往对矿体产生不同程度的破坏作用,而成矿时的构造既对成矿起叠加和扩大作用,也可能使矿体产出情况复杂化。因此,勘探中,首先应尽可能对构造的性质进行分辨,并判断其对矿体的控制和破坏作用的大小和对开拓、采准、备采工程及采矿方法的影响程度,分别提出不同的控制程度要求。

对于那些与成矿关系密切,对矿体产出起控制作用的褶皱和断裂构造,要通过与矿床复杂程度相适应的勘查手段、方法和控制程度,对他们所揭露的情况进行分析,查明其类型、规模、形态、产状、分布情况和对矿体产出的控制作用。对于那些使矿体遭受错动和破坏的构造及成矿后期脉岩,要视其规模和所起破坏作用的大小,根据主要是对开拓工程还是采准工程、是备采工程还是采矿方法的布置或选取造成影响情况,分别提出不同的勘查要求、采用不同的勘查手段和方法。

F　对共(伴)生矿产的控制程度

金属矿床中,除主要可利用组分外,通常还共(伴)生一种或多种其他矿产,可供同时开发利用,特别是有色金属矿床,多种有益组分共(伴)生,赋存于同一矿床中,是非常普遍的现象。为了充分利用资源,提高矿床开发价值和效益,有必要对矿床内部,包括主矿体顶底板及其附近的共(伴)生矿产,进行综合勘探、综合研究、综合评价。

G　对不同勘查程度地段空间分布及其控制程度

由于矿床勘查投入大,而且风险高。一个矿床的勘查,一方面要保证有足够数量的矿产资源达到相当的地质可靠程度(一般为探明级)以保证投资的风险小,同时又不可能要求一次性将矿床全部资源勘查到探明级。因此,必须根据矿床地质特征,适当选取和布置不同勘查程度的区域,分步骤、分阶段地逐步加深勘查控制和研究程度。

通常可以根据矿床规模大小、生产规模、投资回收期限和开发投资风险大小等因素,基于在满足投资风险基本控制的前提下,降低前期勘探投入费用和前期勘探周期,在满足投资控制和生产需要条件下,分批分阶段逐步投入勘查工作和费用。

2.2.2.2 地质研究程度——内容、质量、方法、深度及有效性

矿产地质勘查中不同勘查阶段其勘查的主要目的是不完全相同的,研究所针对的主要内容和研究深度要求也必然不同。矿产普查阶段以调查和研究矿区的成矿地质条件为主,基本的成矿地质条件的研究势必是重点,这阶段矿体形态都不清楚,所以对矿体内部地质特征的研究基本就无法进行;详查阶段矿区成矿地质条件逐步开始清晰,但仍有待更深入研究,仍然是这阶段主要研究工作内容,而矿体和矿化体特征控制研究逐步变得重要起来,成为主要研究方面之一;进入勘探阶段,矿区基本地质情况应该基本明朗,矿体外在特征虽已基本控制,但要进入开采,仍需要进一步准确控制,这阶段矿体内部特征及其变化规律的控制和研究成为头号任务之一。矿区地质特征控制研究经历着从宏观到微观,从岩石到矿石,从开采技术条件到矿石选冶加工技术条件的研究,不同阶段虽然侧重点不同,要求研究程度不同,甚至可能要求采用的研究手段和方法也不同,但总体应包括以下内容。

A　区域地质信息

收集和分析区域成矿的各种地质信息。任何矿床的形成,特别是金属矿产,都是与区域内地质历史上的地质活动,区域地层,构造,岩浆岩的存在、发展和变化密不可分的,是一定地质时期基于一定地质环境和地质活动的产物。通过收集分析所有可能收集到的前人工作的论文、研究报告等资料,研究分析区域地质活动、地质体的信息,才能有利于对矿区成矿地质特征研究分析,才能有利于对矿床成因、成矿和控矿地质条件的分析、推断,提高找矿和勘查水平。矿区普查和详查阶段应重点关注对区域地质信息资料的收集分析和研究,以利于提高勘查工作质量和效果。

B　矿区地层、构造、岩浆活动、变质作用和围岩蚀变研究

收集分析矿区各种地层,特别是近矿岩层的时代、层序、岩性、岩相、化石、标志层特征、厚度、产状及其接触关系等方面资料。密切收集、关注和研究矿区内所有断层和褶皱的任何信息;收集断层中矿物,岩石角砾的岩性、形态、擦痕、断层泥特征等所有断层中的地质信息;收集褶皱形态、地层顺序、地层空间关系、地层之间错动关系等所有反映地层形态变化的地质信息;判断和分辨成矿前、成矿期和成矿后的构造;针对不同类型、不同规模和对矿床开发影响程度不同,采用不同的勘查方式、不同控制程度和研究程度,完成对各种地质构造的研究。收集和分析矿区所有岩浆活动产物的特征资料,收集分析矿区岩浆岩的岩石和矿物的分析资料,分析研究岩石分类,研究岩浆岩化学特征与成矿关系,分析岩浆岩的岩石特征、矿物组合和地球化学特征及其变化规律,特别是与矿有益和有害组分密切相关的岩浆活动的特征信息、密切关注物质流动关系,收集和研究所有岩浆活动对矿区成矿作用影响的证据,确定岩浆活动对矿区成矿作用的大小和影响程度。收集和分析矿区所有变质作用存在的证据,分析研究所有不同变质作用发生的时间关系、空间关系及空间变化规律,分析和判断不同时期的变质作用及其对矿区成矿作用的影响程度。收集和分析矿区所有存在的岩石蚀变信息,特别是矿体内和近矿围岩的岩石蚀变信息资料,分析研究不同围岩蚀变的矿物组合特征、强度及其变化规律,分析判断不同围岩蚀变对成矿和矿床开采的影响,分析判断不同围岩蚀变与矿化的关系。矿区地层、构造、岩浆活动、变质作用和围岩蚀变方面的信息研究需要贯穿于矿区地质矿产勘查的全过程,特别在矿区普查和详查阶段更应该作为勘查工作的重点内容加以重视。

C　矿床(体)规模和矿体(层)特征信息

矿床勘查的目的是为了经济合理有效地开采矿产资源,不同的矿体规模、埋藏深浅的差异、矿体的形态、产状、矿体的稳固性条件等严重影响开采方式、开拓方案、采矿方法的布置和选取。收集和研究矿床(体)规模和矿体(层)特征信息,是需要贯穿于整个勘查全过程的重要内容,特

别进入详查和勘探阶段,应针对不同的区段以及开拓、采准和备采工程布置的不同需要,有针对性地采用不同的勘查手段、不同的勘查工程密度,满足不同的控制要求。在勘查中,应该充分利用勘查工程中收集到的地质信息,研究分析矿体的延长、延深规模,矿体的厚度及其变化规律,矿体的走向、倾向和倾角及其变化特征,矿体的分支复合规律,矿体(层)之间的空间关系、成矿关系和地质特征相关性。

D 矿体(层)围岩及夹石信息

矿体(层)围岩及夹石的规模大小、厚度、形态及夹石的完整性、稳定性主要影响采矿方法的确定、采矿参数的确定及其指标控制。当勘查程度要求较高,或进行采矿方法研究、采场采矿设计时,需要基本准确的矿体(层)围岩及夹石资料。通过勘查工程控制和信息研究,查清夹石的规模大小、厚度、产状、形态、有益有害组分分布情况及夹石的完整性、稳定性,为开发生产参数控制提供必要的资料。

E 矿区水文地质、工程地质和环境地质等信息研究

应该根据不同勘查程度的要求,确定水文地质、工程地质和环境地质研究的内容和深度。通常应对矿区地层和矿体结构、构造、节理裂隙分布及组合。岩体和矿体的完整性和稳定性;地下水补给、径流、排泄条件及动态变化,主要含水层性质、厚度、产状、分布、静止水位及渗透系数,含水层水利联系及其动态变化,隔水层的性质、厚度、产状、分布、稳定性和隔水性;地表水体和地下水的水利联系以及对矿床开采的影响;构造带的性质、产状、宽度以及富水性和导水性;老窿、溶洞等的分布、充水条件和积水补给来源以及对开采的影响;矿山开采对矿区地面沉降、开裂、塌陷对矿山建设、生产和周边地表自然环境和社会环境的影响。

F 矿石质量特征信息研究

应该根据不同勘查程度的要求,确定矿石质量特征研究的内容和深度。矿石质量特征通常主要包括:

(1) 矿石的矿物成分和化学成分,矿石的结构构造、矿物嵌布特性、共(伴)生组合关系;

(2) 有用组分和主要伴生有益和有害组分的种类、含量、赋存状态、分布规律和共生关系;

(3) 矿石泥化矿物的种类、含量;

(4) 矿石的自然类型、工业类型、技术品级及其分布,矿石氧化情况,矿床原生带、混合带和氧化大带分布及界限。

G 矿石选矿和冶炼等加工技术性能研究

不同的矿床有不同的矿物及其组合,不同的矿物形态及其相互关系有不同的矿石类型和组合分布。在矿床勘查过程中,应该结合勘查工程控制和地质研究,针对不同的矿石性质特征和勘查阶段要求的地质研究深度,确定矿石选矿和冶炼加工研究内容和深度。

在进行矿石选矿和冶炼加工研究内容和深度之前,一定要研究并初步了解矿床中主要矿石类型及其分布,初步研究矿物组合、矿物赋存特征,以便确定矿石选冶加工的基本难易程度,从而实现与地质勘查程度要求一致的矿石选冶加工工艺技术研究深度。

对于矿石类型比较简单或同样矿物组合、矿物赋存特征和矿石类型有成熟工艺技术和工业应用实践的矿床,一般要求在详细普查结束时,矿石处理工艺研究应该达到可选性试验或试验室小型流程试验程度要求,勘探阶段应该达到试验室小型流程试验或试验室扩大连续试验深度要求。对于大型复杂新类型矿石,在详细普查结束时,矿石处理工艺研究应该达到试验室小型流程试验或试验室扩大连续试验程度要求,勘探阶段应该达到试验室扩大连续试验或半工业试验深

度要求,勘查基本结束,正式开发前可能还需要进行工业试验。

对于以上研究内容,在不同的勘查阶段,研究要求的深度可能不同,研究要求的精度也可能不同,所以研究侧重点可能有所不同,需要采取的分析方法、研究手段和方法也可能不同,可能采用的取样方法也不同。研究手段、研究方法、研究精度的正确性与否,一定要基于对地质可靠程度应该达到的研究深度要求来判断。同样,要判断地质可靠程度是否满足勘查程度要求,首先要判断研究信息采集的手段、方法是否与之相适应,收集的信息的可靠性是否与要求的地质可靠程度相一致,采用的分析方法、研究方法、研究手段和研究技术是否能满足相应可靠程度的要求。需要特别指出的是,地质研究信息(样品)采集手段、方法严重影响地质可靠程度。

2.2.2.3 地质勘查取样

不同的勘查目的和研究目的需要的样品不同,不同的样品的代表性不同,进行研究所得研究成果的可靠性不同,即地质的可靠程度不同。地质取样方法、手段的正确性和合理性严重影响地质可靠程度——地质资料的可靠程度和矿产资源的可靠程度。

A　地质勘查取样原则和取样分类

地质勘查取样分类可以根据取样样品研究目的、取样方法、取样手段等进行划分。

根据对样品研究目的的不同划分为化学分析取样、岩石组分分析取样、矿岩岩石力学特征测试取样、选冶加工工艺流程研究取样等。

根据取样手段不同划分的有地球物理取样、地球化学取样、地质取样等。

样品的代表性是地质取样的首要原则,根据地质数据具有的单个样品值的随机性和大量样品的区域相关性。即单个地质样品数据具有偶然性,它不能代表一个地质体的一般特征,没有对一个地质体的地质特征进行评价的意义。实际应用中就是不能根据个别或少量的地质取样和分析结果就去轻率地判断是否具有找矿价值,甚至资源开发价值。但在同一个地质体中的一定空间内,其地质特征是有规律的,其地质数据特性是相关的。

B　样品数量的充分性和代表性

地质样品和地质数据的区域相关性(代表性)表明,由于地质规律本身的存在,地质数据之间具有一定的相关性,这种相关性是基于地质变化、成因等方面的规律而存在的,因此,要研究和判断某一个地质体的规律性特征,通常应该在该地质体内获取相当数量的在空间分布上有代表性的样品。要获得有充分代表性的样品,根据统计学的规律,同类样品一般不应少于30个。

C　样品的空间代表性

样品的空间代表性包括一个区域内不同地质体取样样品的代表性和同一个地质体内部、不同空间部位的代表性。研究一个区域、一个矿床的地质规律、成矿规律,就必须研究空间上相关和时间上相关的不同地质体的特征,而不可能去只研究某一个地质体的地质特征;同一地质体内的一定空间内,不同部位的地质特征一方面是相互关联的,另一方面又各有特点。因此,有必要在一定空间内,对同一地质体内不同部位、不同空间取样进行研究。

D　地球物理勘探取样

地球物理勘探是以物理学和地球物理学理论为理论基础,与地质学相结合,应用到地质勘查领域的勘查学方法。

地球物理勘测方法应用于矿产勘查的各个阶段,可以从空中、地面、地下来收集和获取信息。主要物探方法包括放射性测量法、磁法、自然电场法、中间梯度法(电阻率法)、中间梯度装置的激发极化法、联合剖面法、对称四极剖面法、偶级剖面法、电测深法、充电法、重力测量法、地震法。通过初步分析岩石及矿(化)体不同的物理及地球物理特征,选用不同的合适的地球物理勘探方法,通过仪器直接收集相关数据,达到直接取样的目的。

E 地球化学勘探取样

地球化学勘探是以矿床学和地球化学理论为理论基础,与找矿勘查学相结合,应用到地质勘查领域的勘查学方法。

地球化学方法主要应用于矿区前期找矿或已有矿床深部及外围前期找矿阶段。主要有原生晕法(岩石测量法)、土壤测量法、水系沉积物测量法(分散流)、水化学测量法(水化学)、生物测量法、气体测量法、土壤离子电导率测量法、地电提取离子测量法、土壤吸附相态汞测量法和构造射气测量法。通过仪器直接提取或从水、土壤、岩石、气体、生物等勘探区可能反映地质成矿特征的物体中取样,进行化学、电化学分析。

F 地质探矿化学分析取样

为了研究矿床成因、评价矿床资源及利用价值、解决矿产资源开发中矿石开采选冶加工问题提供依据,需要通过采取岩石或矿石样品,进行化学分析,以确定矿石中化学成分及其含量,了解矿石有益有害组分等质量、圈定矿体、计算查明矿产资源、进行资源开发生产管理等。通常的取样方法有拣块法取样、刻槽法取样、刻线法取样、方格法取样、打眼法取样、全岩芯取样、半岩芯取样、岩粉(块)取样等。

不同的采样方法难度和成本是不同的,采样方法的选取应该服从于采样目的的要求。取样重量确定中在满足采样目的的同时应该注意化学分析元素分布特征,样品重量应满足代表性要求。

G 岩石力学性能分析取样

岩石力学性能分析研究通常包括岩石和矿石的单轴抗压强度、三轴抗压强度、抗拉强度、抗剪强度、弹性模量、泊松比、内摩擦角、松散系数、小体重、大体重、湿度、块度、坚固性、孔隙度、裂隙度等。

岩矿石在自然状态和烘干状态下,其力学性质有巨大差异,所有测定的岩矿石力学性质参数应尽可能在岩矿石处于接近自然状态下进行。如果不是在自然状态下测试的结果,应该予以说明。小体重取样通常采用涂蜡法,大体重取样一般采用全巷法,湿度测量取样也通常采用涂蜡法等。另外,由于岩矿石在矿床中位于不同部位,同一种岩矿石其力学性质和参数也可能不同,因此,在测定同一种岩矿石的同一种力学参数时,也应该注意样品的空间代表性、性能代表性,并采取有足够代表性的样品进行测试,求取统计值。

H 岩石矿石物质结构分析取样

岩石矿石物质结构分析主要包括岩石矿石的矿物种类、组成、矿物形态、矿物组合形式等。岩石矿石物质结构分析结果通常用来进行矿床、岩石成因分析,矿石选冶工业流程方案研究。取样方法可以是拣块法取样、岩芯取样、巷道取样等方法。同一种岩石和矿石类型应该采取多个样品,并注意岩石矿石的矿物种类、组成、矿物形态、矿物组合形式、空间分布等方面的代表性。

I 矿石加工技术性能研究取样

矿石选冶加工技术性能研究包括各种选矿试验、冶金试验、加工试验研究。选矿试验一般分为可选性试验、实验室小型流程试验、实验室扩大连续试验、半工业试验和工业试验,冶金试验分探索性试验、小型试验、扩大试验、半工业试验和工业试验,矿样采取和配制直接影响矿样的代表性。矿样代表性的最根本要求是所采取和配制的矿样与矿山生产期间送往选冶场的矿石性质基本一致。一般情况下,应该采取全矿床开采范围内或投产初期 5 ~ 10 年内处理矿石具有充分代表性矿样。不同品级和类型的矿石分采和分选冶时,应该分别采取代表性样品、分别试验。矿石的组成、结构构造、有用有害组分含量、有用矿物粒度和嵌布特性、不同矿石比例、废石夹石混入类型及比例等应该与矿床开采安排基本一致。

根据不同试验和深度要求,通常采取不同重量的矿样。根据矿样重量的不同要求和试验研究的不同要求,通常可采用拣块法取样、刻槽法取样、刻线法取样、方格法取样、打眼法取样、全岩芯取样、半岩芯取样、岩粉(块)取样、剥层取样、巷道取样。

2.2.3 地质可靠程度对矿山开发决策的影响

通常不同的阶段达到不同的勘查程度,不同的勘查程度和研究程度达到不同的地质可靠程度。

2.2.3.1 地质勘查阶段及其要求

地质勘查阶段是矿产地质勘查本身的高风险性所决定的,我国目前根据地质可靠程度将矿产地质勘查分为预查、普查、详查和勘探四个阶段。

A 预查

预查是指依据区域地质和(或)物化探异常研究结果、初步野外观测、极少量工程验证结果、与地质特征相似的已知矿床类比及预测,提出可供普查的矿化潜力较大地区。有足够依据时可估算出预测的资源量,属于潜在矿产资源。

B 普查

普查是对可供普查的矿化潜力较大地区、物化探异常区,采用露头检查、地质填图、数量有限的取样工程及物化探方法,大致查明区内地质、构造概况;大致掌握矿体(层)的形态、产状、质量特征;大致了解矿床开采技术条件;矿产的加工选冶性能已进行了对比研究。最终应提出是否有进一步详查的价值或圈定出详查区范围。

C 详查

详查是对普查圈定出的详查区通过大比例尺填图及各种勘查方法和手段。比普查阶段密的系统取样,基本查明地质、构造、主要矿体形态、产状、大小和矿石质量,基本确定矿体的连续性,基本查明矿床开采技术条件,对矿石的加工选冶性能进行类比或实验室流程试验研究,做出是否具有工业价值的评价。

D 勘探

勘探是对已知具有工业价值的矿床或经详查圈出的勘探区,通过加密各种采样工程,其间距足以肯定矿体(层)的连续性,详细查明矿床地质特征,确定矿体的形态、产状、大小、空间位置和矿石质量特征,详细查明矿体开采技术条件,对矿产的加工选冶性能进行实验室流程试验或实验室扩大连续试验,必要时进行半工业试验,为可行性研究或矿山建设设计提供依据。

2.2.3.2 地质勘查阶段与手段

根据不同的勘查目的、不同的地质勘查阶段和不同的矿区(床)地质特征采用不同的勘查手段。根据揭露地质特征采用的基本技术手段特征分为地球化学勘探、地球物理勘探和探矿工程勘探等。

A 预查

预查工作采用的地质勘查手段主要有:

(1)区域地质、矿产、物探、化探、遥感、重砂、探矿工程等研究资料信息收集;

(2)1:50000 或 1:250000 路线踏勘;

（3）少量物探、化探和Ⅱ～Ⅲ级查证；

（4）地表地质采样、追索地质填图等。

B 普查

普查工作采用的地质勘查手段主要有：

（1）1∶25000～1∶50000 的地质填图和露头检查；

（2）1∶10000～1∶2000 的地质填图；

（3）一定数量的物探、化探、遥感、重砂等取样工程；

（4）部分地表槽探、浅井探矿和很少量深部钻探工程验证；

（5）Ⅰ～Ⅱ级物探、化探验证；

（6）矿石物质组成及结构分析研究。

C 详查

详查工作采用的地质勘查手段主要有：

（1）1∶10000～1∶2000 的地质填图；

（2）1∶10000 和 1∶2000 地形测量，以及所有探矿工程的工程测量；

（3）系统的物探、化探和地表工程等取样；

（4）系统的地表槽探、浅井探矿和深部钻探或平硐工程控制；

（5）系统的化学分析、物质组成分析；

（6）基本的开采技术条件研究。包括开展水文地质、工程地质、环境地质调查，进行水文地质观测、矿岩物理力学性能研究等；

（7）矿石加工技术性能研究。一般为可选性试验或实验室流程试验，难选矿石为实验室扩大连续试验。

D 勘探

勘探工作采用的地质勘查手段主要有：

（1）1∶10000～1∶2000 的地质填图，必要时为1∶500；

（2）1∶10000、1∶2000，必要时为1∶500 地形测量以及所有探矿工程的工程测量；

（3）系统而充足的地表槽探、浅井探矿；

（4）系统和足够密度的深部钻探和/或平硐工程控制；

（5）系统的化学分析、物质组成分析；

（6）详细的开采技术条件研究。包括系统而全面的抽水水文地质研究或观测并预测涌水量、系统而全面的矿岩物理力学性能研究并预测不良工程地质问题、系统而全面的环境地质调查和研究并预测开发可能引发的环境问题；

（7）矿石加工技术性能研究。一般为实验室流程试验和实验室扩大连续试验，难选矿石应增加半工业试验。

2.2.3.3 地质勘查可靠程度对矿山开发决策的影响

不同的勘查阶段采用不同的勘查手段、研究方法，达到不同的研究深度，得到不同地质可靠程度的资料和资源。不同地质可靠程度的资料和资源也只能满足不同目的和做出不同的决策内容。

通常地区总体地质勘查程度只达到预查程度时，我们只能提出所研究地区是否具有找矿前景，需要回答的是某地区是否可能找到矿产资源，是否值得开展地质找矿工作。

通常对矿区进行普查时，研究区域应该已经找到矿化信息，但矿化信息仍然非常有限，即使区域达到普查程度,仍然只能回答矿区是否有比较大的找到可供开发的矿产资源的可能性,并解决矿区是否值得进一步开展勘查工作以找到可能开发的矿产资源问题。

矿区完成详查时,应该初步能确定矿区的矿产资源是否基本具备开发可能性。并通过预可行性研究,基本回答矿区资源是否具备开发的可能性和初步确定开发的可能方案,初步确定矿区的矿产资源是否有开发价值。

矿区总体勘查程度到达勘探程度时,矿区地质资源控制程度、地质勘查研究程度、矿床开采技术研究程度、矿石选冶加工技术研究程度已比较高,进行矿区开发可行性研究的条件应该已经具备。通过可行性研究,已能回答如何经济有效地开发矿区矿产资源的问题,这个阶段不单要解决矿区资源是否有投资开发价值的问题,而且要解决如何开发才能更经济有效,获得最大的经济效益问题。

2.3 地质资源经济评价

地质资源经济评价习惯称作矿床经济评价,包括地质评价、资源评价和资源开发技术经济评价。地质评价主要是对矿区的地层、构造、岩石和矿物及其蚀变、岩石的地球化学和地球物理等成矿特征的评价,地质条件的研究深度就是地质评价深度;资源评价是在地质评价的基础上集中对资源的可靠性和技术经济性的初步可行性进行的评价,资源的可靠性研究包括地质研究和勘查研究,勘查研究深度基于勘查手段和勘查质量及其研究深度;资源开发技术经济评价是在地质评价和资源评价基础上,围绕资源开发中的工艺、技术、产品市场及由此带来的经济效益的评价,重点是工艺、技术、产品市场和开发效益的评价。各种不同地质勘查程度或不同地质勘查阶段的地质评价、资源评价和资源开发技术经济评价各自所占分量是不同的。

2.3.1 地质勘查工作与矿床经济评价

不同的矿产地质勘查阶段都可以进行矿床经济评价,但由于不同地质勘查阶段得到的地质信息量和信息数据特征是不同的,因此进行矿床经济评价的重点和结论表达方式也是不同的。预查和普查阶段应该主要对区域的地质特征及成矿条件进行评价并评价成矿远景,经济评价处于次要位置,进行概略评价。

详查阶段的矿床经济评价中地质资源勘查评价(包括矿床成矿条件评价、矿床资源条件评价、矿床勘探和研究程度评价、勘探手段评价、勘查信息数据可靠性评价等)是最主要的评价;矿床开采技术条件评价、矿石选冶加工技术性能及研究深度评价、开发经济评价和产品市场评价等也处于比较重要的地位,需要进行预可行性研究。通过完成预可行性研究,基本判断矿床的勘探价值及必要性,初步判断矿床资源开发的可行性。

勘探阶段的矿床经济评价中地质资源勘查评价、矿床采选冶加工技术评价、开发经济评价和产品市场评价等也处于同样重要地位,而且技术、经济和市场评价显得尤为重要,所以需要进行可行性研究。

2.3.1.1 概略研究

概略研究实质是矿产资源开发机会研究,利用类似矿山和矿种开发的投资、成本等经验数据以及所研究矿床(点)的矿床、矿体和矿石特征资料进行的概略研究。

A 概略研究时机

概略研究可以是在普查阶段结束和(或)进行详查阶段和勘探阶段的任何时间,对地质勘查程度和资料要求不高。

B 概略研究目的

概略评价矿床(点)的成矿地质条件、找矿远景,确定是否进行详查阶段工作;估计矿床(点)的潜在经济价值和投资开发机会。

C 概略研究依据的地质资料

概略研究依据的地质资料要不低于普查阶段地质勘查及研究成果资料。

D 概略研究的主要内容

(1)对国内外该种资源、储量、生产、消费进行初步调查和概略分析;

(2)对国内外市场需求量、产品种类、质量要求和价格趋势作出概略预测;

(3)初步分析和评估矿区成矿地质条件、找矿远景;

(4)分析进行详查工作的必要性和将来投资开发的可能性(机会)。

2.3.1.2 预可行性研究

预可行性研究是对矿床开发经济意义的初步评价。

A 预可行性研究时机及研究主要指标要求

详查勘查工作结束后,或勘探工作进行中或结束后,通过采用参考资源储量计算工业指标求得的资源/储量、实验室规模的选冶加工研究成果、初步确定的工艺流程和产品种类、类似矿山开发投资成本数据和相应产品市场数据,对矿床开发的经济意义做出初步评价。通常投资及综合成本等主要经济指标与生产实际误差应不超过±25%。

B 预可行性研究目的

预可行性研究的目的是评价矿床是否具备进一步转入勘探的必要性,初步评价矿床是否具备开发价值。

C 预可行性研究依据的地质资料

预可行性研究应该具备不低于详查阶段结束应该拥有的地质勘查成果资料。

D 预可行性研究的主要内容

(1)比较系统地对国内外该种资源的储量、生产、消费进行调查和初步分析;

(2)对国内外市场需求量、产品种类、质量要求和价格趋势作出初步预测;

(3)初步评价矿区地质特征、资源特征、资源及资料可靠程度、探矿远景、估算矿区资源,提出勘探方案;

(4)根据矿床规模和矿床地质特征以及矿区地形地貌,初步研究并提出项目建设规模、产品种类;

(5)提出矿区总体建设设想和工艺技术的原则方案;

(6)参照一般经验数据,初步估算工程量、提出主要设备清单,初步估算投资规模和生产成本;

(7)进行初步经济分析。

2.3.1.3 可行性研究

可行性研究是对矿床开发经济意义的详细评价,是对矿床开发的条件、规模、厂址、工艺技术、产品、开发方式、开发效益和融资等所有方面进行详细比较论证,为投资开发决策提供各方面依据的研究工作。

A 可行性研究时机及研究主要指标要求

可行性研究工作应该在矿区勘探工作完成的基础上进行,通常投资及综合成本等主要经济指标与生产实际误差应不超过±10%。

B 可行性研究目的

详细评估矿床开发的价值、经济效益和开发的可行性,研究、优化并推荐投资、开发中的重要方案。

C 可行性研究依据的地质资料

地质资料、信息和成果要达到矿产勘探阶段工作成果的精度要求。国际上通常要求实测级的资源能够满足开发投资收回的要求,我国要求在提交勘探报告的基础上进行。

D 可行性研究的主要内容

(1) 系统地对国内外该种资源、储量、生产、消费进行调查和详细分析;

(2) 对国内外市场需求量、产品种类、质量要求和价格趋势作出详细预测;

(3) 详细评价矿区地质特征、资源特征、资源及资料可靠程度、估算矿区资源;

(4) 根据矿床规模和矿床地质特征以及矿区地形地貌,研究、论证并提出项目建设规模、产品种类;

(5) 详细比较、论证厂址方案;

(6) 详细比较、论证主要工艺流程、技术选择方案;

(7) 详细比较、论证产品方案;

(8) 比较、论证主要设备选择方案;

(9) 估算工程量、提出基本设备清单;

(10) 估算投资规模和生产成本;

(11) 进行融资方案分析;

(12) 进行经济分析。

2.3.1.4 矿山生产过程中的资源经济评价

由于矿山生产过程中不存在对矿山资源开发是否进行和总体如何开发等决策性问题,因此,这个阶段对矿区资源的总体重新经济评价通常在以下情况出现时才发生:

(1) 产品市场价格发生重大变化;

(2) 生产工艺和成本发生重大变化;

(3) 矿区外围或深部资源有重大发现;

(4) 其他开发条件发生重大变化。

2.3.1.5 矿山生产中地质探矿经济评价

矿山生产过程中的地质探矿工作包括开拓范围内的开发勘探和地质加密勘探以及开拓区范围以外的外围地质找矿工作。其中开拓范围内的开发勘探和地质加密勘探是矿山开发生产过程中的通常步骤,因此,一般不需要再另行开展探矿经济评价;对于开拓区范围以外的地质找矿工作应该按照一般地质探矿的经济评价要求开展经济评价,但评价中一定要基于已有的开发条件进行,不能作为一个独立的项目开展经济评价。

2.3.2 资源/储量计算工业指标

资源/储量计算工业指标是指计算资源和储量以及衡量矿床工业价值的标准(简称工业指标)。

2.3.2.1 资源/储量计算工业指标制定的目的

工业指标制定是一项地质和技术经济的综合计算和评价过程,是在矿床地质条件可能的基础上,满足当期政治、法律法规、社会、环境、市场需求状况下,在合适的采矿、选矿和冶炼加工技术水平和经营管理水平及达到期望的投资收益水平条件下,圈定矿体、计算矿床资源/储量所使用的参数。工业指标制定是为了给准备开发的矿床制定出一套用于合理开发矿产资源和资源开发评价的基本技术指标。

2.3.2.2 资源/储量计算工业指标的主要内容

圈定矿体,计算矿石资源/储量的主要指标有边界品位、(工程或矿块)最低工业品位、边际品位、矿床最低工业品位、最小可采厚度、夹石剔除厚度等。针对不同的矿种、不同地质特征,矿石开采、选冶加工工艺流程和市场要求,有时还需要采用米百分率(或米克吨值)、当量品位、伴生有益组分含量、有害杂质允许含量、品级指标、氧化率等指标来圈定矿体,计算矿石资源/储量。

对于含有多种有益组分的矿床,为了比较准确地圈定矿体和评价资源,可以将经济价值不是最高的非主要组分,根据组分的产品市场价格、采矿、选冶加工回收率,甚至加工成本,将其含量品位折合为经济价值最高的主要组分的含量,即非主要组分相对于主要组分的当量品位。各种有益组分的当量品位之和,构成矿床或工程的当量品位。从而引申出当量边界品位、(工程或矿块)当量最低工业品位、当量边际品位、当量矿床最低工业品位。

A 边界品位

边界品位是划分矿石与废石或夹石界限的有用组分的最低含量标准。边界品位不应低于尾矿中该组分的含量,采用单个样品的有用组分含量来衡量。

B (工程或矿块)最低工业品位

(工程或矿块)最低工业品位是工业上可以利用的矿体单个见矿工程(或矿块)的最低平均品位要求,它是圈定工业矿体即划分经济的资源/储量与边际经济的资源/储量的依据。通常采用矿山开发的盈亏平衡品位作为衡量标准。

C 边际品位(Cut-off Grade)

边际品位是工业上可以利用的矿块的最低平均品位要求,是最低工业品位的另一种表达方式。

D 矿床最低工业品位

矿床最低工业品位是指矿山开发中,满足最低投资收益要求情况下,矿床具备的最低有用组分含量要求,即矿床进行开发的最低品位要求。

E 最小可采厚度

最小可采厚度是当矿石质量达到工业品位要求时,在现有采矿技术经济水平条件下,可以被开采利用的单层矿体的最小(真)厚度要求。小于这一厚度的矿体,一般不能开采,但当矿体的工业价值较高时,通常采用米百分值或米克吨值来衡量是否具有开采价值。

F 夹石剔除厚度

夹石剔除厚度是指在现有采矿技术经济水平、一定的采矿方法和适当的采矿设备条件下,夹在矿体中的非矿夹石最大允许厚度,小于该厚度的夹石可以混入矿石一同计算资源/储量。

G 米百分率(或米克吨值)

当单层矿体真厚度小于最小可采厚度,但其品位高到即使按最小可采厚度一同采下矿体顶底板围岩后,矿石的品位仍高于或等于最低工业品位要求时,仍可视为经济可采矿体。即:

薄富矿体的厚度×品位≥最小可采厚度×最低工业品位

这时可认为是经济可采矿体。最小可采厚度与最低工业品位的乘积称为米百分率(或米克吨值)。

H 有害杂质允许含量

有害杂质允许含量是指矿石中含有的对矿石选冶加工工艺过程或产品质量产生有害影响的组分的最大允许含量。

I 品级划分指标

矿石中主要组分种类及矿物共生组合、品位高低、伴生有益有害组分含量情况等的差别会造成矿石加工工艺流程、产品质量以及用途的区别。把矿石按品位和杂质含量的差别分成不同的质量品级的品位指标要求称为品级划分指标。

J 氧化率

氧化率是某组分呈氧化物出现的含量与其在矿石中总含量的百分比。

2.3.2.3　资源/储量计算工业指标制定的主要依据和原则

资源/储量计算工业指标制定过程是矿床开发资源评价的过程,这些指标应该充分反映矿山建设条件、矿床的地质特征、开采技术条件、采矿工艺和成本、矿石选冶加工工艺和成本、市场需求。

资源/储量计算工业指标制定要遵循以下原则:

(1)保证矿体圈定的合理性和完整性。要充分考虑矿床地质特征和开采技术条件,选取的指标应尽量保持矿体的自然形态和矿化连续性,以利于开采和提高资源利用率。选取边界品位方案和最低工业品位方案时,应充分分析矿化特征,圈定的矿体应尽可能连续,以利于降低开采成本和提高资源利用率。

(2)保证矿山开采技术上可行和经济上合理。

1)要充分考虑不同矿石性能和采用的不同选冶加工技术特征。同样的矿种,其矿物类型不同、矿石类型不同,通常采用的加工工艺技术也不同;矿物颗粒大小,矿物之间赋存关系不一样,通常采用的加工工艺流程就不同;不同的矿物组合,通常采用的加工工艺流程也不同。

2)要充分考虑不同矿石性能、采用选冶加工技术不同带来投资的差异和生产成本的不同。不同的工艺流程必然带来不同的投资和不同的加工成本;同样的矿种和同样含量的矿石,采用不同的工艺流程,其本身的开发价值将不同。

3)考虑现有的生产技术和管理水平、科学技术发展的可能。要根据矿床特征,选用与之适应的、基本成熟的采选冶等技术,考虑矿山所在地的管理水平,合理确定装备水平,适当估算成本费用。

4)要充分考虑矿体开采技术条件和选取合适的采矿方法。充分考虑矿体赋存条件和开采技术条件,适当选取开采方式和采矿方法,充分利用资源,降低采矿贫化和损失率,降低投资费用和生产成本,在可能的情况下尽可能采用露天开采和低成本、低损失率、低贫化率的采矿方法。

5)要考虑满足适当投资收益水平。市场经济条件下,矿业开发作为一种市场投资行为,圈定的矿体必须具有开发价值并达到一定的投资收益水平。否则,矿山的开发和生产就无法正常进行,矿山将失去生存能力。

(3)要考虑资源的综合利用。固体矿产资源是不可再生的资源,随着不断开发将变得越来越稀有,资源开发者在经济合理和可能的条件下,有义务尽可能地回收一切可以回收的共生和伴生资源。

(4)要考虑资源的市场需求。工业指标的制定不但要考虑当前市场对相关产品的需求,而且应该分析预测其市场需求的发展变化,合理确定指标,满足市场的发展变化。

（5）要考虑资源的保护和充分利用。对于矿床中的边际经济的资源和尾矿资源,应充分考虑市场和技术变化时合理回收的途径。

2.3.2.4 资源/储量计算工业指标的制定方法

资源/储量计算工业指标的制定通常采用类比法、统计分析法、成本法、投资收益率法和方案法（地质及技术经济综合论证法）,不同的指标、不同的勘查阶段和矿床经济评价阶段,通常采用的方法也不同。

（1）类比法。类比法通常只应用于概略研究、预可行性研究或勘查工作未完成的资源开发可行性论证中,几乎包括所有工业指标的制定。

（2）统计分析法。通过对矿床所有取样分析结果的统计分析,根据品位分布特征,初步确定圈定矿体的边界品位指标,以便采用地质及技术经济综合论证法提供适当方案。

（3）成本法。成本法主要用来计算最低工业品位,通过参照类似矿床和分析计算矿床开发的盈亏平衡品位来确定最低工业品位或最低工业品位方案,主要应用于可行性研究阶段或正式工业指标制定阶段。

（4）地质及技术经济综合论证法。在充分研究矿体地质特征,包括矿体厚度、产状和矿体（层）相互关系、矿体内部有用有害组分分布特征等地质特征基础上,根据开采技术条件和可能采用的采矿方法和设备、可能采用的选冶工艺,参照类似矿床,提出多组可能的边界品位—最低工业品位—最低可采厚度—夹石剔除厚度等工业指标参数,分别圈定矿体,计算资源/储量,进行采选冶工程综合技术经济评价,综合计算出资源利用率、投资、成本、收益率等技术经济指标,通过对这些技术经济指标的综合对比分析,选取资源能够得到充分利用、经济效益指标又好的指标方案作为最终的资源/储量计算工业指标方案。该方法通常只在可行性研究或正式工业指标制定过程中才采用,可以应用于所有工业指标的制定。

2.3.2.5 资源/储量计算主要参考工业指标

资源/储量计算主要参考工业指标见表2-1。

表2-1 主要金属矿床基础资源/储量计算主要参考工业指标

金属矿床名称	开采方式	矿床类型	边界品位/%	最低工业品位/%	矿床最低工业品位/%	备注
铁矿	露天开采	磁铁矿石	10~20	15~25	20~25	需经过选矿的矿石
		赤铁矿石	25	28	35	需经过选矿的矿石
		褐铁矿石	25	30	35	需经过选矿的矿石
		菱铁矿石	20	25	35	需经过选矿的矿石
	地下开采	磁铁矿石	15~20	20~25	23~28	需经过选矿的矿石
		赤铁矿石	25	28	40	需经过选矿的矿石
		褐铁矿石	25	30	40	需经过选矿的矿石
		菱铁矿石	20	25	40	需经过选矿的矿石
锰矿		氧化锰矿石	10~15	18~20	30~45	冶金用锰矿石
		铁锰矿石	10~15	15~25	30~40	冶金用锰矿石
		碳酸锰矿石	8~15	12~25	30~40	冶金用锰矿石

续表 2-1

金属矿床名称	开采方式	矿床类型	边界品位/%	最低工业品位/%	矿床最低工业品位/%	备 注
铜矿	露天开采	硫化物矿床	0.2~0.4	0.4~0.6	0.4~1.0	
		氧化物矿床	0.1~0.3	0.3~0.6	0.4~0.7	
	地下开采	硫化物矿床	0.2~0.4	0.4~0.8	1.0~1.4	
		氧化物矿床	0.2~0.4	0.4~0.8	0.8~1.2	
铅矿	露天开采	硫化物矿床	0.5~1.0	2.0~3.0	5.0~10.0	
		混合矿矿床	1.0~2.0	5.0~8.0	14.0~20.0	
		氧化物矿床	1.0~2.0	5.0~8.0	14.0~20.0	
	地下开采	硫化物矿床	1.0~2.0	2.0~3.0	7.0~10.0	
		混合矿矿床	2.0~3.0	5.0~8.0	15.0~22.0	
		氧化物矿床	2.0~3.0	5.0~8.0	15.0~22.0	
锌矿	露天开采	硫化物矿床	0.5~1.0	1.5~2.5	4.0~6.0	
		混合矿矿床	1.0~2.0	3.0~4.0	7.0~10.0	
		氧化物矿床	1.0~2.0	3.0~4.0	7.0~10.0	
	地下开采	硫化物矿床	0.5~1.0	1.5~2.5	4.0~6.0	
		混合矿矿床	1.0~2.0	3.0~4.0	8.0~13.0	
		氧化物矿床	1.0~2.0	3.0~4.0	8.0~13.0	
铝土矿床	露天开采	一水硬铝石型沉积矿床	40/1.8	55/3.5		Al_2O_3/铝硅比
		一水硬铝石型沉积矿床	40/2.6	55/3.5		Al_2O_3/铝硅比
		三水铝石型红土型矿床	28/(2.1~2.6)	48/6		Al_2O_3/铝硅比
	地下开采	一水硬铝石型沉积矿床	40/(1.8~2.6)	55/3.8		Al_2O_3/铝硅比
镍矿	露天开采	硫化物矿床	0.5~0.8	0.8~1.0	0.8~2.0	
		残积物矿床	0.5~0.8	0.8~1.2	1.5~3.0	次生物中
		氧化物矿床	0.5~0.8	0.8~1.2	1.0~3.0	
	地下开采	硫化物矿床	0.5~0.8	0.8~1.0	1.0~3.0	
锡矿	露天开采	原生矿床	0.1~0.3	0.3~0.5	0.4~0.6	
		砂锡矿床	100~150	200~300	300	g/m^3
	地下开采	原生矿床	0.1~0.3	0.3~0.5	0.4~0.8	
钼矿	露天开采	硫化物矿床	0.03~0.10	0.06~0.2	0.3~0.5	
		氧化物矿床				
	地下开采	硫化物矿床	0.05~0.10	0.06~0.2	0.3~0.7	
		氧化物矿床				

金属矿床名称	开采方式	矿床类型	边界品位/%	最低工业品位/%	矿床最低工业品位/%	备 注
钴矿	露天开采	硫化钴型	0.1~0.2	0.2~0.3	0.4~0.6	
		沉积型矿床	0.1~0.2	0.2~0.3	0.4~0.6	
		钴土型	0.2			
		钴土矿结核	0.4			
	地下开采	硫化钴型	0.1~0.2	0.2~0.3	0.4~0.6	
		沉积型矿床	0.1~0.2	0.2~0.3	0.4~0.6	
		钴土型	0.2~0.4	0.3~0.6	0.5~0.8	
		钴土矿结核	0.4~0.6	0.5~0.8	0.5~0.8	
钨矿	露天开采	石英大脉型矿床	0.08~0.10	0.12~0.15	0.18~0.3	
		石英细脉型矿床	0.10~0.13	0.15~0.18	0.20~0.35	
		矽卡岩型	0.08~0.12	0.12~0.20	0.25~0.4	
	地下开采	石英大脉型矿床	0.08~0.12	0.12~0.18	0.2~0.35	
		石英细脉型矿床	0.10~0.13	0.15~0.20	0.22~0.4	
		矽卡岩型	0.08~0.15	0.15~0.25	0.3~0.50	
锑矿	露天开采	硫化物矿床				
	地下开采	硫化物矿床	0.7~0.8	1.5~2.0	2.5~4.0	
汞矿	露天开采		0.02~0.04	0.08~0.10	0.15~0.25	
	地下开采		0.02~0.04	0.08~0.10	0.15~0.25	
金矿	露天开采	非卡林型硫化物矿床	0.5~1.0	1.5~3.0	2.5~5.0	g/t
		卡林型硫化物矿床	0.5~1.5	2.5~3.5	4.0~8.0	g/t
		氧化物矿床	0.5~1.0	1.5~3.0	2.5~5.0	g/t
		砂矿	0.03~0.08	0.15~0.25	0.25~0.5	g/m³
	地下开采	非卡林型硫化物矿床	0.5~1.0	1.5~3.0	2.5~5.0	g/t
		卡林型硫化物矿床	0.5~1.5	2.5~3.5	4.0~8.0	g/t
		氧化物矿床	0.5~1.0	1.5~3.0	2.5~5.0	g/t
银矿	露天开采	硫化物矿床	30~50	80~150	300~450	g/t
	地下开采	硫化物矿床	30~50	80~150	300~500	g/t
铂族		原生矿床	0.5~2.0	1.0~3.0	3.0~4.0	g/t
		砂矿床	0.03~0.15	0.10~0.5	0.25~1.0	g/t

2.3.3 矿产资源经济评价与矿产权评估

通常意义上的矿产权是指探矿权和（或）采矿权。矿产权的评估通常基于矿产地质勘查程度及其矿床资源储量评估、矿床资源储量开发工艺技术和其开发投资成本效益评估以及矿产品市场需求及其价格评估预测。矿产权评估过程中具体需要评估的是探矿权还是采矿权一般并没有本质或重大的区别，但对于处于不同勘查程度的矿区的资源储量开发价值的评估，其评价方法一般应该采用不同的方法。矿产权的评估值受地质成矿条件优劣或矿产资源储量质量、矿产品市场价格及趋向、金融市场及趋向、股市市场以及矿产权市场影响和制约。

成熟的市场条件下，通常采用的矿产权评估方法主要有勘查投入法、地学指数法、可比市价法、资源单价法、合资条件法、模拟净现值法和折扣现金流量/净现值法。下面就这些方法做一些简单介绍，主要从地质成矿条件优劣或矿产资源储量的可靠程度、矿石质量和矿产品市场价格及趋向方面，评估矿权价格。这些计算方法运用的基本条件是：在基本成熟的市场条件下和评估的矿种在市场中供需基本平衡，否则将要作出相应调整。

2.3.3.1 勘查投入法（MEE）

勘查投入法是指以探矿权范围内以往勘查投入费用为基数，然后乘以勘查有望系数（PEM）作为探矿权估价的矿权评估方法。勘查有望系数（PEM）是指以往勘查投入的有效价值程度和探矿权范围内有望找到经济矿产资源的程度，其取值一般取 0.3～3，如果以往找矿效果好，今后找矿前景好，则勘查有望系数（PEM）取值高，否则取值则应该低。另外，以往勘查投入费用应该包括探矿证有效期间的所有投入，当矿区找矿前景确实好时，甚至可能包括计划的勘查投入；探矿证有效期间的投入可能只是现有探矿证期间的所有投入，有时甚至可能包括了以往所有探矿证有效期间的勘查投入。

该方法一般适用于预查—普查阶段。

2.3.3.2 地学指数法（Kilburn 法）和修正的地学指数法

地学指数法又称地质工程法，以获得探矿权的基本费用为基数，然后根据该探矿权范围内地下所具有的有利地质条件确定其地学等级指数，费用基数与地学等级指数的乘积即为矿产地评估值。

地学指数法要求地学等级指数包括区域地质位置、已发现的矿化地质因素、已发现的物化探矿化异常与成功勘查近似的综合有利成矿地质因素。修正的地学指数法在地学指数法地学等级因素基础上，增加由矿产品市场变化指数、矿产地市场指数、金融市场和股票市场指数，综合确定联合价值指数。

该方法一般适用于预查—普查阶段。

2.3.3.3 合资条件法（JVT）

合资条件法适用于以两家或多家法人单位合资勘查协议为基础，以进入方准备或已发生的投资额及其将获得的权益比例为主要参数，加上时间折扣率和投资可能执行率进行调整折算获得该矿权的估价值。

矿权估价本是一种勘查市场经营交易行为，以市场上成交的合资经营条件为基础。此方法只适用于由探矿权人部分出让探矿权股份，与新进入成员之间根据双方或多方达成的合作条件的探矿权估值方法，或者称股权划分方法。

该方法一般适用于预查—普查阶段。

2.3.3.4 资源单价法(UV)

当勘查工作进行到一定程度,特别是处于普查到详查阶段时,本方法比较适用,即当地质勘查工作已发现矿体,并可以根据探矿工程见矿情况计算出资源时,但一般只能计算推断级和控制级资源,勘查程度未达到勘探完成阶段,还不能采用折扣现金流量/净现值法(DCF/NPV),该方法才可运用。运用该方法的关键是确定资源的可靠性并分级计算,以及确定不同可靠程度资源的单价。资源单价的确定主要依据矿种评估时的市场价格、资源质量(品位和采选冶加工难易程度)和资源的可靠程度。单价随矿种市场价格波动而调整,品位高、矿石易采选冶加工,资源可靠程度高,开采时外部建设条件好单价就高,否则,单价就低。

该方法一般适用于普查—详查阶段。

2.3.3.5 模拟净现值法(MNPV)

当勘查程度处于普查到详查阶段,即当地质勘查工作已发现矿体,并可以根据探矿工程见矿情况,估算出推断级和控制级资源,但勘查程度未达到勘探完成阶段,许多参数还不能确定,还不能严格采用折扣现金流量/净现值法(DCF/NPV),只可以运用模拟现金流法评估矿权价格。通过分析成矿条件,估算推断级和(或)控制级资源,并根据初步了解的矿床开采技术条件和矿石加工技术性能,假设可能的生产规模、采选冶工艺技术流程、设备选型、开发和生产安排、投资和生产成本、产品方案、产品市场价格等一系列参数,对矿山进行模拟开发,根据不同的贴现率估算出不同估算矿权价格,综合各方面因素,选取合适的矿权价格。

该方法一般适用于普查—详查阶段。

2.3.3.6 可比市价法(CS)

参照近期在勘查市场或矿业市场交易中已经发生的交易案例,类比估价出将要交易的探矿权或采矿权的价格。该方法完全与市场交易相衔接,容易被交易双方接受。但市场交易时间的差异、矿床本身资源质量特性的差异、建设生产条件的差异,加上相关对比资料的缺乏,该方法的使用也存在相当的局限性。

该方法一般适用于详查—勘探阶段。

2.3.3.7 净现值法(NPV)

该方法是目前最常用的矿权评估方法之一,也是相对最科学的方法之一。该方法应用的前提条件是:地质勘查已达到相当程度,至少已有探明控制级以上资源,通常应该具有足够的探明级资源;矿床开采技术条件已经清楚,开采方式、开发规模、开拓运输方式确定、采矿方法研究确定已具备条件并完成相关工作;选冶加工技术研究已经完成,工艺流程已能确定并基本确定;矿山开发建设的水电路等外部条件已经研究并基本落实,即工作已经达到可行性研究甚至融资性可行性研究深度。所以本方法比较普遍地应用于采矿权交易的矿权评估中。

运用净现值法对矿权评估的基本原理是:运用投资将矿产资源进行开发、生产、销售所获收入,减去各种投资、贷款、生产成本和税收后所得的累计利润,即形成的净现金流(NCF),再按照期望的或政府公告的折现率,计算折扣现金流和累计净现值(NPV)。净现值基本反映了矿权的价值,但矿权估价在受矿床资源本身质量特征、矿山开发建设外部条件、矿床开采技术条件、矿石加工技术性能条件等客观条件控制外,同时还与矿业权市场、矿产品市场的估计和预期,以及投资方的投资期望大小等关系密切,所以,通常通过调整产品市场售价、折现率等参数,估算出不同参数组合情况下的净现值,然后确定矿权估值。

该方法一般适用于详查—勘探阶段。

2.4 矿产资源/储量估算

2.4.1 矿产资源/储量概念的相对性

资源/储量是一个相对概念,不同国家、同一国家不同时期对资源/储量的定义往往是不同的,分类目的的不同也会引起资源/储量定义的不同。

1902 年,伦敦采矿、冶金协会制定了国际上第一个资源/储量分类分级方案,以矿块的揭露程度作为主要分类分级依据,同时提出了可见矿量(visible ore)、概略矿量(probable ore)和可能矿量(possible ore)三级分类。1909 年,美国人胡佛建议按地质特征控制程度作为资源/储量分类分级的主要依据,并提出了证实矿量(proved ore)、概略矿量(probable ore)和可能矿量(possible ore)三级分类。1910 年,国际地质会议第 11 次会议首次在国际地质组织提出资源/储量分类分级方案,提出按开采自然条件和地质可靠程度分类。1927 年以后,国际上资源/储量分类出现了两类,一类为以 1944 年美国矿业局和地质调查所提出矿产储量分为实测(measured reserves)、推定(indicated reserves)和推测(inferred reserves)三级分类为代表,并成为 20 世纪 80 年代以前市场经济国家主要方案;1927 年,苏联基于英美等国家和国际组织的三级分类方案,结合计划管理需要提出了 A1、A2、B、C1 和 C2 五级分类,并成为计划经济国家主要方案的基础。20 世纪 90 年代以后,计划经济国家主要方案逐渐退出市场,但市场经济方案又分化出政府方案和行业协会方案,如以 1992 年澳大利亚矿冶学会、澳大利亚地质科学家协会及澳大利亚矿业理事会联合委员会的《澳大利亚固体矿产查明资源和矿石储量报告规范》为代表的协会方案;并于 1997 年由国际采矿冶金协会理事会(CMMI)在联合国提出了《国际储量定义》;以美国政府地矿工作机构(原地质调查所和矿业局)1980 年制定的矿产资源和储量分类原则为代表的政府方案,发展到 1997 年,由联合国欧洲经济委员会(UN–ECE)提出了《联合国国际储量/资源分类框架》。在市场经济国家,政府分类方案并不要求企业遵从,只是为政府研究服务,即用于摸清国家资源家底、为进行矿产资源形势分析、制定矿产资源勘查开发有关政策的调整提供依据;企业一般执行行业协会的标准,按照行业协会的分类方案向矿政管理机构和投资管理机构提交需要提交的报告;国际公开的矿业交易市场一般也要求以行业协会的储量分类标准为基础,提交资源/储量报告。

2.4.1.1 资源/储量概念的国内历史变迁

我国资源/储量分类源于前苏联,历经多次变动,目前推行的分类方法是 1999 年由国家质量技术监督局颁发的 GB/T 17766—1999《固体矿产资源/储量分类》标准。

我国资源/储量分类历史可分为以下五个主要阶段:

A 1959~1965 年

建国初期由于缺乏经验,1954 年全国矿产储量委员会以苏联部长会议 1954 年 1 月批准的《固体矿产储量分类》作为参考。1958 年开始总结中国地质勘查经验,讨论和研究矿产储量❶分类分级问题,并于 1959 年 2 月拟定了《金属、非金属、煤矿储量分类暂行规范(总则)》,成为中国第一个矿产资源/储量分类分级方案。1959 年 9 月,全国矿产储量委员会颁发了《矿产储量分类

---

❶ 这里所述储量与目前我国定义的储量有所不同。我国在 1999 年之前,所有的资源/储量统称为储量,1999 年颁发的 GB/T 17766—1999《固体矿产资源/储量分类》中首次对资源和储量分别进行了定义。本节所述储量均为 1999 年之前分类方案定义的储量。

暂行规范(总则)》,根据储量的工业用途分为开采准备储量、设计储量、远景储量和地质储量四类,A_1、A_2、B、C_1、C_2和地质储量共六级;并分别制定了金属矿产、非金属矿产和煤矿储量分类暂行规范(总则)。

1959年分类方案根据勘查程度将储量分为A_1、A_2、B、C_1、C_2和地质储量等六级的同时,按技术经济条件分为表内和表外储量两大类,且以储量用途分为开采储量(A_1级)、设计储量(A_2、B、C_1级)、远景储量(C_2级)和地质储量等四大类。该分类方案第一次提出了预测性质的地质储量,使储量分类成为包括可能存在、可能利用、可以利用和正在利用等各类储量的分类系统。分类中对B级储量比例要求较前苏联分类规范有所降低,但以提高C级精度要求作为补偿,并规定了同时探明共(伴)生矿产和各级储量允许绝对误差的参考指标,以及由探采对比依据时,可以灵活掌握勘查网度等要求。这一分类方案基本符合当时我国的情况,但仍未解决苏联规范忽略经济评价的问题。因此,自20世纪60年代初,有关部门开始了矿产储量分类分级研究,探寻符合我国情况的分类方案。

B 1965~1977年

1965年全国矿产储量委员会组织有关工业部门,在矿山调查的基础上,拟定了《固体矿产地质勘探规范总则试行草案》,几经讨论修改,于1966年定稿,颁发试行。该草案删减了1959年分类的A_1、A_2级和地质储量。级别条件中去除了采选技术条件内容,将A_2、B+C_1、C_2改为Ⅰ、Ⅱ、Ⅲ级,但级别划分仍基本保持1959年的级别界限。1965年冶金部发布《关于冶金矿产资源勘探程度的几项规定》,根据资源可靠程度和用途,将储量分为工业矿量和远景矿量两级,1974年停止使用,1974年到1977年重新使用原分类规范。实际上,1965年的《固体矿产地质勘探规范总则试行草案》在这阶段提交的报告中也很少使用。

C 1977~1992年

1977年国家地质总局会同建材和石油化学工业部,共同制定颁发了《非金属矿床地质勘探规范总则》,与此同时,国家地质总局、冶金部联合制定颁发了《金属矿床地质勘探规范总则》。1980年颁布《煤炭资源地质勘探规范总则(试行)》,三个《总则》,根据当前工业技术经济条件和远景发展需要,将金属、非金属矿产和煤炭储量分为能利用(表内)储量和暂不能利用(表外)储量两类,A、B、C、D四级,其中B级大体相当于1959年“总则”的A_2与B级之和,其他界限基本保持1959年的划法。1983年8月,补充发布了预测资源分类方案《矿产资源总量预测试行基本要求》,将预测储量分为E、F和G级储量。

D 1992~1999年

1992年12月,国家技术监督局颁发了GB13908—92《固体矿产地质勘探规范总则》,从1993年10月1日起实施,将固体矿产储量分为能利用(表内)储量和尚难利用(表外)储量两大类,能利用(表内)储量根据交通、供水、能源等矿山建设的外部经济条件细分为a、b两个亚关。将固体矿产储量分为A、B、C、D、E五级,对于金属和非金属一般大、中型矿床,A级是作为矿山编制采掘计划的依据,B、C、D级分别是矿山建设设计首期、中期、后期开采依据的储量。同时按“保证首期、准备中期、储备后期”的原则对各级储量所占比例作了一定的要求。

从总体而言,1992年规范总则中,A级储量是由生产部门探求的用于编制生产计划的储量;B级储量是勘查阶段探求的高级储量,是在C级储量的基础上有详细工程控制的储量;C级储量是勘查阶段探明的作为矿山建设设计依据的重要储量;D级储量为远景储量,主要作为矿山建设远景规划和进一步布置地质勘查工作的依据;E级储量只是证明了矿体存在,也属远景储量,但不作为矿山建设设计的依据。A+B+C+D级储量合称为探明储量。

E 1999 年至今

1999 年以前使用的矿产资源/储量分类是在计划经济体制下形成的。在 20 世纪末市场经济已经开始建立的条件下,原分类在概念上已不适应市场经济的要求,在分类依据上强调地质可靠程度,把经济意义放在次要地位,各级储量比例的要求不符合市场优化资源配置的规律,不同类的固体矿产标准也不统一等。为克服这些弊病,由国土资源部提出,国土资源部储量司、地质勘查司、国家冶金工业局、国家石油和化学工业局、国家有色金属工业局等共同起草,由国家质量技术监督局于 1999 年 6 月 8 日发布了 GB/T17766—1999《固体矿产资源/储量分类》标准,并于 1999 年 12 月 1 日起实施。

新的资源/储量分类方案采用 EFG 三维编码,E 代表经济意义,1:经济的,2M:边际经济的,2S:次边际经济的,3:内蕴经济的;F 代表可行性评价阶段,1:可行性研究,2:预可行性研究,3:概略研究;G 代表地质可靠程度,1:探明的,2:控制的,3:推断的,4:预测的。按 EFG 三维编码,将固体矿产分为 3 个储量(1 个可采储量、2 个预可采储量)、6 个基础储量和 7 个资源量,共计 16 个类型。具体划分为:可采储量:111;预可采储量:121、122;基础储量:111b、121b、122b、2M11、2M21、2M22;资源量:2S11、2S21、2S22、331、332、333、334。

2.4.1.2 资源/储量概念

目前国际通行的资源/储量分类方案有两套,一套是由政府部门制定的,用于对资源的统计和制定资源开发相关政策的依据,不同的国家制定的分类方案会有所不同;另一套由行业协会制定,指导企业的生产运作,一般都被股票交易所认可。

由政府部门制定的分类方案有美国原矿业局/美国地质调查局(USGS)1980 年制定的矿产资源/储量分类原则(Principles of Resource/Reserve Classification for Minerals)、澳大利亚矿产资源地质地球物理局(澳大利亚地质调查机构 AGSO 的前身)1984 年制定的矿产资源分类系统、加拿大地质调查所制定的资源分类方案、英国地质调查所制定的分类方案等。

由行业协会制定的分类有澳大利亚的 JORC 标准、加拿大的 CIM 标准(NI43—101)、南非的 SARMREC 标准、美国的 SME 标准以及 CRIRSCO 国际标准等,此类标准对资源/储量的分类基本相同。

2.4.1.3 目前资源/储量的政府定义

A 我国固体资源/储量分类分级标准

我国现行的资源/储量分类是由国家质量技术监督局于 1999 年 6 月 8 日发布的,1999 年 12 月 1 日实施的国家标准 GB/T17766—1999《固体矿产资源/储量分类》,该分类标准主要参考了《联合国国际储量/资源分类框架》,同时参照了国际矿冶协会理事会(CMMI)于 1997 年提出的《国际储量定义》及《美国矿业局和美国地质调查所 1980 年矿产资源和储量分类原则》。

1999 年 6 月,以《固体矿产资源/储量分类》(GB/T17766—1999)为推荐标准。它根据地质可靠程度将矿产资源分为查明矿产资源和潜在矿产资源;根据地质可靠程度和可行性评价所获得的结果,将查明矿产资源分为储量、基础储量和资源量三类;将矿产勘查工作分为预查、普查、详查和勘探四个阶段,并使地质工作达到相应的地质可靠程度;根据地质可靠程度将查明矿产资源分为探明的、控制的推断的和预测的四种;可行性评价分为概略研究、预可行性研究和可行性研究三个阶段;根据经济评价的结果及经济上的合理性,将查明矿产资源分为经济的、边际经济的、次边际经济的和内蕴经济的。2002 年 8 月以 GB/T 13908—2002 发布了新的《固体矿产地质勘探规范总则》,标准由强制改为推荐,资源/储量分类采用 GB/T17766—1999《固体矿产资源/储量分类》。

1999 年以前矿产资源和矿产储量没有非常明确的分别,资源常用来表达一个总体概念,而储量则常常用来表达一个矿床的具体资源量。1999 年 GB/T17766—1999《固体矿产资源/储量分类》借鉴国际通行的资源/储量分类概念对我国的资源/储量重新进行了定义。中国资源/储量的分类方案如表 2-2 所示。

表 2-2 GB/T17766—1999《固体矿产资源/储量分类》方案

分 类 类型 地质可靠程度 经济意义	查明矿产资源			潜在矿产资源
	探明的	控制的	推断的	预测的
经济的	可采储量(111)			
	基础储量(111b)			
	预可采储量(121)	预可采储量(122)		
	基础储量(121b)	基础储量(122b)		
边际经济的	基础储量(2M11)			
	基础储量(2M21)	基础储量(2M22)		
次边际经济的	资源量(2S11)			
	资源量(2S21)	资源量(2S22)		
内蕴经济的	资源量(331)	资源量(332)	资源量(333)	资源量(334)?

注:表中所用编码(111~334),第 1 位数表示经济意义:1—经济的,2M—边际经济的,2S—次边际经济的,3—内蕴经济的,? —经济意义未定的;第 2 位数表示可行性评价阶段:1—可行性研究,2—预可行性研究,3—概略研究;第 3 位数表示地质可靠程度:1—探明的,2—控制的,3—推断的,4—预测的;b—未扣除设计、采矿损失的可采储量。

B 中国固体矿产资源/储量分类分级相关基本概念

(1)固体矿产资源。在地壳内或地表由地质作用形成具有经济意义的固体自然富集物,根据产出形式、数量和质量可以预期最终开采是技术上可行、经济上合理的。按照地质可靠程度,分为查明矿产资源和潜在矿产资源。

(2)资源量。是指查明矿产资源的一部分和潜在矿产资源。包括经可行性研究或预可行性研究证实为次边际经济的矿产资源以及经过勘查而未进行可行性研究或预可行性研究的内蕴经济的矿产资源;以及经过预查后预测的矿产资源。

(3)基础储量。是查明矿产资源的一部分。它能满足现行采矿和生产所需的指标要求(包括品位、质量、厚度、开采技术条件等),是经详查、勘探所获得控制的、探明的并经过可行性研究、预可行性研究认为属于经济的、边际经济的部分,用未扣除设计、采矿损失的数量表述。

(4)储量。是指基础储量中的经济可采部分。在预可行性研究、可行性研究或编制年度采掘计划当时,经过了经济、开采、选冶、环境、法律、市场、社会和政府等诸因素的研究及相应修改,结果表明在当时经济可采或已经开采部分。用扣除了设计采矿损失的可实际开采数量表述,依据地质可靠程度和可行性评价阶段不同,又分为可采储量和预可采储量。

(5)探明的。详细查明了矿床的地质特征、矿体的形态、产状、规模、矿石质量、品位及开采技术条件,矿体的连续性已经确定,矿产资源数量估算所依据的数据详尽,可信度高。

(6)控制的。基本查明了矿床的主要地质特征、矿体的形态、产状、规模、矿石质量、品位及开采技术条件,矿体的连续性基本确定,矿产资源数量估算所依据的数据较多,可信度较高。

（7）推断的。大致查明了矿产的地质特征以及 矿体(矿点)的展布特征、品位、质量。由于信息有限,不确定因素多,矿体(点)的连续性是推断的,矿产资源数量的估算依据的数据有限,可信度较低。

（8）预测的。对具有矿化潜力的地区经过预查所得到的少量数据,估算的资源量。估算依据的数据很少,可信度很低。

（9）经济的。在进行经济评价当时,可预见的市场条件和社会下开采,技术上可行,经济上合理能达到盈亏平衡要求,环境等其他条件允许,而且开采矿产品的平均价值能够满足基本投资回报要求。

（10）边际经济的。在开采矿产品的平均价值能够满足基本投资回报要求的矿床,在进行经济评价当时,可预见的市场条件和社会条件下开采,经济上只接近盈亏平衡要求,但社会和市场条件发生变化时,开采可能超过盈亏平衡要求的资源。

（11）次边际经济的。在进行经济评价当时,可预见的市场条件和社会条件下开采,经济上是不合理的,即开采中经济上不能达到盈亏平衡要求的资源。

（12）内蕴经济的。仅通过概略研究进行了投资机会评价的矿产资源。

C 美国固体矿产资源/储量分类分级相关基本概念

美国对资源/储量的政府定义由美国原矿业局/美国地质调查局(USGS)于1980年制定,分三大类,即储量(Reserves)、储量基础(Reserve Base)和资源量(Resources),储量细分为储量(Reserves)、推断的储量(Inferred Reserves)、边际储量(Marginal Reserves)和推断的边际储量(Inferred Marginal Reserves)四种,储量基础细分为储量基础(Reserve Base)和推断的储量基础(Inferred Reserve Base)两种,资源细分为证实的次经济资源(Demonstrated Subeconomic Resources)和推断的次经济资源(Inferred Subeconomic Resources)两种。

由于不同的词条可能有多种翻译,为了与我国目前现行的分类方案对照,术语和词汇的翻译以与我国现行分类标准 GB/T17766—1999 所附中英文词汇对照表保持一致。表2-3和表2-4分别列出了储量与资源分类方案和储量基础分类方案的中英文对照,以供正确理解。

表2-3 储量与资源分类方案

累积矿产 Cumulative Production	已查明资源 IDENTIFIED RESOURCES			未被发现资源 UNDISCOVERED RESOURCES	
	已证实的资源 Demonstrated		推断的资源 Inferred	概率范围 Probability Range ——（或 or）——	
	探明的资源 Measured	控制的资源 Indicated		假定的资源 Hypothetical	假想的资源 Speculative
经济的矿产 Economic	储量 Reserves		推断的储量 Inferred Reserves		
边际经济的矿产 Marginally Economic	边际储量 Marginal Reserves		推断的边际储量 Inferred Marginal Reserves		
次经济的矿产 Subeconomic	证实的次经济资源 Demonstrated Subeconomic Resources		推断的次经济资源 Inferred Subeconomic Resources		
其他产出 Other Occurrences	包括非传统的低品位的物质 Includes nonconvetional and low-grade materials				

表2-4 储量基础分类方案

累积矿产 Cumulative Production	已查明资源 IDENTIFIED RESOURCES			未被发现资源 UNDISCOVERED RESOURCES	
	已证实的资源 Demonstrated		推断的资源 Inferred	概率范围 Probability Range ——(或 or)——	
	探明的资源 Measured	控制的资源 Indicated		假定的资源 Hypothetical	假想的资源 Speculative
经济的矿产 Economic	储量基础 Reserve Base		推断的储量基础 Inferred Reserve Base		
边际经济的矿产 Marginal Economic					
次经济的矿产 Subeconomic					
其他产出 Other Occurrences	包括非传统的低品位的物质 Includes nonconvetional and low_grade materials				

D 澳大利亚固体矿产资源/储量分类分级相关基本概念

澳大利亚资源/储量的政府定义由澳大利亚矿产资源地质地球物理局(澳大利亚地质调查机构 AGSO 的前身)于 1984 年制定,分类方案分为查明的资源和未发现的资源两大类,其分类方案与美国分类方案基本一致,只是没有储量和储量基础,统称为资源,并在所有资源前冠以地质可靠程度和经济意义,其分类框架见表 2-5。

表2-5 澳大利亚资源分类框架

经济意义		查 明 的			未 发 现 的	
		证实的		推断的	假定的	假想的
		探明的	控制的			
经济的						
次经济的	准边界的					
	次边界的					

E 联合国的有关方案

1997 年,由联合国欧洲经济委员会(UN-ECE)提出了《联合国国际储量/资源分类框架》,基本代表了目前除澳大利亚和加拿大以外,国际主要矿业生产国家政府的资源/储量分类方案。我国目前基本采用了该方案,在此不再描述。

2.4.1.4 资源/储量的企业化概念

A 国外主要现行行会分类标准

a 澳大利亚

所有澳大利亚和新西兰的公司以及所有在澳大利亚和新西兰注册的国际公司,都必须遵照"澳大利亚勘查资料、矿产资源和矿石储量报告标准",即 JORC 标准。澳大利亚证券交易所(ASX)和新西兰证券交易所(NSX)分别于 1989 年和 1992 年将 JORC 标准写进了各自的证券交易规则中。

JORC 标准的发起人为联合矿石储量委员会(JORC),联合矿石储量委员会最早成立于 1971 年,由澳大利亚矿冶协会(AusIMM)、澳大利亚地质科学家协会(AIG)和澳大利亚采矿工业理事会(AMIC)共同组成,并于 1989 年颁布了 JORC 标准第一版。此后,分别于 1992 年、1996 年和 1999 年进行了修订,目前执行的是 2004 年 12 月生效的最新版本。

JORC 标准将矿产资源(Mineral Resources)分为三类,按地质可靠程度由低到高,依次为推断的(Inferred)资源、控制的(Indicated)资源和探明的(Measured)资源。将矿石储量(Ore Reserves)分为两类,按地质可靠程度由低到高,依次为预可采(Probable)储量和可采(Proved)储量。推断的资源由于地质可靠程度低而无法进行技术和经济评价,因而无法转化为储量;控制的资源在综合考虑开采、选冶、经济、市场、法律、环境、社会和政治等可变因素并扣除开采时的损失和贫化后,可转化为预可采储量;探明的资源在综合考虑开采、选冶、经济、市场、法律、环境、社会和政治等可变因素并扣除开采时的损失和贫化后,可转化为可采储量;同时,在开采、选冶、经济、市场、法律、环境、社会和政治等可变因素中的某个因素不确定的情况下,预可采储量可转化为探明的资源。详见图 2 – 1。

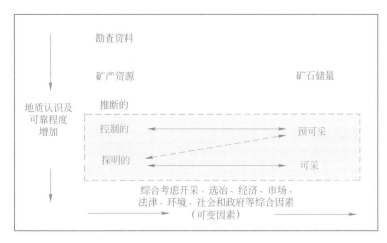

图 2 – 1 JORC 资源/储量分类方案

2004 版 JORC 标准最大的修订之处在于对报告编写人(或胜任人,Competent Persons)的要求,之前的 1999 版中,报告编写人必须是澳大利亚矿冶协会和(或)澳大利亚地质科学家协会的会员,而在 2004 版的 JORC 标准中,"认可的国外专业组织"(ROPO)也可以是报告编写人。JORC 允许的"认可的国外专业组织"即为澳大利亚证券交易所认可的国外专业组织列表中的成员,目前有 21 个国外组织,主要为英国及欧洲部分国家、美国、南非和加拿大的专业组织。报告编写人必须具备 5 年以上相关工作经验且为报告负全责,向公众披露的报告必须由 JORC 规定的报告编写人来完成。

由于澳大利亚 JORC 标准的成功应用和推广,目前基本已被大部分矿业发达国家认可,也普遍被西方投资银行所认可和接受。

b 加拿大

加拿大《矿产资源/储量分类标准》最早由加拿大矿冶与石油协会(CIM)于 1996 年 9 月发布,即 CIM 标准,此标准之后在加拿大被广泛引用。2000 年 8 月 20 日修订后的 CIM 标准被加拿大证券管理委员会(CSA)公布的国家 43 – 101 号文件——矿产项目公开报告标准所引用,43－101 号文件于 2001 年 2 月 1 日生效,所有在加拿大的矿业公司必须遵守 43－101 号文件的规定。CIM 基本每年都会对 CIM 标准略作修改,最新修改分别于 2004 年 11 月和 2005 年 11 月完成。

CIM 标准对资源/储量的分类框架与 JORC 标准相同,矿产资源(Mineral Resources)同样分为三类,按地质可靠程度由低到高,依次为推断的(Inferred)资源、控制的(Indicated)资源和探明的(Measured)资源。矿产储量(Mineral Reserves,等同于 JORC 矿石储量 Ore Reserves)分为两类,依次为预可采(Probable)储量和可采(proved)储量。控制的和探明的资源在综合考虑开采、选冶、经济、市场、法律、环境、社会和政治等可变因素并扣除开采时的损失和贫化后,可分别转化为预可采储量和可采储量;同样,在开采、选冶、经济、市场、法律、环境、社会和政治等可变因素中的某个因素不确定的情况下,预可采储量可转化为探明的资源。由资源转化为储量时,必须经过预可行性研究或可行性研究工作。

CIM 标准对报告编写人(或资格人,Qualified Persons)同样作了规定,2000 版对报告编写人的要求为至少有 5 年以上矿产勘查、开发、生产、项目评价或相关工作经验的且有良好声誉的自律组织的成员,2004 年及 2005 年修改为至少有 5 年以上矿产勘查、开发、生产、项目评价或相关工作经验的有良好声誉的专业协会的成员或执业资格者。

CIM 标准对推断的资源的使用作了严格的限定,"由于推断的资源的不确定性,不能假想部分或全部推断的资源可通过后续的探矿工作而升级为控制的或探明的资源量",推断的地质可靠程度本身限制了无法对其进行技术评价和经济评价,因此"推断的资源绝对不能作为可行性研究或其他经济研究的依据"。CIM 标准同时对预可行性研究也进行了定义和要求。

c 南非

南非资源/储量分类标准由南非矿产资源委员会(SARMREC)起草,由南非矿冶协会(SAIMM)发起。由南非矿冶协会、南非自然科学专业理事会(SACNASP)、南非地质协会(GSSA)、约翰内斯堡股票交易所(JSE)、南非银行理事会、南非矿山理事会(CoM)等 12 个组织和机构组成 SARMREC 委员会,以澳大利亚 JORC 标准为蓝本,于 1998 年最终形成"南非矿产资源和储量报告标准",即 SARMREC 标准。

由于 SARMREC 标准以 JORC 标准为基础,因此对资源/储量的分类与 JORC 完全一致,唯一不同的是将 JORC 标准中的"矿石储量(Ore Reserves)"改为 SARMREC 标准的"矿产储量(MineralReserves)"。SARMREC 资源/储量的分类及相互关系详见图 2－1。

SARMREC 标准对报告编写人(或胜任人,Competent Person)的要求为南非自然科学专业理事会(SACNASP)或南非工程理事会(ECSA)或南非专业大地测量与技术测量理事会(PLATO)或其他法定的被 SARMREC 认可的南非或国际团体的成员,且至少有 5 年以上相关工作经验。

d 美国

美国资源/储量分类标准是由美国矿冶与勘查协会(SME)发起的 SME 标准,SME 标准发展的同时,国际矿冶协会理事会(CMMI)正在着手制定相应的国际标准,CMMI 国际标准是由其成员国共同参与制定的。SME 是 CMMI 的成员,同时工作的还有澳大利亚矿冶协会(AusIMM)、加拿大矿冶与石油协会(CIM)、英国矿冶协会(IMM)和南非矿冶协会(SAIMM),因此 SME 标准在修订的过程中,同时参照了 JORC 标准及其他 CMMI 成员国的标准。

SME 标准对资源/储量的分类基本与 JORC 标准类似,与 CIM 和 SARMREC 完全一致。SME 标准资源/储量之间的相互关系详见图 2－1。

SME 标准对报告编写人(或胜任人,Competent Person)的要求为:至少有 5 年以上相关工作经验、为地球科学或矿物工程专业协会的会员或其他取得相应资质的人。

e　联合国现行的行业方案

资源/储量分类行会国际标准的提出始于 1994 年在南非太阳城举行的第 15 届矿冶协会理事会(CMMI)大会,会后成立了矿冶协理事会矿产定义工作组,即为联合储量国际报告标准委员会(CRIRSCO)的前身,代表成员包括澳大利亚矿冶协会(AusIMM)、南非矿冶协会(SAIMM)、英国矿冶协会(IMMM,即现在的 IOM3)、加拿大矿冶与石油协会(CIM)、美国矿冶与勘查协会(SME),工作组的主要任务也是为形成资源/储量报告的国际标准。

1997 年 10 月,联合储量国际报告标准委员会 5 个主要成员国(澳大利亚、南非、英国、加拿大和美国)在美国科罗拉多州首府丹佛达成临时协议,提出了《国际储量定义》,将资源/储量分为两大类;即矿物资源和(Mineral Resources)矿物储量(Mineral Reserves);矿物资源细分为探明的(Measured)资源、控制的(Indicated)资源和推断的(Inferred)资源三种;矿物储量分为可采(Proved)储量和预可采(Probable)储量两种。此即为丹佛协定,为资源/储量分类行会国际标准的原型。

CRIRSCO 的主席为 Norman Miskelly 先生,Norman Miskelly 为澳大利亚 JORC 成员,在 CRIRSCO 标准的修订过程中,在很大程度上吸收和采纳了 JORC 标准。

CRIRSCO 标准对报告编写人(或胜任人,Competent Person)的规定与 SME 标准基本相同,即为地球科学或矿物工程专业协会的会员或其他取得相应资质的人,至少有 5 年以上相关工作经验。

CRIRSCO 目前的主要成员国有:澳大利亚(JORC),南非(SARMREC),英国(IOM3,GSL),爱尔兰(IGI),欧洲其他国家(EFP),加拿大(CIM),美国(SME)及智利。

CRIRSCO 标准目前仍在继续修订之中,已确定的资源/储量分类及相互关系详见图 2-1。

B　国际主要行会分类标准的对比

a　国际行会标准的共同特征

现行国际行会标准在以下几方面基本都是一致的。

对资源的定义及分类

资源有以下特征,即在地壳内或地表由地质作用而形成的具有经济意义的自然富集物,根据产出形式、数量和质量可以预期最终开采是技术可行、经济合理的。其位置、数量、品位、地质特征及连续性是根据特定的地质依据和地质认识来估算的结果。根据地质可靠程度的不同,可分为推断的资源(Inferred Mineral Resources)、控制的资源(Indicated Mineral Resources)和探明的资源(Measured Mineral Resources)。

(1)推断的资源(Inferred Mineral Resource)有以下主要特征。

1)在资源分类中地质可靠程度最低。主要表现在地质认识的不充分、有限的取样分析、未知数据或低品质、品位以及品位分布的连续性不确定等。

2)不能用于技术和经济评价。由于地质可靠程度低,存在很多的不确定因素,不足以对其进行矿床开采的技术和经济评价工作,不能作为预可行性研究或可行性研究的依据。

3)不能直接转化为储量。基于上述原因,推断的资源不能直接转化为矿石储量。

(2)控制的资源(Indicated Mineral Resource)有以下主要特征。

1)具有中等地质可靠程度;

2)可以对其进行开采技术和经济评价;

3)综合考虑其他可变因素后可直接转化为储量。

(3)探明的资源(Measured Mineral Resource)有以下主要特征。

1）地质可靠程度高；

2）完全可以对其进行开采技术和经济评价；

3）综合考虑其他可变因素后可直接转化为储量。

对储量的定义及分类

储量是资源中的经济可采部分，用扣除开采时的损失和贫化后的数据来表示。综合考虑了开采、选冶、经济、市场、法律、环境、社会和政治等可变因素后，结果表明在当时是技术可行、经济可采的。

根据地质可靠程度的不同，储量可分为预可采储量（Probable Ore Reserves）和可采储量（Proved Ore Reserves）。

（1）预可采储量（Probable Ore Reserve）的共同特征。

1）是控制的资源的经济可采部分，有时也可以探明的资源的经济可采部分；

2）已扣除了开采时的损失和贫化；

3）基于技术/经济评价时可变因素。

（2）可采储量（Proved Ore Reserve）的共同特征。

1）是探明的资源的经济可采部分；

2）已扣除了开采时的损失和贫化；

3）基于技术/经济评价时可变因素基础之上。

资源/储量的转化

（1）可采储量仅来源于探明的资源；

（2）预可采储量通常来源于控制的资源；

（3）预可采储量在可变因素中存在不确定因素时可由探明的资源转化而来；

（4）矿石储量不能直接转化自推断的资源。

资源转化为储量时必须考虑的非技术/经济因素

（1）市场，如市场的准入，目前产品市场的状况等；

（2）法律，如决定能否开采的法律或重大协议等；

（3）环境，如环境影响分析；

（4）社会，如对当地居民或社区的影响等；

（5）政府，如各种税等；

（6）政治，如地区的安全性、稳定性、军事冲突等。

资源与储量的关系

资源与储量的关系详见图2-1。

报告编写人

对报告编写人（或胜任人 Competent Person、资格人 Qualified Person）在各个行会标准中都有一定的要求，尽管那些人可以是报告编写人，各个标准的要求略有不同，但以下几点是共同的。

（1）报告编写人可以是独立的个人，也可以是咨询机构；

（2）个人报告编写人必须是某个专业协会或组织的成员；

（3）至少有5年以上相关工作经验；

（4）资源/储量的估值必须由报告编写人来完成并对结果负责；

（5）公开披露的报告必须有报告编写人的签字；

（6）报告编写人对公开披露的报告负责。

b 国际行会标准的不同特点

国际行会标准的对比

国际行会标准的主要特征对比详见表 2－6。

表 2－6 国际行会资源/储量分类标准对比

	澳大利亚	加拿大	南 非	英国/欧洲 其他国家	智 利	秘 鲁	美国－SME
JORC 类资源/储量分类方案	√	√	√	√	√	√	√
认可的自律组织	√	√	√	√	√	√	×
报告编写人	√	√	√	√	√	√	√
认可的国外专业组织（ROPO 系统）	√	√	√	×	×	×	×

JORC 类标准与联合国国际储量/资源分类框架（UNFC）的对比

我国现行分类标准主要参照了联合国国际储量/资源分类框架（UNFC），现将 UNFC 与 JORC 类分类标准的主要不同特点进行对比，详见表 2－7。

表 2－7 UNFC 与 JORC 类分类标准的对比

标 准	UNFC	JORC 类
分类方式	3－维	2－维
种 类	41 种可能的分类	5 种分类
目 的	政府资源统计 + 市场报告	仅为市场报告
报告编写人	没有报告编写人的要求	必须由报告编写人完成并为此负责
应用范围	不被西方银行认可和接受	普遍被西方银行认可和接受

C 我国资源/储量分类

我国现行分类标准颁发的主要目的是与国际上市场经济国家矿产资源分类接轨，便于进行国际交流和合作。然而在实际应用中，分类繁杂，工业实用性差，无法与国际公认的行会标准对照、统一，导致国内和国外投资者对我国资源/储量分类的认识的混淆。

我国现行分类标准同时发挥着政府地矿工作机构进行资源/储量统计和企业生产计划、矿业权交易及矿业开发融资评价等双重作用，而没有专门用于企业生产，指导矿业运作、投资的行会分类标准。

因此，从严格意义上讲，我国目前尚无可供企业市场运作所依据的资源/储量行会分类标准。

2.4.2 资源/储量的估算

2.4.2.1 资源/储量的一般估算方法

资源/储量的一般估算方法有算术平均法、地质块段法、开采地块段法、断面法（剖面法）、多边形法、分配法、等值线法等，其中比较常用的是断面法，又分为平行断面法、不平行断面法和线资源/储量法。这些方法的实质是将形态复杂的矿体转变为与其体积大致相同的简单几何形体，进而估算该矿体的资源/储量。

资源/储量估算参数主要有：矿体面积、矿体平均厚度、矿石平均体重、矿石平均品位等，有时还包括矿石湿度、含矿系数等。传统矿体面积的测定通常采用求积仪、曲线仪、透明方格纸等工具,在矿体剖面图、平面图、投影图等中直接量取面积,此类方法工作量大,精度较低,已很少有人使用。目前测定矿体面积主要采用计算机软件,往往利用 CAD(如 AutoCAD、Microstation 等)或 GIS(如 ArcGIS、Mapinfo、Mapgis 等)类软件成图,然后直接从中读取矿体面积属性的值,此方法工作效率高,所测面积的精度高,因此在国内是测定矿体面积的主要方法。

关于资源/储量一般估算的具体公式及方法请参考其他相关资料,限于篇幅,此处不再赘述。

2.4.2.2 矿块模拟法

A 概述

所谓矿块模拟,即首先根据原始探矿工程数据建立代表矿(化)体空间几何形态的线框模型,然后用规则或不规则的矿块充填,或者直接建立矿块模型,最后采用地质统计学的方法将原始探矿工程数据赋值到每个矿块中。每个充填块为一个基本单元,可以包含的信息有矿块品位、矿块体积、估值方差、估值所用样品数、搜索半径、估值方法、资源/储量的分类、矿岩类型等。

目前被矿业界认可并广泛采用的模拟法资源/储量估算软件有 Datamine、Valcan、Gemcom、Minesight、Micromine 等。

B 矿块模拟法的理论基础

矿块模拟法主要以地质统计学为理论基础。根据实际计算和应用方法的不同,地质统计学又分为以法国统计学家 G Matheron 为代表的参数地质统计学和以美国统计学家 A G Journel 为代表的非参数地质统计学。有关地质统计学的主要内容,由于篇幅所限,此处不再详述,请参考其他相关资料。

地质统计学的研究对象(如品位等)称为区域化变量,地质统计学中,区域化变量具有以下几种特性:

(1)空间局限性。区域化变量被限制于一定空间,例如矿(化)体范围内,该空间称为区域化的集合域。区域化变量是按几何支撑定义的。

(2)连续性。不同的区域化变量具有不同程度的连续性,这种连续性是通过区域化变量的变异函数来描述的。

(3)方向性。当区域化变量在各个方向上具有相同性质时称为各向同性,否则称之为各向异性。

(4)空间相关性。区域化变量在一定范围内呈一定程度的空间有关,但超出这一范围之后,相关性变弱直至消失,即区域化变量的空间相关性只在一定的距离范围内有效。

(5)对于任一区域化变量而言,特殊的变异性可以叠加在一般的规律之上。原始探矿数据的分布一般都有大量的低值数据和部分特异值,因此在数据的分布上常常不服从正态分布,若采用传统的参数地质统计学来研究区域化变量时,须对其进行处理,使之服从正态分布。但是参数地质统计学是基于对数据的分布做出平稳性假设的基础上,然而这种平稳性或准平稳假设很难进行检验,加之原始取样的有限性和分布的不均匀,在某种程度上限制了参数地质统计学方法的应用。若采用非参数地质统计学,则无须数据分布类型的规定,也不需要满足平稳或准平稳假设,因而可操作性更强。

C 矿块模拟法的主要工作及方法

采用矿块模拟法进行资源/储量估算的主要工作有前期现场调查、数据输入及整合、矿床建模及品位估值、资源/储量估算等。

a 现场调查

现场调查主要完成对矿区勘查工作的调查,包括槽探、坑探、钻探等工作质量的调查,矿区测量工作质量的调查,取样及分析工作的调查等,同时获取矿区及矿区地质相关的资料。通过现场调查,可以对矿区及矿床地质获得第一手的直观认识和资料,这也是资源/储量估算后续工作的基础。

应重点对探矿工程的定位、测斜、样品的采取、样品的制备、样品的装运、样品的分析方法、样品分析结果记录及与标准数据库的对比、整个取样分析过程是否建立并执行了 QA/QC 程序以及 QA/QC 结果记录等作全面而细致的调查。

b 数据整合

在进行品位估值之前,首先先进行数据输入、整理、检查和合并工作。

数据输入

建立矿床品位模型需要输入的数据有:钻探、坑探、地表槽探等探矿工程的坐标、测斜、样品分析结果、体重测试结果以及岩性、构造等地质信息。其中样品分析结果中的品位数据等即为利用矿块模拟法进行品位估值的区域化变量,是矿床品位估值的必选数据;而岩性、地层、矿化等数据则为样品组合、不同矿化带的划分及品位估值的控制提供了依据。如果要建立完整的矿床模型,则还需包括工程地质、岩石力学等方面的相关信息,因此在进行数据输入时同时需要将这些数据输入到数据库中。表 2-8 为某矿床资源/储量估算所用数据。

表 2-8 某矿床资源/储量估算所用数据

文 件 名	说 明
collars. xls	钻孔坐标及孔深
surveys. xls	钻孔测斜,无数据者为垂直下向孔
geology. xls	岩性数据
Mineralisation. xls	矿化类型
Stratigraphy. xls	地层信息
Samples. xls	原始样品记录
assays. xls	样品分析结果

(1) 探矿工程坐标。探矿工程坐标文件一般需要工程名称、X 坐标、Y 坐标、Z 坐标。由于矿床建模所采用软件工作机制的不同,部分软件同时还需要工程长度,如钻孔孔深等信息。

在输入工程坐标文件时,需要注意对 X 坐标和 Y 坐标区分,一般情况下估值所需 X 坐标为地理东方向(E),Y 坐标为地理北方向(N)。

探矿工程坐标文件实例见表 2-9

表 2-9 探矿工程坐标

工程名称	X(东)/m	Y(北)/m	Z(高程)/m	孔深/m	矿区	氧化带底界/m	硫化带顶界/m	钻孔轨迹
DDH159	1131.91	4192.29	2396.68	450.1	3	49	43.06	弯曲孔
DDH160	693.36	3140.1	2404.1	460.7	1	49	46.6	弯曲孔
DDH161	773.71	3081.78	2402.85	472	1	56	48	弯曲孔
DDH162	629.05	3186.97	2405.07	362.5	1	50	44.02	弯曲孔
DDH163	554.28	2941.8	2407.18	488.9	1	64	55.82	弯曲孔
DDH164	1378.75	2985.13	2398.95	516.9	2	68	68	弯曲孔

工程名称	X(东)/m	Y(北)/m	Z(高程)/m	孔深/m	矿区	氧化带底界/m	硫化带顶界/m	钻孔轨迹
DDH165	386.49	2706.58	2406.16	530.65	1	58	49	弯曲孔
DDH166	702.63	2980.96	2404.3	601.6	1	49	45	弯曲孔
DDH167	86.87	2516.53	2398.31	415.45	1	58	53.4	直孔
DDH168	183.05	2850.2	2402.67	550.25	1	72	40.1	直孔
DDH170	889.34	2678.81	2402.75	534.55	2	79	57.81	直孔
DDH185	399.24	3298.53	2408.16	1012	2	49	45	直孔
DDH186	1525.29	2987.03	2397.9	617.7	1	94	60.15	直孔
DDH187	829.24	4167.29	2400.2	532.6	3	70	69.6	弯曲孔
DDH188	601.87	4530.17	2404.67	554	4	84	70.5	弯曲孔
DDH189	718.17	3089.39	2403.33	332	1	40	38.3	弯曲孔
DDH190	449.48	3168.52	2407.27	913.25	1	45	36.42	弯曲孔
DDH191	125.82	4292.47	2413.6	402.8	5	68	50	弯曲孔

(2) 探矿工程测斜。工程测斜文件所需数据主要有工程名称、测量深度、方位角、倾角等。由于软件定义的不同,一些软件将水平面向下施工的工程倾角定义为正,向上施工的工程倾角定义为负,而另一些软件则正好相反,即倾角向上为正,向下为负,应视所用软件具体而定。此外,大部分软件对角度的运算均采用十进制,因此,对于部分采用度、分、秒记录的角度,在输入数据时应根据所选软件的具体要求决定是否转换成十进制角度。

探矿工程测斜文件实例见表 2-10

表 2-10 探矿工程测斜

工程名称	深度/m	方位角/(°)	倾角/(°)
DDH159	0	180	90
DDH159	200	227	89.1
DDH159	360.2	345	89.2
DDH160	0	35	55
DDH160	60	35	55.5
DDH160	150	37	57.3
DDH160	200	40	56.5
DDH160	350	40	56
DDH160	400	40	56
DDH160	450	40	55
DDH161	0	35	55
DDH161	50	35	56
DDH161	100	35	56
DDH161	150	35	55.5

续表 2 - 10

工 程 名 称	深度/m	方位角/(°)	倾角/(°)
DDH161	200	35	55
DDH161	250	35	55
DDH161	300	35	52
DDH161	350	35	49.5
DDH161	400	35	47
DDH161	457	35	45
DDH162	0	35	55
DDH162	85	36	55.5
DDH162	188	37	57
DDH162	255	38	57.5
DDH162	307	39	58
DDH162	360	42	57.5

（3）样品分析数据。取样分析数据一般需要工程名称、取样起始位置、取样结束位置、样品长度、各种组分的含量（值）、矿化带或矿体标识、矿石类型标识等，其中"取样起始位置"和"取样结束位置"也可以通过"取样起始位置"和"样品长度"来确定。样品分析数据表见表 2 - 11，实例见表 2 - 12。

表 2 - 11   样品分析数据

工程名称	取样自	取样至	元素 1	元素 2	元素 3	…
DH001						
DH002						
DH003						
⋮						

表 2 - 12   样品分析数据实例

钻孔名称	样品编号	取样自	取样至	Pt 含量 /g·t⁻¹	Pd 含量 /g·t⁻¹	Au 含量 /g·t⁻¹	Ni 含量/%	Cu 含量/%
DDH39 - 18	S01795	114.5	115	0.61	1.31	0.1	3.6	1.39
DDH39 - 18	S01796	115	115.5	0.62	1.58	0.1	3.79	1.95
DDH39 - 18	S01797	115.5	116	0.69	1.59	0.13	2.97	1.16
DDH39 - 18	S01798	116	116.5	0.13	0.24	0.13	1.35	0.49
DDH39 - 18	S01799	116.5	117	0.23	0.54	0.37	2.59	1.16
DDH39 - 18	S01800	117	117.5	0.22	0.47	0.07	1.81	0.71
DDH39 - 18	S01801	117.5	118	0.08	0.15	0.04	0.97	0.2
DDH39 - 18	S01802	118	118.5	0.35	0.7	0.06	2.09	0.78
DDH39 - 18	S01803	118.5	119	0.09	0.39	0.06	2.14	0.83
DDH39 - 18	S01804	119	119.5	0.14	0.25	0.04	1.19	0.39
DDH39 - 18	S01805	119.5	120	0.18	0.35	0.06	1.5	0.56

钻孔名称	样品编号	取样自	取样至	Pt 含量 /g·t⁻¹	Pd 含量 /g·t⁻¹	Au 含量 /g·t⁻¹	Ni 含量/%	Cu 含量/%
DDH39 - 18	S01806	120	120.5	0.21	0.44	0.08	1.61	0.66
DDH39 - 18	S01807	120.5	121	0.32	0.48	0.05	2.51	0.83
DDH39 - 18	S01808	121	121.5	0.26	0.33	0.04	1.23	0.45
DDH39 - 18	S01809	121.5	122	0.63	1.1	0.09	3.35	1.46
DDH39 - 18	S01810	122	122.5	0.29	0.27	0.03	1.02	0.17
DDH39 - 18	S01811	122.5	123	0.08	0.08	0.02	1.55	0.21
DDH39 - 18	S01812	123	123.5	0.33	0.43	0.08	2.01	0.62
DDH39 - 18	S01813	123.5	124	0.34	0.58	0.05	1.27	0.56
DDH39 - 18	S01814	124	124.5	0.51	0.86	0.07	1.93	0.84
DDH39 - 18	S01815	124.5	125	0.52	1.05	0.1	2.89	1.09
DDH39 - 18	S01816	125	125.5	0.16	0.19	0.03	1.38	0.38
DDH39 - 18	S01817	125.5	126	0.13	0.16	0.02	0.71	0.24
DDH39 - 18	S01818	126	126.5	0.21	0.23	0.03	1.03	0.21
DDH39 - 18	S01819	126.5	127	0.31	0.28	0.05	1.09	0.23
DDH39 - 18	S01820	127	127.5	0.25	0.26	0.04	1.76	0.73
DDH39 - 18	S01821	127.5	128	0.38	0.48	0.06	1.33	0.39
DDH39 - 18	S01822	128	128.5	0.25	0.31	0.05	1.45	0.67
DDH39 - 18	S01823	128.5	129	0.53	0.89	0.1	2.34	0.96
DDH39 - 18	S01824	129	129.5	0.3	0.22	0.03	0.98	0.22
DDH39 - 18	S01825	129.5	130	0.11	0.2	0.03	1.44	0.34
DDH39 - 18	S01826	130	130.5	0.17	0.2	0.03	1.31	0.28
DDH39 - 18	S01827	130.5	131	0.32	0.49	0.05	2.02	0.74
DDH39 - 18	S01828	131	131.5	0.14	0.32	0.05	1.05	0.34
DDH39 - 18	S01829	131.5	132	0.08	0.17	0.02	0.8	0.15
DDH39 - 18	S01830	132	132.5	0.06	0.12	0.03	0.64	0.13
DDH39 - 18	S01831	132.5	133	0.14	0.19	0.02	0.78	0.25
DDH39 - 18	S01832	133	133.5	0.26	0.54	0.05	1.01	0.28
DDH39 - 18	S01833	133.5	134	0.74	1.54	0.12	3.24	1.74
DDH39 - 18	S01834	134	134.5	0.2	0.32	0.03	1.15	0.26
DDH39 - 18	S01835	134.5	135	0.17	0.31	0.03	1.07	0.44
DDH39 - 18	S01836	135	135.5	0.7	1.65	0.1	2.5	1.29
DDH39 - 18	S01837	135.5	136	0.14	0.32	0.05	1.01	0.41
DDH39 - 18	S01838	136	136.5	1.2	2.59	0.2	1.81	0.7
DDH25 - 09	S02081	110	110.5	0.04	0.06	< 0.02	0.48	0.041
DDH25 - 09	S02082	110.5	111	0.05	0.12	< 0.02	1.14	0.092
DDH25 - 09	S02083	111	111.5	0.09	0.18	< 0.02	1.51	0.16

续表 2 – 12

钻孔名称	样品编号	取样自	取样至	Pt 含量/g·t⁻¹	Pd 含量/g·t⁻¹	Au 含量/g·t⁻¹	Ni 含量/%	Cu 含量/%
DDH25 – 09	S02084	111.5	112	0.08	0.17	0.03	1.38	0.12
DDH25 – 09	S02085	112	112.5	0.06	0.1	0.02	0.74	0.049
DDH25 – 09	S02086	112.5	113	0.05	0.15	0.02	0.77	0.1
DDH25 – 09	S02087	113	113.5	0.11	0.2	0.02	0.86	0.091
DDH25 – 09	S02088	113.5	114	0.1	0.2	0.02	0.85	0.11
DDH25 – 09	S02089	114	114.5	0.11	0.22	0.03	0.93	0.15
DDH25 – 09	S02090	114.5	115	0.1	0.14	0.02	0.54	0.087
DDH25 – 09	S02091	115	115.5	0.09	0.17	0.03	1.81	0.19
DDH25 – 09	S02092	115.5	116	0.12	0.22	0.04	1.01	0.12
DDH25 – 09	S02093	116	116.5	0.06	0.09	0.02	0.69	0.13
DDH25 – 09	S02094	116.5	117	0.09	0.12	< 0.02	0.38	0.058
DDH25 – 09	S02095	117	117.5	0.07	0.09	0.02	0.56	0.093
DDH25 – 09	S02096	117.5	118	0.06	0.04	< 0.02	0.26	0.061
DDH25 – 09	S02097	118	118.5	0.07	0.09	< 0.02	0.48	0.089
DDH25 – 09	S02098	118.5	119	0.12	0.17	0.02	1.19	0.19
DDH25 – 09	S02099	119	119.5	0.07	0.19	0.03	1.23	0.22
DDH25 – 09	S02100	119.5	120	0.09	0.19	0.02	1.7	0.72
DDH25 – 09	S02101	120	120.5	0.11	0.24	0.03	1.32	0.26
DDH25 – 09	S02102	120.5	121	0.08	0.14	< 0.02	1.12	0.12
DDH25 – 09	S02103	121	121.5	0.06	0.12	0.02	0.61	0.096
DDH25 – 09	S02104	121.5	122	0.1	0.35	0.03	1.27	0.34
DDH25 – 09	S02105	122	122.5	0.16	0.27	0.03	1.85	0.45
DDH25 – 09	S02106	122.5	123	0.22	0.49	0.04	1.49	0.34
DDH25 – 09	S02107	123	123.5	0.16	0.39	0.04	1.41	0.31
DDH25 – 09	S02108	123.5	124	0.18	0.44	0.04	2.02	0.54
DDH25 – 09	S02109	124	124.5	0.19	0.49	0.03	1.72	0.38
DDH25 – 09	S02110	124.5	125	0.12	0.33	0.02	1.65	0.18
DDH25 – 09	S02111	125	125.5	0.15	0.47	0.04	1.93	0.3
DDH25 – 09	S02112	125.5	126	0.26	0.69	0.04	2.29	0.6
DDH25 – 09	S02113	126	126.5	0.25	0.73	0.04	1.78	0.34
DDH25 – 09	S02114	126.5	127	0.25	0.6	0.08	2.05	0.3
DDH25 – 09	S02115	127	127.5	0.15	0.39	0.02	1.84	0.069
DDH25 – 09	S02116	127.5	128	0.15	0.37	0.03	1.61	0.12
DDH25 – 09	S02117	128	128.5	0.19	0.43	0.05	0.75	0.22
DDH25 – 09	S02118	128.5	129	0.16	0.3	0.02	0.16	0.044

对于体重测试结果、岩性、构造等数据,可采用与样品分析数据相同结构的数据表。

上述数据中,坐标和样品分析结果类数据是必需数据,对于测斜数据来说是可选的,如果探矿工程为没有测斜数据,一般情况下数据处理程序将其默认为垂直工程。

由于部分软件,如 Datamine 等对数据表的字符型字段的名称及其值是大小写敏感的,因此在输入数据时,必须确保所有工程所对应的坐标、测斜、样品分析结果、地质信息等数据表中相应的工程名称保持大小写一致。

数据检查

上述数据有的时候是通过原始记录输入的,有的时候是直接从别的数据库中获取的,不管以哪种方式获取数据,都要对所得数据进行检查,必须确保输入数据与原始记录的一致性,同时还应排除原始记录中的输入性错误。特别是我国早期的勘查资料中,最终成果数据往往经历了多种媒介的多次转载,很容易出现输入性错误,应在数据输入的同时进行检查。

还应对不同类型数据的匹配性进行检查,即检查坐标、测斜及样品分析结果文件所对应的工程名称是否一致,每个工程所对应的坐标、测斜及样品分析结果是否均存在,同时应对样品重叠、取样结束位置小于取样起始位置等问题进行检查。对于此类问题,部分软件在合并数据时能自动检查,表 2 - 13 所示为某矿床用 Datamine 进行数据合并时检测到的部分错误数据。

表 2 - 13　数据检查结果

文　件	错　误　内　容	工　程　名　称	取　样　自	取　样　至
坐　标	没有坐标	PR31 - 11		
坐　标	没有坐标	PR32 - 13		
坐　标	没有坐标	PR33 - 13		
测　斜	0 m 处没有测斜数据	PR39 - 25		
样品 1	样品重叠	PS02D1	59.31	59.66
样品 1	样品重叠	PS02D1	75.25	79.88
样品 1	样品重叠	PS02D1	75.51	75.72
样品 1	取样至 < 取样自	PS02D1	75.89	75.25
样品 2	样品重叠	PS05	104.33	106.26
样品 2	样品重叠	PS05	104.7	104.33
样品 2	样品重叠	PS05	111.92	111.98
样品 2	取样至 < 取样自	PS05	111.98	111.9

数据合并

数据输入后,应对各类数据以工程名称为关键字段进行合并,使之成为完整的数据库,以满足后续工作的要求。根据所用软件的不同,对合并后的数据库的格式也不尽相同,一些软件采用独立的数据库(如 Datamine 等),另一些软件则采用 Access 标准数据库(如 Surpac 等)。典型的数据合并如图 2 - 2 所示。

c　矿床建模及品位估值

矿床建模及品位估值是采用模拟法进行资源/储量估算的核心工作,是在对矿区地质及矿床地质充分认识和合理解释的基础上,建立矿(化)体模型,并运用一定的理论,借助于一定的工具,通过选择合理的估值方法与参数,进行品位估值。矿床建模必须尊重地质客观事实。

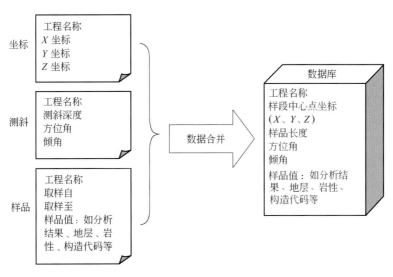

图 2 - 2　数据合并示意图

样品组合

在创建变异函数模型和进行品位估值之前,都需要按一定的样长进行样品的组合,使区域化变量在有限的条件下尽可能地均匀分布,以满足地质统计学对区域化变量的基本要求。

在组合样品时应注意所组合样品必须属于同一地质条件,即样品组合要求在同一成矿环境内,如同一矿化带、矿(化)体内,否则一方面可能造成估值偏差,另一方面可能造成局部品位人为的贫化或富集。

样品组合应在对原始样长统计的基础上进行,尽量使组合样长与原始样长统计结果中的众数一致,以尽可能保证数据的原始状态。组合样长一般应视勘查工程网度、矿体厚度、形态及采矿工程等因素而定。

数据统计分析

地质统计学研究的主要对象为区域化变量,而区域化变量有其特有的性质,首先应对区域化变量的分布规律进行研究,因此,对原始数据进行统计分析是地质统计学的一项基本内容,也是矿床建模和品位估值必不可少的工作。通过统计,不但可以进一步起到数据检查的作用,能够检测和处理原始数据中可能存在的人为差错和常识性的错误。还可以发现原始样品中的特异值,同时可以针对原始样品中特异值的分布特征选择合理的处理方法。更重要的是通过对原始数据的统计分析,可以了解区域化变量的分布规律,揭示矿化与区域化变量之间的相互关系,为进一步研究矿化的空间分布规律,平稳性条件的存在及其分区,空穴效应、比例效应的存在及类型,以及为变异函数的研究和矿床建模提供必要的依据,对品位估值方法的合理选择具有重要意义,不同分布规律的矿床应选择不同的估值方法。

统计分析的主要任务为:通过对原始数据的统计来研究区域化变量的分布特征、分析元素之间的相关性和进行回归分析等。

统计分析的常用方法有:描述统计(Descriptive Statistics)、箱线图(Box Plot)、直方图(Histogram)、散点图(Scatter plot)、累积概率曲线(Cumulative Probability Plot)等。目前常用的矿业软件已集成了这些统计分析方法,可以直接使用。还可以借助于诸如 Stata、MATLAB、SPSS 、SAS 和 ROTATION 等专业统计软件。此外,微软 Office 系列的电子表格(Excel)也具备上述部分功能。

数据统计时,在对全部数据统计的基础上应分别对不同成矿环境中的区域化变量进行统计,同时应在原始样长的基础上进行更大组合样长的统计,以发现不同的规律。

(1)描述统计(Descriptive Statistics)。描述统计是数据统计分析的基础,通过描述统计,可以获得区域化变量的最大值、最小值、均值、标准差及变化系数等基本数值。利用这些数值,可以对区域化变量做出初步的判断,比如用最大值与均值大小,初步判断特异值的存在与否;用变化系数,可以初步发现区域化变量的空间变化程度等。

描述统计内容主要有样品数、最大值、最小值、极差、中位数、众数、合计、均值、方差、标准差、变化系数、标准误差、峰度、偏度等内容。表 2-14 为某斑岩型铜钼矿原始分析主元素描述统计结果。

表 2-14 描述统计结果

项 目	Cu	Mo
样品数	59186	43299
最大值/%	6.37	1.524
最小值/%	0	0
极 差/%	6.37	1.524
中位数/%	0.13	0.004
众 数/%	0.01	0.001
合 计	12697.08	540.8803
均 值/%	0.214528	0.012492
标准误差/%	0.001128	0.000179
标准差/%	0.274388	0.037214
方 差/%	0.075289	0.001385
变化系数/%	127.9029	297.9066
峰 度/%	37.66032	331.3487
偏 度/%	4.247478	14.61266

(2)箱线图(Box Plot)。箱线图是对描述统计结果的图形化表现,可以直观地显示描述统计的结果,非常适合于多组数据的对比分析。图 2-3 为某斑岩型铜矿不同矿化区 Cu 品位描述统计结果的图形表示,从中可以明显地看出 1006 矿化区 Cu 品位变化系数最大,1102 矿化区 Cu 品位均值最大。

(3)直方图(Histogram)。直方图是数据统计分析常用的工具之一,在用模拟法进行资源/储量估算的过程中,直方图对研究区域化变量的空间分布特征起着重要的作用。

一般情况下,如果品位分布曲线为一种对称或不对称的单峰光滑曲线时,表明样品数据来自于同一矿化母体,在整个估值范围内,矿化一般都服从同一种概率分布。如果品位分布为多峰曲线或不规则的锯齿状曲线时,表明样品数据可能来自不同的矿化母体,或者样品数据来自于不同时期、不同种分析方法等,这时应将样品数据按不同矿化区段、不同时期、不同分析方法等分别进行统计分析,综合考虑,来分析品位分布特征。从图 2-4 所示结果可以看出,不同矿化区不同元素样品的分布特征是不同的。

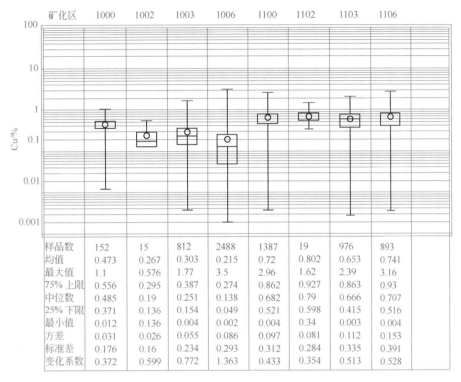

图 2-3 某斑岩铜矿不同矿化区 Cu 品位箱线图及常规统计结果

有时样品品位分布呈正偏态,特别是大量低品位的"零值高峰"分布,表明矿化带内可能存在很多低品位带或无矿夹石带,可能存在空穴效应。对于非正态分布的区域化变量有时经对数转换后可服从正态分布,即对数正态分布,如图 2-5 所示。有时,还需要对区域化变量附加一常数并取对数后才能服从正态分布,即三参数对数正态分布。当样品品位为对数正态分布或近似对数正态分布时,表明矿化可能存在比例效应。空穴效应和比例效应的正确判断,为后续的实验半变异函数的计算和拟合提供了依据。

通过对原始数据的直方图统计,还可以确定特高品位的下限值,详见本节特高品位及处理部分。

需要注意的是,在进行直方图的计算时,样品区间(Bin)的大小将会影响直方图的形状。

(4)散点图(Scatter plot)。散点图是一种双变量图,利用散点图不但可以直观地显示两元素之间的相关关系,还可以检测出原始数据中可能存在的异常值。

从图 2-6 所示结果可以看出,该矿床从北至南 Cu 与 Au 矿化的关系,北部矿体大部分 Au、Cu 之比为 1:1,西南矿体(Au/Cu)>1。从此图还可以看出该矿床中 Au 可能存在两期不同的矿化,同期对应的 Cu 矿化品位为 0.3% ~ 0.5%,同时,南部矿体很可能存在细脉型高品位矿化带。

通过元素之间的相关关系,可以求得元素之间的回归方程。比如铁矿石 TFe 品位与矿石体重之间的关系密切,不同品位段所对应的矿石体重值也不同,通过回归方程,可以求得 TFe 品位与矿石体积密度之间的函数对应关系,为合理估算资源/储量提供了依据。图 2-7 为某磁铁矿 TFe 品位与矿石体积密度之间的关系,利用散点图求得其线性回归方程为:体积密度 = 0.0376 × TFe(%) + 2.1392。

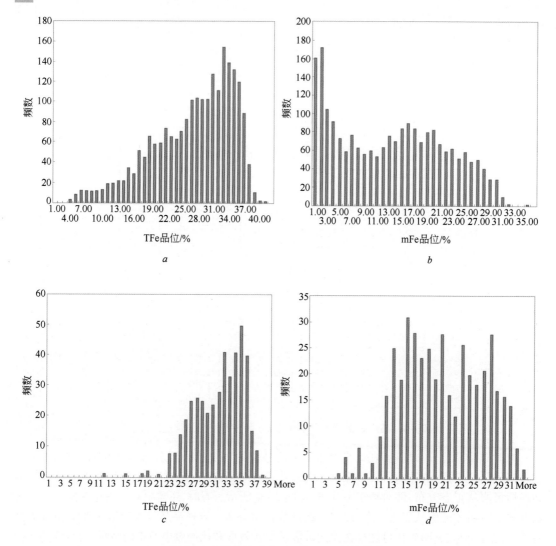

图 2-4 某磁铁矿床 TFe 与 mFe 品位分布

a—全矿 2 m 组合样 TFe 品位分布图;*b*—全矿 2 m 组合样 mFe 品位分布图;*c*—N1 矿体 2 m 组合样
TFe 品位分布图;*d*——N1 矿体 2 m 组合样 mFe 品位分布图

利用散点图,还可以对样品分析结果进行对比。图 2-8 所示为某金矿原始分析结果与对应副样检查分析结果的关系,可以看出副样检查结果总体略高于原始分析结果。

某些矿床需要用不同元素之间的比例关系来确定矿石品质和类型的矿床,如铝土矿 Al_2O_3/SiO_2 比值、铬铁矿 Cr_2O_3/FeO 比值等,通过相关分析,还可以发现此类矿床不同矿化区内矿石品质和类型的差异。

矿床地质解释、矿化带的划分及矿(化)体几何模型

矿床地质解释是矿床建模和品位估值的主要工作,也是采用模拟法进行资源/储量估算时主要地质工作的一种体现,这一工作基本上完全为人工参与。尽管目前已有少数软件可模拟完成对矿(化)体的自动圈连,但也仅限于特定的矿床。众所周知,由于地质因素的复杂性、多变性,既有其特定的规律又无章可循,因此大量的工作还得依靠人工进行,计算机软件只是一种辅助工具,始终无法完全替代地质师的工作。对矿床认识的不同将直接影响到矿(化)体圈定和连接方式,进而影响到矿(化)体的空间形态和产状。

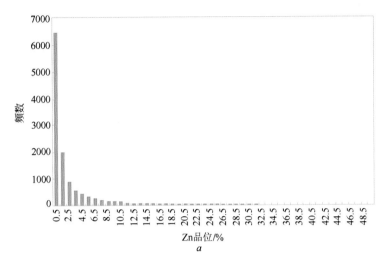

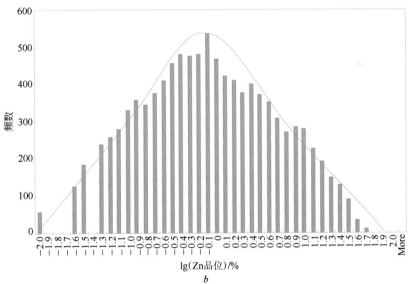

图 2-5 某铅锌矿 Zn 品位及品位对数分布直方图

a—Zn 品位分布直方图;*b*—lg(Zn 品位)分布直方图

矿(化)体的圈连必须符合客观地质事实,应在综合考虑区域成矿背景、矿床成因、构造、岩性、围岩蚀变等控制和影响矿床形成的诸多因素的前提下,合理地解释矿区及矿床地质,划分不同的矿化带,根据矿床的成因特征建立矿(化)体的几何模型。

(1)线框模型。线框模型是矿(化)体空间几何形态的一种常用表现方式,是由一系列三角网格所组成的空间形态模型。

线框有以下组成要素:

1)点。定位线框模型的空间位置,是三角网格的基本组成单元;

2)连接。线框模型的基本单位,每个线框模型的面都是由许多单独的连接所组成;

3)面。由不同的连接而组成的单个线框,面既可以是数字地形模型(Digital Terrain Model,DTM),也可以是实体线框;

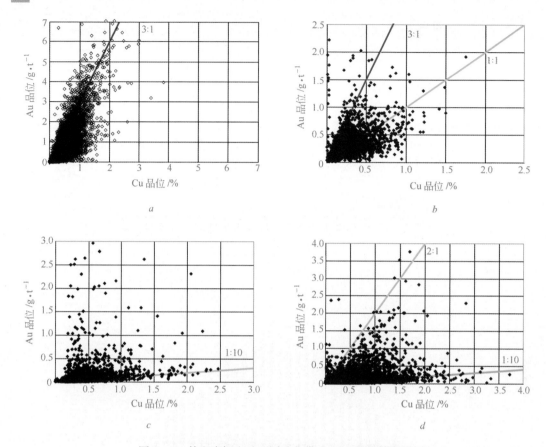

图 2-6 某斑岩铜金矿不同矿化带 Cu、Au 品位散点图

a—西南矿体辉石玄武岩带;*b*—北部矿体辉石玄武岩带

c—南部矿体辉石玄武岩带;*d*—中部矿体石英二长闪长岩带

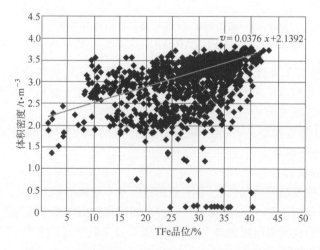

图 2-7 某磁铁矿床 TFe 品位与矿石体积密度相关关系

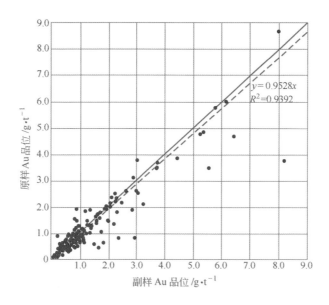

$$y = 0.9528x$$
$$R^2 = 0.9392$$

图 2-8　原样与副样分析结果对比图

4）组。由一个或多个具有相同或不同面标识符的线框组合而成的线框模型;

5）属性。线框模型所附载的信息,如矿化带标识、矿体编号、矿石类型等。线框的属性既可继承被连线的属性,也可直接对线框添加新的属性。

线框的连接方式一般有三种:最小面积连接、等角度连接和等长连接。在连接矿(化)体时应根据矿(化)体的实际特点来选择,例如当要连接两条长度及形态相似的线时,采用等长连接的效果最好。

在连接两条线时,有时需要对两条线上对应的两点强制连接后才能符合地质体的实际要求,这时就要在对应的两点之间人为添加连接引导控制线。

在对线框进行合并、切分等操作以及计算线框体积之前,需要对线框模型进行校验。线框模型的校验可完成对线框模型的大量检查工作,主要有:检查线框的面有无空洞、检查具有不标识符的面之间有无交叉、检查在同一个面或不同面之间有无跨接、检查有无重复点、对线框的面重新编号等。

（2）线框模型的创建。对于非层状矿床,一般按一定的工业指标,利用合并后的探矿工程取样分析数据,首先确定矿(化)体与围岩的分界点,然后设置一定的剖面前后投影距离,逐一在剖面上将投影距离范围内探矿工程所确定的矿(化)体与围岩的空间分界点连接而成闭合或不闭合的矿(化)体三维边界线,最后依次将相邻剖面所对应的矿(化)体边界线连接而成实体,即可创建矿(化)体的几何模型——线框模型。图 2-9 为某矿床主矿体线框模型的建立过程。

通过矿(化)体线框模型,可以直观地显示矿(化)体的空间赋存位置、形态和产状。一旦建立了矿体的线框模型,就可按任意方向进行矿体的剖切和矿体轮廓的显示,为采矿工程的合理布置提供论据。

对于某些成因类型的矿床,如层状矿床(铝土矿、红土型镍矿等),部分斑岩型矿床,品位渐变类矿床等,不一定按上述方法建立线框模型,有时并不一定要建立矿(化)体的几何模型,只要确定不同的层位或划分出不同的矿化范围即可。

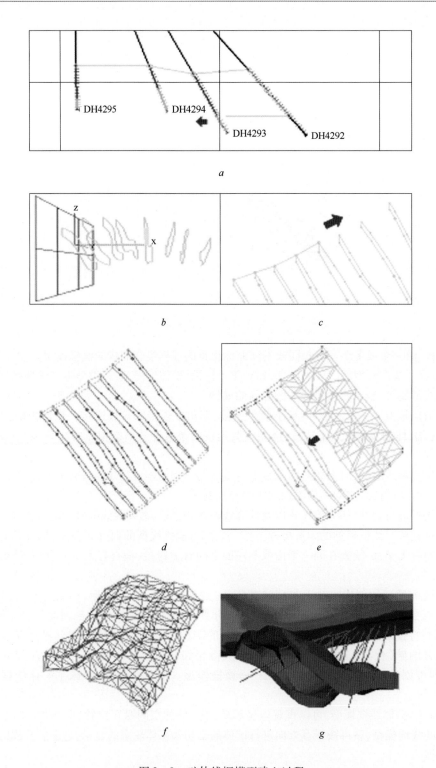

图2-9 矿体线框模型建立过程

a—剖面矿体连接;b—逐一完成所有剖面矿体的连接;c—建立剖面间矿体连接引导控制线;
d—完成所有剖面矿体连接引导控制线;e—依次将剖面矿体轮廓线连接而成实体线框;
f—矿体线框模型;g—矿体线框模型、钻孔和地表模型

（3）线框模型的操作。对于某些复杂矿床或有特殊要求时,需要对线框模型进行处理。线框模型的操作主要有模型的合并、分割、交切以及布尔运算等。线框模型合并与分割操作的典型应用如露天坑与地表模型的结合(如图2-10、图2-11所示)、用断层切割矿体等,布尔操作的实例如原有矿体与新发现矿体的合并等(如图2-12所示)。

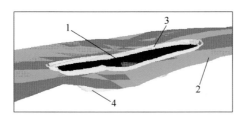

图2-10 线框的分割
1—位于露天坑境界内的地表线框;2—位于露天坑境界外的地表线框;
3—位于地表以上的露天境界线框;4—位于地表以下的露天境界线框

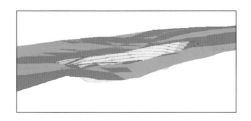

图2-11 分割后的线框模型

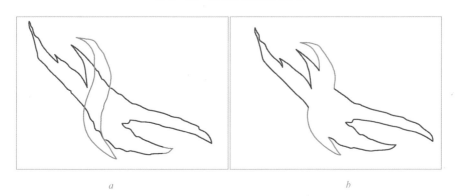

a   b

图2-12 线框并操作
a—操作前;b—操作后

矿块模型

（1）矿块模型。矿块模型是品位估值和矿床模型的基本框架,是品位等估值结果的信息载体。矿块模型由形状规则、大小相同或不同的立方体矿块组成,这些矿块是构成矿块模型的基本单位。虽然不同软件建立的矿块模型的结构不尽相同,但所有的矿块模型都由以下几个基本要素组成。

1）模型原点坐标。是指矿块模型所定义立方空间X、Y、Z坐标的下限值;

2）矿块中心点的坐标。是指每个单独矿块中心点的坐标,是矿块的空间定位数据;

3）矿块尺寸。是指矿块在三维空间不同方向的大小,矿块尺寸决定了每个矿块的体积,矿块体积与矿块对应的体重相乘即可得矿块所代表的矿、岩量;

4）矿块数。矿块模型在三维空间不同方向矿块数,一般由矿块模型所定义立方空间 X、Y、Z 坐标的上限值、模型原点坐标、矿块大小来确定矿块数目,三者的运算关系式为:

$$矿块数 = (坐标上限值 - 坐标下限值) \div 矿块大小$$

5）矿块所载信息。是建立矿块的主要目的之一,所载信息有品位估值结果、矿岩石类型、矿岩石体重、矿石氧化程度、资源/储量级别、岩石力学信息等。

构成矿块模型的基本要素如图 2 – 13 所示。

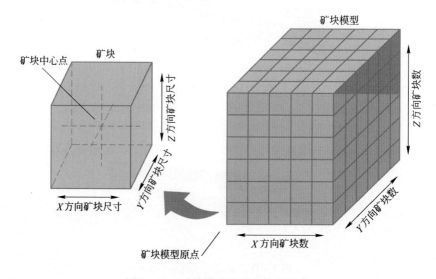

图 2 – 13　矿块模型的基本构成要素

（2）矿块模型的创建。在创建矿块模型之前,首先应确定模型的基本参数,即基本要素,其中最主要的为矿块尺寸的确定。矿块尺寸应根据地质统计学特征、探矿工程间隔、采矿约束、地质因素、地形以及计算机的处理能力等条件综合确定,如对于品位骤变的薄层状矿床,矿块尺寸应尽可能小一些,而对于特厚品位渐变矿床,矿块尺寸则可以大一些。考虑到采矿工程,矿块大小应尽可能与矿房尺寸、露天开采台阶高度等采矿工程之间成倍数关系,并使矿块中心点的高程值与开采台阶标高也成倍数关系。一般情况下,最大矿块尺寸不应大于最小探矿工程间距的1/4。

为使矿块与地质体的边界拟合得更好,有时还需要将父块细分为更多的子块(或次级矿块)。目前部分软件已具备此项功能,而另一些软件则采用“含矿系数”来表示,即在矿块中建立一字段,其值为表示地质界线对矿块的切分比例。相反,如果次级矿块过多,会增大矿块模型文件体积,降低品位估值及矿块模型操作速度,在满足地质边界更好拟合的前提下还需要尽可能地将部分小的次级矿块合并成更大的次级矿或父块,此即为矿块优化。

创建矿块模型的方法有以下几种:

1）无约束建模。无约束建模是矿块模型最快捷简单的建模方法,即利用已定义的矿块模型参数,通过品位估值的方法建立矿块模型,此方法所需数据为样品分析结果。利用样品分析结果,逐一分析每个潜在矿块中心点在估值参数所设定的样品搜索半径内是否有足够的样品数据,如果有,则在该位置创建一个矿块并对其进行品位赋值;如果没有足够的样品数据,此处将不创建矿块,继续搜索下一个潜在矿块中心点的位置,直至搜索完所有样品数据。

此方法最主要的缺点是不能精确地表述地质界线,无法考虑构造对矿床的影响,仅能在简单、厚大矿床中有限地使用,或对那些没有足够的探矿工程数据而无法建立完整的矿床模型时,采用这种方法作简单的推断评价使用。

2）约束建模。约束建模是矿块模型建模常用的一种方法,即通过线框模型或其他地质边界线的限制,在有限的空间内进行矿块充填,有条件地创建矿块模型,这样可以更好地控制地质体的形态和位置。

3）组合建模。复杂的地质模型常含有不同的岩性、侵入体、地质构造等,如果一次建成完整的矿块模型,既费时又非常困难。另外,如果其中一个地质体的边界发生了变化,则需要对整个矿块模型重新建立。为解决这一问题,可以首先创建每个地质体的线框模型,然后对每个不同的地质体分别建立矿块模型,最后采用叠加的方法合并而成完整的矿块模型。图2-14为典型的模型叠加过程,先对含矿层进行叠加,将矿层1叠加至矿层2形成新的模型A,再将侵入岩叠加至模型A形成模型B,接着将模型B叠加至地形模型形成模型C,最后将氧化带叠加至模型C形成最终模型D。

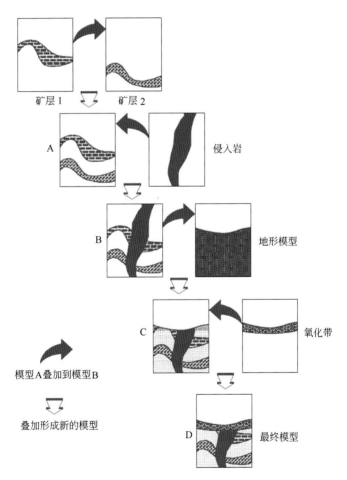

图2-14 模型叠加示意图

建模过程中,对于断层的影响,可以按线框模型建模方法,利用线框的分割操作,先用断层面对矿体进行切割并移位,形成断层影响后的矿体线框模型,然后对此线框模型创建矿块模型并叠加到相应的模型上即可。对于那些不具备矿块叠加功能的软件,也可以采用类似的方法建立线框模型,用于品位估值和资源/储量估算的约束条件。

（3）非正交矿块模型。地质因素复杂多变,矿(化)体形态千差万别,对于某些矿床采用非正交矿块模型会优于正交模型,这就需要对矿块进行旋转,建立旋转矿块模型。在某种情况下,旋转模型能够有效减小矿块数同时使矿块与地质边界更加吻合,对品位估值也会有小的改进。如图 2-15 所示,对于正交模型,为使矿块与矿体边界更加吻合,可以通过减小矿块 X 方向尺寸的方法来实现(如图 2-15 a、b 所示),但这样一来,矿块数会明显增加。在不减小矿块尺寸的条件下,如果将矿块的方向旋转成与矿体产状一致的方向,这样矿块就会与矿体边界非常吻合(如图 2-15 c 所示)。图 2-15 d 为矿体与围岩的正交模型,在模型正交的情况下,矿体边界线内有一部分围岩矿块,在估算矿体资源/储量时,这部分围岩会参与估算,边界矿石品位势必会贫化,如果采用旋转模型,使矿体与围岩边界更加吻合,则会明显减少围岩进入矿体的机会。

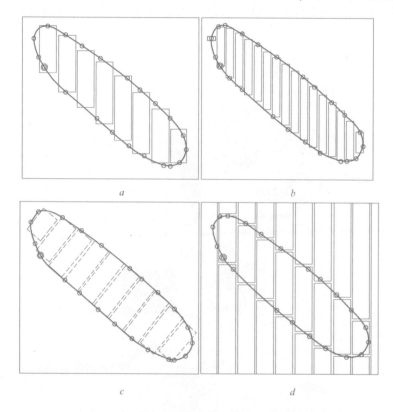

图 2-15　正交模型与旋转模型

a—10 m 矿块正交模型;b—5 m 矿块正交模型;c—10 m 矿块旋转模型;
d—矿体与围岩正交模型

变异函数及结构分析

（1）变异函数。变异函数(Variogram)是地质统计学的基本工具,是用克里金法进行品位估值时的重要参数之一。变异函数的定义为区域化变量增量平方的期望,即当矿化带中任意两点区域化变量间存在的相关性只依赖于相对距离,而不依赖于其具体位置时,被矢量 $\boldsymbol{h}$ 分隔的两点 x 和 $x+\boldsymbol{h}$ 上的区域化变量 $Z(x)$ 和 $Z(x+\boldsymbol{h})$ 之间的变异性便可以用变异函数 $2\gamma(x,\boldsymbol{h})$ 来表示,具体公式如下:

$$2\gamma(x,\boldsymbol{h})\mathrm{E} = \{[Z(x) - Z(x+\boldsymbol{h})]^2\} \tag{2-1}$$

利用样品品位值来估计 $2\gamma(\boldsymbol{h})$ 时,其计算公式如下:

$$2\gamma^*(\boldsymbol{h}) = \frac{1}{n(\boldsymbol{h})} \sum_{i=1}^{n(\boldsymbol{h})} \left[Z(x_i) - Z(x_i + \boldsymbol{h}) \right]^2 \tag{2-2}$$

或

$$\gamma^*(\boldsymbol{h}) = \frac{1}{2n(\boldsymbol{h})} \sum_{i=1}^{n(\boldsymbol{h})} \left[Z(x_i) - Z(x_i + \boldsymbol{h}) \right]^2 \tag{2-3}$$

上式 $\gamma^*(\boldsymbol{h})$ 为变异函数 $2\gamma^*(\boldsymbol{h})$ 的二分之一,即为实验半变异函数。实验半变异函数一般用曲线来表示,如图 2-16 所示。

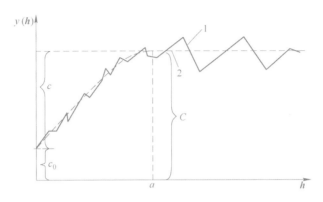

图 2-16　实验半变异函数及拟合曲线
1—实际曲线;2—拟合曲线

图 2-16 中 c_0 称为块金效应(Nugget Effect),是 $\boldsymbol{h}=0$ 时 $\gamma^*(\boldsymbol{h})$ 的值,表示当两点间距离很小时的品位变化,一般是由微型结构的矿化和取样分析的人为误差而引起的;c 称为基台值(Sill),它是先验方差与块金效应之差:$c = C - c_0$;C 称为总基台值,反映某区域化变量在研究范围内变异的强度,它是最大滞后距可迁移性变异函数的极限值,$C = c + c_0$;a 称为变程(Range),当 $\boldsymbol{h} \leq a$ 时,任意两点之间的样品值具有相关性,这个相关性随 $\boldsymbol{h}$ 的增大而发生相应的变化;当 $\boldsymbol{h} > a$ 时,任意两点之间不再具有相关性。a 的大小反映了矿床品位(或厚度等)的变化程度,从另一方面看,a 反映了估值的影响范围,可以用范围 a 以内的品位等信息值对待估矿块进行估计。

(2) 实验半变异函数的理论模型。实验半变异函数的理论模型可分为有基台值和无基台值两类,有基台值模型有球状模型(Spherical Model)、指数模型(Exponential Model)、高斯模型(Gaussian Model)和纯块金效应模型(Pure Nugget Effect Model),无基台值模型有线性模型(Linear Model)或称幂模型(Power Model)、对数模型(Logarithmic Model)或称德·威依斯模型(De Wijsian Model)和抛物线模型(Parabolic Model),空穴效应模型(Hole Effect Model)可有基台值,也可没有基台值。各种理论模型的曲线图形见图 2-17。

(3) 实验半变异函数的计算。计算实验半变异函数所用数据为数据合并后的组合样,计算的主要工作有样品搜索方法的选择及搜索参数的确定。实验半变异函数的计算应以矿化区为单位,分别计算不同矿化区的半变异函数。

1) 样品的搜索方法。在进行样品搜索时,为了能搜索到所有样品,需要采用不同样品搜索方法来计算变异函数,每种方法有其特定的使用条件,应根据矿床特征,选择适合的样品搜索方法。样品搜索方法按搜索空间可分为二维搜索与三维搜索,目前使用较广的是三维搜索法,典型的样品搜索如图 2-18 所示。

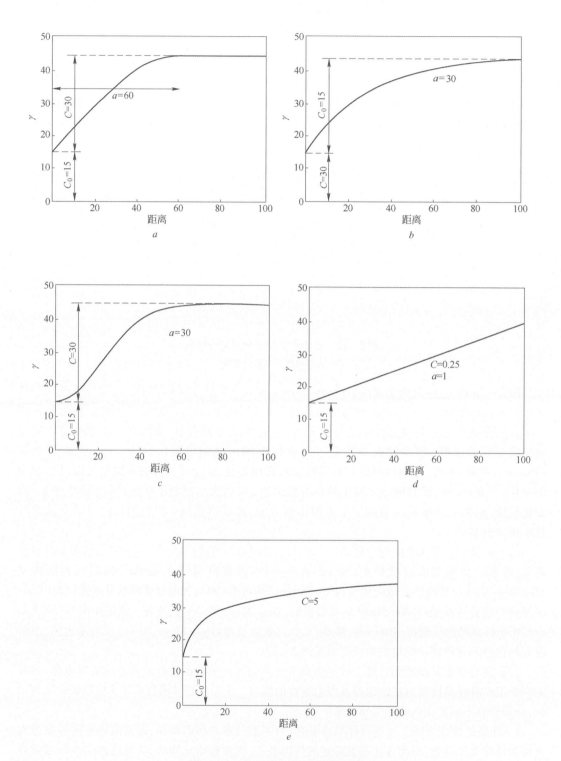

图 2-17　实验半变异函数理论模型

a—球状模型；b—指数模型；c—高斯模型；d—线性模型；e—德·威依斯模型

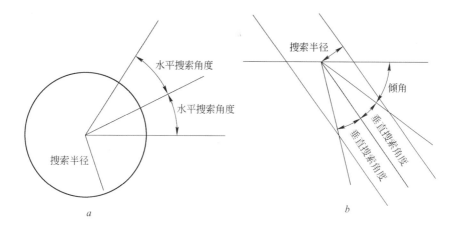

图 2 - 18　样品搜索方向示意图

a—水平面示意图；b—垂直面示意图

2）样品的搜索方向。定义变异函数样品搜索方向通常的做法是通过定义一套方位角和倾角的增量来完成，一般方位角按顺时针递增，倾角以水平面下向递增，例如起始方位角和倾角均为 0，方位角增量 45°，而倾角增量为 30°，则变异函数样品搜索方向组将会是 0/0，0/30°，0/60°，0/90°，45°/0，45°/30°，…315°/90°。多数情况下，走向上 A 与 $A+180$°方向的变异函数相同，因此实际计算结果可能只包含 0～180°之间的结果。

按上述方法定义搜索方向后，由于矿体实际产状的差异，可能会漏掉许多样品，因此还需要定义一套坐标旋转轴及与之对应的旋转角度，以使旋转后的坐标系统与矿体的空间产状一致，这样在搜索样品时尽可能减小样品的遗漏。关于坐标旋转轴和旋转角度所采用的法则，如角度正负的定义等，可能会因所用软件的不同而有所不同，应视具体情况而定。

3）实验半变异函数计算的主要参数。与样品搜索方法相对应，不同的搜索方法对应的搜索参数不同，不同变异函数计算软件的参数设置也可能不同。三维搜索法常用搜索参数如下：

① 步长控制。由单位滞后距或步长、步长容差、步长数等组成，若将步长细分为次级步长，还需要每个步长细分次级步长的数量和所有次级步长的数量；

② 旋转坐标系统。用以定义不同方向的旋转角和旋转轴；

③ 搜索方向。一般用六个参数来控制，分别为方位角、倾角、方位角增量、倾角增量、方位角倍增个数、倾角倍增个数；

④ 搜索半径。柱形搜索半径；

⑤ 搜索角度。有水平角度和垂直角度，用以定义锥形扫描范围。

⑥ 边际品位。对于指示变异函数来说，还需要定义边际品位，小于等于边际品位的样品将不被搜索，只有大于边际品位的样品才会被搜索。此边际品位往往不是一个固定值，而是按一定增量递增的数值，或事先已定义好的非等差数。

实验半变异函数计算参数的确定

单位滞后距的确定应综合考虑探矿工程间距与组合样长，平面上应以最小探矿工程间距为一个单位，剖面上应以一个组合样长为一个单位。

样品搜索应选择最佳矿化连续性方向和与之正交的方向作为搜索的起始方向。通常矿化连续性最好的方向为矿（化）体的走向方向，因此计算变异函数时方位角应以矿（化）体走向为样品的搜索基准方向，方位角增量一般以 45°为宜，但对于具有明显矿化各向异性特征而其各向异性主轴方向尚不明确的矿床,方位角增量应尽可能地小,以发现不同方向矿化的变异特征。除了走向方向外,还需计算垂直方向和矿(化)体真厚方向的半变异函数。

(4)实验半变异函数的拟合及结构分析。实验半变异函数的拟合是在经计算形成的实际曲线的基础上,以图形化的方式人工拟合。目前绝大部分矿业软件包具备实验半变异函数的计算和拟合功能,能根据人工拟合的结果自动获得实验半变异函数模型的主要参数,如块金效应、基台值、模型套合类型及相应的变程等。

引起矿床变异性的各种原因称之为结构。结构分析是在对半变异函数研究的基础上,分析半变异函数所表示的矿化产生变异的各种原因,并用相应的理论模型或其组合来表示这种变异性。将各种引起变异性的结构组合在一起称之为结构嵌套。

由于成矿物质来源及成矿地质条件等因素的复杂多变,引起矿床在空间各个方向矿化的变异性也不同,有的为各向同性,即矿化在空间各个方向上的变异性相同;有的为各向异性,即矿化在空间不同的方向其变异性不同,各向异性又分几何各向异性(Geometric Anisotropy)和带状各向异性(Zonal Anisotropy)。几何各向异性是指在不同的方向上,变程值不同,但各个方向的基台值却相同,如图2-19a为水平与垂直方向的几何各向异性。几何各向异性可以通过坐标的线性变换,将各向异性变为各向同性;带状各向异性是指不同的方向具有不同的基台值,其变程可能相同,也可能不同,如图2-19b所示。带状各向异性无法通过坐标的线性变换使其成为各向同性。

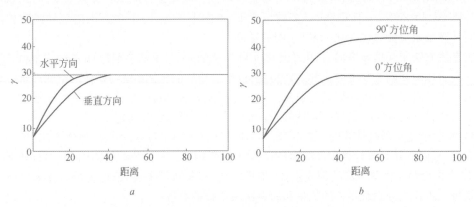

图2-19 各向异性

a—几何各向异性;b—带状各向异性

(5)变异函数及结构分析实例。某岩金矿床大地构造属天山地槽褶皱系,总体构造线方向为 NWW-SEE,矿区岩性为一套中酸性火山岩建造,下部为中性火山碎屑岩,中部为中性熔岩,上部为中—中酸性碎屑岩及熔岩。与成矿关系密切的围岩蚀变主要有黄铁绢英岩化。矿床属火山热液型金矿床。矿体分南北两段,北段长480 m,最大斜深425 m,平均370 m,走向 NE10°,倾向 SEE,倾角57°~86°,局部直立或反倾,具上陡下缓的特点。矿体形态呈厚大似板状体,沿走向和倾向均具膨大、收缩现象;南段长400 m,最大斜深385 m,平均220 m,走向 NE17°,倾向 SE,倾角66°~82°,局部直立或反倾,总体具中上部陡倾,下部稍缓的特征。矿体呈不规则脉状,沿走向和倾向具膨大、收缩、尖灭现象。矿石类型有石英脉型和蚀变岩型两种,以石英脉型为主。

实验半变异函数模型的建立过程如下:

第一,在对原始取样分析数据统计分析基础上,计算并绘制出 Au 品位在不同矿化特征方向(如走向、倾向或受构造等因素控制的其他特殊方向等)的变异函数曲线图。

第二,根据绘制出的曲线图,结合本矿床的地质特征,进行结构分析,确定变异属于各向同性还是各向异性,是几何异向性还是带状异向性,再选用一种或多种结构进行套合,最终得到理论变异函数模型。

对于脉状岩金矿床而言,由于矿脉组成变化显著,其矿化品位在垂直矿脉方向的变异远远大于矿脉走向方向。在垂直方向,除包含了与水平方向相同的那部分变异,即各向同性外,还有在该方向特有变异部分,即各向异性部分。

第三,通过变异函数模型获得品位估值所用的参数。这些参数主要有块金值、基台值、结构套合类型、变程等。

原始数据统计分析结果显示本矿床 Au 品位呈对数正态分布(如图 2 - 20 所示),其半变异函数值不规则,实验半变异函数曲线的变化趋势不明显,无法看出矿床的变异特征。采用 ln(Au)或 lg(Au)计算变异函数后,可以很明显地反映出矿床 Au 品位的变异特征。如图 2 - 21 a 所示,从图中很难看出矿床 Au 品位的变异特征。而从图 2 - 21 b 所示结果中可以明显地看出 lg(Au)的变异特征呈现几何异向性,并用两个球状模型来拟合理论变异函数曲线。最终拟合后的实验半变异函数模型如图 2 - 21 b 所示。

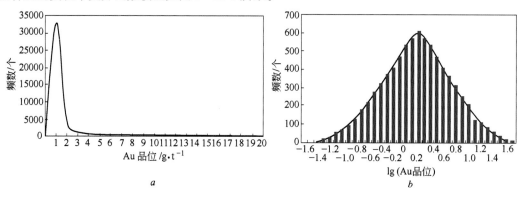

图 2 - 20 某岩金矿床 Au 品位分布图

a—Au 品位分布图;b—Au 品位对数分布图

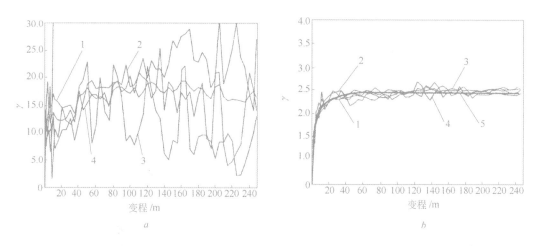

图 2 - 21 某岩金矿床 Au 品位变异函数

a—正常变异函数;b—对数变异函数

1—无方向;2—走向方向;3—倾向方向;4—垂直方向;5—拟合曲线

特高品位及其处理

特高品位又称风暴品位,是指矿床中那些比一般样品品位显著高出许多倍的少数品位。特高品位是样品分布中的特异值,在岩金矿床和其他贵金属矿床中经常出现,其分布极不稳定,且不连续,使品位总体具有高方差。特高品位对矿床品位估值的影响是显而易见的,处理不当将会使矿床品位估值正偏或负偏。

特高品位的确定方法国内外尚无公认的统一标准,常用的方法有:

(1)经验法。经验法又称类比法,是根据矿床的矿化特征和品位变化程度,与已开采的类似矿山的经验数据进行对比加以确定。如对岩金矿床,国内较多的采用矿床平均品位的 4~6 倍作为特高品位的下限,对品位变化系数小的矿床采用此范围的下限值,变化系数大的矿床采用此范围的上限值。

(2)品位分布频率曲线法。对所有样品按适当的品位分段进行统计,根据品位频率(数)曲线图,正偏倚曲线右侧第一次出现极小值处即为特高品位的下限值。图 2-22 为某金矿 Au 品位频数曲线图,利用此图,确定该金矿 Au 特高下限值为 6 g/t。

(3)品位统计标准差法。由于特高品位是一种特异值,因此可通过品位统计标准差来确定其下限值。具体方法为:特高下限值为元素品位统计结果 n 倍标准差与均值之和,n 的取值应视矿床成因和品位变化特征而定。大于下限值的特高品位用下限值来代替。

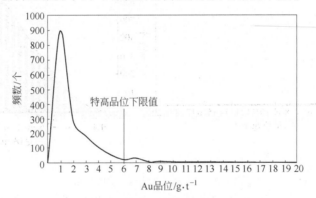

图 2-22 某金矿 Au 特高品位下限值

一般采用特高品位的下限值来代替特高品位。用经验法所确定的特高品位,其处理方法通常用出现特高品位的样品所影响块段的平均品位或工程(当单工程矿体厚度大时)平均品位来代替特高品位。数理统计方法可通过对数转换、高斯变形、排列等数据转换来减轻(但无法消除)特高品位对矿床品位估值的影响。

特高品位的确定和处理不能一成不变、一概而论,应结合矿床成因类型、矿床勘查程度以及矿体形态、矿床总体品位分布特点等诸多因素综合考虑,最终选择合理的特高品位确定和处理方法。对于矿化较均匀、矿体形态规则、矿床平均品位高、勘查程度高的矿床其特高品位的确定和处理方法应有别矿化不均匀、矿体形态复杂、矿床平均品位低、勘查程度低的矿床,否则可能造成对高品位矿床品位的过低估计和对低品位矿床品位的过高估计。

估值方法及选择

(1)品位估值方法。采用模拟法目前常用的品位估值方法有:最近点法(Nearest Neighbor,NN)、距离幂指数反比法(Inverse Power of Distance,IPDn)、克里金法(Kriging)、西切尔法(Sichel's t Estimator,ST)以及条件模拟法(Conditional Simulation)等,其中克里金法又分为普通克里金(Ordinary Kriging,OK)、简单克里金(Simple Kriging,SK)、对数克里金(Lognormal Kriging,

LK）、指示克里金（Indicator Kriging，IK）、泛克里金、协同克里金法等。

1）最近点法（Nearest Neighbor - NN）。待估矿块的值由距其最近的样的品位值给出。"最近"指的是转换距离或考虑了品位空间分布特性的各向异性距离。由于采用最近点法进行品位估值时不对样品进行加权，所以，数值型和字符型字段都可以参加估值。

2）距离幂指数反比法（Inverse Power of Distance - IPDn）。距离幂指数反比法是以样品与待估矿块间距离的负幂指数为权重进行计算的。本估值方法的核心是对影响距离进行权重处理，因此适合多数矿床的品位估值，且一般用距离平方反比。

3）克里金法（Kriging）。克里金法是一种地质统计学法，与距离幂指数反比法一样，克里金法也给周围的样品赋予权值，但克里金计算权值是为了减少错误方差。为了减小错误方差，克里金法考虑样品之间的空间位置，因此，当空间几个样品聚在一起时，就会考虑到权重并将权重相应地减小，在这一点上，克里金法又有别于距离幂指数反比法。

克里金权重计算的基础是变异函数模型，通过变异函数模型利用样品之间的距离来描述样品之间的相关性。

普通克里金法计算每个样品的权重，所有权重之和为1；简单克里金法计算每个样品的权重 W_i，将（$1 - \sum W_i$）作为平均品位的权重。简单克里金法不像普通克里金法对局部趋势那样敏感，因为简单克里金法的估值结果在一定程度上取决于平均品位，该平均品位通常假想是已知的，且在整个矿区都是一个常数，这在一定程度上限制了简单克里金法的使用。从这种意义上讲，普通克里金法是最常用的克里金法。

如果原始数据呈对数正态分布，则可用对数克里金法，对数克里金法是对普通克里金和简单克里金的对数操作。对于普通克里金和简单克里金，权重是作用于样品的品位值，而对数克里金则将权重作用于样品品位的对数，然后再进行反对数变换。

4）西切尔法（Sichel's t Estimator - ST）。对于原始数据统计结果呈对数正态分布的矿床可采用该方法进行品位估值，本方法不同于距离幂指数反比法或克里金法，它不考虑待估矿块与样品之间的距离，因此，本方法特别适合于特大矿块尺寸的品位估值，且每个矿块含有多个样品，样品搜索半径大约等于矿块尺寸。

5）条件模拟法（Conditional Simulation）。条件模拟实际上是一种不确定因素的量化分析与风险因素的分析工具，与其他模拟法不同，条件模拟的估算结果不是诸如平均品位等信息，而是一种变量的变异性。

（2）估值方法的选择。品位估值方法有多种，在选择某种方法之前应对其原理有充分的认识，掌握每种方法的适用条件和使用方法，同时应认识到不同方法估值所产生结果的可靠性。

选择适合于某一矿床的品位估值方法，要以矿床地质特征为主，综合考虑矿化类型、蚀变种类、构造特征、不同岩性对矿化的影响等因素。其中，矿床品位的空间分布特征对估值方法的选择具有重要意义。

例如岩金矿床 Au 品位的分布特点是大量样品值集中在低品位段，以至于多数情况下品位不服从正态分布，大多数服从对数正态分布或三参数对数正态分布，因此，在估值方法的选择中，对于那些服从对数正态分布的矿床，通常可以采用对数克里金法进行品位估值，部分服从三参数对数正态分布的金矿床也可以采用对数克里金法进行品位估值。岩金矿床品位分布的另一特征是普遍存在着特高品位，如果不对其进行处理，用一般方法直接参与品位估值，则会对估值结果产生明显的影响，而对其处理不当，则会使矿床品位估值结果产生正偏或负偏。另外，特高品位下限值的确定同样也会影响估值结果。若采用指示克里金法，则可以很好地解决这一问题。指示克里金法是一种非参数地质统计学的方法，其估值原理是把原始数据分成两部分，即高品位类和其余品位类,当一个交点拥有大于截止高品位的品位或积累量时,把相应的指示值调整到1,当交点低于边界值时,把相应的指示值调整到0。指示克里金法可以在不去掉实际存在的特高品位的条件下进行品位估值,也不要求品位服从任何分布,因此在诸如薄脉状岩金矿床的品位估值中,指示克里金法更显其优越性。

主要估值参数的选取

品位估值的主要参数有样品搜索半径、搜索方向、样品数、实验半变异函数模型以及其他估值控制条件等。

(1)估值半径、方向与样品数——样品搜索椭球体。

搜索椭球体为估值提供了重要的参数,如样品搜索半径、搜索方向和样品个数等。

在正交情况下,椭球体三个轴与x、y、z坐标轴一致,而在实际估值过程中,其三轴应分别与矿体走向、倾斜方向和真厚度方向一致,因此,在大多数情况下都需要将椭球体的三个轴按一定的角度和对应的旋转轴进行旋转。

搜索椭球体应该是一个动态的椭球体,其半径根据估值所要求的样品数而动态缩放。如图2-23 a所示,当待估矿块周围的样品数多于设定的最大样品数时,椭球体自动收缩,直至满足最大样品数的要求;当待估矿块周围的样品数少于设定的最小样品数时,椭球体自动按设定的放大系数扩大搜索半径,以满足最小样品树的要求,此时所估矿块的资源/储量的地质可靠程度也将相应的降低一级;当搜索半径放大至最大倍数后待估块周围的样品数仍然少于设定的最小样品数时,此矿块将视为空块。

估值过程中,由于样品数据点往往并非均匀分布在被估矿块的周围,而是成群的聚在某一方向,若使用上述椭球体搜索方法很可能导致某单一方向的样品过多从而对矿块品位估值产生影响。为了有效地解决这一问题,实际操作中可将搜索空间分成八个象限,使得估值所用样品分别来自不同的象限,这样就可以避免上述问题。如图2-23 b所示,搜索椭球体在xy平面内包含16个样,分别用0、#、×和※表示。如果最大样数大于或等于16,则所有16个样品都将被选中,如果最大样数定为8,则用×和*所表示的8个样品将被选中,这样,矿块估值结果将明显地偏向搜索体第二轴正方向的那些样品值。如果采用了八分象限限制,并把每象限中的最大样数定为2,则每象限中离待估矿块中心最近的两个样品被选中,这些样品用0和×表示。这种方法应比8个样品都来自同一方向的估值结果更加合理。

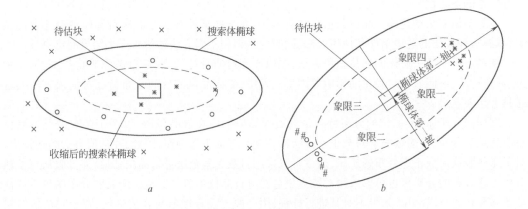

图2-23 样品搜索示意图

a—动态搜索椭球体平面;b—八分象限平面

样品搜索椭球体第一二轴所定义的最小估值半径应与最小探矿工程网度一致,第三轴所定义的估值半径应视矿(化)体的真厚度而定。

(2)实验半变异函数模。详见本节变异函数及结构分析部分。

(3)矿化带控制。矿化带的控制很重要。在进行样品搜索时,必须确保估值所用样品与待估矿块属于同一矿化带内,如同一岩性、同一矿化类型或同一矿体,否则为无效估值。为做到这一点,可以在样品原始数据输入时增加不同矿体、不同岩性、不同矿化类型等矿化带的识别标识,在创建矿块模型时将此标识赋予与之相应的矿块,在进行品位估值时按此标识进行样品的搜索。

(4)父块估值。对于具有次级矿块的模型,在进行品位估值时,有时需要对父块所分的次级块单独进行估值,以使品位估值更加精细,特别是在品位变化较大的薄脉状矿床中,次级矿块的品位对矿床平均品位会产生一定的影响。相反,对大规模的斑岩型矿床中,一般用父块的品位值代替次级矿块即可,更多的细分反而影响估值和模型的处理速度,也无此必要。

(5)离散点设置。矿块模型所包含的每个单元矿块是通过矿块中心点的三维坐标来定位其空间位置的,因此,对于像距离幂指数反比这一类估值法而言,只使用矿块中心点的坐标,使得被估品位成为矿块中心到每个样品距离的函数。这意味着估值时完全忽略了矿块的尺寸,只对矿块中心点进行了估值,而没有估计整个矿块的平均品位。在这种情况下,应设置离散点,以完整地估算矿块的品位。

离散点的设置可通过设置点数和点距的方法来完成。如图 2-24 所示,对某一 $X = 20$、$Y = 12$ 矿块,在平面上,如果设置了 X 方向的点数为4、Y 方向的点数为3,则此矿块内的离散点数为12,这样对应 X 方向的离散点距为5,Y 方向的离散点距为4(如图 2-24a 所示);如果首先设置了 X 方向的离散点距为5,Y 方向的离散点距为4,则此矿块内的离散点数将为9(如图 2-24b 所示),其离散点数少于图 2-24a 所示矿块。

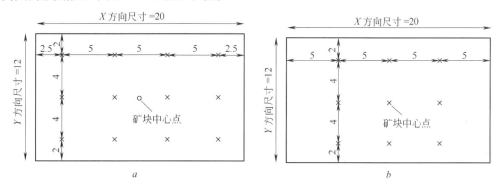

图 2-24 离散点的设置
a—设置点数;b—设置点距

设置离散点数的优点是可以在相同尺寸的所有块中都能得到同样数目的离散点,不足之处是在某一方向上点的间距比另一方向上的间距大,这取决于矿块边长的相对比例。

设置离散点距的优点自然是矿块内所有离散点的间距都相等,实现了离散点在矿块内的均匀分布。其缺点是对于小尺寸矿块,矿块内的点数会很少,甚至可能只有一个离散点。这对采用克里金法估值而言,是一个很大的缺点,因为克里金法估值要求一个块内至少有两个离散点。因此,采用克里金法进行估值时,应设置离散点数,采用距离幂次反比法估值时,应设置离散点距。

岩矿石体积密度

岩矿石体积密度值可以采用与品位估值相同的方法估值而得。由于岩矿石体积密度与岩石类型关系密切,因此在进行体积密度估值时应以岩性作为估值区域划分的标志,应在相同的岩性带内进行体积密度估值。估值方法可为最近点法或距离反比法。

对于部分矿石品位与体积密度关系密切且变化较大的矿床,如铁矿等,应建立矿石品位与体重之间的回归方程,通过回归方程确定的关系式进行体积密度赋值。

特殊矿床品位估值——褶曲还原

上述各种估值方法一般都是在标准坐标系中进行的,如最近点法、距离幂指数反比法和克里金法等所计算每个样品到矿块中心点或离散点之间的距离通常都在标准笛卡儿 XYZ 坐标系中进行的,但对于褶曲构造矿床而言,多数矿化形成于褶曲构造产生之前,褶曲构造中两点间的距离实际上应为褶曲形成前空间两点的直线距离。图 2 – 25 表示了背斜两翼的两个样品,若使用标准 XYZ 坐标系统,则 A 和 B 之间的几何距离是一条直线。但从地质角度来说,这两点的距离应是一条沿着背斜构造线延伸的曲线,即图中的虚线,这才是褶皱前两样品间的真实距离。

对于此类矿床,在进行品位估值之前,应将空间样品点还原成未褶皱的状态,估值结束后再转换成褶皱后的实际空间位置,此即褶曲还原。

褶曲还原需要对合并后样品分析数据、线框模型等进行坐标变换操作,还原到褶曲前的坐标系统(Unfolded Coordinate System,UCS),然后再计算变异函数,进行品位估值。

合并后的样品分析数据,其空间定位一般采用样品段中心点坐标、样品长度、方位角和倾角来表示,因此对样品分析数据进行坐标变换时不仅要转换样品段中心点的坐标,同时还应考虑样品段上下端点的坐标变换,重新计算新的样品长度、方位角和倾角。

坐标变换可通过对原始边界线添加辅助控制线的方法来实现。如图 2 – 26 所示。

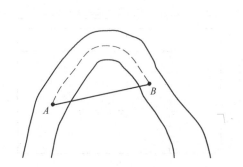

图 2 – 25　两点间的几何距离和地层内距离

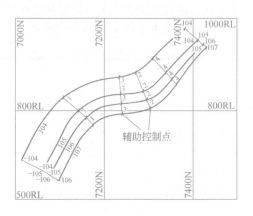

图 2 – 26　坐标变换剖面控制点示意图

模型验证

通过采用下列方法进行矿床模型的验证:

(1)图形法。即在三维环境下,利用原始探矿数据,通过逐剖面、逐平面对矿床地质解释、矿(化)体的圈定、品位估值等进行检查,以使矿床模型更趋合理。比如在检查时,若钻孔显示某空间位置为灰岩,则相邻矿块岩性也应为灰岩,若钻孔显示某空间位置为低品位矿化带,则相邻矿块估值结果也应低品位带。对诸如矽卡岩型受地层和岩性影响较大的矿床来说,这一点显得尤为重要。

(2)不同估值方法的相互验证。利用不同估值方法对同一地质变量进行估值,然后对估值结果进行对比,有时可以起到对估值参数设置的检查作用。

(3)交叉验证。所谓交叉验证,就是将矿床某一已知品位点 A 的品位数据抽出,作为品位待估点,利用选定的估值方法和估值参数,用其他已知点的品位值对 A 点进行品位估值,这样 A 点会有两个品位值,一个为实际值,另一个为估计值。然后将估计值与实际值进行比较,通过估计值与实际值(实验值)之间的误差统计分析,来判断均值是否无偏或方差等于理论方差,达到验证品位估值是否无偏的目的。验证结果的表现方式即可用散点图,如图 2-27 所示,估计值与实际值总体分布基本一致。也可用直方图来表示,如图 2-28 所示。

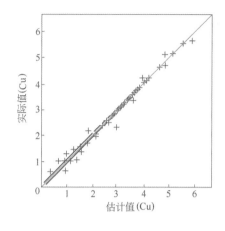

图 2-27　交叉验证结果散点图　　　　　　图 2-28　交叉验证结果直方图

关于资源/储量的分类

资源/储量分类是综合地质可靠程度、可行性评价及经济意义等各种因素而确定的。单从地质可靠程度而言,在进行品位估值时就应该考虑到这一点,为资源/储量的分类提供依据。在估值过程中,可按不同的工程间距创建多个动态搜索体,每个搜索体都有一定的估值范围,根据此范围,在估值结果中,按照动态搜索体的标识号可以初步确定资源/储量的地质可靠程度。

d　资源/储量估算结果

一旦完成了品位估值,矿块模型就包含了矿床的基本信息,便可将估结果按不同的要求进行分类汇总,如不同的矿石类型、矿石品级、资源/储量级别、阶段、中段等。目前部分矿业软件包可自动进行资源/储量估算结果的分类汇总,有的还需人工汇总或借助于第三方软件。

D　模拟法资源/储量估算实例

本实例为某斑岩型铜金矿床的资源/储量估算。

a　矿区及矿床地质简述

矿区内以志留纪、泥盆纪的层状安山质和玄武质流纹岩为主,并有细至粗粒陆源火山碎屑沉积夹层。侵入岩主要为长石斑岩、长石角闪石斑岩和石英长石斑岩株和岩脉。矿区主要岩性为斑岩型辉石玄武岩,上覆英安至安山质火山灰流凝灰岩。矿区中部和南部矿化主要发生在蚀变辉石玄武岩和石英二长闪长岩中,北部矿化主要在英安质火山灰流凝灰岩中。矿区主要构造为ENE 向断裂构造,成矿后断层局部控制矿体边界形态或矿体内部不同品位区的边界,破坏了品位的连续性和 Cu、Au 等元素的空间变异性。矿体高品位 Cu、Au 矿化与石英脉和黑云母—钠长石—磁铁矿化有关,玄武岩中的绿泥石化更多的为绿磐岩化,石英二长闪长岩蚀变以绢云母化为特征,Cu 品位以石英—黑云母—磁铁矿化为中心,向外依次降低。中部矿区高品位矿化主要在蚀变石英二长闪长岩中,中心部位伴随绿泥石化,有强烈的泥质蚀变。北部矿区矿化主要与英安质凝灰岩中的石英脉有关,伴随有地开石、叶蜡石和明矾。

矿床由西南矿体、南部矿体、中部矿体和远北矿体四个主矿体组成。西南矿体是一个富金的斑岩型矿体,形状为垂直长柱状,直径约250 m,柱心部位为高品位区(Au 品位大于 1 g/t)。矿体走向

NE45°,倾向 NW,倾角 85°,近乎直立。走向长 1670 m,最大倾斜延深 1050 m,平均水平厚度 320 m;南部矿体紧邻西南矿体,由一断层将二者分割。矿体走向 NE70°,倾向 SE,倾角约 80°。走向长 650 m,最大倾斜延深 500 m,平均最大水平厚度 300 m;中部矿体走向近 E - W,倾向 N,倾角约 45°。矿体走向长 840 m,最大倾斜延深 650 m,平均最大水平厚度 400 m。中部矿体自地表向下依次为无矿黏土层、次生富集席状辉铜矿层、黄铜矿和铜蓝带。无矿黏土层厚约 40 ~ 60 m,辉铜矿层分布于近地表 20 ~ 100 m,平均厚 20 ~ 35 m,最厚处达 40 m;远北矿体呈倾斜长柱状,走向 NE15°,倾向 SE,倾角约 65°,向 NE 侧伏 20°。走向长 2500 m,最大倾斜延深 1000 m,平均水平厚度约 350 m。矿体埋深 150 ~ 800 m,自南向北埋深增大,矿体主要赋存于 1000 ~ -300 m 之间。

矿床有用组分主要有 Cu、Au、Mo、Ag 等,Cu 主要赋存于斑铜矿、黄铜矿、辉铜矿及铜蓝中。

b 矿床勘查简述

矿床勘查主要为钻探,分别采用了反循环钻进与岩心钻探,以岩芯钻探为主。

钻探工程间距西南矿区总体达到(100 ~ 150)m × (50 ~ 150)m,南部矿区为 100 m × (100 ~ 150)m,中部矿区达到了(50 ~ 100)m × (50 ~ 100)m,远北矿区达到了(100 ~ 200)m × (100 ~ 200)m。远北矿区南端工程间距小,北端工程间距大。

c 数据统计分析

对原始初步统计,以确定特高品位。处理特高品位后,按不同矿体和矿化带以 5 m 组合样长,再次进行统计分析。以远北矿区为例,元素统计结果见表 2 - 15,Cu、Au 品位分布分别见图 2 - 29 a 和图 2 - 29 b。

表 2 - 15 远北矿区数据统计结果

分析元素	Cu	Au	Mo	As	Ag	F
样本数	18269	18270	18270	18053	967	157
最大值/%	21.5	26.8	3730	15200	25	46500
最小值/%	0	0	0	0	0	640
极差/%	21.5	26.8	3730	15200	25	45860
合 计	22188.128	2592.12	1081745	2474018	3300	1072040
均值/%	1.21	0.14	59.21	137.04	3.41	6828.28
方差/%	1.20	0.20	6556.81	183963.12	13.08	68332756.64
标准差/%	1.10	0.45	80.97	428.91	3.62	8266.36
变化系数/%	90.18	314.26	136.76	312.98	105.98	121.06
标准误差/%	0.01	0.00	0.60	3.19	0.12	659.73
中位数/%	0.94	0.05	38	0	2	4100
众数/%	0.01	0.02	0	0	1	2700
峰度/%	26.11	1082.22	281.02	193.43	5.65	7.48
偏度/%	3.21	24.74	9.61	9.56	2.08	2.73
几何均值/%	0.79	0.06	47.40	322.05	2.89	4538.78

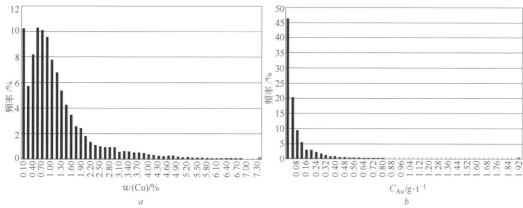

图 2-29 品位分布直方图

a—Cu；b—Au

d 变异函数计算及结构分析

分别对西南矿区、南部矿区、中部矿区、辉铜矿层、远北矿区的 Cu 和 Au 品位计算了变异函数。方位角和倾角增量均为 45°，走向方向分别计算了不同方向的变异函数。以远北矿区为例，变异函数模型参数详见表 2-16，拟合后的 Au 变异函数模型见图 2-30。

表 2-16 变异函数模型参数

元　素			Cu	Au
旋转轴及旋转角/(°)		Z	15	
		X	20	
		Y	-65	
C_0			0.1	0.1
球状结构 1	变程/m	X	43.9	31.8
		Y	76.2	25.7
		Z	24.7	16.6
	C_1		0.46	0.58
球状结构 2	变程/m	X	162.9	185.1
		Y	210.4	259.8
		Z	126.6	160.9
	C_2		0.42	0.51
类　型			正　常	对　数

e 特高品位的确定及处理

矿床存在特高品位，根据样品统计分析结果，各矿区特高品位下限值采用品位均值和相应的系数来确定，特高品位用相应的下限值来代替。

f 品位估值方法与参数的选择

根据数据统计分析和变异函数模型，估值方法选择为：Cu 采用普通克里金法，Au 采用对数克里金法，由于 Mo、As、F、Ag 原始数据量小，采用距离平方反比法。以远北矿区为例，最小搜索半径为 50 m×50 m×25 m，搜索方向与矿体产状一致，走向 15°，倾伏 20°，倾角 65°。最小象限数为 2，每象限最小样品数 Cu 为 2、Au 为 1，每象限最大样品数均为 6。半径放大系数分别为 2 倍与 4 倍。

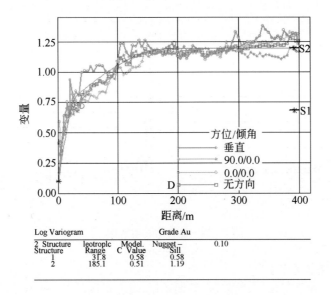

图 2 – 30 Au 变异函数模型

g 模型验证

模型验证采用图形法和交叉验证法。远北矿区为例 Cu、Au 品位估值交叉验证结果见图 2 – 31。

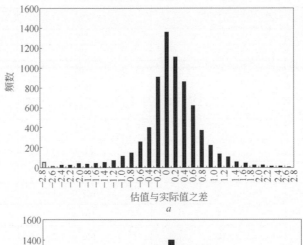

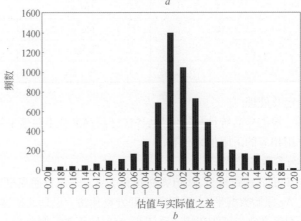

图 2 – 31 远北矿区品位估值交叉验证结果

a—Cu；b—Au

2.5　矿床水文地质及防治水

2.5.1　矿床水文地质及勘探

2.5.1.1　矿床水文地质条件的影响因素

自从人类开始采矿活动以来,矿坑涌水一直就是影响采矿作业和生产安全的重要因素。矿坑涌水的特点主要取决于矿床的水文地质条件。

自然界的水在大气层、地层和海洋之间处于不断的循环之中。水自海面和陆地表面蒸发,经过降雨、降雪等形式降落地表。部分降水流入江河、部分渗入地下,还有部分经地面、水面蒸发或植物蒸腾回到大气中。河、溪水等地表径流和含水层中的地下径流最终流入海洋,完成了水的循环。水循环的不同环节如降水、地表径流和地下径流都会对矿床开采产生不利影响。

降水和蒸发是分析矿床水文条件的最重要的气象要素。降水量用每日、每小时或其他时间段长度的降水深度(以 mm 为单位)表示。一般日降雨量 10 ~ 25 mm 为中雨,25 ~ 50 mm 为大雨,50 ~ 100 mm 为暴雨。蒸发量常用 mm/a 的单位表示,由气象站用蒸发皿获得,代表该地区的蒸发强度(蒸发度)。实际的蒸发量受地形、土壤、岩性、植被、地下水埋深等因素影响。一般情况下蒸发度接近于该地区的水面蒸发量,土壤表面和植被层的实际蒸发量只占降水量的30% ~ 70%。

径流特征一般用径流量和径流深来表示;径流量指单位时间通过特定过水断面的水量;径流深指某一时期内(年或日)流域内径流总量均匀分布在整个流域面积上的水层深度。降水总量和降水强度不同影响地表径流和入渗。不同地貌类型,如平原、丘陵、山地、洪积扇、岩溶盆地等和植被情况如林地、草地、裸露岩石等对径流和入渗也有重要影响。通过分割河水流量过程线(河水流量随时间的变化曲线)可以确定该区域地下水的补给量。一般用直线连接流量过程线的起涨点和退水点,直线上方的峰值部分为地表径流,下方的基流部分基本上为地下水补给量。

从水文地质条件的角度来看,岩石性质可分为两大类,松散沉积物和坚硬岩石。决定松散沉积物水理性质不同的决定因素是其粒度。按占大部分重量(50% 以上)的主要组分的粒径不同,松散沉积物可以分为砾石($d > 2$ mm)、砂($d = 0.075 ~ 2$ mm)和黏土。砾石和砂又可以进一步细分为粗砾、中砾、细砾以及粗砂、中砂、细沙和粉砂等。

决定坚硬岩石水理性质的是岩性、风化和构造破坏程度的不同。

(1)岩性的控制。胶结较松散的砂砾岩、空隙发育的玄武岩、受溶蚀的石灰岩等岩性容易构成较强含水层。

(2)构造破坏程度。坚硬岩石的构造破碎带、溶蚀破碎带是矿山最常见的含水体,它们常呈碎裂结构或散体结构。同时,地下水对软弱结构面的软化、泥化作用明显,有时有崩解、膨胀现象。当岩石破碎严重、泥质含量高时又可以转化为隔水层。

(3)风化程度。全风化带岩石结构彻底破坏,次生黏土矿物大量出现,呈土状或黏土夹碎石。强风化带除岩块中心部位以外次生矿物广泛出现,岩体破碎,强度低。中风化带裂隙发育,裂面次生矿物出现,但岩块原岩结构清晰,矿物成分变化不大。微风化带岩石结构基本未变化,风化裂隙少,仅裂隙面有变色。地下水通常主要赋存在中风化带中,其次为强风化带。微风化带的水理性质与新鲜岩石相近。裂隙面上次生矿物不仅影响岩石的导水性,对注浆堵水影响更大。

岩溶指可溶性岩石在水的作用下产生的溶蚀作用及其所形成的地表和地下的溶蚀现象,包括溶洞、落水洞、地下暗河、溶蚀洼地等。可溶性岩石包括石灰岩、白云岩、大理岩等碳酸盐岩,石膏等硫酸盐及石盐、钾盐等卤化物,其中碳酸盐岩分布广,厚度大。岩溶发育的基本条件包括可溶性岩石、具有溶蚀作用的水以及水的循环交替。一般情况下岩石中方解石含量越高,岩溶越发育。泥质、硅质、有机质等杂质增多,岩石的可溶性降低。但当碳酸盐岩中含有石膏、硬石膏、黄铁矿等矿物时,其可溶性大大增强。可溶岩的结构不同,其微孔隙的不同导致溶蚀强度差别较大。生物骨架结构、重结晶结构、粗粒屑结构等岩石,其原始孔隙度高,对岩溶发育是十分有利的因素。水中游离 CO_2 和 Cl^-、SO_4^{2-} 离子能明显提高水的溶解能力。水循环交替条件是控制岩溶发育的根本条件。地形地貌控制了岩溶水的补给与排泄区间的高差和侵蚀基准面的位置,气候和地表植被影响岩溶水的补给条件及 CO_2 含量。断层及褶皱构造控制岩石的渗透通道。升降震荡的新构造运动导致侵蚀基准面的不断变化致使岩溶分层发育和深岩溶的发育。

地下水的分类:

(1)包气带水。地层中位于稳定的地下水面以上的水,包气带水以垂直运动为主。

(2)潜水。含水地层中具有连续自由表面的地下水称为潜水,该自由表面称为潜水面。潜水一般埋藏浅,没有连续的隔水顶板,在其全部分布范围内都可以接受大气降水的补给,接受补给时含水层厚度增加。局部隔水层上聚集的具有自由水面的重力水称为上层滞水。

(3)承压水。充满于两个隔水层之间的含水层中的地下水为承压水。承压水与大气降水的联系较弱,动态比较稳定。接受补给时含水层承压水位升高而含水层厚度变化不大。

2.5.1.2 地下水运动的基本规律

达西(Darcy)定律(层流运动)是地下水运动的基本规律:

$$Q = KF(H_1 - H_2)/L = KFI \qquad (2-4)$$

式中　Q——渗透流量;

F——过水断面面积;

H_1,H_2——上、下游水头;

L——渗透路径长度(上下游过水断面之间的距离);

I——水力坡度,$I = (H_1 - H_2)/L$;

K——渗透系数(即水力坡度等于 1 时的渗透流速)。

地下水渗透流速:

$$V = Q/F = KI \qquad (2-5)$$

式中　V——地下水渗透流速。

式(2-5)中的渗透流速不是地下水运动的实际流速,而是地下水通过整个过水断面的虚拟流速(渗透流速 = 实际流速×给水度)。

当地下水在较大空隙中运动,且流速较大时,水流呈紊流运动。此时地下水运动服从紊流运动定律:

$$V = KI^{1/2} \qquad (2-6)$$

多数情况下,由于地层中宽大空隙与细小空隙相间出现,水流仍呈层流状态。

2.5.1.3 地下水的化学性质

地下水中所含各种离子、分子与化合物的总量为矿化度,用 mg/L 或 g/L 表示。地下水中的气体成分与其成因和埋藏状态关系密切。如 O_2 和 N_2 含量高表明地下水与大气关系密切,水循环强烈,而含 H_2S 高时表明地下水处于封闭环境。地下水中离子成分受含水层岩性的影响较大。分布最广,含量较多的离子有 7 项,Ca^{2+}、Mg^{2+}、K^+、Na^+、HCO_3^-、SO_4^{2-} 和 Cl^-。由于各种物质(盐类)在水中的溶解度不同,随着地下水含盐量(矿化度)的增高,水中占主要成分的离子随之发生变化。低矿化水以 HCO_3^- 和 Ca^{2+}、Mg^{2+} 为主,而高矿化水则以 Cl^- 和 Na^+ 为主。地下水水质分析时主要分析六项主要离子的浓度以及水的温度、pH 值、总矿化度等指标。这六项离子为 Ca^{2+}、Mg^{2+}、$K^+ + Na^+$、HCO_3^-、SO_4^{2-} 和 Cl^-,根据总矿化度指标或主要离子的相对含量划分水质类型。地下水按总矿化度分类见表 2-17。

表 2-17 地下水按总矿化度分类表

名 称	总矿化度/$g \cdot L^{-1}$
淡 水	<1
微咸水	1~3
咸 水	3~10
盐 水	10~50
卤 水	>50

一般,淡水多为 HCO_3^-—Ca^{2+}(Mg^{2+})型水,微咸水则为 $SO_4^{2-} + Cl^-$—$Ca^{2+} + Mg^{2+}$,而咸水则常为 Cl^-(SO_4^{2-})$^-$—$K^+ + Na^+$(Mg^{2+})型水。

当含水层为硫化矿矿体或地下水流过含硫化物的废石场、崩落区时,硫化物的氧化可以形成酸性水,水的 pH 值降低,硫酸根离子含量增高。地下水流过含盐地层时,引起水的含盐量增高。当地下水的 pH 值很低或含盐量较高时,水对井下构筑物和设备,特别是排水系统的腐蚀影响较大。沟通深部断裂的地下水可能含有特殊的微量元素和少量气体,并具有相对较高的水温,有时可能影响矿山坑内开采环境质量。

2.5.1.4 矿床水文地质类型

按矿床充水含水层性质的不同,可以划分出孔隙含水层充水的矿床、裂隙含水层(或含水带)充水的矿床和岩溶含水层(或岩溶含水系统)充水的矿床等水文地质类型,有时也存在几类含水层联合充水的复杂情况。

孔隙含水层多由松散砂砾石堆积物或砂砾岩组成,孔隙是此类含水层地下水存在和运动的通道。一般接近地表呈层状分布,分布广且补给条件相对较好,富水性相对较均一。松散沉积物可与下伏的基岩构成双层结构,上部是强富水的孔隙含水层,下部为弱富水的基岩裂隙含水层。一般此类矿床的矿坑涌水量较大,涌水量的变化幅度相对较小,坑内出水点相对比较分散。

裂隙含水层通常由坚硬或半坚硬基岩构成,由风化裂隙、层间裂隙和构造裂隙形成储水空间。裂隙发育具有明显的不均匀性。裂隙的力学性质、大小、数量及其分布规律与裂隙的成因、所处的构造部位有关。

风化裂隙带分布于地表附近,含水层厚度与地形起伏有关系,一般 30~50 m。富水性相对较均匀,一般向深部逐渐减弱。风化裂隙含水层充水的矿床一般涌水量不会很大。层间裂隙水呈层状,分布于软硬相间的地层中。其厚度、富水性和发育深度与岩性和区域裂隙发育程度有关。构造裂隙含水层一般呈脉状分布,分布范围有限,发育深度大,具有明显的方向性。构造含水带空间形态不规则,富水性变化很大。其富水性主要取决于构造带的规模及其活动性、胶结情况。构造裂隙充水矿床可能出现突然涌水,在没有充分防水准备的情况下可能造成淹井事故。强含水构造带可以汇集矿床周边的地下水,构成矿床充水的常见通道。

描述裂隙发育程度的定量指标为线裂隙率或裂隙频率。线裂隙率指在一条测线的范围内,测线通过的裂隙宽度之和与测线长度的比值。裂隙频率指每米长度内裂隙的条数。有时也用面裂隙率表示裂隙程度,面裂隙率指一定面积内裂隙占的面积与测定总面积之比。

岩溶含水层可细分为溶蚀裂隙含水层和溶洞暗河含水层(系统)。我国北方多为溶蚀裂隙型含水层,南方常见溶洞暗河型含水层。岩溶含水层具有垂直分带性和水平分带性。含水层富水地段常与构造断裂、岩体接触带有关,硫化矿床的氧化带往往是最富水的部位。岩溶含水层的富水性与可溶岩的厚度、分布范围、埋藏特点、岩溶发育程度以及溶洞的充填率有关。岩溶含水层充水矿床的涌水主要以集中突水点的形式涌入矿坑。涌水的流量动态与大气降雨关系密切,矿坑涌水量随季节变化大。岩溶充水矿床在疏干过程中经常引起地表开裂、沉陷和塌洞,一般较难准确预测矿坑最大涌水量。溶洞和暗河系统与叠加了岩溶作用的断裂带、接触带等常构成岩溶含水层的主导水通道。岩溶充水矿床的疏干影响范围可以扩展至距矿区很远的地方,有时甚至可达 10 km 以外。

大面积的崩落法开采和露天转地下开采的矿山,当地形条件有利于汇水时,暴雨洪水是矿山主要水害威胁。这类矿坑涌水的特点是涌水量随时间的变化幅度极大,而出现特大涌水的概率相对较小,最大涌水量较难预测。一般情况下,大暴雨时的涌水量往往是正常涌水量的数倍乃至十倍以上。

老采空区涌水的危害性取决于生产矿山和老采空区的相对位置、相对规模。老采空区涌水往往十分突然,初期涌水量很大,经常造成人员伤亡。保存有详细技术资料的老采空区,较容易预测涌水可能发生的位置和涌水量。现实中更常见的是大量民采小矿山的无序开采,基本没有保留应有的技术资料。如果不进行详细调查和超前探水,很难预测可能涌水的位置和涌水量,这是近年来发生较多的水害类型。

2.5.1.5 矿床水文地质勘探

水文地质勘查是矿山防治水工作的基础,具有很强的专业性,知识和经验不足时难以正确判断矿山所面临问题的要害,甚至可能提出错误的结论。矿床勘探方法选择、勘探工程布置以及矿坑水的防治都以矿床水文地质勘探类型划分为指导。

我国根据矿体与当地侵蚀基准面的关系、地下水补给条件、地表水与主要含水层的联系程度、主要含水层和构造破碎带富水性、第四系覆盖情况以及水文地质边界的复杂程度等因素,将矿床水文地质勘探类型划分为水文地质条件简单、中等和复杂三类。

(1)水文地质条件简单的矿床。主要矿体位于当地侵蚀基准面之上,地形条件有利于自然排水,主要含水层或构造带富水性弱($q < 0.1$ L·s·m,$K < 0.01$ m/d)(q 为单位涌水量,指单位抽水降深时的钻孔涌水量)。或者主要矿体位于侵蚀基准面之下,矿区附近无地表水体,主要含水层富水性弱,补给条件差。

(2)水文地质条件中等的矿床。主要矿体位于当地侵蚀基准面之上,地下水位以下,主要含水层富水性中等($q < 0.1 \sim 1.0$ L/(s·m),$K = 0.01 \sim 1.0$ m/d)至强,地下水补给条件好,地形条件有利于自然排水。或者主要矿体位于当地侵蚀基准面之下,矿区地表水不是主要充水因素,主要含水层、构造破碎带富水性中等,第四系覆盖面积小,疏干可能产生少量塌陷,水文地质边界较复杂。

(3)水文地质条件复杂的矿床。主要矿体位于当地侵蚀基准面以下,主要含水层和构造带富水性强($q > 1.0$ L/s·m,$K > 1.0$ m/d),补给条件好,构造破碎带导水性强且沟通区域强含水层或地表水体,第四系厚度大、分布广,疏干可能产生大面积塌陷、沉降,水文地质边界复杂。

水文地质勘探和研究的范围应涵盖矿床所在的水文地质单元。确定矿床在水文地质单元内的位置(补给区、径流区或排泄区);评价矿区水文地质的边界条件;地下水的补给条件;矿床与区域水文地质条件的关系;各含水层之间的水力联系;矿坑主要充水因素等,为矿坑涌水量预测和地下水防治提供依据。

矿床勘探中探矿孔经常穿透矿体即终孔,这对查明和评价矿体底板含水层十分不利。必须有一定比例的钻孔(一般应有3~6条剖面)揭穿底板含水层。

水文地质条件复杂和需要疏干的矿床还必须查明矿区隔水层的性质及其分布,合理划分隔水层。岩溶和裂隙充水时,含水层和含水构造不一定与地层或岩性界限相一致。应根据岩溶发育和充填程度、构造规模和富水性划分强含水层和弱含水层。覆盖型岩溶矿区,必须着重查明疏干漏斗范围内岩溶的发育规律,各含水层之间的水力联系,松散盖层的岩性、厚度,并进行大流量、大降深、长历时的抽水或放水试验。这对矿山防治水方案的制定、涌水量计算以及塌陷区预测都十分重要。

流砂层对矿山建设有特殊影响,须查明流砂层的埋藏条件,分布、厚度及其变化。砂层的含水性,粒径分布,可疏干性及对边坡的影响等。

地表水的存在以及与地下水的联系程度、对矿坑充水的影响程度是决定矿床水文地质条件复杂程度的重要因素。查明地表水的规模、动态,应调查其历史上的极值(最高水位、洪峰流量等)。查明地表水与地下水的联系途径和联系程度,如渗漏特征和渗漏地段、渗漏量。不但要查明天然状态下的水力联系状况,还应预测矿床开采后地表水对矿床的影响程度。

矿坑涌水量预计结果是矿山排水和疏干设计以及确定防治水方案的依据。为了准确预测矿坑涌水量必须查清矿区水文地质条件(含水层性质、厚度及分布,边界条件和补给条件)合理布置水文地质勘探和试验,取得满足涌水量预测要求的各项参数。大水矿床应进行大流量、大降深、长历时的抽水试验。一般矿山水文地质勘查的工作量要求见表2-18。

表2-18 一般矿山水文地质勘查的工作量要求

项 目	勘探类型	孔隙充水矿床		裂隙(溶隙)充水矿床		溶洞充水矿床		暗河充水矿床
		简单~中等	复杂	简单~中等	复杂	中等	复杂	复杂
水文地质填图比例尺	详查	1:50000~1:10000						
	勘探	1:10000~1:2000						
简易观测钻孔比例/%	详查	全部钻孔						
	勘探	10~40	50~60	30~60	70~90	70~80	80~90	80~90
水文地质剖面/条	详查	0~2	2~4	0~2	2~4	1~2	2~4	3~5
	勘探	1~3	4~6	1~3	3~5	2~3	3~5	5~7
分层静水位观测		全部水文地质孔						
单孔抽水试验/孔	详查	0~2	3~5	1~2	3~5	3~5	5~7	根据需要
	勘探	0~2		1~2	2~3	2~3	2~3	
多(群)孔抽水试验/孔	详查				1~2	1~2		
	勘探	0~2	1~2	1~2	1~2	1~2	1~2	
水动态长期观测/孔	地表水	根据涌水量计算和水源地选择需要,选代表性地段设站						
	钻孔	1~5	5~7	2~7	7~10	3~7	5~9	根据需要
	井、泉	根据需要选择代表性水点						
	矿坑	勘探坑道及主要生产矿井						
水化学分析		代表性水点,控制地表、地下水化学类型						
气象观测		远离气象站的矿区应连续观测						

钻孔简易水文地质观测与编录:观测和记录钻进中涌(漏)水、掉块、塌孔、缩(扩)径、逸气、涌砂、掉钻等现象发生的层位和深度。测量涌(漏)水量,动水位变化,冲洗液消耗量,岩芯描述,测定终孔稳定水位。必要时测定分层水位,进行简易放(注)水试验。

勘探阶段水动态长期观测连续持续时间不少于一个水文年。

水文地质勘探还应满足不同防治水工程的其他特殊要求。

2.5.1.6 各类矿床应着重查明的问题

孔隙充水矿床应着重查明含水层的岩性、结构、粒度、胶结程度。流砂层的赋存部位以及溃入矿坑的可能性。黏土隔水层的厚度变化和分布规律,含水层与隔水层之间的组合关系。地表水对矿床充水的影响程度。

裂隙充水矿床应查明裂隙性质、充填情况、发育程度和分布规律,风化裂隙带的发育深度,构造破碎带的性质、规模和分布,带内岩石的遇水软化、泥化、膨胀特性及岩体稳定性情况。

岩溶充水矿床应查明岩溶发育与岩性、构造的关系,溶蚀裂隙和溶洞在垂向和水平方向的发育程度、分布规律、溶洞充填程度、充填物成分及其富水性。预测可能因疏干产生地面塌陷的分布范围、塌陷程度及对矿床开采和周围环境的影响。查明溶蚀洼地、漏斗、落水洞等的位置以及与溶洞和暗河的相互补给关系。地表水与地下水之间的相互转化关系。暗河水系的分布情况及与矿床的相互关系、补给范围和补给量,地下径流量及其动态特征等要素。

2.5.2 矿山水文地质设计

2.5.2.1 矿山设计的水文地质工作

矿山水文地质设计的内容和复杂程度主要取决于矿床水文地质条件的复杂性。水文地质条件复杂的矿山,需进行疏干或需防渗帷幕注浆或较多的地面防水措施等,要对大量的水文勘探资料进行分析以及进行较复杂的矿坑涌水量计算,工作内容较多。

(1)矿山水文地质设计需要的资料包括以下内容。

1)矿区含(隔)水层的岩性、厚度、埋藏特点,地质构造对水文地质条件的影响;

2)含水层的个数、导水性、相互间及其与地表水的水力联系,与矿体的空间关系;

3)地下水的物理及化学特征;

4)水文地质观测和试验结果的数据;

5)地表(下)水水位、流量动态以及气象水文长期观测结果;

6)岩溶发育和分布规律、地热异常特征及地热梯度、冻土层的厚度和分布;

7)采空区的分布范围、连通性及充水情况;

8)主要图件,包括矿区水文地质平面图、剖面图、等水位线图、岩溶分布图等。

(2)矿山水文地质设计的主要工作内容包括以下几点:

1)对上述资料的可靠性和完整性进行分析评价;

2)结合矿床开采方案确定矿床主要充水来源及充水方式;

3)预测矿坑水涌水量或疏干水量、正常和设计频率暴雨的露天坑汇水量;

4)分析基建和生产中突然涌水的可能性及其范围,确定防范措施及其工程布置;

5)研究矿床疏干的必要性,疏干方式及确定其工程量和投资等;

6)预测岩溶塌陷发生的可能性和范围、对矿山以及周边环境和安全的影响程度;

7)不同防治水技术方案的对比和技术经济评价。

防治水设计应是矿山整体设计的有机组成部分。有时矿山的开拓方式、采矿方法以及开采顺序等的选择本身就是预防水害的研究内容之一。在大水矿山,矿区总体布置、供电、交通和通讯设施的技术要求等方面也与矿山防治水有联系。

矿床地下水也是水资源的一部分,矿坑排水可以成为矿山供水的水源之一。矿坑涌水受气候等多种因素影响,水量随时间的变化幅度较大,利用排水的方案必须考虑到水量的保证程度及其变化幅度。矿山排水和疏干设计中的涌水量预测常从偏于安全的角度出发确定其涌水量。矿床疏干是对地下水资源的破坏性抽水,与一般供水水源地地下水的开采方式有很大不同。在考虑供水的条件下,需要对开采期间可能出现的最小水量以及开采对含水层的破坏等因素进行预测以便对供水的保证率有正确认识。

矿坑水常受采矿活动污染,尽量做到清污分流、分排,在利用时需保证水质应达到必要的要求或进行必要的处理。

2.5.2.2 降雨涌水量计算

采矿崩落区降雨入渗量与采矿对地表的破坏程度有关。根据矿体覆盖岩层破坏程度的不同,崩落岩层可划分为冒落带和导水裂隙带。冒落带指采场崩落后矿体顶板直接破坏的范围,其地层结构完全破坏,渗透性急剧增大。导水裂隙带位于冒落带之上或之外,地层变形、裂隙错动以及新的裂隙形成,地层导水性明显增强。崩落区暴雨入渗量见式(2-7):

$$Q_{max} = H_p \times F \times a/1000 \qquad (2-7)$$

式中　Q_{max}——暴雨入渗量,m^3/d;

H_p——设计频率的日暴雨量(24小时暴雨量),mm;

a——暴雨入渗系数,当日暴雨当日渗入矿坑的水量与总降雨量的比值;

F——开采崩落区面积,m^2。

开采崩落区面积包括崩落区本身面积以及崩落区上游汇水面积。如上游有截水沟,扣除截水沟控制面积。暴雨入渗系数经验值见表2-19。

表2-19　暴雨入渗系数经验值

岩层破坏特征	地表盖层特征	顶板岩石性质	入渗系数
裂隙带发育到地表	无塑性隔水土层	脆性岩石	0.15~0.2
		塑性岩石	0.1~0.15
	有塑性隔水土层		0.05~0.1
冒落带不重复活动	无塑性隔水土层	脆性岩石	0.3~0.35
		塑性岩石	0.2~0.3
	有塑性隔水土层	隔水层厚10~20m	0.15~0.2
		隔水层厚20~50m	0.1~0.15
冒落带重复活动	无塑性隔水土层	脆性岩石	0.35~0.4
		塑性岩石	0.3~0.35
	有塑性隔水土层	隔水层厚10~20m	0.2~0.25
		隔水层厚20~50m	0.15~0.2

表中塑性岩石指页岩、泥灰岩、泥质砂岩、千枚岩等。塑性隔水层指黏土、亚黏土和强风化岩石。矿体埋藏深,矿层厚度小时取小值,反之取大值。

选取入渗系数时除了考虑表2-19中所示的诸因素外,还应注意矿体形态、埋深及采矿方法对降雨入渗的影响。充填法开采的金属矿山或埋深较大的缓倾薄矿体,一般仅会形成裂隙带。而不采用充填法开采的厚大矿体或埋藏不深的中厚倾斜矿体,会在不同区域发育冒落带和裂隙带。对不同分带应采用不同的入渗系数。矿体顶板一定范围的围岩,崩落后基本充填满已经采出的矿体空间以及这部分崩落岩石本身留下的空间,则这一范围基本上相当于冒落带范围。按一般岩石的松散系数,冒落带高度可按矿体垂高的3倍计。对于形态和围岩性质类似煤矿的矿床,还可参照煤炭行业有关冒落带划分的研究成果确定冒落带范围。

开采崩落区面积包括崩落区本身面积以及崩落区上游的地表汇水面积。如上游有截水沟,扣除截水沟控制面积。岩石稳定性较好的金属矿山采用空场法一类采矿方法时,可能形成不规则分布的地表陷坑。陷坑所处地貌位置不同(如山脊或山谷),对矿床充水的影响会有较大差别。矿体厚度变化大的矿床容易形成不规则分布的、相对独立的地表陷坑。在这种情况下,确定汇水面积时要注意陷坑上游地表汇水面积的圈定。

设计暴雨频率,对于大型矿山一般按20~50年一遇考虑,中小型矿山采用5~10年一遇的暴雨频率。矿区处于潮湿多雨的地区,地面塌陷比较严重的矿山可以适当提高频率标准。

正常降雨入渗量见式(2-8):

$$Q_m = H \times F \times a_m / 1000 \qquad (2-8)$$

式中　Q_m——正常降雨入渗量,m^3/d;

　　　H——雨季日平均降雨量(雨季总降雨量/雨季天数),mm;

　　　a_m——正常降雨入渗系数,0.2~0.4;

　　　F——入渗区面积,m^2。

正常降雨的入渗区面积除了采矿塌陷区以外,还应包括地下水降落漏斗分布范围。对于干旱地区、地表径流排泄条件好、地表地层不利于入渗的地区,正常降雨入渗系数取小值,地表入渗条件好的地区取大值。

露天采坑的降雨水量见式(2-9):

$$Q_m = H \times F \times \phi / 1000 \qquad (2-9)$$

式中　Q_m——正常降雨径流量,m^3/d;

　　　H——平均日降雨量,mm/d;

　　　ϕ——正常降雨地表径流系数,0.3~0.5;

　　　F——机械排水担负的汇水面积,m^2。

露天坑最大降雨量计算见式(2-10):

$$Q_{max} = H_p \times F \times \phi' / 1000 \qquad (2-10)$$

式中　Q_{max}——最大降雨径流量,m^3/d;

　　　H_p——设计频率暴雨量,mm;

　　　ϕ'——暴雨地表径流系数,0.5~0.9。

汇水面积应包括境界内和境界外地表截水沟以下的汇水面积(机械排水担负的汇水面积)。当考虑采用采场封闭圈截水沟截水时,应注意封闭圈可能形成的最早时间。很多矿山的封闭圈在矿山整个服务年限的后期才形成,此时封闭圈截水的作用就很有限。应根据矿山大部分服务年限中截水沟能保护的范围合理确定机械排水的汇水面积。

地表径流系数应根据采场内外分别取值。采场外的地表径流系数取决于山坡坡度、植被发育情况以及岩土的渗透性。地表坡度较小(10°~25°)、植被发育、岩土渗透性好,暴雨地表径流系数可取0.5~0.6。地表坡度大(>25°)、基岩裸露,暴雨地表径流系数可取0.6~0.8。

采场内的地表径流系数主要取决于采场岩石性质、裂隙发育程度。裂隙不发育、致密不透水岩石如片岩、片麻岩、花岗岩、凝灰岩、闪长岩等,暴雨径流系数取0.8~0.9。砂岩、石灰岩、火山碎屑岩、黄土等取0.7~0.8。边坡岩石裂隙较发育时,径流系数减小0.1~0.2。露天坑内的内部排土场范围,暴雨径流系数根据排土场表面坡度的大小取0.3~0.4,正常降雨的地表径流系数较相应条件下的暴雨径流系数小,取0.2~0.3。

正常日降雨量一般根据多年观测资料,用雨季总降雨量除以雨季天数得出。

排水系统能力的设计还与坑底台阶允许淹没天数和淹没高度有关。根据受淹时对出矿的影响程度以及淹没后造成的损失分析确定允许淹没天数。一般允许淹没时间可取1~7 d。采用潜水泵或浮船排水方式可以适应较长的淹没时间,如5~7 d。采矿工作面少、新水平准备时间紧张以及坑底台阶淹没后损失较大的矿山应采用较短的允许淹没时间,如1~3 d。

允许淹没深度应保证淹没后排水设备仍能正常工作,不能淹没本水平或上水平挖掘机主电机。

根据允许淹没天数和深度以及淹没后的损失综合分析暴雨期间的储排平衡问题。暴雨强度大的地区,应在雨季前掘出满足储排平衡的容水空间或在最低工作面采用机动性强的采掘设备。在可能的情况下,新水平开沟应避免在暴雨季节进行。

2.5.2.3　地下涌水量预测和水文地质参数

矿坑地下水涌水量预测结果是矿床疏干、排水设计的主要依据,影响到矿床的合理开发和生产安全。涌水量预测的精度主要取决于水文地质条件的复杂程度、水文试验参数的代表性以及预测方法选择的合理性。常用的涌水量预测方法有:比拟法、稳定流和非稳定流解析法以及数值法等。

孔隙含水层相对较均一,边界条件容易查清,水文试验结果的代表性较强,孔隙含水层充水矿床的涌水量预测结果相对准确。裂隙含水层富水性很不均一,构造破碎带形态和分布常较复杂,勘探工程有时难以准确控制,水文试验结果之间差异较大,导致涌水量预测会出现相对较大误差。此类矿床总涌水量多数不太大,涌水量预测误差的绝对值不会很大。

岩溶充水矿床水文地质条件复杂者居多。我国北方的奥陶系灰岩、南方的泥盆系融县灰岩、石炭系黄龙—船山灰岩、壶天灰岩、二叠系茅口灰岩、阳新灰岩、三叠系大冶灰岩等岩溶发育,常构成一些矽卡岩矿床矿体的围岩。岩溶发育程度的差异、覆盖岩溶的疏干塌陷导致地表水灌入、裸露岩溶区的暴雨补给以及水文地质边界条件的不确定性等对涌水量预测都有十分显著的影响。如果没有充分掌握矿床的水文地质条件,严重时涌水量预测结果可能出现几倍的误差。

在我国,涌水量预测一般分别计算矿坑正常涌水量和最大涌水量。

正常涌水量是矿山正常生产期间绝大多数情况下涌水量的平均情况。当降雨量对涌水量影响较大、矿坑水为供水水源之一时,应分别计算雨季和旱季涌水量。

最大涌水量指在矿山服务年限内可能遇到的最大涌水。应综合考虑设计频率暴雨对矿坑的补给,地表和地下水位变化中的最高水位对矿坑的影响以及一般规模的井下突水等因素。最大涌水量是一个相对的概念。对于地表水体之下采矿的矿山、与区域强岩溶含水层联系密切的溶洞充水矿床、塌陷区面积很大,暴雨洪水集中下灌等情况下,有时最大涌水量难以预计,一般设计中所指的最大涌水量不代表这类条件下的特殊涌水情况。可能出现这类特殊涌水条件的地下开采矿山还需设置防水门来保证矿山的安全。

地下水位、含水层厚度、孔隙度、给水度、弹性给水度、渗透系数、导水系数、压力传导系数等是地下涌水量计算中较常用的水文地质参数。

计算正常涌水量时采用的地下水位一般为开采范围内钻孔静止水位的平均值。孔隙含水层厚度一般根据钻孔揭露情况确定。裂隙含水层和岩溶含水层需根据岩芯编录、钻孔简易水文观测、压水/注水试验、电测井资料等综合分析确定。有时需根据分层压水、注(抽)水试验、裂隙率及岩溶率统计划分为不同的富水带。根据不同钻孔代表的面积加权确定矿区不同含水层(带)的平均厚度。

计算平均渗透系数时,在垂直方向有多层彼此有联系的含水层时,按各层厚度加权取平均值。单一含水层渗透性在水平方向上变化较大时,按各代表性地段的面积加权平均。对于岩溶含水层,各个试验点的数据相差悬殊时,建议采用抽水量大、降深大、影响范围大的试验值。或者采用各试验数据的平均值计算正常涌水量,用最大的试验值计算最大涌水量。水文条件简单的小型矿山,缺少试验资料时可以采用经验值。

描述孔隙发育程度的定量指标为孔隙度(或孔隙比)。孔隙度指岩土中孔隙体积与岩土总体积之比(孔隙比为孔隙体积与岩土固体部分体积之比)。孔隙度大小受堆积物颗粒的直径、形状、分选程度和胶结程度的控制。几种岩/土的近似孔隙度见表 2-20。

表 2-20　几种岩/土的近似孔隙度

岩石名称	砾石	粗砂	细砂	亚黏土	黏土	泥炭
孔隙度/%	27	40	42	47	50	80

给水度(μ)指饱和岩土在重力作用下释放出的水的体积与岩土体积之比。当含水层水头降低一单位(m)时,从单位面积(m^2)含水层中释放的水量为弹性给水度(μ^*),大部分承压含水层的弹性给水度在 $10^{-5} \sim 10^{-3}$ 之间。渗透系数(T)与含水层厚度(M)的乘积称为导水系数(T),而导水系数除以弹性给水度(μ^*)为压力传导系数($a = T/\mu^*$)。松散岩土和裂隙岩石的给水度值见表 2-21,松散沉积物及一般裂隙岩石的渗透系数见表 2-22。

表 2-21　松散岩石和裂隙岩石的给水度值

松散岩石		裂隙岩石	
名　称	给水度	名　称	给水度
砾砂	0.3 ~ 0.35	强裂隙岩层	0.002 ~ 0.05
粗砂	0.25 ~ 0.3	弱裂隙岩层	0.0002 ~ 0.002
中砂	0.2 ~ 0.25	强岩溶化岩层	0.05 ~ 0.15
细砂	0.15 ~ 0.2	中等岩溶化岩层	0.01 ~ 0.05
极细砂	0.1 ~ 0.15	弱岩溶化岩层	0.005 ~ 0.01
亚砂土	0.07 ~ 0.1	页岩	0.005 ~ 0.05
亚黏土	0.04 ~ 0.07		

表 2 −22　松散沉积物和裂隙岩石的渗透系数

含水层类别	岩　性	岩层颗粒		渗透系数/m·d^{-1}
		粒径/mm	所占比重/%	
松散孔隙含水层	粉　砂	0.05 ~ 0.1	<70	1 ~ 5
	细　砂	0.1 ~ 0.25	>70	5 ~ 10
	中　砂	0.25 ~ 0.5	>50	10 ~ 25
	粗　砂	0.5 ~ 1.0	>50	25 ~ 50
	极粗砂	1.0 ~ 2.0	>50	50 ~ 100
	砾石夹砂			75 ~ 150
	带粗砂的砾石			100 ~ 200
	洁净的砾石			>200
裂隙岩石	岩溶化灰岩		强导水	>10
	裂隙岩石		导水良好	1 ~ 10
	泥灰岩和砂岩		半导水	0.01 ~ 1
	黏土质砂岩		弱导水	0.001 ~ 0.01
	致密结晶岩、泥质岩		不导水(隔水层)	<0.001

表 2 −22 中松散含水层的渗透系数数值由实验室理想条件下获得,当含泥或颗粒不均匀性较大时选小值。

宽大空隙的含水层给水度接近于其孔隙度。由于结合水的存在,细小空隙的含水层给水度与孔隙度有很大差别。裂隙岩石的给水度接近于岩层的裂隙率或岩溶化岩层的岩溶率。

当含水层由于抽水或疏干水位降低后,其上、下的弱透水层可以在垂直方向补给含水层。描述这种补给能力的参数为越流系数(K_1/m_1)或越流参数 B(弱透水层的隔水系数),见式(2 −11)。

$$B = \left[KM/(K_1/m_1 + K_2/m_2) \right]^{1/2} \qquad (2-11)$$

式中,K_1、K_2 和 m_1、m_2 分别为含水层上、下弱透水层的渗透系数和厚度,K 和 M 分别为受越流补给的含水层的渗透系数和厚度。

影响半径(R)指抽水点到抽水降落漏斗边缘的距离。影响半径可以由大降深抽水或坑内放水试验中观测孔的数据求得。也可以采用各种经验公式近似求得,较常用的经验公式见式(2 −12):

$$R = 2S \times (H \times K)^{1/2} \qquad (多用于潜水,有时用于承压水) \qquad (2-12)$$

或　　　　　　$$R = 10S \times K^{1/2} \qquad (多用于承压水) \qquad (2-13)$$

式中　R——影响半径,m;

　　　H——含水层厚度,m;

　　　K——渗透系数,m/d;

　　　S——抽水降深,m。

2.5.2.4　地下水涌水量计算方法

A　比拟法

可以用上部巷道的或浅部放水疏干试验巷道的涌水量用比拟法预测下部巷道(采区)的涌

水量。当新建矿山附近有水文地质条件类似的已建矿山,可用已建矿山实际涌水量类比新建矿山的涌水量。常用的比拟法公式见式(2-14):

$$Q = Q_1 (SF/S_1F_1)^{1/2} \tag{2-14}$$

式中　　Q——新建矿山(或新建中段)的预测涌水量,m^3/d;

　　　　Q_1——已有矿山(或中段)的涌水量,m^3/d;

　　　　S, F——分别为新建矿山(或中段)的水位降深及开采面积,m^2;

　　　　S_1, F_1——分别为已有矿山(或中段)的水位降深及开采面积,m^2。

比拟法的公式可以根据矿床水文地质条件的差异有所变形。如当矿区充水含水层为厚度较大的承压含水层,且其富水性随深度的增加没有明显变化。上述公式可变形见式(2-15):

$$Q = Q_1 S/S_1 (F/F_1)^{1/2} \tag{2-15}$$

当开采范围大气降水对矿坑补给占较大比例时,比拟法公式变形见式(2-16):

$$Q = Q_1 F/F_1 (S/S_1)^{1/2} \tag{2-16}$$

B　解析法

多数解析法涌水量计算公式的假设条件为含水层均匀、连续、各向同性、天然地下水位近于水平。

稳定流解析法最常用的是以达西定律为基础的地下水平面径向流动(稳定状态)的水动力学公式,通常称为大井法。最常用的公式见式(2-17):

潜水含水层:　　　　　　　$Q = 1.366K(2H-S)S/\lg(R/r)$ 　　　　(2-17)

直线型补给边界条件　　　$Q = 1.366K(2H-S)S/\lg(2b/r)$ 　　　　(2-18)

直线型隔水边界条件　　　$Q = 1.366K(2H-S)S/\lg(R^2/2rb)$ 　　　　(2-19)

式中　　Q——竖井或矿坑的涌水量,m^3/d;

　　　　K——渗透系数,m/d;

　　　　H——潜水含水层的厚度,m;

　　　　S——水位降深,m;

　　　　R——影响半径,m;

　　　　r——竖井半径或矿坑的引用半径;

　　　　b——竖井或矿坑距补给边界($b \le R/2$)或隔水边界的距离,m。

承压含水层计算见式(2-20):

$$Q = 2.73KMS/\lg(R/r) \tag{2-20}$$

承压-潜水:

$$Q = 1.366K[M(2H-M)-h^2]/\lg(R/r) \tag{2-21}$$

式中　　M——承压含水层厚度,m;

　　　　H——承压含水层水头,m;

　　　　h——隔水底板以上的残余水头,$h < M$,m;

　　　　其他同上。

矿坑引用半径的确定:当开采范围为不规则形状时,$r = (F/\pi)^{1/2}$,F 为开采面积。当开采范围为矩形时,$r = (a+b)/4$,a 和 b 分别为开采范围的长和宽。

在紊流条件下(含水层空隙大且地下水实际流速较大),应采用紊流计算公式。当两次抽水试验结果接近于 $Q_1/Q_2 = S_1/S_2$(承压水)或 $Q_1/Q_2 = (2HS_1-S_1^2)/(2HS_2-S_2^2)$ 时为层流,否则为紊流。紊流条件下含水层见式(2-22):

潜水含水层: $Q = 2\pi K[(H^3-h^3)r/3]^{1/2}$ 　　　　(2-22)

$$承压含水层：Q = 2\pi KM[(H-h)r]^{1/2} \tag{2-23}$$

上述公式适用于完整井的情况（即抽水井或开采区揭穿整个含水层厚度），如果抽水井（或开采矿坑）深度明显小于含水层厚度（则为非完整井），则计算的涌水量会小于完整井的情况。对于矿坑尺度与含水层厚度相当的情况，差别不算太大。对于竖井及疏干抽水井，其直径远小于含水层厚度时可有较大差别（与井深和含水层厚度的比有关）。另外，当出现更复杂的边界条件时，或者在干扰井群条件下，涌水量计算更复杂。在这些情况下计算涌水量需参考供水井涌水量计算方面的专门手册，并应由地下水动力学方面的专门人员参与。

对于陡倾的薄矿体，开采范围的长度远远大于其宽度，可以用水平巷道涌水公式（2-24）计算涌水量（廊道法）。

$$Q = BK(H^2 - h^2)/R \tag{2-24}$$

式中　B——开采范围长度，m；

　　　H——潜水含水层厚度或承压水水头高度，m；

　　　h——巷道（采区）残余水头高度，m。

上述公式适用于隔水底板近于水平，巷道（采区）位于隔水底板的情况。当巷道底板在含水层底板以上时，上述公式计算结果偏小。在巷道距含水层隔水底板的距离为$(1/3R-1.0R)$（R为影响半径）时，上述计算结果应加大$50\% \sim 100\%$。

非稳定流解析法引入时间因素，能反映矿床疏干随时间而变化的过程。非稳定流时的井涌水量简化计算见公式（2-25）：

潜水含水层：

$$Q = 2\pi K(H^2 - h^2)/\ln(2.25at/r^2) \tag{2-25}$$

承压含水层：

$$Q = 4\pi KMS/\ln(2.25at/r^2) \tag{2-26}$$

式中　$r^2/(4at) \leqslant 0.05$；

　　　a——压力传导系数，m^2/d；

　　　t——从抽水开始时起算的抽水时间，d。

非稳定流方法主要用于水源地供水井和疏干抽水井水量计算。矿床疏干都是大降深，甚至疏干整个含水层，可能出现不适合用非稳定流计算的情况，此时应与其他方法配合使用。

露天开采时的地下水涌水量计算也可以采用大井法和廊道法。含水层厚度较大时适宜采用大井法。与开采深度比，含水层较薄时，可以采用一侧进水的廊道法。

C　数值法

数值法（有限单元法和有限差分法等）能反映复杂条件下含水层在平面上和垂直方向上的非均匀性，多个含水层的越流补给以及复杂的边界条件等。该方法需要大量基础资料，包括主要充水含水层的边界条件以及一定数量的观测孔提供矿区内的地下水位分布。数值法需要借助于专业软件来完成相应的计算。

利用相应的软件，可以根据某时段的水位观测数据，反求各项水文地质数据（如导水系数等），这一过程称为反求参数。首先根据具体条件假设一组参数，用该组参数计算矿区水头分布并与观测值对比。然后不断修改参数，反复对比最后求得最适合于矿区的水文地质参数（动态规划求解）。根据反求的参数再进行各项水文地质计算，预测矿区涌水量和地下水位随开采时间的变化。数值法可以得到更接近实际的预测结果。利用软件反求参数的功能，数值法可以成为分析和认识矿区水文地质条件的一个工具。

数值法、非稳定流计算所需参数以及含水层上、下弱透水层的越流补给情况下参数的求取比较复杂,一般需由水文地质和地下水动力学方面的专业人士配合进行相应的计算。

2.5.3 矿床疏干

2.5.3.1 矿床疏干的基本原则

矿床疏干是保证水文地质条件复杂、矿坑涌水量大的矿床得以安全、顺利开采的主要措施。通过疏干也可以大幅度改善井下作业条件,提高采场及露天边坡的稳定性,提高采矿效率,降低生产成本。疏干是解除地下水对矿山威胁的最彻底的办法。在水文地质条件允许时,是首选的地下水防治的方法。特别是当矿体本身为强含水层时,疏干几乎是唯一的治水办法。矿床疏干会破坏矿区附近的地下水资源分布。岩溶矿床疏干可能引起地面塌陷、开裂或沉降,会破坏农田及地面建筑物,因此矿床疏干也有其限制条件和适用范围。当矿体本身不是强含水层时,是否一定采用疏干方法要经过详细技术经济比较才能确定。

应采取预先疏干措施的矿床:

(1)矿体或其直接顶、底板地层为涌水量大、水压高的含水层,不预先疏干将导致突水淹井,无法保证采矿的正常进行和生产安全;

(2)矿体的间接顶、底板为高水压的富含水层,开采过程会破坏矿体顶、底板隔水层;

(3)矿体及其直接围岩虽然不属于强含水层,但矿体或其顶、底板岩石破碎,稳定性差,遇水泥化崩解,或者矿体附近有流砂层、采矿崩落范围内有强含水层,或者涌水对矿山生产工艺和设备效率有严重影响的;

(4)露天边坡存在含水层或由于地下水影响使边坡稳定性降低,可能发生滑坡的。

实施疏干的矿床,采用的疏干方法和工程布置必须与矿区水文地质条件和矿床开发计划相适应。在采掘范围内,地下水位应低于当时的工作面标高或低于允许的残余水头。疏干工程的进度安排必须满足矿床开拓和开采计划的要求。采用坑内疏干方式的矿山,必须首先建好正规的水仓、泵房等排水设施后才能施工揭露含水体的放水疏干工程。可能产生疏干塌陷的矿山,疏干前必须安排可能塌陷区的居民搬迁,河流改道。

疏干工程施工前必须具备可靠的水文地质勘探资料,包括主要含水层的岩性、产状、厚度、埋深,空间分布、富水性的空间变化规律,松散含水层的粒度分析资料,地表水与疏干含水层的联系程度,疏干水质和总水量预测,疏干塌陷区预测等。

疏干水必须经过处理,达到当地的排放标准后才能排放。如果矿区地下水水质差别较大,应采取措施分别疏干以减少污染水的处理量和排放量,应采取措施防止疏干水在矿区附近渗入地下流回采区形成循环。

水文地质条件复杂的大水矿床在勘探期间可能存在一些遗留问题有待进一步验证,在大规模疏干工程施工前应进行工业性疏干试验。通过试验,实地验证疏干工程间距、布置、疏水工程的结构设计的合理性。检验疏干设计采用的水文地质参数和预测方法的可靠性。了解疏干水的泥沙含量,进一步暴露地面塌陷、开裂和沉降的规律。

2.5.3.2 疏干方式与疏干方法

矿床疏干方式包括地表疏干、井下疏干和地表与井下联合疏干。常用的疏干方法有疏干明沟、边坡水平放水孔、地表抽水井、直通式降水孔、井下疏干巷道和丛状放水孔等。

地表疏干在空间布置和时间进度安排上比较灵活,可以在矿山开拓前实施,容易实现预先疏干。与地下疏干相比施工工期短、劳动条件好,相对安全性较高。当被疏干含水层埋藏较浅时可首选地表疏干。地表疏干方式以用于露天矿为主,也可以用于地下开采的矿山。

地下疏干方式用于地下开采的矿山为主,具备一定条件时也可用于露天矿山。地下疏干方式比较灵活,不受含水层性质(孔隙、裂隙、岩溶含水层)、渗透性和埋藏深度的限制,疏干强度大,效果显著。当主要含水层渗透性差、疏干塌陷严重且难以处理的、可以采用平硐自流疏干的矿山等应优先采用地下疏干。地下疏干的缺点是含水层中的巷道施工困难,且受到地下水一定程度的潜在威胁。施工周期长,劳动和安全条件相对较差。当矿体本身及其直接顶底板为含水层、或含水层补给条件很好、或含水层渗透性中等的条件下开展地下疏干时,一般要采用超前中段疏干。当含水层渗透性极强,疏干范围内的残余水头很低,不会再造成突水或含水层为矿体的间接顶底板时,可以采用同中段疏干。最佳疏干中段的确定取决于矿山建设的进度要求、矿区含水层与矿体的相互关系,特别是强含水层的底板标高,应通过详细技术经济比较后确定。

一些特殊的疏干方法如轻型井点、喷射井点、电渗析等主要用于露天矿浅层(单层轻型井点降水深度一般 $5 \sim 6$ m)、低渗透性($K = 0.1 \sim 2.0$ m/d)的松散含水层的局部辅助疏干(如滑坡治理等)。

2.5.3.3 地表疏干

A 地表抽水井

地表抽水井是最常用的地表疏干方法。在需要降低地下水位的地段,施工大口径抽水井,井内安装深井泵或潜水泵抽水来降低地下水位。疏干深度一般 $100 \sim 300$ m 较适宜,实际的抽水井深度也可以达到 500 m 以上。地表抽水井适用于渗透性和补给条件较好的含水层(如潜水含水层 $K > 2.0$ m/d 或承压含水层 $K > 0.5$ m/d)、深度不大的露天矿、含水层厚度大,水头高,矿层及其顶板均为强含水层的矿床。疏干水基本不受采矿活动的影响,有利于地下水的综合利用。

地表抽水井的缺点有,当含水层有较强的不均匀性时,确定合适的抽水井位需要较多的辅助工作。井用抽水泵的长期无故障连续运行时间比井下排水泵短,维修工作量大。在疏干后地面可能产生强烈沉降、塌陷的地段以及地下水质可能使井管和水泵、过滤器严重腐蚀和结垢的地段须慎重使用。

抽水井一般布置在露天境界或地下开采移动线以外 $20 \sim 50$ m。在开采范围较大、含水层渗透性相对较差的矿山,在开采区周边布置抽水井不能满足要求时,在开采范围内布置抽水井,能达到较好的疏干效果,需要的排水量也相对较小。但由于需要分批建设,工程量和投资可能相对较大,对采矿活动可能产生一定影响,应对这些因素综合分析后确定工程布置方案。

均质含水层中的抽水井可以等距布置,井间距根据降落漏斗的要求通过水文地质计算确定。非均质含水层中的抽水井应布置在较强的地下水集中径流通道、含水层底板低、厚度大的地段,以利于提高疏干效果。有地表水体补给的地段和需要增加疏干强度的首采区可以适当加密井距。对于不均匀含水层,必须充分研究已有的水文地质资料,利用物探和小口径钻探确定抽水井位。对于特别强的岩溶水径流带,可以在一个位置附近布置两个以上抽水井。布置抽水井时还应考虑地表水体的最高洪水位的影响。

考虑疏干工程布置时,首先根据含水层的富水性和渗透性对整个疏干系统进行水文地质计算,确定每个抽水井的最适宜出水量。抽水井的直径主要取决于含水层的性质、过滤器的类型和水泵的规格。井的出水量在一定范围内随井径增大而增大,但一般情况下增加井径不如减小井距的效果更好。富水性较强的含水层采用较大的井径可以增大出水量、减少工作水泵的数量和钻井工程量。含有较多细颗粒的松散含水层需设填砾过滤器,需要较大的井径,而在坚硬稳定的含水岩层中甚至可以不设井壁管。冲积含水层中一般采用 $300 \sim 1000$ mm 的井径,基岩含水层中常用井径为 $200 \sim 500$ mm,可以达到 2000 m³/d 以上的单井出水量。抽水井井底沉砂管一般 $5 \sim 10$ m,如果含水层中粉细砂含量较多或充填程度较高的岩溶含水层沉砂管段还应适当加大。

过滤器的作用为防止井壁坍塌、岩土颗粒进入井内、增加进水面积的作用。常用井壁管和过滤器有钢管、铸铁管、钢筋混凝土管、石棉水泥管、塑料管等。综合考虑抽水井的深度、井径、服务年限、地下水的腐蚀性和施工条件等因素选择过滤器。按结构形式，过滤器有穿孔式（圆孔、条孔）、钢筋骨架、缠丝、包网、笼状、填砾、贴砾过滤器等。钢质和铸铁过滤器孔隙度大，强度高，适用于深井（铸铁管适于井深小于250 m）。钢筋混凝土过滤器成本低，可就地取材，但强度低、孔隙度小，耐侵蚀性差。石棉水泥过滤器具有一定的强度，抗腐蚀性强，质量较轻，孔隙度较小。塑料过滤器质量轻、耐腐蚀、安装容易，热稳定性差。

穿孔、缠丝和包网过滤器适用于卵石、砾石和粗砂含水层，缠丝间距和孔（网）眼大小与含水层颗粒有关，一般为含水层平均粒径的1~3倍。填砾过滤器适用于中、细、粉砂含水层，可以提高出水量、降低出水的含沙量，在水质不良的地区可以减慢过滤器结垢速度。填砾层厚度一般为100~200 mm，填砾粒径为含水层平均粒径的5~8倍。含水层粒度较细时可以用双层填砾过滤器，其内外层砾料直径比为3~6，内层砾料直径为过滤器孔径的0.8~1.2倍。贴砾过滤器是用树脂等黏合剂将砾料贴在滤水管外面形成过滤器，贴砾层厚度15~20 mm。过滤器选择及安装正确与否对抽水井的出水量和寿命有很大影响，有关过滤器的技术规格和适用条件的详细资料可进一步参考有关供水井的技术手册。

井径与过滤器直径和滤料厚度的关系见式（2－27）：

$$D = d + 50 + 2(a + b) \tag{2－27}$$

式中　D——抽水井直径，mm；

　　　d——水泵最大外径，mm；

　　　b——充填滤料厚度，mm；

　　　a——滤水管壁厚度，包括缠丝、包网厚度，mm。

在均质潜水含水层中，过滤器长度为含水层厚度的1/3~1/2，含水层厚度较小时应与含水层厚度相等。岩溶、裂隙含水层中过滤器长度和位置根据岩溶和裂隙情况确定。

当水中Fe离子>0.2 mg/L、水中有H_2S或SO_2或地下水pH值小于7以及咸水地区会引起井管和过滤器腐蚀。应采用铜丝、不锈钢丝或尼龙丝作为过滤器缠丝。钢井管应涂保护漆。pH值大于7、矿化度大于1000 mg/L的地下水溶蚀物质的结垢、过滤器因腐蚀而生成的胶结物、过滤器结构不合理等都会堵塞过滤器。这些是影响地表抽水井服务年限的重要因素。

B　吸水孔

吸水孔是穿过上部一个或多个需疏干的含水层的钻孔，把地下水疏泄到下部较高导水性的含水层中，一般属于辅助疏干方法。通过抽水井或其他方式对高导水性含水层进行疏干。吸水孔的适用条件为：吸收层与疏干层之间有较连续的隔水层、吸收层水位低于疏干层、吸收层的渗透性明显高于疏干层。

吸水孔的布置和孔径可参照抽水井，一般疏干层的孔径大于吸收层孔径。疏干层内可以设置过滤器，也可以在孔内用砂砾填满形成"砂砾柱"而不设过滤器。当疏干层水质不良时，应注意其对吸收层的污染。

C　明沟疏干

明沟疏干是在地表或露天台阶上开挖疏水沟，拦截流入采矿场的地下水。明沟多用于露天矿浅部第四系含水层的疏干。一般适于含水层厚度不大，渗透性较好，其埋藏深度不超过15~20 m，含水层下部有稳定的较平缓的隔水层。如果疏干明沟能切透含水层整个厚度，可以得到良好的疏干效果。

露天采场内的疏水明沟开挖应与露天台阶相结合。含水层下伏隔水层的顶面处应预留开挖平台。当下伏隔水层稳定性差，可能产生滑坡时，应对明沟采取防渗措施，并把疏干水引出可能滑坡区之外。当含水层为流沙层时，明沟开挖较困难，明沟的出水坡面可能引起渗透破坏，应设置必要的反滤层。反滤层的导水性应大于被保护层,厚度为 200～300 mm。当疏干对象为松散砂层,缺少适宜的反滤料时,可以在砂层坡脚施工水平放水孔,孔内放置聚氯乙烯滤水管,使地下水溢出前就渗入疏干孔中,保护出水边坡的稳定性。

D　水平疏干孔

水平疏干孔主要用于露天矿边坡的疏干,它安装简单、维修费用低。一般在露天采场的台阶底部钻凿,揭穿被疏含水层,因此,要在边坡台阶形成后才能施工。广泛用于边坡疏干减压,以提高边坡稳定性。不受含水层渗透系数大小的限制,可用于疏干岩溶、裂隙含水层,也可用于疏干孔隙含水层。该方法适应性强,灵活性大,可以布置在非工作帮,作为永久性疏干工程,也可以布置在工作帮作为临时疏水措施。可以随时调整疏干孔的位置、方向及增减疏干孔的个数。

水平疏干孔的常见孔径为 75～91 mm。疏干松散含水层时需要安设过滤器,需采用专门的钻机和较大的孔径,滤水管通过钻杆安装。(前苏联 МГБ-2 型专用水平钻机为全液压螺旋钻,用于松散含水层中疏干孔施工。钻进深度可达 100 m,孔径可达 180 mm)滤水管一般采用聚氯乙烯管,也可采用钢管或贴砾滤水管。疏干基岩含水层一般不用安装过滤器。如果含水层风化、破碎,需要安装过滤器,则要采用较大孔径。

疏干孔隙含水层时一般孔深不大于 50 m,疏干裂隙含水层时孔深可达 100～300 m。设计放水孔深度的主要参考因素为边坡高度和边坡内水头高度。孔深等于边坡高度时,即可达到较好的疏干效果。

对均匀含水层,疏干孔一般垂直边坡布置;对非均匀含水层,一般为扇形布置。疏干孔仰角 1°～5°以便水自流排出。对于寒冷地区,孔口需设置填石层以防疏干孔口冻结。

2.5.3.4　地下疏干

A　巷道疏干

利用巷道直接揭露含水层,降低地下水位。多数情况下,巷道疏干要与其他方法(如放水孔)结合使用。含水层水压不太高或导水性不太强的岩溶和裂隙矿床、可采用平硐自流疏干的矿床或含水层导水性强且比较均匀、稳定性较好的矿床,可以采用巷道疏干。疏干巷道的布置应充分利用地形条件使部分疏干水自流排出,垂直于地下水主要径流带方向,尽量与采矿巷道相结合或利用采矿巷道,应避开采矿错动带使其服务年限尽可能延长。

(1)嵌入式巷道截流。当补给条件好、导水性很强的卵砾石含水层位于近于水平的隔水底板且需要彻底疏干时,可以采用嵌入式巷道截流(巷道位于含水层与隔水层界面)。嵌入式疏干巷道应尽量布置在含水层位置较低的部位。

(2)浅部截流巷道。强含水层下有稳定隔水层时,采用浅部截流巷道使上部强含水层的水从上部中段排出,可以在矿床整个服务年限内减少排水费用。浅部截流可以避免疏干水被采矿活动污染,有利于供排结合。这种方式对水文地质条件有严格要求,水文地质条件不完全清楚的情况下要慎重采用。如果截水达不到预期效果,会使截流标高以下的排水陷于被动甚至淹井。

疏干巷道对断面尺寸没有特殊要求,以能保证正常施工为准。降雨直接补给的裸露型岩溶充水矿床,截流巷道应能满足设计频率暴雨时排洪量的要求。巷道的纵坡降一般 3‰～5‰,当水中泥沙含量较高时可适当加大纵坡降。由于多数在含水层中掘进,应采取适当的支护措施以保证其应有的服务年限。

当含水层极不均匀、有突水和涌砂可能的地段掘进疏干巷道时需超前探水,保证施工安全。松散、破碎含水层、附近可能有溶洞和较大导水构造以及有泥沙涌出危险的地段疏干巷道必须短掘、短砌,全断面混凝土支护。采用混凝土支护的放水巷,应在两侧墙预留足够的滤水口以保证其疏干作用。

B 丛状放水孔

丛状放水孔在地下疏干方式中被采用最多。它是在放水硐室中向含水层施工多个丛状或扇形布置的放水孔。放水硐室与疏干巷道或其他开拓巷道相连。丛状放水孔适用于裂隙或岩溶含水层。在孔隙含水层中容易出现塌孔和涌砂,一般的钻机难以处理,应慎重采用。

含水层极不均匀、水压较高、导水性强时,放水孔必须预先安设孔口管及闸阀以保证安全。孔口管可以分为固定式和活动式两种,长度可根据水压大小变化,一般2~3 m。固定式孔口管为外周焊有钢筋的钢管,用砂浆固结在较大直径的开孔段;活动式孔口管为带有止水胶圈的钢管,用钻机压入或用叠套式罗纹紧固结构挤压止水胶圈,孔口管就位后用锚杆、夹板固定。后续放水孔的钻进在孔口管中进行,遇大水、涌泥、涌砂或其他需要控制水量的情况可以关闭放水孔。放水孔的开孔位置应选择在岩石完整、稳定的位置。如果生产中需要控制放水孔的流量,应采用固定式孔口管,并定期开关活动以免因生锈而失灵。一般条件下,不能保证每个放水孔都能达到理想的放水量,实践中有相当比例的放水孔水量较小。采用活动式孔口管可以加快施工速度,节省成本。当含水较均匀,导水性中或弱的含水层可以不需控制放水量时,放水孔可不设孔口管。

放水孔孔身部分直径一般为75~110 mm。水压较高时宜采用较小直径,如56 mm、60 mm等先揭露含水层。放水孔深度一般为30~100 m,特殊情况下可以超过200 m。一般一个放水硐室布置3~5个放水孔。对于不均匀的含水层,放水孔的方向应首先针对勘探钻孔中出现涌水、漏水、破碎带和溶洞的位置,保证放水孔的成功率。后施工的放水孔经常需要根据已施工放水孔的出水情况和地下水位的变化情况调整其角度和深度。

放水硐室应尽可能布置在岩石稳定性好的隔水层中,尽量利用已有的开拓巷道。其尺寸主要根据钻进设备的要求确定,还应考虑不同方向放水孔的施工。一般情况下为(3~5)×3×(3~5)×3 m。放水硐室与待疏干含水层之间的安全距离一般15~30 m为宜。该安全距离根据含水层界线的准确程度、岩石的稳定性和水压大小等情况适当增减。

放水硐室的岩石破碎以及附近可能有较大溶洞和导水构造时必须在放水孔施工前用混凝土支护。水压较大的放水孔施工时,钻机需用撑柱、拉索等严格固定以免高水压冲倒钻机。钻进中施工人员不得长时间位于钻机后方。水压超过4 MPa时,孔口管外应有防喷和分流装置以免高压水伤人。

C 直通式放水孔

直通式放水孔是由地表施工,垂直穿过含水层,直接与井下放水巷道相通的疏干孔,疏干水由井下排水系统排出,一般适用于含水层下部有稳固的隔水层或弱含水层的情况。多用于孔隙含水层,也可用于岩溶含水层和裂隙含水层。直通式放水孔不受含水层渗透性的限制,不存在因水量和水位的变化导致抽水井中水泵不能连续工作的情况。对孔隙含水层和有充填物的溶洞含水层,可在孔中设置过滤器后再与放水巷相通,可避免丛状放水孔塌孔和过滤器设置的困难。在地表施工,劳动条件和安全性好于丛状放水孔。当含水层埋藏较深时,与巷道贯通较困难、钻进成本较高、灵活性较差,一般只能疏干较平缓的顶板含水层。

当放水孔下端巷道岩石稳定,不会因放水冲刷而破坏,放水流量不需控制时可不采用孔口管,否则应设孔口管。疏干松散的孔隙含水层或破碎的裂隙含水层以及有充填物的溶洞含水层时孔中必须设过滤器,过滤器的设置与地表抽水孔相似。一般直通式放水孔的长度为50~200 m。

直通放水孔孔深较小时,一般先施工井下的放水硐室,根据硐室坐标再施工放水孔。当孔深较大时,常先施工、安装放水孔,然后用巷道寻找放水孔。当条件具备时,地表抽水井与直通放水孔可统一布置,前期作为地表抽水井抽水,后期巷道贯通后成为直通放水孔。

2.5.3.5 联合疏干

同一矿区在同一阶段同时采用地表疏干和地下疏干时成为联合疏干。联合疏干可以兼有地表疏干和地下疏干的优点,保证在复杂的水文地质条件下经济有效地达到疏干目的。当矿区存在多个相互没有水力联系的含水层且这些含水层都对采矿生产有不利影响时,或矿区含水层上强下弱,中间没有明显的隔水层,采用单一疏干方式无法保证疏干要求时采用联合疏干。联合疏干的矿山,基建时期先进行地表疏干,保证安全开拓并建立井下排水系统。然后通过地下疏干接替地表疏干的工作,进一步改善疏干效果。

2.5.4 注浆堵水

2.5.4.1 注浆堵水的基本原则与要求

A 注浆帷幕

对于地下水涌水量较大、疏干可能产生大面积塌陷的矿山,为保护矿区水资源和环境,减少排水成本,在水文地质、工程地质条件适宜的情况下,可采用注浆防渗帷幕截流堵水。矿床地下水补给径流通道较集中,进水断面两侧和底部具有稳固、连续隔水层的矿区适宜采用防渗帷幕堵水。如果矿床规模大,矿山服务年限长,矿体空间分布较集中,埋藏深度较浅,含水层具有良好的可注性,则采用注浆帷幕堵水可以取得明显的经济和社会效益。

含水层的埋藏位置及与隔水层的相互关系决定防渗帷幕的范围和形状,也直接影响帷幕的堵水效果。当含水层埋深大(大于 500 m),帷幕注浆压力大(可达 7~10 MPa)或采用地表和地下联合注浆,则造浆、输浆和注浆的工艺将比较复杂。大型注浆帷幕的钻孔进尺可达数万 m,注入水泥数万 t,施工工期 2~5 年以上。因此,采用注浆帷幕截流方案须进行专门的可行性研究和技术经济论证。

防渗帷幕建设前需首先完成专门的水文地质勘探工作,保证使帷幕布置在矿区主要进水通道上。进而开展幕址地段的工程—水文地质勘查,查清帷幕地段含水层的空间范围和边界条件,含水层中溶洞、破碎带的分布范围、充填物性质及充填程度,受注含水层的单位吸水率、渗透系数以及地下水的水位、水质、流速等。

帷幕勘查孔的间距一般为 50~100 m,存在溶洞系统和较大构造破碎带时应加密布置。钻进深度应揭穿含水层进入隔水层 5~10 m,或进入相对隔水层 20~30 m。钻孔除了进行水文地质编录和观测外,需进行分层压水试验。压水试验段长度一般 20~30 m,段长可根据含水性复杂程度相应减小或加大。与钻探相配合,还应进行幕址地面和钻孔的详细物探测量以了解勘查孔之间的地质情况。在有代表性的地段进行注浆试验,验证拟采用注浆方法的可靠性,确定合理的注浆孔间距、注浆压力、浆液扩散半径、注浆段长度。确定注浆材料和浆液配比,核实注浆材料的实际消耗量。

B 局部注浆堵水

井筒(巷道)掘进通过含水层,裸露井筒预测涌水量大于 20 m³/h 或井、巷穿过导水断裂破碎带,围岩稳定性较差或涌水量大于基建期的排水能力时,应注浆堵水加固后再掘进,以保证安全。根据含水层埋藏深度不同,可选在地面进行预注浆或在井筒(巷道)工作面预注浆。当含水层厚度较大、埋藏较浅、围岩稳定性较差时宜采用地面预注浆。若受注岩层埋藏深,含水层之间间隔较远时宜采用工作面预注浆。

井筒成井后涌水量超过 6 m³/h 或井壁有 0.5 m³/h 以上的集中涌水点,或者在不允许有渗水的硐室存在淋水或渗水时应进行壁后注浆封堵。

矿山基建或生产中透水造成淹井,仅靠强行排水难以恢复被淹矿井时,则需要采取适当的注浆堵水措施,在地面或上部中段打钻注浆封堵透水点或巷道。在合适的部位形成隔水体分隔无水区和含水区,然后抽水以便恢复矿山生产。

对于大水、岩溶充水矿山,大型防渗帷幕的堵水效果可达到50% ~80% ,井巷工程局部性注浆堵水的堵水效果可以达到80% ~95%以上。注浆前涌水量较大者更容易取得相对较好的堵水效果。

2.5.4.2　注浆材料

理想的注浆材料应具备的特点包括:初始黏度低,流动性好;浆液胶凝时间可以调节;稳定性好,正常条件下存放不变质;无毒,无污染,低腐蚀性;固化时无收缩,结石体有一定强度,耐老化,抗冲刷;配制方便,来源丰富,价格便宜。

常用的注浆材料分为无机系和有机系两大类。无机系注浆材料包括单液水泥浆、水泥—水玻璃类双液浆、黏土类、水玻璃类和水泥黏土类材料等;有机系注浆材料包括丙烯酰胺类、木质素类、尿醛树脂类、聚氨酯类、糠醛树脂类、环氧树脂类材料等。水泥浆的浓度一般用水灰比(水的质量:水泥质量)表示,化学浆的浓度用质量比或体积比表示。单液水泥浆和水泥—水玻璃双液浆主要用于宽度大于0.1 mm的基岩裂隙。在破碎带、断层和溶洞中也可采用骨料 + 单液水泥浆或水泥水玻璃双液浆。宽度小于0.1 mm的基岩裂隙和含水粉细砂层的堵水及加固主要采用化学浆。

A　单液水泥浆

单液水泥浆的常用水灰比为0.6 ~2.0。加入水泥浆中的附加剂一般用附加剂质量占水泥质量的百分数表示。水玻璃的性能用模数(M)和波美度(°Be)表示。模数 $M = SiO_2$ 克分子数/Na_2O 克分子数。注浆使用水玻璃的模数一般为2.4 ~3.4之间。波美度°Be $= 145 - 145/d$(d 为密度,g/cm^3)。水泥类浆液的黏度用秒(s)为单位,其他浆液的黏度一般用厘泊(cP)表示。纯水泥浆的基本性能见表2 - 23。

表2 - 23　纯水泥浆的基本性能

水灰比		0.5	0.6	0.75	0.8	1.0	1.5	2.0	4.0	6.0	8.0	10
黏度/s		139	134	33	26.5	18	17	16.3		15.4		15.3
密度/g·cm^{-3}		1.86		1.62		1.49	1.37	1.30				
结石率/%		99		97		85	67	56				
凝胶时间 h:min	初	7:41		10:47		14:56	16:52	17:07				
	终	12:36		20:33		24:27	34:47	48:15				
抗压强度/MPa	3d	4.14		2.43		2.0	2.04	1.66				
	7 d	6.46		2.6		2.4	2.33	2.56				
	14 d	15.9		5.54		2.42	1.78	2.1				
	28 d	22		11.27		8.9	2.22	2.8				
可注隙宽/mm			0.53		0.47	0.48		0.43	0.39	0.39	0.38	0.33

随着水灰比的增大,水泥浆的黏度、密度和抗压强度相应降低,凝胶时间延长。水泥浆中加入适量的速凝剂后,可使凝胶时间减少近一半,短期(1d)抗压强度提高近一倍。最常用的速凝剂有氯化钙和水玻璃,其添加量分别为水泥质量的5%以下和3%以下。单液水泥浆来源丰富价

格较低,浆体结石体强度高,抗渗性好,注浆工艺简单。其缺点是难以注入 0.1 mm 以下的裂隙和粒径小于 1.0 mm 的砂层,凝胶时间长且难以准确控制。

单液水泥浆中加入一定量黏土成为水泥黏土浆,其成本低、流动性和稳定性好,适用于充填注浆。一般黏土添加量不超过水泥量的 15%,黏土添加量增大结石体的强度降低,凝胶时间延长。

B 水泥—水玻璃双液浆

水泥—水玻璃双液浆(CS 浆液)以水泥和水玻璃为主剂,两者按一定的配比采用双液方式注入。必要时可加入速凝剂(如氢氧化钙)或缓凝剂(如硫酸氢二钠),凝胶时间可以控制在几秒至几十分钟的范围内。浆液结石体强度可达 10 ~ 20 MPa,结石率可达 100%。水泥—水玻璃浆液适于 0.2 mm 以上的裂隙和 1.0 mm 以上粒径的砂层使用,常用的水泥—水玻璃双液浆的浓度为 1.25:1 ~ 0.6:1。

注浆用水泥一般选用相对高标号的普通硅酸盐水泥。选用超细水泥可以提高浆液的可注性。水泥成分中硅酸三钙含量越高,与水玻璃的反应越快,凝胶时间越短。水玻璃浓度越小,浆液的凝胶时间越短。当模数为 2.4 ~ 3.4、浓度 30 ~ 45°Be 时,一般水玻璃其与水泥浆的体积比例为 0.5 ~ 1.0:1(0.4 ~ 0.6:1 时结石体抗压强度最高)。当水玻璃的浓度和体积比例一定时,浆液的水灰比越高,结石体的强度越低。

用普通硅酸盐水泥和模数 2.6 ~ 2.7、浓度 >50°Be 的水玻璃调成糊状可用作糊缝材料,其凝胶时间为 3 ~ 5 min,抗压强度为 28 MPa,抗拉强度 1.7 MPa,黏结力可达 1.3 MPa。

C 化学液浆

化学注浆材料的种类很多,使用最普遍的为水玻璃。其他化学浆属于有机高分子化合物,多用于水工建筑防渗和加固。在矿山防渗帷幕工程中一般用于补充注浆。化学浆具有可注性好、浆液渗透能力强、凝固时间可控、具有较高的抗渗性,结石体强度较高等特点。几种主要化学浆的性能见表 2 – 24。

表 2 – 24 几种主要化学浆的基本性能

名　　称	黏度/cP	可注最小粒径/mm	渗透系数/cm·s⁻¹	凝胶时间	抗压强度/MPa	砂层中扩散半径/mm
水玻璃类	3 ~ 4	0.1	10^{-2}	瞬间至几十分	<3	300 ~ 400
铬木素类	3 ~ 4	0.03	$10^{-5} \sim 10^{-2}$	十几秒至几十秒	0.4 ~ 2.0	300 ~ 400
丙烯酰胺	1.2	0.01	$10^{-6} \sim 10^{-5}$	十几秒至几十秒	0.4 ~ 0.6	500 ~ 600
尿醛树脂	5 ~ 6	0.06	$10^{-4} \sim 10^{-2}$	十几秒至几十秒	2 ~ 8	300 ~ 400
聚氨酯类	十几至几百	0.03	$10^{-5} \sim 10^{-4}$	十几秒至几十秒	6 ~ 10	400 ~ 500
糠醛树脂	<2	0.01	$10^{-5} \sim 10^{-4}$	十几秒至几十分	1 ~ 6	500 ~ 600

丙烯酰胺浆液黏度小且在凝胶前一直保持不变,具有良好的渗透性。凝胶在短时完成,可准确控制凝胶时间。凝胶体抗渗性好,但强度较低。主液和氧化剂分甲、乙液等体积注入。

铬木素类浆液由纸浆废液和一定量的固化剂(重铬酸钠、过硫酸铵等)组成,有时加入适量的促进剂(三氯化铁、硫酸铝、硫酸铜等)以缩短凝胶时间和提高强度。主液和氧化剂分甲、乙液等体积注入。

聚氨酯类浆液黏结强度高,可分为非水溶性(PM 型)和水溶性(SPM 型)两种。PM 型浆液遇水开始反应,不易被地下水冲稀。反应时发泡膨胀,二次渗透使浆液扩散均匀,强度高,采用单液系统注浆,工艺设备简单。但浆液受外部水或蒸汽影响较大,使用、保存应特别注意。预聚体稳定性差,要密闭保存。管路设备需用丙酮、二甲苯等溶剂清洗。SPM 型浆液能均匀溶解在大量水中,凝胶后形成包含有大量水的弹性体。

糠醛是非水溶性油状液体,略带刺激性气味,用酸性催化剂固化时对设备有腐蚀性,对人体不安全。糠醛与脲素在酸性催化剂作用下反应形成树脂状固体。

2.5.4.3 注浆工艺和帷幕的布置

注浆可能在静水,也可能在动水条件下进行。在单个注浆孔段中可以连续注浆,也可间歇注浆。按浆液输送系统的不同可分为单液注浆和双液注浆。连续注浆过程中没有重复钻进和其他辅助工作,从注浆开始到满足结束标准要求连续进行。连续注浆用时少、关键是控制泵量、泵压和浆液浓度。间歇注浆指在同一注浆孔段,每注入一定量浆液后,间歇一段时间(注入浆液初凝并达到一定强度)再注。间歇注浆多用于充填较大溶洞或裂隙(单位吸浆量 > 1.0 L/s·m)时,为避免浆液大量流失而采用。它需要扫孔、压水后再进行下一次注浆。一般第一次注浆量大、压力低,以后逐渐减少注入量并增大注浆压力。当地层渗透性强,经过加大浆液浓度仍不能使注浆压力上升时,应考虑采用间歇注浆。地下水流速较大地段的注浆为动水注浆,浆液结石体将向下游方向拉长,应采取一定技术措施保证注浆效果。可采取的措施包括在注浆层中充填骨料(尾砂、锯末)或惰性材料,采用水泥—水玻璃双液浆或有速凝剂的单液浆。

注浆孔注浆前应充分洗孔,把残留岩粉、溶洞或断层中充填物冲洗干净,使浆液与洁净岩石相固结。可以采用低压大流量冲洗法直接冲洗直至返水变清。也可以在上部封闭止水,用高压水(设计注浆压力)把泥质充填物冲至注浆影响范围之外。也可以采用高、低压交替冲洗或压缩空气扬水(空压机抽水)的方法洗孔。

注浆孔应尽量多揭露导水裂隙。帷幕注浆段的孔径一般为 91～110 mm。孔斜一般应控制在 0.5% 以内。一般应采用清水钻进,在松软破碎地层中采用低固相泥浆钻进。对注浆孔应分段进行压水试验,确定其单位吸水率 q_w(每米长注浆孔段在每米水头压力下每分钟吸收的水量)。一般 $q_w < 0.01$ L/(min·m·m) 的地层可作为隔水层;当 $q_w > 1.0$ L/(min·m·m) 时为强透水岩层;注浆后岩层 $q_w = 0.05$ L/(min·m·m) 时,一般即可满足注浆结束的标准。

竖井掘进工作面透水淹井,宜先采用抛石注浆法或水下混凝土法构筑封水层,然后抽水恢复井筒,采用预注浆封闭待掘井段的含水层。突水点/导水通道中水的流速对封堵突水点时所应采取的注浆工艺选择有较大影响。如果矿井全部被淹,地下水可能达到基本稳定状态,水流速度较小,可以采用静水条件下的常规注浆工艺;如果只是部分中段被淹,矿山仍在加强排水来控制淹没范围的情况下,涌水点的地下水流速往往较大。此时应采用动水条件下的特殊注浆工艺(大泵量的双液注浆工艺等)封堵突水点/导水通道。

矿山截水帷幕应布置在地下开采错动线或露天开采境界线之外 20～30 m,幕线的走向尽量垂直地下水流向。在详细研究含水层和隔水层分布的基础上,力求帷幕长度最短,深度最浅。

当过水通道较集中,其两侧及下部有良好的隔水层,防渗帷幕可以完全截断过水通道,形成封闭式防渗帷幕,封闭式防渗帷幕的堵水率可高达 80%;当强含水层周边或下部有较广泛的弱含水层时,帷幕仅封闭强含水层或强岩溶带,帷幕两端及深部中止于弱水层中则形成半封闭式帷幕,半封闭式帷幕可以达到 50% 左右的堵水率。

防渗帷幕注浆材料的消耗量一般较大,根据具体的水文地质条件和矿山开采情况,尽量选用来源广泛、价格低廉的注浆材料,尽量选用无机材料和单液注浆工艺。

松散层的帷幕截流,宜采用地下连续墙法、预埋花管注浆法、高压喷射法施工。基岩段宜采用钻孔注浆法。

帷幕线上的注浆孔一般为单排布置。当含水层透水性较均匀时,采用等距布置,透水性极不均匀时采用不等距布置。在动水条件下注浆时为了保证堵水效果,可采用双排布置。

帷幕注浆一般采用注浆泵压注。特殊情况下可设置回流系统,使不同阶段的多余浆液返回贮浆池中,实现恒压注浆。具备条件的可以利用地形条件实现自流注浆。自流注浆适用于较大溶洞和裂隙,为了节省注浆材料,可在浆液中添加惰性材料作为骨料随同浆液充填较大空隙。

注浆常分段进行。在同一孔中自上而下逐段注浆为下行式注浆,自下而上逐段注浆为上行式注浆。当注浆岩层松软破碎、透水性强、厚度大时宜采用下行式注浆。可以保护孔壁的完整性,控制浆液上窜,确保下分段有足够的注入量。当强含水层厚度不大或含水层之间有稳定性良好的隔水层,容易实现分段止浆的采用上行式注浆,可以减少重复扫孔,简化注浆工艺。

井筒注浆孔的终孔深度应超过含水层底板 5 m,当井筒底板位于含水层中时,终孔深度应超过井筒底板 10 m。钻孔偏斜率应控制在 0.5% 以内。

注浆质量的检查可以采用钻孔取芯、钻孔电视及压水试验检查。取芯钻孔可以利用后施工的注浆孔。埋深浅的帷幕也可采用大口径检查钻孔或用检查巷道进行放水试验测定堵水效果。也可以采用物探方法测定注浆前后地层的波速特征、动弹性模量的变化了解帷幕幕体的连续完整性和固结强度。

2.5.4.4 注浆设备

注浆钻孔设备包括各类凿岩机,地表钻机和坑内钻机。凿岩机钻孔多用于井巷工作面注浆、壁后注浆等。可用于地表钻孔的钻机类型很多,包括各类地质钻机、工程钻机、取样钻机等。钻孔深度从数十米到 1000 m 以上,孔径 46 ~ 200 mm。多数地表钻机适应于钻孔的倾斜角度在 90°(垂直向下) ~ 75°之间,少数钻机可以施工任意方向钻孔。坑内钻机适宜在井下施工,多数可以施工任意方向钻孔,需要的钻进空间相对较小。地表钻机有时也可以在井下施工,但需要相对较大的施工空间。为保证钻孔质量,还须配备相应的测斜仪器,如陀螺测斜仪(用于磁性干扰地区)、普通测斜仪及钻孔定向仪等设备。

注浆泵要有足够的压力和排量,有时需要能调压、调量。注浆泵的种类很多,包括调速计量泵、代用注浆泵和化学注浆泵。调速计量泵有 YSB—250/120 型液力调速注浆泵,为往复式,可无级变速调量,可承受较大压力,输送较大流量;MJ—3/40 型隔膜计量泵可分别输送两种浆液和低腐蚀的化学浆;HFV 系列液压驱动泵有多种型号,可自动记录。代用注浆泵包括电动石油固井水泥泵、9MΓP 型系列注浆泵、TBW、BW、2DN、CB5 型泥浆泵等。几种化学注浆泵的型号包括HGB 型化学注浆泵、晶闸管调速化学注浆泵以及 HG20-12 型化学注浆泵。常见注浆泵的主要参数见表 2-25。

表 2-25 常见注浆泵的主要参数

型 号	最大压力/MPa	最大排量/L·min^{-1}	功率/kW	泵重量/kg
YSB—250/120	12	250	75	3000
MJ—3/40	4	50	7.5	1000
HFV 系列	0.5 ~ 20	0 ~ 200	11 ~ 20	290 ~ 1045
300 型电动水泥泵	6.4 ~ 30	152 ~ 715	115	2775
9MΓP 型系列	3.5 ~ 16	219 ~ 1002	75	2760
TBW—250/40	4	250	24	1120
BW—250/50	5	250	20	408

续表 2 – 25

型　号	最大压力/MPa	最大排量/L·min⁻¹	功率/kW	泵重量/kg
TBW—50/15	1.5	50	2.2	192
2DN—25/80	8	420	70	1270
CB5—540	3.5~6	540	40	1200
HGB 型化学注浆泵	3~6	3.13~25		
可控硅调速化学注浆泵	1.5	0~6.4		
HG20-12 型化学注浆泵	2	12		120

　　止浆塞是迫使浆液进入被注地层,防止浆液沿注浆孔返回的装置。根据注浆工艺、注浆深度、注浆材料的性能以及浆液混合方式的不同应选用不同的止浆方法,止浆塞是实现分段注浆的基本工具,几种止浆塞的类型、原理及使用条件见表 2 – 26。

表 2 – 26　止浆塞类型、原理及适用条件

类　型	机　械　式				水力膨胀式	
	单管三爪	单管异径	孔内双管	小型双管	单　管	双　管
孔径/mm	90~130	90~130	110~130	45~110	110~130	110~130
胶塞长度/mm	150~200	150~200	200	150~200	1000	1000
最大压力/MPa	6~10	6~10	6	3	10	6~8
胶塞数/个	2~4	2~4	2~4	1~3	1	1
工作原理	泵压推出三爪为孔内下支点,钻压胶塞横向变形止浆	钻孔变径台阶为支点,钻压胶塞横向变形止浆	外管孔口固定形成支点,钻机提升内管挤压胶塞止浆	内管固定为支点,拧紧外管挤压胶塞止浆	钻杆泵送高压水使胶筒膨胀止水;用单向阀保持止水压力;用铅球控制阀调节胶筒压力	高压胶管与注浆管同时下入钻孔,液压使胶筒膨胀止浆
适用条件	上、下行分段注浆;用于套管内或硬岩完整孔壁裸孔;三爪张开最大直径150 mm;孔深小于 500 m	下行式分段注浆;较硬完整岩石裸孔;变径台阶处为硬岩	上、下行分段注浆;用于套管内或硬岩完整孔壁裸孔	井巷工作面注浆;壁后注浆;或用于套管内或硬岩完整孔壁裸孔;孔深小于200 m	上、下行分段注浆;用于套管内或硬岩完整孔壁裸孔	上、下行分段注浆;用于套管内或硬岩完整孔壁裸孔;孔深小于200 m

　　造浆站可设在地面,也可设在井下。设在地面容易防尘,造浆能力大,场地容易选择,工作环境相对较好。在井下造浆可以更靠近注浆工作面,但一般能力小,作业场地狭窄且不易防尘、工作环境差。造浆站要求能连续供浆,设备能力要超过实际用量的 0.5~1.0 倍,能准确计量并能随时调整,有适当的防尘措施。造浆站内一般包括储灰仓、清水池、清水泵、造浆池(或造浆漏斗)、过滤池、储浆池及注(输)浆泵等设备。

　　浆液搅拌机的能力应和注浆泵的注入量相适应以保证连续供浆,可由施工单位自制。其类型包括立式搅拌机、风动搅拌机、旋流式造浆机及水力喷射式搅拌机。搅拌能力一般为 10~15 m³/h,主轴转速 40~60 r/min。

　　混合器是双液注浆的重要装置,它使两种浆液均匀混合,发生反应,并使浆液在预定时间内凝固。常用的混合器特征及适用条件见表 2 – 27。

表 2 – 27 混合器的类型和主要参数

类 型	弹簧半球式	方盒式球阀	孔 内 球 阀	孔 口 球 阀
进口内径/mm	20	20	30	30
出口内径/mm	25	20	65	39
长度/mm	210	155	钢球直径 36 mm	
宽度/mm	85	145		
通过流量/L·min^{-1}	<20	<50	<250	200 – 250
承受压力/MPa	2	3	8	10 – 13

2.5.4.5 注浆参数与材料消耗量的确定

A 注浆孔间距

注浆孔间距主要决定于设计帷幕的厚度和浆液有效扩散半径。浆液扩散半径取决于注浆层的透水性、注浆压力、浆液浓度等因素,应综合分析确定。帷幕厚度取决于防渗要求的高低、注浆层裂隙或岩溶发育的程度。帷幕厚度计算见公式(2 – 28):

$$L = K'M(H_1 - H_2)/Q \quad 或 \quad L = \beta H/i \qquad (2 – 28)$$

式中 L——帷幕厚度,m;

K'——注浆后幕体平均渗透系数,m/d;

M——含水层厚度,m;

Q——设计允许的帷幕单宽渗入量,m³/d;

H_1——幕外地下水位,m;

H_2——幕内地下水位,m;

β——通过帷幕后的水头衰减系数;

i——幕体内允许的水力坡度;

H——总水头高度,m。

注浆孔间距可用式(2 – 29)近似计算:

$$a = (4R^2 - L^2)^{1/2} \qquad (2 – 29)$$

式中 a——注浆孔间距,m;

R——浆液有效扩散半径,m;

L——帷幕厚度,m。

在均质含水层中,单孔注浆的结石体一般呈柱状。注浆孔间距应满足在两结石体搭接部位达到设计帷幕厚度的要求。孔距过大则有效帷幕厚度不足或出现空当。但孔距过小时会导致注浆孔串浆或后续孔无法注入的情况,因此最小孔距须大于设计帷幕厚度之半。多排孔帷幕的厚度可看做是单排帷幕厚度的累加。其排与排最佳孔距为注浆孔按等腰三角形布置。

矿山防治水实践证明,含水层一般为非均质并呈各向异性,影响注浆孔距的因素更复杂。工程经验和现场试验结果在确定孔距的过程中具有更重要的作用。根据实践经验,在以岩溶为主的含水层中的单排孔帷幕,其孔距一般在 10 ~ 15 m 左右。以裂隙为主的含水层中单排孔帷幕的孔距以 5 ~ 10 m 为宜。

B 注浆压力

注浆过程中注浆压力随着浆液的扩散和浆液浓度的变化而随时变化,一般分为初期压力、过程压力和终值压力三个阶段。注浆初期一般浆液较稀,通常优先充填大孔洞,压力一般不能太高。通常初期压力不超过注浆段静水压力的一倍。注浆过程中间的压力为过程压力。随着浆液的充填扩散、过水断面减小和浆液浓度的提高,压力不断升高。一般从开始时的注浆量随压力升高而加大,经过一段时间后,注浆量随压力的升高而减小,表明注浆接近终了状态。终值压力为注浆结束时的压力,当注浆量随着压力的增高而减小时,仍需保持注浆压力一段时间,使已经充填的孔隙在高压下进一步压实。但这个阶段持续时间较短,达到注浆结束标准后结束注浆。

影响注浆终值压力确定的因素很多,必须充分考虑它们的综合影响。当注浆层岩溶发育,可灌性好,应取较低的终值压力避免浆液扩散过远造成浪费。若可灌性较差,则应取高值,使浆液扩散半径达到设计要求。当溶洞中存在较多的充填物时,应采用较高的终值压力,将充填物压密。化学浆的黏度较低,可灌性好,在一定的地层条件下,终值压力相对较低。如果注浆地层埋藏较浅、上覆地层强度较低,则考虑终值压力时需注意覆盖层的强度。如果希望达到压裂灌注的效果,需配备压力达到 30 ~ 50 MPa 的专用设备。

当上覆岩层厚度为主要影响因素时,坚硬的块状岩石的受注地层常用压力为 4 ~ 10 MPa,中等硬度的层状岩石常用压力为 1.5 ~ 4 MPa,裂隙较发育或较软弱岩石常用压力为 0.5 ~ 1.5 MPa。国内有的帷幕根据压水试验的耗水量不同确定不同的终值压力。南非地面预注浆压力,深度 120 ~ 300 m,压力 5 ~ 8 MPa,深度 300 ~ 750 m,压力 11.5 ~ 23 MPa,深度大于 750 m,压力大于 30 MPa。

多数情况下,终值压力主要与受注地层深度有关,根据要求的抗渗能力不同,可选终值压力为受注点静水压力的 1.5 ~ 2.5 倍。大型堵水帷幕和井巷工程堵水对堵水率的要求不同,选取的终值压力也应不同。帷幕的终值压力可取相对较低值,而井巷堵水应取较高值。

C 浆液浓度

注浆各阶段对浆液的浓度要求不同,对常用的水泥浆和水泥—水玻璃双液浆进行浓度分级便于日常使用。单液水泥浆浓度按其水灰比通常分为 7 级,水泥—水玻璃双液浆分为五级。单液水泥浆常用浓度分级为:3∶1,2∶1,1.5∶1,1.25∶1,1∶1,0.8∶1,0.6∶1。双液浆中水泥浆的常用浓度分级为:1.5∶1,1.25∶1,1∶1,0.8∶1,0.6∶1。

注浆一般从最稀浆开始,当某级浓度浆液灌注一定量后,压力不升、吸浆量没有明显变化时,应将浓度提高一级,如此逐级增加直至注浆结束。每次更换浓度的持续时间一般间隔 20 min。当改变浓度后压力上升过快或吸浆量降低过快,应降低浓度继续注浆以保证达到足够的注入量。一般每米孔段的吸水量小于 7 L/min 时,采用单液水泥浆,否则应采用双液浆。如因设备等限制,无法实现双液浆的,也可采用单液水泥浆。在注入量达到设计量的 40% ~ 50% 时,压力不升、吸浆量不减,可采用低压、间歇式注浆直至结束。

D 注浆段长度

注浆段长度影响注浆质量、堵水效果和工程投资。划分注浆段时需考虑含水层岩溶和裂隙的发育程度、孔壁的稳定性、含水层富水性等因素。一般当岩溶和裂隙发育较均匀时,注浆段长 15 ~ 20 m 为宜。岩溶特别发育的区域,注浆段长降低至 5 ~ 10 m,裂隙不发育时段长 20 ~ 30 m,以细小裂隙为主的孔段,注浆段长可以加长至 30 ~ 40 m。应注意防止把岩溶发育差别较大的地段放在同一注浆段。这样容易造成大空隙扩散太远而小空隙没有得到封堵,既造成浪费又达不到理想的注浆效果。对特别畅通的岩溶通道应单独注浆,不受段长的限制。

注浆段划分的原则:裂隙发育程度相近的划分为一个段;涌水量大、裂隙宽度较大的段长取较小值;段长要与注浆泵供浆能力相适应,当泵排量较小时,宜采用较小的段长。2 ~ 3 段初注后的孔段可以合并为一段复注。

E 防渗墙和高压喷射防渗墙

防渗墙在水利工程中应用较多,矿山受浅层第四系含水层影响较大时也可以采用。竖井建设用防渗墙处理第四系含水层的深度已达55 m。防渗墙的类型有桩柱式、槽板式、泥浆槽、板柱式等。桩柱式防渗墙用大口径冲击钻成孔,泥浆护壁,回填混凝土或黏土混凝土。其适应性较广,深度可以超过100 m。槽板式防渗墙采用冲击钻、抓斗或其他成槽机械挖槽孔,泥浆护壁,回填混凝土,适宜深度30~60 m。充填墙的厚度一般10~20 cm,扩散墙厚度20~50 cm,为提高强度,可加入钢筋。泥浆槽用索铲或其他方法挖槽,泥浆护壁,回填黏土或砂砾石混合料。槽宽一般1.5~3.0 m,适宜深度10~15 m。板柱式防渗墙采用打桩机将型钢(工字钢等)钢板桩打入地层,通过桩身或拔出桩时注入防渗材料。它适用于中细粒松散含水层,适宜深度10~15 m。

高压喷射防渗墙是采用高压喷射注浆法构筑的防渗墙。高压喷射注浆是利用带特殊喷嘴的注浆管,在预定深度用高压(20 MPa)射流冲击土体,使浆液与土体混合,凝结固化后形成防渗固结体。按高压喷射管的运动方式可分为旋喷、定喷、摆喷等。按工艺类型可分为单管旋喷、双重管旋喷和三重管旋喷。双重管旋喷除了高压浆液外增加了压缩空气喷管,可以形成较大的固结体。三重管旋喷使高压水、压缩空气和浆液分别从不同管喷出,形成更大的固结体。高喷防渗墙适用于 $N_{63.5}$(重力触探指标)小于30的隔离松散地层。但当地层中含有较多的100 mm以上卵石时,防渗效果较差。旋喷浆液的水灰比一般1:1~1.5:1之间,旋喷桩的有效直径可达0.8~1.0 m。已采用高喷防渗墙的矿山防渗墙深度为10~55 m。

F 注浆孔工程量和水泥消耗量估算

注浆孔钻进工程量不仅包括钻孔深度的进尺,还包括重复钻进以及帷幕闭合不好地段的补充钻进。注浆孔钻进所占的施工工期和投资可达总工期的50%~80%,总投资的40%~50%,甚至更高。注浆孔钻进工程量建议按式(2-30)计算:

$$A = B + B(K_1 + K_2) \qquad (2-30)$$

式中 A——注浆孔钻进工程量,m;

B——设计的注浆孔深总进尺,m;

K_1——重复钻进影响系数,一般取0.3~0.6;

K_2——补幕钻进经验系数,一般取0.1~0.2。

水泥在防渗帷幕注浆中是主要消耗材料。建议采用式(2-31)计算:

$$Q = nq(1 + K_1 + K_2) \qquad (2-31)$$

式中 Q——帷幕工程水泥消耗量,t;

q——单位注浆孔段平均水泥消耗量,t/m,裂隙含水层0.3~0.5,孔隙含水层1~2,岩溶含水层2.3~3.2;

n——注浆孔段总长度,m;

K_1——水泥损失系数,一般取0.2~0.3;

K_2——水泥富裕量系数,一般取0.1~0.2。

2.5.5 矿区地表水防治

2.5.5.1 地表水防治的基本要求

矿区地表水防治必须与矿山排水、矿床疏干统筹安排,大型地表防治水工程必须与当地水利工程规划相协调。

矿山建设前必须查清矿区及附近地表水的汇水面积、过水能力、当地日最大降雨量、历年最高洪水位;查清大气降水、地表水体与矿山含水层的水力联系。

受暴雨及洪水影响的矿山每年雨季前应组织防水检查并落实防治水措施,准备抢险物资。有关的防治水工程必须在雨季前竣工。

矿井(竖井、斜井、平峒)井口标高必须高于当地最高洪水位 1 m 以上;工业场地地面标高必须高于当地最高洪水位。特殊情况下达不到此标准时,应以最高洪水位为防护标准修筑防洪堤,同时考虑内涝排除措施。井口筑人工岛,使井口高于最高洪水位 1 m 以上。

采矿崩落区及疏干塌陷区周围设截水沟或挡水堤坝,堤坝应每年定期检查维护。当矿区开采范围和塌陷区有河流穿越,可采用保安矿(岩)柱或充填法采矿来保证安全,或将河流改道至开采影响范围以外。也可以运用水库调洪、排洪隧洞或渠道泄洪的方式防止矿区被洪水淹没,保证安全生产。矿区受河流、洪水淹没威胁时,应修筑防水堤坝。

矿区内的岩溶塌陷应及时处理,用回填或注浆法严密封死、夯实。对影响矿区安全的裸露型岩溶区的落水洞、漏斗、溶洞等均应严密封闭。有用的钻孔及各类通地表的出口须妥善进行防水处理。报废的钻孔及各类出口须严密封闭。区内渗漏水明显的地表水体,当其可能影响生产安全时,应进行防渗处理,如人工防渗槽、渡槽等。地表积水洼地应修泄水沟排水或用泥土填平压实。排出地表的井下水,应引出矿区,防止重新渗入井下。

井下疏干放水有可能导致地表塌陷时,应事前将塌陷区的居民迁走、公路和河流改道,之后才能进行疏放水。

硫化矿床的地下水对可溶岩的溶蚀能力明显高于其他地下水,许多矿床附近都是岩溶相对发育的地段。流过岩溶发育地段的河流可能产生大规模的渗漏。岩溶区的落水洞、溶蚀漏斗、溶洞等可以成为暴雨洪水的集中泄漏点,也是容易出现岩溶塌陷的区域。因此,地表水对矿山产生不良影响在岩溶地区表现最集中,岩溶含水层充水的矿山一般是地表防水任务较复杂的矿山。

废石、矿石和其他堆积物必须避开山洪行洪路线,避免淤塞沟渠、河道,形成泥石流。洪水冲刷废石堆可能造成泥石流,直接影响其下游区域生命及财产安全。堆积废石时应该给洪水留出通路。当废石场必须截断山沟时其周边应设置截洪沟,保证正常排洪功能。雨季前应对排洪沟清理维护。废石堆表面坡向和坡度应保证排水和废石堆本身的稳定。

不同矿山开采的持续年限大不相同,地表水防治的标准根据矿山规模和矿山开采年限以及地表水的危害程度来确定。

大中型矿山的调洪水库的设计标准一般为百年一遇,防洪堤、河流改道工程一般按 50 年一遇的标准建设。截水沟、排水沟的防护标准一般为 20 年一遇。

2.5.5.2 常见的防水工程

A 截水沟和河流改道

截水沟的布置要与矿山排水统一考虑,最大限度地拦截可能流入被保护区(露天坑、采矿塌陷区活疏干塌陷区等)的地表径流。对于露天坑内截水沟,经常是深凹露天开始形成,但截水沟水平尚未达到最终位置。因此,采场的截水沟必须与采剥进度计划相配合,永久截水沟和不同分期的临时截水沟相配合。

截水沟的最小转弯半径应不小于其水面宽度的 5 倍(岩石沟壁为 2.5 倍)。泄水沟应避开矿层露头、破碎带、透水岩层、可能滑坡的地段等。截水沟出口沟底标高最好高于当地的最高洪水位。

河流改道的新河道位置必须与矿区远景规划相协调,应避开可能滑坡、流砂等不稳定区域。新河道距离露天矿稳定边坡的距离应大于 30 m,境界附近有渗漏的须采取防渗措施。新河道距离地下开采的错动区边界不应小于 50 m。

新河道尽量利用地形和天然河道,使新河道线路最短。河流改道的起止点宜在河床稳定的地段。河道曲线半径应为河宽的 5~8 倍。

截水沟或河流改道的过流能力计算采用明渠均匀流计算见公式(2-32):

$$Q = 1/n\omega R^{2/3} i^{1/2} \qquad (2-32)$$

式中　Q——沟渠的过水流量,m^3/s;

n——沟壁粗糙系数,混凝土 0.01~0.015,砌石 0.015~0.02,土渠 0.017~0.03,石渠 0.035~0.065;

ω——过水断面面积,m^2;

R——水力半径,R = 过水面积/湿周,m;

i——沟渠水力坡度。

截水沟或新河道边坡在设计水深之上要有一定的安全超高,小型沟渠的安全超高 0.3~0.5 m,较大河道的安全超高为 0.5~1.0 m。截水沟或新河道的边坡必须根据土质情况确定合理的边坡系数,保证边坡在水流条件下的稳定性,必要时应进行衬砌。

沟渠的纵向坡降应保证使其不冲不淤。为避免过大的挖方和填方,可在适当的位置设置跌水和陡坡。单级跌水的落差一般不大于 5 m。

陡坡地设置需考虑坡面衬砌材料的抗冲刷能力。一般情况下,允许流速因材料的不同而不同,较软的沉积岩 2~4 m/s,中等坚硬岩石 5~10 m/s,坚硬岩石和混凝土 10~20 m/s。对大流量、高落差的陡坡段,应考虑水流压力对工程的影响。为减轻冲刷,土基上的陡坡可以采用向下游逐渐变宽的扩散形式。陡坡的下游为消力池。消力池深度一般为缓坡段水沟中的平均水深,长度根据水深不同,一般 3~8 m。

B　防洪堤

防洪堤轴线方向应与洪水流向平行,容易冲刷的部位应进行砌护,堤脚与岸边保留一定的安全距离。堤顶标高确定时除了满足设计洪水位标高外,还应考虑安全超高 0.5 m(平原)至 1.0 m(山区)。水面宽度较大时还应考虑风浪爬高和弯道引起的超高。堤高小于 10 m 时,土堤的边坡系数一般不小于(1:1.5)~(1:1.75)。堤高大于 10 m 时,应根据筑堤材料性质进行稳定性分析,专门进行断面设计。堤高 5~10 m 时,一般堤顶宽度为 1.5~2.5 m。

C　河床防渗

一般河床的渗漏可用压实土料防渗、浆砌石河槽防渗和混凝土河槽防渗。压实土料防渗层的允许流速一般只有 0.5~0.7 m/s,抗冻能力也较差,如果水流速度较大或处于寒冷地区,应在防渗层上设置保护层(一般为沙层)。浆砌石河槽的砌石厚度一般为 20~50 cm,每隔 20~50 m设置伸缩缝。伸缩缝宽 2~3 cm,缝内浇筑抗冻、耐热、伸缩性良好的填料。混凝土衬砌的厚度一般 5~20 cm,伸缩缝间距 2.5~5.0 m。

岩溶区河床的渗漏一般与岩溶有关,此类河床的防渗宜先采用混凝土充填漏水溶洞和较大溶隙,然后再按一般渗漏河床的处理方式处理。

由于采矿活动或疏干等因素引起河床出现持续性变形引起的渗漏宜采用较厚的黏土垫层压实防渗,或采用防渗膜(塑料薄膜)加保护层的方式防渗。

D　调洪水库和泄洪洞

山区露天矿经常切断地表小型河流,此时可以利用调洪水库和泄洪洞联合防水的方法。调洪水库主要用于调蓄上游来水的洪峰,使泄流量满足泄洪洞的要求。

调洪水库的死库容应满足泥沙淤积的要求,同时也要满足泄洪洞自流排水的需要。根据汇水面积和设计频率 24 h 暴雨计算洪水总量(地表径流系数 0.65～0.85)。小流域一般可按单峰三角形过程线概化洪水过程线,此种概化偏于安全。主雨峰置于设计降雨历时的 3/4 处。设计洪峰流量计算见式(2-33):

$$Q_p = 2W_{tp}/(t_1 + t_2) \tag{2-33}$$

式中　Q_p——设计洪峰流量;

　　　W_{tp}——设计洪水总量;

　　　t_1——涨水历时,(设计降雨历时的 3/4);

　　　t_2——退水历时,一般 $t_2/t_1 = 1.5～3.0$。

排洪洞的排水过程线一般假定为直线。根据三角形洪水过程线和直线排水过程线进行调洪计算,见式(2-34),得出排洪洞所需的泄洪流量。

$$q = Q_p(1 - V_t/W_p) \tag{2-34}$$

式中　q——排水构筑物的泄洪流量,m^3/s;

　　　V_t——某坝高的调洪库容,m^3。

调洪水库坝型可以是土坝、塑性心墙堆石坝及土石混合坝等。坝顶标高在设计水位以上还应有安全超高 0.5～1.0 m,风浪爬高 0.5～1.0 m。当坝高小于 30 m 时,土坝边坡系数一般为(1:2.0)～(1:3.5),堆石坝为(1:1.5)～(1:2.0)。上游坡一般比下游坡缓,当地基为土质地基时应取较缓边坡。一般每隔 10～15 m 高设置 1～2 m 宽的平台。

泄洪洞的进、出口应设在地形较陡处,上游便于进水平顺,下游与排洪河道连接顺畅。洞线岩石应坚硬完整,无大的构造破碎带,洞轴线与岩层走向有较大夹角。洞顶岩层厚度应大于 3 倍洞径。洞线最好是直线,如必须转弯,转角应小于 60°,其转弯半径应大于 5 倍洞径。为防止洞进口泥沙淤积,进口应高于河床 1～2 m。洞身岩石不稳定时应采用钢筋混凝土衬砌,岩石稳定的可不衬砌或采用素混凝土衬砌。

排洪洞泄流量计算见式(2-35),出口淹没时:

$$Q = \mu\omega[2g(H_0 + iL - h_n)]^{1/2} \tag{2-35}$$

$$\mu = [\sum \zeta + 2gl/C^2R]^{-1/2}$$

出口非淹没出流时:

$$Q = \mu\omega[2g(H_0 + iL - \eta h_m)]^{1/2} \tag{2-36}$$

$$\mu = [1 + \sum \zeta + 2gl/C^2R]^{-1/2}$$

式中　Q——隧洞泄流量,m^3/s;

　　　μ——流量系数;

　　　ω——出口断面面积,m^2;

　　　g——重力加速度,m/s^2;

　　　H_0——上游水头,m;

　　　i——隧洞底坡;

　　　L——隧洞长度,m;

　　　h_n——超过出口洞顶的下游水深,m;

　　$2gl/C^2R$——沿程摩阻损失系数;

　　　C——谢才系数;

　　　R——水力半径,$R = $ 过水面积/湿周,m;

　　　$\sum \zeta$——局部水头损失之和(拦污栅 0.1,进口 0.1～0.2,转弯 0.2～0.3,出口 1.0);

η——系数,出口为非淹没时 $\eta = 0.85 \sim 1.0$;

h_m——洞高,m。

2.5.5.3 暴雨和洪水的计算

设计频率暴雨量的计算是地表防洪的基础工作之一。不同历时的暴雨根据历年24 h最大暴雨观测资料计算,历时小于24 h的暴雨为短历时暴雨,大于24 h的暴雨为长历时暴雨。没有最大24 h暴雨观测资料时可用日最大暴雨资料。一般最大24 h暴雨平均值比日最大暴雨平均值大10%左右。不同历时t的短历时暴雨雨量按式(2-37)、式(2-38)、式(2-39)计算:

$$H_{24p} = K_p \overline{H}_{24p} \tag{2-37}$$

$$S_p = H_{24p}/t^{1-n} \tag{2-38}$$

$$H_{tp} = S_p t^{1-n} \tag{2-39}$$

式中 H_{24p}——频率为 p 的24 h暴雨量,mm;

$\overline{H}_{24p}$——历年24 h最大暴雨量均值,mm;

K_p——模比系数,根据设计频率 p、地区暴雨变差系数 Cv 和偏差系数 Cs 由 P - Ⅲ型曲线值表查取(见有关水文统计计算手册);

S_p——频率为 p 的暴雨雨力(1小时雨量),mm;

n——暴雨递减指数,由地区水文手册查得;

H_{tp}——频率为 p、历时为 t 的暴雨量,mm;

t——暴雨历时,h;

长历时暴雨量按式(2-40)计算:

$$H_{Tp} = H_{24p} T^{m_1} \tag{2-40}$$

式中 H_{Tp}——频率为 p、历时为 T 的暴雨量,mm;

m_1——地区暴雨参数,由地区水文手册查得;

T——暴雨历时,(可与露天坑允许淹没天数一致),d。

地区暴雨变差系数 Cv[式(2-42)]和偏差系数 Cs[式(2-41)]可由当地气象水文手册查出。没有这些资料时可根据实际观测的数据系列进行计算。

$$Cs = \sum (K-1)^3/(N-1)Cv^3 \tag{2-41}$$

$$Cv = \left[\sum (K-1)^2/(N-1) \right]^{1/2} \tag{2-42}$$

$$K = H/\overline{H}$$

式中 K——变率;

N——统计年数;

H——历年日最大(24 h最大)降雨量系列观测数据,mm。

设计频率暴雨的洪峰流量可以式(2-43)计算,

$$Q_p = \Psi(h-z)^{3/2} F^{4/5} \tag{2-43}$$

式中 Q_p——设计频率为 p 的洪峰流量,m³/s;

Ψ——地貌系数(随汇水面积增大而降低),平原0.05,丘陵0.09 ~ 0.1,山地主河床纵坡降在10%、20%、40%时,分别为0.13、0.14、0.15;

h——迳流深,$p = 25$ 年一遇时,华东、华南,55 ~ 70 mm,华北、西南,40 ~ 60 mm,东北、西北,30 ~ 45 mm;随地表土壤类型由无缝岩石及重黏土、黏土、壤土、黄土而逐渐降低。

z——植被拦蓄深度,mm;草地和旱田,5;灌木和梯田,10;稀林,0.15;水田,0.2;密林,0.25;

F——汇水面积,km^2。

公式用于小流域(汇水面积小于 20 km^2)暴雨洪峰流量的预测。该公式根据公路科学研究所简化公式❶经进一步简化得到。

2.5.5.4 泥石流

泥石流产生的条件:形成区山坡坡度较陡,沟谷的纵坡降达 0.05 ~ 0.25,有较大的汇水面积。中游搬运区沟谷的坡降 0.05 ~ 0.06,可作为泥石流的搬运通道。汇流区内有天然或人工的松散土石堆积,或有区域性的断裂破碎带,或有厚层的风化带。短期暴雨强度大或大量积雪短时间内溶化。这些条件的组合往往形成泥石流。人工不合理的开挖以及对植被的破坏是促进泥石流发生的重要因素。

防治:对于工程建设,原则上应尽量避开泥石流的主导流向。对于无法避开的,上游做好水土保持,中游设拦挡工程,下游采取疏导措施。

2.5.5.5 滨海、滨湖

海滨、湖滨采矿,包括砂矿开采时的工程布置要考虑预防海啸以及海浪,潮汐的影响。矿山建设前应收集高、低潮位,海浪的浪高等有关资料。

大的风浪可以对海、湖岸线造成很大侵蚀和改造。工程布置中须考虑海、湖岸侵蚀风浪因素的影响。

滨海沉积层的颗粒一般较细,地下水位埋深很浅,多数情况下易于产生震动液化,对这类地段采矿场的边坡也有十分不利的影响。一般应采取帷幕堵水方式拦截海水的渗入,减轻地下水对边坡的影响。

2.5.6 突然涌水的防治

2.5.6.1 矿井突然涌水的危害

突然涌水指溶洞、暗河、导水构造带、老采空区、强含水层等来源的地下水突然大量涌入巷道或采场。根据许多矿山突水事件的统计,一般矿山突水的涌水量为 300 ~ 1000 m^3/h。揭露溶洞系统、地下暗河、岩溶陷落柱或岩溶塌陷连通地表水体时,突水量甚至可以达到 10000 ~ 50000 m^3/h。矿井突水是影响矿山生产和安全的最常见水文地质问题之一。称之为突水的涌水其涌水量一般明显超过矿井设计的排水能力,结果造成淹井。由于涌水的突然性,使井下作业人员来不及撤离,常造成大量的人员伤亡。

基建矿山淹井后会大大延长基建工期,其造成的损失甚至可使相关的井巷工程工期和投资加倍。生产矿山突水淹井的损失更大,井下设备大部分将损坏,排水恢复周期长,难度大。大突水的突水点淹没于井下,治理难度很大,要花费大量时间和费用。突水时涌水携带大量泥沙,不仅淤积巷道,还破坏井底各种设施,使井下清理十分困难。受损的设备、构件需拆卸、修复再重新安装。因此,淹井的矿山彻底恢复所需的时间常以年计,有的矿山因此长期停产。

2.5.6.2 突然涌水的预测

根据不同的突水来源,突水事故可分为以下几类:连通性很好的溶洞(暗河)、陷落柱系统突水;揭露高水头的导水构造破碎带突水;揭露含水的老采空区引起突水;揭露与强含水层、地表

---

❶ 参见河北省交通规划设计院,《公路小桥涵手册》,人民交通出版社,1982。

水、溶洞等沟通的未封钻孔;特大暴雨、洪水沿溶洞、暗河或塌陷区灌入井下。

突水预测要考虑的主要因素包括开采范围涉及的含水层性质、矿区的地形条件、开采区的地下水头高度、矿区范围地表水情况等。其中最主要的因素是含水层性质,最容易发生大突水的是岩溶含水层。

断层、含水构造破碎带、溶洞、老巷道等都可以构成导水通道。可以通过岩性分析、构造力学分析、钻探、物探等方法分析导水通道的空间位置。根据地下水位分布特点、水位动态观测资料、抽水试验、化学或同位素连通性试验等方法确定导水通道的连通程度。

A　含水层性质对突水的影响

可溶岩为主的地层(石灰岩、石膏层、盐岩层等)、断层构造形成的导水通道、积极循环流动的水、使地下水侵蚀性大大增强的硫化物氧化,这四个因素的组合确定了大突水的可能性及其出现部位。

在我国南方的裸露岩溶区,溶洞系统伴有的地下暗河是突水的主要水源。裸露区主要的溶洞系统可以通过地面地质调查、遥感影像分析、地质构造分析等手段大致确定其位置。溶洞系统常追踪构造断裂发育,构造分析是最基本的。在没有大规模的断裂构造发育的地段,隔水岩脉或碳酸盐岩地层中的相对隔水夹层的褶皱(影响裂隙发育的分布)对溶洞系统也有控制作用。裸露岩溶区多地处高原,地下水径流快,水循环强烈,地下水径流方向和水力坡度对溶洞暗河系统的发育方向有明显影响。综合考虑这些因素的共同作用,可以基本确定溶洞暗河系统的大致位置。再通过物探、钻探手段进一步探测,可以详细确定溶洞/暗河系统的具体位置。

南方覆盖型岩溶地区突水也与溶洞有关。这类溶洞内常有泥沙堆积,突水的同时可能产生大量突泥,同时引起覆盖的松散堆积出现大量塌陷。这类松散盖层通常是良好的耕地或道路、村镇等建筑设施集中的地方。突水对井下和地表可以同时造成灾难。此类地区矿石中或地层(煤层)的硫化物氧化形成的酸性水对岩溶发育有重要影响。含有硫化物矿体或地层区地下水径流下游是溶洞最易发生的地带。覆盖型岩溶区的河床常常是岩溶相对较发育的地段,矿坑排水引起地下水位下降可能诱发覆盖区岩溶塌陷。如果河、湖等较大地表水体下发生塌陷,可以引起大突水。

我国北方厚度巨大的奥陶系灰岩大面积分布地区的矿山容易发生大突水。产生突水的地质因素为溶蚀断裂带或岩溶陷落柱。岩溶陷落柱是指奥陶系灰岩中溶洞系统的某些部位(如断裂交叉点),顶板岩石不断冒落并不断被水流溶蚀带走,在上覆的石炭 – 二叠系地层中形成的柱状冒落体。矿床所在水文地质单元内的奥陶系灰岩分布面积和矿床在该水文地质单元内的具体位置是决定突水量的主要因素。单元内奥陶系灰岩分布面积很大,矿区位于该水文地质单元的排泄区或径流区,则产生特大突水的可能性就较大。

分布有含水老采区的地段也是一类特殊的含水层。由于我国以前对矿山开采的管理不够严格,许多小矿山停采后没有任何档案资料。这给后来的开采留下许多安全隐患。随着矿业开采历史的延长、矿山开采活动涉及范围的不断扩大,采空区突水将会不断增加。此类突水主要是根据调查、预测采空区的分布以及与目前采矿活动区的相对位置关系来预测可能突水的位置,结合当地、当时的地下水位预测可能的突水量。

非岩溶的其他硬岩中较大的构造破碎带也可以造成突水。预测此类突水主要考虑构造带的规模及其导水性。断裂延伸长,破碎带宽度大,可以引起较大突水。新构造运动对断裂带导水性有较大影响。现代反复活动断裂带,受现代拉张应力影响的断层可能造成较大突水。新构造活动性分析方面可以参考地震地质的有关研究结果。

B 地下水头对突水的影响

在含水层性质一定的条件下,地下水头的高低是影响突水量大小的直接因素。相对于井下工作面的水头越高,可能出现的突水越大。十几米至几十米的水头可以造成溶洞和老窿的较大突水。百米以上的水头可以引起断层破碎带的大突水。

根据一些煤矿的经验,每米厚的煤层可以承受的静水压力为$(0.6 \sim 1.5) \times 10^5$ Pa/m。根据匈牙利人治水的经验,每米泥岩可以承受的静水压力为0.5×10^5 Pa/m。这些经验公式可以用来估计类似的较软岩石隔水层能抵抗水压的能力。

对于较大尺度的地下开拓工作面,地下水可能突破工作面与含水层之间的隔水层引起突水。在不考虑构造破坏和矿山地压的前提下,工作面上面或下面的隔水层能承受的水头作用也可以按式(2-44)估计:

$$H_a = 2K_p(t^2/L^2) \pm \gamma t \qquad (2-44)$$

式中　H_a——隔水层可以承受的水头压力,10^4 Pa;

K_p——隔水层岩石的抗张强度,10^4 Pa;

（求得抗张强度较困难,一般岩石的抗张强度为单轴抗压强度的1/20至1/10）;

t——工作面顶/底板隔水岩层的厚度,m;

L——巷道的宽度,m;

γ——隔水岩层的体重,t/m^3,计算间接顶板水压用"$-$",间接底板水压用"$+$"。

工作面侧面的隔水层能承受的水头作用可以按式(2-45)估计:

$$H_a = a^2 K_p/(0.75K^2L^2) \qquad (2-45)$$

式中　a——工作面侧面隔水岩层的厚度,m;

K——安全系数,一般取$2 \sim 5$。

C 其他因素对突水的影响

裸露型岩溶区,影响矿山开采的地表汇水面积和暴雨强度是影响可能突水量的重要因素。对于覆盖型岩溶区,地表汇水面积或地表水体的规模也是影响突水量的直接因素。暴雨强度成为间接影响因素或诱导因素,暴雨也能像地下水位下降一样诱发岩溶塌陷。

揭露导通溶洞、强导水断裂、蓄水采空区等的钻孔也能引起突水。这种突水直接与钻孔的直径及其地下水头有关。其突水量可以根据式(2-46)估计:

$$Q = C\omega(2gH)^{1/2} \qquad (2-46)$$

式中　Q——钻孔涌水量,m^3/s;

C——流量系数,与孔壁粗糙度和钻深有关,可试验求得,无资料时可取0.6;

ω——钻孔的截面积,m^2;

g——重力加速度,9.81 m/s^2;

H——钻孔出水口处水头高度,m。

2.5.6.3 突水防治

突水经常是由多个因素共同作用的结果,因此突水防治也相应有多方面措施来应对不同的情况,在不同的情况下侧重采用不同的方法。

A 从源头治理突水源

采用疏干措施等从源头上处理是解除突水风险最彻底的办法。在环境条件允许的情况下,经技术经济比较后,将可能淹没岩溶塌陷区、采空塌陷区的河流改道。将直接充水含水层、主要导水构造带或积水老采空区提前进行疏干。采取地表防水措施截断矿坑充水来源。针对溶洞系统、地下暗河强导水构造带进行帷幕注浆,封堵溶洞、落水洞。在塌陷区地表来水方向设置截水沟。

合理安排基建开拓顺序,首先建好正规排水系统可以主动应对中小规模的突水。通往含水区的巷道设立防水门,保护其他区域的正常生产和基建。对于基建矿山,在排水能力尚不具备的情况下,对可疑地段超前探水,注浆堵水后掘进。当具备一定的排水能力后,施工探水—放水结合钻孔,有控制地对含水层降压。地下水头大幅度降低后,突水的威胁就会相应降低。

矿山掘进工作面透水的主要征兆有:工作面"冒汗"、顶板淋水加剧、气温降低、发生雾气、挂红(裂隙面水锈)、水叫、底板涌水、岩石裂隙发育程度提高、岩石软化等。在这些情况下立即停止掘进,做好排水和注浆堵水的准备。

B 井下探/放水

当井下作业面有可能发生突然涌水的情况时,应本着"有疑必探,先探后掘"的原则,用超前钻孔探水并有控制的将水放出。

探放水前须认真预测涌水量,准备好排水设施或注浆设施。探水孔一般要有孔口管及闸阀以控制水量。探水孔施工前应检查附近巷道的稳固性,并做好通讯、照明、交通准备。钻进中发现矿岩变软或钻孔出水超过供水量时,应即停钻检查,将钻杆固定,严禁移动或起拔,专人监视水情,立即报告主管采取安全措施。对老采空区、硫化矿床氧化带的溶洞以及与深大断裂有关的构造进行探水时,须有预防气体或高压水透出的措施和足够的通风设备。发现有害气体、易燃气体泄出,应及时采取处置措施。

针对掘进巷道的探水孔与巷道轴线小角度放射状沿巷道周边布置。探水孔深度一般为30～100 m。探水孔个数一般4～6个,可以根据水文地质条件的复杂程度、水压大小、岩石的完整性、探测目标的水文地质特点以及同一断面已经施工了探水孔的编录结果进行调整。探水孔孔径最好不大于60 mm。每一轮探水孔完成后,巷道掘进的深度应小于探水孔深度5～10 m以保证探水孔的有效覆盖。

为了解采场范围的水文条件,确定安全开采边界,探水孔的深度一般可达100～200 m以上。探水孔的个数、方向应能覆盖和控制目标采场及其开采后的影响范围。这类探水孔口径最好不大于91 mm。

不管任何类型的探水孔,如果预期可能出现大涌水,必须事先安装孔口管和闸阀。在排水能力有保证的条件下,一些探水孔可以处于放水状态以便组建降低地下水位,减小今后突水的风险。

一些基建过程中的中小矿山,临时排水能力有限,一些小规模的突水也可能造成淹井事故并严重影响基建工期。当巷道围岩稳定、地下水压不太高(2～3 MPa以下)的情况下,可以采用加深炮孔的方法探测掘进工作面前方、侧方的中小规模的导水构造。每断面加深探水炮孔6～10个。探水炮孔超过爆破深度2～3 m。加深炮孔的个数和深度应与掘进工作面面积及地下水压大小相关考虑。

C 防水门和保安矿柱

在通往有突水可能的巷道、泵房、变电所与井底车场等重要设施巷道的来水方向设立防水门。拦截突水,防止井下关键设施被淹。防水门要设置在岩石稳固处,若有渗漏,需要注浆处理。闸门应向来水方向开启,并应定期维修,专人管理,保证处于良好状态。

地下开采矿山的主要防水门应能承受主含水层水位至防水门的水头差。

地下开采的矿山、受大流量暴雨洪水威胁的矿山、受地下暗河、强含水的溶洞含水系统、与区域含水层沟通的强含水的构造岩溶带影响的矿山,仅靠水泵的机械排水能力不能完全保证矿山的安全,防水门是整个防排水系统的一个重要组成部分。防水门的设置不合适以及维护管理不当也是导致矿山水害事故的因素。

在水体下采矿,在含水层、断裂构造带、岩溶带、流砂层、老采空区等附近采掘时,必须留设防水矿(岩)柱。保留的防水矿柱在规定的保留期内不得开采或破坏。保安矿/岩柱的尺寸可按隔水层能够承受水压的公式 $[H_a = a^2 K_p / (0.75 K^2 L^2)]$ 确定。同时考虑保安矿柱尺寸时要考虑,岩石风化程度、构造破坏、裂隙发育程度以及采矿引起的岩层错动、矿山地压等因素。

D 突水后的应急措施

突水发生后应迅速分析查明突水原因。测定突水量大小及变化规律,矿区降落漏斗的规模和形态。开展岩溶塌陷、地表水渗漏的监测。对周边矿山、水井、泉等的影响程度进行调查。应及时采样进行水质分析以协助分析突水水源。除分析主要离子、pH 值、水温等指标外,应根据水文地质条件的不同,分析其他具有指示性作用的元素含量。

强排是突水应急治理的方法之一。强排适用于静储量突水为主,或已具备的排水能力接近于突水动流量的情况。还可以采用临时挡水墙加动水注浆条件下注浆(水泥 + 水玻璃浆液)的办法封堵突水点或其附近的巷道,切断突水向其他区域扩散的通道。

基建过程中竖井、平巷突水可能引起突水点附近井壁或平巷支护破裂、壁后出现空洞以及围岩结构破坏等情况。排水恢复后应注意检查并根据情况实施壁后注浆、重砌井壁、回填空洞以及围岩注浆加固或喷锚加固等措施。

2.5.7 矿山水文监测

矿山安全规程要求受水害威胁的矿山须建立、健全地下水或地表水动态监测系统。矿床水文监测是矿山日常水文地质工作的主要内容之一。

2.5.7.1 水文监测的作用

水文监测网包括矿区气象观测,地表水观测以及地下水观测系统等。

水文地质条件复杂的矿山,勘探期间不一定能完全了解和掌握地下水的空间分布规律。随着开采范围和深度的不断扩大,矿床水文地质条件也相应地不断变化。通过地下水的监测工作可以进一步了解地下水分布和运动规律,明确水文地质条件变化对矿床开采的影响,指导矿山具体的防治水工作。

有明显塌陷区发育(岩溶塌陷或开采塌陷)的矿山、溶洞或暗河充水的矿山水文监测数据可以对矿山防洪提供预警信号,对保证安全生产十分重要。

水文监测可以动态地掌握矿床疏干的进程和效果,为改善和优化矿山疏干工作提供基础资料。

做好水文监测工作可以及时掌握矿床开采对矿区周边水资源的影响程度,对矿区周边水环境的影响程度。随着经济建设的不断发展,资源、环境问题越发突出,充分翔实的监测数据是处理水资源和环境纠纷的重要证据。

矿山水文观测资料必须及时分析整理、存档,妥善保存。

2.5.7.2 气象观测

大型露天开采矿山、采矿崩落区及岩溶塌陷区大面积发育的坑内开采矿山、裸露型岩溶充水的矿山以及其他大气降水为坑直接充水来源的矿山应设立雨量观测站。裸露型岩溶区的地表水与地下水的转换非常迅速,主要岩溶通道不仅排泄地下水,有时也是地表水的排泄通道,涌水量变化极大。对于这类矿山,高强度暴雨造成的涌水有时难以完全用机械排水方式解决,必须关闭防水门或临时撤离危险地段的作业人员。降雨量观测可以预报矿坑涌峰值水量及持续时间。雨量观测一般测定日降雨量。暴雨强度大且降雨量对生产安全较敏感的矿山在暴雨季节应观测更短历时的暴雨,如1 h、3 h或6 h暴雨量等。

大的地表水体附近的矿山或水中开采砂矿等,风浪可能影响矿山安全时,应开展风向和风速观测。在极端寒冷和炎热的地区开采的矿山应观测气温变化。气象观测场地应选择在空旷、平坦,不受局部气候影响的地方,应避开山顶、陡坡、洼地、丛林以及高大的建筑物。

2.5.7.3　地表水观测

当较大地表水体为矿坑充水的主要来源、地表水体对矿山安全能够形成威胁以及地表水为矿区主要供水水源时都应对地表水进行监测。

地表水监测的内容主要为河、溪的流量;较大河流、湖泊的水位变化;供水水源的水位、流量及水质的变化等。不同的矿山需要观测的内容不尽相同,监测的时间密度和精度也因需要而异。有的矿区仅需在某些季节进行间断性观测,有时可能需要连续观测(如暴雨或洪水期间)。

对于流过采矿塌陷区、岩溶塌陷区或其他渗漏区的地表水流应在渗漏区的上、下游分别设立监测点。

地势低洼的矿区,需要防洪堤保护的矿区应开展地表水位的监测,同时,还应定期(雨季前)或不定期(地表水位变动幅度较大的时候)对防洪堤本身的完好性进行监测。

对于流量较大的河溪,一般修筑规则的标准断面进行测量。根据不同水位(或水深)下的实测平均流速确定该断面的水位—流量关系曲线。根据观测到的水位变化通过水位—流量关系曲线求得相应的流量变化。测量流速可以采用流速仪,也可以采用浮标法,应注意测流断面不同位置的流速有所不同。

对于流量较小的溪流,可以设堰观测流量。标准断面或测堰应设在水流顺直、流速平缓的河段,顺直河段的长度应大于观测断面宽度(或堰宽)的5~10倍。同时,设堰地段需有足够的高差,保证过堰水流的(计算公式要求的)自由落体状态。详细施测方法可参考有关水文测验手册的具体要求。不同类型测堰过流量的计算公式见式(2-47)、式(2-48)、式(2-49):

三角堰: $$Q = 0.014h^{5/2} \qquad (2-47)$$

梯形堰: $$Q = 0.0186bh^{3/2} \qquad (2-48)$$

矩形堰: $$Q = 0.0184(b-0.2h)h^{3/2} \qquad (2-49)$$

式中　Q——过堰流量,L/s;

h——过堰水头,cm;

b——堰口底宽,cm。

测定过堰水头h时应在堰口上游大于3倍h处进行。过堰水流必须保持自由落体状态(下游水位低于堰口)。三角堰的顶角为直角,梯形堰侧边与堰底的夹角为75.5°。

2.5.7.4　地下水观测

地下水监测网一般由观测钻孔,排水井、泉,民井及矿井主要出水点等组成。应分别各主要含水层的不同,布设不同的观测点。定期观测水位(压)、水量、水质、水温等的动态变化。

矿区地下水位观测主要利用观测钻孔,当位置合适时,也可以利用废弃矿井、岩溶落水洞,民用井等。

观测钻孔的布置应考虑以下因素:应布置在采矿塌陷范围或露天境界之外;观测基岩含水层应布置在主要导水构造带中;观测孔应沿地下水主要径流带方向布置;观测孔的布置应考虑隔水层、阻水岩脉或其他隔水边界的影响。当有多个含水层需观测时,在同一孔或不同孔按不同含水层设观测管。

观测孔终孔孔径一般不应小于 75 mm。动水位埋深大(如大于 100 m)或需安装自记水位计的应适当加大口径。观测段岩层不稳固或为松散含水层时需设置过滤器。穿过不同含水层时要严格止水。

地下水位观测的时间间隔根据水文地质问题的复杂程度确定,一般为 5 ~ 10 d 一次。观测时矿区内各观测孔应尽量在同一天测完。井下突水时或疏干放水期间或井下流量变化较大的时候应加密观测。矿坑涌水量稳定的正常生产期可适当放稀。水位测量一般采用电测水位计(导线 + 电源 + 电表),埋深较浅(埋深小于 50 m)的也可用测钟。

当矿体上、下方有未疏干的强含水层或其他水体时,还应加强顶、底板岩层移动的监测,作为透水预报的资料。

地下水流量观测包括矿坑内主要涌水点的流量、矿山影响范围内的泉水、暗河流量、疏干放水钻孔、抽水井水量或巷道的流量等。基建矿山应根据水文地质条件复杂程度定期观测,揭露新的含水层及较大突水点前后应加密观测。在可能有水的地层中掘进时每 5 ~ 10 d 观测一次,其他地层中掘进的可降低观测密度。正常生产的矿山应观测重要涌水点,重要疏干钻孔、每个有水中段以及全矿的涌水量。一般每 10 ~ 30 d 测定一次,出现突水、暴雨期间或疏干放水期间加密观测。

涌水点和疏干孔的流量测定应采用容积法。中段巷道和水仓入口处的长期流量观测点应尽量采用堰测法,当巷道坡度不适宜设堰时或较大流量的短期测流应设标准断面水用浮标法测流。水文地质条件较简单的矿山也可以根据排水泵的运行时间或在排水管安设流量计测定矿坑涌水量。

2.5.7.5 水质监测

水质监测有助于查明地下水补给来源,为井巷构筑物和机械设备防腐提供资料,为矿坑水利用和水污染防治提供数据。

水质监测点包括矿坑排水总出口、地下水主要涌水点、水质及水温异常的涌水点、矿坑充水主要径流带沿线的钻孔、废石场、尾矿库、废水排放点的上下游等位置。

水质监测取样周期一般一个月或一个季度,根据水质和涌水量变化幅度调整。

采样点确定后应固定不变,以便于数据对比。涌水点采样应靠近水点,地表钻孔取样应使用定深取样器或抽水取样。一般情况下简分析样为 500 ~ 1000 mL,全分析样 2000 ~ 3000 mL,容许存放时间为 48 ~ 72 h。测定含有不稳定成分的水、有污染的水或细菌分析的水样采集数量、采集方式、保存期限等必须按照其特殊要求取样。

水质分析内容可按生活用水、工业用水不同标准确定。一般矿山水质监测初期进行几个周期的水质简分析(或全分析),根据矿床的具体情况总结出水质变化规律和主要污染成分后,确定长期监测的特殊分析项目。水质简分析内容包括水的物理性质(温度、色、口味、气味、透明度)、HCO_3^-、SO_4^{2-}、Cl^-、NO_2^-、Ca^{2+}、Mg^{2+}、$Na^+ + K^+$、游离 CO_2、pH 值、总硬度、暂时硬度及总矿化度等。

采用充填法开采的矿山、存在岩溶塌陷的矿山、涌水量大的矿山需定期测定悬浮物含量、含沙量等。

参 考 文 献

1 GB/T 1766—1999:固体矿产资源/储量分类

2 国土资源部矿产资源储量评估中心.固体矿产资源/储量分类资料汇编.北京,1999

3 采矿设计手册编委会.采矿设计手册:矿产地质卷(上).北京:中国建筑工业出版社,1988

4　有色冶金系统设计院联合编写组编.有色冶金矿山设计地质工作参考资料.北京,

5　肖振民.西方矿产勘查地评估与投资经济.北京:地质出版社,1999

6　叶青松,李守义.矿产勘查学,第二版,北京:地质出版社,2003

7　河北省地质局水文地质四大队.水文地质手册.北京:地质出版社,1978

8　采矿设计手册编委会.采矿设计手册:矿产地质卷(下).北京:中国建筑工业出版社,1988

9　薛禹群等.水文地质学的数值方法.北京:煤炭工业出版社,1980

10　陈崇希等.矿坑涌水量计算方法研究.武汉:武汉地质学院出版社,1985

11　陈崇希.地下水不稳定井流计算方法.北京:地质出版社,1983

12　沈照理等.水文地质学.北京:科学出版社,1985

13　武汉水利电力学院.水力计算手册.北京:水利电力出版社,1983

14　水利水电科学研究院 水文研究所.水文频率计算常用图表.北京:中国工业出版社,1966

15　George O Argall. Jr and C. O. Grawner Mine Drainage Proceedings of the First International Mine Drainage Symposium. Denver Colorado, USA, Miller Freeman Publications INC. ,1979

16　中国有色金属工业协会.有色金属工业统计资料汇编.2005

17　中国有色金属工业协会.2006年中国有色金属工业发展报告.2007

3 矿山岩石力学

岩石力学是研究岩石和岩体力学性能的理论和应用的学科,是探讨岩石和岩体对其周围物理环境力场的反应的力学分支。矿山岩石力学是研究在自然和采动影响造成的矿山应力场中,有关矿山岩体、矿山工程对象和结构物的强度、稳定性和变形的科学。

在岩体表面或其内部进行任何工程活动,都必须符合安全、经济和正常运营的原则。以露天采矿边坡坡角选择为例,坡角选择过陡,会使边坡不稳定,无法进行正常采矿作业;坡角选择过缓,又会加大剥离量,增加采矿成本。然而,要使矿山工程既安全稳定又经济合理,必须通过准确预测矿山工程岩体的变形与稳定性、正确的采矿工程设计和良好的施工质量等来保证。其中,准确预测岩体在各种应力场作用下的变形与稳定性,进而从岩石力学观点出发,为合理地进行矿山开采方法设计和岩层控制提供岩石力学依据,是矿山岩石力学研究的根本目的和任务。

3.1　岩石的物理力学性质

岩石力学是固体力学的重要分支,研究岩石变形的目的是建立岩石自身特有的本构关系或本构方程并确定有关参数,岩石力学性质的研究是整个岩石力学研究的前提和重要基础。

岩石的性质与组成岩石的矿物颗粒和其间的胶结物性质有关,据此可以将岩石分为固结性岩石和松散性岩石。固结性岩石的矿物颗粒是固结在一起的,如基岩。而松散性岩石的颗粒间的结合力被破坏,如黏土、砂土等。

岩石和土一样,也是由固体、液体和气体三相组成的。岩石的物理性质是指岩石由于三相组成的相对比例关系不同所表现的物理状态。

岩石的力学性质包括岩石的变形性质和强度特性。岩石的变形性质研究就是研究岩石在受力情况下的变形规律,强度特性研究就是研究岩石受力破坏的规律。

3.1.1 岩石的物理、水理性质

影响岩石力学性质的物理、水理性质包括的内容较多,与采矿工程密切相关的有:岩石的密度、孔隙性、渗透性、软化性和膨胀性等。

3.1.1.1 岩石的密度

A　颗粒密度(ρ_s)

颗粒密度是指岩石固体相部分的质量与其体积的比值。颗粒密度不包括空隙在内,因此其大小仅取决于组成岩石的矿物密度及其含量。

岩石的固体部分的质量,采用烘干岩石的粉碎试样,用精密天平测得,相应的固体体积,一般采用排开与试样同体积之液体的方法测得,即比重瓶法。按式(3-1)计算岩石的颗粒密度。

$$\rho_s = \frac{m_s}{m_1 + m_s - m_2} \times \rho_0 \tag{3-1}$$

式中　ρ_s——岩石的颗粒密度,g/cm^3;

　　　m_s——干岩粉的质量,g;

　　　m_1——瓶、试液总质量,g;

　　　m_2——瓶、试液和岩粉的总质量,g;

　　　ρ_0——与试验温度同温的试液密度,g/cm^3。

B　块体密度(ρ)

块体密度(ρ)是指岩石单位体积内的质量(g/cm^3)。其计算公式为:

$$\rho = \frac{m}{V} \tag{3-2}$$

式中　m——岩石的质量,g;

　　　V——岩石的体积,cm^3。

按岩石试件的含水状态,又有干密度(ρ_d)、饱和密度(ρ_{sat})和天然密度(ρ)之分,在未指明含水状态时一般是指岩石的天然密度。

天然块体密度(ρ)指岩石体在天然含水状态下的单位体积内的质量;

干块体密度(ρ_d)指岩石块体在100~105℃温度下烘干时单位体积内的质量;

饱和块体密度(ρ_{sat})指岩石块体在饱水状态下单位体积内的质量。

一般未指明含水状态时,系指干块体密度。

测定岩石的块体密度常用量积法、水中称量法与蜡封法。量积法适用于能制备成规则试件的岩石;除遇水崩解、溶解和干缩湿胀性岩石外,均可采用水中称量法;不能用量积法或水中称量法进行测定的岩石可以采用蜡封法,如软弱岩石、风化岩石及遇水易崩解、溶解的岩石等。

常见岩石的颗粒密度与块体密度见表3-1。

表 3 - 1　常见岩石的颗粒密度与块体密度

岩石类型	颗粒密度	块体密度	岩石类型	颗粒密度	块体密度
花岗岩	2.50～2.84	2.30～2.80	砂　岩	2.60～2.75	2.20～2.71
闪长岩	2.60～3.10	2.52～2.96	石英岩	2.53～2.84	2.40～2.80
辉绿岩	2.60～3.10	2.53～2.97	泥灰岩	2.70～2.80	2.10～2.70
辉长岩	2.70～3.20	2.55～2.98	白云岩	2.60～2.90	2.10～2.70
安山岩	2.40～2.80	2.30～2.70	片麻岩	2.63～3.01	2.30～3.00
玢　岩	2.60～2.84	2.40～2.80	石英片岩	2.60～2.80	2.10～2.70
玄武岩	2.60～3.30	2.50～3.10	绿泥石片岩	2.80～2.90	2.10～2.85
凝灰岩	2.56～2.78	2.29～2.50	千枚岩	2.81～2.96	2.71～2.86
砾　岩	2.67～2.71	2.40～2.66	泥质板岩	2.70～2.80	2.30～2.80
页　岩	2.57～2.77	2.30～2.77	大理岩	2.80～2.85	2.60～2.70
灰　岩	2.48～2.85	2.30～2.77			

3.1.1.2　岩石的空隙性

岩石是有较多缺陷的多晶材料,因此具有相对较多的孔隙。同时,由于岩石经受过多种地质作用,还发育有各种成因的裂隙,如原生裂隙、风化裂隙及构造裂隙等。所以,岩石的空隙性比土复杂得多,即除了孔隙外,还有裂隙存在。

岩石中的空隙有些部分往往是互不连通的,而且与大气也不相通。因此,岩石中的空隙有开型空隙和闭空隙之分,开型空隙按其开启程度又有大、小开型空隙之分。与此相对应,可把岩石的空隙率分为总空隙率(n)、总开空隙率(n_o)、大开空隙率(n_b)、小开空隙率(n_a)和闭空隙率(n_c)几种。

一般提到的岩石空隙率系指总空隙率,岩石的总孔隙率是岩石的总孔隙体积与岩石总体积之比,其计算公式为:

$$n = \frac{V_v}{V} \times 100\% = \left(1 - \frac{\rho_d}{\rho_s}\right) \times 100\% \qquad (3-3)$$

式中　n——岩石的总孔隙率,%;

　　　V_v——岩石的总孔隙体积;

　　　V——岩石总体积。

岩石的空隙性指标一般不能实测,只能通过密度与吸水性等指标换算求得。空隙率是衡量岩石工程质量的重要物理性质指标之一,岩石的空隙率反映了空隙和裂隙在岩石中所占的百分率,空隙率愈大,岩石中的空隙和裂隙就愈多,岩石的力学性能则愈差。

常见岩石的孔隙率见表 3 - 2。

表 3 - 2　常见岩石的空隙率

岩石类型	空隙率	岩石类型	空隙率	岩石类型	空隙率
花岗岩	0.5～4.0	凝灰岩	1.5～7.5	片麻岩	0.7～2.2
闪长岩	0.2～5.0	砾　岩	0.8～10.0	石英片岩	0.7～3.0
辉绿岩	0.3～5.0	砂　岩	1.6～28.0	绿泥石片岩	0.8～2.1
辉长岩	0.3～4.0	页　岩	0.4～10.0	千枚岩	0.4～3.6
安山岩	1.1～4.5	灰　岩	0.5～27.0	泥质板岩	0.1～0.5
玢　岩	2.1～5.0	泥灰岩	1.0～10.0	大理岩	0.1～6.0
玄武岩	0.5～7.2	白云岩	0.3～25.0	石英岩	0.1～8.7

3.1.1.3 岩石的水理性质

水能改变岩石性态,使其强度及变形特性发生变化。岩石在水溶液作用下表现出的力学的、物理的和化学的作用性质,称为岩石的水理性质。主要有含水性、吸水性、软化性和透水性。

A 岩石的含水性

岩石的含水性是指岩石空隙中水量的多少,岩石的含水率是岩石中水分的质量(m_w)与岩石烘干后质量(m_s)的比值。一般是用烘干法量测,按公式(3-4)计算:

$$\omega = \frac{m_0 - m_s}{m_s} \times 100\% \qquad (3-4)$$

式中 ω——岩石的含水率,%;

m_0——试件烘干前的质量,g;

m_s——干试件的质量,g。

B 岩石的吸水性

岩石在一定的试验条件下吸收水分的能力,称为岩石的吸水性。表征岩石吸水性的指标有吸水率、饱和吸水率和饱水系数。

a 吸水率(ω_a)

吸水率是指岩石试件在大气压力和室温条件下自由吸入水的质量(m_{w1})与岩样干质量(m_s)之比,用百分数表示,一般采用浸水法测定岩石吸水率,按公式(3-5)计算岩石的吸水率:

$$\omega_a = \frac{m_0 - m_s}{m_0} \times 100\% \qquad (3-5)$$

式中 ω_a——岩石的吸水率,%;

m_s——试件的干质量,g;

m_0——试件浸水 48 h 后的质量,g。

几种岩石的吸水率见表 3-3。

表 3-3 几种岩石的吸水率　　　　　　　　　　　　(%)

岩石类型	吸 水 率	岩石类型	吸 水 率	岩石类型	吸 水 率
花岗岩	0.1~4.0	凝灰岩	0.5~7.5	石英片岩	0.1~0.3
闪长岩	0.3~5.0	砾 岩	0.3~2.4	绿泥石片岩	0.1~0.6
辉绿岩	0.8~5.0	砂 岩	0.2~9.0	千枚岩	0.5~1.8
辉长岩	0.5~4.0	页 岩	0.5~3.2	泥质板岩	0.1~0.3
安山岩	0.3~4.5	灰 岩	0.1~4.5	大理岩	0.1~1.0
玢 岩	0.4~1.7	泥灰岩	0.5~3.0	石英岩	0.1~1.5
玄武岩	0.3~2.8	白云岩	0.1~3.0	片麻岩	0.1~0.7

b 饱和吸水率(ω_{sa})

饱和吸水率是指岩石试件在高压(一般压力为 15 MPa)或真空条件下吸入水的质量(m_{w2})与岩样干质量(m_s)之比,用百分数表示,用煮沸法或真空抽气法测定岩石饱和吸水率,按公式(3-6)计算岩石的饱和吸水率:

$$\omega_{sa} = \frac{m_p - m_s}{m_s} \times 100\% \qquad (3-6)$$

式中　ω_{sa}——岩石的饱和吸水率,%;

　　　m_s——试件的干质量,g;

　　　m_p——试件经煮沸或真空抽气饱和后的质量,g。

　　c　饱水系数

　　岩石的吸水率(ω_a)与饱和吸水率(ω_{sa})之比,称为饱水系数,它反映了岩石中大、小开空隙的相对比例关系。

　　几种岩石的吸水性指标值见表3-4。

表3-4　几种岩石的吸水性指标值

岩石名称	吸水率/%	饱和吸水率/%	饱水系数
花岗岩	0.46	0.84	0.55
石英闪长岩	0.82	0.54	0.59
玄武岩	0.27	0.39	0.69
基性斑岩	0.85	0.42	0.83
云母片岩	0.13	1.31	0.10
砂岩	7.01	11.99	0.60
石灰岩	0.09	0.25	0.36
白云质灰岩	0.74	0.92	0.80

　　C　岩石的软化性

　　岩石受水浸湿后,由于水分子的加入会改变岩石的物理状态,改变岩石内部颗粒间的表面能,使岩石力学性质受到影响。岩石浸水饱和后强度降低的性质,称为软化性,通常用软化系数表示。软化系数(K_R)为岩石试件的饱和抗压强度(σ_{cw})与干抗压强度(σ_c)的比值。

$$K_R = \frac{\sigma_{cw}}{\sigma_c} \qquad (3-7)$$

　　岩石含水导致强度降低,决定于构成岩石的矿物成分的亲水性、水分多少、水的物理化学性质和温度。岩石中含有较多的亲水性和可溶性矿物,大开空隙较多,岩石的软化性较强,软化系数较小。$K_R > 0.75$,岩石的软化性弱,工程地质性质较好,$K_R < 0.75$,岩石软化性较强,工程地质性质较差。

　　常见岩石的软化系数见表3-5。

表3-5　常见岩石的软化系数　　　　　　　　　　　　（%）

岩石类型	软化系数	岩石类型	软化系数	岩石类型	软化系数
花岗岩	0.72~0.97	凝灰岩	0.52~0.86	片麻岩	0.75~0.97
闪长岩	0.60~0.80	砾岩	0.50~0.96	石英片岩	0.44~0.84
辉绿岩	0.33~0.90	砂岩	0.65~0.97	绿泥石片岩	0.53~0.69
安山岩	0.81~0.91	页岩	0.24~0.74	千枚岩	0.67~0.96
玢岩	0.78~0.81	灰岩	0.70~0.94	泥质板岩	0.39~0.52
玄武岩	0.3~0.95	泥灰岩	0.44~0.54	石英岩	0.94~0.96

D 岩石的透水性

在一定的水压作用下,水穿透岩石的能力,称为透水性。反映了岩石中裂隙间相互连通的程度,用渗透系数来表征岩石透水性能的大小。岩石渗透系数大小取决于岩石中孔隙的大小、数量及相互贯通情况。一般认为,水在岩石中的流动,如同水在土中流动一样,也服从于线性渗流规律——达西(Darcy)定律,渗透系数用式(3-8)表示:

$$v = -Ki \qquad (3-8)$$

式中　K——渗透系数,cm/s;

　　　v——地下水渗透速度,cm/s;

　　　i——水力坡度(压力差)。

几种岩石的渗透系数值见表3-6。

表3-6　几种岩石的渗透系数值

岩石名称	空隙情况	渗透系数/cm·s⁻¹
花岗岩	较致密、微裂隙	$(1.1 \times 10^{-12}) \sim (9.5 \times 10^{-11})$
	含微裂隙	$(1.1 \times 10^{-11}) \sim (2.5 \times 10^{-11})$
	微裂隙及一些粗裂隙	$(2.8 \times 10^{-9}) \sim (7 \times 10^{-8})$
辉绿岩	致密	$<10^{-13}$
玄武岩	致密	$<10^{-13}$
流纹斑岩	致密	$<10^{-13}$
安山玢岩	含微裂隙	8×10^{-11}
石灰岩	致密	$(3 \times 10^{-12}) \sim (6 \times 10^{-10})$
	微裂隙、孔隙	$(2 \times 10^{-9}) \sim (3 \times 10^{-6})$
	空隙较发育	$(9 \times 10^{-5}) \sim (3 \times 10^{-4})$
片麻岩	致密	$<10^{-13}$
	微裂隙	$(9 \times 10^{-8}) \sim (4 \times 10^{-7})$
	微裂隙发育	$(2 \times 10^{-6}) \sim (3 \times 10^{-5})$
砂岩	较致密	$10^{-13} \sim (2.5 \times 10^{-10})$
	空隙发育	5.5×10^{-6}
页岩	微裂隙发育	$(2 \times 10^{-10}) \sim (8 \times 10^{-9})$
片岩	微裂隙发育	$10^{-9} \sim (5 \times 10^{-5})$
石英岩	微裂隙	$(1.2 \times 10^{-10}) \sim (1.8 \times 10^{-10})$

E 岩石的膨胀性

岩石的膨胀性是评价膨胀性岩体工程稳定的指标,岩石体积膨胀产生膨胀压力和膨胀应变。一般垂直层面方向的膨胀应变值比平行层面方向的膨胀应变值大,可高达2倍。由于岩石吸湿性能表现各向异性,因而膨胀程度不同,引起岩石内部应力不均现象。

无约束条件下,浸水后膨胀变形与原尺寸之比称为自由膨胀率。

轴向自由膨胀:

$$V_H = \Delta H / H \times 100\% \qquad (3-9)$$

式中　H——试件高度。

径向自由膨胀:

$$V_D = \Delta D / D (\%) \qquad (3-10)$$

式中　D——直径。

3.1.1.4　岩石耐崩解性指数

耐崩解性指数是通过对岩石试件进行烘干,浸水循环试验所得的指标。试验时,将烘干的试块,约500g,分成10份,放入带有筛孔的圆筒内,使圆筒在水槽中以20 r/s速度连续转10 min,然后将留在圆筒内的石块取出烘干称重。如此反复进行两次,按下式计算耐崩解性指数:

$$I_{d2} = m_r / m_s (\%) \qquad (3-11)$$

式中　m_r——试验前的试件烘干质量;
　　　m_s——残留在筒内的试件烘干质量。

3.1.2　岩块的基本力学性质

3.1.2.1　概述

岩体是由岩块和结构面组成的。研究岩体的力学性质,首先要研究岩块的力学性质。不仅如此,在某种特定条件下,如岩体中结构面不发育,岩体呈整体状或块状结构时,岩块的变形与强度性质,往往可以近似地代替岩体的变形与强度性质;这时岩体的性质与岩块比较接近,常可通过岩块力学性质的研究外推岩体的力学性质,并解决有关岩体力学问题。另外,岩块强度还是岩体工程分类的重要指标。开展对岩块变形与强度性质的研究,有助于更全面深入地了解岩体的力学性质。

3.1.2.2　岩块的变形性质

岩块在外荷载作用下,首先发生的物理现象是变形。随着载荷的不断增加,岩块的变形将逐渐增大;在恒定载荷作用下,随时间增长岩块的变形也将逐渐增大。当荷载达到或超过某一定限度时,最终将导致岩块破坏。根据构成岩石的矿物成分及矿物颗粒的结合方式,岩块变形也有弹性变形、塑性变形和流变变形之分,但由于岩块的矿物组成及结构构造的复杂性,致使岩块变形性质比普通材料要复杂得多。

A　单轴压缩条件下的岩块变形特性

在单轴连续加载条件下,在刚性压力机上对岩块试件进行变形试验时,典型的应力—应变曲线如图3-1。图中 ε_d、ε_L 两条曲线分别表示试样横向及轴向应力应变关系,单轴压缩条件下试样的体积应力应变曲线为 ε_v。根据弹性理论线应变的和与体积应变相等,可以得出单轴压缩条件下线应变与体积应变的关系为:

$$\varepsilon_v = \varepsilon_L - 2\varepsilon_d \qquad (3-12)$$

根据图3-1,可以将岩块试样单向受压后直至破坏划分为以下几个阶段,每一阶段的变形特征不同,变形发生的机理也不相同。

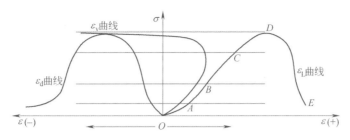

图 3 - 1　典型的应力—应变曲线

（1）微裂隙压密阶段（$O-A$ 段）：其特征是应力—应变曲线呈上凹型，即应变随应力的增大而减小，形成这一特性的主要原因是：存在于岩块内部的微裂隙在外力作用下发生闭合所致。本阶段变形对裂隙化岩石来说较明显，而对坚硬少裂隙的岩石则不明显，甚至不显现。

（2）弹性变形至微破裂稳定发展阶段（AC 段）：该阶段的 $\sigma-\varepsilon_L$ 曲线呈近似直线关系，而 $\sigma-\varepsilon$ 曲线开始（AB 段）为直线关系，随 σ 增加逐渐变为曲线关系。据其变形机理又可细分弹性变形阶段（AB 段）和微破裂稳定发展阶段（BC 段）。弹性变形阶段不仅变形随应力成比例增加，而且在很大程度上表现为可恢复的弹性变形，B 点的应力可称为弹性极限。微破裂稳定发展阶段的变形主要表现为塑性变形，试件内开始出现新的微破裂，并随应力增加而逐渐发展，当荷载保持不变时，微破裂也停止发展。由于微破裂的出现，试件体积压缩速率减缓，$\sigma-\varepsilon_v$ 曲线偏离直线向纵轴方向弯曲。这一阶段的上界应力（C 点应力）称为屈服极限。

（3）非稳定破裂发展阶段（或称累进性破裂阶段）（CD 段）：当应力值超出屈服应力之后，随着应力的增大曲线呈下凹状，进入了塑性阶段，岩块将产生不可逆的塑性变形。试件由体积压缩转为扩容，轴向应变和体积应变速率迅速增大。试件承载能力达到最大，本阶段的上界应力称为峰值强度或单轴抗压强度。

（4）破坏后阶段（D 点以后段）：虽然此时已超出了峰值应力，但岩块仍具有一定的承载能力，而这一承载力将随着应变的增大而逐渐减小，表现出明显的软化现象。岩块产生宏观的断裂面之后，岩块变形主要表现为沿宏观断裂面的块体滑移，试件承载力随变形增大迅速下降，但并不降到零。

岩块试件在外荷载作用下由变形发展到破坏的全过程，是一个渐进性逐步发展的过程，具有明显的阶段性。就总体而言，可分为两个阶段：一是峰值前阶段（或称前区），以反映岩块破坏前的变形特征，它又可分为若干个小的阶段；二是峰值后阶段（或称后区）。目前，对前区曲线的分类及其变形特征研究较多，资料也比较多，而对后区的变形特征则研究不够。

a　峰值前岩块的变形特征

（1）峰值前过程曲线类型及特征。

米勒（Miller，1965）根据对 28 种岩石试验成果的综合分析，将峰值前岩块单轴压缩条件下的应力应变曲线划分为如下六种类型：

类型Ⅰ（弹性型）：变形特征表现为近似于线性关系，直到发生突发性破坏，且以弹性变形为主。具有这种特性的岩石为喷出岩和中深生成的细粒结构的岩浆岩，一些细粒变质岩如玄武岩、石英岩、辉绿岩等坚硬、极坚硬岩类。

类型Ⅱ（弹 - 塑性型）：在低应力阶段为直线，随应力增加转变为非线性，即开始为弹性变形而后产生塑性变形直至破坏。具有这种特性的岩石为较坚硬而少裂隙的岩石，如石灰岩、砂砾岩和凝灰岩等。

类型Ⅲ（塑 - 弹性型）：开始部分为上凹型曲线，随后变为直线，直到破坏，没有明显的屈服段。具有这种特性的岩石为坚硬而有裂隙发育的岩石,如花岗岩、砂岩及垂直片理加荷的片岩等。

类型Ⅳ(塑－弹－塑性型1):中部斜率较大的S形曲线,具有这种特性的岩石为某些坚硬变质岩,如大理岩、片麻岩。

类型Ⅴ(塑－弹－塑性型2):中部较缓的S形曲线,具有这种特性的岩石为某些压缩性较高的岩石,如垂直片理加荷的片岩。

类型Ⅵ(弹性－蠕变型):开始部分为一很小的直线段,随后就出现不断增长的塑性变形和蠕变变形,具有这种特性的岩石为盐岩等蒸发岩、极软岩等。

上述曲线中类型Ⅲ、Ⅳ、Ⅴ具有某些共性,如开始部分由于空隙压密均为一上凹形曲线;当岩石微裂隙、片理、微层理等压密闭合后,即出现一直线段;当试样临近破坏时,则逐渐呈现出不同程度的屈服段。

(2)变形参数

1)变形模量。岩石的变形模量是指单轴压缩条件下,轴向压应力与轴向应变之比。应力—应变曲线为直线型时的变形模量又称为弹性模量,如图3－2a。

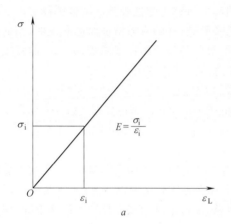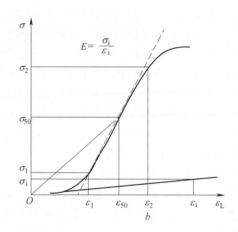

图3－2　岩石变形模量的确定方法

a—弹性模量;b—S形应力—应变曲线

应力—应变曲线为S形(如图3－2b),定义为以下三种具体的形式:

初始模量,$E = \left(\dfrac{\mathrm{d}\sigma}{\mathrm{d}\varepsilon}\right)_0$,即应力—应变曲线坐标原点处切线斜率;

切线模量:$E = \left(\dfrac{\mathrm{d}\sigma}{\mathrm{d}\varepsilon}\right)_p$,即过应力—应变曲线上任意点 P 的切线斜率;

割线模量:$E = \left(\dfrac{\sigma}{\varepsilon}\right)_p$,即应力—应变曲线上任意点与原点连线的斜率。

上述三种弹性模量随岩性不同差异很大,ISRM建议用下列三种定义的任一种,作为非线性弹性岩石的弹性模量。

$\sigma = \dfrac{1}{2}\sigma_c$ 点,即应力为极限强度50%点相应的切线模量,即:

$$E = \left(\frac{d\sigma}{d\varepsilon}\right)_{\sigma = \frac{1}{2}\sigma_c} \qquad\qquad (3-13)$$

$\sigma = \dfrac{1}{2}\sigma_c$ 点相应的割线模量,即:

$$E = \left(\frac{\sigma}{\varepsilon}\right)_{\sigma = \frac{1}{2}\sigma_c} \tag{3-14}$$

弹性范围内近似直线段的平均斜率

2)泊松比 μ。泊松比 μ 是指在单轴压缩条件下,横向应变 ε_d 与轴向应变 ε_L 之比,即:

$$\mu = \left|\frac{\varepsilon_d}{\varepsilon_L}\right| \tag{3-15}$$

在岩石的弹性工作范围内,泊松比一般为常数,但超越弹性范围以后,泊松比将随应力的增大而增大,直到 $\mu = 0.5$。为止在实际工作中,常采用 $\sigma_c/2$ 处的 ε_d 与 ε_L 来计算岩块的泊松比。

岩块的变形模量和泊松比受岩石矿物组成、结构构造、风化程度、空隙性、含水率、微结构面及其与荷载方向的关系等多种因素的影响,变化较大。

常见岩石的变形模量和泊松比见表3-7。

表3-7　常见岩石的变形模量和泊松比

岩石名称	变形模量/MPa		泊松比	岩石名称	变形模量/MPa		泊松比
	初始	弹性			初始	弹性	
花岗岩	$(2\sim6)\times10^4$	$(5\sim10)\times10^4$	0.2~0.3	片麻岩	$(1\sim8)\times10^4$	$(1\sim10)\times10^4$	0.22~0.35
流纹岩	$(2\sim8)\times10^4$	$(5\sim10)\times10^4$	0.1~0.25	千枚岩、片岩	$(0.2\sim5)\times10^4$	$(1\sim8)\times10^4$	0.2~0.4
闪长岩	$(7\sim10)\times10^4$	$(7\sim15)\times10^4$	0.1~0.3	板岩	$(2\sim5)\times10^4$	$(2\sim8)\times10^4$	0.2~0.3
安山岩	$(5\sim10)\times10^4$	$(5\sim12)\times10^4$	0.2~0.3	页岩	$(1\sim3.5)\times10^4$	$(1\sim8)\times10^4$	0.2~0.4
辉长岩	$(7\sim11)\times10^4$	$(7\sim15)\times10^4$	0.12~0.2	砂岩	$(0.5\sim8)\times10^4$	$(1\sim10)\times10^4$	0.2~0.3
辉绿岩	$(8\sim11)\times10^4$	$(8\sim15)\times10^4$	0.1~0.3	砾岩	$(0.5\sim8)\times10^4$	$(1\sim8)\times10^4$	0.2~0.3
玄武岩	$(6\sim10)\times10^4$	$(6\sim12)\times10^4$	0.1~0.35	灰岩	$(1\sim8)\times10^4$	$(5\sim10)\times10^4$	0.2~0.35
石英岩	$(6\sim20)\times10^4$	$(6\sim20)\times10^4$	0.1~0.25	白云岩	$(4\sim8)\times10^4$	$(4\sim8)\times10^4$	0.2~0.35
大理岩	$(1\sim9)\times10^4$	$(1\sim9)\times10^4$	0.2~0.35				

3)其他变形参数。除变形模量和泊松比两个最基本的参数外,还有一些从不同角度反映岩石变形性质的参数。如剪切模量(G)、弹性抗力系数(K)、拉梅常数(λ)及体积模量(K_v)等。根据弹性力学,这些参数与变形模量(E)及泊松比(μ)之间有如下公式所示的关系。

$$\left.\begin{array}{l} G = \dfrac{E}{2(1+\mu)} \\[3mm] \lambda = \dfrac{E\mu}{(1+\mu)(1-2\mu)} \\[3mm] K_v = \dfrac{E}{3(1-2\mu)} \\[3mm] K = \dfrac{K}{(1+\mu)R_0} \end{array}\right\} \tag{3-16}$$

b　峰值后岩块的变形特征

由于普通试验机系统刚度不够,试验时机架内贮存了很大的弹性变形能,这种变形能在岩块试件濒临破坏时突然释放出来,作用于试件上,使之遭受崩溃性破坏,所以峰值以后的曲线测不出来,只能得到峰值前的应力—应变曲线。峰值后变形阶段应力—应变曲线只有在伺服压力机或刚性压力机下才可以获得,峰值后变形曲线与峰值前曲线合称为全过程曲线,与之对应,峰值前曲线称为前过程曲线。

岩块即使在破裂且变形很大的情况下,也还具有一定的承载能力,即岩石产生破裂而发生破坏,但这种破坏是局部的破坏,是逐渐发展的,直到最后还保持一定的强度—残余强度,在有侧向压力的情况下更是如此。图 3 - 3 是 W. R. Wawersik 和 Fairhust(1970)对许多岩类进行一系列可控的单轴压缩试验所获得的全应力应变曲线,根据后区曲线特征将岩块全过程曲线分为两种基本类型,如图 3 - 4 所示,即 Ⅰ 型和 Ⅱ 型。图中三种岩石是 Ⅰ 型曲线,三种岩石是 Ⅱ 型曲线。图 3 - 4 是典型的示意图。

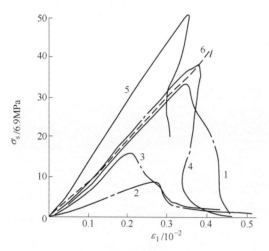

图 3 - 3 六种岩石的单轴应力(σ) - 应变(ε)全过程曲线

1—查尔考灰色花岗岩 Ⅰ;2—印第安纳石灰岩;
3—田纳西大理岩;4—查尔考灰色花岗岩 Ⅱ;
5—玄武岩;6—佐伦霍芬石灰岩

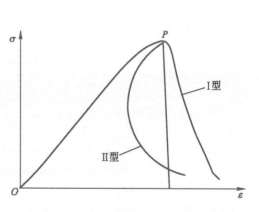

图 3 - 4 岩块应力(σ) - 应变(ε)全过程曲线基本模式

Ⅰ 型又称为稳定破裂传播型,后区曲线呈负坡向,岩块在压力达到峰值后,试件内所贮存的变形能不能使破裂继续扩展,只有外力继续对试件做功,才能使它进一步变形破坏。这类岩石,即使在超过其最大承载能力之后,试件仍保留一定的强度。

Ⅱ 型又称为非稳定破裂传播型,后区曲线呈正坡向,在峰值压力后,尽管试验机不对岩块试件做功,试件本身所贮存的能量也能使破裂继续扩展,出现非可控变形破坏。这种情况下,只有把应变能从试件上消除后,破裂发展才会停止。

B 三轴压缩条件下的岩块变形性质

三轴压缩条件下的岩块变形与强度性质主要通过三轴试验进行研究。根据试验时的应力状态可将三轴试验分为:

常规三轴试验:应力状态为 $\sigma_1 > \sigma_2 = \sigma_3 > 0$,又称为普通三轴试验;

真三轴试验:应力状态为 $\sigma_1 > \sigma_2 > \sigma_3 > 0$,又称为不等压三轴试验。

目前国内外普遍使用的是常规三轴试验,取得的成果也较多。试验研究表明:有围压作用时,岩石的变形性质与单轴压缩时不尽相同。常规三轴试验试件的应力—应变曲线随围压增加有如下特点:

（1）弹性阶段斜率变化不大，弹性模量 E 和泊松比 μ 与单轴压缩基本相同。

（2）屈服应力，强化强度，峰值强度和残余强度等随围压的增大而增大。

（3）大部分岩石在围压达到一定值后，出现屈服平台，表现出塑性流动特性。

（4）达到临界围压后，继续增加围压，也不再出现峰值强度。应力、应变关系呈单调正常趋势。

（5）剪胀现象随围压的提高逐渐减弱，围压越大，体积增加越少。

1911 年，Von Karman 发表的大理岩在不同围压下的常规三轴压缩试验 $(\sigma_1 - \sigma_3) - \varepsilon$ 曲线是标志性的成果，最高围压达到 326MPa，W. R. Wawersik 和 Fairhust（1970）得到了田纳西大理岩常规三轴压缩试验全应力应变曲线（如图 3-5 所示），图 3-5 说明三轴压缩岩石性状的一些重要特性。实验结果表明，破坏前岩块的应变随围压增大而增加；随围压增大，岩块的塑性也不断增大，且由脆性逐渐转化为延性。峰值后强度消失、性状变为完全延性（图 3-5 中的 $\sigma_3 = 48.3$ MPa）时的围压称为"脆性转化为延性的临界围压"。一般岩石越坚硬，临界围压越大，反之亦然。

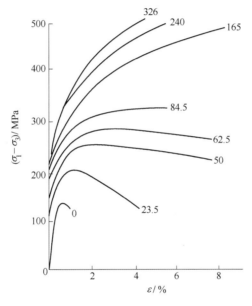

图 3-5 大理岩常规三轴压缩试验全应力—应变曲线

（曲线上的数字是围压，单位：MPa）

表 3-8 列出了几种岩石的脆性转化为延性的临界围压值。

表 3-8 几种岩石的脆—延转化临界围压

岩石名称	田纳西大理岩	粉砂岩	石灰岩	大冶大理岩	德国大理岩	白云岩	砂岩	花岗岩
脆—延转化临界围压/MPa	34.5	57.3	20~100	70	84.3	85	>100	>100

C 岩块蠕变曲线的特征

岩石的变形和应力受时间因素的影响。在外部条件不变的情况下，岩石的变形或应力随时间而变化的现象叫流变，主要包括蠕变、松弛。

（1）蠕变。在应力恒定的情况下，岩体变形随时间的变化而增大的现象。

（2）松弛。在变形恒定的情况下，岩石内应力随时间的变化而降低的现象。

岩体的蠕变现象十分普遍，在天然斜坡、人工边坡、地下硐室围岩中可直接观测到。岩体因加荷速率、变形速率不同所表现的不同变形破裂性状，岩体的累进性破坏机制和剪切黏滑机制等，也都与时间效应有关。

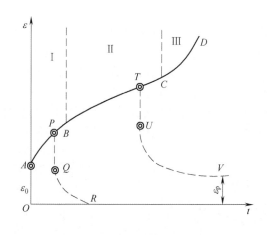

图 3 - 6　岩石典型的蠕变曲线

在岩块试件上施加恒定荷载时，可得到如图 3 - 6 所示的典型蠕变曲线。根据蠕变曲线的特征，可将岩石蠕变划分为三个阶段。

（1）图 3 - 6 中的"Ⅰ"区是初始蠕变阶段或称减速蠕变阶段。瞬时弹性应变之后应变随时间增加，应变速率随时间逐渐减小；卸载后，随时间的增长应变逐渐恢复——称弹性后效（QR 段）。

（2）图 3 - 6 中的"Ⅱ"区是等速蠕变阶段或称稳定蠕变阶段。应变与时间的关系近似直线变化，即应变随时间近似等速增加，蠕变量不存在渐近极限，弹性后效仍存在，但应变已无法全部恢复，去荷后有残余变形。

（3）图 3 - 6 中的"Ⅲ"区是加速蠕变阶段。应变速率剧烈增加直至岩块破坏，C 点常被称为蠕变极限应力，其意义类似于屈服应力。

以上典型蠕变曲线的形状及某个蠕变阶段所持续的时间，受岩石类型、荷载大小及温度等因素的影响而不同。如同一种岩石，荷载越大，第Ⅱ阶段蠕变的持续时间越短，试件越容易蠕变破坏。而荷载较小时，则可能仅出现Ⅰ阶段或Ⅰ、Ⅱ阶段蠕变等。

3.1.2.3　岩块的强度性质

在外荷载作用下，当荷载达到或超过某一极限时，岩块就会产生破坏。根据破坏时的应力类型，岩块的破坏有拉破坏、剪切破坏和流动三种基本类型。同时，把岩块抵抗外力破坏的能力称为岩块的强度。由于受力状态的不同，岩块的强度也不同，如单轴抗压强度、单轴抗拉强度、剪切强度、三轴压缩强度等。

A　单轴抗压强度

在单向压缩条件下，岩块能承受的最大压应力称为单轴抗压强度，简称抗压强度。抗压强度是反映岩块基本力学性质的重要参数，它在岩体工程分类、建立岩体破坏判据中都是必不可少的。

岩块的抗压强度通常是采用标准试件在压力机上加轴向荷载，直至试件破坏。除抗压试验外，目前还用点荷载试验和不规则试件的抗压试验间接地求岩块的抗压强度。如用点荷载试验求单轴抗压强度 σ_c 时，常用如下的经验公式换算：

$$\sigma_c = (22.8 \sim 23.7)I_{S(50)} \qquad (3 - 17)$$

式中　$I_{S(50)}$——直径为 50mm 标准试件的点荷载强度。

试件的高径比，即试件高度（H）与直径或边长（D）的比值，它对岩块强度也有明显的影响。$H/D = 2 \sim 3$ 时，试件内应力分布较均匀，且容易处于弹性稳定状态。因此，为了减少试件的尺寸影响及统一试验方法，国际岩石力学学会（ISRM）对标准试件进行了规定，当试件尺寸不符合 IS-

RM 建议时,可参照下列经验公式修正:

$$\sigma_c = 0.889\sigma'_c \left[0.778 + 0.222\left(\frac{H}{D}\right) \right] \qquad (3-18)$$

式中　H/D——高径比;

　　　σ_c——高径比为 2 的试样的单轴抗压强度;

　　　σ'_c——高径比为 H/D 的试样的单轴抗压强度。

常见岩石的抗压强度见表 3-9。

表 3-9　常见岩石的抗压强度　　　　　　　　（MPa）

岩石名称	抗压强度	岩石名称	抗压强度	岩石名称	抗压强度
辉长岩	180~300	辉绿岩	200~350	页岩	10~100
花岗岩	100~250	玄武岩	150~300	砂岩	20~200
流纹岩	180~300	石英岩	150~350	砾岩	10~150
闪长岩	100~250	大理岩	100~250	板岩	60~200
安山岩	100~250	片麻岩	50~200	千枚岩、片岩	10~100
白云岩	80~250	灰岩	20~200		

B　三轴抗压强度

试件在三向压应力作用下能抵抗的最大的轴向应力,称为岩块的三轴抗压强度。

根据一组试件试验得到的三轴抗压强度 σ_{1m} 和相应的 σ_3 以及单轴抗拉强度 σ_t。在 $\sigma-\tau$ 坐标系中可绘制出岩块的强度包络线(图 3-7)。除顶点外,包络线上所有点的切线与 σ 轴的夹角及其在 τ 轴上的截距分别代表相应破坏面的内摩擦角(φ)和内聚力(C)。

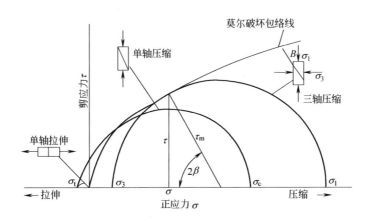

图 3-7　岩块莫尔强度包络线

在围压变化很大的情况下,岩块的强度包络线常为一曲线。这时岩块的 C,φ 值均随可能破坏面上所承受的正应力大小而变化,并非常量。一般来说应力低时,φ 值大,C 值小,应力高时相反。当围压不大时,岩块的强度包络线常可近似地视为一直线(如图 3-8

所示),据此,可求得岩块强度参数 σ_{1m}、C、φ 与围压 σ_3 间的关系为:

$$
\left.
\begin{aligned}
\sigma_{1m} &= \frac{1 + \sin\phi}{1 - \sin\phi}\sigma_3 + 2C\sqrt{\frac{1 + \sin\phi}{1 - \sin\phi}} \\
\sigma_{1m} &= \sigma_3 \tan^2\left(45° + \frac{\phi}{2}\right) + 2C\tan\left(45° + \frac{\phi}{2}\right) \\
\sin\phi &= \frac{(\sigma_{1m} - \sigma_3)/2}{(\sigma_{1m} + \sigma_3)/2 + C\cot\phi}
\end{aligned}
\right\}
\qquad (3-19)
$$

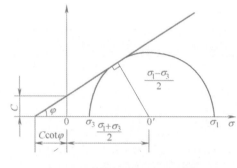

图 3-8　直线型莫尔强度包络线

根据式(3-19),如果已知任意两个参数,就可求得岩块强度另外的一些参数了。

C　单轴抗拉强度

岩块试件在单向拉伸时能承受的最大拉应力,称为单轴抗拉强度,简称抗拉强度。在工程实践中,一般不允许拉应力出现。由于岩石抵抗拉应力的能力最低,拉破坏是矿山工程岩体中的主要破坏型式之一,因此,抗拉强度是一个重要的岩体力学指标。

岩块的抗拉强度是通过室内试验测定的,其方法包括直接拉伸法和间接法两种。在间接法中,又有劈裂法、抗弯法及点荷载法等,其中以劈裂法和点荷载法最常用。

a　直接拉伸法

对岩石试件直接施加拉力至破坏,抗拉强度为:

$$\sigma_t = \frac{P}{A} \qquad (3-20)$$

式中　P——试件破坏的轴向拉荷载,N;

　　　A——试件横断面面积,mm^2。

b　圆盘劈裂法

劈裂试验是用圆柱体或立方体试件,横置于压力机的承压板上,且在试件上、下承压面上各放一根垫条。然后以一定的加荷速率加压,直至试件破坏。岩石抗拉强度为:

$$\sigma_t = \frac{2P}{\pi DL} \qquad (3-21)$$

式中　P——试件劈裂时的最大荷载,N;

　　　D,L——分别为圆柱体试件的直径和高,mm。

c　点荷载

用点荷载试验和不规则试件的抗压试验间接地求岩块的抗拉强度。如用点荷载试验求单轴抗拉强度 σ_t 时,常用如下的经验公式换算:

$$\sigma_t = kI_{s(50)} \qquad (3-22)$$

式中　$I_{s(50)}$——直径为 50 mm 标准试件的点荷载强度;

　　　k——经验系数,范围为 0.86～0.96。

常见岩石的抗拉强度见表 3-10。

表 3 – 10　常见岩石的抗拉强度　　　　　　　（MPa）

岩 石 名 称	抗 拉 强 度	岩 石 名 称	抗 拉 强 度	岩 石 名 称	抗 拉 强 度
辉长岩	15 ~ 36	花岗岩	7 ~ 25	页　岩	2 ~ 10
辉绿岩	15 ~ 35	流纹岩	15 ~ 30	砂　岩	4 ~ 25
玄武岩	10 ~ 30	闪长岩	10 ~ 25	砾　岩	2 ~ 15
石英岩	10 ~ 30	安山岩	10 ~ 20	灰　岩	5 ~ 20
大理岩	7 ~ 20	片麻岩	5 ~ 20	千枚岩、片岩	1 ~ 10
白云岩	15 ~ 25	板　岩	7 ~ 15		

3. 1. 2. 4　岩石破坏准则

岩石在不同的应力状态条件下,将发生不同形式的变形。当岩石中任一点的应力、应变增长到某一极限时,该点就要发生破坏。用以表征岩石破坏条件的应力状态与岩石强度参数间的函数关系,称为岩石的破坏准则,或称破坏判据、强度准则。岩石破坏准则反映岩石固有的属性,基于对岩石破坏机理的认识不同,提出了各种不同的岩石破坏准则。

A　经典岩石破坏准则

a　库仑—纳维尔准则

库仑—纳维尔准则是一个最简单、最重要的准则。库仑认为岩石的破坏服从最大剪应力准则,纳维尔在对包括岩石在内的脆性材料进行试验研究后,修改了这个准则,它假定对破坏面起作用的法向应力会增加材料的抗剪强度,而其增量与法向应力的大小成正比。即抗剪强度等于平面上产生的凝聚力和法向力产生的摩擦阻力之和,平面上的剪切破坏准则是:

$$|\tau| = c + \sigma\tan\varphi \tag{3 – 23}$$

按照库仑—纳维尔理论,岩石的强度包络线是一条斜直线,破坏面与最小主平面的夹角 α 恒等于 $45° - \varphi/2$,可推导出库仑—纳维尔准则的主应力表达式如下:

$$\sigma_1[(1+f^2)^{1/2} - f] - \sigma_3[f + (1+f^2)^{1/2}] = 2c \tag{3 – 24}$$

或表示为:

$$\sigma_1 = \frac{2c + \sigma_3[f + (1+f^2)^{1/2}]}{(1+f^2)^{1/2} - f} \tag{3 – 25}$$

式中,$f = \sigma\tan\varphi$。

根据式(3 – 24),当已知岩体中某一点的应力 σ_1,σ_3 及强度参数 C,φ 值时,如果将其代入式(3 – 24),计算出的 σ_1 大于或等于该点实际的最大主应力值,该点就不会产生破坏,否则,就将会产生破坏。

当岩石在单向压缩下破坏时,得:

$$\sigma_c = \frac{2c}{(1+f^2)^{1/2} - f} \tag{3 – 26}$$

当岩石在单向拉伸下破坏时,有 $\sigma_3 = |\sigma_t|$,将这两组数据代入式(3 – 26),得:

$$\sigma_t = \frac{2c}{(1+f^2)^{1/2} + f} \tag{3 – 27}$$

从式(3 – 26)和式(3 – 27)可得:

$$\frac{\sigma_c}{\sigma_t} = \frac{(1+f^2)^{1/2} + f}{(1+f^2)^{1/2} - f} \tag{3 – 28}$$

库仑—纳维尔准则适用于脆性岩石产生剪切破坏的情况,而不适用于拉破坏的情况,也不适用于高围压的压应力破坏的情况。该准则没有考虑中间主应力 σ_2 的影响。

b　莫尔准则

莫尔(Mohr,1882)提出了一个描述一点应力状态的作图方法,如图3-9,点的应力状态可以由下式表示:

$$\sigma_\theta = \frac{\sigma_x + \sigma_y}{2} + \frac{\sigma_x - \sigma_y}{2}\cos2\theta + \tau_{xy}\sin2\theta \tag{3-29}$$

$$\tau(\theta) = -\frac{\sigma_x - \sigma_y}{2}\sin2\theta + \tau_{xy}\cos2\theta \tag{3-30}$$

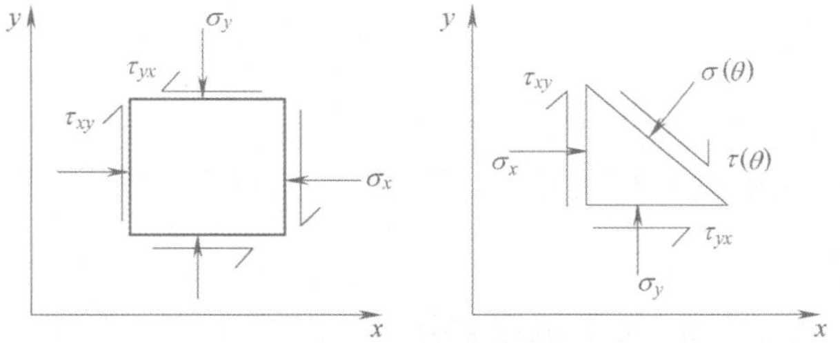

由上两式,可以得出:

图3-9　一点的应力方向示意图

$$\left[\sigma_\theta - \frac{1}{2}(\sigma_x + \sigma_y)\right]^2 + \tau(\theta)^2 = \left(\frac{\sigma_x - \sigma_y}{2}\right)^2 + \tau_{xy}^2 = R^2 \tag{3-31}$$

如果已知任意一组主应力 σ_1、σ_3,则斜截面上的法向应力 σ_n 和剪应力 τ 的表达式为:

$$\left(\sigma_n - \frac{\sigma_1 + \sigma_3}{2}\right)^2 + \tau^2 = \left(\frac{\sigma_1 - \sigma_3}{2}\right)^2 \tag{3-32}$$

式(3-32)在 τ-σ 坐标系中是一个圆,如图3-10所示,其圆心坐标是 $\left(\dfrac{\sigma_1 + \sigma_3}{2}, 0\right)$,半径为 $\dfrac{\sigma_1 - \sigma_3}{2}$,这个圆称为莫尔应力圆,利用莫尔应力圆可以方便地表示任一点的应力状态。

图3-10中, $\tau_{\max} = \dfrac{\sigma_1 - \sigma_3}{2}$, $\sigma_{1,3} = \pm\dfrac{\sigma_x + \sigma_y}{2} + \sqrt{\left(\dfrac{\sigma_x - \sigma_y}{2}\right)^2 + \tau_{xy}^2}$ 。

莫尔统一考虑了三向应力状态下的库仑—纳维尔准则后认为:材料在极限状态下,剪切面上的剪应力就达到了随法向应力和材料性质而定的极限值。也就是说,当材料中一点可能滑动面上的剪应力超过该面上的剪切强度时,该点就产生破坏,而滑动面的剪切强度 τ 又是作用于该面上法向应力 σ 的函数即:

$$\tau = f(\sigma) \tag{3-33}$$

根据单轴拉伸、单轴压缩及三轴压缩试验结果,可以绘出对应于各种应力状态下的破坏莫尔应力圆包络线,称为莫尔包络线(如图3-11所示)。利用这条曲线判断岩石中一点是否会发生剪切破坏时,当莫尔应力圆与莫尔包络线相切或相割,则研究点将产生破坏;当莫尔应力圆位于莫尔包络线以内时则不会产生破坏。

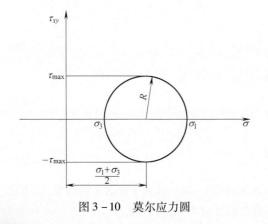

图3-10　莫尔应力圆

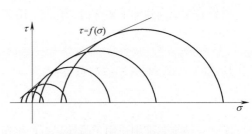

图3-11　莫尔包络线

莫尔强度理论实质上是一种剪应力强度理论。该理论比较全面地反映了岩石的强度特性,它既适用于塑性岩石也适用于脆性岩石的剪切破坏。同时也反映了岩石抗拉强度远小于抗压强度这一特性,并能解释岩石在三向等拉时会破坏,而在三向等压时不会破坏(曲线在受压区不闭合)的特点。

莫尔判据的缺点是忽略了中间主应力 σ_2 的影响,与试验结果有一定的出入。另外,该判据只适用于剪破坏,受拉区的适用性还值得进一步探讨,并且不适用于膨胀或蠕变破坏。

c 格里菲斯准则

格里菲斯(Griffith,1924)研究玻璃等脆性物体破坏时指出:脆性物体的破坏是由物体内部存在的裂隙所决定的。他认为:固体材料内部包含有大量的微裂纹和微孔洞,当含有这些缺陷的固体在外力作用下,即使作用的平均应力不大,但由于微裂纹或微孔洞边缘上的应力集中,很可能在边缘局部产生很大的拉应力。当这种拉应力达到或超过其抗拉强度时,微裂纹便开始扩展,当许多这样的微裂纹扩展、联合、迁就时,最后使固体沿某一个或若干个平面或曲面形成宏观破裂,导致材料发生脆性拉伸破坏。岩石就是这样一种包含大量微裂纹和微孔洞的固体材料,因此,格里菲斯理论为岩石破坏判据提供了一个重要的理论基础。

格里菲斯理论假定岩石中的微裂纹呈近似椭圆形,且相邻微裂纹间相互没有影响,按各向同性线弹性平面应变处理;根据极值应力与单轴抗拉强度的关系,建立的格里菲斯准则的主应力表达式为:

当 $\sigma_1 + 3\sigma_3 \geq 0$ 时,

$$\frac{(\sigma_1 - \sigma_3)^2}{8(\sigma_1 + \sigma_3)} = \sigma_t \tag{3-34}$$

当 $\sigma_1 + 3\sigma_3 < 0$ 时,

$$\sigma_3 = -\sigma_t \tag{3-35}$$

格里菲斯准则的剪应力表达式为:

$$\tau^2 = 4\sigma_t(\sigma_n + \sigma_t) \tag{3-36}$$

式中 τ——沿破坏面剪应力;

σ_n——作用在破坏面法向方向的正应力。

由式(3-34)可知,当 $\sigma_3 = 0$ 时,即单轴抗压强度为单轴抗拉强度的8倍,基本上与库仑—纳维尔判据相接近。

由此准则可以得到最先破裂的方位,即

$$\cos 2\beta = \frac{1}{2}\left(\frac{\sigma_1 - \sigma_3}{\sigma_1 + \sigma_3}\right) \tag{3-37}$$

式中 β——临界裂缝与最大主应力 σ_1 的方位角。

格里菲斯准则适用于脆性岩石的拉破坏情况,但在受压条件下裂纹将闭合。麦克林托克(Moclintock,1962)等人考虑到岩体中的应力主要为压应力,以及裂纹在压应力作用下发生闭合而引起裂纹壁面的摩擦效应,即在较高的压应力作用下,微裂纹往往先闭合,这时,当岩石变形时,裂纹壁面间必然产生摩擦,因而提高了岩石的强度。根据以上观点,麦克林托克对格里菲斯准则进行了修正。被修正的强度条件中包含了两个临界量:裂纹端部的临界拉应力和裂纹面间摩擦阻力,得出修正的格里菲斯准则为:

$$\sigma_1 = \sigma_3 \frac{\sqrt{1+f^2}+f}{\sqrt{1+f^2}-f} + \frac{4\sigma_t}{\sqrt{1+f^2}-f} = \sigma_3 \frac{\sqrt{1+f^2}+f}{\sqrt{1+f^2}-f} + \sigma_c \tag{3-38}$$

式中,$f = \tan\varphi$ 为裂纹闭合后的摩擦系数。

修正的格里菲斯判据与库仑—纳维尔判据相比较,主要区别在于两者的物理含义,f 值及 σ_c 与 σ_t 的比值不同。

B 岩石破坏的经验准则

基于完整岩石强度室内试验已经提出了许多完整岩石的经验破坏准则,其中应用最广泛的为 Hoek – Brown 准则,且根据 Hoek 和他的合作者多年的实践经验对准则进行了修正和改进。

1980 年,Hoek 和 Brown 根据岩石性态方面的理论和实践,用试错法导出了岩石破坏时最大主应力和最小主应力之间的关系,用于分析完整和破碎岩石的破坏。Hoek – Brown 准则已发展为用来估计节理岩体的抗剪强度,尽管该准则已改进了很多次,但是对于完整岩石而言,其公式基本上没有变化。

$$\sigma_1 = \sigma_3 + \sigma_c \left(m \frac{\sigma_3}{\sigma_c} + 1 \right)^{1/2} \tag{3-39}$$

式中 σ_c——完整岩石的单轴抗压强度;

m——完整岩石的材料常数。

m 值取决于完整岩石的性质,可以根据不同围压下岩石试样的三轴试验结果进行计算,计算公式如下:

$$\sigma_c^2 = \frac{\sum y_i}{n} - \left[\frac{\sum x_i y_i - \dfrac{\sum x_i y_i}{n}}{\sum x_i^2 - \dfrac{(\sum x_i)^2}{n}} \right] \frac{\sum x_i}{n} \tag{3-40}$$

$$m = \frac{1}{\sigma_c} \left[\frac{\sum x_i y_i - \dfrac{\sum x_i y_i}{n}}{\sum x_i^2 - \dfrac{(\sum x_i)^2}{n}} \right] \tag{3-41}$$

式中 x_i 和 y_i——相对应的一对三轴试验数据;

n——成对的数据的总数。

在对已发表的完整岩石三轴试验数据分析的基础上,Hoek(1983)、Doruk(1991)和 Hoek 等(1992,1995,2001)分别给出了不同岩石的 m 值。

表 3 – 11 为加拿大 Rocscience 公司发表的 RocLab 软件(Hoek,2002)中提供的完整岩石的 m 值。

表 3 – 11 完整岩石的 m 值(Hoek,2002)

岩石类型	分 类	分 组	纹 理			
			粗 糙	中 等	细	很 细
沉积岩	可分解		砾岩 (21±3) 角砾岩 (20±2)	砂岩 17±4	粉砂岩 7±2 杂砂岩 (18±3)	泥岩 4±2 页岩 (6±2) 泥灰岩 (7±2)
	不可分解	碳酸盐	粗晶灰岩 (12±3)	中晶灰岩 (10±5)	微晶灰岩 (8±3)	白云岩 (9±3)
		蒸发岩		石膏 (10±2)	硬石膏、 12±2	
		有机的				白垩岩 7±2

续表 3 - 11

岩石类型	分类	分组	纹　理			
			粗　糙	中　等	细	很　细
变质岩	无片理		大理岩 9 ±3	角页岩 (19 ±4) (19 ±3)	石英岩 20 ±3	
	轻微片理		混合岩 (29 ±3)	闪岩 26 ±6		
	片理①		片麻岩 28 ±5	片岩 (10 ±3)	千枚岩 (7 ±3)	板岩 7 ±4
火成岩	深成岩	浅色	花岗岩 32 ±3 花岗闪长岩 (29 ±3)	闪长岩 25 ±5		
		深色	辉长岩 27 ±3 苏长岩 20 ±5	粗粒玄武岩 (16 ±5)		
	浅成岩		斑岩 (20 ±5)		辉绿岩 (15 ±5)	橄榄岩 (25 ±5)
	喷出岩	熔岩		流纹岩 (25 ±5) 安山岩 25 ±5	英安岩 (25 ±3) 玄武岩 (25 ±5)	黑曜石 (19 ±3)
		火成碎屑岩	(19 ±3)	角砾岩 (19 ±5)	凝灰岩 (13 ±5)	

注:表中括号内为估计值。
① 表中的数值来自垂直片理方向的完整岩样试验,如果破坏发生在沿软弱面的方向,则 m 值大不一样。

3.2　岩体的工程分类与稳定性评价

　　针对不同类型岩石工程的特点,根据影响岩体稳定性的各种地质条件和岩石物理力学特性,将工程岩体分成稳定程度不同的若干级别,以此为标尺作为评价岩体稳定的依据,是岩体稳定性评价的一种简易快速的方法。在矿山工程中,岩体工程类别的确定,不仅是地下工程支护形式选择的主要依据,而且还是影响地下矿床采矿方法选择的重要因素之一。岩体工程分类实际上是通过岩体的一些简单和容易实测的指标,把工程地质条件和岩体力学性质参数联系起来,并借鉴已建工程设计、施工和处理等方面成功与失败的经验教训,对岩体进行归类的一种工作方法。其目的是通过分类,概括地反映各类工程岩体的质量好坏,预测可能出现的岩体力学问题。为工程设计、支护衬砌、采矿方法选择和施工方法选择等提供参数和依据。

　　岩石分类方法早在 1774 年欧洲人罗曼就提出来了,他首先对石灰岩作了系统分类。以后,18 世纪末俄国人维尔涅尔又将岩石定性地分成五类:松软岩、软岩、裂隙破碎岩、次坚硬岩和坚硬岩。而真正把岩石分类同工程联系起来的还是19世纪后期才开始的。雷哈（Rziha，F. 1897）根据开挖工具、消耗的炸药量及人工等提出的岩石分类，开始与工程有了联系。20世纪50年代以后，岩体分类促进了工程建设的发展，越来越受到重视。岩体的工程分类方法来源于实践，它是在大量工程实测资料的统计分析和调查研究的基础上编制出来的，然后又返回到工程实践去检验，得到不断的完善，因此具有较高的科学性和实用性。目前国内外已提出的岩体分类方案有数十种之多，其中以考虑各种地下硐室围岩稳定性的居多。有定性的，也有定量或半定量的，有单一指标分类，也有考虑多个指标的综合分类。

岩体工程分类方法的研究发展很快。其中，前苏联、美国、日本、南非和瑞典等国家更为突出。由于受普氏理论影响较深，前苏联在定量分类方法上多半采用普氏系数和室内岩石力学试验的力学指标；美国和德国的分类方法着重岩体的结构特征，采用多因素累计评分的方法划分等级，其中以岩石质量指标（RQD）作为分类的主要依据颇为盛行；国际岩石力学学会推荐的宾尼亚斯基（Bieniawski，Z. T.）1979年的RMR分类方法中，也考虑了RQD因素。日本的分类方法中最突出的是以声波速度作为评价岩体等级的主要依据。此外，挪威的巴顿（Barton，N. R.）1974年提出的Q分类法仍然是评价硐室稳定性的一种主要分类方法。我国1994年也编制完成了《工程岩体分级标准》（GB50218—94）。

尽管岩体的工程分类方法很多，真正能在国内外被承认并广泛采用的并不多。岩体结构分类能够充分反映其地质特征，可有效地用于岩体稳定性评价，在工程实际中得到广泛的应用。岩体结构分类方法具有定性或准定量评价的特点，在工程应用中往往具有一定的模糊性或不确定性。在岩体结构分类的基础上，本手册还详细介绍了其他几种在采矿工程中常用的岩体分类方法。

3.2.1　岩体结构分类

在长期的各种地质作用下，岩体中遗留下了许多地质构造形迹，如断层、层理和节理等。这些构造的界面通称为结构面或弱面。岩体的物理力学性质和力学属性，在很大程度上受形成和改造岩体的各种地质作用过程所控制，往往表现出非均匀、非连续、各向异性和多相性特征。对于工程来讲，起决定作用的是岩体的强度和稳定性，而不是岩块的稳定性和强度。如果工程设计仅凭室内岩样实验数据来代表天然岩体的力学性质，就必然会造成极大的错误。

岩体由两个基本单元结构面和结构体（岩块）组成，因此，结构面和结构体的力学性质是影响岩体力学性质的基本因素。岩体与岩块是既有联系又有区别。结构面的数量、产状、密度、延伸情况以及粗糙度和充填物决定了结构面的力学性质；结构体的形状、大小和数量等决定了结构体的力学性质；因此，上述因素的组合决定了结构体和结构面的组合——岩体的力学性质。

3.2.1.1　结构面的主要类型及特征

结构面是指地质历史发展过程中，在岩体内形成的具有一定的延伸方向和长度，厚度相对较小的地质界面或带。它包括物质分异面和不连续面，如层面、不整合面、节理面、断层和片理面等。国内外一些文献中又称为不连续面（discontinuities）或节理（joint）。在结构面中，那些规模较大、强度低、易变形的结构面又称为软弱结构面。

结构面对工程岩体的完整性、渗透性、物理力学性质及应力传递等都有显著的影响，是造成岩体非均质、非连续、各向异性和非线弹性的本质原因之一。

A 结构面的成因类型

a 地质成因类型

根据地质成因的不同,可将结构面划分为原生结构面、构造结构面和次生结构面三类,各类结构面的主要特征如表3-12。

表3-12 岩体结构面的类型及其特征(据张咸恭,1979)

成因类型	地质类型	主要特征			工程地质评价
		产状	分布	性质	
原生结构面	沉积结构面	1. 层理层面; 2. 软弱夹层; 3. 不整合面、假整合面; 4. 沉积间断面	一般与岩层产状一致,为层间结构面	海相岩层中此类结构面分布稳定,陆相岩层中呈交错状,易尖灭	层面、软弱夹层等结构面较为平整;不整合面及沉积间断面多由碎屑泥质物构成,且不平整	国内外较大的坝基滑动及滑坡很多由此类结构面所造成的,如奥斯汀、圣·弗朗西斯、马尔帕塞坝的破坏和瓦依昂水库附近的巨大滑坡等
	岩浆岩结构面	1. 侵入体与围岩接触面; 2. 岩脉岩墙接触面; 3. 原生冷凝节理	岩脉受构造结构面控制,而原生节理受岩体接触面控制	接触面延伸较远,比较稳定,而原生节理往往短小密集	与围岩接触面可具熔合及破碎两种不同的特征,原生节理一般为张裂面,较粗糙不平	岩浆结构面、侵入体与围岩接触面一般不造成大规模的岩体破坏,但有时与构造断裂配合,也可形成岩体的滑移,如有的坝肩局部滑移
	变质结构面	1. 片理; 2. 片岩软弱夹层	产状与岩层或构造方向一致	片理短小,分布极密,片岩软弱夹层延展较远,具固定层次	结构面光滑平直,片理在岩层深部往往闭合成隐蔽结构面;片岩软弱夹层具片状矿物,呈鳞片状	在变质较浅的沉积岩,如千枚岩等路堑边坡常见塌方。片岩夹层有时对工程及地下硐体稳定也有影响
构造结构面		1. 节理(X型节理、张节理); 2. 断层(冲断层、逆断层、横断层); 3. 层间错动; 4. 羽状裂隙、劈理	产状与构造线呈一定关系,层间错动与岩层一致	张性断裂较短小,剪切断裂延展较远,压性断裂规模巨大,但有时为横断层切割成不连续状	张性断裂不平整,常具次生充填,呈锯齿状;剪切断裂较平直,具羽状裂隙;压性断层具多种构造岩,成带状分布,往往含断层泥、糜棱岩	对岩体稳定影响很大,在上述许多岩体破坏过程中,大都有构造结构面的配合作用。此外常造成边坡及地下工程的塌方和冒顶
次生结构面		1. 卸荷裂隙; 2. 风化裂隙; 3. 风化夹层; 4. 泥化夹层; 5. 次生夹泥层	受地形及原结构面控制	分布上往往呈不连续状,透镜状,延展性差,且主要在地表风化带内发育	一般为泥质物充填,水理性质很差	在天然及人工边坡上造成危害,有时对坝基、坝肩及浅埋隧硐等工程亦有影响,但一般在施工中予以清基处理

（1）原生结构面。这类结构面是岩体在成岩过程中形成的结构面,其特征与岩体成因密切相关,因此又可分为沉积结构面、岩浆结构面和变质结构面三类。

沉积结构面是沉积岩在沉积和成岩过程中形成的,包括层理面、软弱夹层、沉积间断面和不整合面等。沉积结构面的特征与沉积岩的成层性有关,一般延伸性较强,常贯穿整个岩体,产状随岩层产状而变化。如在海相沉积岩中分布稳定而清晰;在陆相岩层中常呈透镜状。

岩浆结构面是岩浆侵入及冷凝过程中形成的结构面,包括岩浆岩体与围岩的接触面、各期岩浆岩之间的接触面和原生冷凝节理等。

变质结构面可分为残留结构面和重结晶结构面。残留结构面主要是沉积岩经变质后,在层面上绢云母、绿泥石等鳞片状矿物富集并呈定向排列而形成的结构面,如千枚岩的千枚理面和板岩的板理面等。重结晶结构面主要有片理面和片麻理面等,它是岩石发生深度变质和重结晶作用下,片状矿物和柱状矿物富集并呈定向排列形成的结构面,它改变了原岩的面貌,对岩体的物理力学性质常起控制性作用。

原生结构面中,除部分经风化卸荷作用裂开者外,多具有不同程度的连结力和较高的强度。

（2）构造结构面。这类结构面是岩体形成后在构造应力作用下形成的各种破裂面,包括断层、节理、劈理和层间错动面等。构造结构面除被胶结者外,绝大部分都是脱开的。规模大者如断层、层间错动等,多数有厚度不等、性质各异的充填物,并发育有由构造岩组成的构造破碎带,具多期活动特征。在地下水的作用下,有的已泥化或者已变成软弱夹层。因此这部分构造结构面(带)的工程地质性质很差,其强度接近于岩体的残余强度,常导致工程岩体的滑动破坏。规模小者如节理、劈理等,多数短小而密集,一般无充填或只具薄层充填,主要影响岩体的完整性和力学性质。

（3）次生结构面。这类结构面是岩体形成后在外营力作用下产生的结构面,包括卸荷裂隙、风化裂隙、次生夹泥层和泥化夹层等。

卸荷裂隙面是因表部被剥蚀卸荷造成应力释放和调整而产生的,产状与临空面近于平行,并具张性特征。如河谷岸坡内的顺坡向裂隙及谷底的近水平裂隙等,其发育深度一般达基岩面以下 5 ~ 10 m,局部可达数十米,甚至更大。谷底的卸荷裂隙对水工建筑物危害很大,应特别注意。

风化裂隙一般仅限于地表风化带内,常沿原生结构面和构造结构面叠加发育,使其性质进一步恶化。新生成的风化裂隙,延伸短,方向紊乱,连续性差。

泥化夹层是原生软弱夹层在构造及地下水共同作用下形成的,次生夹泥层则是地下水携带的细颗粒物质及溶解物沉淀在裂隙中形成的。它们的性质一般都很差,属软弱结构面。

b 力学成因类型

从大量的野外观察、试验资料及莫尔强度理论分析可知,在较低围限应力(相对岩体强度而言)下,岩体的破坏方式有剪切破坏和拉张破坏两种基本类型。因此,相应地按破裂面的力学成因可分为剪性结构面和张性结构面两类。

张性结构面是由拉应力形成的,如羽毛状张裂面、纵张及横张破裂面,岩浆岩中的冷凝节理等。羽毛状张裂面是剪性断裂在形成过程中派生力偶所形成的,它的张开度在邻近主干断裂一端较大,且沿延伸方向迅速变窄,乃至尖灭。纵张破裂面常发生在背斜轴部,走向与背斜轴近于平行,呈上宽下窄。横张破裂面走向与褶皱轴近于垂直,它的形成机理与单向压缩条件下沿轴向发展的劈裂相似。一般来说,张性结构面具有张开度大、连续性差、形态不规则、面粗糙、起伏度大及破碎带较宽等特征。其构造岩多为角砾岩,易被充填。因此,张性结构面常含水丰富,导水性强等。

剪性结构面是剪应力形成的,破裂面两侧岩体产生相对滑移,如逆断层、平移断层以及多数正断层等。剪性结构面的特点是连续性好,面较平直,延伸较长并有擦痕镜面等现象发育。

B 结构面的规模与分级

结构面的规模大小不仅影响岩体的力学性质,而且影响工程岩体力学作用及其稳定性。按结构面延伸长度、破碎带宽度及其力学效应,可将结构面分为如下5级(如表3-13所示)。

表3-13 结构面分级表

特 征	结构面形式	规 模	对岩体稳定性的影响
Ⅰ级	大断层或区域性断层	一般延伸约数公里至数十公里以上,破碎带宽约数米至数十米乃至几百米以上	有些区域性大断层往往具有现代活动性,给工程建设带来很大的危害,直接关系着建设地区的地壳稳定性,影响山体稳定性及岩体稳定性
Ⅱ级	延伸长而宽度不大的区域性地质界面,如较大的断层、层间错动、不整合面及原生软弱夹层等	延伸规模与研究的岩体相当,一般贯穿整个工程区,延伸1~10 km,宽度1~2 m以上	控制山体稳定,结构面的空间分布和相互组合与工程的依存关系是确定工程范围内有无较大岩体变形及滑移的边界条件
Ⅲ级	指长度数十米至数百米的断层、区域性节理、延伸较好的层面及层间错动等	延伸数十至数百米,宽度数公分至1 m左右,仅局部切割工程岩体	它主要影响或控制工程岩体,如地下硐室围岩及边坡岩体的稳定性等
Ⅳ级	延伸较差的节理、层理、次生裂隙及片理、劈理面等	长度一般数十厘米至20~30 m,小者仅数厘米至十几厘米,宽度为零至数厘米不等	该级结构面数量多,分布具随机性,主要影响岩体的完整性和力学性质,是岩体分类及岩体结构研究的基础,也是结构面统计分析和模拟的对象
Ⅴ级	隐节理、微层面、微裂隙及不发育的片理、劈理等	结构面规模小且连续性差,随机分布,数量多的细小结构面	主要影响岩块的物理力学性质

上述5级结构面中,Ⅰ、Ⅱ级结构面又称为软弱结构面,Ⅲ级结构面多数也为软弱结构面,Ⅳ、Ⅴ级结构面为硬性结构面。不同级别的结构面,对岩体力学性质的影响及在工程岩体稳定性中所起的作用不同。如Ⅰ级结构面控制工程建设地区的地壳稳定性,直接影响工程岩体稳定性;Ⅱ、Ⅲ级结构面控制着工程岩体力学作用的边界条件和破坏方式,它们的组合往往构成可能滑移岩体(如滑坡、崩塌等)的边界面,直接威胁工程的安全稳定性;Ⅳ级结构面主要控制着岩体的结构、完整性和物理力学性质,是岩体结构研究的重点,也是难点,因为相对于工程岩体来说Ⅲ级以上结构面分布数量少,甚至没有,且规律性强,容易搞清楚,而Ⅳ级结构面数量多且具随机性,其分布规律不太容易搞清楚,需用统计方法进行研究;Ⅴ级结构面控制岩块的力学性质,等等。但各级结构面是互相制约、互相影响,并非孤立的。

C 结构面的特性

结构面对岩体力学性质的影响程度主要取决于结构面的发育情况。如岩性完全相同的两种岩体,由于结构面的空间方位、连续性、密度、形态、张开度及其组合关系等的不同,在外力作用下,这两种岩体将呈现出完全不同的力学反应。

a 连续性

结构面的连续性反映结构面的贯通程度,常用线连续性系数、迹长和面连续性系数表示。

线连续性系数(K_1)是指沿结构面延伸方向上,结构面各段长度之和($\sum_a$)与测线长度的比值,即:

$$K_1 = \frac{\sum a}{\sum a + \sum b} \qquad (3-42)$$

式中　$\sum a$——结构面之和;

　　　$\sum b$——完整岩石长度之和。

K_1 变化在 0~1 之间,K_1 值愈大说明结构面的连续性愈好,当 $K_1 = 1$ 时,结构面完全贯通。

国际岩石力学学会(1978)主张用结构面的迹长来描述和评价结构面的连续性,并制定了相应的分级标准(如表 3-14 所示)。

表 3-14　结构面连续性分级表

描　　　述	迹长/m
很低连续性	< 1
低连续性	1~3
中等连续性	3~10
高连续性	10~20
很高连续性	>20

结构面的连续性对岩体的变形、变形破坏机理、强度及渗透性都有很大的影响。

b　密度

结构面的密度反映结构面发育的密集程度,常用线密度、间距等指标表示。

线密度(K_d)是指结构面法线方向单位测线长度上交切结构面的条数(条/m);间距(d)则是指同一组结构面法线方向上两相邻结构面的平均距离;两者互为倒数关系,即

$$K_d = \frac{1}{d} \qquad (3-43)$$

按以上定义,则要求测线沿结构面法线方向布置,但在实际结构面量测中,由于露头条件的限制,往往达不到这一要求。如果测线是水平布置的,且与结构面法线的夹角为 α,结构面的倾角为 β 时,则 K_d 可用下式计算:

$$K_d = \frac{n}{L\sin\beta\cos\alpha} = \frac{K'_d}{\sin\beta\cos\alpha} \qquad (3-44)$$

式中　L——测线长度,一般应为 20~50 m;

　　　K'_d——测线方向某组结构面的线密度;

　　　n——结构面条数。

当岩体中包含有多组结构面时,可用叠加方法求得水平测线方向上的结构面线密度。

结构面的密度控制着岩体的完整性和岩块的块度。一般来说,结构面发育愈密集,岩体的完整性愈差,岩块的块度愈小,进而导致岩体的力学性质变差,渗透性增强。普里斯特等人(Priest等,1976)提出用线密度(K_d)来估算岩体质量指标 RQD 为:

$$RQD = 100e^{-0.1K_d}(0.1K_d + 1) \qquad (3-45)$$

为了统一描述结构面密度的术语,ISRM 规定了分级标准如表 3-15 所示。

表 3 – 15　结构面间距分级表

结构面密度	结构面间距/mm
极密集的间距	<20
很密集的间距	20 ~ 60
密集的间距	60 ~ 200
中等的间距	200 ~ 600
宽的间距	600 ~ 2000
很宽的间距	2000 ~ 6000
极宽的间距	>6000

c　张开度

结构面的张开度是指结构面两壁面间的垂直距离。结构面两壁面一般不是紧密接触的,而是呈点接触或局部接触,接触点大部分位于起伏或锯齿状的凸起点。这种情况下,由于结构面实际接触面积减少,必然导致其黏聚力降低。当结构面张开且被外来物质充填时,则其强度将主要由充填物决定。另外,结构面的张开度对岩体的渗透性有很大的影响。结构面张开度的描述术语和分级标准如表 3 – 16 所示。

表 3 – 16　结构面张开度分级表

描　述	结构面张开度/mm	结构面状态
很紧密 紧　密 部分张开	<0.1 0.1 ~ 0.25 0.25 ~ 0.5	闭合结构面
张　开 中等宽的 宽　的	0.5 ~ 2.5 2.5 ~ 10 >10	裂开结构面
很宽的 极宽的 似洞穴的	10 ~ 100 100 ~ 1000 >1000	张开结构面

d　形态

结构面的形态对岩体的力学性质及水力学性质存在明显的影响,结构面的形态可以从侧壁的起伏形态及粗糙度两方面进行研究。

结构面侧壁的起伏形态可分为:平直的、波状的、锯齿状的、台阶状的和不规则状的几种(图 3 – 12)。

侧壁的起伏程度可用起伏角(i)表示如下(如图 3 – 13 所示):

$$i = \arctan\left(\frac{2h}{L}\right) \tag{3 – 46}$$

式中　h——平均起伏差;

　　　L——平均基线长度。

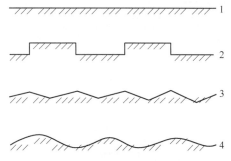

图 3-12　结构面的起伏形态示意图

1—平直的;2—台阶状的;3—锯齿状的;4—波状的

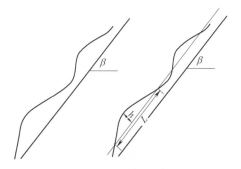

图 3-13　结构面的起伏角计算图

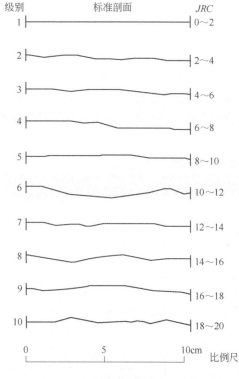

图 3-14　标准粗糙程度剖面及其 *JRC* 值

(据 Barton,1977)

结构面的粗糙度可用粗糙度系数 *JRC*(joint roughness coefficient)表示,随粗糙度的增大,结构面的摩擦角也增大。据巴顿(Barton,1977)的研究可将结构面的粗糙度系数划分为如图 3-14 所示的 10 级。在实际工作中,可用结构面纵剖面仪测出所研究结构面的粗糙剖面,然后与图 3-14 所示的标准剖面进行对比,即可求得结构面的粗糙度系数 *JRC*。

3.2.1.2　岩体结构分类

具有一定的结构是岩体的显著特征之一。岩体在其形成与存在过程中,长期经受着复杂的建造和改造两大地质作用,生成了各种不同类型和规模的结构面,如断层、节理、层理和片理等。受这些结构面的切割,使岩体形成一种独特的割裂结构。因此,岩体的力学性质及其力学作用不仅受岩体的岩石类型控制,更主要的是受岩体中结构面以及由此形成的岩体结构所控制。大量的工程失稳实例表明:工程岩体的失稳破坏,往往主要不是岩石材料本身的破坏,而是岩体结构失稳引起的。由于结构面及结构体的组合形式,相互连接特点的不同,其结构形式及其特性亦有明显的不同,从而岩体的稳定性表现明显的差异性。所以,不同结构类型的岩体,其物理力学性质、力学效应及其稳定性都是不同的。显然,矿山岩体结构及其特性的研究,对矿山工程岩体的稳定性具有重要的工程实际意义。

岩体结构类型的划分是在对结构面、结构体自然特性及组合状况研究的基础上进一步的概况,其目的就是运用岩体"结构控制论"观点来研究和评价工程岩体的稳定性。矿山工程是一种特定的地质工程。一般来讲,矿山工程的稳定性问题具有三个明显的特点:其一,由于矿山工程存在于地质体或岩体中,因此岩体是矿山工程的组成部分。岩体具有复杂的结构特性,它直接影响或决定着矿山工程的稳定条件;其二,矿山工程不同于一般的工程结构,它的开挖是一种卸荷过程,而不是加荷过程;其三,矿山工程的存在自始至终处于开挖状态的动态发展过程,因为岩体的结构特性决定着岩体的稳定条件,所以它也决定着矿山工程的稳定性。显然,从岩体结构的角度去探讨岩体的特性,进行岩体的结构划分,能够反映岩体特性的本质,是对地质工程进行稳定性评价的行之有效的方法。

A 结构体特征

结构体是指岩体中被结构面切割围限的岩石块体,有的文献上把结构体称为岩块,但岩块和结构体应是两个不同的概念。因为不同级别的结构面所切割围限的岩石块体(结构体)的规模是不同的。如Ⅰ级结构面所切割的Ⅰ级结构体,其规模可达数平方公里,甚至更大,称为地块或断块;Ⅱ、Ⅲ级结构面切割的Ⅱ、Ⅲ级结构体规模又相应减小;只有Ⅳ级结构面切割的Ⅳ级结构体,才被称为岩块,它是组成岩体最基本的单元体。所以,结构体和结构面一样也是有级序的,一般将结构体划分为4级。其中以Ⅳ级结构体规模最小,其内部还包含有微裂隙、隐节理等Ⅴ级结构面。较大级别的结构体是由许许多多较小级别的结构体所组成,并存在于更大级别的结构体之中。结构体的特征常用其规模、形态及产状等进行描述。结构体的规模取决于结构面的密度,密度愈小,结构体的规模愈大。常用单位体积内的Ⅳ级结构体数(块度模数)来表示,也可用结构体的体积表示。结构体的规模不同,在工程岩体稳定性中所起的作用也不同。

结构体的形态极为复杂,常见的形状有柱状、板状、楔形及菱形等(如图2-4所示)。在强烈破碎的部位,还有片状、鳞片状、碎块状及碎屑状等形状。结构体的形状不同,其稳定性也不同。一般来说,板状结构体比柱状、菱形状的更容易滑动,而楔形结构体比锥形结构体稳定性差。但是,结构体的稳定性往往还需结合其产状及其与工程作用力方向和临空面间的关系作具体分析。

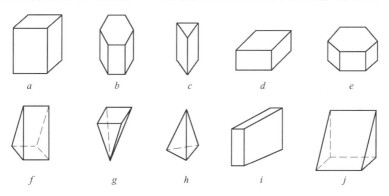

图3-15 结构体形状典型类型示意图(据孙广忠,1983)
a,b—柱状结构体;d,e—菱形或板状结构体;
c,f,g,h,j—楔、锥形结构体;i—板状结构体

结构体的产状一般用结构体的长轴方向表示。它对工程岩体稳定性的影响需结合临空面及工程作用力方向来分析。比如,一般来说,平卧的板状结构体与竖直的板状结构体的稳定性不同,前者容易产生滑动,后者容易产生折断或倾倒破坏;又如,在地下硐室中,楔形结构体尖端指向临空方向时,稳定性好于其他指向;其他形状的结构体也可作类似的分析。

B 岩体的结构类型划分

由于组成岩体的岩性,遭受的构造变动及次生变化的不均一性,导致了岩体结构的复杂性。为了概括地反映岩体中结构面和结构体的成因、特征及其排列组合关系,将岩体结构划分为5大类。各类结构岩体的基本特征列于表3-17、表3-18。由表可知:不同结构类型的岩体,其岩石类型、结构体和结构面的特征不同,岩体的工程地质性质与变形破坏机理也都不同。但其根本的区别还在于结构面的性质及发育程度,如整体状结构岩体中的结构面呈断续分布,规模小且稀疏;层状结构岩体中发育的结构面主要是层面、层间错动;碎裂结构岩体中的结构面常为贯通的且发育密集,组数多;而散体状结构岩体中发育有大量的随机分布的裂隙,结构体呈碎块状或碎屑状等。因此,在进行岩体力学研究之前,首先要弄清岩体中结构面的情况与岩体结构类型及其力学属性和岩体力学模型,使岩体稳定性分析建立在可靠的基础上。

表 3 - 17　岩体结构类型划分表(引自《矿区水文地质工程地质勘探规范》GB12719—91)

结构类型 代号	名称	亚类 代号	名称	地质背景	完整状态 结构面间距/cm	完整性系数	结构面特征	结构体特征 形态	强度/MPa	水文地质特征
I	整体块状结构	I₁	整体结构	由岩性单一,构造变形轻微的巨(极)厚层沉积岩、变质岩和火成岩体	>100	>0.75	Ⅳ、Ⅴ级结构面存在,无或偶见Ⅲ级结构面,组数一般不超过 3 组,而且延展性极差,多呈闭合、粗糙状态,无充填或夹少量碎屑, tanφ ≥0.60	岩体呈整体状态,或由巨型块状体所组成	>60	地下水作用不明显
		I₂	块状结构	岩性单一,构造变形轻——中等的厚层沉积岩、变质岩和火成岩体	100~50	0.57~0.35	以Ⅳ、Ⅴ级结构面为主,少见Ⅱ、Ⅲ级结构面,层间有一定的结合力,结构面一般发育有 2~3 组。以两组高角度剪切节理为发育。面多闭合、粗糙或夹碎屑或附薄膜,一般 tanφ =0.40~0.60	长方体、立方体、菱形块体以及占多数的多角形块体	>30,一般均在60以上	裂隙水甚为微弱,沿面可以出现渗水、滴水现象;主要表现对半坚硬岩石的软化
II	层状结构	II₁	层状结构	主要指构造变形轻——中等的,中——厚层(单层厚度大于 30 cm)的层状岩体	50~30	0.6~0.3	以Ⅲ、Ⅳ级结构面(层面、片理、节理)为主,亦存在Ⅱ级结构面(原生软弱夹层、层间错动)延展性较好,一般有 2~3 组结构面,层面尤为显著,层间结合力较差,结构面的摩擦系数一般为 0.30~0.50	长方体、厚板体、块体和柱状体	>30	由于岩层的组合和变位程度的不同,就有不同的水文地质结构;地下水的贮存情况和水动力条件则不相同。不仅要注意地下水渗透压力所引起的问题,而且地下水的软化、泥化作用亦是明显的
		II₂	薄层状结构	同 II₁,但层厚小于 30 cm,在构造变动作用下表现为相对强烈的褶皱(或褶曲)和层间错动	<30	<0.40	层理、片理发育,I 级、Ⅱ级结构面如原生软弱夹层、层间错动和小断层不时出现,结构面多为泥膜、碎屑和泥质物所充填,一般结合力差,tanφ≈0.30 上下	组合板状体或薄板状体	一般30~10	

| 结构类型 | | 亚类 | | 地质背景 | 完整状态 | | 结构面特征 | 结构体特征 | | 水文地质特征 |
代号	名称	代号	名称		结构面间距/cm	完整性系数		形态	强度/MPa	
Ⅲ	碎裂结构	Ⅲ₁	镶嵌结构	一般发育于脆硬岩层中的压碎岩带,节理、劈理组数多,密度大	< 50 一般为数厘米	<0.35	以Ⅳ、Ⅴ级结构面(节理、劈理及隐微裂隙)为主,结构面组数多(均多于3组),密度大,但其延展性甚差。结构面粗糙,闭合无充填或夹少量碎屑	形态不一,大小不同,棱角显著彼此咬合	>60	本身即为统一含水体。虽然导水性能并不显著,但渗水亦有一定的渗透压力
		Ⅲ₂	层状碎裂结构	软硬相间的岩石组合,如复理石建造,火山岩建造和变质岩建造中,通常有一系列近乎平行的软弱破碎带,它们与完整性较好的岩体相间存在	<100	<0.40	Ⅱ、Ⅲ、Ⅳ级结构面均发育,Ⅱ、Ⅲ级(软弱夹层和各种成因类型的破碎带)尤为突出,在岩体中大致平行分布,起着控制性作用,其摩擦系数一般为0.2~0.4;相对坚硬完整的、与软弱破碎带相间存在的骨架岩体中,以Ⅳ、Ⅴ级结构面为主,一般 tan𝜙≈0.40	软弱破碎带以碎屑、碎块、岩粉、泥为主;滑架部分岩体为大小不等形态不同的岩块	骨架岩体中岩块强度在30上下或更大些	亦具层状水文地质结构特性,软弱破碎带两侧地下水呈带状渗流、同时对软弱结构面(包括破碎带)的软化、泥化作用甚为明显
		Ⅲ₃	碎裂结构	岩性复杂,构造变动剧烈,断裂发育,亦包括风化作用下的弱风化带	< 50	<0.30	Ⅱ、Ⅲ、Ⅳ、Ⅴ级结构面均发育,组数不下4~5组,彼此交切,结构面多被充填;为泥夹碎屑、或为泥膜、或为矿物薄膜,擦痕镜面多见,结构面光滑度不等,形态不一。有的破碎带中黏土矿物成分甚多。结构面的摩擦系数一般为0.20~0.40	碎屑和大小不等、形态不同的岩块	岩块中隐微裂隙甚多,不堪一击,小于30	地下水各方面作用均为显著,不仅有软化、泥化作用,而且由于渗流还可能引起化学管涌和机械管涌现象
Ⅳ	散体结构			构造变动剧烈,一般为断层破碎带、岩浆岩侵入接触破碎带以及剧烈—强风化带		<0.2	断层破碎带、接触破碎带中一般均具有数条滑动面,带中节理、劈理密集而呈无序状。整个破碎带(包括剧一强烈风化带)呈块夹泥的松散状态或泥包块的松软状态。摩擦系数一般在0.20上下	泥、岩粉、碎屑、碎块、碎片等	岩块的强度在此无实际意义	泥质物多,所以破碎带起隔水作用。使地下水沿破碎带两侧富集;同时,地下水可以促使破碎带物质软化、泥化、崩解、膨胀,还可产生化学管涌和机械管涌

表 3-18　不同岩体结构类型的工程特性表（引自《矿区水文地质工程地质勘探规范》GB12719—91）

结构类型		亚类		力学界质类型	岩体变形破坏的特征	工程地质评价要点
代号	名称	代号	名称			
I	整体块状结构	I_1	整体结构	连续介质	硬脆岩石中的深埋地下工程可能出现岩爆,即脆性破裂,一般是沿裂隙端部产生。在半坚硬岩层中可能产生微弱的塑性变形。	埋深大或处在地震危险区的地下工程的围岩中,初始应力大能产生岩爆
		I_2	块状结构	连续或不连续介质	压缩变形微量,主要决定于结构面的规模、数量和方位以及结构体的强度。剪切滑移受结构面抗剪强度及岩块刚度、形状、大小所制约,部分岩石抗剪断强度可以发挥作用,滑移面多迁就已有结构面	结构面的分布与特性,尤其Ⅱ、Ⅲ级结构面的存在及其组合的块体的规模、形状和方位;深埋或地震危险区地下开拓时,岩体中隐微裂隙的存在,可导致岩爆
Ⅱ	层状结构	II_1	层状结构	不连续介质	变形受岩石组合、结构面所控制。压缩变形取决于岩性、岩层变位程度、结构面发育情况,缓倾和陡立岩层在拱顶和边墙可能出现弯曲拗折现象。剪切滑移受软面尤其面及软弱夹层的抗剪强度及其方位所制约	岩石组合;层面特性及其结合力,岩层的产状;要特别注意软弱夹层、层间错动的存在和Ⅱ、Ⅲ级结构面的组合;水文地质结构和水动力条件
		II_2	薄层状结构		岩体的变形受破坏整体特性所控制,特别是软弱破碎岩层可能出现压缩、挤出底鼓等现象。硐室顶部、边墙易产生拗折现象。剪切滑移受结构面抗剪强度和薄板体的强度所控制	层间结合状态、软弱岩层的褶曲和坚硬岩层的破裂及其变化情况;地下水对软弱破碎岩层的软化和泥化,块体及组合块体的存在及其稳定性
Ⅲ	碎裂结构	III_1	镶嵌结构	似连续介质	压缩变形量直接与结构体的大小、形态、强度有关。结构面抗剪强度、结构体彼此镶嵌能力,在岩体变形破坏过程中起决定性作用。崩落坍塌是由表及里逐渐发展的,若及时喷锚即可改善表层的应力状态,防止变形的发展	结构面发育的组数及其特性;地下水的渗透特性以及工程岩体所处的振动、风化条件;Ⅱ、Ⅲ级结构面的存在及其组合关系,这些软弱结构面的特性以及块体、组合块体的稳定性
		III_2	层状碎裂结构	不连续介质	岩体的变形破坏受软弱破碎带所控制,具备坍塌、滑移的条件,还有压缩变形的可能	控制性软弱破碎带的方位、规模、组成物质的特性及其抗剪强度;相对完整岩体的骨架作用;地下水的赋存条件及其对岩体稳定性所起的作用
		III_3	破碎结构	不连续介质似连续介质	整体强度低,坍塌、滑移、压缩变形均可产生。岩体塑性强,变形时间效应明显。岩体的变形破坏受软弱结构面的规模、数量、特性及其组合特征所决定	软弱结构面方位、规模、数量特性及其组合特征;结构面软弱物质的水理性以及地下水的赋存条件和作用;岩体变形的时间效应;组合块体对变形初始阶段的控制作用

结构类型		亚 类		力学界质类型	岩体变形破坏的特征	工程地质评价要点
代号	名称	代号	名称			
IV	散体结构			似连续介质	是岩体中工程地质特性最坏的部位,近松散介质,具显著的塑性特征,变形时间时显。基础的压缩沉降、边坡的塑性挤出、坍塌滑移、硐室的坍塌、鼓胀元不产生。其变形、破坏受破碎带的物质组成及其强度所控制	构造岩、风化岩的破碎特征:物质组成、物理—力学性质、水理特性等;注意断层破碎带的多期活动性和新构造应力场

3.2.2 RQD 值分类法

岩石质量指标 RQD 值是由美国伊利诺依斯大学的迪尔(Deere D. U.)于 1963 年提出,近 40 年来,作为反映工程岩体完整程度的定量参数,该指标被广泛应用于各种工程岩体的稳定性评价。目前,国内外许多岩体工程规范、规程都采用了 RQD 值指标作为最重要的分类参数。

RQD 值是一种修正的岩芯采取率,必须用双套管的金刚石钻头(内径 56 mm)钻进,RQD 值为岩芯长度等于或大于 10 cm 的岩芯累计长度与钻进总长度之比,即:

$$RQD = \frac{10 \text{ cm 以上的整段岩芯的累计长度}}{\text{钻孔长度}} \times 100\% \tag{3-47}$$

RQD 值反映了岩体被各种结构面切割的程度。由于指标意义明确,可在钻探过程中附带得到,又属于定量指标,因而对于矿山的总体设计以及巷道的设计有较好的用途。1964 年,迪尔发表了按 RQD 将岩体划分为五级的方法后,又进一步将 RQD 与裂隙的特性联系起来(1967、1969)。具体划分标准见表 3 - 19。

表 3 - 19 RQD 分类法与其他分类指标的关系

级 次	RQD 分类			岩体完整性系数 K_V	裂隙系数 K
	RQD/%	岩层性质	平均裂隙间距/cm		
I	0 ~ 25	很 差	<7	0 ~ 0.2	0 ~ 0.15
II	25 ~ 50	差	7 ~ 10	0.2 ~ 0.4	0.15 ~ 0.3
III	50 ~ 75	较 好	10 ~ 17	0.4 ~ 0.6	0.3 ~ 0.45
IV	75 ~ 90	好	17 ~ 28	0.6 ~ 0.8	0.45 ~ 0.65
V	90 ~ 100	很 好	>28	0.8 ~ 1.0	0.65 ~ 1.0
作者	Deere			Merritt	Hansagi

表中,K_V 为梅里特(Merritt)用弹性纵波速度表示的完整系数,即

$$K_V = (V_{pm}/V_{pr})^2 \tag{3-48}$$

式中　V_{pm}——岩体弹性纵波速度;

　　　V_{pr}——完整岩块弹性纵波速度。

K 为瑞典汉萨吉(Hansagi I. 1974)根据钻孔岩芯获取的状况表示的裂隙系数,即

$$K = \frac{1}{2S}\left(PD - \frac{L}{n}\right) \tag{3-49}$$

式中　S——钻取岩芯的钻孔总长,m;

　　　P——从取得岩芯中可锯成的长度等于岩芯直径的岩芯块数;

　　　D——岩芯直径,m;

L——所钻取的岩芯长度大于岩芯直径的岩芯总长度,m;

n——所钻取的岩芯中长度大于岩芯直径的岩芯块数。

当采用现场节理统计换算 RQD 指标时,采用 Palmstrom 给出的体积节理数 J_V 与体积 RQD 之间的相关关系:

$$RQD = 115 - 3.3 \times J_V \qquad (3-50)$$

一般的,体积节理 J_V 是很容易计算出来的,当结构面呈均匀分布时,实测的单位面积内节理数目乘一个系数 K,就可以得出 J_V, $K = 1.15 \sim 1.35$;Sen 和 Eissa 研究了三组正交节理组成的典型岩体,指出采用 Palmstrom 的关系式应特别慎重,保证 Palmstrom 关系式有效的条件为:间距呈负指数分布,且 $8 < J_V < 24$(棒状结构体)或 $5 < J_V < 20$(板状结构体)。当只能采用详测线进行调查或不适合于采用上述公式时,采用公式(3-45)计算 RQD 值。

3.2.3 岩体地质力学分类(RMR)

南非宾尼亚斯基(Z. T. Bieniawski)1973 年首次提出用岩体质量指标(Rock Mass Rating)RMR 来进行岩体分级,并于 1976 年,主要采用从南非沉积岩中进行地下工程开挖所得到的数据提出了他的分级方法。因这种方法最早用于南非,故又称为南非地质力学分类法(CSIR)。多年来该分级法经过许多实例验证和修改,于 1989 年提出了修正的 RMR 分类方法,并得到国际岩石力学学会(ISRM)的推荐,是目前采用的宾尼亚斯基通用版本(表 3-20)。

表 3-20 节理岩体的岩石力学分类(RMR)表(Bieniawski 1989)

分类参数		数值范围						
1	完整岩石强度 /MPa	I_s/MPa	>10	4~10	2~4	1~2	对强度较低的岩石宜用单轴抗压强度		
		R_c/MPa	>250	100~250	50~100	25~50	5~25	1~5	<1
	评分值		15	12	7	4	2	1	0
2	RQD/%		90~100	75~90	50~75	25~50	<25		
	评分值		20	15	10	8	3		
3	节理间距/cm		>200	60~200	20~60	6~20	<6		
	评分值		20	15	10	8	3		
4	节理条件 (详见表 3-21)		节理面很粗糙,节理不连续,节理宽度为零,节理面岩石坚硬	节理面稍粗糙,宽度 <1 mm,节理面岩石坚硬	节理面稍粗糙,宽度 <1 mm,节理面岩石软弱	节理面光滑或含厚度 <5 mm 的软弱夹层,张开度 1~5 mm,节理连续	含厚度 >5 mm 的软弱夹层,张开度 >5 mm,节理连续		
	评分值		30	25	20	10	0		
5	地下水条件	每 10 m 长的隧道涌水量 /L·min^{-1}	无	<10	10~25	25~125	>125		
		节理水压力/最大主应力	0	<0.1	0.1~0.2	0.2~0.5	>0.5		
		一般状况	完全干燥	稍潮湿	潮湿	滴水	有水流出或溢出		
	评分值		15	10	7	4	0		

南非地质力学分级方法,采用多因素得分,然后求其代数和(RMR值)的方法来评价岩体质量。参与评分的6因素是:(1)岩石单轴抗压强度;(2)岩石质量指标 RQD;(3)节理间距;(4)节理性状;(5)地下水状态;(6)节理产状与巷道轴线的关系。在1989年的修正版中,不但对评分标准进行了修正,而且对第四项因素进行了详细分解,即节理性状包括:1)节理长度;2)间隙;3)粗糙度;4)充填物性质和厚度;5)风化程度;采用前五项因素得分(表3-21),再用第六项因素得分进行修正。第六项参数是节理方位修正因素,按不同工程类型,考虑节理产状对其稳定性的影响程度,按表3-22予以修正,表3-23对修正条款作了具体说明。

六项参数定额分值的总和为岩体的RMR值,表3-24列出了各种不同总评分值的岩体级别,并对岩性作了描述,用地下开挖体不加支护而能保持稳定的时间和两种岩体强度参数说明了总评分值的含义。

宾尼亚斯基提出的RMR分类方法,考虑了影响岩体质量稳定性的最主要因素,这些因素测试方法简单方便,许多都为国际岩石力学学会已颁布的建议方法所规定,可以有统一的标准。该方法还分别考虑了隧硐、基础、边坡等不同类型工程岩体,因此,其应用范围比较广泛。

表 3-21　节理条件详细分类表

参　数	评　分　标　准				
节理长度	<1 m	1～3 m	3～10 m	10～20 m	>20 m
评　分	6	4	2	1	0
张开度	无	<0.1 mm	0.1～1 mm	1～5 mm	>5 mm
评　分	6	5	4	1	0
粗糙度	很粗糙	粗糙	轻微粗糙	光滑	摩擦镜面
评　分	6	5	3	1	0
充填物	无	坚硬充填物小于5 mm	坚硬充填物大于5 mm	软弱充填物小于5 mm	软弱充填物大于5 mm
评　分	6	4	2	1	0
风化作用	未风化	微风化	弱风化	强风化	分解
评　分	6	5	3	1	0

表 3-22　按节理方向修正评分值

节理走向或倾向		非常有利	有　利	一　般	不　利	非常不利
评分值	隧　道	0	-2	-5	-10	-12
	地　基	0	-2	-7	-15	-25
	边　坡	0	-5	-25	-50	-60

表 3 – 23　节理走向和倾角对隧道开挖的影响

走向与隧道轴垂直				走向与隧道轴平行		与走向无关
沿倾向掘进		反倾向掘进		倾角 20°~45°	倾角 45°~90°	倾角 0°~20°
倾角 45°~90°	倾角 20°~45°	倾角 45°~90°	倾角 20°~45°			
非常有利	有　利	一　般	不　利	一　般	非常不利	不　利

表 3 – 24　按总评分值确定的岩体级别及岩体质量评价

评分值	100 ~ 81	80 ~ 61	60 ~ 41	40 ~ 21	<20
分　级	I	II	III	IV	V
质量描述	非常好的岩体	好岩体	一般岩体	差岩体	非常差岩体
平均稳定时间	15 m 跨度 20 年	10 m 跨度 1 年	5 m 跨度 7 天	2.5 m 跨度 10 小时	1 m 跨度 30 分钟
岩体内聚力/kPa	>400	300 ~ 400	200 ~ 300	100 ~ 200	
岩体内摩擦角/(°)	>45	35 ~ 45	25 ~ 35	15 ~ 25	<15

3.2.4　Q 系统分级方法

Q 系统为挪威隧道施工方法(Norwegian Method of Tunneling, NMT)之核心,该施工方法起源于挪威并已广泛应用于工程岩体评价,该系统最早由 Barton 等人根据 212 个隧道案例提出,至 1993 年已达 1050 个累积案例。Q 系统分级考虑的因素与 Bieniawski 的 RMR 分级方法考虑因素比较接近,但是它采用的得分计算方法却是乘积法,即对六因素进行如下的计算:

$$Q = \frac{RQD}{J_n} \times \frac{J_r}{J_a} \times \frac{J_w}{SRF} \qquad (3-51)$$

式中　RQD——岩石质量指标;

　　　J_n——节理组数系数;

　　　J_r——节理粗糙度系数(最不利的不连续面或节理组);

　　　J_a——节理蚀变度(变异)系数(最不利的不连续面或节理组);

　　　J_w——节理渗水折减系数;

　　　SRF——应力折减系数。

式(3-51)中 6 个参数的组合,反映了岩体质量的 3 个方面,即 RQD/J_n 代表岩体结构的影响,可粗略表示岩石的块度;J_r/J_a 表示节理壁或节理充填物的粗糙度和摩擦特性,可反映嵌合岩块的抗剪强度;J_w/SRF 表示水与其他应力存在时对岩体质量的影响,反映岩石的主动应力。计算所得 Q 值可能范围为 0.001 ~ 1000。在近 20 年应用中,Q 系统的评分只在应力因素(SRF 值)方面,进一步考虑挤压及岩爆行为,做了小幅修改,除此之外,其他所有项目的评分均与 1974 年相同。

分类时,根据这 6 个参数的实测资料,根据表 3 – 25 确定各自的数值(Barton,2002)。然后代入式(3-51)求得岩体的 Q 值,以 Q 值为依据将岩体分为 9 类,它的得分按表 3-26 划分岩体级别。

表 3-25 NGI 隧道质量指标中每种参数的详细分类

项目及其详细分类	数　值	备　注
1. 岩石质量指标	$RQD/\%$	
A. 很差 B. 差 C. 一般 D. 好 E. 很好	$0\sim25$ $25\sim50$ $50\sim75$ $75\sim90$ $90\sim100$	1. 在实验或报告中,若 $RQD\leqslant10$(包括 0)时,则 Q 名义上取 10; 2. RQD 隔 5 选取就足够精确,例如取 100、95、90 等
2. 节理组数	J_n	
A. 整体性岩体,含少量节理或不含节理 B. 一组节理 C. 一组节理再加紊乱的节理 D. 两组节理 E. 两组节理再加紊乱的节理 F. 三组节理 G. 三组节理再加紊乱的节理 H. 四组或四组以上的节理,随机分布特别发育的节理,岩体被分成"方糖"块,等等 粉碎状岩石,泥状物	$0.5\sim1.0$ 2 3 4 6 9 12 15 20	1. 对于巷道交岔口,取 $(3.0\times J_n)$; 2. 对于巷道入口处,取 $(2.0\times J_n)$
3. 节理组粗糙程度	J_r	
(1) 节理壁完全接触 (2) 节理面在剪切错动 10 cm 以前是接触的 A. 不连续的节理 B. 粗糙或不规则的波状节理 C. 光滑的波状节理 D. 带擦痕面的波状节理 E. 粗糙或不规则的平面状节理 F. 光滑的平面状节理 G. 带擦痕面的平面状节理 (3) 剪切错动时岩壁不接触 H. 节理中含有足够厚的黏土矿物,足以阻止节理壁接触 J. 节理含砂、砾石或岩粉夹层,其厚度足以阻止节理壁接触	 4 3 2 1.5 1.5 1.0 0.5 1.0 1.0	1. 若有关的节理组平均间距大于 3 m, J_r 按左行数值再加 1.0; 2. 对于具有线理且带擦痕的平面状节理,若线理指向最小强度方向,则可取 J_r =0.5

项目及其详细分类	数　值		备　注
4. 节理蚀变影响因素	J_a	Φ_r（近似值）	
（1）节理完全闭合			
A. 节理壁紧密接触，坚硬、无软化、充填物不透水	0.75		
B. 节理壁无蚀变、表面只有污染物	1.0	（25°~35°）	
C. 节理壁轻度蚀变、不含软矿物覆盖层、砂粒和无黏土的解体岩石等	2.0	（25°~35°）	
D. 含有粉砂质或砂质黏土覆盖层和少量黏土细粒（非软化的）	3.0	（20°~25°）	
E. 含有软化或摩擦力低的黏土矿物覆盖层，如高岭土和云母。它可以是绿泥石、滑石和石墨等，以及少量的膨胀性黏土（不连续的覆盖层，厚度≤1~2 mm）。	4.0	（8°~16°）	1. 如果存在蚀变产物，则残余摩擦角 Φ_r 可作为蚀变产物的矿物学性质的一种近似标准
（2）节理壁在剪切错动10 cm前是接触的			
F. 含砂粒和无黏土的解体岩石等	4.0	（25°~30°）	
G. 含有高度超固结的，非软化的黏土质矿物充填物（连续的厚度小于5 mm）	6.0	（16°~24°）	
H. 含有中等（或轻度）固结的软化的黏土矿物充填物（连续的厚度小于5 mm）	8.0	（12°~16°）	
J. 含膨胀性黏土充填物，如蒙脱石（连续的，厚度小于5 mm）J_a值取于膨胀性黏土颗粒所占的百分数以及含水量	8.0~12.	（6°~12°）	
（3）剪切错动时节理壁不接触			
K. L. M. 含有解体岩石或岩粉以及黏土的夹层（见关于黏土条件的第 G、H 和 J 款）	8.0~12.0	（6°~24°）	
N. 由粉砂质或砂质黏土和少量黏土微粒（非软化的）构成的夹层	5.0		
O. P. Q. 含有厚而连续的黏土夹层（见关于黏土条件的第 G、H 和 J 款）	13.0~20.0	（6°~24°）	
5. 节理水折减系数	J_w	水压力的近似值/kPa	
A. 隧道干燥或只有极少量的渗水，即局部地区渗流量小于5 L/min	1.0	<100	1. C~F 款的数值均为粗糙估计值，如采取疏干措施，J_w 可取大一些； 2. 由结冰引起的特殊问题本表没有考虑
B. 中等流量或中等压力，偶尔发生节理充填物被冲刷现象	0.66	100~250	
C. 节理无充填物，岩石坚固，流量大或水压高	0.5	250~1000	
D. 流量大或水压高，大量充填物均被冲出	0.33	250~1000	
E. 爆破时，流量特大或压力特高，但随时间增长而减弱	0.2~0.1	>1000	
F. 持续不衰减的特大流量，或特高水压	0.1~0.05	>1000	

项目及其详细分类	数　值	备　注
6. 应力折减因素	SRF	
(1) 软弱区穿切开挖体,当隧道掘进时开挖体可能引起岩体松动	10.0	1. 如果有关的剪切带仅影响到开挖体,而不与之交叉,则 SRF 值减少 25%～50%;
A. 含黏土或化学分解的岩石的软弱区多处出现,围岩十分松散(深浅不限)		
B. 含黏土或化学分解的岩石的单一软弱区(开挖深处 <50 m)	5.0	
C. 含黏土或化学分解的岩石的单一软弱区(隧道深度 >50 m)	2.5	
D. 岩石坚固不含黏土但很多处出现剪切带,围岩松散(深度不限)	7.5	2. 对于各向应力差别甚大的原岩应力场(若已测出的话):当 5～10 时,减为 0.75;当 >10 时,减为 0.5;这里,表示单轴抗压强度,和分别为最大和最小主应力,表示最大切向应力;
E. 不含黏土的坚固岩石中的单一剪切带(开挖深度 <50 m)	5.0	
F. 不含黏土的坚固岩石中的单一剪切带(开挖深度 >50 m)	2.5	
G. 含松软的张开节理,节理很发育或像"方糖"块(深度不限)	5.0	

(2) 坚固岩石,岩石应力问题	σ_c/σ_1	σ_θ/σ_c	SRF
H. 低应力,接近地表	>200	<0.01	2.5
I. 中等应力,有利的应力条件	200～10	0.01～0.3	1.0
J. 高应力,岩体结构非常紧密(一般有利于稳定性,但对侧帮稳定性可能不利)	10～5	0.3～0.4	0.5～2
K. 1 小时后整体岩石产生剥落	5～3	0.5～0.65	5～50
L. 几分钟后整体岩石产生剥落和岩爆	3～2	0.65～1.0	50～200
M. 整体岩石产生严重岩爆和立即变形	<2	>1	200～400

3. 可以找到几个下地深度小于跨度的实例记录。对于这种情况,建议将 SRF 从 2.5 增至 5(见 H 款)

(3) 挤压性岩石,在很高的应力影响下不坚固岩石的塑性流动		σ_θ/σ_c	SRF
N. 挤压性微弱的岩石压力		1～5	5～10
O. 挤压性很大的岩石压力		>5	10～20

(4) 膨胀性岩石,化学膨胀活性取决于水的存在与否	
P. 膨胀性微弱的岩石压力	5～10
Q. 膨胀性很大的岩石压力	10～20

注:在估算岩体质量(Q)的过程中,除遵照表内备注栏的说明以外,尚须遵守下列规则:

1. 如果无法得到钻孔岩芯,则 RQD 值可由单位体积的节理数来估算,在单位体积内,对每组节理按每米长度计算其节理数,然后相加。对于不含黏土的岩体,可用简单的关系式将节理数换算成 RQD 值,如下:

$$RQD = 115 - 3.3 J_v \text{(近似值)}$$

式中,J_v 表示每立方米的节理总数,当 $J_v < 4.5$,取 $RQD = 100$。

2. 代表节理组数的参数 J_n 常常受叶理、片理、板岩劈理或层理等的影响。如果这类平行的"节理"很发育、显然可视之为一个节理组,但如果明显可见的"节理"很稀疏,或者岩芯中由于这些"节理"偶尔出现个别断裂,则在计算 J_n 值时,视它们为"紊乱的节理"(或"随机节理")似乎更为合适。

3. 代表抗剪强度的参数 J_r 和 J_a 应与给定区域中最软弱的主要节理组或黏土充填的不连续面联系起来。但是,如果这些 J_r/J_a 值最小的节理组或不连续面的方位对稳定性是有利的,这时方位比较不利的第二组节理或不连续面有时可能更为重要,在这种情况下,计算 Q 值时要用后者的较大的(J_r/J_a)值。事实上,(J_r/J_a)值应当与最可能首先破坏的岩面有关。

4. 当岩体含黏土时,必须计算出适用于松散载荷的因数 SRF。在这种情况下,完整岩石的强度并不重要。但是,如果节理很少,又完全不含黏土,则完整岩石的强度可能变成最弱的环节,这时稳定性完全取决于(岩体应力/岩体强度)之比。各向应力差别极大的应力场对于稳定性是不利的因素,这种应力场已在表中第 2 点关于应力折减因数的备注栏中作了粗略考虑。

如果现实的或将来的现场条件均使岩体处于水饱和状态,则完整岩石的抗压和抗拉强度(和)应在水饱和状态下进行测定。若岩体受潮或在水饱和后即行破坏,则估计这类岩体的强度时应当更加保守一些。

表 3 - 26 由 Q 值确定的岩体级别

Q 值	>40	40 ~ 10	10 ~ 4	4 ~ 1	<1
岩体级别	I 级	II 级	III 级	IV 级	V 级
评价	优	良	中	差	劣

开挖体的最大无支护跨度 SPAN 与 Q 值和开挖体支护比(ESR)的关系如下式:

$$SPAN = 2Q^{0.66} = 2 \times (ESR) \times Q^{0.4} \tag{3 - 52}$$

2002 年,Barton 给出了 Q 值与岩体纵波速度的关系式如下:

$$V_p = 3.5 + \lg Q_c \tag{3 - 53}$$

$$Q_c = Q \times \frac{\sigma_c}{100} \tag{3 - 54}$$

Q 系统(2002)也可用来估计岩体的单轴抗压强度。

$$\sigma_{cm} = 5 \times \rho \times Q_c^+ \tag{3 - 55}$$

式中,ρ 为岩石密度,t/m^3;对于各项异性的节理状况,$Q_c = Q_0 \times \frac{\sigma_c}{100}$,$Q_0$ 是原 Q 值中用 RQD_0 代替 RQD 计算的结果,RQD_0 是沿隧道方向的 RQD 值。

为了把隧道质量指标 Q 与开挖体的性态和支护要求联系起来,Barton 等人又规定了一个附加参数,称为开挖体的"当量尺寸"D_e。这个参数是将开挖体的跨度、直径或侧帮高度除以开挖体的"支护比",即

$$D_e = \frac{开挖体的跨度、直径或高度(m)}{开挖体的支护比(ESR)} \tag{3 - 56}$$

开挖体支护比与开挖体的用途和它所允许的不稳定程度有关。对于 ESR,Barton(1976)建议采用表 3 - 27 数据。

表 3 - 27 不同开挖工程类别的 ESR 建议值

	开挖工程类别	ESR
A	临时性矿山巷道	3 ~ 5
B	永久性矿山巷道、水电站引水涵洞(不包括高水头涵洞)大型开挖体的导洞、平巷和风巷	1.6
C	地下储藏室、地下污水处理工厂、次要公路及铁路隧道、调压室、隧道联络道	1.3
D	地下电站、主要公路及铁路隧道、民防设施、隧道入口及交叉点	1.0
E	地下核电站、地铁车站、地下运动场和公共设施以及地下厂房	0.8

根据开挖体的宽度 B 和开挖体支护比(ESR)可以估计锚杆的长度,公式如下:

$$L = \frac{2 + 0.15B}{ESR} \tag{3 - 57}$$

Grimastad 和 Barton(1993)建议:Q 值和永久顶板支护压力的关系如下式:

$$P_{roof} = \frac{2\sqrt{J_n}Q^+}{3J_r} \tag{3 - 58}$$

如上所述,由于应力折减系数的变化(Grimstad 和 Barton),以及如钢纤维喷射混凝土[S(fr)]、系统锚杆等新支护方法的应用,对 Q 系统进行了调整。1993 年,Grimstad 和 Barton 提出了一个改进的 Q 系统支护图标,如图 3 - 16 所示。

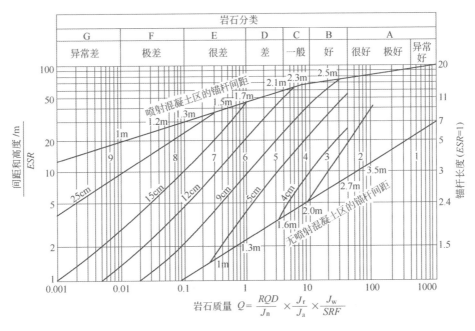

图 3 – 16　钢纤维喷射混凝土和系统锚杆支护设计图（Grimstad 和 Barton，1993）

3.2.5　用于采矿工程的 *MRMR* 分类

　　Laubscher 分别于 1975、1977、1984 年根据从非洲 5 个不同地质条件的石棉矿获得的经验，修正了 Bieniawski 的 *RMR* 分类，修正的目的在于改进 Bieniawski 的 *RMR* 分类中的某些岩体特性和考虑采矿与土木工程中支护的实际差别，提出了用于采矿工程的 *MRMR* 分类，Laubscher 和 Taylor 并于 1976 年进行了调整。*MRMR* 分类采用了与 Bieniawski 的分类表相同的五个分类参数，但在细节上有些改动。五级中的每一级又分成子级 A 和 B，节理岩体的分类变化如表 3 – 28 所示。

表 3 – 28　节理岩体的分类变化（据 Laubscher 1984）

分　级	1		2		3		4		5	
指标	100 ~ 81		80 ~ 61		60 ~ 41		40 ~ 21		20 ~ 0	
描述	极好		好		一般		差		极差	
子级	A	B	A	B	A	B	A	B	A	B

　　MRMR 分类考虑了完整岩石的强度，*RQD*，节理间距、节理条件，各参数的取值见表 3 – 29、3 – 30 和图 3 – 17。受多种因素影响的节理条件指标列于表 3 – 30，初步确定的可能的指标值为 40（它取决于节理所显示的特征），随后按表 3 – 31 的百分数减小。

表 3 – 29　*MRMR* 分类的基础评分（据 Laubscher 1984）

σ_c/MPa	评　分	*RQD*	评　分
>185	20	97 ~ 100	15
165 ~ 185	18	84 ~ 96	14
145 ~ 164	16	71 ~ 83	12
125 ~ 144	14	56 ~ 70	10

续表 3 – 29

σ_c/MPa	评 分	RQD	评 分
105 ~ 124	12	44 ~ 55	8
85 ~ 104	10	31 ~ 43	6
65 ~ 84	8	17 ~ 30	4
45 ~ 64	6	4 ~ 16	2
35 ~ 44	5	0 ~ 3	0
25 ~ 34	4		
12 ~ 24	3		
5 ~ 11	2		
1 ~ 4	1		

表 3 – 30　节理条件的评分(据 Laubscher 1984)

参　数		描　述		修正百分比/%			
				干燥	潮湿	中等水压(25 ~ 125 L/m)	高水压(125 L/m)
A	节理面形状（大范围）	多向波纹状		100	100	95	90
		单向波纹状		95	90	85	80
		弯曲的		85	80	75	70
		轻微波状的		80	75	70	65
		平坦的		75	70	65	60
B	节理面形状（小范围，200 mm ×200 mm）	粗糙的台阶状/不规则		95	90	85	80
		平滑的台阶状		90	85	80	75
		光滑的台阶状		85	80	75	70
		粗糙的波浪状		80	75	70	65
		平滑的波浪状		75	70	65	60
		光滑的波浪状		70	65	60	55
		粗糙的平面状		65	60	55	50
		平滑的平面状		60	55	50	45
		磨光的		55	50	45	40
C	节理蚀变	比岩壁更软,且比节理充填物更软		75	70	65	60
D	节理充填情况	无软化和剪切物	粗颗粒	90	85	80	75
		无软化和剪切物	中等颗粒	85	80	75	70
		无软化和剪切物	细颗粒	80	75	70	65
		软化和剪切物	粗颗粒	70	65	60	55
		软化和剪切物	中等颗粒	60	55	50	45
		软化和剪切物	细颗粒	50	45	40	35
		充填物厚度 <起伏度		45	40	35	30
		充填物厚度 >起伏度		30	20	15	10

注:修正时将可能的评分数40乘以综合百分比数。

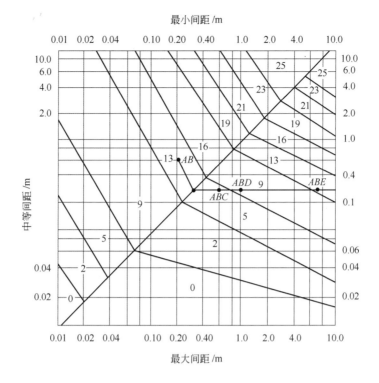

图 3-17 多组节理系的节理间距指标

节理组间距 A、B、C、D、E 分别为 0.2、0.5、0.6、1.0、7.0 m，
A、AB、ABC、ABD、ABE 的组合指标分别为 19、13、5、9、13

根据 *MRMR* 分类结果，可以由下式估计岩体强度。

$$Q_{cm} = \sigma_c \times \frac{(MRMR - \sigma_c \text{ 的分值})}{100} \tag{3-59}$$

设计的岩体强度（*DRMS*）是在特定的采矿环境下的无侧压岩体强度，考虑了风化、节理方位和爆破效应的影响，这些因素对岩体强度的折减百分比见表 3-34。

应用岩体基本指标之前，要对指标参数进行修正，以便考虑风化作用、已暴露的岩块的方位以及爆破影响。

有些岩石一经暴露即迅速风化，在决定永久支护措施前必须考虑到这种情况，风化作用影响到三个参数，即岩石质量指标（*RQD*）、原岩强度（σ_c）和节理状态。随着岩石风化而引起破裂加剧，则岩石质量指标（*RQD*）最大可降低到 95%。如果沿岩体中的微裂隙风化，则原岩强度最多可降低到 96%。如果认为风化会使节理面岩壁或节理充填物弱化，则节理状态的评分最多可减小到 82%。由于风化作用影响的总修正值可以达到 75%。

若考虑到与岩体的节理形态的关系，则地下开挖体的尺寸、形状和掘进方向都会影响开挖体的稳定性，虽然 Bieniawski 的 RMR 分类已经考虑了这一点，但 Laubscher 和 Taylor 认为应进一步修正。他们认为，在节理岩体中开挖体的稳定性与节理数目以及与铅垂面倾斜的开挖面数目有关，建议根据表 3-31 对岩体强度进行折减。对于矿柱或侧帮专门给出了节理调整系数，如表 3-32 所示。

表 3 - 31　节理方位调整百分比（据 Laubscher 1984）

切割岩块的节理数	修正百分比取决于倾斜的开挖面数目				
	70%	75%	80%	85%	90%
3	3		2		
4	4	3		2	
5	5	4	3	2	1
6	6		4	3	1;2

爆破会产生新的破裂和引起原生节理的移动。故对岩石质量指标（*RQD*）和节理状态的评分值提出了修正，爆破影响的修正值见表 3 - 33。

表 3 - 32　矿柱或侧帮的节理方位调整百分比（据 Laubscher 1984）

节理条件的评分值	节理倾角/(°)	调整百分比/%	节理倾角/(°)	调整百分比/%	节理倾角/(°)	调整百分比/%
0 ~ 5	10 ~ 30	85	30 ~ 40	75	>40	70
5 ~ 10	10 ~ 20	90	20 ~ 40	80	>40	70
10 ~ 15	20 ~ 30	85	30 ~ 50	80	>50	75
15 ~ 20	30 ~ 40	90	40 ~ 60	85	>60	80/75
20 ~ 30	30 ~ 50	90	>50	85%		
30 ~ 40	40 ~ 60	95	>60	90		

表 3 - 33　爆破影响的调整百分比（据 Laubscher 1984）

爆　破　技　术	调整百分比/%
钻进法	100
光面爆破	97
良好的常规爆破	94
不好的常规爆破	80

表 3 - 34　各类分级指标可能降低的总百分数（据 Laubscher 1984）

影响因素	*RQD*	σ_c	节理间距	节理条件	总指标
风　化	95	96		82	75
走向和倾向			70		70
爆　破	93			86	80

根据采矿工程岩体分类评分值和考虑采矿支护的典型实际经验，Laubscher 和 Taylor 推荐的支护设计图如图 3 - 18 所示。

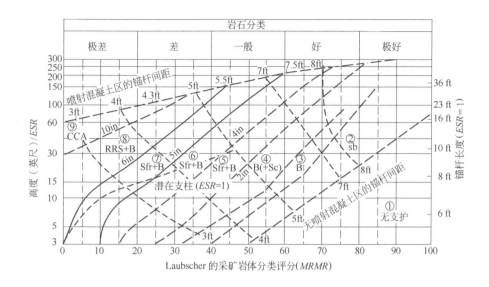

图 3 – 18　根据采矿工程岩体分类评分值推荐的支护设计
支护分类：
① 无支护；② 点支护，sb；③ 系统锚杆，B；④ 系统锚杆，B（ +S）；⑤ 钢纤维喷射混凝土和锚杆，
2 ~ 4 英尺，Sfr + B；⑥ 钢纤维喷射混凝土和锚杆，4 ~ 5 尺，Sfr + B；
⑦ 钢纤维喷射混凝土和锚杆，5 ~ 6 英尺，Sfr + B；⑧ 钢纤维喷射混凝土
>6 英尺，喷射混凝土锚杆的支护钢带，Sfr，RRS + B；
⑨ 浇注混凝土衬砌，CCA

3.2.6　工程岩体分级

　　自 20 世纪 50 ~ 60 年代以来，国外提出许多工程岩体的分级方法，其中有些在我国有广泛的影响，得到了不同程度的应用。自 20 世纪 70 年代以来，国内有关部门也在各自工程经验的基础上制定了一些岩体分级方法，在本部门或本行业推行应用。然而，这些分级方法的原则、标准和测试方法都不尽相同，彼此缺乏可比性、一致性，对同一处岩体进行分级评价时难免产生差异和矛盾，从而造成失误。为避免因分级方法不一致造成失误，更好地汇集和总结各行业岩石工程建设的经验，由水利部主编，会同有关部门共同制订了国家标准《工程岩体分级标准》（GB50218—94），该标准为强制性国家标准，自 1995 年 7 月 1 日起施行。

　　《工程岩体分级标准》适用于各类型岩石工程，如矿井、巷道，水工、铁路和公路隧硐，地下厂房、地下采场、地下仓库等各种地下硐室工程；闸坝、桥梁、港口、工业与民用建筑物的岩石地基，以及坝肩、船闸、渠道、露天矿、路堑、码头等各类地面岩石开挖形成的岩石边坡。

　　《工程岩体分级标准》规定了分两步进行的工程岩体分级方法：首先将由岩石坚硬程度和岩体完整程度这两个因素所决定的工程岩体性质定义为"岩体基本质量"，据此为工程岩体进行初步定级；然后针对各类型工程岩体的特点，分别考虑其他影响因素，对已经给出的岩体基本质量进行修正，对各类型工程岩体作详细定级。由此形成一个各类型岩石工程，各行业都能接受、都适用的分级标准。

　　岩体基本质量指标 BQ 由下式确定。

$$BQ = 90 + 3 \times R_C + 250 \times K_V \qquad (3 - 60)$$

式（3 – 60）中，R_C 单位为 MPa。在使用上式时，必须遵守下列两个条件：

（1）当 $R_C > 90 \times K_V + 30$ 时，以 $R_C = 90 \times K_V + 30$ 和 K_V 代入公式计算 BQ 值；

（2）当 $K_V > 0.04 \times R_C + 0.4$ 时，以 $K_V = 0.04 \times R_C + 0.4$ 和 R_C 代入公式计算 BQ 值。

岩体完整程度的定量指标采用岩体完整性指数 K_V，K_V 应采用实测值；当无条件取得实测值时，也可用岩体体积节理数 J_V 按表 3 - 35 确定对应的 K_V 值。

表 3 - 35　J_V 与 K_V 对照表

J_V/条·m^{-3}	<3	3 ~ 10	10 ~ 20	20 ~ 35	>35
K_V	>0.75	0.75 ~ 0.55	0.55 ~ 0.35	0.35 ~ 0.15	<0.15

岩体基本质量分级是根据岩体基本质量的定性特征和岩体基本质量指标（BQ）两者相结合，按表 3 - 36 确定。

表 3 - 36　岩体质量分级

基本质量级别	岩体质量的定性特征	岩体基本质量指标（BQ）
I	坚硬岩，岩体完整	>550
II	坚硬岩，岩体较完整；较坚硬岩，岩体完整	550 ~ 451
III	坚硬岩，岩体较破碎；较坚硬岩或软、硬岩互层，岩体较完整；较软岩，岩体完整	450 ~ 351
IV	坚硬岩，岩体破碎；较坚硬岩，岩体较破碎—破碎；较软岩或软硬岩互层，且以软岩为主，岩体较完整—较破碎；软岩，岩体完整—较完整	350 ~ 251
V	较软岩，岩体破碎；软岩，岩体较破碎—破碎；全部极软岩及全部极破碎岩	<250

岩石坚硬程度按表 3 - 37 划分。

表 3 - 37　岩石坚硬程度划分表

岩石饱和单轴抗压强度 σ_{cw}/MPa	>60	60 ~ 30	30 ~ 15	15 ~ 5	<5
坚硬程度	坚硬岩	较坚硬岩	较软岩	软岩	极软岩

岩体完整程度按表 3 - 38 划分。

表 3 - 38　岩体完整程度划分表

岩体完整性系数 K_V	>0.75	0.75 ~ 0.55	0.55 ~ 0.35	0.35 ~ 0.15	<0.15
完整程度	完整	较完整	较破碎	破碎	极破碎

当地下硐室围岩处于高天然应力区或围岩中有不利于岩体稳定的软弱结构面和地下水时，岩体 BQ 值应进行修正，修正值 $[BQ]$ 按下式计算：

$$[BQ] = BQ - 100 \times (K_1 + K_2 + K_3) \qquad (3 - 61)$$

式中　K_1——地下水影响修正系数；

　　　K_2——主要软弱面产状影响修正系数；

　　　K_3——天然应力影响修正系数。

修正系数 K_1、K_2、K_3 值可分别按表 3 - 39、表 3 - 40 和表 3 - 41 确定，无表中所列情况时修正系数取零，出现负值时应按特殊问题处理。根据修正值的 $[BQ]$ 进行重新分级。确定各级岩体的物理力学参数和围岩自稳能力。

表 3 – 39　地下水影响修正系数(K_1)

		K_1			
	BQ	>450	450~350	350~250	<250
地下水状态	潮湿或点滴状出水	0	0.1	0.2~0.3	0.4~0.6
	淋雨状或涌流状出水,水压≤0.1 MPa 或单位水量 <10 L/min	0.1	0.2~0.3	0.4~0.6	0.7~0.9
	淋雨状或涌流状出水,水压 >0.1 MPa 或单位水量 >10 L/min	0.2	0.4~0.6	0.7~0.9	1.0

表 3 – 40　主要软弱结构面产状影响修正系数(K_2)

结构面产状及其与硐轴线的组合关系	结构面走向与硐轴线夹角 $\alpha < 30°$,倾角 $\beta = 30° \sim 75°$	结构面走向与硐轴线夹角 $\alpha > 60°$,倾角 $\beta > 75°$	其他组合
K_2	0.4~0.5	0~0.2	0.2~0.4

表 3 – 41　天然应力影响修正系数(K_3)

		K_3				
	BQ	>550	550~450	450~350	350~250	<250
天然应力状态	极高应力区	1.0	1.0	1.0~1.5	1.0~1.5	1.0
	高应力区	0.5	0.5	0.5	0.5~1.0	0.5~1.0

注:极高应力指 $\sigma_{cw}/\sigma_{max} < 4$,高应力指 $\sigma_{cw}/\sigma_{max} = 4 \sim 7$,$\sigma_{max}$ 为垂直硐轴线方向平面内天然应力的最大值。

根据分类结果,地下工程岩体自稳能力按表 3 – 42 确定。

表 3 – 42　各级岩体物理力学参数及围岩自稳能力

级别	密度 $\rho/g \cdot cm^3$	抗剪强度		变形模量 E/GPa	泊松比 μ	围岩自稳能力
		$\phi/(°)$	C/MPa			
I	>2.65	>60	>2.1	>33	0.2	跨度≤20 m,可长期稳定,偶有掉块,无塌方
II	>2.65	60~50	2.1~1.5	33~20	0.2~0.25	跨度 10~20 m,可基本稳定,局部可掉块或小塌方;跨度 <10 m,可长期稳定,偶有掉块
III	2.65~2.45	50~39	1.5~0.7	20~6	0.25~0.3	跨度 10~20 m,可稳定数日至 1 月,可发生小至中塌方;跨度 5~10 m,可稳定数月,可发生局部块体移动及小至中塌方;跨度 <5 m,可基本稳定
IV	2.45~2.25	39~27	0.7~0.2	6~1.3	0.3~0.35	跨度 >5 m,一般无自稳能力,数日至数月内可发生松动、小塌方,进而发展为中至大塌方。埋深小时,以拱部松动为主,埋深大时,有明显塑性流动和挤压破坏;跨度≤5 m,可稳定数日至 1 月
V	<2.25	<27	<0.2	<1.3	>0.35	无自稳能力

注:小塌方:塌方高 <3m,或塌方体积 <30 m³;
　　中塌方:塌方高度 3~6m,或塌方体积 30~100 m³;
　　大塌方:塌方高度 >6m,或塌方体积 >100 m³。

3.2.7 可崩性预测的经验方法

可崩性预测的经验方法建立在岩体分类和已有矿山开采经验的基础上,许多早期的可崩性经验方法没有足够地反映影响可崩性的因素,最早报道的预测可崩性的经验系统是 1945 年由 King(Mahtab 和 Dixon,1976)提出的,Laubsche 的崩落法图表是一种稳定性图解方法,Laubsche 的崩落法图表是唯一考虑了自然和影响岩体可崩性诱导因素的评估可崩性的方法。Mathews 稳定性图解方法(Mathews 等,1981)类似于 Laubsche 的崩落法图表,但仅仅用来评估采场稳定性,而没有应用到可崩性预测问题。但是,Stewart 和 Forsyth(1995)已提出 Mathews 方法可以用来预测可崩性。

White(1977)首次提出 Barton 的 Q 值可用来预测可崩性,可是直到 Stewart 和 Forsyth(1995)在采用 Mathews 采场稳定性图解方法的基础上,估计 Laubsche 的崩落法边界位置时才试验性地与可崩性评估联系起来,Mathews 稳定性系数的采场稳定性图解方法采用了修正 Q 值。

在 Laubscher 的崩落法图表之前,Laubsche 提出的开挖体最大无支护跨度(SPAN)的概念已广泛应用,在 MRMR 和水力半径的基础上,Laubsche 提出的崩落法图表用来预测矿块崩落法的过渡带和自由崩落。目前,Laubscher 的崩落法图表是应用最广泛岩体可崩性的经验方法。

3.2.7.1 可崩性指标

McMahon 提出了预测可崩性等的可崩性指标(CI),可崩性指标采用从 1 到 10 的线性关系定义崩落法的难易程度,CI 为 10 时比 CI 为 1 时更难崩落(如图 3 – 19 所示),在几个影响崩落法的岩体地质力学特性指标中,可崩性指标(CI)仅考虑了结构面频率一个指标,该指标采用钻孔岩芯的 RQD 值,可崩性指标(CI)与 RQD 的关系如图 3 – 19 所示。

可崩性指标(CI)最大的缺点是仅仅采用了 RQD 单一指标预测岩体可崩性,而 RQD 值的方向性也是该方法更进一步的缺点。经验指标完全来源于 Climax 和 Urad 两个矿山,不能推广到其他地质力学环境或采矿条件。

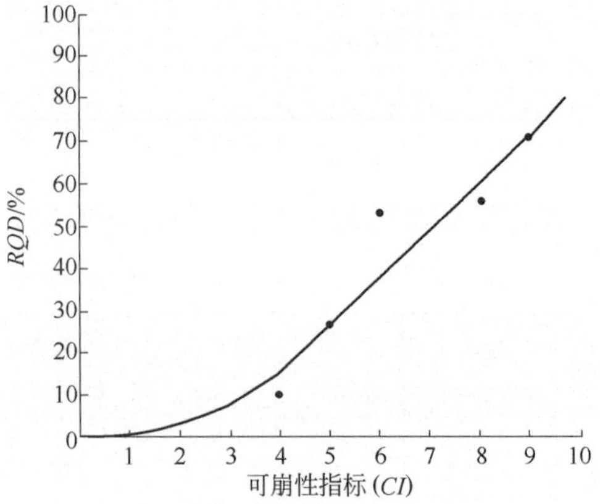

图 3 – 19   可崩性指标(CI)与 RQD 的关系图
(从克来梅克和犹拉德两个矿山提取参数)

3.2.7.2 Laubscher 的崩落法图表

Laubscher 的崩落法图表划分为三个带:稳定带、过渡带和崩落带(如图 3 – 20 所示),过渡带表示崩落已经开始但还未连续崩落,而崩落带表示发生持续不断的"自由崩落"。用于 Laubscher 崩落法图表中的研究案例反映了一个范围很广的岩体条件和开挖尺寸,其 MRMR 分类值为 13 ~ 77,水力半径在 9 ~ 52 m 之间。

应用 Laubscher 的崩落法图表评估岩体可崩性需要进行 MRMR 分类,得到 MRMR 分类值、原岩应力、崩落带和岩体中不连续面的相对方位。当计算出 MRMR 分类值后,从崩落法图表中"自由崩落"边界可以得出产生连续崩落的水力半径。Laubscher 的崩落法图表方法仅用于评估崩落带和过渡带时比较准确。

水力半径可用表面积除以暴露面的周长的比值来表示,即上盘的水力半径 $= \dfrac{\text{面积}}{\text{周长}} = \dfrac{XY}{(2X + 2Y)}$。如图 3 – 21 所示。

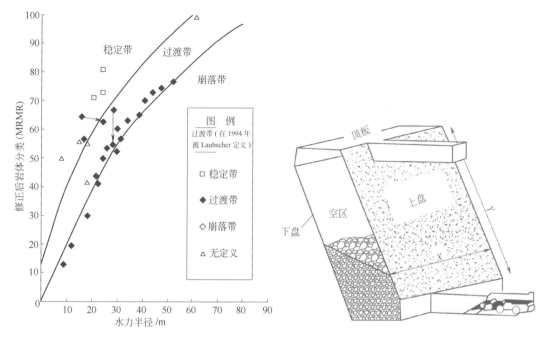

图 3 - 20　Laubscher 的崩落法图表
采矿数据来源 Laubscher(1994)和 Bartlett(1998)

图 3 - 21　水力半径确定方法的图解

3.3　原岩应力场测量

　　原岩应力是导致地下工程围岩变形、破坏的重要因素。原岩应力为岩体在天然状态下所存在的内应力,即人类工程活动之前存在于岩体中的应力,又称地应力、初始应力等。一般习惯把原岩应力分为自重应力场和构造应力场,由上覆岩体的自重所引起的应力称为自重应力,地层中由于过去地质构造运动产生和现在残存的应力称为构造应力。

　　对于地下工程,由于岩石介质在开挖之前就受到原岩应力的作用,开挖后的最终应力状态由原岩应力状态和开挖所诱发的应力合成。岩体中的原岩应力状态,在研究区域稳定性及岩体稳定性的工作中均具有重要意义。在采矿工程中,原岩应力的大小和方向是井巷工程断面形状优化设计、方位合理选择、井巷支护确定以及地压控制的主要依据。因此确定开挖前的原岩应力状态就成为设计分析之前必不可少的步骤。

3.3.1　原岩应力场的基本特征

　　1932 年,在美国胡佛水坝下的隧道中,首次成功地测定了岩体中的原岩应力;到目前原岩应力测点遍布全球,有几十万个测点,但大部分测试工作在浅部,目前最深的测点是在美国密执安州采用水压致裂法进行的,深度为 5108 m。1951 年,瑞典的哈斯特(Hast)成功地采用电感法测量原岩应力,并于 1958 年在斯堪的纳维亚半岛进行了系统的应力测量,首次证实了岩体中存在构造应力,提出原岩应力以压应力为主,埋深小于 200m 的地壳浅部岩体中,水平应力大于铅直应力,原岩应力随岩体埋深增大而逐渐增加的观点,使人们对原岩应力状态有了新的认识。

　　我国从 20 世纪 50 年代末开始进行原岩应力量测,至 60 年代才开始应用于生产实践,已有几万个测点,最深的测点为 3958 m。

185

根据原岩应力实测资料,分析影响原岩应力状态的因素和地壳表层原岩应力场的基本特征。

3.3.1.1 影响原岩应力状态的因素

A 地表形状

对于平坦的地面,平均铅垂应力分量应当接近深度应力。对于形状不规则的地表,任一点的应力状态可以认为是由深度应力和地表超载的不规则分布所引起的应力分量合成的。

把地表轮廓线性化,可以对后一种应力的作用加以估计。例如 V 形槽底部附近的地区可能会产生比铅垂应力分量更高的水平应力分量,即水平应力向负地形集中,向正地形释放,如图 3-22a。而在斜坡附近,应力方向发生偏转,如图 3-22b。在所有的情况下都可以预料,不规则的地表形状对一点应力状态的影响随着该点在地表下深度的增加而迅速降低。

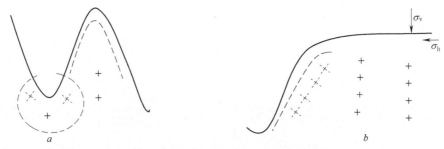

图 3-22 地表形状对原岩应力影响示意图
a—V 形槽底部附近的应力状况;b—斜坡附近的应力状况

自由临空面附近的应力重分布及应力集中作用是促使岩体内应力状态复杂化的一个重要因素。自由临空面包括地表的和地下的两类,前者主要是地表水流切割造成的;而后者则与各种成因的地下洞穴的形成有关。

值得一提的是,垂直于最大主应力的河谷段,临空面附近的应力集中程度要比平行于最大主应力的河谷段高得多。

B 侵蚀

设某深度 H_0 的一个岩石单元,该处初始侧压系数 λ_0,上覆岩体剥蚀了厚度 ΔH,使岩石单元受到卸载作用,卸载后,垂向应力 σ_v 减小了 $\gamma \Delta H$,水平应力 σ_n 则减少了 $\gamma \Delta H \mu / (1-\mu)$(按弹性卸载考虑),则此时岩石单元的侧压力系数为:

$$\frac{\lambda_0 \sigma_v - \gamma \Delta H \dfrac{\mu}{1-\mu}}{\gamma H_0 - \gamma \Delta H} = \lambda_0 + \left[\left(\lambda_0 - \frac{\mu}{1-\mu} \right) \Delta H \right] \times \frac{1}{H_0 - \Delta H} \qquad (3-62)$$

由于剥蚀后岩石单元埋深为:$H = H_0 - \Delta H$,所以:

$$\lambda(H) = \lambda_0 + \left[\left(\lambda_0 - \frac{\mu}{1-\mu} \right) \Delta H \right] \times \frac{1}{H} \qquad (3-63)$$

可见,由于上覆岩体被剥蚀,使侧压力系数 λ 有增加的趋势,当深度小于一定数值时,会出现水平应力 σ_h 大于垂直应力 σ_v。

以上的分析表明,地表受到侵蚀后,对地表下任一点的作用都是减少了岩石覆盖的厚度。侵蚀和地壳均衡使铅垂应力变小,同样,也使水平应力变小,但减少的数量较小。很明显,这些地质过程会导致周围应力的水平/铅垂应力比率增高,特别是在岩体的浅部。对这一问题的分析还说明水平/铅垂应力比随深度的增加而降低,如果所讨论的点的深度大大超过由于侵蚀作用而失去的覆盖层厚度,其水平/铅垂应力比就接近于发生侵蚀以前的值。

C 残余应力

残余应力可能与体积有限的材料内部发生的非均匀物理或化学过程有关。例如,岩体的非均匀冷却,或者岩体虽然是均匀冷却,但与其相邻的岩石单元的热膨胀系数不同,都会产生被局部"锁住"的应力状态。

除冷却外,岩石介质中各种局部的矿物变化也会引起残余应力的产生。岩体中的局部再结晶过程可能产生体积应变。矿物集合体含水量的变化,无论这种变化是由于物理或化学伴生水的吸收或渗出,还是由于伴生水的消除,都会产生应变和残余应力,它们原则上与空间非均匀冷却所产生的应变和残余应力相类似。

D 包体

岩体中包体是在原岩岩体的岩层之后生成的岩石单位。常见的包体具有喷出岩性质,例如岩墙、岩床以及诸如石英、萤石一类矿物的矿脉。岩体中包体的存在,可能以两种方式影响原岩应力状态。第一,如果包体是在抵抗围岩的水平被动阻力的压力作用下形成的,那么在垂直于包体平面的方向上会作用一个高应力分量。包体第二种可能的影响和包体与围岩变形模量的相对值有关。系统中的任何荷载,例如,这种荷载来源于原岩岩体中有效应力的变化,或者来源于构造活动在介质中引起的位移,在包体中产生的应力都与原岩岩体的应力值不同,或者更高,或者更低。较硬的包体将承受较高的应力状态,反之亦然。如果原岩与包体的弹性模量不同,原岩中靠近包体的地方就会出现很高的应力梯度。而相反,包体本身的应力状态却是比较均匀的。

E 地质构造

活动的构造应力对世界上大部分地区岩体的天然应力状态起着决定性的作用,而剩余构造应力作用仅局限于一些地区。

岩体中裂隙的存在,不论是作为有限连续的节理组,或是作为贯穿岩层的主要结构面,都影响了岩体中应力的平衡状态。隆起的岩体(如山脊)的铅垂方向的裂隙与水平应力分量低有关。事实上,岩体断裂本质上是一种能量耗散与应力重新分布的过程。非均匀应力场是形成断层,发生剪切或延伸滑动的自然结果。断裂的连续发生,例如一组断层切穿早先形成的另一组断层,可能导致整个介质中更加复杂的应力分布状况。对于一个三向受力的岩体,那些与最大主应力成 30°~40°左右交角的断裂,特别是这类方向的雁行式或断续直线式排列的断裂组,应力集中程度最高。尤其是在断裂端点、首尾错列段、局部拐点、分枝点或与其他断裂的交汇点,总之一切能对继续活动起阻碍作用的地方,都是应力高度集中的部位。

褶皱构造同样影响原岩应力场的分布,如背斜的两翼应力增大,中部应力降低;而向斜的两翼应力降低,核部应力增大。

3.3.1.2 浅部地壳地应力分布的基本规律

A 铅垂应力

绝大部分铅垂应力大致等于按平均密度 $\rho = 27.0\ \mathrm{kN/m^3}$ 计算出来的上覆岩体自重,如图3-23所示,铅垂应力 σ_v 常常是原岩应力的主应力之一,与单纯的自重应力场不同的是:在原岩应力场中,铅垂应力 σ_v 大都是最小

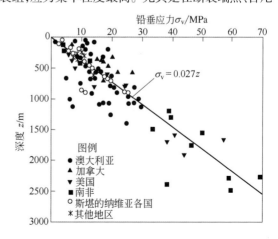

图3-23 铅垂应力与深度关系
(据 Hoek 和 Brown,1981)

主应力,少数为最大或中间主应力。

B 原岩水平应力

(1)原岩水平应力普遍大于铅垂应力,$\sigma_{h,av}/\sigma_v$ 的值一般为 0.5~5.0,大多数为 0.8~1.5,世界各国平均水平主应力与铅垂应力的关系如表 3-43 所示。

表 3-43 世界各国平均水平主应力与铅垂应力的关系

国家或地区	$\sigma_{h,av}/\sigma_v$			$\sigma_{h,max}/\sigma_v$
	<0.8	0.8~1.2	>1.2	
中 国	32	40	28	2.09
澳大利亚	0	22	78	2.95
加拿大	0	0	100	2.56
美 国	18	41	41	3.29
挪 威	17	17	66	3.56
瑞 典	0	0	100	4.99
南 非	41	24	35	2.50
前苏联	51	29	20	4.30
其他地区	37.5	37.5	25	1.96

(2)最大水平主应力和最小水平主应力一般相差较大,显示出很强的方向性。$\sigma_{h,min}/\sigma_{h,max}$ 一般为 0.2~0.8,多数为 0.4~0.8。世界部分地区两个水平主应力的比值如表 3-44 所示。

表 3-44 世界部分地区两个水平主应力的比值

实测地点	统计数目	$(\sigma_{h,min}/\sigma_{h,max})/\%$			
		0~0.25	0.25~0.5	0.5~0.75	0.75~1.0
斯堪的纳维亚	51	6	13	67	14
北 美	222	9	23	46	22
中 国	25	8	24	56	12
中国华北地区	18	11	22	61	6

C 原岩水平应力与铅垂应力的比值

绝大多数情况下平均原岩水平应力与铅垂应力的比值为 1.5~10.6,比值随深度增加而减小。图 3-24 是 Hoek—Brown 根据世界各地原岩应力测试结果得出的平均原岩水平应力($\sigma_{h,av}$)与铅垂应力(σ_v)比值随深度(z)的变化曲线。根据图 3-24,$\sigma_{h,av}/\sigma_v$ 比值有如下规律:

$$\left(0.3 + \frac{100}{z}\right) < \left(\frac{\sigma_{h,av}}{\sigma_v}\right) < \left(0.5 + \frac{1500}{z}\right) \tag{3-64}$$

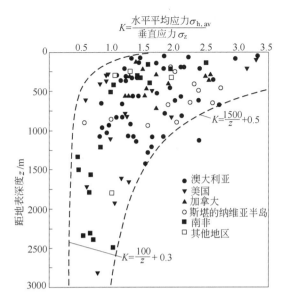

图 3 - 24　平均原岩水平应力与铅垂应力的比值与深度关系

3.3.2　原岩应力的测量

由于需要对开采前的应力状态进行可靠的估计,人们花费了大量精力研制原岩应力测试设备并探讨应力测量的方法。原岩应力实测方法因其所用传感器原理和结构的不同而有许多种,国际岩石力学学会(ISRM)试验专业委员会于 1987 年制定了规范性文件《岩石应力测定的建议方法》,汇集并推荐了最具代表性的比较成熟的五种方法,也是我国目前使用最普遍的主要方法,分别为扁平千斤顶法、孔径变形法、水压至致裂法、孔壁应变法和空心包体应变法,其中第二、第三种方法可以测得与钻孔轴线垂直截面上的原岩应力分量,属二维应力测量,后两种方法可以一次测得全部六个应力分量,属三维应力测量方法。

相对以上的直接测试法而言,近年来采用声发射(AE)方法测定原岩应力的技术发展很快,它利用岩石的凯塞尔(Kaiser)效应,即所谓的岩石"记忆"能力来确定它所承受的原岩应力大小和方向,凯塞尔(Kaiser)效应测试法属于间接测试法,可通过钻孔岩芯在室内进行原岩应力测试,相对简单易行。

根据原岩应力测试方法的不同,对目前采用的主要方法分述如下。

3.3.2.1　应力解除法

应力解除技术是在拟测点附近的一个小岩石单元周围切割出一个"槽子",使得这一小部分岩体不再承受旁侧岩体传来的应力。从刻槽前装置好的仪器测出由于这种应力解除而引起的应变。并根据有关岩石已知的应力—应变关系换算出解除前岩体内的应力。以其精度高、测值稳定可靠等优点,被广泛应用于岩土工程设计、矿产开采、地震研究等方面。

应力解除法所采用的钻孔传感器可分为位移传感器和应变传感器两类。孔径变形法、孔壁应变法和空心包体应变法的应力解除过程具有完全相同的步骤。

A　孔径变形法

这一方法是利用应力解除时钻孔直径的变化量为原始数据而计算出垂直于钻孔轴线的平面内的应力状态,并可通过三个互不平行钻孔的测量来确定一点的三维原岩应力状态。由美国矿业局(USBM)首创和应用,又称为 USBM 法。USBM 孔径变形计的适用孔径为 36～40mm。中科院武汉岩土所研制的 36－2 型钻孔变形计,其变形计的直径为 32mm,适应的测量孔直径为 36mm。

该方法要求在能取得完整岩芯的岩体中进行,一般至少要能取出达到大孔直径 2 倍长度的岩芯,因此在破碎和弱面多的岩体中,或在极高的原岩应力区岩芯发生"饼状"断裂情况下不宜使用。

该方法要求取出足够长的完整岩芯,一方面是保证直径变化测量的可靠性,确保处于弹性状态,弹性理论才是适用的;另一方面要用它测定岩石的弹性模量。

本方法是量测垂直于钻孔轴向平面内的孔径变形值,所以它与孔底平面应力解除法一样,也需要有三个不同方向的钻孔进行测定,才能最终得到岩体全应力的六个独立的应力分量。

B 孔壁应变法

在三维应力场作用下,一个无限体中的钻孔表面及周围的应力分布状态可以由现代弹性理论给出精确解。通过应力解除测量钻孔表面的应变即可求出钻孔表面的应力,进而精确地计算出原岩应力状态。三向应变计由南非科学与工业委员会(CSIR)首先研制应用,国际岩石力学学会(ISRM)《岩石应力测定的建议方法》将其定名为 CSIR 应变计。Leeman 和 Hayes(1966)以及 Worotnicki 和 Walton(1976)对软包体应变计作过描述,它是最简单的一种仪器,因为只需做一次应力解除就可测定场应力张量的全部分量。这种应变计最少由三组应变片花组成,每组应变片花有三个应变片,它们安装在可变形的基底或壳上。选取合适的环氧树脂或聚脂树脂将应变计与钻孔壁粘牢,应变计附近的应力解除会引起应变片花产生应变,其大小与钻孔壁原先的应变相等,但符号相反,因此,从测得的应变确定应力解除前钻孔壁的应变状态是很简单的。利用钻孔应变得这些观测数据,并通过岩石的弹性性质以及圆孔周围应力集中的表达式,可以推算出钻孔之前岩石的局部应力状态。

由于在 CSIR 孔壁应变计中,三组应变花直接粘贴在孔壁上,而应变花和孔壁之间接触面很小,如孔壁有裂隙缺陷,则很难保证胶结质量,如果胶结质量不好,应变计不能可靠工作,同时防水问题也很难解决,为了克服这些缺点,在 CSIR 应变计的基础上,开发了实心包体和空心包体应变测量,空心包体应变计[Hollow Inclusion (HI) Cell]是在预制的空心的环氧树脂外圆柱面上粘贴类似于 CSIR 元件上所布置的应变花而成的。使用时由安装仪定向地将应变计推进至测量孔的预定位置后,牢固地将应变计与孔壁岩石粘贴在一起。应力解除时,岩芯的弹性恢复牵制着应变计变形,取得原始测量数据。空心包体应变计于 20 世纪 70 年代由澳大利亚科学与工业研究院(CSIRO)首先研制,简记为 CSIRO 型应变计。图 3－25 为澳大利亚科学与工业研究院(CSIRO)研制的空心包体应变计[Hollow Inclusion (HI) Cell]。

根据承受三向应力的物体内圆孔周围应力分布问题的解(Leeman 和 Hayes,1966),通过钻孔应变观测资料可以确定场应力张量分量。图 3－26a 表示应力测量孔的方向,它由总体坐标系 xyz 中的倾角 α 和倾向线方向 β 来确定。相对于这些坐标轴,周围场应力分量(钻孔前)为 p_{xx}、p_{yy}、p_{zz}、p_{xy}、p_{yz}、p_{zx}。图 3－26a 也画出了一个钻孔的局部坐标系 l、m、n。n 的方向平行于钻孔的轴线,m 轴在水平面(x,y)内。钻孔局部坐标中的场应力分量 p_{ll},p_{lm} 等通过应力转换方程和下述旋转矩阵,容易变换为总体坐标下的分量 p_{xx},p_{zz} 等。

$$R = \begin{pmatrix} \lambda_{xl} & \lambda_{xm} & \lambda_{xn} \\ \lambda_{yl} & \lambda_{ym} & \lambda_{yn} \\ \lambda_{zl} & \lambda_{zm} & \lambda_{zn} \end{pmatrix} = \begin{pmatrix} -\sin\alpha\cos\beta & \sin\beta & \cos\alpha\cos\beta \\ -\sin\alpha\sin\beta & -\cos\beta & \cos\alpha\sin\beta \\ \cos\alpha & 0 & \sin\alpha \end{pmatrix} \qquad (3-65)$$

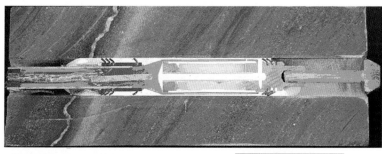
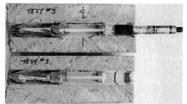

图 3 - 25　CSIRO 空心包体应变计[Hollow Inclusion（HI）Cell]

图 3 - 26b 中钻孔壁上一点的位置用 lm 平面上的 θ 角来表示，θ 反时针方向为正。对于各向同性弹性介质，这点的边界应力与局部应力之间存在如下关系：

$$\begin{cases} \sigma_{rr} = \sigma_r = \sigma_{rn} = 0 \\ \sigma_{\theta\theta} = p_{ll}(1 - 2\cos2\theta) + p_{mm}(1 + 2\cos2\theta) - 4p_{lm}\sin2\theta \\ \sigma_{nn} = p_{nn} + 2v(-p_{ll}\cos2\theta + p_{mm}\cos2\theta - 2p_{lm}\sin2\theta) \\ \sigma_{\theta n} = 2p_{mn}\cos\theta - 2p_{nl}\sin\theta \end{cases} \qquad (3-66)$$

式(3 - 66)定义了相对于 n,θ 坐标轴的非零边界应力分量 $\sigma_{\theta\theta},\sigma_{nn},\sigma_{\theta n}$，$n$ 轴与钻孔轴方向一致，θ 轴与正交方向一致，正交方向即 l,m 平面内钻孔边界的切线方向。在钻孔边界可以引入另一个右手直角坐标系 OA,OB，如图 3 - 26c 所示。这里 ψ 角表示从 n,θ 轴到 OA,OB 轴的旋转角度。边界应力沿 OA,OB 方向的法向分量由下式给出。

$$\begin{cases} \sigma_A = \dfrac{1}{2}(\sigma_{nn} + \sigma_{\theta\theta}) + \dfrac{1}{2}(\sigma_{nn} - \sigma_{\theta\theta})\cos2\psi + \sigma_{\theta n}\sin2\psi \\ \sigma_B = \dfrac{1}{2}(\sigma_{nn} + \sigma_{\theta\theta}) - \dfrac{1}{2}(\sigma_{nn} - \sigma_{\theta\theta})\cos2\psi - \sigma_{\theta n}\sin2\psi \end{cases} \qquad (3-67)$$

假设图 3 - 26c 中 OA 方向与测量孔壁应变状态的应变计方向和位置一致。因为应力解除过程中，孔边界上为平面应力状态，所以测得的正应变分量与局部边界应力分量间有下述关系：

$$\varepsilon_A = \frac{1}{E}(\sigma_A - \gamma\sigma_B) \text{ 或 } E\varepsilon_A = \sigma_A - v\sigma_B \qquad (3-68)$$

将 σ_A,σ_B 的表达式(3 - 67)代入式(3 - 68)，然后在得到的表达式中代入式(3 - 66)，于是得到孔壁局部应变状态与场应力之间的关系：

$$\begin{aligned} E\varepsilon_A = &\ p_{ll}\left\{\frac{1}{2}[(1-v) - (1+v)\cos2\psi] - (1-v^2)(1-\cos2\psi)\cos2\theta\right\} + \\ &\ p_{mm}\left\{\frac{1}{2}[(1-v) - (1+v)\cos2\psi] + (1-v^2)(1-\cos2\psi)\cos2\theta\right\} + \\ &\ p_{nn}\frac{1}{2}[(1-v) + (1+v)\cos2\psi] - p_{lm}2(1-v^2)(1-\cos2\psi)\sin2\theta + \\ &\ p_{mn}2(1+v)\sin2\psi\cos\theta - p_{nl}2(1+v)\sin2\psi\sin\theta \end{aligned} \qquad (3-69)$$

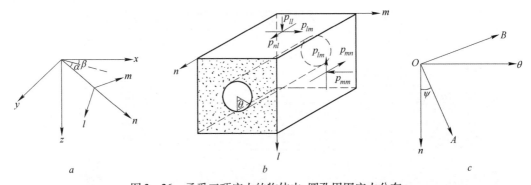

图 3 – 26   承受三项应力的物体内，圆孔周围应力分布

a—钻孔局部坐标轴的定义；b—钻孔局部坐标中的场应力分量；c—钻孔壁的坐标轴

或　　　　　　　　　　$a_1 p_{ll} + a_2 p_{mm} + a_3 p_{nn} + a_4 p_{lm} + a_5 p_{mn} + a_6 p_{nl} = b$　　　　　　　（3 – 70）

方程（3 – 69）与（3 – 70）表示：孔壁上某一位置，由角 θ 和 ψ 规定的方向上的应变状态可由场应力分量线性地确定。方程（3 – 70）的系数 $a_i (i = 1 \sim 6)$ 可以直接由测点位置和两个方向角，以及岩石的泊松比算出。所以，如果对孔壁上的 6 个位置/方向的应变状态获得了 6 个独立的观测值，就可以建立 6 个方程的联立方程组。写作：

$$Ap = b \qquad\qquad\qquad (3 - 71)$$

这里 p 是由应力分量 p_{ll}，p_{mm}，p_{nn}，p_{lm}，p_{mn}，p_{nl} 构成的列向量。只要对应变观测点的位置/方向作适当选择，保证得到非病态系数矩阵 $[A]$，那么，从方程（3 – 71）可以直接解出场应力 p_{ll}，p_{lm} 等。

实际设计的三向应变计能够提供的独立应变观测值通常都超过 6 个。从冗余观测值可以解出许多同样有效的场应力张量，在应力测定的影响区内，可用这些解确定周围应力状态的局部平均解。和定义场应力张量的各种参数一样，应力状态的实测值的可靠程度也是有限的。

3.3.2.2　压力枕测量

采用压力枕测量原岩应力为应力恢复法。当岩体应力被解除后，通过施加压力，使其恢复到原来的状态，以求得岩体应力解除时的应力值。其优点是：当决定岩体的应力时，不需测定岩体的应力应变关系。

为了用压力枕法顺利地确定现场应力，需要满足三个条件，即

（1）构成测试现场的硐室表面必须较少受到扰动；

（2）硐室的几何形状必须保证表示远场应力与边界应力关系的解具有封闭形式；

（3）岩体性态必须为弹性，因为引起位移的应力增量反向变化时，位移必须可以恢复。

第一和第三个要求实际上排除了用常规钻孔爆破形成的硐室作试验现场的可能性。与爆破和其他瞬态效应有关的开裂可能造成岩石中弹性应力分布的广泛扰动，并可能在测量过程中引起岩石的非弹性位移。第二个要求则规定了硐室必须具有简单的几何形状，其中圆形横截面的硐室最为方便。

图 3 – 27 为压力枕测量的原理图。压力枕由两块平行的金属板组成，大约 300mm 见方，两块板的边缘处焊接在一起。将单向导管连到液压泵上。选取能配合 DEMEC 变形计或类似变形计使用的两个测针，安装到岩石表面，这样就建立起垂直于测槽轴线方向的测量现场。两个测针之间的距离 d_0 是待测量。钻出一系列相互搭接的岩石钻孔，形成测槽，两个位移测点间的距离缩小。将压力枕用砂浆胶结在槽内，然后加压，使两个位移监测点间的距离恢复到初始值 d_0。抵消位移的压力等于开槽前岩石中已存在的、与槽的轴线方向垂直的法向应力分量。

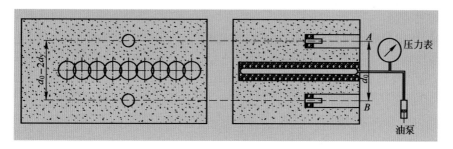

图 3 – 27　扁千斤顶试验装置

3.3.2.3　水压致裂法

水压致裂法在 20 世纪 50 年代被广泛应用于油田,通过在钻井中制造人工的裂隙来提高石油的产量。哈伯特(M. K. Hubbert)和威利斯(D. G. Willis)在实践中发现了水压致裂裂隙和原岩应力之间的关系,这一发现后来被费尔赫斯特(C. Fairhurst)和海姆森(B. C. Haimson)用于地应力测量。

水压致裂法是把高压水泵入到由栓塞隔开的试段中,将高压水通过管路压入密封段内,当钻孔试段中的水压升高时,钻孔孔壁的环向压应力降低,并在某些点出现拉应力。随着泵入的水压力不断升高,钻孔孔壁的拉应力也逐渐增大。当钻孔中水压力引起的孔壁拉应力达到孔壁岩石抗拉强度 σ_t 时,就在孔壁形成拉裂隙,水压致裂法原理图如图 3 – 28 所示。若设形成孔壁拉裂隙时,钻孔的水压力为 p_{c1},拉裂隙一经形成后,孔内水压力就要降低,然后达到某一稳定的压力 p_s,称为"封井压力"。这时,如人为地降低水压,孔壁拉裂隙将闭合,若再继续泵入高压水流,则拉裂隙将再次张开,这时孔内的压力为 p_{c2}(如图 3 – 29 所示)。

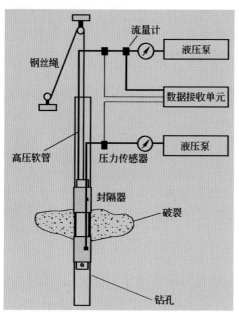

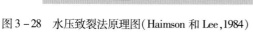

图 3 – 28　水压致裂法原理图(Haimson 和 Lee,1984)

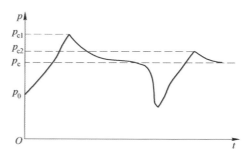

图 3 – 29　孔内压力随时间的变化曲线

为了解释水压致裂法试验得出的资料,需要确定水压破裂引起的裂隙方向。大量的实测资料表明,水压破裂引起的裂隙是铅直的,尤其是试段深度在 800 m 以下,铅直向是水压破坏引起裂隙的最常见方向。在实际工作中,水压破裂的方向可以用井下电视来观察,但最常用的是采用胶塞印痕方法,把裂隙压印于胶塞上,然后观察胶塞印痕方向。

水压致裂法计算水平天然应力的公式为:

$$\sigma_{h,max} = 3p_s + \sigma_t - p_{c1} \qquad (3-72)$$

$$\sigma_{h,min} = p_s \qquad (3-73)$$

σ_t 是孔壁岩石的抗拉强度,可以由试验本身来确定,因为使张裂隙再次开启时有:

$$3\sigma_{h,min} - \sigma_{h,max} = p_{c2} \qquad (3-74)$$

所以,由上二式,可得到孔壁岩石抗拉强度的计算公式为:

$$\sigma_t = p_{c1} - p_{c2} \qquad (3-75)$$

因此,通过水压致裂试验,只要确定 p_{c1},p_{c2} 和 p_s 值,就可用上面的公式计算出水平天然力 $\sigma_{h,max}$ 和 $\sigma_{h,min}$ 值,而铅直天然应力 σ_v 等于铅直自重应力。

水压致裂法能有效地利用已有钻孔进行深部的应力测试,最适应由地表向下作深孔应力测量的工程需要,是现有各种方法中所达测量深度最大的一种,最深测试深度已超过地表以下 5000 m。该法具有操作简便、无须知道岩体力学参数等优点,已被广泛应用于水电工程设计、铁路、公路的隧道选线、场地稳定性评价、核废料处理以及地学研究等领域。

应用该测试方法,可以得到垂直于钻孔平面的最大和最小应力的大小和方向。对于垂直钻孔,由不同深度的测试数据,可得到最大和最小水平主应力随深度变化规律。

3.3.2.4 凯塞尔(Kaiser)效应测量法

1950 年,德国学者 J·Kaiser 发现,受单向拉伸力作用的金属材料,在应力未达到材料所受的最大先期应力时,不会有明显的声发射(Acoustic Emission,简称 AE)出现,当应力超过过去的最大值时,声发射速率明显增加,这种声发射在从已经受过的应力水平转变为新的应力水平时,其特征性的增加,被称为 Kaiser 效应,并根据这个现象制订的无损检测法,进行过很多研究工作。1963 年,Goodman 通过实验验证了岩石材料也具有 Kaiser 效应现象,从而为应用这一技术测定岩体的天然应力状态奠定了基础。利用岩石声发射 Kaiser 效应测量地应力是日本电力中央研究所的金川忠于 1976 年在东京举行的第三届声发射讨论会上提出来的,在 20 世纪 80 年代,美国宾州大学的 Hardy 教授指导张大伦也进行了声发射 Kaiser 效应试验研究,张大伦发现声发射活动性与应力曲线上有几个突变点,他认为分别代表几个主应力值。Chunlin Li 等、B. J. Pestman 等及 D. J. Holcomb 等对 AE 法应力测量基本理论进行了详细的研究。在 1986 年斯德哥尔摩举行的国际岩石应力与岩石应力测量讨论上,加拿大的 Hudson 发表了将 Kaiser 效应作为应力测量一种方法的常规操作程序和实际工艺的文章。由于该方法相对现场地应力实测简便、易行、节省投资,因此,在岩石力学及工程地质领域具有诱人的应用前景。

A 岩石凯塞尔效应的微观机理

岩石的声发射现象实际上是来源于其内部显微缺陷的受力扩展,而岩石的每一次受力,都会使其内部组织结构产生与荷载大小及方向相适应的显微破裂系统,再次加载时,如果荷载小于先期荷载,则先期形成的缺陷不会发生进一步破裂,因此也就几乎没有声发射出现,一旦荷载达到并超过先期荷载,已有的裂纹即将进一步扩展,声发射随之开始大量持续出现,这就是凯塞尔效应的基本机理。图 3 - 30 为岩石凯塞尔效应的微观机理示意图。

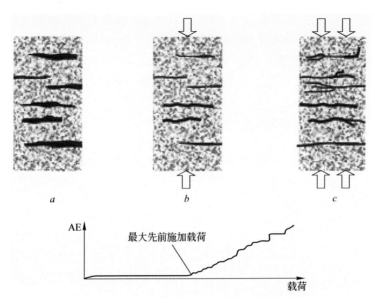

图 3 - 30　岩石凯塞尔效应的微观机理示意图

a—应力释放后在岩石试样中形成的微破裂和不连续面;b—加载至先前承受的最大荷载时微

破裂和不连续面闭合;c—超过先前承受的最大荷载后,微破裂和不连续面扩大

B　Kaiser 效应测试

采用反复加卸载试验方法进行原岩应力凯塞尔效应测试,最简单的凯塞尔效应测试系统组成如图 3 - 31 所示。对岩石试件进行反复加载试验时,按下面的次序进行:

(1) AE 探头牢固地固定在试样上;

(2) 启动监测器装置,将装有垫块、AE 探头的试件定位,为了减轻油压源的振动噪声,在试样两端夹入滤纸;

(3) 启动监测器的记录装置对加载试验中的 AE、荷载、变形进行监测和记录;

(4) 加载装置处于变形控制状态,使 AE 试验体与加载板接触,首先试加约 2.5kN 荷载;

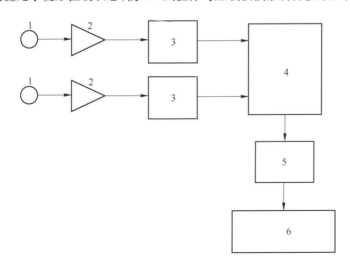

图 3 - 31　凯塞尔效应测试系统组成

1—AE 传感器;2—前置放大器;3—过滤器;4—信号处理器;5—计数器;6—计算机

（5）确定循环加载方式,循环加载应力为根据试件采取深度和岩性推断的假想垂直应力的 2.0~3.0倍,最后一个循环加载直至岩样破坏,循环加载时卸载后的荷载值可设定为 2.5 kN。

（6）在试样加载板上人为敲击,确认 AE 测试所设置参数能排除外界噪声的干扰;

（7）对 AE 试验体按⑤设定的模式加载。试验过程中,监测 AE、荷载和变形。

C　原岩应力计算

图 3－32 为采用反复加卸载试验方法得出的某一方向原岩应力值的原理图,因为应力张量

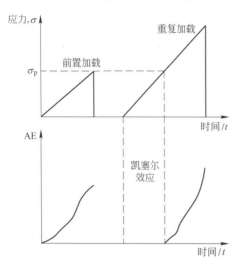

图 3 - 32　反复加卸载试验测试
原岩应力值原理图

有六个分量（三个正应力、三个剪应力）,为了测定应力张量,需要测量六个独立的正应力。

$$\boldsymbol{\sigma} = \begin{pmatrix} \sigma_{xx} & \tau_{xy} & \tau_{xz} \\ \tau_{yx} & \sigma_{yy} & \tau_{yz} \\ \tau_{zx} & \tau_{zy} & \sigma_{zz} \end{pmatrix} \qquad (3-76)$$

对于一个矿山,定义北为（X）轴、东为（Y）轴、垂向为（Z）轴的右手直角坐标系,确定应力分量的显式为:

$$\sigma_n = l_x^2 \sigma_{xx} + l_y^2 \sigma_{yy} + l_z^2 \sigma_{zz} + 2(l_x l_y \tau_{xy} + l_y l_z \tau_{yz} + l_z l_x \tau_{zx})$$
$$(3-77)$$

式中,σ_n 是通过声发射凯塞尔效应测试得出的某一个岩石试样的原岩应力,它的方位由单位向量 $l_x \boldsymbol{i} + l_y \boldsymbol{j} + l_z \boldsymbol{k}$ 确定,通过应力张量的标准特征值分析可以测定原岩应力。

3.4　计算岩体力学

岩石力学中的数值分析方法因其通用性强,可以模拟各种复杂情况,方便灵活,易于修改,能反复进行试验,并且相对讲耗资少,在工程界得到广泛的应用。数值分析方法在采矿工程中的广泛应用,对采矿工程的设计、开采过程分析和监测反演都产生了重大影响。采矿工程是采用数值分析方法较早的领域之一,目前也是应用较为普及的行业之一。

在采矿工程中所用的数值分析方法有:有限差分法、有限单元法、边界单元法、加权余量法、离散元法、无界元法,以及有限元与边界元的耦合等。有限单元法因其在模拟多种介质的非均匀性、工程开挖、充填及支护等方面的灵活性,在处理复杂结构、复杂边界及载荷条件方面显示出的独特性,为岩石力学领域中应用最广泛的数值分析方法,广泛地用于工程分析的各个领域。离散元法等其他数值方法在平衡状态下的性能与有限元相似,而当单元失去平衡时,在外力作用下产生运动直到获得新的平衡为止;在分析地下空间的围岩、边坡稳定等问题时,能够更有效地描述不连续体的大位移和接触问题。

3.4.1　有限单元法概况

有限单元法的思想形成于 20 世纪 40 年代,特纳（M. J. Turner）等人在分析航空工程飞行结构的应力时于 1956 年得出的成果。有限单元法（Finite Element Method,缩写为 FEM）这一名称则于 1960 年由克拉夫（R. W. Clough）在其有关结构计算分析的论文中首次提出。1966 年,布里

克(W. Blake)最先应用有限单元法解决地下工程岩石力学问题。我国对有限单元法的应用始于20世纪60年代初,有限单元法在岩石力学中的应用,是40多年来岩石力学最重大的进展之一。

有限单元法分析一般包括以下主要过程:

(1)前处理。建立实体模型,离散计算区域。

(2)有限单元分析。推导单元插值函数,进行单元分析,单元组装形成方程并求解。

(3)后处理。输出计算结果。

在岩石力学领域,与传统的极限平衡法等结构分析方法相比,有限单元法的优点主要有:

(1)可以模拟复杂的地貌、地质条件和不同的开挖方式、开挖步骤、支护方法。

(2)不需事先假定破坏面的形状或位置。

(3)考虑了变形协调条件和本构方程,保证了理论体系的严密性。

(4)可提供包括应力、应变、渗流等力学量的全部信息。

3.4.1.1 有限单元法基本原理

有限单元法把连续介质转化为离散介质(单元)的组合,各单元通过节点联系,单元内位移由结点位移通过形函数插值获得,通过变分原理或虚功原理建立求解结点位移的联立方程,然后再用结点位移计算单元内应变,最后计算单元内应力。

采用时步增量型格式,第 n 时步的结点位移增量 $\Delta\boldsymbol{\delta}_t^e$ 与单元内部位移增量 $\{\Delta u\}_t$ 分别为:

$$\Delta\boldsymbol{\delta}_t^e = (\Delta u_1 \ \Delta v_1 \ \Delta w_1 \ \Delta u_2 \ \Delta v_2 \ \Delta w_2 \cdots)^T \tag{3-78}$$

$$\Delta\boldsymbol{u}_t = (\Delta u \ \Delta v \ \Delta w)^T \tag{3-79}$$

单元内部的位移增量可以由结点位移增量通过形函数插值得到,即:

$$\Delta\boldsymbol{u}_t = \boldsymbol{N}\Delta\boldsymbol{\delta}_t^e \tag{3-80}$$

式中 $\boldsymbol{N}$——单元形函数矩阵。

按小变形假定,单元内部的应变增量为:

$$\Delta\boldsymbol{\varepsilon}_t = \boldsymbol{B}\Delta\boldsymbol{\delta}_t^e \tag{3-81}$$

按弹性理论:

$$\Delta\boldsymbol{\sigma}_t = \boldsymbol{D}\Delta\boldsymbol{\varepsilon}_t = \boldsymbol{S}\Delta\boldsymbol{\delta}_t^e \tag{3-82}$$

$$\boldsymbol{S} = \boldsymbol{DB}$$

式中 $\boldsymbol{D}$——弹性矩阵;

$\boldsymbol{B}$——应变矩阵;

$\boldsymbol{S}$——应力矩阵。

面力、体力等外荷载按静力等效原理分配到相关结点上:

$$\Delta\boldsymbol{F}_t^e = (\Delta F_{1x} \ \Delta F_{1y} \ \Delta F_{1z} \ \Delta F_{2z} \ \Delta F_{2y} \ \Delta F_{2z} \cdots)^T$$

$$= \iiint_{\Omega_e} \boldsymbol{N}^T \Delta \boldsymbol{V} d\Omega + \iint_{\Gamma_e} \boldsymbol{N}^T \Delta\boldsymbol{p} d\Gamma + \boldsymbol{N}^T \Delta\boldsymbol{q} \tag{3-83}$$

式中 $\Delta\boldsymbol{V}$——体力增量向量;

$\Delta\boldsymbol{p}$——面力增量向量;

$\Delta\boldsymbol{q}$——集中力增量向量。

根据虚功原理,可推导出平衡方程:

$$\iiint_{\Omega_e} \boldsymbol{B}^T \Delta\boldsymbol{\sigma}_t d\Omega = \Delta\boldsymbol{F}_t^e \tag{3-84}$$

将式(3-82)带入平衡方程(3-84),得到单元结点力与结点位移之间的关系为:

$$\boldsymbol{k}^e \Delta\boldsymbol{\delta}_t^e = \Delta\boldsymbol{F}_t^e \tag{3-85}$$

式中

$$k^e = \iiint\limits_{\Omega_e} \boldsymbol{B}^T \boldsymbol{D} \boldsymbol{B} d\Omega \qquad (3-86)$$

式中 k^e——单元刚度矩阵。

利用式(3-85),通过绕结点组合,既可给出全体结点位移增量与全体结点荷载增量的关系:

$$\boldsymbol{k} \Delta \boldsymbol{\delta}_t = \Delta \boldsymbol{F}_t \qquad (3-87)$$

式中 $\boldsymbol{k}$——整体刚度矩阵;

$\Delta \boldsymbol{\delta}_t$——整体位移向量;

$\Delta \boldsymbol{F}_t$——整体荷载向量。

由式(3-90)解出位移增量,带入式(3-81)计算各单元内部的应变增量,再由式(3-82)计算各单元内部的应力增量,以上各量分别叠加后,即可得出在某一时步下结构的结点位移、单元应变和应力总量 $\boldsymbol{\delta}_t$、$\boldsymbol{\varepsilon}_t$、$\boldsymbol{\sigma}_t$。

3.4.1.2 三维有限元法

三维有限元分析方法与二维有限元分析方法类似,其基本思想是将分析介质——连续体离散为仅在节点相连的诸单元,荷载移植于节点,利用插值函数并考虑边界条件,由矩阵力法或矩阵位移法方程组统一求解连续结构体的应力场和位移场。

A　连续体的离散化

将研究对象——分析介质作为连续体,第一步是将连续体离散化,即将整个连续体用有限个在节点处相连续的单元构成的组合体来替代,从而形成一个有限单元系统。为了提高精度,三维空间问题分析中采用的是 20 节点的等参数单元,对于应力集中的位置或工程实践中的关键部位都采用几何较小的单元。

令:单元总数是 M,节点总数是 N,其节点位移向量:

$$\boldsymbol{\delta} = (\delta_1, \delta_2, \cdots, \delta_N)^T \qquad (3-88)$$

对于空间问题:$\boldsymbol{\delta}_i = \begin{pmatrix} u_i \\ v_i \\ w_i \end{pmatrix}$,$u_i$、$v_i$、$w_i$ 分别为 i 节点的位移在 X、Y、Z 方向上的分量。

B　插值函数和雅可比矩阵

对于一个 20 个节点的三维等参单元,单元内任意点的坐标可以写成:

$$\begin{pmatrix} x \\ y \\ z \end{pmatrix} = \boldsymbol{N} \begin{pmatrix} x_1 \\ y_1 \\ z_1 \\ \vdots \\ x_{20} \\ y_{20} \\ z_{20} \end{pmatrix} \qquad (3-89)$$

式中,$\boldsymbol{N}$ 是插值函数,写为:

$$\boldsymbol{N} = \begin{pmatrix} N_1 & 0 & 0 & N_2 & 0 & 0 & \cdots & N_{20} & 0 & 0 \\ 0 & N_1 & 0 & 0 & N_2 & 0 & \cdots & 0 & N_{20} & 0 \\ 0 & 0 & N_1 & 0 & 0 & N_2 & \cdots & 0 & 0 & N_{20} \end{pmatrix} \qquad (3-90)$$

式中

$$N_1 = g_1 - \frac{1}{2}(g_9 + g_{12} + g_{17})$$

$$N_2 = g_2 - \frac{1}{2}(g_9 + g_{10} + g_{18})$$

$$N_3 = g_3 - \frac{1}{2}(g_{10} + g_{11} + g_{19})$$

$$N_4 = g_4 - \frac{1}{2}(g_{11} + g_{12} + g_{20})$$

$$N_5 = g_5 - \frac{1}{2}(g_{13} + g_{16} + g_{17})$$

$$N_6 = g_6 - \frac{1}{2}(g_{13} + g_{14} + g_{18})$$

$$N_7 = g_7 - \frac{1}{2}(g_{14} + g_{15} + g_{19})$$

$$N_8 = g_8 - \frac{1}{2}(g_{15} + g_{16} + g_{20})$$

$$N_i = g_i (i = 9, 10, \cdots, 20)$$

$$(3-91)$$

若节点 i 不出现，$g_i = 0$，否则有：

$$g_i = G(\zeta, \zeta_i) G(\eta, \eta_i) G(\xi, \xi_i)$$

当 $\beta_i = \pm 1$ 时，$G(\beta, \beta_i) = \frac{1}{2}(1 + \beta\beta_i)$

当 $\beta_i = 0$ 时，$G(\beta, \beta_i) = 1 - \beta^2, \beta = \zeta, \eta, \xi$

进而求出总坐标系中的变量与自然坐标系的变量的偏导数之间的关系式：

$$\begin{pmatrix} \dfrac{\partial}{\partial \zeta} \\ \dfrac{\partial}{\partial \eta} \\ \dfrac{\partial}{\partial \xi} \end{pmatrix} = \boldsymbol{J} \begin{pmatrix} \dfrac{\partial}{\partial x} \\ \dfrac{\partial}{\partial y} \\ \dfrac{\partial}{\partial z} \end{pmatrix} \qquad (3-92)$$

其中，雅可比矩阵 $\boldsymbol{J}$ 是：

$$\boldsymbol{J} = \begin{pmatrix} \dfrac{\partial x}{\partial \zeta} & \dfrac{\partial y}{\partial \zeta} & \dfrac{\partial z}{\partial \zeta} \\ \dfrac{\partial x}{\partial \eta} & \dfrac{\partial y}{\partial \eta} & \dfrac{\partial z}{\partial \eta} \\ \dfrac{\partial x}{\partial \xi} & \dfrac{\partial y}{\partial \xi} & \dfrac{\partial z}{\partial \xi} \end{pmatrix} \qquad (3-93)$$

因为坐标系和自然坐标系的变换是一一对应，雅可比矩阵是可逆的，于是：

$$\begin{pmatrix} \dfrac{\partial}{\partial x} \\ \dfrac{\partial}{\partial y} \\ \dfrac{\partial}{\partial z} \end{pmatrix} = \boldsymbol{J}^{-1} \begin{pmatrix} \dfrac{\partial}{\partial \zeta} \\ \dfrac{\partial}{\partial \eta} \\ \dfrac{\partial}{\partial \xi} \end{pmatrix} \qquad (3-94)$$

C 位移、应变和应力

单元内任一点的位移是：

$$\begin{pmatrix} u \\ v \\ w \end{pmatrix} = N\boldsymbol{\delta}^{e} \tag{3-95}$$

式中 $\boldsymbol{\delta}^{e}$——单元各节点位移，$\boldsymbol{\delta}^{e} = (u_1, v_1, w_1, u_2, v_2, w_2, \cdots, u_{20}, v_{20}, w_{20})^{T}$；

N——由公式(3-90)表示的插值函数矩阵。

任意一点的应变是：

$$\boldsymbol{\varepsilon} = (\varepsilon_x, \varepsilon_y, \varepsilon_z, \gamma_{zy}, \gamma_{zx}, \gamma_{xy})^{T} = L\begin{pmatrix} u \\ v \\ w \end{pmatrix} \tag{3-96}$$

式中，算子矩阵 L 是：

$$L = \begin{pmatrix} \dfrac{\partial}{\partial x} & 0 & 0 \\[2mm] 0 & \dfrac{\partial}{\partial y} & 0 \\[2mm] 0 & 0 & \dfrac{\partial}{\partial z} \\[2mm] 0 & \dfrac{\partial}{\partial z} & \dfrac{\partial}{\partial y} \\[2mm] \dfrac{\partial}{\partial z} & 0 & \dfrac{\partial}{\partial x} \\[2mm] \dfrac{\partial}{\partial y} & \dfrac{\partial}{\partial x} & 0 \end{pmatrix}$$

将式(3-95)代入式(3-96)中，得：

$$\boldsymbol{\varepsilon} = LN\boldsymbol{\delta}^{e} = B\boldsymbol{\delta}^{e} \tag{3-97}$$

式中

$$B = (B_1, B_2, \cdots, B_i, \cdots, B_{20}) \tag{3-98}$$

$$B_i = LN_i = \begin{pmatrix} \dfrac{\partial N_i}{\partial x} & 0 & 0 \\[2mm] 0 & \dfrac{\partial N_i}{\partial y} & 0 \\[2mm] 0 & 0 & \dfrac{\partial N_i}{\partial z} \\[2mm] 0 & \dfrac{\partial N_i}{\partial z} & \dfrac{\partial N_i}{\partial y} \\[2mm] \dfrac{\partial N_i}{\partial z} & 0 & \dfrac{\partial N_i}{\partial x} \\[2mm] \dfrac{\partial N_i}{\partial y} & \dfrac{\partial N_i}{\partial x} & 0 \end{pmatrix} \tag{3-99}$$

应力向量 $\boldsymbol{\sigma}$ 为：

$$\boldsymbol{\sigma} = (\sigma_x, \sigma_y, \sigma_z, \sigma_{yz}, \sigma_{zx}, \sigma_{xy})^{T} = f(\boldsymbol{\varepsilon}) \tag{3-100}$$

对于线性弹性材料,物理方程式为:

$$\boldsymbol{\sigma} = \boldsymbol{D}\boldsymbol{\varepsilon} \tag{3 - 101}$$

式中,$\boldsymbol{D}$——弹性矩阵,对各向同性介质。

$$\boldsymbol{D} = \frac{E}{(1+\mu)(1-2\mu)}\begin{pmatrix} 1-\mu & \mu & \mu & 0 & 0 & 0 \\ \mu & 1-\mu & \mu & 0 & 0 & 0 \\ \mu & \mu & 1-\mu & 0 & 0 & 0 \\ 0 & 0 & 0 & \frac{1}{2}(1-2\mu) & 0 & 0 \\ 0 & 0 & 0 & 0 & \frac{1}{2}(1-2\mu) & 0 \\ 0 & 0 & 0 & 0 & 0 & \frac{1}{2}(1-2\mu) \end{pmatrix}$$

D　单元的平衡条件

在离散化的连续体中取出任一单元作为隔离体进行分析。单元承受下列载荷:面力 $\boldsymbol{p}$、体积力 $\boldsymbol{v}$、等效节点力 $\boldsymbol{F}_e$,在这些外力作用下,隔离体处于平衡状态,且在各节点处产生了位移 $\boldsymbol{\delta}^e$ 和在单元内部产生了应力 $\boldsymbol{\sigma}$。

对于任意的虚节点位移 $\boldsymbol{\delta}_a$,单元内任意点的虚位移则是 $\boldsymbol{\delta}_u = \boldsymbol{N}\boldsymbol{\delta}_a$,而虚应变则是 $\boldsymbol{\delta}_\varepsilon = \boldsymbol{B}\boldsymbol{\delta}_a$,虚功方程则是:

$$\int_{v_e} \boldsymbol{\delta}_\varepsilon^{\mathrm{T}}\boldsymbol{\sigma}\mathrm{d}v = \int_{v_e} \boldsymbol{\delta}_u^{\mathrm{T}}\boldsymbol{v}\mathrm{d}v + \int_{s_e} \boldsymbol{\delta}_u^{\mathrm{T}}\boldsymbol{p}\mathrm{d}s + \boldsymbol{\delta}_a^{\mathrm{T}}\boldsymbol{F}_e \tag{3 - 102}$$

上式表示,在平衡条件下,单元的外力虚功等于内力虚功。式中,v_e 表示单元的体积,s_e 表示有分布力的面积。将式(3-102)化简为:

$$\int_{v_e} \boldsymbol{B}^{\mathrm{T}}\boldsymbol{\sigma}\mathrm{d}v = \boldsymbol{P}_e + \boldsymbol{V}_e + \boldsymbol{F}_e \tag{3 - 103}$$

式中

$$\left.\begin{array}{l} \boldsymbol{V}_e = \int_{v_e} \boldsymbol{N}^{\mathrm{T}}\boldsymbol{v}\mathrm{d}v \\[2mm] \boldsymbol{P}_e = \int_{s_e} \boldsymbol{N}^{\mathrm{T}}\boldsymbol{p}\mathrm{d}s \end{array}\right\} \tag{3 - 104}$$

$\boldsymbol{V}_e$ 和 $\boldsymbol{P}_e$ 是作用在单元节点上的荷载向量,分别被称为体力和面力的等效节点力。

由公式(3-97)和式(3-101),式(3-103)可写成如下:

$$\boldsymbol{K}_e\boldsymbol{\delta}_e = \boldsymbol{V}_e + \boldsymbol{P}_e + \boldsymbol{F}_e \tag{3 - 105}$$

式中,$\boldsymbol{K}_e = \int_{v_e} \boldsymbol{B}^{\mathrm{T}}\boldsymbol{D}\boldsymbol{B}\mathrm{d}v$ 为单元刚度矩阵。

E　连续体有限单元系统的总体分析

所谓总体分析就是对各个单元进行组集,即由各个单元节点的平衡方程,形成整个系统中节点的平衡方程。

由单元平衡方程(3-95),把系统中 M 个单元的平衡条件相加,得到整个系统的平衡方程:

$$\boldsymbol{K}\boldsymbol{\delta} = \boldsymbol{V} + \boldsymbol{P} \tag{3 - 106}$$

式中,$\boldsymbol{K}$ 是系统的刚度矩阵(或称总体刚度矩阵);$\boldsymbol{V}$、$\boldsymbol{P}$ 分别是系统的体力和面力的等效节点力,在推导过程中利用了这样的条件:$\sum_{i=1}^{M} \boldsymbol{F}_{e_i} = 0$,在单元分析中可知,$\boldsymbol{F}_e$ 是作用在单元节点上的单元之间相互作用的内力。根据牛顿第三定律,这必然是大小相等方向相反的一对力,在节点处其合力应该为零。

若令 $R = V + P$ 为总荷载向量,方程(3 – 106)变为:

$$K\delta = R \qquad\qquad (3 - 107)$$

这是一个以节点位移为未知数的大型代数方程组,对于空间问题,则是 $3N$ 个方程,每一个方程都表示节点沿某一个方向是平衡的。

由于总体刚度矩阵 K 的奇异性,现在尚不能直接求解方程(3 – 107),这时必须引进位移边界条件。位移边界条件分两种:一种是节点沿某一方向的位移规定为零的位移约束条件,一种是在连续体边界条件的某些节点上已知不等于零的位移值(强制位移)。在考虑系统的位移边界条件之后,方程组变成正定的代数方程组,便可以求解出连续体各节点位移,进而计算出各单元的应变和应力。

3.4.1.3 弹塑性问题的有限元法

采矿工程中所有的问题都是非线性的,为了适应采矿工程问题的需要,在解决某些具体工程问题时,往往忽略一些次要因素,将它们近似地作为线性问题处理,但必须注意到解决采矿工程问题,应用非线性理论才能得到符合实际的结果,为适应采矿工程应用的需要,非线性有限元是目前进行非线性问题数值计算中最有效的方法之一。

非线性问题可以分为以下三类:

(1) 材料非线性。材料非线性问题是由材料的非线性应力应变关系(本构关系)引起的,这类问题表现为非线性弹性与弹塑性。

另一类材料非线性是某些材料在常应力条件下,变形与时间有关,即产生徐变,徐变随着载荷作用期的延长而增大。

(2) 几何非线性。几何非线性是由结构变形的大位移所造成的。

(3) 边界非线性。若材料是弹性的,变形又是小变形,但由于边界条件的变化也会产生非线性。边界非线性问题最多的是接触问题。

在采矿工程中,非线性问题主要是材料非线性问题及几何非线性问题。弹塑性问题是典型的材料非线性问题,在数学上表现为 D 是应力的函数,即 $D = D^{ep}(\sigma, \Delta\sigma)$。

A 弹塑性本构关系

理论上,已有的本构模型主要有:弹性理论,非线性弹性理论,弹塑性理论,黏弹性、黏塑性理论,断裂力学理论,损伤力学理论和内时理论等。在变形体材料加载后卸载时产生不可恢复的变形称为塑性变形,基于这一现象,建立了塑性理论,弹塑性增量理论要对以下三个方面作出基本假定。

a 屈服准则

屈服准则是一个可以用来与单轴测试的屈服应力相比较的应力状态的标量表示。因此,知道了应力状态和屈服准则,程序就能确定是否有塑性应变产生。

屈服准则的值有时候也叫作等效应力,当等效应力超过材料的屈服应力时,将会发生塑性变形。

对单向受拉试件,我们可以通过简单的比较轴向应力与材料的屈服应力来决定是否有塑性变形发生,然而,对于一般的应力状态,是否到达屈服点并不是明显的。

Von Mises 屈服准则

一个通用的屈服准则是 Von Mises 屈服准则,可以在主应力空间中画出 Mises 屈服准则,见图 3 – 33。

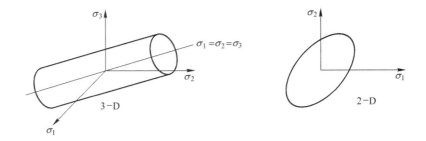

图 3 – 33   Von Mises 屈服准则

Von Mises 屈服准则与三个切应力有关,用应力不变量可表示为:

$$f(J_2) = \sqrt{3J_2} - k = 0 \qquad (3-108)$$

在 3 – D 中,屈服面是一个以 $\sigma_1 = \sigma_2 = \sigma_3$ 为轴的圆柱面,在 2 – D 中,屈服面是一个椭圆,在屈服面内部的任何应力状态,都是弹性的,屈服面外部的任何应力状态都会引起屈服。静水压应力状态($\sigma_1 = \sigma_2 = \sigma_3$)不会导致屈服:屈服与静水压应力无关,而只与偏差应力有关,Mises 屈服准则是一种除了土壤和脆性材料外典型使用的屈服准则,在土壤和脆性材料中,屈服应力是与静水压应力(侧限压力)有关的,侧限压力越高,发生屈服所需要的剪应力越大。

Mohr-Comlomb 强度准则

该理论考虑了材料抗拉、抗压强度的不同,适用于脆性材料,广泛应用于岩石、混凝土和一些土木工程材料中。这一理论的破坏条件表达式为:

$$|\tau| = c - \tan\varphi \qquad (3-109)$$

取破坏包络线为直线,当莫尔圆与破坏线相切时,可得到应力不变量表示式为:

$$f(I_1, J_2, \theta) = \frac{1}{3}I_1\sin\varphi + \sqrt{J_2}\sin\left(\theta + \frac{\pi}{3}\right) + \frac{\sqrt{J_2}}{\sqrt{3}}\cos\left(\theta + \frac{\pi}{3}\right)\sin\varphi - c\,\cos\varphi = 0 \quad (3-110)$$

Mohr—Comlomb 破坏曲面为非正六边形锥形,其子午线为直线,在 π 平面上为非正六边形。

Drucker—Prager 强度准则

Mohr—Comlomb 为不规则六边形,转角尖点处计算较繁杂、困难,Drucker—Prager 提出了修正 Mohr—Comlomb 强度准则,并克服了 Von Mises 准则与静水压力无关的缺点,在应力空间屈服面为一圆锥形。

该强度准则的表达式为:

$$f(I_1, J_2) = \alpha I_1 + \sqrt{J_2} - k = 0 \qquad (3-111)$$

式中,α, k 为待定材料参数。该强度准则的破坏面为圆锥体,圆锥体的大小(锥度)可通过 α, k 两个参数来调整。若锥面与莫尔受压子午线($\theta = 60°$ 时)相外接,则:

$$\alpha = \frac{2\sin\phi}{\sqrt{3}(3 - \sin\phi)} \qquad k = \frac{6c\,\cos\phi}{\sqrt{3}(3 - \sin\phi)} \qquad (3-112)$$

若锥面与莫尔受拉子午线相吻合,则:

$$\alpha = \frac{2\sin\phi}{\sqrt{3}(3 + \sin\phi)} \qquad k = \frac{6c\,\cos\phi}{\sqrt{3}(3 + \sin\phi)} \qquad (3-113)$$

b   流动准则

流动准则描述了发生屈服时,塑性应变的方向,也就是说,流动准则定义了单个塑性应变分量(ε_x^{pl},ε_y^{pl} 等)随着屈服是怎样发展的。

一般来说,流动方程是塑性应变在垂直于屈服面的方向发展的屈服准则中推导出来的。这种流动准则称作相关流动准则,如果不用其他的流动准则(从其他不同的函数推导出来)。则称作不相关的流动准则。

c 强化准则

屈服面随着塑性变形等内变量的变化而发展的规律称为强化准则。相当于一维应力状态下,材料达到初始屈服条件后,其屈服极限是不变的(理想弹塑性)、还是提高(硬化弹塑性)或是降低(软化)的法则。

一般来说,屈服面的变化是以前应变历史的函数,由于强化规律比较复杂,人们依据材料的试验资料建立了多种强化模型,其中最常用的有等向强化和随动强化两种强化准则。

等向强化是指屈服面以材料中所作塑性功的大小为基础在尺寸上扩张,假定后继屈服面的形态与中心初始屈服面相同,后继屈服面的大小则随着强化程度而作均匀的扩大。对 Mises 屈服准则来说,屈服面在所有方向均匀扩张。见图 3－34。

由于等向强化,在受压方向的屈服应力等于受拉过程中所达到的最高应力。

随动强化假定屈服面的大小保持不变而仅在屈服的方向上移动,当某个方向的屈服应力升高时,其相反方向的屈服应力应该降低。见图 3－35。

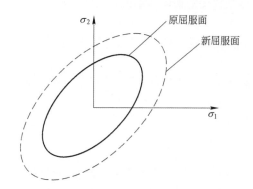

图 3－34 等向强化时的屈服面变化图

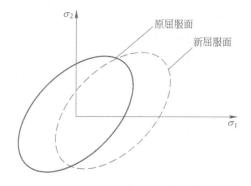

图 3－35 随动强化时的屈服面变化图

在随动强化中,由于拉伸方向屈服应力的增加导致压缩方向屈服应力的降低,所以在对应的两个屈服应力之间总存在一个 $2\sigma_y$ 的差值,初始各向同性的材料在屈服后将不再是向同性的。

B 弹塑性问题的有限元法分析

对于受力介质,当应力低于某一极限值时,具备完全弹性的反应,可以利用弹性矩阵 D 来建立应力－应变之间的线性关系;若应力超过此极限值时,就会出现显著的不可逆变形,应力－应变之间是非线性关系的,这时就需将介质作为弹塑性介质来对待。一般说来,不可逆变形不仅是应力状态的函数,还和介质的全部加载历史有关,这就是说,这种介质的应力－应变关系本质上是增量的关系。

根据弹塑性理论,在一个已知应力状态的基础上,由应变增量 dε 可以唯一地确定应力增量 dσ 的具体步骤为:

(1)确定屈服函数 f,岩土工程常用的屈服函数有:Von Mises、Mohr—Coulomb 和 Drucker—Prager 屈服准则。

(2)如果 σ 使 $f<0$,则反应是纯弹性的,则用胡克定律:d$\sigma = D$dε。

（3）如果 $\boldsymbol{\sigma}$ 使 $f=0$，则反应是弹塑性的，当 $[\partial f/\partial\boldsymbol{\sigma}]^{\mathrm{T}}\boldsymbol{D}\mathrm{d}\boldsymbol{\varepsilon}\leqslant0$ 时为中性变载或卸载，则反应是纯弹性的，仍用胡克定律求 $\mathrm{d}\boldsymbol{\sigma}$；当 $[\partial f/\partial\boldsymbol{\sigma}]^{\mathrm{T}}\boldsymbol{D}\mathrm{d}\boldsymbol{\varepsilon}>0$ 时为加载，则有 $\mathrm{d}\boldsymbol{\sigma}=(\boldsymbol{D}-\boldsymbol{D}_p)\mathrm{d}\boldsymbol{\varepsilon}=\boldsymbol{D}_{ep}\times\mathrm{d}\boldsymbol{\varepsilon}$，反应是弹塑性的。其中：

$$\boldsymbol{D}_{ep}=\boldsymbol{D}-\frac{\boldsymbol{D}\dfrac{\partial f}{\partial\boldsymbol{\sigma}}\left[\dfrac{\partial f}{\partial\boldsymbol{\sigma}}\right]^{\mathrm{T}}\boldsymbol{D}}{A+\boldsymbol{D}\left[\dfrac{\partial f}{\partial\boldsymbol{\sigma}}\right]^{\mathrm{T}}\boldsymbol{D}\dfrac{\partial f}{\partial\boldsymbol{\sigma}}}=\boldsymbol{D}-\boldsymbol{D}_p$$

式中，A 为反应硬化条件的参数，可由材料实验的应力与塑性变形的关系曲线来确定，对于理想塑性材料，可取 $A=0$；$\boldsymbol{D}_p$ 相当于塑性矩阵；f 为屈服面函数表达式；$\partial f/\partial\boldsymbol{\sigma}$ 为屈服面的梯度矢量或称为流动矢量，可由屈服函数求导而得。

为了便于程序编制，还需将上述表达式具体化。通常有两种方法：一种是将具体的屈服函数代入上式，求出显式弹性矩阵表达式；另一种是由计算机程序采用矩阵运算，直接求出弹性矩阵的值。

若介质进入弹塑性，由于应力和应变之间的关系是非线性的，因此把物理方程的一般形式(3-100)代入方程(3-103)，然后再对整个有限单元系统进行组集，就有：

$$\sum_{i=1}^{M}\iint_{v_e}B^{\mathrm{T}}f(\boldsymbol{\varepsilon})\mathrm{d}v=\boldsymbol{R}\qquad(3-114)$$

式中 $\boldsymbol{R}$——总荷载向量。

方程(3-114)是关于应变或节点位移的非线性代数方程组，一般用增量法和迭代法求解此非线性代数方程组。在有限元数值分析时，一种近似的非线性求解是将载荷分成一系列的载荷增量。可以在几个载荷步内或者在一个载步的几个子步内施加载荷增量。在每一个增量的求解完成后，继续进行下一个载荷增量之前程序调整刚度矩阵以反映结构刚度的非线性变化。但纯粹的增量近似不可避免地随着每一个载荷增量积累误差，导致结果最终失去平衡，如图3-36a所示。

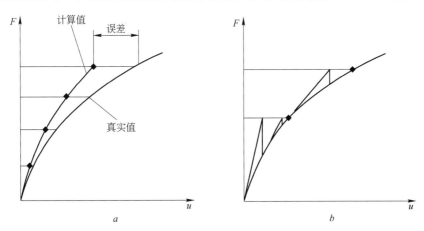

图3-36 纯粹增量近似与牛顿-拉普森近似的关系

a—纯粹增量式解；b—全牛顿-拉普森迭代求解(2个载荷增量)

通过使用牛顿-拉普森平衡迭代可克服这种困难，它迫使在每一个载荷增量的末端解达到平衡收敛(在某个容限范围内)。图3-36b描述了在单自由度非线性分析中牛顿-拉普森平衡迭代的使用。在每次求解前，NR方法估算出残差矢量，这个矢量是回复力(对应于单元应力的载荷)和所加载荷的差值。然后使用非平衡载荷进行线性求解，且核查收敛性。如果不满足收敛准则,重新估算非平衡载荷,修改刚度矩阵,获得新解。持续这种迭代过程直到问题收敛。

3.4.2 离散单元法及 3DEC 程序

有限单元法和边界单元法都是基于连续介质力学的数值计算方法,它们要求计算模型满足变形体的连续性条件。考虑到工程岩体往往为节理或结构面所切割,特别是在开挖区域的破碎岩体,具有明显的不连续性,用传统的有限元或边界元法来处理难度较大,离散单元法则是分析不连续岩体变形、运动的一种有效的数值计算方法。

离散单元法(Distinct Element Method,DEM)是由 Cundall 于 1971 年提出并编制了计算程序,到 1985 年,Cundall 等人完成了离散元数值分析程序 UDEC,离散单元法于 20 世纪 80 年代中期介绍到我国后,发展非常迅速,在采矿、隧道、边坡和大坝等工程的设计和研究中得到应用。

离散单元法(DEM)完全强调岩体的非连续性,问题域为众多的岩体单元所组成,但这些单元之间并不要求完全紧密接触,单元之间既可以是面接触,也可以是面与点的接触,每个岩体单元不仅要输入它的材料弹性参数等,还要确定形成岩块四周结构面的切向刚度、法向刚度以及 C_j、Φ_j 值。也允许块体之间滑移或受到拉力以后脱开,甚至脱离母体而自由下坠。

离散单元法(DEM)认为,岩体中的各离散单元,在初始应力作用下各块体保持平衡。岩体被表面或内部开挖以后,一部分岩体就存在不平衡力,离散单元法(DEM)对计算域内的每个块体所受的四周作用力及自重进行不平衡力计算,并采用牛顿运动定律确定该块岩体内不平衡力所引起的位移和速度。反复逐个块体进行类似的计算,最终确定岩体在已知荷载作用下是否被破坏或计算出最终稳定体系的累积位移,所采用的计算方法称为松弛法,常用为动态松弛法,是一种反复迭代的计算方法。为了要达到快速收敛和避免产生振荡,还要对运动方程式加上一定的阻尼系数。

自然界岩体多处于真三轴应力(true – triaxial stress)状态下,以往受分析与试验设备的限制,岩体工程分析大多局限于二维分析,对三维岩体行为的模拟则较少。例如目前可以用于分析具有大变形特征的离散岩体的程序如 DDA、UDEC 均局限于对二维问题的解析;美国 ITASCA 公司所开发的 3DEC 应用程序,是在 UDEC 基础上发展而成的离散单元法数值分析程序,可以用来模拟三维节理岩体的力学行为。

离散单元法的功能为:

(1)容许块体产生有限位移及旋转,并容许块体完全分离。

(2)在运算过程中,必须能自动判别各块体间的接触点。

(3)离散单元法可以模拟岩体在静态或动态载荷下的受力情况及位移。

3DEC 将岩体视为由许多完整岩块组成,各完整岩块间由岩体中的不连续面分割,而各完整岩块间的接触面视为岩块的边界。完整岩块可被模拟成刚体(rigid block)或可变形体(deformable block),3DEC 在模拟可变形岩块时,将岩块自动分割成许多次级块体(sub-block),每个次级块体可配合所选用的材料组成力及外力作用情况,计算岩块的受力及应力分布情况。在节理的模拟方面,主要根据位移 – 作用力法则,计算岩块在节理面上三维剪应力及法向应力,作为岩块的应力边界条件,因此可模拟岩块的大位移与转动的情况。3DEC 的特点可归纳为以下几点:

(1)可模拟三维刚体或可变形体的力学行为。

(2)可模拟各种岩体介质在静态及动态载荷下的受力及位移。

(3)不连续面视为完整岩块的边界,即节理岩体的各个完整岩块由不连续面分割而成。

(4)对于连续性节理行为的模拟,可使用统计的方法,将岩桥与节理平均分布于非连续性节理面上。

（5）3DEC 可提供三维岩体模型的图示能力，可360度旋转岩体模型，观察岩体受力后的变形情况，并且可直接打印所观测的应力及应变结果。

3.4.2.1 基本原理

A 概述

程序的运算主要以 UDEC 程序理论为基础，根据牛顿第二定律及力－位移定律处理岩块及节理面的力学行为。首先以牛顿第二定律计算块体的运动，由已知的作用力求出岩块运动的速度及位移，再配合力－位移定律，根据所求得的岩块移动，计算出岩体中不连续面间的作用力，作为下一时步计算时所需的初始边界条件。

依照岩块变形行为的不同，可分为两种情况：若岩块为刚体（共有6个自由度~3个平移与3个转动自由度），由岩体及不连续面的边界条件，可求出刚体形心点的合力与合力矩，其可作为下一时步计算中刚体的边界条件。若岩块为可变形体时，程序利用［edge］指令自行将岩块细分成许多四面体状的次级块体，每个次级块体的端点有三个移动自由度，计算这些次级块体上节点的运动情况，然后使用材料组成律计算这些次级块体的应力应变关系，可得块体间的作用力，接着配合边界所产生的接触力（contact force），计算新的合力与加速度，以作为下一时步计算中可变形岩块的边界条件。

B 块体接触形态的判别

离散单元法可以模拟一个由许多岩块所组成的岩体的力学反映，所以离散单元法能够有效模拟三维节理岩体复杂的力学行为与各离散岩块间的相互作用。为有效地解决三维块体间的相互作用，必须有一套完全、快速地判别块体接触形态并且描述其几何及物理特性的方法，称之为块体接触判别逻辑。组成岩块的次级块体（或质点）可以为任意形状，而且没有限制次级块体的位移或转动。在两个相邻的块体之间，必须了解两者的接触情况，若块体间没有接触，则必须求出块体分离的最大裂隙。块体间的距离若大于此最大裂隙，则视两相邻块体为分离；若块体间的距离小于此最大裂隙，但实际上并没有相互接触，这种情况仍然视两块体为接触，但在每一个计算步骤中，两个块体间没有作用力，也没有应力的传递。在块体相互接触的同时，块体接触面的相互作用力也开始作用。

两相邻块体之间的接触形态可分为六种：角—角接触（vertex-to-vertex contact）；角—边接触（vertex-to-edge contact）；角—面接触（vertex-to-face contact）；边—边接触（edge-to-edge contact）；边—面接触（edge-to-face contact）；面—面接触（face-to-face contact）。块体接触判别的逻辑必须能够立即判别块体之间的各种接触情况（例如面—边接触、角—面接触等），块体接触形态的资料在选择适当的接触面物理性质时非常重要。此外块体接触判别逻辑必须提供一个单位法线向量，作为潜在滑动破坏面的单位法线向量，当两块体之间产生相对移动时，此法线向量必须随之改变。所以三维块体接触判别逻辑必须提供下列资料：

（1）块体分离时的最大裂隙。

（2）块体接触时的接触形态。

（3）潜在滑动破坏面的单位法线向量。

判别两相邻块体的接触形态最简单的方法为直接对两块体间所有的接触情况进行判别。就三维块体而言，块体间的接触形态有许多种。假设块体 A 有 v_A 个角、e_A 个边、f_A 个面；块体 B 有 v_B 个角、e_B 个边、f_B 个面，则两块体间所有的接触种类有：

$$n = (v_A + e_A + f_A)(v_B + e_B + f_B) \qquad (3-115)$$

以四面体而言，两块体间的接触情况有196种，但实际上并不需要判别这么多的接触情况，只有角—面接触及边—边接触两种接触形态必须加以判别。其他接触形态可以依照角—面接触及边—边接触的组合而加以判别。因此,块体间接触形态的判别次数可以简化成:

$$n = v_A f_B + v_B f_A + e_A f_B + e_B f_A \qquad (3-116)$$

以四面体而言,判别次数简化为 80 次。

C 接触应力的计算

经块体接触形态判别后,接下来要处理块体之间的作用力及块体的变形,3DEC 采用动态计算法,以显性有限差分法(explicit finite difference method)处理块体的运动方程式。为了能更精确地求出岩体的潜在破坏模式,在每一个时步计算中,必须以前一个时步计算所得的块体变形及接触力作为下一个时步计算的边界条件,再应用适当的材料组成律求解新的块体接触力及变形。两相邻块体间共同平面(c—p)的单位法线向量即为块体接触面的单位法线向量。以下分别讨论刚体岩块及可变形岩块的块体接触力。

就刚体岩块而言,在接触面上块体的相对速度 v_i 为:

$$\boldsymbol{v}_i = \dot{\boldsymbol{x}}_i^B + \boldsymbol{K}_{ijk}\boldsymbol{\omega}_j^B(\boldsymbol{C}_i - \boldsymbol{B}_i) - \dot{\boldsymbol{x}}_i^A - \boldsymbol{K}_{ijk}\boldsymbol{\omega}_j^A(\boldsymbol{C}_i - \boldsymbol{A}_i) \qquad (3-117)$$

式中　$\boldsymbol{A}_i, \boldsymbol{B}_i$——块体 A、B 的形心位置向量;

　　　　$\boldsymbol{C}_i$——c—p 的参考位置向量;

　　　　$\dot{\boldsymbol{x}}_i^A, \dot{\boldsymbol{x}}_i^B$——块体 A、B 的移动速度;

　　　　$\boldsymbol{\omega}_j^A, \boldsymbol{\omega}_j^B$——块体 A、B 的相对角速度;

　　　　$\boldsymbol{K}_{ijk}$——三阶张量式($i,j,k = 1 \sim 3$)。

接触面的位移增量为:

$$\Delta \boldsymbol{U}_i = \boldsymbol{v}_i \Delta t \qquad (3-118)$$

沿着 c—p,可将式(3-118)求得的接触面的位移增量分解成法向位移增量

$$\Delta \boldsymbol{U}^n = \Delta \boldsymbol{U}_i \boldsymbol{n}_i \qquad (3-119)$$

及剪力位移增量

$$\Delta \boldsymbol{U}^s = \Delta \boldsymbol{U}_i - \Delta \boldsymbol{U}_j \boldsymbol{n}_i \boldsymbol{n}_j \qquad (3-120)$$

式中,$\boldsymbol{n}_i$ 为 c—p 的单位法线向量。由于在每个时步计算中必须重新计算 c—p 的单位法线向量,所以接触面上的剪力必须修正为:

$$\boldsymbol{F}_i^s := \boldsymbol{F}_i^s - \boldsymbol{K}_{ijk}\boldsymbol{K}_{kmn}\boldsymbol{F}_j^s \boldsymbol{n}_m^{old} \boldsymbol{n}_n \qquad (3-121)$$

式中,$\boldsymbol{n}_m^{old}$ 为前一时步计算中 c—p 的单位法线向量。求得接触面的位移增量后,应用力–位移法则可求得接触面上法向力的增量为:

$$\Delta \boldsymbol{F}^n = -K_n \Delta \boldsymbol{U}^n A_c \qquad (3-122)$$

及接触面上剪力的增量为:

$$\Delta \boldsymbol{F}_i^s = -K_s \Delta \boldsymbol{U}_i^s A_c \qquad (3-123)$$

式中　K_n——接触面的法向刚度;

　　　　K_s——接触面的切向刚度;

　　　　A_c——块体的接触面积。

在下一个时步计算中,接触面上的法向力及剪力为:

$$\boldsymbol{F}^n := \boldsymbol{F}^n + \Delta \boldsymbol{F}^n \qquad (3-124)$$

$$\boldsymbol{F}_i^s := \boldsymbol{F}_i^s + \Delta \boldsymbol{F}_i^s \qquad (3-125)$$

3DEC 采用摩尔–库仑准则来计算节理的张力强度,若节理张力强度大于接触面上的法向力,则接触面上的法向力与剪力为零;若节理张力强度小于接触面上的法向力,则接触面的最大

剪力为：

$$F_{\max}^s = cA_c + |F^n| \tan\varphi \tag{3-126}$$

式中　c——节理凝聚力；

　　　φ——节理摩擦角。

接触面剪力的绝对值为：

$$F^s = |F_i^s \times F_i^s|^{1/2} \tag{3-127}$$

若 $F^s > F_{\max}^s$，则接触面剪力必须作下列修正：

$$F_i^s := F_i^s \times \frac{F_{\max}^s}{F^s} \tag{3-128}$$

就可变形体岩块而言，当可变形岩块被细分成许多四面体的次级块体时，其边界形状为许多三角形所组成。3DEC 将这些次级块体规则化为正四面体，因此而简化了块体接触的复杂性。将两相邻正四面体的角-面接触形态称为次级接触(sub-contact)，设 V_i^V 为次级块体的角与 c—p 的相对速度；V_i^F 为次级块体的面与 c—p 的相对速度；则 V_i^F 可经由同一面上三个角的速度求得：

$$V_i^F = W_A V_i^A + W_B V_i^B + W_C V_i^C \tag{3-129}$$

式中，W_A、W_B、W_C 为共面角的速度的权重因子。若此平面垂直 z 轴，则权重因子为：

$$W_A = \frac{Y^C X^B - Y^B X^C}{(X^A - X^C)(Y^B - Y^C) - (Y^A - Y^C)(X^B - X^C)} \tag{3-130}$$

同理可得 W_B、W_C。若次级块体 A 与 c—p 为角—面接触；而次级块体 B 与 c—p 为面—面接触，由于 c—p 的单位法线向量由次级块体 A 指向次级块体 B，所以次级块体 A 对于次级块体 B 的相对速度为：

$$V_i = V_i^F - V_i^V \tag{3-131}$$

次级接触的相对位移增量为：

$$\Delta U_i = V_i \Delta t \tag{3-132}$$

沿着 c—p，可将式(3-132)求得的接触面的位移增量分解成法向位移增量：

$$\Delta U^n = \Delta U_i n_i \tag{3-133}$$

及剪力位移增量：

$$\Delta U_i^s = \Delta U_i - \Delta U_j n_i n_j \tag{3-134}$$

由式(3-133)及式(3-134)可求得次级接触的法向力增量：

$$\Delta F^n = -K_n \Delta U^n A_c \tag{3-135}$$

及剪力的增量：

$$\Delta F_i^s = -K_s \Delta U_i^s A_c \tag{3-136}$$

式中　K_n——接触面的法向刚度；

　　　K_s——接触面的切向刚度；

　　　A_c——块体的接触面积。

在下一个时步计算中，次级接触面的法向力及剪力为：

$$F^n := F^n + \Delta F^n \tag{3-137}$$

$$F_i^s := F_i^s + \Delta F_i^s \tag{3-138}$$

3DEC 对于可变形岩块的节理基本组成模式采用库仑摩擦准则。在弹性范围岩体的力学行为由节理的法向刚度与切向刚度控制如式(3-136)及式(3-137)所示。节理面的最大张力为：

$$T_{\max} = -TA_c \tag{3-139}$$

式中，T 为节理张力强度。最大剪力为：

$$F_{max}^s = cA_c + |\boldsymbol{F}^n|\tan\varphi \qquad (3-140)$$

式中　c——节理凝聚力；

$\tan\varphi$——节理摩擦系数。

无论在块体次级接触发生张力或剪力破坏，其接触面的张力强度及节理凝聚力皆等于零。即：

$$T_{max} = 0 \qquad (3-141)$$

$$F_{max}^s = |\boldsymbol{F}^n|\tan\varphi \qquad (3-142)$$

由式(3-141)及式(3-142)所引起的瞬间强度损失即为造成节理位移软化(displacement weakening)行为的主要原因。接触面新的作用力必须作下列的修正：

张力破坏：

$$\boldsymbol{F}^n < T_{max} \to \boldsymbol{F}^n = 0 \quad \boldsymbol{F}_i^s = 0 \qquad (3-143)$$

剪力破坏：

$$F^s > F_{max}^s \to \boldsymbol{F}_i^s = \boldsymbol{F}_i^s \frac{F_{max}^s}{F^s} \qquad (3-144)$$

式(3-144)中剪力的绝对值为：

$$F^s = |\boldsymbol{F}_i^s \times \boldsymbol{F}_i^s|^{1/2} \qquad (3-145)$$

D　节理本构关系

3DEC 对于节理作用力的计算，主要是根据应力—位移关系式(stress-displacement relation)。在节理材料本构关系方面，3DEC 提供三种节理材料本构模型。

(1)点接触的库仑滑动模型。此模型主要是假设节理面的接触面积很小，通常使用于岩块间接触较不紧密的岩体。

(2)面接触的位移弱化模型。此模型主要根据节理面的弹性刚度值及节理面的摩擦角、凝聚力、强力强度等来描述节理面性质，通常用于分析岩块间接触较紧密的岩体。此模型中若节理面发生剪力或张力破坏时，其张力强度与凝聚力将自动设为零。

(3)连续降伏模型。此模型的节理强度随着节理的塑性剪位移增加而降低，可模拟节理峰后的应力—应变行为。

E　时步的决定

由于 3DEC 使用显性有限差分法计算岩体受力后的状态，因此时步(timestep)的大小将会影响数值分析的稳定性，3DEC 程序主要根据完整岩块变形的稳定及完整岩块滑动的稳定来决定时步的大小。时步值的计算式可表示为：

$$\Delta t = F_R \times 2\left[\frac{M_{min}}{2K_{max}}\right]^{1/2} \qquad (3-146)$$

式中　M_{min}——岩体中最小的完整岩块的质量；

K_{max}——接触点最大的刚度值；

F_R——使用者自行调整的值，若无设定此参数值则程序内定为 0.1。

3.4.2.2　建立岩体模型

3DEC 提供一[Jset]给使用者以建立一个三维的节理岩体模型，在此岩体模型中可以变化节理的数目、倾角、间距、连续度等几何条件，也可以改变节理的法向刚度、切向刚度、摩擦角及张力强度等力学参数。所以，使用者可以在 3DEC 中建立含有不同节理形态的三维岩体，以供研究岩体力学行为。

3DEC 中以[Jset]指令建立一个三维节理岩体的几何模型,在其功能下必须搭配下列六个参数:

(1) 倾角方向(dip direction,dd);

(2) 节理倾角(dip angle,dip);

(3) 节理数目(number of joint,N);

(4) 节理间距(spacing between joints,S);

(5) 节理连续度(persistence,P);

(6) 每一条节理的起始位置(location point for all joints,Org)。

其中节理的模拟方式:第一种方式可以输入某一条节理的起始点作基准,3DEC 将以输入的节理数目及间距等参数值,配合岩体模型的几何形状自动产生其他平行的节理。第二种方式亦可独自输入各条节理的起始点,使用者可自行选择节理的间距及数目。在节理连续度方面:3DEC 系以统计的概念将岩桥平均分布于节理面上。例如,有一连续度 0.5 的非连续性节理,则 3DEC 把以不连续面作为边界的次级块体的 50% 视为节理,并不考虑岩桥与节理的相对位置。

输入资料中岩体模型的建立步骤为:

(1) 设定岩体尺寸;

(2) 输入节理倾角、走向、起始点、数目、间距及连续度等参数;

(3) 输入完整岩石及节理的力学参数;

(4) 设定应力及应变的观测点;

(5) 设定岩体的边界条件等五大部分。

3.4.3　有限差分法及 FLAC-3D 程序

有限差分法是求解给定初值和(或)边值问题的较早的数值方法之一。随着计算机技术的迅速发展,有限差分法以其独特的计算格式和计算流程也显示出了它的优势与特点。有限差分法主要思想是将待解决问题的基本方程组和边界条件(一般均为微分方程)近似地改用差分方程(代数方程)来表示,即由有一定规则的空间离散点处的场变量(应力、位移)的代数表达式代替。这些变量在单元内是非确定的,从而把求解微分方程的问题转化成求解代数方程的问题。

有限差分法和有限单元法都产生一组待解方程组。尽管这些方程组是通过不同方式推导出来的,但两者产生的方程是一致的。在有限元法中,常采用隐式、矩阵解算方法,而有限差分法则通常采用"显式"、时间递步法解算代数方程。"显式"是针对一个物理系统进行数值计算时所用的代数方程式的性质而言。在用显式法计算时,所有方程式一侧的量都是已知的,而另一侧的量只用简单的代入法就求得。另外,在用显式法时,假定在每一迭代时步内,每个单元仅对其相邻的单元产生力的影响,而且时步应取得足够小,以使显式法稳定。

3.4.3.1　平面问题有限差分方程

对于平面问题,将具体的计算对象用四边形单元划分成有限差分网格,每个单元可以用两种方式再划成四个常应变三角形单元,见图 3-37,先对每个三角形单元做计算,叠加平均后获得该四边形单元的平均应力或应变值。三角形单元的有限差分公式用高斯发散量定理的广义形式推导得出:

$$\int_s \boldsymbol{n}_i f \mathrm{d}s = \int_A \frac{\partial f}{\partial \boldsymbol{x}_i} \mathrm{d}A \qquad (3-147)$$

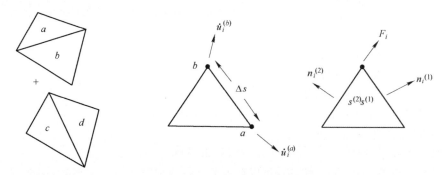

图 3 - 37 有限差分单元划分示意图

式中 $\int_s$ ——绕闭合面积边界积分；

n_i——对应表面 s 的单位法向量；

f——标量、矢量或张量；

x_i——位置矢量；

ds——弧长增量；

$\int_A$——对整个面积 A 积分。

在面积 A 上，定义 f 的梯度平均值为

$$\left\langle \frac{\partial f}{\partial x_i} \right\rangle = \frac{1}{A} \int_A \frac{\partial f}{\partial x_i} dA \qquad (3-148)$$

将式（3 - 147）代入上式，得

$$\left\langle \frac{\partial f}{\partial x_i} \right\rangle = \frac{1}{A} \int_s n_i f ds \qquad (3-149)$$

对一个三角形子单元，式（3 - 149）的有限差分形式为

$$\left\langle \frac{\partial f}{\partial x_i} \right\rangle = \frac{1}{A} \sum_s \langle f \rangle n_i \Delta s \qquad (3-150)$$

式中，s 是三角形的边长，求和是对该三角形的三个边进行。$\langle f \rangle$ 的值取该边的平均值。

以各条边两端的结点（即差分网络的角点）a 和 b 的速度平均值代替式（3 - 150）中的 f 形式表述：

$$\frac{\partial \dot{e}_{ij}}{\partial x_j} \approx \frac{1}{2A} \sum_s \left[\dot{u}_i^{(a)} + \dot{u}_i^{(b)} \right] n_j \Delta s \qquad (3-151)$$

$$\dot{e}_{ij} = \frac{1}{2} \left[\frac{\partial \dot{u}_i}{\partial x_j} + \frac{\partial \dot{u}_j}{\partial x_i} \right] \qquad (3-152)$$

式中 (a)，(b)——三角形边界上两个连续的结点。

通过式（3 - 151）和式（3 - 152），可以求出应变张量的所有分量。

根据力学本构定律，可以由应变速率张量获得新的应力张量：

$$\sigma_{ij} := M(\sigma_{ij}, \dot{e}_{ij}, k) \qquad (3-153)$$

式中 $M(\ )$——表示本构定律的函数形式；

k——历史参数，取决于特殊本构关系；

: = ——表示"由……替换"。

通常,非线性本构定律以增量形式出现,因为在应力和应变之间没有单一的对应关系。当已知单元旧的应力张量和应变速率(应变增量)时,可以通过式(3-153)确定新的应力张量。

在一个时步内,单元的有限转动对单元应力张量有一定的影响。对于固定参照系,此转动使应力分量有如下变化:

$$\boldsymbol{\sigma}_{ij} := \boldsymbol{\sigma}_{ij} + (\boldsymbol{\omega}_{ik}\boldsymbol{\sigma}_{kj} - \boldsymbol{\sigma}_{ik}\boldsymbol{\omega}_{kj})\Delta t \qquad (3-154)$$

式中

$$\boldsymbol{\omega}_{ij} = \frac{1}{2}\left(\frac{\partial \dot{\boldsymbol{u}}_i}{\partial \boldsymbol{x}_j} - \frac{\partial \dot{\boldsymbol{u}}_j}{\partial \boldsymbol{x}_i}\right) \qquad (3-155)$$

计算出单元应力后,可以确定作用到每个结点上的等价力。在每个三角形子单元中的应力如同在三角形边上的作用力,每个作用力等价于作用在相应边端点上的两个相等的力。每个角点受到两个力的作用,分别来自各相邻的边。因此,

$$\boldsymbol{F}_i = \frac{1}{2}\boldsymbol{\sigma}_{ij}(\boldsymbol{n}_j^{(1)}S^{(1)} + \boldsymbol{n}_j^{(2)}S^{(2)}) \qquad (3-156)$$

由于每个四边形单元有两组两个三角形,在每组中对每个角点处相遇的三角形结点力求和,然后将来自这两组的力进行平均,得到作用在该四边形结点上的力。

在每个结点处,对所有围绕该结点四边形的力求和 $\sum \boldsymbol{F}_i$,得到作用于该结点的纯粹结点力矢量。该矢量包括所有施加的荷载作用以及重力引起的体力 $\boldsymbol{F}_i^{(g)}$

$$\boldsymbol{F}_i^{(g)} = g_i m_g \qquad (3-157)$$

式中,m_g 是聚在结点处的重力质量,定义为连接该结点的所有三角形质量和的三分之一。如果四边形区域不存在(如空单元),则忽略对 $\sum \boldsymbol{F}_i$ 的作用;如果物体处于平衡状态,或处于稳定的流动(如塑性流动)状态,在该结点处的 $\sum \boldsymbol{F}_i$ 将视为零。否则,根据牛顿第二定律的有限差分形式,该结点将被加速:

$$\dot{\boldsymbol{u}}_i^{(t+\Delta t)} = \dot{\boldsymbol{u}}_i^{(t-\Delta t/2)} + \sum \boldsymbol{F}_i^{(t)} \frac{\Delta t}{m} \qquad (3-158)$$

式中,上标表示确定相应变量的时刻。

3.4.3.2 显式有限差分算法——时间递步法

图3-38是显式有限差分计算流程图。计算过程首先调用运动方程,由初始应力和边界力计算出新的速度和位移。然后,由速度计算出应变率,进而获得新的应力或力。每个循环为一个时步,图3-38中的每个图框是通过那些固定的已知值,对所有单元和结点变量进行计算更新。例如,从已计算出的一组速度,计算出每个单元的新的应力。该组速度被假设为"冻结"在框图中,即新计算出的应力不影响这些速度。这样做似乎不尽合理,因为如果应力发生某些变化,将对相邻单元产生影响并使它们的速度发生改变。然而,如果选取的时步非常小,乃至在此时间间隔内实际信息不能从一个单元传递到另一个单元(事实上,所有材料都有传播信息的某种最大速度),因为每个循环只占一个时步,对"冻结"速度的假设得到验证——相邻单元在计算过程中的确互不影响。当然,经过几个循环后,扰动可能传播到若干单元,正如现实中产生的传播一样。

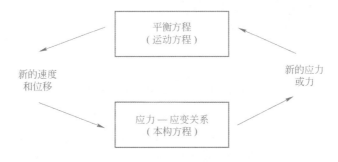

图 3 - 38 显式有限差分计算流程图

显式分析求解流程如下：

（1）建立模型：包括生成网格，给定边界条件与初始条件，定义本构模型与材料特性。

（2）确定模型平衡状态：在给定边界条件与初始条件的作用下，模型应处于初始平衡状态。通过对最大不平衡力，节点速度或位移的监控，用户必须决定什么时候模型已达到平衡状态。

（3）检查模型反应：模型的反应是通过其显式动态代码进行监控的。当模型动能降低到可忽略值时，静态或准静态解即可得模型或者处于力平移状态，或处于稳流状态。

（4）改变模型条件：在求解过程中的任何点，均允许改变模型条件。这些改变包括：材料的开挖，节点载荷或压力的增加或删除，任何单元材料模型或特性的改变，任何节点的约束或解除约束。对于模型中的塑性材料单元，还要规定最大不平衡力的非零常数值。

（5）求解模型：采用显式时间逼近法求解代数方程组，求解计算时步由程序代码自动控制。然而用户最后必须确定什么时候时步数已足够（对于所需求的解）。

显式算法的核心概念是"计算波速"总是超前于实际波速。所以，在计算过程中的方程总是处在已知值为固定的状态。这样，尽管本构关系具有高度非线性，显式有限差分数值法从单元应变计算应力过程中无须迭代过程，这比通常用于有限元程序中的隐式算法有着明显的优越性，因为隐式有限元在一个解算步中，单元的变量信息彼此沟通，在获得相对平衡状态前，需要若干迭代循环。显式算法的缺点是时步很小，这就意味着要有大量的时步。因此，对于病态系统——高度非线性问题、大变形、物理不稳定等，显式算法是最好的。而在模拟线性、小变形问题时，效率不高。

由于显式有限差分法无须形成总体刚度矩阵，可在每个时步通过更新结点坐标的方式，将位移增量加到结点坐标上，以材料网格的移动和变形模拟大变形。这种处理方式称之为"拉格朗日算法"，即在每步过程中，本构方程仍是小变形理论模式，但在经过许多步计算后，网格移动和变形结果等价于大变形模式。

用运动方程求解静力问题，还必须采取机械衰减方法来获得非惯性静态或准静态解，通常采用动力松弛法，在概念上等价于在每个结点上联结一个固定的"黏性活塞"，施加的衰减力大小与结点速度成正比。

3.4.3.3 FLAC 程序简介

由于近年来 FLAC 程序在国内外的广泛应用，有限差分法已成为解决岩石力学问题的一种主要的数值分析方法。

FLAC（Fast Lagrangian Analysis of Continua）是一个利用显式有限差分方法求解的岩土、采矿工程师进行分析和设计的二维连续介质程序，主要用来模拟土、岩或其他材料的非线性力学行为，可以解决众多有限元程序难以模拟的复杂的工程问题，例如大变形大应变、非线性及非稳定系统(甚至大面积屈服/失稳或完全塌方)等问题。

FLAC – 3D(Three Dimensional Fast Lagrangian Analysis of Continua)是美国 Itasca Consulting Group Inc. 开发的三维快速拉格朗日分析程序,是二维的有限差分程序 FLAC – 2D 的扩展,能够进行土质、岩石和其他材料的三维结构受力特性模拟和塑性流动分析。该程序能较好地模拟地质材料在达到强度极限或屈服极限时发生的破坏或塑性流动的力学行为,特别适用于分析渐进破坏和失稳以及模拟大变形。FLAC – 3D 调整三维网格中的多面体单元来拟合实际的结构。单元材料可采用线性或非线性本构模型,在外力作用下,当材料发生屈服流动后,网格能够相应发生变形和移动(大变形模式)。FLAC-3D 采用的显式拉格朗日算法和混合 – 离散分区技术,能够非常准确地模拟材料的塑性破坏和流动。由于无须形成刚度矩阵,因此,基于较小内存空间就能够求解大范围的三维问题。

A 材料本构模型

FLAC 软件中为岩土工程问题的求解开发了特有的本构模型,总共包含了 10 种材料模型:

(1) 开挖模型 null;

(2) 3 个弹性模型(各向同性,横观各向同性和正交各向同性弹性模型);

(3) 6 个塑性模型(Drucker-Prager 模型、Morh-Coulomb 模型、应变硬化/软化模型、遍布节理模型、双线性应变硬化/软化遍布节理模型和修正的剑桥黏土模型)。

现在版本的已经有 15 种本构模型,网格中的每个区域可以定义不同的材料模型,并且还允许指定材料参数的统计分布和变化梯度。FLAC – 3D 网格包含了节理单元,也称为界面单元,能够模拟两种或多种材料界面不同材料性质的间断特性。节理允许发生滑动或分离,因此可以用来模拟岩体中的断层、节理或摩擦边界。

FLAC 软件中的网格生成器,通过匹配、连接由网格生成器生成局部网格,能够方便地生成所需的二、三维结构网格。还可以自动产生交岔结构网格(比如说相交的巷道),三维网格由整体坐标系 x、y、z 系统所确定,这就提供了比较灵活的产生和定义三维空间参数。

B 计算模式

(1) 静力模式。这是 FLAC 软件的默认模式,通过动态松弛方法得静态解。

(2) 动力模式。用户可以直接输入加速度、速度或应力波作为系统的边界条件或初始条件,边界可以分为固定边界和自由边界。动力计算可以与渗流问题相耦合。

(3) 蠕变模式。有五种蠕变本构模型可供选择以模拟材料的应力—应变—时间关系:Maxwell 模型、双指数模型、参考蠕变模型、黏塑性模型、脆盐模型。

(4) 渗流模式。可以模拟地下水流、孔隙压力耗散以及可变形孔隙介质与其间的黏性流体的耦合。渗流服从各向同性达西定律,流体和孔隙介质均被看作可变形体。考虑非稳定流,将稳定流看作是非稳定流的特例。边界条件可以是固定孔隙压力或恒定流,可以模拟水源或深井。渗流计算可以与静力、动力或温度计算耦合,也可以单独计算。

(5) 温度模式。可以模拟材料中的瞬态热传导以及温度应力。温度计算可以与静力、动力或渗流计算耦合,也可单独计算。

C 模拟的结构形式

(1) 对于通常的岩体、土体或其他材料实体,用八节点六面体单元模拟。

(2) 包含有四种结构单元:梁单元、锚单元、桩单元、壳单元。可用来模拟岩土工程中的人工结构如支护、衬砌、锚索、岩栓、土工织物、摩擦桩、板桩等。

(3) 网格中可以有界面,这种界面将计算网格分割为若干部分,界面两边的网格可以分离,也可以发生滑动,因此,界面可以模拟节理、断层或虚拟的物理边界。

D　边界条件

边界方位可以任意变化,边界条件可以是速度边界、应力边界,单元内部可以给定初始应力,节点可以给定初始位移、速度等,还可以给定地下水位以计算有效应力,所有给定量都可以具有空间梯度分布。

在边界区域可以指定速度(位移)边界条件或应力(力)边界条件。也可以给出初始应力条件,包括重力荷载以及地下水位线。所有的条件都允许指定变化梯度。

还包含了模拟区域地下水流动、孔隙水压力的扩散以及可变形的多孔隙固体和在孔隙内黏性流动流体的相互耦合。流体被认为是服从各向同性的达西定律的,流体和孔隙固体中的颗粒是可变形的,将稳态流处理为紊态流可以模拟非稳态流。同时能够考虑固定的孔隙压力和常流的边界条件,也能模拟源和井。流体模型可以与结构的力学分析独立进行。

E　内嵌语言 FISH

内嵌语言 FISH,使得用户可以定义新的变量或函数,以适应用户的特殊需要,如利用 FISH 做以下事情:

(1) 自定义材料的空间分布规律,如非线性分布等。

(2) 定义变量,追踪其变化规律并绘图表示或打印输出。

(3) 设计 FLAC - 3D 内部没有的单元形态。

(4) 在数值试验中可以进行伺服控制。

(5) 指定特殊的边界条件。

(6) 自动进行参数分析。

利用 FLAC - 3D 内部定义的 FISH 变量或函数,用户可以获得计算过程中节点、单元参数,如坐标、位移、速度、材料参数、应力、应变、不平衡力等。

F　前后处理功能

FLAC 具有很强的前后处理功能。只要设置某些控制点的坐标,软件就可以自动生成计算网格,界面友好且美观。用户可以根据实际情况通过某些命令修改网格,如对于圆形巷道可采用全放射性网格;对于其他非规则硐室及复杂地下洞群,可采用局部密集周边疏松的网格。各阶段的计算结果均可以数据文件的形式存盘,一旦需要就可用 Restart 命令恢复全部现场,使用起来非常方便。用户还可以利用 FISH 自定义单元形态,通过组合基本单元,可以生成非常复杂的三维网格,比如交叉隧洞等。

在计算过程中的任何时刻用户都可以用高分辨率的彩色或灰度图或数据文件输出结果,以对结果进行实时分析,图形可以表示网格、结构以及有关变量的等值线图、矢量图、曲线图等,可以给出计算域的任意截面上的变量图或等直线图,计算域可以旋转以从不同的角度观测计算结果。

输出的图形包括各个施工期的主应力向量、应力分量,以及位移的等值线图,锚杆锚索以及结构的受力向量图,塑性区范围等,并且可用 14 种颜色显示,在 VGA 以上显示器上可显出色彩鲜艳、表现力极强的图形。可通过彩色打印机、拍照和摄像等手段获得信息量极大的各种图形。此外,用户还可根据需要对关键部位的应力、应变、速度等特征量进行跟踪记录,并可绘出这些特征量与时间的关系曲线。

G　计算分析的一般步骤

与大多数程序采用数据输入方式不同,FLAC 采用的是命令驱动方式。命令字控制着程序的运行。在必要时,尤其是绘图,还可以启动 FLAC 用户交互式图形界面。为了建立 FLAC 计算模型,必须进行以下三个方面的工作:

(1)有限差分网格;

(2)本构特性与材料性质;

(3)边界条件与初始条件。

完成上述工作后,可以获得模型的初始平衡状态,也就是模拟开挖前的原岩应力状态。然后进行工程开挖或改变边界条件来进行工程的响应分析,类似于 FLAC 的显式有限差分程序的问题求解。与传统的隐式求解程序不同,FLAC 采用一种显式的时间步来求解代数方程。进行一系列计算步后达到问题的解。

在 FLAC 中,达到问题所需的计算步能够通过程序或用户加以控制,但是,用户必须确定计算步是否已经达到问题的最终的解。

3.5 露天矿山边坡工程

露天矿山边坡稳定性问题直接关系到露天开采矿山的经济效益和安全生产,我国许多露天矿山都不同程度的出现露天边坡稳定性问题。滑坡是矿山工程中常见的一种灾害,近年来,随着我国金属矿山建设的发展,露天矿向深部发展,露天边坡的高度在加大,边坡角增大,边坡滑坡等失稳现象逐年增多。

边坡滑坡是露天金属矿山最常见的地质灾害,它也是发生频度最高、对露天矿山安全影响最大的地质灾害。根据我国大中型露天矿山的不完全统计,不稳定边坡或具有潜在滑坡危险的边坡占露天边坡总量的 15% ~20% 左右,个别矿山高达 30%。随着开采深度的加大,露天矿山边坡的高度、面积也相应大幅度增加,边坡滑坡灾害问题也日益突出。另外,地下开采矿山采用崩落法开采、大量抽排地下水也常常导致地表山体崩塌和滑坡。

3.5.1 露天边坡滑坡的类型

露天矿边坡滑坡灾害的类型根据分类方法不同而不同,可以根据滑动破坏面的形式、破坏面与边坡岩体结构关系等方法进行分类,这里采用前一种方法,可以把露天矿边坡的滑动类型分为平面滑坡、楔体滑坡、曲面滑坡、倾倒滑坡和复合滑坡五种类型。

(1)平面滑坡:边坡岩体沿单一结构面如层理面、节理面或断层面发生滑动。结构面下部被坡面切割,即当结构面与边坡同倾向,且倾角小于边坡角而大于内摩擦角时,则容易发生平面滑坡。

(2)楔体滑坡:当边坡中有两组结构面相互交切成楔形失稳体,即当两组结构面交线的倾向与边坡的倾向相近或相同时,且倾角小于边坡角而大于内摩擦角时,则容易发生楔体滑坡。

(3)曲面滑坡:指滑动面基本为曲面状的滑坡。土体滑坡一般为此种形式,散体结构的破碎岩体或软弱泥质岩边坡,如煤矿、页岩矿、铝土矿等滑坡多属此类。

(4)倾倒滑坡:当边坡岩体结构面倾角很陡时,岩体可能发生倾倒。它的破坏机理与上述三种类型不同,它是在岩石重力作用下岩块发生移动而产生的倒塌破坏。这种滑坡往往发生在台阶坡面上,很少导致整个边坡下滑。

(5)复合滑坡:复合型滑坡是由上述两种或两种以上形式组合而成的滑坡。由于岩土体的工程地质条件的复杂性,受影响条件多,所以在实际工程中的滑坡大多属于复合型滑坡。

边坡滑坡的四种基本类型如图 3-39 所示,复合型滑坡是它们之间的组合。

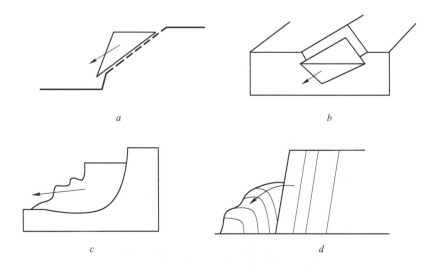

图 3 – 39　几种典型的滑坡灾害

a—平面滑坡；b—楔体滑坡；c—曲面滑坡；d—倾倒滑坡

3.5.2　露天矿山边坡稳定性分析方法

极限平衡法因其计算模型简单、计算方法简便、计算结果能满足工作需要等优点，而仍然被认为是边坡工程分析与设计中最主要的且最有效的实用分析方法。由于边坡岩、土体的复杂性，搜索边坡临界滑动面往往需要运用数学优化方法。目前传统的优化方法已应用于边坡临界滑动面搜索。为了克服传统优化方法的缺点，现代优化方法如演化算法亦已用于临界滑动面的搜索和对应最小安全系数的求解。

极限平衡法最早由瑞典人 Petterson（1916）提出。当时，他对 $\varphi = 0$ 的黏性边坡提出了所谓瑞典圆弧法，滑动面为圆弧；Fellennius 等（1936）在此基础上将滑动体分条，提出了瑞典条分法，该法忽略了条间作用力；Bishop（1955）通过赋予安全系数新的含义，并在一定程度上考虑了土条间侧向力的影响，提出了精度较高的条分法。此后，Morgenstern 和 Price（1965）、Spencer（1967，1973）、Janbu（1973）、Sarma（1973）、Chen 和 Morgebstern（1983）等分别通过对土条间侧向力的作用点位置或者作用方向等作出假定推出了各自的安全系数计算式，但计算都比较复杂。尽管边坡稳定性极限平衡法还存在一些问题，但已趋于完善。

3.5.2.1　边坡稳定性分析常用计算方法

A　瑞典条分法

瑞典条分法是 Fellennius 于 1927 年提出的，其基本原理如下。

如图 3 – 40 所示边坡，取单位长度边坡按平面问题计算。设可能滑动面是一圆弧 AD，圆心为 O，半径 R。将滑动体 $ABCDA$ 分成许多竖向条块，条块宽度一般可取 $b = 0.1R$，任一条块 i 上的作用力包括：

条块的重力 W_i，其大小、作用点位置及方向均已知。

滑动面 ef 上的法向反力 N_i 及切向反力 T_i，假定 N_i、T_i 作用在滑动面 ef 的中点，它们的大小均未知。

条块两侧的法向力 E_i、E_{i+1} 及竖向剪切力 X_i、X_{i+1}，其中 E_i 和 X_i 可由前一个条块的平衡条件求得，而 E_{i+1} 和 X_{i+1} 的大小未知，E_{i+1} 的作用点也未知。

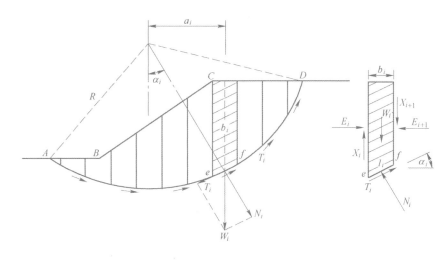

图 3 – 40　瑞典条分法

由此看到,条块 i 的作用力中有 5 个未知数,但只能建立 3 个平衡条件方程,故为静不定问题。为了求得 N_i、T_i 的值,必须对条块两侧作用力的大小和位置作适当假定。Fellennius 的条分法是不考虑条块两侧的作用力,也即假设 E_i 和 X_i 的合力等于 E_{i+1} 和 X_{i+1} 的合力,同时它们的作用线重合,因此条块两侧的作用力互相抵消。这时条块 i 仅有作用力 W_i、N_i 及 T_i,根据平衡条件可得:

$$N_i = W_i \cos\alpha_i$$
$$T_i = W_i \sin\alpha_i \qquad (3-159)$$

滑动面 ef 上岩、土的抗剪强度为:

$$\tau_i = \sigma_i \tan\varphi_i + c_i = \frac{1}{l_i}(N_i \tan\varphi_i + c_i) = \frac{1}{l_i}(W_i \cos\alpha_i + c_i l_i) \qquad (3-160)$$

式中　α_i——条块 i 滑动面的法线(亦即半径)与竖直线的夹角;

l_i——条块 i 滑动面 ef 的弧长;

c_i, φ_i——滑动面上岩、土的黏聚力及内摩擦角。

条块 i 上的作用力对圆心 O 产生的滑动力矩 M_s 及稳定力矩 M_r 分为:

$$M_s = T_i R = W_i R \sin\alpha_i \qquad (3-161)$$

整个边坡相应于滑动面 AD 时的稳定安全系数为:

$$F_s = \frac{M_r}{M_s} = \frac{\sum_{i=1}^{i=n}(W_i \cos\alpha_i \tan\varphi_i + c_i l_i)}{\sum_{i=1}^{i=n} W_i \sin\alpha_i} \qquad (3-162)$$

B　毕肖普法

用条分法分析边坡稳定问题时,任一条块的受力情况是一个静不定问题。为了解决这一问题,Fellennius 的简单条分法假定不考虑条块间的作用力,一般说这样得到的稳定系数是偏小的。在工程实践中,为了改进条分法的计算精度,许多人都认为应该考虑条块间的作用力,以求得比较合理的结果。目前已有许多解决的方法,其中毕肖普(A. W. Bishop,1955)提出的简化方法是比较合理实用的。

前面已经指出任一条块 i 上的受力条件是一个静不定问题,条块 i 上的作用力中有 5 个未知,故属二次静不定问题。毕肖普在求解时补充了两个假设条件:忽略条块间的竖向剪切力 X_i 及 X_{i+1} 的作用;对滑动面上的切向力 T_i 的大小作了规定。

根据条 i 的竖向平衡条件可得:

$$W_i - X_i + X_{i+1} - T_i \sin\alpha_i - N_i \cos\alpha_i = 0$$

即

$$N_i \cos\alpha_i = W_i + (X_{i+1} - X_i) - T_i \sin\alpha_i \tag{3-163}$$

若边坡的稳定安全系数为 F_S,则土条 i 滑动面上的抗剪强度 τ_{fi} 也只发挥了一部分,毕肖普假设 τ_{fi} 与滑动面上的切向力 T_i 相平衡,即

$$T_i = \tau_{fi} l_i = \frac{1}{F_S}(N_i \tan\varphi_i + c_i l_i) \tag{3-164}$$

将公式(3-163)代入(3-164)得:

$$N_i = \frac{W_i + (X_{i+1} - X_i) - \dfrac{c_i l_i}{F_S}\sin\alpha_i}{\cos\alpha_i + \dfrac{1}{F_S}\tan\varphi_i \sin\alpha_i} \tag{3-165}$$

由公式(3-162)知边坡的稳定安全系数 F_S 为

$$F_S = \frac{M_r}{M_s} = \frac{\sum (N_i \tan\varphi_i + c_i l_i)}{\sum W_i \sin\alpha_i} \tag{3-166}$$

将公式(3-165)代入式(3-166)得:

$$F_S = \frac{\displaystyle\sum_{i=1}^{i=n} \frac{[W_i + (X_{i+1} - X_i)]\tan\varphi_i + c_i l_i \cos\alpha_i}{\cos\alpha_i + \dfrac{1}{F_S}\tan\varphi_i \sin\alpha_i}}{\displaystyle\sum_{i=1}^{i=n} W_i \sin\alpha_i} \tag{3-167}$$

由于上式中 X_i 及 X_{i+1} 是未知的,故求解尚有问题。毕肖普假设土条间的竖向剪切力均略去不计,即 $(X_{i+1} - X_i) = 0$,则公式(3-167)可简化为:

$$F_S = \frac{\displaystyle\sum_{i=1}^{i=n} \frac{1}{m_{\alpha i}}(W_i \tan\varphi_i + c_i l_i \cos\alpha_i)}{\displaystyle\sum_{i=1}^{i=n} W_i \sin\alpha_i} \tag{3-168}$$

其中

$$m_{\alpha i} = \cos\alpha_i + \tan\varphi_i \sin\alpha_i / F_S \tag{3-169}$$

式(3-168)就是简化毕肖普法计算边坡稳定安全系数的公式。由于式(3-169)中的 $m_{\alpha i}$ 也包含 F_S 值,因此公式(3-168)须用迭代法求解,即先假定 F_S 值,按公式(3-169)求得 $m_{\alpha i}$ 值,代入式(3-168)求出 F_S 值,若此 F_S 值与假定值不符,则用此 F_S 值重新计算 $m_{\alpha i}$ 求得新的 F_S 值,如此反复迭代,直到假定的 F_S 值与求得 F_S 值相近为止。为了计算方便,可将式(3-169)的 $m_{\alpha i}$ 值制成曲线(如图 3-41 所示),可按 α_i 及 $\tan\alpha_i / F_S$ 值直接查得 $m_{\alpha i}$ 值。

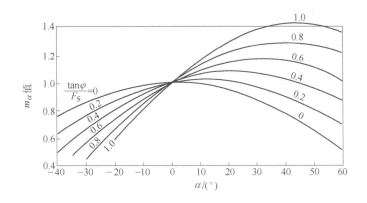

图 3-41 m_α 值曲线

C Janbu 法

简布(N. Janbu,1954,1972)提出了非圆弧普遍条分法。

如图 3-42a 所示边坡,已知其滑动面为 ABCD,将滑动体分成许多竖向条块,其中任一条块 i 上的作用力如图 3-46b 所示。如前所述,其受力情况也是二次静不定问题,Janbu 在求解时也给出两个假定条件:第一个与 Bishop 的相同,认为滑动面上的切向力 T_i 等于滑动面上土所发挥的抗剪强度 τ_i,即 $T_i = \tau_i l_i = (N_i\tan\varphi_i + c_i l_i)/F_S$;第二个假定是给出了条块两侧法向力 E 的作用点位置。通常假定,E 的作用点位置在条块底面以上 1/3 高度处。

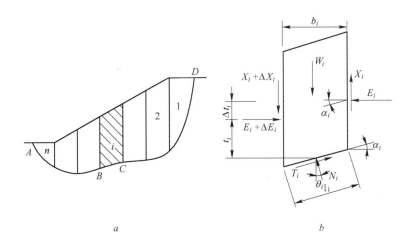

图 3-42 非圆弧滑动面计算图

a 稳定安全系数的表示式

根据图 3-42b 所示条块 i 在竖直向及水平向的静力平衡条件,求得条块的水平法向力增量 ΔE_i 的表达式,然后根据 $\sum \Delta E_i = 0$ 的条件导得稳定安全系数 K 的表达式。

$$\Delta E = (W_i + \Delta X_i)\tan\alpha_i - \frac{1}{F_S}\left[(W_i + \Delta X_i)\tan\varphi_i + c_i b_i\right]\frac{1}{m_{\alpha_i}\cos\alpha_i} = B_i - \frac{A_i}{F_S} \qquad (3-170)$$

式中

$$A_i = \left[(W_i + \Delta X_i)\tan\varphi_i + c_i b_i\right]\frac{1}{m_{\alpha_i}\cos\alpha_i} \qquad (3-171)$$

$$B_i = (W_i + \Delta X_i) \tan \alpha_i \qquad (3-172)$$

对整个边坡而言，ΔE_i 均为内力，若滑动土体上无水平外力时，则 $\sum E_i = 0$，故得：

$$\sum \Delta E_i = \sum B_i - \frac{1}{F_S} \sum A_i = 0 \qquad (3-173)$$

由此求得边坡稳定安全系数 F_S 的表达式：

$$F_S = \frac{\sum A_i}{\sum B_i} \qquad (3-174)$$

b　求 X_i 值

土条上各作用力对滑动面中点 O 取矩，按力矩平衡条件 $\sum M_o = 0$ 得：

$$X_i \frac{b_i}{2} + (H_i + \Delta X_i) \frac{b_i}{2} - (E_i + \Delta E_i)\left(t_i - \frac{1}{2} b_i \tan \theta_i\right) + E_i\left(t_i + \Delta t_i - \frac{1}{2} b_i \tan \theta_i\right) = 0 \qquad (3-175)$$

如果土条宽度 b_i 很小，则高级微量可略去，上式可写成：

$$X_i = \Delta E_i \frac{t_i}{b_i} - E_i \tan \alpha_t \qquad (3-176)$$

式中　α_i——E_i 与 $E_i + \Delta E_i$ 作用点连线（亦称压力线）的倾角。

E_i 值是土条 i 一侧各土条的 ΔE_i 之和，即 $E_i = E_1 + \sum\limits_{i=1}^{i-1} \Delta E_i$，其中 E_1 是第一个土条边界上的水平法向力。E_1 值为边坡点处边界上的水平法向力，由图知 $E_1 = 0$。故得：

$$\Delta X_i = X_{i+1} - X_i \qquad (3-177)$$

因此，若已知 ΔE_i 及 E_i 值，可按式（3-176）及式（3-177）求得 ΔX_i 值。

3.5.2.2　边坡稳定性分析的可靠度方法

传统边坡稳定性分析多采用安全系数法，该方法计算简便、直观，广泛应用于边坡的分析和设计，但其缺点是无法反映介质特性、孔隙水压力和荷载的不确定性。一方面，具有相同安全系数值的不同边坡，往往具有不同的危险程度；另一方面，对于给定的岩土试验数据和边坡资料，安全系数需多大才表示实际意义上的安全或不安全？忽视这些问题，会误导出危险程度的判别结果，或在边坡设计中加大人为因素。因此，考虑介质特性的不确定性、地下水压力的变动、模型误差和试验误差等，合理的边坡稳定性分析是基于概率方法的可靠性分析。

可靠性分析是研究在诸多确定的和不确定的因素作用下系统的安全问题。近十多年来，学者们将该方法应用于边坡系统的稳定性分析，取得了显著成果，这些成果的基本思想是假设边坡受控于多种因素 $X_i(i=1,2,\cdots,n)$，基于极限平衡理论的状态函数 $Z = g(x_1, x_2, \cdots, x_n)$ 为合理的条件下，进行最小可靠度指标 β（最大失效概率）的确定，其中 β 是针对边坡临界滑面而言。对于边坡系统诸多潜在滑面和整体破坏概率来说，系统的可靠度要比临界滑面的可靠度大。加之状态函数 $g(x)$ 为确定性模型，以此为基础的可靠性分析难免存在指标弱化和模型误差问题。

按极限平衡理论，边坡安全系数为：

$$F = W \cdot \cos\alpha \cdot f + l \cdot c / W \cdot \sin\alpha \qquad (3-178)$$

式中，F 为安全系数；f 为滑面内摩擦系数；c 为滑面内聚力；L、α 分别为滑面长度和倾角；W 为边坡单位宽度质量。边坡的状态是受多种因素控制的，如岩体容重 γ、强度 c 和 f、地下水压力 u 和外部荷载 q 等，它们具有不确定性，是随机变量，以状态函数表达为：

$$Z = g(x) = g(r, c, f, u, q, \cdots) \qquad (3-179)$$

根据破坏概率定义有：

$$P_f = P_r[g(x) < 0] = P_r\left[\frac{g(x) - \mu_g}{\sigma_g} < \frac{\mu_g}{\sigma_g}\right] = P_r(Z' < -\beta) = \Phi(-\beta) \qquad (3-180)$$

式中，P_f 为边坡破坏概率，μ_g 为 $g(x)$ 的均值；σ_g 为 $g(x)$ 的方差；β 为可靠度指标；Φ 为准正态函数。边坡可靠度指标与安全系数有多值对应的关系，尤其 $F > 1.2$ 时，β 的多值性质和 P_f 值的发散偏移越来越明显。假定抗剪强度 c、f 为相对独立并服从标准正态分布的变量，F 为中值安全系数，σ_f、σ_c 和 δ_f、δ_c 分别为 f、c 的标准差和变异系数，很明显，F 所表征的是边坡处于一定的稳定范围，而非其危险状态。自 20 世纪 70 年代以来，尽管边坡安全系数在计算方法和精度方面，已有了相当的普适性，但由于在假设条件和取值问题上的差异，作为边坡危险程度的途径，仍存在许多缺憾，尤其将安全系数作为边坡工程设计标准时，往往达不到令人满意的效果。而基于 F 的破坏概率方法，也无法克服分析模型误差所带来的缺点。

可靠度指标 β 代表的是边坡破坏概率 P_f，即危险程度，数学上将其定义为：

$$\beta = \mu_g / \sigma_g \qquad (3-181)$$

β 的求解，多采用一次二阶矩法，即将边坡状态函数 $g(x)$ 表达式按 Taylor 级数展开，使其成为 x 的线性函数，即保留一次项的近似方法，该方法以确定性模型为算法基础，难免存在可靠度指标表达方式的差异和分析模型的误差。为此，许多学者进行了相关研究，并提出了各种不同的改进算法。

3.5.3 露天矿山边坡稳定性监测

露天矿山边坡稳定性监测的主要任务就是确保矿山生产安全，通过监测数据反演分析边坡的内部力学作用，同时积累丰富的资料作为其他露天矿山边坡设计和生产的参考资料。对边坡实施监测的意图在于：尽早对边坡反常或者潜在的地质条件或者滑移情况做出预报。尽早预报，便于对出现的问题采取适当的措施，在条件恶化以及边坡破坏或者灾害发生之前通告生产作业人员。边坡工程监测的作用在于：

（1）为边坡设计提供必要的岩土工程和水文地质等技术资料。

（2）边坡监测可获得更充分的地质资料和边坡发展的动态，从而圈定边坡的不稳定区段。

（3）通过边坡监测，确定不稳定边坡的滑落模式，确定不稳定边坡滑移方向和速度，掌握边坡发展变化规律，为采取必要的防护措施提供重要的依据。

（4）通过对边坡加固工程的监测，评价治理措施的质量和效果。

（5）为边坡的稳定性分析和安全预警提供重要依据。

边坡工程监测是边坡研究工作和安全预警中的一项重要内容，随着科学技术的发展，各种先进的监测仪器设备、监测方法和监测手段的不断更新，使边坡监测工作的水平正在不断地提高。

3.5.3.1 边坡稳定性监测系统

边坡的监测是确保矿山生产安全，进行预测预报和掌握岩土体失稳机理最重要的手段之一。由于露天边坡本身具有的复杂性及限于目前边坡稳定性研究水平，边坡监测是边坡稳定性分析和安全预警中不可缺少的，也是至关重要的研究内容。随着高新技术的发展，边坡稳定性监测系统应具有数字化、自动化和网络功能。也即将灾害发生前的特征信息通过传感器转化为数字化信息，自动采集或汇集，数字化传输，数据库存储并提供使用；对于露天矿山边坡稳定性监测系统，主要是建立小时间尺度的滑坡灾害实时监测。

露天边坡稳定性监测系统包括仪器安装，数据采集、传输和存储，数据处理，预测预报等。稳定性监测应采用先进和经济实用的方法技术。

监测内容一般包括:地表大地变形监测、地表裂缝位错监测、地面倾斜监测、边坡裂缝多点位移监测、边坡深部位移监测、地下水监测、孔隙水压力监测、边坡地应力监测等。

(1) 地表大地变形监测是边坡监测中常用的方法。采用经纬仪、全站仪、GPS 等测量仪器了解边坡体水平位移、垂直位移以及变化速率。

(2) 地表裂缝位错监测将了解地裂缝伸缩变化和位错情况。采用伸缩仪、位错计,或千分卡直接量测。

(3) 地下水动态监测以了解地下水位为主,可进行地下水孔隙水压力、扬压力、动水压力及地下水水质监测。

(4) 边坡深部位移监测是监测边坡体整体变形的重要方法。采用钻孔倾斜仪了解边坡深部的位移情况。

表 3 – 45 为可用于露天矿山边坡稳定性监测的主要技术。

表 3 – 45　可用于露天矿山边坡稳定性监测的主要技术

主 要 类 型	亚　类	主要监测技术
位移监测	光学仪器监测	经纬仪、水准仪等
	钻孔伸长计监测	并联式伸长计、串联式伸长计等
	倾斜监测	垂直钻孔倾斜仪、水平钻孔倾斜仪、水平杆式倾斜仪、倾斜盘、溢流式水管倾斜仪等
	裂缝监测	单向测缝计、三向测缝计、测距仪等
	收敛计监测	带式收敛计、丝式收敛计等
	脆性材料的位移监测	砂浆条带、玻璃、石膏等
	卫星定位系统监测	GPS
爆破震动量测和岩体破裂监测	爆破震动量测	测震仪等
	微震监测	微震监测系统
	声发射监测	声发射仪
水的监测	降雨监测	雨强、雨量监测仪等
	地表水监测	
	地下水监测	钻孔水位和水压监测等
巡　检		

3.5.3.2　边坡工程监测计划与实施

边坡稳定性监测是在露天矿山生产期对边坡的位移、应力、地下水等进行监测,监测结果作为指导矿山安全生产、反馈设计和安全预警的重要依据,是实施信息化安全生产的重要内容。露天矿山边坡监测计划应综合矿山生产、地质、测试等方面的要求,由设计人员完成。量测计划应根据边坡地质地形条件、露天边坡参数或滑坡支护结构类型和参数和其他有关条件制定。监测计划一般应包括下列内容:

(1) 监测项目、方法及测点或测网的选定,测点位置、量测频率,量测仪器和元件的选定及其精度和率定方法,测点埋设时间等;

(2) 量测数据的记录格式,表达量测结果的格式,量测精度确认的方法;

(3) 量测数据的处理方法;

（4）量测数据的大致范围，作为异常判断的依据；

（5）监测数据预测的方法，综合判断边坡稳定的依据；

（6）量测管理方法及出现异常情况的对策；

（7）利用反馈信息修正设计的方法；

（8）监测设计说明书、测网布置图和文字说明；

（9）监测测点、传感器埋设设计、固定元件的结构设计和测试元件的附件设计。

A 地表位移量测

地表位移监测是边坡监测中常用的方法。地表位移监测是在稳定的地段测量标准（基准点），在被测量的地段上设置若干个监测点（观测标桩）或设置有传感器的监测点，用仪器定期监测测点和基准点的位移变化或用无线边坡监测系统进行监测。

地表位移监测通常应用的仪器有两类：一是大地测量（精度高的）仪器，如红外仪、经纬仪、水准仪、全站仪、GPS 等，这类仪器只能定期的监测地表位移，不能连续监测地表位移变化。当地表明显出现裂隙及地表位移速度加快时，使用大地测量仪器定期测量显然满足不了工程需要，这时应采用能连续监测的设备，如全自动全天候的无线边坡监测系统等。二是专门用于边坡变形监测的设备：如裂缝计、钢带和标桩、地表位移伸长计和全自动无线边坡监测系统。

B 边坡表面裂缝量测

边坡表面张性裂缝的出现和发展，往往是边坡岩土体即将失稳破坏的前兆讯号，因此这种裂缝一旦出现，必须对其进行监测。监测的内容包括裂缝的拉开速度和两端扩展情况，如果速度突然增大或裂缝外侧岩土体出现显著的垂直下降位移或转动，预示着边坡即将失稳破坏。

地表裂缝位错监测可采用伸缩仪、位错计或千分卡直接量测。

对边坡位移的观测资料应及时进行整理和核对，并绘制边坡观测桩的升降高程、平面位移矢量图，作为分析的基本资料。从位移资料的分析和整理中可以判别或确定出边坡体上的局部移动、滑带变形、滑动周界等，并预测边坡的稳定性。

C 边坡深部位移量测

边坡深部位移监测是监测边坡体整体变形的重要方法，将指导边坡防治工程的实施和效果检验。传统的地表测量具有范围大、精度高等优点；裂缝测量也因其直观性强，方便适用等特点而广泛使用，但它们都有一个无法克服的弱点，即它们不能测到边坡岩土体内部的蠕变，因而无法预知滑动控制面。而深部位移测量能弥补这一缺陷，它可以了解边坡深部，特别是滑带的位移情况。

边坡岩土体内部位移监测手段较多，目前使用较多的分钻孔引伸仪和钻孔倾斜仪两大类。钻孔引伸仪（或钻孔多点伸长计）是一种传统的测定岩土体沿钻孔轴向移动的装置，它适用于位移较大的滑体监测。这种仪器性能较稳定，价格便宜，但钻孔太深时不好安装，且孔内安装较复杂；其最大的缺点就是不能准确地确定滑动面的位置。钻孔引伸仪根据埋设情况可分埋设式和移动式两种；根据位移仪测试表的不同又可分为机械式和电阻式。埋设式多点位移计安装在钻孔内以后就不再取出，由于埋设投资大，测量的点数有限，因此又出现了移动式。

钻孔倾斜仪运用到边坡工程中的时间不长，它是测量垂直钻孔内测点相对于孔底的位移（钻孔径向）。观测仪器一般稳定可靠，测量深度可达百米，且能连续测出钻孔不同深度的相对位移的大小和方向。因此，这类仪器是观测岩土体深部位移、确定潜在滑动面和研究边坡变形规律较理想的手段，目前在边坡深部位移量测中得到广泛采用。

钻孔倾斜仪由四大部件组成：测量探头、传输电缆、读数仪及测量导管。其工作原理是：利用仪器探头内的伺服加速度测量埋设于岩土体内的导管沿孔深的斜率变化。由于它是自孔底向上逐点连续测量的,所以,任意两点之间斜率变化累积反映了这两点之间的相互水平变位。通过定期重复测量可提供岩土体变形的大小和方向。根据位移—深度关系曲线随时间的变化中可以很容易地找出滑动面的位置,同时对滑移的位移大小及速率进行估计。

3.5.3.3 边坡变形量测资料的处理与分析

边坡的变形测量数据的处理与分析,是边坡监测数据管理系统中一个重要的研究内容,可用于对边坡未来的状况进行预报、预警。边坡变形数据的处理可以分为两个阶段,一是对边坡变形监测的原始数据的处理,该项处理主要是对边坡变形测试数据进行干扰消除,以获取真实有效的边坡变形数据,这一阶段可以称作边坡变形量测数据的预处理。边坡变形数据分析的第二阶段是运用边坡变形量测数据分析边坡的稳定性现状,并预测可能出现的边坡破坏,建立预测模型。

A 边坡变形量测数据的预处理

在边坡的监测中,各种监测手段所测出的位移历时曲线均不是标准的光滑型曲线。由于受到各种随机因素的影响,例如测量误差、开挖爆破、气候变化等,绘制的曲线往往具有不同程度的波动、起伏和突变,多为振荡型曲线,使观测曲线的总体规律在一定程度上被掩盖,尤其是那些位移速率较小的变形体,所测的数据受外界影响较大,使位移历时曲线的振荡表现更为明显。因此,去掉干扰部分,增强获得的信息,使具突变效应的曲线变为等效的光滑曲线显得十分必要,它有利于判定不稳定边坡的变形阶段及进一步建立其失稳的预报模型。目前在边坡变形量测数据的预处理中较为有效的方法是采用滤波技术。

在绘制变形测点的位移历时过程曲线中,反复运用离散数据的邻点中值作平滑处理,使原来的振荡曲线变为光滑曲线,而中值平滑处理就是取两相邻离散点之中点作为新的离散数据。平滑滤波过程是先用每次监测的原始值算出每次的绝对位移量,并作出时间—位移过程曲线,该曲线一般为振荡曲线,然后对位移数据作 6 次平滑处理后,可以获得有规律的光滑曲线。

B 边坡变形状态的判定

一般而言,边坡变形典型的位移历时曲线分为三个阶段:

第一阶段为初始阶段(AB 段),边坡处于减速变形状态;变形速率逐渐减小,而位移逐渐增大,其位移历时曲线由陡变缓。从曲线几何上分析,曲线的切线由小变大。

第二阶段为稳定阶段(BC 段),又称为边坡等速变形阶段;变形速率趋于常值,位移历时曲线近似为一直线段。直线段切线角及速率近似恒值,表征为等速变形状态。

第三阶段为非稳定阶段(CD 段),又称加速变形阶段;变形速率逐渐增大,位移历时曲线由缓变陡,因此曲线反映为加速变形状态,同时亦可看出切线角随速率的增大而增大。

可以看出,位移历时曲线切线角的增减可反映速度的变化。若切线角不断增大,说明变形速度也不断增大;即变形处于加速阶段;反之,则处于减速变形阶段;若切线角保持一常数不变,亦即变形速率保持不变,处于等速变形状态。根据这一特点可以判定边坡的变形状态。

C 边坡变形的预测分析

经过滤波处理的变形观测数据除了可以直接用于边坡变形状态的定性判定外,更主要的是可以用于边坡变形或滑动的定量预测。定量预测需要选择恰当的分析模型。通常可以采用确定性模型和统计模型,但在边坡监测中,由于边坡滑动往往是一个极其复杂的发展演化过程,采用确定性模型进行定量分析和预报是非常困难的。

3.5.4 露天矿山边坡滑坡预测预报技术

露天边坡滑坡作为一种矿山工程地质灾害,常常会造成巨大的生命财产损失。为了避免或减轻灾害的发生,事先对滑坡做出预报并采取有效的防范措施最为切实可行。在露天矿山边坡滑坡研究中,时空预报问题不确定性最大,难度也最大。相对而言,滑坡的时间上的预报则困难得多,根据长期观测资料,将位移—时间关系曲线外延可以推测滑落的时间,但误差一般较大。况且,当位移速度足够大时,推测的精度固然提高了,而这已失去预报的意义。滑坡滑动时间预报模型和预报判据研究是露天矿山边坡滑坡成功预警预报的重要因素,也是滑坡时间预报的核心。

3.5.4.1 滑坡预报判据的分类及适用性

目前,国内外学者提出了 10 余种用于判断斜坡处于临界失稳状态的预报判据。如稳定性系数、可靠概率、变形速率及位移加速度等。具体归纳为表 3 – 46。下面介绍 3 类常用的滑坡预报判据,即安全系数和可靠概率判据、变形速率判据及宏观信息预报判据。

表 3 – 46　滑坡的各种预报判据

判据名称	判据值或范围	适用条件	备注
稳定性系数 K	$K \leq 1$	长期预报	
可靠概率 P_s	$P_s \leq 95\%$	长期预报	
声发射参数	$K = A_0/A \leq 1$	长期预报	A_0 为岩土破坏时声发射记数最大值,A 为实际观测值
塑性应变 ε_i^p	$\varepsilon_i^p \rightarrow \infty$	小变形滑坡中长期预报	滑面或滑带上所有点的塑性应变均趋于 ∞
塑性应变率 $d\varepsilon_i^p/dt$	$d\varepsilon_i^p/dt \rightarrow \infty$	小变形滑坡中长期预报	滑面或滑带上所有点的塑性应变率均趋于 ∞
变形速率 V_f	0.1 mm/d	黏土页岩、黏土斜坡短临预报	
	10.0,14.4,24.0 mm/d	岩质边坡临滑预报	
位移加速度 a	$a \geq 0$	临滑预报	加速度值应取一定时间段的持续值
蠕变曲线切线角 α	$\alpha \geq 70°$	临滑预报	黄土滑坡 α 在 89°~89.5° 为滑坡发生危险段
位移矢量角[7]	突然增大或减小	临滑预报	堆积层滑坡位移矢量角锐减
临界降雨强度	暴雨诱发型滑坡		
分维值(D)	1	中长期预报	D 趋近于 1 意味着滑坡发生
双参数判据 蠕变曲线切线角和位移矢量角	$\alpha \leq 70°$ 且位移矢量角突然增大或减小	临滑预报	
双参数判据 位移速率和位移矢量角	位移速率不断增大或超过临界值,位移矢量角显著变化	堆积层滑坡临滑预报	

A　安全系数和可靠概率判据

安全系数是指通过极限平衡法计算所得的系数或运用极限分析法计算露天边坡滑动时消耗的总内力功和外力功的比值。在边坡稳定性分析中，稳定性系数取多大是安全的，这在露天矿山边坡设计和滑坡处理中具有重要的技术经济意义。一般来说，不同性质的工程对边坡安全性有不同的要求，其安全系数就有不同的取值，显然，安全系数取值大小是边坡设计和稳定性评价中的最重要的决策。国内外矿山采用的允许安全系数为：

美国、加拿大	1.3
攀钢兰尖铁矿(1969 年)	1.21 ~ 1.26
攀钢兰尖铁矿(1986 年)	1.21 ~ 1.26
武钢大冶铁矿	1.15 ~ 1.20
海南铁矿	1.15 ~ 1.25
福建行洛坑钨矿	1.17 ~ 1.22
安徽新桥铜矿	1.1 ~ 1.2
江西永平铜矿	1.25
甘肃厂坝铅锌矿	1.15
江西德兴铜矿	1.30
本钢南芬铁矿	1.25
鞍钢大孤山铁矿	1.25
西藏罗布莎铬矿	1.20
四川白马铁矿	1.20
湖北铜山口矿	1.20

当边坡的安全系数小于允许安全系数时，边坡将处于不稳定状态；安全系数大于允许安全系数时，边坡处于稳定状态；安全系数等于允许安全系数时，边坡处于临界平衡状态。

可靠概率是近年来人们根据可靠性理论计算得到的边坡稳定性的可靠程度指标(P_s)。普遍认为，将可靠概率判据定为95%比较合适。可靠概率判据给出了边坡的安全度指标，考虑了岩土体的抗剪强度c和ϕ等指标的变异性，得出的结果更符合实际。

总之，安全系数和可靠概率判据均适用于滑坡的空间预报与长期预报，是滑坡空间预报和长期预报中的常用判据。

B　变形速率预报判据

滑坡的发生，乃属边坡上的物质以一定的速度沿某滑移面向下移动所致。因此，以边坡体上物质变形速率的大小来作为滑坡是否会发生、何时发生的预报判据更直观、更可靠。目前，人们都直接或间接地使用滑坡变形速率作为判据来对滑坡作出临滑预报。但是由于滑坡变形速率受滑坡体物质组成、变形破坏方式以及外界诱发因素等多种因素影响，最终失稳前的变形速率存在很大差别。显然，要确定统一的滑坡变形速率是不太现实的。通过对现有一些滑坡的统计结果表明，滑坡发生前的变形速率为0.1 ~ 1000 mm/d 不等，差别较大。一般黏土斜坡的临界变形速率为0.1 mm/d；岩质边坡一般为10 mm/d、14.4 mm/d 或24 mm/d；堆积层滑坡的临界变形速率差别较大。因此，用变形速率作为滑坡临滑的预报判据时，必须对所预报滑坡进行深入的工程地质分析。

C　宏观信息预报判据

与地震、火山等其他自然灾害相似，滑坡失稳前也表现出多种宏观前兆：前缘频繁崩塌、地下水位突然变化、地热、地声异常等等。由于这些现象在临滑前表现直观，易于被人类捕捉，所以用于临滑预报十分有效。

对于滑坡的宏观迹象,有以下几点认识:

(1) 滑坡区、滑坡体内的宏观迹象反映了滑坡的演变过程,尤其是临滑前夕;

(2) 地表(面)变形、地物变形,在滑坡的不同发育阶段,其幅度(强度)是不同的(据此可判断滑坡所处的变形阶段和稳定性状态);

(3) 岩土体蠕变、破裂发出的声响,已为声发射技术证实,且在大滑动前常可听到轰鸣声。

3.5.4.2　滑坡时间预测预报

时间预报是指对滑坡发生的具体时间的预报,即对已获取的监测数据,通过数学模型来预测未来某一时刻坡体的状态。目前常用的方法有:

A　斋藤法

斋藤法是国内外系统研究滑坡预测预报的初始理论。该方法以土体的蠕变理论为基础。土体的蠕变分为三个阶段,第 I 阶段是减速蠕变阶段(AB 段),第 II 阶段是稳定蠕变阶段(BC 段),第 III 阶段是加速蠕变阶段(CE)。1965 年,斋藤迪孝根据室内实验和仪器监测的结果,提出以第 II 蠕变阶段和第 III 蠕变阶段的应变速率为基本参数的预测预报经验公式,认为在稳定蠕变阶段,各时刻的应变速率与该时刻距破坏时刻的时间的对数成反比,相应计算公式为:

$$\lg t_r = 2.33 - 0.916 \times \lg \dot{\varepsilon} \pm 0.59 \qquad (3-182)$$

在加速蠕变阶段,取期间变形量相等的 t_1、t_2、t_3 三个时间来计算最后破坏时间,相应计算公式为:

$$t_r = t_1 + \frac{(t_2 - t_1)^2 / 2}{(t_2 - t_1) - (t_3 - t_1)/2} \qquad (3-183)$$

式中　t_r——边坡最终破坏时间。

运用这种方法,我国学者对 1983 年 7 月 9 日发生的金川露天矿采石场滑坡和 1985 年 6 月 12 日发生的湖北新滩滑坡等进行了成功的预报。

B　灰色理论模型预测

德国数学—生物学家 Verhulst 用灰色系统理论建立了用于生物繁殖量的预测模型,灰色系统理论的滑坡时间预测预报是趋势性预测,在实际使用中,为了保证预测的现实逼近性,通常需要用最新的实测数据进行建模。预测模型为:

$$t_r = -\frac{\Delta t}{a} \ln\left(\frac{b x_1}{a - x_1}\right) + t_1 \qquad (3-184)$$

式中,a,b 为与滑坡位移原始监测数据有关的参数。

C　非线性动力学模型预测

非线性动力学模型是按照非线性动力学的观点并运用耗散结构理论和协同学的宏观研究方法从时间序列数据中建立的边坡系统动力学模型。

D　多参数预报法

选取多种参数,预测滑坡发生时间。美国学者 B. Voight 于 1989 年提出多参数预报经验公式:

$$t_f - t_x = (\Omega_x^{1-\alpha} - \Omega_f^{1-\alpha}) \cdot A(\alpha - 1) \qquad (3-185)$$

式中　Ω——任意参数,位移,剪应力,地面倾角等;

　　　Ω_x——初始值;

　　　Ω_f——预报值;

α, A——经验常数。

E　神经网络预报法

和神经网络用于空间预测预报中一样,时间预报是用监测到的原始位移建立网络模型,属于一种非参数预报方法。该预报方法无须事先假设边坡的破坏模型,避免事先假设模型所带来的误差。

参 考 文 献

1　Hoek E,Brown B T. 岩石地下工程,连志升等译. 北京：冶金工业出版社, 1986

2　布雷迪 B H G,布朗 E T. 地下采矿岩石力学,佘诗刚等译. 北京：冶金工业出版社,1986

3　孙广忠. 岩体结构力学. 北京：科学出版社, 1988

4　蔡美峰主编. 岩石力学与工程. 北京：科学出版社, 2004

5　Bieniawski Z T, 1973. Engineering classification of jointed rock masses. Trans S African Inst Civil Engrs, 15：335 ~ 342

6　1976. Rock mass classification in rock engineering. Proceedings of the Symposium on Exploration for Rock Engineering；Johannesburg, November 1976：97 ~ 106

7　1984. Rock mechanics design in mining and tunnelling. Boston；Balkema：272

8　1989. Engineering rock mass classifications：a complete manual for engineers and geologists in mining, civil, and petroleum engineering. New York；Wiley-Interscience：251

9　Laubscher D H, 1977. Geomechanics classification of jointed rock masses – mining applications. Trans Instn Min Metall, Sect A：Min Industry, 86：A1 ~ A7

10　1984. Design aspects and effectiveness of support systems in different mining conditions. Trans Instn Min Metall, Sect A：Min Industry, 93：A70 ~ A81

11　1990. A geomechanics classification system for the rating of rock mass in mine design. J S Afr Inst Min Metall, 90 (10)：257 ~ 273

12　1994. Cave mining-the state of the art. J S Afr Inst Min Metall. 94(10)：279 ~ 293

13　1998. Personal communication. Comments at International Caving Study Annual Meeting, November 1998

14　1999. A practical manual on block caving (in preparation). Section 6-Cavability

15　2000. A practical manual on block caving. International Caving Study. October 2000. Brisbane；Julius Kruttschnitt Mineral Research Centre

16　Laubscher D H and Taylor H W, 1976. The importance of geomechanics classification of jointed rock masses in mining operations. Proceedings of the Symposium on Exploration for Rock Engineering：119 ~ 128

17　Barton N, 1976. Recent experiences with the Q-system of tunnel support design. Proceedings of the Symposium on Exploration for Rock Engineering；November 1976：107 ~ 117

18　Barton N；Lien R and Lunde J, 1974. Engineering classification of rock masses for the design of tunnel support. Rock Mechanics. 6 (4)：189 ~ 239

19　GB 50218—94：工程岩体分级标准

20　陈胜宏. 计算岩石力学与工程. 北京：中国水利水电出版社,2006

21　刘波,韩彦辉著. FLAC 原理. 实例与应用指南,北京：人民交通出版社,2005

22　Itasca, 1997. FLAC3D User's Manual. FLAC3D (Fast Lagrangian Analysis of Continua in 3 dimensions) Version 2. 0. Itasca Consulting Group, Minneapolis

23　孙玉科等著. 中国露天矿边坡稳定性研究. 北京：中国科学技术出版社, 1998

24　陈祖煜等著. 岩质边坡稳定性分析. 北京：中国水利水电出版社,2005

25　林宗元主编. 岩土工程试验监测手册. 北京：中国建筑工业出版社,2005

4 露天开采

4.1 概　　述

矿物的露天开采是借助某些采掘和运输设备,从地表向下始终在敞露的环境中掘取地壳中有用资源的作业。为了采出矿物,通常需要剥离大量废石。开采作业的目的是以尽可能低廉的作业成本采出矿物并获取最大效益。露天开采的设计对矿山作业的经济效益有重要影响,设计参数的选取和矿岩采剥计划的确定是具有重要经济意义的复杂工程决策。近年来露天采矿技术发展的趋势依然以提高经济效益为中心。

20 世纪下半叶以来，露天开采发展迅速。据2000 年对世界预计投产的639 座非燃料固体矿山的统计，露天开采产量占总产量的比重达到60% 以上，其中，铁矿占90% 、铝土矿98% 、黄金矿67% 、有色矿57% 。

近年我国金属矿山露天开采的比重为：铁矿70% ~80% ，重点铁矿80% ；有色矿山56% ，其中铜矿62% ，铝土矿97% ，钼矿87% ，稀有稀土矿95% ，锡矿20% ，金银矿18% ，铅锌矿11% 。

近年全球固体矿山露天开采的趋势是产量规模化、设备大型化和管理信息化、作业智能化，以提高生产能力和降低开采成本。在前述统计中矿石生产能力700 万 t/a 以上矿山88 座，4000万 t/a 的矿山约20 座。我国从20 世纪80 年代以后，陆续投产、扩建了多座大型露天矿山，如德兴铜矿2970 万 t/a，鞍山齐大山铁矿1255.3 万 t/a，南芬铁矿1250 万 t/a，首钢水厂铁矿900 万 t/a，中铝平果铝土矿170 万 t/a。

露天装备水平大型化的进展也相当迅速。牙轮钻机已成为露天矿普遍采用的穿孔设备。目前最大穿孔直径达到444 mm，最大轴压184 t，大型铁矿山多用孔径311 ~380 mm，铜矿山多为250 ~311 mm。钻机台年效率5 万 ~6 万 m，最高的超过15 万 m。

我国大型金属露天矿山也采用牙轮钻机及潜孔钻机穿孔，孔径多为250 ~311 mm。2004 年铁矿牙轮钻台年综合效率为27524 m，最高57534 m（水厂铁矿）；潜孔钻台年综合效率18820 m，最高45681 m（通钢桦甸），这四个数据较8 年前分别提高15.7% ，82% ，33.8% 和80.7% 。有代表性的大型有色金属露天矿山牙轮钻机台年效率超过57000 m。

电铲、液压挖掘机和轮式装载机是当前露天金属矿山的装载设备，电铲一直是装载设备的主导，液压挖掘机、轮式装载机以其机动灵活、作业率高等特点，市场份额后来居上。P&H、Bucrus International 等是世界上主要的电铲生产商。电铲系列中P&H 4100XPB 型的斗容已达到35.5 ~76.5 m^3，Bucyrus 495 型斗容为26.8 ~61.2 m^3，795 型53.2 ~68.8m^3。国外特大型露天矿装备的电铲斗容可达30 ~56 m^3，视投产时间略有差异。台年效率多在500 万 ~700 万 t，最高约为1000万 t。

我国许多大型金属露天矿山使用斗容为11.5 m^3、12 m^3、13 m^3 电铲，鞍山齐大山铁矿、德兴铜矿还装备了16.8 m^3 电铲（德兴铜矿近期装备了19.9 m^3 电铲），而某些早期投产的露天矿则仍沿用4 ~8 m^3 斗容的电铲。2004 年我国铁矿使用斗容最大的16 m^3 电铲台年平均综合效率594.6 万 t，最高866 万 t（南芬铁矿）；4 ~4.6 m^3 斗容电铲台年平均综合效率134.53 万 t，最高297.4 万 t（眼前山铁矿）。大型有色金属矿山的电铲综合效率约为44 万 ~46 万 t/（m^3 ·台年）。

目前全球大部分金属露天矿山采用汽车运输。汽车的载重吨位正在不断增加，小松930E-3SE 达到320 t，Cat797B 以及 Liebherr T28B2 型可达360 t，位居大型电动轮矿用汽车和机械传动矿用汽车前列。国外大型露天金属矿山正在运行的汽车载重量多在154 ~320 t，少量新增设备采用360 t 载重量汽车。

汽车运输效率不断提高。由于移动破碎和带式输送机在露天矿的应用，汽车的运距较单纯汽车开拓运输系统的运距显著缩短，同时汽车载重的不断增加都大大提高了汽车运输的效率。大型金属露天矿配备半移动破碎和带式输送机系统的，载重量300 t 以上的汽车运输台年效率可达250 万 t 以上，218 t 以下矿用汽车的台年效率约150 万 ~200 万 t。

我国规模最大的德兴露天铜矿引进 R—190 型172 t 矿用汽车，是目前我国有色金属露天载重吨位最大的矿用汽车，齐大山、大孤山、南芬铁矿运矿汽车多为85 ~100 t，最大载重154 t。中型矿山的汽车载重吨位27 ~50t。2004 年我国露天铁矿汽车台年效率：154 t 汽车125.8 万 t

（齐大山铁矿，313.63 万 t·km/台年），130 t 汽车 111.06 万 t，最高 143.2 万 t（水厂铁矿 477 万 t·km/台年），100 t 汽车平均为 80.7 万 t，最高 126.6 万 t（大孤山铁矿 230.42 万 t·km/台年）。与 8 年前相比 154 t 车提高 2.3%，100 t 车分别提高 192% 和 186%。大型有色金属矿山的汽车综合效率 22000 t·km/t 台年左右，汽车效率约 340 万 t·km/台年。

为了节省柴油，国外还有少量金属露天矿山采用柴油—架线式辅助汽车。在采场工作面及排土场用柴油驱动，在主运输道路上用架线式辅助系统驱动，减少柴油消耗约 70%，并降低尾气排放。由于当今的高油价，在采深大、长宽比大的大型露天矿有复兴前景。国内外露天矿铁路运输的比重很小，前苏联和我国还有少量铁矿沿用铁路运输或铁路汽车和破碎机—带式输送机的联合运输方式。目前国内攀枝花公司铁矿、白云鄂博铁矿沿用铁路运输开拓，大孤山铁矿、东鞍山铁矿的排土系统依然保留铁路 + 破碎机 + 带式输送 + 排土机的联合运输。有色金属矿山几乎没有采用铁路运输开拓系统。

带式输送机在大型金属露天矿的应用日益广泛。与破碎机配合使用，提高运输能力，缩短运距，降低成本。目前国外大型金属露天矿采用的带式输送机带宽 1600 ~ 2000 mm，带速 2 ~ 4 m/s，某些矿山应用的运输机额定能力可达 8700 t/h。国内大孤山铁矿采用带式输送机，许多大型露天矿采用"汽车 + 移动破碎机 + 带式输送机"开拓运输系统，显现了运输能力高、灵活和基建工程量小的优势。

露天矿排土量大，占地面积多。金属露天矿总占地的 39% ~ 55% 为排土场占地。随着露天开采深度的增加，排土的压力更为突出，并可能由此带来一系列生态和环境影响，因此国外许多发达矿业国家对露天矿排土场设置及开采环境的修复都非常重视，并有立法。据统计，1998 年我国有色金属废石产生量 3416 万 t，累计堆存量 3.25 亿 t，堆存占地面积 2471 ha。我国的矿山环境保护机制正在逐步完善和加强，企业的社会责任日益明确地要求矿山在创造利润的同时承担起生态修复和环境保护的责任。

露天矿开采企业也正在通过各种途径来减少排土占地，如条件允许时加陡边坡减少剥离量、加大排土堆置高度、进行内排土、开采铝土矿一类平伏矿床及时进行采后复垦等。

采用陡帮开采以及分期开采可以适当减少露天矿占地或推迟占地。陡帮开采、分期开采是近二三十年兴起的采剥方法。由于初期剥离量小，基建工程减少，基建期缩短，前期经济效益明显提高；最终边坡暴露较晚，减少边坡的维护工作量，有利于边坡稳定。在条件许可时，陡帮开采和分期开采已经成为露天开采首选的方案。

露天转地下开采在矿床埋深范围延续较大的资源利用中经常遇到，露天开采转为地下开采的转换时机主要取决于露天矿经济合理开采深度。少数地区地表环境不允许大面积扰动，如风景区、原始林区周边等，则要求尽早转入地下开采；此外目前的设计规范尚未将矿山关闭期的复垦费用明确规定记入项目建设投资，因此大部分露天开采设计未能真正考虑矿山寿命全过程（含环境和生态修复）费用。随着社会对生态和生存环境的日益关注，矿山寿命全过程的理念会更加明晰，届时经济合理深度、投资成本都会有所变化。

建设一个露天开采矿山的整个过程一般包括：矿区的地面设施建设；矿床的疏干和防排水；露天采场基本建设工程以及投入生产的一系列准备工作；投产—达产，正常生产期，减产期，关闭，露天矿复垦，生态修复。

20 世纪 80 年代以来，信息技术在露天矿设计和生产中得到长足发展和广泛应用。在 70 年代末计算机辅助设计（CAD）应用兴起阶段，西方国家就将此项技术应用于矿业。采矿计算机辅助设计（采矿 CAD）与优化相辅相成，当时境界优化成为采矿 CAD 的一大亮点。此后随着计算机技术不断更新，如图形屏幕显示技术、人机交互技术等的应用，使矿业 CAD 技术也得以改进和完善,90 年代,三维制图技术、实体造型技术、计算机模拟、图像仿真技术等逐步推进采矿 CAD 进入可视化阶段。通过对矿山大量生产过程的信息采集处理,快速提取专题信息,这些信息、知识和规律对矿山安全、生产、经营与管理发挥预测和指导作用。基于 GPS 的地面快速定位与自动导航技术已在大型露天矿成熟应用,不同程度地实现采矿设备和作业过程的自动控制。

未来露天矿将朝着数字化矿山方向发展,数据处理技术、真三维地质建模、分析和可视化技术、智能采矿及 3S(地理信息系统、全球定位系统、遥控系统)、OA(办公自动化)和 CDS(指挥调度系统)技术等将进一步集成,真正做到从数据采集、数据处理、数据融合、设备跟踪、动态定位、过程管理、流程优化到调度指挥全过程的一体化。

本章的主要内容包括露天矿境界的确定和优化,生产能力的确定,生产工艺以及典型的露天矿实例。

4.2 露天开采与地下开采比较

选择开采方式首先要根据矿床的具体赋存条件、露天开采和地下开采的经济技术特点以及环境允许程度,经综合比较确定。原则是保证区域资源—经济—环境和谐可持续发展,在矿山开采整个寿命期内,总体经济效益和社会效益最大化。

4.2.1 露天开采特点

与地下开采相比,露天开采具有以下优势:

(1)生产能力大。特大型金属露天矿的年产矿石量可达 3000 万 ~ 5000 万 t 以上。

(2)作业条件好。大型露天矿山人员作业的安全和舒适程度相当高。劳动强度小。不易受有害气体侵害及顶板冒落的威胁。中小型露天矿山作业条件和自动化程度不断得到改善。

(3)自动化程度高,作业灵活。开采空间限制小,适于大型机械化自动化设备作业。近年信息化技术在大型露天矿成功应用,极大地提高了劳动生产率和设备作业效率。人员的劳动生产率较地下开采最高可提高 10 倍。

(4)矿石损失贫化小,一般为 3% ~ 5%,易于分采进行品位控制,提高资源利用率。

(5)作业成本低,为地下开采的 1/2 ~ 1/3。

(6)基建期短,为地下开采的 1/2 左右。暂行的投资计算方式,基建投资可能低于地下开采(因装备水平而异),如果考虑矿山关闭期间的环境修复费用,则将另行评估。

露天开采主要缺点有:

(1)扰动、损坏和污染环境。开采期间损坏地表植被,裸露岩石,形成短期石漠。穿孔、爆破、装载和运输等生产过程易造成粉尘、爆破烟尘、汽车尾气和噪声在大气中逸散传播,流经排土场的降水泾流往往含有害成分,可能污染周围大气、水域和土壤,可能危及附近居民身体健康,影响植物生长,动物生存,改变生态环境。

(2)占用土地多,且有产生地质灾害的可能。露天矿坑和排土场占用大量土地,有的多达数百公顷。处理不当在暴雨等天气条件下还可能造成排土场滑坡和泥石流等地质灾害。

(3)受矿体赋存条件限制严格,矿体的合理开采深度较浅。

(4)作业受气候条件影响大。暴雨,大风,严寒和酷热均有影响。

4.2.2 开采矿区(点)的选择

开采矿区的选择是矿山建设的关键决策之一。在通过环境评估后,要本着先富后贫、先近后远、先易后难和经济效益最佳的准则,在编制项目建议书时通过认真调查研究和技术经济论证来确定。一般应开采矿石品位较高、开采条件和选冶性能好,交通运输和水电供应条件较方便,基建工程量较少、投资较省、成本较低的矿区(点),以便尽早偿还项目贷款,尽快获得项目收益。西藏玉龙铜矿先采勘探程度高、品位高的Ⅱ号矿,攀西矿区首先开采兰尖铁矿都是经过调查研究和经济技术评价后确定的。

4.2.3 开采方式的确定

矿山采用露天开采还是地下开采,或露天、地下联合开采、露天转地下开采主要根据矿床的赋存条件和环境(地表)保护要求等研究确定。

在矿山建设中,有些矿床是可以根据其赋存条件及矿床所在地的环境条件,通过当地环保影响评估,不需要经过大量的技术经济评价,就可以比较明显地确定其开采方式。采用露天开采主要对矿体埋藏深度、矿体上下盘围岩稳固性、周边环境的要求,并要兼顾气候条件。比如矿体出露地表,或埋藏较浅到中等;地表允许开挖暴露一段时间再行植被修复景观的,可采用露天开采。地表有水体、建筑物、道路或高产农田等,以及矿体埋藏深,矿体产状不规则则采用地下开采。

需要进行认真的经济技术比较研究才能确定其开采方式的矿产资源,主要包括下列几种情况:

(1)一些厚度较大,埋藏不深也不浅的块状矿体。

(2)一些厚度中等,埋藏不深的急倾斜矿体。

(3)一些厚度较大,埋藏较深的急倾斜矿体。

(4)一些厚度中等,埋藏深度也属于中等的倾斜矿体。

上述情况的共同特点是,当这些矿体采用露天开采时,剥采比一般接近或略大于经济合理剥采比。我国的许多地下开采铁矿,如梅山铁矿、弓长岭铁矿、铜绿山铜矿以及紫金铜金矿,在确定开采方式时都进行了不同方案的技术经济比较。

为了确定上述情况的合理开采方式,有时需要做出两种开采方式的设计方案,甚至是初步设计,并就效益、投资,生产和环境成本,规模,资源利用率,品位控制等下列主要内容进行综合经济技术比较和分析。

(1)经济效益,包括投资收益率和投资偿还期,内部收益率、净现值等。

(2)基建工程量及投资。

(3)占地及拆迁量等。

(4)可以达到的开采规模,或同样规模的潜在能力。

(5)建设速度,包括建设周期及投产时间。

(6)生产成本及经营费用。

(7)可采矿石量及采出矿石质量。

(8)矿产资源的损失和利用率。

(9)人员作业条件、环境影响及修复费用。

(10)设备、材料和能源需求量。

由于露天开采的劳动条件较好,矿产资源的利用率较高,因此在环境许可、技术条件适宜和经济效益相差不大的情况下,可选用露天开采方式。

国外一些手册总结了开采方式确定的一些经验法则:

(1)对急倾斜厚度均匀的矿体而言,露天矿的最优开采深度是剥采比的函数,这也可近似为地下开采成本与露天开采成本之比。如果后期的废石可作为地下开采的充填料,增加剥采比可能是经济的。

（2）对于高品位矿体，无论是否出露地表，用露天或地下开采回采同样矿量（低品位矿很少），目前采用的方法是根据生产成本确定露天与地下开采的分界线（即：露天开采最后 1 t 矿石包括剥离费用的成本与其用地下开采的成本相等）。这个概念应用起来很简单。根据矿产品价格或生产的目标边际成本，可以确定出完全独立的地下开采范围，换句话说，价格、成本对于确定露天开采境界也是必须的。

（3）露天矿的运输费用至少占采矿费用的 40%，因此选择排土场位置应尽可能接近露天矿是十分重要的。

（4）随着露天矿的延深，品位控制和配矿变得日益困难，建议此时逐步开始转向地下开采。

4.3　露天开采境界的优化

4.3.1　露天采场构成要素

露天采场构成要素分两类，一类为最终边坡构成要素，一类为工作帮构成要素。

最终边坡构成要素与采场开采境界的大小有关，应是边坡稳定临界值与最小剥离量间最优的函数。它由最终边坡角、台阶高度、台阶坡面角和清扫平台、安全平台、运输平台等要素组成（如图 4-1 所示）。

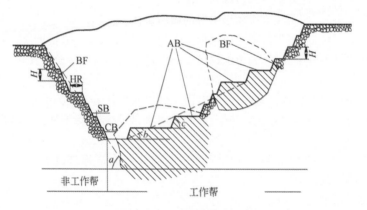

图 4-1　露天采场构成要素

a—最终边坡角；b—工作帮坡角；c—台阶坡面角；AB—工作平盘；H—台阶高度；
HR—运输道路宽；BF—台阶坡面；SB—安全平台宽；CB—清扫平台宽

工作帮构成要素形成作业正常进行的范围和空间，由工作台阶、运输道路、采区、采掘带、工作帮坡角等组成。工作帮的位置不固定，随开采的进行不断变化。

非工作帮是指由非工作台阶组成的采场边帮，当非工作帮位于最终境界时称为最终边坡。

（1）最终边坡角是指通过到达最终境界的非工作帮最上一个台阶的坡顶线和最下一个台阶的坡底线所做的假想斜面与水平面的夹角。

选择最终边坡角时应充分考虑边坡组成岩石的性质，地质构造和水文地质等方面影响，它们关系到最终边坡的稳定。

国内外部分矿山的露天矿边坡构成资料见表 4-1、表 4-2、表 4-3。

表4-1 国内露天矿采场信息

矿山名称	围岩种类		岩石强度系数 f	最终台阶坡面角/(°)	平台宽度/m		最终边坡角/(°)		台阶高度/m	运输方式
	上盘	下盘			安全	清扫	上盘	下盘		
德兴铜矿	闪长斑岩,变质千枚岩		6~8	60			40~42,37~47		15(上部个别12)	矿石:汽车—斜井胶带;废石:汽车
南芬铁矿(2006年)	石英片岩,混合岩	角闪岩,绿泥片岩	12~14,4~12	70,55	5	11~20	40.6~48.6	33.37~35.4。端帮:44.28~46.02	12	矿:汽车—矿石破碎倒装—准轨,废石:汽车直排,汽车—固定破碎—胶带—排岩机
金川露天矿	大理岩,橄榄岩	片麻岩,角闪岩	6~8	45,55			41~44	50	12	上部铁路,下部公路
齐大山铁矿	花岗状混合岩,闪长岩			~65			43~48		12,15(-30m以下)	用汽车—铁路—胶带联合运输移动坑线
贵州小山坝铝土矿	石英岩,黄龙灰岩,白云质灰岩		14~16,10~14,12~14	65	2		54		8~12(剥离)	
白银厂铜矿1号	凝灰岩		5~7	48~55,39~41	并段12	并段5~8	32~42	45~47	12	汽车
水厂铁矿	片麻岩		8~10	60	3~10.5	10.3~14	40~45		15	汽车
永平铜矿	混合岩	硅化砂岩,矽卡岩,花岗岩	8~12	41~44	8	16~18	41~44		12	汽车
大石河铁矿	斜长片麻岩	片麻岩,花岗岩	8~10	65	4	7	48.5	30~50	12	准轨电机车
大孤山铁矿	石英片岩,千枚岩	混合岩	8~10,10~12	65	12.5	7.5~12.5	32		12	上部机车,下部汽车
大宝山矿	石灰岩,流纹斑岩		8~14;11~15	55~60	4~8	10.5~12	33~43		12	汽车
海南铁矿	砂化透辉岩,角闪灰岩	硅化透辉岩,角闪灰岩	8~10	45~65	5~6	8~12	32~42		11~12	上部机车,下部汽车
昆阳磷矿	砂岩	灰岩	3~7	60	7.1	7.5	45		矿5,岩10	汽车
大冶铁矿	闪长岩	大理岩	10~12,6~8	60~65	7~7.5(3~4)	(8)	48~52.5(45~47.8)	(42~45)	12	准轨电机车(并段时数据)

矿山名称	围岩种类		岩石强度系数 f	最终台阶坡面角/(°)	平台宽度/m		最终边坡角/(°)		台阶高度/m	运输方式
	上盘	下盘			安全	清扫	上盘	下盘		
云浮硫铁矿	砂岩,千枚岩			65	3	8	37~47	32~42	12	汽车
弓长岭独木采场	角闪岩,混合岩		8~12	65,55	5	7	42	30~39	12	汽车
花椒园铁矿	混合岩		8~10	65	3	6	53.5~58	46.5~52.8	8	汽车
豆子沟铁矿	混合岩		8~10	65			47.33	42	12	汽车
程家沟铁矿	混合岩		10~12	70~75	3	6	53	45	8	汽车
东鞍山铁矿	千枚岩,石英岩	混合岩	8~12	55,65	8		42	32.5	13	准轨机车
眼前山铁矿	石英片岩,千枚岩	混合岩	10~12	65	6	8	45	36		准轨电机车
凤凰山铁矿	页岩夹砂岩	闪长岩	4~6,6~10	57,64		6	45		12	汽车
铜官山铜矿	闪长岩	角闪岩	10~14,8~10	48~55,39~41	2~4	6	46~49	36~39	10	汽车

表 4-2 国外大型金属露天矿采场构成要素资料

矿 山 名 称	围 岩 种 类	边坡角/(°)	开采深度/m
智利 Chuquicamata 铜矿	石英岩,斜长岩	42(矿),30~32(不稳定岩)	1000
智利 Collahuasi 铜矿	石英岩,二长岩	38~43(不含道路40~47)	350
智利 Zaldivar 铜矿	流纹岩,花岗闪长岩	38~50	约200~300
智利 Escondida 铜矿主矿体	石英二长岩,花岗闪长安山岩	43~50(北矿)	465(750,最终)
澳大利亚 Mt. Whaleback 铁矿	黄铁矿化页岩	35~45	>400
印尼 Grasberg 铜矿	石灰岩,矽卡岩,砂岩	30(不含道路38~48)	250~700
南非 Palabora 铜矿	碳酸盐岩,磁铁矿,磷灰石、白云石;辉绿石	46,56(下部)	600~800

表 4-3 按稳定性条件计算的最终边坡角

岩 性 分 类	岩 体 特 征	最终边坡角/(°)
硬岩(抗压强度 >80 MPa)	1. 裂隙不发育,弱面显露不明显;	55
	2. 裂隙不发育,弱面呈急倾斜(>60°)或缓倾斜(<15°);	40~45
	3. 裂隙不发育和中等发育,弱面倾角为(向采空区)35°~55°;	30~45
	4. 裂隙不发育和中等发育,弱面倾角(向采空区)为20°~30°	20~30
不坚固的硬岩,中硬岩和致密(抗压强度 8~80 MPa)	1. 边帮岩石相对稳定,弱面显露不明显;	40~45
	2. 边帮岩石相对稳定,弱面倾角为(向采空区)35°~55°;	30~40
	3. 边帮岩石严重风化;	30~35
	4. 一组岩石,弱面倾角(向采空区)为20°~30°	20~30

岩 性 分 类	岩 体 特 征	最终边坡角/(°)
软岩和松散土岩 （抗压强度 8 MPa）	1. 延展性黏土,无旧滑落面,岩层与弱面的接触带不明显； 2. 延展性黏土或其他黏质土岩,弱面位于边坡的中部或下部	20 ~ 30 15 ~ 20

（2）台阶是指露天采场的基本构成要素,进行采矿和剥岩作业的台阶称为工作台阶。台阶高度（H）主要与矿岩性质,开采强度和采场作业设备有关。我国大型露天矿山的台阶高度一般为 12 ~ 15 m,中小型露天矿,化工、建材矿山略低。按有关规定,机械铲装软岩到硬岩的台阶高度不大于 1 ~ 1.5 倍的机械最大挖掘高度。

当岩层稳固性较好时,允许采用较陡的边坡角,可考虑 2 个台阶合并成一个高台阶,以减少剥离量。当矿体倾角较缓,矿石品级多,需分采进行品位控制时,则要采用低台阶。

（3）台阶坡面角是指台阶坡面与水平面间夹角。台阶坡面角的大小仍取决于矿岩性质,岩层构造以及穿爆方法等因素。一般台阶坡面角的取值见表 4 - 4。

表 4 - 4 台阶坡面角取值参考

矿岩强度系数 f	15 ~ 20	8 ~ 14	3 ~ 7	1 ~ 2
台阶坡面角/(°)	75 ~ 85	70 ~ 75	60 ~ 70	45 ~ 60

（4）安全平台是指露天矿边坡上设置供拦截滚石的平台,其宽度一般大于 2 m。

（5）清扫平台是指露天矿边坡上设置拦截并清理滚石的平台,一般设计每间隔 2 ~ 3 个安全平台设一个,其宽度根据清扫手段和设备而定。

（6）运输平台是指露天矿边坡上设置运输线路的平台,其位置由开拓系统设计决定,宽度根据运输设备类型和规格确定。

（7）采掘带是指开采时将工作台阶划分成顺序开采的若干个具有一定宽度的条带。其长度可为台阶全长或一部分。

（8）工作帮坡角是指通过工作帮最上一台阶的坡底线和最下一个台阶的坡底线所做的假想斜面与水平面的夹角。

4.3.2 露天矿境界的确定和优化

露天开采境界的优化是建立在境界确定的基础之上的。目前随着信息化技术日益广泛地应用露天矿设计,生产的管理已经越来越多地用计算机、现代化的通信技术辅助实现。传统的手工设计份额将逐渐减少。本章分别介绍两种境界确定方式及其优化理念,并加以比较。

4.3.2.1 露天矿境界确定的原则

露天矿开采境界的确定,实质上是控制剥采比的大小。因为随着露天开采境界的延深和扩大,可采储量增加,但剥离岩石量也相应地增大,合理的露天开采境界是控制剥采比不大于经济合理剥采比。

在露天矿设计中要控制的剥采比有境界剥采比、平均剥采比和生产剥采比,其单位可用 m³/m³、m³/t 或 t/t 表示。

境界剥采比（N_j）,是指露天开采境界每增加一个单位深度 ΔH（如图 4 - 2 所示）所引起岩石增量 ΔV 与矿石增量 ΔA 的比值；

平均剥采比（N_p）,是指露天开采境界内岩石总量与矿石总量的比值；

生产剥采比(N_s),是指露天矿开采某一时期内所剥离的岩石量与所采出的矿石量之比值。按若干分期进行了均衡的生产剥采比,称均衡生产剥采比,其值在某一均衡期内被认为是固定的。

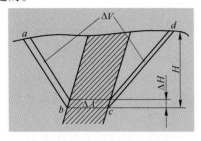

图4-2 境界剥采比原理

ΔH—开采深度的单位增量;H—开采深度;
ΔA—增加单位开采深度后的矿石增量;
ΔV—增加单位开采深度后的岩石增量

经济合理剥采比(N_{jh}),是指露天开采在经济允许条件下的最大剥采比,其值为一理论极限值,是确定露天开采的重要技术经济依据。

露天矿境界确定一般应遵循的几项原则:

(1)圈定的露天开采境界应保证露天采场采出的矿石盈利,境界剥采比不大于经济合理剥采比(如图4-3所示),并满足平均剥采比不大于经济合理剥采比。

(2)所圈定的露天矿边坡角应等于露天矿边坡稳定所允许的角度,以保证露天采场安全生产。

(3)充分利用资源,发挥露天开采的优越性,尽可能将较多的矿石圈定在露天开采境界内。

(4)用经济合理剥采比圈定的露天开采范围很大,服务年限太长时,应按矿山一般服务年限确定初期露天开采深度H(如图4-3所示)。

(5)当基建剥离量大,初期生产剥采比大时,则需进行综合技术经济比较,包括选用平均剥采比参与比较等,以确定用露天开采或地下开采(如图4-4所示)。

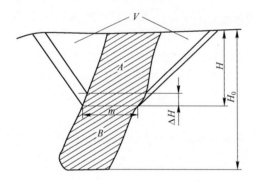

图4-3 $N_j \leqslant N_{jh}$原则的实质

H_0—已知的矿体埋深;H—经验初定开采深度;
A—拟开采矿石量;B—未定开采矿石量;V—岩石量

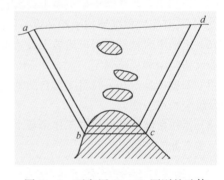

图4-4 不宜用$N_j \leqslant N_{jh}$原则的矿体

(6)下列情况可适当缩小露天开采境界:

开采境界附近有重要建筑物、构筑物、河流和铁路干线等需要保护,或难于迁移至露天采场影响范围以外的。

由于地形条件(采场最终边坡上有较陡较高山头),造成基建剥离量大和初期生产剥采比大,用平均剥采比校核大于经济合理剥采比。

为了避开严重影响边坡稳定的不良岩层(包括岩层产状,岩性和断层等)对露天边坡稳定性造成严重后果。

矿体邻近环境敏感区,如原始保护区、景观区等。

(7)下列情况下可适当扩大露天开采境界:

按境界剥采比不大于经济合理比圈定露天境界后,境界外剩余矿量不多,经济上不宜再用地下开采；

露天矿扩建，用平均剥采比小于经济合理剥采比校核，保证采出的矿石盈利；

矿石和围岩稳固性差，水文地质条件复杂，矿石和围岩有自燃危险等，在安全和技术上不适宜用地下开采。

（8）对特厚、剥采比小的矿床，有时要根据勘探程度及服务年限确定露天开采境界，而不应按境界剥采比确定开采境界。如硅石、白云石、石灰石等特厚储量巨大的矿床。

4.3.2.2 经济合理剥采比的确定

目前，关于确定经济合理剥采比的方法较多，归纳起来主要分为两类：一类是比较法，它是以露天开采和地下开采的经济效果作比较来计算的，用以划分矿床露天开采和地下开采的界线，该类方法通常采用产品成本和盈利比较法计算确定。另一类是价格法，它是用露天开采成本和矿石价格作比较来计算的，只适用于露天开采的场合。

A 产品成本比较法

a 原矿成本比较法

以露天开采和地下开采单位矿石成本相等为计算基础，确定经济合理剥采比为，即：

$$N_{jh} = \frac{c-a}{b} \tag{4-1}$$

式中 N_{jh}——经济合理剥采比，t/t 或 m^3/m^3；

c——地下开采单位矿石成本；

a——露天开采单位矿石的采矿费用（不包括剥离费用）；

b——露天开采单位废石的剥离费用。

注：采用一致的成本、费用单位。

b 精矿成本比较法

以露天开采和地下开采 1 t 精矿的成本相等为计算基础，确定经济合理剥采比，即：

$$N_{jh} = \frac{c_d - a_1}{bT_i} \tag{4-2}$$

$$c_d = (c + f_d)T_d$$

$$T_d = \frac{\beta_d}{[\alpha(1-\rho_d) + \rho_d\alpha_d]\varepsilon_d}$$

$$a_1 = (a + f_1)T_1$$

$$T_1 = \frac{\beta_1}{[\alpha(1-\rho_1) + \rho_1\alpha_1]\varepsilon_1}$$

式中 c_d——地下开采单位精矿的成本；

a_1——露天开采单位精矿的费用（不包括剥离费用）；

T_1, T_d——露天开采和地下开采单位精矿需要的原矿量；

f_1, f_d——露天开采和地下开采单位原矿的选矿加工费；

β_1, β_d——露天开采和地下开采的精矿的品位；

α——地质品位；

α_1, α_d——露天开采和地下开采混入的废石品位；

ρ_1, ρ_d——露天开采和地下开采的废石混入率，%；

$\varepsilon_1, \varepsilon_d$——露天开采和地下开采选矿回收率，%；

其他符号同前，采用一致的矿量、品位和成本、费用单位。

B　储量盈利比较法

以露天开采和地下开采动用单位可采储量获得的盈利相等为计算基础,确定经济合理剥采比。与产品比较法类似,可按单位可采储量原矿产品盈利或精矿产品盈利计算。

a　按原矿产品计算

$$N_{jh} = \frac{n_1'(B_1 - a_1) - n_d'(B_d - a_d)}{b} \qquad (4-3)$$

$$n_1' = \frac{n_1}{1 - \rho_i}$$

$$n_d' = \frac{n_d}{1 - \rho_d}$$

式中　B_1, B_d——露天开采和地下开采原矿销售价格;

n_1', n_d'——露天开采和地下开采视在回收率,%;

n_1, n_d——露天开采和地下开采实际回收率,%;

其他符号同前,单位说明同前。

(注:视在回收率为设计范围内实际采出原矿与可采储量之比)

b　按精矿产品计算

$$N_{jh} = \frac{A_1 - A_d}{b} \qquad (4-4)$$

$$A_1 = \frac{\alpha_1' \varepsilon_1}{\beta_1} P_1 - n_1'(a + f_1)$$

$$A_d = \frac{\alpha_d' \varepsilon_d}{\beta_d} P_d - n_d'(c + f_d)$$

式中　A_1, A_d——露天开采和地下开采单位可采储量产出精矿获得的盈利;

α_1', α_d'——露天开采和地下开采采出矿石品位;

P_1, P_d——露天开采和地下开采矿石产出精矿的单位售价;

其他符号同前,单位说明同前。

用储量盈利法确定多金属矿床的经济合理剥采比应按式(4-3)或式(4-4)分别计算出各种金属品种(或在考虑共伴生金属回收率前提下,折算成当量品位)用露天的地下开采的单位盈利累加后求得。

C　价格法(盈亏平衡法)

价格法适用于矿床采用单一露天开采的情况。是以动用单位可采储量产出矿产品的销售价格大于(等于)矿产品成本为基础计算的,以保证矿山不亏损。以原矿产品为例:

$$N_{jh} = \frac{n_1'(B_1 - a_1)}{b} \qquad (4-5)$$

与上述比较法类似,价格法可以计算到原矿,也可以计算到精矿:

$$N_{jh} = \frac{n_1' A_1}{b T_1} \qquad (4-6)$$

4.3.2.3　经济合理剥采比的适用条件

(1)原矿成本比较法是建立在地下开采与露天开采的贫化率和回采率视同相等的基础上,忽略了露天开采资源利用率和采出矿石质量高的优势,与实际有一定偏离。只有在两种开采方法的矿石损失率和贫化率相差不大时使用。但该方法所需基本数据少,计算简捷,在金属矿山和化工原料矿山的建设前期(如机会研究和可行性研究工作)应用较多,一些矿山建设的初步设计(基本设计等)中也有应用。

(2)精矿成本比较法考虑了两种开采方式采出矿石的质量对选矿指标影响的差异,但未考虑矿石损失的因素,因此在两种方式损失率接近,贫化率相差明显的情况下较适用(开采方式确定环节中隐含产品成本低于产品销价即盈利的前提)。

(3)储量盈利比较法。该法综合考虑了两种开采方式在采出矿石的数量和质量、选矿等技术经济因素的差别。通常两种开采方式选择时各种条件均适用。

通常情况下,成本比较求得的 N_{jh} 小于储量盈利法计算的 N_{jh}。换言之成本法求得的经济合理剥采比更为严格,这主要是成本法只考虑了露天开采与地下开采采出单位矿石量的成本,而没有考虑露天开采在资源回收及矿石贫化方面的优势。

(4)价格法(盈亏平衡法)用于只能用露天开采的资源,如矿体平伏埋藏浅的铝土矿等,或储量巨大的特厚矿体,如石灰石、硅石等。

我国部分露天矿的经济合理剥采比参考资料见表4-5。

表4-5 我国部分露天矿的剥采比

矿山名称	开拓运输方式	主要采剥设备	经济合理剥采比/m³·m⁻³	设计时间	平均剥采比/m³·m⁻³	生产剥采比/t·t⁻¹
德兴铜矿	公路-斜井胶带运输机	10 m³,16.8 m³电铲	7.0	1985(三期)	2.2	2.0~3.0,1.4[①]
南芬铁矿	公路—溜井公路—破碎倒装—铁路	4~16.8 m³电铲	4.8	1974	2.4	3.9[①]
金川露天矿	上部公路,下部铁路	3~4 m³电铲	6.2~7	1962	4.6	5.5
齐大山铁矿	公路	4 m³,16.8 m³电铲		1992年扩建		2.7[①]
贵州小山坝铝土矿	公路	1 m³电铲	14		3.53	
平果铝土矿	公路	轮胎式铲运机,液压正反铲,推土机		20世纪90年代初	0.0833	0.0777
白银厂铜矿1号 2号	公路 公路	3~4 m³电铲 3~4 m³电铲	8 15	1955	5.67 11.36	3.54 10.05
水厂铁矿	公路	4~16.8 m³电铲	10	1968年建成	3.23	4.6[①]
永平铜矿	公路	4 m³电铲		1964~1965		3.143[①]
大石河铁矿	准轨铁路	4、10 m³电铲	6.0	1960年建成	2.66	3.2,2.44[①]
朱家包包铁矿	准轨铁路	4~4.6 m³电铲	8.0	1964	3.66	2.0[①]
白云鄂博主矿 东矿	准轨铁路	4 m³,10 m³电铲	10	1957	2.92 2.95	2.35[①]
大孤山铁矿	准轨铁路,下部公路—胶带	4 m³,10 m³电铲		20世纪50年代复产	2.96	2.9[①]
大宝山矿	公路	1.3~4.6 m³电铲	8.0	20世纪70年代	3.18	1.98
海南铁矿	上部铁路,下部公路	3.8~5 m³电铲	7~8	1957年复产	2.55	2.9[①]

矿山名称	开拓运输方式	主要采剥设备	经济合理剥采比/m³·m⁻³	设计时间	平均剥采比/m³·m⁻³	生产剥采比/t·t⁻¹
昆阳磷矿	公 路	4 m³ 电铲	8.0		4.42	6.17
大冶东露天采场	准轨铁路，下部公路	3~4 m³ 电铲	14.2		6.01	
兰家火山铁矿	公路—溜井	4 m³ 电铲	8.0		1.74	
凤凰山铁矿	公路—溜井	1 m³ 电铲	8.0		3.28	3.34

① 2004 年数据。

4.3.2.4 圈定露天开采境界的传统方法

圈定露天矿境界是在露天开采的基本方案初步拟定后进行的。

以较常见的倾斜、急倾斜、长宽比大于 4 的金属露天矿为例，手工确定露天矿境界的步骤是：确定经济合理剥采比→选取露天矿最终边坡角→确定露天坑底宽度→初步选定露天矿开采深度→计算境界剥采比（N_{jh}）→与经济合理剥采比比较 $N_j \leqslant N_{jh}$→绘制露天坑底边界→绘制分层平面图→绘制终了平面图。

传统的露天矿境界优化融合在境界圈定的过程中。对境界的不断调整实质上是典型的优化过程。

A 选取露天矿最终边坡角

露天矿边坡角是确定露天矿境界的重要参数。露天矿最终边坡角的选取通常来自两个途径：参照类似矿山实际资料选定，并用已有的资料对边坡稳定性进行初步分析和简要计算；有足够的岩石力学试验研究结果，利用边坡稳定性计算分析软件处理得出边坡角推荐值，调整选用。

当露天矿岩石条件复杂时，应根据不同区段和剖面选定多个边坡角，以保证边坡稳定，作业安全和经济效益好。

B 确定露天矿底平面及开采深度

确定露天矿境界的另外两个主要因素是露天矿底平面和开采深度。

露天矿底平面确定的原则是最小底宽应保证设备的正常运行、安全作业要求。当采用汽车开拓运输采用回转调车时（如图 4-5 所示），露天矿最小底宽为：

$$B_{rmin} = 2(R_{tcmin} + 0.5b_c + e) \tag{4-7}$$

当采用铁路运输时（图 4-6），露天矿最小底宽为：

$$B_{tmin} = 2R_{scmin} + b_c + 3e \tag{4-8}$$

式中　B_{rmin}——汽车运输露天矿最小底宽，m；

　　　B_{tmin}——铁路运输露天矿最小底宽，m；

　　　R_{tcmin}——汽车最小转弯半径，m；

　　　B_{scmin}——挖掘设备尾部回转半径，m；

　　　b_c——运输设备宽度，m；

　　　e——运输设备与挖掘设备、边坡坡面的安全距离，一般取 0.5 m。

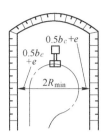

图4-5 公路运输露天采场
最小宽度回转式调车

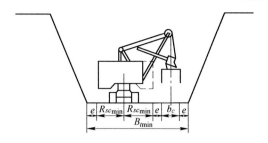

图4-6 铁路运输露天采场最小宽度

以 R - 190 汽车为例：$B_{rmin} = 25.6 + 6.7 + 1 = 34.3$ m

国外特大型露天矿采用220 t自卸汽车运矿，运输道路宽35～38 m。最小底平面要求通常对长宽比大、急倾斜矿体的露天开采具有意义。

露天矿开采深度的确定首先以露天矿的合理开采深度为参照依据。在长宽比大于4的长露天矿中要对每个地质横剖面图初步确定露天开采深度。对一个剖面图一般应试用若干深度（如图4-7所示），随着深度变化对应计算一组境界剥采比（如图4-8所示）。这一过程可能会重复几次进行直到条件满足。

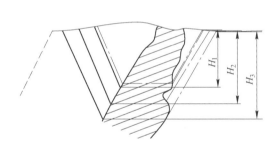

图4-7 长露天矿开采深度的确定

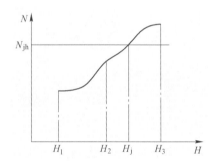

图4-8 境界剥采比与开采深度的关系

可用线段比法，在横剖面图上计算境界剥采比。它是根据境界剥采比的定义用面积比推导得出境界剥采比 N_j，即在选定开采深度 H 上（如图4-9所示），以露天矿上口宽度，沿矿体倾向投影到该开采深度水平面（线）上，投影线长度 L - 矿体水平厚度 $\sum m$ 与矿体厚度 $\sum m$ 之比为 N_j。该推导以长露天矿、矿体倾斜或急倾斜、矿体规则和地形较平坦为基础。

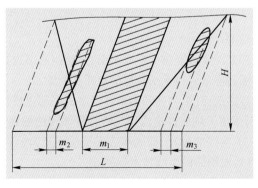

图4-9 线段比法

确定露天矿开采深度的具体做法：

（1）初步确定开采深度。在每张剖面图上根据已选定的最终边坡角和底部宽度，并选择底平面的合适位置，从一组深度方案中选定该剖面合适的开采深度。当矿体埋藏条件简单时，开采深度方案可适当少取；矿体形态复杂时开采深度方案应多取，特别应在厚度显著变化的深度上选取开采深度方案，考察境界剥采比的变化。当矿体剖面与矿体非正交时，用线段比法计算境界剥采比前，应对该剖面的伪倾角进行转换。如果选用不含路的边坡角进行境界圈定，在初定开采深度时应考虑到加路后边坡变缓的影响。理论上，图 4-8 中经济合理剥采比水平线与各种开采深度计算求得的境界剥采比曲线的交点横坐标的深度值即为该剖面上的开采深度。

（2）在地质剖面图上调整露天矿底部标高。由于各横断面上的地面标高和矿体厚度不同，相应的开采深度也不一致。将各横断面的底部标高投影到矿体纵断面图上，连接各点得到一条不规则折线（如图 4-10 所示），即理论上露天矿的底部。

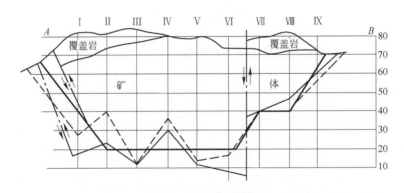

图 4-10　在地质纵断面图上调整露天矿底平面标高
—— 矿体界线；- - - - 调整前的开采深度；—— 调整后的开采深度

为了便于开采和布设运输线路，还需对底部标高进行调整，调整底部应把握如下准则：

（1）各断面之间高差调整时应保证满足运输道路的坡度和坡段长度要求；

（2）各断面之间划入和划出境界的矿岩量基本平衡或矿石量大于岩石量；

（3）底平面尽可能平整，调整为同一水平。过于复杂的矿体可调整成不同水平的连续梯段或留下废石孤岛；

（4）尽可能多采出矿石量。

确定露天矿开采境界是一项经验性要求较高的工作。按理论步骤完成后应对调整工作给予足够重视。

C　确定露天矿底部边界

根据设计底部宽度和开采深度确定露天矿底平面，并绘制底部边界（如图 4-11 所示）。

首先按调整后的底部标高准备好该水平分层的地质平面图。

绘制底部平面图。将各横剖面、纵剖面和端帮该深度的底部点投影到地质平面上，连成闭合线（图 4-11 虚线部分），形成露天坑底理论边界。然后将该理论的底部平面图修改成适宜设备作业的底部平面图（图 4-11 实线部分）。即底部边界尽量平直，转弯部位的曲率半径适宜设备的技术性能，底部长度符合运输线路的展线技术标准。

D　短露天矿开采深度和底边界

本节简单介绍一般的开采深度确定和底平面的确定。

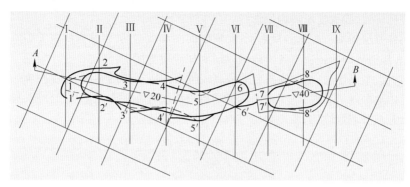

图 4 – 11   底部边界的确定

Ⅰ～Ⅸ—剖面线；– – – –理论周界；——最终设计周界

短露天矿难以严格区分端部和两帮,短露天矿的"端部"剥离量所占比重较大。用长露天矿横断面法难以恰当确定矿体境界剥采比,可按如下步骤确定:

(1)选择几个可能的开采深度,绘制对应的开采底平面图。按平面图上的矿体形状,初步确定底平面边界,调整边界符合设备运行的技术要求。

(2)在平面图上确定地表境界线。在可用的地质横剖面图上绘制出开采境界,并将地表的矿岩界线和地表境界线投影到平面图上。

(3)对地质横剖面未能涉及的区段,在平面图上选择有代表的点,做垂直于底平面边界的辅助剖面(图 4 – 12 中Ⅰ、Ⅱ、Ⅲ)。

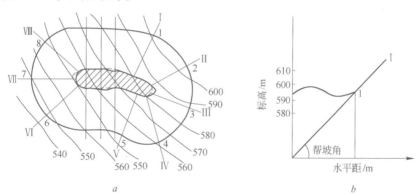

图 4 – 12   短露天矿 N_K 计算图

a—平面图;b—坡面水平距图

(4)根据已知的开采深度和边帮坡面的水平投影距确定各辅助剖面的地表境界点。

(5)连接辅助平面上的境界点并与横断面确定的地表境界相连,形成地表境界。

(6)在平面图上计算出境界内矿岩总面积和矿石面积。计算境界剥采比:

$$N_{js} = \frac{S - S_o}{S_o} \qquad\qquad (4 – 9)$$

式中 S——露天矿境界内矿岩水平投影总面积,m^2;

S_o——露天矿底和边帮上矿石水平投影总面积,m^2。

E   绘制露天矿开采终了平面图

a   初步确定露天矿境界

(1)准备地形图,底部边界图。将露天矿底部边界投影到有等高线的地形图上,标注底标高并核准平面坐标位置,隐去底境界内地形线。

（2）绘制各分层边界。根据各横断面图、纵断面图和端帮图,以选定的露天矿阶段高度为间隔,从露天矿底部边界向上依次将各阶段点投影到初步境界图上。

（3）将同一水平点连线,绘制成各台阶坡底线构成的露天矿最终境界（如图4-13所示）,同样需隐去境界内地形线。显然,低于地表标高的台阶坡底线在平面图上是闭合的,局部高于地表标高的坡底线是敞开或断续的,断点处应与地形等高线相连。

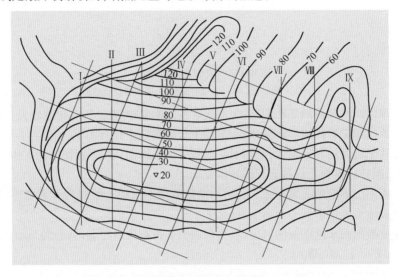

图4-13 初步圈定的露天矿开采终了平面图

b 形成露天矿开采终了平面图

（1）根据选定的露天矿主要构成要素,如台阶高度、平台宽度,台阶坡面角以及开拓运输系统布设方案,在底平面图上定线,添加运输道路;绘制坡顶线和各种平台;

（2）在两相邻阶段间按道路技术要求绘制连接坡道,生成露天矿终了平面图（如图4-14所示）。

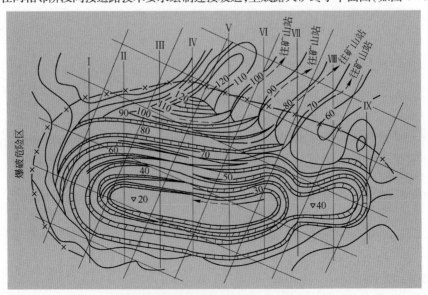

图4-14 露天矿开采终了平面图

（3）调整境界。用平均剥采比校核 $N_p \leqslant N_{jh}$，可依金属种类分别把握尺度，贵金属或稀有矿物高价值小型矿山，为了尽量采用露天开采减少矿石的贫化损失，可能取高限值，大宗贱金属或工业矿物则取低限。如果差距较大，尚需从选定深度开始再进行调整。

工程实践中，如果对中间成果没有特殊要求并具备足够经验，绘制程序可简化为：将调整好的底部边界直接投影到露天矿终了平面图上→根据境界要素和道路参数定线，由下向上绘制坡底线、坡顶线、平台、道路等→形成露天矿终了平面图→校核（含循环调整）。

4.4　露天矿生产能力确定

4.4.1　概述

露天矿生产能力是指在具体矿床地质、工艺设备、开拓方式和开采方法条件下，露天矿在单位时间内所能开采出来的最大矿石量或采剥总量。确定露天矿生产能力是在可行条件下寻求经济效益最优的生产能力方案。

露天矿生产能力一般包括矿石生产能力和矿岩生产能力两项指标。两者通过生产剥采比相联系，露天矿矿岩生产能力为：

$$A = A_p(1 + n_s) \tag{4-10}$$

式中　A_p——露天矿矿石生产能力，t/a；

　　　n_s——生产剥采比，t/t。

确定露天矿生产能力的主要采矿工作内容有：

（1）按经济因素和有效利用资源等确定（含验证）可能的生产能力；

（2）编制采剥进度计划；

（3）对分期建设的矿山，还应确定各开采期的生产能力。

4.4.2　露天矿生产能力的确定

露天矿生产能力直接影响到矿山设备的选型和配备数量、劳动力及材料需求等，从而也关系到矿山的投资、生产成本及经济效益，因此，生产能力是露天开采的一个重要参数。从近年露天矿发展趋势看，当储量达到一定规模，开采技术条件（特别是设备）对露天矿生产能力的制约已大为减弱，当前生产能力的确定，应选择经济效益好、便于下游处理能力配套（特别是扩建项目）的方案。综合考虑投资、生产成本、矿山服务年限、投资回收期、矿山雇员人数以及资源的合理利用。

影响露天矿生产能力的主要因素有：

（1）矿体禀赋、开采技术条件，即矿石资源储量、矿物在矿床中的分布和品位。

（2）装备水平、生产组织与管理水平等。

（3）市场及经济效益，即矿产品的市场需求、价格及投资回收期，最终目标为追求企业经济效益最佳。

国外关于合理确定矿山生产规模等要素的文献不多，其出发点是使企业获得最优经济效益。美国 B Cavender 提出，确定的矿山服务年限或生产规模应使其累计净现值或内部收益率达到最大，与此相应的为最优服务年限及合理生产规模。

4.4.2.1　市场及经济效益

一个在市场上独立竞争的矿山企业，其生产经营的主要目标是获得最大经济效益，从动态、经济角度评价矿山企业效益常用净现值 NPV 达到最大或内部收益率 IRR 来衡量,有些企业同时兼用这两项指标,从现金流价值的不同角度衡量投资经济效果。

目前,矿山企业的产品(原矿、精矿或金属)如同其他工业产品一样要在市场上出售。在确定一个矿山的生产能力时必须考虑其产品的市场价格和市场对矿产品的需求。对于大多数矿产品(特别是金属矿产品)来说,其产品是具有竞争性的,即资源产品市场容量很大,对矿产品的总需求量远远高于任何一个矿山企业的产量,单个矿山产量的大小尚不足以影响其产品的市场价格。因此,矿产品的市场价格通常被看作已知数,价格对矿山生产能力的影响是通过经济效益间接起作用的。市场对一个给定矿山的生产能力的直接约束体现在对该矿山所生产产品的需求(即产品销路)。对紧缺资源矿产品而言,市场空间大,但各个项目特点不同,竞争力差异必然导致企业的收益不同,即使市场近于饱和的矿产品,企业群体也是在竞争中不断地优胜劣汰。市场容量分析对市场空间有限的矿产品有一定作用。如资源充足,市场竞争激烈的某些建材、化工及我国有色金属优势资源矿产品,或者生产能力增减对市场容量影响明显的品种,应进行需求分析,在此基础上着重进行具体项目竞争能力的分析,确认项目优势所在,防止资源流失浪费或业内无序竞争打压国际市场价格,致使投资回报低于预期。

由于选厂的生产能力是一定的,采场的矿石设计生产能力一般被看作在矿山整个开采寿命期相对不变的常数。受市场及矿物品位在矿床中的分布特点的影响,恒定不变的生产能力不一定是使矿床总开采获得效益最大的最佳选择,从纯经济角度讲,生产能力的确定应是找出使整体效益最大的每一生产时期的生产能力。

在规划矿山项目时,通常是根据经验提出不同生产规模的几种方案,对其进行比较分析,以确定经济效益最佳的生产能力。

这种方式是国际上露天矿开采规划研究较为普遍的做法。而且往往需要借助采矿软件进行,将生产能力作为约束条件,期望收益率下的 NPV 最大作为目标函数。

4.4.2.2　根据储量估算生产能力

某一时段的可采矿石储量确定后,矿山寿命与生产能力负相关。用泰勒(H K Taylor)公式计算反映矿山的可采储量与矿山寿命及生产能力的关系如下:

$$L = 0.2 \sqrt[4]{Q} \qquad (4-11)$$

$$A = \frac{Q}{L} \qquad (4-12)$$

式中　L——矿山寿命,年;

　　　Q——境界内矿石储量,万 t;

　　　A——矿石年生产能力,万 t/a。

根据美国采矿工程手册(SME Mining Engineering Handbook 1992)中经验公式,最优生产能力推荐为:

$$T = \frac{4.88 \times T_r^{0.75}}{D_{yr}} \qquad (4-13)$$

式中　T——矿山最优生产能力,st/d(st,短吨;1 st = 1.1023 t);

　　　T_r——证实(Proven)和可能(Probable)两级储量,st(短吨);

　　　D_{yr}——年工作日。

若将前者式(4-11)代入式(4-12),两经验公式估算的最优生产能力基本相同,前者估算的年生产能力略大于后者,矿山寿命则略短。事实上,储量、规模、寿命关联并综合匹配方能接近最优规模或合理经济规模。除了一些储量甚小或孤立埋藏的矿体以外,可采储量均可能变化,勘探程度不高的储量可按1/2考虑;此外金属价格将产生影响。表4-6按不同投产时段选择一些矿山设计(生产)能力与泰勒公式计算结果进行了对比。

表4-6 国内外矿山的生产能力与泰勒公式计算结果的比较

矿山项目	储量/万t	设计(实际)生产规模/万t·a⁻¹	计算生产规模/万t·a⁻¹	投产时间
美国双峰铜钼矿(Twin Buttes)	44700	1370	1490	20世纪70年代初
澳大利亚纽曼山(Mt. Newman)铁矿	140000	4000	3500	20世纪70年代初
秘鲁Antamina铜锌矿	55900(2000年)	(2310)	1762	2001年,矿山设计寿命19年,选厂23年
阿根廷Alumbrera露天铜金矿	40200	(2640)	1376	1998年
智利Spence铜矿	31300	20万t/a阴极铜(1739计算)	1120	预计2006年4季度,寿命18年
巴西Sossego铜矿	25000	14万t/a铜	946	2004年1季度
智利Chuquicamata露天铜矿①	86300(1990年资料) 226300	约3000(1990年资料)(6000~8000)		1910年
中国江西德兴铜矿	110000	2970	2928	1995年三期投产
中国南芬铁矿	34000	1000~1250	1215	1956年开始机采,多次修改设计,2004年扩大到1250万t/a
中国大孤山铁矿	18000	600	750	20世纪50年代,478万t/a(2004年)

① 2004~2007年数据。

由表4-6可以看出,早期投产矿山规模偏小;国内几家大型矿山经扩建生产能力与计算值相当。可以从几方面探讨原因,上述经验公式以经济性为基础,早期的技术和设备不足以支持获得更大的效益;宏观上看矿产品价格发生变化,特别进入21世纪以来,矿产品生产受到激励。而国内资源状况和矿山的装备水平与国外比仍存在一定差距。

国内关于露天矿服务年限与生产能力关系的研究很多,有些成果已成为约定参照应用。应该看到近十年来,国内露天矿服务年限也在内涵和定义方面出现一些变化,如动态可变,市场主导等。矿山寿命的影响因素较多,如:(1)投资和作业成本的变化;(2)采选工艺技术的创新;(3)勘探程度的提高和储量潜力大;(4)矿产品价格变化的影响等。以上几点都可能致使矿山寿命出现变化。从国外有关资料分析,一般大型露天矿设计案例的矿山寿命起步点为20年左右,以此为基础作多个方案进行比较,辅以最优生产能力估算参考,而类似智利Chuquicamata铜矿那样可采储量随开采不断揭露和增加,生产能力不断提高的不乏先例。

投资者以机会成本的理念评价项目的回报。如果满足期望收益,则投资可行,或者说投资回收期越短,优化效果越好。比如露天矿深部和周边的资源潜力大(如图4-24所示),其矿山寿命将很可能延续,矿业投资者采用加大生产能力的策略,加速收回投资取得效益,似分期开采,此后再扩大境界开采;或者投产初期优先开采高品位矿,堆存低品位矿,用于产量调剂,甚至待露天矿关闭后选矿厂再继续处理低品位矿,这样实质上也延长了矿山寿命;另外,有些矿山的矿石处理以浸出工艺为主,较传统处理工艺更为灵活。

图 4 – 15 为阿根廷 Alumbrera 露天铜金矿境界图,采矿 1998 年 2 月投产,8 万 ~ 8. 5 万 t/d (2004 年采矿量 3220 万 t),2004 年用新勘探数据更新地质模型增加储量 20%,寿命延长到 2015 年。智利 Zaldivar 铜矿,1995 年投产,浸出工艺为主,年采矿量 1600 万 ~ 1800 万 t,矿山寿命 20 年。2004 年已按环保条款发生复垦和后期关闭费用。

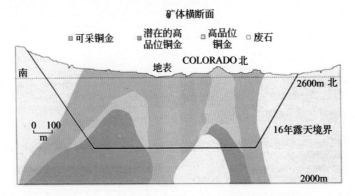

图 4 – 15　阿根廷 Alumbrera 露天铜金矿境界图

4. 4. 2. 3　按开采技术条件验证生产能力

露天矿开采能否达到预期的产量还在于能否给作业提供合适的作业空间和设备出入通道,如采场设备布置,新水平的准备等。国内露天矿山验证生产能力的理论和作法同样十分全面,并符合当时的历史阶段、开采工艺和装备水平。

A　按可布置的挖掘机台数验证生产能力

以单台挖掘机工作线长为单位及同时作业的阶段数来衡量作业空间能容纳挖掘机数量。

露天矿可能达到的生产能力:

$$A_p = N \cdot n \cdot q \tag{4 – 14}$$

$$N = \frac{L}{L_0} \tag{4 – 15}$$

式中　A_p——露天矿矿石年产量,t/a;

　　　N——一个阶段可布置的挖掘机数,台;

　　　q——挖掘机平均生产能力,t/a;

　　　n——同时工作的采矿阶段数;

　　　L——一个采矿台阶的工作线长度,m,大于单台挖掘机工作线长;

　　　L_0——单台挖掘机占用的工作线长度,m,大于 2. 5 倍最大工作半径。

同时工作阶段数(n)取决于矿体的赋存条件。对近水平矿体(如图 4 – 16 所示)为:

$$n = \frac{H}{h} \tag{4 – 16}$$

式中　H——矿体厚度,m;

　　　h——采矿台阶高度,$h = B/(\cot\varphi - \cot\alpha)$,m;

　　　B——采矿台阶的最小工作平盘宽度,m;

　　　φ——采矿台阶的工作帮坡角,(°);

　　　α——采矿工作台阶坡面角,(°)。

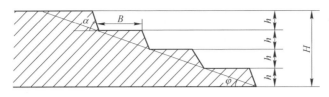

图 4 – 16 水平与近水平矿体采矿台阶布置示意图

对倾斜急倾斜矿体(如图 4 – 17 所示),$H_q = H \pm H'(\tan\varphi\cot\alpha)$ 和 $H' = H_q/(1 \pm \tan\varphi\cot\gamma)$ 则有:

$$n = H'/(B + h\cot\alpha) = H_q/[(1 \pm \tan\varphi\cot\gamma)(B + h\cot\alpha)] \tag{4-17}$$

式中　H_q——矿体水平厚度,m;

　　　H'——采矿阶段工作帮坡线的水平投影,m;

　　　γ——矿体倾角,(°)。

当采矿方向从矿体上盘向下盘推进时取"–"号,当采矿方向从下盘向上盘推进时取"+"号。

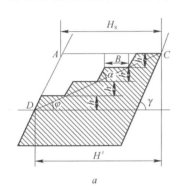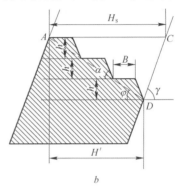

图 4 – 17　倾斜与急倾斜矿体的采矿台阶布置示意图

a—从上盘向下盘推进;*b*—从下盘向上盘推进

当生产能力确定后,保证尽可能达产,应(1)避免挖掘机频繁移动;(2)尽量减少采区数;(3)尽量减少同时作业阶段数;(4)缩短矿岩运距和道路坡度。

挖掘机布置数量与挖掘机作业空间(线长度)事实上是系统优化问题。近期国内一些露天矿山为满足产量需求,布置多台电铲,多台阶段作业,超出常规的设备布置数量及矿山生产能力。

B　按矿山工程延深速度验证生产能力

与服务年限的研究类似,国内露天矿设计对下降速度一直比较关注,并将下降速度细分为新水平准备(矿山工程)和采矿场(采矿工程)两部分研究。

露天矿生产能力与延深速度的关系:

$$A_p = \frac{PV\eta}{h(1-e)} \tag{4-18}$$

式中　P——选用的分层矿石量,t;

　　　V——矿山工程(采矿工程)延深速度,m/a;

　　　h——阶段高度,m;

　　　η——矿石回采率,%;

　　　e——废石混入率,%。

根据矿体赋存条件的不同,工作线推进方向的不同,延深速度与生产能力几何关系上存在差异,有关出版物对此已作过详述。

根据近年国外金属露天矿山建设和作业资料的分析,大型露天矿(生产能力 10 万 t/d 左右),设备配置的范围大致为:铲斗斗容 >25 m³,最大可达 43 m³;运矿汽车载重大于 220 t。装运及其他矿山设备已基本不能对采矿工程推进速度的产生重大制约。采矿年平均下降速度 10 ~ 30 m,个别年份可达 70 ~ 80 m(如图 4 - 18 所示),现今一些可行性研究或详细设计的矿山项目一般以 80 ~ 90 m/a 的矿山延深速度为约束进行方案优化。

图 4 - 18 智利 Antamina 铜锌矿开采计划的横断面图

我国金属露天矿山整体装备水平与国外有一定差距。根据调查我国黑色金属露天矿山目前年平均下降速度 8 ~ 9 m,某大型露天矿最高为 35 ~ 40 m(电铲斗容 10 m³,汽车载重量 77 ~ 85 t)。有色金属大型露天矿山 13 ~ 17 m/a。个别石料开采露天矿山短期年下降速度达到 80 ~ 90 m,深凹露天矿下降速度较低。

当前,开采技术条件对生产能力制约日益弱化,主要原因是数字化技术的发展和设备大型化。前者大大促进了露天矿生产管理水平的提高,后者显著提高了设备的作业能力。

4.4.3 采掘进度计划

生产进度计划是矿山规划的重要组成方面。选厂供矿品位一旦确定,使矿山资产的 NPV 最大化就基本取决于进度计划。因而,进度计划决定矿山寿命和包括投资、作业成本和收入在内的现金流。同时生产进度计划的编制还要保证技术可行。

初始矿山生产进度计划以露天矿境界(分期境界)为基础,运输系统研究以露天矿概念设计和工业场地综合设施布置为基础。

生产进度计划编制的原则:

(1) 生产成本最小;

(2) 保证合适的作业空间;

(3) 均衡生产剥采比;

(4) 适时地揭露矿体;

(5) 复垦量平衡;

(6) 产量最大。

编制生产计划所需资料:

(1) 台阶分层平面图。图上绘有每一台阶水平的地质界线(包括矿岩界线)和最终境界线;

(2) 分层矿岩量表。表中列出最终境界内每一台阶水平的矿石和岩石量以及矿石品位;

(3) 开拓运输系统和采场内运输方式;

(4) 采掘设备的配置和效率;

（5）开采顺序及露天矿开采要素，如最小工作平盘宽度，工作帮构成要素等；

（6）矿石开采的损失率和废石混入率；

（7）如果为改扩建项目，矿山开采现状图；

（8）选厂生产能力、入选品位等。

对一般的大型深凹露天矿而言，分期（区）开采的作用已得到公认，它充分体现了投入的时间效益，能有效地推迟剥离洪峰期，均衡生产剥采比，这些都是生产进度计划编制的精髓。近期建设的露天矿山基本采用分期开采。

4.4.3.1 确定合理的开采顺序

编制生产计划之前，就应认真研究和确定合理的开采顺序。包括首采地段的选择，接近矿体的方式，工程推进方向等。

根据生产进度计划编制的总体原则，开采顺序选择更着重工程前期投入小，基建工程量和初期剥采比小；尽早获益，投产和达产时间短；高质量获益，降低开采的损失和废石混入率。

A 首采地段的选择

首采地段应选择在矿体厚度大，品位高的富矿地段，同时覆盖层薄，基建剥离量少和开采技术条件好，也是必须考虑的，以便达到投入小和回报高的最终目标。

例：某矿床属大规模、低品位矿床。矿体埋藏较浅、覆盖层较薄。矿区内的四个矿化带内发现大小矿体 215 个，其中规模最大的 3 号矿带 X 号主矿体地表露头长度近 1000 m。根据 3 号矿带 X 号矿体的埋藏条件及设计圈定的露天开采境界内矿岩量，3 号矿带 X 号矿体中部矿体比较厚大，覆盖层较薄，剥采比较小，勘探程度较高，经过技术经济比较，确定首采地段选择 3 号矿带 X 号矿体中部。基建期为 1 年。矿区内其他矿体由于规模较小，单独开采难于满足生产规模要求。

B 新水平降深方式的选择

新水平降深方式要结合开拓运输系统来选择。目前国内外大部分露天矿山采用汽车开拓运输系统，为新水平准备创造了灵活、便捷的条件。山坡露天时一般根据矿体倾向和地形条件，按段高沿地形开段沟（如图 4-19 所示）；深凹露天，汽车运输根据需要可布置为移动坑线，能够采用沿矿体走向、垂直走向，双侧布置工作线，垂直、沿走向推进，灵活性好，开沟速度加快（如图 4-20 所示），还可在采场端帮垂直走向单侧或多向布置工作线，平行走向或多向推进。确定推进方向还可考虑：（1）矿体品位分布，便于分采、配矿和运输；（2）矿岩力学特性，如主裂隙、节理方向等，便于爆破，获得理想的块度并降低炸药消耗，图 4-21 矿体走向近 WE，倾向 N，倾角约为 30°，工作线采用垂直矿体走向推进，便于配矿和运输。

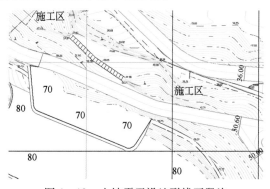

图 4-19 山坡露天沿地形线开段沟

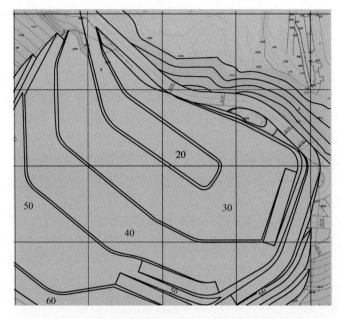

图 4-20　深凹露天公路开拓汽车运输两侧开段沟实例

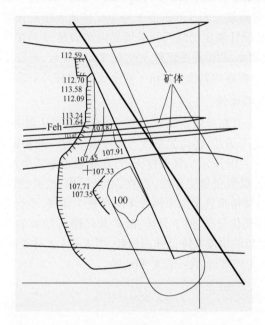

图 4-21　露天汽车运输垂直于矿体开段沟实例

4.4.3.2　均衡生产剥采比

　　手工进行露天矿设计,在编制生产进度计划前,应分析露天采场各开采时段的矿岩量分布情况,对生产剥采比进行均衡,尽量推迟洪峰期,力求各时段的生产剥采比稳定。

　　影响生产剥采比变化的因素主要是开采程序(包括首采段)和开采参数。均衡生产剥采比围绕上述因素调整加以实现。(1)分区(期)开采。大中型露天矿山均可考虑分期开采,这是均衡生产剥采比的有效方式。国内露天矿分期开采实践,一般为 5~10 a,近年国外有些大型露天矿开采分期增多;(2)各期生产剥采比和矿岩总量不宜波动过大,以保持采剥均衡前提下,适当推迟设备投入;(3)尽量缩短投产和达产时间。与选择首采段相应,首采段覆盖层薄、易采、品位高等都有助于早投产获益。

均衡生产剥采比的方法:

计算分层矿岩量;列表并绘制逐年产量发展曲线(如图4-22所示)。

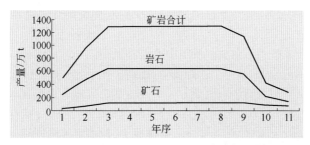

年 序	1	2	3	4	5	6	7	8	9	10	11	合计
矿石/万t	27	64	120	120	120	120	120	120	120	85	67	1083
岩石/万t	220	414	521	521	521	521	521	521	443	123	69	4394
矿岩合计/万t	247	478	641	641	641	641	641	641	563	208	136	5477
剥采比/t·t^{-1}	8.11	6.46	4.34	4.34	4.34	4.34	4.34	4.34	3.69	1.45	1.03	4.06
1 m^3 +4 m^3/台	1+2	2+3	3+4	4+4	4+4	4+4	4+4	4+4	4+4	3+1	2+1	

图4-22 逐年产量发展曲线及列表

采用陡帮开采等方式调整和均衡。采用陡帮开采的实质是通过调整开采参数达到均衡生产剥采比。陡帮开采,相对全境界缓帮(工作帮坡角8°~15°)开采而言即加大工作帮坡角。对于倾斜、急倾斜金属露天矿山,工作帮坡角可达25°~35°。组合台阶开采和倾斜条带开采是陡帮开采的两种方式。

例:某矿地表为山坡地形,矿体上部覆盖层较厚,为了降低露天开采初期生产剥采比,拟采用陡帮扩帮开采工艺,即组合台阶扩帮方式、分条带自上而下逐层扩帮法,工作帮坡角30°~35°,见图4-23。根据矿山生产能力及矿床开采技术条件,采场分为扩帮工作区段和正常采矿工作区段。扩帮区段工作平台宽度50~60 m,生产工作线长度200~300 m。采矿区段工作平台宽度50~60 m,生产工作线长度60~80 m。该方案比全境界缓帮开采推迟了剥离。

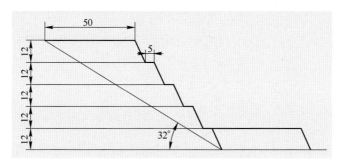

图4-23 某露天矿组合台阶开采

紫金山金矿在矿山建设和采矿剥离中,应用了先进的"全断面陡帮开采"技术,一边剥离、一边采矿。应用这项"陡帮开采"技术,减少基建期剥离量数百万立方米,节约费用数千万元;采取大规模露天开采方式,吨矿开采成本比国内平均水平的一半还低。

4.4.3.3 分期(区)开采

分期(区)开采是将最终开采境界划分成几个小的中间境界(称为分期境界),与全境界开采比,台阶在每一分期内只推进到相应的分期境界。当某一分期境界内的矿岩将近采完时,开始下一分期境界上部台阶的采剥,即开始分期扩帮或扩帮过渡,逐步过渡到下一分期境界内的正常开采。如此逐期开采、逐期过渡,直至推进到最后一个分期,即最终开采境界。分期开采往往将陡帮作为实施的手段之一。

图4-24是分期开采概念示意图。从图中可以看出,由于第一分期境界比最终境界小得多,所以初期剥采比大大降低,从而减小了初期投资,提高了开采的整体经济效益。

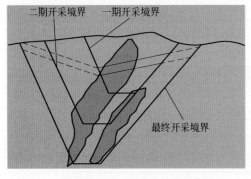

图4-24 分期开采示意图

例:某矿区地表地形比较平缓,主矿体呈近似直立状(倾角70°~80°)赋存于平缓的沟谷端部,矿体厚大,顶部覆盖层较薄,由于地表地形平缓,其露天开采境界内上部台阶的分层剥采比很大,某标高以上的岩石量占境界内总量77%以上,而矿石量仅占境界内总矿石量的41%,因此,无论采用传统的全境界缓帮开采,还是采用一般的全境界陡帮开采,矿山开采初期剥离量都很大,并且在矿山投产后很短的时间内便面临剥离高峰期,从而严重影响该资源开发的经济效益。图4-25是该主矿体采用全境界缓帮开采、全境界陡帮开采及分期陡帮开采到达剥离高峰期时间比较图。从图中可以看出:如果采用全境界缓帮开采,当露天场开采到第4年时,剥离作业就到达了高峰期;采用全境界陡帮开采,开采到第8年时到达剥离高峰期;而采用分期陡帮开采,则开采到第18年时才到达剥离高峰期。可见分期陡帮开采技术对于该主矿体开采具有十分明显优势。为了减少矿山基建及生产初期剥离量,降低投资,提高该资源开发的经济效益,设计采用四段分期陡帮开采。

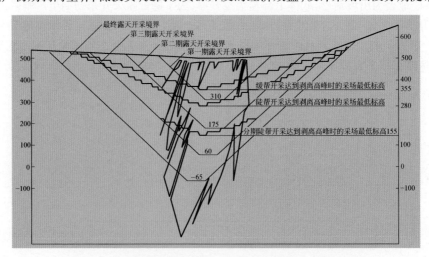

图4-25 采用不同开采技术到达剥离高峰期时间比较图

分期开采对生产技术手段和管理水平要求较高,这主要体现在从一个分期向下一个分期的过渡上。分期间的过渡时间很重要,若过渡得太早,则会增加前期剥岩量,与分期开采的目的相悖;若过渡得太晚,或者设备水平及能力未达到分期开采的配套要求,下一分期境界上部台阶没有矿石或矿石量很少,而其下部台阶还未被揭露,当前分期的开采却已经结束,都可能造成一段时间内减产、甚至是停产剥离的被动局面,这是重大的生产技术事故。所以,在进行采剥计划编制时,必须对各分期间的过渡时间以及过渡期内的生产进行全面、周密的计划,并在实施中实行严格的生产组织管理。同样,陡帮开采理论上将带来显著的经济效益,对生产的集约管理要求较高,通过国内某些露天矿的实践,也曾出现剥岩作业空间受限,作业台阶宽度低于技术限度,甚至影响生产正常进行等问题。

分期开采在国外得到十分广泛的应用,如智利 Zaldívar 铜矿采用 7 区(stages)分期开采,蒙古国 Oyu Tolgoi 铜金矿(可行性研究)露天矿分 9 区开采,两矿均采用软件进行设计。我国一些露天矿如南芬铁矿、德兴铜矿等也采用了分期开采。

实际生产中分期开采的生产管理难度较大。集约化管理的水平不高时,分期开采和全境界开采之间存在系统优化问题。对分期开采的整体经济效益影响最大的四个参数是:最佳分期数;各分期境界的最佳位置、大小和形状;相邻分期间的最佳过渡时间;分期内和分期间的最佳开采顺序。这是露天开采优化的课题。

4.4.3.4 采掘进度计划的编制

目前国内编制采掘进度计划基本以手工方法居多,国内新近开发的某些设计软件具有排产功能。采掘进度计划技术上可行是指采掘进度计划必须满足一系列技术上的约束条件,主要包括:

(1)在每个计划期内为选厂提供较为稳定的矿石量和入选品位。

(2)每个计划期的矿岩采剥量应与可利用的采剥设备的生产能力相适应。

(3)各台阶水平的推进必须满足正常生产要求的时空发展关系,即最小工作平盘宽度、安全平台宽度、工作台阶的超前关系、采场延深与台阶水平推进的速度关系等。

A 采掘进度计划的分类

采掘进度计划分长远计划、短期计划和日常作业计划。

长远计划的时间间隔为年,时间跨度基本为矿山寿命期。长远计划是确定矿山基建规模、不同时期资源需求的基本依据,即设备、人力和物资需求、财务收支和设备添置与更新等,也是对矿山项目进行可行性评价的重要资料。长远计划基本上确定了矿山的整体生产目标与开采顺序,并且为制定短期计划提供指导。

短期计划相应为季度或几个月,跨度通常为一年。短期计划除考虑前述的技术约束外,还必须考虑诸如设备位置与移动、短期配矿、运输通道等更为具体的约束条件。短期计划既是长远计划的实现,又是对长远计划的可行性的检验。有时,短期计划会与长远计划有一定程度的出入。例如,在做某年的季度采掘计划时,为了满足每一季度选厂对矿石产量与品位的要求,四个季度的总采剥区域与长远计划中确定的同一年的采剥区域不能完全吻合。为了保证矿山的长远生产目标的实现,短期计划与长远计划之间应出现尽可能小的偏差。若偏差较大,说明长远计划难以实现,应对之进行适当的调整。

日常计划一般则为月、周或日采掘计划,它是短期计划的具体实现,为矿山的日常生产提供具体作业指令。

本章重点讨论长远计划。

B 长远计划的作法

编制采掘进度计划从第一年开始,逐年进行。主要工作是确定各水平在各年末的工作线位置、各年的矿岩采剥量和相应的挖掘机配置。一般步骤为:

(1)在分层平面图上逐水平确定年末工作线位置。根据挖掘机的年生产能力,从露天矿上部第一个水平分层平面图开始,逐水平在图纸上画出年末工作线的位置,求出挖掘机在所涉及的台阶上的采掘量并计算本年度的矿岩采剥量及矿石平均品位。然后检验所涉及各台阶水平的推进线位置与矿岩产量及矿石品位是否满足前述的各种约束条件,若不满足,则需要对年末推进线的位置做相应调整,进行重新计算,直到找到一个满足所有约束条件的可行方案。可以看出,这是一个试错过程,某一年的年末工作线的最终位置往往需要多次调整才得以确定。目前国内露天矿长期计划的编制虽然完全应用采矿软件的不多,但借助计算机辅助设计软件,大大加速这一过程。

(2)确定新水平投入生产的时间。露天矿在开采过程中上下两相邻水平应保持足够的超前关系,只有当上水平推进到一定宽度,使下水平暴露出足够的作业面积后,才能在下水平开始掘沟。在上水平采出这一面积所需的时间即为下水平滞后开采的时间。多水平同时开采时,应注意各工作水平上推进速度的互相协调。在生产过程中,有时在上水平的局部地段运输条件或其他因素的制约,会影响下水平工作线的推进。一旦上水平条件允许,应迅速将下水平工作线推进到正常位置,以免影响整个矿山的发展程序。

(3)编制采掘进度计划表。从以上两步的结果可以得出各台阶水平的采剥量、剩采比及矿石品位等信息。将这些数据绘制成采掘进度计划表(表4-7,局部)。

表4-7 采掘进度计划表(局部)

台阶/m	境界内矿岩量 矿岩总量/万t	矿石量 矿石量/万t	矿石量 品位Cu/%	废石/万t	基建期 岩量/万t	基建期 矿量/万t	生产期 第1年 岩量/万t	第1年 矿量/万t	第2年 岩量/万t	第2年 矿量/万t	第3年 岩量/万t	第3年 矿量/万t	第4年 岩量/万t	第4年 矿量/万t
232	31.9			31.9	8.6								23.2	
220	90.2			90.2	25.4								14.8	
208	151.5			151.5	47.5								10	
196	227.1			227.1	69.7		12.7						10	
184	319.7	3.8	0.52	315.9	72.5		48.5	2.6					10	
172	405.5	15.2	0.69	390.3	64.8	3.8	53.2	7	37				10	
160	511.8	32.1	0.82	479.7	44.5	8	144.1	10	60.3	4.7			10	
148	596.8	45.3	0.95	551.5	45.2	10.2	80.7	14.1	45.7	4.8	73.3		27	
136	693.9	57.2	0.9	636.7	12.7		55.6	23.1	112.4	11.8	78.5		60.7	
124	742.1	68.2	0.91	673.9			25.2	13.2	78.7	21.6	108.6	5.1	83.3	
112	804.3	79.4	0.91	724.9					61.8	12.5	88.8	31	118.7	17.9
100	751.4	82.7	0.83	668.7					24.1	14.6	53.6	14.2	100.7	21.3
88	721.5	87	0.8	634.5							17.2	19.7	41.6	10.8
76	624.4	83.8	0.84	540.6									10	10
⋮														
合计	10076.5	1206.6	1.06	8869.8	390.9	22.1	420	70	420	70	420	70	530	60
矿石量/万t·a⁻¹						22.1	110		110		110		110	
废石量/万t·a⁻¹					390.9		818		818		818		800	
矿岩总量/万t·a⁻¹							928		928		928		910	
剥采比/t·t⁻¹							7.4		7.4		7.4		7.3	
出矿品位		Cu/%					1.02		1.02		1.02		1.02	
		Au/g·t⁻¹					0.52		0.52		0.52		0.52	
		S/%					2.14		2.14		2.14		2.14	

(4)绘制露天矿采场年末综合平面图。采场年末综合平面图是以地表地形图和分层平面图为基础,将各水平年末推进线、运输线路等加入图中绘制而成的。图上有坐标网、勘探线、采场以外的地形和矿岩运输线路、已揭露的矿岩界线、年末各台阶水平的工作线位置、采场内运输线路

等。该图一般每年绘制一张。从某一年末的采场综合平面图上,可以清楚地看到该年末的采场现状。图4-26是某露天矿第3年年末的采场综合平面图。

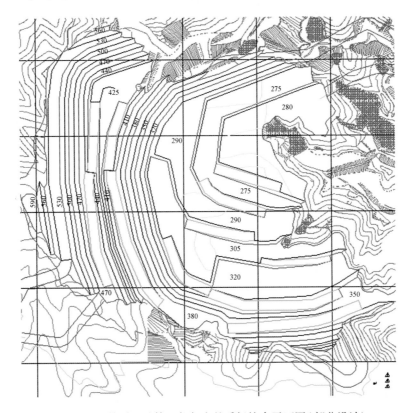

图4-26　某露天矿第3年年末的采场综合平面图(部分设计)

编制采掘进度计划表后应提交的成果:露天矿采掘进度计划表,采场年末综合平面图等。长期计划也应是动态的,比如伴随采剥的进展,勘探数据不断更新,储量发生变化导致露天境界变化;或者市场价格变化也可能导致矿床经济模型变化,都会引起采掘进度计划的调整。在实际生产中,由于品位储量估算和矿体圈定的误差、技术经济条件的变化及不可预料情况的发生,通常需要对原采掘进度计划加以修改。

4.5　矿床开拓运输

露天矿运输是矿山生产的主要工序之一,在露天矿生产工艺中的地位十分重要。一般新建矿山运输设备的投入将占建设投资的40%~60%,生产成本中运输费用将占到40%以上。近年一些新建矿山采用专业化承包方式经营,运输设备投入的份额已有所变化,或者不足以影响项目投资,设备投入转为经营成本或租赁费用形式表现。从另一方面看这也是减少新建矿山投资的有效途径之一。

露天矿开拓系统是建立地面至各工作水平的运输通道。开拓系统的建立与运输方式、运输设备和运输坑线布置等密切相关,互相依存。开拓系统亦是为最有效地采运出矿石服务的,布置方式服从这一最终目标可能在选择初始到实施过程中发生变化。本章仅根据近年应用较多的方式和变化进行一些归纳总结。

4.5.1 露天矿床开拓运输系统分类及选择

4.5.1.1 运输方式分类

露天矿运输开拓主要分以下几类：

（1）公路开拓运输；

（2）铁路开拓运输；

（3）联合开拓运输。

联合开拓运输方式可分为：

1）公路—铁路联合运输；

2）公路（铁路）—破碎站—带式运输机联合运输；

3）公路（铁路）—平硐溜井联合运输等。

目前，露天矿开采一般只在开采初期采用单一开拓运输方式，联合开拓运输依然是其主要开拓运输方式。联合开拓运输可经各种单一方式合理组合成多种开拓运输方式。公路—破碎站—带式运输机联合开拓运输是近一二十年来国内外大型金属露天矿山普遍采用的方式，是固体矿产开采作业物料间断运输向连续运输的一种进展，也称为半连续运输。公路—破碎站—铁路、公路—铁路等方式在国内开采历史较长的黑色金属矿山应用较多，特别是铁路与其他运输设备联合方式的产量比重约为 50% ~ 55%，露天铜矿的汽车（含联合）运输产量比重可达 85% ~ 90% 以上，露天钼矿采用公路运输开拓的较多。我国的化工、建材等非金属矿山及核工业露天矿山，多为中小型矿山，开拓运输方式以公路为主。

4.5.1.2 影响开拓方式的主要因素

露天矿运输的主要特点是：（1）物料运输的单向性。即露天矿向外运输为重车，回程空车；（2）线路等级较低。露天坑和排土场内坑线多为临时性，经常移动；（3）坑线布置与矿体赋存条件、地形条件等关系密切，展线空间小；（4）线路运输强度大。车流密度大，大型露天矿设备吨位大。因此在确定开拓方式时，应以技术性、安全性为前提，选择最为经济的开拓运输方式，并适应于项目所在地的自然条件。

选择开拓方式的主要原则如下：

（1）基建工程量少，投产快；

（2）生产工艺简单；

（3）基建投资少，减少占地；

（4）运营成本低。

各种运输开拓方式的适用条件和优缺点分析见表 4 – 8。

国内外某些露天矿山的开拓运输方式如表 4 – 9。

表 4 – 8　露天矿主要开拓运输方式及特点

开拓运输方式	深度或比高/m	运距/km	坡度/%	曲线半径/m	适用条件	主要特点
公路开拓运输	<120（载重量≤80 t）	2 ~ 3	6 ~ 10	≥15	1. 各类地形及矿体产状；	1. 线路坡度大，工程量小，节省基建时间和投资；
					2. 陡帮、分期开采工艺；	2. 灵活性好，可提高挖掘机效率；
	100 ~ 150（载重量 > 80 t）	<4 ~ 5		>30	3. 有分采和配矿需求；	3. 运距不长，燃油轮胎消耗会使运营成本提高；

开拓运输方式	深度或比高/m	运距/km	坡度/%	曲线半径/m	适用条件	主要特点
					4. 运距短的矿岩运输	4. 作业易受气候影响,深凹露天矿需要通风
铁路开拓运输	100~150(准轨)<200(牵引组)	>2~3	0.3	>120	1. 矿体厚大规则,走向长,地形简单; 2. 常规开采工艺	1. 运距长,运营成本低; 2. 线路坡度小,工程量大,基建期长投资大; 3. 机车基本无污染物排放,受气候影响小
联合开拓运输 公路-铁路	80~250	<3~4			1. 初期传统方式开采,当矿山延深或采深超过机车运输深度的老矿; 2. 矿体距地表200~300 m以上厚大规划,下部收缩变小	需设转运站
公路-破碎站-胶带运输机	>80~300	胶带运输机>3,max:14+	25~30		1. 初期采用汽车运输的任意条件矿床; 2. 倾向延深大的大型矿体; 3. 生产能力大、服务年限长的大型露天矿	1. 胶带运输机爬坡能力强,基建工程小,提高露天矿寿命中后期的经济效益; 2. 运输成本随深度变化小; 3. 建设投资增加; 4. 破碎站、胶带机移设复杂; 5. 胶带机故障可致使全线停产
公路(铁路)-平硐溜井	>120		溜井55°90°		各种规模的山坡露天矿	1. 基建工程量小,设备少,投资省,能耗小,运营费低; 2. 放矿管理复杂,可能堵塞溜井。

表 4-9 国内外露天矿开拓系统有关信息

矿山名称	开拓运输方式	主要运输设备	露天矿尺寸/m	露天矿深度/m	生产能力/万 t·a^{-1}
国内					
齐大山铁矿	公路—(铁路)溜井;半移动破碎机—胶带运输机	80,100 t机车,154 t汽车	4500×1700~1800	555,648	1255,4620
德兴铜矿	矿石:公路汽车溜井,汽车—破碎机—斜井胶带;废石:公路汽车	154 t汽车,皮带输送机 B=1.4 m	2400×2300	300±,570	2970,6300
南芬铁矿	公路汽车—溜井,汽车—破碎倒装—铁路;排土汽车—破碎—胶带—排岩机(汽车)	85 t,154 t汽车	3300×1280,1550×40×70/178	527,712	1250,4942

续表 4-9

矿山名称	开拓运输方式	主要运输设备	露天矿尺寸/m	露天矿深度/m	生产能力/万 t·a⁻¹
首钢水厂铁矿	公路汽车	77,85 t 汽车	3600 × 900 ~1100	400	1200
永平铜矿	公路汽车	42 t 汽车	1700 ×600	400	330
白云鄂博铁矿	铁路机车—公路汽车	90 t,150 t 机车,40,70,108 t 汽车			1080
大孤山铁矿	公路—胶带运输机—铁路	80,100,150t 机车,85,100 t 汽车	1600 ×1050	489	620
兰尖铁矿	铁路—公路	150 t 机车,20,35,40 t 汽车	1100 × 950,400 ×360	570(兰家火山),435(尖包包)	650
国外					
智利 Chuquicamata 铜矿	公路汽车—破碎机—胶带运输机	360 t 汽车	4500 ×3500	>1000	6000 ~8000
智利 Collahuasi 铜矿	公路汽车—半移动破碎机—胶带运输机	231,345 t 汽车		350①	3600
智利 Zaldivar 铜矿	公路汽车	231 t 汽车		约200 ~300①	15 阴极铜(浸出)
智利 Escodida 铜矿主矿体	公路汽车—半移动破碎机—胶带运输机	218,231,380 t 汽车	3200 ×2200	465①(750,最终)	7000 ~8000
澳大利亚 Mt. Whaleback 铁矿	公路汽车	189,219,230 t 汽车	5000 ×1200①(2000)	>400①	2600
印度尼西亚 Grasberg 铜矿	公路汽车—坑内破碎机—胶带运输机	135 ~320 t 汽车	1600 ±	250 ~700	6775
南非 Palabora 铜矿	公路架线式汽车		800	600 ~800	8 万 t/d,转地下 3 万 t/d
蒙古国 Oyu Tolgoi 铜金矿(可研)	公路汽车(1),转地下(2)	350t 汽车			3000(1)

① 现在深度。

4.5.2 公路开拓运输

公路开拓中最常用的运输设备是自卸汽车,所以也称其为汽车开拓运输。与铁路运输开拓相比,汽车运输开拓坑线形式较为简单,开拓坑线展线较短,对地形的适应能力强。此外,公路运输还可多设出入口进行分散运输和分散排土,便于采用移动坑线开拓,有利于强化开采,提高露天矿的生产能力。

在露天开采中,运输费用占矿石开采成本的 40% ~60%。随着矿床开采深度的增加,矿岩的运距显著增大,而随着矿岩运距的增大,汽车的台班运输能力逐渐降低,造成运输费随着采深的增加而增大。因此,虽然公路运输开拓具有地形适应能力强,运输坑线布置灵活等诸多优点,但由于受到合理运距的影响,也存在一个适用范围。

所谓汽车运输开拓的合理运距即是在该运距范围内采用汽车运输开拓时,开采矿石的总成本与向国家上缴的利税总和不大于该种矿石的销售价格,从而保证矿山正效益开采。汽车运输的合理运距是一个经济概念,它随着技术经济条件的不同而不同。目前,采用普通载重自卸汽车运输时,其合理运距约为 3 km;采用大型电动轮自卸汽车运输时,由于汽车运输载重量增大,合理运距也随之增加,可达到 5~6 km。考虑到凹陷露天矿重载汽车上坡运行和至卸载点的地面距离,在合理运距范围内可折算出汽车运输开拓的合理开采深度。当采用载重量为 200~300 t 级的自卸汽车时,合理开采深度可达到 200~300 m。

4.5.2.1 线路布置方式

运输线路的布置类型因汽车运输的灵活性而多样。生产矿山采场内大部分线路基本可归类于移动式,特别是采用陡帮开采、分期开采工艺,这一特点更为突出。布置形式也依据地形和矿体条件以直进、折返、螺旋等组合方式为主,单一形式较少。

露天坑外的破碎或排土场等设施往往结合地形、地质构造和环境因素而定,这些位置都可能影响上部坑线的布置,坑内道路可能螺旋式布置或者是之字折返式。

A 直进式线路

直进式及其变型线路方案常用于地形较缓、开采水平不多的山坡露天矿。运输线路一般布置在开采境界外山坡一侧,工作面单侧进车。

深凹露天矿则采用与其他线路组合方式(如图 4-27 所示),公路干线布置在相对固定的非工作帮上。

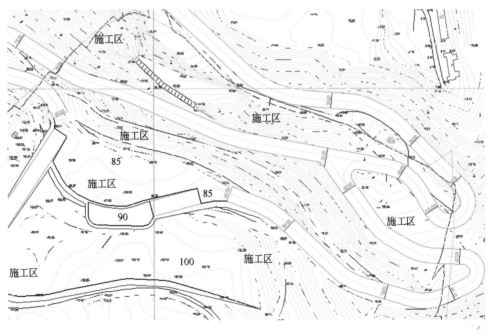

图 4-27 国内某矿直进—折返汽车运输线路

B 折返式线路

折返式线路适用于高差较大,地形较陡的露天矿山。

山坡露天开拓干线一般应修建到最上一个开采水平,线路一般沿地形开掘单壁路堑,并伴随开采水平的下降废弃或消失。在单侧山坡地形条件下,线路应尽量就近布置在开采境界外,以保证干线位置相对固定,且矿岩运距较短。采场位于孤立山峰条件下,则应将线路布置在非工作山坡一侧,以保证多水平推进时,下部工作面推进不会切断上部开采水平的运输线路。

深凹露天矿的折返坑线一般布置在非工作帮上(如图4-28所示),可以较短距离接近矿体,减少基建工程量和投资,并缩短基建时间。

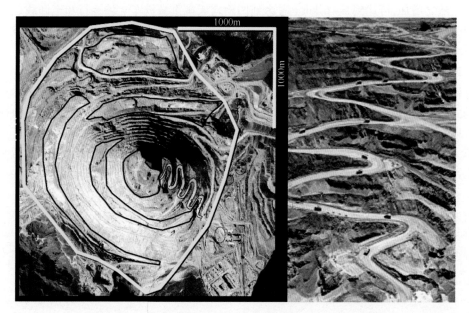

图4-28　印度尼西亚 Grasberg 铜金矿的折返—直进运输坑线

折返线路特别是折返组合线路的适应性较强,应用较广。但折返式线路的曲线段必须满足汽车运输要求(如最小转弯半径,线路内侧加宽等)可使最终边坡角变缓,增加剥岩量,因此应尽可能减少回头曲线数量,将回头曲线布置在平台较宽或边坡较缓的部位。

C　螺旋式线路

螺旋式线路一般用于深凹、长宽相差不大、上下盘围岩较为稳固的露天矿,坑线从堑沟口沿露天坑四周最终边坡螺旋地向深部延展。因没有折返曲线,扩帮工程量较小,螺旋式线路曲率半径较大,汽车运行条件好,通过能力大,但工作面推进方向和长度需不断变化,各水平作业可能互相影响,生产组织复杂。实际应用中螺旋坑线常与上述其他方式联合使用。

道路坡度通常为8%~10%。最终边坡角是根据地质条件确定的。台阶高度取决于挖掘机安全作业需求,通常为9~15 m。

此外,一些小型矿山还可采用地下斜坡道开拓形式。

运输线路布置在矿体内或外也明显地影响开采成本,一般布置在矿体外增加可采矿量剥采比相应增大,反之亦然。道路定位也应综合考量地质条件和经济因素。

金属矿山多产出于火成岩和变质岩,一般很少出现筑路材料来源困难。

4.5.2.2　道路

运输道路设计参数是根据采用的运输车辆最大规格确定的,本节选用美国工程师协会的采矿参考手册中的有关内容供参考比较。表4-10是运矿汽车与道路设置相关的参数。

表4-10 按汽车总重(GVW)分类与道路设计相关的参数

总重分类 /t	载重 /t	前轮和双后轮	轮载荷 /t	转弯半径 /m	车宽度 /m	最大速度 /km·h⁻¹	空车重 /t	汽车总重 /t
45.4 ~ 90.7	36	18.00R33	10.5	8.5 ~ 10.5	3.7 ~ 5.0	57.3 ~ 75.6	31.3	67.6
	40	18.00R33	12.2	9.9	5	56.3	34	73.9
90.7 ~ 181.4	53 ~ 54	24.00R35	15.1	10.5 ~ 12	4.4 ~ 5.1	45.1 ~ 56.3	40 ~ 40.9	92 ~ 95.3
	91	27.00R49	25.3	9.9 ~ 13.0	5.2 ~ 6.1	59.5 ~ 67.6	64 ~ 67.5	158 ~ 161
>181.4	136	33.00R51	38.6	12.2 ~ 15.1	8.08	53.1 ~ 56.3	95 ~ 96	231 ~ 249.5
	172 ~ 181	37.00R57	53 ~ 54.4	13.5 ~ 15.1	6.6 ~ 8.2	54.7	113 ~ 122	286 ~ 317.5
	218	40.00 ~ 57	61.2	14.2 ~ 15.1	7.3 ~ 8.9	48.3 ~ 54.7	146 ~ 151	376.486
	281	48/95 - R57	75 ~ 79.8	13.9	8.1	64.5	180.441	461.671
	326	55,56,59/80R63		16.2(SAE)	8.45	65	216.78	543.311
	345	59/80R63		39.3/40.5	9.2	67.6	252.8	623.690
	363	55,56/80R63		16.8(SAE)	8.8	64.4		

注:Feddock 2000,Terex Corp 2006,Caterpillar,Inc 2006,Komatsu Inc. 2005,Liebherr Group,2006。

A 停车距离

停车距离是车辆制动反应时段行驶的距离与车辆减速需要的距离之和。车辆应在视距内停下。设计路段可以图4-29、图4-30和图4-31作为确定按汽车总重分类车型停车距离的参考。

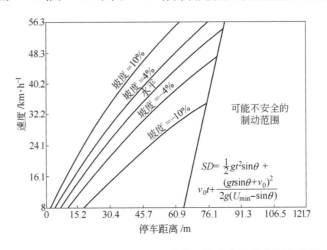

图4-29 总重为45.4 ~ 90.7 t矿岩运输汽车的停车距离曲线

$$SD = 1/2gt^2\sin\theta + v_0t + \frac{(gt\sin\theta + v_0)^2}{2g(U_{min} - \sin\theta)} \quad (4-19)$$

式中 SD——停车距离,m;

g——重力加速度,9.8 m/s²;

t——制动反应时间与滞后时间之和,s;对图4-29的汽车两项之和为1.5 + 1.5,图4-30车型的两项之和为2.75 + 1.5,图4-31车型的两项之和为$t_1 + t_2$;

θ——下坡角;

v_0——制动初始速度,m/s;

U_{min}——轮胎—道路接触面摩擦系数,0.3。

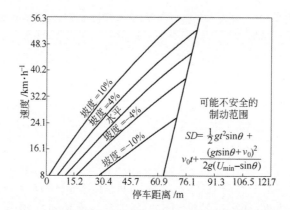

图 4-30 总重为 90.7~181.4 t 矿岩运输汽车的停车距离曲线

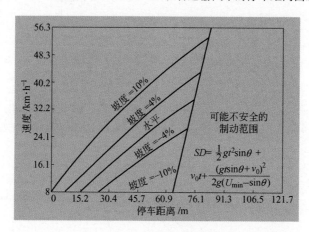

图 4-31 总重大于 181.4 t 矿岩运输汽车的停车距离曲线

B 车道数量

露天坑内道路通常由于车流量不高或空间问题分为单向单车道运行，或双向运行。然而露天坑到外部排土场、破碎设施等任一方向可能都不仅只用一个车道，车道数量可用式(4-20)确定：

$$n = \frac{td_b}{100v} \qquad (4-20)$$

式中 n——单向车道数；

t——行车密度，辆/h；

v——车辆行驶速度，km/h；

d_b——汽车间正常安全距离，m。

生产线和联络线通常按双向单车道设计。

C 安全行车间距

车辆之间安全行驶距离与司机的反应时间(通常为 2 s)、坡度和路面有关，加上间隔容差(通常为 5 m)，车辆安全间距 d_b 为：

$$d_b = \frac{2.0v}{3.6} + \frac{v^2}{254(C_t \pm i)} + 5.0 \qquad (4-21)$$

式中 C_t——牵引系数，<1；

i——道路最大坡度，以分数表示。

该式与采矿设计手册提供的计算有相似之处,但此处未将中项解释为停车距离,该求值可能小于原手册计算值。

D 路宽的计算

建议以车辆的最大宽度确定直线路宽。

(1)直线、正常坡度道路的最小宽度的计算。

直线、正常坡度道路的最小宽度等于车辆最大宽度乘以表4-11中对应的系数。

表4-11 最小路宽的相关计算数据

车道数量	最大车辆宽度系数
1	2.0
2	3.5
3	5.0
4	6.5

(2)小曲线半径(以曲线内径计)弯道处最小宽度的计算。

对小半径圆曲线必须在曲线和曲线过渡段内侧设加宽,以保证车辆顺利转弯。小曲线半径(以曲线内径计)弯道最小宽度等于直线路段的最小宽度乘以表4-12给出的调整系数。

表4-12 曲线路面宽度的调整系数

弯道曲线内径[①] 车辆分类	6 m	45 m	60 m
后卸或组合式车辆	1.25	1.18	1.10
铰接式车辆	1.55	1.35	1.15

① 其他内径可按插值法计算。

计算方式与采矿设计手册有几点不同:1)曲线路面宽度以曲线内径作为衡量点,避免了车宽差异对路面加宽效果的影响;2)以车宽计算路面宽度,简便易用;3)与设计手册双车道推荐值比较,大车小半径曲线弯道的加宽值趋于超出上限,而随圆曲线半径加大,加宽值接近或略小于对应值,与近年设备大型化和安全性要求提高趋势相吻合。

E 视距

视距必须保证汽车以给定速度行驶中对突发情况采取措施后,能在15 cm高的危险物前安全停车,按汽车总重分类,司机目光高度的最小值如表4-13。

表4-13 各类汽车司机目光高度的最小值

汽车总重/t	铰接式/m	单体/m
45.4~90.7	2.4~0.15	2.4~0.15
90.7~181.4	2.7~0	3.4~0
>181.4	3.4~0	4.0~0.18

注:Feddock 2000,Caterpillar,Inc 1997,Komatsu Inc. 1997。

竖曲线上的视距由切点间的弦长确定,竖曲线长度要保证适当的停车距离,即等于视距,可由式(4-22)和式(4-23)计算。国内设计一般不区分圆曲线和竖曲线,三级公路以20 m停车视距和40 m会车视距取值。

如果停车距离大于司机发现障碍物时的实际曲线长 L_e,则安全曲线长

$$L_s = 2S - \frac{200\left[(H_1)^{1/2} + (H_2)^{1/2}\right]^2}{A} \qquad (4-22)$$

如果停车距离小于司机发现障碍物时的实际曲线长度 L_e,则安全曲线长

$$L_s = \frac{AS^2}{100\left[(2H_1)^{1/2} + (2H_2)^{1/2}\right]^2} \qquad (4-23)$$

式中　L_e——司机发现障碍物时的实际曲线长度;

　　　L_s——安全曲线长度;

　　　A——坡度代数差;

　　　S——停车距离;

　　　H_1——司机视线高度;

　　　H_2——路面上物体高度,15 cm。

F　坡度

考虑到上坡运输的经济性、车辆下坡的安全性等因素,通常地势条件下可按表 4-14 确定道路坡度。

表 4-14　通常条件线路坡度的确定

条　件	坡度选取范围/%
最大限度	8 ~ 15
通常最优	8
架线式辅助汽车	≤12

由于安全和道路排水的要求,对于较长的陡坡段应每隔 450 ~ 550 m 设长 45 m、坡度 ≤2% 的缓坡段。

G　超高

汽车车速大于等于 15 km/h 的运输道路曲线段上应设置超高,超高量推荐值见表 4-15。

表 4-15　道路曲线超高量推荐值　　　　　　　　　　　　　　　　（mm/m）

半径/m	汽车速度/km·h⁻¹					
	15	25	35	40	50	>60
15	40	40				
30	40	40	40			
50	40	40	40	50		
75	40	40	40	40	60	
100	40	40	40	40	50	60
200	40	40	40	40	40	50
300	40	40	40	40	40	40

道路的正常横坡段转为超高段部分为一突起路段,超高段的 1/3 在曲线段,2/3 在切线段。推荐值见表 4-16。

表 4-16　切线上超高变化的最大推荐值

汽车速度/km·h⁻¹	15	25	35	40	50	<60
超高变化/100 m 切线/mm·m⁻¹	260	260	250	230	200	160

H　筑路材料系数

黏着系数和滚动阻力系数是材料系数的主要内容。见表4-17。

表4-17　黏着系数和滚动阻力系数

材料说明	黏着系数	滚动阻力系数/%
沥青混凝土路面	0.9	2.0
干性岩石路基	0.7	3.0
湿性岩石路基	0.65	3.5
坑底,碎石	0.55	5.0
部分压实砾石	0.45	5.0
未养护湿性砾石	0.4	7.5
相当挠曲的易损物料	0.35	8.0
软泥质有车辙路面	0.3	15.0~20.0
覆冰	0.1	1.0

滚动阻力系数可能与轮胎的穿透率有关,可由式(4-24)计算。

$$C_{RR} = 0.02 + 0.0007(t_p) \qquad (4-24)$$

式中　C_{RR}——滚动阻力系数;

t_p——轮胎渗透,mm。

I　其他考虑因素

(1)在山脊或山脊附近避免采用小半径曲线;

(2)用长切线和常规坡度设计运输道路;

(3)在竖坡顶端附近避免与小半径曲线交叉;

(4)为顺畅排水,应设1.5~3cm横坡。

路基设计参考值见图4-32。

4.5.2.3　主要运输设备

中国的大型露天矿山多始建于20世纪50~60年代,目前许多露天矿已由山坡露天开采转为深凹开采,开采条件日趋恶化,空间作业尺寸逐渐狭窄,干扰增大。采场延深,排土场加高,导致运距加大,重车下坡运行变为上坡运行。许多露天矿山中公路或联合运输的比例加大。为了适应深凹开采,表4-18介绍露天矿汽车的有关信息。

表4-18　部分露天矿用自卸汽车厂商的产品型号

汽车总重分类/t	45.4~90.7		90.7~181.4		>181.4	
厂商	型号	汽车总重/载重	型号	汽车总重/载重	型号	汽车总重/载重
北方重汽	3303D,3305F,3307	1.8	3311E,TR60	1.83	MT系列[①](合资)	
Terex			TR60,TR100	1.85,1.75	MT3600,MT5500等	1.8~1.66
北京重汽	BJZ3480	1.81				
湘潭电机			SF3100[①],SF3102[①]			
Caterpilar[②]	Cat769D	1.96	Cat773F,777F	1.85,1.79	Cat897C Cat793C,793D,797D	1.79~1.76

续表 4 – 18

汽车总重分类 /t	45.4 ~ 90.7		90.7 ~ 181.4		>181.4	
厂 商	型 号	汽车总重/载重	型 号	汽车总重/载重	型 号	汽车总重/载重
БеиА3(Belaz)	7540 ,75483		7555		7512 ,7513 ,7530 等	
Liebherr					T252 ,T262 ,T282	1.81 ~ 1.64
Komatsu	HD325 – 7	1.90	HD465 – 7,HD785 – 5	1.81 ,1.72	HD1500 – 5,730E[①],830E[①], 930E[①]	1.74 1.77 ~ 1.72

① 电动轮;② 总重数据为厂商标注的最大工作重量。

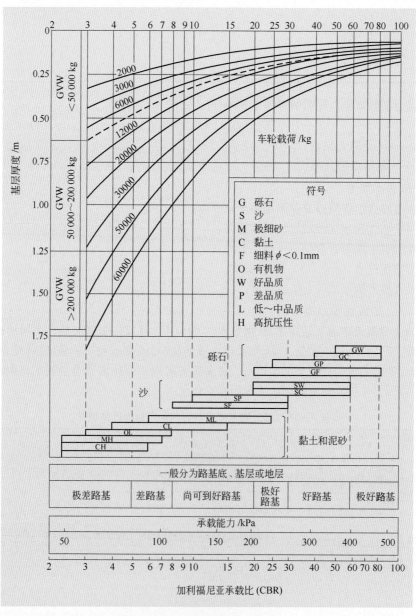

图 4 – 32　路面材料的 CBR 分类

表 4-18 表明，随汽车载重量的增加，载重与自重比有提高的趋势。Terex Unit Rig&Equipment 公司 M5500 型和 LiebherrT282 型汽车在汽车载重和自重比方面较具优势。大型汽车液力机械传动和电动两种传动方式各有所长，同时并存。改进的电动轮采用交流驱动系统，进行交流-直流-交流转换，具有牵引力大，车速高，维修量小，动力缓行能力好等优点；液力机械传动汽车与电动轮汽车比较：在坡道上运行传动效率比电动轮汽车高 20%，装置价格低。一些型号的汽车爬坡能力强，汽车下坡减速制动可靠性高。在快速、加速及多变的运输道路运行适应性强。一些汽车的自动化水平较高［如 Cateitpillar 的 EMS（电子控制系统）］，微机控制、监测和故障诊断技术以及 GPS 系统的应用可节省汽车运营费，缩短作业时间，提高效率。

4.5.2.4　公路开拓运输布置方案实例

智利 Chuquicamata 铜矿（见 4.12 实例）公路-电动汽车运输，道路坡度 9%～11.2% 以下是国内某矿运输方案实例。

A　布置方案选择

某矿区处于构造剥蚀山区，地形切割强烈，山势陡峻，一般山坡自然坡度在 40°～44° 之间。露天开采最终境界底部标高为 -175 m，最高标高为 620 m，封闭圈标高 170 m，总出入车沟口 3 个，采场东北部出口，标高 200 m，主要运矿，后期运输矿岩，距卸矿点距离约 300 m；另外两个位于采场西南，为废石总出入口，高差约 60 余米。矿山的初期工业场地位于露天采场的西南部，标高为 504 m，废石主要运往紧邻露天采场的南排土场；按照设计北排土场主要堆放露天采场北部的废石，北排土场距最终采场边界约 150 m。由于露天开采是采用分期境界的开采方式，初期的开采范围较小，经过综合比较，设计采用公路开拓、电动轮汽车运输的开拓运输方式（如图 4-33 所示），开采后期，当汽车运输超出其合理运距时，再考虑汽车-胶带运输机联合运输方案。

B　开拓运输系统

矿区地形较陡，矿体赋存于山体主峰东南侧的盆地中，为了减少因在境界内布置运输道路而增加的剥离量，确定采用螺旋坑线布置运输道路，山坡露天部分采用直进—折返—螺旋坑线布置。根据露天开采最终平面图，矿山在 170 m 以上为山坡露天，170 m 以下，露天坑封闭为凹陷露天，采用螺旋坑线开拓，新水平准备工作及采剥工作面的联络道均用临时移动坑线。

由于矿山是采用分期境界的开采方式，为此以露天开采最终平面图所布置的开拓运输系统为目标，确定了中露天境界的开拓运输系统和过渡境界的开拓运输系统。

公路主要参数：

道路宽度：25 m（双车），15 m（单车）

最大纵坡：8%

最小转变半径：40 m（双车），25 m（单车）

4.5.3　铁路运输开拓

我国于 20 世纪 50、60 年代建设的一些露天铁矿目前还沿用铁路开拓运输，铁路开拓运输在我国露天矿中仍有一定影响。与世界露天矿发展趋势相符，20 世纪 80 年代以后我国新建的大中型露天矿山很少选用铁路开拓运输；有色金属露天矿则基本为汽车运输或汽车与其他联合的开拓运输。

采用铁路运输开拓时，吨公里运输费低，约为汽车运输的 1/4～1/3；运输能力大，运输设备坚固耐用。但铁路运输开拓线路较为复杂，开拓展线比汽车运输长，因而使掘沟工程量和露天边帮的附加剥岩量增加，新水平准备时间较长。

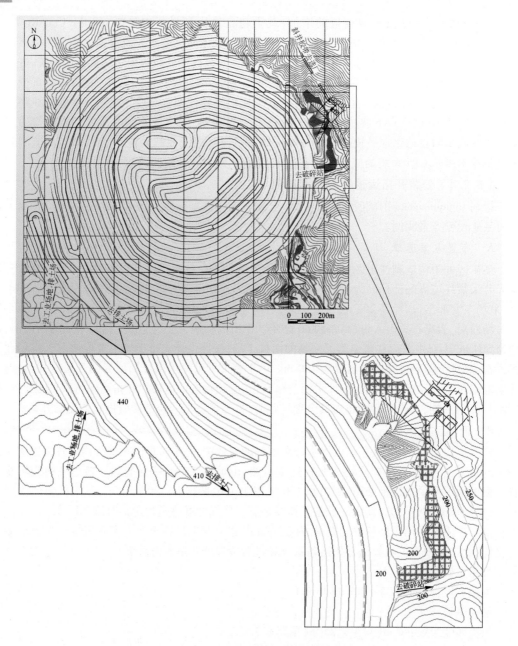

图 4-33 某露天矿开拓运输系统及最终境界(设计)

当矿床埋藏较浅,平面尺寸较大的凹陷露天矿或者在开采深度较大的凹陷露天矿的上部及其矿床走向长、高差相差较小的山坡露天矿,采用铁路运输开拓可取得良好的技术经济效果。按单位矿岩运输费考虑,对于凹陷露天矿单一铁路运输开拓的经济合理的开采深度约为 120~150 m,当采用牵引机组运输时,可将运输线路的坡度提高到 6‰,开采深度最大可达到 300 m。对山坡露天矿在地形标高不超过 150~200 m 的条件下,可取得理想的经济效果。因此,单一铁路运输开拓的合理使用范围在地表上下可达到 300~350 m(不含牵引机组运输)。

4.5.3.1 线路布置方式

露天矿的铁路运输开拓多采用固定式坑线。

铁路运输坑线多采用折返式、直进—折返式。由于铁路运输时牵引机车的爬坡能力小、从一个水平至另一个水平的坑线较长、列车的转弯半径大（准轨铁路运输转弯半径不小于100～200 m），而大多数金属露天矿场的平面尺寸又不大，故在开坑坑线的布置形式上，以直进—折返式为主，其他为螺旋式及折返—螺旋式等形式，图4-34为歪头山铁矿上部开拓运输示意，图4-35为眼前山铁矿深部开拓运输示意。

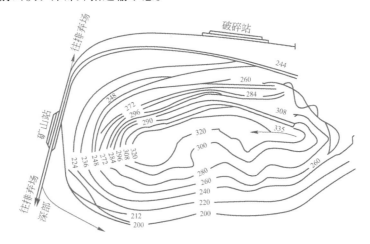

图4-34 歪头山铁矿上部开拓运输系统

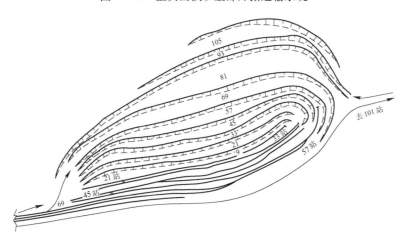

图4-35 眼前山铁矿深部开拓系统

对于铁路运输，直进式坑线开拓是最理想的开拓形式，但只能适用于开采深度浅、采场走向很长的露天矿，对于其他露天矿多采用直进式与折返式相结合的坑线开拓形式，即机车直进若干个台阶后，坑线经折返站折返改变方向再继续直进，如此形式延伸到采场底部，形成直进与折返混合坑线形式，也可称之为多水平折返式。单水平折返坑线是最基本的折返形式，仅适用于采场平面尺寸有限而矿床延深较大的矿山。

折返站是折返坑线的组成部分，供列车换向和会让之用。折返坑线由于需设立折返站，因而增大了铁路运输线路的长度，同时列车在折返站的停车、换向、会让等作业操作又降低了运输效率，增加了运行周期，故应尽量减少坑线的折返次数。折返站的形式主要取决于矿山的开采规模及线路的设计通过能力。折返站的平面尺寸和线路数目又直接与机车车辆的类型、有效牵引系数及工作平盘配线数有关。生产实际中所采用过的折返站形式有单干线开拓折返站和双干线开拓折返站两种形式(如图4-36、图4-37所示)。

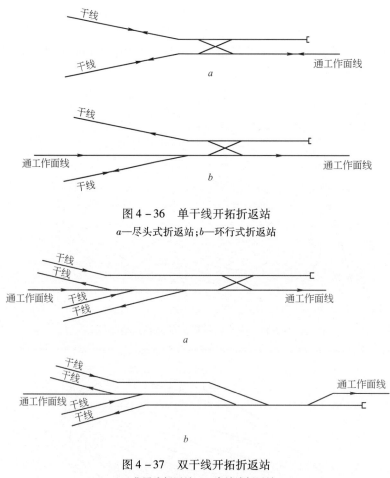

图4-36　单干线开拓折返站
a—尽头式折返站;*b*—环行式折返站

图4-37　双干线开拓折返站
a—燕尾式折返站;*b*—套袖式折返站

4.5.3.2　运输坑线及设备

年采掘量600万t以上的露天矿山道路轨距一般采用1435 mm的准轨,年采掘量小于250万t的露天矿一般采用762 mm的窄轨铁路,其他尚有轨距为900 mm或600 mm的窄轨铁路。

深凹露天矿的陡坡铁路运输科技成果开始应用。在露天矿转入深部开采后,随着露天开采深度的增加,运输线路增长,运输成本急剧上升,已成为制约矿山可持续发展的"瓶颈"。攀枝花钢铁(集团)公司(攀钢)、马鞍山矿山研究院投入力量研究"陡坡铁路运输技术",使铁路运输坡度从2%~2.5%提高到4%~4.5%,并实现了我国首台224 t电机车的成功应用,为企业年创经济效益1.5亿元。

目前,中国采用铁路运输或铁路—公路等联合运输的大中型露天铁矿主要使用150 t及以上牵引电机车,个别矿山应用80 t、100 t牵引电机车。电机车效率平均约为:150 t以上900万t·km/台年;100 t:560~580万t·km/台年;80 t:410~430万t·km/台年。

中国150 t以上准轨工矿电机车只能用于大型露天矿山运输业,每年只有2~3辆的补充需求量,有新建大型露天矿山开采项目,工矿电机车的需求才不会大量增加。目前牵引电气设备行业工矿电机车企业约有几十家,主要工矿牵引机车生产厂商湘潭电机股份有限公司,其主要设备参数如表4-19。

表4-19 大中型露天矿山用牵引电机车

轨距	车型号	电压/V	黏着重量/t	功率/kW	牵引力/kN	最小弯道半径/m
准轨	ZG100-1500	1500	100	350×4	172	60
	ZG150-1500	1500	150	350×6	256	80
	ZG200-1500	1500	200	350×8	344	80
	ZG224-1500	1500	224	400×8	393	80
窄轨	ZK10-6.7.9/250	250		20.6×2	13.05	11(速度)
	ZK10-6.7.9/550-6c	550(DC)		30×2	18.93	10.5(速度)
	ZK14-6.7.9/550-5c	550(DC)		52×2	29.09	12.87(速度)

目前中国一些大型露天矿山已进入深部开采阶段,大型工矿电机车具有牵引力大,技术性能可靠等独特优势。20世纪90年代新开发200 t工矿电机车更适于矿山深部开采,其牵引力比150 t车提高30%以上,慢行功能最低时速为5 km。新近推出的224 t工矿电机车,其牵引力及性能更加优于150 t机车。

实例:陡坡铁路运输

攀钢朱家包包(朱家)铁矿采场主要由狮子头、南头山和东头山3座山头组成,封闭圈标高为1 270 m,现已转入深凹露天开采。

朱家铁矿设计采用铁路、公路联合运输方式开拓:采场1300 m以上全部采用铁路运输,深部1285 m以下布置两套运输系统,一套是铁路,一套是公路。公路从矿仓西部下坑,纵向坡度为8%,路面宽21 m,可运行100 t电动轮汽车。铁路运输系统为1 258 m铁路,从矿山站东北侧进入采场深部,1270 m和1285 m铁路也从矿山站东北侧进入采场深部,1267 m封闭圈以下设置下盘固定帮折返线,纵向坡度为3%,共有1258 m、1234 m、1210 m、1186 m等4个折返台。深部铁路一直延伸到1162 m,掘沟及扩帮形成铁路进线空间的矿岩均由汽车公路运往场外倒装矿仓转铁路运出;在1174 m设置倒装台,1162 m至露天坑底1054 m之间的矿岩均用汽车将矿岩运至倒装台,然后用电铲装到列车上经铁路运出。

攀钢朱家铁矿在爆破松方上试验建设陡坡铁路技术可行性,已完成了150 t单机运行牵引6~8个重矿车的工业试验,该线路已运输矿岩量10余万t,从运行情况看,线路的沉降量、爬行量达到了国家铁路运行规范要求。试验结果表明,在松方上采用陡坡铁路运输是可行的,该试验为全采场内运用陡坡铁路提供了技术依据。

我国露天矿山铁路运输大多采用2.5%~3%的缓坡铁路运输,在开采时每下降一个开采台阶即须铺设1200~1400 m铁路线路。在空间不足的情况下,只有以增加折返次数来弥补,这样增加了运输距离和台阶宽度,使采场空间越来越小,丢失挂帮矿,缩短铁路运输服务年限,从而不得不用大量资金更新运输方式。国外先进矿山经验证明,加大铁路运输线路坡度既能缩短其距离又能延伸铁路深度和延长服务年限,减少运输线路压矿,降低运输成本,可达到获得较大经济利益的目的。

通过对224 t、180 t电机车和150 t电机车双机陡坡铁路运输的研究和不同条件下(坡度、牵引矿车数)的试验表明:

224 t电机车牵引12节KF-60型重矿车,冲坡速度为0 km/h的情况下,可在4%~4.5%陡

坡铁路上启动,上坡正常运行;

150 t 电机车牵引 6 节 KF-60 型重矿车可在 4% ~4.5% 陡坡上启动(启动加速度为 0.018 ~ 0.04 m/s²,距离 100 ~ 200 m);而牵引 8 节以上时,必须在平路上启动(启动加速度 0.12 ~ 0.17 m/s²,距离 >80 m);

150 t 双机牵引 12 节 KF-60 型重载矿车可在平路上启动,在 40‰ ~45‰ 陡坡上正常运行。

朱家铁矿陡坡铁路试验的成功和通过设计的转化,对于我国露天矿铁路的继续使用起到了促进作用,为目前使用铁路的露天矿提供了新的发展空间,如对鞍钢齐大山铁矿北采区、东鞍山及本钢歪头山铁矿等都有一定的借鉴作用。

4.5.4 联合开拓运输

铁路运输开拓及其生产工艺所固有的缺点,致使其合理的开采深度较小。汽车运输虽然具有机动灵活、爬坡能力大等优点,但受到合理运距的限制,而且随着开采深度的下降,运输效率降低、运营费增加,重车长距离上坡运输,使汽车的使用寿命缩短,故其适用的合理深度也受到限制。即使采用大型载重汽车,也还不能有效解决提高运输效率和降低运输成本的问题。为此,露天矿的生产实际上经常采用各种形式的联合运输开拓方式。

4.5.4.1 公路—铁路联合开拓运输

公路—铁路联合开拓运输在中国现有十余座大中型露天铁矿成熟应用。

目前,随着矿山工程的逐步延深,单一铁路运输的开拓方法在国内外金属露天矿使用的比例逐渐减少,特别是在深凹露天矿已成为一种不合理的开拓运输方式。对于采用铁路运输开拓的露天矿,转入深部开采时,可改用公路—铁路联合运输的方式(如图 4-38 所示)。即采场上部保持铁路运输方式,采场下部采用公路运输开拓,中间设置矿岩倒装站。由于采场内保持了汽车最佳经济运距,汽车的周转速度快、生产效率高,因此,采用公路—铁路联合开拓运输的经济效益比单一铁路开拓运输可提高 13% ~16%,电铲效率可提高 20% ~25%,从而提高了综合开采强度。

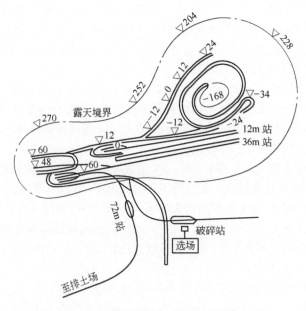

图 4-38 大冶铁矿东露天矿公路—铁路联合开拓

公路—铁路联合开拓运输时,转载站是中间环节,一般是采用转载平台、矿仓和中间堆场三种方式进行转载。选取转载方式应遵循的主要原则是:工艺简单,生产可靠,有利于提高劳动生产率和减轻劳动强度,充分发挥运输设备的效率,提高开采经济效益,符合安全环保要求。对于设在露天矿深部的装载站布局形式要求:装载工作平台宽度不大、布局紧凑、保证受矿、装载和转载车辆的入换时间最短。

露天开采深部采用汽车运输,其公路系统的建设将直接影响采矿能力、空间和生产成本。对安全、生产管理,调度系统有较高的要求。

4.5.4.2 公路(铁路)—破碎站—胶带运输机联合开拓运输

A 汽(铁)—破碎—胶带运输机联合运输

胶带运输开拓是近年来发展起来的一种高效率、连续、半连续运输的开拓方式,并成为大型露天矿开采的一种发展趋势。该开拓方式是借助设在露天采场内或者露天开采境界外的带式输送机把矿岩从露天采场运出。采场内主要采用汽车运输,对于原为铁路运输开拓的露天矿,也可以用铁路运输向破碎站运送矿石,并逐步向公路(铁路)—破碎站—带式输送机运输开拓过渡,半连续运输方式是当今世界强化深凹露天开采的主要方法之一,该工艺虽然初期投资高,但总投资比单一的汽车运输低,而且生产费用低。当开采深度未超过 150 m 时,单一汽车运输与半连续运输的费用大致相等。当开采深度超过 150 m 时,单一汽车的运输费用急剧增加,每延深 100 m,费用就增加 50%,而半连续运输费用增加的不多,每延深 100 m 只增加 5% ~6%。我国矿山占地的矛盾也越来越突出,利用半连续运输工艺,可适当提高边坡角度,对于节约用地更具有特殊的意义。

优点:胶带运输机运输能力大,升坡能力大,可达到 16°~18°。约为汽车运距的 1/4~1/5,铁路运距的 1/10~1/5,双层"三明治"带的大倾角运输机已在南斯拉夫 Majden Pek 铜矿成功应用,带倾角达 35.5°,因而开拓坑线基建工程量小;运输成本低,运输的自动化程度高,劳动生产率高。

缺点:由于胶带运输系统中需设置破碎站,破碎站的建设费用高;采用移动式破碎站时,破碎站的移设工作复杂;当运送硬度大的矿岩时,胶带的磨损大;敞露式的胶带运输机易受恶劣气候条件的损害,因而增大了设备的维护量与维护费用。

采用胶带开拓时,由于爆破后的矿岩块度较大,爆破后的矿石和岩石必须先运送到设置在采矿场的破碎站,经破碎机破碎后才能由胶带输送机运送。破碎站的形式可根据需要设置为固定式、半固定式或移动式。我国采用移动式破碎站的金属露天矿只有齐大山铁矿等一两座矿山(如图 4-39 所示),许多有色金属露天矿采用境界外设置破碎站的胶带运输方式。

破碎机的选型应根据露天矿的生产能力、破碎工作的难易以及破碎费用在综合分析比较的基础上确定。目前在国内露天矿常用的破碎设备有旋回式破碎机和颚式破碎机。旋回式破碎机生产能力大、耗电量和经营费少、使用周期长,但设备初期投资多、机体高大、移设和安装工作较为复杂。相对来说,颚式破碎机机体小、移设和安装工作较为简单,但经营费高。通常,当生产能力超过 1000 t/h 时,则采用旋回式破碎机,采剥能力较小时可采用颚式破碎机。

公路—破碎站—带式输送机联合运输开拓时,常用的开拓形式主要有:堑沟开拓和斜井(溜井)开拓。采用堑沟开拓时,破碎站的形式为半固定或移动式;采用斜井(溜井)开拓时,破碎站设为固定的或半固定的。

a 公路—破碎站—带式输送机堑沟开拓

所示为某矿所采用的公路—破碎站—带式输送机堑沟开拓系统,此种开拓方式,根据露天矿场的平面尺寸和边坡角的大小,以直交或斜交的方式将带式输送机的堑沟坑线布置在边帮上。如果边坡角小于或等于带式输送机的允许坡度,则堑沟坑线可以以直交方式布置在露天最终边帮上,此时,堑沟的基建工程量最小;当露天矿边坡角超过带式输送机的允许坡度时,应采用斜交方式布置。带式输送机堑沟的坑线布置位置必须保证汽车到破碎站的运距最短、开拓线路基建工程量最小,破碎站一般多以半固定形式布置在采场端帮上。此种开拓方式下矿岩的运输流程是:矿石和岩石用自卸汽车运至破碎站,破碎后经板式给矿机转载到胶带运输机运至地面,再由地面胶带运输机或其他运输设备转运至卸载地点。

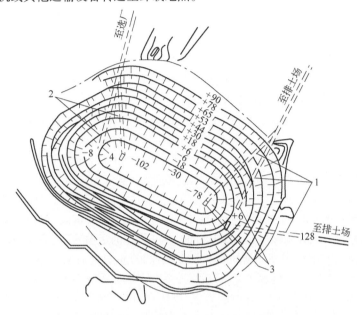

图 4-39 大孤山露天矿深部开拓系统图
1—运送岩石的带式输送斜井;2—运送矿石的带式输送斜井;
3—岩石半固定破碎站;4—矿石半固定破碎站

当破碎站设置在工作台阶上时,随着采掘工作面的推进,破碎机也随之移动,形成移动破碎站,此时开拓系统为单一的带式运输机开拓。

b 公路—破碎站—带式输送机斜井开拓

当露天最终边坡岩石不稳定,而采场境界外岩石稳固时,若带式输送机布置在边帮上作业会不安全,可采用公路—破碎站—带式输送机斜井开拓方式。此种开拓方式中,作为运输坑线的斜井布置在最终开采境界的外部,带式输送机安装在斜井内,半固定破碎站设置在斜井的底部,这种开拓方式的基建工程量不受矿山工程发展的影响,避免了带式输送机的沟道与采场内运输公路的交叉。随着国际油价坚挺,坑内破碎机将在大型深凹露天矿扩大应用。确定斜井的开拓位置时,应同时考虑半固定破碎站的设置位置,要使其距离卸载点近,斜井将穿过的岩层稳定,不影响采场内的生产。图4-40所示为我国某矿所采用的汽车—半固定破碎站—胶带运输机斜井联合开拓系统。此开拓系统中,岩石与矿石胶带运输斜井分别布置在两端帮的境界外,破碎站布置在两端帮上。在采矿场内,用自卸汽车将矿石和岩石运至各自的破碎站破碎后,经由斜井胶带运输机运至地面指定地点(一般为排土场和贮矿仓)。此外也可以在破碎站下部设置一溜井作为贮矿仓用,矿石首先经破碎机破碎后进入贮矿溜井,再通过溜井板式给矿机转载到斜井胶带运输机上。

斜井胶带运输机开拓中,破碎站还可以固定形式修建在露天矿最终开采境界底部,即建成地下破碎站。此时采矿场内的矿岩经各自的溜矿井下放到地下破碎站破碎,然后经由板式给矿机转载到斜井胶带运输机运往地面。这种开拓布置方式,破碎站不需移设,生产环节简单,减少了因在边帮上移设破碎站而引起的附加扩边帮量。但初期基建工程量较大,基建投资较多,基建时间较长,溜井容易发生堵塞和跑矿事故,井下粉尘严重影响作业人员的身体健康。

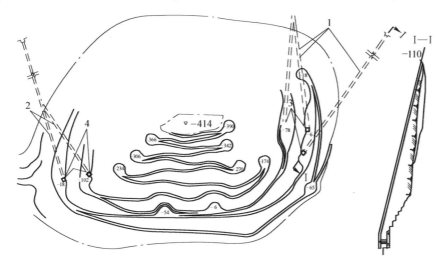

图4-40　汽车—半固定破碎站—胶带运输机斜井联合开拓系统示意图

1—岩石胶带输送斜井;2—矿石胶带输送斜井;3—岩石破碎站;4—矿石破碎站

B　联合开拓运输实例

实例1　德兴铜矿汽车—固定破碎站—斜井胶带运输机开拓

江西德兴铜矿开拓运输系统一、二期山坡露天时采用汽车—溜井,矿石生产规模3万t/d。从20世纪80年代末开始,进行三期工程的设计和建设,先后建成了前和后续3万t/d生产能力,到90年代中期连同原一、二期工程,全矿形成了9万t/d规模,年产矿石量2970万t。废石剥离量3500万～4000万。三期进入深部开采后改用高效的汽车—胶带运输机系统,系统于20世纪90年代投入使用。

矿石破碎站设在采场外西部和东部,站内设1400 mm/250 mm和1372 mm×1880 mm旋回破碎机各2台,运输能力为1740 t/h和2500 t/h。斜井内布置两条带宽1400 mm的钢绳芯胶带运输机,倾角为10°～15°。

岩石运输采用154 t汽车隧道废石运输系统。三期工程需运出基建剥离量4400万t,若采用常规盘山公路运输需绕行和爬坡,设计掘进2条长400m、断面86 m²的154 t电动轮汽车公路穿山隧道直通排土场,缩短运距约1.5 km,减少汽车爬坡高度120 m。提高汽车效率,节省了运输成本;采场外采用铁路运输。为大幅度提高窄轨铁路运输能力,整修原762 mm轨距,长5.5 km的窄轨铁路,安装了信号自动闭塞等控制装置,双机车牵引,更换重型矿车等,将原1万t/d的运输能力增加到3万t/d,满足供矿需求,避免新建铁路。

各段胶带输送机主要参数(B和L的单位:mm,来自厂家):

带速$v = 2.0$ m/s,$B = 1400$,$L = 331000$;

$v = 2.1$ m/s,$B = 1400$,$L = 257000$　10°;

$v = 2.0$ m/s,$B = 1400$,$L = 100000$;

$v = 3.2$ m/s,$B = 1600$,$L = 85000$　15°;

$v = 2.68$ m/s,$B = 1400$,$L = 260000$　10°;

$v = 2.0$ m/s,$B = 2000$,$L = 9700$(可逆胶带输送机);

$v = 3.2$ m/s,$B = 1600$,$L = 192000$　15°;

$v = 2.0$ m/s,$B = 1400$,$L = 160000$　16°。

实例 2 齐大山矿汽车—铁路—半移动破碎站—胶带联合运输移动坑线开拓

"八五"期间列为国家重点技改项目,改造后该矿采剥总量将达到 5100 万 t,矿山设计规模为年产铁矿石 1700 万 t。沿矿体上盘矿岩交界线掘开段沟,矿山年下降速度 10.6 m,同时工作台阶数 4~6 个,上盘采用组合台阶进行剥岩。该矿目前已转为深凹露天开采,齐大山铁矿扩建设计为 -30 m 以下台阶高度 15 m,以上为 12 m。

该矿破碎—胶带运输系统主要由带受料槽的重型板式给料机、包括控制塔楼的破碎机和排料胶带机组成(如图 4-41 所示)。

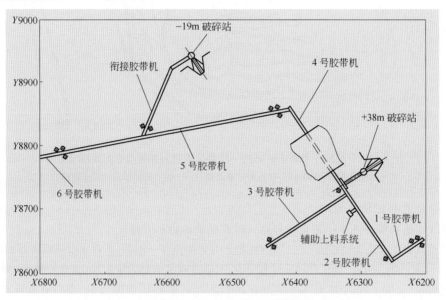

图 4-41 齐大山矿破碎—胶带运输系统示意

板式给矿机受料槽长 9 m、宽 14 m、高 13.5 m,有效容积 615 t;给料机 31 m,板内侧宽度为 2.512 m,倾角 24.95°,运行速度为 0~0.5 m/s,电动机功率为 400 kW,转速为 1500 r/min。破碎机选用美国 Aills. 公司(现为美卓矿机的子公司)的 1520~2260 mm 型液压旋回破碎机,其给矿口宽度为 1520 mm,圆锥底部直径为 2260 mm,允许的给料粒度为 1300 mm,水平轴转速 600 r/min,偏心行程为 46 mm,主电机功率 597 kW,开边排矿口为 180 mm 时,破碎能力为 7188 t/h。控制塔楼分 5 层,分别安装电动机、空压机,重板、排料胶带机、碎石锤和电气控制等。破碎机工作时主机架与控制塔楼分开。齐大山矿半移动破碎站见图 4-42。

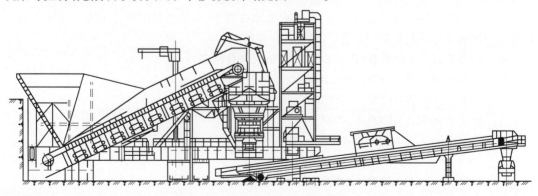

图 4-42 齐大山铁矿半移动破碎站

齐大山矿的半移动式破碎站已进行过移设,移设前位于采场上盘南部 +38m 地表,移至采场内 -19 m 位置。矿石系统胶带运输机参数见表 4 -20。

表 4 -20 齐大山铁矿胶带运输机参数

胶带机	1 号	2 号	4 号	5 号 (-6 m)	5 号 (-75 m)	6 号	衔接
长/m	1197	602. 653	154. 5	238. 48	640	650	120. 396
高/m	76. 48	11. 55	14. 006	40. 324	108. 219	109. 910	16. 949
运量/t·h^{-1}	3979	3979	3979	3979	3979	3979	3979
带宽/mm	1400	1400	1400	1400	1400	1400	1400
带速/m·s^{-1}	4	4	4	4	4	4	4
带强/kN·m^{-1}	3150	1250	1250	3150	3150	3150	1250
电机/($n \times$kW/极数)	3 ×800/6	1 ×800/6	2 ×280/6	2 ×800/6	3 ×800/6	3 ×800/6	2 ×280/6
减速器速比	18	18	12. 5	18	18	18	12. 5
传动滚筒直径/mm	1400	1400	1000	1400	1400	1400	1000
慢驱功率/kW	90	90	45	90	90	90	45
实长/m	1203	611	155. 709	241. 853	649. 085	659. 227	121. 552

4.5.4.3 公路(铁路)—溜井平硐联合开拓运输

公路—溜井平硐联合开拓方式通过开拓溜井与平硐来建立露天采矿场与地面之间的运输通道与运输联系,其适用条件为地形复杂、矿床地面高差大的山坡露天矿。

在这种开拓方式中,溜井与平硐主要为矿石的运输通道,采下的矿石由汽车或其他运输设备运至采场内的卸矿平台向溜井中翻卸,在溜井的下部通过漏斗装车,经平硐运至卸载地点。在平硐内的运输方式一般为准轨或窄轨铁路。对于剥离的废石,通常需在采矿场附近的山坡选择排土场,开拓通达排土场的公路(或铁路)运输坑线,利用汽车(或机车)将其从采矿场直接运至排土场进行排弃。

溜井平硐开拓系统中,溜井承担着受矿和放矿的任务,它是溜井平硐开拓系统的关键部位。合理地确定溜井位置和结构要素,对于防止溜井堵塞和跑矿、保证矿山正常生产具有重要意义。溜井位置的选择应根据矿床的埋藏地点,以采场和平硐的运输功最小、平硐长度小以及平硐口至选矿厂的距离最短为原则。溜井应布置在稳定的岩层中,应避开断层的破碎带使溜井系统位于地质条件好的地层中。平硐的顶板至采场的最终底部开采标高应保持最小安全距离,一般不能小于 20 m。需开拓的溜井数目应根据矿山的矿石年生产能力和溜井的年生产能力来确定。

此种开拓方式利用地形高差自重放矿,系统的运营费低;缩短了运输距离,减少了运输设备的数量,提高了运输设备的周转率;溜井还具有一定的贮矿能力,可进行生产调节。但该方式放矿管理工作要求严格,否则易发生溜井堵塞或跑矿事故;溜井放矿过程中,空气中的粉尘影响作业人员的健康;某些矿山的溜井还出现磨损。

4.6 露天开采工艺及设备

硬岩矿山露天开采工艺大体上由穿孔、爆破、铲装及运输四道工序组成,工艺技术的进步往往借助于设备的改进和发展,设备的选型和匹配,当今露天矿设备大型化成就了特大型露天矿山,陡帮开采技术、高台阶开采技术、露天与地下联合开采技术、运输系统优化技术等都离不开大型高效装备。本节简述钻、爆、装、运工序涉及的内容并根据美国《采矿参考手册》介绍设备的性能和选择。

4.6.1 穿孔爆破

4.6.1.1 穿孔

露天矿穿孔目前广泛采用机械穿孔设备。主要有牙轮钻机、潜孔钻机、旋转钻机、凿岩机和钻车。

大中型硬岩露天矿普遍采用牙轮钻机,其设备特点是穿孔效率高、作业成本低、机械化和自动化程度高;一些中小型露天矿、采石场、水利、铁路、国防等建设施工采用潜孔钻机,其特点是机动灵活,价格低,穿孔角度变化范围大;钻车可分为露天潜孔钻车和露天钻车,前者适用于大中型露天矿山采剥和土石方开挖工程穿凿爆破孔,为适于穿孔工作需要,可配备不同的冲击器,钻孔灵活,操作简便。露天钻车配用相应的凿岩或潜孔冲击器能钻凿各种方位的爆破孔,多用于中小露天矿山开采和水电、交通和建筑工程的凿岩,亦可用于大型矿山的二次破碎和边坡处理。

钻机数量可由式(4-25)确定:

$$N = \frac{Q}{Q_1 q (1-e)} \qquad (4-25)$$

式中　N——所需设备数量,台;

　　　Q——设计的年采剥总量,t;

　　　Q_1——每台钻车的年穿孔效率,m/a;

　　　q——每米炮孔爆破量,t/m;

　　　e——废孔率,%。

牙轮钻机的废孔率设计参考值为:孔径250 mm,e 取 5% ~7%;孔径310 mm,e 取 4% ~6%。潜孔钻机的废孔率参考值为:孔径200 mm,e 取5%;孔径150 mm,e 取7% ~10%。

近年,我国部分黑色和有色金属矿山钻机穿孔效率见表4-21,钻机数量需求还与孔网布置有关,在爆破设计中述及。

表4-21　近年我国金属矿山钻机的效率

矿 山 分 类	综合效率/m·台年⁻¹	效率/m·台年⁻¹	
		250 mm 孔径	310 mm 孔径
黑色矿山平均	27542	29804 ~43594	25094 ~36136
其中:重点企业	29881	31407 ~43594	25094 ~36136
本钢南芬铁矿	32370	~37925	26533 ~34691
有色矿1	57260		~58072
有色矿2	21486		

4.6.1.2 爆破设计

很多露天矿爆破是建立在实践基础上的,计算机模拟的爆破亦是基于经验的结晶——数据库的支持。一般矿山在经过一段时间的探索后,把矿岩分成2~4类(易爆、一般、难爆、特难爆),对每一类有一套相对固定的钻、爆模式,随着生产要求和技术人员认识水平的提高,修改、变化并不断完善。下列初步估算或经验方法可用于露天矿台阶爆破设计。

A　基本参数

基本参数包括:

H——台阶高度,m;

α——台阶坡面角；

β——钻孔倾斜角；

L——钻孔孔深，m；

h_1——超钻深度，m；

ϕ——钻孔直径，mm；

d——药卷直径，mm；

h_0——填塞长度，m；

h_2——底部装药长度，m；

h_3——上部装药长度，m；

W_m——底盘抵抗线，m；

W——实际抵抗线，m；

a——孔距，m；

b——排距，m；

B——爆区长度，m；

q_2——底部装药线密度，kg/m；

q_3——上部装药线密度，kg/m；

Q_2——底部装药量，kg，$Q_2 = q_2 \times h_2$；

Q_3——上部装药量，kg，$Q_3 = q_3 \times h_3$；

Q——钻孔总装药量，kg，$Q = Q_2 + Q_3$；

q——平均单位装药量，kg/m^3，$q = \dfrac{Q}{V} = \dfrac{Q}{abH}$；

S——负担面积，m^2，$S = aW = ab$。

炮孔布置的基本形式如图 4-43 所示。

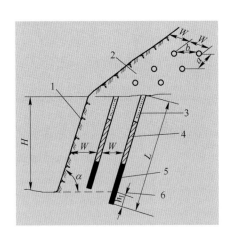

图 4-43　台阶爆破钻孔布置

1—台阶自由面；2—顶部自由面；3—堵塞；
4—柱状装药；5—底部装药；6—理论底面

B　装药设计

露天矿装药设计可简单分成单一装药和复式装药设计。

a　单一装药

单一装药是指底部、上部装同种类、同密度、同药径的炸药，设计步骤为：

（1）计算线装药密度 q_1（kg/m）。若装药密度为 ρ，药包直径为 d，则 $q_1 = \dfrac{1}{4}\pi d^2 \rho$。

（2）根据经验、试验或半经验公式确定单位耗药量 q。

1）根据岩性，参照表 4-22 给出 q 值。

表 4-22　单位炸药消耗量 q 值表

岩石坚固性系数	0.8~2	3~4	5	6	8	10	12	14	16	20
q/kg·m^{-3}	0.40	0.43	0.46	0.50	0.53	0.56	0.60	0.64	0.67	0.70

2）参照表 4-23 选 q' 值，然后按 $q = k_p \times k_d \times e \times q'$ 计算 q。

式中，$k_p = \dfrac{\gamma}{2.6}$；$\gamma$ 为岩石容重，g/cm^3；k_d 为允许大块尺寸修正系数，按表 4-24 选取，e 为炸药系数，2 号岩石炸药 $e = 1.0$，铵油炸药 $e = 1.05 \sim 1.10$。

表 4 – 23   标准炸药与岩石坚固性系数和裂隙性的变化关系

岩石裂隙等级	标准炸药消耗量/kg·m⁻³		
	2 ~ 5	6 ~ 8	11 ~ 20
Ⅰ	<0.3	<0.35	<0.45
Ⅱ	0.4	0.5	0.5
Ⅲ	0.65	0.75	0.9
Ⅳ	0.85	1.0	1.2
Ⅴ	1.0	1.2	1.4

表 4 – 24 k_d 的取值参考

允许大块尺寸/mm	250	500	750	1000	1250	1500
k_d	1.3	1.0	0.85	0.75	0.70	0.65

另外还可参照类似矿山(如表 4 – 25 所示)取值等。

表 4 – 25   国内外一些露天矿爆破参数及有关指标

矿山名称	台阶高度/m	孔径/mm	超深/m	单耗/kg·m⁻³	孔网参数/m×m	炸药种类
澳大利亚罗泊河铁矿褐铁矿	15 ~ 20	280	2 ~ 3	0.77	9.6×9.4 10×8.7	乳化炸药、铵油炸药、重铵油炸药
澳大利亚帕拉布杜铁矿	14	310	2.5 ~ 3.0	0.38 ~ 0.89	8.5×7.5	铵油炸药、重铵油炸药
美国鹰山铁矿	6 ~ 12	150 ~ 172	0.6	0.5	4.5×4.5	铵油炸药
中国大孤山铁矿	12	250	2.5 ~ 3.5	0.56 ~ 0.76	(5.5 ~ 6.5)×(6 ~ 7)	铵油炸药,袋装乳化炸药
中国南芬铁矿	12	200 ~ 310	1.5 ~ 2.5	0.64 ~ 1.2	(4.5 ~ 6.5)×(3 ~ 6.5)	铵油炸药,散装乳化炸药
加拿大基德湾铜锌铅矿	12 ~ 15	250 ~ 310		0.13 ~ 0.27	(6 ~ 7.5)×(7.5 ~ 9)	浆状、铵油炸药
前苏联依林矿务局露天铁矿	15	250	3.0	0.4 ~ 0.975	5×5 ~ 5×6 ~ 6×7	铵梯炸药
中国德兴铜矿	15	250	2.5	0.25(矿岩)	6×7,7×7,7×8	乳化炸药等

(3)根据经验和环境条件确定堵塞长度。

一般取 $h_0 = (20 ~ 30)\phi$ 或 $h_0 = (0.8 ~ 1.2)W$

(4)根据经验选合理超钻值 h_1。

一般按 $h_1 = (10 ~ 20)\phi$ 或 $h_1 = (0.15 ~ 0.35)W_m$ 选取,$L = (H + h)/\sin\alpha$。

(5)计算单孔装药量。

$$Q = q_1(L - h_1)$$

(6)计算单孔负担面积。

单孔爆破体积

$$V = abH$$

由 $q = \dfrac{Q}{V}$ 可以得出 $S = ab = \dfrac{Q}{qH} = \dfrac{q_1(L - h_1)}{qH}$。

（7）选择间、排距比例，得间、排距。

一般取 $a = 1.25b$，则有

$$ab = 1.25b^2 = S, b = \sqrt{\frac{S}{1.25}}$$

（8）根据周围环境确定单响允许药量，一般是由被保护建筑物允许振速，反算允许单响药量。

（9）安排起爆延迟时间和起爆顺序，多用 25 ms、50 ms 等间隔时间，用 V 形槽形、波浪形大斜线形的顺序起爆。

以上经验法做出的设计，要在实践中调整修正。比如无冲炮可略微减少堵塞长度，后冲较大可考虑最后排单孔起爆或减少孔上部线装药密度，无根底可适当减少超钻，大块多可考虑增加单耗，粉矿多可减少单耗和用不耦合装药结构等。

b　复式装药

其特点是下部用耦合装药，装密度高、威力大的炸药；上部装低密度、低威力炸药或用不耦合装药，使装药线密度等于下部的一半左右，布孔参数根据下部的装药量计算。其步骤和作法是：

（1）由线装药密度、炸药威力、岩石可爆性及夹制状况计算允许抵抗线的最大值 W_m。

对铵油炸药　　　　　　　　$W_m = 1.36\sqrt{q_1 \cdot k_1 \cdot k_2}$

对埃玛利特 150 炸药可将系数 1.36 替换为 1.45；

对代那麦克斯 M，该系数则为 1.47。

式中　q_1——底部装药线密度，kg/m；

　　　k_1——夹制系数，各种不同倾斜度对应的 k_1 见表 4-26；

　　　k_2——岩石系数，对一般岩石 $k_2 = 1$，对很难爆的岩石 $k_2 = 0.9$，极易爆的岩石 $k_2 = 1.15$。

表 4-26　不同炮孔倾斜度时 k_1 的修正值

倾斜度	直立	10:1	5:1	3:1	2:1	1:1
α	0°	5°42′	11°20′	18°26′	26°34′	45°
k_1	0.95	0.96	0.98	1.00	1.08	1.10

（2）根据经验法定超深值。

$$h_1 \geqslant 10d \text{ 或 } = 0.3W_m$$

（3）对常用倾斜度为 3:1 的钻孔定出孔长。

$$L = 1.05(H + h_1)$$

（4）计算钻孔偏差。

$$E = d + 0.03H$$

（5）实际设计抵抗线。

$$W = W_m - E$$

也可凭经验取，使 $W = 40d$。

（6）炮孔间排距。

$$b = W, a = 1.25b$$

（7）延米爆破量。

$$V = \frac{BbH}{nL}$$

式中 B——爆区长；

n——同排孔数。

（8）底部装药高度。

$$h_L = 1.3 W_m$$

（9）底部装药量。

$$Q = q_2 \cdot h_2$$

（10）堵塞高度。

$$h_0 = W$$

（11）上部线装药密度。

$$q_3 = (0.4 \sim 0.6) q_2$$

（12）上部装药高度。

$$h_3 = L - h_0 - h_2$$

（13）上部装药量。

$$Q_3 = h_3 \cdot q_3$$

（14）单孔装药量。

$$Q = Q_2 + Q_3$$

（15）平均单位装药量。

$$Q = \frac{mQ}{BWH}$$

式中 m——每排炮孔数。

（16）单响允许药量和起爆方式按环境要求选择。

实例：黑云母二长花岗岩石料开采,饱和抗压强度:70～150 MPa;孔径:ϕ100 mm;装多孔粒状铵油炸药(水孔用乳化炸药);台阶高:10 m;石料1:小于10 kg,大于500 kg(或800 kg);石料2:大于200 kg 为大块。

（1）钻孔参数。

1）允许抵抗线最大值计算。

线装药密度:取铵油炸药密度 $\Delta = 0.85\ g/cm^3$,每米装药量 $q = 5.4$ kg,按经验公式

$$W_m = 1.36\sqrt{q} \cdot K_1 \cdot K_2$$

式中 K_1——夹制系数,对垂直孔 $K_1 = 0.95$;

K_2——岩石系数,对 $f = 8 \sim 16$ 的花岗岩取 $K_2 = 1$。

计算 $W_m = 3.0$ m,即允许抵抗线最大值为3.0 m。

2）超钻。

根据经验公式

$$h_1 = 0.3 W_m = 0.9\ m$$

3）钻孔长度。

$$L = 10 + 0.9 = 10.9\ m$$

4）钻孔偏差:孔径加孔长的3%。

$$E = 0.10 + 0.03 \times 10.9 \approx 0.5\ m$$

5）设计抵抗线。

$$W = W_m - E = 3.0 - 0.5 = 2.5\ m, \text{排距} b = W = 2.5\ m$$

6）孔间距。

按经验公式孔间距 $a = 1.25b = 3.1$ m。

7）延米爆破量。

$$V_1 = \frac{abH}{L} = 7.1 \ \mathrm{m^3/m}$$

（2）装药设计计算。

1）底部装药。

① 底部装药密度。

$$q_2 = q = 5.4 \ \mathrm{kg}$$

② 底部装药长度。

按经验公式 $h_2 = 1.3W_m = 3.9$ m。

③ 底部装药量。

$$Q_2 = q_2 \cdot h_2 = 5.4 \times 3.9 = 21 \ \mathrm{kg}$$

2）堵塞长度 $h_0 = W = 2.5$ m。

3）上部装药。

① 上部装药线密度。

$$q_3 = 0.5q_2 = 2.7 \ \mathrm{kg}$$

② 上部装药长度。

$$h_3 = L - h_2 - h_0 = 10.9 - 3.9 - 2.5 = 4.5 \ \mathrm{m}$$

③ 上部装药量。

$$Q_3 = q_3 \cdot h_3 = 2.7 \times 4.5 = 12.15 \ \mathrm{kg}$$

4）单孔装药量。

$$Q = Q_3 + Q_2 = 12.15 + 21 = 33.15 \ \mathrm{kg}$$

5）平均单耗。

$$q = \frac{Q}{V} = \frac{33.15}{2.5 \times 3.1 \times 10} = 0.427 \ \mathrm{kg/m^3}$$

上述设计的最后结果描述：台阶高度 10 m，爆破高度 10 m，其中下部 3.9 m 用全耦合装药，中部 4.5 m 用横向不耦合装药，延米装药量减少了一半，顶部 2.5 m 堵塞。

设计后需进行现场试验，内容为改变炮孔直径、台阶高度；改变炸药类型；变化起爆顺序；调整钻孔、装药参数。

起爆方式选用非电导爆管起爆系统，电雷管引爆，起爆器起爆。为了保证孔内铵油炸药的起爆和稳定传爆，每个炮孔放置 1~2 个起爆药包。装填乳化炸药的炮孔可以用雷管直接起爆。

采用斜线或 V 形起爆方式。为了改善爆破效果，设计采用微差爆破。为了保证爆破效果，应适当控制每次起爆的炮孔排数，一般不宜超过 4 排，排间采用毫秒延时微差起爆。

大块二次爆破采用浅孔爆破。二次爆破和台阶爆破均应注意飞石和爆破安全。

近年爆破试验研究了一些新工艺。如水耦合装药、分段装药、深孔底部空腔爆破，空气间隔装药（气隙装药），这些新工艺对减震、避免过度粉碎、降低炸药和爆破器材消耗以及改善爆破质量有较好效果。

4.6.1.3 爆破器材

矿用炸药和起爆器材是重要的爆破器材，在露天矿爆破作业中必不可少。目前常见的炸药主要有铵油炸药、重铵油炸药和乳化炸药。铵油炸药成本低，适用于中硬以下矿岩的无水孔的爆破作业；重铵油炸药，国内重铵油炸药多以不同含量的乳化炸药和铵油炸药配制而成，国外重铵油炸药又称 HEF/AN,由 HEF 和多孔粒状铵油炸药混合而成;浆状炸药系含水炸药,抗水性强,密度高,爆炸威力大,成本较低,在露天矿水孔爆破中有广泛应用;乳化炸药是一种抗水性强的炸药,爆炸性能好、威力大、爆轰感度高而机械感度低、成本低,爆炸性能优于浆状炸药,用于露天矿各种条件的爆破作业,在大中型露天矿应用广泛。

露天矿用混装炸药车制炸药,在品种性能方面已经可以满足露天矿山爆破作业的需要。从品种上区分有铵油炸药、浆状炸药、乳化炸药等。对于乳化炸药按使用条件区分有常规乳化炸药品种,还有耐低温品种(-45℃ ~ -50℃)、抗酸性水品种(pH = 1 ~ 2)、硫化矿用安全品种(70℃ ~100℃)等。表 4 - 27 是混装炸药车制乳化炸药的性能。国外炸药的性能如表 4 - 28。

表 4 - 27　国内混装炸药车制乳化炸药的性能

炸药名称	密度/g·m^{-3}	爆速/m·s^{-1}	临界直径/mm	传爆长度/m	抗水性能	储存期/d
BME	0.95 ~ 1.40	3000 ~ 3800	50	>3	从弱到强	>30
MAN - 3	1.25 ~ 1.35	4200 ~ 4700	60 ~ 65	≥3.5	良好	
MGW①	1.30 ~ 1.35	3500 ~ 4000		>3	一般	3 ~ 5
BDS - 1	1.05 ~ 1.25	3900 ~ 4800	50 ~ 70		良好	5 ~ 7

① 高效低成本散装乳化炸药。

表 4 - 28　国外商品炸药的性能

炸 药 名 称	品级(组成)	密度/t·m^{-3}	爆速/m·s^{-1}	相对铵油炸药威力	抗水性能
乳化炸药	散装	0.95 ~ 1.28	3993 ~ 5791	1.03 ~ 1.56	极好
	包装	1.10 ~ 1.20	4115 ~ 5182	1.02 ~ 1.67	极好
铵油炸药	灌装	0.77 ~ 0.85	2774 ~ 4603	1	无
	气装	0.85 ~ 1.10	2743 ~ 3353	1 ~ 1.22	无
乳化:铵油混合炸药	20:80	1.05	4999	1.38	差
	30:70	1.2	5034	1.66	良
	40:60	1.3	5517	1.85	好
	50:50	1.3	5456	1.79	极好
	60:40	1.3	5334	1.75	极好
	70:30	1.3	5212	1.69	极好
	80:20	1.3	5090	1.65	极好

国产矿用起爆器材有火雷管,电雷管,毫秒延期雷管,导火索,导爆索,非电导爆索等。

火雷管起爆多用于离电源较远的作业地点的浅孔爆破(如修路)和二次破碎作业;电雷管广泛用于露天矿各种爆破作业,露天矿进行大区多排孔微差爆破时采用毫秒延期雷管。导火索常配以继爆管联合使用,具有安全可靠,网络简单的优点,但成本较高,不易检查网络故障。导爆管和非电毫秒雷管、连接传爆件、引爆元件等组成导爆管非电起爆系统。近年来非电起爆得到广泛应用,除了在有瓦斯和矿尘爆炸危险的环境中不能采用外,几乎各种条件均可应用,具有操作简单、不受外电影响(雷电除外)、成本低的优点,可实现间隔微差起爆并且起爆段数和炮孔数不受雷管段数限制,但起爆前无法进行仪表检查,爆区太长或延期段数太多时采用孔外延迟网络容易被冲击波或地震、飞石破坏网络,在高寒地区塑料管硬化会恶化导爆管的传播性能。目前国内(Orica)生产 Exel 高精度系列非电雷管在攀钢兰尖铁矿、鞍钢齐大山铁矿、江西铜业公司德兴铜矿等多座大型露天矿山得到应用。

数码电子雷管采用电子延时集成芯片,因而发火延时精度高,雷管造、存、运、用的技术安全性得以提高。每只雷管的延时可在 0～100 ms 范围内按毫秒量级编程设定,延时精度可控制在 0.2 ms 以内。世界几家主要生产商的电子雷管牌号如下:Orica 公司(澳大利亚、美国)的 I-Kon; AEL(南非)的 Electrodet;Sasol(南非)的 EZ-Tronic TM;旭化成(日本)的 EDD。目前电子延期起爆系统的成本太高,仅在国外一些矿山和采石场进行了生产应用试验。

4.6.1.4 穿孔和装药设备

A 穿孔设备

在牙轮钻机应用方面,我国一些露天金属矿山先后引进了美国 B—E 公司、G—D 公司和马里昂机铲公司的牙轮钻机。其中主要是 B—E 公司生产的孔径 250 mm 的 45R、孔径 310 mm 的 60R 以及先进的孔径为 310 mm 的 47R 牙轮钻机。国产牙轮钻机 YZ—55 型、YZ—35 型及 YZ—12 型牙轮钻机,分别用于大、中、小型露天矿钻孔作业。其中 YZ—35 型和 YZ—55 型牙轮钻机的结构与工作参数大体相当于美国 B—E 公司的 45R 型和 60R Ⅲ 型牙轮钻机水平。表 4 - 29 介绍国内外几种牙轮钻机和潜孔钻机。

表 4 - 29　露天矿山应用的部分钻机

钻机分类、名称	钻孔直径 /mm	标准直径 /mm	轴压 /kN	钻孔深度 /m	钻孔方向/(°)	生 产 厂 商
牙轮钻机						
YZ35B	170～270	250	350	18.5	90	衡阳有色冶金机械厂
YZ55	310～380	310	550	16.5～19	90	
YZ12	95～170	150	117.6	7.5～12.5	70～90	
KY250D	220～250	250	370	17.5	90	南昌金凯有限公司工程机械事业部,原江西采矿机械厂
KY310A	310		490	18	90	
KY200B	150～200		160	17	90	
DM - H2	229～381		489	13.7/19.8	60～90	Atlas Copco(原 IR),(5):步进 5 度,可选 GPS 导航
PV351	269～406	310	556	19.3	60～90(5)	
CSⅢ270 34	270		350	18.3,34	60～90	俄罗斯设备技术公司
100XP	～349			19.8,59.4		P&H
49	～409		627	19.8		Bucyrus International Inc.
潜孔钻机						
KQ150	150			15/17.5	90	宣化采掘机械集团有限公司
LCS - 165E/CS - 165D	140～178			6,30	多种角度	湖南有色重型机器有限责任公司

B 装药设备

在露天作业中,机械装药是用装药车或混装车,运用与此相关的配套技术与设备进行装药作业,它是实现露天矿山爆破作业机械化的重要组成部分。混装炸药车是爆破作业中装药系统的关键设备,它集炸药运输、现场混制和装填炮孔于一体。所有制作炸药的原料在车上各个料仓分装,到达爆破现场后才进行炸药的混制及装填,提高了作业安全性,剩余的混制原料可返回料仓避免浪费,混装车还可根据岩石特性混装不同威力配方的炸药。

从 20 世纪 80 年代末以来,我国大中型露天矿山采用矿用现场混装炸药技术和配套装药车已日益普及。目前我国已经成功研制了适用于干孔或少水孔的铵油炸药装药车、粒状铵油炸药混装车,适用于水孔的浆状炸药混装车和乳化炸药混装车等。这些混装车已在冶金、有色、煤炭、建材等工业部门使用。生产实践证明,采用露天矿山混装炸药车技术,可以显著提高矿山爆破质量和生产效率,减少工人劳动强度,降低爆破作业成本。

国产化混装炸药车的技术性能见表 4 – 30。

表 4 – 30　国产化混装炸药车主要技术特征

型　号	空车重量 /kg	工作方式	炸药品种	装药量 /kg	装药效率 /kg·min⁻¹	外形尺寸 /mm×mm×mm
BC – 8	13370	气压式	粉状铵油炸药	8000		9000×2520×3340
BC – 15	15460	螺旋式	粒状铵油炸药	15000		9760×2900×3340
CW5		泵送式	浆状铵油	5000	130~150	
BCRH – 15[①]	12700	混合式	乳化炸药	15000	水胶 240,乳化 230	9323×2450×3690
BCZH – 15[①]	13400	混合式	乳化粒状炸药	15000	干孔 230,湿孔 240	8576×2488×3550
BCLH – 15[①]	12700	混合式	乳化铵油炸药	15000	450	8800×2488×3550

① 汽车底盘为斯太尔 1490.280.043/6×4,发动机功率 205 kW。

4.6.2　挖掘、装载

4.6.2.1　铲装主要设计参数

A　设备性能(按铲装运顺序)

a　拖拉牵引力

拖拉牵引力是牵引设备的拉杆可用的水平力,通常由厂商根据现场试验确定。

$$P_{DB} = (P_{EB} \times F_{EF} \times F_{UC})/v_{tr} \qquad (4-26)$$

式中　P_{DB}——拖拉牵引力,kg;

P_{EB}——发动机制动力,kW;

F_{EF}——发动机功率—拖拉牵引力转换系数,小数;

F_{UC}——单位转换系数,$F_{UC} = 102$ m·kg/(kW·s);

v_{tr}——拖拉速度,m/s。

b　轮缘牵引力

轮缘牵引力是发动机能传递到设备驱动轮接地轮胎上的最大拉力。

$$P_R = (P_{EB} \times F_{EF} \times F_{UC})/v_{eq} \qquad (4-27)$$

式中　P_R——轮缘牵引力,kg;

P_{EB}——发动机制动力,kW;

F_{EF}——发动机功率—轮缘牵引力转换系数,通常为 0.85;

F_{UC}——单位转换系数,$F_{UC} = 367$ km·kg/(kW·h);

v_{eq}——设备速度,km/h。

一些设备的技术性能图表中可查出该数据。

c　牵引力

可用的拖拉牵引力和轮缘牵引力分别受路面轨迹和驱动轮的牵引力限制。

$$P_{UDB} = C_T \times T_{GW} \qquad (4-28)$$

$$P_{UR} = C_T \times D_{GW} \qquad (4-29)$$

式中　P_{UDB}——可用拉力,kg;

　　　T_{GW}——牵引设备总重,kg;

　　　P_{UR}——可用的轮缘牵引力,kg;

　　　D_{GW}——驱动轮总重,kg;

　　　C_T——牵引系数,小数(如表4-31所示)。

表4-31　牵引系数值

路　面	牵 引 系 数	
	胶　轮	轨　道
新混凝土	0.8~1	0.45
旧混凝土	0.6~0.8	
湿混凝土	0.45~0.8	
新沥青	0.8~1	
旧沥青	0.6~0.8	
湿沥青	0.3~0.8	
压平渗油砾石	0.55~0.85	
未压实砾石	0.35~0.7	0.5
湿性砾石	0.35~0.8	
碎　石	0.55~0.75	0.55
湿碎石	0.55~0.75	
压实炉渣	0.50~0.70	
湿炉渣	0.65~0.75	
压实土	0.55~0.7	0.9
松散土	0.45	0.6
干　砂	0.20	0.30
湿　砂	0.4	0.50~0.55
压实雪	0.20~0.55	0.25
松散雪	0.10~0.25	
湿　雪	0.30~0.60	
光滑冰面	0.10~0.25	0.12
湿冰面	0.05~0.10	
煤　堆	0.45	0.60

d 阻力

滚动阻力是胶轮设备在水平地带行驶克服的反向力之和,坡度阻力是设备在上下坡道行驶时克服的重力,总阻力为滚动阻力和坡度阻力之和,可用的轮缘牵引力必须大于该阻力,设备才能启动。

$$R_R = F_{RR} \times W_{GM} \qquad (4-30)$$

$$F_{GR} = F_{GC} \times G_{rade} \qquad (4-31)$$

$$R_G = F_{GR} \times W_{GM} \qquad (4-32)$$

$$R_T = R_R + R_G \qquad (4-33)$$

式中 R_R——滚动阻力,kg;

    F_{RR}——滚动阻力系数,kg/t,表4-32所示;

    W_{GM}——设备总重,t;

    F_{GR}——坡度阻力系数,kg/t;

    F_{GC}——坡度转换系数 $F_{GC} = 10$ kg/t;

    G_{rade}——(±垂直距离/水平距离) ×100% ;

    R_G——坡度阻力,kg;

    R_T——总阻力,kg。

总阻力亦可表示为车重百分比的可用有效坡度:

$$G_E = G_{rade} + (F_{RR}/F_{GC})\% \qquad (4-34)$$

式中 G_E——有效坡度;

    G_{rade}——(±垂直距离/水平距离) ×100% ;

    F_{RR}——滚动阻力系数,kg/t,如表4-32所示;

    F_{GC}——坡度转换系数,$F_{GC} = 10$ kg/t。

表4-32 滚动阻力系数

路　面	高压轮胎(子午线)		低压轮胎(斜交)	
	滚动阻力系数/kg·t⁻¹	车重百分比/%	滚动阻力系数/kg·t⁻¹	车重百分比/%
混凝土	15	1.5	20	2.0
沥青	18	1.8	24	2.4
压平砾石	22.5	2.3	30	3.0
压平土	30	3.0	40	4.0
未平整地带	75	7.5	50	5.0
车辙或不平	105	10.5	90	9.0
松砂或砾石	140	14.0	120	12.0
软泥质深车辙	175	17.5	160	16.0
压实雪	25	2.5	35	3.5

与表4-17有相似之处,按轮胎类型进行了细分。

e 最大速度和平均速度

汽车的最大运行速度可由厂商提供的(性能—减速)动力特性曲线中获得,该曲线是厂商根据给定总阻力的路段上标定,亦为技术条件。计算平均速度需要考虑加速、减速、变速和制动,以及安全超车曲线、陡下坡和拥堵地带等。表4-33用于估算道路段的平均速度,该表将道路分类,每类有比较一致的总阻力或有效坡度。汽车最大运行速度来自厂商技术规格,然后用表中系数折减。

表 4 – 33　最大速度与平均速度的转换系数

运输路段长/m	转 换 系 数		
	短距离水平运输 150 ~ 300 m	汽车启动	驶入道路段
0 ~ 107	0.20	0.25 ~ 0.50	0.50 ~ 2.00
107 ~ 229	0.30	0.35 ~ 0.60	0.60 ~ 0.75
229 ~ 457	0.40	0.50 ~ 0.65	0.70 ~ 0.80
457 ~ 762		0.60 ~ 0.75	0.75 ~ 0.80
762 ~ 1067		0.65 ~ 0.75	0.80 ~ 0.85
>1067		0.70 ~ 0.85	0.85 ~ 0.90

由表 4 – 33 可知:

(1) 短运距时设备以高速驶入路段,其运行速度可能高于厂商提供的最高速度。

(2) 返回时间通常由工作条件和安全预防措施决定,如不存在陡坡下行和作业危险,可采用下列速度系数,空车 150 m 内:有利条件 = 0.65,平均 = 0.60,不利条件 = 0.55;超过 500 m:有利条件 = 0.85,平均 = 0.80,不利条件 = 0.75。

(3) 装载区推荐平均速度:有利条件、平均和不利条件分别为 16 km/h、11.2 km/h 和 6.4 km/h。

(4) 推荐最大下坡速度为:0% ~ 6% 时:40 ~ 56 km/h;7% ~ 8% 时:33 ~ 40 km/h;9% ~ 10% 时:27 ~ 32 km/h;11% ~ 12% 时:21 ~ 26 km/h;大于 12% 时:应小于 21 km/h。

(5) 安全性考虑可能低于表 4 – 33 中所列速度。

该表数据较采矿设计手册数据略高,安全条件推荐值相当。

(6) 海拔修正。随着海拔的增高,空气稀薄,发动机功率相应有所损失(拖拉牵引力和轮缘牵引力),标准大气条件,海拔 305 m 以上,四冲程汽油和柴油发动机,每 305 m 降低 3%;两冲程柴油机降低 1%。这些规则不适用于涡轮增压发动机,因为在海拔约 1500 m 或更高时尚未发现典型的功率损失。在高海拔作业时推荐使用设备性能手册提供的高原减值表。

B　产量计算

a　体重和松散系数

与汽车计算有关的定义、公式和系数分列如下:

$$松散密度(kg/m^3) = 质量(kg)/松散立方米数(m^3) \qquad (4 – 35)$$

$$堆积密度(kg/m^3) = 质量(kg)/堆装立方米数(m^3) \qquad (4 – 36)$$

松胀是物料从原地移出后体积增加的百分比。

$$松胀 = \frac{松散立方米数 – 堆装立方米数}{堆装立方米数} \times 100\% \qquad (4 – 37)$$

$$松散系数\frac{松散密度}{堆积密度} = 100/(100 + 松胀) \qquad (4 – 38)$$

注:式(4 – 38)得出的松胀系数小于 1,有些参考值大于 1 是因为取了该值的倒数。另一种方式是一旦得出松散系数就用合适的公式修正。

b　作业效率

考虑到设备作业期间的非作业时间,需下调设备的最大产能。在开采和挖掘设备作业较均

衡的条件下,效率通常由下式得出:

$$E = A \times U \tag{4-39}$$

式中　E——作业效率,小数;

　　　A——可用系数,设备机械电气完备,计划作业时间部分,小数;

　　　U——利用系数,设备作业循环中的可用时间部分,小数。

对于处于更多变化条件或作为集中系统一部分的设备,作业效率可能还要考虑先前的经验,如管理条件等:

$$E = C_J \times C_M \tag{4-40}$$

式中　E——作业效率,小数;

　　　C_J——工作条件系数,小数;

　　　C_M——管理条件系数,小数。

c　满斗系数

挖掘设备的充满系数是铲斗实际满斗物料占堆装能力的百分比,表示为:

$$F_F = (铲斗实际满斗物料松散立方米数/以松散立方米计的堆装能力) \times 100\% \tag{4-41}$$

d　装载量

式(4-42)用于计算挖掘和铲装设备的产量,式中涉及作业点之间以独立系数表示的推进时间、该值也包含作业效率和考虑不周的影响部分,计算总产量用设备小时产能乘以计划工作小时数。

$$P_1 = 3600 \cdot C_b \cdot F_S \cdot E \cdot F_F \cdot P_T / t_d \tag{4-42}$$

式中　P_1——装载量,松散立方米/h;

　　　3600——每小时为 3600 s,s/h

　　　C_b——铲斗堆装容积,松散立方米;

　　　F_S——松散系数,即:堆装立方米数/松散立方米数;

　　　E——设备效率,小数;

　　　F_F——满斗系数,小数;

　　　P_T——推进时间系数,小数;

　　　t_d——装载循环时间,s。

e　行驶时间

$$T_T = D / (v_{ave} \times F_{UC}) \tag{4-43}$$

式中　T_T——行驶时间,min;

　　　D——行驶距离,m;

　　　v_{ave}——平均速度,km/h;

　　　F_{UC}——单位转换系数,$F_{UC} = 16.7$ m·h/(km·min)。

f　运输循环时间

理论上该循环时间为运输设备装载、运行、卸载和返回时间之和,实际还应包括等待和预期延迟(如果未在作业效率中考虑)时间。

$$t_{ch} = t_1 + t_{To} + t_{dp} + t_{Tr} \tag{4-44}$$

$$t_{Cch} = t_{ch} + t_w + t_d \tag{4-45}$$

式中　t_{ch}——理论运输循环时间,min;

　　　t_1——设备装载时间,min;

　　　t_{To}——重车行驶时间,min;

t_{dp}——卸载时间,min;

t_{Tr}——空车行驶时间,min;

t_{Cch}——修正运输循环时间,min;

t_w——等待时间,min;

t_d——延迟时间,min。

g 运输量

式(4-46)用于估算运输量,乘以堆积密度确定小时产量。

$$P_h = 60 \times (N_h) \times (L_h) \times E/t_{Cch} \qquad (4-46)$$

式中 P_h——运输量,堆装立方米/h;

60——每小时60 min,min/h;

N_h——车辆数,整数;

L_h——运输荷载,堆装立方米;

E——作业效率,小数;

t_{Cch}——修正运输循环时间,min。

C 设备作业成本

设备作业成本包括劳动力,电力或燃油、保养、修理和轮胎更换(如果可用),费用估算原则如下:

a 保养维修

多数大型非移动挖掘机和运矿汽车寿命20~30年,每年保养维修费为其安装费的5%~15%,式(4-47)和表4-34中所列修理系数用于估算修理费用,修理系数的变化取决于作业条件和设备使用年限,表4-34也给出典型移动设备的作业寿命。移动设备的保养费用,包括设备保养的劳动力费用,平均为15%~25%的燃油费用(1992年)。

$$R_c = (F_c)(V_d)/10000 \qquad (4-47)$$

式中 R_c——小时修理费,美元/h;

F_c——修理系数,小数(表4-34);

V_d——设备可折的价值,美元(除去轮胎费用);

10000——转换系数,h。

表4-34 移动设备作业寿命和修理系数

设 备	正常作业寿命/h	修 理 系 数
轮式装载机	7000~12000	0.30~1.00
后卸式汽车,机械驱动	20000~30000	0.30~1.00
后卸式汽车,电力驱动	30000~40000	0.20~0.65
拖车	20000~30000	0.25~0.80
刮板铲运机	12000~16000	0.30~1.40
拖拉式刮板铲运机	12000~16000	0.35~1.45
升式刮板铲运机	12000~16000	0.40~1.60
履带式推土机	8000~18000	0.16~0.50
轮式推土机	8000~12000	0.20~0.40

注:Hays 1990,Atkinson 1992。

b 轮胎

轮胎寿命受类型和结构、设备荷载和速度、作业地表及轮胎荷载和位置的影响,表4-35给出正常应用条件下轮胎的平均寿命。估算轮胎小时费用用轮胎费用除以轮胎寿命,然后再加15%的修理费。

表 4 – 35　轮胎寿命

	工　作　条　件			
	A	B	C	D
平均寿命/作业小时	4000 ~ 5000	3300 ~ 3500	2000 ~ 2500	400 ~ 1500

注:A = 低硬度,无磨蚀性岩土的良好作业路面;
　　B = 通常的低硬度岩土路面;
　　C = 磨蚀性中硬一般路面;
　　D = 硬性棱角碎石路面。
　　Atkinson 1992。

c　油和动力消耗

式(4 – 48),计算柴油设备的油耗,该式根据发动机油耗 0.26 kg/kW·h 和柴油密度 0.85 kg/L 为基础。通常发动机荷载系数根据设备类型和使用水平在 0.25 ~ 0.75 之间。

$$C_f = E_{BP} \times F_I \times F_{UC} \tag{4 – 48}$$

式中　C_f——油耗,L/h;

　　　E_{BP}——发动机制动力,kW;

　　　F_I——发动机荷载系数,小数;

　　　F_{UC}——单位换算系数,$F_{UC} = 0.3$ L/kW·h。

电动设备的电力消耗可从厂家的设备性能指标中查出。如果指标不可得,平均消耗可估算为电动机总连续功率额定值的 35%。挖掘设备铲装每 1 堆积立方米物料的动力消耗通常为 0.45 ~ 1.2 kW·h,一般大型设备功效较高。

4.6.2.2　铲装设备

A　索斗铲

选择索斗铲的规格是根据单位时间内要铲运覆盖岩数量和要求的设备最大范围确定。用式(4 – 41)及表 4 – 36 ~ 表 4 – 39 得到要求的剥离速度和范围估算循环时间,从而确定铲斗能力。推进时间包括在表 4 – 38 给出的利用系数中。

表 4 – 36　迈步式索斗铲技术规格(近似)

铲斗容积 /m³	卸载半径 /m	卸载高度 /m	迈步履板宽度 /m	机械重量 /t	压载物 /t
11.5	50	21	14	470	115
15	58	23	16	550	160
31	67	26	22	1250	200
38	79	30	23	1950	250
46	84	37	27	2900	320
70	92	41	32	4200	340
85	92	44	35	5700	370

注:Atkinson 1992。

表 4 – 37　迈步式索斗铲的松散系数和满斗系数

覆盖岩条件	松散系数	满斗系数
轻度爆破	0.81	0.85 ~ 0.90
中度爆破	0.75	0.80 ~ 0.90
深度爆破	0.71	0.75 ~ 0.85
破碎差的碎片	0.69	0.70 ~ 0.75

注：Atkinson 1992。

表 4 – 38　索斗铲的理论循环时间

铲斗容积/m³	不同回转角对应的循环时间/s			
	90°	120°	150°	180°
≤15	55	62	69	77
16 ~ 26	56	63	70	78
27 ~ 44	57	64	71	79
45 ~ 57	59	65	72	80
58 ~ 92	60	66	73	81
95 ~ 150	62	69	76	84

注：Atkinson 1992。

表 4 – 39　索斗铲的作业效率

可用性	利　用　率			
	良　好	好	尚　可	差
良　好	0.84	0.81	0.76	0.70
好	0.78	0.76	0.71	0.64
尚　可	0.72	0.69	0.65	0.60
差	0.63	0.61	0.57	0.52

注：Atkinson 1990。

B　蛤壳式挖泥机

该机用来将松散物料从一个水平垂直提升另一水平。通常在清理沟渠和沉淀池时使用，将物料从贮堆装到汽车、料斗或空驳船上。用式(4－40)计算其产量。

C　电铲

确定一座矿山所需电铲数量和规格时，考虑下述因素：(1) 地表承压；(2) 汽车规格；(3) 台阶高度；(4) 载重需求；(5) 配矿需求；(6) 矿岩工作面数量需求；(7) 块度预期；(8) 维护设施；(9) 物料重量；(10) 露天坑几何形状；(11) 铲斗重量要求；(12) 基础设施需求(Sargent 1990)。表 4－40 ~ 表 4－42 及式(4－42)用于估算电铲产量，条带式开采露天矿和露天坑式开采推进时间系数分别为 0.75 和 0.85；砂矿和砾石露天矿为 0.9，高台阶采石场则为 0.95。

表 4 – 40　电铲循环时间和满斗系数

铲斗容积/m³	平均循环时间/s			
	E	M	M—H	H
3	18	23	28	32
4	20	25	29	33
5	21	26	30	34

铲斗容积/m³	平均循环时间/s			
	E	M	M—H	H
5.5	21	26	30	34
6	22	27	31	35
8	23	28	32	36
9	24	29	32	37
11.5	26	30	33	38
15	27	32	35	40
19	29	34	37	42
35	30	36	40	45
平均满斗系数	0.95 ~ 1.00	0.85 ~ 0.90	0.80 ~ 0.85	0.75 ~ 0.80

注：E(易于挖掘)为松散、流动物料(即砂、小砾石、生煤)；

  M(中度挖掘)为部分固结物料(即黏质砾石、填充土、黏土、无烟煤)；

  M—H(中 – 难挖掘)为需少许爆破的物料(即软岩、大块岩石、重质黏土)；

  H(难挖掘)为需大量爆破岩石(即相当坚硬的岩石)。

  Atkinson 1992。

表 4 –41　台阶和回转角修正

最佳挖掘深度/%	40	60	80	100			
循环时间修正系数	1.25	1.10	1.02	1.00			
回转角/(°)	45	60	75	90	120	150	180
循环时间修正系数	0.83	0.91	0.95	1.00	1.10	1.19	1.30

注：Atkinson 1992。

表 4 – 42　电铲和装载机作业效率

工作条件	管 理 条 件			
	极好	好	尚可	差
极好	0.83	0.80	0.77	0.70
好	0.76	0.73	0.70	0.64
尚可	0.72	0.69	0.66	0.60
差	0.63	0.61	0.59	0.54

注：Atkinson 1992。

与我国早期出版采矿类书籍的参考值相比，表 4 – 40 和表 4 – 41 中给出的电铲规格更贴近现代的应用水平，故更适用；同类电铲同等作业条件平均循环时间有所降低；满斗系数基本相当；增加修正系数使得估算更具针对性和接近实际。平均循环时间减少，主要是由于设备控制水平提高，操作更为便利。

反铲因结构特点能有效地挖掘位于其基底下部的物料。大型反铲有时会在露天矿装载台阶的上部使用。可用于露天坑底较湿或基底松软并狭窄的条件，汽车在这类地点回退到反铲前部或反铲另一边(即需回转小臂)。反铲产量计算同电铲。

D　轮式装载机

轮式装载机的用途既可装载也可装运，有的矿山也作辅助之用。表 4 – 43 为轮式装载机在不同挖掘条件下装载汽车的循环时间,轮式装载机通常不在困难的挖掘条件下使用。

表 4 - 43　轮式装载机循环时间

铲斗容积/m³	循环时间/s		
	E	M	M—H
4.0	32	33	41
4.5	33	34	42
5.5	33	35	44
7.5	37	39	51
9.0	39	42	56
11.5	41	44	60

注:E(易于挖掘)为松散、流动物料(即砂、小砾石、生煤);

　　M(中度挖掘)为部分固结物料(即黏质砾石、填充土、黏土、无烟煤);

　　M—H(中 - 难挖掘)为需少许爆破的物料(即软岩、大块岩石、重质黏土)。

　　Atkinson 1992。

轮式装载机用于各种物料生产、堆积、供矿的装载和约 150 m 以内短距离运输。装运循环时间的固定部分由定位、装载和卸载组成,通常每个循环需要 30 ~ 40 s,取决于挖掘条件、需要的机动量和卸载工序,用于装运时平均行驶速度通常变化为 3 km/h(短距离) ~ 15 km/h(长距离),用厂商的性能曲线和表 4 - 33 估算行驶速度。

用式(4 - 42)估算生产能力,推进时间忽略,满斗系数与电铲的类似,即易于挖掘 0.95 ~ 1.00,中度挖掘 0.85 ~ 0.90,中 - 难度挖掘 0.80 ~ 0.85。轮式装载机最大的铲斗能力受其最大额定荷载的限制,表 4 - 40 估计其作业效率 E,对装运作业而言,式(4 - 42)中的装载循环时间用装运循环时间替换。

E　履带装载机

由于灵活性差,履带装载机与轮式装载机比几乎没有合适的矿业应用,但地表磨蚀性极强、路面松软或潮湿,陡坡度(即倾斜条带开拓)条件下,履带式装载机表现出优越性。其设备产量计算类似于装载和行驶时间较长的轮式装载机。

4.6.2.3　装运设备

A　汽车

地表运输汽车包括(Hays 1990):

(1)传统的后卸式汽车。用于需要牵引和灵活性的圆形露天矿,条带式开采露天矿和采石场;

(2)带拖车式汽车。用于高速长距离运输;

(3)整体底卸式汽车。用于煤炭或软质非流动物料的运输。

a　汽车装载

汽车与装载设备规格上的典型匹配为每车次装 3 ~ 6 斗,用式(4 - 49)确定按载重装车需要的斗次。对松散物料,可能需要了解装满车辆堆积体积所需斗次[式(4 - 50)],为估算,用 N_p 中两值中的低者取整作为下次整数(N_p),用式(4 - 51)计算每车实际装载。

$$N_p = w_{ct} / (C_b \times F_F \times F_S \times D_B) \tag{4 - 49}$$

$$N_p = (C_{tv} \times F_S) / (C_b \times F_F \times F_S) = v_{ct} / (C_b \times F_F) \tag{4 - 50}$$

$$L_h = N_P \times C_b \times F_F \times F_S \qquad (4-51)$$

式中 N_P——斗次,十进制小数;

N_P——斗次,整数;

w_{ct}——汽车载重,t;

C_b——铲斗堆装容积,松散立方米;

F_F——满斗系数,小数;

F_S——物料松散系数,即:堆装立方米数/松散立方米数;

D_B——堆积密度,t/堆装立方米;

v_{ct}——汽车堆装容积,松散立方米;

L_h——汽车装载,堆装立方米。

b 汽车定位和装载时间

定位时间是汽车调整到装载位置需要的时间,装载时间则是装载设备装满汽车的循环斗次所需时间。由于装载设备完成部分工作时汽车可能在定位,故这些时间可能重叠。如果定位时间少于装载时间,用式(4-52)(Hays 1990)确定定位和装载的综合时间,反之,则用式(4-53)确定该时间。后卸车的定位时间在0.3~0.6 min,通常小型汽车定位快。拖车定位时间0.15~1.00 min,取决于装载方法和倒车需要(Bishop 1968)。

$$t_1 = N_P \times t_d \qquad (4-52)$$
$$t_1 = t_s + (N_P - 1)t_d \qquad (4-53)$$

式中 t_1——汽车定位和装载时间,min;

N_P——装载设备装一车的斗数,整数;

t_d——装载设备循环时间,min;

t_s——汽车定位时间,min。

c 汽车卸载时间

后卸式汽车的卸载时间 t_{dp} 是进入卸载区、转向、倒车、提升箱体卸载和车箱回位所需时间,对侧卸或底卸式拖车,卸载时间是拉过卸载面所需时间,有时卸载伴随进行。估计后卸式设备的卸载时间为1.0 min,而侧卸和底卸式设备为0.5 min(Hays 1990)。

d 汽车循环时间和产量

计算汽车的行驶时间用汽车的技术规格指标,表4-33和式(4-43)。为了计算汽车的理论循环时间 t_{cd} 和实际修正循环时间 t_{Cch},用式(4-44)和式(4-45)分别计算,式(4-46)用于计算车队产量。

e 汽车数量

式(4-54)估算与电铲或装载机配套的汽车数量,多数企业有备用。

$$N_h = t_{ch}/t_1 \qquad (4-54)$$

式中 N_h——汽车数量;

t_{ch}——理论汽车循环时间,min;

t_1——汽车定位和装载时间,min。

B 刮板铲运机

刮板铲运机的一般用途包括(Hays 1990):

(1)传统铲运机(即有单个发动机,也有双发动机),与推土机配合用于装载各种物料;

(2)拖拉铲运机(双发动机),无须推土机配合,前进后退均可装载各种物料;

(3)升运式铲运机(单发动机或双发动机),自行装载易于挖掘的细粒物料。

a 刮板铲运机装载和布料

刮板铲运机的堆装能力通常按式(4-55)计算。其装载时间(t_1)和布料时间(t_{dp})取决于铲运机类型、物料特点、拖、拉力以及作业条件,典型的各种条件的装载和布料时间分别如表4-44和表4-45所示。

表4-44 刮板铲运机装载时间

刮板铲运机分类	装载时间/min		
	有利的	中　等	不利的
传统的,推动装载			
单发动机	0.40	0.70	1.00
双发动机	0.35	0.60	0.90
传统的,推—拉			
双发动机[①]	0.60	0.90	1.50
升运式			
单发动机	0.60	0.90	1.30
双发动机	0.45	0.70	1.00

① 装载两个铲运机的时间;Hays1990。

表4-45 刮板铲运机布料时间

刮板铲运机分类	布料时间/min		
	有利的	中　等	不利的
传统的,推动装载			
单发动机	0.30	0.60	1.00
双发动机	0.30	0.50	0.90
升运式			
单发动机	0.40	0.70	1.00
双发动机	0.30	0.60	1.00

注:Hays 1990。

$$L_h = C_s \times F_S \tag{4-55}$$

式中　L_h——刮板铲运机装载体积,堆装立方米;

　　　C_s——刮板铲运机堆装能力,松散立方米;

　　　F_S——松散系数,即堆装立方米数/松散立方米数。

b 刮板铲运机循环时间和产量

用铲运机的性能指标表4-31和式(4-43)计算其运行时间,用式(4-44)和式(4-45)分别确定理论循环时间(t_{ch})和实际或修正循环时间(t_{Cch}),式(4-46)可用来计算车队的产量。

c 推土机

推土机辅助装载循环时间(t_{pc})是推土机辅助铲运机装载、驶出并移向下一台铲挖区,定位刮铲所需时间,其中也包括平均等待时间。推土循环时间取决于采用的推土机辅助装载方式,如表4-46所示。

表4-46　不含等待的推刮循环时间

推装方式	推刮循环时间/min[1]		
	有利的	中等	不利的
倒推装载	0.75	1.25	1.80
拖拉装载	0.60	0.95	1.40
往复装载	0.60	0.95	1.40

① 前后推刮,多次推刮循环时间用1.20;Hays 1990。

式(4-56)给出推土机能服务的铲运机数量,如果推土需要其他工作时间,如剥离、清理或回收表土层等作业要计入推进循环时间。

$$N_h = t_{ch}/t_{pc} \tag{4-56}$$

式中　N_h——刮板铲运机数量,整数;

　　　t_{ch}——刮板铲运机理论循环时间,min;

　　　t_{pc}——未含等待的推土循环时间,min 。

C　推土机

履带式推土机用来铲推覆盖层或矿石、煤等产品的矿山作业(距离约80m 长),也用于剥离松散的土壤或岩石。履带式推土机也用作矿山各种辅助设备。

a　推土机推土板

常见的推土板有直立的、通用、半通用、偏角调节和加垫的。前三种板用于生产,用直板推土穿透性最佳,通用板能力最大。推土板能力由设备性能指标以松散立方米表述,并可转换为堆积物量用式(4-56)计算产量,并排推土或槽板推土增加生产能力约20%。

$$L_h = C_{bd} \times F_S \tag{4-57}$$

式中　L_h——推土机装载量,堆装立方米;

　　　C_{bd}——推土板能力,松散立方米;

　　　F_S——松散系数,即:堆装立方米数/松散立方米数。

b　推土机循环时间和产量

用式(4-46)计算推土机产量。推土机循环时间(t_{Cch})由挖掘并推至合适地点,撒布物料,返回原位和定位下次铲推点所需的时间构成。挖掘时,铲切长度7.6~23 m,装载时间根据物料种类在0.15~0.45 min。一般推土用一挡或二挡速度0.8~1.7 m/s。布料时间通常为0.08~0.12 min。返回起点时三挡速度履带式推土机限制为2.2 m/s 左右,轮式推土机限制为4.4 m/s (Hays 1990)。

c　剥离

用式(4-58)估算剥离产量。剥离循环时间(t_{cr})为剥离作业循环所需时间,包括设备到下一点的定位时间。剥离期间设备用一挡作业,通常速度为25~40 m/min,转弯时间一般为0.20~0.35 min(Hays 1990)。如果式中省略穿透深度,可计算每小时剥离面积。

$$P_r = l \cdot w \cdot l \cdot d \cdot E \cdot 60/t_{cr} \tag{4-58}$$

式中　P_r——剥离产量,堆装立方米/h;

　　　l——剥离区长,m;

　　　w——单条剥离带宽度,m;

　　　d——剥离穿透深度,m;

　　　E——效率,小数;

60——60 min/h；

t_{cr}——剥离循环时间，min。

D　铁路

铁路运输用于各种地下矿山和某些长度大于 4 km、缓坡运输的大型露天矿山。运输坡度一般为 3%（上坡）和 4%（下坡，Bruns，Orr 1968），式（4-59）~ 式（4-63）给出拉力和阻力等关系。

a　牵引阻力

影响列车运动的阻力包括：(1) 摩擦阻力；(2) 坡度阻力；(3) 轨道弯曲阻力；(4) 加速度阻力。机车的摩擦阻力通常估算 7.5 kg/t 为抗摩擦承载，10 kg/t 为疲劳承载。用表 4-47 估算矿车的摩擦阻力，用式（4-59）估算坡度曲线和加速度阻力。一般机车车速为 16 ~ 32 km/h，其起始加速度 0.16 ~ 0.32 km/(h·s)（Brantner，1973），风阻力在多数矿山忽略不计。

表 4-47　矿车的滚动摩擦阻力

阻力/kg·t^{-1}	矿车类型	轨道条件
3 ~ 5	大型现代化铁轨，优质轴承，≥30 t	极好
5.0 ~ 7.5	大型矿山铁轨，好轴承，15 ~ 30t	好
10.0 ~ 12.5	中型铁轨，滚动轴承，5 ~ 10 t	尚可 ~ 好
15.0 ~ 17.5	小型，铜轴承，<5 t	尚可

$$F_{CR} = F_{CC} \times C \qquad (4-59)$$

式中　F_{CR}——曲线阻力系数，kg/t；

F_{CC}——曲线变化系数，$F_{CC} = 0.4$ kg/(t·度)；

C——轨道曲率，度。

$$F_{AR} = F_{AC} \times a_{CC} \qquad (4-60)$$

式中　F_{AR}——加速度阻力系数，kg/t；

F_{AC}——加速度变化系数，31 kg·h·s/(t·km)；

a_{CC}——加速度，km/(h·s)。

$$R_T = W_L(F_{RFL}) + W_T(F_{RFc}) + W_{GT}(F_{GR} + F_{CR} + F_{AR}) \qquad (4-61)$$

式中　R_T——总牵引阻力，kg；

W_L——机车重量，t；

F_{RFL}——机车摩擦阻力系数，kg/t；

W_T——牵引矿车总重，t；

F_{RFc}——矿车摩擦阻力系数（表 4-47），kg/t；

W_{GT}——车辆总重（机车 + 矿车），t；

F_{GR}——坡度阻力系数（式 4-31），kg/t；

F_{CR}——曲线阻力系数（式 4-59），kg/t；

F_{AR}——加速度阻力系数（式 4-61），kg/t。

b　牵引效力

机车传到驱动轮上总的力定义为牵引效力，它是发动机功率和速度的函数。净牵引效力（即牵引效力减去牵引阻力）在列车能启动前必须大于零。

$$T_E = (E_P - E_{Pa}) \times E_{FF} \times F_{UC}/v \qquad (4-62)$$

$$T_{NE} = T_E - R_T \qquad (4-63)$$

式中 T_E——机车的牵引效力,kg;

E_P——机车的发动机功率,kW;

E_{Pa}——辅助发动机功率,kW;

E_{FF}——发动机功率转换成牵引效力的效率,E_{FF}通常取0.8~0.85;

F_{UC}——单位换算系数,F_{UC} = 367 km·kg/(kW·h);

v——车辆速度,km/h;

T_{NE}——净牵引效力,kg;

R_T——总牵引阻力,kg。

　　c　黏着力

机车黏着力类似于履带或轮胎设备的牵引力。当牵引效力超过黏着力时,机车车轮将滑动(即可用的牵引效力由黏着力限制)。表4-48提供各种轨道条件的黏着力值系数。

表4-48　黏着力系数

描　　述	无砂轨道	覆砂轨道
清洁、干燥轨道,启动并加速	0.30	0.40
清洁、干燥轨道,连续运行	0.25	0.35
清洁、干燥轨道,机车制动	0.20	0.30
特湿轨道	0.18	0.25
光滑潮湿轨道	0.15	0.20
干燥、覆雪轨道	0.11	0.15

注:铸钢轮在钢轨上,降低上述列表值20%。Brantner 1973。

$$T_{EA} = C_A \times W_L \times F_{UC} \qquad (4-64)$$

式中 T_{EA}——可用牵引效力,kg;

C_A——黏着系数,小数;

W_L——机车重量,t;

F_{UC}——单位换算系数,F_{UC} = 1000 kg/t。

　　d　加速度

车辆的加速度取决于净牵引效力。

$$t_a = (F_{TC}/T_{NE})(v_2 - v_1) = (v_2 - v_1)/a_{CC} \qquad (4-65)$$

$$D_a = (F_{DC}/T_{NE})(v_2 - v_1) = F_{UC}t_a(v_2 - v_1)/2 \qquad (4-66)$$

式中 t_a——加速时间,s;

D_a——加速距离,m;

F_{TC}——时间换算系数,F_{TC} = 27 s·h·kg/(km·s);

F_{DC}——距离换算系数,6 m·kg·h/(km·s);

T_{NE}——净牵引效力,kg;

v_1——初速度,km/h;

v_2——末速度,km/h;

a_{CC}——加速度,km/(h·s);

F_{UC}——单位换算系数,F_{UC} = 0.278 m·h/(km·s)。

　　e　制动

虽然高速制动时可能需要紧急措施,但通常停车采用的减速度为0.5 km/(h·s)。制动时间和距离取决于可用的减速力[如式(4-66)所示],为了得出停车时间和距离,分别用减速替代加速或用式(4-65)、式(4-66)中的 T_{NE} 替代可用阻滞力(Ranmani 1990),与本节其他公式一致,式(4-67)中上坡为正下坡为负。

$$R_F = P_{BE} + W_T \times F_{RFc} + W_{GT} \times F_{GR} \qquad (4-67)$$

式中　R_F——可用阻滞力,kg;

　　　P_{BE}——制动力,kg;

　　　W_T——矿车总重,t;

　　　F_{RFc}——矿车摩擦阻力系数,kg/t;

　　　W_{GT}——车辆总重,t;

　　　F_{GR}——坡度阻力系数,kg/t。

f　铁路运输循环时间和产量

用式(4-43)计算运输设备行驶时间并估算机车平均速度。平均速度取决于可用 T_{NE},以及加速/减速需要。用式(4-44)和式(4-45)分别计算理论运输循环时间和修正循环时间,由于装载和卸载时间变化很大,必须以各种情况为基础逐一估算。用式(4-46)计算铁路运输量。

g　轨道

铁轨重量取决于机车和矿车每个轮上的重量,最低的轨道重量为每轮每吨5 kg/m左右,轨道规格46~168 cm,107 cm为美国准轨。枕木长约为轨道规格2倍,间距取决于地层条件,主运输线40 cm,软道床1 m,采区更多。我国露天矿铁路轨道准钢轨重量15~50 kg/m,窄轨钢轨重量15~24 kg/m。

E　带式运输机

带式运输机作为最常见的运输装置在矿山和选厂广泛应用。依据运输物料特性不同,运输机最大机倾角15°~25°。

a　运输机生产能力

用式(4-68)计算运输机生产能力,运输机一般以最大产量需求设计。带式运输机平均断面由带宽、过载角、物料块度、成槽角决定,带速取决于带宽和物料性质。为了对给定生产能力和物料密度估算出最佳带宽和带速,可利用表4-49~表4-51及图4-44和图4-45迭代处理得出。表和图应用的胶带长度达600 m,成槽角20°和35°及水平的结构形式(Duncan 和 Levitt 1990)。

表4-49　荐用最大带速

运 输 物 料	带速/m·s⁻¹	带宽/mm
粒状或其他非流动非磨蚀性物料	2.5	450
	3.6	600~750
	4.1	900~1050
	5.1	1200~2400
煤、湿黏土、软矿石或土壤	2.0	450
	3.0	600~900
	4.1	1050~1500
	5.1	1800~2400
密度大尖利破碎硬岩	1.8	450
	2.5	600~900
	3.0	>900
来自漏斗或矿仓平直供料胶带,细粒、中等到无磨蚀性物料	0.3~0.5	任意宽度

注:根据胶带运输机协会资料,1997。

表4-50　20°胶带运输机组的横断面

带宽/mm	过　载　角						
	0°	5°	10°	15°	20°	25°	30°
	装载横断面/m²						
450	0.008	0.010	0.012	0.014	0.016	0.017	0.019
600	0.016	0.019	0.023	0.026	0.030	0.033	0.037
750	0.026	0.032	0.037	0.043	0.048	0.054	0.060
900	0.039	0.047	0.055	0.064	0.072	0.080	0.089
1050	0.055	0.066	0.077	0.088	0.100	0.112	0.124
1200	0.073	0.088	0.102	0.117	0.132	0.148	0.164
1350	0.093	0.112	0.131	0.150	0.169	0.189	0.210
1500	0.116	0.139	0.163	0.187	0.211	0.236	0.261
1800	0.170	0.204	0.238	0.272	0.308	0.344	0.381
2100	0.233	0.280	0.327	0.374	0.423	0.472	0.524
2400	0.307	0.369	0.430	0.493	0.556	0.621	0.689

注:三等辊标准边距 $= 0.055b + 22.86$ mm(b 为带宽);根据胶带运输机协会资料,1997。

表4-51　35°胶带机组的横断面

带宽/mm	过　载　角						
	0°	5°	10°	15°	20°	25°	30°
	装载横断面/m²						
450	0.013	0.015	0.016	0.018	0.020	0.021	0.023
600	0.026	0.029	0.032	0.035	0.038	0.041	0.044
750	0.042	0.047	0.052	0.057	0.062	0.067	0.072
900	0.063	0.070	0.077	0.084	0.091	0.098	0.106
1050	0.087	0.097	0.107	0.117	0.126	0.137	0.147
1200	0.116	0.129	0.141	0.154	0.168	0.181	0.195
1350	0.149	0.165	0.181	0.198	0.215	0.232	0.150
1500	0.185	0.205	0.226	0.246	0.267	0.289	0.311
1800	0.271	0.300	0.330	0.359	0.390	0.421	0.453
2100	0.372	0.412	0.453	0.494	0.536	0.578	0.623
2400	0.490	0.543	0.596	0.650	0.705	0.761	0.819

注:三等辊标准边距 $= 0.055b + 22.86$ mm(b 为带宽);根据胶带运输机协会资料,1997。

$$P_c = A \times D_L \times v_c \times F_{UC} \qquad (4-68)$$

式中　P_c——胶带运输机生产能力,t;

$\quad\;\; A$——胶带运输机上物料平均横断面,m²;

$\quad\;\; D_L$——物料松散密度,kg/m³;

$\quad\;\; v_c$——带速,m/s;

$\quad\;\; F_{UC}$——单位换算系数,3.6 t·s/(h·kg)。

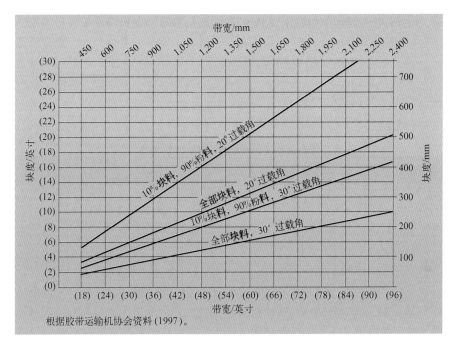

图 4－44　给定块度的要求带宽

极难流动	难流动	匀速流动		缓滞的
5°过载角	10°过载角	20°过载角	25°过载角	30°过载角
0°~19°安息角	20°~29°安息角	30°~34°安息角	35°~39°安息角	40°及以上安息角
物料特性				
极细圆粒，均匀，干湿适中物料，如硅砂、水泥、湿混凝土等	干燥，光泽，中等重量圆粒，如谷类、豆类	中等重量不规则块状物，如无烟煤、棉籽、岩粉、黏土等	典型的普通物料，如沥青煤，石料，矿石等	不规则纤维，嵌合物料，如木屑、甘蔗渣、热铸造砂等

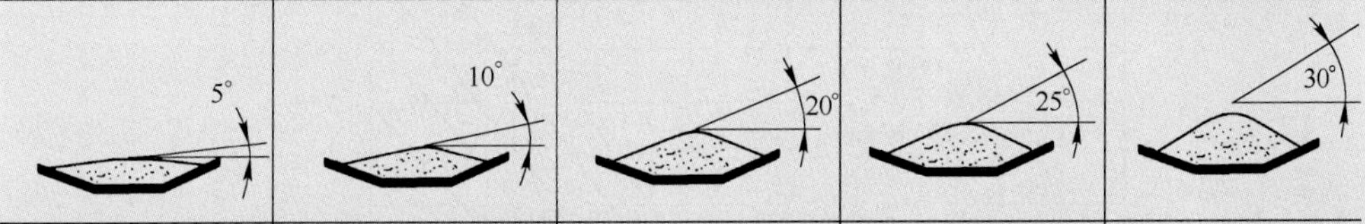

根据胶带运输机协会资料(1997)。

图 4－45　流动性、过载角和安息角

b　胶带运输机动力需求

胶带运输机需要动力用于:(1)空载运输机驱动;(2)物料提升;(3)物料水平运输。用式(4－69)、表 4－52、图 4－46～图 4－48 估算动力需求。

$$F_{Rc} = R_1 \times v_c + R_2 \times H + R_3 \times P_c \qquad (4-69)$$

式中　F_{Rc}——运输机总动力需求，W;

R_1——运输机空载驱动功率(见表4-52和图4-46),W/0.5 m/s;

v_c—— 运输机带速,m/s;

R_2——提升物料功率(见图4-47),W/s;

H——提升高度,m;

R_3——物料水平运输的功率,W/(25 kg·s);

P_c——运输机生产能力(见图4-48),kg/s(或 t/h)。

表4-52 单位长度胶带和托辊重量

胶带宽度/mm	物料密度/kg·m⁻³			
	800	1600	2400	3200
450	17.9	20.8	25.3	25.3
600	23.8	28.3	34.2	34.2
750	29.8	35.7	43.2	43.2
900	41.7	52.1	61.0	71.4
1050	50.6	62.5	72.9	87.8
1200	61.0	75.9	102.7	114.6
1350	71.4	86.3	116.1	132.4
1500	89.3	104.2	129.5	147.3
1800	110.1	123.5	168.2	193.5
2100	151.8	189.0	221.7	245.5
2400	174.1	212.8	269.4	269.4

注:根据胶带运输机协会资料(1997)。

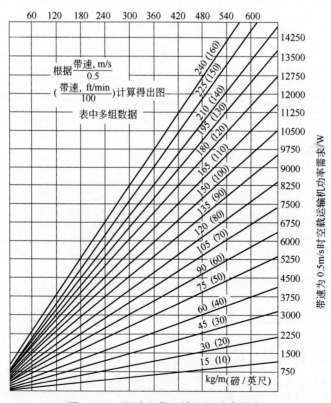

图4-46 驱动空载运输机的功率需求

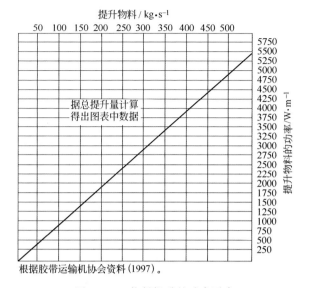

图 4 – 47　物料提升的功率需求

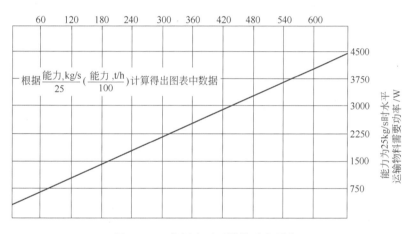

图 4 – 48　物料水平运输的功率需求

4.7　露天矿排土工程及排土场

排土场作为露天矿存放废石的场所,是露天矿组织生产不可缺少的一项相对永久的工程建筑,排土工程对矿区的安全、环境以及矿山的经济效益均有直接影响。据统计,我国每年工业固体废物排放量的85%以上来自矿山开采,全国矿山开采累计占地约600万ha,破坏土地近200万ha,且仍以每年4万ha的速度递增。因此对排土场的设计和管理应给予足够重视。

4.7.1　排土工程设计理念

(1)少废。按照"3R"原则(reduce,reuse,recycle;减量化,再使用,再循环),最大限度地减少废石产出。采用优化技术确定露天矿境界,尽可能降低剥采比;将废石用作筑路、筑坝等石料有效利用;循环利用排土场废水或从中提取有价金属。

(2)安全。保持排土后场地稳定,防止滑坡、泥石流等地质灾害的发生。

（3）低耗。缩短运距，减少运营费用；少占或不占耕地，降低投入。

（4）环保。有利于资源的综合利用与土地复垦、环境修复，减少粉尘影响和危害。

4.7.2 排土工程的规划内容

4.7.2.1 排土场选择和要素

科学合理的排土场地选择必须综合考虑排土场的地形、环境、排土场容量、矿床的远景分布、废石排弃运距、排土场对环境的污染、日后的废石回收利用及排土场复垦等因素。排土场规划的经济准则是露天开采的整个时期内，折算到单位矿石成本中的废石运输、排弃、排土场的复垦与污染防治等费用的总贴现值最小。

4.7.2.2 排土场选址的原则

（1）在不影响工程推进的前提下尽量就近排土。有条件的露天矿实行高土高排，低土低排，分散货流；通过二次转排的技术经济合理性的论证等，推进内部排岩；充分利用荒山、荒沟。

（2）选择基底岩层坚固、水文地质条件较好、地表汇水面积小的位置设置排土场，如无法避开软弱岩层须采取适当工程措施，构筑防洪、排洪设施等。

（3）考虑排弃物的二次利用及土地复垦，可采用低品位岩矿、氧化矿、岩石、表土等分别堆存，以便回收有价物质、利于复垦时表土复原，保持生态多样性。

（4）在工业场地、构筑物或交通干线下游及下风侧设置土场，以防滑坡和泥石流事故发生时，危及生命财产，同时减少环境污染。

4.7.2.3 排土方式

露天矿排土方式有内排和外排，在条件允许情况下，应采用内排。内排土对生产组织管理的要求较高，一旦排土场出现问题可能会影响生产。

内部排土场是把剥离下的废石直接排弃到露天采场内的采空区。内排与外排相比有占地面积少、运距短、保护环境等优点，这是一种最经济而又不占农田的废石排弃方案，不仅运距短、剥离费用低、而且减少了矿山排土场的占地，有利于回填和复垦采空区。

内部废石场的应用受到一定条件的限制，通常适宜于开采水平或缓倾斜薄矿体（矿体倾角小于12°），一些铝土矿、砂矿等。只有缓倾斜的矿体或在一个采场内有两个以及分区开采的矿山才适用。典型的如我国的平果铝土矿。

对于硬岩急倾斜金属矿，如果进行分期开采特别是有两个不同标高底平面的露天坑前后分期开采，可应用内排土方式。

多数金属露天矿山都不具备设置内部废石场的条件，而需在采场附近设置一个或多个排土场，根据采场和剥离废石的分布情况，可以实行分散或集中排土。

4.7.2.4 排土场要素

（1）废石量计算。有一个以上采场时分别确定各作业采场外排废石量体积。

（2）排土场的堆置高度。排土场的阶段高指排土台阶坡顶线至坡底线间的垂直距离，各阶段的高度总和称为排土场的堆置高度。排土场的阶段高与堆置高度主要取决于排土场的地形与水文地质条件、气候条件、废石的物理力学性质（岩石成分、粒度、回收率等）以及排岩设备和废石运输方式、生产管理等因素。在确定靠近地面第一层阶段高度时，应避免在地质条件差时堆置过高，以免造成严重的基础凸起使局部排土场下沉，造成台阶边坡滑落而引起上层阶段的不稳定现象。在多台阶堆置时，上下台阶要留有一定的超前距离，既保证下一台阶的安全生产，也为上台阶的稳定创造条件。

（3）堆置阶段的平盘宽度。排土场的工作平台宽度主要取决于上一台阶的高度、大块废石的滚动距离、采用的排弃设备、运输方式、运输线路的条数及移道步距等因素,其宽度应达到上下相邻排土台阶互不影响的基本要求。

确定排土场所需容积:

1）有效容积计算。

$$V_y = \frac{V_s \times K_s}{1 + K_c} \tag{4-70}$$

式中　V_y——排土场设计的有效容积,m^3;

　　　　V_s——剥离岩土的实方数,m^3;

　　　　K_s——岩土的松散系数,其取值可参考表4-53;

　　　　K_c——岩土的下沉率,%,其取值可参考表4-54。

表4-53　一般岩土的松散系数

种　类	砂	砂质黏土	黏土	带夹石的黏土岩	块度不大的岩石	大块岩石
岩土类别	I	II	III	IV	V	VI
初始松散系数	1.1~1.2	1.2~1.3	1.24~1.3	1.35~1.45	1.4~1.6	1.45~1.8
终止松散系数	1.01~1.03	1.03~1.04	1.04~1.07	1.1~1.2	1.2~1.3	1.25~1.35

表4-54　岩土下沉率参考值

岩土种类	下沉率/%	岩土种类	下沉率/%
砂质岩土	7~9	硬黏土	24~28
砂质黏土	11~15	泥夹石	21~25
黏土质	13~15	亚黏土	18~21
黏土夹石	16~19	砂和砾石	9~13
小块度岩石	17~18	软岩	10~12
大块度岩石	10~20	硬岩	5~7

2）排土场的设计总容积。

$$V = K_1 \times V_y \tag{4-71}$$

式中　V——排土场设计总容积;

　　　　K_1——容积富余系数,取1.02~1.05;

　　　　V_y——排土场设计容积。

4.7.3　排土工艺

排土工艺因矿床的开采工艺,排土场的地形、水文地质特征及所排弃废石的物理力学特征而异。对于内部排土场,当所开采的矿床厚度与所剥离的岩层厚度不大时,剥离下的废石可使用大规模的机械铲和索斗铲直接倒入采空区内。当矿体较厚,而可使用剥离设备的线性尺寸又相对较小时,就不易实现倒堆剥离,必须通过某种运输方式把废石运到采空区,进行内部排土。此时,排土的工艺与向外部排土场排土的工艺完全相同,差别仅在于前者没有或很少有上坡运输。

根据废石的运输与排弃方式及所使用设备的不同,外部排土场的排弃工艺可分为如下几种:

（1）公路运输排土。此种排土工艺是利用汽车将废石直接运到排土场进行排卸,然后由推土机推排残留的废石及整理排卸平台。

（2）铁路运输排土。根据排土场排土设备的不同又分为挖掘机排土、铲运机排土等。

（3）胶带运输排土。此种排土工艺是利用胶带机将剥离下的废石直接从采场运到排土场进行排卸。

当前多数矿山往往采用联合排土工艺。

4.7.3.1　汽车运输排土

采用汽车运输的露天矿大多采用汽车—推土机排土工艺，其排土作业的程序是：汽车运输剥离下的废石到排土场后进行排卸，推土机推排残留废石、平整排土工作平台、修筑防止汽车翻卸时滚崖的安全车挡及整修排土公路。

汽车—推土机排土工艺具有一系列的优点：汽车运输机动灵活、爬坡能力大、可在复杂的推土场地作业，宜实行高台阶排土。排土场内运输距离较短，排岩运输线路建设快、投资少，又易于维护，我国多数露天矿山都采用汽车—推土机排土。大型露天矿亦采用汽车—胶带运输机—推土机排土工艺。

4.7.3.2　铁路运输排土

铁路运输的排土工艺主要是由铁路机车将剥离下的废石运至排土场，翻卸到指定地点再应用其他的移动设备进行废石的转排工作。可选用的转排设备有排土犁、挖掘机、推土机、前装机、索斗铲等。目前，在国内采用铁路运输排岩工艺的矿山主要以挖掘机为主，而其他设备很少用。铁路运输的排岩工艺的辅助设备有移道机、吊车等。

A　电铲排土

采用铁路运输的矿山广泛采用电铲排土。其工艺过程：列车进入排土线后，依次将废石卸入临时废石坑，再由电铲转排。临时废石坑的长度不小于一辆翻斗车的长度，坑底标高比电铲作业平台低 $1 \sim 1.5$ m，容积一般为 $200 \sim 300$ m³。排土台阶分为上下两个台阶，电铲站在下部分台阶从临时废石坑里铲取废石，向前方、侧方、后方推置。其中向前方、侧方推置是电铲的推进而形成下部分台阶，向后方推置上部分台阶是为新排土线修筑路基，如此作业直至排满规定的台阶高度。

电铲排土工艺的优点有：

（1）受气候的影响小，剥岩设备的利用率高；

（2）移道步距大，线路的质量好；

（3）每米线路的废石容量大，因而减少了排土线长度及相应的移设和维修工程量；

（4）排土平台具有较高的稳定性，可设置较高的排土台阶，并能及时处理台阶沉陷、滑坡；

（5）场地的适应性强，可适用各种废石硬度的内外排土场；

（6）可在排土过程中进行运输线路的涨道，在新建的排土场可直接用电铲修筑路基，加快建设速度，节省大量的劳动力和费用。

其缺点有：

（1）电铲设备投资较高、耗电量大，因而推土成本较高；

（2）运输机车需定位翻卸废石和等待电铲转排，因而降低了运输设备的利用率。

B　推土机排土

推土机排土的工艺程序是：列车将剥离下的废石运至排土场翻卸，推土机将废石推排至排土工作台阶以下，并平整场地及运输线路。国内采用推土机排土工艺的不多。采用这种方式推排免除了人工作业繁重的体力劳动，当排弃湿度较大的岩石时，由于推土机履带的来回碾压，加强了路基的稳定性,使排土场的堆置高度增大,但排弃成本高于其他方式。

C 前装机排土

前装机转排具有机动灵活、排岩宽度大、运距长、安全可靠等的优点,这种排土方式的排土台阶有较长的稳定期。但当运距大时、排土效率较低。当排土平台较宽时,前装机可就地做180°转向运行,当排土平台较窄时,可就地做90°转向运行以进行加长排土工作平台的作业。

4.7.3.3 胶带运输机—胶带排土机排土

露天矿采用胶带运输机—胶带排土机排土是近十年来发展起来的一种多机械、连续排土工艺。这一工艺系统一般的工艺流程是:使用汽车将剥离下废石运至设置在采场最终边帮上的固定或移动式破碎站进行废石的粗破碎,破碎后的废石被卸入胶带运输机,由胶带运输机运至废石场再转入胶带排土机进行卸排。当一个台阶高度排满后,用推土机平整场地,然后移动胶带排土机。

胶带排土机的主要工艺参数是最大排土高度和排土带宽度,它们都取决于排土机的结构尺寸。排土机向站立水平以上排土时,应尽量利用悬臂长度形成边坡压角,以保证排土边坡的稳定;向下排土也要尽量利用卸载悬臂长度,使排土带宽度达到结构允许的最大值,为排土机创造稳定的基底。

胶带运输机—胶带排土机的排土工艺充分发挥了连续运输的优越性。胶带运输机爬坡能力强、运距长、运输成本低、自动化程度高。与汽车运输相比,具有能源消耗小、维修费低、设备的利用率高等优点。胶带排土机增大了废石排土段高,在很大程度上缓解了排土场容量不足和占用耕地问题。但这种排土工艺初期投资大,生产管理技术要求严格,胶带易磨损、工艺灵活性差。

4.7.4 排土场的危害防治及复垦

4.7.4.1 排土场的危害及防治

金属矿床露天开采过程中所建立的排土场不但占用了大量的土地,而且也对生态景观与环境造成了相当大的破坏和危害。概括说来,排土场的潜在危害主要来自两个方面:其一,由于排土场的稳定性差所引发的排土场变形、滑坡及排土场泥石流;其二,排土场所造成的环境污染。

排土场发生变形破坏、产生滑坡或泥石流的主要诱发因素是排土场基底软弱岩层、排弃物料中含有大量表土和风化岩石以及地表汇水和天然降雨的作用,因而,其治理措施应着眼以下几个方面:

(1)改进排土工艺,选择合理的排土设备及工艺参数,合理控制排土顺序,避免形成软弱夹层(即潜在滑动面),同时将大块岩石堆置在排土场底层以稳定基底或用大块岩石堆置在最底一个台阶反压坡脚,以稳定排土场。

(2)积极处理软岩基底。对于基底表土或较薄的软岩层,可在排土之前开挖掉;若软岩基底较厚,则预先开挖处理是不经济的,此时则要控制排土阶段的堆置高度,以使基底得到压实和逐渐分散基底的承载压力,也可用爆破法将基底岩石预先破碎,这样不仅可增大抗风化能力,还可在底部形成排水层。

(3)采取必要措施进行排土场的疏干排水。首先,应对排土场上方山坡汇水进行截流,将水疏排至外围的低洼处;其次为分散平台本身的汇水使其不致侵蚀或冲刷边坡,应将废石堆置平台修成3°左右的反坡,使水流向坡根处的排水沟而排出界外;最后在排土坡下游沟谷的收口部位修筑不同形式的拦挡坝起到拦挡泥石流、防止污染农田的作用。

(4)采用不同形式的护坡挡墙,稳定坡角,防止排土场滑坡。这种护坡挡墙通常是坚硬石块堆置成的石块重力坝,透水性好、施工简单造价便宜,能阻挡滑坡和泥石流。

(5)进行排土场植被。在已结束排土的排土场平台和斜坡上进行全面植被,可以防止雨水对排土场表面侵蚀和冲刷,同时植被的根系可以加固排土场表面的岩土,以阻止雨水往内部渗透,并且植被本身也吸收大量的水分。

4.7.4.2　排土场的污染

排土场的污染有粉尘、毒气和酸性水三类。

粉尘污染主要来自废石排弃过程的运输与卸载,其污染程度主要取决于岩石的脆性、硬度和外部因素(如季节、风向、风速、大气温度与降雨量等),岩石的脆性越大、硬度越小,则形成粉尘的趋势愈大。飞扬的粉尘悬浮于大气中,使大气的透明度降低,被吸入人体可造成尘肺病。粉尘(特别是含有毒性或辐射性的粉尘)的分散污染土壤、植物和水,不但危害现场作业人员,也危害着家畜和其他生物的安全。

露天矿传统的粉尘污染控制方法是在采矿场运输沿线及排土场进行喷雾洒水以达到降尘的目的。近年来,国外发明了一种黏性聚合物代替水进行喷雾降尘,取得了良好的效果。

为了防止排土场的粉尘危害人畜,排土场应布置在居民区主导风向的下风侧。在已堆置好的排土场台阶或坡面上积极种草植树,既可加固排土场,又可改变排土场的小气候,降低风速,起到固沙降尘的作用。

当排土场中堆置含有硫化物的废石时,硫化物在空气、水以及细菌作用下生成硫酸和氧化物,前者流入地表水系造成酸性水污染,后者逸入大气形成毒气而严重地污染空气。

酸性水污染通常表现为显性与隐性两种形式,酸性水污染较轻时,酸性水中溶解有重金属离子,在生态系统的食物链中被吸收蓄积,最终高度蓄积作为人类的食物而导致人的中毒,这是隐性污染。酸性水污染严重时,酸水所及可使植物枯死,水生动物灭绝,呈现显性污染。

排土场酸性水的控制广泛应用中和法,有的矿山为降低处理费用还采用截流稀释法。但酸水一经形成,以中和法处理需花费大量的人力、物力,且中和产物——中和泥的处理仍是一个难题。因此有关专家人士提出控制酸水污染应当采取标本兼治,预防为主的方法。从酸水形成机理中各个环节入手,采取积极措施抑制酸性水的形成。其措施的要点:

(1)尽量在气候干燥的季节剥离含有硫化物的岩石,控制岩石的破碎程度,采取集中堆放和及时掩埋等措施,缩短硫化物废石在大气中的暴露时间;

(2)使废石堆和地下水和地表水隔绝;

(3)截流排土场中产生的酸性水,使其不漫溢,集中加以中和处理。

4.7.4.3　排土场的复垦

露天开采过程中所建立的排土场占用了大量的土地资源,造成了一定程度的环境污染和自然生态景观的破坏。随着现代科学技术的发展,人们的资源再利用和环境保护意识不断加强。国外的一些工业发达国家都制定了环境保护和控制矿山三废污染的法律条文,要求矿山经营者在开发过程中或之后必须采取措施,对矿山所破坏的土地,如排土场、采矿坑和塌落区进行造地复田。我国的矿山复田和垦植以及排土场的利用和整治工作还刚刚起步。国务院于1989年1月1日发布了《土地复垦规定》,规定指出:为加强土地复垦工作,合理利用土地,改善生态资源,对因从事开采矿产资源,烧制砖瓦,燃煤发电等生产建设活动中所造成的挖损、塌陷、压占等破坏的土地应采取整治措施,使其恢复可利用的状态。规定还指出:土地规划应当与土地利用总体规划相协调,根据经济合理的原则和自然条件以及土地被破坏的状态确定复垦后的用途;有土地复垦任务的企业应当把土地复垦的指标纳入生产建设计划;使土地复垦与生产建设统一规划;有土地复垦任务的建设项目,其可行性研究报告和设计任务书应当包括土地复垦的内容,设计文件一般应当有土地复垦的专门章节,工艺设计应当兼顾土地复垦的要求。

所谓土地复垦是指把被破坏和荒芜了的土地重新加以利用,以及不同于复原的其他任何形式的处理利用。土地复垦的目的一方面保护了土地资源,实现了土地资源的二次开发和利用;另一方面进行了生态修复和环境治理。露天矿区的复垦工作是一项复杂的综合性技术工作,涉及到采矿学、生物学、地质学、土壤学、植物栽培学、农田水利学、环境保护学等多学科知识。

排土场的复垦工作是指整治废石堆,控制废石堆对周围环境的影响和回收土地。具体做法在不能种植的排土场地上覆盖适宜的土壤,创造良好的耕种条件,以满足植物的生长。矿山开采之前应首先根据采矿的地质条件、发展前景及当地的具体情况制定出矿山土地复垦规划并纳入矿山开采计划和排土计划之中,尽可能利用矿山采运设备,使排土场的复土和修坡工作与开采和排土顺序相协调。

排土场复垦工作的主要内容和要求如下:

(1)排土场堆的形态整治。为减少排土场的复垦费用,排土场堆的形态整治应在选择排土场排弃工艺及排弃顺序时综合考虑,一方面应考虑排土场复垦时所要求的堆置高度和堆置台阶边坡角;另一方面应合理安排排土场的结构,应按岩石的种类、性能和块度大小分层堆置。一般的堆置顺序应是上土下岩,大块岩石在下、小块岩石在上,中性岩石在上、酸性岩石在下,不易风化的岩石在上、易风化的岩石在下,不易于植物生长的岩石在下、易于植物生长的岩石在上。其次,排土场地要具有良好的稳定性与控制地面水源结构。

(2)表土的采集、存储和复田。考虑到日后排土场复垦之用,应将露天开采范围内剥离下的表土集中堆放在适当的位置存储,若还需在排土场或工业场地等有土壤资源的地方采集表土、应保证土壤具有良好的质量,保证适宜植物生长的酸碱度,适宜农作物生长的 pH 值一般为 4 ~ 8。

(3)铺垫表土。场地铺垫表土的厚度按不同的地区加以确定,它与种植作物的种类及基层的持水性能有关。

(4)在整治好的废石堆上进行再种植。再种植的植物应选择适宜在废石堆上生长的草类植物、灌木或树木。

4.7.5　实例

4.7.5.1　首钢水厂铁矿

"汽车—胶带半连续运输系统研究"课题的排土问题

水厂铁矿位于河北省迁安市境内,是首都钢铁公司主要原料生产基地之一。该矿西至北京 200 km,西南至唐山 80 km,东南至迁安市 20 km,矿区交通方便。该矿历史上达到的最大生产能力为 1600 万 t/a,目前生产能力为 1200 万 t/a。其产量占首钢矿石自给量的 60% 以上。该矿的最终凹陷开采深度将达到 400 m,形成的最终边坡垂直高度为 660 m。开采的最终境界范围南北走向长约 3600 m,东西最大宽度为 1100 m。最高工作水平 280 m,目前最低开采水平为 - 80 m。采场内工作平台宽度大多在 20 ~ 40 m 之间,采场内运输线路均布设在工作帮上,为临时移动线路。矿山生产采用 45-R 和 YZ-55 牙轮钻机穿孔,铵油和乳化油炸药爆破,采场内配有 10 m³ 电铲 10 台,77 t 汽车 40 台,85t 汽车 5 台。下一步将采用 135 t 的自卸汽车和 16.8 m³ 的电铲。

首钢水厂铁矿作为"十五"国家科技攻关重大项目专题之一的依托工程,通过试验研究,解决汽车—胶带半连续运输系统中的关键技术问题,在水厂铁矿建设矿石运输和东部排土、西部排土三套汽车—胶带半连续运输系统(如图 4-49 所示),其中东部排土和西部排土系统的运输能力分别达到 2100 万 t/a 和 1900 万 t/a,矿石运输系统达到 1100 万 t/a。通过研究,将水厂铁矿建成我国使用汽车—胶带半连续运输技术的示范基地。

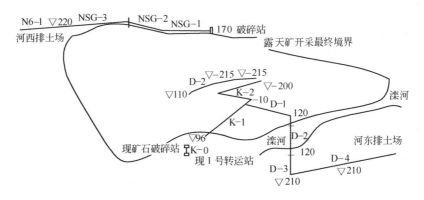

图 4-49　水厂铁矿矿岩胶带运输平面布置实施方案

A　汽车—胶带半连续运输系统的设备选型及最佳配套

露天矿汽车—胶带半连续运输的开采工艺环节包含两个部分,一部分为间断工艺环节,由电铲采装和汽车运输环节组成;另一部分为连续工艺环节,由破碎机组、胶带运输机、排土机组成。根据水厂铁矿的生产要求,排岩胶带运输能力为 4000~4500 t/h,最终确定的水厂铁矿汽车—胶带半连续运输系统的设备选型和最佳配套结果如下:

(1) 汽车。3314B 型 118t 汽车 15 台,3311E 型 85t 汽车 8 台,325M 型 77 t 汽车 36 台。

(2) 破碎机。排岩系统选用"60×89"型旋回破碎机;矿石系统选用"54×74"型旋回破碎机。

(3) 破碎站。西排采用固定破碎站,东排采用可移式破碎站,矿石系统采用半固定破碎站。

(4) 胶带运输机。矿石运输胶带采用 $B=1400$ mm 的钢芯胶带,带速 3.15 m/s;东排采用 $B=1600$ mm 的钢芯胶带,带速 3.4 m/s;西排采用 $B=1600$ mm 的钢芯胶带,带速 2.5 m/s。

(5) 排土机:Vasp1400/50 + 50 型排土机,$Q=3000$ m³/h。

B　排土工艺及参数优化

排土方式及方法。根据水厂铁矿河西及河东胶带排土场的实际情况,推荐采用分层扇形下排方案。河西排土场初始路堤标高在 200 m 水平,河东排土场初始路堤标高在 170 m 水平。根据水厂铁矿的实际情况。上排时合理仰角 10°~12°,下排合理仰角为 6°~8°;平均排土带宽度为 53 m;河西排土场初始路堤标高为 220 m,一期下排段高为 50 m,二期下排段高为 40 m;河东排土场初始路堤标高为 170 m,一期下排段高为 50 m,二期下排段高为 40 m,三期下排段高为 40 m。

胶带机的移动周期。根据水厂铁矿胶带排土场的实际情况和所选用的排土机效率,当土线长度达到 700~1300 m 左右正常排土长度时,排土带平均宽度为 53 m,排土段高 50 m 时,一次排土条带可排岩 450.552 万 t,按年排岩 1800 万 t 排岩量计算,一年需移道 4 次,每次移道影响生产 3 天,即 3 个月移道一次。

排土机距崖边的安全距离为 18 m。

C　胶带运输系统可靠性与陡坡单联络道

推荐胶带运输系统各环节(设备)应达到的可靠度如下:

(1) 破碎站:93.56%。

(2) 钢绳牵引的固定带式输送机:95%;固定式钢芯胶带输送机:96.5%。

(3) 移动式胶带运输机:95%。

（4）排土机：90%。

坑内单线陡坡联络道。对采场内大部分运输公路设计进行调整，双车道改为单车道，单段纵坡和平均坡度均适当加陡，两坡道间的缓坡段作为错车区。公路坡度由8%调整到13%，缓坡段50 m，设计运输平台宽度由26.2 m调整到17.7 m。采用该设计后，可提高最终边坡角，大幅度地减少剥岩量，降低平均采剥比，可减少剥岩量2200万t，经济效益显著。

D　胶带运输系统的计算机控制

西部胶带运输系统应用PLC控制技术，东部排岩胶带运输系统采用CST控制技术，保证安全高效运行。

E　运输系统的效益

根据1998～2003年运营成本实际统计，胶带运输系统中破碎成本为0.50元/t，胶带运输费0.65元/(t·km)，汽车运输费1.353元/(t·km)，配合筑路机排土的电铲倒装费0.21元/t，排土机运营成本0.35元/t。根据计算，到2005年底，采用汽车—胶带半连续运输的成本可比全汽车运输的成本下降32%。

4.7.5.2　平果铝土矿复垦

平果铝土矿位于北纬23°18′30″～23°38′13″，海拔200～400 m，属高温多雨的亚热带季风气候区，全年平均气温21.5℃，月平均最高气温28.2℃（七月份），最低气温12.6 ℃，无霜期300～350 d。

平果铝土矿二期工程建成后，每年占用土地达40 hm² 左右，为了保证铝工业持续稳产，每年开采足够铝矿石的同时，必须及时地恢复被采矿作业破坏的土地，包括耕地、林地、草地等，以求实现矿区周围农、林、牧等用地的动态平衡。“九五”初期平果铝土矿开始“泥饼”回填和复垦等科技攻关。针对平果铝土矿复垦土源少、占地速度快、复垦难度大的特点，以加速土壤熟化、缩短复垦周期为重点，短时间内在采矿废弃地和废石堆场重建了以农业耕地为主、林灌草优化的人工生态系统。利用本企业工业废弃物（如剥离土、粉煤灰、洗矿泥等）作为复垦地的人工再造耕层材料，边采矿边复垦。既解决了缺少覆土的难题，又初步实现了矿区废弃物的减量化、资源化和无害化。综合应用生物技术、工程技术、菌根技术，加速土壤熟化及植被重建，效果明显。复垦周期1.5～2年，矿区生态环境明显改善。建成了近千亩的示范区。种植的桉树、木薯、甘蔗、蔬菜等长势良好，边坡实现乔—灌—草立体植被，植被覆盖度90%以上，有效地控制了水土流失，采区复垦率达到100%，其中耕地面积占复垦面积的75%。为企业探索了占地、复垦、利用的有效途径，确保了平果铝业公司矿山持续稳产的需求。采用的“边采矿、边剥离、边复垦”工艺达到了世界先进水平。

4.7.5.3　深凹露天铁矿内排土研究

20世纪末，俄罗斯资源开发研究院与圣彼得堡矿山研究院共同在科斯托穆克沙铁矿进行了深凹露天内排土开采技术试验研究。结果表明，经济上可行的内排土技术适用条件为：矿体走向长度大于5km，平均剥采比 >2 m^3/m^3，覆盖岩厚度≥30 m，且土地费用很高，即便如此，露天矿最终深度也不宜超过110～250 m，同时基建周期较长。推荐此种技术应用于深凹露天矿下部水平进行强化开采的条件，即开采初期废石运往外部排土场，到达某一深度后，强化一端开采（而放缓主矿体的开采速度以保持产量均衡），使之尽快达到最终深度，此时形成的空间可用作内排土场，其中废石的最佳堆存量为境界内废石总量的10%～20%。图4-50曲线1表明该项技术的收益率（IRR）与某一时刻所达到的深度 H_0 的关系，H_0 即为一端强化下掘的起始深度，该深度往往为露天矿封闭圈位置，曲线2为露天矿延深过程 IRR 的变化，与曲线2的交点表明值得内排的废石量。俄罗斯科矿位于科拉半岛,矿体平均水平厚度 200 m,地表绵延 15.6 km,矿体倾角 50°~60°。中部和南部的最终深度分别为 610 m 和 380 m,当时年采剥总量 6400 万 t,剥采比 2.1 m³/m³。矿石由汽车运到转载站由火车转运,废石由汽车、火车或有轨车辆联合运往外部排土场。采用强化南部开采,以中部开采均衡产量,南部达到最终深度时,中部的废石用汽车—胶带运到南部内排土场,内排土场总共容纳废石 3 亿 m³。

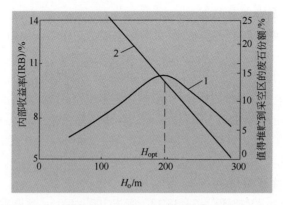

图 4-50　下部水平开采中内排土收益率与露天矿一端
下掘时刻对应的深度间的关系

另一种内排工艺是将临时非工作带的采空区作为内排土场,15~20 年后再将其倒运到下部采空区,乌克兰很多铁矿、锰矿使用该工艺。

4.8　露天矿边坡工程

4.8.1　概述

露天矿边坡工程是以岩体为工程材料和工程结构、以采矿作业为施工手段而形成的大型岩体工程。露天矿边坡工程研究是一项关系矿山生产安全、矿山可持续发展和取得矿业开发重大盈利效益的重要课题,既是安全问题又是经济挖潜的问题。据测算一座中等规模的露天矿山,若采场总体边坡角提高 1°,即可减少剥离量约 1000 万 m³,节省成本近亿元,可获巨大经济效益。

国外的边坡研究工作开始于 20 世纪 50 年代,一般在矿山开采设计前先要进行边坡地质条件、工程力学性质以及边坡岩体所处的特殊环境等的专项试验研究。综合分析各种影响因素和基本数据,开展计算分析,提出采场边坡方案供采矿设计应用。这期间边坡试验研究方法、计算分析技术、加固治理和边坡监测等方面都取得很大进展,特别像加拿大、美国、苏联、澳大利亚等露天矿边坡工程技术水平更处于前列。如美国的宾厄姆露天铜矿,靠帮时将 15 m 的单台阶合并为 30 m,安全平台宽度为 13.5 m,终了台阶坡面角为 70°,最终边坡角由原来的 34°加陡至 50°。澳大利亚的普莱斯露天铁矿将二期设计的总体边坡角由 32°加陡到 33°~35°,尤其是随着计算机计算能力的发展,分析计算质量飞速提高,从以往定性判别表征发展为定量计算分析,并有更多高新科技的应用,如人工智能技术、专家系统、自动监测技术等等。把边坡工程智能技术推进到一个新的水平。

我国的露天边坡工程研究起始于 20 世纪 60 年代,70~80 年代得到快速发展,以至于国内重点大型露天矿山,由于生产需要几乎都先后开展过专项边坡研究,取得了许多科研成果,既保障了生产安全,又取得重大经济效益和社会效益,为国民经济建设做出了贡献。我国的大冶东露天矿,自 20 世纪 60 年代中期至 2001 年闭坑期间,先后进行过多次边坡工程地质、水文地质、岩石力学、加固、监测等多方面的综合技术研究,在生产期间对 - 60 m 水平以下进行了加陡,一般采用 2~3 台阶并段,对局部富矿地段,适当采用 4 并段,台阶坡面角为 70°,安全平台为 7 m,形成了上缓下陡的"凸形边坡",加陡后的最终边坡角比原来提高 1°~4°。攀钢兰尖铁矿边坡挖潜研究,采场最终边坡角提高 2°~6°,与此同时我国在边坡工程总体水平上已进入国际先进行列。

露天矿边坡主要特点是:

(1) 多为深大边坡。与 20 世纪 80 年代相比,露天矿边坡的高度大大增加,由于开采效益的引导,边坡的角度也有所增加,一些大型露天矿深度可达 700~1000 m,走向长度达数千米,揭露的岩层多,地质条件可能存在较大差异。矿山开采的设备更加大型化,但矿山在边坡维护监测方面的投入没有大幅度增加。

(2) 随着采深增加,边坡高度增大,边坡面岩体暴露比较充分,有利于进一步判定岩体质量。

(3) 由采剥作业形成,一般不加维护,因而易受风化作用的影响。

(4) 随开采自上而下逐渐形成,因而上部边坡服务时间长,下部边坡服务时间短。

(5) 以采场爆破为主的震动作用可能给边坡稳定性带来负面影响。

无论是新建矿山还是扩建矿山均涉及边坡问题。边坡研究工作的目的就是科学地确定开采过程中边坡稳定的工程方案,避免边坡过缓或过陡的盲目设计,以最小的成本获得最佳效益,为企业最大限度地创造利润价值。

边坡工程大体分为工程地质勘探、岩石力学研究、工程设计以及监测、维护和治理四部分。这四部分工作通常相互间存在反复和循环,而并非传递式的单向过程。其中有些内容已在岩石力学中专述。本章仅对工程地质调查方法、边坡稳定的影响因素破坏形式及计算监测手段作概要叙述,并介绍近期边坡工程的实例。

4.8.2 工程地质调查

工程地质调查在地质专业中有专门学科,其工作内容从范围方面分,可分为区域地质调查和项目所在地的地质调查;从调查性质分又可分为工程地质调查和水文地质调查。其他的还包括地震、爆破震动等调查。

工程地质调查工作是多方面的,首先是收集和利用现有的资料,包括:(1)1:20 万或更大比例尺的区域性地形地质图;(2)比例尺为 1:300 万的中国活动性构造和强震震中分布图和中国地震烈度区划图;(3) 矿床地质勘查阶段的地质报告和历次补充地质报告;(4)以往为边坡或其他工程所作的专门工程地质勘察报告、研究报告;(5)边坡地质条件、工程力学性质及边坡岩体所处特殊环境等的专项试验研究;(6)采矿设计说明书和相关图纸;(7)生产地质勘探资料;(8)滑坡分析报告;(9)边坡岩体位移、地下水压、爆破震动的监测数据、分析报告;(10)生产边坡管理规程和方法。其中(6)~(10)主要用于边坡治理工程。而(5)的内容通常不易获得。还可利用地质工作阶段详查和详勘资料,并进行滑坡调查,在采场边坡或附近条件相似的边坡上,选择发生变形或破坏的位置进行调查,以确定滑体形态、破坏模式和破坏机理,通过反分析求得岩体强度指标,为边坡设计或加固工程设计提供依据。

水文地质调查是了解地下水对边坡稳定性的影响,地下水的影响主要是地下水压力,要调查清楚地下水压的分布及其时空变化,通常的方法有公式法、流网法和实测法,后者最为准确。测定水文地质参数可采用钻孔试验和平硐试验,主要获得渗透系数。

地震对露天矿边坡和工业设施等造成破坏,可能触发滑坡。当地震烈度超过 6 度,应考虑地震对边坡稳定性的影响,在优化设计时应考虑地震风险出现概率。此外还应对爆破震动进行测定。

4.8.3 边坡稳定的影响因素和破坏形式

4.8.3.1 影响边坡稳定的因素

影响边坡稳定性的因素很多,从影响因素的来源可将其分为两类,一是岩石的矿物组成及岩体中的地质构造面,二是水、震动、构造应力、采矿工程活动、风化及温差等,主要因素如下:

(1)岩石的物理力学性质。岩体是由矿物组成的,矿物的强度、矿物的结构构造在一定程度上决定岩体的强度,常用的试验参数包括:岩石体积密度、密度,岩石抗压、抗拉、抗剪强度,内聚力和内摩擦角等。

(2)岩体构造。包括各种地质不连续面、破碎带、断层、节理裂隙和层理面构成的弱面、不稳的软岩夹层以及遇水膨胀的软岩等。

(3)水文地质条件。包括地下水的静压和动压力,渗透系数,地下水活动的影响。

(4)强烈地震区地震的影响。

(5)开采工艺技术条件特别是爆破震动的影响以及边帮存在的时间。

4.8.3.2 边坡的破坏形式

露天开采破坏了边坡岩体的应力平衡,在次生应力场的作用下引起边坡变形,当变形发展到一定程度将导致边坡失稳破坏,发生破坏的形式很多,主要有崩塌、滑坡和倾倒。

(1)崩塌。块状岩体与边坡分离翻滚下落,常发生在高陡边坡的前缘地段,岩体无明显滑移面,岩块在斜坡上滚落、滑移、碰撞或直接坠落于坡脚。

(2)滑坡。边坡岩土体沿其内部结构软弱面作整体滑动。按滑动面分为平面滑动、楔体滑动、圆弧滑动等;按滑体的岩性分为覆盖岩滑坡、基岩滑坡。按滑动面与层面的关系分为顺层滑坡和切层滑坡。按受力方式可分为牵引式滑坡、推动式滑坡。

(3)倾倒。边坡内部存在一组与坡面倾向相反且倾角很陡的弱面,它将岩体切割成许多相互平行的块体,可能发展为倾倒破坏。倾倒形态有弯曲式倾倒、块体倾倒和块体弯曲倾倒。

其他边坡破坏和可能诱因包括:岩体风化并经历冻解胀缩过程发生的小范围岩体松散滑落;高边坡坡顶的拉伸裂缝则预示坡体向坑内发生移动,可能产生失稳和破坏;突发的水流变化,如春季融雪的泾流,稳定的排水钻孔中突发不明的压力异常,可能因发生地下移动横断了含水层;或者地表排水沟渠堵塞,造成水压变化也可能产生边坡失稳。上述状况均应加强常规监测。

局部崩塌在很多露天矿弱岩区段较常见,并极有可能影响生产,如德兴铜矿西源岭410平台中部一号松动体东侧可归为:1)破坏。能够对人员作业和安全造成严重影响的破坏形式多见于后两种。2003年10月9日发生在印度尼西亚 Grasberg 铜金矿的边坡垮塌属于破坏类型;2)滑坡。1999年下半年至2000年上半年间,南芬露天矿边坡破坏即为滑坡,滑坡高度252 m,宽度250 m,并在原有滑床边上发生了二次滑坡。

实例: Grasberg 铜金矿。该矿位于印度尼西亚新几内亚岛西伊里安查亚省,海拔4000 m左右。边坡角取决于岩性和地质条件为38°~48°(不含道路),最终边坡角约30°,边坡高250~700 m,露天坑直径约2500 m。滑坡前日采剥总量65万t/d,采矿量17万t/d。2003年10月9日发生滑坡,其滑坡岩量250万t(如图4-51所示),面积7万m²,滑体移动距离约250 m,滑移面积11.5万m²。

矿山加强了边坡管理。采用先进的边坡监测技术,包括机器人技术、雷达和GPS接收组件进行实时监测;矿山定期聘请国际知名专家对边坡状况进行评估,每季度内部评价边坡标准。

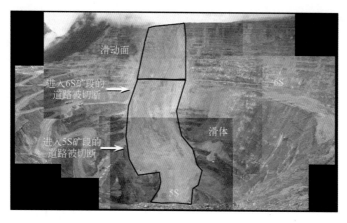

图 4 – 51　印尼 Grasberg 铜金矿 2003 年的滑坡实况

4.8.4　边坡稳定性计算分析和监测

4.8.4.1　边坡稳定性分析

目前,多数项目在编制项目建议书和可行性研究报告时,最终边坡的确定是通过工程参数类比法作出的,即依据类似矿山实际资料比选得出。在进行初步设计时,边坡地质条件简单的中小矿山,根据矿岩物理力学性能指标计算和参照类似矿山实际资料综合确定。大型矿山和地质条件复杂的矿山则需进行边坡稳定性研究,结合较适用的岩石工程分类法判定岩石可能的破坏模式,根据研究结果确定最终边坡。

露天矿稳定性分析方法大体上分为岩体结构分析法、数学模型分析法和工程参数类比法。极限平衡法是应用于计算较为常见的方法,是一种基于平衡理论的数学模型计算分析方法。

国内许多项目已用岩石力学研究的软件支持岩体稳定性研究,如 FLAC(Fast Lagrangian Analysis of Continua)3D,3Dsigama,GALENA 等引进软件以及自主开发软件。一些软件如 FLAC 有限差分计算程序,可对滑坡部位进行数值模拟分析,对边坡开挖现状以及采用滑坡治理方案时的应力场、位移场和破坏场进行计算模拟。该程序基于显式有限差分的拉格朗日算法,使得它在分析岩土工程结构的弹塑性力学行为、模拟施工过程等方面有其独特的优点。尤其在发生塑性流动或失稳的情况下,FLAC 可以很方便地模拟岩土结构从弹性到塑性屈服、失稳破坏直至大变形的全过程,还可模拟断层、节理和摩擦边界的滑动、张开和闭合行为等。还有一些边坡稳定性分析软件如 Slope,GALENA,通过考察边坡的应力、位移和破坏状况和性质,对边坡的稳定性状况进行分析和比较,提出稳定性参数的参照值。如 Galena 是基于 Bishop,Spencer-Wright 和 Sarma 方法进行稳定性分析,Bishopo 为圆弧滑动面简易分析,Spencer-Wright 为圆弧非圆弧滑动面分析,Sarma 为非垂直条带或更复杂的稳定性分析。Back 分析为一定义安全系数的分析工具,借鉴已有案例的数据,用试凑法确定地压力或强度要求,以解决筑堤、坝体及基础的强度需求估算。其他一些功能如概率分析,地下水渗透影响分析等。

当前国内露天矿边坡设计计算机化的障碍是基本参数难以获取。缺乏足够广泛和足够精度岩石力学基本试验参数以及设计周期短暂紧迫所限,边坡设计仍然沿用传统类比方式。往往是开采中出现问题时才开始进行研究和治理。如果能在设计时采用更为科学的方式和手段,可获得最佳的经济效果。这将期待在地质勘查过程中,改进和提高勘查成果得以实现。

常规的监测方法:分不定期监测和周期性监测。不定期监测包括边坡工程时采取的现场调查。目前由于通讯手段的支持,可实现各种形式实时监测,如位移监测,应力变化监测,微震监测。比如雷达、GPS、机器人技术等均支持实时监测，一些监测可通过计算机管理系统进行预警并支持决策。

4.8.4.2 边坡实时监测设备

目前，雷达、GPS 和激光扫描设备正在使传统的露天矿边坡监测发生变化，其本质区别是实现实时监控，实时监控设备的市场份额正在逐步扩大。

（1）雷达监测。一种被称为边坡稳定性雷达（SSR）已在国外多个矿山用于边坡监测。SSR 以 $10°/s$ 的速率对边坡进行垂直 $±60°$ 和水平 $340°$ 范围内扫描，边坡高度可达 450 m。无须利用反射镜可测 $±0.2$ mm 的位移。应用时系统产生一图像，显示相对于整个边坡参考图像的空间变形。可绘出图像中每点的变形。雷达监测仪可进行全天候、毫米级的远程实时监测，也可用来进行采矿的生产能力优化和安全生产。

内华达金矿使用 SSR 提前 5 个多小时预报一次 3 万 t 岩量的滑坡，避免了主运输道路堵塞，人员和设备无法从露天坑内返回的后果。西澳大利亚铁矿用 SSR 精密监测边坡，露天矿作业比设计寿命延长了 6 个月。南非铁矿山用 SSR 系统提供的数据在大型空洞上部进行安全生产，将生产延误减至最小。

（2）GPS 接收。Leica Geosystems 公司最近推出一款 GMX901 GPS 接收仪，适用于含水、酷热、寒冷和震动等矿山、边坡、坝体各种环境中，精确监测敏感的结构变化。系统可无缝地与 Leica 公司改进的 GPS 处理软件——Spider Network 相连，进行整理计算和原始数据存储。此外 GMX901 还能用公司的 GeoMoS 监测软件为其他传感器进行集成化处理，或进行结构面移动分析和检测等。

（3）激光扫描。Leica Geosystems 公司的该类产品有老的 HDS3000 系列和 HDS4500 系列高速相位扫描仪。南澳大利亚的 I-SITE 公司亦开发了 4400LR 激光扫描装置，可安装在全景数码相机上同时获得激光扫描数据，而 360° 高清晰度彩色文本自动呈现在扫描仪上。仪器可用机内的数码水平补偿器自动地对拍摄扫描倾斜进行修正。系统将启动、后视调整和仪器高度保存为扫描数据，因此系统始终处于恰当的配合状态。

据报道，智利 Andina 铜矿拥有一套 4400LR 激光成像系统，用于对露天坑荐用设计的几何参数进行控制。该矿为智利铜生产商 Codelco 公司的五个采矿分部之一，目前正在进行其 Don Luis 露天坑二期和 Sur Sur 露天坑二期的开采，日采剥量 8 万 t。矿山在露天坑几何形态设计方面进行了积极的探索，台阶坡面角 80°，平盘宽 10m，单台阶和并段高度分别为 16m 和 32m。用激光扫描系统生成边底坡顶线、平盘宽度，台阶高度及角度，I-SITE 系统亦用来进行排土场地质控制，矿堆计算和有移动倾向楔体区段的稳定性控制。所有数据均用公司的 Studio 软件处理并输出到 VULCAN 系统中进行矿山设计。根据矿山管理，系统已保证 Andina 执行更苛刻的地质控制，达到荐用矿山设计水平。

4.8.5 提高边坡稳定性的措施

为了保证采场最终边坡的稳定，边坡形成时可采取的保护措施：

（1）靠近最终边坡的 1~2 排炮孔采用小孔径斜孔，光面爆破，预裂爆破，加密孔距等布孔爆破方式，目前这些方式在我国大型金属露天矿山使用，在水电工程和隧道中经常使用。

（2）减少炮孔装药量，间隔或不耦合装药，采用微差爆破，减少爆破对边坡的震动。

（3）水文地质复杂的矿山先进行疏干工作。

（4）削坡减载。当出现边坡稳定性问题时，通过验算改变边坡形状，降低边坡高度或放缓边坡角。

（5）边坡人工加固。发现失稳迹象时采取安装锚杆（索）或注浆锚索、抗滑桩、挡墙或综合一种以上支挡的结构。

4.8.6　高陡边坡稳定性研究实例

以下为鞍钢某露天铁矿的高陡边坡稳定性研究。

该矿初期设计规模为年产矿石300万t，上部准轨铁路运输，进入深部后开采条件恶化，执行年产矿石200万t开采设计，已形成铁路—汽车联合运输系统，露天矿最终深度将达300 m，台阶高度12 m。深部开采实施固定帮三并段开采工艺，取得了显著效益，但发生了六处边坡滑落，其中包括 +81 ~ +21 m 的楔体较大型破坏。为此进行该项研究，旨在给出现有三并段边坡的稳定现状；预测深部开采后边坡的可能状况及发生破坏的可能性；评价三并段方案参数的合理性，并给出修改意见；取得系统节理岩体高陡边坡的稳定性评价方法及成果。通过节理现场调查统计，建立了分布统计模型。运用 Monte-Carlo 随机模拟原理建立节理网络，将节理分布与边坡稳定性计算结合，进行危险滑面的自动搜索和判别。运用 FLAC 数值计算软件和损伤力学理论得出了开挖过程中边坡表面附近卸载损伤区域的形成与分布，提出台阶坡面角为60°的方案（如图4－52所示），并建议今后到界边坡进行预裂爆破，加强日常边坡监测等。

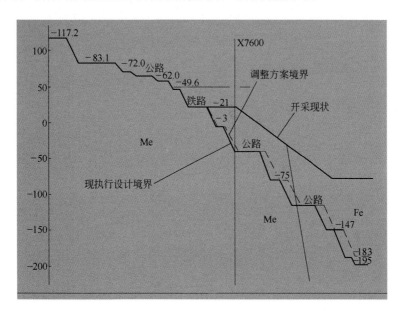

图4－52　边坡稳定性研究推荐的稳定边坡的方案

4.9　信息技术在露天开采中的应用

迄今，计算机辅助设计、信息化管理和现代通讯技术已将露天矿从规划设计到作业全过程无缝涵盖。即：收集地质信息、建立地质矿化模型、建立矿床经济模型、岩石力学研究、露天矿设计优化、各种进度计划的编排、露天矿作业、生产调度管理、设备跟踪以及露天矿复垦设计整个矿山生命周期的活动都可以用信息技术和手段支持。与其他开采方式相比，便利的作业条件使露天矿计算机应用水平大体保持着矿业应用中的领先地位。

4.9.1 露天开采计算机应用流程及软件应用状况

用计算机存储矿床地形、地质和矿化等多种信息的数据库及模型建立研究是矿业计算机应用的先导。早期典型的建模地质统计应用如克里金法(kriging)、距离平方反比法等,为矿床模型奠定了基础(详见地质章节)。目前国际上较为知名的采矿设计软件不仅具备一般的地质建模功能,而且可进行露天矿设计、进度计划编制,包括设备配备、爆破设计等,较为流行的采矿软件所具备的功能(如图4-53所示)基本能支撑从规划设计开始的露天开采到闭坑的作业。同时,可视化功能、图形仿真、模拟功能日益增强,可"预见"未来作业场景。在矿山生产寿命中还可根据更新的资源数据随时修正矿床模型,随着市场变化动态、循环地分析调整开采境界、开采顺序等,以始终保持露天开采效益最佳。

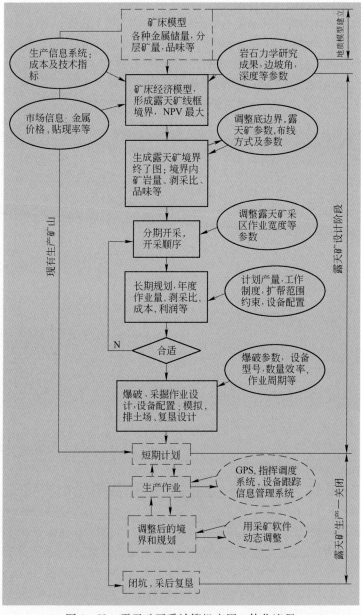

图4-53 露天矿开采计算机应用一体化流程

　　进入中国的软件如 Vulcan、Datamine、Mintec、Micormine、Surpac 等基本具有上述功能,其主要特点和近期国内主要用户见表 4 – 55。

表 4 – 55　国际上部分采矿软件及进入中国矿业界的情况

软件名称	软件商所在国	特　点	国内引进软件的企业
Datamine	英国	数据库系统、计算功能强,堆存和边界品位等优化、虚拟现实(VR)功能,可连接外部数据源	神华集团内蒙黑岱沟煤矿,铜陵冬瓜山铜矿;中国有色工程设计研究总院,中国有色非洲矿业赞比亚谦比西铜矿项目
Gencom & Whittle①	加拿大	地质建模,长远规划,经济分析和优化	智利 Codelco 公司,巴西 CVRD 公司,南非 De Beers 公司 和美国 Newmont 公司等
Micromine	澳大利亚	中英文界面,进入中国政府部门国土资源部系统	西部矿业公司,云锡公司,长春黄金设计院,辽宁国土资源厅,云南铜业玉溪矿业公司
Mintec	美国	公司历史较长,三维建模,可视,多约束条件的进度计划	江西铜业公司德兴铜矿,永平铜矿
MineMAX	澳大利亚	依据现金流或边界品位矿石选择,与 Datamine\Surpac 的文件格式兼容	Anglo American,BHP Billiton,Barrick,Newmont,Rio Tinto and Xstrata
Surpac	澳大利亚	地质建模精准、功能强;易于使用,市场推广力度大,界面友好,开放性数据库	首钢迁安,金川集团,会泽;南昌有色冶金设计院,昆明有色冶金设计研究院,长沙有色冶金设计研究院,西北有色地勘局,华澳煎茶岭金矿,鞍山矿山设计研究院等
Vulcan	澳大利亚	图形效果好,可视化、仿真功能突出,爆破设计,抛掷爆破、铲、车等作业模拟	有色地勘,锡铁山,智利 Zaldivar 铜矿

① 2006 年公司已收购 Surpac。

4.9.2　基于矿床模型的露天开采境界优化

　　露天开采境界优化是露天矿设计信息技术应用的经典。由信息技术支持的露天矿境优化曾借助了人工优化的思维,达到了手工作业难以想象的效果,使原先近于定性化的设计向定量、实时化设计转变。

　　目前采矿软件进行露天矿境界优化的原理,大致可分为模拟法和动态规划法两类:

　　一类为浮动圆锥法,属于模拟法范畴。许多采矿设计软件应用较成熟的方法。基本前提是将露天坑简约化为倒置的圆锥,将若干个可采叠加倒锥体的外包轮廓线连接起来,形成露天开采境界。这种模拟方法原理简单,局部优化效果明显,比手工方法大大提高了计算精度和效率。

　　第二类动态规划法,是将确定露天开采境界看作多阶段决策,将矿床模型中的块按行、列分成多个阶段,根据动态规划的最优化原理,在满足最终边坡角要求的条件下,求出一个盈利最大的露天开采境界。目前较为知名的采矿软件都运用 Lerchs—Grossmann(LG)算法,增强软件的优化功能。如 Datamine、Whittle、Mintec 和 Vulcan 等都给予空间位置、时间序列、矿岩多样性等因素人工约定和调整的可能,在目前露天矿开采境界优化中应用较多。

　　应用采矿软件进行露天矿境界优化的一般作法:

（1）导入矿床储量模型；

（2）给定需要参数；

（3）优化运行,等待结果；

（4）人工干预,检查结果的可用性,调整修正后再运行；

（5）直到得出基本满意的露天矿境界线框图。

设计宗旨是通过开采顺序安排,编制长期进度计划,引入动态概念,使开采活动的净现值NPV或现金流达到最大,这是露天矿设计优化的核心。

境界优化主要的输入参数:矿石容重,最终边坡角,矿石边界品位,开采规模,产品成本,产品价格及要求贴现率等。

参数的选用：

最终边坡角——岩石力学研究成果或参照类似矿山选择；

矿石边界品位——价值及有关影响因素决定；

开采规模(或年最大下降深度)——技术、约束条件；

产品成本——框算或参照同类矿山；

价格——市场长期均衡价格；

贴现率——应为投资者期望收益率。

项目设计中在选用动态优化的同时,也比照静态优化的结果,因对未来的预期包含了诸多不定因素。

实例：某矿境界优化参数,见表4-56。

表4-56 某露天矿境界优化输入参数

项　　目	参　　数	备　　注
矿石边界品位	0.07%	小于0.07%为废石
矿块模型尺寸	20 m×10 m×6 m	
地质模型原点	$X=84600$	
	$Y=86000$	
	$Z=450$	
模型范围	1600 m×1000 m×390 m	
矿岩容重	2.67 t/m^3	
精矿(含金属)单价	6.5 万元/t	
采矿成本	4.5 元/t	
采矿调节系数	1.186	
露天矿堑沟口标高	702	
台阶增加调节成本	0.1 元	
最终边坡角	45°	
贴现率	10%	
规模	99 万t/a	

经过人工干预调整后生成露天矿境界线框图,如图4-54所示。

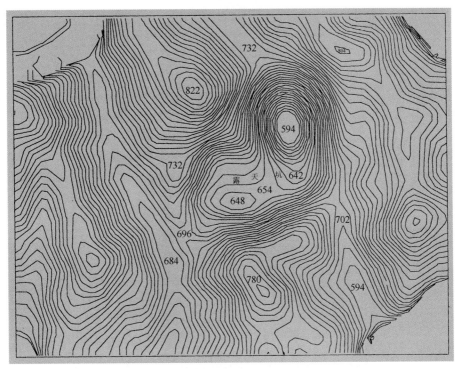

图 4-54 某矿计算机优化后生成的最终境界线框图

4.9.3 分期(分区)开采

目前露天矿分期(分区)开采相当普遍,它能够直接获得显著的经济效益。采矿软件支持的分期(分区)开采较传统方式简便易用。用户可根据软件推荐结果进行人工干预,选择得出适合的分期(分区)。一些境界优化软件可以指定贴现率和规模,生成项目净现值最优的块回采序列。作一次优化可得到以价值折减系数求得的多个期段,从而形成一族表明最终境界与成本—价格变化敏感度的嵌套露天坑。存入输出模型的块序列和期段数可作为手工设计分期的最佳指导。表 4-57 是国内某露天矿采用境界优化设计的开采分期。有些软件支持设备用量基本均衡,产量均衡等约束条件,可分别推荐目标不同的开采分期。

表 4-57 露天矿境界优化后推荐的分期开采数据

分 期	矿石/t	岩石/t	剥采比/t·t⁻¹	平均品位/%
1	7,729,703	18,857,995	2.44	0.137
19	13,139,283	29,434,399	2.24	0.13
36	14,586,690	33,416,170	2.291	0.129
51	15,306,148	36,162,852	2.363	0.129

在线框境界图上,进行道路、平台等布置,而后生成境界终了平面图。在境界优化的基础上,人工辅助定线,设置好道路坡度、宽度、转弯半径、平台宽度、坡面角等参数,之后在三维图形环境下,选取合适的坑底,由下向上交互式设计出带公路、平台的可操作的开采境界或可视效果好的三维图(如图 4-55 所示),并计算境界内的矿岩量、剥采比和各元素平均品位等数据指标。

用软件进行实体分期,是在选中的一个最优境界中,建立一连串尽可能便于接续开采的次序实体(并非相互嵌套的一组境界圈),可根据矿岩量和产量人为指定每一实体分期的大小,也可根据最佳采序自动建立实体分期,还可进行交互式干预用深度或边界限制生成实体分期(见 Oyu Tolgoi 实例)。

优化后的露天境界也只能看作短期境界,应根据矿体的揭露状况和市场动态调整。用采矿软件进行优化的项目具有随时调整修改的便利条件。动态调整已是国外矿山保持项目经济性最佳的通用手段。国内外很多金属露天矿山进行了这方面的工作并收到良好的经济效益。

实例: 某露天铜矿 1985 年中外合作设计时用采矿软件建立矿床地质模型,当时取精矿(25%)含铜价 4510 元/t(当时美元/人民币比价 1∶(2.8~3),精铜计划价 5000 元/t),金(7g/t)价 17500 元/kg,求得边界品位为 Cu 0.03%。采用浮动圆锥法进行露天境界圈定优化和人工干预的修整,形成设计露天境界。根据当时钻孔数据,矿体呈中空环形筒状。矿体中东部存在一不具开采价值的岩石孤岛,孤岛面积约 800 m×500 m,呈多边形台体,高程 +170 ~ -85 m。

图 4-55 某露天矿设计优化的境界三维模型实例

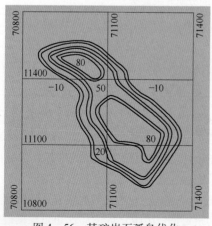

图 4-56 某矿岩石孤岛优化
调整后的境界

随着开采的延深和生产探矿的不断深入及计价方式的变化,发现孤岛区域铜品位虽低,但伴生 Au、Ag、S、Mo 等用组分且易分选。2003 年底着手进行孤岛境界优化。用美国 Mintec 软件将 2004 年底的探矿数据和地表现状数据输入计算机建立矿床模型,模型尺寸 150 行,180 列,61 层,单元块尺寸 30 m×30 m×15 m。采用克里格法计算单元块 Cu、Au 品位,距离反比法计算其他有用组分品位。铜价 2.5 万元/t,金价 10.5 万元/kg,剥离成本 8.24 元/t,矿石综合成本 43.72 元/t,铜回收率 86.5%(Cu 含量大于 0.3%),75%(Cu 含量为 0.15% ~ 0.3%);金回收率 65%,铜冶炼返还率 75%,金冶炼返还率 90%。经 Mintec 软件优化后,盈亏平衡点的当量铜边界品位为 0.276%。

用 LG 算法对孤岛境界进行优化,优化后孤岛形态发生较大变化(如图 4-56 所示)。孤岛最高水平降到 80 m、50 m 台阶以上分为东西两个孤岛。东部压矿减少,西部所采废石减少。按调整后境界多采矿量 2002 万 t,多剥岩量 1396 万 t;按调整前境界则分别为 574 万 t 和 2824 万 t。净利润调整后为 2782 万元,调整前为 -14615 万元,并可延长矿山寿命约 7.28 个月。

4.9.4 进度计划

露天开采设计的重要任务之一是制订开采进度计划。或者亦可认为境界优化是进度计划的初始环节。长期计划与优化涉及多因素,通过优化产生最终露天坑和最佳块段开采序列。可以自动或人工干预对如生产能力、时间表、限制条件、配矿和产量目标等约束调整,进行分区,还考虑堆存和再利用,并能考虑随时间的变化因素如市场价格、成本和贴现率的变化,最终得出矿山寿命期内以年度为单位的开采进程安排或标记开采时间、顺序号的块序列或实体分期序列。

一些软件将分期、配矿和进度计划集成为全局性露天矿设计工具。应用境界优化作出的计划能清楚地表明应在何时、何处,如何采出某些矿体达到价值最优和产量目标。实际上目前经软件优化生成的实体分期已逐渐趋小,除以年度或分期段分别表示外,与长期计划之间已无明显界限,给传统的分期概念带来异变(见图 4-58、图 4-59)。

软件支持的进度优化一般由用户给定时间表、工作日历表、产量等目标值。用户可用数学表达式定义产率或比率作为目标值,输入模块中包含的任一属性可用于检测时间表或定义进度目标。如入选矿量、品位和剥采比目标可连同计算配矿、贫化和其他多参数目标的复杂公式一并快速给定。

国内某露天矿在优化的开采境界内根据确定的合理分期,制订进度计划。用到的基础数据有:(1)年度计划矿岩量、工作天数、日工作小时数;(2)年度允许的扩帮范围;(3)设备型号、数量;(4)各卸载点位置、数量;(5)设备作业费用;(6)贴现率。

得出年度采剥量、剥采比、矿石中各种有价元素品位、设备投入量、作业时间、各项生产成本及矿山的利润值。其过程中有时对某一年作业量或出矿品位不很满意,就必须回头去调整开采分期范围,再做长远规划。以矿石产量均衡为约束条件,计划结果见图 4-57。

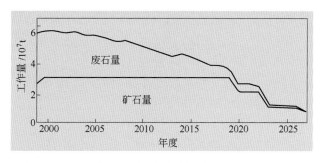

图 4-57 国内某矿用采矿软件制订产量均衡的长期计划

实例:蒙古国 Gobi 南部地区 Oyu Tolgoi 铜金项目综合开发计划(IDP)中矿山部分,由 McIntosh 工程公司、GRD Minproc 有限公司、SRK 咨询公司、Fluor 公司等合资的 AMEC Americas/Ausenco 完成。设计该矿为露天开采,后期转地下开采。

西南 Oyu 矿体的高品位核心为圆筒状 Cu—Au 斑岩,直径 250m,垂直下沿逾 800 m。矿化带集中在宽 10~30 m 的石英二长闪长岩脉中,延伸 100 余米到邻近玄武火山岩上。在石英脉岩中产出含黄铁矿的黄铜矿和斑铜矿,呈现为浸染状的后裂隙充填物。金铜比随深度从 2:1 增至

3∶1。蚀变的石英二长闪长岩主要是含少量电气石和萤石的石英绢云母。玄武火山岩以晚期含绿泥石—绢云母的黑云母—磁铁矿为特征。

据 AMEC 统计,到 2005 年 5 月,Oyu 南部露天境界内控制和探明资源量 9.17 亿 t(矿石),品位铜 0.5%,金 0.36 g/t;HUGO DUMMETT 矿体探明资源量 5.82 亿 t,铜品位 1.89%,金品位 0.41 g/t。用采矿软件优化得出的露天境界和地下开采见图 4-58。

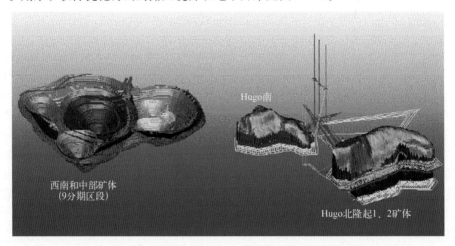

图 4-58　Oyu Tolgoi 铜金矿综合开发方案寿命期内露天境界和地下开采

项目集中在两个主要区域:Oyu 南矿体和 Hugo Dummett 矿体,方案 1(基本方案):作业能力 8.5 万 t/d,3000 万 t/a,NPV_8 为 22 亿美元,NPV_{10} 为 15 亿美元;方案 2(扩建方案)头 4 年与基本方案相同,第 5 年产量增加到 14.3 t/a,5000 万 t/a,NPV_8 为 27 亿美元,NPV_{10} 为 18.5 亿美元。

矿山寿命 35 年,产铜 1500 万 t,金 1100 万盎司,平均现金作业成本 0.4 美元/磅,露天矿总作业成本 6.9 美元/t,铜精矿销售收入 13.42 美元/t。

露天矿分 9 个实体分期(stages)开采,设计中考虑的开采实体分区 4 个,具体开采分期见表 4-58。

表 4-58　Oyu Tolgoi 铜金矿的开采区域

矿类型	分期区段/Stage	废石量/kt	矿石量/kt	铜品位/%	金品位/g·t⁻¹	铜当量品位/%
露天矿	西南 1	74742	50892	0.58	0.89	1.14
	西南 2	125312	72323	0.49	0.56	0.85
	西南 3	176222	83562	0.45	0.49	0.77
	南 4	44009	39187	0.61	0.19	0.73
	远南 5	20505	14658	0.40	0.32	0.61
	中 6	19526	13516	1.01	0.12	1.09
	西南/中 7	171644	140711	0.65	0.16	0.75
	西南 & 中 8	169459	146306	0.40	0.40	0.65
	西南 & 中 9	781189	317995	0.48	0.29	0.66
	露天矿合计	1582608	879150	0.51	0.36	0.74
地下矿	Hugo 北隆起 1		600235	1.46	0.29	1.65
	Hugo 北隆起 2		473062	0.99	0.31	1.19
	Hugo 南		298854	1.09	0.06	1.12
	地下矿合计		1377152	1.22	0.25	1.38
	可采总量		2258302	0.94	0.29	1.13
	IDP 1 期		1201512	1.18	0.34	1.40
	IDP 2 期		1623115	1.11	0.29	1.30
Hugo 北 Extra & Entrée 合资①			230000	矿化铜当量指标值 1.5% ~2.0%		

① 矿化靶区仅限 Hugo 北范围,Entrée Gold Joint Venture(EGJV)将用 EGJV 区独立审计更新,预计到 2005 年 4 季度完成。

方案 1,露天开采 Oyu 西南矿体,为选厂 1 台半自磨机供矿,初期产量 7 万 t/d 富 - 金铜精矿,生产头 3 年入选矿量主要集中来该矿体的 1、2 分期区段(表 5 - 54),此间进行铜品位较高的 Hugo 北矿体矿块崩落法开采的地下矿开拓,3 年后预计 Hugo 北矿投产。到第 5 年 Hugo 北矿将成为主要出矿来源。随着选厂和地下矿生产的协调完善,第 6 年产量预计增至 8.5 万 t/d。此时露天矿产量将缩减,最终露天矿设计 9 分期区段中仅有 1 段和 2 段行将采尽,本方案中 Hugo 北矿将在后 40 年为选厂供矿。

IDP 的方案 2 扩建方案,在基本方案基础上,第 3 年开始进行 Hugo 南矿的矿块崩落法的开拓和推进露天 3 和 4 分期区段剥离。预计第 7 年地下矿块崩落法产量将提升,选厂增加第二套半自磨回路,选矿处理能力翻番,地下与露天矿产量可达 14 万 t/d,Hugo 北加上露天矿分期区段 3 和 4 出矿将维持 14 万 t/a 产量。到第 12 年,Hugo 南矿将投产,预计单靠地下矿产量亦能达到 14 万 t/d。

方案 1:露天矿西南矿体最佳开采能力为 6 万~8 万 t/d,Hugo 北矿体产量 8.5 万 t/d;选厂设置为:西南的磨机规格 7 万 t/d,Hugo 北可处理 8.5 万 t/d。

方案 2(扩建):在方案 1 基础上提出延长露天矿寿命,增加地下矿产量。目前扩建方案表明将分别增加 NPV_8 4.85 亿美元,NPV_{10} 3.39 亿美元。

方案 1 和方案 2(扩建)主要里程碑(见进度图 4 - 59、采矿进度计划图 4 - 60):

第 - 3~3 年:最初的选厂建设和矿山计划保持不变,3000 万 t/a;Hugo 南施工探矿巷道,并进行可行性研究(2~3 年)。

第 4 年:选厂扩建方案,露天开采扩大到西南 3;

第 5~6 年:选厂扩建,4.5 亿美元;

第 7 年及以后:扩建的选厂交工,14 万~17 万 t/d;Hugo 北隆起 1 生产,产量增加到 3500 万 t/a,西南矿体逐步采完,从第 9~13 年,正式开采 Hugo 南矿体,第 30 年以后通过增加资源来提高能力。

IDP35 年采出的矿石量为表 4 - 58 中(有底色部分)方案 1:12.02 亿 t;方案 2:16.23 亿 t。项目露天西南—中 1~4 区段的技术经济分析见表 4 - 59。

表 4 - 59　OT 综合开发项目(西南露天坑 1~4)技术经济分析

分项内容	单位	数量
处理矿石量	kt	188846
铜品位	%	1.08
金品位	g/t 金	0.66
生产精矿量	湿 t	3786773
净销售收入(NSR)	美元/t	13.42
总作业成本	美元/t	6.9
基建费用		
贴现率 8%		
采矿(包括设备和基础设施)	美元	(174416)
静态		
采矿(包括设备和基础设施)	美元	(217207)
净现值　贴现率 8%	百万美元	528437
(铜 1.00 美元/磅,金 400 美元/盎司)		
内部收益率	%	68.34
返本期(现金流税后)	年	1.28

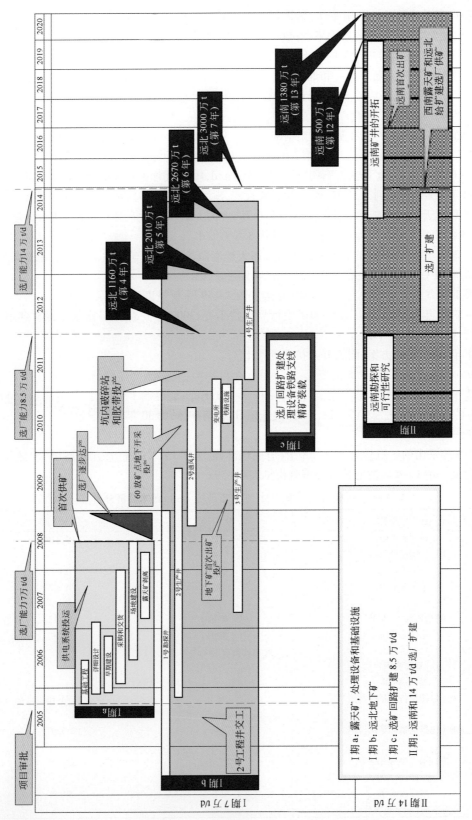

图 4-59 Oyu Tolgoi铜金矿综合开发方案进度图

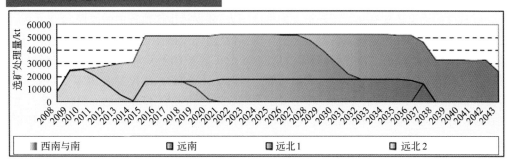

开采进度计划(方案2)				计划	
	矿石量	铜	金	铜当量	开始	结束
西南	245963660	0.51%	0.55g/t	0.86%	2007	2019
远南	298854361	1.09%	0.06g/t	1.13%	2017	2036
远北	1064588157	1.26%	0.30g/t	1.45%	2009	2043
总计	1609406179	1.11%	0.29g/t	1.29%		

图 4-60　Oyu Tolgoi 铜金矿综合开发方案矿山开采进度计划

项目投资状况见图 4-61。

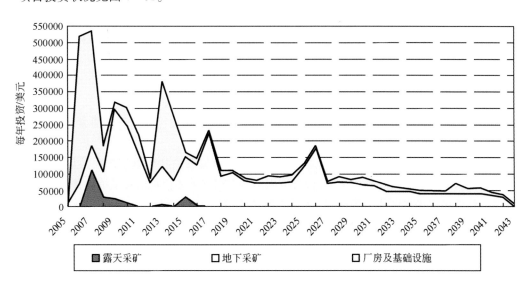

图 4-61　Oyu Tolgoi 铜金矿综合开发方案投资安排

4.9.5　短期作业计划及详细设计

4.9.5.1　作业计划

编制采掘作业计划是将长期计划转为中期或短期计划,满足产量目标、配矿需求和其他约束条件。应用采矿软件可便利应对露天矿多分期、多业主的采掘作业计划编制。作业计划一般要求的条件:已经输入计算机的地质和经济数据,包括已由境界优化得出的结果:矿山寿命期内长期计划,优化的开采序列等相关内容。

软件支持的作业计划可理解为:将长期计划的分期或实体分期再细分到具有开采顺序属性的期—台阶体。根据作业条件将应同时采出的期—台阶体集合,分层标注属性,构成满足产量条件要求的详细开采序列。计划目标是反映一套产率和比率值,如开采速度、产量定额、配矿、运输和其他。虽然效益和NPV最大不是短期计划考虑的重点,但当多个方案均满足作业需求时,要将其作为作业计划的选择。

步骤:输入矿山寿命期的时间表或预期内(如2年)计划编制的块模型,输入开采体(若干作业段和作业块),检查报告确认所有开采资料是否包含在作业段边界信息中,定义矿山的分期和作业段的(可选的)属性,设定时间目标和开采目标,一次或多次优化,按要求输出开采序列。

一些软件的输出还配有甘特图等形象的进度图表,并支持生产执行中的监控。

国内某生产矿山在长期规划的基础上制作季、月及周等短期计划,要用到大量的生产炮孔岩粉数据建立采矿生产模型。软件能自动计算作业区的矿岩量和各元素品位,并按品位级别分别统计,自动制作图形,有作业区域编辑调整功能。但对于设备能力、品位要求、配矿、排水、运输系统等要求,则依赖人工干预来实现,工作上要求及时收集炮孔岩粉、作业区地形现状等生产数据,为制作短期计划提供准确可靠的依据。根据建立的该矿采矿生产模型和1998年末现状地形,交互式进行1999年短期生产计划编制,并依据1999年上半年的生产情况,对下半年生产做出合理的计划调整方案。

4.9.5.2 详细设计

A 运输

编制作业计划时,控制汽车的运输时间是极其重要的。有些软件将汽车从台阶到卸矿点的运输线路精确地分成若干段:电铲装载点—台阶出口(坑线进口)—露天坑出口(坑线出口)—卸载场地进口—目的卸载点,考虑到卸载期内矿仓不同,目的卸载点可变。在此基础上通过运筹优化,其结果作为作业计划信息,有些软件支持动画模拟。

B 爆破设计

有些采矿软件具备专门的爆破设计模块或有较便利的爆破设计功能。通常与短期(日)生产计划关系较密切,其支撑基础是地质块段模型。

需将采区的钻孔岩粉数据输入到块段模型,即"钻孔编录",特别是生产采区最新钻孔数据;确定爆破量,采矿推进线和推进方向,台阶坡面角等。根据上述信息以及系统自备露天矿台阶爆破布置,软件可生成爆破体三维视图。可采用交互式人工调整,如抵抗线变化、爆破孔各排间距变化、爆破体边角、微差延时等。一旦接受调整,系统可根据用户要求给出爆破量、品位等信息和相应图形,表明与铲装设备的关系,并保存备用,同时可生成文字报告。有的爆破模型还可用于设计边坡锚固锚索和预裂边线。

国内品牌优化软件的应用及市场正在兴起,这些软件基本具备建模、境界优化、排产等功能。3DM,3D Mine,DIMine等矿业软件各具特色,较符合国内应用习惯。

4.9.6 汽车调度管理系统

大型露天矿生产调度信息化是露天矿生产管理计算机系统中的一个重要组成部分。它是根据短期计划给定的生产任务,结合设备管理部门提供的情况,组织当班生产;并随时采集各种生产信息进行分类、汇总、统计和预测,反馈给计划和设备管理部门。有关部门根据反馈信息实时调整修改计划,指导生产。因此露天矿生产调度计算机系统是矿山生产的心脏,其中卡车调度是支撑系统的骨干。

计算机控制卡车调度系统是 20 世纪 70 年代后期电子通信技术与计算机技术相结合的产物。目前世界上已有数十个大型露天矿装备了这种系统。通讯技术的进步大大促进了大型露天矿生产调度系统的发展。80 年代以无线通讯方式为主,局部配合红外线通信技术;90 年代以后向全球卫星定位系统(GPS)发展,目前 GPS 的应用已相当普遍和成熟。建立计算机控制卡车调度系统可以较大幅度提高矿山设备作业效率及系统产量;便于监控设备的运行与维修;有利于矿石质量的搭配与控制;形成矿山生产过程的实时信息管理及决策支持系统。

采用卫星定位技术(GPS)、计算机网络技术、无线数字通讯技术、电子技术、系统工程技术、优化理论、管理信息系统理论等多项现代高新技术理论,系统由车载移动智能终端系统、通讯系统、调度中心系统等三部分组成(如图 4 – 62 所示),用于对运行卡车进行实时优化调度。系统利用 GPS 定位,通过对卡车位置、状态等信息的采集,实现对卡车的实时跟踪与显示,优化调度卡车运行。

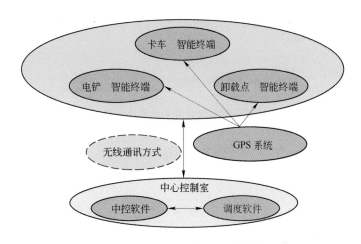

图 4 – 62　卡车调度系统总体结构

我国的露天煤矿在卡车调度系统的研究和开发方面进行了长期的工作。如霍林河露天煤矿的卡车调度模型研究,伊敏河露天矿生产中应用了我国自行研发的卡车调度监控系统。黑色露天矿在"十五"国家科技攻关计划重大项目"大型紧缺金属矿产资源基地综合勘查与高效开发技术研究"课题中将"露天矿自动化生产调度和管理信息系统研究"作为子专题,研制了汽车自动调度及管理系统,开发出了具有自主知识产权的露天矿自动化调度模型(包括面向对象的仿真建模)和软件系统、智能终端软硬件系统、汽车自动调度过程的软件支撑系统,并在首都钢铁公司矿业公司水厂铁矿建立了基于 GPS 定位系统的生产设备自动调度和管理信息系统,实现了生产调度的自动化。此外基于鞍钢新钢集团齐大山铁矿开发的"露天矿车辆调度管理系统",充分借鉴美国模块采矿系统公司的卡车计算机调度系统,结合采矿场实际研制。有色金属露天矿山中江西铜业公司德兴铜矿引进卡车调度系统,运行近 8 年,对矿山管理理念的更新和设备效率的提升发挥了不可替代的作用。

实例:德兴铜矿卡车调度系统。

特大型露天斑岩铜矿德兴铜矿,采场面积 5.52 km^2。现有大型采掘设备电铲 10 台(斗容分别为 16.8 m^3 和 13 m^3 两种)、运输设备电动轮汽车 52 台。采用陡帮开采,从最高台阶到最低台阶垂直高度 200 m 左右,近 20 个台阶,废石卸载点为北山、南山排土场,矿石卸载点为东部、西部破碎站。

1998 年矿山引进美国 Modular Mining System 公司的 Dispatch 矿山管理软件系统。该系统是一大规模使用计算机数字通讯以及 GPS 技术,为露天采区生产提供对采剥设备进行优化调度的计算机管理系统,其工作原理为定位/检测系统,实时地跟踪设备并采集设备的相关信息,通过无线数据传输到中央计算机,计算机动态地根据其调度算法程序及时向有关人员/设备发送信息及各种指令,以保证整个生产系统始终处于优化和高效的运行中。

系统根据设备状态、电铲作业条件、卸载点情况等相关因素对设备采取最佳运输管理。调度员可以从中央计算机直观地了解整个采区的生产动态,根据实际情况及时合理地调整电动轮汽车与电铲的配比率。系统应用后,电铲效率提高 4% ~ 8%,电动轮汽车综合效率提高 30% 以上(如表 4 - 60、表 4 - 61 所示)。

表 4 - 60　德兴铜矿应用卡车调度系统前后电铲效率对比

年　份	台班综合效率 /t · (m³ · 台班)⁻¹	台班效率/t · (台班)⁻¹	台时综合效率 /t · (m³ · 台时)⁻¹	台时效率/t · (台时)⁻¹
1996(使用前)	508.8	7366.7	109.1	1273.5
2000(使用后)	529.5	7778.1	103.5	1234.7
2003(使用后)	553.2	8245	107.2	1577.7

表 4 - 61　德兴铜矿应用卡车调度系统前后电动轮汽车效率对比

年　份	台班综合效率 /t · km · (t · 台班)⁻¹	台班效率 /t · km · (台班)⁻¹	台时综合效率 /t · km · (t · 台时)⁻¹	台时效率 /t · km(台时)⁻¹
1996(使用前)	32.5	4994.4	1763.7	269950
2000(使用后)	43	6626.7	2438.8	375569
2003(使用后)	45.5	7002.9	2271.4	349789

系统对合理配矿、减少设备调配不合理引起的物料消耗、安全生产和生产信息的管理等方面的改进效果显著,并能及时进行生产动态分析,为管理层生成各种报表,使之及时针对不利生产的因素采取补救措施。

此外,该系统还能利用 GPS 进行维修跟踪、边坡监测,辅助设备跟踪、轮胎管理等大量辅助有效功能,大幅度提高采矿劳动生产率,年经济效益在 1000 万元以上。

4.10　砂　矿　开　采

4.10.1　概述

砂矿通常是由河床、海岸线沉积或原生矿床风化塌积形成,含金、锡、磁铁矿、钛、钨、锆石、石榴石、金刚石、准宝石类等有价金属或矿物。砂矿的主要开采方法有采砂船、露天机械开采和水力开采。

根据砂矿的成因和运搬方式不同,可将其分为风成、水成和冰川三类。

4.10.1.1　风成砂矿

由于风力运搬或原地风化作用生成的砂矿床。如常见于热带多雨国家的残留或腐泥土砂矿、风化坡积砂矿、风力搬运移去轻物质的砂矿等。

4.10.1.2 水成砂矿

由水的搬运作用生成的砂矿,其分布广、种类多。可分为溪流、河流、滨海、阶地、洪积、沼泽淤积等,其中利用性较好的为冲积砂矿和滨海砂矿。

(1)冲积砂矿。变干或冲积砂矿可分为河床砂矿、河谷砂矿和阶地砂矿。

(2)滨海砂矿。平行于海岸分布,陆地早期的原生矿在海水作用下,沉积于海滨地带。

4.10.1.3 冰川砂矿

或称冰碛砂矿,含有价矿物的冰川砾石,随冰川的迁移过程沉积而成。其中成矿前未经水流分级的冰碛砂矿富集程度较低,棱角岩块多。

另外,具有利用前景的尾砂亦应作为一种二次资源的砂矿类型。

砂矿的粒度从大于256mm到小于1/256mm分布极宽,其粒度分类见表4-62,常见重矿物见表4-63。

表4-62 砂矿的粒度

颗 粒 名 称	平均粒径/mm	颗 粒 名 称	平均粒径/mm
漂 砾	>256	砂	2～1/16
卵 石	64～256	粉 砂	1/16～1/256
细 砾	4～64	黏 土	<1/256
砂 粒	>2		

表4-63 砂矿中常见重矿物

矿 物 名 称	密度/t·m⁻³	矿 物 名 称	密度/t·m⁻³
磁铁矿	≤5.2	橄榄石	≤3.3
钛铁矿	5.6～5.7	褐铁矿	3.6～4.0
石榴石	3.2～4.3	金红石	≤4.2
锆 石	4.2～4.7	辉 石	≤3.3
赤铁矿	4.9～5.3	独居石	4.9～5.3
铬铁矿	4.3～4.6	铂族金属	14～19
绿帘石	3.2～3.5		

4.10.2 砂矿开采方式

4.10.2.1 露天机械开采

砂矿露天机械开采是指采用通用的挖掘机械进行砂矿的开采运输作业,首先要有适应设备作业的条件并使运距较短运输成本合理。典型的机械包括:推土机、前装机、铲运机、单斗铲(正铲和反铲)、索斗铲、轮斗铲、汽车和胶带运输机等。另外需要配合洗选设备对砂矿进行处理。

前装机在砂矿开采中可作为采装设备、采装和短距离运矿设备及辅助设备。前装机具有机动灵活、行走速度较快、功能多等优点,适用于松散砂矿采装运。作为开采设备常用工艺前装机—汽车、前装机—胶带运输机或前装机—有轨运输(铁路);当运距小于300～400 m时,可作为挖掘、装运设备将砂矿直接运往洗选处理点;作为辅助设备时可用于清理工作面、平整贮矿场地等。前装机的主要缺点是挖掘力小,不适于挖掘密实物料以及轮胎磨损较快,较适宜在干旱砂矿使用。

单斗铲(正铲、反铲)在砂矿开采中作为装载设备,通常可与推土机配合使用。推土机进行砂矿的采掘积堆,单斗铲装铲后直接装入汽车或有轨车辆等运输设备。单斗铲与推土机配合可用来开采密实或含巨砾较多、厚度不大的砂矿,对物料的适应性强,挖掘效率较高,但对场地的干燥程度有要求,不适宜开采湿度大的砂矿。

用索斗铲进行砂矿开采可用于直接掏堆或装载,以及联合方式进行装载作业。表土剥离作业时索斗铲可将挖掘的表土直接排放到开采境界外或采空区,将挖掘的矿砂直接装入汽车或矿车等运输设备。当砂矿宽度较大,为提高作业效率,可用推土机配合堆积矿砂用索斗铲装载车辆或带式运输机。索斗铲底座较大,稳定性好,适于湿度大和松软岩土层面上运行和作业,甚至能直接挖掘水下砂矿,作业深度和半径较大,作业灵活,设备维修量小。

在砂矿的剥离和复垦作业中,可用铲运机配合作业。

砂矿的露天机械开采与缓倾斜软岩矿开采有相似之处,大多数设备对干旱缺水地区的砂矿更为适用。

4.10.2.2 水力开采

露天水力开采是利用水头压力和同一水流依次完成砂矿的冲采、运输、洗选和尾矿排放等连续性生产工艺。水力机械开采使用的主要机械是冲采水枪、水泵和砂泵。水枪的供水方式可分为自然水头供水、机械加压供水及联合供水三种方式。水枪喷嘴出口压强一般在 0.5 ~ 1.5 MPa。在水射流冲击渗透作用下,矿砂被粉碎,与水混合形成的矿浆经过矿浆沟、砂泵或水力汲运机械运至粗选设备(溜槽)、跳汰机或螺旋选矿机处理,处理后将尾矿排放到排土场。冲采砂矿可根据土岩松软程度采用直接冲采或松动后冲采,松动较致密岩土往往辅以爆破、水压以及机械(电铲、索斗铲和推土机等)方式。矿浆和尾矿的输送可根据高差和地形条件通过自流或泵送。

我国的水力开采在锡矿、锰矿以及钽、铌、锆、钛矿中曾经占据较为重要的地位,目前水力开采的份额已大为降低。

A 开拓

水枪开采的开拓工作是为管路敷设、生产系统建立和开采工作面形成挖掘基坑或堑沟,故开拓方法主要分为基坑开拓和堑沟开拓。

基坑开拓一般适用于矿区地势较平坦不具备采用矿浆自流运输的条件下使用。通常选择低凹位置挖掘基坑,并使基坑位于矿床底板最低处,以便于矿浆自流。基坑完成后即可设置水泵遂进行开采和水泵的阶段性移设。利用反铲挖掘基坑效率较高。

堑沟开拓适用于地形高差较大,能进行矿浆自流输送的条件,堑沟开拓是在主运矿沟和砂矿间挖掘明沟,建立矿浆沿堑沟自流运输的通道。堑沟位置应根据矿区地形和矿床赋存条件而定,尽量使采场大部分矿砂能通过堑沟自流输送,同时掘沟工作量最少。

B 冲采

冲采方式按水枪射流的喷射方向与冲下矿浆流向的相对关系分为逆向冲采、顺向冲采和联合冲采,如图 4-63 所示。

逆向冲采是水枪开采中常见的方式,水枪位于工作台阶下部平盘低侧,垂直于工作面喷射射流。首先沿工作面坡脚掏槽,当土岩失去支撑崩塌后,再冲碎崩落土岩造浆。如此循环作业,矿浆逆射流方向汇集到矿浆沟或汲浆池,自流或借助泵汲送至洗选厂。逆向冲采射流方向与工作面垂直,冲力大,能量利用充分,并借助重力崩落土岩、输送矿浆,作业效率较高,单位矿砂耗水量小。缺点是难以冲走大块砾石,一般适用于厚度较大、土岩含量高、矿浆易于流运的矿体。

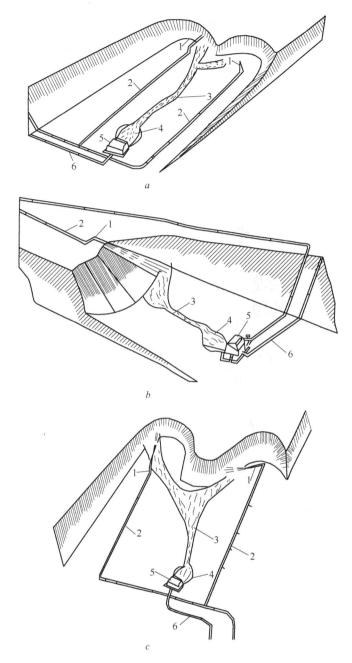

图 4-63 常见的水力冲采方式

a—逆向冲采;*b*—顺向冲采;*c*—联合冲采

1—水枪;2—供水管道;3—矿浆沟;4—矿浆池;5—砂泵房;6—水力运输管道

顺向冲采(如图4-61所示)时水枪位于工作台阶上部平盘工作面附近,平面上射流方向与矿浆流向一致,主要利用射流冲推矿浆并冲走砾石。由于垂面上水枪射流与工作面间成一斜交角,且冲采过程无法借助重力崩落土岩,故冲采效率较低,单位矿砂耗水量较高。适用于砂矿厚度3~5 m、松散和含砾石多难以自流的薄矿床。

联合冲采是兼有逆向和顺向冲采两种特点的方式。先以逆向冲采向前推进,再以侧顺向逐步冲采靠近工作面的残留土岩。该方式具备前两者的优势,因而能提高冲采效率,降低单位砂矿的耗水量。

砂矿水力机械化开采的适用范围和条件是沉积的次生矿床或块石含量低的土岩,有廉价的动力和充足的水源,有足够容量的水力排土场地,冰冻期短暂或无冰冻的气候条件,只能因地制宜选用。

砂矿水力开采的特点是投资低,准备工程量小;工艺流程简单,机械化程度高;生产工艺连续,作业效率高,作业成本低;作业条件安全,能为选矿、运输等后续处理创造条件。缺点是使用条件局限性较大,动力和水的消耗较大,气候条件制约,水系污染的概率较大和矿区修复工作量较大。

4.10.2.3　采砂船开采

内陆采砂船是一种开采水下松散砂矿并在线处理的漂浮式联合装置。利用安装在平底船上的采掘设备、洗选设备、调船设备、尾矿排弃设备和相应的供水、供电、通讯与仪表等辅助设备,将矿砂从水底挖掘提升到选矿设备集中洗选回收重矿物,将尾砂排弃到船后的采空区。由于采砂船最初用于开采砂金,故“采金船”更为通用,用于开采砂金、铂、锡石、锆英石、硅酸盐和建筑砂、卵石等,我国的砂金开采以采砂船为主。

采砂船开采生产能力大,劳动效率高,装配式采砂船的出现适应了开采规模大小不同砂矿床。

目前采砂船开采的环境保护日益受到关注,对采砂船开采、复垦的工艺和技术提出更高要求。

A　开拓

采砂船开采的开拓是指为设备组装提供场地,准备作业空间,使采砂船处于作业环境中,能顺利接近矿体进行回采。

(1)基坑开拓。首先在矿体附近开挖一个基坑,采砂船在基坑内组装,开拓一条通向矿床底板的通道,通道加深角一般6°~10°建成后出基坑。这种开拓方式常用于河漫滩式冲积砂矿床,潜水位埋深小于2 m的矿床。基坑开拓施工便利,供水容易,投资省,但需采取防洪措施。

(2)筑坝开拓。当矿区水量不足,或矿床埋藏位置接近高于河床水位时,应采用筑坝开拓。通常选择适当位置筑坝,以提高水位,保证采砂船的正常作业条件。普通坝和拦河坝为较常用两种开拓方式。普通坝开拓是在河流上游用明渠引水,并修筑墙式坝;拦河坝则用来蓄水提高水位。筑坝开拓适应性较强,可充分利用资源,比基坑开拓作业空间大,采砂船作业不易触尾,但筑坝工程量大,初期投入过高。当要求提高的水位不大(0.7~2 m)时采用临时矮坝以降低投入,或称围堰开拓。

B　回采

按挖掘机构可分为链斗式、吸扬式、机械铲式和抓斗式。概略介绍应用最广泛的链斗式开采。

按移动方式将链斗式开采分为桩柱式、首绳式和混合式三种。

(1)桩柱式开采操作简便,工艺可靠,适用于开采较硬和较深的矿床,但尾矿排弃不灵活,难复田;

(2)首绳式开采适用于湖滨砂矿的开采,采幅大,往返横移时间短,尾矿分级排弃利于复田,但开采底板较硬的基岩时效率降低,岸上供电电缆易损;

(3)混合式开采集中了两种方式的优点,适用性扩大,效率提高并便于复田和供电。

C　采砂船的选型

按矿山生产年限来选取采砂船(按容积),一般 >15 年,容积≥300 L;10~12 年,容积为150~300 L;5~7 年,容积为50~100 L。

生产能力:

$$Q = \frac{24 \times 60 \times W \times N \times K}{\rho} \times h \qquad (4-72)$$

式中　Q——采砂船昼夜生产能力,m^3/d;

　　　W——斗容,m^3;

　　　N——斗链卸斗速度,斗/min;

　　　K——平均满斗系数;

ρ——矿岩平均松散系数;

h——时间利用系数。

4.10.3 砂矿开采的环境保护与矿区安全

4.10.3.1 砂矿开采的环境保护

我国的砂矿开采历史悠久。20世纪初砂金开采的鼎盛时期,产金量曾位居世界第五。据资料统计,建国初期,砂/岩金产量比达127%,20世纪50年代和80年代砂/岩金产量亦持平。

近几十年来,砂矿开采发展急剧紧缩。究其原因:(1)这种易采易用的资源逐渐减少,美国的砂金产量比重由90年代的8%左右减少到目前5%以下,目前我国基本上不采砂金;(2)砂矿开采的生态和环境后患正在日益显现,因而备受关注。在美国民声呼吁当局,批准小灌木丛保护地和湿地,以逃脱失控的砂矿开采的伤害,我国部分省(区)因环境保护等问题已对砂金矿实行禁采或限采。据统计,我国几乎90%以上的砂金矿过采区没有进行环境治理及复垦工作,海南钛也曾因锆砂矿的滥采乱挖出现环境污染和生态退化问题。因此砂矿开采的生态修复是极其重要的。根据环保法规规定,环保投资必须列入总概算。当前砂矿开采环境保护的突出问题是污水处理和矿区修复。

(1)污水处理。

矿区的污水处理应根据不同的开采对象,开采工艺等采用不同的处理方法,如沉淀、过滤、吹脱、蒸发结晶、离心分离等物理方法或采用混凝、中和、氧化还原、吸附、电解等化学方法或采用联合法。

在采金船作业时,筑坝挡水沉淀,在船采作业下游筑坝,沉淀坝的设计参数通常高5~8.5 m,上宽3~5 m,迎水坡高1:(2.5~3.0),背水坡1:(1.5~2.5),坝顶高出水位0.4~0.7 m。或利用旧采池净化或用絮凝剂或石灰石。

为加快污水沉淀,可采用向沉淀池投放絮凝剂的办法,常用的化学药剂有硫酸铁($FeSO_4 \cdot 7H_2O$),氯化铁($FeCl_2 \cdot 6H_2O$)及生石灰。

(2)复垦。

矿区开采的整体修复与重建,在建设前期即应根据当地条件做出废弃物的综合利用,旅游、农垦、养殖、公园建设等功能性的生态景观规划。

如同缓倾斜平伏矿床开采,将复垦作为开采工艺的环节之一。剥离表土有序堆存,按原层位回填;必要时进行采区疏干,种草植树。

在海南,生态系统恢复重建的首先应控制水土流失,提高土壤肥力,改造土壤理化结构。具体措施可采取培肥技术和穴植法复土方式。其次是引入先锋树种木麻黄。用深穴大苗技术栽培木麻黄,搭配生物篱笆、林灌草发挥固沙挡风作用。第三超前考虑采矿区土地恢复植被后防护林的发展,优化人工群落的结构,增大生物多样性,使系统趋向稳定。

4.10.3.2 砂矿开采矿区安全

应重视以下几方面:

(1)重视和加强矿区历史最高洪水位、地下潜水位、矿区集水面积、小时暴雨量等资料的搜集整理,以便对首采矿段、矿区的排洪、排水方式及排水设施做出正确的选择和设计。

(2)对矿区地下岩洞(溶洞)及地下采空区做出标示,对可能崩陷灾害做出应急预案和预警。

(3)正确选择开采技术参数,如水力开采的台阶高度,水枪冲采压力、水枪到工作面的最小距离,以保证土岩崩塌时不危及人和设备安全。

4.11 露天转地下开采

露天与地下联合开采是指倾斜、缓倾斜矿体上部用露天开采,而下部同时地下开采。对大部分厚大、倾斜到急倾斜赋存特征的金属矿而言,先用露天方法开采矿床的上部,然后转用地下方法开采深部矿床是很常见的。因此金属深凹露天矿深部资源开采以露天转地下为主,在这个转换过程中,为了生产的连续往往有一定的露天开采与地下开采同时存在的阶段,所以从广义上看,露天转地下开采过程可视为露天转地下联合开采的特例。

近几十年来随着资源不断地开发利用,国内外露天转地下开采的矿山逐渐增多。20世纪末,世界著名的南非露天铜矿 Palabora 转为地下开采,智利 Chuquicamata 铜矿预计2010年以后闭坑,近年已进行转地下开采的研究和设计。据统计10年前我国18座大中型露天矿中有16座进入凹陷开采阶段,2001年大冶铁矿东露天凹陷深度已达240 m。有色金属大中型露天矿山除近年新建矿山外基本进入凹陷开采。近年,石人沟铁矿、板石沟矿业公司上青铁矿已转入地下开采,杏山铁矿、永平铜矿、海南铁矿等准备或正在实施露天转地下工程。因排土场占地、扩帮剥岩不经济和矿区环境保护要求等,露天转地下开采是一些凹陷露天矿山迟早要面临和解决的一个问题。

4.11.1 露天转地下开采的特点

露天转地下开采必然存在露天开采临近结束和地下开采逐步开始的交替时期,通称过渡期。该时期也可认为是短期联合开采。无论过渡期长短,过渡期工作的宗旨是使矿山产量基本保持平稳或平缓下降,矿山开采后期经济效益最优,同时考虑各种因素合理匹配,综合评价最优。

4.11.1.1 露天转地下开采的特点

(1)过渡期期间两套独特工艺并存,设计、建设、生产管理复杂,难度增大;

(2)两个系统可能相互联系;

(3)过渡期由单一露天开采转为露天和地下联合作业或地下开采,生产效率会受到影响。如南非 Palabora 铜矿自1996年开始露天转地下的地下开拓工程,设计生产能力3万t/d,到2005年基本达到设计规模;

(4)地下开采和边帮矿回收可能导致边坡失稳,形成新的塌陷区,稳定性监测工作量增大。如唐钢石人沟铁矿在露天转地下的过程中,采取对北端边坡进行监测,并注意收集北端边坡在开采过程中形成空区的地质资料,以指导端帮开采与工程施工,防止发生边坡塌落;

(5)地下开采直接位于露天坑下或开拓系统有间接联系条件下,排水、防洪、通风等系统均复杂;

(6)人员需从事全新的作业和管理。要求进行扎实的培训。如通钢板石沟矿业公司上青铁矿。

20世纪90年代以来国内外部分露天转地下的矿山以及着手研究的项目情况见表4-64和表4-65。

表4-64 近年国内部分露天转地下矿山

矿山名称	规模/万 t·a⁻¹	开拓方式	地下采矿法	过渡时间(预计露天关闭时间)
唐钢石人沟铁矿	60 70(13) 200	Ⅰ期南区竖井 Ⅱ期北区斜井 Ⅲ期主副斜井,斜坡道	南区浅孔留矿 北区阶段矿房 无底柱分段崩落	2001~2005 Ⅲ期为设计
通钢上青铁矿	110	竖井	无底柱分段崩落	~2002
大冶铜绿山铜矿	4000t/d (地下2500t/d)	竖井	上向分层胶结充填	1985~1997(中间有停顿)
在建或可行性研究阶段				
江铜永平铜矿	10000t/d (5000+5000)	斜坡道,胶带	房柱嗣后充填采矿法	2006~
首钢杏山铁矿	100	挂帮回收:平硐斜坡道	无底柱分段崩落法	2005

续表 4-64

矿山名称	规模/万 t·a⁻¹	开拓方式	地下采矿法	过渡时间（预计露天关闭时间）
马钢南山铁矿凹山采场	30	平硐-风井开拓、露天台阶转载运输	有底柱分段崩落采矿法	（2008）可行性研究
鞍钢眼前山铁矿三期	400	竖井箕斗	大间距无底柱分段崩落法	（2013）方案研究

表 4-65　近年国外部分露天转地下矿山

矿山名称	规模/万 t·a⁻¹	开拓方式	地下采矿法	过渡时间（预计露天关闭时间）
南非 Finsch 金刚石矿	500	斜坡道—竖井	上部：分段空场下部：矿块崩落	1978 年地下开拓，1982 年竖井交工，1991 年起产量来自露天坑以下的地下开采
南非 Palabora 铜矿	30000t/d	竖井	矿块崩落法	1996 ~ 2002
澳大利亚 Leinster 镍矿	220	竖井	房柱法	1978 ~ 1986
在建或可行性研究阶段				
澳大利亚 Argyle 金刚石矿	750	斜井	矿块崩落法	（2007）设计
印度尼西亚 Grasberg block Cave 铜矿	115000t/d	平硐有轨	矿块崩落法	2004（Grasberg Open pit 2015）
智利 Chuquicamata 铜矿	125000 t/d	斜井胶带，竖井（副）	盘区（矿块）崩落采矿法	（2013）可行性研究

4.11.1.2　露天转地下开采的要点及研究方向

根据已有露天转地下矿山工程实践，露天转地下的要点：

（1）统筹规划过渡方案。对整个矿床开采的全过程统筹规划，重点解决好何时过渡和如何过渡的问题，需缜密安排，编制好过渡期产量均衡计划，最好能做到过渡期不减产。

（2）应充分考虑矿床特点尽量选择露天和地下可相互借用的开拓系统，共用地表工业场地生产辅助设施和生活福利设施，以减少露天转地下的建设投资，提高矿山经济效益。

（3）应采取各种措施协调使能力衔接。如露天矿无剥离采矿，不扩帮延深，回收三角矿柱，提早进行地下开采准备等，石人沟铁矿还根据矿体赋存条件在露天边帮沿矿体延伸方向开掘平硐，进行人工追脉开采。

（4）应强化稳定性工作。进行顶板厚度，巷道、间柱等稳定性研究。采取各种保护措施，包括实时监测；减少露天矿作业和地下矿工程的相互干扰和影响，在接近最终边坡的爆破采取减震措施，地下工程施工时对露天矿，露天作业在地下开采的移动带内进行监测，记录地下开采的岩体位移和应变信息。

（5）应保证安全生产。根据地下施工或开采时岩体位移、边坡稳定性变化，及时预报可能带来的地压灾害对露天开采安全作业的影响，涉及：1）地下开采结构体失稳破坏；2）地采时诱发深凹露天边坡体失稳破坏与滑坡；3）地采时开采沉陷导致原边坡体失稳破坏与滑坡等。重视露天转地下开采的排水方案并落实排水措施，特别是雨季防洪；加强通风设计和实施效果监测，地下开采时有些坑道可能与露天坑边帮相通，应采取措施防止系统漏风、工作面污风串联等。

（6）培训队伍。包括安全培训、技能培训及管理培训。

露天开采转地下开采的研究方向可归纳以下几方面：

（1）系统优化研究。这方面的研究主要涉及露天—地下联合开采工艺系统研究、露天与地下合理开采范围与条件的界定、联合开采运输系统的衔接,规模(或分期)及寿命的确定等。其中如何合理确定过渡时期及地下开采时期矿山的产量规模,做到不停产,维持矿山持续的生产能力,顺利地由露天转入地下开采是系统优化的一个重要目标。

(2)稳定性研究。在目前露天转地下研究中颇为常见,涉及露天坑坑底的顶柱、巷道围岩变形、间柱、覆盖缓冲垫层、露天边坡管理与残柱回采等。引入了数值模拟、有限元分析、摩尔 – 库仑、极限平衡解析等,并可采用多种稳定性分析软件支持。

(3)地下采矿工艺研究。根据岩石力学原理,选择最优的开拓系统与地下采矿方法、采场构成要素及开采顺序,尽可能采用满足规模要求和经济效益最佳的方法,图 4 – 64 和图 4 – 65 为智利露天铜矿转地下的开拓系统研究以及澳大利亚露天金刚石矿转地下的采矿工艺研究。

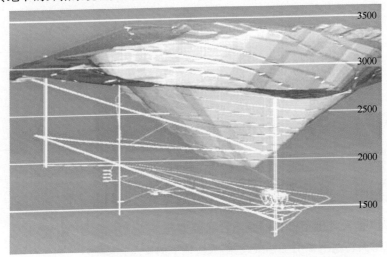

图 4 – 64　智利 Chuquicamata 露天铜矿转地下开采研究的开拓系统

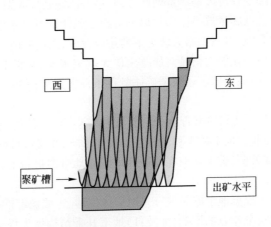

图 4 – 65　澳大利亚 Argyle 露天金刚石矿地下采矿法研究

4.11.2　露天转地下开采的形式和实例

4.11.2.1　露天转地下开采的类型

露天转地下开采(或露天地下联合开采),根据两者时空关系,大致可分为四种:

(1)地下开采作为露天开采的接续。露天开采临近结束前一段时间,先行地下开拓准备,嗣后露天开采结束,地下开采立即接续。二者开采没有交织,但产量会有波动。

（2）露天开采与地下开采过渡交融,保持产量均衡或平缓下降延长矿山寿命。

（3）露天与地下开采同时作业,互不影响。

（4）急倾斜矿体露天开采进行中,提早地下开采,形成的充填顶板作为露天坑底,无须留底柱,节约资源。

4.11.2.2　国内外露天转地下开采矿山实例

A　唐钢石人沟铁矿

石人沟铁矿露天矿 1970 年筹建,1975 年投产,设计生产能力 150 万 t/a,后期实有生产能力为 50～60 万 t/a。至 2004～2005 年,露天开采全部结束(如图 4-66 所示),此后进行局部残矿回收工作。2001 年 7 月和 2003 年 10 月开始井下一、二期工程建设,准备转入地下开采。2005年 6 月井下一期(南区)工程基本结束,陆续转入了采切及生产出矿阶段,2005 年底井下二期(北区)工程全部竣工。

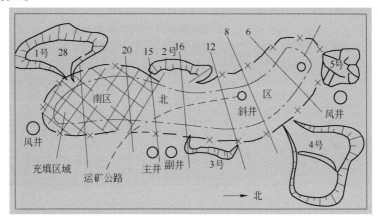

图 4-66　石人沟矿露天采场结束时状况示意图

为了实现产量均衡,石人沟铁矿采用不停产过渡,主要的技术难点有:勘探程度低,高级别储量和水文地质状况不清;过渡期露天开采和井下工程作业交叉,对边坡稳定和作业安全均有影响;露天坑深汇水面积大,疏干和排水问题异常突出;产量接续尚有距离。为此石人沟矿先后进行过稳定性研究、采矿方法研究和排水方案研究,较好地解决过渡期技术问题,达到预期目标。

Ⅰ区采场结构参数研究。应用数值模拟方法,借助有限元软件 ANSYS,对不同矿房结构参数下的采场和边坡稳定性进行分析,合理选择确定境界矿柱厚度为 16～25 m。

采矿方法研究。针对市场态势分析并调整采矿方法,Ⅰ期工程时由于市场低迷选择南区采矿方法为浅孔留矿,Ⅱ期时北区确定为阶段矿房法,Ⅲ期时市场需求大,选定开采强度高的无底柱分段崩落,设计生产规模为 200 万 t/a。

井下疏干和排水采取了"同时设置露天采场排水疏干泵站与井下排水泵站"的联合排水方案。在露天采场内设置固定泵站 2 座,浮船泵站 1 座,实现接力排水,共安装 200D43×3 排水泵13 台。在井下南、北区 -60 m 水平,各设排水泵站 1 座,每座泵站各安装 200D43×5 多级排水泵5 台。实践证明,采取上述联合疏、排水方案,达到了预期效果。

爆破。露天底部:以 3 台 D-80 潜孔钻机取代 KY-250 牙轮钻机,穿凿 φ80～100 mm 炮孔,以减少爆破对底板的冲击;将孔底距下部回风巷顶板的高度控制在 16 m 以上,满足境界矿柱安全厚度的要求;根据露天排水泵站位置控制露天底板标高,使之形成自流坡度;全部采用多段毫秒微差爆破,一次总装药量不许超过 3.0 t,分段起爆药量不得超过 0.5 t;加强警戒措施,除执行露天警戒规定外,每次起爆前必须确认人员撤离后,方可进行露天起爆。井下:加强井下测量工作,严格控制炮孔方位,保证巷道顶、底板标高及顶部安全矿柱厚度;第一中段回风巷掘进采用周边光面爆破;露天水泵坑下部或断层及破碎带中掘进,实行减震爆破,必要时局部采取支护措施。

运输系统。在露天采空坑回填 40 万 t 废石,形成永久路面和斜井矿岩倒装场地,东移原有的局部公路,使之连接原有永久干线;在岩石爆堆上修垫永久斜坡道,连通措施井与原有永久运输公路,形成措施井矿岩倒装场;对露天生产后期的东、西小采及平硐开采,采用分支式半固定或临时公路与永久干线相接。

过渡期产量均衡。采用小型设备进行露天矿无扩帮采矿,包括 D-80 钻机、1 m³ 挖掘机和 5 t 自卸矿车等;对露天境界外边帮残矿进行平硐开采,用 7655 凿岩机进行上向及扩帮后退式回采,ZL-15 或 ZL-30 装载机装矿,5 ~ 20 t 自卸矿车运输;利用措施井开采运出深部矿石;将部分脉外基建巷道改为脉内掘进,加大井建副产出矿量。上述措施较好地实现了石人沟铁矿"过渡期"生产的均衡和稳定,过渡期逐年产量见表 4-66。

表 4-66 石人沟矿露天转地下过渡期逐年产量

出矿部位	过渡期矿石产量/万 t					备 注
	2001 年	2002 年	2003 年	2004 年	2005 年	
大露天采场	58.94	50.05	59.33	12.78		2004 年 3 月结束
小露天采场	19.91	31.93	27.90	46.91	19.00	
平硐开采	19.85	28.05	22.77	27.39	25.50	
措施井开采				2.70	16.30	现已达产
井建副产			1.97	8.26	29.00	
露天储矿场	1.18	0	4.89	10.30	1.70	2005 年 4 月结束
合 计	99.88	103.03	116.86	108.34	91.50	

露天采场最终边帮稳定。采取边坡清理、滑体监控、裂隙灌注、坡面锚网喷护和强制处理准滑体等措施。

综合利用露天及井下排水。将露天及井下排水由地表直接引入选厂高位水池,经沉淀供给选厂,基本替代原有的生产供水系统。

B 南非 Palabora 铜矿

Palabora 铜矿位于南非普利托里亚以东 360km,矿体呈近直立筒状,长短轴延伸 1400 m × 800 m,矿体主要赋存在含辉岩等碱性火成杂岩上,随花岗岩、杂磷灰白云石和碳酸盐岩产出。Palabora 铜矿 1964 年开始露天开采,规模从 3 万 t/a 逐步增加到 82000t/d。到 2002 底露天矿达到经济开采最终深度,露天坑深 800 m,边坡角 46°。露天矿开采后期回收挂帮矿时将下部边坡角提高到 56°。从 1996 年起转地下开采的开拓工程动工,预计增加矿山寿命 20 年,投资约 4.65 亿美元。

地下开采采用竖井开拓,主井直径 7.4 m,井架 105 m,副井 φ8 m×69.9 m 井下破碎站安装 4 台双肘板颚式破碎机,平均破碎能力 900 t/h,胶带运输机长 1.32 km、宽 1200 mm。采矿方法选用矿块崩落法,设计生产能力为 3 万 t/d。地下生产水平距露天坑底高度 400 ~ 500 m(如图 4-67 所示),距地表约 1200 m。

Palabora 铜矿转地下开采遇到的较突出问题是岩体坚硬,崩落矿石大块多,卡斗,二次破碎量大。通过加强可崩性研究并增加了二次破碎设备,到 2004 年二季度崩落矿量接近 3 万 t/d,2006 年矿石产量 1060 万 t,达到了 3 万 t/d 设计能力,从地下开拓到地下矿达产历经 10 年。

C 国内某铜矿露天转地下(设计)

某铜矿露天开采于 1984 年投产,露天矿分为南北两坑,生产规模 10000 t/d。南露天坑采到

46 m 水平,开采结束并已闭坑。北露天坑(2 号勘探线以北)还在进行扩帮开采,计划 10 年左右开采到 −50 m 水平,然后闭坑。

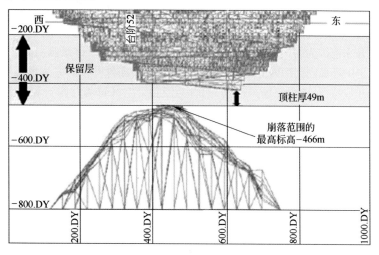

图 4−67　Palabora 铜矿露天转地下开采矿块崩落法采矿示意图

　　2005 年露天开采集中在北坑,随着开采深度的延深,开采范围逐渐缩小,保持 10000 t/d 的生产规模日益困难。为使矿山持续稳产,需尽早着手开始进行地下开采的设计和建设工作。地下开采可以在露天开采结束后进行,也可与露天开采同时进行。方案 1 露天开采结束后进行地下开采,矿山生产规模将从露天开采的 10000 t/d 下降到地下开采的 5000 t/d,规模降幅较大,且 10000 t/d 生产规模约有 7 年,持续时间较短。方案 2 露天和地下同时开采,生产规模各为 5000 t/d,则可延长矿山 10000 t/d 生产规模的开采持续时间,使矿山持续稳产的时间更长,有利于企业发展和稳定。故选用方案 2。开拓采用斜井皮带加辅助斜坡道方案,开拓系统见图 4−68。

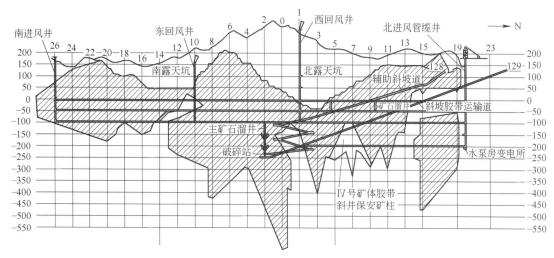

图 4−68　国内某铜矿露天转地下开采开拓系统纵剖面示意图

　　矿床是一个以铜为主,共生硫铁、铅锌及铁矿的综合矿床,属广义的矽卡岩型。几条主要矿带走向与区内地层走向基本一致,近于南北,倾向东或北东东。矿体形态以似层状为主,透镜状次之。在各矿带或同一矿带的不同部位,倾角不一致。Ⅳ、Ⅴ矿带倾角 70°左右;Ⅰ、Ⅱ、Ⅲ、Ⅵ矿带倾角 20°~30°。Ⅱ矿带横贯全区,规模最大,占全区铜金属量的 78.2%。

矿体 100 m 标高以下矿体及围岩多为 I 类岩石,即岩石致密坚硬,各向异性较小,最小抗压强度 >58.8 MPa$(600$ kg/cm$^2)$,凝聚力 >19.6 MPa$(200$ kg/cm$^2)$,部分地段有 $5\sim15$ m 挤压破碎带。矿区内岩层富水性弱,大气降雨为地下水主要补给来源,矿区水文地质条件较简单,坑内正常涌水量 10000 m^3/d,最大涌水量 30000 m^3/d。

设计的地下开采范围为露天开采境界以外的矿体部分。根据矿体缓倾斜到急倾斜,中等厚度的赋存条件及矿岩中等稳固到稳固的特性,矿石品位低,适合条件的采矿方法主要有崩落法和空场法。为保证露天开采顺行,选用空场采矿法,同时为消除采空区冒落对露天和地下生产带来的危险,可以采用嗣后充填的方式处理采空区,产量贡献以中深孔房柱嗣后充填采矿法为主。采矿凿岩采用 Simba1354 型凿岩台车,上向扇型炮孔,装药车装药,4 m^3 铲运机出矿。分段空场嗣后充填和浅孔房柱嗣后充填采矿法产量约占 30%。矿石充填方案确定选择立式砂仓高浓度输送方案。

D 国内某铁矿露天转地下开采过渡方案

该矿为我国著名的露天富铁矿。开采历史可追溯到清代,1956 年复产。经过几次改扩建,矿山规模从年产矿石 110 万 t 扩大到 460 万 t,其中北一采场为主要采场,生产规模为年产矿石 400 万 t。按 1998 年编制的北一采场露天采场核产设计,露天封闭圈标高 168 m,坑底标高 0 m,开采至 2010 年减产,至 2014 年闭坑。目前北一采场已开拓 60 m 水平,现有 120 m、108 m、96 m、84 m、72 m 和 60 m 6 个生产水平,从 2007 年到闭坑仅 6 年多时间,提出坑内开拓与露天开采同时进行的过渡方案以保证产量平稳,缓步过渡。

a 露天转地下过渡方案和首采段的确定

2010 年北一采场年生产能力减为 250 万 t,直到 2013 年,2014 年露天矿闭坑。考虑 3 个方案实施露天开采到地下开采的过渡。

(1) 开采挂帮矿量。当露天矿减产前 $1\sim2$ 年,进行挂帮矿的(东帮)的开拓工作,采用平硐溜井开拓方式。当露天矿减产期间挂帮矿开采投产,以补充露天矿的产量。该方案的优点是投资省,见效快。存在以下 3 个问题:1) 挂帮矿年产量只有 75 万 t,最大可达 90 万 t,补充的年产量有限;2) 只是局部过渡,不是整体过渡;3) 挂帮矿与露天矿同时开采时双方均受干扰。

(2) 露天矿留保安矿柱方案。在露天矿底板(0 m)下留 24 m 或 36 m 保安矿柱。在露天矿生产期间同时进行坑内的开拓工程,使露天矿生产和坑内工程基建互不干扰。在露天矿减产过渡期,坑内工程提前出矿,以补充露天矿和产量。该方法优点是纳入坑内总体过渡计划,优先开采露天矿底部厚大矿体,该方案存在的问题是基建投资较大,遗留 24 m 或 36 m 底柱的回收问题。

(3) 首先开采 E9 线以东 -300 m 中段矿体。北一矿体走向长 2500 m,按地质报告分为 E9 线以西和 E9 线以东两部分。矿体自西北和东南方向倾伏,露天矿位于 E9 线以西。E9 线以东矿体埋藏较深,多数在 0 m 以下,最深处为 -375 m。按主体开拓工程。-300 m 中段为主要开拓中段,在基建期,-300 m 中段的车场、坑内中央变电所、水泵房等工程均要建成。-300 m 中段矿体比较厚大,倾角陡,适宜用分段空场法开采。经计算,-300 m 至 -225 m 中段的生产能力为 90 万 t,-100 m 到 -375 m 中段的生产能力为 60 万 t,两个中段的生产能力 150 万 t,可以开采 $4\sim5$ 年。当露天矿从 2010 年开始减产至 250 万 t/a 时,E9 线以东 -300m 这两个中段可以补充 150 万 t/a 生产能力,使全矿生产保持在 400t/a 左右。

该方案优点:1) 坑内基建和露天开采互不干扰;2) 保证从露天开采转入地下开采顺利地总体过渡;3) 由于 -300m 中段是坑内开拓主运输工程,加上 -300 m 中段走向短,基建工程量不大;4) 深部形成空场后有利于废石回填。存在的主要问题是:1) 为保护上部矿体,部分采用胶结充填,增加采矿成本;2) 回风井基建期工程量大。归纳以上三个方案推荐首先开采 E9 线以东 -300 m 矿体(见图 4-69)。

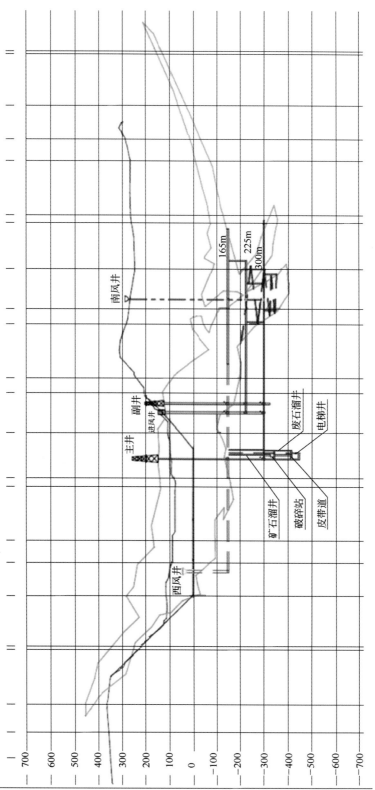

图4-69 某铁矿露天转地下开采过渡期同时开采方案

b 矿体总体开采顺序

当露天矿开采减产过渡期,首先开采 –300 m 上下两个中段,当露天矿生产结束后,立即开采挂帮矿量和露天底部(从 –165 m 开始)。同时 E9 线以东 –225 m 向上回采至 –165 m,共同形成 300 万 t/a 生产能力。

4.12 露天矿实例

4.12.1 智利 Escondida 铜矿

4.12.1.1 矿山位置和隶属关系

Escondida 铜—金—银矿位于干旱的阿塔卡马沙漠北部,安托法加斯塔(Antofagasta)港东南约 160km,海拔高度 3050m。

矿山由 BHP-Billiton(57.5%)、Rio Tinto(30%)、日本企业财团(10%)及国际金融公司(2.5%)合资经营。矿山 1990 年底投产,是迄今世界上采剥量最大的露天铜矿,2003 年前后矿石生产能力通过分期扩建已达到 23 万 t/d 水平,矿山雇员约 2200 人。

4.12.1.2 矿山地质和储量

矿床与沿智利西部断裂浸入的三个斑岩矿体有地质关系。主要为热液硫化矿,铜品位 0.2% ~1%,其后在侵蚀和上升作用下生成 180 m 厚的沥滤铜帽及富集高品位浅生矿,两者叠加成为原生硫化矿,包括黄铁矿、黄铜矿、斑铜矿,富矿带中伴有铜蓝和辉铜矿。

到 2006 年 6 月底,Escondida 和 Escondida Norte 铜矿储量(Proven + Probable)总计为 41.75 亿 t,铜品位 0.8%,其中:硫化铜矿 18.72 亿 t;硫化浸出铜矿 21.94 亿 t;氧化铜矿 1.09 亿 t,矿山计划开采 34 年。

4.12.1.3 矿山开采

Escondida 为露天开采。2004 年露天坑 E—W 2.2 km,N—S 3.2 km,深 465 m(图 4 –70)。最终露天矿 E—W 3.5 km,N—S 4.8 km,深度 750 m(2007 年资料为 840 m,最上部台阶 3255 m,最下部台阶 2415 m)。螺旋折返坑线开拓(图 4 –71),台阶高度 15 m,边坡和作业台阶状况见图 4 –72。

2006 年底该矿采矿主要设备包括:电铲 17 台,其中:斗容 56 m³ 5 台,51 m³ 2 台,42 m³ 9 台,23 m³ 1 台;汽车 122 台,其中:载重量 223 t 73 台,345 t 49 台;17.6 m³ 前装机 5 台;钻机 18 台,其中:49R、R2、R3 共 10 台,DMM2 2 台,DM45 3 台,CM780 1 台,250XP 2 台;辅助车辆 70 台。爆破使用散装铵油炸药。

项目股东投资 4 亿美元开采距现有矿山 5 km 的 Escondida Norte 新露天坑。设计 E—W 2.7km,N—S 2.6 km(如图 4 –73 所示),最终深度 795 m。2004 年底基建剥离量达到 1.26 亿 t,计划于 2005 年末投产,用胶带运输机将矿石运往现有的处理厂。

在此期间设计年产 18 万 t 阴极铜的硫化矿浸出项目将交工。采用细菌浸出处理两个露天坑的低品位原矿。然后进行溶剂萃取—电积提铜,计划 2006 年末投产。采出矿石先送到 2 台坑内半移动破碎机破碎,然后经运输机运至粗矿堆。矿山寿命期内平均生产剥采比为 1.7:1。选用 Wenco 国际采矿系统(WIMS)进行汽车的调度和监测,而项目的材料、维护和成本的控制则使用 Mincom 公司的矿山信息管理系统。

图4-70 智利 Escondida 铜矿露天坑 2004 年鸟瞰

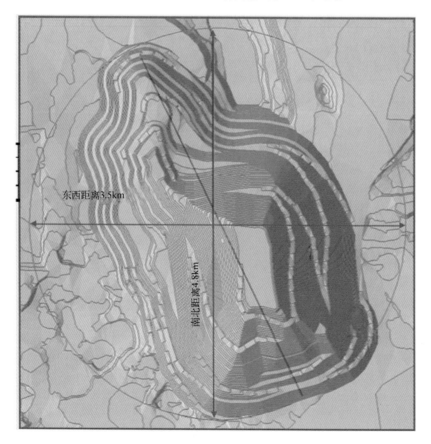

图4-71 智利 Escondida 露天铜矿主矿设计境界

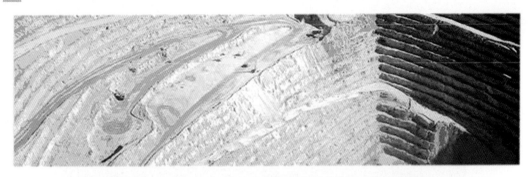

图 4 – 72　智利 Escondida 露天铜矿工作面、边坡及运输道路局部

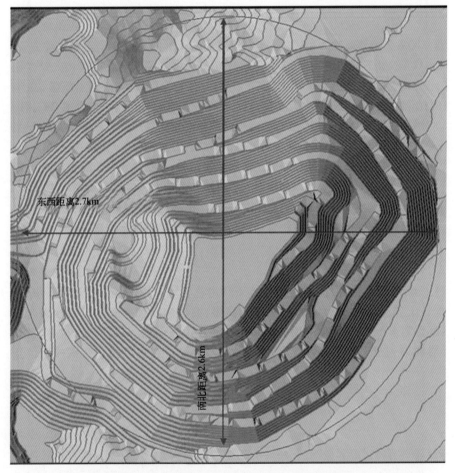

图 4 – 73　智利 Escondida Norte 露天坑设计境界

　　该矿曾选用 HCItasca 公司的 FLAC 软件进行矿山水文地质三维数字模拟研究,设计露天矿高边坡减压排水系统,开发了三维地下水流模型,并对矿山渗流影响、尾矿水倒灌和几个排水方案作了评价。设计采用多级排水系统以使矿山寿命期内的边坡减压达到要求的水平。HCItasca 公司协助设计过程中的数字模拟和露天坑的工程地质填图工作。完成的主要工作包括邻近露天坑的尾矿库对露天边坡稳定性的影响评价和一个邻近不断延深的露天坑的处理厂重新布置。另外还完成了尾矿库上修建 80 m 高的公路的动态分析。该分析使用的地震震级为里氏 8 ~ 8.5 级。该矿还是稳定性分析软件 GALENA 的用户。

1993～1994 年 Escondida 选厂扩建使精矿含铜产量从 32 万 t/a 提高到 48 万 t/a，1996 年扩建，产量进一步提高到 80 万 t/a，1998 年 11 月，选矿厂扩建完工，矿石处理能力达到 12.7 万 t/d。1999 年中，新的氧化矿处理车间投产，阴极铜产能达到 12.5 万 t/a，2002 年 9 月，用留成利润投入 10.44 亿美元进行四阶段 11 万 t/a 选厂扩建完工。

4.12.1.4　矿山作业量

2003 年矿山采剥总量 1.49 亿 t，选矿处理量 7030 万 t 硫化矿，品位 1.43%（2002 年 1.58%），氧化矿 1370 万 t，品位 1.06%；2004 年矿山采剥总量 3.77 亿 t，处理硫化矿石量 8240 万 t，品位 1.51%，产出铜精矿含铜 100.52 万 t，阴极铜 15.23 万 t，金 17.98 万盎司，银 450 万盎司；2006 年 6 月底矿山财年采剥总量 3.683 亿 t，选厂处理铜品位 1.61% 的原矿量 8770 万 t，铜精矿含铜产量 117 万 t，精矿含金 13.9 万盎司，含银 590 万盎司，浸出阴极铜产量 11.7 万 t。

4.12.2　我国南芬露天铁矿

4.12.2.1　矿床地质

南芬铁矿为一大型鞍山式沉积变质铁矿床，矿体赋存于太古界鞍山群含铁岩段中，由一、二、三层铁组成，呈单斜构造。

矿体由鞍山群含铁岩段一、二、三层铁组成，南起黄柏峪 26 线，北止茶信沟 -6 线，地表出露全长 3400 m，工业矿体总长为 3000 m，矿体走向北西，倾向南西，倾角 40°～50°，三层矿体累计厚度约 118 m。矿石主要由磁铁石英岩和透闪磁铁石英岩组成，主要金属矿物为磁铁矿，有少量赤铁矿，铁矿石含磷量、含硫量极低，易采、易选、易冶炼。三个铁矿层的形态和厚度，在走向上和倾向上的变化都比较稳定。

根据原辽宁省冶金地质勘探公司 1976 年 9 月提交的《本钢南芬铁矿二期扩建地质勘探报告》，累计探明储量 12.88 亿 t（勘探深度：地表～ -300 m），其中工业储量（A+B+C）10.15 亿 t，远景储量 2.73 亿 t，铁矿石全铁品位（TFe）是 31.82%，可溶性铁品位（SFe）是 30.39%，矿石工业类型主要是磁铁贫矿（占总储量 94%），其次赤铁贫矿（占 4%）。截止 2005 年底保有工业储量约 6.6 亿 t，三期境界内工业储量约 2.6 亿 t。

矿层顶板围岩为云母石英片岩（TmQ）和黑云母绿泥片岩（Am2），该层上部出露大面积的混合花岗岩（M rl2）。矿层底板为石英绿泥片岩（Am）、绿帘角闪片岩（Aml），该层下部为二云母石英片岩（GPel）和二云母长石石英片岩（GsPL）。矿层内的夹层或夹石多为石英绿泥片岩或绿泥角闪片岩，厚度为 5～30 m 不等。

4.12.2.2　矿山现状

A　采场现状

采场南北两端都已进入封闭圈以下，上盘扩帮最高工作台阶为 370～358 m，矽石山最高工作台阶为 394～382 m，北山扩帮最高工作台阶为 466～454 m，下盘最高台阶为 346～334 m，目前的开沟台阶为 286～274 m。

B　矿山运输系统现状

矿石运输采用汽车—矿石倒装站（矿石破碎站）—准轨铁路联合开拓运输方式。矿石由汽车运至矿石倒装站（矿石破碎站）翻卸，经振动放矿机（电动扇形闸门）放矿装入由 80～100 t 电机车牵引，60 t 矿车 9 辆组成的列车，运往选矿厂。

岩石运输：上盘少部分岩石通过汽车运输—推土机推排方式排至 3 号土场，大部分岩石通过汽车运输—固定破碎—胶带运输—排岩机排和汽车运输—推土机推排两种方式排至 2 号土场。北部掘沟岩石、下盘岩石和北山扩帮岩石通过汽车运输—推土机推排方式排至 5 号土场。就目前而言,岩石直排运距过长,平均在 4.0 km 以上,严重制约矿山的生产成本。

C 矿山现有生产规模

2005 年矿山矿石生产规模 1200 万 t/a,剥岩量 5726 万 t/a,生产剥采比 3.7 t/t。职工总人数 3866 人。

D 矿山主要生产设备

钻机:45R 钻机 4 台、60R 钻机 2 台、YZ-55 钻机 5 台、YZ-35 钻机 1 台;电铲:4 m³ 铲 2 台、7.6 m³ 电铲 1 台、10 m³ 电铲 6 台、16.8 m³ 电铲 3 台;汽车:170 型 20 台,190 型 4 台,85 吨级 20 台,TR-100 型 6 台。

4.12.2.3 设计沿革

(1) 1956 年开始机械化开采,一期开采施工设计露天底标高 466 m,设计规模矿石 470 万 t/a,生产剥采比 1.19 t/t;

(2) 1974 年进行扩建设计:确定二期露天境界底标高 190 m,设计规模矿石 1000 万 t/a,生产剥采比为 2.7 t/t;

(3) 1989 年完成二期扩帮过渡工程初步设计,设计规模 1000 万 t/a,生产剥采比 4.8 t/t;

(4) 1994 年对采场下盘境界进行局部调整,将下盘第 10 勘探线以南约 1200 m 长的三期境界进行了修改,对该地段 430 m 水平以上维持原有境界(即 +190 m 境界),对 430 m 水平以下边坡要素加以调整,三期开采境界内减少矿石 1640 万 t、减少岩石 1.47 亿 t,矿石规模维持 1000 万 t/a 不变,生产剥采比降到 4.3 t/t;

(5) 1996 年对采场上盘境界进行局部调整,将上盘 12 勘探线以南的 1100 m 长的境界、430 m 水平以上部分不再扩帮,调整部位原台阶并段高度由 24 m 提高到 36 m(即二并段改为三并段),三期开采境界内又减少矿石 1684 万 t、减少岩石 1.7 亿 t,矿石规模维持 1000 万 t/a 不变,生产剥采比降到 3.7 t/t;

(6) 2001 年对采场境界进行修改设计,使三期开采境界内又减少矿石 267 万 t、减少岩石 4342 万 t,矿石规模仍维持 1000 万 t/a 不变,生产剥采比降到 3.2 t/t;

(7) 2004 年对采场境界进行增产设计,除北山局部外扩 100 m 外,三期开采境界基本上维持 2001 年设计,矿石规模提高到 1250 万 t/a,生产剥采比提高到 3.7 t/t,采场作业状况见 2006 年年末图(如图 4-74 所示)。

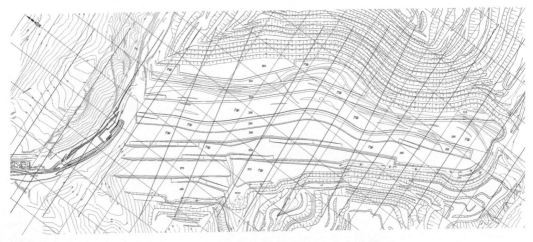

图 4-74 我国南芬露天铁矿 2006 年年末图

4.12.2.4 开拓运输系统变更沿革

（1）自1956年机械化开采至1980年溜井系统投产前,南芬矿的矿石开拓运输系统一直采用明溜槽—南(北)部溜井(颚式破碎机、重板放矿)—290平硐准轨铁路联合开拓运输方式,期间上盘部分岩石运输采用过汽车—铁路联合方式运输;

（2）自1980年新建成的1号、2号、3号溜井(重板放矿)系统陆续投产后,南芬露天矿的矿石运输系统改进为汽车运输—平硐溜井(重板放矿)—准轨铁路联合开拓运输方式,使南芬露天矿发矿系统具备1000万t的年发矿能力;

（3）2000年4月矿石破碎站建成投产和2003年4月矿石倒装站建成投产,使南芬露天矿由井下发矿转变为地面发矿,矿石运输系统以汽车运输—倒装站(破碎站)—准轨铁路联合开拓运输方式取代原来的汽车运输—平硐溜井—准轨铁路联合开拓运输方式,2004年底,290平硐溜井发矿系统全部报废;

（4）2003年5月,二期扩帮过渡工程配套项目1号排岩系统建成投产后,南芬矿岩石运输由单一汽车直排改为汽车直排和汽车—胶带运输间断连续运输工艺(见最终境界图4-75)。

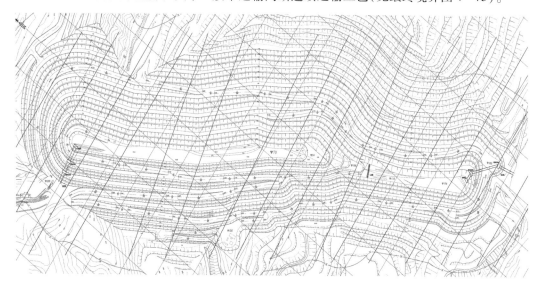

图4-75　南芬露天矿最终境界

4.12.2.5 南芬铁矿采场设计有关技术参数

该矿采场有关技术参数见表4-67。

表4-67　南芬露天铁矿采场有关技术数据

内　容	单位或说明		南芬露天铁矿(现状)
矿石性质描述			矿石类型主要是磁铁贫矿石,占总储量的94%;其次是赤铁贫矿石,占总储量的4%,还有少量的磁铁富矿和赤铁富矿 矿石硬度$f=14\sim18$ 矿石体重:3.3 t/m³ 矿石松散系数:$k=1.5$
围　岩	上　盘		上盘云母石英片岩及混合岩
	下　盘		下盘绿帘角闪(片)岩
			下盘绿泥片岩和夹层绿泥片岩

内　容	单位或说明	南芬露天铁矿（现状）	
岩石强度系数 f	上　盘	f = 12 ~ 14	
	下　盘	f = 4 ~ 12	
平台宽度/m	安　全	5	
	清　扫	11 ~ 20	
最终帮坡角/(°)	上　盘	边坡研究建议值:39.5 ~ 65.7	
		现执行境界设计值:40.6 ~ 48.6	
	下　盘	边坡研究建议值:28.5 ~ 34.7	
		现执行境界设计值:33.37 ~ 35.4	
	端　帮	边坡研究建议值:51.9 ~ 70.0	
		现执行境界设计值:44.28 ~ 46.02	
阶段高度/m		12	
各期境界描述	长度深/m 地　表 长×宽	1989 设计:3300 × 1600	
		1994 设计:3300 × 1600	
		1996 设计:3300 × 1280	
		2004 设计:3300 × 1280	
	底　部 长×宽×深	1989 设计:1940 × (60 ~ 135) × 70/94	
		1994 设计:1820 × (50 ~ 100) × 70/130	
		1996 设计:1650 × (50 ~ 100) × 70/178	
		2004 设计:1550 × 40 × 70/178	
开拓运输系统			
运输道路参数	矿　石	矿石运输采用汽车—矿石倒装站(矿石破碎站)—准轨铁路联合开拓运输方式	
	岩　石	汽车直排和汽车—固定破碎—胶带运输—排岩机排两种方式	
	宽/m	30	
	坡度公路/%	8% ≤300	
	胶带机	带宽:1600 mm	
	带度/t·h⁻¹	胶带运输能力:4500 t/h	
	驱动功率	驱动功率:750 kW	
	破碎机性能	破碎能力:4000 t/h	
	倒装站	设计发矿能力:1000 万 t/a	
采掘带/m	长,宽	长:300 ~ 500,宽:19 ~ 21	
工作区长/m		600 ~ 1800	
工作台阶宽/m		30 ~ 80	
工作台阶坡面角		上盘70°、下盘55°	
爆破孔网布置参数	a,b,Wd	a × b = 7.2 × 7.2 或 7.5 × 7.6	
		Wd:上盘7 ~ 11,下盘8 ~ 15	
孔径/mm		φ250,φ310	
爆破块度/mm		φ0 ~ 1200	
二次爆破量		约占总爆破量的1.26%	
方　式		浅孔爆破、拉底爆破	
边坡维护方式	如边坡光面孔,边坡监测手段等	预裂爆破 边坡清理	

内　容	单位或说明	南芬露天铁矿（现状）
辅助设备	推土机型号，数量	TY220 型 10 台、D150A-1 型 10 台、D355A-3 型 5 台，共 25 台
	平路机型号，数量	16H 型 1 台
	装药车型号，能力	BCLH-15 型 5 台、BCRH-15 型 5 台，共 10 台 生产炸药总能力：17500 t/a
	洒水车型号，数量	KS-15 型 2 台、SH3281-2 型 1 台、别拉斯型 6 台、120D 型 1 台、75B 型 1 台、40 t 洒水车 1 台

4.12.3 智利 Chuquicamata 铜矿

4.12.3.1 矿山位置和隶属关系

Chuquicamata 露天铜矿位于圣地亚哥北部 1650 km，阿塔卡马沙漠，海拔 2870 m。有两个露天坑 Chuquicamata 和 Mina Sur。

该铜矿隶属智利国家铜公司（Codelco）。1910 年 Guggenheim 集团智利勘探公司开始铜矿开采，1923 年矿山出售给 Anaconda 铜公司。Chuquicamata 矿山是在 20 世纪 70 年代智利国有化过程中从美国企业家手中收回的国有企业，现场人员约 6500 人。拥有配套的矿山、采矿、选矿、冶金一条龙的生产系统，其最终产品可以直接出口。20 世纪 90 年代是世界最大的铜矿山，年产铜 60 万 ~65 万 t，产钼 1.25 万 t 左右。目前该矿已位居 Escondida（年产铜金属量 75 万 t）之后。2002 年 Chuquicamata 与 Radomiro Tomic 合并为 Codelco Norte 分部（见图 4 - 76）。

图 4 - 76　Codelco Norte 分部铜矿鸟瞰
中部—排土场；中上部—Chuquicamata 露天坑；背景—Radomiro Tomic 露天坑；中右部—冶炼厂；
左下部—Chuquicamata 镇；右下部—Mina Sur（南坑）

4.12.3.2　矿山地质和储量

作为典型的斑岩铜矿已经闻名于世,但是,近年来人们发现,该矿床与典型的斑岩铜矿还是有所不同。具体表现为:(1)矿床不仅与新生代的斑岩有关,更重要的是包括 Chuquicamata、Radomiro Tomic、Chuqui norte、South Mine 等在内的一系列斑岩铜矿都受到著名的"西部断层"(West Fault)的控制。可以说,"西部断层"是世界上经济意义最大的断层之一,它在智利北部延伸 500 km 以上,在含矿斑岩侵位(约 32 Ma)之前就活动并延续到 16 Ma 以后。该断层不但控制了含铜斑岩体的侵位,而且促进了地下水的深循环,有利于氧化带的发育。从区域成矿背景来看,该断层可能是太平洋板块向南美大陆俯冲的远程响应,因而可能沟通下地壳乃至于地幔,有利于成矿物质源源不断地供给;(2)地表虽然处于干旱荒漠区,但氧化带深度很大。据矿山地质工程师介绍,从最初开采的 3000～2600 m 高度主要是氧化带,有用矿物基本上是氧化物;2600～2200 m 主要是孔雀石和铜蓝;2200～1800 m 深度为黄铁矿—蓝辉铜矿—铜蓝—斑铜矿—黄铜矿组合;1800～1400 m 深度为黄铁矿—黄铜矿—斑铜矿-蓝辉铜矿—硫砷铜矿组合;1400 m 以下仍然有矿但控制程度差,情况不明。因此,从原始地表(3000 m 左右)到 1400 m 深度约 1600 m 的范围内主要是垂直分带,而水平分带的明晰程度远不如垂直分带;(3)根据对采场矿石的观察,矿石类型属于细脉浸染状,但破碎带、糜棱岩化现象也很常见。因此,深大断裂及其派生的一系列次级构造对于成矿作用的意义非常重要,而垂直分带的发育也是与众不同的。

据美国地质调查局(2004)数据,Chuquicamata(包括 Chuqui Norte (Radomira Tomic)、Exotica、Mansa Mina)资源量 150 亿 t,铜品位 0.70%,钼品位 0.0066%。

据智利 Codelco 公司 2004 年报,到 2004 年底,Codelco Norte 分部探明(Demonstrated)储量 22.63 亿 t,铜品位 0.78%,推断(Inferred)资源量 37.9 亿 t,铜品位 0.59%。

4.12.3.3　矿山开采

露天开采,据 2007 年资料露天坑上口尺寸为长 4300 m×宽 2700 m×深 1000 m(图 4-77),

图 4-77　Chuquicamata 露天铜矿

坑底 900 m×750 m,成为世界最深的露天矿之一。矿石生产能力 18.5 万 t/d,岩石剥离量 46.5 万 t/d,剥采比约为 2∶1 或更大。考虑岩石边坡的不稳定性边坡角为 30°~32°,矿石边坡角 42°,2007 年实地考察已达到 37°,及 40°~45°,台阶高度 18~22 m,道路坡度 9%~11.2%。由于采用浸出—萃取—电积(SX—EW)湿法工艺后,处理 0.3% 低品位氧化铜矿经济上还是可行的。

根据矿石品位,开采过程中实行配矿分采,硫化矿的边界品位为 0.6%,每年处理 6000 万 t 矿石量,平均铜品位约 1%;另 1000 万 t 铜品位 0.6% 以下的矿石已堆存,2015 年起,堆存矿石将与原矿混合后处理,届时矿石品位预计为 0.5%。每年开采 1000 万 t 氧化矿(品位 0.2%~0.5% 铜)进行堆浸。年剥离废石约 1.5 亿 t。

每天下午 5 点爆破,铵油炸药日用量 400 t,水孔则填装乳化炸药。2007 年 4 月露天坑内爆破后仍采用自然通风。用 Ingersoll Rand 钻机进行穿孔作业,孔深 20 m,φ310 mm,孔网布置 6.5 m×13 m,7 m×7 m,钻机效率约 32~35 m/h,为保持最终边坡稳定,边坡钻孔径较小,为 φ165 mm。最终边坡台阶高度 18 m。爆破矿石分别用 26 m³,43 m³ 和 55 m³ 斗容的 P&H 电铲装车,电铲效率 3 万~9 万 t/a,运矿汽车选用 Liebherr T 282 B(有效荷载 360 t)和 Caterpillar 793。2000 年前废石用坑内破碎机破碎后经 Rheinbraun 公司施工的胶带运输机运输。由于露天坑的推进和布置变化,该系统已停用。为降低运输成本,2005 年将在隧道中安装新运输机。矿山短期计划由调度系统完成,该系统已在相邻 2000 年投产的 Radomiro Tomic 露天坑应用(如图 4-76 所示),Chuquicamata 的长期计划已安排到 2025 年,并对露天转地下开采进行了研究。

2007 年采矿设备:钻机 DMH 100 型 305 mm 8 台,英格索兰(Ingersolrand) PIV 310 mm 1 台,DML 165 mm 2 台,Rock L-8 165 mm 2 台,Cubex 165 mm 3 台;电铲 P&H 4100XPB 型斗容 55.8 m³ 4 台,4100XP 42.8 m³ 2 台,2800XP 26 m³ 4 台;汽车 小松 330(短吨)61 台,Liebher T-282 25 台;辅助设备 推土机 15 台,轮式推土机 12 台,平路机 6 台,洒水车 8 台。坑内破碎:A. C. 60 英寸×109 英寸旋回破碎机 1 台,Kobe 60 英寸×109 英寸,排矿口 8 英寸旋回破碎机 1 台,A. C. 60 英寸×109 英寸,排矿口 8 英寸旋回破碎机 1 台,能力 26 万 t/d。

4.12.3.4 选矿

原矿给入自磨机,然后进入球磨机,排矿粒度 -100 μm。选厂原矿铜品位 1%,钼品位 0.04%;回收率铜 87%,钼 60%。铜精矿品位平均铜 30%,锌 2%,砷 0.6%。虽经现场冶金处理而精矿含砷不能出口。尽管最近滤技术已获成功,但鉴于高砷对大气和水的污染管理层决定 Chuquicamata 镇搬迁到 20 km 以远 Calama 镇。目前 Codelco Norte 分部研发活动旨在引入环境效应更为友好的生物浸出技术,一种用细菌溶铜的试验设备已被安装。氧化矿则经堆浸—萃取—电积生产阴极铜,这意味着大量熔炼烟气脱硫生产的硫酸将得以利用。

由于露天矿不断延深,矿山成本有所上升,据报道 2002 年铜的现金成本 39.6 美分/lb,2004 年 Codelco Norte 分部铜产量 98.3 万 t,铜现金成本 20.7 美分/lb。

参 考 文 献

1 Mining activity survey. Mining Magazine,Jan. 2000,25~28,30

2 朱训等. 中国矿情. 北京:科学出版社,1999

3 有色金属统计资料汇编 1999~2003

4 邱定番,吴义千等,节能减污,工程院战略研究课题

5 黑色冶金矿山统计年报 2004

6 Jack de la Vergme. Hard Rock Miner's Handbook. Ontario:McIntosh Engineering,2003

7 陈林,简新春. 论当量品位理论优化矿区中心孤岛境界. 铜业工程,2005(3):18~21

8　王志强,张士海.德兴铜矿卡车调度系统的应用状况介绍,铜业工程,2004(3):5～6

9　刘家明,程崇强,于洋.陡坡铁路在露天开采中的应用.矿业工程,2006(2):25～26

10　Raymond L. Lowrie, P. E. SME Mining Reference Handbook,2002

11　沈立晋,刘颖,汪旭光.国内外露天矿山台阶爆破技术.工程爆破,2004(6):54～58

12　刘殿中主编.工程爆破实用手册,北京:冶金出版社,1999

13　刘治中,刘太合.齐大山铁矿边坡治理稳定性分析.矿业工程,2005(3)

14　宫明山.齐大山铁矿15 m高台阶的探讨.矿业工程,2005(2)

15　吕成林,王长清.矿岩半移动破碎站的组成及移设.矿业工程,2003(4)

16　汪旭光,沈立晋.工业雷管技术的现状和发展.工程爆破,2003(3):52～57

17　许志壮,李子强,刘涛等.露天矿用混装乳化炸药车技术.有色金属(矿山部分),2001(6):45～47,9

18　杨福军,高海川.露天转井下矿山过渡期技术问题的研究与实践.金属矿山,2006(2):18～21

19　Allan Moss,Frank Russell and Colin Jones. Caving and fragmentation at Palabora:Prediction to Production.
　　Massmin 2004,Santiago Chile,22 – 25 August 2004

20　SME Mining Engineering Handbook. 1992,405～451

21　吴立新,殷作如,钟亚平.再论数字矿山:特征、框架与关键技术.煤炭学报,2003(2)

22　张世雄主编.固体矿产资源开发工程.武汉:武汉理工大学出版社,2005

23　北京有色冶金设计研究总院总编.采矿设计手册.北京:中国建筑工业出版社,1986

24　采矿手册编辑委员会.采矿手册.北京:冶金工业出版社,1991

25　BHPBilliton Annual Report 2006

26　www. fcx. com 2006,4,2

27　www. bhpbilliton. com 2006,4,1,2007 – 4 – 1

28　http://www. itascacg. com/mining ＿ escondida. html

29　http://www. ivanhoe-mines. com 2006 4. 7

30　Kennedy B A. Surface mining[M]. SME,1990. 1077～1150

31　Codelco Annual Report 2004～2006

32　http://www. cn-kj. com/ 2007 – 05 – 31

33　http://www. hwcc. com. cn/newsdisplay/newsdisplay. asp? Id = 153086,2007-06-02

34　金洪涛,贾伟光,邱志强等.我国砂金矿开采造成的环境地质问题与对策.地质与资源,2004,3

35　傅瑞时.砂金开采设计中的环保问题.有色金属设计,2003

36　CODELCO NORTE General Overview,2007,3. 6th World Copper Conference

37　Stabilizing Influence. E & MJ,2007,6

38　彭怀生,古德生,董鸿翩.矿床无废开采的规划与评价.北京:冶金工业出版社,2001

39　张幼蒂,姬长生.大型矿山生产规模及其相关决策综合优化.中国矿业大学学报(自然科学报),2000

40　GB16423—2006.金属非金属矿山安全规程

5　地下矿开拓系统及井巷工程

5.1　工业场地设施及选址

5.1.1　工业场地设施

　　为开发地下矿床,从地表向地下掘进一系列井巷通达矿体,便于人员出入以及把采矿设备、器材等送往各采区工作面,同时把采出的矿石由井下运出地表,使地表与矿床之间形成完整的运输、提升、通风、排水、动力供应等生产服务系统,这些井巷工程的建立称之为矿床开拓。为开拓矿床而掘进的井巷称为开拓井巷,在其平面及空间上的布置系统就构成了该矿床的开拓系统。采矿工业场地一般是指和主要井筒(如主井、副井、斜井及其他提升井)、主要平硐、主要斜坡道的出口相连,并有大量生产设施或辅助生产设施的工业场地。采矿地表工业场地是保障井下生产的重要基地。

　　根据开拓系统的不同,地表工业场地的设施也不同。其设施主要有:

　　(1) 矿、废石提升竖井(包括箕斗井、混合井)井塔或井架和提升机房;

　　(2) 罐笼井井塔或井架和提升机房;

　　(3) 斜井提升卷扬机房和井口设施;

　　(4) 矿、废石仓及转运设施(包括转运矿仓、皮带廊、卸矿站、电机车矿车有轨线路、运矿铁路等);

　　(5) 斜坡道硐口设施;

　　(6) 总降压站;

　　(7) 地表空压机房;

　　(8) 井口维修车间(包括电机车矿车维修车间、无轨设备维修车间),锻钎机房,地表材料库,木材加工车间;

（9）井口空气预热设施或制冷设施；

（10）地表制冷设施（对深井矿山，井口可能需要对入井空气进行降温，从而需要设制冷设施）；

（11）充填料制备站（包括尾砂仓、水泥仓、炉渣仓或集料仓、制备车间、污水处理池等）；

（12）地表主扇风机房（压入式或抽出式）；

（13）混凝土搅拌站；

（14）采矿办公楼，坑口服务楼（含卫生所、矿灯发放室或充电室），浴室，食堂，锅炉房等；

（15）水净化站（包括生活水净化站、井下污水处理站），高位水池；

（16）废石场。

如采矿工业场地和选矿厂放在一起，工业场地也称为采选工业场地。采矿工业场地和选矿厂放在一起时，由于相距的距离短，在这种情况下，矿石的地表运输以胶带输送形式居多。

如采矿工业场地和选矿厂相距较远，矿石运输通常有胶带运输、有轨电机车矿车运输、索道运输、汽车运输、火车运输或几种形式结合的运输方式，具体应根据矿山地形条件、矿山与选厂距离的远近和生产规模等因素综合考虑。一些矿山的实例如下：

（1）胶带运输：铜矿峪铜矿二期工程；武山铜矿的深部开采工程等。

（2）有轨电机车矿车运输：铜矿峪铜矿一期工程；金山金矿二期工程；白音诺尔矿等。

（3）索道运输：吉镍富家矿；凡口铅锌矿；胡家峪矿的某坑口等。一般只适应于中小规模的矿山或特殊的地形条件。

（4）汽车运输：铜绿山铜铁矿的一期工程；吴县银铅锌矿。小型矿山一般采用这种方式较多。

（5）火车运输：金川二矿区、龙首矿、三矿区；弓长岭铁矿。

此外，许多矿山有地表爆破器材库，但它一般均远离采矿工业场地。

由于各个矿山的情况不同，工业场地的设施也不尽相同。在很多情况下，主扇风机房一般不在主工业场地内。充填料制备站也常不在主工业场地内。

5.1.2　工业场地的选择

工业场地位置的选择既要考虑地表的地形，又要考虑井下开拓系统的布置、采矿方法、工程地质和水文地质的情况、环境影响以及和选矿厂之间的关系。工业场地选择是对多因素综合考虑、选择最佳位置的结果。

工业场地选择主要应遵循的原则是：

（1）井口和平硐位置应保证其构筑物不受地表塌陷、滑坡、泥石流、岩崩和雪崩的危害，井口标高应在历年最高洪水位 1 m 以上。

（2）主要井巷位置尽可能避开含水层、断层或断层影响带，特别应避开岩溶发育的地层和流砂层，应尽可能选择在稳固的岩层中。竖井、斜井、长溜井应打检查孔以查明工程地质情况。长平硐、长斜井应尽可能沿纵向打一定的工程地质钻进行探明。在进行这项工作时，应对矿床的工程地质和水文地质报告进行认真研究，确定合适的位置，然后再由工程钻验证。

（3）主要井巷和主要设施原则上应位于开采移动范围以外，否则应留保安矿柱。

崩落法和空场法开采一般都会在地表形成一个崩落范围和移动范围。对采用充填法，如果矿体特别厚大且围岩稳固性很差，开采也有可能引起岩移和地表沉降，在选择工业场地和井位时必须考虑将其布置在移动范围之外。

（4）工业场地总体布局应当合理与紧凑，节约用地，尽量不占或少占农田和林地，对有可能扩大生产规模的企业要适当留有发展余地。

（5）井口位置应考虑地表的土石方工程量少和坑内掘进工程量少，基建进度快。

（6）每个矿井至少要有两个独立的直达地面的安全出口,安全出口的间距不得小于30 m。大型矿井和地质条件复杂的矿井,走向超过1000 m时,应在矿体端部增设安全出口。

（7）工业场地的布置应考虑周围环境的影响,既要减少对周围居民生活的影响,又要考虑少受居民的干扰。应让污风处于年主导风向的下风向。特别在重要的风景区或森林公园,不能破坏当地的景观,应尽量使建设设施和当地景观协调一致;

（8）必要时应选择两个以上工业场地方案进行综合比较,择优选定。

图5-1和图5-2分别为某铁矿的采矿工业场地示意图和采选工业场地模型示意图。

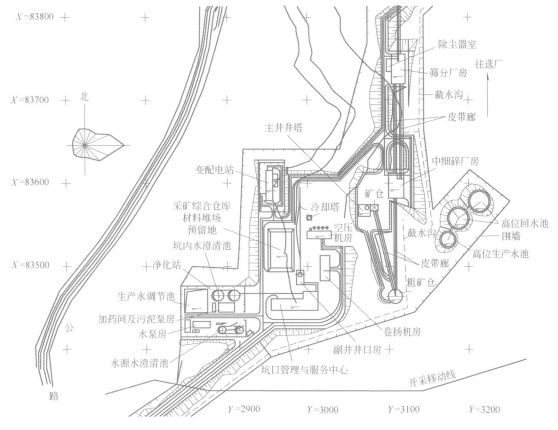

图5-1　某铁矿采矿工业场地(采矿选矿工业场地在一起)

图5-2　某铁矿采选工业场地模型图

365

5.2 开拓系统的类型及其评价

5.2.1 概述

矿床开拓是矿山建设的长远大计，一旦建成就很难改变。在确定开拓方案时，必须进行多方案的技术经济比较。一个合理的开拓方案，应该最大程度地满足生产的需要，系统合理、简单，管理方便，安全可靠，经济效益好，同时基建工程量小，投资省，基建时间短，并能兼顾未来发展的需要。

开拓系统主要根据矿床开采技术条件、地表地形条件、矿山的生产规模，对采矿方法等进行选择。

按照主要井巷与矿床的相对位置，矿床开拓可分为下盘开拓、上盘开拓及侧翼开拓，一般采用下盘和侧翼的较多。在下盘和侧翼不宜布置井位，而上盘岩石稳固性好且利于生产，并允许布置开拓系统时，也可以布置在上盘。

按照主要开拓井巷的类型，矿床开拓可划分为平硐开拓、斜井开拓、竖井开拓、斜坡道开拓和联合开拓。采用一种主要开拓井巷开拓矿床的称为单一开拓；采用两种或两种以上的主要开拓井巷开拓矿床的称为联合开拓。

开拓方法分类如表5－1所示。

表5－1 开拓方法分类

开拓方法		井巷形式	矿石提升或运输设备、典型开拓方案	矿山实例
单一开拓法	平硐开拓	平硐	有轨运输	铜矿峪矿一期工程、山西刁泉铜矿等
			汽车运输	
			胶带输送机	
	斜井开拓	斜井	矿车组（串车）	江苏吴县铜矿
			箕斗（台车）	江西金山金矿、吉林吉镍大岭矿
			胶带输送机	
	竖井开拓	竖井	箕斗井（单箕斗、双箕斗、多箕斗）	冬瓜山铜矿、铜绿山矿等
			罐笼井	吉林吉镍富家矿
			混合井（箕斗罐笼互为配重、箕斗罐笼独立提升）	尹格庄金矿、三山岛金矿一期、湖北鸡冠嘴金矿等
	斜坡道开拓	斜坡道	电动卡车	三山岛金矿二期
			柴油卡车	陕西煎茶岭金矿，河北蔡家营锌金矿
联合开拓	平硐与井筒联合开拓	平硐与井筒	平硐分别与竖井、斜井、盲竖井、盲斜井	铜矿峪矿一期，智利特尼恩特矿
	明井与盲井联合开拓	明竖井或明斜井与盲竖井或盲斜井	明竖井与盲竖井开拓	云南会泽铅锌矿，铜绿山矿深部
			明竖井与盲斜井开拓	
			明斜井与盲竖井开拓	
			明斜井与盲斜井开拓	

开 拓 方 法		井巷形式	矿石提升或运输设备、典型开拓方案	矿 山 实 例
联合开拓	井筒、斜井、平硐与斜坡道联合开拓	竖井、斜井、平硐与斜坡道	竖井与斜坡道联合开拓	金川二矿区、Ⅲ矿区、龙首矿,安庆铜矿,凡口铅锌矿等
			斜井与斜坡道联合开拓	铜矿峪矿二期
			平硐与斜坡道联合开拓	

当一个矿区由几个矿体组成或一个矿体走向长度很长时,可以分成若干个地段来开采,每个地段构成一个开采区,每个开采区形成独立的开拓系统。影响开采区划分的主要因素有:(1)矿石储量、质量及勘探程度;(2)矿床地质构造;(3)可能达到的年产量;(4)运输、供电、供水条件;(5)环境因素;(6)经济效果。

根据上述因素需要划分开采区时,各开采区通过技术经济比较确定是否建立独立的开拓系统。

金川矿床全长约 6 km,按矿床生成条件分为Ⅰ、Ⅱ、Ⅲ、Ⅳ共 4 个开采区。目前行政划分为 F_{17} 以东、二矿区、龙首矿和Ⅲ矿区等四个独立矿区来开采,Ⅳ矿区因矿石品位较低目前尚未开采。

5.2.2 平硐开拓

平硐开拓适用于开采赋存在地表以上的矿体。一般说来,只要地形允许,利用平硐开拓矿床的全部、大部或局部,多是合理的。图 5-3 为下盘平硐开拓方案示意图。

平硐开拓与其他开拓方法相比,有以下优点:

(1)矿石经溜井自重下放,矿坑水经平硐排出地表,节省能源,生产成本低;

(2)出矿系统简单,投资省;

(3)施工简单易行,建设速度快,基建时间短。除长平硐外,一般说来,平硐开拓同时作业的工作面多;

(4)安全生产可靠,潜在能力大,改扩建投资小、见效快,管理方便。

5.2.2.1 平硐设计原则

平硐设计的原则是:

(1)当矿床有条件利用平硐开拓时,应优先采用。根据出矿系统不同,可分为阶段平硐和主平硐。主平硐以上的各阶段的矿石,可通过溜井下放至主平硐水平,在主平硐用电机车、带式输送机或汽车送至地表受矿仓。人员、材料设备可采用竖井、斜井或斜坡道提升或运输。

(2)当矿石具有黏结性或围岩不稳固时,矿石可采用竖井、斜井下放。或用无轨自行设备将矿石直接运出地表。

(3)平硐断面应考虑通过坑内设备的最大件。

(4)主平硐的排水沟通过能力应考虑平硐以下矿床开采时水泵在 20 h 内排出矿井一昼夜正常涌水量,并用最大涌水量时的排水能力校验。

(5)有轨运输平硐。一般小型矿山采用单轨运输。运距大于 1000 m,中间应加错车道;大中型矿山平硐应用双轨运输,可根据岩石情况采用单轨双巷,或双轨单巷。

(6)平硐开拓的布置方案。平硐开拓的布置重点应考虑矿体的赋存情况、山坡地形情况和

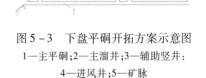

图 5-3 下盘平硐开拓方案示意图
1—主平硐;2—主溜井;3—辅助竖井;
4—进风井;5—矿脉

采矿工业场地的位置。平硐既有布置在矿体下盘,也有在上盘或者侧翼的。小型矿山也可采用脉内布置,但大部分为脉外布置。

(7)长平硐是矿山基建时期的控制性工程,由于主平硐过长,必须占用较长的基建时间,为了加快工程进度和解决通风问题,可在地形合适的地方开凿措施工程(竖井、斜井或平硐),以增加掘进工作面。

5.2.2.2　平硐开拓应用实例

A　铜矿峪铜矿 690 m 中段主平硐

铜矿峪铜矿是一个特大型矿山,矿区群山耸立,地形复杂,南高北低,地表标高最高达 1200 m,最低为 570 m 左右。

矿床上部出露地表,下部埋藏较深。矿体厚大,走向长 1000 m 左右。铜矿峪铜矿 690 m 水平以上的采矿方法为电耙出矿的自然崩落法和有底柱分段崩落法。上面中段的矿石通过溜井下放到 690 m 水平。一期工程设计矿石生产规模为 400 万 t/a。

690 m 主平硐位于矿体侧翼,与矿体基本上垂直,全长约 3800 m。从入口进入的 1038 m 采用的是单巷双轨断面,断面尺寸为 4700 mm×3500 mm(宽×高),后面的巷道由于岩石条件变差,改为双巷单轨,断面尺寸为 2600 mm×3000 mm(宽×高)。在距硐口 1800 m 处有一个方型小井,以增加掘进工作面。平硐采用 20 t 电机车牵引 10 m³ 固定式矿车运输矿石至选厂。选厂卸矿站距硐口约 800 m,如图 5-4 所示。

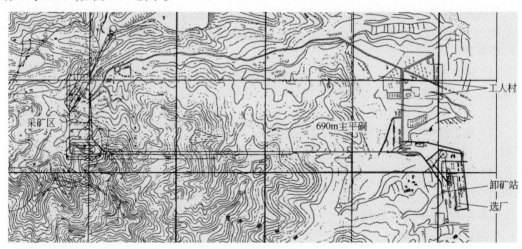

图 5-4　铜矿峪矿主平硐布置图

为便于人员、材料和设备的运送,在地表(930 m 标高)和 690 m 水平之间采用 1 号竖井(罐笼井)连通,另布置一条废石井提升 930 m 标高以下中段的废石。

B　美国亨德森钼矿重车上坡平硐

亨德森钼矿是美国 20 世纪 70 年代建成投产的大型矿山,是一个日产 27000 t 矿石的采选企业。选厂标高为 2743 m,主平硐井底车场标高为 2286 m,经方案比较后采用有轨运输。在平硐内铺设轨距为 1040 mm 的双轨线路。平硐宽 5 m,高 4.6 m,全长 15.8 km。在采至深部后,矿山将有轨运输改为了胶带运输,如图 5-5 所示。

由于地温较高(37~42℃),为了改善通风条件,在主平硐中部开凿了一条直径为 4.3 m、深483 m 的井筒,在井口安装了两台 370 kW 的风机进行通风。

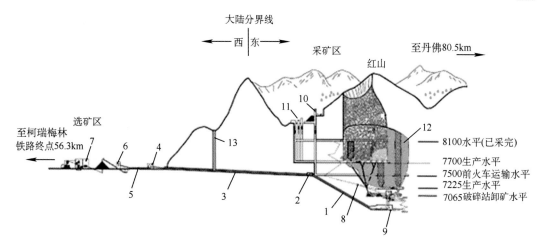

图 5 – 5 美国亨德森钼矿开拓系统图

1—1 号生产皮带 PC$_1$(1.6 km);2—1 号和 2 号皮带转运站;3—2 号皮带 PC$_2$(16.1 km);

4—2 号和 3 号皮带转运站及驱动站;5—3 号生产皮带 PC$_3$(6.4 km);

6—选矿厂皮带驱动站和转运站 SC$_1$;7—选矿厂;8—中段间斜坡道;

9—地下破碎站和装矿皮带道;10—人员和材料井;11—通风井;

12—未开采的矿体;13—风井(已不用)

5.2.3 斜井开拓

5.2.3.1 斜井开拓形式

按斜井使用设备的不同,可分为三种提升方式,其适用条件为:

(1) 矿车组运输斜井,斜井倾角小于 25° ~ 30°。

(2) 箕斗或台车运输斜井,斜井倾角一般大于 30°。

(3) 胶带输送机斜井,斜井倾角小于 18°。

按斜井与矿体的相对位置,通常有三种开拓方案:脉内斜井开拓,下盘斜井开拓,侧翼斜井开拓。

脉内斜井开拓适宜于矿体厚度不大、沿倾斜方向变化较小、产状比较规整的矿床。我国一些小型煤矿常采用脉内斜井开拓,金属矿山应用较少。

下盘斜井开拓具有石门短,基建工程量少,投产快,不需留矿柱的优点,因而应用普遍。

侧翼斜井开拓则是由于条件所限而采用的方案。

5.2.3.2 矿车组(串车)斜井

矿车组斜井,按用途可分为主斜井、副斜井和混合斜井。主斜井用于提升矿石,副斜井用于运送设备、材料、人员和提升废石等或兼作通风排水用。混合斜井兼作主副井提升。矿车组斜井通常适用于生产能力较小、埋藏深度不大的中小型矿山。斜井与车场连接形式主要有吊桥、甩车道和平车场三种形式,目前吊桥用得普遍。

与竖井相比,矿车组斜井具有如下优点:石门短,初期投资小,运输距离短,开拓准备时间少,施工简单,投产快,延深方便。

它的缺点是:提升速度慢,提升能力小;钢丝绳磨损较大;矿车容易跑车,安全事故相对较多。

矿车组(串车)斜井提升应遵循的基本原则:

(1) 上下人员的斜井,坡度小于 30°,垂直深度超过 90 m 的,或坡度大于 30°,垂深超过 50 m

时,须设专用人车运送人员。

(2) 串车斜井一般不宜中途变坡。

(3) 为便于布置人行道和管缆,一般不要采用双向甩车道。需要设时,甩车道岔口应错开 8 m 以上。

(4) 斜井井筒上部和中部的各个停车场,必须设防跑车装置(挡车器或挡车栏),下部须设躲避硐室。

5.2.3.3 箕斗斜井

箕斗斜井适用于大、中型矿山,斜井倾角一般大于 30°。与竖井相比,它的优缺点类似于矿车组斜井,但生产能力比矿车组斜井大。在斜井井底需要设装矿设施,在井口需要设卸矿设施。一般还需要设提升人员、材料的副斜井。国内在一些矿体为缓倾斜的矿山应用,如江西金山金矿,吉林镍业公司的大岭矿等采用箕斗斜井提升矿石。

5.2.3.4 胶带输送机斜井

斜井胶带输送机具有生产能力大、工艺连续、自动化程度高、适用深度日益加深等技术优势,可用于开拓不同倾角但生产规模较大的矿床。斜井长度一般在 300 ~ 4000 m,输送带宽 750 ~ 2000 mm,年提升能力 18 万 ~ 1400 万 t 或更大(越大越有利于胶带斜井)。国内外采用胶带斜井的矿山越来越多。

与竖井相比,胶带输送机斜井的优点是:

(1) 具有连续输送的特点,生产能力大,自动化程度高,工艺简单,作业人员少;

(2) 地表无高层井塔等构筑物,土建工程简单;

(3) 在对于避开不良岩层方面及斜井口的选择上,胶带斜井具有一定的灵活性,更能适应地表总平面布置及外部运输的需要;

(4) 胶带斜井延深比竖井简单容易,施工安全、速度快;

(5) 胶带斜井可以作为一个方便的安全出口。

胶带输送机斜井的缺点是:

(1) 胶带斜井的倾角受到限制,一般应小于 18°。我国《金属非金属矿山安全规程》GB16423—2006 规定井下胶带斜井运输物料向上(块矿)不应大于 15°,向下不应大于 12°。

(2) 胶带斜井管理不善时,其维护费用将比竖井高。胶带经常出现撕带、跑矿,处理起来工作量大。

5.2.3.5 应用实例

A 金山金矿二期工程

金山金矿二期工程设计范围为大坞和水泽坞矿段,即 +25 m 水平以下的矿体,开采范围为 +25 ~ -200 m。由于矿体属缓倾斜,倾向长,因此前期主要开采 -130 m 以上的矿体。

矿体走向较长,最长达 1500 多米,沿走向弯曲多、变化大。矿体沿倾向方向也有较大的变化,倾角从近似水平到 50°均有,以小于 30°缓倾斜的居多。矿体厚度变化较大,最大厚度达 16 m 以上,最小厚度不到 1 m。 -80 m 以上较薄,以下厚度相对较大。

矿体顶板围岩为硅化砂质千板岩,底板围岩为含碳千枚岩,属半坚硬至坚硬完整稳固型层状岩体,矿体本身也较稳固。

根据矿体的开采技术条件,选择的采矿方法有:矿体倾角小于或等于 30°,厚度小于 6 m 时,采用浅孔房柱法;对厚度大于 6 m 的矿体,采用中深孔房柱法。中深孔房柱法采场主要在 -130 m 中段及以下的厚大矿体部位。矿体倾角大于 30°、小于 50°时,采用电耙留矿法;大于 50°的矿体采用浅孔留矿法。均采用电耙出矿。

设计生产规模为1200 t/d。根据开采顺序的安排,前期开采 - 130 m以上的矿体,安排以 - 80 m为界,分为上下两个部分,上下各一个中段生产,上部中段生产能力为400 t/d,下部中段为800 t/d。全矿总的服务年限为16.4年。前期开采 - 130 m以上的矿体服务年限为10.2年。

由于矿体在倾向上倾角变化比较大,因此不同的倾角段将采用不同的采矿方法。矿体在0～ - 80 m范围内倾角较大,一般在30°～60°,因此中段高度为40 m,其他地方倾角较缓,中段高度为25 m。

采用主斜井、副斜井开拓,中段电机车运输。

主斜井提升矿石,提升能力按1500 t/d设计,倾角25°,斜井长960 m。井下设两个装矿站,即距井口约704 m处和933 m处。采用一套提升系统、双箕斗布置方案。主井井口矿仓采用地下矿仓平硐装矿的形式,平硐和地表运输线路连接。主斜井系统布置图和断面图分别如图5-6和图5-7所示。

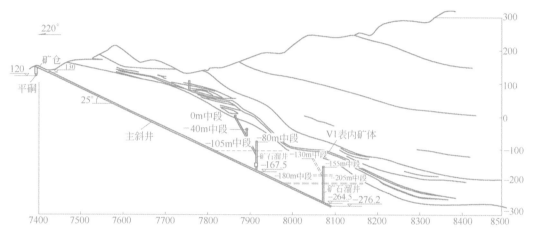

图5-6　金山金矿主斜井系统布置图

（图中纵坐标的单位为m）

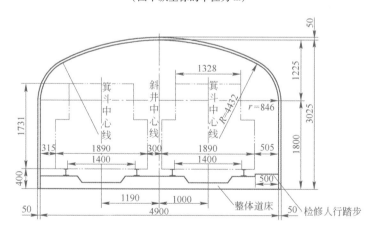

图5-7　金山金矿主斜井(双箕斗)断面图

副斜井提升人员、材料和废石,废石提升能力为400 t/d。井口标高 $Z = 118$ m,倾角20°,副井前期下掘到 - 130 m中段,斜井长725 m,斜井净断面尺寸为3.7 m×2.46 m。副斜井连通25 m、0 m、 - 40 m、 - 80 m、 - 105 m、 - 130 m中段,除 - 130 m中段不需吊桥外,其他中段均设吊桥。今后

—130 m 以下开采可延伸副井,也可从 —130 m 中段向下另掘接力盲斜井。

回风井布置在矿体的两翼,即西斜风井和东斜风井。

B 铜矿峪矿二期工程

铜矿峪矿二期工程开采 690 m 以下的矿体,设计采用双斜井开拓,即一条胶带斜井、另一条平行于胶带斜井的斜坡道。

二期工程的溜破系统布置在 340 m 水平,服务 530 m、410 m 两个中段,服务的矿量约为 12960 万 t,设计生产规模为 600 万 t/a,可服务 21.6 年。经过多方案技术经济比较后,确定采用胶带斜井、斜坡道和盲混合井开拓。胶带斜井坡度为 12.99%,长约 3120 m,胶带斜井宽度 3.5 m,高 2.9 m,斜井中敷设有长 3156 m,宽 1200 mm 的胶带运输机,底部有一条长约 55 m 的转运胶带。地表有两条长分别约为 669 m 和 227 m 的胶带,将矿石转运至选矿厂。斜坡道平行于胶带斜井,中心线相距 30 m,斜坡道的坡度沿斜井平均为 12.99%,每隔 150 m 设一条联络道,每 300 m 设一个错车道。斜坡道在约 2250 m 时,有一分支上行至 554 m 水平(530 m 中段的出矿水平),坡度为 15%。合计斜坡道总长约 5000 m。斜井斜坡道系统布置如图 5-8 所示。

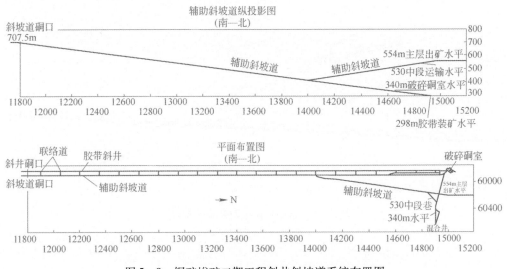

图 5-8 铜矿峪矿二期工程斜井斜坡道系统布置图

矿石由胶带斜井运输,废石则由盲混合井提升至 690 m 水平,然后由电机车矿车运往箕斗井旁的废石仓,由箕斗井提升至地表。

C 美国亨德森钼矿

美国亨德森钼矿,原来采用的是平硐有轨运输。亨德森矿位于美国卡罗拉多州的丹佛以西 80 km 处,大陆分界的东面,海拔 3170 m。辉钼矿床的上部位于红山山峰以下 1000 多 m,最低开采水平在 1600 m 深,使得亨德森矿成为了世界上最深的崩落法矿山(采用自然崩落法)之一。矿床在平面上是椭圆形,两轴分别为 670 m 和 910 m。如图 5-5 所示,矿石经 2153 m 标高的破碎站破碎后,通过胶带输送到位于 25 km 以外位于大陆分界的西面的选厂。第一段井下胶带长 1.6 km,第二段井下胶带长 16.1 km,第三段地表胶带长 6.4 km。矿石生产规模为 600 万 t/a。

5.2.4 竖井开拓

5.2.4.1 竖井开拓的类型

竖井开拓是地下矿山中使用最广泛的开拓方式,适用于矿体赋存在地表以下的急倾斜和埋藏较深的水平和缓倾斜矿床的开拓。由于浅部和易采矿床的逐步减少,深部开采条件复杂的矿床会逐渐增多,因而采用竖井开拓的矿山也会更多。

根据竖井与矿床的相对位置不同,开拓也可分为下盘、侧翼和上盘三类竖井开拓。穿过矿体的竖井开拓较少,应尽可能不用。

按提升容器的不同,竖井开拓可分为罐笼井开拓、箕斗井开拓(箕斗井作主井,另配备罐笼井作副井)、混合井开拓。

罐笼井开拓、箕斗井开拓、混合井开拓可按以下作参考:

当矿石产量在 900 t/d 以下,井深在 300 m 左右时,金属矿山一般采用罐笼井提升。

当矿石产量在 800 ~ 2000 t/d 之间,通常采用箕斗加罐笼互为配重的混合井提升。

当矿石产量在 2000 t/d 以上,通常采用箕斗井开拓或箕斗、罐笼为独立提升系统的混合井系统。

当矿石产量在 5000 t/d 以上,通常采用双箕斗的箕斗井提升。当产量更大时,可采用一个井筒内配置四个箕斗两套提升系统。

罐笼井除了可以提升矿石外,还可用作提升废石、人员、材料、设备,并兼作进风井。但罐笼井的提升能力小,矿车上下罐复杂,时间长,劳动强度大,用人多。许多罐笼井在用作提升矿废石时,都在井口和主要进出中段的马头门设井口机械化即推车机。一些大型矿山由于矿石或废石具有黏结性,也常常用罐笼井提升矿石或废石。

罐笼井有单罐笼和多罐笼等提升方式。常见的有一套提升设施的单层单罐带平衡锤,单罐双层,单层双罐,双层双罐等,也有一个井筒中两套独立提升设施的,如金川的 18 行井(罐笼井),龙首矿的新 2 行井(罐笼井)。一些矿山采用一个大的罐笼带平衡锤提升,另配一套小的独立的交通罐,如铜绿山铜铁矿的副井,大罐笼底板 4200 mm × 2175 mm,可满足下放容 5 立方码的铲运机的大件,交通罐底板尺寸为 1190 mm × 930 mm,可乘坐 7 人;阿舍勒铜矿的大罐笼底板为 4200 mm × 2400 mm,为双层单罐笼带平衡锤,小罐为 1190 mm × 930 mm 的交通罐带平衡锤。

箕斗井提升能力强,效率高,成本低。箕斗井既可提升矿石又可兼提废石。用箕斗提升废石可以大大减轻副井的提升压力。

目前国内的箕斗井一般有如下一些配置形式:单箕斗带平衡锤,双箕斗互为配重。在生产规模大的矿山,还可采用四箕斗两套提升机的配置形式。在选用提升机时,国内目前采用多绳摩擦轮提升机的较多。

混合井主要有两种配置形式:

(1) 两套提升机分别提升箕斗和罐笼,并自带平衡锤。这类井筒有鸡笼山金矿的混合井,鸡冠嘴金矿的混合井。

(2) 一套提升机提升箕斗和罐笼,箕斗和罐笼互为配重。这类井筒在混合井中最多,如三山岛金矿的混合井、尹格庄金矿的混合井、铜矿峪矿的盲混合井等。

国外的矿山常为减少井筒的数量往往将一条井筒安排许多功能,包括进风、回风、箕斗提升和罐笼提升,可谓真正的混合井。以澳大利亚某公司为蒙古某矿山做的方案,井筒净直径为9.5 m,内配 4 个箕斗(两套提升机),两个罐笼(一套提升机);将井筒从中间隔开,一边专作回风用(面积 24 m²),箕斗、罐笼和其他设施均在另一侧,并作进风用(面积 44 m²)。

南非 President Steyn 金矿 No. 4 混合井,深度为 2365. 28 m,内径为 10. 21 ~ 10. 97 m。竖井内设有进风区和排风区。钢筋混凝土隔墙从井底一直修筑到地表。井筒内进风区为 57. 6 m²,排风区面积为 28. 98 m²。内配 4 个箕斗,4 个罐笼。No. 4 混合井断面图见图 5 - 9。

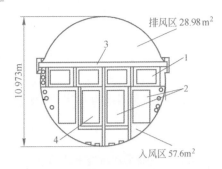

图 5 – 9   南非 President Steyn 金矿
No.4 混合井断面图
1— 箕斗;2—罐笼(三层);3—钢筋混凝土墙;
4—罐笼(4 层)

竖井开拓的矿山,由于竖井延深较为复杂,为了便于矿山的正常生产,基建时竖井应开凿到合适的深度,使矿山能保有足够年限的可供开采的矿量,小型矿山应保有 8 ~ 10 年,大型矿山应大于 10 年,但也不宜太长,否则将延长矿山的基建时间,并增加基建投资。

关于深井开拓,各国对深井划分不一。南非把 1500 m 的矿井称为深井。前苏联将矿井划分为三级:300 ~ 1000 m 为中深井;1000 ~ 1500 m 为深井,2500 m 以上为超深井。我国尚未有规程对此进行明确的划分,但根据我国的实际情况,以开采深度大于 800 m 作为深井合适。

对深井开采,设计中应考虑下列问题:

(1) 当开采深度超过 800 m,年矿石产量为 80 万 t/a 以上时,无论矿床的倾角如何,应优先考虑竖井开拓。

(2) 深井地温随深度增加而增加,必须采取降温措施,井筒断面应考虑制冷管道的敷设和增加备用管道的位置。

(3) 深井矿山往往由于开采深度较大,为节省投资,一般不设通地表的斜坡道,而目前采用多绳摩擦轮提升的较多,因此在考虑罐笼大小时应考虑下放设备大件的要求。

5.2.4.2   选择下盘、侧翼、上盘开拓的原则

A   下盘竖井开拓

下盘竖井开拓是竖井开拓中使用最广的。只要厂址、地形和工程地质条件允许,竖井应尽量布置在井下运输功最小或接近最小的部位。如图 5 – 10 所示。

B   侧翼竖井布置

当矿床受厂址、地形、工程地质条件以及其他原因的限制,竖井不能布置在下盘,可采用侧翼竖井开拓。当矿床走向长度短,建设规模小,为了减少井筒数量和简化运输通风系统,也可以采用侧翼竖井开拓。采用侧翼竖井开拓时,须探清侧翼矿床,避免井筒布置在未知的矿体上。如图 5 – 11 所示。

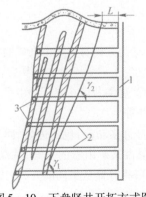

图 5 – 10   下盘竖井开拓方式图
1—下盘竖井;2—阶段石门巷道;3—沿脉巷道;
γ_1、γ_2—下盘岩石移动角;L—下盘竖井至
岩石移动线的安全距离

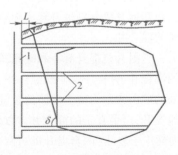

图 5 – 11   侧翼竖井开拓方式图
1—侧翼竖井;2—阶段巷道;δ—矿体走向端部岩石移动角;
L—侧翼竖井至岩石移动线的安全距离

C 上盘竖井开拓

当矿床的下盘、侧翼无建厂条件，或下盘、侧翼的工程地质条件较差，不适于布置井筒，或矿床的倾角近于垂直或水平，竖井建在上盘对厂址和外部运输有利，可采用上盘竖井开拓。一般情况下，上盘竖井开拓有如下缺点：初期石门长，因而基建工程量大，时间长，投资大。如图 5 - 12 所示。

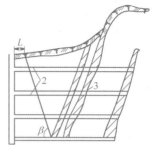

图 5 - 12　上盘竖井开拓方式图
1—上盘竖井；2—阶段巷道；3—矿体；β—上盘岩石移动角；
L—上盘竖井至岩石移动线的安全距离

三种开拓方式的一些实例如表 5 - 2 所示。

表 5 - 2　矿山开拓方式表

开拓方式	工程名称	开拓形式	设计生产规模/t·d⁻¹	采矿方法
下盘竖井开拓	安庆铜矿	主井、副井、斜坡道	3500	分段空场嗣后充填法，大直径深孔空场嗣后充填法
	三山岛金矿一期工程	混合井、斜坡道	1500	点柱式上向分层充填法
	武山铜矿深部工程	主井、副井、斜坡道	5000	分段空场嗣后充填法，下向六角形进路胶结充填法
	大尹格庄金矿一期工程	混合井、辅助井	2000	分段空场嗣后充填法，浅孔留矿法
	吴县银铅锌矿	罐笼井	300	
侧翼竖井开拓	金川Ⅲ矿区	主井、副井、辅助斜坡道	5000	自然崩落法
	白象山铁矿	主井、副井、辅助斜坡道	200~250 万 t/a	点柱式上向分层充填法
	冬瓜山铜矿	主井、副井、辅助井等	10000	分段空场嗣后充填法，大直径深孔空场嗣后充填法
上盘竖井开拓	金川二矿区 850 工程	主井、副井、主斜坡道等	8000	机械化盘区下向进路胶结充填法
	铜绿山铜铁矿二期深部开采工程	主井、副井	2500	上向分层充填法，VCR 法

5.2.4.3　矿山实例

A　冬瓜山铜矿

冬瓜山铜矿床是一大型深埋矿床，位于狮子山矿田深部。冬瓜山 1 号矿体为该井田的主矿体，其储量占总储量的 98.8%。矿体位于青山背斜的轴部，赋存于石炭系黄龙组～船山组层位中，呈似层状产出。矿体产状与地层一致，与背斜形态相吻合。矿体走向 NE35°～40°。矿体两翼分别向北西、南东倾斜，中部斜角较缓，而西北及东南部较陡，最大倾角达 30°～40°。矿体沿走向向北东侧伏，侧伏角一般 10°左右。矿体赋存于 -690～-1007 m 标高之间，其水平投影走向长 1810 m,最大宽度 882 m,最小宽度 204 m,矿体平均厚度 34 m,最小厚度 1.13 m,最大厚度 100.67 m,矿体直接顶板主要为大理岩,底板主要为粉砂岩和石英闪长岩,矿体主要为含铜磁铁矿、含铜蛇纹石和含铜矽卡岩。

根据矿床开采技术条件,设计推荐两种采矿方法,即大直径深孔阶段空场嗣后充填采矿法和扇形中深孔阶段空场嗣后充填采矿法。

经过详细的技术经济比较,设计采用竖井开拓,采用新老系统共用矿石提升主井,改造(老鸦岭)混合井为冬瓜山副井方案。其中老系统是指东、西狮子山、大团山等六个矿床的开拓系统,新系统是指冬瓜山矿床的开拓系统。

坑内运输采用主运输中段有轨运输集中破碎方案,主运输中段位于 -875 m 水平。开拓系统如图 5-13 所示。

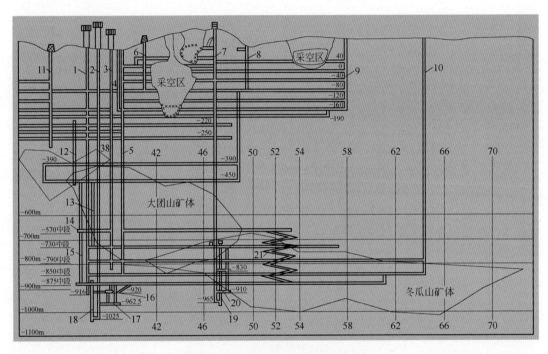

图 5-13　冬瓜山开拓系统纵投影图

1—冬瓜山副井;2—冬瓜山主井;3—大团山副井;4—老西风井;5—冬瓜山进风井;6—狮子山主井;7—冬瓜山辅助井;
8—东盲井;9—狮子山东风井;10—冬瓜山回风井;11—老鸦岭措施井;12—盲措施井;13—大团山废石溜井;
14—大团山破碎站;15—大团山矿石溜井;16—破碎站;17—主井装矿皮带道;18—粉矿回收井;
19—辅助井粉矿回收井;20—辅助井皮带道;21—斜坡道

主要井筒有:

(1) 冬瓜山主井。净直径 ϕ5.6 m,井深 1120 m(+95 ~ -1025 m),井筒内装配有一套 30 t 双箕斗提升系统,担负冬瓜山 10000 t/d、老系统 3000 t/d 的矿石提升能力。

(2) 冬瓜山副井。改造并延深老鸦岭混合井作为冬瓜山副井,为一罐笼井。井深 1023 m (+107 ~ -916 m),井筒净直径 ϕ6.5 ~ 6.7 m。内配一套 5180 mm×3000 mm 双层单罐笼带平衡锤提升系统,担负冬瓜山人员、材料、设备的提升任务。

(3) 冬瓜山辅助井。改造并延深冬瓜山探矿井作为辅助井,净直径为 ϕ4.0 ~ 4.5 m,内配有一套载重量 11 t 单箕斗(箕斗罐笼一体)带平衡锤提升系统,主要提升废石及作管缆井用。最大提升能力为 2300 t/d。

（4）风井。除利用冬瓜山副井作为进风井外，设置一条专用进风井，井筒净直径 $\phi 6.9$ m，井深 972 m（ +97 ～ -875 m）；设置一条专用回风井，井筒净直径 $\phi 7$ m，井深 950 m（ +100 ～ -850 m）。

（5）-875 m 有轨主运输中段。中段运输采用环形运输形式，穿脉间距 100 m，采用两台 20 t 电机车牵引 10 辆 10 m³ 底侧卸式矿车运输，将矿石运至破碎站。矿石破碎后通过主井提升到地表卸入矿仓。

（6）斜坡道。没有设通地表的斜坡道，但中段之间有辅助斜坡道或采准斜坡道连通。

B　南非 Palabora 矿

南非 Palabora 矿位于南非的北部省 Phalaborwa 市，上部为露天开采，露天坑以下采用自然崩落法开采，设计矿石生产能力为 30000 t/d。工程总投资为 23 亿兰特。工程从 1996 年 3 月开始建设，至 2003 年 11 月结束。

设计的自然崩落法垂高为 500 m，172 个聚矿槽（即 344 个出矿口），铲运机出矿。矿石铲装到矿体北侧的四台颚式破碎机中，破碎后的块度为 -200 mm，由 1350 m 长的斜胶带送往位于矿体东翼的主井旁的两个贮矿仓中。之后通过主井中的 30 t 箕斗提升至地表，再通过悬空式地表胶带送至选厂矿堆。

矿山共有四条井筒，分别为主井（生产井）、副井（服务井）、通风井和已有的探矿井。

（1）主井。主井深 1290 m，内径 7.4 m，采用 300 mm 厚的混凝土衬砌。竖井装备有四个箕斗，两两互为配重，提升机为两台直径 6.2 m 的塔式 Koepe 提升机带联动电机。每个箕斗由 4 根钢绳罐道和 4 根尾绳进行系统平衡。竖井只在底部有一个装载站。采用混凝土井塔，布置两台 Koepe 提升机，每个提升机的转筒有 4 根首绳，导向轮直径为 6.2 m。

箕斗设计提升能力为 32 t，初始按 30 t 作业。设计人员采用最新的设计理念，把铝和钢结合起来达到最优的强度对重量比，其每个箕斗自重为 22.4 t。箕斗的提升速度为 18 m/s。

（2）副井。副井深 1272 m，内径 9.9 m，采用 300 mm 厚的混凝土衬砌。井筒内配置一个大的单层人员材料罐笼和一个单层 Mary Anne 罐笼，每个罐笼带有一个平衡锤。在提升设备特大件时采用一个特别设计的框架代替人员材料罐笼来提升。

Mary Anne 罐笼及平衡锤、人员材料罐笼的平衡锤采用的是钢绳罐道。

副井混凝土井塔内装配有直径 6.2 m 的人员材料提升机和 Mary Anne 罐笼提升机。前者有 6 根首绳和尾绳，其大小和尺寸与主井提升机的首尾绳的相同。后者有两根首绳和一根尾绳。

人员材料罐笼设计寿命为 20 年，对应 140 万次提升循环。它可以一次提升 225 人，最大提升重量为 35 t，其结构是由钢框架和铝板组成以减少重量。罐笼重量约为 42 t，尺寸为 3.4 m（宽）×9.1 m（长）×7.9 m（高），这样设计的目的是在地表维修车间维修的所有地下设备都可以通过罐笼提升而不需拆卸。在罐笼中提升的最大件为 Toro 501 型铲运机，这就决定了罐笼的提升重量和尺寸，在提升时铲运机的铲斗要卸下。罐笼的平衡锤重量为 59 t。

Mary Anne 罐笼提升能力为 1.4 t，一次可提升 20 人，自重为 2 t，尺寸为 1.625 m（宽）×1.6 m（长）×2.5 m（高），平衡锤重 2.7 t。

主副井系统图和井筒断面图分别如图 5-14 和图 5-15 所示。

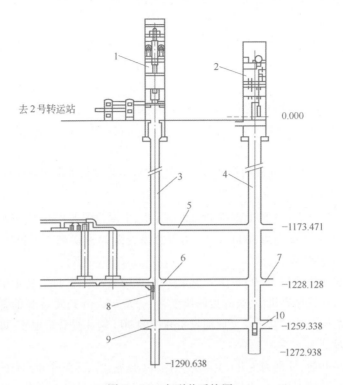

图 5 – 14　主副井系统图

1—主井井塔;2—副井井塔;3—主井;4—副井;5—转运水平;6—装载水平;
7—生产水平;8—箕斗;9—换绳水平;10—水泵水平

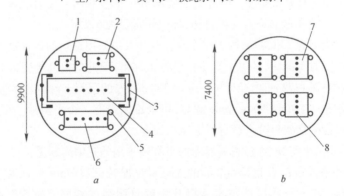

图 5 – 15　井筒断面图

a—副井断面图;*b*—主井断面图

1—Mary Anne 平衡锤(1510 mm × 1200 mm);2—Mary Anne 罐笼(2300 mm × 1300 mm);

3,4—主罐笼(9100 mm × 3400 mm);5—罐道绳;6—主罐笼平衡锤(3500 mm × 1210 mm);

7—箕斗(2160 mm × 1830 mm);8—首绳

5.2.5　无轨斜坡道开拓

5.2.5.1　概述

随着无轨采掘运输设备的发展和在井下的大量应用,井下斜坡道也越来越普遍。根据用途不同可把斜坡道分为主斜坡道和辅助斜坡道。主斜坡道是运输矿石的斜坡道,辅助斜坡道一般作运输人员材料、无轨设备上下等用途,不作运输矿石用。主斜坡道和辅助斜坡道一般和地表连通。一些矿山也习惯把构成开拓系统的斜坡道而不管是否运输矿石统称为主斜坡道,如金川二矿区的主斜坡道。

一般主斜坡道运输矿石时,会形成独立的无轨斜坡道开拓系统,而辅助斜坡道一般和其他井筒形成联合开拓系统。

采用主斜坡道开拓一般适应矿床埋藏较浅、规模在 3000 t/d 以下的矿山。

采用主斜坡道开拓的优点是:

(1) 无轨斜坡道开拓受地形、地表工业场地和岩层条件影响较小,地表无提升设施,地表附属构筑物非常简单,井口布置大为简化。

(2) 在矿山建设期间,能较方便地使用斜坡道进一步探明矿体,以减少基建前的探矿时间和费用,可以尽早地接近矿体准备中段(分段)和采场,达到提前出矿、缩短基建时间的目的。

(3) 在斜坡道施工期间所使用的各类无轨设备可较方便地用于生产期间。

(4) 矿石可以用卡车经斜坡道直接运出地表,人员材料运送也非常方便,无轨设备可以从井下运行到地表进行维修。

(5) 开采深部矿体或边缘的零散矿体时,深部的斜坡道可以和原有井巷进行联合开拓,使上部主井不必延深,不需新设破碎站,延长原有系统的服务时间。

(6) 斜坡道施工方便,速度快,巷道中的设施少,安装工程量少。

(7) 斜坡道是一个非常方便的安全出口。

采用主斜坡道开拓的缺点是:

(1) 由于运矿主斜坡道坡度一般为 10% 左右,因此采用斜坡道运矿的矿山在开拓深度上将受到一定的限制。深度超过 200 m 时,运费较高。

(2) 斜坡道的开拓基建工程量较大。

(3) 无轨设备一次性的投资较大。

(4) 设备维修量较大,生产成本较高。

(5) 采用柴油设备运输矿废石时,由于井下空气受污染,需增加通风量,相应要增加掘进工程量,通风费用也相对增加。

国内一些金属矿山斜坡道线路参数统计如表 5-3 所示。

表 5-3 国内一些金属矿山斜坡道线路参数统计表

序号	矿山名称	斜坡道名称	是否运输矿石	斜坡道形式	建设年份	标高/m	直线段坡度/%	弯道段坡度/%	转弯半径/m	斜坡道长度/m	路面形式厚度/mm	直线段断面尺寸,宽×高/m×m	弯道段断面尺寸,宽×高/m×m	主要设备型号
1	金川二矿区	主斜坡道	否	直线+弯道	1985年起	地表~	10~14		50		沥青混凝土			
2	金川Ⅲ矿区	辅助斜坡道	否	直线+弯道	2004~2006	地表~1554	14.29	5	20	1337	混凝土厚200,局部配钢筋	4.5×3.85		
3	金川龙首矿	辅助斜坡道	否	直线+弯道		地表露天坑~1220								
4	安庆铜矿	主斜坡道	否	直线+弯道		地表50~-580	15	10	20	4643	混凝土厚200	4.2×3.4	4.9×3.533	ST-5C铲运机
5	三山岛金矿	一期斜坡道	否	直线+弯道	1984~1989	地表~-240	17		15	1867	碎石厚150	4.8×3.5		

续表 5 – 3

序号	矿山名称	斜坡道名称	是否运输矿石	斜坡道形式	建设年份	标高/m	直线段坡度/%	弯道段坡度/%	转弯半径/m	斜坡道长度/m	路面形式厚度/mm	直线段断面尺寸,宽×高/m×m	弯道段断面尺寸,宽×高/m×m	主要设备型号
	三山岛金矿	二期主斜坡道	是	直线+弯道	1995~1998	-240~-435	14	5	20	1877	碎石厚300	4.7×4.1		35t电动卡车
6	凡口铅锌矿	主斜坡道	否	直线+弯道		地表~	15			约8800	混凝土	4.2×3.8		
7	阿舍勒铜矿	辅助斜坡道	否	直线+弯道	2003~2004	870.5~700	12,15	5	20,15	1592	混凝土厚200	4.1×4.125	4.4×4.125	
8	铜矿峪铜矿	辅助斜坡道	否	直线	2004~2006	地表707.5~298	12.977			5008	混凝土厚200	4.3×3.6		
9	武山铜矿	辅助斜坡道	否	直线+弯道		地表~								
10	煎茶岭金矿	斜坡道	是	直线+弯道		地表945~840	12.5	10	20	2097		5.5×5.0		35t柴油卡车
11	蔡家营锌金矿	斜坡道		直线+弯道	2004~2005	地表~	14.28	5	30	835	碎石,厚200	4.2×4.0	加宽0.5m	20t柴油卡车

5.2.5.2 斜坡道的线路形式

斜坡道的线路形式有如下三种：

（1）直线式斜坡道。线路呈直线布置。该形式一般只在特殊条件下或矿体赋存较浅时能应用。直线式布置车辆不需拐弯，司机视距远，车辆速度快，工程量省。铜矿峪矿二期工程的斜坡道基本上就是直线形式。

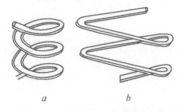

图 5 – 16　斜坡道线路形式图
a—螺旋式；b—折返式

（2）螺旋式斜坡道。一般呈规则的或不规则的螺旋方式布置。这种形式布置灵活，所占的空间较小，但增加了施工难度，司机视距小，行车安全条件差，因此一般应用较少，常用作采准斜坡道。如吉镍大岭矿的采准斜坡道。如图 5 – 16a 所示。

（3）折返式斜坡道。一般是由直线段和曲线段结合起来的，布置灵活，施工方便，司机视距好，行车安全，路面维护方便，在实际生产中应用普遍。如图 5 – 16b 所示。

5.2.5.3 斜坡道开拓设计应注意的事项

斜坡道开拓设计应注意的事项有：

（1）斜坡道的位置和出口，应考虑地面选厂位置，工业场地的总体布置，矿体上下盘的工程地质条件，矿体的赋存条件，矿体开采的移动范围。应避开断层和其他不良岩层，应布置在开采移动范围之外。

（2）斜坡道应每隔300~400 m 设一个坡度不大于3%的缓坡段，缓坡段长度应不小于15 m。

（3）斜坡道的坡度应适宜，应结合设备的爬坡能力和斜坡道的用途综合确定。

（4）在运输比较繁忙的斜坡道应设交通调度系统。

（5）在运输比较繁忙的斜坡道应设错车道。

5.2.5.4 斜坡道断面的确定

根据我国矿山安全规程的要求,斜坡道中无轨设备的边缘至墙壁(包括顶板)的最小距离为600 mm。在设人行道时,人行道侧的设备边缘至墙壁(包括顶板)的最小距离为1200 mm。在确定断面时应根据无轨设备的外形尺寸,设备的速度,斜坡道用途,是否布置风水管线及满足安全规程的要求来确定。

在斜坡道弯道段断面应加宽:

对弯道段宽度加宽值虽然也有一些算法,如按设备的最小内外转弯半径计算,但它没有考虑巷道的转弯半径。一般说来,巷道的转弯半径越大,巷道加宽值可越小;反之,巷道的转弯半径越小,巷道加宽值则越大。设备外形尺寸大,巷道加宽值则越大;反之,设备外形尺寸小,巷道加宽值则小。建议加宽值在300～1000 mm之内,根据设备的外形尺寸和斜坡道的转弯半径综合确定。

5.2.5.5 斜坡道坡度

在《金属非金属矿山安全规程》GB16423—2006里对斜坡道的坡度没有作明确规定,因为斜坡道坡度是需要根据所采用的运输设备的爬坡能力和斜坡道的用途等来综合确定。根据实践经验,对柴油卡车运输矿废石,坡度以不大于12%为宜;对电动卡车(以瑞典基律纳35 t、50 t电动卡车为依据)以15%以下为宜;对主要运输人员材料、不运输矿石的辅助斜坡道,应以17%以下为宜。

斜坡道弯道段的坡度应小于直线段的坡度,具体应根据转弯半径的大小和其他有关要求来考虑。转弯半径越小,弯道段的坡度也应越小,原则上转弯半径为15 m及以下时,其弯道段的坡度应在10%以下。

5.2.5.6 斜坡道转弯半径

根据国内外的实践,大型无轨设备通行的斜坡道转弯半径应大于或等于20 m,大型无轨设备通行的中段间斜坡道或盘区斜坡道的转弯半径应不小于15 m,采用中小型设备通行的斜坡道转弯半径应大于10 m。在曲线段,外侧应抬高,以方便车辆的运行。

在变坡点部位,为减少车辆的颠簸,可采用平滑竖曲线作为变坡点的连接曲线。

5.2.5.7 路面结构

无轨巷道路面结构的好坏,直接影响无轨车辆运行的速度和对车辆的损坏及轮胎的寿命,即直接影响生产成本的高低。

常见的路面结构有:

(1)碎石路面。碎石路面的优点是铺设方便,投资小;缺点是需要经常维护,路面易积水,路面平整差。

(2)混凝土路面。混凝土路面的优点是路面平整,车辆运行平稳,缺点是投资大,路面损坏后维修不方便。

(3)沥青路面。沥青路面有沥青碎石路面和沥青混凝土路面,前者适用于服务时间短和中等服务年限的巷道,后者长短都适合。

三山岛金矿电动卡车运输的主斜坡道采用碎石路面,车辆自重为30 t,载重为35 t,路面厚为300 mm,采用上下两层。下层厚180 mm,采用小于100 mm的碎石作路基;上层用块度30 mm以下的碎石作路面,厚120 mm。各层用压路机压平压实。斜坡道一侧设混凝土水沟。

瑞典克里斯蒂伯格矿(Kristineberg)深部采用50 t的电动卡车运输,斜坡道宽5.5 m,高也为5.5 m,路面为碎石路面,路面厚400～500 mm,底层采用掘进废石铺300 mm厚,上层用粒径0～60 mm的碎石铺100～200 mm厚。各层用压路机压平压实。斜坡道两侧设简易水沟。

5.2.5.8 电动卡车运输

电动卡车是以电为动力的运输卡车,它的电源一般来自于布置在巷道顶板上的三相交流架空电网,电动卡车系统具有柴油卡车的灵活性,但又没有柴油卡车所造成的空气污染,其爬坡能力较柴油卡车大,设备完好率高(设备完好率达到85%),投资较高但作业成本和维修成本均低,特别在当今国际上原油价格越来越高的环境下,电动卡车具有很大的优势,已越来越受到重视。国际上虽然有个别厂家有类似的样品,但真正的生产厂家是瑞典的 GIA 公司,该公司和 ABB 公司合作生产基律纳(Kiruna)电动卡车。其产品在四大洲有 20 多台在运行,主要分布在瑞典、澳大利亚、中国、加拿大、西班牙等国。我国的三山岛金矿是国内第一家引进电动卡车系统的矿山,引进了两台 K635E 型(35 t)电动卡车,至今已生产运行了 9 年;之后新城金矿也引进了一台 K635E 型电动卡车。

基律纳电动卡车电气系统是由 ABB 公司提供的。基律纳电动卡车的供电系统是由在巷道顶板上三根铜管和牵引变电所组成的三相交流电网,在铜管两侧各有一根方钢管作为卡车的集电臂的导轨,卡车有一个自动举升的集电臂,其上有三个碳刷,碳刷和三根铜管相接,给卡车供电。基律纳电动卡车由两个大功率牵引电机提供动力,前后桥各配备一个。所用电机是当今世界为牵引车辆配备的最新型号的电机。变流器是 ABB 的一种知名的大功率可控硅变流器。集电系统和架空线是专门为适应恶劣的井下条件设计的。卡车还安装有一个柴油机发电机组(较早的车采用蓄电池),使它能在没有安装架空线的地方也可以完成装载、运输和卸载作业。蓄电池(电瓶)的充电和卡车所有自动功能的运行状态,是由一个微处理器来监控的。

电动卡车拥有基律纳柴油卡车的优点。基律纳卡车是一种低底盘、铰接式和结构紧凑的重型采矿运输卡车,自重远远低于有效载荷。基律纳电动卡车为四轮驱动运输卡车,牵引车架(前车架)和后车架都是悬挂式底盘。

基律纳电动卡车系统主要适合于三种情况,如图 5-17 所示:

(1) 在已有提升和运输系统下向深部发展,如图 5-17a 所示;

(2) 露天转地下,如图 5-17b 所示;

(3) 埋深较浅的新的矿床,如图 5-17c 所示。

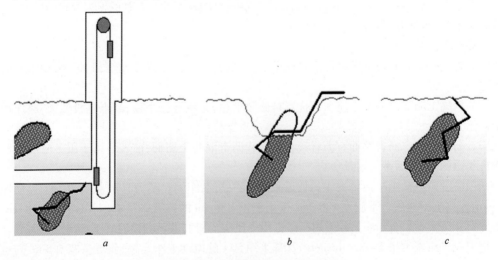

图 5-17 电动卡车系统适应的情况

a—在已有提升和运输系统下向深部发展;b—露天转地下;c—埋深较浅的新矿床

除了上述三种情况外,电动卡车同样也适应于中段运输。

电动卡车和柴油卡车相比,具有如下优点:

(1)运矿效率高,大致为柴油的一倍;

(2)寿命长;

(3)作业环境好,没有尾气;

(4)作业成本低(大致为柴油卡车的一半),能耗低,维修成本低;

(5)斜坡道坡度可以较陡,从而节省巷道工程量。

基律纳电动卡车的主要参数见表5-4。目前国际上采用基律纳电动卡车的矿山如表5-5所示。基律纳电动卡车井下运行如图5-18所示。

表5-4 基律纳电动卡车的主要参数表

项　　目	K635E	K1050E
载重/t	35	50
功率/kW	480	810
电压/V	690	1000
速度/km·h⁻¹	在坡度为15%的斜坡道上坡15 km/h	在坡度为13%的斜坡道上坡19 km/h
适应于生产规模/万t·a⁻¹	10～40	40～200
适应斜坡道坡度/%	较陡	10～15

表5-5 国际上采用基律纳电动卡车的矿山

国　家	矿　山	台数/台	架线长度/m	购买年份
加拿大	Kidd Creek	1	1300	1988
	Royal Oak	3	3500	1988,1990
	McCreedy East	3	4800	1995,1996,2001
	Creighton	1	1700	1996
瑞　典	Zinkgruvan	3	4000	1989,1995,1998
	Kristineberg	1	3600	1990
西班牙	Aquas Tenidas	2	1700	2000
澳大利亚	Mount Isa	4	5000	1991,1993
		2		1996
中　国	三山岛金矿	2	2300	1997
	新城金矿	1	1800	2000

图5-18 基律纳电动卡车井下运行图

5.2.5.9 矿山实例

A 三山岛金矿

三山岛金矿位于山东省莱州市三山岛特别工业区,矿区濒临渤海。矿山一期工程于 1984 年 8 月开工建设,至 1989 年 8 月建成投产。设计规模为采选日处理矿石 1500 t,是我国当时最大的现代化黄金矿山。一期工程采用下盘中央竖井、辅助斜坡道及两翼风井开拓系统,采用点柱式机械化水平分层充填采矿法,全液压无轨设备开采,提升设备采用箕斗罐笼互为平衡、直流拖动微机控制的多绳摩擦轮提升机的自动化提升系统。一期工程开采标高 −70 ~ −240 m 的矿体。一期工程的斜坡道全长约 1800 m,净断面尺寸为 4.8 m×3.5 m(宽×高),坡度为 17%,采用厚为 150 mm 的碎石路面。

二期工程的设计规模仍同一期工程的规模,即处理矿石量为 1500 t/d,49.5 万 t/a。

二期工程开采 −240 m 以下的矿体,矿石储量为 10811252 t,品位 3.94 g/t,金含量 42549.9 kg。前期开采标高 −240 ~ −420 m 的矿体,矿石储量为 6375180 t,金含量 23517.65 kg。矿体走向长 900 m,倾角 40°。采矿方法在一期工程的基础上,除采用点柱式充填法外,还增加了机械化上向分层尾砂充填法和机械化盘区上向水平分层进路式胶结充填法。采用两个中段同时生产,形成 1500 t/d 的生产能力。

开拓运输方案经过多方案详细的技术经济比较,采用了主斜坡道开拓电动卡车运输方案,原竖井不再延深。主斜坡道从 −240 m 延深至 −435 m,最大坡度 14%,个别达到 16%,净断面为 4.7 m×4.1 m(宽×高),全长 1877 m,加上 −240 m 的水平巷道,合计共长 2222 m。引进了瑞典 ABB 公司和基律纳卡车公司合作生产的两台 K635E 电动卡车和 2300 m 的专用架线。K635E 电动卡车载重 35 t,供电电压 690 V。斜坡道中共设有 5 个错车道,两个牵引变电所,1 个信号硐室和调度室。

矿石溜井布置在主斜坡道旁。采场的矿石由柴油卡车运至分段集中溜井,然后由电动卡车沿主斜坡道运至 −240 m 主溜井,再由箕斗提升至地表。废石采用 MT-413-3(载重 11 t)柴油卡车运输,通过主斜坡道和 −285 m 分段巷道至主溜井,然后由箕斗提升至地表。

三山岛金矿主斜坡道平面布置如图 5−19 所示,主斜坡道断面图如图 5−20 所示。

B 陕西煎茶岭金矿

陕西煎茶岭金矿位于陕西省略阳县境内的秦岭山区,该矿是完全由澳大利亚人设计并按照澳大利亚生产管理模式进行开采的矿山(部分图纸是由北京有色冶金设计研究总院转化的)。该矿建设于 1997 年,建设期约 1 年,到 2006 年已基本开采结束。

矿岩较稳固,倾角为中等,厚度为一般中厚矿体。

矿体赋存在 1100 ~ 780 m 标高,930 m 以上的矿体位于山坡内。

矿山设计年工作天数 280 天,每天 3 班,每班作业 8 h,但井下实际为两班制,每班工作 12 h,工人轮休。矿石生产规模为 30 万 t(干料)/a,即 1072 t/d。

设计采用斜坡道开拓,直线段坡度为 1:8,即 12.5%;弯道段曲率半径为 20 m,坡度为 1:10,即 10%。

设计可采储量为 1458624 t,含金品位为 8.54 g/t,足够维持 5 年开采。

设置一条主斜坡道,是矿石、废石和人员材料运输的唯一通道。主斜坡道净断面尺寸宽×高为 5.5 m×5 m,开口标高为 945 m,初始主斜坡道开采到相对标高 840 m,在 900 m、870 m 和 840 m 设主中段,基建期的斜坡道长度为 2097 m。在第 5 年时主斜坡道延深至 780 m,在 810 m 和 780 m 设主中段。

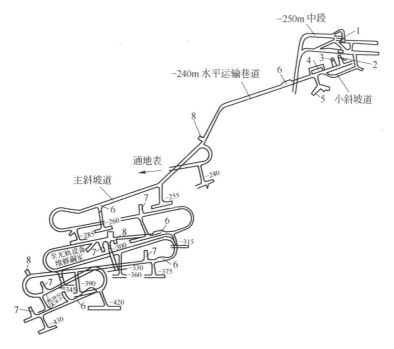

图 5 - 19　三山岛金矿主斜坡道平面布置图

1—主井(混合井);2—电动卡车卸矿站及溜井;3—预留电动卡车卸矿站及溜井;4—信号硐室和调度室;

5—电动卡车维修硐室;6—错车道;7—装矿站;8—牵引变电所

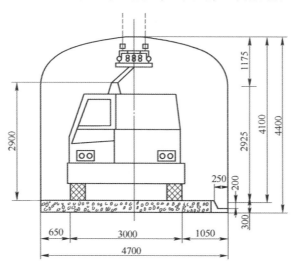

图 5 - 20　三山岛金矿电动卡车运输主斜坡道断面图

　　第 3 年开始掘进上向斜坡道,930 m 至 990 m 标高,斜坡道净断面尺寸宽×高为 4.8 m×4.5 m,在 990 m、960 m、930 m 标高设主中段。

　　矿石运输方式是:930 m 以下的各中段矿废石均由铲运机直接装入卡车中,由卡车经主斜坡道运至地表矿石仓。

　　930 m 及以上中段的矿废石由铲运机卸入溜井,在 930 m 水平装入卡车,经主斜坡道运输至地表矿仓。

　　另设一条净断面尺寸宽×高为 3.5 m×3.5 m、坡度 1:6 的斜坡道作为安全出口。

中段巷道净宽×高为 4.8 m×4.5 m。采场联络道为 4 m×4 m,最大坡度为 20%。

采矿方法为上向分层充填法,每次回采 4 m 高、充填 4 m 高,空顶距 1 m,分段高 30 m。采场长 70~80 m,采场之间留 5 m 宽的间柱。采用尾砂充填,每分层采用一层胶结料铺面。

采场作业采用 1 台阿特拉斯柯普柯生产的 Boomer 282 型双臂凿岩台车凿岩,2 台瓦格纳生产的 ST-6C 铲运机(斗容 3.8 m³)出矿,1 台 MT439 卡车(斗容 22.3 m³,载重 35 t)运输。

主要掘进设备是:

凿岩为 Boomer 282 台车 1 台,出渣为 ST-6C 铲运机 1 台,运输为 MT439 卡车 1 台。对小于 4 m×4 m 的巷道断面,掘进采用 H104 凿岩台车(小型台车)1 台,ST-2C 铲运机(斗容 1.9 m³)1 台,MT413 卡车(斗容 7.3 m³,载重 11 t)1 台。

此外,还配备 PY108 型平路机 1 台,UT128 型服务车 1 台,Rocmec 装药车 1 台,丰田四轮驱动汽车 5 台。

矿山设备维修由阿特拉斯柯普柯公司提供服务。在地表设有简易的维修车间。

矿山总通风量为 160 m³/s。

5.2.6 联合开拓

联合开拓是由矿床赋存条件、地形特征、勘探程度、深部开采、机械化程度等因素所决定的,每个矿山应因地制宜地进行某些开拓方法的联合应用。

5.2.6.1 平硐与井筒(竖井或斜井)的联合开拓

A 适用条件

用平硐开拓的矿山,如果在平硐水平以下尚有一部分矿体时,则需用竖井或斜井(包括盲竖井或盲斜井)进行下部矿床开拓。

B 设计一般注意事项

设计时的注意事项有:

(1)矿山主要建构筑物如矿山辅助车间、空压机站、变电所、修理厂等应设在平硐口附近。平硐以下的矿石,经竖井或斜井提升到平硐水平,并转运至平硐口外的矿仓或选厂。

(2)平硐与井筒联合开拓,在采用盲井开拓时,应考虑平硐断面能否通过设备的最大件,如提升机、破碎机、采矿设备等的大件。

(3)如果开采平硐以下的矿体,利用平硐出矿和排水时,应防止平硐的塌陷。通常应把平硐设置在下盘垂直矿体走向的岩体中或设在矿体回采移动范围之外的稳定岩体中。

5.2.6.2 明井与盲井联合开拓

A 明竖井与盲竖井联合开拓

a 适用条件

主要适用于矿体走向长、厚度大、延伸较深的急倾斜矿体。由于深部开采第一期竖井延深困难,或因石门过长需另凿一盲井与原有竖井接力转载联运。

b 设计时注意事项

明竖井与盲竖井联合开拓,虽然可保证原有竖井在不停产的条件下进行施工,并可缩短石门长度,设计时应做全面比较:

(1)每一井筒需要装备一套提升设施,盲井提升设备须安装在井下,硐室工程量较大,造价高;

(2)需要增加阶段矿石转载运输系统及其设施;

（3）人员、设备及材料运输提升时间较长，转载提升不方便；

（4）每套提升设施都要配备一套服务人员，故人员较多。

c 实例

铜绿山铜铁矿深部开采工程是开采 -365 m 中段以下的矿体。设计矿石生产能力为 2500 t/d，采用 VCR 法和上向分层充填法采矿。原有系统为主井、副井开拓。主井提升矿石和废石，井筒净直径 4.5 m，井筒标高为 +27 ~ -500 m，-425 m 水平布置破碎硐室，-452 m 水平为装矿皮带道，开拓系统服务 -365 m 以上的矿体。副井井筒净直径 5.5 m，内配一个大罐笼和一个小罐笼共两套提升系统，矿石经主井提升到地表后经皮带直接送往选矿中碎圆锥破碎机。深部开采采用延深副井、新掘盲竖井方案，服务 -725 m 以上的矿体开采。新盲竖井布置在原主井附近，采用塔式布置，提升机房位于 -365 m 中段，破碎硐室位于 -785 m 水平，皮带道位于 -812 m 水平，在 -425 m 以上新设矿石转运矿仓并延长原有皮带道，盲竖井将矿石提升到 -425 m 水平卸至转运矿仓中，转运矿仓位于 -425 m 皮带道上，矿石经原皮带送至明主井计量硐室并提升至地表。铜绿山铜铁矿深部开采开拓系统如图 5 - 21 所示。

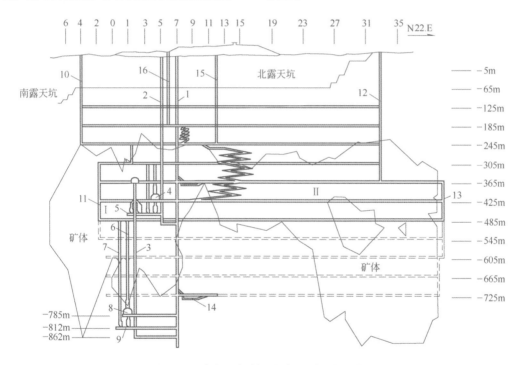

图 5 - 21   铜绿山铜铁矿深部开采开拓系统图

1—副井；2—主井；3—盲主井；4— -425 m 破碎硐室；5— -452 m 皮带道；6—矿石溜井；
7—废石溜井；8— -785 m 破碎硐室；9— -812 m 皮带道；10—南风井；11—倒段南风井；
12—北风井；13—倒段北风井；14—水泵房；15—原管缆井；16—充填井

B   明井(竖井)与斜井联合开拓

该开拓方式一般上部有通地表的竖井，深部采用盲斜井。其适用条件：

（1）主要井筒开凿在下盘，矿床开采深度很大，且深部矿体变缓。

（2）主要井筒开凿在上盘，而矿床的倾向方向在深部改变为反向倾斜。

（3）矿床上部用侧翼井筒开拓，矿床深部侧翼倾斜变缓，开采深度较大。

（4）竖井井筒部位的深部工程地质条件较差，而靠近矿体的上、下盘工程地质条件较好。

适合上述条件时,均可采用明竖井与盲斜井联合开拓法。其目的是尽量减少石门工程量及寻找良好的井巷工程部位,降低井巷造价及维护费。

C 明斜井盲竖井联合开拓

该法是从地表用明斜井开拓,深部矿体用盲竖井开拓的联合开拓法。

适用条件:这种开拓法只在特殊条件下采用。矿床深部矿体变陡易于用竖井开拓而不易继续延伸通至地表的斜井;深部发现盲矿体且倾角又陡;采用盲竖井开拓经济效益好;延深斜井可能遇到不良工程地质构造;斜井断面大,所受地应力作用较大。上述条件都可采用盲竖井进行深部矿床开拓。

D 明斜井盲斜井联合开拓

适用于倾角不大,原为斜井开拓而矿体倾向延伸较长的矿体。直接延伸通至地表的斜井往往在技术上遇到困难。例如,遇有溶洞区富含水层,或工程地质条件极为不良或延伸斜井将影响上部斜井生产;或延伸斜井长度太大,单绳提升矿车有困难。或由于矿床勘探不足,深部又发现新的缓倾斜矿体。以上都可采用盲斜井进行深部开拓。

5.2.6.3 斜坡道与竖井联合开拓

适用条件:

(1)适用埋藏较深的大中小型矿山;

(2)竖井用来提升矿石,斜坡道用于无轨设备出入、人员材料运输;

(3)大中型矿山井下无轨设备较多,为了设备出入,以提高作业机械效率和运输人员、材料等,斜坡道可直通地表;

(4)对于某些深井矿山,其竖井井筒直径较大,提升能力有富余时,斜坡道可不必通地表,只在阶段运输巷道之间设一条起联络作用的斜坡道;

(5)当下部矿体变小变缓,储量又不大,或为了开采边缘零星矿体,且延伸竖井在经济上不合理时,一些矿山采取上部为竖井下部为斜坡道的开拓方式。

这种联合开拓方式目前在国内外矿山应用广泛,如表5-6所示。

表5-6 部分国内外采用斜坡道与竖井联合开拓的矿山

序 号	矿 山 名 称	生产规模/t·d⁻¹	主 要 井 巷
1	金川二矿区二期工程	8000	西主井、副井、主斜坡道
2	金川龙首矿	4000	主井、副井、斜坡道
3	金川Ⅲ矿区	5000	主井、副井、斜坡道
4	凡口铅锌矿	4000	主井、副井(两条)、斜坡道
5	安庆铜矿	3500	主井、副井、斜坡道
6	三山岛金矿一期工程	1500	混合井、斜坡道
7	阿舍勒铜矿	4000	主井、副井、斜坡道
8	铜矿峪铜矿二期工程	600 万 t/a	盲混合井、胶带斜井、斜坡道
9	武山铜矿深部工程	5000	主井、南副井、北副井、斜坡道
10	大红山铁矿	400 万 t/a	胶带斜井、斜坡道、盲竖井
11	赞比亚谦比西铜矿	6500	混合井、斜坡道
12	瑞典基律纳铁矿	2460 万 t/a	主井(11 条)、主斜坡道
13	澳大利亚 Northparkes 矿(第一中段)	400 万 t/a	主井(1 条)、斜坡道

5.2.7 矿床开拓方案选择

矿床开拓方案的选择是矿山总体设计重要组成部分之一。它与矿山总体布置、提升运输、通风、排水、供电等一系列问题有密切的关系。选择的矿床开拓方案,必须符合国家颁布的有关技术经济等方针政策,其基本要求如下:

(1) 确保安全生产、创造良好的劳动卫生条件。建立完善的通风、提升、运输、排水、充填等矿山服务系统;

(2) 技术可靠,满足矿山生产能力的要求,以保证矿山企业的均衡生产并顾及到发展远景;

(3) 基建工程少,投资省,经济效益好;

(4) 不留和少留保安矿柱,以减少矿石损失;

(5) 考虑矿山地质勘探程度及远景发展;

(6) 矿石流向,避免矿石反向运输。

当所采用的开拓方案不能简单地判断出优劣时,则必须进行综合性的技术经济评价择优而定。进行开拓方案比较时,通常采用初选及详细技术经济论证两个步骤。

在方案初选阶段,应对矿床地质资料进行详细的研究,并需到现场进行实地踏勘,根据矿床赋存特点、工程地质及水文地质、矿床勘探程度、矿石储量等,结合地表地形条件、场区内外部运输系统,工业场区布置等关系,拟出几个在技术上可行的开拓方案,进行一般性分析,删除一些在技术上存有明显缺陷的方案,并将余下的 2~3 个方案进行详细的技术经济评价,以便选出最优方案。

影响开拓方案井巷类型选择的主要因素:

(1) 地表地形是确定井巷开拓的重要条件。矿床赋存在山岳地带,且埋藏在地表以上时,则宜采用平硐开拓;若部分埋藏在地面以上,部分埋藏在地面以下时,宜采用平硐、斜坡道、斜井或竖井联合开拓。

(2) 矿床规模通常是决定矿山生产能力的重要因素,而生产能力又决定着开拓方案、井巷类型及提升设备的选型。根据矿床倾角的不同,大型矿山多采用箕斗竖井、混合竖井或胶带输送机斜井运送矿石;中小型矿山则通常采用罐笼竖井、混合竖井或者矿车组、胶带输送机斜井,也可采用卡车斜坡道运送矿石。

一般情况下,矿床倾角为 15°~75°时可采用斜井或竖井开拓。倾角在 20°~50°的矿床大多采用斜井开拓。倾角在 15°以下,而倾斜较长时可采用胶带输送机、矿车组斜井或斜坡道开拓。倾角 0°~15°或 75°~90°时,采用竖井或侧翼胶带输送机斜井开拓。上述矿床的倾角范围,仅作为一般性选择开拓方式的参考。

(3) 矿体倾角、厚度、埋藏深度等决定矿山开采深度和岩石移动范围,进而影响地表建筑物的布置范围及主要开拓巷道的位置。矿区构造应力场方向、大小,也直接影响主要开拓井巷的布置和阶段划分。

(4) 矿山开采深度对选择开拓井巷类型具有一定影响。斜坡道开拓(指卡车运矿)一般深度不超过 200~300 m,生产规模也有一定限制,超过此界限斜坡道开拓就不一定优越。

(5) 岩体的物理力学性质是决定井巷类型、掘进方法和支护方法的重要因素。当岩体稳定时,采用竖井、斜井、斜坡道等均可;当岩体不稳定时,竖井掘进及维护较斜井、斜坡道简单,主要开拓井巷应避开含水层、断层带等不良的地质条件。

(6) 矿山地表工业场地总平面布置与开拓方案有密切关系,通常是将地表总图布置与主要井巷位置统筹考虑,以求合理布局。

5.2.8　矿山分期开拓

分期开拓是减少矿山初期投资、降低矿石生产成本和加快建设速度的一种措施。但是分期不当也会带来达产期延长,总投资现值增加,生产基建相互干扰等问题。

分期开拓可分为沿矿体走向分期和沿倾斜分期两种方式。分期开拓深度及范围,必须经过技术经济比较后确定。

影响分期开拓深度或分区范围的技术因素:

(1) 地质勘探程度;

(2) 水文地质条件;

(3) 矿体赋存条件及地质构造;

(4) 矿石种类及质量;

(5) 矿床开采技术条件;

(6) 矿山建设规模、基建工程量与建设速度、投产时间;

(7) 前期开拓的井巷工程和有关设施在后期利用的程度;

(8) 矿床开采强度;

(9) 矿山通风和排水运输系统的合理性。

最终,分期开拓深度或分区范围应通过综合经济比较确定。

5.2.9　阶段(中段)高度

一般说来,上下两个相邻的阶段(也称中段)运输水平之间的垂直距离叫做阶段(中段)高度。阶段(中段)高度是坑内开拓系统的一个重要参数。由于使用无轨自行设备,段高的概念也发生了变化。有轨矿石运输水平的垂直距离趋于加大,作为集中运输水平,甚至不存在有轨运输水平;而无轨开采增加的许多人行和材料运输巷道之间的垂直距离亦被视为段高。例如三山岛一期工程,-250 m 水平是集中运输水平,服务上面的 180 m 高,划分为两个区间同时回采,所以区间段高为 90 m,为开采方便,每 45 m 处的巷道预先形成为通风水平,在二期工程中因采用电动卡车运输,所以不存在集中运输水平。阿舍勒铜矿的中段溜井直接和破碎硐室相连,矿石破碎后由皮带送进主井旁的主溜井,也不存在传统的有轨运输水平。

事实上,尽管矿石可能是集中运输,但每隔一定的垂直范围作为运输材料、人员出入的巷道是需要的,因此阶段(中段)高度仍可定义为上下两个相邻运输水平的垂直距离,这里既可以认为是矿石运输,也可以认为是材料和人员运输。

影响阶段(中段)高度的主要因素有:

(1) 地质因素。矿体的倾角和厚度,矿石和围岩的稳固性,矿床的勘探类型等。矿体的倾角小,一般阶段(中段)高度就小。分支复合越多,矿体形状复杂,阶段(中段)高度就应小。

(2) 技术因素。采矿方法、采矿设备、天井掘进设备和掘进工艺、开采强度和新阶段的准备时间、矿体的赋存条件和岩石情况。普通留矿法一般为 40~50m,而自然崩落法则为几十米到几百米高。

(3) 经济因素。矿石的价值,井巷的掘进成本和维修费用,提升和运输成本等。

合理的阶段(中段)高度,应当是在满足地质因素和技术因素的前提下,达到总的经济效益最好。

当地质条件允许时,采用较大的阶段(中段)高度可以减少矿床开拓的阶段数量,减少总的开拓工程量和成本费用,增加一个阶段的可采储量,延长阶段的寿命。

表 5 - 7 中是部分矿山的采矿方法和阶段(中段)高度的情况。

表 5 - 7 部分矿山的采矿方法和中段高度

矿山名称	矿山生产规模/t·d⁻¹	采矿方法	中段高度/m	分段高度/m	凿岩出矿设备	中段运输方式
金川二矿区	8000	机械化盘区下向分层进路胶结充填法	150	20	凿岩台车,6 m³ 铲运机	1000 m 中段 25 t 柴油卡车;850 m 中段有轨运输
金川龙首矿	4000	下向六角形胶结充填法	60		2 m³ 铲运机	有轨运输
铜绿山矿二期	2500	上向分层充填,VCR	60	15	2 m³、3 m³ 铲运机	有轨运输
铜绿山矿三期	2500	上向分层充填,分段空场嗣后充填	有轨 120,另设副中段		2 m³、3 m³ 铲运机	有轨运输
金山金矿	1200	房柱法	20 ~ 25		电耙	有轨运输
冬瓜山铜矿	10000	分段空场嗣后充填,大孔空场嗣后充填	每 60 有一个无轨水平		Simba H1354 Simba 261 TORO 1400E	集中有轨运输
吴县银铅锌矿	300	分段空场嗣后充填	40		30 kW 电耙	有轨运输
铜矿峪矿一期	400 万 t/a	电耙自然崩落法	120		90 kW 电耙	有轨运输
三山岛金矿(一期)	1500	上向点柱分层充填	有轨 180	15	凿岩台车,ST-3.5 和更大的,11 t 卡车	集中有轨运输
三山岛金矿(二期)	1500	上向点柱分层充填,上向分层充填		15	同一期	35 t 电动卡车在斜坡道上装矿
安庆铜矿	3500	大孔空场嗣后充填	有轨 120,另设副中段		Simba 261 ST-5C,ST-1010	有轨运输
金川Ⅲ矿区	5000	铲运机自然崩落法	100,有轨 200		LF-9.3 铲运机	有轨运输
阿舍勒铜矿	4000	分段空场嗣后充填,大孔空场嗣后充填	50	16 ~ 17	Simba 261 4 m³ 铲运机	矿石直接进溜井—破碎硐室
蔡家营	600	留矿法嗣后充填,分段空场嗣后充填	45,由于采用无轨开采,实际上未有严格的中段			MT-2000,20 t 柴油卡车
煎茶岭金矿	1000	上向分层充填	30		Boomer 282,Boomer 104 ST-6C,ST-2C	MT439(35 t)柴油卡车;MT413(11 t)柴油卡车;
梅山铁矿	400 万 t/a	无底柱分段崩落法	二期 90	20 × 15(间距 × 段高)	Simba H1354、Simba H252 TORO-400E、TORO-007、TORO-1400E	有轨运输

矿山名称	矿山生产规模/t·d⁻¹	采矿方法	中段高度/m	分段高度/m	凿岩出矿设备	中段运输方式
金山店铁矿	300 万 t/a	无底柱分段崩落法	70	(12～14)×14 (间距×段高)		有轨运输
北铭河铁矿		无底柱分段崩落法	60	18×15 (间距×段高)	Simba H252 4 m³ 铲运机	有轨运输

5.2.10 中段运输

5.2.10.1 中段运输形式

矿山中段运输的形式基本上有两种,一种是多中段集中运输,另一种是本中段运输。由于铲运机和运矿卡车的使用,多中段集中运输的方式已越来越多。

所谓多中段集中运输就是几个中段的矿石通过采区采场溜井将矿石下放到集中运输水平,通过有轨矿车或无轨自行设备运往集中溜井或直接运出地表。集中运输特别适用于采用无轨设备出矿的矿山,多中段集中运输的优点是:

(1)运输水平集中,可以大大减少石门巷道和卸矿硐室的工程量,减少总的开拓费用。

(2)生产管理简单,运输集中,运输设备少,运输作业人员少,便于使用大型运输设备,提高机械化、自动化程度,降低生产成本。

(3)由于有了中段溜井,一般可以减短主溜井的高度。

多中段集中运输的缺点是:由于初期需要多掘一些溜井和拉开较多的开拓水平,因此基建工程量可能比本中段运输形式要增加,从而增加基建投资。

本中段运输就是每个中段(或阶段)的矿石都直接从井筒或由平硐运出地表,或运到主溜井,再提升到地表。在用罐笼提升或多中段平硐开拓的中小型矿山采用本中段运输的较多。中段矿石储量大、生产时间较长的大型矿山,也可采用本中段运输形式。传统的有轨开采多是这种形式。

本中段运输的优点是不需要掘进转运溜井,基建工程量少;缺点是中段运输效率较低,总工程量一般比多中段集中运输形式要多。

5.2.10.2 中段运输的方法

中段运输通常有三种运输方法,即电机车、矿车有轨运输;无轨卡车运输;胶带输送机运输。中段平面布置按是否布置在矿体内分为脉内布置和脉外布置。按矿车的运行方式有环形布置和尽头式布置。具体则应根据矿山生产规模、矿体的产状和选用的采矿方法、矿岩的稳固程度等综合考虑选择。

A 电机车、矿车有轨运输

电机车、矿车有轨运输是最基本的方法,也是国内应用最普遍的方法。矿车的大小从 0.7 m³ 到 16 m³,目前中国恩菲工程技术有限公司已开发出容积 20 m³ 的底侧卸矿车。

矿山实例:

冬瓜山铜矿 −875 m 有轨主运输中段。中段运输采用环形运输形式,穿脉间距 100 m,矿石通过采场溜井直接下放到此水平,上部大团山矿的矿石也下放到此水平。采用 2 台 20 t 电机车牵引 10 辆 10 m³ 底侧卸式矿车运输,将矿石运至破碎站。矿石破碎后通过主井提升到地表卸入矿仓。废石则通过辅助井提升到地表。 −875 m 有轨运输水平布置如图 5 − 22 所示。

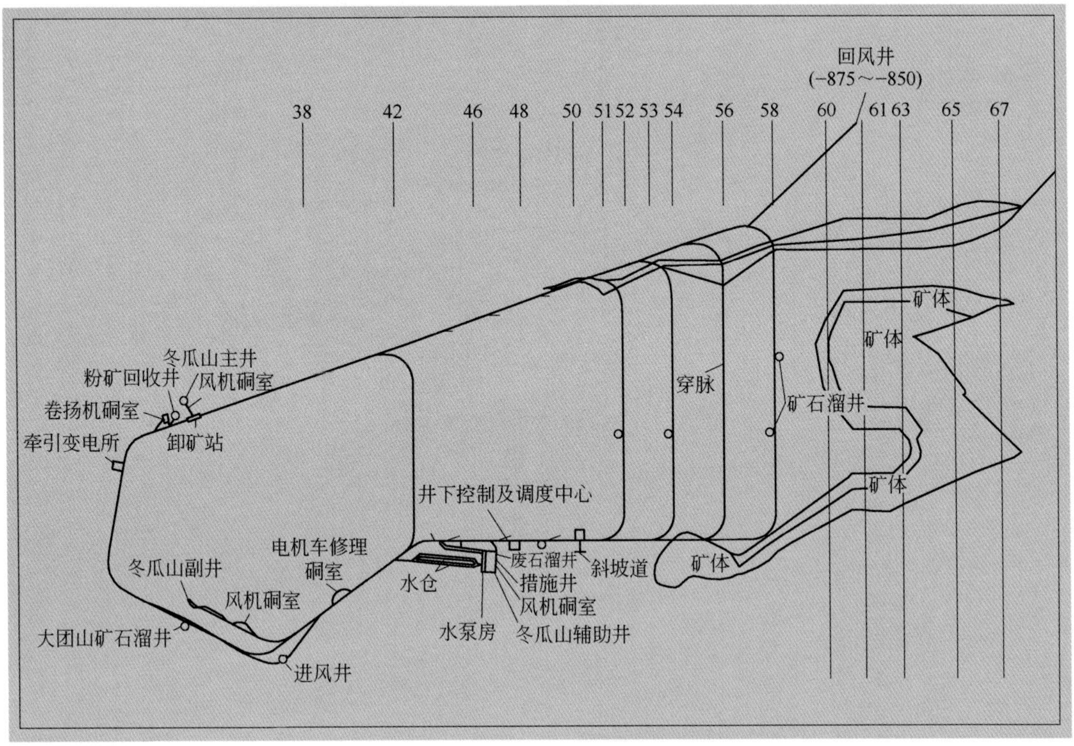

图 5 − 22　冬瓜山铜矿 −875 m 有轨运输水平布置图

B　无轨卡车运输

无轨卡车运输在国外相对较多,国内相对较少。它的优点是机动灵活,卸矿硐室简单;缺点是无轨设备一般投资较大,柴油卡车污染严重,需要的通风量大,所需的巷道断面大。

矿山实例:

金川二矿区 1000 m 中段服务 150 m 高的矿床开采。采矿方法为机械化盘区下向分层进路式胶结充填法,分段高度为 20 m,溜井布置在分段巷道旁,每个盘区一个溜井,盘区沿走向长 100 m。设计矿石生产能力为 8000 ~ 9000 t/d,采用德国 GHH 公司生产的载重 25 t 的柴油卡车运输,运输巷道为环形布置,矿石通过溜井下放到 1000 m 中段,经振动放矿机装车,由卡车运至破碎硐室破碎,破碎后的矿石经四段胶带提升到西主井旁的矿仓,然后经西主井提升至地表。金川二矿区 1000 m 中段无轨运输平面布置如图 5 − 23 所示。

南非的 Finsch 金刚石矿的第 4 矿块(即第 4 中段)采用自然崩落法开采,矿山设计生产能力为 17000 t/d。在出矿水平采用 TORO 007 柴油铲运机出矿,铲运机将矿石直接铲至 TORO 50D(载重 50 t)的柴油卡车中,由卡车运到破碎站破碎,卡车为无人驾驶,操作人员在地表控制室控制卡车的运行。

国内外部分无轨运矿卡车型号见表 5 − 8。

C　胶带输送机运输

中段胶带输送机运输在国外较多,但国内较少。它的优点是运输量大,生产能力大,需要的作业人员少,运输巷道少(短);缺点是灵活性较差。

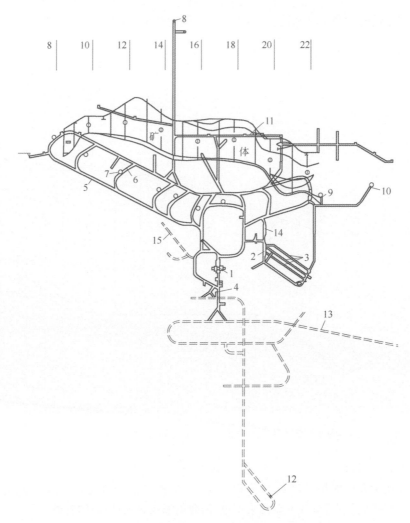

图 5-23 金川二矿区 1000 m 中段无轨运输平面布置图

1—破碎站;2—水泵房;3—水仓;4—人行井;5—沿脉运输巷道;6—穿脉运输巷道;
7—溜井;8—回风井;9—进风井;10—人行盲井;11—脉内探矿巷道;
12—18 行副井;13—主斜坡道;14—变电所;15—分斜坡道

表 5-8 国内外部分无轨运矿卡车型号

序号	生产厂家	设备型号	载重量/t	长度/mm	宽度/mm	高度/mm	发动机功率/kW
1	瑞典 Atlas Copco 公司	MT-413	11.793	6960	1905	2083	104
		MT-2000	20	8940	2541	2424	224
		MT-426	23.587	9300	2832	2184	207
		MT-431B	28.1	9947	2778	2540	278
		MT-433	29.9	9881	3150	2515	207
		MT-436B	32.65	9945	3030	2700	278
		MT-439	35.38	10357	3144	2907	278
		MT-444	44	9880	3480	2819	354.2
		MT-5010	50				485

序号	生产厂家	设备型号	载重量/t	长度/mm	宽度/mm	高度/mm	发动机功率/kW
2	芬兰 Sandvik 公司	TORO 35D	36	9800	3000	2600	240
		TORO 40	40	10217	2990	2760	354
		TORO 50	50	10220	3220	2960	392
		TORO 50 +	50	10534	3484	3326	429
		TORO 60	60	10630	3265	3374	567
		EJC417	15.4	7010	2235	2286	141
		EJC430	27.3	9550	2921	2667	224
		EJC30SX	30	9241	2591	2438	235
		EJC522（用于斜坡道）	20	8941	2210	2438	235
		EJC530（用于斜坡道）	26	9550	2997	2667	298
		EJC533（用于斜坡道）	30	9804	3073	2743	298
3	德国 GHH 公司	MK-A 15.1	15	8310	1830	2480	102 ~ 136
		MK-A 20.1	20	8720	2200	2555	136 ~ 170
		MK-A 30.1	30	9690	3200	3000	204
		MK-A 40	40	10625	3300	3350	320
		MK-A 50	50	10625	3300	3350	320
4	瑞典 GIA 公司（原基律纳卡车公司）	K250	35				
		K503	50				354.2（475hp）
		K635E（电动卡车）	35	9917	3000	2900	200
		K1050E（电动卡车）	50	10640	3420	3350	205
5	德国 VOLVO 公司	A25D	24				220
		A25D 4 × 4	24				220
		A30D	28				248
		A35D	32.5				289
		A40D	37				313
6	金川金格公司	JKQ-10	10	7760	1780	1886	104
		JKQ-20	20	9200		2421	170
		JKQ-25	25	9200	2950	2421	170
7	铜陵金湘重型机械科技发展有限责任公司	TDQ-10	10				
		TDQ-12	12				
		TDQ-20	20	8992	2440	2602	132
8	北京矿冶研究总院	DKC-5	5	7000	1800	2100	63
		DKC-8	8	7480	1800	2100	78
		DKC-12	12	8200	1800	2200	102
		DKC-20	18	7800	2500	2500	132

注:1. 国外公司的卡车其外形尺寸因斗容不同而变化,本表所列仅供参考;

2. VOLVO 公司的卡车用于露天开采较多,但也用于坑内,因此也一并列入表中。

（1）实例 1。新疆阿舍勒某铜矿 I 矿体是本矿床的主要工业矿体,总体呈南北向展布,为半隐状 ~ 隐状矿体,距地表埋深 18 ~ 930 m,矿体中段走向长 300 ~ 500 m。主要矿段倾角 55° ~ 75°,平均厚 45 m。对标高 650 m 以上的矿体,上盘直接顶板硫铁矿较薄或无硫铁矿,围岩稳定性较差,采用分段空场嗣后充填采矿法开采。对 650 m 以下主要矿段,由于倾角陡,近于垂直,厚度大,采用大直径深孔空场嗣后充填采矿法开采。中段高度为 50 m。整个矿床采用无轨设备开采,在矿体下盘布置中段巷道和分段巷道。设计生产能力为 4000 t/d,分两个采区生产,上部为 650 m 以上,下部为标高 500 ~ 650 m 之间,其生产能力分别为 1500 t/d 和 2500 t/d。在矿体的下盘中部布置一条矿石溜井,各中段的矿石由铲运机或卡车运至溜井中,溜井下部即为破碎硐室,位于 450 m 水平。破碎硐室的直接下方(也位于 450 水平)为胶带输送机,胶带输送机长约 300 m,矿石破碎后下放到胶带输送机上,由胶带输送到主井旁的矿仓,然后提升到地表。

废石下到 450 水平后经电机车矿车运至副井,由副井提升至地表。

(2)实例 2。南非的 Palabora 矿是一个采用自然崩落法的矿山,在生产水平即出矿水平的北侧布置了 4 台破碎机,铲运机矿将矿石直接倒入破碎机中进行破碎,在每台破碎机之下有一个矿仓,矿石有效储存能力为 750 t。矿仓下部为胶带输送机,胶带机长 1360 m,宽 1.6 m,倾角为 9°(节省竖井深度 117 m),主胶带能力为 2400 t/h。矿石通过胶带送至两个能力为 6000 t 的主井矿仓中,最后通过生产井的 4 个 32 t 箕斗提升到地表。

(3)实例 3。澳大利亚的 Northparkes 矿 E26 矿床是露天转地下的矿山,地下开采的采矿方法为自然崩落法。第一中段(Lift 1)高度约为 400 m,第二中段(Lift 2)高度约 350 m。无论是第一中段还是第二中段,均是采用和 Palabora 矿一样的运矿方法,即铲运机将矿石直接倒入破碎机中进行破碎,破碎后由胶带输送至箕斗井旁的矿仓,然后由箕斗提升至地表。第一中段采用两台破碎机,而第二中段则采用一台破碎机。开采第一中段时矿山生产能力为 400 万 t/a,开采第二中段时矿山生产能力为 500 万 t/a。

第二中段所用的破碎机为 Krupp BK 160-210 型颚式 – 旋回破碎机,可将 3 m³ 的大块破碎成小于 150 mm 的块度。破碎后的矿石通过振动放矿机直接供到长 1840 m 的胶带(称为 C3)上,胶带斜井的坡度为 1:6.4,将矿石送至转运点。一条长 26 m 的转运胶带将矿石转向 90°,转送到第二条主胶带(称为 C7)上。第二条主胶带斜井的坡度为 1:5.4,长 1140 m,将矿石提升至为第一中段而设的矿仓及计量、提升系统中,矿石自动装入计量漏斗然后进入 18 t 箕斗,由落地式提升机提升至地表,提升高度为 505 m。开拓系统如图 5 – 24 所示。

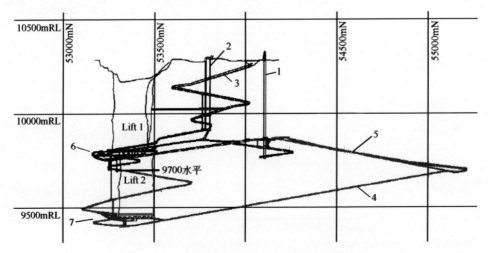

图 5 – 24 澳大利亚 Northparkes 矿的开拓系统图

1—提升竖井;2—风井;3—斜坡道;4—C3 运矿胶带斜井;5—C7 运矿胶带斜井;
6—第一中段(Lift 1)出矿和破碎水平;7—第二中段(Lift 2)出矿和破碎水平

5.3　井巷工程及硐室工程

5.3.1　井巷工程设计原则

5.3.1.1　井巷工程设计的一般原则

A　井巷工程设计所需基础资料

（1）井巷工程根据矿区地质条件和生产工艺要求进行设计，对竖井、斜井和重要硐室工程，应取得工程地质和水文地质验证资料。

（2）竖井、斜井施工图设计必须有工程地质检查钻孔资料。对于已有勘探资料表明，地质条件简单和不通过含水层和断层的井筒，符合下列条件之一者，可不打工程地质钻孔：

1）在竖井井筒周围 25 m 范围内有地质勘探钻孔，并有符合检查钻孔要求的工程地质和水文地质资料；

2）新设计井筒附近已有生产矿井，能推断其通过的岩层地质和水文地质情况及变化规律，并经有关地质部门和使用单位确认。

（3）工程地质检查钻孔布置及数量，应符合下列要求：

竖井工程：

1）水文地质条件简单时，可在井筒中心或距井筒中心 10～25 m 范围内布置 1 个检查钻孔；水文地质条件复杂时，检查钻孔的位置和数量应依据具体条件而定；

2）两条竖井相距不大于 50 m 时，可在两井筒间打工程钻孔；

3）专为探测溶洞或施工特殊要求的检查钻孔，可布置在井筒圆周范围内；

4）在任何情况下，检查钻孔不应布置在井底车场巷道的上方。

斜井工程：

1）检查钻孔应沿斜井轴线方向布置，其数量不应少于 3 个：1 个在井口；1 个在井筒中部；第 3 个在井底平巷连接处附近。

2）距离不大于 50 m 的两条平行斜井，钻孔可布置在两条井中间的平行线上；当只有 1 条斜井时，钻孔应布置在距斜井中心线 10～20 m 的平行线上。

（4）工程地质检查钻孔的技术要求，应符合下列规定：

1）钻孔深度应大于设计井深（斜井底板以下）3～5 m；终孔直径不小于 91 mm，采用金刚石钻机时，其终孔直径不小于 70 mm；

2）检查钻孔偏斜率不大于 1.5%；

3）工程地质检查钻孔应全孔取芯，其岩芯采取率：在冲积层与岩层中不小于 75%；在破碎带及软弱夹层中不小于 60%。

（5）工程地质检查钻孔应提供下列工程地质和水文地质资料：

1）有关岩石力学和地表建筑物设计的技术参数；

2）对主要含水层提出岩层的渗透系数、涌水量及水质分析等水文资料；

3）岩芯 RQD 值；

4）检查钻孔地质柱状图；

5）垂深超过 600 m 的井筒，应提供地温、地应力变化资料。

竖井工程地质钻孔的详细任务及要求如表 5－9 所示。

表 5 – 9　竖井工程地质勘探(钻)任务书

建 设 单 位					
工 程 名 称					
工 程 地 点		省	县(市)		乡(镇、区)
钻孔设计数目	个	钻孔设计位置	$X =$	$Y =$	$Z =$
设 计 概 况	竖井位置	竖井中心坐标	$X =$	$Y =$	井筒净直径/m
	井口标高		井底标高	$Z =$	井筒深度/m
拟用的施工方法			矿区已有的地质资料及存放地点		
勘探技术要求	(1) 工程地质钻孔终孔直径应不小于 91 mm(采用金刚石钻机时可为 70 mm)。松散岩层的抽水过滤器的直径不应小于 127 mm。钻孔的终深应大于井深 3 ~ 5 m。 　(2) 工程地质钻孔全孔取芯,其采取率在砂层、破碎带软弱夹层及溶洞中不应小于 60 %,在土层及岩层中不小于 75 %,并用物探测井法测定各层的层位。 　(3) 测定岩石质量指标 RQD 值。 　(4) 钻孔每钻进 20 m 须测斜一次,测出其倾角及方位角。钻孔偏斜率应控制在 1.5 %以内。 　(5) 做好地质钻孔的简易水文观测工作,对主要含水层(组)应分层进行抽水试验,抽水试验中,水位降低一般不少于 3 次,稳定时间不得少于 8 h,每次降距应尽量相等,条件困难时,每次降距应不少于 1 m。每次抽水的最后一次水位降低时,应采取全分析及侵蚀性的水样,并测定水温及气温。 　(6) 钻进结束后(除施工过程中还须利用的钻孔外)须用不低于 M5 的水泥砂浆严密封孔。封孔前须清除孔壁及孔底的岩粉,封孔后在地面设永久性标志。 　(7) 工程钻的岩芯必须注意保存好				
提交勘探 资料内容	(1) 沿井筒中心线的完整地质剖面图及钻孔实测纵投影图。 　(2) 开拓井筒时的水文地质条件,含水层(组)数量、埋藏条件,静水位及水头压力,含水性(涌水量、来源、渗透系数)和地表水的联系及水质分析。 　(3) 井筒穿过岩(土)层及遇到的老窿、溶洞、断层、破碎带及岩层的节理裂隙发育程度的描述。 　(4) 通过试验提出以下参数: 　砂层:颗粒成分、容重、密度、松散系数及内摩擦角(或自然安息角)。 　土层:厚度、容重、密度、湿度、孔隙比、内摩擦角、承载能力、内聚力。 　岩层:不同岩层的厚度、倾角、容重、抗压强度、内摩擦角、弹性模量、声波参数。 　(5) 岩石质量指标:RQD 值及普氏岩石坚固性系数 f。 　(6) 地层有害气体及热源情况。 　(7) 提交的报告中须附钻孔按序编排的全部岩芯照片,并标注清楚每段岩芯的起、止标高				
对建井方案的意见(包括位置、支护形式、施工方法)				工程钻岩芯 堆放地点	
提交资料日期	年　月　日	要求提交资料分数及资料发送地址	设计单位:　份,地址: 建设单位:　份,地址: 施工单位:　份,地址:		

委托任务单位:　　　　　　(公章)　　　　　　提出任务单位:　　　　　　(公章)
　　　　　　　　　　　　　　　　　　　　　　设计负责人:　　　　　　(签字)

联 系 人:　　　　　　　　　　　　　　　　　提出任务书人:　　　　　　(签字)
电　　话:　　　　　　　　　　　　　　　　　联系电话:
　　　　　　　　　　　　　　　　　　　　　　提出任务书日期:　　年　月　日

　(6) 对于国外工程,应弄清楚工程所在国的下列相关资料:

1) 当地矿山生产和管理的相关规程、规范、操作手册等;

2) 该国矿山工程的主要特点、特殊技术要求等;

3) 当地材料来源及相关型材的型号规格、截面参数、单重、材质等。

B　井巷工程布置原则

井巷工程布置应遵循以下原则:

（1）竖井、斜井、主斜坡道及主平硐的出口，均应布置在设计的矿床开采最终移动范围之外，当条件所限，必须布置在矿床开采最终移动范围以内时，应采取措施。井口或硐口的建、构筑物，应不受地表滑坡、滚石、雪崩、山洪和泥石流的危害，并应符合保护带要求，保护带宽度应按其等级确定：Ⅰ级为20 m，Ⅱ级为15 m，Ⅲ级为10 m。

（2）井口、硐口的位置应有足够面积的生产工业场地和施工工业场地。井口、硐口的标高应在历年最高洪水位1 m以上。

（3）风井井口位置的选择，应符合下列要求：

1）进风井井口位置应避开有害物质污染区，并应布置在当地常年主导风向的上风侧；

2）回风井井口位置应远离居民区和生产区，并应选择在当地常年主导风向的下风侧。

（4）巷道、硐室的布置应符合下列要求：

1）巷道、硐室的布置方位，应使其轴线与矿区最大主应力方向平行或成小角度相交；

2）节理发育的岩体中，巷道、硐室的轴线宜与潜在的不连续的交线走向成直角；

3）高应力区中，巷道、硐室的最佳形状，宜使跨度与高度之比近似或等于最大水平主应力与垂直主应力之比。

5.3.1.2 竖井设计的一般规定

A 选择井位（包括斜井、溜井及平巷）时应注意的事项

选择井位（包括斜井、溜井及平巷）时应注意的事项有：

（1）当采用中央竖井、斜井或平硐开拓时，提升井或平硐的位置应按两翼矿石运输功相等的原则确定；当为侧翼开拓时，提升井或平硐的位置应选择在矿石无反向运输的一侧。

（2）井位应选择在比较稳固的岩石内，尽量避开含水层、流砂层以及有潜蚀、褶曲、断层、溶洞等不良岩层。

（3）井口考虑有充足工业场地的同时，尚应考虑公路、风水管网的铺设。

B 竖井设计所需资料

（1）1:500～1:2000比例的矿区地质地形图；

（2）竖井工程地质勘察报告；

（3）矿体纵投影图及阶段平面图；

（4）井口工业场地总平面图；

（5）当地气象资料：最大年降雨量、最高洪水位、冻结深度、最大风速及主导风向、最高（低）气温、地震烈度等；

（6）井筒用途、服务年限、井筒提升高度及该井筒是否延深等；

（7）井筒内提升容器（罐笼、箕斗、电梯）、管缆的规格尺寸、数量及布置要求，井口相关机械设施配置（摇台、推车机、阻车器及箕斗装卸载设施等）；

（8）井筒通过的最大风速、最大件和长材料的规格；

（9）井颈设计尚需以下资料：

1）井颈附近建筑物基础及运输线路平面布置图，建筑物、设备的荷载及其分布；

2）井架立架（或井塔）的基础平面布置图、荷载值及其分布；

3）托台、摇台的布置图；

4）有关的风道、安全通道、水管、压风管、电缆等的布置图。

C 竖井断面布置的原则

竖井断面布置的原则是：

（1）竖井断面布置在满足工艺要求的同时,应符合《金属非金属矿山安全规程》GB 16423—2006 的规定,如表 5 - 10 所示。

表 5 - 10　竖井提升容器的最小间隙　　　　　　　　　　　（mm）

罐道和井梁布置		容器和容器之间	容器和井壁之间	容器和罐道梁之间	容器和井梁之间	备　　注
罐道布置在容器一侧		200	150	40	150	罐道和导向槽之间为20
罐道布置在容器两侧	木罐道	—	200	50	200	有卸载滑轮的容器,滑轮和灌道梁间隙增加 25
	钢罐道		150	40	150	
罐道布置在容器正门	木罐道	200	200	50	200	
	钢罐道	200	150	40	150	
钢丝绳灌道		450	350	—	350	设防撞绳时,容器之间最小间隙为200

（2）当竖井作为安全出口时,一般均应装备在完好的梯子间。梯子间的设置,应符合《金属非金属矿山安全规程》GB 16423—2006 的规定。

（3）断面布置应力求紧凑合理,净直径不大于 5 m 的井筒可采用 500 mm 的模数晋级,矩形井筒及净直径大于 5 m 的井筒一般采用 100 mm 的模数晋级。

D　竖井井筒装备设计

a　概述

提升竖井中一般装备有罐道、罐道梁、楔形罐道、挡罐梁、钢丝绳罐道的拉紧装置、多绳提升的尾绳隔离装置以及梯子间、各种管路、电缆等设施。井筒装备的内容因井筒用途不同而异。罐道按其形式的不同,分为刚性罐道和柔性罐道。

提升竖井底部一般都应设置楔形罐道、挡梁和井底排水设施等。提升容器有平衡尾绳时,应在楔形罐道以下设置尾绳隔离装置。当采用钢丝绳罐道时,一般都在井底设置罐道绳重锤拉紧装置。

对于箕斗井和混合井,在井筒底部设有箕斗装矿硐室和井底粉矿回收等,其井底排水设施应与粉矿回收系统统筹考虑;当为盲竖井时,在最上部一个运输水平以上设有箕斗卸矿设施、上部楔形罐道、挡罐梁、天轮梁等。

b　钢丝绳罐道

钢丝绳罐道优缺点

与刚性罐道比较,钢丝绳罐道具有以下优点:

（1）结构简单、安装方便、节省钢材,安装工作量小、速度快;

（2）井内不设罐道梁,减少了井壁负荷,也有利于提高井壁的整体性和防水性能;

（3）提升容器运行平稳,没有冲击碰撞和噪声,可允许较高的提升速度;

（4）使用寿命长,便于维护,钢丝绳更换简单,对生产影响较小。

其主要缺点如下:

（1）要求提升容器之间、容器和井壁之间的安全间隙较大,因而井筒断面一般要加大;

（2）由于罐道绳需拉紧,因此使井架（塔）负荷加大,井底也要求较深;

（3）当容器为罐笼时,需在中间水平设置停罐稳罐装置。

布置要求

（1）断面布置时,提升容器之间、容器和井壁之间的安全间隙须符合《金属非金属矿山安全规程》GB 16423—2006 的规定,如表 5 - 10 所示。竖井提升钢丝绳罐道安全间隙的参考计算公式如表 5 - 11 所示;

（2）应便于罐道绳的固定及拉紧装置的布置和安装;

（3）罐道绳应尽可能远离提升容器的回转中心并对称于容器布置,使各绳受力均匀。

表 5 - 11　钢丝绳罐道安全间隙计算公式

升降形式	间隙名称	计算公式	符号说明
单绳提升	一套提升设备提升容器之间间隙	$\Delta_1 = 250 + Q\sqrt{H}$	Δ_1——提升容器之间的间隙,mm; Δ_2——容器与井壁之间的间隙,mm; H——提升高度,m; Q,Q_1,Q_2——最大终端荷重,t; V,V_1,V_2——最大提升速度,m/s
	两套提升设备相邻容器之间间隙	$\Delta_1 = 250 + \dfrac{Q_1 + Q_2}{2}\sqrt{H}$	
	提升容器与井壁之间间隙	$\Delta_2 = 0.8\Delta_1$	
多绳提升	一套提升设备提升容器之间间隙	$\Delta_1 = 200 + QV$	
	两套提升设备相邻容器之间间隙	$\Delta_1 = 200 + \dfrac{Q_1 V_1 + Q_2 V_2}{2}$	
	提升容器与井壁之间间隙	$\Delta_2 = 0.8\Delta_1$	

c　刚性罐道

刚性罐道优缺点

与钢丝绳罐道比较,具有以下优点:

（1）断面布置安全间隙要求要小一些,井筒断面和深度也相应减小一些;

（2）中间水平可不设摇台,有利于多水平提升;

（3）提升容器运行平稳,有利于提高运行速度。

主要缺点为:

（1）钢材消耗量较大,结构复杂,安装工作量大;

（2）安装工作进度较慢,影响建井工期。

罐道

刚性罐道包括方形空心型钢、钢轨、型钢组合等钢质罐道及木质罐道和钢木复合罐道。近些年,钢轨罐道和型钢组合罐道已基本不再采用;木罐道因其所用红松的匮乏,价格昂贵,除特殊情况外使用也越来越少。

钢木复合罐道是将木材质通过胶合剂黏结在型钢上的一种钢芯木罐道,解决了纯木质罐道强度小、罐道梁层间距小、井筒安装工作量大的问题,是纯木质罐道的替代品。木质或钢木复合罐道常用的规格有 200 mm × (200 mm、180 mm)、180 mm × (180 mm、160 mm、150 mm)、150 mm × 120 mm 等。

目前,国内金属矿山采用的非木质刚性型钢罐道,主要为冷弯方形空心型钢加工而成,常用的主要规格有 180 mm × 180 mm × 8 mm 、200 mm × 200 mm × (8 ~ 10)mm。

在一些国外矿山(如赞比亚),采用外卷边槽形型钢罐道,如图 5 - 25 所示。这种罐道的突出优点在于:罐道与梁之间采用螺栓连接,连接处无需焊接附件,不存在因焊接连接附件时罐道局部过热而发生变形的现象;罐道接头位置灵活,利用截面形状自身的特点,在凹槽面辅以相同形状的背板来连接上下两段罐道,接头位置不再局限于罐道梁处,材料的利用率提高;辅助背板使罐道接头处过渡平滑而且连接牢固可靠,也有利于提高提升速度;安装简单,罐道全部采用螺栓连接,仅需按设计要求钻孔,无需施焊,加工简单,加工费用在罐道中最低;罐道壁厚大,开放式断面使任何一个面都能得到很好的除锈、防腐处理,使用寿命长。

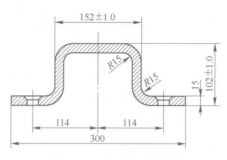

图 5-25　槽形罐道断面

罐道梁

(1)罐道梁材料一般都为金属,截面形式国内常用的有工字钢和槽钢。国内矿山也曾采用过型钢组合(槽钢或角钢)焊接成封闭型的空心罐道梁,这种罐道梁加工复杂、加工费用高,目前已很少使用。

罐道梁规格参数应通过计算选择、确定。罐道梁荷载的确定及相关计算请参考有关的设计手册。

(2)罐道梁固定方式　罐道梁与井壁的固定方式有梁端埋入井壁式、井壁内预埋钢板式和锚杆托架(板)固定方式等,几种固定方式的对比如表 5-12 所示。其中锚杆托架固定钢梁的方式在国内金属矿使用最为普遍。

表 5-12　罐道梁固定方式对比表

名称	梁端埋入井壁式	井壁内预埋钢板式	锚杆托架(板)固定式
示图	1—罐道梁;2—井壁	1—预埋钢板;2—锚固钢筋;3—罐道梁托架;4—加强筋板;5—罐道梁;6—垫板;7—井壁	1—锚杆;2—罐道梁;3—托板;4—井壁
简介	将罐道梁的两端插入井壁预留或现凿的梁窝内,待找正定位后,再以混凝土将梁窝填充密实。罐道梁插入井壁深度应不小于支护厚度的2/3或梁的高度	将焊有锚固爪的钢板,按设计要求位置埋设在井壁内,并筒安装时,再将罐道梁托架焊接在预埋钢板上。多用于表土冻结段固定罐道梁	用快硬水泥卷或树脂卷锚杆把托架固定在井壁上,然后在托架上固定罐道梁,托架与井壁之间的空隙以砂浆或树脂胶泥充填,保证两者结合严密

名称	梁端埋入井壁式	井壁内预埋钢板式	锚杆托架(板)固定式
优缺点	优点: 应用比较普遍 缺点: (1)梁窝数量多,现凿费工、劳动强度大; (2)不利于井壁的完整性,影响井壁强度,充填质量不好时可致井壁漏水; (3)预留梁窝不利于滑模施工,影响建井工期	优点: (1)不留梁窝、不打锚杆、不影响井壁强度,有利于井壁的完整性和封水; (2)罐道梁安装时托架位置调整比较方便 缺点: (1)施工比较复杂,不利于滑模施工,预埋件不易准确定位 (2)安装焊接工作量大,焊接质量不易保障 (3)焊接时的高温,易使钢板变形且不易校正	优点: (1)不需梁窝、不破坏井壁、不影响井壁强度; (2)操作简单、劳动强度小、作业条件好,有利于加快建井速度; (3)锚杆承载快,可随时安装罐道梁,有利于井筒一次完成安装; (4)锚固力大,安全可靠 缺点: (1)锚杆安装位置要求准确; (2)部件加工量和准备工作量大; (3)钢筋混凝土井壁锚杆孔位不好选择,钻眼易遇钢筋受阻

d 竖井井筒装备设计应注意以下几个方面

(1)罐道接头位置应符合下列要求:

1)罐道接头应在罐道梁上,接头间应留有 2 ~ 3 mm 的伸缩间隙。

2)同一提升容器的两根罐道接头,不得设在同一水平上;当两根罐道安装在同一根梁上时,两根罐道的接头也必须错开。

(2)对罐道梁的设计规定有:

1)罐道梁的层间距:木罐道 2 ~ 3 m;金属罐道 4 ~ 6 m。

2)采用悬臂梁时,其梁的长度不宜超过 600 mm。

3)罐道梁的截面选择,应按现行的《钢结构设计规范》有关规定设计;罐道梁的挠度与跨度之比不大于 1/400 ~ 1/500。

4)罐道梁与井壁的连接,井筒正常段一般采用锚杆锚固托架(板)联结,锚杆宜采用树脂锚杆或早强水泥浆锚杆,锚杆直径应通过计算确定;对于井筒内淋水大于 6 m^3/h 或集中出水的地方,必须处理淋水,方许用锚杆方式连接。马头门的托罐梁、井底装矿点钢梁及楔形罐道梁等,必须插入井壁内(或预留梁窝内)。

(3)竖井装备梯子间时,其设计及管缆敷设应符合下列规定:

1)梯子的倾角,不大于 80°;梯子宽度不小于 0.4 m,梯蹬间距不大于 0.3 m;上下相邻两个梯子平台的垂直距离,不大于 8 m;上下相邻平台的梯子孔错开布置,平台梯子孔的长和宽,分别不小于 0.7 m 和 0.6 m;梯子上端高出平台 1 m,下端距井壁不小于 0.6 m。

2)梯子间与提升间、管子间、电缆间应设置安全隔网;当与箕斗提升间毗邻时,则梯子间与箕斗间之间应设置隔离板。

3)梯子平台板必须防滑。

4)管路布置应便于安装、检修和更换。

(4)井筒内安装的供水、排水、压风、排泥等各种管路,都需要固定和支承,其支承方式一般包括管卡和管座两种。

对于排水和排泥管路,除设置直管座支承外,一般还要设置弯管支承座。管座支承大梁应通过计算确定,并应考虑水锤作用的影响。

(5)马头门处应设安全门、栅栏、信号硐室及双侧人行道,人行道宽度应不小于 1.2 m。马头门高度应根据提升容器及下放长材料的长度确定。

（6）当遇到深度较大的第四系地层时,对于采用刚性罐道、装备梯子间和管缆的竖井,在井筒装备设计中,应考虑地层沉降造成井壁压缩时对竖向构件(含管缆等)的影响。

（7）竖井内所有金属构件、木构件及各种连接件,均应进行防腐蚀处理。

E 井筒装备构件防腐

井筒装备处于阴暗潮湿、有淋水、风速大、供氧充分或干湿交替的地下环境中,由于地下长年相对湿度都在钢铁被腐蚀的临界值以上,不但有金属被大气腐蚀的基本因素——水和氧,而且还有各种腐蚀介质的作用,因此对井筒装备的腐蚀就更为严重。

a 金属构件防腐

井筒装备金属构件的防腐,应尽量做到装备的使用期限与矿井的服务年限同步。常用的防腐方法是涂层保护法,有金属覆盖层(包括电镀、热电镀、喷涂等)、非金属覆盖层(包括涂料、玻璃钢等)和复合涂层。其中金属覆盖层和玻璃钢覆盖层是一种长效的防腐措施,优点是可以做到一次防腐,服务到井筒的使用期满;其缺点是防腐成本高,基建投资高。涂料覆盖层服务时间短,防腐成本低,基建投资少。

（1）金属构件的表面处理。金属防腐施工前的表面除锈是非常重要的,它直接影响防腐层和被处理材质之间的附着力及防护效果。金属构件在进行防腐前,都须先进行严格的表面预处理。

1）表面处理的施工方法：有手工除锈、机械除锈、喷射除锈、带锈底漆法和酸洗钝化除锈五种方法。其中手工除锈、喷射除锈、酸洗钝化除锈是比较常用的方法,它们的比较如表 5 - 13 所示。

表 5 - 13 常用几种除锈方法比较

项 目	质 量	优 缺 点
手工除锈	除锈质量差,不能除尽金属表面的氧化皮和锈层	工具简单,使用方便,但效率低,劳动强度大
喷砂除锈	除锈质量好,能尽金属表面的氧化皮和锈层。在短期内(4~8 h)不生锈	大面积除锈质量好、效率高。但工作条件差,费用高,污染环境,粉尘浓度可达 650 mg/m³。对形状复杂的小构件除锈效果差
酸洗钝化除锈	除锈质量好,能尽金属表面的氧化皮和锈层,并得到一层具有一定耐腐蚀能力和与涂层附着力强的钝化膜	除锈、钝化效果好,施工方便,效率高,成本低,对环境污染小。但必须集中施工,占地面积大。酸的浓度、温度不易掌握。大构件的浸泡、吊装劳动强度大

2）表面处理的重要性,如表 5 - 14 和表 5 - 15 所示。

表 5 - 14 不同表面处理方法对涂料耐久性的影响

序 号	处 理 方 法	涂 层 耐 久 性	
		涂刷两层面漆/a	涂刷两层底漆,两层面漆/a
1	钢刷手工除锈	1.2	2.3
2	酸洗除锈	4.6	9.5
3	喷砂(丸)除锈	6.3	10.4

表 5 – 15　钢构件表面处理在防腐效果中所占比例

项　　目	所占比例/%
钢构件表面处理	50
涂装环境	26
涂装次数	19
涂料本身	5

3）井筒装备钢构件表面预处理,宜采用喷砂(丸)除锈和酸洗、钝化除锈,不宜采用手工除锈和带锈底漆。表面预处理的技术要求应达到国际通用的瑞典标准 Sa2.5 级。金属喷涂应达到 Sa3 级,其粗糙度应达到 $Rz40 \sim 80 \ \mu m$。金属表面预处理等级如表 5 – 16 所示。

表 5 – 16　金属表面预处理等级(瑞典标准 SISO55900)

除锈等级	除锈方法	质 量 要 求
St2	手工机械除锈	要求除去钢铁表面松动的氧化皮,疏松的铁锈和其他污物
St3	动力机械除锈	要求除去钢铁表面松动的氧化皮,疏松的铁锈和其他污物,钢铁表面呈明显的金属光泽
Sa1	轻度喷射除锈	除去表面疏松的氧化皮、锈蚀及污物,在基底金属上显露大量均匀散布的金属斑点
Sa2	工业喷射除锈	除去表面几乎所有的氧化皮、锈蚀及污物,最后用干燥的压缩空气清理表面,表面稍呈银色
Sa2.5	接近出白级喷射除锈	金属表面清除到仅有轻微的点状或条纹痕迹的程度,并用干燥的压缩空气或其他工具清理表面,表面呈银灰色
Sa3	出白级喷射除锈	去金属表面的氧化皮、锈蚀及污物。用干燥的压缩空气或其他工具清理表面,其外观具有均匀一致的金属光泽

(2)当采用金属镀层,应符合下列规定:

1）金属镀层可采用热喷涂锌(铝)工艺或热浸镀锌工艺。锌镀层适用于 pH 值为 6 ~ 12 水质条件的矿井,铝镀层适用于 pH 值为 4 ~ 9 水质条件的矿井。

2）采用热喷涂锌(铝)镀层,其镀层厚度可为 $100 \sim 200 \ \mu m$,且必须用有机涂料封闭,涂刷两道。

3）采用热浸镀锌镀层,其镀层厚度可为 $60 \sim 100 \ \mu m$,可不用封闭涂层。

(3)当采用涂料防护时,应符合下列规定:

1）在 pH 值大于 6 的中、碱性水质条件下,宜优先选用环氧沥青类涂料。

2）在 pH 值小于 6 的酸性水质条件下和地下水含盐量高的地区,宜选用氯化橡胶类涂料。

3）涂料防护宜选择环氧富锌底漆、氯化橡胶富锌底漆之一作为涂料底漆,涂刷 1 ~ 2 道,漆膜厚度可为 $30 \sim 70 \ \mu m$。

4）防护面漆可选用相应的环氧沥青类防腐蚀涂料或氯化橡胶类防腐蚀涂料,至少涂刷 3 道。

5）漆膜总厚度应不小于 $200 \ \mu m$。

6）漆膜附着力用划格法测试不应低于 85%。

（4）当采用复合涂层防腐时，应符合下列规定：

1）复合涂层的金属镀层可采用热浸镀锌或热喷涂锌（铝）防护层，镀层厚度为 $60 \sim 200~\mu m$。

2）外部封闭涂层选用环氧沥青或氯化橡胶等类涂料。涂刷遍数不应少于 3 遍。

3）涂膜总厚度不应小于 $250~\mu m$。

b　木构件防腐

（1）防腐剂：常用的防腐剂有氟化钠和防腐沥青漆。

1）氟化钠属于水溶性防腐剂，浓度为 3% 的单剂。

2）防腐沥青漆，有以下三种：

L01-13 沥青漆，涂刷方便，常温下干燥快，漆膜硬，有较好的防水、防化学腐蚀性能。

L01-20 沥青漆，干燥快，耐水性强。

L01-21 沥青漆，常温下可干燥，硬度大、耐水性好。

（2）处理方法：有热冷槽浸注法、常温浸渍法和涂刷法。其中前两种方法适用于氟化钠，涂刷法适用于沥青漆。

F　盲竖井工程

盲竖井工程设计的一般规定：

（1）当盲竖井井筒内装备提升设施时，需设置提升机硐室、配电硐室等。提升机硐室有塔式布置和落地布置两种方式，对岩层稳固的稳定围岩，当具备条件时宜优先选择塔式布置形式。非稳定岩层，慎用塔式提升方式。

1）采用塔式提升机时，承载提升机及其载荷的大梁应采用钢筋混凝土梁，并通过计算确定梁断面尺寸和配筋参数；在提升机层下，一般还要设置导向轮层。

2）采用落地式提升机时，需设置绳道、天轮硐室等。天轮硐室内，除设置天轮支承大梁外，一般还要设天轮起重梁。

3）无论是落地式还是塔式提升机，其硐室均需设大件设备运输通道（即大件道）。大件道断面和弯道的转弯半径，应满足提升机和安装起吊设备等最大件的运输要求。

4）提升机硐室内一般都设有起重设施，确定断面规格时需考虑起重设备的相关安全间隙要求，断面形状多采用圆弧拱形断面。

5）配电硐室一般毗邻提升机硐室布置。

（2）当盲竖井为箕斗井或混合井时，在最上面一个运输水平以上，需设箕斗卸载设施硐室。若箕斗提升两种（或两种以上）物料，则在卸载溜槽底部还需设分配小车硐室。

（3）盲竖井井筒装备设计，在箕斗卸载处上部或最上面一个出车水平以上需设楔形罐道和防过卷挡梁等，过卷挡梁应通过计算确定。

G　竖井工程实例

部分矿山的竖井断面如图 5-26 ～ 图 5-31 所示。会泽铅锌矿 2 号盲混合竖井提升系统硐室布置图如图 5-32 所示。

5.3.1.3　斜井设计的一般规定

A　斜井设计的一般规定

斜井井位选择时应注意的事项及设计所需资料基本与竖井相同，详见第 5.3.1.2 节。设计时应遵守下列规定：

（1）斜井、斜坡道断面布置在满足工艺要求的同时，安全间隙应符合表 5-17 的规定。

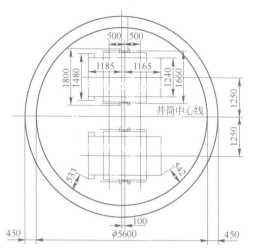

图5-26 金川24行主井断面

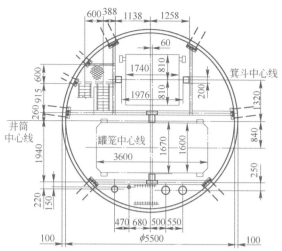

图5-27 黄岗梁铁矿混合井断面

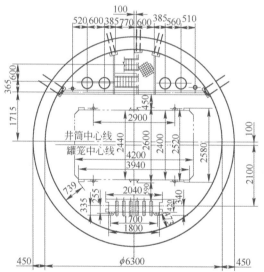

图5-28 金川三矿区副井断面

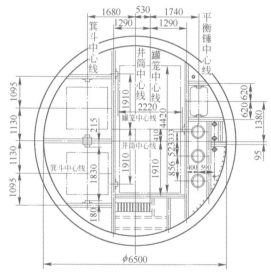

图5-29 赞比亚谦比西铜矿竖井断面

表5-17 斜井安全间隙　　　　　　　　　　　　　　（mm）

运 输 方 式	设 备 之 间	设备与支护之间
有轨运输	≥300	≥300
无轨运输	—	≥600
带式运输	≥400	≥600

（2）斜井倾角应遵循的一般规定有：

1）箕斗、台车斜井宜大于30°。

2）矿车组斜井（包括材料斜井）不宜大于25°。

3）胶带输送机斜井,向上输送物料时不应大于15°;向下输送物料时不应大于12°。

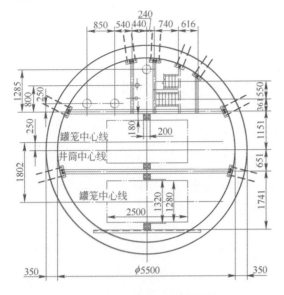

图 5 – 30   武山铜矿北副井断面

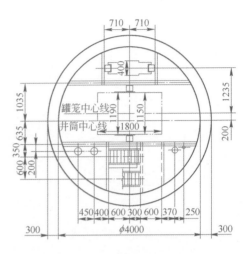

图 5 – 31   小茅山铜铅锌矿竖井断面

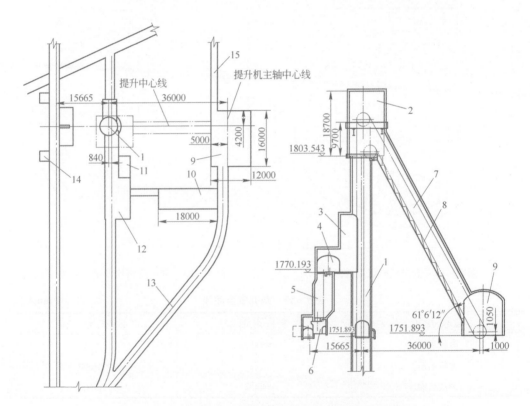

图 5 – 32   会泽铅锌矿 2 号盲混合竖井提升系统硐室布置图

1—混合竖井;2—天轮硐室;3—箕斗卸载硐室;4—分配小车硐室;5—矿仓;
6—振动放矿机硐室;7—绳道;8—绳道梯子;9—提升机硐室;10—配电硐室;
11—操作硐室;12—罐笼组装硐室;13—提升机硐室大件道;
14—振动放矿机操作室;15—联络道

4）吊桥斜井应大于或等于20°。

（3）斜井人行道必须符合下列规定：

1）采用有轨运输时,人行道宽度不应小于1 m。

2）人行道的垂直高度,不应小于1.9 m。

3）专为行人的斜井,宽度不应小于1.8 m。

4）带式输送机斜井,人行道宽度不应小于1 m。

5）设有人车的斜井,在井口上部及下部都应设乘车平台。平台长不应小于一组人车长的1.5~2倍,平台宽不得小于1 m。

6）斜井倾角为10°~15°时,应设人行踏步;15°~35°时,应设踏步及扶手;大于35°时,设梯子及扶手。

（4）有人员上、下的斜井,当倾角小于30°、垂直深度超过90 m,以及倾角大于30°、垂直深度超过50 m时,在井内应安设运送人员的机械设备。

（5）有轨运输的斜井,车道与人行道之间,宜设坚固的隔离设施;未设隔离设施的,提升时人员不得通行。

（6）矿车组斜井下部停车场,应设躲避硐室;上部及中部各停车场应设挡车器或挡车栏,挡车器或挡车栏必须经常关闭,通车时方可打开。

（7）通风斜井断面必须满足风量要求,风速须符合《金属非金属矿山安全规程》的规定。

（8）当地震烈度在8~9度时,斜井支护应采用钢筋混凝土结构;当地震烈度在6~7度时,支护应为素混凝土结构。

（9）如果在斜井内还要运送大型设备,则断面大小除满足安全间隙的要求外,还应满足运送大型设备的空间要求。

（10）无轨运输的斜坡道,必须设人行道或躲避硐室。行人的无轨运输水平巷道应设人行道。

设人行道时,其有效净高应不小于1.9 m,有效宽度不小于1.2 m。

设躲避硐室时,其间距在曲线段不超过15 m,在直线段不超过30 m。躲避硐室的尺寸,高度不小于1.9 m,深度和宽度均不小于1.0 m。躲避硐室应设明显的标志。

B 斜井内设施

a 斜井铺轨

斜井内运输线路应根据矿井服务年限,生产规模,提升设备选型及提升能力等因素选用不同线路布置和不同的轨枕、道床。

线路布置形式

双钩矿车组斜井线路如表5-18所示,双箕斗提升斜井线路如表5-19所示。

表5-18 双钩提升矿车组斜井线路布置形式

序号	线路布置形式简图	优 缺 点	适 用 条 件
1		双轨线路,井筒中无道岔,车辆运行平稳可靠,使用寿命长。但工程量大,投资高	线路短,多水平生产,提升速度较高的井筒
2		车辆运行可靠,工程量少。但钢丝绳、车轮及轨道磨损较大。特别是轨道磨损不均匀	线路长,单水平生产的井筒

序号	线路布置形式简图	优 缺 点	适 用 条 件
3		生产简单可靠,但钢轨消耗量大,钢丝绳与钢轨磨损大。井筒工程量较大	线路长,两个水平生产的井筒
4		可缩小井筒断面,省工程量及材料消耗	小型斜井或临时工程中
5		错车道不设道岔及岔心,车辆运行可靠,可减少井筒断面及工程量。但钢丝绳、车轮、轨道磨损较大	线路长,单水平生产的井筒
6			

表 5 – 19 双箕斗提升斜井线路布置形式

序号	线路布置简图	优 缺 点	适 用 条 件
1		生产简单可靠,但轨道消耗量大,工程量大,投资多	装载点多,提升速度高,线路长,围岩稳定
2		生产简单可靠,工程量较大,投资较多	一个装载点,提升速度高,线路较短,围岩稳定
3		生产可靠,工程量较小,投资较少	线路较长,一个装载点,围岩较稳定
4		工程量小,投资少,生产可靠,但生产管理较复杂	装载点多,线路较长,围岩较破碎

注:①为装矿处;

②为卸矿处;

③为中间错车道。

斜井错车道布置要求

当提升机卷筒为单层缠绳时,错车道设在提升行程的中心;如为多层缠绳,且两卷筒缠绳圈数相同时,因下放的行程大于提升的行程,则错车道应设在提升行程中点略偏下的位置。

错车道直线段长度不得小于或等于两组矿车组总长,最短也不应小于 10 m。

斜井道床

斜井道床可分为石渣道床、整体道床和简易整体道床三种形式,其优缺点及适用条件如表 5 – 20所示。

表 5 – 20 斜井道床类型及适用条件

序号	类 型	优 缺 点	适 用 条 件
1	石渣道床	施工简单,投资少。线路质量难以保证,维修工作量大	倾角不大于10°,提升量不大,提升速度不大于3.5 m/s
2	整体道床	行车平稳、速度快,维修工作量小,经营费用低。施工质量要求高,工程量大,造价高	倾角大于10°,提升量大,服务年限长
3	简易整体道床	施工简单,维修、管理方便,投资省。线路质量较整体道床差	倾角小于30°

b 轨道防滑

由于斜井轨道有重力作用,促使轨道下滑,造成上部轨道接缝加大,下部轨道接缝缩小,导致轨道的连接螺栓被剪断。轨道下滑,使局部线路或道岔变形,行车安全不能得到保证,影响正常生产。因此,当斜井倾角大于10°时,须对井内铺轨采取轨道防滑措施。

常用的轨道防滑方法有两种:一是固定轨道法;二是固定轨枕法。其布置形式及要求如表5 – 21 所示。

表 5 –21 斜井轨道防滑形式

固定方式		图 示	特征与要求	使 用 情 况
固定钢轨法	型钢固定	1—钢轨;2—轨枕;3—工字钢Ⅰ12;4—槽钢[16;5—圆钢φ30;6—混凝土底梁	用型钢固定钢轨,每隔30 m设一组	1 t标准矿车,矿车组斜井通用设计
	钩形板固定	1—钢轨;2—轨枕;3—钩形板;4—槽钢[14;5—螺栓 M32 ×500;6—混凝土底梁	用钩形板固定钢轨,每隔15～20 m设一组	维修、更换方便,防滑效果良好
	预埋螺栓固定	Ⅰ—Ⅰ 1—钢轨;2—轨枕;3—预埋螺栓;4—混凝土底梁	用预埋螺栓固定钢轨,每隔30 m设一组	防滑效果良好,且钢轨与底梁间垫以枕木增加了弹性;但是螺栓易锈蚀,维修更换困难

固定方式	图 示	特征与要求	使 用 情 况
固定轨枕法	轨枕桩 0.5 10~15 1—钢轨;2—轨枕;3—防滑桩;4—撑木	每隔 10～15 m 在轨枕两端向斜井底板各打一防滑桩(用型钢或圆钢都可)以阻止轨道下滑	有一定防滑作用,但由于车辆在运行中产生振动,使道钉松动,钢轨仍可下滑
	轨枕槽 1—钢轨;2—轨枕;3—轨枕槽	轨枕放入斜井底板的槽内,槽深 80～100 mm,槽底垫道碴 50 mm	

c 斜井水沟设计应符合下列规定

斜井水沟设计应符合下列规定:

(1) 服务年限长,涌水量较大的斜井,必须设置水沟并加盖板。

(2) 服务年限较短,井筒底板岩石稳定、坚硬,涌水量在 5～10 m^3/h 的斜井,可沿井筒墙边挖顺水槽,不设水沟。

(3) 服务年限短,井筒底板岩石稳定,且涌水量在 5 m^3/h 以下的斜井,可不设水沟。

(4) 水沟宜设在人行道一侧,坡度与斜井坡度相同。

(5) 斜井内除设纵向水沟外,应根据井筒涌水量大小,在井筒内每隔 30～50 m 设一道横向截水沟,其坡度不得小于 3%。在含水层下方,阶段与斜井井筒连接处附近,应设横向截水沟。

d 斜井内管缆敷设要求

斜井内管道电缆敷设的要求是:

(1) 充填管道严禁敷设在主、副斜井内。

(2) 当管道及电缆都敷设在人行道同一侧时,电缆应设在管道上方,电缆不应直接挂在管子上,电缆与管子的间距应大于 300 mm。

(3) 当管道敷设在人行道侧,托管梁伸入人行道上部空间时,梁底距斜井底板的垂直高度不应小于 1.9 m。

(4) 管子采用落地式敷设在人行道侧时,管子不应侵占人行道的有效宽度。

(5) 电缆线悬吊点间距不应大于 3 m。

(6) 架空式托管梁间距及落地式管座间距不应大于 5 m。

C 斜井与其中间阶段的连接

连接形式有甩车道、吊桥、高低差吊桥和吊桥式甩车道四种,其优缺点及适用条件如表5–22所示。

表 5－22　斜井与其中间阶段的连接形式表

形　式	图　　示	图　注	优　缺　点	适用条件	管理方式
甩车道		1—甩车道； 2—分车道岔； 3—斜井井筒	甩车时间短，操作劳动强度小，车场能自溜，提升能力大。 矿车易掉道，甩车道处易磨钢丝绳，施工复杂，开凿量大	倾角小于30°的大、中、小型矿山斜井提升	扳道岔
吊桥		1—吊桥； 2—阶段平巷； 3—斜井井筒	矿车不易掉道，不磨钢丝绳，施工简单，开凿量小。 空车不能自溜，人工推车劳动强度大，调车时间长	倾角在20°～35°的小型矿山斜井提升	启动吊桥
高低差吊桥		1—高道吊桥； 2—低道吊桥； 3—斜井井筒； 4—阶段平巷； 5—渡线道岔；	矿车不易掉道，不磨钢丝绳，空、重车能自溜，调车时间短，施工较简单，开凿量小。 需在吊桥上方的斜井中设一副渡线道岔	倾角在20°～35°的中型矿山斜井提升	启动吊桥
吊桥式甩车道		1—吊桥； 2—甩车道； 3—斜井井筒； 4—阶段平巷	车场能自溜，调车方便，开凿量小，施工较复杂	倾角在20°～35°的中、小型矿山斜井提升	扳道岔和启动吊桥

5.3.1.4　平巷、平硐设计的一般规定

A　设计所需资料

平巷、平硐设计所需的资料有：

（1）工程地质和水文地质资料。

（2）平巷（硐）的服务年限、用途以及对通风、防火、卫生等方面的要求。

（3）运输设备类型、规格尺寸、坑内外运输的联系。

（4）装备的管、缆的规格尺寸、数量及架设、检修等要求。

（5）工业场地对平硐口的相对位置的要求。

B 设计的一般规定

平巷、平硐设计的一般规定有：

（1）平巷宽度及高度，应根据运输设备及通过大件设备，设备与支护之间、设备之间的安全间隙，人行道、架线、管缆铺设等要求确定。计算后的平巷宽度和高度应以 10 mm 为模数取整，并应进行风速校核。安全间隙应符合表 5-17 的规定。

（2）运输巷道的一侧必须设人行道，两条线路之间及溜口或卸矿口侧禁止设人行道。人行道的宽度应符合表 5-23 的规定。

表 5-23 人行道宽度 （mm）

运输方式或地点	电机车	无轨运输	带式输送机	人力运输	人车停车处的巷道两侧	矿车摘挂钩处巷道两侧
人行道宽度	≥800	≥1000	≥1000	≥700	≥1000	≥1000

（3）断面最小高度要求：

1）用人力运输或无轨运输设备的平巷，其最小高度，从轨面（或巷道底板）算起不得小于 1.8 m。

2）采用架线式电机车运输时，断面高度应满足滑触线悬挂高度的要求，如表 5-24 所示。

表 5-24 滑触线悬挂高度（自轨面算起）的规定 （m）

序 号	名 称	电压等级	
		<500V	≥500V
1	主要运输平巷	≥1.8	≥2.0
2	井下调车场、架线式电机车与人行道交点	≥2.0	≥2.2

3）在井底车场，从井底到运送人员车场，不低于 2.2 m。

4）采用架线式电机车运输的平硐，矿车顶面距架线的距离不宜小于一个矿石最大块度的尺寸。

5）电机车架线悬挂在巷道一侧时，人行道应设在另一侧。

6）采用汽车运输时，汽车顶部至巷道顶板（支护）的距离不小于 0.6 m。用蓄电池式电机车运输或其他运输方式时，轨面至巷道顶板（支护）的高度不小于 1.9 m。

（4）弯道加宽：

1）车辆在弯道上运行时，断面宽度要加宽，加宽值如表 5-25 所示。

表 5-25 弯道断面加宽值 （mm）

运 输 方 式	内 侧 加 宽	外 侧 加 宽	线路中心距加宽
电机车运输	100	200	200
人力运输	50	100	100

2）弯道加宽段应向直线段延伸，其长度按下式计算：

$$L_1 \geq \frac{L + L_s}{2} \tag{5-1}$$

式中 L_1——延伸长度，mm；

    L——车辆长度，mm；

    L_s——轴距，mm。

（5）矿用轨枕应优先采用预制钢筋混凝土轨枕。

（6）矿用道床应采用道碴道床或整体道床。

（7）道碴道床应符合下列要求：

1）永久及倾角小于10°的永久性路基，应铺以碎石或砾石道碴，轨枕下面的道碴厚度应不小于90 mm；轨枕埋入道碴深度，不应小于轨枕厚度的2/3；

2）道碴道床上部宽度应大于轨枕长度50~100 mm。

C　断面形式

（1）平巷（硐）断面形状：有梯形、三心拱形、圆弧拱形、半圆拱形、马蹄形、圆形和椭圆形等，其适用条件如表5-26所示。

表5-26　平巷断面形状和适用条件

序　号	名　　称	适 用 条 件
1	梯　形	用于围岩稳固，服务年限短，跨度小于3~4 m的巷道
2	三心拱形	断面利用率较高，适于顶压较小、围岩坚固的开拓巷道
3	圆弧拱形	断面利用率高，用于顶压较小、无侧压或侧压小于顶压的平巷和硐室
4	半圆拱形	断面利用率低，用于顶压大、侧压小、无底鼓，服务年限长的巷道
5	马蹄形	多用于围岩松软，有膨胀性、顶压和侧压很大，且有一定底压的巷道
6	圆形、椭圆形	用于围岩松软，有膨胀性、四周压力均很大，其他形状不能抵抗周围压力

（2）拱形巷道拱高和墙高的确定，应符合下列规定：

1）拱形巷道的拱高，应根据岩石的稳固性，取巷道净宽度的1/2（即半圆拱形）、1/3、1/4或1/5。

2）拱形巷道的墙高，应根据架线高度、人行道高度、安全间隙及所选拱高等因素计算确定。

（3）拱形断面几何参数，如图5-33和表5-27所示。

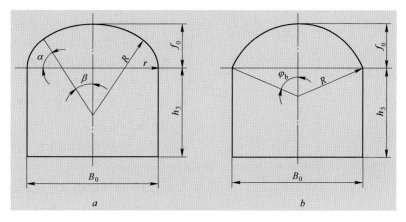

图5-33　拱形断面几何参数简图

a—三心拱断面；*b*—圆弧拱断面

表 5 - 27　拱形断面几何参数表

断面形式	项　目		几 何 参 数		
			$f_0 = \frac{1}{3}B_0$	$f_0 = \frac{1}{4}B_0$	$f_0 = \frac{1}{5}B_0$
三心拱	α	弧度	0.982794	1.107149	1.190290
		角度	56°18′36″	63°26′06″	68°11′55″
	β	弧度	0.588003	0.463648	0.380506
		角度	33°41′24″	26°33′54″	21°48′05″
	R		$0.691898B_0$	$0.904509B_0$	$1.128887B_0$
	r		$0.260957B_0$	$0.172746B_0$	$0.128445B_0$
	f_0		$0.333333B_0$	$0.25B_0$	$0.2B_0$
	S(拱弧长)		$1.326610B_0$	$1.221258B_0$	$1.164871B_0$
圆弧拱	φ_b	弧度	1.176005	0.927295	0.761013
		角度	67°22′484″	53°07′48″	43°36′10″
	R		$0.541667B_0$	$0.625B_0$	$0.725B_0$
	f_0		$0.333333B_0$	$0.25B_0$	$0.2B_0$
	S(拱弧长)		$1.274006B_0$	$1.159119B_0$	$1.103469B_0$

D　平巷管缆布置要求

(1) 管道布置。

1) 管道宜布置在人行道一侧,管道架设一般采用托架、管墩及锚杆吊挂。

2) 在架线式电机车运输的平巷内,管道应避免在平巷底板架设。

3) 管道与管道呈交叉或平行布置时,应保证管子之间有足够的更换距离。管子架设在平巷顶部时,不应妨碍其他设备的维修和更换。

(2) 电缆布置。

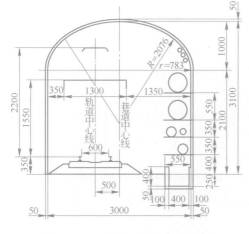

图 5 - 34　三心拱型单轨巷道断面

1) 人行道一侧不宜敷设动力电缆。

2) 动力电缆和通讯电缆不宜敷设在巷道同一侧,当条件限制时,应将动力电缆设置在通讯、照明电缆的下面,其间距不应小于 100 mm。

3) 电缆与风水管路平行敷设时,电缆应悬挂在管路上方,其间距应大于 300 mm。

4) 电缆悬挂的位置应高于矿车高度。

E　断面实例

有轨巷道断面实例如图 5 - 34 和图 5 - 35 所示。

5.3.1.5　地下破碎系统设计的一般规定

地下开采的非煤矿山,采用箕斗提升或带式输送机运送物料时,为将物料破碎至箕斗或带式输送机所需要的块度,须设置地下破碎系统。

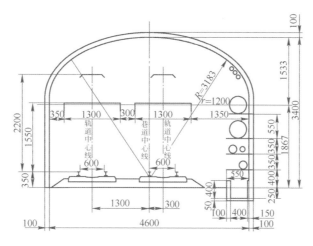

图 5-35 三心拱型双轨巷道断面

A 设计的一般规定

地下破碎系统设计的一般规定是：

(1) 地下破碎系统必须有可靠的工程地质、水文地质资料,应尽量布置在坚硬稳定的岩层中。

(2) 地下破碎系统的服务年限,有色金属矿山一般不得少于 5 年,黑色金属和非金属矿山一般不少于 10 年。

(3) 地下破碎系统设计中,主溜井条数及破碎机形式、台数,根据矿石性质、年产量等因素确定。

(4) 地下破碎硐室应设独立的通风、除尘系统。

(5) 破碎硐室应装设起吊设施,以利于设备安装和检修。

(6) 破碎硐室应设有两个安全出口,一条为人行联络道,一条为运输大件设备的大件道。大件道应与主、副井或地表相通。

B 破碎系统平面布置原则

破碎系统平面布置的原则有：

(1) 破碎系统应靠近主井(或混合井)布置,辅助硐室应分散布置在破碎硐室周围。配电硐室、操作硐室应布置在进风侧,除尘硐室应布置在风流的下风向。

(2) 大件道应从主井(或混合井)的提升间与破碎硐室直接相通。

(3) 布置时,应尽量使破碎硐室、皮带道与副井相通,以利施工和生产,改善通风条件,确保有两个安全出口。必要时,可设电梯井连接破碎系统各个水平。

(4) 破碎硐室平面布置,应优先选用单机端部或双机两端的平面布置形式。

(5) 破碎硐室长轴与卸矿巷道中心线的关系,有相互垂直和平行两种形式,应优先采用相互垂直的形式,同时应满足破碎工艺要求。

(6) 破碎硐室与皮带道中心线的关系,当设有一台破碎机时,应采用垂直布置形式;若设有两台破碎机,一般采用平行布置形式。

C 破碎系统竖向布置原则

破碎系统竖向布置的原则有：

(1) 破碎硐室地面至卸矿巷道底板的高程:由破碎机受矿口标高、给矿机硐室高度、上部矿仓(原矿仓)高度等因素确定,一般为一个采矿中段的高度。

上部矿仓(或溜井)的有效容积应大于两个列车的运矿量,圆形矿仓的直径不小于4 m,方形边长不小于5 m,矿仓高度一般为10~15 m;若矿山生产规模大,宜适当加大矿仓的高度和直径。若矿仓上部设有溜井,则其直径为矿石最大块度的4~8倍,且不得小于2 m。

(2)破碎硐室地面至皮带道底板的高程:由皮带给矿硐室高度、破碎机基础埋深、下部矿仓(成品矿仓)高度等因素确定,一般不小于25 m。

下部矿仓(或溜井)的直径不应小于4 m,总容积不小于箕斗4 h的提升量,高度一般为15~25 m。

(3)皮带道底板至主井(或混合井)粉矿回收巷道底板的高程:该高程由工艺专业确定。当矿井需要延深时,粉矿回收巷道应尽量布置在中段运输巷道标高上。

(4)破碎系统的总高程(即破碎站所服务的最低运输中段至装矿皮带道底板的高度):一般为满足最低一个中段的卸矿要求和溜井贮存矿量的要求,最好为采矿中段高度的整数倍,即1~2个中段高度。破碎硐室、装矿皮带道等主要工程应尽量布置在中段水平,以利施工、设备运输和生产。

D 破碎系统布置实例

(1)金川东主井破碎系统的布置如图5-36所示。

(2)黄岗梁铁矿破碎系统布置如图5-37所示。

5.3.1.6 溜井、溜槽及卸矿硐室工程设计的一般规定

A 溜井及溜槽

溜井及溜槽设计的一般规定:

(1)溜井位置必须避开节理裂隙发育地带、褶皱、溶洞、断层和破碎带。溜井所穿过的岩层,当不加固时,其普氏坚固性系数 $f \geq 6$ 以上,且要求岩层稳定、整体性好。

(2)溜井、溜槽的结构形式应根据矿山地形条件、开拓运输方式、溜井卸矿及装矿方式、运输设备和溜井的服务年限等因素综合考虑,应避免断面突变,溜井应优先选用单段式直溜井。

(3)溜井断面形状,直溜井宜选用圆形,斜溜井宜选用矩形或半圆拱形,溜槽宜采用梯形断面。

(4)溜井、溜槽断面尺寸应符合下列规定:

1)溜井直径应为矿石最大块度的4~8倍,且不得小于2 m;溜井直径或最小边长宜符合表5-28规定。

表5-28 溜井直径或最小边长度

溜放矿石最大块度 /mm	非储矿段直径或最小边长 /mm	储矿段直径或最小边长/mm	
		无黏结性矿石	黏结性较大矿石
350	>2000	>3000	≥5000
500	>2500	>3500	≥5000
750	>3000	>4000	≥5000
1200	>4000	>5000	≥6000

2)溜槽底宽应为矿石最大块度的3~5倍,且不宜小于2 m,溜槽两侧坡角宜为60°~75°。溜槽起点深度应为3 m,并应由起点按1/12~1/30坡度加深。

(5)斜溜井坡度的选择,在储矿段应大于矿(岩)石的流动角,当溜放无黏结性矿石时,宜为55°~70°;溜放黏结性矿石时,宜为65°~80°;在非储矿段斜溜井坡度不宜小于55°。

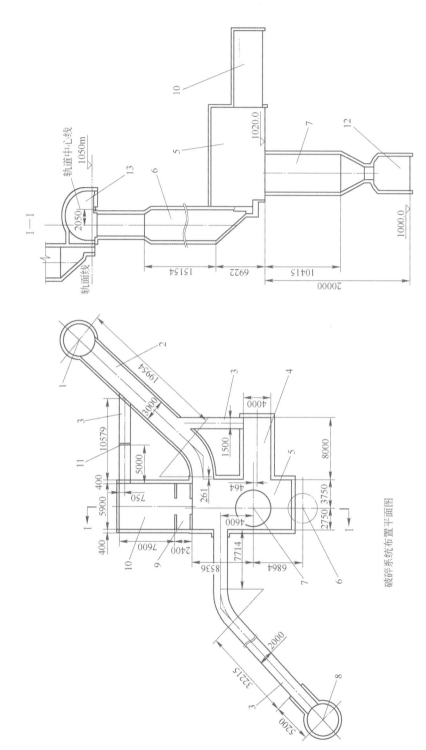

图 5-36 金川东主井深部破碎站

破碎系统布置平面图

1—东主井；2—大件道；3—联络道；4—收尘硐室；5—破碎硐室；6—原矿矿仓；7—成品矿矿仓；
8—粉矿回收井；9—操作硐室；10—配电硐室；11—栅栏门；12—皮带道；13—卸载站

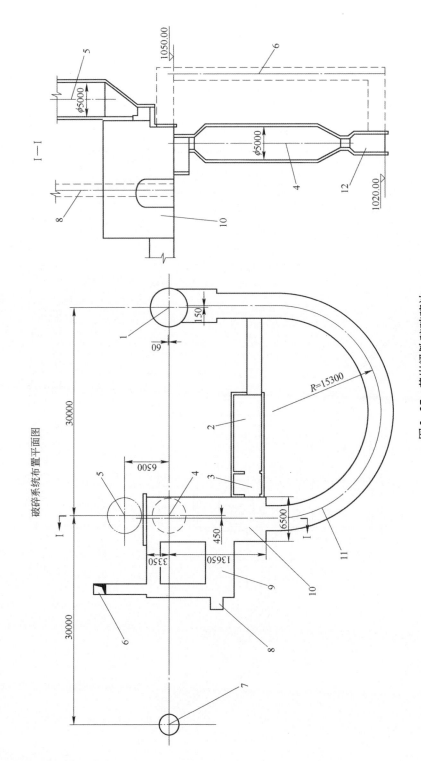

图5-37 黄岗梁铁矿破碎站

1—混合竖井；2—配电硐室；3—操作硐室；4—成品矿室；5—原品矿仓；6—回风天井（向下）；7—废石溜井；
8—回风天井（向上）；9—收尘硐室；10—破碎硐室；11—大巷道；12—皮带道

（6）溜井下部应设缓冲矿仓或储矿仓,矿仓的直径一般不小于5 m,高度不小于10 m。对于段高大、总溜矿量很大的溜井,宜适当加大矿仓高度(如25～30 m)和直径。矿仓一般应采用钢筋混凝土支护,并用耐磨材料(如钢轨、高锰钢板或铸锰钢板等)进行加固。

（7）当溜井所溜放的矿石黏性较大、含水高、粉矿多时,宜在溜井放矿口处、于放矿设备之前增设闸门,以防生产管理不善导致跑矿事故发生,也有利于放矿设备的检修维护。

（8）溜井应根据实际情况选择加固类型和加固材料。当采用刚性加固时,加固材料的连接形式和加固方法,应做到连接可靠和施工方便。

B 卸矿硐室

卸矿硐室设计的一般规定有:

（1）卸矿硐室不应布置在主要运输巷道和通风巷道中。

（2）除底卸式和底侧卸式矿车外,其他矿车卸矿口均应设置格筛;其两侧和卸矿方向对侧,应留有便于人行和处理大块矿石的平台,平台宽度应大于1 m,卸矿口应设置高度1.2 m的护栏。

（3）卸矿口应进行加固,卸矿口尺寸和形式应与卸矿方式相适应,并应满足中心落矿要求。

（4）曲轨卸矿硐室宜采用槽式卸矿口,卸矿槽长度须大于卸矿曲轨长度0.5 m以上。曲轨外侧人行道宽度宜大于0.8 m。

（5）底卸式矿车卸矿硐室的设计规定:

1）硐室高度应按起重高度要求确定;硐室宽度应满足卸矿槽宽度和两侧人行道宽度要求。

2）矿槽挡墙、拖滚基础均应采用钢筋混凝土结构。

（6）底侧卸式矿车卸矿硐室的设计,除应符合底卸式矿车卸矿硐室的规定外,对底侧卸式曲轨还要增设支点,并应作强度计算。

（7）翻车机硐室的设计规定:

1）单车翻车机硐室宜采用直筒式卸矿口;双车翻车机硐室宜采用矩形槽式卸矿口。

2）翻车机基坑之操作平台应设爬梯,翻车机两侧应设护栏。

3）翻车机硐室高度应满足翻车机起吊、搬运和安装的要求。

4）翻车机驱动装置硐室净高应大于1.8 m;翻车机两侧留人行道,其宽度不小于0.8 m;有让车线时,翻车机与电机车之间的安全间隙应大于0.4 m。

5.3.1.7 硐室工程设计的一般规定

A 一般规定

硐室工程设计的一般规定是:

（1）中央变电硐室和其他机电硐室应用非燃烧材料支护。硐室内不应渗水。电缆沟应无积水。

（2）硐室内设备之间距离,应满足设备运输和检修要求。设备到墙壁间的距离应大于0.5 m。

（3）硐室底板宜为混凝土或砂浆抹面,厚度不应小于50 mm,并应设3‰的排水坡度。

B 水泵硐室

水泵硐室设计的规定是:

（1）水泵硐室应靠近井筒敷设排水管路的一侧,并与井下中央变电硐室毗邻。

（2）水泵硐室的出口应不少于两个,其中一个通往井底车场,其出口要装设防水门;另一出口通往井筒的管子斜道。

管子斜道上口应高出泵房地面7 m以上,并在井筒连接处设长度不小于2 m的平台,应使人员能从平台进入井筒梯子间。

（3）水泵硐室地面应比入口处的巷道底板高出0.5 m(潜没式泵房除外),并应低于变电硐室 0.3 m。当为潜没式水泵硐室时,其硐室地面应低于井底车场巷道底板 4~5 m。

(4)水泵硐室一般均设起重设施。

C 变(配)电硐室

变(配)电硐室设计的规定是:

(1)中央变(配)电硐室的地面标高,应比其入口处巷道底板高出 0.5 m;与水泵硐室毗邻时,应高于水泵硐室地面 0.3 m。采区变电硐室应比其入口处的巷道底板高出 0.5 m。其他机电硐室的地面均应高出其入口处的巷道底板 0.2 m 以上。

硐室的地平面应向巷道等标高较低的方向倾斜,设 2‰~3‰坡度。

(2)长度超过 6 m 的变(配)电硐室,应在两端各设一个出口;当硐室长度大于 30 m 时,应在中间增设一个出口。各出口处均应装设向外开启的铁栅栏门。有淹没、火灾、爆炸等危险的矿井,机电硐室都应设置防火门或防水门。

(3)变配电硐室装有带油的设备且不设集油坑时,应在硐室出口防火门处设置斜坡混凝土挡,其高度应高出硐室地面 0.1 m。

D 水仓

水仓设计的规定是:

(1)水仓应由两个独立的巷道系统组成。涌水量较大的矿井,每个水仓的容积,应能容纳 2~4 h 的井下正常涌水量。一般矿井主要水仓总容积,应能容纳 6~8 h 的正常涌水量。

(2)水仓入口应靠近井底车场或运输巷道的最低点。进水口应有箅子。采用水砂充填和水力采矿的矿井,水进入水仓之前,应先经过沉淀池。水沟、沉淀池和水仓中的淤泥,应定期清理。

(3)水仓顶板应低于水泵硐室底板 1 m 以上,并应低于水仓入口水沟底板标高。当清仓采用矿车运输时,水仓通道内应能存放一定数量的矿车。

(4)两条水仓之间的岩柱不应小于 8 m,且不得漏水。水仓的坡度不宜小于 3‰,向吸水井方向上坡。水仓最低点应设在斜巷的下部,并应设集水窝。

5.3.2 井巷工程施工方法及设备

5.3.2.1 主要井巷工程施工方法

A 竖井井筒施工

a 竖井表土普通施工法

(1)表土普通施工方法的种类,如表 5-29 所示。

表 5-29 表土普通施工方法的种类

种类	井圈背板施工法	吊挂井壁法	吊挂井壁与斜板桩综合施工法	井外疏干孔降水,锚喷临时支护吊挂井壁法
施工特点	(1)一次竖立凿井架(或井塔)、钢结构和钢筋混凝土永久锁口; (2)大段高掘砌交替作业,在同一段高内,掘进自上而下进行,砌壁自下而上进行; (3)涌水量不大,无需采用特殊施工法,在工作面挖水窝,用以集水、排水	(1)段高小,一般为 1 m 左右; (2)随掘随砌,不需临时支护; (3)在各段井壁内,均设有吊挂钢筋,用以承担下段井壁的重量; (4)常与工作面降低水位的方法配合使用	(1)吊挂井壁是施工的基本方法; (2)在遇到流砂和淤泥层时,采用斜板桩法进行施工; (3)必须采用工作面超前小井降低水位法配合施工	(1)破土前,先在井筒周围钻 3~5 个降水孔; (2)在掘砌过程中,用深水泵或在降水孔内用压气泵排水,降低水位; (3)利用基岩凿井设备施工表土,随掘随锚喷,作为临时支护,掘进段高按实际情况选用; (4)掘完一个段高后,进行吊挂井壁或浇筑混凝土进行永久支护

种类	井圈背板施工法	吊挂井壁法	吊挂井壁与斜板桩综合施工法	井外疏干孔降水,锚喷临时支护吊挂井壁法
主要优缺点	优点: (1) 提升能力大; (2) 掘进速度快,施工较安全; (3) 缩短了表土施工期和安拆临时设施占用井口的时间 缺点: (1) 施工准备时间长; (2) 井口荷重大	与特殊施工法比较的优点: (1) 井口布置简单; (2) 工作面条件好,较安全; (3) 工序简单,便于操作; (4) 速度快、成本低 缺点: (1) 井壁接茬多,整体性差; (2) 钢材消耗量大; (3) 掘砌工序繁琐,养护时间多	采用此法过浅部流砂层较之其他特殊施工法的优点: (1) 准备工作简单; (2) 工序简单、便于操作; (3) 施工成本低 缺点: (1) 板桩入土角度不易掌握; (2) 板桩接茬不严时,易产生漏砂、漏泥; (3) 板桩回收率低,钢(木)材消耗量大	与冻结法比较的优点: (1) 成本较低; (2) 井内施工条件好,基本实现工作面无水作业; (3) 施工速度快; (4) 施工设备较简单 缺点: (1) 使用局限性大; (2) 降水孔设计(数目、结构等)较为复杂; (3) 压风耗量大

(2) 表土普通施工方法的选择,如表 5 - 30 所示。

表 5 - 30　表土普通施工方法的选择

选择依据	(1) 表土层工程地质及水文地质条件:表土层的结构及物理力学性质,含水量及渗透性,表土层的赋存条件; (2) 现场施工设备、材料供应情况; (3) 施工队伍的技术水平; (4) 邻近矿山类似表土层的施工经验; (5) 施工期应避开雨季,如必须在雨季施工,事先应有可靠措施
施工方法的确定	(1) 表土层很厚、地层不稳定、含水量大、各层赋存条件很复杂,应考虑采用特殊施工法;表土层坚实稳定、结构均匀、而且含水量小或渗透性弱,应采用普通法施工;在局部不稳定土层,可采用吊挂井壁法或吊挂井壁与斜板桩综合施工法; (2) 表土为黏土及砂质黏土层,土层结构均匀,压缩性低,抗压强度大于 0.25 MPa,塑性大,孔隙率小,且涌水量较小时,可采用井圈背板施工法;在同样条件下,如果含水量较大,渗透性较好,可在施工中采用工作面降低水位法,有效的处理地下水后改用小段高掘、砌施工法; (3) 在稳定性较差的松软表土层,渗透性强(渗透系数不小于 5 m/d),流动性小,水压头不大于 2 m,及厚度不大的砂层以及涌水量不大的卵石层中,均可采用吊挂井壁法。另外,通过表土层下的岩石风化带也可采用此法; (4) 在表土层中,若流砂、淤泥层位于表土浅部(小于 20 m),而且是夹层,厚度不大,地下水压头较小,流砂层上部土层比较稳定,下部又有稳定表土,流砂层顶底板水平倾角平缓,且涌水量不大时,可采用吊挂井壁与斜板桩综合施工法; (5) 在表土层比较稳定,砂层中虽涌水量大,但含有胶结性黏土层,深度在 50~60 m 以内,可用井外疏干孔降水,锚喷临时支护吊挂井壁施工法

b　竖井基岩施工

根据掘进、砌壁、安装工序在时间和空间上的不同及工序上的安排,竖井基岩施工可分为下列四种作业方式:掘、砌单行作业;掘、砌平行作业;掘、砌混合作业;掘、砌、安一次成井。

竖井基岩施工作业方式比较,如表 5 - 31 所示。

表 5 - 31　竖井基岩施工作业方式比较

作业方式	施工速度	井筒成本	凿井设备	施工组织	安全情况
掘、砌单行作业	月成井速度一般为 30~40 m,部分井筒在 100 m 左右,个别井筒达到 160 m 以上	井筒成井费用高	凿井设备少,布置简单,一个双层吊盘可兼顾掘、砌作业	掘、砌工序简单,施工组织简单	施工比较安全

续表 5 – 31

作业方式	施工速度	井筒成本	凿井设备	施工组织	安全情况
掘、砌平行作业	月成井速度一般为 50～60 m，个别井筒超过130 m，平行作业一般比单行作业快 30%～50%	由于平行作业比单行作业快，反映在成本上，平行作业比单行作业降低 20%～25%	凿井设备多，布置比较复杂	施工组织复杂	施工中须加强安全管理
掘、砌混合作业	月成井速度一般比单行作业快，通常为 40～50 m，个别超过 170 m。国外曾达到 220 m/月	井筒成井费用较高	凿井设备少，布置简单，一个双层吊盘可兼顾掘、砌作业	掘、砌工序交替频繁，施工组织较复杂	施工安全
掘、砌、安一次成井	整个井筒的平均速度较快，一般能缩短建井工期 2～3 个月	充分利用永久设备和建筑，经济效果一般比较好	凿井设备用量最少，布置简单。同时减轻了井架的荷载和缩短了过渡改装期	施工组织最复杂	施工中须加强安全管理。特别是掘、砌、安三行作业安全工作要求更高

竖井基岩施工作业方式选择，如表 5 – 32 所示。

表 5 – 32　竖井基岩施工作业方式选择

选择依据	(1) 井筒净直径和井筒基岩段的深度； (2) 围岩性质及井筒涌水量的大小； (3) 凿井设备、材料供应情况； (4) 施工管理及工人操作技术水平
作业方式的确定	(1) 当井筒基岩深度小于 400 m，井筒净直径小于 5.5 m，施工技术及管理水平一般，器材、设备供应不足，中等及不稳定岩层条件下，应首先采用混合作业或单行作业； (2) 当井筒基岩深度大于 400 m，井筒净直径大于 5.5 m，凿井设备充足，施工技术及管理水平较强，围岩稳定或中等稳定，井筒涌水量小于 40 m³/h 时，宜采用同段平行作业。 　在井筒深、断面大的条件下，采用平行作业若比单行作业缩短建井工期三个月以上，平行作业则具有明显的经济效益； (3) 当井筒基岩深度超过 400 m，井筒净直径大于 5.5 m，亦可采用混合作业； (4) 在围岩稳定，井筒涌水量小于 10 m³/h 时，井筒设计为刚性罐道，凿井设备不足或为节省凿井设备及钢丝绳可采用一次成井的作业方式。井筒愈深，断面愈大，此种作业方式的优越性愈显著

凿岩爆破。

凿岩方式

竖井施工凿岩方式比较及适用条件如表 5 – 33 所示。

表 5 – 33　凿岩方式比较表及其适用条件

凿岩方式	机械钻眼		手持钻眼
	伞形钻架	环形钻架	
机械化程度	机械化程度高	机械化程度较低	人工抱钻，劳动强度大
钻眼深度	钻眼深度 3～5 m。一次推进行程 2.7～4 m，循环进尺和一次爆破岩石量大	钻眼深度 2～3.5 m。一次推进行程 1.3 m，循环进尺较大，减少了辅助作业时间	跑眼深度一般为 1.2～1.5 m，循环进尺小
凿岩机台数及钻眼速度	同时作业的凿岩机为 6 台或 9 台，钻眼速度快，人员少，效率高	同时作业的凿岩机为 12～25 台。钻眼速度较快，人员多，效率较高	同时作业的凿岩机台数多（与断面大小关系大）。钻眼速度低，人员多，效率低

凿岩方式	机械钻眼		手持钻眼
	伞形钻架	环形钻架	
操作使用与维修	(1) 机动灵活,操作维修方便,但操作、维修技术要求高; (2) 凿岩机的冲击力和钎杆转速可以自动调节,适应性强,卡钎故障少; (3) 井口移位装置不够完善,操作不熟练时,辅助时间长; (4) 自重大,需用大型提升机吊放; (5) 短段掘砌时,使用不方便	(1) 分风、分水器集中在环轨上,操作使用方便,维修简单; (2) 周边眼可用加密小孔,有利于光面爆破; (3) 需用绞车悬吊,设备多; (4) 如一个悬臂出故障,其他悬臂无法协助打眼,井下维修不方便; (5) 不能适用于不同井径,钻架利用率低	(1) 设备少,操作简单、灵活; (2) 维修量小,且方便; (3) 凿岩机能兼顾钻锚杆眼和靠壁抓岩机的固定孔; (4) 人工操作,易发生卡钎故障
安全	钻凿吊桶位置炮眼时,须注意提升吊桶不要碰撞动臂	钻凿吊桶位置炮眼时,须防止提升吊桶碰撞悬臂轨道	钻眼中,卡钎及断钎时易发生伤人事故
作业特点	(1) 结构紧凑,易于在井内布置,与其他设备干扰少; (2) 耗风量大,动力费用高; (3) 噪声大	(1) 结构简单,加工制造方便; (2) 钻工多,组织复杂	(1) 钻周边眼能和装岩清底平行作业,工时利用率高; (2) 辅助作业时间短,有效工时利用率高
适用条件要求	(1) 适用于3 ~ 5 m深孔爆破; (2) 适用于大段高或短掘、短喷混合作业; (3) 适用于两套单钩提升或一套单钩、一套双钩提升; (4) 采用伞形钻架需配V形井架,采用其他凿井井架时,需加高井架翻矸台以下的高度; (5) 深孔爆破时,一次破碎岩石量大,需配大能力抓岩设备; (6) 需要配备较强的机电维修人员和熟练钻工	(1) 适用于井筒净直径5 ~ 7 m,采用2 ~ 3.5 m深孔爆破; (2) 宜与0.4 m³ 或0.6 m³ 抓岩机配套使用; (3) 为减少凿井设备间的干扰,环形钻架宜和长绳悬吊抓岩机或中心回转抓岩机配用;不宜和环形轨道式或靠壁式抓岩机配用; (4) 适用于短掘、短喷混合作业。采用单行作业时,掘砌交替吊盘改装工作量大	(1) 当采用NZQ -0.11 型小抓岩机装岩时; (2) 深度浅、断面小的竖井; (3) 井筒延深; (4) 适用于采用一般凿井井架施工的井筒

爆破

掘进工作面的炮眼布置,按其用途和位置可分为掏槽眼、辅助眼和周边眼三类。

各类炮眼的作用及其布置原则如表5 – 34所示。

表5 – 34 炮眼布置原则

炮眼种类	掏 槽 眼	辅 助 眼	周 边 眼
主要作用	增加辅助自由面,为其他炮眼的爆破创造条件	扩大掏槽体积,爆落主要岩体,为周边眼的爆破创造条件	形成井巷轮廓,使巷道断面形状和尺寸达到设计要求
布置原则	(1) 在竖井中,掏槽眼多布置在竖井中心。掏槽眼的圈径:当采用直眼掏槽时,可取1.2 ~ 1.4 m;当采用锥形掏槽时,可取1.8 ~ 2.0 m; (2) 在巷道中,掏槽眼一般布置在工作面的中央略偏下,据巷道底板约1 ~ 1.3 m;若工作面有软岩层,则掏槽眼应布置在其内; (3) 掏槽眼的深度应比其他炮眼加深200 ~ 300 mm	(1) 按选定的抵抗线和眼间距,尽可能使辅助眼的眼口和眼底均匀的布置在掏槽眼和周边眼的眼口和眼底之间; (2) 紧邻周边眼的辅助眼应为周边眼的光爆创造条件,使周边眼能形成光面层; (3) 应根据井筒掘进直径、岩石性质、炸药性能和药卷直径等依据选定的圈径和眼距,以同心圆分圈,并在各圈上均匀地布置辅助眼	(1) 严格按选定的抵抗线和眼间距布置; (2) 周边眼一般应布置在掘进断面的轮廓线上,并控制眼底偏出轮廓外50 ~ 100 mm以内;但对于松软或不稳定的岩层,周边眼的眼口可布置在掘进轮廓线内50 ~ 100 mm处,眼底落在轮廓线上

续表 5 - 34

炮眼种类	掏 槽 眼	辅 助 眼	周 边 眼
基本要求	（1）周边眼应按光面爆破要求布置，使爆破后所形成的巷道断面符合设计要求； （2）爆破效率要高，爆破器材消耗量和钻研工作量要小； （3）爆破的岩石块度和堆积状况要便于装载和运输； （4）爆破对巷道围岩的振动要小，并有利于巷道的维护； （5）便于采用先进技术和机械装备，改善作业条件		

竖井掘进掏槽方式、爆破参数确定等请参考煤炭工业出版社出版的《简明建井工程手册》。

竖井井筒施工主要设备选择，见本书 5.3.2.2 小节。

c 竖井凿井技术现状简介

近年来，国内矿山凿井技术发生了巨大变化，凿井工艺水平、装备技术水平和掘进速度都有了大幅提高，不断涌现出竖井快速施工新纪录，使矿山建设工期得到保障。据不完全统计，我国煤矿的建井最高月成井纪录是 216.5 m（表土层冻结段）；鸡西矿业集团建设工程公司 2003 年在山东曲阜星村煤矿深度 957.6 m 的主井施工中，连续 4 个月基岩段月成井超过 140 m，最高月成井 165.9 m，创造了全井平均月成井 136.8 m 的纪录。

2006 年，由中冶集团华冶资源开发有限责任公司承建的程潮铁矿主井深度 1135 m，施工实现连续 3 个月成井突破百米，并创造了国内金属矿山竖井施工最高月成井为 170.6 m（基岩段）的新纪录。施工中采用了 V 形凿井井架、新型 ϕ3.5 m 提升机、大型伞钻、中心回转式抓岩机、液压整体式移动模板、新型自动化空压机、自动化混凝土搅拌站的超千米竖井机械化配套作业线，并采用竖井下掘电视监控系统对施工现场进行调度。

我国的快速凿井技术主要有以下几方面的特点：

（1）使用大型凿井井架（新Ⅳ型和Ⅴ型），配置主要提升和辅助提升两套提升系统。两套提升系统保证有足够的废石提升能力，满足快速施工的要求。大型凿井井架可以满足伞钻进出、座钩式翻矸台装置和废石溜槽的布置要求及使用大型吊桶。

（2）稳车悬吊凿井设施。使用 5～40 t 系列稳车悬吊多层吊盘、吊泵、模板、抓岩机、安全梯及管线等。稳车实行集中控制。

（3）大型伞钻凿岩、中深孔光面爆破技术。伞钻配 YGZ-70 型气动凿岩机可打 ϕ42～55 mm、深度 3.2～4.2 m 的炮眼，凿岩效率高，一次爆破深度大。高威力炸药和高精度雷管的使用，为中深孔光面爆破技术提供了保证。

（4）使用抓斗容积 0.4 m³、0.6 m³ 的大型抓岩机，抓岩能力大，节省了出渣工作时间。

（5）使用 MJY 型系列多用金属模板。

（6）对井下涌水采取排堵结合的综合治理措施。

（7）辅助设施配套，缩短辅助作业时间。

（8）装备提升系统可视监控系统，保障提升安全和工效。

B 特殊凿井法简介

在那些松散不稳定的含水层；或稳定的但含水量很大的裂隙岩层或破碎带中，预先采用某种特殊的技术措施或其他科学方法，改善施工条件，而后进行施工；或用机械破岩方法钻进井筒。这些施工方法统称特殊凿井法。

a 特殊凿井法分类

特殊凿井施工方法包括：冻结法、注浆法、钻井法、混凝土帷幕法和沉井法。

冻结法

在井筒开凿之前,用人工制冷的方法,将井筒周围的岩层冻结成封闭的圆筒——冻结壁,以抵抗地压,隔绝地下水和井筒的联系,然后在冻结壁的保护下进行掘砌工作。

冻结原理:利用盐水吸收地层的热,并把这部分热量传给氨,经压缩机做功后,氨又把热量传给冷却水,冷却水把热量带到大自然中去,如图 5 - 38 所示。

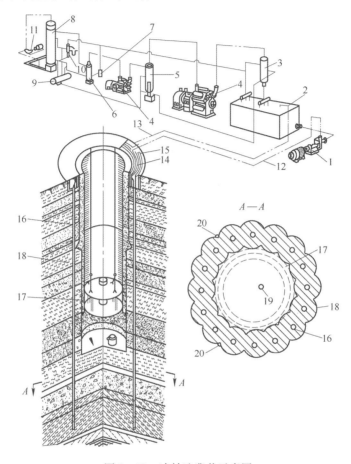

图 5 - 38 冻结法凿井示意图

1—盐水泵;2—蒸发器;3—氨液分离器;4—氨压缩机;5—中间冷却器;6—油氨分离器;7—集油器;
8—冷凝器;9—储氨器;10—空气分离器;11—冷却水泵;12—去路盐水干管;13—回路盐水干管;
14—配液圈;15—集液圈;16—冻结器;17—井壁;18—冻结壁;19—水文观察孔;20—测温孔

施工工艺:首先在井筒周围打一定数量的冻结孔,孔内安装冻结器,冻结器由带有底锥的冻结管和底部开口的供液管所组成。冷冻站的低温盐水(- 30℃左右)经去路盐水干管、配液圈到供液管底部,沿冻结管和供液管之间的环形空间上升到集液圈、回路盐水干管至冷冻站的盐水箱,形成盐水循环。低温盐水在冻结管中沿环形空间流动时,吸收其周围岩层的热量,使周围岩层冻结,逐渐扩展连成封闭的冻结圆筒(冻结壁)。随着盐水循环的进行,冻结壁厚度逐渐增大,直到达到设计厚度和强度为止(积极冻结)。然后进行井筒的开挖和衬砌。在掘砌期间进行维护冻结(消极冻结),直至井筒永久结构完成停止冻结。

施工工序包括:打钻、安装冻结管,制冷、冻结地层形成冻结壁,井筒掘砌。

竖井冻结施工方案:包括一次冻结全深、差异冻结、局部冻结和分期(段)冻结。

目前,在深厚冲积层冻结法施工技术方面,德国、英国、波兰、加拿大、比利时等国家的凿井深度均超过了600 m,其中波兰鲁布林煤矿一号井的冻结深度达到了725 m。国内巨野煤田龙固矿副井穿过的冲积层厚度568 m,冻结深度达到了650 m。

注浆法

在裂隙含水层或松散的含水砂土层中,注入可凝结的浆液,充塞裂隙堵水或固结砂土、减小涌水,从而改善工程条件,利于井筒施工。一般在井筒开凿之前,于井筒周围,钻进一定数量的注浆孔至含水层,将配制好的浆液用注浆泵通过输浆管和注浆管,注入到含水层,经检验达到封水目的后,进行井筒掘砌。

注浆原理:在裂隙岩层中,浆液起充塞作用。在松散砂土层中,化学浆液起渗透固结和挤压密实作用。工艺流程如图5-39所示。

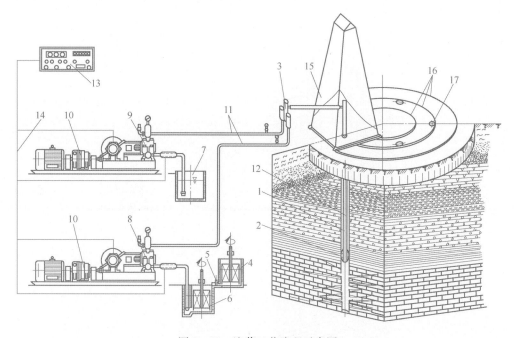

图5-39 注浆工艺流程示意图

1—注浆孔;2—止浆塞;3—混合器;4—水泥搅拌机;5—放浆阀;6—水泥吸浆池;7—水玻璃吸浆池;
8—水泥注浆泵;9—水玻璃注浆泵;10—液力变矩器;11—输浆管;12—注浆管;
13—流量计;14—信号线;15—钻塔;16—环形道;17—注浆孔位

施工工序包括:打钻、安装注浆管,注浆、封水,井筒掘砌。

(1)注浆法分类:

1)按施工时间不同分为:(地面、工作面)预注浆、后注浆(壁后注浆、壁内注浆、裸体井巷注浆)。

2)按注浆浆液材料分为:水泥注浆、黏土注浆、化学注浆。

3)按注浆工艺流程分为:单液注浆、双液注浆。

4)按注浆目的分为:加固注浆、堵水注浆。

5)按注浆工程的地质条件和实际效果分为:充填注浆、充塞注浆、渗透注浆、挤压注浆。

(2)注浆材料分类:分为有机系材料和无机系材料。

1)有机系材料包括:单液水泥类、水泥黏土类、水泥-水玻璃类、水玻璃类。

2）无机系材料包括：丙烯酰胺类、铬木素类、脲醛树脂类、聚氨酯类、糠醛树脂类、其他类。

钻井法

用钻头破碎岩石，用洗井液进行洗井排碴和护壁，当井筒钻进至设计直径和深度以后，在洗井液中进行支护的机械化凿井方法。钻井设备由钻具系统、旋转系统、提吊系统、洗井系统、辅助系统等组成。钻井工艺如图 5 – 40 所示。

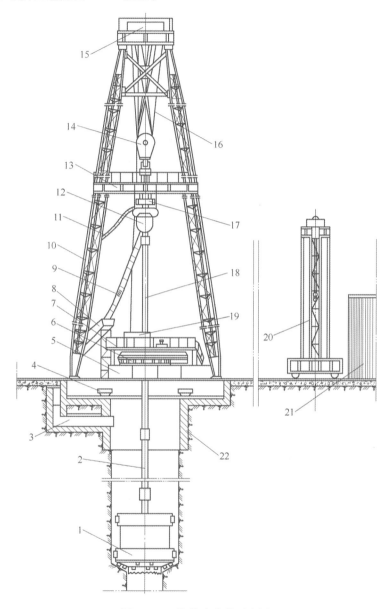

图 5 – 40　钻井法凿井示意图

1—钻头；2—钻杆；3—回液槽；4—封口平车；5—转台(或转台车)；6—转盘；7—工作台；8—排浆槽；9—排浆管；
10—钻塔；11—压气管；12—水龙头(缓转器)；13—钻塔二层台；14—游车；15—天车；16—钢丝绳；
17—大钩(气动抱钩)；18—方钻杆；19—绞车；20—门式吊车；21—预制井壁；22—锁口

施工工艺包括：钻井——将工作面岩层破碎为岩屑；泥浆洗井护壁——提升岩屑、维护井帮；地面预制井壁、漂浮下沉井壁、排出泥浆、充填固井。

钻井法施工,德国钻机在菏兰煤矿钻井直径7.65 m、深度512 m;美国钻机在澳大利亚西部完成了直径4.267 m、深度663 m的风井施工。龙固矿主井直径5.5 m,钻井深度达到了583 m。

　　沉井法

　　在不稳定含水地层中开凿井筒时,在设计的井筒位置上,预先制作好沉井的刃脚和一段井筒,在其保护下,边掘进边下沉,井壁随井筒下沉而相应接高。施工工艺如图5-41所示。

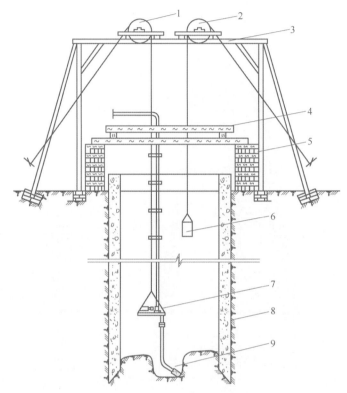

图5-41　沉井法凿井示意图
1—吊挂天轮;2—提升天轮;3—简易龙门架;4—井口工作盘;
5—木垛;6—提升吊桶;7—水泵;8—沉井;9—超前小井

　　沉井法通常分不淹水沉井和淹水沉井两大类。

　　不淹水沉井包括:普通沉井、壁后泥浆沉井、壁后河卵石沉井。

　　淹水沉井包括:震动沉井、壁后泥浆淹水沉井、壁后压气淹水沉井。

　　淹水沉井法的实质,是在沉井井壁的四周环形空间灌注融变泥浆或者施放压气,使土层与井壁隔离开,以减少沉井下沉时的侧面阻力;井筒内灌满水,使井内外水压保持平衡,从而防止了涌砂冒泥以及地面塌陷;以预先在沉井外做好的套井为基础,来防止和纠正沉井的偏斜;利用井壁下端的钢刃脚插入土层,靠井壁自重、水下破土与压气排渣克服正面阻力而下沉。边下沉边在井口接长井壁,直到全部穿过冲积层,使沉井刃脚落在基岩之上,再封底、注浆稳固井筒,转入基岩段井筒掘进。

　　淹水沉井施工工艺,包括掘进系统、排渣系统、压气系统、补给水系统、提吊系统、井壁施工系统、注浆系统、防偏与纠偏八个方面。

　　沉井法凿井的世界纪录目前为197.2 m。

　　混凝土帷幕法

　　预先在设计井筒周围造成一封闭圆筒状混凝土帷幕,深度穿过含水不稳定地层进入稳定基岩层,在其保护下进行井筒掘砌作业。

混凝土帷幕法的实质,就是将井筒周围预定的混凝土帷幕位置上按一定长度划分为若干槽段,在泥浆护壁条件下使用造孔机械向下钻挖槽孔。待一个槽段钻挖到设计深度后,在槽孔端部吊放入接头装置,之后,采用下料管法向槽孔内灌注混凝土,将槽孔内泥浆全部置换出来,并处理好接头装置,完成一个槽段的施工。如此逐次完成各槽段钻挖和浇筑混凝土施工。各槽段混凝土之间通过接头结构互相嵌接起来,并进入基岩,形成一圆筒形的帷幕。在混凝土帷幕的保护下,可以安全地通过复杂的含水冲积地层。

施工工艺包括:井筒周围分段用造孔机械钻孔,连通成槽,灌注混凝土并形成帷幕,之后进行井筒掘砌。

b　各种特殊凿井方法的特点及其适用条件

各种特殊凿井方法的特点及其适用条件,如表5-35所示。

表5-35　特殊凿井法特点及其适用条件

名称	冻结法	注浆法	钻井法	沉井法	混凝土帷幕法
特点	(1)冻结理论和施工技术均比较成熟; (2)应用广泛; (3)施工准备时间长; (4)施工设备多; (5)建井成本高	(1)设备少、工艺简单,应用广泛; (2)能形成永久性封水帷幕,可改善支护条件; (3)地面预注浆需大型钻孔设备; (4)工作面注浆占用建井工期	(1)施工地面化,高度机械化; (2)配备人员少,劳动条件好、作业安全; (3)成井质量高; (4)建井成本高; (5)坚硬基岩中钻进速度低、刀具费用较高	(1)工艺简单,需用设备少,易操作; (2)成本较低,作业条件好; (3)施工深度较浅,沉井结束后需用其他方法掘进基岩段井筒; (4)易发生涌砂冒泥和井筒偏斜	(1)施工较简单; (2)适应性强,封底可靠; (3)工艺技术较为成熟; (4)钢材、木材用量大; (5)改善了井筒开挖作业环境
适用条件	松散不稳定的冲积层、裂隙含水岩层、松软泥岩、含水量和水压特大的岩层	地面预注浆:含水层距地表较浅、较厚,或含水层虽薄,但分层距离较近,注浆深度一般为500m左右 工作面预注浆:含水层埋藏较深,或分层间距大、有良好的隔水性 壁后注浆:壁后有空洞,围岩有裂隙冒水 壁内注浆:加固质量不良的井壁	以表土为主的井筒施工 地质条件复杂,如表土层中的含水流砂层、膨胀性黏土较厚,岩石层涌水量较大的井筒施工	深度不大的不稳定含水冲积层 不淹水沉井:适于井筒涌水量小于30m³/h,且无承压水;穿过的流砂层厚度小于1m,且无细粉砂层;沉降深度一般小于50m 淹水沉井:井筒穿过流砂层厚度不受限制;有砾卵石层或砂浆层等硬土层时不适于振动沉井	适于下列地层: 粗砂、粉砂等各种流砂层;卵石含水松散地层;黏土含水地层;各种互层、特殊复杂地层 下列地层不宜采用: 岩溶地层、严重漏浆地层、承压水水头较高的砂砾地层

C　斜井及平巷施工

a　表土层施工

斜井表土层施工,由于开口处土质松软且薄,顶板不易维护,因此除硐口位于山岗或丘陵的陡坡下以外,一般均须采用明槽开挖,然后再采用巷道掘进法继续施工。

(1)斜井明槽施工方法,如表5-36所示。

表 5 – 36 斜井明槽施工方法

施工方法		主要施工设备	使用条件	挖土方法	注意事项
沿斜井底板铺设轨道,人工挖掘并装车		斜井提升绞车及矿车	土方量小,现场缺乏施工机械等	人工	明槽应尽量避免在当地雨季开工。施工前,应在井口四周挖排水沟,将水引至场外,在渗透性大的土层中,水沟要用砖石砌筑,砂浆抹面,在山区要加设防洪沟
自上而下分层用机械挖掘	在槽内挖掘	产运推土机或单斗挖掘机	表土稳定性较差,土方量较大	当 $f = 0.5 \sim 1$ 时,可直接挖掘	冬季施工中,为防止土壤冻结,可在表面用廉价保温材料加以覆盖,现将表土翻耕耙松,其深度一般不得小于 0.3 m
	在地面挖掘明槽	单斗挖掘机	土方量较大	当 $f > 1$ 时,可用风镐或爆破法松动土层,然后用机械挖掘	土方和材料应堆置在边坡上缘 0.8 m 以外,弃土堆置高度不应超过 1.5 m；明槽内涌水超过 3 m³/h,应设水泵排水,一般以采用潜水泵为宜；明槽施工除特殊情况外,应尽量用机械挖掘

（2）斜井穿过松软土层和流砂层的施工方法,如表 5 – 37 所示。

表 5 – 37 斜井穿过松软土层和流砂层的施工方法

施工方法	施 工 特 点	适 用 条 件
井口大揭盖	挖掘方法与明槽相似,能确保施工安全并提高砌筑质量,但挖掘范围较大。其边坡常为 45°,在流砂层位置,可用打木板桩维护	流砂层较薄,距地表深度小于 10 m
局部简易沉井法	以沉井井壁隔离流砂层,井筒掘进时穿过井壁上帮。沉井断面一般为矩形,中间设隔墙。沉井刃脚为混凝土浇筑,必要时用钢板包覆刃脚,上部为料石砌筑	流砂深度一般不大于 20 m
帷幕法	在井筒通过流砂部分的两侧和两头,用钻机或抓斗造孔,形成 6 ~ 10 m 长的槽孔,然后下导管浇筑混凝土。一段接一段地造孔、浇筑,沿井筒形成封闭的混凝土墙,再可靠、安全地掘进	涌水量大、流砂厚,地质条件复杂(有卵石、粉砂、淤泥等),流砂深度一般小于 30 m
撞楔超前支架法	在临时支架上方打入长度为 2 ~ 4 m 的木板桩或钢轨,以超前支架维护顶板	一般无涌水的松软土层
逐次刷大法	工作面以背板全封闭。掘进时先由拱的中部挖宽约 0.4 m、深 0.8 m 拱全高的小导硐,随即以纵梁、立柱、背板支撑,再分次向两边边刷大、边以纵梁支撑,首先完成拱部掘进,并设横梁用顶柱顶紧,然后由拱基线往下分 3 ~ 4 层依次下掘,每掘完一层立即架横梁、顶柱、背板支撑。同时配合超前小井或滤水小井降水	涌水量不大,流砂层厚度小
竹桩法	工作面迎头、顶板及两帮都打入竹桩,竹桩用 φ50 ~ 100 mm、长 400 ~ 800 mm 竹子破成两半,打掉节内隔墙,一头刃角长度 150 ~ 200 mm。工作面向前推进时,先用小铁钩将竹桩周围砂石挖掉,竹桩露出 1/2 后,将其继续打入。从一侧至另一侧,由上而下排排进行。掘进段距 1.5 ~ 2.0 m,短段掘砌同时配合超前小井降水	涌水量较大的砂砾层

（3）平硐口施工,开挖方式有明挖和暗掘之分,其适用条件如表 5 – 38 所示。

表 5 – 38 平硐口开挖方法及适用条件

开挖方式	开挖方法	适 用 条 件
明挖法	全断面一次开挖	覆盖层较薄且松软,顶板不易维护,明槽段工程量不大
暗挖法	全断面掘进法	覆盖层厚、稳定、坚固、整体性好,节理不发育,岩石坚固性系数 $f \geqslant 6$
	导硐法	覆盖层厚且较破碎,稳定性差,岩石坚固性系数 $f = 2 \sim 4$
	超前支架法	覆盖层为厚的岩石松散破碎带,岩石坚固性系数 $f < 2$,或厚的土层

b 基岩施工

岩巷掘进一般都采用一次成巷施工方式。按照巷道断面的形状及大小、围岩性质、水文地质情况及技术装备状况等的不同,一次成巷可分为全断面一次掘进法、超前导硐掘进法和台阶工作面掘进法三种方式;施工中,应尽量优先采用全断面一次掘进法。按照掘进与支护二者之间的关系,有平行作业和单行作业两种作业方式。

斜井及平巷的基岩施工工序相同,包括:破岩、通风、装岩运输和支护四个方面。其中破岩方式分为钻眼爆破法破碎岩石和机械破碎岩石,钻眼爆破法目前仍是破碎岩石的主要手段。

凿岩爆破

凿岩方式包括机械凿岩和手持式凿岩机凿岩,其比较如表5-39所示。

表5-39 凿岩方式比较

凿岩方式		机 械 凿 岩		手持式凿岩机
		凿岩台车	钻装机	
适宜钻眼深度/m		1.8~2.5 (一次钻进全深)	1.8~2.5 (一次钻进全深)	一般为1.2~2.0
优缺点		(1)可实现钻眼工作全部机械化; (2)钻眼质量高,人员少,钻眼工效高; (3)钻眼与装岩不能平行作业; (4)钻车与装岩机更换进出辅助作业时间长,在大断面巷道中才便于使用	(1)可实现钻眼、装岩工作全部机械化; (2)钻眼质量高,人员少,钻眼工效高; (3)钻眼与装岩不能平行作业; (4)一机多用,提高设备利用率,减少设备投资和辅助作业时间; (5)结构较复杂	(1)钻眼与装岩可平行作业; (2)机动灵活,辅助作业时间短; (3)多机作业,钻眼工序总时少; (4)工作面凿岩机和钻工多,组织工作较复杂,劳动强度大,工效低; (5)适用于小矿山,小断面掘进,装备费低
适用条件	台机所适用巷道断面/m²	>12	>12	中硬岩石1.5~2.0 坚硬岩石1.0~1.5
	巷道倾角	平巷	α<35°的平、斜巷道	各类倾角
	要求	机械维修能力强,配件修制及时,操作技术熟练		小矿井,小断面掘进使用

爆破时的炮眼布置原则及要求与竖井工程基本相同,详见表5-34;巷道掘进掏槽方法分类及其特点如表5-40所示。

表5-40 掏槽方法分类及其特点

类 别	斜眼掏槽	直眼掏槽
掏槽方法	单斜掏槽、三角锥形掏槽、四眼锥形掏槽、垂直楔形掏槽、水平楔形掏槽	缝形掏槽(平行龟裂法)、角柱掏槽(大眼掏槽)、菱形掏槽(双空眼掏槽)、螺旋掏槽、扇形掏槽
特 点	(1)充分利用自由面,逐渐扩大爆破范围; (2)掏槽面积较大,适用于较大断面巷道; (3)钻眼技术要求不甚严格,眼位易掌握; (4)全断面一次爆破所需雷管段数较少; (5)倾斜炮眼受巷道断面所限不可能钻得太深,因此限制了一茬炮的进尺; (6)打眼时工作面凿岩机布置较乱,不利于多台凿岩机同时作业	(1)掏槽眼均垂直于工作面,彼此间距较小,且要严格保持平行; (2)留有不装药的空眼(一般要比装药槽眼加深200 mm左右),作为装药槽眼爆破时的自由面; (3)槽眼深度不受巷道断面大小的限制,可以进行深孔爆破; (4)不宜在松软岩层和有爆炸危险的巷道中使用

巷道掘进中的爆破参数,包括炸药消耗量、炮眼直径、炮眼深度和炮眼数量等,其具体确定请参考有关的专业手册。此外尚需编制爆破图表,其内容包括爆破条件、炮眼布置图并附说明表和预期爆破效果。

掘进机械配套方案

采用机械化施工,要求掘进各主要工序所采用的机械设备的生产能力基本均衡、相互适应,能形成一条完善的作业线,以保证施工能获得持续高速度和高效率。国内矿山平巷施工,常用的机械化配套方案,如表 5 – 41 所示。

表 5 – 41 平巷掘进机械配套方案

凿岩设备	装岩设备	转载及调车方式	运输设备	特 点
气腿式凿岩机	铲斗式或耙斗式装岩机	固定车场、浮放道岔或简易调车器具	普通矿车,人工推车或电机车调车	简单易行,但机械化程度较低
气腿式凿岩机	耙斗式、铲斗式、侧卸式或蟹爪式装岩机	胶带转载机	普通矿车,电机车调车	设备简单,收效快,使用较为普遍
气腿式凿岩机	蟹爪立爪式装岩机	胶带转载列车	底卸式矿车,电机车调车	用于快速掘进,仍采用轨道运输,但必须有直接卸载条件,设备较复杂
气腿式凿岩机	蟹爪式装岩机或耙斗式装岩机	梭式矿车,电机车牵引		
钻 车	铲斗式装岩机	固定车场	小型蓄电池电机车调车	设备简易,工效较高,用于多头掘进可提高速度
凿岩台车	铲斗式装岩机	斗式转载列车	侧卸式矿车,电机车牵引	适合于中、小型矿山,要有直接卸载条件
凿岩台车	铲运机		坑内卡车	全无轨化施工,机械化程度高
凿岩台车	铲斗式装岩机	梭式矿车,电机车牵引		用于有直接卸载条件的矿山
钻装机		胶带转载机	普通矿车,电机车调车	一机多能,简化工作面布置

D 山岭隧道工程施工方法简介

根据地质及水文地质条件、断面大小及形状、隧道长度、支护形式、埋深、施工技术与装备、工程工期等因素的不同,山岭隧道的施工方法包括全断面一次开挖、全断面两次开挖、台阶式开挖、导洞法开挖等。矿山井下大断面硐室(如提升机硐室、破碎硐室等)的开挖方法可参照隧道工程施工方法进行,其凿岩装运机械与巷道工程一致。

(1)全断面一次开挖法:利用钻眼爆破法或全断面掘进机,在整个断面上一次向前挖掘推进。是隧道施工应优先考虑的方法。施工时可用凿岩台车钻眼,一次爆破成形,用大型装岩机及配套的运输车辆将渣石运出。支护为先墙后拱,一般配备有活动模板及衬砌台车灌注混凝土。若为喷锚支护,一般由凿岩台车钻出锚杆孔。

全断面一次开挖法的特点是:作业空间大,能使用大型高效设备,施工进度快;断面一次挖成,施工组织及管理比较简单;能较好的发挥深孔爆破的优越性;通风、运输、排水等辅助工作均较便利;凿岩台车或钻架笨重、昂贵;一次性投资大;大型设备需组装、检修等场地及能源等;多台钻机同时作业时噪声大。

该法适用于围岩稳定、坚硬、完整、开挖后不需临时支护的 Ⅴ ~ Ⅵ 类岩石(铁路隧道围岩分类法),断面高度小于 5 m、面积小于 30 m² 的中小型断面隧道。随着施工技术发展和大型设备的使用,全断面一次开挖面积在加大。

大断面隧道全断面施工时,常用的主要设备配套如下:

1)有轨装运:门架式凿眼台车;立爪式、蟹爪式或铲斗后卸式装岩机;矿用大斗车或 10～30 m³ 梭式矿车;12 t 蓄电池电机车或 25 t 以上内燃机车;混凝土喷射机、输送车、输送泵、机械手,钢模台车等。

2)无轨装运:3 臂或 4 臂轮胎式液压凿岩台车;3～4 m³ 轮胎式或履带式装岩机;20～25 t 矿用自卸卡车;锚杆台车,混凝土喷射机、输送车、输送泵,钢模台车等。

3)混合装运:两臂(单线隧道)、3 臂或 4 臂(双线隧道)轮胎式液压凿岩台车;2 m³(单线隧道)或 3 m³(双线隧道)轮胎式或履带式装岩机;15～20 m³ 梭式矿车或矿用大斗车;10 t 以上电机车;支护与无轨装运相同。

(2)全断面两次开挖法:将隧道断面分成两个分层(或部分),从上向下(或从下向上)或利用导坑在全长范围内或一个区段内逐个分层(部分)施工。挖好一个分层(部分)再挖另一个分层(部分)。根据各分层(部分)施工顺序不同,分为上半断面先行施工法、下半断面先行施工法、先导洞后全断面扩挖法。

全断面两次开挖法的特点:开挖面高度不大,不需笨重的钻架;遇松软地层时可迅速改变为其他开挖方法;运碴和钻孔可平行作业,速度快;第二分层有两个临空面,爆破效率高、成本低;工期长;须在两个平面上铺设轨道和管路。

适用于稳定岩层中断面较大、长度较短或者要求快速施工以便为另一分层探清地质情况的隧道施工。

(3)台阶法施工:将隧道断面分成若干(一般为 2～3)个分层,各分层呈台阶状同时推进施工。按台阶布置方式不同,可分为正台阶法和反台阶法。

特点:缩小了断面高度,不需要笨重的钻孔设备;工序少、施工干扰少。

适用于围岩稳定性较好、开挖后不需或仅需局部临时支护的隧道,并要求有较强的出碴设备能力。

(4)导洞法施工:以一个或多个小断面导洞超前一定距离开挖,随后逐步扩大开挖至设计断面,并相继进行砌筑支护。按导洞位置不同,分为中央下导洞法、中央上导洞法、上下导洞法和两侧导洞法等。

特点:以小型施工机械为主,可容纳多人同时作业;需架设棚架,棚架上设漏斗,可将上层的碴石直接流入车内,省力、速度快;架设棚架,需消耗大量木材和钢材。

适用条件:中央下导洞法,适用于 Ⅴ～Ⅵ 类围岩的隧道施工;中央上导洞法,适用于随挖随砌的 Ⅲ、Ⅳ 围岩的岩石及土质隧道施工;上下导洞法,适用于 Ⅲ 类及 Ⅳ 类围岩的岩石或土质隧道施工;两侧导洞法,适用于各种地层的隧道施工。

E 天(溜)井施工方法简介

一般宜优先采用自下而上的施工方案,其施工方法有普通法掘进、吊罐法掘进、爬罐法掘进和天井钻机掘进等。当不具备上行施工条件时,可采用自上而下的施工方法,其施工工艺基本与竖井施工大同小异。

(1)普通法掘进:自溜井处的下部水平巷道向上掘进一个小断面反井至上部,再自上而下刷大到设计断面。人工搭横撑、架梯子、铺平台,进行凿岩爆破。反井施工以木井框支护并兼作凿井平台。

此施工方法简单、易于掌握,但工序复杂、劳动强度大、施工效率低、通风不良、安全条件差,适用天(溜)井高度不大于 50 m。

(2)吊罐法掘进:沿溜井全高钻一中心孔,孔径 100～110 mm;在上一水平安装提升绞车,通过中心钻孔下放钢丝绳提升吊罐,以吊罐作提升容器和凿井平台,人员在吊罐上完成凿岩、装药作业后,下放吊罐,再进行爆破;在下水平一般用装岩机出渣。

该方法的优点是机械化程度较高、工序简单、施工通风好、施工效率高;缺点是中心钻孔偏斜不易控制、须有可靠的吊罐防过卷措施。适用高度小于 140 m。

(3)爬罐法掘进:利用爬罐自身带有的驱动装置,使爬罐沿着安装在井帮的导轨自行升降,作业人员乘爬罐掘进反井,贯通后拆除导轨。

优点是不需要钻凿中心提升孔、辅助工程少、准备工作量小;缺点是设备投资高、设备维检工作复杂,通风条件不好、噪声大。适用于角度 45° ~ 90°、高度小于 100 m 的溜井。

(4)天井钻机掘进:在溜井处的上部水平,先向下钻 200 ~ 300 mm 的导孔至下部水平,再以扩孔钻头自下而上一次或分次扩大到要求的直径。

其优点是人员不进入溜井作业,工作条件好、安全,溜井壁光滑、成形好;缺点是设备投资大,扩孔刀具使用寿命短,凿井成本高。适用于角度 45° ~ 90°。

天井钻机在国外矿山应用较为普遍。国内水电行业使用较广,煤矿应用也比较多,金属矿山使用较少。目前国内研制的天井钻机设备技术已经过硬,如中煤矿山工程有限公司的 ZFY 系列天井钻机在煤矿的施工已达到直径 $\phi 3.5$ m,深度 270 m;对硬岩层($f = 12$)可达到 $\phi 2.0$ m,深度 400 m。国产设备的成熟和完善,使用天井钻机钻凿天(溜)井的成本下降。

(5)深孔爆破法:用深孔钻机在天井断面内钻凿一组平行炮孔,从上水平装药,自下而上分段(2 ~ 5 m)爆破。该法可增加爆破段高度,减少辅助作业时间。

深孔爆破法优点是工人不进入工作面,作业条件好,木材消耗少,适用于无破碎带较稳定岩层。缺点是钻孔偏斜难以控制。适用于角度 45° ~ 90°、高度小于 60 m 的天井。

5.3.2.2 主要施工设备

A 竖井施工设施和主要设备

提升及悬吊设备主要有以下几种。

a 凿井井架

当具备条件时,应优先考虑使用永久井架进行竖井施工。竖井施工用凿井井架,一般直接选用定型产品。凿井井架型号及参数见表 5 - 42,井架质量及适用条件见表 5 - 43。

表 5 - 42 凿井井架参数表

井架型号	主体架角柱跨距/m	天轮平台尺寸/m	基础顶面至天轮平台顶面高度/m	基础顶面至翻矸平台中线的高度/m	基础尺寸/m			
					底面长度	底面宽度	高度	埋置深度
I	10 × 10	5.5 × 5.5	16.242	5.0	2.6	2.2	2.3	2.0
II	12 × 12	6.0 × 6.0	17.250	5.8	3.2	2.8	2.3	2.0
III	12 × 12	6.5 × 6.5	17.346	5.9	3.2	2.8	2.3	2.0
III G	12.83 × 12.83	6.5 × 6.5	19.846	8.4				
IV	14 × 14	7.0 × 7.0	21.970	6.6	4.0	3.0	2.9	2.6
IV G	15.3 × 15.3	7.0 × 7.0	25.870	10.5	4.6	3.6	3.0	2.7
V	16 × 16	7.5 × 7.5	26.364	10.0	5.4	4.4	3.0	2.7

表 5 - 43　凿井井架质量及适用条件

井架型号	井架金属构件质量/t	基　础		适用井筒条件		备　　注
		体积/m³	质量/t	直径/m	深度/m	
Ⅰ	25.094	28	61.5	3.5 ~ 5.0	200	适用于人工钻眼、矿车排碴
Ⅱ	30.623	45	99.0	4.5 ~ 6.0	400	适用于人工钻眼、矿车排碴
Ⅲ	33.067	45	99.0	5.5 ~ 6.5	600	适用于人工钻眼、矿车排碴
ⅢG	39.473			5.5 ~ 6.5	600	适用于伞形钻架钻眼、汽车排碴
Ⅳ	49.386	66	145.2	6.0 ~ 8.0	800	适用于人工钻眼、矿车排碴
ⅣG	58.541	94	206.8	6.0 ~ 8.0	800	适用于伞形钻架钻眼、汽车排碴
Ⅴ	71.097	150	330.0	6.5 ~ 8.0	1000	适用于伞形钻架钻眼、汽车排碴

　　井架选用原则:能安全的承担施工荷载;有足够的过卷高度;角柱跨度和天轮平台尺寸能满足施工材料、设备运输、悬吊及掘进设备天轮布置以及特殊施工的要求。

　　实际选用井架时,除根据井筒规格参考表 5 - 42 外,尚应考虑施工悬吊设备的类型、数量、施工工艺等因素。选定井架后应对井架的天轮平台、主体桁架及基础等主要构件的强度、稳定性及刚度进行验算。

　　b　竖井施工提升容器

　　竖井施工中使用的吊桶类型有三种,即矸石吊桶、自翻吊桶及底卸式吊桶。其中,矸石吊桶借助专用的翻筒装置卸载,用于竖井施工提升碴石、人员和材料;自翻吊桶利用其重心自动翻转卸载,多用于井颈或浅井施工提升,也可用于向井下运送混凝土;底卸吊桶是在其底部设有闸门、打开闸门即卸载,主要用于向井下运送混凝土。矸石吊桶及自翻吊桶技术特征,见表 5 - 44。

表 5 - 44　矸石吊桶及自翻吊桶技术特征

吊桶类型		吊桶容积/m³	桶体外径/mm	桶口直径/mm	桶体高度/mm	吊桶全高/mm	桶梁直径/mm	质量/kg
矸石吊桶	挂钩式吊桶	0.5	825	725	1100	1730	40	194
		1.0	1150	1000	1150	2005	55	348
		1.5	1280	1150	1280	2270	65	478
		2.0	1450	1320	1300	2430	70	601
	坐钩式吊桶	2.0	1450	1320	1350	2480	70	728
		3.0	1650	1450	1650	2890	80	1049
		4.0	1850	1630	1700	3080	90	1530
		5.0	1850	1630	2100	2480	90	1690
自翻吊桶		0.5	810	810	1100	1558	62	221
		0.75	912	912	1200	1725	75	301
		1.00	1012	1012	1275	1853	80	383

　　提升容器应依据矸石吊桶容积、提升机强度及井筒断面布置的可能性等进行选择。矸石吊桶容积按抓岩能力选择计算,见表 5 - 45。

表 5 - 45　矸石吊桶容积计算表

计算项目	单　位	计　算　公　式
矸石吊桶容积 V_T	m³	$$V_T = \frac{K \cdot A_{zh} \cdot T_1}{0.9 \times 3600}$$ 式中　K——提升不均衡系数,$K = 1.15 ~ 1.25$; 　　　A_{zh}——抓岩机最大生产能力,多台抓岩机时为总生产能力(松散体积),m³/h; 　　　0.9——吊桶装满系数; 　　　T_1——提升一次的循环时间(由计算确定),s

续表 5 – 45

计 算 项 目	单 位	计 算 公 式
吊桶装矸时间 T_{zh}	s	$T_{zh} = \dfrac{3600 \cdot 0.9 \cdot V_T}{A_{zh}}$ 为了充分发挥提升机的能力，$T_{zh} \geq T_1$
选择标准吊桶容积 V_{TB}	m^3	$V_{TB} \geq V_T$

按提升机强度选择吊桶时，要求所选的吊桶自重、载荷重、连接装置重及钢丝绳自重之和小于或等于提升机的允许钢丝绳最大静张力或静张力差。吊桶容积选定后，应验算能力是否满足施工要求。

c 钢丝绳选择

（1）竖井提升钢丝绳选择。竖井提升钢丝绳应选用多层股（不旋转）钢丝绳。当采用临时罐笼双钩单绳提升时，必须采用相同捻向钢丝绳，以防止两罐笼因产生相对扭转位移而发生撞罐事故。

钢丝绳通过计算选定，计算见表 5 – 46。选定的钢丝绳应符合《金属非金属矿山安全规程》的有关规定。

表 5 – 46 竖井提升钢丝绳选择计算表

计 算 项 目	单位	计 算 公 式	符 号 意 义
钢丝绳最大悬垂高度 H_0	m	$H_0 = H_{SH} + H_j$	H_{SH}——井筒深度，m； H_j——井口水平至井架天轮平台垂高，m
提升物料荷重 Q 对矸石吊桶 对临时罐笼	N kN kN	$Q = 9.81 \left[K_m \cdot V_{TB} \cdot \gamma_g + 0.9 \left(1 - \dfrac{1}{K_s} \right) \right.$ $\left. V_{TB} \cdot \gamma_{sh} \right]$ $Q = 9.81 Z \cdot K_m \cdot V_{Ch} \cdot \gamma_g$	V_{TB}——标准吊桶容积，m^3（见表 5 – 44）； V_{Ch}——矿车容积，m^3； γ_g——岩石松散容重，kg/m^3； K_s——岩石松散系数，取 1.8～2.0； γ_{sh}——水容重，kg/m^3； Z——临时罐笼所容纳矿车数； K_m——装满系数，取 0.9
提升钢丝绳终端荷重 Q_0	kN	$Q_0 = Q + Q_Z$	Q_Z——提升容器自重，N
钢丝绳单位长度质量 P_S	N/m	$P_S = \left[\dfrac{Q_0}{\dfrac{110\sigma_B}{9.81 m_a} - H_0} \right] \Big/ 9.81$	σ_B——钢丝绳钢丝的极限抗拉强度，取 　　　1470～1870 MPa； m_a——钢丝绳安全系数： 　提升人员时：$m_a \geq 9$； 　提升物料时：$m_a \geq 6.5$； 　提升人与物时：提物时 $m_a \geq 7.5$； 　　　　　　　　提人时 $m_a \geq 9$
钢丝绳选择		$P_{SB} \geq P_S$	P_{SB}——每米钢丝绳标准质量，kg/m
钢丝绳安全系数校核		$m = \dfrac{Q_d}{Q_0 + 9.81 P_{SB} \cdot H_0} \geq m_a$	Q_d——所选钢丝绳所有破断力总和，N

（2）悬吊钢丝绳的选择。选择原则：悬吊钢丝绳应依据悬吊方式的不同特点选择。当采用双绳或多绳悬吊方式时，一般选用 6×19 型钢丝绳，并尽量采用左右捻向的钢丝绳组合使用。当采用单绳悬吊方式时，最好选用 18×7 或 18×19 型不旋转钢丝绳，也可采用 6×19 型普通钢丝绳。

悬吊钢丝绳的选择计算见表 5 – 47。

表 5 – 47　竖井悬吊钢丝绳选择计算表

计 算 项 目	单位	计 算 公 式	符 号 意 义
钢丝绳最大悬垂高度 H_0	m		H_0——由井内设备悬吊点或导向钢丝绳井内固定点与天轮相切点之间的垂高
悬吊钢丝绳终端荷重 Q_0	N	$Q_0 = \dfrac{1}{n} W_2$	W_2——悬吊设备荷重,kgf; n——悬吊同一设备的钢丝绳根数
钢丝绳单位长度质量 P_S	kg/m	$P_S = \left[\dfrac{Q_0}{\dfrac{110\sigma_B}{9.81 m_a} - H_0} \right] \Big/ 9.81$	σ_B——钢丝绳钢丝的极限抗拉强度,kgf/mm^2 m_a——钢丝绳安全系数: 　悬吊安全梯、吊盘、水泵、抓岩机时 $m_a \geq 6$; 　提升安全梯的提升钢丝绳,$m_a \geq 9$; 　悬吊风筒、风管、水管、注浆管、靠壁式抓岩机和拉紧装置的钢丝绳,$m_a \geq 5$; 　吊挂吊罐的钢丝绳,$m_a \geq 13$
钢丝绳选择		$P_{SB} \geq P_S$	P_{SB}——每米钢丝绳标准质量,kg/m
钢丝绳安全系数校核		$m = \dfrac{Q_d}{Q_0 + 9.81 P_{SB} \cdot H_0} \geq m_a$	Q_d——所选钢丝绳所有破断力总和,N

d　提升机

建井期间,施工提升通常采用缠绕式卷筒提升机,因经常拆迁,要求其尺寸不宜过大,也不宜带地下室。当采用双钩提升时,应调绳方便。

(1)竖井施工期间提升方式见表 5 – 48。

表 5 – 48　竖井施工期间提升方式

提升方式	主 要 特 点	选择依据及适用条件
一套单钩提升	(1)灵活性大,不必调绳,地面卸矸和井筒装岩互不干扰; (2)在相同条件下,较一套双钩提升能力低; (3)较双钩提升电机功率大 50%~80%,电耗多 40%~75%	(1)根据井筒技术特征选择。 　井筒深度小于 250 m,直径小于 5 m,可考虑一套单钩提升; 　直径大于 5 m,并做临时罐笼提升的浅井,可选用一套双钩提升; 　深度大于 400 m,只要井筒断面允许,可选用两套单钩提升; 　深度大于 600 m,如断面许可,应考虑一套单钩及一套双钩提升; 　深度大于 800 m,可选用两套单钩及一套双钩提升或三套单钩提升 (2)依施工方法和技术要求选择 　如采用掘砌平行作业,宜选用两套以上提升设备,一套双钩及一套单钩提升方式为最佳; (3)依据施工设备及机械化配套情况选择。 　所选提升方式和能力应与抓岩、排矸、凿岩等能力相适应
一套双钩提升	(1)较一套单钩提升能力大,设备功率小,电能耗量小; (2)随井筒施工深度增加,需经常调绳; (3)摘挂钩的信号工作较单钩提升复杂	
两套单钩提升	(1)在相同条件下,两套单钩提升比一套双钩提升能力大。但井筒愈深,其差距愈小,因而深井采用单钩提升的优越性不明显; (2)比一套双钩提升灵活机动,工作可靠; (3)比一套双钩提升电耗大,且多一台设备的安装、拆除及机房设置等费用,运转和维护人员也相应增加	
一套单钩及一套双钩提升	(1)提升能力大,能满足大直径深井的施工需要; (2)占用设备多,安装、拆卸、维护等辅助工作量大; (3)占用人力多,管理较为复杂	
两套单钩及一套双钩或三套单钩提升	(1)提升能力大,能满足大直径深井的施工需要; (2)占用设备太多,安装、拆卸、维护等辅助工作量均较其他方式大; (3)摘挂钩及信号更为复杂	

（2）提升机的选择。

凿井提升机,应综合考虑井筒开凿、巷道开拓、井筒安装等不同时期的提升方式及提升量等因素进行选择。当改临时罐笼提升时,一般主提升设备宜选用双卷筒提升机。

提升机的选择,应通过计算确定。提升机选择计算见表 5 - 49。

表 5 - 49　提升机选择计算表

计算步骤	单位	计算公式	说　　明
1. 卷筒直径	mm	$D \geqslant 60 d_S ; D \geqslant 900 \delta$	$d_S 、\delta$——钢丝绳直径及最粗钢丝直径,mm
2. 选定提升机型号		$D_T \geqslant D$	D_T——所选提升机的卷筒直径
3. 校验卷筒宽度	mm	$B = \left(\dfrac{H_0 + 30}{\pi D_T} + 3 + n' \right)(d_s + \varepsilon) \leqslant B_T$	H_0——最大提升高度,m; 30——提升钢丝绳试验长度,m; D_T——提升卷筒名义直径,m; ε——提升钢丝绳绳圈间隙,取 2 ~ 3 mm; 3——摩擦圈数; B_T——提升机卷筒宽度,mm; $B > B_T$ 时可绕 n 层,在建设时期当井深不大于 400 m 时,$n = 2$; 井深大于 400 m 时,$n = 3$,并须符合《金属非金属矿山安全规程》的有关规定 n'——错绳圈,一般取 $n' = 2 \sim 4$
4. 验算提升机强度 （1）最大静张力验算 竖井提升时 斜井提升时 （2）最大静张力差验算 竖井提升时 斜井提升时	N N	$F_j \geqslant Q + Q_Z + P_{SB} \cdot H_0$ $F_j \geqslant (Q + Q_Z)(\sin\beta + f_1 \cos\beta)$ $\quad + P_{SB} \cdot L_0 (\sin\beta + f_2 \cos\beta)$ $F_{ch} \geqslant Q + P_{SB} \cdot H_0$ $F_{ch} \geqslant Q\sin\beta + (Q + 2Q_Z)f_1\cos\beta$ $\quad + P_{SB} \cdot L_0 (\sin\beta + f_2 \cos\beta)$	F——提升机强度要求允许的钢丝绳最大静张力,N; F_{ch}——提升机主轴强度要求允许的钢丝绳最大静张力差,N; L_0——钢丝绳最大斜长,m; f_1——矿车或箕斗运行阻力系数: 箕斗提升:$f_1 = 0.01$; 矿车提升:$f_1 = 0.01$(滚动轴承); $\quad\quad f_1 = 0.015$(滑动轴承); f_2——钢丝绳移动时的阻力系数,$f_2 = 0.15 \sim 0.2$; β——井筒倾斜角; 其他符号意义同表 5 - 46
5. 估算电动机功率 （1）竖井提升 双钩提升 单钩提升 （2）斜井提升 双钩提升 单钩提升	W	$P = \dfrac{K \cdot Q \cdot v_{mB}}{102\eta_c}\rho$ $P = \dfrac{(Q + Q_Z + P_{SB} \cdot H_0) \cdot v_{mB}}{102\eta_c}$ $P = \dfrac{K_B \cdot F_{ch} \cdot v_{mB}}{102\eta_c}$ $P = \dfrac{K_B \cdot F_j \cdot v_{mB}}{102\eta_c}$	ρ——动力系数:吊桶提升时 $\rho = 1.05$; 罐笼提升时 $\rho = 1.3$; v_{mB}——提升机最大速度,m/s; K——矿井阻力系数,$K = 1.15 \sim 1.2$; K_B——电动机功率备用系数,$K_B = 1.2$; η_c——传动效率,一级减速 $\eta_c = 0.92$; 二级减速 $\eta_c = 0.85$; 其余符号同前

（3）提升机按其结构型式分缠绕式和摩擦式,缠绕式分双筒和单筒。各类提升机型号表示方法的含义见表 5 - 50。凿井常用提升机技术规格,见表 5 - 51 ~ 表 5 - 55。

表 5–50 提升机型号表示方法

提升机(绞车)型号	主 要 特 点	技术特征	表示方法及含义
JT 型	1972 年的定型产品,卷筒直径 0.8~1.7 m。适用于小型竖井提升及井下上下山运输、废石提升及其他辅助提升	见表 5–51	□ JT □×□—□ 卷筒个数 代表绞车 代表提升 减速比 卷筒宽度/mm 卷筒直径/mm
JK 型(JKA)	卷筒直径 2~3.5 m,是在原 XKT 型提升机基础上经结构改进后的变型产品; 4~5 m 直径提升机,是在原仿苏联产品上经结构改进后的变型产品	见表 5–52 见表 5–53	□ JK — □/□ 卷筒个数 代表绞车 代表矿用 减速比 卷筒直径/m
GKT 型	提升机的主轴装置、减速器、电机布置在同一轴线上,结构紧凑	见表 5–54	GKT □×□—□ 代表改进型 代表矿用 代表提升 减速比 卷筒宽度 卷筒直径
JKZ 型	适用于深度大于 800 m 的竖井提升,具有体积小、便于拆卸、节省安装时间等优点	见表 5–55	□ JKZ — □/□ 卷筒个数 代表绞车 代表矿用 减速比 卷筒直径 凿井专用

表 5–51 JT 型提升机技术规格

型 号	卷筒尺寸 直径 /mm	卷筒尺寸 宽度 /mm	最大静张力 /kN	最大静张力差 /kN	最大直径 /mm	最大提运距离/m 一层	最大提运距离/m 二层	最大提运距离/m 三层	最大提运距离/m 四层	最大绳速 /m·s⁻¹	减速比	电动机 功率 /kW	电动机 转速 /r·min⁻¹	外形尺寸(长×宽×高) /m×m×m	机器总重 /kg
JT1200×1000-24	1200	1000	30	30 (20)	19.0	145	335	530	690	2.50	24	75 55	970 720	4.21×3.29×2.12	4930
2JT1200×800-24	1200	800	30	20	19.0	110	260	420	550	1.50 2.00	30	55 40	970 720		6950
JT1600×1200-20	1600	1200	45	45 (30)	22.5	231	478	735	960	4.00 3.06 2.45	20	185 135 115	980 735 585		8560

型号	卷筒尺寸 直径 mm	卷筒尺寸 宽度 mm	最大静张力 kN	最大静张力差 kN	最大直径 /mm	最大提运距离/m 一层	二层	三层	四层	最大绳速 /m·s⁻¹	减速比	电动机 功率/kW	电动机 转速/r·min⁻¹	外形尺寸（长×宽×高）/m×m×m	机器总重 /kg
2JT1600×900-20	1600	1200	45	30	22.5	165	340	539	700	4.00 3.06 2.45	20	130 90 80	980 735 585	6.20×3.65×1.90	10800
JT800×600-30A	800	600	15							1.35 1.06	30	25 20		2.103×1.325×1.22	1450
JT800×600-30	800	600	11.6							1.33 1.01	30	20 15		2.08×1.30×1.22	1220
JT1200×800-30	1200	800	25	25(15)	17.0	150	350	560		2.20 1.80	28	75 60		4.85×2.70×2.06	6300
2JT1200×800-30	1200	800	25	15	18.5	95	260	420	550	2.00 1.50	30	40 28		4.84×3.335×2.035	6600
JT1200×1000-30	1200	1000	25	15	17.5	140	325	515		1.46	30.9	40			5800
JT1600×1200-20	1600	1200	40	40(25)	25.0	165	385	605		3.00	20	135		5.50×4.00×1.81	8600
JT1600×1200-24G	1600	1200	40	40(25)	25.0	165	385	605		2.60	24	110		5.54×3.80×2.64	10000
JT1600×1200-30	1600	1200	40	40(25)	25.0	165	385	605		2.00	30	110			10000
2JT1600×800-24	1600	800	40	25	25.0	95	240	390		2.60	24	75			11900
2JT1600×900-20	1600	900	40	25	25.0					2.60	20	75			11000
2JT1600×800-20	1600	800	40	25	25.0					2.60	20	75			11000
TSJ1200×1000-30	1200	1000	25	25(15)	18.5	140	325	515		2.00	30	60		3.75×3.05×2.385	5600
2TSJ1200×800-30	1200	800	25	15	18.5					2.00	30	40		4.84×3.335×2.385	6200
TSJ1600×1200-24	1600	1200	40	25	25	165	385	605		3.40	24	155		4.84×5.30×2.33	10000
2TSJ1600×800-24	1600	800	40	25	25	95	240	390		3.40	24	95		5.24×4.84×2.33	11900

表5-52　JK型矿井提升机技术规格

型号	卷筒个数	卷筒直径/mm	卷筒宽度/mm	钢丝绳最大静张力/kN	钢丝绳最大静张力差/kN	钢丝绳最大直径/mm	钢丝绳破断拉力总和/kN	最大提运距离/m 一层	二层	三层	四层	最大提升速度/m·s⁻¹	电动机最大功率计算值/kW	电动机转速/r·min⁻¹	减速器型号	减速器减速比	外形尺寸(长×宽×高)/m×m×m	卷筒中心高/mm	两卷筒中心距/mm
2JK-2/11.5 2JK-2/20 2JK-2/30	2	2000		60	40	26	439.5	159	436	565	790	6.55 5,3.7 3.3,2.5	300 230,170 153,115	720 960,720 960,720	ZHLR-115 ZHLR-115K	11.5 20 30	9.5×9.0×3.5	650	1132
JK-2/11.5 JK-2/20 JK-2/30	1	2000	1500	60	60 40	26	439.5	278	597	893		6.55 5,3.7 3.3,2.5	453 348,256 207,174	720 960,720 960,720	ZHLR-115 ZHLR-115K	11.5 20 30	9.0×9.0×3.5	650	
2JK-2.5/11.5 2JK-2.5/20 2JK-2.5/30	2	2500	1200	90	55	31	608.5	213	456	739		8.2,6.6,5.5 4.7,3.8 3.14,2.5	520,420,350 300,240 197,160	720,580,480 720,580 720,580	ZHLR-130 ZHLR-130K	11.5 20 30	10.0×9.5×3.5	650	1350
JK-2.5/11.5 JK-2.5/20 JK-2.5/30	1	2500	2000	90	90 55	31	608.5	411	890	1335		8.23,6.6,5.5 4.7,3.8 3.14,2.5	850,687,575 487,394 326,260	720,580,480 720,580 720,580	ZHLR-150 ZHLR-150K	11.5 20 30	10.0×9.5×3.5	650	
2JK-3/11.5 2JK-3/20 2JK-3/30	2	3000	1500	130	80	37	876	283	598	970		10.8,6.6 5.6,4.5 3.7	924,740,610 517,415 342,277	720,580,480 720,580 720,580	ZHLR-150 ZHLR-150K	11.5 20 30	11.0×10.0×3.5	650	1636
2JK-3.5/11.5 2JK-3.5/20 2JK-3.5/30	2	3500	1700	170	43	43	1185	330	670			11.4,9.25 7.65 8.5,6.85 5.67,6.6 5.3,4.4	<1000 1015,1225 1510	720,580,480	ZHLR-170II ZHO2R-170K ZHD2R-180	11.5	13.5×11.0×3.55	700	1840
2JK-4/10.5 2JK-4/11.5 2JK-4/20	2	4000	1800	180	125	47.5	1430	351	753			11.6,9.6 10.5,8.7 6.1,5.1	1225,910,755 875,705,585 1675,1385 1515,1255 880,785	720,580,480 580,480	ZHLR-170III ZHLR-170K ZHD2R-180 ZLR-200	15.5 20 10.5 11.5 20	13.5×13.0×3.55 14.5×13.0×3.55	700	1964
2JK-5/10.5 2JK-5/11.5	2	5000	2300	230	160	52	1705	565				11.95 10.95	2200 2000	480	ZD-2×200	10.5 11.5	16.0×12.0×3.55	900	2464

表5-53　JKA 型矿井凿井提升机技术规格

型号	卷筒		钢丝绳				最大提运距离/m			最大提升速度 /m·s⁻¹	电动机		减速器		外形尺寸（长×宽×高）/m×m×m	卷筒中心高	两卷筒中心距
	直径 mm	宽度 mm	最大静张力 kN	最大静张力差 kN	最大直径 /mm	破断拉力总和 /kN	一层 绳槽/木衬	二层 绳槽/木衬	三层 绳槽/木衬		最大功率计算值 /kW	转速 /r·min⁻¹	平行轴/行星轮	减速比	配平行轴/行星轮	mm	mm
JK2/20A JK-2/30A	2000	1500	60	60	24.5	389	275/306	613/669	996/1044	5.11,3.82 3.40,2.55	326,244 218,163	975,730 975,730	PTH800(2)/XL—30	20 30	10.4×8.7×2.9 / 10.5×8.7×2.9	700	
JK-2.5/20A JK-2.5/30A	2500	2000	90	90	31	608.5	386/403	803/843	1253/1324	4.78,3.80 3.19,2.53	458,364 306,243	730,580 730,580	PTH1000(2)/XL—30	20 30	13.0×9.7×2.9 / 12.8×9.7×2.9	700	
JK-3/20A	3000	2200	130	130	37	876	431/460	894/930	1395/1460	5.73,4.56, 3.81	794,631,528	730,580,485	PTH1250(2)/—	20	13.5×10.5×2.9 / —	700	
2JK-2/11.5A 2JK-2/20A 2JK-2/30A	2000	1000	40	40	24.5	389	164/177	357/387	573/628	6.65 5.11,3.82 3.40,2.55	283 218,164 145,109	780 975,730 975,730	PTH710(2)/—	11.5 20 30	12.7×9.5×2.9 / —	700	1090
2JK-2.5/11.5A 2JK-2.5/20A 2JK-2.5/30A	2500	1200	90	55	31	608.5	205/215	435/460	700/745	8.31,6.60,5.52 4.78,3.80 3.19,2.53	487,387,324 208,223 187,148	730,580,485 730,580 730,580	XP900(2A)/XL—30	11.5 20 30	13.9×9.5×2.9 / 13.8×9.5×2.9	700	1290
2JK-3/11.5A 2JK-3/20A 2JK-3/30A	3000	1500	130	80	37	876	262/282	551/596	875/955	9.97,7.92,6.62 5.73,4.56 3.82,3.04	850,675,565 489,388 326,259	730,580,485 730,580 730,580	XP1000(2)/XL—30	11.5 20 30	14.5×10.0×2.9 / 14.4×10.0×2.9	700	1590
2JK-3.5/11.5B 2JK-3.5/20B	3500	1700	170	115	43	1190	310/329	648/690		11.63,6.24, 7.73,6.69, 5.31,4.44	1426,1133,947 820,651,545	730,580,485 730,580,485	PTH1250(2)116 / PTH1250(2)121	11.5 20	15.1×10.4×2.9 / —	700	1790

表 5 – 54　**GKT 型提升机技术规格**

型　号	卷筒						钢丝绳			减速比	绳速/m·s⁻¹	电动机		外形尺寸(长×宽×高)/m×m×m	机器质量/t
	个数	直径/mm	宽度/mm	缠绳层数	容绳量/m	中心高度/mm	最大静张力/kN	最大静张力差/kN	最大直径/mm			功率/kW	转速/r·min⁻¹		
GKT2×1.5−20	1	2000	1500	3	930	780	60	60	26.5	20	3.7	240	734	6.4×7.3×2.7	16.2
											5.0	310	982		
GKT2×1.5−30										30	2.5	155	730		
											3.3	215	979		
GKT2×1.8−20			1800		1125					20	3.7	240	734	6.4×7.6×2.7	16.85
											5.0	310	982		
GKT2×1.8−30										30	2.5	155	730		
											3.3	215	979		
GKT2.5×2−20	1	2500	2000	3	1290	800	80	80	31	20	3.8	400	588	8.2×8.8×2.4	32.33
											4.8	475	736		
GKT2.5×2−30										30	2.55	260	588		
											3.2	320	736		
GKT2×2×1-12.5	2	2000	1000	4	800	650	60	40	26.5	12.5	6.0	245	735	7.0×7.6×2.6	20.5
											3.7	155	730		
GKT2×2×1-20										20	5.0	215	979		
GKT2×2×1-30										30	2.5	110	705		
											3.3	165	977		
GKT2×2×1.25-12.5			1250		1030					12.5	6.0	245	735	7.0×8.9×2.6	20.64 (21.64)
											3.7	155	730		
GKT2×2×1.25-20										20	5.0	215	979		
GKT2×2×1.25-30										30	2.5	110	725		
											3.3	155	977		
GKT2×2.5×1.2-11.5	2	2500	1200	3	790	800	80	55	31	11.5	5.6	330	489	8.6×8.9×2.4	29.26 (30.67)
											6.8	400	588		
GKT2×2.5×1.2-20										20	8.5	475	737		
											3.8	260	588		
GKT2×2.5×1.2-30										30	4.8	280	736		
											2.55	155	588		
GKT2×2.5×1.5-11.5											3.2	200	733		
										11.5	5.6	330	489		34.34 (35.66)
GKT2×2.5×1.5-20											6.8	400	588		
										20	8.5	475	737		
GKT2×2.5×1.5-30			1500		1000					30	3.8	155	588	8.6×9.6×2.4	
											4.8	280	736		
											2.55	155	583		
											3.2	200	733		
GKT2×3×1.5-20	2	3000	1500	3	1000	800	130	80	37	20	4.62	400	588	9.3×10.1×2.5	48.16 (48.68)
											5.79	475	737		
GKT2×3×1.5-30										30	3.06	260	585		
											3.86	320	736		

表 5 – 55　JKZ 型凿井提升机技术规格

型　号	卷　筒			钢丝绳最大静张力	钢丝绳最大静张力差	钢丝绳最大直径 /mm	钢丝绳总破断力 /kN	最大提运距离 /m	钢丝绳速度 /m·s⁻¹
	个数	直径	宽度						
		mm		kN					
JKZ-2.8/15.5	1	2800	2200	150		40	1135	1230	4.54 5.48
2JKZ-3.0/15.5	2	3000	1800	170	140	40	1300	1000	4.68 5.88
2JKZ-3.6/13.4	2	3600	1850	200	180	46	1510	1000	7

电　动　机				传动比	外形尺寸（长×宽×高）/m×m×m	旋转部分的变位质量（除电机和天轮）/t	机器总重（不包括电器）/kg
电机型号	电压 /V	近似功率 /kW	转速 /r·min⁻¹				
YR143-46-10	6000	1000	580	15.5	9.0×10.5×3.2	15.5	54754
JK	6000	800 1000	480 580	15.5	10.5×10.5×3.2	15.5	72200
YR800-12/1430	6000	800×2	490	13.4			

e　凿井绞车

凿井绞车主要依据所悬吊设备的质量和悬吊方法选定。一般单绳悬吊用单卷筒凿井绞车，双绳悬吊用一台双卷筒凿井绞车（亦可用两台单卷筒凿井绞车）。要求所选凿井绞车的最大静张力应大于或等于钢丝绳的终端荷重与钢丝绳自重之和；卷筒的容绳量应大于或等于凿井绞车的悬吊深度。

绞车按其结构型式分缠绕式和摩擦式，缠绕式分双筒和单筒。型号表示方法如下：

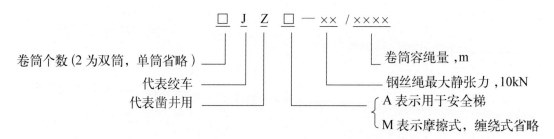

《凿井绞车》（GB/T 15112—94）国家标准中，对绞车的基本参数的规定见表 5 – 56。常用凿井绞车型号及技术特征，见表 5 – 57。

表 5 – 56　凿井绞车基本参数规格

型　号	钢丝绳最大静张力/kN	卷筒容绳量/m	卷筒直径/mm	第一层钢丝绳速度/m·s⁻¹	钢丝绳直径/mm	绞车质量/t
JZA	50	1000	630	0.250	26	6
JZ	63	600	630		24	5
	100	600 800	800		32	8
	160	800 1000 1320 1800 2120	1000		40	16
JZ、JZM	250	1000 1320 1800 2120	1050	0.075	52	22
	400	1000 1800	1250		60	36
2JZ	63	600	630		24	9
	100	600 800	800		32	15
	160	1000 1320	1000		40	26
	250	1000 1320	1000		62	38

注:1. 钢丝绳最大静张力系指钢丝绳在第一层缠绕时的静张力。
　　2. 钢丝绳速度允许差为 ±20%。
　　3. 绞车质量不包括钢丝绳和电控设备。

表 5 - 57　JZ 型及 JZM 型凿井绞车技术特征

凿井绞车型号	JZA₂-5/1000	JZ-5/400A	JZ-10/600A	JZ-16/800A	JZ-10/800	2JZ-5/400A	2JZ-10/600A	2JZ-10/800	2JZ-16/800A	JZ₂T-10/700	JZM-25/800A	2JZM-25/800A	2JZM-25/1350	JZM-40/1000A	JZM-40/1350
钢丝绳最大静张力/kN	50	50	100	160	100	2×50	2×100	2×100	2×160	100	250	2×250	2×250	400	400
卷筒的容绳量/m	1000	400	600	800	800	400	600	800	800	700	800	800	800	1000	1350
卷筒 直径/mm	630	500	800	1000	800	500	800	800	1000	800	1120	800	800	1250	1350
卷筒 宽度/mm	1000	800	1000	1250		800	1000		1250	1050	650/950			850/1150	
卷筒 中心高度/mm		580	800	1050		590	800		1050						
钢丝绳绳直径/mm	28	23.5	31	40.5		23.5	31		40.5	31	52	52	52	60.5	
钢丝绳平均速度 快速/(m·min⁻¹)	12	6	6	6	6	6	6	6	6	20.4	6	6	6	6	6
钢丝绳平均速度 慢速/(m·min⁻¹)		3	3	3	3	3	3	3	3	7.8	3	3	3	3	3
减速器 减速比 快速		50	63.5	77		50	63.5		77	14.12	76			78	
减速器 减速比 慢速		100	127	154		100	127		154	35.24	152.5			155	
减速器 总速比 快速		252.5	388	506.6		252.5	388		506.6	86.3	420.3			472.6	
减速器 总速比 慢速		505	776	1013.2		505	776		1013.2	215.38	843.3			939	
电动机 型号	JQ₃-200M-8	JQ₃-160M-8	JQ₃-200M-8	JR₂-225S-8	YZ-225-8	JQ₃-200M-8	JR₃-250M-8	JR₃-250M-8	JR₃-250M-8	JZR-262-10	JR₃-250M-8	JR92-8	JR92-8	JR117-8	JR117-8
电动机 功率/kW	22	11	22	30	18.5	22	40	40	55	45	55	75	75	80	80
电动机 转速/(r·min⁻¹)	730	725	730	730	730	730									
电动机 电压/V	380	380	380	380	380	380									
外形尺寸 长度/mm	2674	2375	3037	3358	3242	3115	4337	4720	5474	3242	6368	6368	6730	7681	7660
外形尺寸 宽度/mm	2255	1970	2570	3200	2908	2579	2873	3312	3440	2907	2961	5612	5612	3525	3790
外形尺寸 高度/mm	1500	1340	1770	2210	1825	1300	1770	1825	2240	1740	2290	2290	2470	2700	2850
总质量/kg	4500	3000	6160	11500	7180	6000	11250	13580	20840	7190	21000	37000	38200	34640	37000

B 凿岩钻架

竖井施工凿岩钻架包括环形钻架和伞形钻架,国内常见钻架类型及主要技术特征,见表5-58和表5-59。

表5-58 环形钻架类型及主要技术特征

技术特征		适用井筒直径/m						
		5.0	5.5	6.0	6.5	7.0	7.5	8.0
环形轨道	外径/mm	4500	5000	5500	6000	6500	7000	7500
	分段数/段	4	4	5	5	6	6	6
外伸跑道	数量/支	4	4	5	5	6	6	6
	弧线长度/mm	1400	1650	1900	2150	2400	2650	2900
跑道小车	数量/台	12	12	15	15	18	18	24
	凿岩机型号	推荐使用 YTP-26HJ						
	气腿型号	推荐使用 FT170HJ						
悬吊装置	风动绞车型号	推荐使用 JFH2/24						
	风动绞车数量/台	3						
	钢丝绳规格/mm	15.5(6×19 型)						
钻架主体高度/mm		1210						
总质量(不计凿岩机气腿)/kg		2687	2872	3348	3529	4123	4333	4554

表5-59 伞形钻架类型及主要技术特征

技术特征	单位	FJD6.7 型	FJD6 型	FJD6A 型	FJD9 型	FJD9A 型
适用井筒净直径	m	ϕ6.0~7.0	ϕ5.0~6.0	ϕ5.0~8.0	ϕ5.5~8.0	ϕ5.5~8.0
支撑臂支撑范围	mm	ϕ6620~8609	ϕ4850~6800	ϕ5100~8000	ϕ4900~9600	ϕ5500~9600
动臂工作范围:						
水平摆动角	(°)	60	60	60	80	80
垂直炮眼的圈径	mm	ϕ8080~1480		ϕ8800~1550	ϕ8600~1640	
配用凿岩机:型号		YGZ-50	YGZ-70	YGZ-70	YGZ-70	YGZ-70
数量	台	6	6	6	9	9
动力型式:		气动-液压		气动-液压	TJ8	气动-液压
油泵型号		G5-6-1E				
液压系统工作压力	MPa	12		10		6
推进器型式		油缸 钢丝绳				
推进行程	m	4.0	3.0	4.2	4.0	4.2
推进力	N	0~9800				
工作气压	MPa	0.5~0.7	0.55	0.7	0.5~0.6	0.7
工作水压	MPa	0.3~0.5		0.3~0.5	0.4~0.5	0.4~0.5
最大耗风量	m³/m	60	50	80	80	100
收拢后外形尺寸						
高度	mm	6500	4500		5000	7630
外接圆直径	mm	ϕ1700	ϕ1500		ϕ1600	ϕ1750
总质量	kg	7000	5300		8500	10500

C 抓岩设备

（1）抓岩机的选择 煤炭工业出版社出版的《建井工程手册》中,推荐的抓岩机选择与配置见表5-60。

表5-60 竖井施工抓岩机的选择与配置

抓岩机类型	选 择 与 配 置
环行轨道式抓岩机 （HH型）	（1）井深500~700 m,井筒直径6~7 m时,宜采用HH-6型,井深大于700m,井筒净直径7~8 m时,宜选用2HH-6型; （2）HH-6型与FJD-6型伞形钻架,2HH-6型与FJD-9型伞形钻架及3~4 m³吊桶配用较为适宜; （3）使用HH-6型抓岩机允许配一台吊泵,使用2HH-6型抓岩机允许配两台吊泵悬至吊盘以下,其他悬吊管道均不得伸出吊盘以下; （4）吊盘强度及安装尺寸要符合抓岩机的安装要求,吊盘撑紧装置应均匀分布
中心回转式抓岩机 （HZ型）	（1）井深300~400 m,井筒净直径4~6 m时,宜采用HZ-4型;井深500~700 m,井筒净直径5.5~7 m时,可选用HZ-6型; （2）HZ型中心回转式抓岩机与FJD-6型伞型钻架及2~3 m³吊桶配合使用较好; （3）采用一套单钩提升时,吊桶中心与抓岩机中心各置于井筒中心对应的两侧;两套单钩提升时,抓岩机设在两个吊桶之间的位置上; （4）为便于装岩,除一台吊泵外,其他管路不许伸出吊盘以下; （5）抓岩机中心应偏离井筒中心650~700 mm; （6）最下层吊盘上的吊桶喇叭口,其高度不应妨碍臂杆的回转,并要有一定的安全距离; （7）凿井吊盘的圈梁要满足安装撑紧装置的强度和尺寸; （8）司机室距工作面的距离以13~18 m为宜
靠壁式抓岩机 （HK型）	（1）井深300~700 m,井筒净直径4~6 m时,配HK-4型一台;井筒净直径5.5~6.5 m时,可配HK-4型两台;井筒净直径5~6.5 m时,可配HK-6型一台; （2）宜用在围岩较坚固的竖井井筒; （3）为便于抓岩机提升、下放和维修。吊盘上要留有通过孔; （4）与环形钻架配套使用时,抓岩机悬吊点距离开井壁1 m以上,使抓岩机工作时位于钻架下方,钻架钻眼时,抓岩机位于钻架上方; （5）抓岩机应靠近吊泵布置,井筒中无论配制一台还是两台抓岩机,均应使其处于马头门方向的两侧
长绳悬吊式抓岩机 （HS型）	（1）用于井深小于800 m,井筒净直径5~7 m。净直径7~8 m时可采用双抓斗; （2）可与2~4 m³吊桶、三星钻架及环形钻架配套使用; （3）靠近吊盘及井筒中心布置,但不能妨碍吊桶的运行。采用两套单钩提升,一台抓岩机时,抓斗悬吊点处于两个吊桶之间;两台抓岩机时,尽可能使抓斗中心的联线与吊桶中心的联线正交,并使每个抓斗所承担的区域面积大致相等; （4）抓斗在井筒中的悬吊高度以80~100 m为宜。如超过100 m后,可在井壁上固定导向架（固定滑架）,悬吊钢丝绳既可在滑轮中上下滑动,又可受到导向架的约束。随着工作面的不断下降,导向架可50~100 m下移数次
手动式抓岩机 （NZQ₂-0.11型）	（1）多用于井筒净直径较小,深度较浅的竖井; （2）抓岩能力低,宜与浅眼爆破,1~1.5 m³吊桶配套; （3）每台的抓取面积一般为9~15 m²,在每台15 m²时抓岩效率最高; （4）多台抓岩机同时工作时,应使每台分担的面积大致相等。抓岩机的悬吊点应从它分担区域的形心向吊桶方向移动一段距离,但应距离开换桶位置和吊桶的摆动范围,同时尽可能能远离吊泵,不妨碍测量工作

（2）各类抓岩机的类型及其主要技术特征见表5-61~表5-65。

表 5 - 61　靠壁式抓岩机的类型及主要技术特征

类　型		HK-4 型	HK-6 型
抓斗容积/m³		0.4	0.6
技术生产率/m³ · h⁻¹		30	50
抓　斗	重　量/kg	1450	2305
	片　数/片	6	8
	闭合直径/mm	1296	1600
	张开直径/mm	1965	2130
	使用风压/kPa	$5 \times 100 \sim 7 \times 100$	$5 \times 100 \sim 7 \times 100$
	压风消耗量/m³ · min⁻¹	5 ~ 6	5 ~ 6
回转变幅机构	回转速率/r · min⁻¹	1.5 ~ 2	1.5 ~ 2
	回转角度/(°)	120	120
	变幅平均速度/m · s⁻¹	0.4	0.4
	变幅最大径向位移/m	4	4.3
提升机构	提升能力/kg	2900	4000
	提升速度/m · s⁻¹	0.3	0.35 ~ 0.4
	提升高度/m	6.2	6.8
	钢丝绳直径/mm	15.5	20
	钢丝绳容量/mm	22	28
油　泵	型　号　供回转用	CB-F10C	CB-F10C-FL
	供提升变幅用	CB-H50C	CB-H80C-FL
	调整压力/kPa	105×100	
风马达	型　号	DI-20	DI-20
	功　率/马力	20	2×20
	风压/kPa	$5 \times 100 \sim 7 \times 100$	$5 \times 100 \sim 7 \times 100$
总压风消耗量/m³ · min⁻¹		25	45
机器收拢后外形尺寸　长 × 宽 × 高/mm × mm × mm		$1190 \times 930 \times 5840$	$1300 \times 1100 \times 6325$
总质量/kg		5450	7340
适用井筒直径/m		4 ~ 5.5	5 ~ 6.5

表 5 - 62　NZQ₂-0.11 型抓岩机的主要技术特征

项　目		单　位	数　据
抓斗容积		m³	0.11
技术生产率		m³/h	12
抓　斗	抓片数	片	4
	闭合直径	mm	1000
	张开直径	mm	1305
	起重汽缸提升能力	kg	1000
	使用风压	kPa	500 ~ 700
	压气平均消耗量	m³/min	0.25
	抓岩机高度		
	最大	mm	6820
	最小	mm	4320
	抓斗质量	kg	500

续表 5－62

项 目		单 位	数 据
气动绞车	功 率	马力	5
	压气消耗量	m³/min	3.5～5
	卷筒容绳量	m	65
	钢丝绳直径	mm	13
	外形尺寸(长×宽×高)	mm×mm×mm	1350×700×975
	质 量	kg	650
总质量		kg	1150
适用井筒直径			直径较小的浅井

表 5－63　中心回转式抓岩机的类型及主要技术特征

类 型		单 位	HZ-4 型	HZ-6 型
抓斗容积		m³	0.4	0.6
技术生产率		m³/h	30	50
抓斗	重 量	kg	1850	2333
	片 数	片	8	8
	闭合直径	mm	1296	1600
	张开直径	mm	1965	2130
	进气管直径	in	1½	1½
提升机构	提升能力(包括抓斗)	kg	2750	3500
	提升速度	m/s	0.35～0.5	0.3～0.4
	滚筒容绳量	m	60	60
	钢丝绳直径	mm	14	14
	提升风马达功率	马力	25	25
回转机构	回转速度	r/min	3～4	3～4
	回转角度	(°)	360	360
	风马达功率	马力	8.5	8.5
	进气管直径	in	1	1
变幅机构	变幅平均速度	m/s	0.4	0.4
吊盘固定装置	手动千斤顶	个	2	2
	液压千斤顶	个	2	2
	工作油压	kPa	150×100～160×100	160×100～170×100
使用风压		kPa	5×100～7×100	5×100～7×100
压风消耗量		m³/min	17	24
外形尺寸	长(不包括臂杆及推力油缸)	mm	1170	1170
	宽	mm	1400	1400
	高　在吊盘上方	mm	1675	1675
	在吊盘下方	mm	4860	4860
机器质量		kg	7577	8077
适用井筒直径		m	4～6	5～7

表 5 - 64　环行轨道式抓岩机的类型及主要技术特征

类　　型		单　　位	HH-6 型	2HH-6 型
抓斗容积		m³	0.6	2 × 0.6
技术生产率		m³/h	50	80 ~ 100
抓　斗	质　　量	kg	2333	2 × 2333
	片　　数	片	8	8
	闭合直径	mm	1600	1600
	张开直径	mm	2130	2130
	进气管直径	in	1½	1½
提升机构	提升能力	kg	3500	2 × 3500
	提升速度	m/s	0.35	0.35
	风马达功率	马力	25	2 × 25
	卷筒容绳量	m	50	2 × 50
	钢丝绳直径	mm	15.5	15.5
	进气管直径	in	2	2
行走机构（径向）	牵引力	kgf	500	500
	牵引速度	m/s	0.2	0.2
	风马达功率	马力	4	2 × 4
	钢丝绳在卷筒上的缠绕圈数	圈	7 ~ 9	7 ~ 9
	钢丝绳直径	mm	9.3	9.3
	进气管直径	in	3/4	3/4
环行小车	最大环行速度	m/s	1.23	1.23
	风马达功率	马力	6	6
中心轴	中心通孔直径	mm	160	160
	总进气管直径	英寸	3⅓	3⅓
撑紧装置	油压千斤顶工作压力	kPa	105 × 100 ~ 120 × 100	150 × 100 ~ 160 × 100
	千斤顶在荒径中的最大行程	mm	960	960
	千斤顶在净径中的最大行程	mm	460	460
	油压千斤顶推力	kg	18000	18000
	机器质量	kg	7710 ~ 8580	13126 ~ 13636
	压风总消耗量	m³/min	20	35
	使用风压	kPa	5 × 100 ~ 7 × 100	5 × 100 ~ 7 × 100
	适用井筒直径	m	5 ~ 8	6.5 ~ 8

表 5 – 65　长绳悬吊式抓岩机的主要技术特征

项　目		单　位	数　据
	抓斗容积	m³	0.6
	技术生产率	m³/h	50
抓斗	质　量	kg	2900
	抓片数	片	8
	闭合直径	mm	1770
	张开直径	mm	2230
	进气管直径	in	1½
	工作风压	kPa	5×100～7×100
	压气消耗量	m³/min	2
提升机构	钢丝绳 D-6×19+1		
	钢丝绳最大静拉力	kg	10000
	钢丝绳平均速度		
	快　速	m/s	0.34
	慢　速	m/s	0.13
	卷筒容绳量	m	700
	钢丝绳直径	mm	31
	电动机 JZR262-10		
	功　率	kW	45
	转　速	r/min	580
	提升绞车型号 JZ₂T10/700		
	外形尺寸(长×宽×高)	mm×mm×mm	3240×1740×2907
	质　量(不包括钢丝绳)	kg	7190
	机器质量	kg	10070
	适用井筒直径	m	5～8

5.3.2.3　巷道施工设备

巷道施工目前主要有两种型式,一种是以无轨运输设备为主的施工方式,另一种是传统的有轨运输方式。

以无轨运输设备为主的施工方式,凿岩设备主要有电动液压凿岩台车(如阿特拉斯柯普柯、山达维克等公司生产的各类凿岩台车),出碴设备为国内外厂家生产的柴油或电动铲运机,运输设备为坑内卡车,辅助设备有锚杆台车、撬毛台车、喷射混凝土台车、材料运输车等。其机械化程度高、生产效率高、工人的劳动强度小。

传统的有轨运输方式,凿岩设备主要以气腿子凿岩机为主,出渣设备为国内厂家生产的铲斗式、耙斗式、蟹爪式、立爪式和蟹立爪式等装岩机,运输则以电机车牵引矿车或梭式矿车为主。总的来说机械化程度较低、生产效率低、工人的劳动强度大。

5.3.2.4　天井钻机

(1) 北京中煤矿山工程有限公司的 ZFY 系列钻机的性能参数见表 5 – 66。其中 LM 系列适用于中硬及软岩石地层,BMC 系列适用于中硬及硬岩石地层。

(2) 煤炭科学研究总院南京研究所 ZFYD 低矮型系列反井钻机主要技术参数见表 5 – 67。

(3) 芬兰 INDAU 反井钻机的主要参数见表 5 – 68。

(4) 阿特拉斯柯普柯公司的罗宾斯天井钻机,主要参数见表 5 – 69。

表 5 - 66　ZFY 系列反井钻机性能参数

标准型号 产品名称	ZFY1.0/100 BMC100	ZFY1.2/200 BMC200	ZFY1.4/300 BMC300	ZFY2.0/400 BMC400	ZFY0.9/90 LM90	ZFY1.2/120 LM120	ZFY1.4/200 LM200
导孔直径/mm	216	216	244	270	190	216	216
扩孔直径/mm	1000 ~ 1200	1200 ~ 1400	1400 ~ 1520	1400 ~ 2000	900	1200	1400
设计深度/m	150 ~ 100	200 ~ 150	300 ~ 250	400 ~ 350	90	120	200
钻杆直径/mm	176	182	203	228	160	176	182
推力/kN	200	350	550	1650	200	250	350
拉力/kN	500	850	1250	2450	400	500	850
额定扭矩/kN·m	20	35	64	80	15	35	40
驱动方式	液　压						
输入功率/kW	62.5	86	128.5	128.5	52.5	62.5	82.5
主机工作尺寸 长×宽×高/m	2.4×1.27 ×2.92	2.9×1.4 ×3.25	3.53×1.75 ×3.48	4.85×1.9 ×5.25	2.9×1.2 ×2.8	2.9×1.43 ×3.2	3.4×1.7 ×3.4
质量/t	3.5	7.9	8.7	12.5	3.2	7.7	8.3

表 5 - 67　ZFYD 系列反井钻机参数

钻机型号	ZFYD-1200	ZFYD-1500	ZFYD-2500
导孔直径/mm	200	250	250
扩孔直径/mm	1200	1500	2500
钻孔深度/mm	200	100	100
钻杆直径/mm	150	200	200
导孔钻速/r·min^{-1}	0 ~ 35	0 ~ 35	0 ~ 35
扩孔钻速/r·min^{-1}	0 ~ 17	0 ~ 17	0 ~ 12
主轴扭矩/kN·m	10.7 ~ 21.5	22 ~ 44	68.5 ~ 98
许用最大推力/kN	170	222.5	222.5
拉力/kN	440	1154	1470
钻孔倾角/(°)	60 ~ 90	60 ~ 90	60 ~ 90
主机重量(包括搬运车)/t	3.65	6.5	9.41
主机搬运尺寸(长×宽×高)/mm	2160×940×1543	2309×1142×1704	2473×1420×2089
主机工作尺寸(长×宽×高)/mm	1915×1020×2500	2265×1245×2764	2690×1590×2900
钻杆有效长度/mm	1000	1000	1000
钻孔偏斜率/%	≤1	≤1	≤1
电机功率/kW	62.5	121	166.5
驱动方式	全液压		

表 5 - 68　芬兰 INDAU 反井钻机主要参数

钻机型号	硬岩(花岗岩)扩孔能力/mm	软岩扩孔能力/mm	最大深度/m
60-H	1524	2438	500
90-H	1829	2743	450
120-H	2134	3048	600
170-H	2438	3658	1000
250-H	3048	4572	1000
500-H	4572	6096	1000
800-H	5486	7010	1300
1000-H	6096	8230	1200

表 5 – 69　罗宾斯天井钻机主要参数表

罗宾斯型号	直径/m		深度/m	
（ROBBINS）	额　定	范　围	额　定	最　大
34RH-Low	1.2	0.6 ~ 1.5	340	610
34RH-Std	1.2	0.6 ~ 1.5	340	610
34RH-Wide	1.2	0.6 ~ 1.5	340	610
44RH	1.5	1.0 ~ 1.8	250	610
53RH	1.8	1.2 ~ 2.4	490	650
53RH-EX	1.8	1.2 ~ 2.4	490	650
73RM-AC	2.1	1.8 ~ 2.4	550	700
73RM-H	2.4	1.8 ~ 3.1	550	700
73RM-DC	2.4	1.8 ~ 3.1	550	700
73RM-VF	2.4	1.8 ~ 3.1	550	700
83RM-H	4.0	2.4 ~ 5.0	500	1010
83RM-DC	4.0	2.4 ~ 5.0	500	1010
97RL-DC	4.0	2.4 ~ 5.0	600	1010
91RH	4.0	2.4 ~ 5.0	600	1010
123RM-DC	5.0	3.1 ~ 6.0	920	1100
191RH	5.0	4.5 ~ 6.0	1000	1400

5.4　井巷工程支护

5.4.1　井巷工程支护原则

井巷工程支护设计应符合下列要求：

（1）支护设计方法，以工程类比法为主，必要时，可用理论验算法验算；

（2）支护设计应充分利用围岩自身的承载能力，改善巷道或硐室的周边应力条件，减少支护量；

（3）支护设计应优先采用锚喷支护，不用或少用木材支护；

（4）在塑性岩体中，可采用先临时后永久的两次支护方法，必要时应采用监控量测的手段确定二次支护的时间和方法；

（5）处在流砂层、厚土层中的井筒，采用冻结法施工时，冻结段的支护应设计成内外两层的双层钢筋混凝土井壁，其中内层井壁的强度应满足外层井壁破坏后仍能确保井筒的安全，两层井壁总厚度不宜小于 800 mm，并应通过计算确定；必要时，内层井壁应设置可压缩层，以避免地层沉降导致井壁压缩破坏。

5.4.2　支护材料及强度

5.4.2.1　基本要求

（1）井巷工程支护材料的强度等级，应符合下列要求：

1）竖井、斜井、主平硐口及提升机硐室、地下破碎硐室、装卸矿硐室、中央变（配）电硐室、主水泵房等重要工程,当采用混凝土或钢筋混凝土支护时,其混凝土强度等级应不小于C25;有防渗要求的工程,必要时应考虑采用防渗混凝土;

2）采用冻结法施工的井筒,冻结段井壁的混凝土强度等级应不低于C30;

3）斜井、风井、平巷等井巷工程,当采用混凝土或钢筋混凝土支护时,其混凝土强度等级应不小于C20;

4）设备基础的混凝土强度等级,应不小于C15;

5）当采用锚喷（网）或喷射混凝土支护时,其混凝土强度等级应不小于C20;当采用石材支护时,石材的强度等级应不小于MU40;当采用混凝土预制块支护时,其强度等级应不小于C25。

（2）在地震烈度大于或等于7度的地区,竖井、斜井、通风井、平硐等井巷出口的支护设计,应进行抗震验算。

5.4.2.2 常用支护材料

近年来,矿山井巷工程常用的主要支护方式有素混凝土、钢筋混凝土、喷射混凝土（或喷锚网）等。其主要材料均为水泥、粗骨料（石子）、细骨料（砂）和水。另外在拌制混凝土时往往添加一些混凝土外加剂（如早强剂、防冻剂、减水剂等）以改变混凝土的某些性能。

（1）常用水泥及其适用环境,如表5-70所示。

表5-70 水泥的选用

混凝土工程特点或所处环境条件		优先使用	可以使用	不宜使用
普通混凝土（包括钢筋混凝土及预应力混凝土）	在普通气候环境中的混凝土	硅酸盐水泥、普通硅酸盐水泥	矿渣水泥、火山灰质水泥、粉煤灰水泥	
	在干燥环境中的混凝土	硅酸盐水泥、普通硅酸盐水泥	矿渣水泥	火山灰质水泥、粉煤灰水泥
	在高湿度环境或永远处于水下的混凝土	矿渣水泥、火山灰质水泥、粉煤灰水泥	普通硅酸盐水泥	
	厚大体积的混凝土	矿渣水泥、粉煤灰水泥、火山灰质水泥、大坝水泥	普通硅酸盐水泥	
喷射混凝土	在岩体稳定的无水工作面喷射	喷射水泥、快凝快硬水泥	普通硅酸盐水泥、矿渣水泥	
	在特殊地质条件下喷射	喷射水泥、快凝快硬水泥	普通硅酸盐水泥、矿渣水泥	矿渣水泥、火山灰质水泥、粉煤灰水泥
有特殊要求的混凝土	快硬高强（≥C30）抢修工程混凝土	快硬水泥、特快硬水泥、快凝快硬水泥	硅酸盐水泥、普通硅酸盐水泥	
	严寒地区露天混凝土或水位升降范围内受冻融影响的混凝土	普通硅酸盐水泥	硅酸盐水泥	矿渣水泥、火山灰质水泥、粉煤灰水泥
	有抗渗要求的混凝土	加气水泥、膨胀水泥	硅酸盐水泥、普通硅酸盐水泥、火山灰质水泥	矿渣水泥、粉煤灰水泥
	有耐磨要求的混凝土	硅酸盐水泥	普通硅酸盐水泥	矿渣水泥、火山灰质水泥、粉煤灰水泥
	受侵蚀水作用的混凝土 溶出性侵蚀	矿渣水泥	火山灰质水泥、粉煤灰水泥	硅酸盐水泥、普通硅酸盐水泥
	硫酸盐侵蚀	抗硫酸盐水泥、铝酸盐贝利特水泥、矿渣锶水泥、低热微膨胀水泥	矿渣水泥、火山灰质（不掺黏土质混合材）水泥、粉煤灰水泥	硅酸盐水泥、普通硅酸盐水泥
	镁盐侵蚀和一般酸性侵蚀	火山灰质（不掺黏土质混合材料）水泥	矿渣水泥、粉煤灰水泥、普通硅酸盐水泥	

（2）骨料：混凝土用粗骨料（粒径大于 5 mm）有卵石或碎石，其技术要求如表 5 - 71 所示，粗骨料的分类如表 5 - 72 所示。

表 5 - 71　混凝土用粗骨料的技术要求

种类	项　目		高强度混凝土（≥C30）			一般混凝土		
	孔隙率/%		≤45			≤45		
卵石	颗粒级配	筛孔尺寸/mm 累计筛余（以重量百分比计）	5 90～100	1/2D_{max} 30～60	D_{max} 0～5	5 90～100	1/2D_{max} 30～60	D_{max} 0～5
	软弱颗粒含量/%，按重量计		≤5			≤10		
	针、片状颗粒含量/%，按重量计		≤10			≤20		
	泥土杂物含量（用冲洗法测定）/%，按重量计		≤1			≤2		
	硫化物和硫酸盐含量（折算为 SO_3）/%，按重量计		≤1			≤1		
	有机质含量（用比色法试验）		颜色不深于标准色					
碎石	颗粒级配	筛孔尺寸/mm 累计筛余（以重量百分比计）	5 90～100	1/2D_{max} 30～60	D_{max} 0～5	5 90～100	1/2D_{max} 30～60	D_{max} 0～5
	强度	以岩石试件（边长为 50 mm 的立方体或直径及高为 50 mm 的圆柱体）在饱和水状态下的抗压极限强度与混凝土设计强度之比/%	≥200			≥15		
	针、片状颗粒含量/%，按重量计		≤10			≤20		
	硫化物和硫酸盐含量（折算为 SO_3）/%，按重量计		≤1			≤1		
备注	最大粒径（D_{max}）不应超过结构断面最小边长的 1/4 和钢筋间最小净距的 3/4；对于厚度不大于 100 mm 的混凝土板，允许采用最大粒径为板厚 1/2 的粗骨料，但其数量不得超过总量的 25%							

表 5 - 72　按粗骨料粒径大小分类　　　　　　　　（mm）

种　类	碎　石	卵　石
粗石子	40～150	40～150
中粗石子	20～40	20～40
细石子	10～20	10～20
特细石子	5～10	5～10
容重/kg·m^{-3}	1400～1500	1600～1800

细骨料（粒径 0.15～5 mm）有天然砂和人工砂。混凝土用细骨料的技术要求如表 5 - 73 所示，砂的分类如表 5 - 74 所示。

表 5 - 73　混凝土用细骨料的技术要求

项　目		高强度混凝土（≥C30）				一般混凝土			
颗粒级配	筛孔尺寸/mm 累计筛余（以重量百分比计）	0.15 90～100	0.3 80～95	1.2 35～65	5 0～10	0.15 90～100	0.3 55～92	1.2 0～50	5 0～10
泥土杂物含量（用冲洗法试验）/% 按重量计		≤3				≤5			
硫化物和硫酸盐含量（折算成 SO_2）/%（按重量计）		≤1				≤1			
云母含量/%（按重量计）		≤2				≤2			
轻物质（密度小于 2）含量/%（按重量计）		≤1				≤1			
有机质含量/%（用比色法试验）		颜色不应深于标准色。如深于标准色，则应进行混凝土强度对比试验，加以复核							
备　注		对有抗冻、抗渗要求的混凝土用砂，按高强度混凝土的要求选用；强度大于 C15 或在饱和水状态下受冻的混凝土，砂的体积密度不小于 1550 kg/m³；强度不大于 C15 和不受饱和水影响的混凝土，砂的体积密度不小于 1400 kg/m³							

表 5 − 74　混凝土用细骨料的分类

种　类	按细度模量分类(F·M)	按平均粒径分类 Da/mm
粗　砂	>3.2	不小于 0.5
中　砂	2.5 ~ 3.2	0.35 ~ 0.5
细　砂	1.8 ~ 2.5	0.25 ~ 0.35
特细砂	<1.8	<0.3

（3）水：拌制混凝土对水质的要求，如表 5 − 75 所示。

表 5 − 75　拌制混凝土用水标准

可　用　水	不　可　用　水
一般饮用水均适合拌制混凝土,如用其他水则须符合下列规定: (1) pH >4; (2) 硫酸盐含量按 SO_4 计算,不得超过水重 1%	(1) 含盐量大于 3.5% 的海水; (2) 皮革厂、化工厂的废水; (3) 含糖水; (4) 含有油、酸及有机物的水

（4）混凝土外加剂种类，如表 5 − 76 所示。

表 5 − 76　混凝土(砂浆)外加剂

名　称	作　用	主　要　品　种
速凝剂	使混凝土或砂浆快凝并迅速达到较高强度。多用于喷射混凝土	(1) 粉状速凝剂:以铝酸钙、碳酸钙等为主要成分的无机盐混合物等; (2) 液体速凝剂:以铝酸盐、水玻璃等为主要成分,与其他无机盐复合而成的复合物
早强剂	加速混凝土或砂浆的硬化过程,提高早期强度	(1) 强电解质无机盐类:硫酸盐、硫酸复盐、硝酸盐、亚硝酸盐、氯盐等; (2) 水溶性有机化合物:三乙醇胺、甲酸盐、乙酸盐、丙酸盐等; (3) 有机化合物、无机盐复合物
减水剂	保持混凝土和易性不变而显著减少其拌和水量	(1) 普通型(木质素磺酸盐类):木质素磺酸钙、木质素磺酸钠、木质素磺酸镁及丹宁等; (2) 高效型:多环芳香族磺酸盐类,包括萘和萘的同系磺化物与甲醛缩合的盐类、胺基磺酸盐类等;水溶性树脂磺酸盐类,包括磺化三聚氰胺树脂、磺化古马隆树脂等;脂肪族类包括聚羧酸盐类、聚丙烯酸盐类、脂肪族羟甲基磺酸盐高缩聚物等
引气剂	在混凝土混合物中产生一定量的微小独立空气泡,以提高混凝土的抗渗、抗冻等耐久性	(1) 松香树脂类:松香热聚物、松香皂类等; (2) 脂肪醇磺酸盐类:脂肪醇聚氧乙烯醚、脂肪醇聚氧乙烯磺酸钠、脂肪醇硫酸钠等; (3) 烷基和烷基芳烃磺酸盐类:十二烷基磺酸盐、烷基苯磺酸盐、烷基苯酚聚氧乙烯醚等
缓凝剂缓凝减水剂	延缓混凝土的凝结时间,而不显著影响混凝土的后期强度	(1) 糖类:糖钙、葡萄糖酸盐等; (2) 木质素磺酸盐类:木质素磺酸钙、木质素磺酸钠等; (3) 羟基羧酸及其盐类:柠檬酸、酒石酸钾钠等; (4) 无机盐类:锌酸、磷酸盐等
防水剂	增强混凝土的密实度,提高防水、抗裂及抗渗性能	(1) 无机化合物类:氯化铁、硅灰粉末、锆化合物等; (2) 有机化合物类:脂肪酸及其盐类、有机硅表面活性剂、石蜡、地沥青等; (3) 混合物类:无机类混合物、有机类混合物、无机类与有机类混合物; (4) 复合类:由上述各类与引气剂、减水剂等外加剂复合的复合型防水剂

注:混凝土外加剂的使用应符合《混凝土外加剂及应用技术规范》(GB50119—2003)的规定。

常用速凝剂的种类、掺量及性能如表 5 − 77 所示。

表 5－77　常用速凝剂的种类、掺量及性能

名　称	适宜掺量/%（占水泥重量）	凝结时间/min		抗压强度（与不掺相比）/%	
		初　凝	终　凝	1d	28d
红星一号	2.5～4	<3	<10	230～240	66～74
711型	2.5～3.5	<3	<10	120	86～100
782型	6～7	<3	<10	170	>90
8808型	4～8	<3	<7	110～120	<90
8604型	3.5～5	1～4	2～10		>90
SD-1型	3(A)　1(B)	3～5	<10		>90
MJ-2000型（无碱可溶性）	4～6	<3	<10		>90

常用减水剂的种类及掺量如表 5－78 所示。

表 5－78　常用减水剂的种类及掺量

种　类	主　要　原　料	掺量/%（占水泥重量）	适用范围	减水率/%	提高强度/%	节约水泥/%
JP-1型（高效）减水剂	乙—萘磺酸甲醛缩合物钠盐	0.5～1	低温或常温硬化	12～25	15～30	10～20
NF减水剂	精　萘	1.5	低温或常温硬化	20	30	25
MF减水剂	聚次甲基萘磺酸钠	0.3～1	低温或常温硬化	10～22	8～30	10～20
M剂（木质素碳酸钙）	化纸浆废液	0.15～0.4	低温或常温硬化	10～15	22～29	5～15
NNO	精　萘	0.5～0.75	低温或常温硬化	10～25	20～25	9～15
MF复合剂	MF　木质碳酸钙　海波（大苏打）　三乙醇胺	0.5～0.7　0.1　1.0　0.03	低温或常温硬化	28～30	10	
NNO复合剂	NNO　纸浆废液　加气剂　三乙醇胺	0.5　0.2　0.008　0.03	低温或常温硬化	29	50	15

常用早强剂的种类及掺量如表 5－79 所示。

表 5－79　常用早强剂的种类及掺量

种　类	掺量/%（占水泥重量）	适用范围	效　果
氯化钙	1～3	低温或常温硬化	对钢筋有腐蚀，宜用于素混凝土
NC早强剂	2～4	低温或常温硬化	可缩短养护期 1/2～3/4
三乙醇胺	0.05	常温硬化	3～5d 可达到设计强度的 70%
氯化钠　亚硝酸钠　三乙醇胺（复合）	0.5～1　0.5～1　0.05	低温或常温硬化	2d 强度比不掺者提高 60%；可缩短养护期 1/2，对钢筋基本不腐蚀
亚硝酸钠　二水石膏　三乙醇胺（复合）	1　2　0.05	低温或常温硬化	2d 强度比不掺者提高 40%～50%；可缩短养护期 1/4，有抑制钢筋腐蚀的作用

种 类	掺量/% （占水泥重量）	适用范围	效 果
硫酸钠 食 盐 } 复合 生石膏	2 1 2	低温或常温硬化	在正负温交替期 1.5d 可达设计强度的 70%
硅 粉 } 复合 NF 减水剂	5 ~ 7 1 ~ 1.2	低温或常温硬化	1 d 能达到 28 d 强度的 30% ~ 40%；3 d 能达到 28d 强度的 60% ~ 70%；7 d 能达到 28 d 强度的 80%；可配制高强或超高强度混凝土
J851 早强复合	2.5 ~ 3	低温或常温硬化	具有早强、增强作用，28 d 可提高强度 20% ~ 30%

5.4.3 竖井支护设计

5.4.3.1 竖井井颈支护设计

A 一般规定

竖井井颈支护设计的一般规定：

（1）井颈的支护材料常为混凝土或钢筋混凝土，一般与井筒的支护材料一致。当设临时锁口时，临时锁口一般先用黏土砖砌筑。

（2）根据受力情况，井颈各段厚度有所不同，一般可分为三段，厚度通常为：上段 1 ~ 1.5 m；中段 0.6 ~ 0.9 m；下段 0.4 ~ 0.7 m。设计时应尽可能减少段数。

（3）一般情况下，井颈每段高度为 2 ~ 6 m，最上一段底面要建在冻结线以下，最下一段底面要建在基岩以下 2 ~ 3 m 处。

（4）当井颈处有预留洞时，其位置应避免开在靠近井架立架基础下面。

B 井颈类型和最小深度

a 井颈类型及适应条件

受工程地质条件复杂性、用途等诸多因素的影响，井颈常见类型有以下几种，如图 5 - 42 所示。

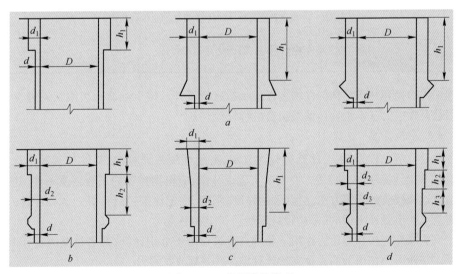

图 5 - 42 井颈常见类型

d_1，d_2，d_3—井颈上、中、下段壁厚；d—井筒壁厚；h_1，h_2，h_3—井颈上、中、下段高度

图 5 - 42a 适用于浅表土层。图 5 - 42b 适用于 10 ~ 15 m 的中厚表土。图 5 - 42c 适用于岩溶地区,地耐力很差,并有井架、井塔落在其上。图 5 - 42d 适用于深表土层,且有井架(或井塔)落在其上。

b 井颈最小深度的确定

井颈深度主要受表土层深度的控制,井颈的最小深度应满足井颈中的设备、井架的支承托梁、风道、安全道等之间的最小距离的要求。

确定井颈的最小深度,如图 5 - 43 所示。其计算式为:

$$H = h_1 + h_2 + h_3 + h_4 + h_5 \qquad (5 - 2)$$

式中 H——井颈最小深度,m;

h_1——井架托梁底面至井颈顶面的距离,m;

h_2——井架托梁底面至风洞上部边缘的距离,一般应大于开洞的宽度,m;

h_3——风洞的高度,m;

h_4——风洞底面距壁座顶面的距离,m;

h_5——壁座高度,一般为 1.5 ~ 2.5 m。

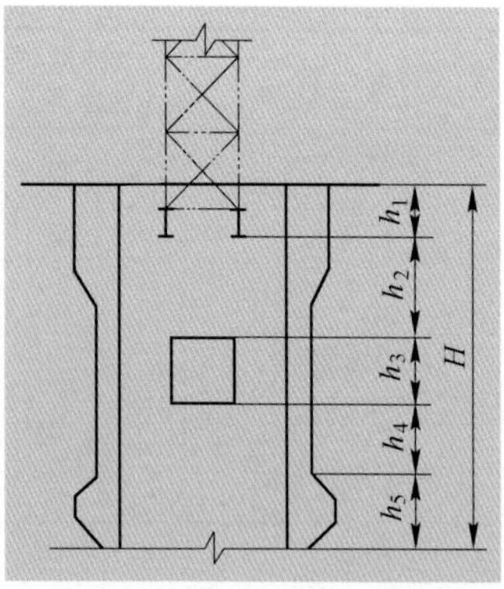

图 5 - 43 井颈最小深度

C 井颈荷载

作用在井颈上的荷载分类,如表 5 - 80 所示。

表 5 - 80 荷载分类

荷载名称	内 容
恒荷载	(1) 井颈及壁座自重; (2) 位于滑动面范围内(约井口 10 m 以内)的建筑物以设备质量对井颈产生的侧压力; (3) 直接作用在井颈上的井塔或井架的重力
活荷载	(1) 地层(包括地下水)产生的压力; (2) 冻结法施工时的冻结力、温度应力; (3) 壁后注浆时的注浆压力; (4) 压气沉井时对井壁产生的压力; (5) 在滑动范围内,井口临时建筑物、堆放物对井壁产生的侧压力; (6) 施工时的吊挂力
特殊荷载	(1) 由井架或井塔传递给井颈的提升钢丝绳破断力; (2) 地震力

井巷工程结构和井下结构构件均按极限状态进行设计。按承载能力极限状态进行设计时,要求采用载荷效应的基本组合和偶然组合进行设计。

D 井颈支护计算

井颈的受力情况较为复杂,计算也较为复杂,有刚性深基计算法、弹性桩基理论计算法(m法)、弹性地基梁计算法(K法)等。在实际工程设计中,应根据具体的工程地质条件、井颈埋深、荷载等情况选择相应的计算方法,对井颈的强度、刚度、稳定性等进行计算。各种计算方法可参见中国建筑工业出版社出版的《采矿设计手册》(井巷工程卷)。

井颈支护厚度应按在侧压力作用下和垂直荷载作用下分别计算,两者选其大者作为井颈的设计厚度。在侧压力作用下的井颈支护计算见竖井井筒支护设计。

a 在垂直荷载作用下

(1) 按土层承载能力计算公式如下:

$$d_y = \sqrt{\left(\frac{D}{2} + d_0\right)^2 + \frac{P_p}{\pi R_f}} - \frac{D}{2} \qquad (5-3)$$

当井颈偏心受压时：

$$d_y = \sqrt{\left(\frac{D}{2} - d_0\right)^2 - \frac{P_p}{\alpha \pi R_f}} - \frac{D}{2} \qquad (5-4)$$

式中　d_y——井颈厚度，m；

　　　D——井筒净直径，m；

　　　d_0——井壁厚度，m；

　　　P_p——作用在土层上的设计总荷载，kN；

　　　R_f——岩、土层承压强度，kN/m²；

　　　α——偏心系数，一般取 $\alpha = 0.7 \sim 0.9$。

（2）按井颈竖向承载能力计算公式如下：

$$d_y = \sqrt{\frac{D^2}{4} + \frac{P_p}{\pi \varphi f_{cc}}} - \frac{D}{2} \qquad (5-5)$$

当偏心作用时：

$$d_y = \sqrt{\frac{D^2}{4} + \frac{P_p}{\alpha \pi \varphi f_{cc}}} - \frac{D}{2} \qquad (5-6)$$

式中　f_{cc}——素混凝土抗压强度设计值，$f_{cc} = 0.95 f_c$，kPa；

　　　φ——井颈纵向稳定系数；

　　　式中其余符号同前。

（3）当井颈有预留洞时的厚度计算公式如下：

$$d_y = \sqrt{\frac{(\pi D - b)^2}{4\pi^2} + \frac{P_p}{\pi^2 \varphi f_{cc}}} - \frac{\pi D - b}{2\pi} \qquad (5-7)$$

当偏心作用时：

$$d_y = \sqrt{\frac{(\pi D - b)^2}{4\pi^2} + \frac{P_p}{\alpha \pi^2 \varphi f_{cc}}} - \frac{\pi D - b}{2\pi} \qquad (5-8)$$

式中　b——开洞宽度，m。

　　b　在垂直荷载作用下的井颈强度验算

（1）当为轴心受压时，计算公式如下：

对土层：
$$\sigma = \frac{P_p}{\pi L (D_1 + L)} \leqslant R_f \qquad (5-9)$$

对井颈：
$$\sigma = \frac{P_p}{\varphi \pi d_y (D + d_y)} \leqslant f_{cc} \qquad (5-10)$$

式中　D_1——井筒掘进直径，$D_1 = D + d_0$，m；

　　　L——井颈底面宽度，$L = d_y - d_0$，m；

　　　σ——井颈或岩土层的垂直应力，kN/m²；

　　　式中其余符号同前。

（2）当为偏心受压时，计算公式如下

对岩层和土层：
$$\sigma_{\min}^{\max} = \frac{4 P_p}{\pi (D_0^2 - D_1^2)} \left(1 \pm \frac{8 D_0 e_p}{D_0^2 + D_1^2}\right) \leqslant R_f \qquad (5-11)$$

对于井颈：
$$\sigma = \frac{4P_p}{\pi(D_0^2 - D_1^2)\gamma_m}\left(\frac{8D_0 e_p}{D_0^2 + D_1^2} - 1\right) \leqslant f_{tc} \qquad (5-12)$$

$$\sigma = \frac{4P_p}{\pi(D_0^2 - D_1^2)\gamma_m}\left(\frac{8D_0 e_p}{D_0^2 + D_1^2} + 1\right) \leqslant f_{tc} \qquad (5-13)$$

式中　R_f——岩层、土层承压强度，kPa；

$\quad\quad f_{tc}$——素混凝土抗拉设计强度，kPa；

$\quad\quad e_p$——合力点至井筒中心的距离，m；

$\quad\quad D_0$——井颈外直径，m。

c　壁座设计

（1）壁座承受的重力。

壁座以上井颈的总重力（包括壁座、井颈自重及作用在上面的井架或井塔、设备等的重力），均由壁座和井壁与地层间的摩擦来承担，壁座承担的重力通过下式计算：

$$N = G - \pi R_1 (H - h_0)\mu q \qquad (5-14)$$

式中　G——壁座以上设计总重力，kN；

$\quad\quad R_1$——井颈外半径，m；

$\quad\quad h_0$——壁座高度，m；

$\quad\quad H$——地面至壁座底面的高度，m；

$\quad\quad q$——地层对井颈的设计侧压力，kPa；

$\quad\quad N$——壁座承受的设计重力，kN；

$\quad\quad \mu$——井颈与地层间的摩擦系数。

有观点认为：当井颈处在含水较高的土层、成泥状或流砂状的土层、强度很低的土层时，可不计摩擦力，全部重力完全由壁座承担。

（2）壁座宽度。

壁座形式可分为单锥形、双锥形、复双锥形、矩形、多边形等，常用的壁座结构如图 5－44 所示。

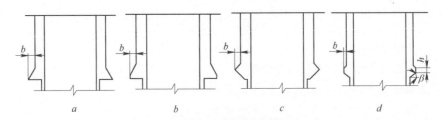

图 5－44　壁座结构形式

a，b—单锥形；c—双锥形；d—复双锥形

根据地层强度条件，壁座宽度按下式进行计算（如图 5－45 所示）：

$$b \geqslant \frac{N_1 \cos^2\beta}{R_f} \qquad (5-15)$$

式中　b——壁座宽度，m；

$\quad\quad N_1$——井颈外周每米弧长承受的压力，$N_1 = N/2\pi R_1$，kN；

$\quad\quad \beta$——壁座承压面与水平面夹角，一般，松散地层，取 $\beta = 50°$ ～60°；中硬岩层，取 $\beta = 25°$ ～45°；坚硬岩层，取

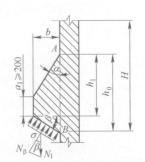

图 5－45　壁座受力示意图

$$\beta = 0° \sim 15°;$$

其他符号同前。

（3）壁座高度确定。

按抗弯计算壁座高度，计算时不考虑混凝土配筋，将壁座视为悬臂梁，以受拉区混凝土强度的抗拉强度控制。

$$h_0 \geq 1.732 \frac{b}{\cos\beta} \sqrt{\frac{R_f}{\gamma_m f_{tc}}} \qquad (5-16)$$

按抗剪计算壁座高度：

$$h_0 \geq \frac{(bD_1 + b^2) R_f}{0.2 f_c D_1 \cos^2\beta} \qquad (5-17)$$

式中　D_1——井颈外直径，m；

　　　f_c——混凝土抗弯强度设计值，kPa；

　　　γ_m——截面抵抗矩塑性系数，矩形截面取 8 m = 1.75；

　　　其他符号同前。

按抗剪和抗弯两种方法计算所得的高度值，取其最大者作为壁座的设计高度。确定了壁座的尺寸后，应进行构造配筋。

5.4.3.2　竖井井筒支护设计

A　作用在井壁上的荷载

作用在井壁上的荷载，包括自重荷载、地压、临时荷载和地震力等。一般情况下，按侧压力设计井筒的支护强度。在深度较大的第四系地层中，如果存在地层沉降的可能性，则沉降地层会对井壁产生巨大的竖向附加应力，此条件下的井壁支护设计应考虑竖向附加应力的作用。

（1）井筒地压。由于竖井工程深度大，穿过的地层复杂，并受施工方法、施工速度、支护材料和结构形式、所处环境等不同因素的影响，至今尚无一套完整的理论能对井筒地压进行准确的计算。目前，比较常用的竖井地压计算理论分两大类，即平面挡土墙理论假定（包括：普氏公式、秦氏公式、悬浮理论公式、重液公式等）和圆柱形挡土墙理论假定。竖井地压计算公式如表 5-81 所示。

平面挡土墙公式计算的地压值与井筒深度成正比；圆柱形挡土墙的地压值在浅部变化明显，随深度增加，地压增长率越来越小，在极限深度后（300 m 左右）土压力达到最大值而几乎不再增加。

竖井工程设计中，应根据实际工程的水文地质情况、围岩性质及特征，采用符合具体岩层性质的地压公式计算。

（2）临时荷载。主要为施工所产生，包括井筒壁后注浆压力、冻结法施工产生的压力、温度应力、井壁吊挂力等。施工临时荷载的计算，可参照有关手册进行。

（3）地震力。在地震烈度为 7 度以上的地区，竖井设计时应考虑地震荷载，具体应参照有关规范要求进行。

B　圆形井壁设计计算

a　井壁厚度计算

井壁厚度计算主要分为以下 3 种。

（1）按厚壁圆筒理论计算（拉麦公式）

$$d = R\left(\sqrt{\frac{f_c}{f_c - 2q}} - 1\right) \qquad (5-18)$$

表 5-81　竖井地压计算

类型	名称	图示	公式	符号意义	说明
平面挡土墙地压公式	普氏公式	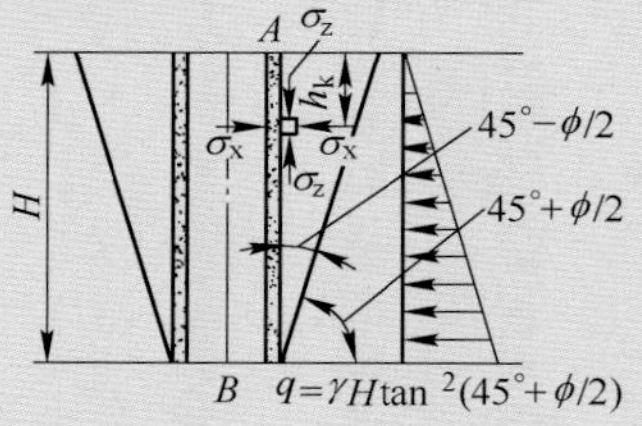	$q = \gamma H \tan^2\left(45° - \dfrac{1}{2}\phi\right)$	q——作用于井壁上的侧压力，kN/m²； γ——岩层的重力密度，kN/m³； H——计算处深度，m； ϕ——岩层的内摩擦角，(°)	假定井壁为平面挡土墙，围岩为松散体（黏结力为0）。计算结果地压与深度呈正比呈三角形分布规律。未考虑地下水压，只适用不含水或愈弱含水的单一岩层，因此使用用不普遍
	秦氏公式	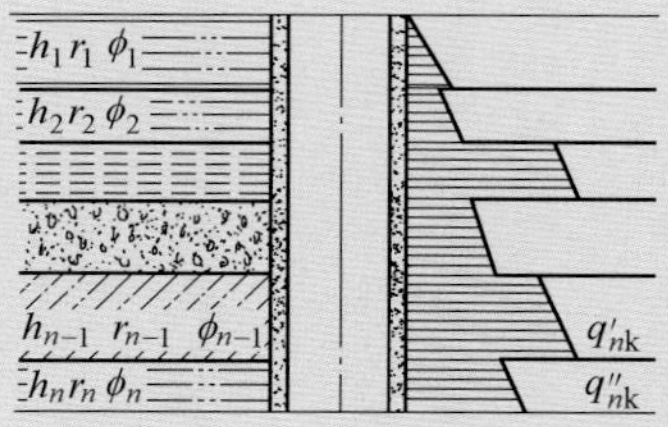	$q'_{nk} = \left(\displaystyle\sum_{i=1}^{n-1}\gamma_i h_i\right)\tan^2\left(45° - \dfrac{1}{2}\phi_n\right)$ $q''_{nk} = \left(\displaystyle\sum_{i=1}^{n}\gamma_i h_i\right)\tan^2\left(45° - \dfrac{1}{2}\phi_n\right)$	q'_{nk}、q''_{nk}——第 n 层岩石的顶面和底面的侧压力标准值，kN/m²； γ_i——不同岩层的重力密度，kN/m³； h_i——不同岩层的厚度，m； ϕ_n——不同岩层的内摩擦角，(°)	在普氏公式的基础上提出分层计算。式中未考虑地层中水压力，但给定了相应加大的侧压力系数（$\tan^2(45°-\phi/2)$，可视同考虑了地下水的影响。不含水或含水的砂层及黏土层普遍采用本式计算
	悬浮理论公式	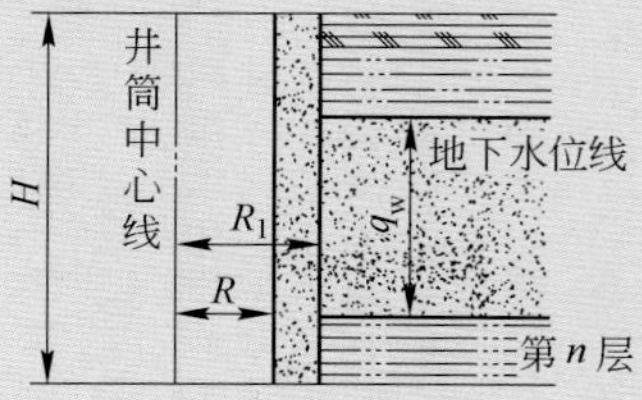	$q'_{nk} = \left[\displaystyle\sum_{i=1}^{m}\gamma_i h_i + \sum_{i=m+1}^{n-1}(\gamma_B)_i h_i\right]\tan^2\left(45° - \dfrac{\phi_n}{2}\right)$ $+ \alpha\displaystyle\sum_{i=m+1}^{n-1}\gamma_w h_i$ $q''_{nk} = \left[\displaystyle\sum_{i=1}^{m}\gamma_i h_i + \sum_{i=m+1}^{n}(\gamma_B)_i h_i\right]\tan^2\left(45° - \dfrac{\phi_n}{2}\right)$ $+ \alpha\displaystyle\sum_{i=m+1}^{n}\gamma_w h_i$ $\alpha = \dfrac{1}{1+k_c}$	$\displaystyle\sum_{i=1}^{m}\gamma_i h_i$——地下水位以上各岩层单位面积上重力之和，kPa； $\displaystyle\sum_{i=m+1}^{n-1}(\gamma_B)_i h_i$，$\displaystyle\sum_{i=m+1}^{n}(\gamma_B)_i h_i$——地下水位以下第 n 层顶、底面以上各岩层单位面积上重力之和，kPa； γ_B——土颗粒悬浮重力密度，kN/m³； γ_w——水的重力密度，kN/m³； α——静水压力折减系数，一般取 0.8~0.9； k_c——井壁的渗透系数	含水丰富的表土层，地压包括悬浮土体的土压力和静水压力两部分。公式中用悬浮重力密度（γ_B）代替天然重力计算含水岩层地压，$\gamma_B = (\Delta+\gamma_0)/(1+\varepsilon)$。静水压力一般以计算土层层面至井壁面的静水柱高度来表示，第 n 层底面处的静水压力，即$\displaystyle\sum_{i=m+1}^{n}\gamma_w h_i$

续表 5-81

类型	名称	图 示	公 式	符号意义	说 明
平面挡土墙地压公式	重液公式		$q_{GK} = \gamma H$	q_{GK}——按重液理论计算的侧压力标准值，kPa； γ——水、土混合液的重力密度，kN/m^3； H——计算点处的深度，m	把表土的含水冲积层、流砂层视为水、土混合的重液计算地压。计算结果，地压值与深度值成正比增加，呈三角形分布规律
圆柱形挡土墙地压公式	别列赞采夫公式		$q_{nk} = \gamma_n R_1 \dfrac{\tan(45° - \phi_n/2)}{\lambda - 1}\left[1 - \left(\dfrac{R_1}{R_b}\right)^{\lambda-1}\right] +$ $Q\left(\dfrac{R_1}{R_b}\right)^{\lambda}\tan^2\left(45° - \dfrac{\phi_n}{2}\right)$ $R_b = R_1 + H_n \tan\left(45° - \dfrac{\phi_n}{2}\right)$	R_1——井筒的外半径，m； γ_n——计算岩层的重力密度，kN/m^3； H_n——计算岩层的埋深，m； Q——计算岩层顶面处单位面积上的荷重，kPa； q_{nk}——井壁所受侧压力标准值，kPa； λ——侧压力系数，$\lambda = 2\tan\phi_n \tan(45° - \phi_n/2)$； ϕ_n——计算岩层的内摩擦角，(°)	圆形井筒按平面挡土墙来模拟，计算出的地压值偏大。实际上，井壁是整个圆柱面，岩体向内移动时有相互挤压作用，因而增加了岩体本身的稳定性，减少了对井壁的压力。圆柱形挡土墙比平面挡土墙进了一步，揭示了地压随深度不是直线增长的规律

（2）按薄壁圆筒理论计算

$$d = \frac{qR_1}{f_c} = \frac{qR}{f_c - q} \qquad (5-19)$$

（3）按能量强度理论计算（古别拉公式）

$$d = R\left(\sqrt{\frac{f_c}{f_c - \sqrt{3}q}} - 1\right) \qquad (5-20)$$

式中　d——井壁厚度，m；

　　　q——井壁单位面积上所受地压设计值，kPa；

　　　R——井筒净半径，m；

　　　R_1——井筒净半径，m；

　　　f_c——井壁材料的抗压强度设计值，kPa。

b　井壁横向稳定性验算

为了保证井壁的横向稳定性，井壁横向长细比不得超过下列规定：

混凝土井壁：
$$\frac{L_0}{d} \leqslant 24 \qquad (5-21)$$

钢筋混凝土井壁：
$$\frac{L_0}{d} \leqslant 30 \qquad (5-22)$$

均布荷载作用下的井壁横向稳定性按下式计算：

$$k = \frac{Ebd^3}{4R_0^3 q(1-\nu)} \geqslant 2.5 \qquad (5-23)$$

式中　E——井壁材料受压时的弹性模量，kPa；

　　　b——井壁圆环计算高度，一般取 $b = 1$ m 计算；

　　　R_0——井壁截面中心至井筒中心的距离，m；

　　　ν——井壁材料的泊松系数，混凝土井壁取 $\nu = 0.15$；

　　　L_0——井壁圆环的横向换算长度，按 $L_0 = 1.82 R_0$ 计算，m。

c　圆环井壁的内力计算

（1）薄壁圆环内力计算（$d < R/10$）：

井壁截面内轴向力为：

$$N = qR_1 \qquad (5-24)$$

井壁截面内应力为：

$$\sigma = \frac{qR_1}{bd} \qquad (5-25)$$

（2）厚壁圆环内力计算（$d \geqslant R/10$）：

任一点的径向应力：

$$\sigma_r = \frac{R_1^2 q}{R_1^2 - R^2}\left(1 - \frac{R^2}{R_x}\right) \qquad (5-26)$$

任一点的环向应力：

$$\sigma_\theta = \frac{R_1^2 q}{R_1^2 - R^2}\left(1 + \frac{R^2}{R_x}\right) \qquad (5-27)$$

式中　R_x——井壁内计算点至井筒中心的距离，m；

　　　式中其余符号同前。

5.4.3.3 竖井井壁支护实例

A 金川 850 开采工程上盘主井

a 工程概述

上盘主井是为二矿区深部 850 m 水平开采而设的矿石提升竖井,提升能力 11000 t/d。设计井筒净直径 5.6 m、深度 1072 m;配载重 27 t 双箕斗、一套 6 绳 φ3.5 m 提升机提升,采用钢丝绳罐道。

在进行工程地质勘察时,因打钻过程中矿区高应力导致多次卡钻、局部地段岩石裂隙发育造成钻进过程漏水严重等原因,施钻相当困难,勘察钻孔仅打了 359.6 m 即闭孔。勘察报告提供的工程地质条件如下:

0~314.7 m 为二云母石英片岩,314.7~316.9 m 角闪片岩,316.9~325.8 m 为石英片岩,在 203.58~204.51 m、328.5~326.8 m 为断层糜棱岩,326.8~359.6 m 为二云母石英片岩。岩体属于片麻岩、片岩带粗粒片麻岩组,具层状碎裂结构,以片理、节理发育为主,偶见层间错动带。按岩石节理及微裂隙较为发育程度,岩体质量等级分为好至一般,总厚度约 268.9 m,占 74.7%;差至很差,总厚度约 90.7 m,占总进尺的 25.3%。

矿区存在较高的地应力,最大主应力为水平应力,方向 N35°~E45°,水平应力大于垂直应力。地表浅部水平应力平均为 3.0 MPa。在深度 200~500 m 深处的最大应力一般为 20~35 MPa,最高值达 50 MPa。

地下水主要接收降雨的补给,其分布与构造面关系密切,是以静储量为主的构造裂隙水,水文地质条件简单。

b 井筒支护设计

根据勘查钻孔资料,对竖井工程井壁支护设计了以下几种支护形式:

(1) 当岩体质量为"好"至"一般"时,井壁为 450 mm 单层钢筋混凝土;

(2) 当岩体质量为"差"时,井壁采用 50 mm 喷锚网加 400 mm 单层钢筋混凝土;

(3) 当岩体质量为"很差"时,井壁采用 50 mm 喷锚网加 400 mm 双层钢筋混凝土。

具体参数为:混凝土强度等级采用 C35~C40;锚杆采用砂浆锚杆,规格为 φ18 的二级螺纹钢,长 2.25 m,间距 1 m×1 m;金属网为 φ6.5 mm、网度 100 m×100 mm;配筋参数为主筋 φ18@250 mm、副筋 φ14@300 mm,均为二级螺纹钢。

B 井壁水平裂缝的加固处理与预防

a 加固处理方法

处于深厚第四系地层中的竖井,一般都采用冻结法凿井,冻结段井筒在投入生产几年之后,由于含水地层疏排水时对井壁存在竖向附加力,致使部分井筒井壁承受的附加竖向载荷超过其极限承载能力而出现压缩破坏,形成环形水平裂缝(破坏现象如图 5-46 所示),影响了井筒的安全使用。

井壁破坏的机理和加固方法概述如下。

(1) 井壁破坏机理。中国矿业大学等院所经过多年的研究认为,导致井壁破坏的机理主要为:表土含水层疏水,造成水位下降,含水层的有效应力增大,产生固结压缩,引起上覆土体下沉;土体在沉降过程中施加于井壁外表面一个以往从未认识到的竖直附加力;竖直附加力增长到一定值时,混凝土井壁不能承受巨大的竖向压力而破坏。

(2) 加固方法简介。

图 5 - 46 井壁水平裂缝图

对于已出现破坏的井壁,其治理主要有以下几种方法:

1)地面注浆控制地层下沉。在井筒周围适当位置布置地面注浆孔,将钻孔打到合理的注浆层位进行注浆,通过充填孔隙、挤压加固井筒周围一定范围的松散地层,增加其压缩模量,从而减小作用在井壁上的竖直附加力,改善井壁的受力状况。该方法常与其他修复保护井壁方法联合使用。

2)井壁开槽卸压法。在靠近已破坏井壁处或其上下方的井壁上,开凿一水平环形卸压槽并充填可压缩性材料,人为地造成井壁的薄弱点,创造井壁竖向可压缩变形条件,减少井壁与地层的相对位移,释放井壁中积蓄的能量,达到防治井壁破坏的目的,如图 5 - 47 所示。

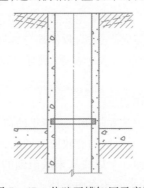

图 5 - 47 井壁开槽卸压示意图

3）钢板加固井壁法。对于已破坏的井壁,先除掉内壁破坏的混凝土皮并整圈凿平,再采用整圈加套钢板内壁的方法予以加固。钢板以锚杆锚固在混凝土壁上,钢板之间采用螺栓连接;钢板连接锚固好之后,再在钢板与混凝土壁之间以及混凝土壁内、壁后进行注浆;之后再对内壁喷射混凝土(或砂浆)。

在实际工程治理中,一般单一的方法难以取得良好的效果,往往根据实际工程情况,采取联合措施进行加固治理。

b　预防措施

预防措施主要有以下两种:

(1)井壁破坏的预防。针对深厚第四系地层中井壁的破坏,中国矿业大学(徐州)经过多年的研究和治理实践,研制出了拥有专利技术的混凝土井壁内置可压缩钢结构装置。该装置既可以在建井时预先置入内层混凝土井壁中,使井壁具有可压缩性而避免破坏,防患于未然;也可以用于维护已破坏、仍然存在压缩性的混凝土井壁。

该装置被使用在多个矿山的竖井工程中,有效地释放了地层沉降施加在井壁的竖直力,从而保护了井壁不被压坏,取得了良好的预防效果。

(2)井筒装备竖向压缩的预防。地层沉降的存在,致使竖井井壁有可能被压缩甚至于压坏,从而导致井筒内装备的竖向刚性构件也会被压缩甚至变形,一旦罐道产生变形,将会威胁到容器的平稳、安全运行。为避免罐道变形发生,可在井深适当位置于罐道的接头处设置一个或多个可伸缩接头。

5.4.4　平巷及斜井支护设计

5.4.4.1　支护种类及形式选择

A　支护种类

井巷工程支护包括临时支护和永久支护。临时支护服务期限短,一般紧跟工作面;采用喷锚临时支护时,其可作为永久支护的一部分;除喷锚支护外,其余均可回收再利用。永久支护服务年限长,支护材料一般不能回收复用。

常用支护种类及其特点如表5-82所示。

表5-82　常用支护种类及其特点

种　类	图　示	特　点
锚杆支护		(1)支护简单,一般为金属杆体; (2)可根据岩石情况确定锚杆数量及排列方式; (3)可配合大托板或金属网扩大维护面积; (4)主要用于临时支护
喷射支护		(1)支护可紧跟工作面,有利于施工安全; (2)既可为临时支护又可为永久支护。当为临时支护时,其可作为永久支护的一部分; (3)干式喷射粉尘浓度较大,应推广和使用湿式喷射或潮喷

种 类	图 示	特 点
喷锚(网)支护	喷射混凝土层　金属网　锚杆	(1) 具有锚杆和喷射支护的优点; (2) 金属网可以增加支护体的整体性和弹性; (3) 适合稳定岩层的永久支护和非稳定岩层(如存在地应力、软弱岩层等)的临时支护
金属拱型支架	架顶　架肩　橛子　连接板　架腿　架腿垫板	(1) 一般与喷射混凝土、锚喷(网)等支护形式配合使用,支护承载快; (2) 支架可用型钢制作,也可用钢筋焊接而成格栅钢架(俗称"花拱架"); (3) 施工速度快,多用于软弱岩层的临时支护;也可作为永久支护
整体式支护		(1) 包括混凝土、钢筋混凝土及砌体支护; (2) 需架设碳胎、支模,工序复杂,时间长; (3) 浇筑混凝土初期承载能力差,在软弱地层和存在地应力的条件下宜有临时支护; (4) 当为砌体(预制块、料石等)时,支护作业劳动强度大; (5) 主要用于永久支护

B　支护形式选择要点

选择支护形式时,有以下几个要点:

(1) 当岩层坚固稳定、整体性好($f_{kp} > 6 \sim 8$)、跨度小于 6 m 时,可考虑不予支护。

(2) 应尽量采用光面爆破施工方法,减少爆破对围岩的破坏。

(3) 设计中应优先采用喷锚支护(要求采用光面爆破)。尽量不用或少用木制材料支护。

(4) 支护形式的选择应结合理论计算并考虑现场实际,通过工程类比等方法,综合分析确定。

(5) 支护形式的选择可参考表 5 – 83。

表 5 – 83　平巷支护形式选择表

支护形式	服务年限	适用条件	不适用条件
不支护	不 限	$f_{kp} \geq 6$,裂隙等级小于 3	易风化岩层
喷射混凝土	不 限	$f_{kp} \geq 4$,裂隙等级不大于 4	大面积渗水或局部涌水,遇水膨胀的岩层,有较大腐蚀介质影响,遇混凝土(或砂浆)不黏结的岩层,极不稳定岩层,大断层,破碎带
锚 杆	不 限	$f_{kp} \geq 4$,裂隙等级不大于 3	节理裂隙特别发育岩层及风化松软岩层(裂隙等级为 4)
锚 喷	≥5	$f_{kp} \geq 2$,裂隙等级不大于 4	同喷射混凝土
钢筋混凝土支架	5 ~ 10	$f_{kp} \geq 4$,巷道宽度小于 3 m	有动压、有膨胀性岩层
砌 体	≥5	$f_{kp} \leq 4$,裂隙等级不大于 4	
钢筋混凝土	≥5	岩层松软、有动压、极不稳定岩层	

作用在平巷支护体上的荷载,如表 5 - 84 所示。

表 5 - 84　作用在平巷支护体上的荷载

荷载名称	包　括　内　容
可变荷载	地层压力; 地下水压力; 围岩对支护体的抗力; 壁后注浆压力,一般取 0.3 ~ 0.5 MPa; 施工临时荷载、作用于支护结构上的设备动力
永久荷载	支护结构自重; 作用于支护结构上的设备自重
偶然荷载	地震荷载
荷载组合	

5.4.4.2　锚喷支护

A　锚杆支护

锚杆是一种积极预防的支护方法,它是通过锚入岩石内的锚杆,改变围岩本身的力学状态,在巷道周围形成一个整体而稳定的岩石带,从而达到维护巷道安全的目的。锚杆支护的主要优点是:适用范围广,适应性强;有利于一次成巷施工和加快施工进度;施工工艺简单,有利于机械化施工,可以减轻架棚、砌碹的笨重体力劳动;减少了材料的运输量。其缺点是:不能预防围岩风化;不能防止锚杆与锚杆之间裂隙岩石的剥落。因此,锚杆常常与金属网、喷浆或喷射混凝土等联合使用。

岩土工程支护中,使用的锚杆种类繁多,根据其锚固的长度分为端头锚固和全长锚固型;按其锚固方式可分为机械锚固、黏结锚固、摩擦式锚固等;以其材质不同分为钢质、玻璃纤维、木、竹锚杆等。此外,还有新型的可回收锚杆、屈服锚杆等。根据《锚杆喷射混凝土支护技术规范》,常用锚杆主要分以下几种类型:

(1) 全长黏结型锚杆:普通水泥砂浆锚杆、早强水泥砂浆锚杆、树脂卷锚杆、水泥卷锚杆;

(2) 端头锚固型锚杆:机械锚固锚杆、树脂锚固锚杆、快硬水泥卷锚固锚杆;

(3) 摩擦型锚杆:管缝锚杆、楔管锚杆、水胀锚杆;

(4) 预应力锚杆;

(5) 自钻式锚杆。

水泥砂浆锚杆的特点是锚杆体由钢筋(圆钢或螺纹钢)制作。使用时,先在锚杆孔眼内注入砂浆,然后插入锚杆,砂浆凝固后,利用砂浆与孔壁、砂浆与钢筋之间的黏结力来发挥锚固岩层作用。砂浆锚杆的优点是,锚固性能好,经济、方便,使用广泛。其缺点是,普通水泥砂浆锚杆的初锚力较低,砂浆未凝固时锚杆不能受力;在围岩破碎、锚杆安装后需立即受力的条件不能使用;施工工艺较其他锚杆复杂,工效较低。

树脂卷锚杆的特点是以合成树脂为黏结剂,把锚杆体和孔壁岩石联结为一个整体,实现加固围岩的目的。其最大特点是固化快,在很短的时间内就能达到很大的锚固力;黏结强度高,锚固性能好;比砂浆锚杆初锚力大,锚固迅速,可紧跟掘进工作面及时管理顶板;既可端头锚固,也可全长锚固,使用灵活、适用性强。树脂锚固剂的缺点是,其储存期有限,一般为 3 个月左右,成本也比较高。

快凝水泥卷锚杆的特点,是以快硬水泥(由早强水泥和双快水泥按一定比例混合而成)加工成类似药卷的黏结剂卷,使用前将其浸水 2 ~ 3 min 后送入锚杆孔眼,在孔眼中搅拌,1 h 后锚固可达 60 kN。快凝水泥卷制作简便,材料来源广泛,成本低,便于机械化操作,安装速度快,无粉尘危害。

在竖井井筒装备安装中,树脂卷锚杆与快凝水泥卷锚杆的使用较为普遍。

水涨锚杆的特点是采用异型断面的无缝钢管制成,两端封闭,借助于高压水将异型钢管鼓胀使之贴近孔壁而锚固岩石。使用时,在锚杆上套上托板后将杆体放入孔眼,接上接头和高压水泵并注入高压水(30 MPa),使异型钢管胀大并贴紧孔壁。

此种锚杆的优点是:安装方便迅速;及时承载;锚固力大,可达 100 ~ 200 kN/m;对孔径孔深无特殊要求;抗爆抗震性能好。其缺点是:价格昂贵;安装需专用泵及其接头;搬运须特别小心;管壁薄,易锈蚀,不宜作永久支护。

注浆锚杆的特点有:

(1)将锚杆和注浆管的功能合二为一。注浆时它是注浆管,注完浆后无需拔出即成为一根锚杆;

(2)中空设计使锚杆实现了注浆管的功能,避免了传统施工工艺注浆管拔出时造成的砂浆流失;

(3)注浆饱满,并可实现压力注浆,提高了工程质量;

(4)由于各配件的作用,杆体的居中性很好,砂浆可以将锚杆体全长包裹,避免了锈蚀的危险,达到长期支护的目的。

自钻式锚杆包括通用型、胀壳型、树脂型、岩石型、注浆型、注浆钻进型、玻璃纤维型等系列。图 5-48 所示为自钻式注浆锚杆之一,其特点如下:

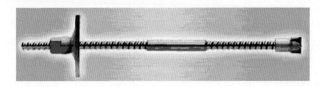

图 5-48　自钻式锚杆

(1)实现了锚杆钻孔、注浆、锚固等功能的统一;

(2)锚杆前有钻头,无须单独钻孔;

(3)钻杆的锚杆体无需拔出,其中空可作为注浆通道,从里至外进行注浆;

(4)止浆塞使注浆能保持较强的注浆压力,充分地充填空隙,固定破碎岩体;

(5)联结套使自钻式锚杆具有边钻进边加长的特性,使其可适用于较狭小的施工空间,并实现了特长锚杆加固围岩;

(6)三位一体的功能使其在各类围岩条件下施工时,不需套管护壁、预注浆等特殊手法也能形成锚杆孔并保证锚固与注浆效果。

波纹锚杆是适应于地应力大、岩石破碎且变形大的锚杆。波纹锚杆的作用原理是按正弦波弯曲的钢筋浇注在岩体中,钢筋与注浆之间并未固结为一体,它能对围岩变形引起的拉伸产生一定的抗力(图 5-49)。当发生伴随初始破裂的张性移动或瞬间地震力促使岩石发生位移时,钢筋和岩体间便产生相对移动。

波纹锚杆与普通锚杆相比具有一定的屈服性,因而对岩体承载力相当于普通锚杆的 10 倍或更多,在发生岩爆时这种持续抗力对控制膨胀岩体大变形位移十分有效。

波纹锚杆在受力状态下依靠拉伸特性和在高强度(≥25 MPa)注浆体中的滑动来实现对岩体的锚固作用。在地震波发生瞬间(毫秒级)锚杆的承载力达到最大。

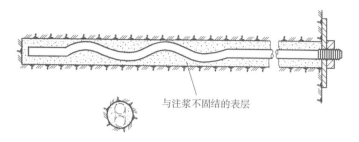

与注浆不固结的表层

图 5 – 49　波纹锚杆作用原理示意图

锚杆沿波形曲线滑动过程中吸收岩体释放的能量,而注浆体不受破坏。锚杆是靠其钢筋特性支护岩体。在受地震波载荷瞬间波纹锚杆承受 80% 的极限抗拉强度,然后受力状态恢复到 65%,普通锚杆承受 4 kJ 载荷时便产生破坏,但波纹锚杆在 100 mm 滑动时能释放 8 kJ 的能量而不出现破坏。一根直径 16 mm,长 2.2 m 的波纹锚杆能够使岩体释放 45 kJ 的能量,产生岩体位移 500 mm。

一般巷道在使用期内可能产生 300 ~ 400 mm 变形,用波纹锚杆允许产生 500 mm 的变形。

主要包括以下几种锚杆:

(1) 水泥砂浆锚固剂。水泥砂浆锚固剂材料一般采用强度 32.5 或 42.5 的普通硅酸盐水泥,粒径小于 3 mm 的中细砂,按水泥:砂 = 1:1(体积比)、水灰比为 0.38 ~ 0.45 配制,强度等级应不低于 M20;

(2) 快硬水泥类锚固剂。目前,国内生产并使用的定型快硬水泥卷锚固剂主要种类如表 5 – 85 所示。几类快硬水泥卷锚固剂的技术参数分别如表 5 – 86 ~ 表 5 – 88 所示。

表 5 – 85　快硬水泥卷锚固剂主要种类

种　类	主要配料	说　明
TZ-2 型水泥药卷	硫铝酸盐早强水泥、TS 早强速凝剂、亚硝酸钠阻锈剂及优质干砂	厚质滤纸外包装
KM-84 型药卷	硫铝酸钙超早强水泥,双快水泥,锚杆专用水泥	
快硬膨胀型水泥药卷(M-D、M-Q、M-R)	普通水泥加专用外加剂	药卷为空心结构,空心直径与锚杆体直径相同
药卷式锚固剂		外形为卷状
JC 型水泥药卷	普通水泥加外加剂	

表 5 – 86　TZ-2 型水泥药卷的凝结时间及锚固力

TS 剂掺量占水泥质量的百分比/%	20℃、w/C = 0.3		20℃、w/C = 0.4	
	初　凝	终　凝	初　凝	终　凝
4	3′35″	5′26″	6′54″	8′26″
5	3′08″	5′07″	6′30″	8′22″
6	3′05″	4′22″	5′20″	6′40″
锚固长度/mm	锚固力/kN			
	1 h	4 h	6 h	
200	27	45.1 ~ 60.8	68.6 ~ 117.6	

表 5 – 87 KM-84 型水泥药卷的产品规格及使用范围

型　号	使 用 范 围	凝结时间/min		半小时的锚固力/kN
		初　凝	终　凝	
KM-84D	端头锚、中硬岩石	5 ± 1	10 ± 3	4
KM-84Q	全长锚、中硬岩石	5 ± 1	12 ± 2	7
KM-84RM	软岩、煤矿支护	5 ± 2	8 ± 1	4
KM-84Y	冶金矿山专用	5 ± 2	10 ± 2	8
KM-84TG	铁路、公路洞室	5 ± 1	15 ± 2	15
KM-84SD	国防工程	5 ± 1	10 ± 1	20
KM-84SD	水电工程	10 ± 2	15 ± 2	15
KM-84T	根据用户需要特制			

表 5 – 88 药卷式锚固剂的型号和技术指标

型　号	技 术 指 标		
	龄　期	抗拔力/kN	最大位移/mm
早强型	2 h	>150	<5
标准型	24 h	>180	<5
缓凝型	3 h	>180	<5
水下型	24 h	>100	<5
水下型	7d	>180	<5

（3）树脂类锚固剂。根据凝固固化时间的不同,树脂锚固剂分为超快、快速、中速和慢速四种,其技术参数如表 5 – 89 所示。树脂锚固剂产品的包装规格如表 5 – 90 所示,主要技术参数如表 5 – 91 所示。

表 5 – 89 树脂锚固剂产品型号

型　号	特　性	凝胶时间/min	固化时间/min
CK	超　快	0.5 ~ 1	≤5
K	快　速	1.5 ~ 2	≤7
Z	中　速	3 ~ 4	≤12
M	慢　速	15 ~ 20	≤40

注:表中数据系在 20 ± 1℃环境温度下测定。

表 5 – 90 树脂锚固剂(树脂药包)产品规格

型　号	规格/mm	质量/g	适用孔径/mm	每箱包装支数	用　　途
Z3537	φ35 × 370	700 ± 10	φ42 ± 2	40	井筒装备安装
Z3530	φ35 × 300	550 ± 10	φ42 ± 2	40	巷道锚喷支护端锚
Z2835	φ28 × 350	400 ± 10	φ32 ± 2	40	巷道锚喷支护及其他
Z2850	φ28 × 500	640 ± 10	φ32 ± 2	40	巷道支护及全长锚固
Z2335	φ23 × 350	300 ± 10	φ28 ± 2	50	巷道小直径支护及全长锚固

表 5 – 91 树脂锚固剂(树脂药包)的主要技术参数

性 能	指 标	性 能	指 标
抗压强度	≥60 MPa	振动疲劳	>800 万次
剪切强度	≥35 MPa	泊松比	≥0.3
容 重	$1.9 \sim 2.2 \ g/cm^3$	储存期(<25℃)	>9 个月
弹性模量	$\geq 1.6 \times 10^4 \ MPa$	适用环境温度	$-30 \sim +60℃$
黏结强度	对混凝土大于 7 MPa,对螺纹钢大于 16 MPa		

锚杆选型的基本原则是:

(1) 锚杆的锚固力及锚固力特性曲线,须与围岩的位移、压力相适应,以确保获得良好的支护效果、维护量小,保障井巷的安全使用。

(2) 应根据围岩类型、稳定性及使用条件,选择相适应的锚杆类型。

(3) 锚杆类型、耐久性能及防腐性能须与工程服务年限相适应。

(4) 应考虑安装的方便性与机械化安装,提高支护效率。

B 锚喷支护

喷射混凝土(或砂浆)是一种强度高、黏结力强、抗渗性好的支护形式。其利用压缩空气或其他动力,将按一定配比拌制的混凝土混合物沿管路输送到喷头处,并以高速垂直喷射于受喷面。喷射的混凝土(或砂浆)层同岩层紧密地结合在一起并充填巷道围岩裂隙和凹穴,能有效地防止围岩风化并阻止围岩的离层和松动,因而喷层和岩层共同作用来维护巷道的稳定。由于喷射过程中,拌和料作高速运动,在高压下重复碰撞冲击,激发了水泥的活性,得到了激烈的捣固;同时,水灰比较低,使得喷射混凝土(或砂浆)具有致密的组织结构和良好的物理力学性能。

喷射混凝土是一种柔性支护结构,具有封闭围岩防止风化、有效补强并防止围岩松动、支承危岩活石等作用。

喷射混凝土不仅可以单独作为一种支护手段,而且常常与锚杆支护结合使用,即锚喷支护;与锚杆金属网结合使用,即喷锚网支护。喷锚支护集中了各自的优点,弥补了采用单一支护形式存在的不足。

a 喷射混凝土支护的主要特点

喷射混凝土和普通混凝土支护比较,有以下方面的优越性:

(1) 由于锚杆支护能提高井巷围岩的自身稳定性和承载能力,并与岩层构成共同承载的整体,支护厚度可减薄至少一半,井巷掘进断面亦可相应减小 10% ~20% 。

(2) 施工工艺大为简化,支护材料可用管道进行长距离输送。

(3) 可以节约模板所用的钢材或木材,混凝土亦可节约 40% 左右。

(4) 和砌碹相比,施工速度可提高 2 ~3 倍,成本可降低 1/3 ~1/2,工效提高了 3 ~4 倍,工时减少 75% ~80% 。

b 喷射混凝土的分类

喷射混凝土的分类如表 5 – 92 所示。

表 5 – 92　喷射混凝土分类

按施工工艺分类	按掺料和性能分类	施工工艺简介	特　点
干法喷射混凝土	(1) 素喷混凝土; (2) 钢纤维喷射混凝土; (3) 硅灰喷射混凝土	采用干拌和料,砂、石的含水率约3%～7%,喷射时大部分拌和水在喷嘴处加入。作业人员根据喷射的料流情况控制加水量,随意性大,难以保证水灰比的精确性	喷射机结构简单,输送距离长,适用范围广; 水与干拌和料在喷嘴处混合时间短,湿润、水化不充分,粉尘多,回弹量大,喷射混凝土质量不高
湿法喷射混凝土	(1) 素喷混凝土; (2) 钢纤维喷射混凝土; (3) 硅灰喷射混凝土; (4) 钢纤维硅灰喷射混凝土	采用湿拌和料,水量在拌和料时一次加入,再通过风送或泵送方式,将拌制好的混凝土送到喷嘴处与液体速凝剂会合后,再喷射到岩壁上	能精确控制水量,喷射混凝土的品质和质量有保证; 粉尘浓度很低,回弹量少; 水泥水化作用充分,速凝剂加量准确,一次喷层厚度提高
水泥裹砂喷射混凝土	(1) 素喷混凝土; (2) 钢纤维喷射混凝土	先将水泥与大部分砂子和水拌制成形成"造壳砂浆",另外再将少部分砂子与石子混合搅拌,然后用砂浆泵和干式喷射机分别将两种拌和料输送到喷嘴附近的混合管合流后经喷嘴喷出	水灰比能够控制; 混凝土的抗渗、抗冻和耐久性能得到改善,减少了泌水、离析现象; 有利于减少回弹、提高喷射混凝土的强度

c　混凝土喷射机

混凝土喷射机主要有以下两种。

(1) 湿式喷射机。TK 系列湿式混凝土喷射机主要技术参数如表 5 – 93 所示,该设备为成都岩锋科技有限公司制造。

表 5 – 93　TK 系列湿式混凝土喷射机主要技术参数

项　目	TK-961 型	TK-500 型
生产率/m³ · h⁻¹	5	4～5
最大骨料粒径/mm	15	15
细集料细度模数		2.5(中粗砂)
速凝剂计量泵排量/L · h⁻¹	0～125	
液体速凝剂掺量/%		0～7
输料胶管内径/mm	51(2″,耐压 1 MPa)	51(2″,耐压 1 MPa)
适用混凝土	塑性混凝土,最佳坍落度 10～14 cm	塑性混凝土,坍落度 6～18 cm
工作风压/MPa	0.2～0.45	0.2～0.5(系统风压不小于 0.5)
耗风量/m³ · min⁻¹	10	10
输送距离/m	水平 40,垂直 20	水平 60,垂直 20
机旁粉尘/mg · m⁻³	＜10	＜10
回弹率/%	边墙小于 10,拱部小于 20(标准工艺条件下)	平均小于 20(标准工艺条件下)
主电机功率/kW	7.5	7.5
轨行式轨距/mm		600、762、900
外形尺寸/mm × mm × mm (长 × 宽 × 高)	2200 × 930 × 1420(轨行式) 2200 × 1300 × 1500(轮胎式)	2000 × 1010 × 1230(轮胎式)
质量/kg	1950	1400

（2）干式喷射机。国内使用并生产的主要转子式混凝土喷射机及其性能参数如表 5 – 94 所示。

表 5 – 94　国内主要转子式混凝土喷射机型号及技术参数

型号 项目	ZPG-Ⅱ	ZP-Ⅳ	HPC-Ⅴ	PZ-5	HPH6	ZP-Ⅶ	HPC6
生产能力 /m³·h⁻¹	5 ~ 7	4 ~ 5	4 ~ 5	5 ~ 5.5	5 ~ 6	5 ~ 6	6
适合水灰比	干料	干料	≤0.35	≤0.4	干料	潮料	≤0.35
骨料最大 粒径/mm	25	25	25	20	15	20	20
输送管 内径/mm	50	50	50	50	50	50	50
工作风压 /MPa	0.15 ~ 0.4	0.12 ~ 0.4	0.2 ~ 0.4	0.2 ~ 0.4	0.1 ~ 0.4	0.12 ~ 0.4	0.2 ~ 0.4
耗风量 /m³·min⁻¹	5 ~ 8	5 ~ 8	5 ~ 8	5 ~ 8	5 ~ 8	5 ~ 8	6 ~ 8
最大输送 距离/m	200	200	200	200	200	120	120
结构特征	U 形料腔，可配防黏料腔，用于潮喷 简称转Ⅱ型	转子直径小，U 形料腔，可配防黏料腔 用于潮喷 简称转Ⅳ型	单个或整体式防黏 U 形料杯；有风动振动器；有速凝剂添加器 简称转Ⅴ型	直通式防黏料转子，单点或四点压紧；有风动振动器	转子错位布置，高度低；可配防黏料腔；用于潮喷 简称转 6 型	直通式防黏转子；四点压紧	整体式防黏U 形料腔；带防污罩防黏料出料弯头；整体式清扫板；翻转及快速楔销连接结构
电机功率 /kW	5.5	3	5.5	5.5	4	5.5	5.5
外形尺寸 (长×宽×高) /mm×mm×mm	1420 ×770 ×1100	1026 ×754 ×1265	1400 ×740 ×1300	1520 ×820 ×1280	1315 ×734 ×1096	1225 ×770 ×1170	1400 ×740 ×1150
质量/kg	950	530	≤750	700	660	820	700
生产厂家	武进通用厂；江西煤机厂；泰安煤机厂	江西煤机厂	煤科总院南京所；江西煤机厂；武进通用厂	郑州康达公司；河南科明公司；河南方庄机械厂	长沙矿山研究院；济源矿山机械厂；烟台煤机厂	江西煤机厂	煤科总院南京所
备　注	上出料	上出料	上出料	下出料	上出料	下出料	上出料

C　锚喷（网）支护设计

锚喷网支护中，网的作用是维护锚杆间比较破碎的岩石，阻止岩块掉落，以提高锚杆支护的整体作用效果。网的种类主要有铁丝网、钢筋网和塑料网等。其中铁丝网一般为 $\phi 3 ~ 4$ mm 的镀锌铁丝编织而成，其能防止松动岩块掉落，但对巷道顶板的主动支护能力较差；钢筋网由钢筋焊接而成，网格较大，网的强度和刚度均较大，其能有效防止松动岩块掉落并增强锚杆支护的整体效果；塑料网成本低、轻便、抗腐蚀，但强度和刚度较低。矿山井巷锚喷网支护中，基本都是采用钢筋网。

在锚喷支护设计中宜采用工程类比法，必要时应结合监控量测及理论验算。支护设计前，应重视并做好工程地质调查工作。采用锚喷支护,应确定混凝土喷射层厚度,锚杆的长度、间距等参数,依据实际工程情况,一般可按《锚杆喷射混凝土支护技术规范》中的隧洞和斜井的锚喷支护类型和设计参数选取(表5-95)。

表5-95 隧洞和斜井的锚喷支护类型和设计参数

毛洞跨度 B/m ＼ 围岩级别	B≤5	5<B≤10	10<B≤15	15<B≤20	20<B≤25
I	不支护	50 mm 厚喷射混凝土	(1) 80～100 mm 厚喷射混凝土;(2) 50 mm 厚喷射混凝土,设置长2.0～2.5 m 的锚杆	100～150 mm 厚喷射混凝土,设置2.5～3.0 m 长的锚杆,必要时配置钢筋网	120～150 mm 厚钢筋网喷射混凝土,设置3.0～4.0 m 长的锚杆
II	50 mm 厚喷射混凝土	(1) 80～100 mm 厚喷射混凝土;(2) 50 mm 厚喷射混凝土,设置长1.5～2.0 m 的锚杆	(1) 120～150 mm 厚喷射混凝土,必要时配置钢筋网;(2) 80～120 mm 厚喷射混凝土,设置2.0～3.0 m 长的锚杆,必要时配置钢筋网	120～150 mm 厚钢筋网喷射混凝土,设置3.0～4.0 m 长的锚杆	150～200 mm 厚钢筋网喷射混凝土,设置5.0～6.0 m 长的锚杆,必要时设置长度大于6.0 m 的预应力或非预应力锚杆
III	(1) 80～100 mm 厚喷射混凝土;(2) 50 mm 厚喷射混凝土,设置长1.5～2.0 m 的锚杆	(1) 120～150 mm 厚喷射混凝土,必要时配置钢筋网;(2) 80～120 mm 厚喷射混凝土,设置2.0～2.5 m 长的锚杆,必要时配置钢筋网	100～150 mm 厚钢筋网喷射混凝土,设置3.0～4.0 m 长的锚杆	150～200 mm 厚钢筋网喷射混凝土,设置4.0～5.0 m 长的锚杆,必要时设置长度大于6.0 m 的预应力或非预应力锚杆	—
IV	80～1000 mm 厚喷射混凝土,设置1.5～2.0 m 长的锚杆	100～150 mm 厚钢筋网喷射混凝土,设置2.0～2.5 m 长的锚杆,必要时采用仰拱	150～200 mm 厚钢筋网喷射混凝土,设置3.0～4.0 m 长的锚杆,必要时采用仰拱并设长度大于4.0 m 的锚杆	—	—
V	120～150 mm 厚钢筋网喷射混凝土,设置1.5～2.0 m 长的锚杆,必要时采用仰拱	150～200 mm 厚钢筋网喷射混凝土,设置2.0～3.0 m 长的锚杆,必要时,采用仰拱、加设钢架	—	—	—

注:1. 表中的支护类型和参数,是指隧洞和倾角小于30°的斜井的永久支护,包括初期支护与后期支护的类型和参数;

2. 服务年限小于10年及洞跨小于3.5 m 的隧洞和斜井,表中的支护参数,可根据工程具体情况,适当减小;

3. 复合衬砌的隧洞和斜井,初期支护采用表中参数时,应根据工程的具体情况,予以减小;

4. 陡倾斜岩层中的隧洞或斜井易失稳的一侧边墙和缓倾斜岩层中的隧洞或斜井顶部,应采用表中第(II)种支护类型和参数,其他情况下,两种支护类型和参数均可采用;

5. 对高度大于15 m 的侧边墙,应进行稳定性验算。并根据验算结果,确定锚喷支护参数。

a　锚杆支护参数计算

《岩土锚固技术手册》中,以悬吊作用计算锚杆参数的公式如下:

锚杆间距:

$$D \leqslant \frac{d}{2}\sqrt{\frac{\pi R_{at} A}{KP}} \tag{5-28}$$

锚杆锚入稳定岩体的深度:

$$l \leqslant \frac{d}{4} \cdot \frac{R_{at}}{\tau} \tag{5-29}$$

式中　D——矩形布置的锚杆间距,mm;

　　　d——锚杆钢筋直径,mm;

　　　R_{at}——锚杆钢筋设计强度,N/mm²;

　　　K——安全系数,取 $K=1.5$;

　　　P——不稳定岩块重力;当侧壁存在不稳定岩体块,P 应为下滑力减去抗滑力(滑动面和锚杆的抗剪强度及锚杆预应力引起的摩擦力),N;

　　　A——不稳定岩体块出露面积,mm²;

　　　l——锚杆锚入稳定岩体深度,mm;

　　　τ——砂浆的黏结强度,N/mm²。

b　喷射混凝土厚度计算

喷射混凝土的厚度计算通常采用以下两种方法。

(1)《锚杆喷射混凝土支护技术规范》中推荐的计算公式。

Ⅰ、Ⅱ级围岩中的隧洞工程,喷射混凝土对局部不稳定块体的抗冲切承载力可按下式验算:

$$KG \leqslant 0.6 f_t u_m h \tag{5-30}$$

当喷层内配置钢筋网时,则其抗冲切承载力按下式计算:

$$KG \leqslant 0.3 f_t u_m h + 0.8 f_{yv} A_{svu} \tag{5-31}$$

式中　G——不稳定岩面块体重力,N;

　　　f_t——喷射混凝土抗拉强度设计值,MPa;

　　　f_{yv}——钢筋抗剪强度设计值,MPa;

　　　h——喷射混凝土厚度,mm;当 $h>100$ mm 时,仍以 100 mm 计算;

　　　u_m——不稳定岩体块出露面的周边长度,mm;

　　　A_{svu}——与冲切破坏锥体斜面相交的全部钢筋截面面积,mm²;

　　　K——安全系数,取 2.0。

(2)按冲切破坏作用和黏结破坏作用计算,如表 5-96 所示。

在一般工程中喷射混凝土的设计强度等级不应低于 C15;竖井、斜井和重要隧洞中不应低于 C20;喷射混凝土 1d 龄期的抗压强度不应低于 5 MPa。钢纤维喷射混凝土的设计强度等级不应低于 C20,其抗拉强度不应低于 2 MPa,抗弯强度不应低于 6 MPa。

喷射混凝土支护的厚度,最小不应低于 50 mm,最大不宜超过 200 mm。

采用锚喷网支护时,支护厚度不应小于 100 mm,且不宜大于 250 mm。金属网的设计应符合下列规定:

(1)金属网材料宜采用 Ⅰ 级钢筋,直径宜为 4~12 mm;

(2)钢筋间距宜为 100~300 mm;

(3)钢筋混凝土保护层厚度不应小于 20 mm,水工隧洞的钢筋保护层厚度不应小于 50 mm。

表 5 – 96　按冲切破坏作用和黏结破坏作用计算机算喷射混凝土厚度

名　称	图　示	计 算 公 式	符 号 注 释
按冲切破坏作用计算		$h \geqslant \dfrac{G}{R_L u}$	h——喷射混凝土厚度,mm; u——危岩周边长度,mm; R_L——喷射混凝土计算抗拉强度,MPa; G——危岩重力,N; R_{Lu}——喷射混凝土计算黏结强度,MPa; K——岩石弹性拉伸系数,与岩层弹性压缩系数方向相反,N/mm³; E——喷射混凝土的弹性模量,MPa
按黏结破坏作用计算		$h \geqslant 3.65 \times \left(\dfrac{G}{u \cdot R_{Lu}}\right)^{4/3} \cdot$ $\left(\dfrac{K}{E}\right)^{1/3}$ 简化后为: $h \geqslant \dfrac{G}{u \cdot R_{Lu}}$	

采用钢架喷射混凝土支护时,应遵守下列规定:

(1) 可缩性钢架宜选用 U 形钢架,刚性钢架宜用钢筋焊结成的格栅钢架;

(2) 采用可缩性钢架时,喷射混凝土层应在可缩性节点处设置伸缩缝;

(3) 钢架间距不宜大于 1.2 m,钢架之间应设置纵向钢拉杆,钢架柱脚埋入底板下的深度不应小于 250 mm。

(4) 钢架的混凝土覆盖保护层厚度不应小于 40 mm。

D　钢纤维和塑料纤维混凝土

钢纤维喷射混凝土是在普通砂浆或混凝土中掺入分布均匀且离散的钢纤维,依靠压缩空气高速喷射在结构表面的一种新型复合材料,广泛应用于道路、桥梁、水工、矿山、隧道等工业和民用建筑工程领域,适用于对抗拉、抗剪、抗折强度和抗裂、抗冲击、抗震、抗爆等各项性能要求较高的结构工程或局部部位。对于矿山支护,既可用于浇筑混凝土,也可用于喷射混凝土。用于混凝土的纤维分为钢纤维和合成纤维,目前矿山主要应用钢纤维。

喷射混凝土中掺入钢纤维,为混凝土提供了微型配筋,可增强与混凝土之间的握裹力和锚固力,显著改善混凝土的抗裂性、延性、韧性及抗冲击性能。同一般喷射混凝土相比,它具有韧性好、适应变形能力强和良好的抗渗性、耐久性等优点,起到代替钢筋网或钢筋的作用,并与围岩及时、完全结合,充分发挥围岩自承能力,从而减少围岩变形、达到围岩稳定,不但技术先进,施工速度快,同时具有较好的施工安全性,经济上更有利。

钢纤维混凝土的特点:

(1) 抗拉、抗剪、抗折强度高。钢纤维的掺入对混凝土抗压强度的影响较小,一般提高幅度在15%左右,但在混凝土中掺入 1% ~2%(体积分数)的钢纤维,其抗拉强度能提高25% ~50%,抗折强度提高40% ~80%,用直接双面剪试验测定的抗剪强度能提高50% ~100%。

(2) 抗冲击性能强。当钢纤维的掺入量为 1.5% 时,钢纤维混凝土的初裂抗冲击性能提高 4倍,终裂抗冲击性能提高近 7 倍。

(3) 抗裂性能高。钢纤维均匀分散于基体混凝土中,减少因荷载在基体混凝土引起的细裂缝端部的应力集中,从而控制混凝土裂缝的扩展,提高整个复合材料的抗裂性。

（4）具有良好的耐久性、抗冻性、耐磨性

钢纤维混凝土与普通混凝土的性能比较如表 5 - 97 所示。

表 5 - 97　钢纤维混凝土与普通混凝土的性能比较

性　　能	与普通混凝土之比	性　　能	与普通混凝土之比
抗弯初裂强度	1.4 ~ 1.8	抗弯极限强度	1.5 ~ 2.0
抗拉强度	1.3 ~ 1.7	抗剪强度	2.4 ~ 2.8
抗压强度	1 ~ 1.5	抗弯韧性	15 ~ 25
极限延伸率	25 ~ 40	破坏冲击次数	13 ~ 14
疲劳强度	3 ~ 3.5	收缩率	0.4 ~ 0.5
拉伸徐变	0.5 ~ 0.6	冻融循环次数	2 ~ 3
弹性模量	1 ~ 1.1	耐磨性	0.3 ~ 0.35

钢纤维种类和尺寸详见建筑工业行业标准《钢纤维混凝土》（TG/T3064—1999）。

钢纤维分类如下：

（1）钢纤维按生产工艺可分为：切断型、剪切型、熔抽型和铣削型。

（2）钢纤维横截面可为圆形、矩形、月牙形及不规则形。

（3）钢纤维的外形可为平直形和异形，异形可为波浪形、压痕形、扭曲型、端钩形及大头形等。

（4）钢纤维的标称长度（钢纤维两端点之间的直线距离）可为 15 ~ 60 mm。

（5）钢纤维截面的直径或等效直径为 0.3 ~ 1.2 mm。

（6）钢纤维长径比或标称长径比 30 ~ 100。

在一些喷射混凝土技术较发达的国家，如挪威，至 20 世纪 80 年代，钢纤维喷射混凝土已基本淘汰了钢丝网喷射混凝土，地下工程中的钢纤维喷射混凝土占了喷射混凝土的 60% ~ 70%。在我国水电工程中，对较差的岩体，除了用钢纤维喷射混凝土加锚杆的常规处理外，用钢纤维喷射混凝土加拱肋的概念也得到发展，并有钢纤维喷射混凝土取代衬砌混凝土的发展趋势。

在矿山支护方面，国外矿业发达国家很多已采用钢纤维喷射混凝土代替钢筋网喷射混凝土。如南非的 Palabora 矿，该矿采用自然崩落法开采，其出矿水平的巷道均采用钢纤维喷射混凝土和锚杆联合支护。中国恩菲工程技术有限公司和金川三矿区合作在Ⅲ矿区的破碎矿岩中进行了钢纤维湿喷混凝土试验，取得了很好的支护效果。

为了减少钢纤维喷射混凝土喷射时的回弹，一般采用湿喷工艺。

钢纤维的掺量应根据产品的性能和要求的混凝土抗拉强度来确定。国家标准《锚杆喷射混凝土支护技术规范》GB50086—2001 推荐钢纤维掺量宜为混合料重量的 3% ~ 6%。上海市工程建设规范《切断型钢纤维混凝土应用技术规程》（DG/TJ08—001—2002）推荐钢纤维混凝土中钢纤维最大体积率不宜超过 1.5%，最小体积率不宜小于 0.26%。

目前国内生产钢纤维的生产厂家较多，品牌也较多，如上海贝尔卡特－二钢有限公司生产的佳密克丝（Dramix）钢纤维、武汉汉森钢纤维有限责任公司生产的汉森牌钢纤维、嘉兴市经纬钢纤维有限公司生产的"经纬牌"钢纤维。"经纬牌"钢纤维产品包括剪切类、钢丝类、不锈钢类和铣削类，有平直型、波浪型、端钩型、压痕型等共 30 多个品种。

钢纤维的基本参数以佳密克丝（见表 5 - 98）、汉森（见表 5 - 99）钢纤维为例。

表 5 – 98　佳密克丝钢纤维类型及参数

型　号	长度/mm	直径/mm	长径比	抗拉强度/MPa	根数/kg	主要应用
RC-80/60-BN	60	0.75	80	>1100	4600	模筑混凝土(泵送、直卸)
RC－80/60－BP	60	0.71	85	>2000	5000	模筑混凝土(高强、防腐)
RC-65/60-BN	60	0.90	67	>1000	3200	模筑混凝土(泵送、直卸)
RC-65/35-BN	35	0.55	64	>1150	14500	喷射混凝土(泵送)
RC-75/40-BN	40	0.55	73	>1150	13400	喷射混凝土(泵送)
ZP305	30	0.55	55	>1100	16750	喷射混凝土(泵送)
ZP308	30	0.75	40	>1050	9000	喷射混凝土(泵送)
ZL306	30	0.62	48	>1050	13000	喷射混凝土(泵送)
RL-45/50-BN	50	1.05	45	>1000	2800	模筑混凝土(泵送、直卸)
OL13/.20	13	0.20	65	>2300	312700	模筑混凝土(高强、防腐)

表 5 – 99　汉森牌钢纤维规格型号及参数

类　型	规格型号	等效直径/mm	长径比	抗拉强度/MPa	材　质	形　状
钢板剪切型	SFB-20～60(Ⅰ)	0.3～0.9	30～80	≥380	低碳钢板	异型
	SFB-30～60(Ⅱ)	0.3～0.9	30～80	≥600	中碳钢板	
钢丝切断型	SQB-30～60(Ⅱ)	0.3～0.9	50～80	≥600	30 号钢冷拔丝	
	SQB-30～60(Ⅲ)	0.3～0.9	50～80	≥1000	45 号钢冷拔丝	
备　注	可根据用户需要,生产各种规格型号					

实例　国内应用钢纤维喷射混凝土的实例——二滩水电站工程中的应用。二滩水电站主厂房、主变电室、尾水调压室三大硐室和其他隧洞主要采用系统锚(锚杆、锚索)喷支护。其顶拱采用挂网喷混凝土,喷厚 150 mm;边墙采用素喷混凝土,喷厚 100 mm;第一副厂房顶拱、边墙采用钢纤维喷混凝土,喷厚 100 mm,其中,顶拱钢纤维喷射混凝土为初期支护。

工程实施时,钢纤维喷混凝土主要用于:(1)处理和预防岩爆;(2)软弱破碎带处理;(3)控制围岩变形;(4)支护修补;(5)代替挂网喷混凝土。

二滩水电站工程中所用的材料主要有:

(1)钢纤维为贝尔卡特公司生产的 Dramix ZP305 钢纤维。

(2)骨料的选择。为地下工程洞挖碴破碎而得。母岩主要为玄武岩和白云质石灰岩。湿碴混凝土的粗骨料最大粒径为 9.5 mm 级配良好,细骨料使用河沙和人工砂的混合料,质量比大约为 1:1。

(3)硅粉。能明显提高喷混凝土的强度,当需要配制高强度的喷混凝土时,需加入硅粉。对于普通强度的湿喷混凝土,加硅粉的主要目的是改善喷混凝土的可泵性和喷射性能,前期使用的是进口微硅粉,后期主要使用的是贵阳铁合金厂的硅粉,要求比表面积不小于 10 m²/g。

(4)水泥选用 525R(即现行的 42.5)普通硅酸盐水泥。

(5)减水剂:上海 MASTER 公司的 Rheobuild 100(液态)。

(6)速凝:上海 MASTER 公司的 Gunit F96 和 Gunit F100(液态)。

钢纤维喷射混凝土设计配比如表 5 – 100 所示。

表 5 – 100　二滩水电站工程钢纤维喷射混凝土配比表

开始使用日期	强度级别	坍落度/mm	水胶比/W·C⁻¹	水泥/kg	硅粉/kg	骨料/mm		外加剂/L		钢纤维/kg
						<4.75	4.75~9.5	Rheobuild	Gunit100	
1995年10月22日	30	100	0.55	420	20	990	810	4.0	12.6~21.0	45

结论　二滩地下厂房硐室群开挖支护大量采用了佳密克丝钢纤维喷射混凝土,共 4300 m³,占喷混凝土总量的 40%,作为围岩主要支护措施之一,钢纤维喷混凝土快速、安全,在预防和处理岩爆、处理岩石破碎带、控制围岩变形等起到了十分重要的作用。

对于相同条件下的支护,钢纤维喷混凝土的厚度仅需钢筋喷混凝土的 50%~80%,约 50~80 mm 即可作为施工安全支护。对钢筋喷混凝土则需 100~150 mm 左右厚,由于岩石不平整以及钢筋网喷混凝土的回弹量比钢纤维喷混凝土大,喷混凝土量由此要增加至少约 50%,此外还增加了额外的设备及工时费,增长了工期。

参 考 文 献

1　采矿设计手册编委会. 采矿设计手册 矿床开采卷 下. 北京:中国建筑工业出版社,1988

2　采矿设计手册编委会. 采矿设计手册 井巷工程卷. 北京:中国建筑工业出版社,1988

3　《采矿手册》编辑委员会. 采矿手册 第 4 卷. 北京:冶金工业出版社,1990

4　Brown E T. Block Caving Geomechanics. Queensland, Australia: Julius Kruttschnitt Mineral Research Center, 2003

5　S Duffield. Design of the Second Block cave at Northparkes E26 Mine. In: Massmin 2000. Brisbane, 2000: 335~346

6　刘育明. 井下电动卡车运输主斜坡道系统的设计实践. 见:北京金属学会编. 北京冶金年会论文集（上）. 北京:1998:123~125

7　Taljaard J J, Stephenson J D. State-of-art shaft system as applied to Palabora underground mining project. In: The Journal of The South African Institute of Mining and Metallurgy, 2000: 427~436

8　中国大百科全书《矿冶》编辑委员会. 中国大百科全书 矿冶卷. 北京:中国大百科全书出版社,1984

9　闫莫明,徐祯祥,苏自约主编. 岩土锚固技术手册. 北京:人民交通出版社,2004

10　沈季良等编著. 建井工程手册. 北京:煤炭工业出版社,1986

11　贺永年,刘志强主编. 隧道工程. 江苏:中国矿业大学出版社,2002

12　《煤矿矿井采矿设计手册》编写组. 煤矿矿井采矿设计手册 北京:煤炭工业出版社,1984

13　北京有色冶金设计研究总院主编. 有色金属矿山井巷工程设计规范. 北京:中国计划出版社,1993

14　中国矿业学院主编. 特殊凿井. 北京:煤炭工业出版社,1981

15　洪伯潜. 我国深井快速建井综合技术. 煤炭科学技术,2006,(1)

16　魏东,李昆,毛光宁. 简述煤矿凿井技术现状. 煤炭科学技术,1999,(8)

17　Atlas Copco. Underground Mining Methods, first edition

18　Ortllp W D, Bornman J J, Erasmus N. The durabar-a yieldable support tendon – a design rationale and laboratory results. SRK Consultant Gauteng . South Africa. 2001

19　《建井工程手册》编委会. 崔云龙主编. 简明建井工程手册. 北京:煤炭工业出版社,2003

6 矿井提升及运输系统

6.1 竖 井 提 升

6.1.1 概述

6.1.1.1 提升系统的分类

地下矿山的提升系统有斜井提升和竖井提升两种类型。竖井提升根据所使用提升机和提升钢丝绳数量的不同可分为单绳提升系统和多绳提升系统;根据提升容器的不同可分为箕斗提升系统、罐笼提升系统和混合提升系统;根据提升机布置的不同可分为塔式提升系统和落地式提升系统(图6-1)。

竖井提升系统的主要作用是在井筒内沿垂直方向实现物流和人流的运输,是联系井上、井下的咽喉要道,担负着矿石和废石的提升、人员和设备的升降以及材料的下放。竖井提升系统在矿山生产的全过程中占有极其重要的地位。

6.1.1.2 提升系统的选择

竖井提升系统的选择直接影响着矿山的生产能力,需要考虑的因素较多,如矿山生产规模,运输方式,矿井通风,具体提升任务(主、副或混合提升),矿、岩物理性质等,一般应经过方案比较后方可确定。

竖井提升可以采用单绳缠绕式提升机,也可以采用多绳摩擦式提升机或布雷尔式提升机等。在国内,一般单绳缠绕式提升机多用于深度小于600 m的矿井;多绳摩擦式提升机多用于深度300~1400 m的矿井。

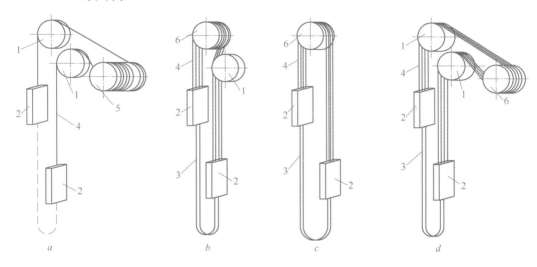

图6-1　提升系统示意图

a—单绳缠绕;b—塔式多绳摩擦;c—塔式多绳摩擦(无导向轮);d—落地式多绳摩擦
1—天轮或导向轮;2—容器/配重;3—尾绳;4—首绳;5—主轴装置;6—摩擦轮

多绳摩擦式提升机和单绳缠绕式提升机相比,具有适于深井重载提升,钢绳直径小,设备重量轻,投资省,耗电少,安全可靠等优点,因而在国内获得了广泛的应用。其缺点是基建时间长。当采用重平衡绳或加重的提升容器时,多绳摩擦式提升机亦可用于深度小于300 m的矿井。一般深度小于300 m的矿井应优先考虑采用ϕ3 m以下的单绳缠绕式提升机。一些国家的使用经验证明,为了保证提升钢丝绳的必要使用寿命,在提升钢丝绳任意断面处的应力波动值一般不应大于165 N/mm^2。

多绳摩擦式提升有塔式和落地式两种,目前两种都应用普遍。二者相比,落地式多绳提升的主要优点如下:

(1)建井架比建井塔占用井口时间短,井筒装备和提升机安装工程可同时施工,可以加快建设进度;

(2)在工程地质不良和地震区,提升机房和井架的安全稳定性比井塔高。

其主要缺点是:占地面积大,对工业场地比较狭小的矿井不便采用。

在某些具体条件下,采用落地式还是采用塔式,应结合具体情况分析,并通过经济比较确定。

6.1.2　竖井提升设备及设施

6.1.2.1　提升机

矿井提升机是矿山生产的重要设备之一,它分为缠绕式提升机和摩擦式提升机两大类。

缠绕式提升机分为单绳缠绕式提升机和多绳缠绕式提升机。

单绳缠绕式提升机(图6-2a)又分为单卷筒提升机、可分离式单卷筒提升机及双卷筒提升机。

摩擦式提升机分为单绳摩擦式提升机和多绳摩擦式提升机(图6-2b)。多绳摩擦式提升机又分为塔式提升机和落地式提升机。

单绳缠绕式提升机是较早出现的一种提升机,根据卷筒的数目不同,分为双卷筒和单卷筒两种。双卷筒单绳缠绕式提升机的两个卷筒在与轴的连接方式上有所不同,其中一个卷筒通过楔键或热装与主轴固接在一起,称为固定卷筒;另一个卷筒滑装在主轴上,通过离合器与主轴连接,故称为游动卷筒。采用这种结构的目的是考虑到在矿井生产过程中提升钢丝绳在终端载荷作用下产生弹性伸长,或在多水平提升中提升水平的转换,需要两个卷筒之间能够相对转动,以调节绳长,使得两个容器分别对准井口和井底水平。

单卷筒提升机只有一个卷筒,一般仅用于单钩提升。如果用于双钩提升,则要在一个卷筒上固定两根缠绕方向相反的提升钢丝绳,卷筒容绳表面得到了充分的利用,但两个容器分别在井口和井底水平的位置不易调整。为了解决这一问题,把单卷筒制成可以分离的两个部分,一部分与轴固接,另一部分通过离合器与轴连接,这种提升机称为可分离式单卷筒提升机,适用于提升能力较小的场合。

图6-2　提升机外形图

a—单绳缠绕式提升机;b—多绳摩擦式提升机

国产矿用单绳缠绕式提升机和提升绞车有JK和JT系列,参见6.2.2.1小节内容。国产摩擦式提升机系列主要有JKM和JKMD系列,中信重型机械公司生产的单绳缠绕式提升机和多绳摩擦式提升机技术参数见表6-1、表6-2和表6-3。

多绳摩擦式提升机的结构有如下特点:

(1)主轴法兰盘(或轮毂)与摩擦轮辐采用高强度螺栓联结,借助螺栓压紧轮辐与夹板间的摩擦力传递扭矩。这种结构便于拆装及运输,但制造要求较高,轴向两法兰盘间的尺寸与摩擦轮辐尺寸应吻合,以便联结。摩擦衬垫用倒梯形截面的压块把衬垫固定在筒壳上。目前国内衬垫主要采用PVC和聚氨酯。目前进口K25衬垫较受用户欢迎。

(2)为使各钢丝绳绳槽直径不超过规定值,以保持各钢丝绳张力均衡,多绳摩擦式提升机均设有车槽装置。

(3)为了消除机器传给井塔的振动,有些塔式摩擦提升机采用弹簧基础减速器。目前,为了增加提升机的传动效率,在大功率的提升机中普遍取消了减速器,采用电机与卷筒直联的方式。

(4)多绳摩擦提升机带深度指示器时,为了补偿钢丝绳蠕动和滑动对深度指示器位置的影响需要设置自动调零装置。

(5)多绳摩擦提升设备一般设有尾绳,为了避免在使用圆尾绳时打结,在提升容器底部下方设有尾绳悬挂装置。

表 6-1　JKM 型单绳缠绕式提升机参数

| 型号 | 卷筒宽度/m | 钢丝绳 | | | | 提升高度/m | | | 最大提升速度/m·s⁻¹ | 旋转部分变位质量/kg | 参考重量/kg | | 外形尺寸/m×m |
		最大静拉力/kN	最大静张力差/kN	最大直径/mm	破断总拉力/kN	一层(绳槽/木衬)	二层(绳槽/木衬)	三层(绳槽/木衬)			绳槽式(监牌)	木衬式(监牌)	
JK-2/20E	1.5	60	60	24.5	389	275/306	613/669	996/1044	5,11,3.823	6600	24335/24490	23203/23358	φ2.6×3.2
JK-2/30E	1.5	60	60	24.5	389	275/306	613/669	996/1044	3.40,2.55	7242	24335/24490	23203/23358	φ2.6×3.2
JK-2.5/20E	2	90	90	31	608.5	386/403	803/843	1253/1324	4.78,3.08	13679	38811/38659	37993/37841	φ2.9×4.3
JK-2.5/30E	2	90	90	31	608.5	386/403	803/843	1253/1324	3.19,2.53	13317	38811/38659	37993/37841	φ2.9×4.3
JK-3/20E	2.2	130	130	37	876	431/460	890/930	1395/1460	5.73,4.56,3.81	19000	/	/58340	φ3.4×4.6
2JK-2/11.5E	1	60	40	24.5	389	164/177	357/387	573/628	6.65		31406/30476	30230/29300	φ2.4×4.3
2JK-2/20E	1	60	40	24.5	389	164/177	357/387	573/628	5,11,3.82	9740	31406/30476	30230/29300	φ2.4×4.3
2JK-2/30E	1	60	40	31	389	164/177	357/387	573/628	3.40,2.55	10021	31406/30476	30230/29300	φ2.4×4.3
2JK-2.5/11.5E	1.2	90	55	31	608.5	205/215	435/460	700/745	8.31,6.6,5.52	13707	41552/42259	39770/40470	φ2.9×4.9
2JK-2.5/20E	1.2	90	55	31	608.5	205/215	435/460	700/745	4.78,3.80	13695	41385/42096	39603/40314	φ2.9×4.9
2JK-2.5/30E	1.2	90	55	37	608.5	205/215	435/460	700/745	3.19,2.53	13675	41385/42096	39603/40314	φ2.9×4.9
2JK-3/11.5E	1.5	130	80	37	876	262/282	551/596	875/955	9.97,7.92,6.62	21690	60300/59600	57080/56380	φ3.7×5.5
2JK-3/20E	1.5	130	80	37	876	262/282	551/596	875/955	5.73,4.56	22588	58715/58014	55502/54801	φ3.7×5.5
2JK-3/30E	1.5	130	80	37	876	262/282	551/596	875/955	3.82,3.04	22336	58715/58014	55502/54801	φ3.7×5.5
2JK-3.5/11.5E	1.7	170	115	43	1190	310/329	648/690		11.63,9.24,7.73	26171	75740/74773	74546/73846	φ4.25×5.5
2JK-3.5/20E	1.7	170	115	43	1190	310/329	648/690		6.69,5.31,4.44	26526	85435/74738	74511/73814	φ4.25×6.0

注:1. 表中技术参数数来自中信重型机械公司的产品样本。

2. 表中旋转部分变位质量不含电机和天轮的变位质量,参考重量中不包括电气设备的重量。

3. 型号中"J"代表卷扬机类;"K"代表矿井提升机;"J"前的数字代表卷筒数量;"K"后面的第一个数字代表卷筒直径,m;"K"后面的第二个数字代表名义速比,m;"E"代表更新设计。

表6-2 JKMD型落地式多绳摩擦式提升机参数

型号	天轮直径/m	钢丝绳				最大提升速度/m·s⁻¹	减速器		变位质量/kg		参考重量/t	外形尺寸/m×m×m
		最大静拉力/kN	最大静张力差/kN	最大直径/mm	间距/mm		型号	速比	旋转部分	天轮		
JKMD-2.25×2(I)E	2.25	105	25	22	300	10	ZZP560(2)	11.5	4830	2×1200	30.55	7.7×9×2.1
JKMD-2.25×4(I)E	2.25	215	65	22	300	10	XP800(2)		6500	2×2300	47.24	6.8×9.5×2.3
JKMD-2.8×2(II)E	2.8	165	45	28	300	10	XP800(2)	7.35 10.5 11.5	4911 5165 5239	2×1528	47.29	7.8×10×2.65
JKMD-2.8×4(I)E	2.8	335	95	28	300	10	XP1000(2)		9000	2×3440	62.41	8.5×10×2.65
JKMD-2.8×4(II)E	2.8	335	95	28	300	10	P2H630(2)	10.5 11.5	10200	2×3440	64	7.5×10×2.65
JKMD-3.5×2(I)E	3.5	265	70	35	300	10	XP1000(2)		12000	2×3100	78	7×9.5×3.02
JKMD-3.5×4(I)E	3.5	525	140	35	300	13	XP1120(2)		20600	2×6300	101.41	8.5×9.5×3
JKMD-3.5×4(II)E	3.5	525	140	35	300	13	P2H800(2)		22800	2×6300	103.94	8×9.5×3.02
JKMD-3.5×4(III)E	3.5	525	140	35	300	13			18000	2×6300	87	7.5×9.5×3.02
JKMD-4×2(I)E	4	340	95	39.5	350	12	XP1120(2)	7.35	14000	2×3250	87	8.2×10×3.4
JKMD-4×2(II)E	4	340	95	39.5	350	12	P2H800(2)	10.5	15500	2×3250	90	7.8×10×3.4
JKMD-4×4(I)E	4	680	180	39.5	350	14	XP1250(2)	11.5	23000	2×6500	133.5	11×10×3.4
JKMD-4×4(II)E	4	680	180	39.5	350	14	P2H900(2)		25000	2×6500	141	10.5×10×3.4
JKMD-4×4(III)E	4	680	180	39.5	350	14			20000	2×6500	115	8.1×8.7×3.4
JKMD-4.5×4(III)E	4.5	900	220	45	350	14			29000	2×11500	165	9.5×9.5×3.7
JKMD-5×4(III)E	5	1070	270	50	350	14			38000	2×13000	177	9.5×10×4
JKMD-5.5×4(III)E	5.5	1300	340	55	350	14			50000	2×17000	210	11×10.5×4.5

注:1. 表中技术参数来自中信重型机械公司的产品样本。

2. 表中旋转部分变位质量为变位的质量和天轮的变位质量。参考重量中不包括电气设备的重量。

3. 型号中"J"代表矿井提升机类;"K"代表卷扬机类;"M"代表摩擦式;"D"代表落地式;"×"前面数字代表摩擦轮直径(m);"×"后面数字代表前钢丝绳根数;括号中的数字,"I"代表配行星减速器,"II"代表双电机拖动配平行轴减速器,"III"代表双电机拖动平行轴行星复合减速,"E"代表与主轴直联;"E"代表更新设计。

表6-3 JKM型塔式多绳摩擦式提升机参数

| 型号 | 导向轮直径/m | 钢丝绳 | | | | | 最大提升速度/m·s⁻¹ | 减速器 | | 变位质量/kg | | 参考重量/t | 外形尺寸/m×m×m |
		最大静拉力/kN	最大静张力差/kN	有导向轮时最大直径/mm	无导向轮时最大直径/mm	间距/mm		型号	速比	旋转部分	天轮		
JKM-1.3×4(I)E		100	25		16.5	200	5	XP550	11.5	2100		16.5	6.4×6.5×1.6
JKM-1.6×4(I)E		150	40		19.5	200	8	XP560		4000		17.5	6.4×7×1.75
JKM-1.85×4(I)E		210	60		23	200	10	XP800		5800		28.144	7×7.5×2.02
JKM-2×4(I)E	2	230/180	65/55	20	24	200	10	XP800		5700		30.7	7×8×2.2
JKM-2.25×4(I)E	2	215	65	22	28	200	10	XP800	7.35	6500	1390	33.847	7.4×8×2.3
JKM-2.8×4(I)E	2.5	335	100	28		250	14	XP1000	10.5	9100	2480	45.3	8.5×10×2.65
JKM-2.8×4(II)E	2.5	335	100	28		250	14	P₂H630	11.5	10000	2480	45.212	7.5×8.5×2.65
JKM-2.8×6(I)E	2.5	500	140	28		250	14	XP1120		15800	3690	66.5	8×8.5×2.68
JKM-2.8×6(II)E	2.5	500	140	28		250	14	P₂H800		17800	3690	69.7	7.5×8.5×2.68
JKM-2.8×6(III)E	2.5	500	140	28		250	14			14000	3700	60	7.5×8×2.7
JKM-3.25×4(I)E	3	450	140	32		300	14	XP1120	7.35	13360	2720	67.3	8.9×8.9×2.98
JKM-3.25×4(II)E	3	450	140	32		300	14	P₂H800	10.5	15740	2740	70	8.5×8.7×2.98
JKM-3.5×6(I)E	3	790	220	35		300	14	XP1250	11.0	22850	4060	89.5	11.5×9.2×3.15
JKM-3.5×6(II)E	3	790	220	35		300	14	P₂H900		25600	4060	98.9	10.5×9.2×3.15
JKM-3.5×4(III)E	3	790	220	35		300	14			21000	4060	82	8×9×3.2
JKM-4×4(I)E	3.2	690	180	39.5		300	14	XP1250	7.35	18500	4100	85.69	9×10×3.63
JKM-4×4(II)E	3.2	690	180	39.5		300	14	P₂H900	10.5	24700	4100	97	9×10×3.63
JKM-4×4(III)E	3.2	690	180	39.5		300	14		11.5	16000	4100	58	7.5×9×3.63
JKM-4×6(III)E	3.2	1030	270	39.5		300	14			22000	6500	90	9×9×3.63
JKM-4.5×6(III)E	3.6	1330	340	45		300	16			30000	10000	130	12×9.5×3.9

注:1. 表中技术参数来自中信重型机械公司的产品样本。
2. 表中旋转部分变位质量不含电机和天轮的变位质量,参考重量中不包括电气设备的重量。

6.1.2.2 提升容器

竖井提升容器有罐笼、箕斗和罐笼－箕斗的组合形式等。罐笼能完成矿石、废石、人员、材料和设备的综合提升任务,灵活性大;其缺点是容器质量大,提升能力小。箕斗的优点是容器质量小,提升能力大,便于实现自动化;其缺点是只能提升矿石和废石,不能升降人员、材料和设备,井上、井下均需设置转载矿仓,还要设置粉矿回收设施,基建工程量大,基建时间长。罐笼－箕斗的组合式容器,集中了前两者的优点,能较好地完成综合提升任务,但容器质量大,结构复杂,井上、井下都要相应地增加一些辅助设施。

A 箕斗

竖井箕斗是用于将地下开采出来的矿石、废石运至地面的一种提升容器。按卸载方式主要分为翻转式箕斗和底卸式箕斗。其中底卸式箕斗可分为斗箱不倾斜式和斗箱倾斜式,斗箱不倾斜式又可分为气动无曲轨和固定曲轨式。斗箱倾斜式可分为固定曲轨式和活动直轨式。金属矿用翻转式箕斗如图6－3所示。

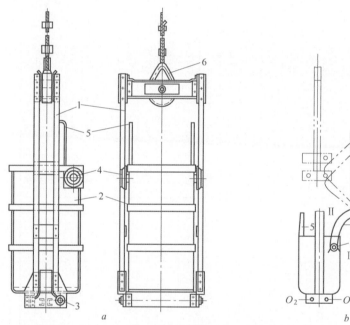

图6－3　金属矿用翻转式箕斗

a—翻转式箕斗外形图;b—翻转式箕斗卸载示意图

1—框架;2—斗箱;3—旋转轴;4—卸载滚轮;5—角板;6—桃形环;Ⅰ—正常位置;Ⅱ—卸载位置;Ⅲ—过卷位置

近年来,由于多绳提升机及钢绳罐道日益广泛应用,竖井提升逐步向深部、大产量方向发展,与此相适应的底卸式箕斗被广泛地采用。

翻转式箕斗的优点是结构简单、坚固,工作可靠,自重小。缺点是卸载垂直距离长,要求井架高;在双箕斗单绳提升中,开始提升时有自重不平衡现象;在卸载时箕斗的一部分自重由卸载曲轨承受,因此使提升钢绳的负荷减轻,如用于多绳提升中,则必须满足提升机的防滑条件;斗箱容易出现结底现象。

在底卸式箕斗中,斗箱倾斜式和不倾斜式采用固定曲轨卸载形式的优点是卸载时不需外加动力;井架高度小;失重现象很少;很少有结底现象。缺点是不易实现多点卸载;斗箱不倾斜式箕斗,打开闸门所需要的力较大,如图6－4所示。斗箱倾斜式气动活动直轨卸载的优点是卸载时箕斗自重完全由提升钢绳承受,因而适用于多绳提升机提升,尤其适用于深井提升;卸载时冲击、振动都很小,提升机消耗功率小且井架或井塔高度小;载重量大;结底现象较少;可用于多点卸载。缺点是由于采用活动直轨卸载,增加了箕斗卸载操纵的复杂性,同时亦增加了维护、检修工作量;卸载时间较长。斗箱不倾斜气动无曲轨式箕斗本身带有气缸,靠外部接气装置通过气缸打开扇形闸门,是一种自成系统的容器,在卸载过程中全部力量由箕斗本身承受,卸载过程中爬行距离短;箕斗结构复杂,工作可靠性差。

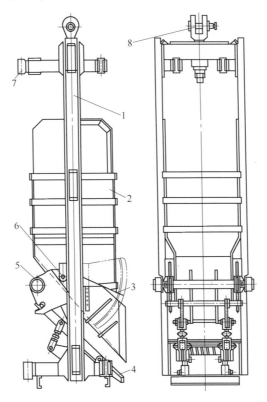

图 6 - 4　斗箱不倾斜底卸式箕斗

1—框架;2—斗箱;3—扇形闸门;4—活动溜板;5—导轮;6—回转轴;7—罐耳;8—悬吊轴

目前国内金属矿固定曲轨斗箱倾斜式箕斗主要有两种方式,一种斗箱上的导轮只负责箕斗卸矿,另有一套斗底自锁装置防止箕斗提升过程中自动打开,二者各负其责,互不相扰,如图 6 - 5a 所示。另一种箕斗如图 6 - 5b 所示,斗箱的导轮与斗箱挂钩是一体的,它不仅要负责箕斗的卸载,还要负责提升过程中斗箱与斗底的自锁,即箕斗提升时,挂钩靠自重与箕斗斗框上的挂钩挡板挂合;箕斗卸载时,导轮进入曲轨,一方面导轮和摆动轮一起借杠杆的力量将挂钩翘起,使挂钩与挡板分离,另一方面导轮借曲轨弧段拉动斗箱使之倾斜至最大卸载位置实现卸载。

对于翻转式箕斗来说,装载口同时也是卸载口,为了避免矿石对斗箱冲击过大,最大矿石块度一般不超过 500 mm。对于底卸式箕斗,装载口在上边,卸载口在下边。在一般情况下,卸载口比装载口小,斗箱较高,为了保证顺利装载,避免堵矿和减少冲击,要求矿石块度控制在 350 mm以下,一般需设井下破碎系统。

目前常用的翻转式箕斗主要规格有 1.2 m³(2.5 t)、1.6 m³(3.5 t)、2 m³(4 t)、2.5 m³(5.5 t)、3.2 m³(7 t)、4 m³(8.5 t)等。底卸式箕斗主要规格有 2.5 m³(5.5 t)、3.2 m³(7 t)、4 m³(8.5 t)、5 m³(11 t)、6.3 m³(13.5 t)、8 m³(17 t)、9 m³(19 t)、11 m³(23.5 t)、14 m³(30 t)、17 m³

(36 t)、21 m³(44.5 t)等。在选择具体箕斗时可参考冶金矿山竖井箕斗系列型谱和有关厂家样本。

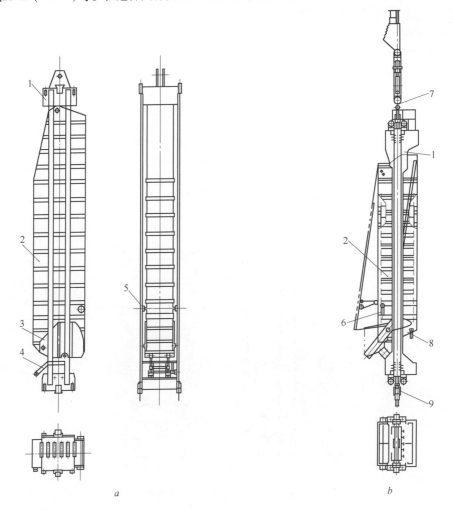

图 6-5   斗箱倾斜底卸式箕斗

a—A 型箕斗外形图;*b*—B 型箕斗及附件外形图

1—框架;2—斗箱;3—闸门;4—安全锁紧装置;5—滚轮;6—导轮挂钩;7—首绳悬挂装置;8—活动斗底;9—尾绳悬挂装置

B   罐笼

罐笼用于提升人员、矿石、废石、设备和材料,是矿井提升中的一项重要设备。罐笼可用于双容器提升和单容器提升,用于单容器提升时,提升钢绳的另一侧可配平衡锤。

罐笼由罐体、罐内阻车器、罐笼导向装置、罐门、罐笼顶盖门等部分组成。其配套的首绳和尾绳悬挂装置的选择与箕斗类似。图 6-6 为 4200 mm × 2400 mm 双层罐笼外形图。

罐笼可以按照不同的特征分类。不同类型的罐笼有各自的优缺点。按罐笼的层数可分为单层、双层和多层罐笼。多层罐笼的优点是不增加井筒断面,可以提高一次提升的有效载重,其缺点是当采用单层车场时装卸车复杂且时间长,或必须在各中段和井口建筑多层车场。

金属矿山产量较大,一般不用罐笼作主要提升,多用于辅助提升。只有在矿井产量不大,或有特殊原因时,才用罐笼作为主要提升设备。

常用的冶金类罐笼有关参数见表 6-4 和表 6-5 所示。

表6-4 冶金类单绳罐笼参考参数

型 号	层 数	断面尺寸/mm×mm	适用矿车型号
1	1层或2层	1300×980	YGC0.5、YFC0.5
2	1层或2层	1800×1150	YGC0.5、YGC0.7、YFC0.5
3	1层或2层	2200×1350	YGC1.2、YCC1.2、YFC0.5、YFC0.7
4	1层或2层	3300×1450	YGC2、YCC2、YFC0.5×2、YFC0.5×4
5	1层或2层	4000×1450	YFC0.7×2
6	1层或2层	4000×1800	YFC0.7×2

表6-5 冶金类多绳罐笼参考参数

型 号	层 数	断面尺寸/mm×mm	适用矿车型号
1	1层或2层	1300×980	YGC0.5、YFC0.5
2	1层或2层	1800×1150	YGC0.5、YGC0.7、YFC0.5
3	1层或2层	2200×1350	YGC1.2、YCC1.2、YFC0.5、YFC0.7
4	1层或2层	3300×1450	YGC2、YCC2、YFC0.5×2、YFC0.5×4
5	1层或2层	4000×1450	YFC0.7×2、YGC1.2×2
6	1层或2层	4000×1800	YFC0.7×2、YGC2、YCC2

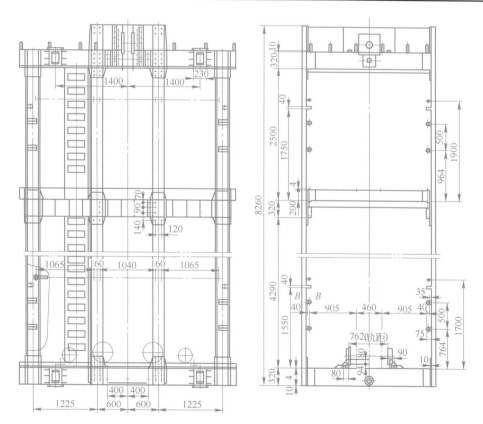

图6-6 4200 mm×2400 mm 双层罐笼

C 平衡锤

平衡锤用于降低提升系统的最大静张力差,可分为单绳平衡锤和多绳平衡锤。平衡锤通常含有很多配重块,其重量可以在一定的范围内调节。

6.1.2.3 钢丝绳

提升钢绳(首绳)宜选用镀锌三角股钢丝绳和圆股钢丝绳,其根数多为偶数,一般为 2、4、6、8、10。实践表明增加提升钢绳数将使悬挂平衡装置、挂结和更换钢绳更加复杂和困难。为减少容器的扭转,提升钢绳中一半采用左旋,另一半采用右旋,并互相交错排列。

平衡绳(尾绳)一般采用不旋转镀锌圆股钢丝绳或扁钢丝绳。圆股钢丝绳是机械编捻,其缺点是平衡绳悬挂装置需装有旋转装置,以消除由轴向拉力引起的旋转力,防止平衡绳绞结。扁钢绳运行平稳,其缺点是在井筒中易受坠落物料冲击或粘结。

钢绳罐道是一种金属罐道,沿竖井井筒敷设,使提升容器沿罐道平稳地运动,罐道钢绳的上端固定在井塔(架)上,其下端在井底以重锤拉紧(也有在上端用液压拉紧)。钢丝绳罐道在我国已获得较广泛的应用,实践证明比较经济而且安全可靠。钢绳罐道通常选用密封或半密封钢丝绳。

6.1.2.4 其他装置

竖井提升常用的提升设备和设施除上述外,还有缓冲器、防坠器、阻车器、摇台、推车机、计重漏斗、快速换绳装置等辅助设备及设施。

6.1.3 提升系统计算

提升系统计算时,在选择一定提升方式后,首先要根据提升能力选择和核算提升容器,然后根据提升系统的张力大小选择提升钢丝绳和提升机,计算提升系统的驱动功率,最后再进行防滑计算和其他详细的核算。

6.1.3.1 提升能力计算

提升能力与提升容积的大小、提升速度、提升高度及辅助时间有关。其中提升速度的变化段还与提升加、减速度有关。提升速度需要在《金属非金属矿山安全规程》允许的范围内。

有关计算可参考 6.2 节。

6.1.3.2 提升功率计算

单绳提升预选电机功率计算式为

$$N' = \frac{KF_j v}{1000\eta a}\rho \qquad (6-1)$$

式中　N'——预选电动机功率,kW;

F_j——最大静张力差,N;

v——提升最大速度,m/s;

K——井筒阻力系数,刚性罐道时,罐笼提升取 1.2,箕斗提升取 1.15;钢绳罐道时都取 1.1;

ρ——动力系数,罐笼提升取 1.3~1.4;箕斗提升取 1.2~1.3;

a——速度系数,罐笼提升时取 1.2~1.25;翻转式箕斗提升取 1.15~1.3;

η——减速器传动效率,一级传动($i \leq 11.5$),取 0.9;二级传动($i > 11.5$),取 0.85。

多绳提升电机概算功率计算见式 6-2

$$N' = \frac{K(S_1 - S_2)v}{1000\eta}\rho \qquad (6-2)$$

式中　N'——电机概算功率,kW;

K——提升阻力系数,$1.1 \sim 1.2$;

S_1——钢丝绳作用在主导轮上的最大静张力,N;

S_2——钢丝绳作用在主导轮上的最小静张力,N;

v——提升最大速度,m/s;

ρ——动力系数,自然通风的电动机取 $1.1 \sim 1.2$;强迫通风的电动机取 $1.05 \sim 1.10$;

η——传动效率,对于滑动轴承减速器取 0.85;对于滚动轴承减速器取 0.93;直联时取 0.98。

式 6 – 1、式 6 – 2 计算出的功率为电机初步选择功率,需要进一步按特殊力验算电机功率以及在提升系统速度图和力图的基础上核算电动机的等效功率。

6.1.3.3 防滑验算

随着提升载荷的不断增加,多绳摩擦提升防滑计算显得越来越重要。式 6 – 3 可用于静防滑的初步计算。

$$\frac{S_1}{S_2} \leq 1.4 \sim 1.5 \qquad (6-3)$$

减小式 6 – 3 的比值,可以通过增加提升容器的配重来获得,但提升钢丝绳对提升机衬垫的单位压力不应该超过制造厂提供的允许值。衬垫的单位压力由式 6 – 4 计算。

$$q_0 = \frac{S_1 + S_2}{n D_j d_s} \qquad (6-4)$$

式中 q_0——衬垫的单位压力,N/mm^2;

n——提升钢丝绳根数;

D_j——主导轮直径,mm;

d_s——提升钢丝绳直径,mm。

《金属非金属矿山安全规程》规定:多绳摩擦提升系统,静防滑安全系数应大于 1.75;动防滑安全系数应大于 1.25;重载侧和空载侧的静张力比应小于 1.5。同时规定:竖井提升设备,其制动装置进行安全制动时的减速度,满载下放时不小于 $1.5 \ m/s^2$,满载提升时不大于 $5 \ m/s^2$。

6.1.4 竖井提升系统配置及实例

6.1.4.1 提升系统配置

多绳提升机可以安装在井塔上,也可设置在地面上,前者称为塔式配置,后者称为落地式配置。井塔断面多为矩形如图 6 – 8 所示,其提升系统平面布置见图 6 – 7。若多绳提升机安装在地面,其机房建筑和基础同单绳缠绕式提升机相似。图 6 – 9 为落地式提升系统布置实例。

井塔布置的项目包括提升机、导向轮、电动机及其配电和控制装置、通风装置、液压站、罐道及其支承结构受料设施或井口换车设备、空气预热设施、起重机和洗手池等。在进行提升机布置时,要考虑安全距离和设备检修维护的方便。

6.1.4.2 粉矿回收

竖井箕斗提升,存在矿石和粉矿的撒落问题。过去多年的实践证明,尽管在设计上可以采取相应的技术措施,生产上加强管理,但只能减少粉矿的撒落量,竖井箕斗提升的粉矿撒落现象是不可避免的,无粉矿回收系统的主井箕斗提升设施尚需一段时间的研究和试验。撒落在井底的粉矿,如不及时进行清理,越堆越多,将会影响到竖井提升的正常作业和安全生产。目前国内采用箕斗提升的竖井都必须在井底设粉矿回收设施,及时对粉矿进行清理回收。

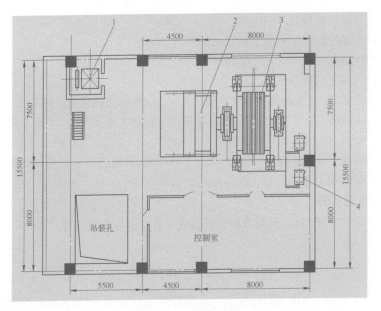

图 6 - 7 塔式提升系统平面布置图实例
1—电梯;2—电动机;3—提升机;4—液压站

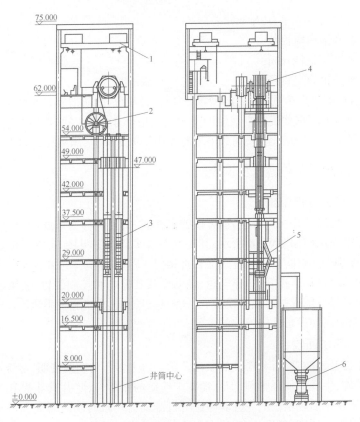

图 6 - 8 塔式提升系统布置实例
1—起重机;2—导向轮;3—箕斗;4—提升机;5—曲轨;6—振动给矿机

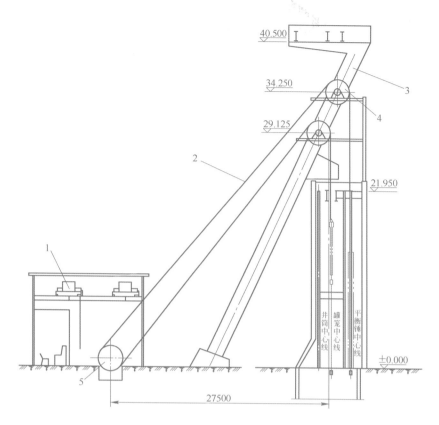

图 6-9　落地式提升系统布置实例

1—起重机;2—首绳;3—井架;4—天轮

　　粉矿撒落主要是由于箕斗在装卸作业中存在各种间隙而造成的,另外还有因为过量装载或重装以及误操作造成的撒矿。粉矿撒落量的大小,涉及的因素很多,它与矿石的粉矿含量、湿度、块度、计量装置和箕斗的型式规格及配置有关,而且生产管理的好坏,也起着非常重要的作用。据统计,在金属矿山中:采用翻转式箕斗,粉矿撒落量一般为提升物料的 1% ~2% ;采用底卸式箕斗,粉矿撒落量一般为提升物料的 0.3% ~0.6% 。

　　粉矿回收系统虽然是主井开拓系统的辅助部分,其对矿山的投资、生产有着重要的影响,尤其是随着主井提升系统自动化程度的不断提高,工人劳动强度不断改善,相对而言,粉矿回收系统劳动条件差、自动化程度低,所以也越来越引起人们的重视。

　　粉矿回收方式的确定,要与矿山开拓方式相结合,充分利用开拓系统中的井巷和设施,通过经济技术比较,选择最优方案。针对不同的开拓方式,目前常见的粉矿回收方式有如下几种类型。

　　A　副井回收方式

　　对于用主副井开拓的矿山,在两井距离较近,且副井开拓深度超过主井的条件下,可在主井粉矿回收水平上,开凿一条运输巷道,直通副井井底车场。粉矿车由副井罐笼提升至溜井上部中段后,卸入溜井,再由箕斗提升至地表矿仓;或由副井罐笼直接提升至地表。

　　这种开拓系统,粉矿回收开凿工作量小,不需另设粉矿提升设施,使用和管理较方便。

　　B　小竖井回收方式

　　主副井相距较远,主井开拓深度超前于副井,或副井提升无富余能力的条件下,可在主井粉矿回收水平上,开凿一条粉矿运输巷道和粉矿提升小竖井或小斜井,与溜井上部卸矿水平相连,形成一个粉矿回收系统,粉矿卸入溜井后,经主井箕斗提升至地表。某矿主井开拓和粉矿回收方式如图6-10所示。

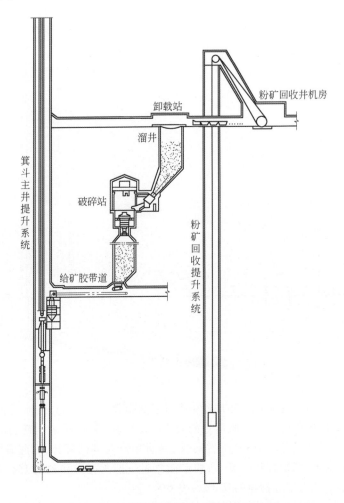

图6-10　一种典型的粉矿回收方式示意图

这种回收方式不干扰和影响副井的提升,管理方便,对主井延深有利。但粉矿回收系统工程量大,多一套提升系统。

C　混合井回收方式

对于混合井提升,井筒内有一套单罐提升设施,且其深度超过箕斗,在这种情况下可在粉矿回收水平上开凿一条绕道与井底车场相通,粉矿车由罐笼提升至溜井上部中段后,卸入溜井,再由箕斗提升至地表矿仓;或由副井罐笼直接提升至地表。如果两套提升系统的深度相同,粉矿回收系统则按前面介绍的第二种方式考虑。这种开拓方式的优点是开拓工程量较小,不需另设粉矿提升设施;其缺点是对于设有尾绳和钢绳罐道的竖井,对提升和检修不利,粉矿回收处的劳动条件差,通风条件不好,作业不够安全。

D　斜坡道回收方式

在主井井底凿一条斜坡道与上部相通,通过无轨设备将井底粉矿运至上部合适的部位(如破碎站等),再装入箕斗提出地表。这种开拓系统,不干扰和影响副井的提升,管理方便,但粉矿回收系统工程量大,成本偏高。

E 粉矿卸载方式的变化趋势

粉矿回收常采用翻转式矿车通过装岩机装矿和人工翻转卸矿,采用盲竖井或电梯井进行粉矿回收的系统可能的卸载标高和方式有以下几种。

(1)将粉矿车提升至井下矿石卸载站标高后,通过人工推至卸载站内将粉矿卸入主溜井。粉矿车通常较主运输的矿车小,这样就需要在主溜井上方铺设双轨,粉矿车和主运输矿车使用不同的卸矿点,如图6-11所示。

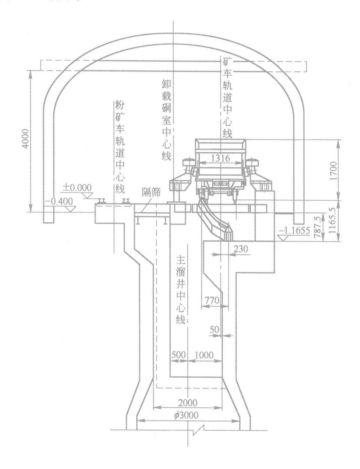

图6-11 某矿粉矿卸载方式示意图

采用此种卸载方式,粉矿可以与矿石充分混合,可以避免因矿石性质变化对振动给矿机以及胶带运输机等设施产生不利影响,此种卸载方式目前最为常见。

(2)将粉矿车提升至井下破碎站标高后,将粉矿卸入破碎后的成品矿仓。采用此种方式,粉矿也可以与矿石充分混合,但在配置上稍困难,盲竖井或电梯井的提升高度可以较上述第一种方式减少20 m左右。此种卸载方式目前很少采用。

(3)将粉矿车提升至箕斗装矿皮带道标高后,将粉矿直接卸入主井装矿皮带上。采用此种方式,粉矿不能与矿石充分混合,会对给矿和提升设施造成一定不利影响,但粉矿提升高度最小,消耗动力最省,如图6-12所示。此种卸载方式在今后将有可能得到进一步推广应用。

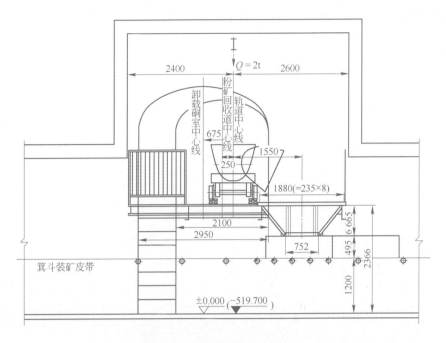

图 6-12　某矿粉矿卸载站示意图

6.2　斜井提升

6.2.1　概述

斜井提升在我国中、小型矿井中应用较多,采用斜井开拓具有初期投资少、地面布置简单等优点。但一般斜井提升能力较小,钢丝绳磨损较快,维护费用较高。斜井提升按提升容器可以分为矿车组提升、箕斗提升、台车(或称为罐笼)提升和人员提升等。

矿车组提升又称为串车提升。矿车组提升基建量小,投资省,转载设备少,系统环节少,不需倒装,可以减少粉矿的产生。矿车组提升适用于倾角25°以下的斜井,最大倾角不宜超过30°。一般认为斜井矿车组提升速度低,提升量小,存在劳动生产率低,易发生跑车事故,矿车容易掉道等缺点。考虑到上下车场矿车组调车和组车的方便,矿车组提升使用的矿车容积一般为0.5～1.2 m³。斜井矿车组提升系统如图6-13所示。

箕斗提升运行速度高,稳定性好,自动化程度高,适合于提升量较大,或者倾角大于30°时的斜井提升。箕斗提升的缺点是需要设置箕斗装载和卸载设施,增加了运输环节和工程量。斜井提升系统可参见图6-21。

斜井台车提升最大优点是斜井倾角可高达40°左右,阶段车场与斜井连接简单。缺点是运输量小。在实际应用中,多作为材料、设备等辅助性提升。中小型矿山也有用于提升矿石。

坡度30°以下,垂直深度超过90 m和坡度30°以上、垂直深度超过50 m的斜井,应设专用人车运送人员。斜井用矿车组提升时,严禁人货混合串车提升。

我国斜井人员运送一般采用人车提升,也有采用斜井架空乘人索道运送人员。

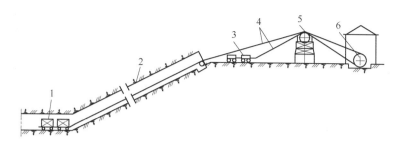

图 6 – 13　斜井矿车组双钩提升系统示意图

1—重矿车;2—斜井井筒;3—空矿车;4—钢丝绳;5—天轮;6—提升机

6.2.2　斜井提升设备及设施

6.2.2.1　提升设备

斜井提升所使用的提升设备种类较多,主要有 JTK、JTP 型等小型提升设备,也有 JK 型大中型提升设备。JTK、JTP 以及 JK 型提升设备外形参见图 6 – 14。

a

b

c

图 6 – 14　JTK、JTP 以及 JK 型提升设备外形图

a—JTK 型提升绞车;*b*—JTP 型提升绞车;*c*—JK 型提升机

矿井提升设备的产品型号较多,在《矿山机械产品型号编制方法》(JB/T1604 - 1998)中可查到相关规定。例:2JTPB - 1.6 × 1.5/24 中 2 表示提升设备的卷筒数量;J 表示卷扬机类;T 表示提升;P 表示盘式制动器;B 表示防爆型;1.6 表示卷筒直径为 φ1.6 m;1.5 表示卷筒宽度为 1.5 m;24 表示减速比。

另外与斜井提升设备相关的标准有《矿井提升机和矿用提升绞车安全要求》(JB8516—1997)、《单绳缠绕式矿井提升机》(JB2646—1992)、《JTP 型矿用提升绞车》(JB/T7888.1—1999)、《JTK 型矿用提升绞车》(JB/T7888.2—1999)、《带式制动矿用提升绞车》(JB/T4287—1999)等。

JTK 型提升绞车采用块式制动器制动,设有安全制动器及工作制动器,可带牌坊式深度指示器,绞车结构简单,操作方便,维护和调整简便。

JTP 型提升绞车采用焊接结构卷筒、盘式制动器和液压站装置、制动灵敏、速度快;双筒绞车设有径向齿块调绳离合器及调绳联锁装置,调绳准确迅速,可带牌坊式深度指示器,整机设备具有结构紧凑、操作方便、安全性强。JTP 型提升绞车技术性能参见表 6 - 6。

JK 型提升机有关参数详见 6.1.2.1 小节内容。

提升设备滚筒直径与滚筒宽度的计算公式与竖井相似,将竖井的提升高度变成了斜井的提升斜长。当滚筒直径、宽度以及系统的最大静张力、最大静张力差等参数确定后就可以参考相关样本和标准选择合适的提升设备。

6.2.2.2 提升容器

提升容器的形式和规格根据提升用途和能力的不同来选择。

A 斜井箕斗

国内使用的斜井箕斗按箕斗的构造不同可分为后卸式、翻转式和底卸式三种。底卸式箕斗在我国应用很少,矿山使用的部分斜井箕斗的规格性能见表 6 - 7。

后卸式斜井箕斗如图 6 - 15a 所示,它由框架 2 和斗箱 1 两部分组成。斗箱上有两对车轮,前轮轮沿较宽,后轮较窄。斗箱后部用一固定轴装有扇形闸门,闸门两旁装有小引轮 3;在正常轨的外侧另装宽轨 6、当箕斗提到井口时,前轮沿宽轨 6 往上运行,而后部仍沿正常轨进入曲轨 5,使箕斗后部低下去,这时闸门上的小引轮被宽轨 6 托住,使闸门 7 打开而实现自动卸载。后卸式斜井箕斗卸载时比较平稳,动载荷小,倾角较小时装满系数大。但结构复杂,设备质量大,卷扬道倾角过大时卸载困难。

翻转式斜井箕斗如图 6 - 15b 所示,在卸载处设宽轨 6,将正常轨道 8 做成弯轨,箕斗提至卸载处时,前轮窄,沿弯曲的正常轨 8 运行,后轮较宽,沿宽轨 6 运行,使箕斗翻转,自动卸载。翻转式斜井箕斗构造比较简单、坚固、重量轻,地下矿山使用较多。但卸载时动载荷大,有自重不平衡现象,卸载曲轨较长,在斜井倾角较小时,装满系数小。

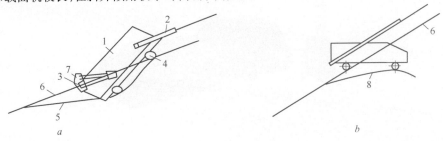

图 6 - 15 斜井箕斗

a—后卸式斜井箕斗;*b*—翻转式斜井箕斗

1—斗箱;2—框架;3—小引轮;4—前轮;5—曲轨;6—宽轨;7—闸门;8—正常轨

表6-6 JTP型提升绞车技术性能

型号	卷筒个数	卷筒直径/m	卷筒宽度/m	两卷筒中心距/mm	钢绳最大静张力/kN	钢绳最大静张力差/kN	最大提升高度或拖运长度 缠绕一层/m	缠绕二层/m	缠绕三层/m	缠绕四层/m	钢丝绳最大直径/mm	破断拉力总和/kN	减速比 i	钢丝绳速度/m·s⁻¹	电动机转速/r·min⁻¹	最大功率/kW	机器旋转部分总变位质量/t	重量(不包括电机电控)/t	规格	最大不可拆卸件(整体卷筒)外形尺寸/m×m	重量/t
JTP-1.2×1/24	1	1.2	1		30	30 (20)	126	290	480	(660)	20	23400	24	1.84 / 2.5	720 / 970	55 / 75	2.48	7.778 (8.555)	标准型	φ1.45×1.37	2.461
JTP-1.2×1/30	1	1.2	1		30	30 (20)	126	290	480	(660)	20	23400	30	1.5 / 2.0	720 / 970	45 / 75	3.34	7.778 (8.555)	标准型	φ1.45×1.37	2.461
JTP-1.2×1.2/24	1	1.2	1.2		30	30 (20)	163	370	590	(810)	20	23400	24	1.84 / 2.5	720 / 970	60 / 60	2.545	8.248 (9.073)	加宽型	φ1.45×1.575	2.76
JTP-1.2×1.2/30	1	1.2	1.2		30	30 (20)	163	370	590	(810)	20	23400	30	1.5 / 2.0	720 / 970	50 / 65	3.05	8.248 (9.073)	加宽型	φ1.45×1.575	2.76
2JTP-1.2×0.8/24	2	1.2	0.8	870	30	20	93	230	375	(520)	20	23400	24	1.84 / 2.5	720 / 970	40 / 55	3.25	10.187 (11.715)	标准型	φ1.45×1.13	2.684
2JTP-1.2×0.8/30	2	1.2	0.8	870	30	20	93	230	375	(520)	20	23400	30	1.5 / 2.0	720 / 970	40 / 45	4.21	10.187 (11.715)	标准型	φ1.45×1.13	2.684
2JTP-1.2×1/24	2	1.2	1	1.07	30	20	126	290	480	(660)	20	23400	24	1.84 / 2.5	720 / 970	40 / 55	3.5	11.151 (12.824)	加宽型	φ1.45×1.38	3.179
2JTP-1.2×1/30	2	1.2	1	1.07	30	20	126	290	480	(660)	20	23400	30	1.5 / 2.0	720 / 970	40 / 45	4.46	11.151 (12.824)	加宽型	φ1.45×1.38	3.179

续表 6-6

型号	卷筒个数	卷筒直径/m	卷筒宽度/m	两卷筒中心距/mm	钢绳最大静张力/kN	钢绳最大静张力差/kN	缠绕一层/m	缠绕二层/m	缠绕三层/m	缠绕四层/m	钢丝绳最大直径/mm	破断拉力总和/kN	减速比 i	钢丝绳速度/m·s⁻¹	转速/r·min⁻¹	最大功率/kW	机器旋转部分总变位质量/t	重量(不包括电机电控)/t	规格	外形尺寸/m×m	重量/t
JTP-1.6×1.2/20	1	1.6	1.2		45	45(30)	175	405	640(880)		24.5	34500	20	2.45	585	125	4.58	14.222 (15.355)	标准型	φ1.925×1.765	4.266
														3.06	730	145					
														4	980	200					
JTP-1.6×1.2/24													24	2	585	95	5.42				
														2.5	730	130					
														3.4	980	170					
JTP-1.6×1.5/20	1	1.6	1.5		45	45(30)	237	525	825	1130	24.5	34500	20	2.45	585	125	4.805	14.866 (16.353)	加宽型	φ1.925×1.94	4.480
														3.06	730	145					
														4	980	200					
JTP-1.6×1.5/24													24	2	585	95	5.645				
														2.5	730	130					
														3.4	980	170					
2JTP-1.6×0.9/20	2	1.6	0.9	0.954	45	30	120	288	465(640)		24.5	34500	20	2.45	585	80	4.95	14.75 (16.255)	标准型	φ1.925×1.24	4.426
														3.06	730	100					
														4	980	130					
2JTP-1.6×0.9/24													24	2	585	75	5.73				
														2.5	730	80					
														3.4	980	115					
2JTP-1.6×1.2/20	2	1.6	1.2	1.254	45	30	175	405	640(880)				20	2.45	585	80	5.48	15.455 (17.000)	加宽型	φ1.925×1.55	4.636
														3.06	730	100					
														4	980	130					
2JTP-1.6×1.2/24													24	2	585	75	6.26				
														2.5	730	80					
														3.4	980	115					

注:表中参考数据由重庆泰丰矿山机器有限公司提供;重量栏中括号内的数据为剖分型重量。

表6-7 斜井箕斗规格

斗箱几何容积/m³	1.5	2.7	3.8	4.85	6	6.45	7.4	8.8	10	15.4	18.5	18.8	30
最大装载量/kg	3190	4000	4500	6000	10200	6000	8000	12000	14000	15000	25000	36000	50000
外形尺寸/mm 长	525	5070	5160	6880	4350	4930	6253	6220	5800	7639	8620	8630	9045
宽/mm	1714	1470	1662	1700	2210	2100	2008	2300	2870	2500	3180	3820	4290
高/mm	1280	1280	1507	1600	1710	2107	2146	2300	2116	2790	2764	2765	3595
适用倾角/(°)	20	32	27	30	27.5			11~15				9~14	33.5
最大块度/mm	300	350	400	400	350	800	600	450	500	800	850	1200	1000
最大牵引力/kN		39	44	61		98	127		137	177	59	157	
轨距/mm	900	1100	1300	1400	1710	1600	1600	1700	1770	2000	2400	3000	3320
卸载曲轨轨距/mm	1600	1296	1496	1600	2100	1940	1840	2100	2430	2360	2990	3600	4020
车轮直径/mm	350	400	400	450	450	500	500	600	600	600	950	950	
轴距/mm		2000	2000	1900	2100	2200	2600	3200	400	3400	5000	3000	
卸载方式	前翻	后卸	后卸	后卸	后卸	后卸	后卸	后卸	后卸	后卸	后卸	后卸	后卸
箕斗重量/t	1.84	2.696	3.574	3.48	5.1	8.1	7.7	10.24	13.205	12.9	30.35	26.5	45
箕斗图号	0Б-011617	CS7	06222	1.8备14		5691	1500	TK385	06431	1461A	车-12	CS1005	2备80
卸载曲轨图号	0Б-011625	CS603	06241	1.8±0				TK388					
计量装置图号	0Б-011316	CS65		1.8备4									
使用地点	废石山	湘潭锰矿		瓦房子锰矿	湘西金矿	花籬坪石灰石矿	观音山石灰石矿	牟定铜矿		宝鉴山石灰石矿等	七峰山石灰石矿等	大宝山铁矿	峨口铁矿
备注							可带尾绳				可双向牵引	带尾绳	

507

B 矿车

用于矿车组提升的矿车容积,一般为 $0.5 \sim 1.2$ m³,也有少数矿山选用大容积矿车,如山东黑旺铁矿露天斜坡提升采用 3.5 m³ 三支点侧卸矿车和 5.5 m³ 底卸式矿车,分别用于提升矿石和废石。当斜井倾角较大,采用矿车组提升方式时,应当考虑矿车在运行中的稳定性,此时以选用固定式矿车为宜。为在上、下部车场内调车方便以及运行安全,一组矿车的车数应尽可能与电机车牵引的车数成倍数关系。考虑到车场布置尺寸不宜过大和矿车运行的稳定性,一组矿车的车数不宜过多,一般为 $3 \sim 5$ 辆。

斜井提升的车辆还必须根据矿车联接器和车底架的强度校核矿车组车数。必要时须挂带安全绳。原中国有色金属工业总公司标准《有色金属采矿设计规范》(YSJ 019—92)(试行)中规定:串车提升用的矿车容积宜为 $0.5 \sim 0.75$ m³,最大不超过 2 m³。箕斗提升容器的大小,应按提升量和矿石块度确定。

C 台车

斜坡台车有单层单车式、单层双车式、双层单车式三种形式。单层单车式应用最为广泛,后两种形式的台车应用较少。

台车提升的辅助装置有定位阻车器和摇台。

D 斜井人车

我国使用的斜井人车主要有 XRC 等型号,XRC 型斜井人车以插爪插入枕木进行制动。

6.2.2.3 其他设备及设施

斜井提升所使用的导轮可分为固定天轮和游轮两种,固定天轮工作可靠维护量小,但由于钢丝绳偏角的要求,使提升机至天轮的距离较远。游动天轮的优点是在允许的钢丝绳偏角下,可减小提升机至天轮的距离,从而减少地面广场所占面积,用到井下,可减少开拓量,一般在井下或小型斜井采用游动天轮。导轮直径的大小应根据钢丝绳的直径以及其在天轮上围包角的大小来确定。

为了避免钢绳与地面和枕木发生摩擦,减少运行阻力,卷扬道上应布设托辊,托辊间距一般取 $8 \sim 10$ m。托辊应当惯量小,耐磨、耐冲击。铸铁托辊惯量大,又不能承受较大的冲击载荷,且耐磨性能差。因此,在提升钢丝绳既粗、绳速又快的卷扬道上,不宜采用铸铁托辊,而以选用胶衬(或废胶带圈)的滚动轴承托辊为好。托辊轴和辊子侧端的螺母均不得突出在外,以免钢丝绳跳出托辊后被卡死。托辊的布置在无错车道的卷扬道上,为防止提升钢绳的摆动和弹跳,在不妨碍提升容器通行的条件下,尽可能安装高些;而在具有错车道的线路中,托辊的安装高度则应当低些。立辊主要布置于甩车道和错车等处,使钢丝绳沿预定的线路通过道岔和弯道。

采用箕斗提升时,当箕斗容积为 $2.5 \sim 4$ m³ 时,一般采用没有计量漏斗的闸门装矿,当箕斗容积在 5 m³ 以上,或者斜井倾角小,箕斗较长,需移动箕斗才能装满时,可不设计量漏斗,采用闸门直接装矿。给矿闸门可采用扇形闸门、链球闸门和指状闸门。后两种多用于大块矿石。为了减少矿石对箕斗的冲砸,可在扇形闭门出口处加挂重型链条或链球。采用振动放矿机向箕斗给矿能较好地控制矿流速度,装载均匀,装满系数大,大块通过能力大,特别是矿石含泥多、黏性大时,振动放矿机能较好地解决漏斗堵矿问题。箕斗卸载站由贮矿仓及架在矿仓顶上的箕斗卸载曲轨和贮矿仓下部的出矿设备组成。提升钢绳的天轮支架可与卸载矿仓连为一体,也可分开单独布置。当一套斜井箕斗提升设备负担两种矿石提升时,卸载曲轨下面可装设翻板、分配小车等设施来分矿。

6.2.3 斜井提升系统计算

6.2.3.1 主要参数的选取与计算

A 提升工作时间

设计时,三班制的昼夜提升纯作业时间主提升取 19.5 h;辅助提升及主辅兼作提升取 16.5 h;箕斗与机车或汽车联合运输时,提升纯作业时间不超过 18 h。当需要考虑提升系统能力留有发展余地时,设计时的工作时间需要相应减少。

B 提升不均衡系数

提升不均衡系数 C,当开拓系统只设一套提升装置时,$C = 1.25$;当设两套提升装置时,其中矿车组提升 $C = 1.2$,箕斗提升 $C = 1.15$。

C 提升休止时间

a 双箕斗提升

当用计量矿仓向箕斗装矿时,装卸休止时间见表 6-8;当用通过漏斗时,装卸休止时间应根据不同车辆的卸矿时间而定。向箕斗装一车矿石的休止时间即为汽车(或矿车)的卸矿时间,一般取 40~60 s;向箕斗装两车矿石的休止时间即为两辆车分别向箕斗卸矿的时间另加调车时间。调车时间与调车方式有关,对于矿车移位时间可取 5~8 s。当汽车只有一个卸车位置时,调车时间取 60 s。

表 6-8 双箕斗提升用计量矿仓向箕斗装矿时的提升休止时间

箕斗容积/m³	<3.5	4~5	6~8	10~15	>18
闸门装矿/s	8~10	12	15	20	>25

b 单箕斗提升

箕斗的装矿和卸矿休止时间应分别计算。装矿时间可按双箕斗的休止时间选取,卸矿时间 10 s。

c 矿车组提升

(1)双钩矿车组提升的摘挂钩时间取 30~40 s;

(2)单钩矿车组提升的摘挂钩时间取 45 s;

(3)采用甩车方式时,矿车组通过道岔后,变换运行方向所需的时间可取 5 s。

d 台车提升休止时间

在台车提升中置换矿车的休止时间见表 6-9。若选用双层台车,休止时间按此表中休止时间乘 2,另加一次对位时间 5 s。

表 6-9 台车提升休止时间

矿车容积/m³	休止时间/s	
	人力推车	
	单面车场	双面车场
≤0.75	40	25~30
1.2	—	30

D 其他辅助作业时间

a 人员上下车时间

乘车人员从车两侧上下车时,其休止时间为 25~30 s;从一侧上下车为 50~60 s。

b 置换材料车的休止时间

在台车提升中,置换材料车的休止时间:单面车场取 80 s;双面车场取 40 s。矿车提升中,材料车的摘挂钩时间:单钩提升取 80 ~ 90 s;双钩提升取 60 s。

c 运送爆破器材的休止时间

运送爆破器材的休止时间取 120 s。

d 每班升降人员的时间及其他提升时间

(1) 最大班井下工作人员下井时间一般不超过 60 min;每班升降人员的时间可按最大班井下工作人员下井时间的 1.5 ~ 1.8 倍计算。

(2) 升降废石、坑木和其他物品的提升次数和时间与竖井提升时间相同。

E 提升最大速度

《金属非金属矿山安全规程》(GB 16423—2006)中规定斜井运输的最高速度如下。

(1) 运输人员或用矿车运输物料:

斜井长度不大于 300 m 时,3.5 m/s;

斜井长度大于 300 m 时,5 m/s。

(2) 用箕斗运输物料:

斜井长度不大于 300 m 时,5 m/s;

斜井长度大于 300 m 时,7 m/s。

煤矿安全规程(2005 年)规定:箕斗升降物料时,速度不得超过 7 m/s;当铺设固定道床并采用大于或等于 38 kg/m 钢轨时,速度不得超过 9 m/s。

F 提升加、减速度

a 一般规定

《金属非金属矿山安全规程》(GB 16423—2006)中规定斜井运输人员的加速度或减速度不得超过 0.5 m/s^2。提升容器和人员升降时的加、减速度可按表 6 - 10 选取。

表 6 - 10 斜井提升加减速度

提升项目	加、减速度/m·s^{-2}
升降人员	≤0.5
矿车组、台车提升	≤0.5
箕斗提升	≤0.75

b 几种减速方式的减速度计算

(1) 自由停车方式

双钩提升的减速度

$$a_3 = \frac{Q(\sin\alpha + f_1\cos\alpha) + 2Q_r\,f_1\cos\alpha - P_s(L_t - 2L_3)\sin\alpha + P_sL_t\,f_2\cos\alpha}{\sum m}g \quad (6-5)$$

单钩提升的减速度

$$a_3 = \frac{(Q + Q_r)(\sin\alpha + f_1\cos\alpha) + P_sL_s(\sin\alpha + f_2\cos\alpha)}{\sum m}g \quad (6-6)$$

$$L_s = \frac{v^2}{2[a_3]} \quad (6-7)$$

式中 a_3 ——减速度,m/s^2;

Q——提升容器有效装载量,kg;

Q_r——提升容器的质量,kg;

f_1——提升容器运行时的阻力系数;

f_2——钢丝绳摩擦阻力系数;

P_s——钢丝绳每米质量,kg/m;

α——校核处卷扬道倾角,(°);

L_s——提升长度,m;

L_3——减速阶段行程,m,可近似按式 6-7 计算;

v——提升系统等速运行时的最大提升速度,m/s;

$\sum m$——提升系统变位质量,kg;

$[a_3]$——安全规程允许的减速度,m/s²;

g——重力加速度,$g = 9.81$ m/s²。

(2)电动机减速停车方式

双钩提升的减速度

$$a_3 \leqslant \frac{\left[Q(\sin\alpha + f_1\cos\alpha) + 2Q_r f_1\cos\alpha - P_s(L_t - 2L_s)\sin\alpha + P_s L_t f_2\cos\alpha \right]g - 0.35F_e}{\sum m}$$

(6-8)

单钩提升的减速度

$$a_3 \leqslant \frac{\left[(Q + Q_r)(\sin\alpha + f_1\cos\alpha) + P_s L_s(\sin\alpha + f_2\cos\alpha) \right]g - 0.35F_e}{\sum m} \quad (6-9)$$

$$F_e = \frac{1000N'\eta}{v} \quad (6-10)$$

式中　F_e——电动机额定拖动力,N;

N'——预选电动机功率,kW;

η——传动效率,初取 $\eta = 0.85$。

(3)机械制动方式

双钩提升的减速度

$$a_3 \leqslant \frac{1.3Q(\sin\alpha + f_1\cos\alpha) + 2Q_r f_1\cos\alpha - P_s(L_t - 2L_3)\sin\alpha + P_s L_t f_2\cos\alpha}{\sum m}g \quad (6-11)$$

单钩提升的减速度

$$a_3 \leqslant \frac{1.3(Q + Q_r)(\sin\alpha + f_1\cos\alpha) + P_s L_s(\sin\alpha + f_2\cos\alpha)}{\sum m}g \quad (6-12)$$

(4)动力制动方式

采用动力制动减速时,减速度 $a_3 \leqslant [a_3]$。

c　按提升机减速器允许的动扭矩验算启动加速度

$$a_1 = \frac{[M_d] - F_c R_j}{(\sum m - m_d)R_j} \quad (6-13)$$

式中　a_1——加速度,m/s²;

$[M_d]$——折算到卷筒边上的减速器最大启动扭矩,N·m;

F_c——作用在提升机卷筒上的最大静拉力差,N;

R_j——提升机卷筒上半径,m;

m_d——电动机变位质量,kg。

d 提升容器的自然加、减速度

当斜井倾角较小时,为避免启动时下放侧钢丝绳松弛和减速停车时提升侧钢丝绳松弛,提升系统的加速度必须小于提升容器下滑时的自然加速度及提升系统的减速度不得大于提升容器停车时的自然减速度。

提升容器下滑时的自然加速度 a_1' 计算公式见式6-14。若斜井倾角有变化,应当按容器在缓坡段上停车后重新启动进行校验算。提升容器减速度时的自然减速度见式6-15。

$$a_1' = \frac{nQ_r}{nQ_r + n'm_1}(\sin\alpha - f_1\cos\alpha)g \qquad (6-14)$$

式中 a_1'——自然加速度,m/s^2;

n——下放侧提升容器的数量;

Q_r——下放侧提升容器的质量,kg;

m_1——天轮或游轮的变位质量,kg;

n'——天轮或游轮的数组。

$$a_3' = (\sin\alpha - f_1\cos\alpha)g \qquad (6-15)$$

G 制动力矩与紧急制动

提升机制动力矩并不是越大越好。提升机制动力矩过大,下放重载时,会使绞车、钢丝绳、连接装置等承受过大的惯性冲击力;上提重载(特别是倾角较小的斜井)时,会发生制动后滚筒先停住,而提升容器仍按自身惯性向上运行,造成松绳,随之又反向运行,造成松绳冲击,严重时会引起断绳跑车事故。另一方面,制动力矩过小,在紧急情况时,虽能最后制动停车,但制动距离延长,可能发生事故,严重时还可能出现制动不住的情况。

摩擦轮式提升装置,常用闸或保险闸发生作用时,全部机械的减速度,不得超过钢丝绳的滑动极限。满载下放时,必须检查减速度的最低极限;满载提升时,必须检查减速度的最高极限。

斜井提升机紧急制动和工作制动最小力矩以及对制动装置的要求可参见竖井提升相关内容。

提升机制动力矩还需根据制动减速度计算,制动减速度需满足安全规程的有关规定,《金属非金属矿山安全规程》(GB 16423-2006)中相关规定如下:

倾角大于30°的斜井的提升设备,其制动装置进行安全制动时的减速度,满载下放时应不小于1.5 m/s^2;满载提升时应不大于5 m/s^2;

倾角30°以下的井巷,安全制动时的减速度应满足:满载下放时的制动减速度不得小于0.75 m/s^2,满载提升时的制动减速度应不大于按式6-16计算的自然减速度 a_0(m/s^2);

$$a_0 = g(\sin\alpha + f\cos\alpha) \qquad (6-16)$$

式中 f——绳端荷载的运动阻力系数,一般取0.010~0.0150。

当斜井倾角较小时,还要注意紧急制动时提升侧容器的自然减速度不得小于其紧急制动减速度,保证提升侧钢丝绳不松弛。当初始计算满足不了该项要求时,可以通过调整斜井的倾角;在箕斗提升中,可增加尾绳重锤拉紧装置;配用低转速电动机及大传动比减速器;采用两级制动系统等措施来防止松绳事故的发生。

在斜井井口(或上端),从容器停车位置的过卷开关起,必须备有足够的过卷距离。过卷距离可按下式计算:

$$L_g = C_g \left(\frac{0.5 \sum mR_j}{[M_Z] + M_j} v^2 + vt_k \right) \qquad (6-17)$$

式中　L_g——过卷距离，m；

　　　v——最大提升速度，m/s；

　　　t_k——安全制动系统执行动作所需的空动时间，取 $t_k = 0.5$ s；

　　　C_g——备用系数，取 $C_g = 1.5$；

　　$[M_Z]$——制动力矩整定值，N·m；

　　　M_j——紧急制动时提升系统的静阻力矩，N·m。

H　提升钢丝绳及提升阻力系数

斜井矿车提升用钢丝绳，要求耐磨、抗弯曲疲劳性能好，宜选用交互捻的外层钢丝较粗的 6×7 圆股钢丝绳、线接触钢丝绳或三角股钢丝绳，抗拉强度以不小于 1520 MPa 为宜。斜井箕斗提升一般选用同向捻钢丝绳，其性能柔软、表面光滑、接触面积大、抗弯曲疲劳性能好、使用寿命长、断丝时便于检查。钢丝绳的选择参见《重要用途钢丝绳》(GB/T 8918—2006)中"钢丝绳主要用途推荐表"。

斜井提升用钢丝绳，按最大静张力计算安全系数。安全系数 m 应符合下列规定：

(1) 专作升降人员用的，不低于 9；

(2) 升降人员和物料用的，升降人员不低于 9，升降物料时不低于 7.5；

(3) 专作升降物料用的，不低于 6.5。

当斜井倾角较小时，钢丝绳还应作紧急制动的动力安全系数校验。动力安全系数不小于 2.5~2.7。

在进行提升系统计算时，需要确定各种阻力系数。当采用矿车组提升，矿车的轴承为滚动轴承时，提升容器运行阻力系数 f_1 取 0.01；矿车的轴承为滑动轴承时，提升容器运行阻力系数 f_1 取 0.012~0.015；台车或箕斗的轴承为滚动轴承时，f_1 取 0.01~0.015，装载量大时取小值，反之取大值。当钢丝绳全部支承在托辊上时，钢丝绳移动时的摩擦阻力系数 f_2 取 0.15~0.20；钢丝绳局部支承在托辊上时 f_2 取 0.25~0.40；钢丝绳全部在底板或枕木上托动时 f_2 取 0.4~0.6。

6.2.3.2　提升系统计算

斜井提升计算可分为矿车组提升计算和箕斗提升计算。矿车组提升和箕斗提升计算又可分为单钩提升和双钩提升计算，矿车组提升根据上、下部调车场布置的不同，在计算上也略有差别。

平车场一般多用于双钩矿车组提升，如图 6-16 所示。提升开始时，在井口平车场空车线上的空矿车组，由井口推车器向下推送。同时井底重矿车组向上提升，当全部重矿车组进入井筒后，提升机加速到最大速度 v_m 并以 v_m 等速运行。重矿车组运行至井口，而空矿车组运行至井底时，提升速度减至 v_{pc}，空、重矿车组以速度 v_{pc} 在井下和井上车场运行，最后减速停车。井口平车场内重矿车组在重车线上借助惯性继续前进，当钩头行到摘挂钩位置时迅速将钩头摘下，并挂上空矿车组，与此同时井下也进行摘挂钩工作。

图 6-17a 为采用甩车场的单钩矿车组提升示意图，在井底及井口均设甩车道。提升开始时，重车在井底车场高重车甩车道运行。由于甩车道的坡度是变化的，而且又是弯道，为了防止矿车掉道，一般初始加速度不大于 0.3 m/s²，速度不大于 1.5 m/s，其速度图如图 6-18 所示。当全部重矿车组提过井底甩车场进入井筒后，加速至最大速度 v_m，并以最大速度 v_m 等速运行；在到达井口停车点前，重矿车组以一定的减速度减速。全部重矿车组提过道岔 A 后停车，重矿车组停在栈桥停车点。搬动道岔 A 后，提升机换向，重矿车组以低速沿井口甩重车车道运行。停车后，重矿车组摘钩并挂上空矿车组。提升机把空矿车组以低速沿井口甩车场提过道岔 A 后在

栈桥停车。搬过道岔 A,提升机换向,下放空矿车组到井底甩车场。空矿车组停车后进行摘挂钩。挂上重矿车组后开始下一提升循环。整个提升循环包括提升重矿车组及下放空矿车组两部分。

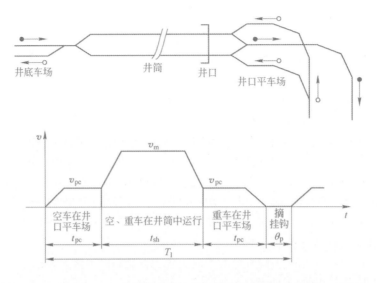

图 6 - 16 平车场双钩矿车组提升示意图及速度图

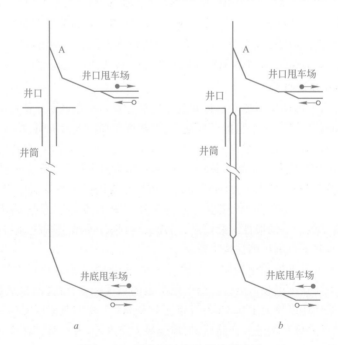

图 6 - 17 甩车场矿车组提升示意图
a—单钩提升;b—双钩提升

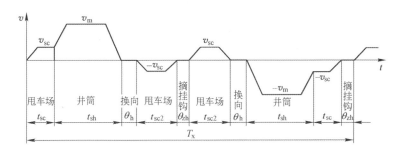

图 6 – 18   甩车场矿车组单钩提升速度图

如图 6 – 17b 所示,双钩提升采用的甩车场形式与单钩提升系统基本类似,所不同的是提升重矿车组和下放空矿车组同时进行。其速度图如图 6 – 19 所示。提升开始时,空矿车组停在井口栈桥停车点,当重矿车组沿井底甩车场以低速 v_{sc} 运行时,空矿车组沿井筒下放,重矿车组进入井筒后以最大速度 v_m 运行。当空矿车组到达井底甩车场前,提升机以一定的减速度减速到 v_{sc},空矿车组沿井底甩车场运行。重矿车组通过道岔 A 后,在井口栈桥停车点停车,此时井底空矿车组不摘钩。提升机换向,重矿车组沿井口甩车场下放,此时空矿车组又沿井底甩车场向上运行。重矿车组停在井口甩车场进行摘挂钩,挂上空矿车组后,沿井口甩车场提升到井口栈桥停车点停车,此时井底空矿车组又回到井底甩车场,停车后摘钩挂上重矿车组,准备开始下一个提升循环。井口可以采用单侧甩车,也可以采用两侧甩车。单侧甩车即将左右两钩矿车组都甩向一侧甩车场。为防止矿车压绳,单侧甩车场应设置压绳道岔。

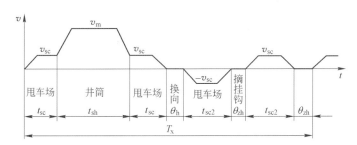

图 6 – 19   甩车场双钩提升速度图

斜井提升的计算内容和方法与竖井提升计算类似,通常可分为设备选择计算、提升系统变位质量计算、速度图和力图计算以及电动机功率计算等部分。具体可根据 6.2.3.1 节中确定的参数参考竖井提升系统的计算过程。

6.2.4   斜井提升系统配置

6.2.4.1   井口布置

矿车组提升斜井井口车场分为平车场和甩车场两种基本形式。可根据生产能力、地形条件等因素综合选择。平车场布置简单,在提升设备相同的条件下,比甩车场布置有较大的提升通过能力。但井口工人作业劳动强度大,误操作时,易发生跑车事故。甩车场对于井口挂钩,不易发生误操作,但提升能力受到限制。

双钩平车场井口相对位置示意图如图 6 – 20 所示。下面参照图 6 – 20 进行介绍。

按外偏角小于 1°30′ 计算最小弦长 L'_{xmin}

$$L'_{xmin} \geqslant \frac{2B - S + a - y}{2\tan 1°30'} \approx 19(2B - S + a - y) \tag{6-18}$$

式中　S——井筒中轨道中心间距($S \geqslant b_c + 0.2$),m;

　　　b_c——矿车最突出部分宽度,m;

　　　B——提升机卷筒宽度,m;

　　　a——两卷筒之间的距离,m;

　　　y——游动天轮的游动距离,m。

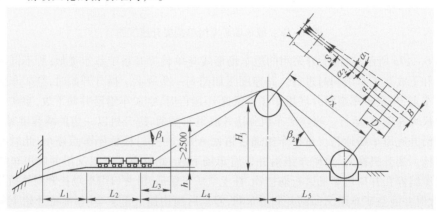

图 6 – 20　双钩平车场井口相对位置示意图

按内偏角小于 $1°30'$ 计算最小弦长 L'_{xmin}。

$$L'_{xmin} \geqslant \frac{S - a - y}{2\tan 1°30'} \approx 19(S - a - y) \tag{6-19}$$

根据地面具体条件及最小弦长,初步确定提升机至井架中心的水平距离 L_s。

计算井口至井架中心的水平距离 L'_s。

$$L'_s = L_1 + L_2 + L_4 \tag{6-20}$$

式中　L_1——井口至阻车器的距离(一般为 7 ~ 9 m),m;

　　　L_2——阻车器到摘钩点距离,m;

　　　L_4——摘钩点到井架中心的水平距离,m。

L_2 可取 1.5 倍的矿车组长度,并保证摘挂线直线段长度比矿车组长度多出 3 ~ 5 m。为了不致因提升机侧钢丝绳弦垂过大造成摘钩困难,建议取 $(2.4 ~ 4)L_5$。当矿车摘钩后,尽可能采用自溜方式溜至停车线;线路的弯曲半径一般不小于 15 倍机车或矿车轴距,弯道后的停车线一般不小于 2 倍列车长,同时应满足电机车调车要求。

井架高度要求能保证。摘钩后的矿车通过下放串车的钢丝绳的下部时,钢丝绳距地面高度不小于 2.5 m。该点距离摘钩点的距离为 L_3,一般取 $L_3 = 4$ m。按此条件井架高度 H_j 为:

$$H_j = \frac{(2.5 + h)(L_1 + L_2 + L_4)}{L_1 + L_2 + L_3} - R_t \tag{6-21}$$

式中　R_t——天轮半径,m;

　　　h——矿车过钢丝绳下部处的地面标高与井口标高之差,m。

为了防止矿车在井口出轨掉道,井口处的钢丝绳牵引角 β_1 要小于 $9°$。仰角的计算见式6 – 22。

$$\beta_1 = \arctan \frac{H_j + R_t}{L_1 + L_2 + L_3} \tag{6-22}$$

矿车组提升甩车场在提升机侧与平车场相同,另一侧从甩车道与卷扬道连接道岔的岔心到导轮钢绳接触点之斜长可由下式计算:

$$L' = a + (1 \sim 1.5)L_c + L_g \tag{6-23}$$

式中　L_c——矿车组长度;

　　　a——道岔端部至道岔岔心的长度,m。

矿车沿甩车道上提时,立辊至摘钩点间牵引钢丝绳与矿车行驶方向的夹角,即提升牵引偏角一般不宜大于 $10° \sim 15°$。为了克服牵引偏角产生的横向分力,提高矿车运行稳定性,在曲线段铺轨时应将其内轨适当加高。卷扬道井口部分倾角一般不小于 $8°$,以保证矿车在斜坡上产生足够的下滑力,使其能从斜坡上甩到车场。甩车道与卷扬道的连接道岔一般选用 5 号或 4 号道岔。

箕斗提升井口井架位置及其高度的确定与矿仓容积、形式及外部运输系统等因素有关。可参照上述计算方法,根据斜井的倾角、箕斗卸载位置及提升过卷距离等计算确定。

6.2.4.2　提升机及其机房的配置

按提升机出绳倾角大小有倾斜出绳和水平出绳;按提升机出绳方向,有直线布置和转角布置。

在配置提升机房时,为便于设备的操作、拆装、检修及运输,通常主机突出部分与墙之间的净距不小于 $1.2 \sim 1.5$ m,提升机滚筒直径不大于 1.6 m 时取下限,不小于 2 m 时取下限。电动机与墙之间的净距不小于电动机长加 0.5 m。

较大型的提升机房,利用大门运进设备较困难时,应设安装孔,安装孔的位置应便于运进设备,并尽量与提升机主轴的轴线在一条直线上。安装孔的尺寸按设备不可拆的最大件考虑:宽度按最大件宽加 0.8 m,高度按最大件高加 1.2 m。在提升机服务年限内,需更换电动机时,应考虑其换装的可能性,但以换装一次为宜。

当机房有地下室时,为利于采光,地下室顶板高出地面 $1.2 \sim 1.5$ m。楼板荷重一般按 $12 \sim 20$ kPa 计算,但对设备运输通道部分须按设备最大件重量考虑。机房地坪应当开设吊装孔(加盖板)。

提升机房下弦高,对 $\phi 3.5$ m 及以下中小型提升机,可按卷筒直径加 $2.5 \sim 3.5$ m 计算。卷筒直径小时取下限,反之取上限。若提升机出绳仰角较大时,下弦高的确定还应考虑机房具体配置要求,如吊车梁间位置和吊车运行范围不受卷筒出绳干扰等。对 $\phi 4$ m 及以上的大型提升机房的下弦高,按具体配置要求而定。

桥式起重机的大梁安设方向,当钢绳的出绳仰角较小时,一般宜垂直于提升机主轴方向安设;当钢绳的出绳仰角较大且上出绳孔标高高于起重机轨面时,可以平行于主轴方向安设。

室内要有良好的通风和照明条件。主绳孔应保证钢绳在运行中不得与墙壁摩擦,绳孔下缘应设垫木或托辊。绳孔尺寸、高度一般取 600 mm,即由钢绳中心向上取 350 mm,向下取 250 mm;绳孔宽度按卷筒宽度加 $0 \sim 200$ mm 计算。

机房若考虑设电控及配电间,一般配置在提升机的右侧或后侧。

6.2.5　斜井提升安全设施

6.2.5.1　斜井跑车事故及预防

由于斜井矿车组提升中频繁摘挂钩,再加上钢丝绳容易磨损和断裂,因此容易发生跑车事故。其后果较为严重,不仅造成设备损毁,而且导致人员伤亡,生产停顿。造成跑车事故的原因一般有:挂钩工疏忽,将未挂钩的空车下推造成跑车;挂钩工操作不当,如在车辆未全部提上来就提前摘钩,造成未上来的车辆跑车;钢丝绳断裂或连接装置断裂造成跑车;提升机制动失灵造成跑车;车辆运行中挂钩插销跳出造成跑车。

防止跑车事故应遵从两条原则,一是防止跑车事故发生;二是一旦发生跑车后,要避免事故扩大,尤其是避免人员伤害。按照这两条原则,主要预防措施如下:

(1)斜井上部和中间车场,应装设阻车器或挡车栏,当车辆通过时打开,通过后关闭。下部及中间车场须设躲避硐。

(2)钢丝绳和矿车的连接,以及矿车之间的连接都要使用不能自行脱落的连接装置。

(3)在斜井内装设防跑车装置。

(4)严格执行斜井行车不行人、行人不行车制度,禁止人员在运输道上行走;斜井运输时,严禁蹬钩。

(5)运送物料时,每次开车前,跟车工应对运输设备、连接装置进行检查,确认无误后方可发出开车信号。

(6)加强钢丝绳的检查和维护,防止断绳跑车事故的发生。在平车场下放时,不要松绳过多,以避免车辆在突然下坡时造成对钢丝绳的冲击破坏。

(7)轨道要符合质量标准,并要及时清理,以防矿车掉道或运行时跳动。

(8)加强矿车的检查与维护,发现底盘有开焊和裂纹时,停止使用。插销等连接装置要符合要求,不合格的不得使用。

(9)经常检查提升机制动系统,确保其处于良好状态。

(10)把钩工要经过安全技术培训,考试合格后才能上岗。要严格按操作规程作业,每次开车前,必须认真检查牵引矿车数、钩头及各车连接和装载情况,确认无误,才能发出开车信号。

6.2.5.2 斜井运送人员的安全事项

(1)斜井距离较长,垂高较大时,应采用专用人车运送人员。各车辆之间除连接装置外,必须附有保险链。连接装置和保险链要有足够的安全系数。人车应有顶棚,还应装有断绳保险器,当发生断绳、脱钩事故时,能自动(也能手动)地平稳停车。

(2)斜井用矿车组提升时,严禁人货混合串车提升。

(3)在用列车运送人员的斜井内,必须安装信号装置,保证在行驶途中任何地点,跟车工都能向司机发出信号,而在多水平运输时,司机能辨认出各水平发出的信号。所有收发信号的地点,都应挂明显的信号牌。

(4)斜井运输工作必须有专人管理。斜井人车在运行前应对其连接装置、保险链、保险器、轨道和车辆等设备进行检查,在每班运送人员前,进行一次空载运行。确认安全后,再运送人员。

(5)运送人员的列车必须有跟车安全员,跟车安全员要坐在行驶方向的第一辆装有保险器操纵杆的车内。乘车人员必须听从随车安全员指挥,按指定地点上下车,上车后必须关好车门,挂好车链。

(6)乘车人员要遵守人车管理制度,服从人车司机和随车安全员的指挥,不得拥挤,不准超员乘坐;井口和车场要设候车室,依次序下车、上车;上车后必须关好车门,挂好车链,才能发出开车信号;乘车人员不得将身体探出车外,以防发生意外事故。

(7)人员在上下斜井时,其上下车地点的斜井应有足够宽的人行道,一般应不小于1.5 m,具有良好的照明和台阶踏步。

6.2.6 斜井提升应用实例

图6-21为某矿斜井双箕斗提升实例。该提升系统的主要参数如下:

提升机型号:GKT2×2.5×1.5-11.5

最大提升速度:6.94 m/s

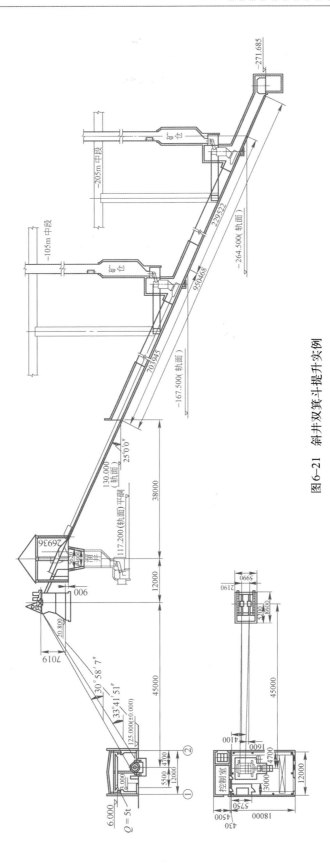

图6-21 斜井双箕斗提升实例

卷筒直径/个数/宽度:φ2500 mm/两个/1500 mm

天轮直径/个数/重量:φ2500 mm/两个/1945 kg

提升电动机:Z450 - 3A,467 kW,660 V,610 r/min

拖动形式:直流电机,行星轮减速器

提升方式:斜井双箕斗提升

斜井角度:25°

单绳斜坡箕斗:容积5 m³,质量4300 kg,数量2 个

提升钢丝绳:26 ZAA 6 × 19s + FC 1570

提升斜长度:前期745.661 m,后期975.183 m

6.3　带式输送机运输

6.3.1　概述

可以从很多不同的角度对带式输送机进行分类,如在矿山运输的应用功能上可分有运矿的、矿人两用的和运人的三种类型。更具普遍意义上的分类是按带式输送机的基本结构进行分类,一般可分为基本型和特殊型两种类型。基本型又分为平形和槽形两种。目前,具有代表性的特殊型带式输送机有深槽带式输送机、波纹挡边带式输送机、花纹带式输送机、管状带式输送机、气垫带式输送机、压带输送机、弯曲型带式输送机等。

带式输送机由闭环的承载输送带、托辊组、驱动装置和传动组合、拉紧装置、改向滚筒、金属结构架等构成,是现代物料连续输送的重要设备,已经成为露天矿和地下矿开拓运输系统的重要组成部分,应用十分广泛。国内矿山如德兴铜矿、江苏惠新水泥厂、大红山铜矿、金川二矿区、大厂矿务局铜坑锡矿、石人沟铁矿、冀东水泥厂、神华大柳塔、兖州济宁 3 号井等,国外矿山如英国沙尔比矿、德国莱茵矿、智利的 Los Pelambres 矿、智利安第斯山区的 Pierina 矿、澳大利亚博了顿矿等都采用了带式输送机运输。随着工业和技术的发展以及带式输送机设备本身性能以及关键技术的进步,高带速、大运量、长距离特征的带式输送机已经成为带式输送机发展的主流。

闭环的输送带不仅是物料的承载机构,同时也是带式输送机的牵引机构。整个输送带支承在托辊组上,并绕经驱动滚筒和拉紧滚筒,利用传动滚筒与输送带之间的摩擦力带动输送带运行以完成物料运输。钢丝绳芯带式输送机典型组成结构如图 6 - 22 所示。

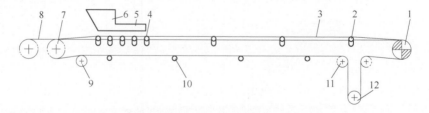

图 6 - 22　钢丝绳芯带式输送机基本结构

1—驱动装置;2—承载托辊;3—输送带;4—缓冲托辊;5—导料槽;6—装载漏斗;7—尾部滚筒;
8—尾部拉紧装置;9—增面滚筒;10—回程托辊;11—改向滚筒;12—重锤拉紧装置

带式输送机实现了物料运输过程的连续化。与其他输送设备相比,有以下特点:

（1）输送能力大。国内带式输送机最大输送量已经达到 8400 t/h，国外最大输送量已经达到 37500 t/h。

（2）输送距离长。只要有足够的带强，从技术角度看，带式输送机在输送距离上是没有限制的。国内带式输送机单机长度已经达到 15.84 km。

（3）地形适应能力强。带式输送机可以从空间和水平面的适度曲线上适应地形，从而减少转运站等中间环节，降低基建投资；从而从空间或平面上避免与公路、铁路、山川、河流、城市等发生干扰。安第斯山区的 Pierina 矿的带式输送机输送倾角已经达到 18°。

（4）结构简单、安全可靠。带式输送机的可靠性已为所有工业领域的应用实例所验证。

（5）运营成本低廉。带式输送机系统单位输送量所消耗的工时和能源，在所有散装物料运输工具或设备中通常是最低的，且维修简单、快捷。

（6）自动化程度高。带式输送机输送工艺流程简单，动力设备集中程度、可控度高，很容易实现自动化。

（7）具有受天气影响程度低、寿命长等特点。

根据矿床赋存条件、开拓系统的比选以及所采用的采矿方法等，矿山生产运输环节中很少采用单一带式输送机运输系统把矿石从采场运输到选厂；而是一般采用带式输送机运输与汽车运输、轨道运输或竖井提升系统等组成的联合运输系统。带式输送机与汽车运输或轨道运输配合，一般以破碎（转载）站作为结合点，形成一个联合运输系统。破碎（转载）站的基本组合包括矿仓、给料设施、破碎设施、卸料设施等。从设置的形式看露天矿开采破碎（转载）站可分为固定、半固定、移动三种类型，坑内开采一般采用固定式破碎（转载）站。汽车运输或是轨道运输，其物料输送都是间断的，而带式输送机的物料输送是连续的，所以在由它们组成的联合运输系统中带式输送机与汽车或轨道运输的工艺参数的合理确定和匹配是系统设计中必须首要考虑的问题。影响带式输送机与汽车或轨道运输联合运输的两个关键系数为运输不均衡系数和时间利用系数。破碎（转载）站作为间断运输工艺部分和连续运输工艺部分的结合点，其工艺参数的确定以及缓冲矿仓的合理设置是缓解或消除两种不同运输工艺之间相互影响或干扰的关键因素。一般破碎（转载）站缓冲矿仓合理容量设置为 3 卡车的装载量，或以带式输送机小时输送矿石量来确定。

带式输送机其应用的合理性和经济性取决于矿床赋存条件或开拓条件、矿山生产规模、矿山开拓深度以及服务年限等因素。矿床赋存规模和矿山生产规模越大，服务年限越长，也就越能显示出带式输送机运输的优势。但是，随着开拓深度的增加，是采用带式输送机运输系统合适还是采用汽车斜坡道或竖井提升开拓方式更经济，需要进行具体方案比选。《金属非金属矿山安全规程》第 6.3.1.16 条规定：带式输送机运输物料的最大坡度，向上（块矿）应不大于 15°，向下应不大于 12°。不过，随着高倾角、大型化、曲线型等特殊型带式输送机的发展，带式输送机在开拓深度、开拓条件上的适应范围也将更加广泛。

带式输送机的设计是从以带式输送机的运行阻力和驱动功率计算为核心的选型计算开始的，其基本内容还包括运行动态分析、电气和控制系统设计以及主要设备的选型、零部件的设计等。比较成熟的带式输送机设计计算标准有国际标准 ISO 5048、德国工业标准 DIN 22101、CEMA（美国输送机制造商协会）、日本标准 JIS B 8805 等。

橡胶和织物芯或钢丝绳芯构成的输送带具有明显的黏弹性特征，利用传统的静态设计方法进行设计已经无法满足长距离、大型化带式输送机的使用要求。利用输送带的黏弹性理论，采用动态分析的手段对静态设计结果进行验证和改进,对输送机进行工况预测和优化,以及本着减小运行阻力,合理确定输送带的安全系数,实现可控曲线启动或停车的软启动或软停车,适当增加带速,减少带强的设计方法是带式输送机设计方法的发展必然。

6.3.2 带式输送机主要部件或设备

6.3.2.1 输送带

输送带是带式输送机的重要部件,其成本占带式输送机整机总成本的25%以上;运量越大,运距越长,输送带所占成本比例也越大。强度是输送带作为带式输送机承载和牵引机构双重功能所具有的最重要的特性,带芯材质是影响输送带强度最重要的因素。不同带芯材料的输送带有不同的伸长特性,包括弹性伸长和永久伸长。如棉帆布输送带的弹性伸长率为1.5%,尼龙帆布输送带的弹性伸长率为1.2%,涤纶帆布输送带的弹性伸长率0.8%,整体编织芯输送带的弹性伸长率为2.0%,钢丝绳芯输送带的弹性伸长率为0.2%。

A 输送带的种类

a 分层式织物芯输送带

分层式织物芯输送带骨架受力体为数层化纤帆布,层间贴胶,上、下部覆以橡胶层。根据输送物料的特性、密度、粒度以及温度、腐蚀性等可选用不同材料等级不同厚度的覆盖胶分层式织物芯输送带从结构形式上可分为包边式和切割式。不同材质带芯的分层输送带的特点如下:

(1) CC棉帆布输送带:骨架受力体为棉帆布(纵向和横向均为棉或涤棉)的传统型输送带,适用于中短距离输送物料,逐渐被合成化纤所取代。

(2) NN尼龙帆布输送带:骨架受力体为尼龙帆布(纵向和横向均为尼龙),具有带体轻、弹性好、耐冲击、成槽性好、耐潮湿等特点,但伸长率稍大;适用于中等距离、大运量条件下运输物料。尼龙6帆布芯和尼龙66帆布芯,两者强度大致相等,但相比尼龙66的热稳定性较好。

(3) EP聚酯帆布输送带:骨架受力体为聚酯帆布(纵向为聚酯,横向为尼龙),具有尼龙帆布输送带同样的优点,使用伸长率较小,适用于中长距离、大运量、高带速条件下输送物料。

(4) AR芳纶帆布输送带:骨架受力体为芳纶帆布,具有很强的拉伸强度、重量强度比大、成槽性好、抗冲击、抗腐蚀、耐热阻燃、抗撕裂防穿透能力强、耐屈绕、伸长率低等优点。但价格偏高,使用寿命有限。适用于长距离、大运量、高带速条件下输送物料。

国内外各输送带供应商,如中国青岛橡六集团有限公司、银河德普输送带有限公司、山西凤凰输送带有限公司、美国固特异橡胶公司等均可根据客户要求,按国标 GB/T 7984、GB/T 10822,德国 DIN22102,日本 JIS K 6322,澳大利亚 AS 1332 等标准组织生产。

目前生产的分层式织物芯输送带主要规格和技术参数见表6-11;对应规格系列推荐使用的输送机最小滚筒直径见表6-12;芳纶芯输送带对应规格系列推荐使用的输送带最小滚筒直径见表6-13;帆布输送带单位长度参考质量见表6-14。上述各表中所列数据均为参考值,详细参数请查阅各厂商产品样本。

表 6 – 11　分层式织物芯输送带规格和主要技术参数

输送带 类型	织物型号	单层纵向拉伸强度 /N·mm⁻¹	帆布层数	盖胶厚度/mm		带体宽度 /mm	盖胶类型
				上盖胶	下盖胶		
EP 聚酯 输送带	EP-100	100	2～8 (推荐 不要 多于 6层)	3～16 (3.0/ 4.5/ 6.0/ 8.0/ 9.5/ …)	0～10 (1.5/ 3.0/ 4.5/ 6.0/ …)	300～2800	耐磨型、抗冲 型、耐热型、耐 油型、难燃型、 阻燃型、耐酸 碱型等
	EP-125	125					
	EP-160	160					
	EP-200	200					
	EP-250	250					
	EP-300	300					
	EP-350	350					
	EP-400	400					
	EP-500	500					
	EP-600	600					
NN 尼龙 输送带	NN-100	100	2～10 (推荐 不要 多于 8层)				
	NN-125	125					
	NN-150	150					
	NN-200	200					
	NN-250	250					
	NN-300	300					
	NN-400	400					
	NN-500	500					
	NN-600	600					
CC 棉帆布 输送带	CC-56	56	3～12				
AR 芳纶 输送带	AR-800	800	1～2	4～16 (4.0/ 6.0/ 8.0/ 10.0/ …)	0～10 (3.0/ 4.0/ 5.0/ 6.0/ …)	800～1600	
	AR-1000	1000					
	AR-1250	1250					
	AR-1600	1600					
	AR-2000	2000				800～1400	
	AR-2500	2500					

表 6 – 12   推荐使用的输送机最小滚筒直径

输送带类型	层数 型号	2	3	4	5	6	7	8	9	10	11	12
		滚筒直径/mm										
EP 聚酯输送带	EP-100	200	250	315	400	500	630	800				
	EP-125	200	250	315	400	500	630	800				
	EP-160	250	400	500	630	800	1000	1250				
	EP-200	315	500	630	800	1000	1250	1400				
	EP-250	400	630	800	1000	1250	1400	1600				
	EP-300	500	630	800	1000	1250	1400	1600				
	EP-400	630	800	1000	1250	1400	1600	1800				
	EP-500	800	1000	1250	1400	1600						
	EP-600	1000	1250	1400	1600	1800						
NN 尼龙输送带	NN-100	200	250	315	400	500	630	800	1000	1250		
	NN-125	200	250	315	400	500	630	800	1000	1250		
	NN-150	200	250	315	400	500	630	800	1000	1250		
	NN-200	250	315	400	500	630	800	1000	1250	1400		
	NN-250	315	400	500	630	800	1000	1250	1250	1400		
	NN-300	400	500	630	800	1000	1250	1400	1400	1600		
	NN-400	500	630	800	1000	1250	1400	1600	1600	1800		
	NN-500	630	800	1000	1250	1400	1600	1800				
	NN-600	800	1000	1250	1400	1600	1800	2000				
CC 棉帆布输送带	CC-56		400	500	630	800	1000	1250	1250	1400	1600	1600

表 6 – 13   芳纶芯输送带推荐使用的最小滚筒直径

型 号	拉伸强度 /N·mm⁻¹	驱动或头部滚筒直径/mm	拉紧或尾部滚筒直径/mm	改向或增面滚筒直径/mm
AR-630	630	500	400	300
AR-800	800	600	450	350
AR-1000	1000	600	450	350
AR-1250	1250	650	500	400
AR-1400	1400	700	500	450
AR-1600	1600	750	550	500
AR-1800	1800	750	550	500
AR-2000	2000	800	600	550

表 6 – 14　帆布芯输送带质量

帆布层数 Z	上胶 + 下胶 厚度/mm	输送带宽度 B/mm					
		500	650	800	1000	1200	1400
1	3.0 + 1.5	3.65	4.75				
	4.5 + 1.5						
	6.0 + 1.5						
2	3.0 + 1.5	4.22	5.47				
	4.5 + 1.5	5.08	6.64				
	6.0 + 1.5	5.93	7.76				
3	3.0 + 1.5	5.02	6.52	8.03			
	4.5 + 1.5	5.88	7.67	9.42			
	6.0 + 1.5	6.74	8.79	10.82			
4	3.0 + 1.5	5.82	7.57	9.31	11.64		
	4.5 + 1.5	6.68	8.70	10.70	13.37		
	6.0 + 1.5	7.55	9.82	12.10	15.09		
5	3.0 + 1.5		8.62	10.60	13.25	15.90	18.55
	4.5 + 1.5		9.73	11.98	14.98	17.95	20.95
	6.0 + 1.5		10.87	13.38	16.71	20.05	23.35
6	3.0 + 1.5			11.80	14.86	17.82	20.80
	4.5 + 1.5			13.28	16.59	19.90	23.20
	6.0 + 1.5			14.65	18.32	22.00	25.65
7	3.0 + 1.5				16.47	19.80	23.10
	4.5 + 1.5				18.20	21.85	25.50
	6.0 + 1.5				19.93	23.95	27.95
8	3.0 + 1.5				18.08	21.65	25.30
	4.5 + 1.5				19.81	23.80	27.75
	6.0 + 1.5				21.54	25.82	30.10
9	3.0 + 1.5					23.60	27.55
	4.5 + 1.5					25.70	30.00
	6.0 + 1.5					27.80	32.40
10	3.0 + 1.5					25.55	29.80
	4.5 + 1.5					27.65	32.25
	6.0 + 1.5					29.70	34.70
11	3.0 + 1.5						32.10
	4.5 + 1.5						34.50
	6.0 + 1.5						36.80
12	3.0 + 1.5						34.30
	4.5 + 1.5						36.70
	6.0 + 1.5						39.20

b 整体带芯输送带

整体带芯输送带骨架受力体为整体编织带芯,芯体浸渍 PVC 后,再加覆 PVC 或 PVG 盖胶,具有带体薄、重量轻、耐冲击性能好、抗撕裂、整体不脱层、难燃抗静电等特点。根据盖胶的不同,又分为 PVC 输送带和 PVG 输送带。有些生产厂商根据上、下覆盖胶的不同有更细的分类,如银河德普输送带有限公司将整体带芯输送带分为(1)普通 PVC 输送带,上盖胶和下盖胶均为 PVC盖胶,单面盖胶厚度小于 0.8 mm,未经过模压;(2)模压 PVC 输送带,上盖胶和下盖胶均为 PVC(或改性 PVC 盖胶),单面盖胶厚度可达 4 mm,带体经过模压,相比常规 PVC 带,有耐砸穿、耐水浸、使用寿命长、机械接头效率高的优点;(3)PVG 输送带,上盖胶和下盖胶均为丁腈胶,可用于倾角 20°以下潮湿有水的输送场合;(4)PNVi 输送带,上盖胶为丁腈盖胶,下盖胶为 PVC 盖胶,具有 PVG 带和厚盖胶 PVC 的双重优点;(5)DYNA 输送带,上、下盖胶均为耐磨抗冲击性盖胶,工作环境温度不低于 - 15℃。整体带芯输送带主要技术参数见表 6 - 15。整芯输送带系列推荐使用的输送机最小滚筒见表 6 - 16。

表 6 - 15　整体带芯输送带主要技术参数

强度规格	拉伸强度(最小值)/N·mm⁻¹		带坯厚度	带坯重量	盖胶类型及推荐厚度/mm		带体宽度
	纵向	横向	/mm	/kg·m⁻²	PVC	PVG	/mm
680/1 四级	680	265	6.5	8.5	1.5 + 1.5	1.5 + 1.5	
800/1 五级	800	320	6.9	9.0	1.5 + 1.5	1.5 + 1.5	
1000/1 六级	1000	350	7.5	9.7	2.0 + 1.5	2.0 + 1.5	
1250/1 七级	1250	350	8.5	11.0	2.0 + 2.0	2.0 + 1.5	
1400/1 八级	1400	350	9.0	11.5	3.0 + 2.0	2.5 + 1.5	500 ~ 2200
1600/1 九级	1600	450	9.5	12.3	3.0 + 2.0	2.5 + 1.5	
1800/1 十级	1800	450	10.0	13.0	3.0 + 2.0	3.0 + 2.0	
2000/1 十一级	2000	450	10.5	13.6	3.0 + 2.0	4.0 + 2.0	
2500/1 十三级	2500	450	12.5	14.5	3.0 + 2.0	5.0 + 3.0	
3100/1 十五级	3100	450	17.0	17.0			
3500/1 十八级	3500	500	20.0	19.0	根据具体输送环境定制		
4000/1 二十级	4000	500	25.0	22.0			

注:1. 本表所列数据主要参考银河德普输送带有限公司产品样本,仅供参考。

2. 根据运输物料的特性如粒度、磨耗性等因素选择不同厚度的盖胶。

3. 对于具有阻燃和抗静电性能的输送带在强度后加"S"。

4. 表中强度规格为参考中国标准系列。

5. 本系列产品在贮运中应保持清洁、避免阳光直射、雨雪浸淋;防止与酸、碱、油类、增塑剂等接触,远离热源;贮存环境温度保持在 - 10 ~ +40℃,相对湿度保持在 50% ~80%之间。

表 6 - 16　整芯输送带系列推荐使用的输送机最小滚筒

带强规格	580S	680S	800S	1000S	1250S	1400S	1600S	1800S	2000S	2240S	2500S
最小滚筒直径/mm	500	630	630	630	800	800	1000	1000	1250	1250	1400

注:1. 本表所列数据主要参考中国青岛橡六集团有限公司产品样本,仅供设计参考。

2. 不同生产厂家对应不同带强规格有使用的输送机最小滚筒直径的推荐值。

3. 强度后加"S"表示输送带具有阻燃和抗静电性能。

4. 表中强度规格为参考中国标准系列。

c 钢丝绳芯输送带

钢丝绳芯输送带骨架受力体为按一定间距纵向均匀排列的左、右交互捻的开放式镀锌钢丝绳,在恒张力下加贴粘合性能优异的芯胶、盖胶冷压成型后,经硫化而成。芯胶粘合性强,硫化时流动性能好;骨架层采用开放式结构的钢丝绳,使芯胶在硫化过程中能够彻底渗透而充填钢丝之间的所有空隙,对钢丝提供极佳的固定和保护作用,并使每根钢丝与芯胶、盖胶紧密贴合,既能增强钢丝的耐腐蚀能力,又能提高输送带的耐动态疲劳性能。钢丝绳芯输送带具有带体拉伸强度大、使用伸长率小、抗冲击性能好、成槽性好、耐曲挠性好等优点,适用于长距离、高带速、大运量物料的输送。

国内外各输送带供应商,如中国青岛橡六集团有限公司、银河德普输送带有限公司、山西凤凰输送带有限公司、美国固特异工程橡胶公司等均可根据客户要求,按国标 GB/T 9770、德国 DIN22131 标准、日本 JIS K 6369 标准、澳大利亚 AS 1333 标准等组织生产。表 6 – 17、表 6 – 18 分别给出了国标 GB/T 9770 和德国 DIN22131 系列钢丝绳芯输送带的主要技术参数,表 6 – 19 给出了钢丝绳芯带强系列推荐使用的输送机最小滚筒直径。

表 6 – 17 国标 GB/T 9770 系列钢丝绳芯输送带主要技术参数

输送带强度规格	ST 630	ST 800	ST 1000	ST 1250	ST 1600	ST 2000	ST 2500	ST 3150	ST 3500	ST 4000	ST 4500	ST 5000	ST 5400
纵向拉伸强度/N·mm^{-1}	630	800	1000	1250	1600	2000	2500	3150	3500	4000	4500	5000	5400
钢丝绳最大公称直径/mm	3.0	3.5	4.0	4.5	5.0	6.0	7.2	8.1	8.6	8.9	9.7	10.9	11.3
钢丝绳最小实际拉伸强度/kN	6.96	9.39	13.56	17.94	24.36	27.08	45.63	53.6	61.4	68	79.7	96	104
钢丝绳间距(±1.5 mm)/mm	10	10	12	12	12	12	15	15	15	15	16	17	17
上覆盖层厚度/mm	5	5	6	6	6	6	6	8	8	8	8	8.5	9
下覆盖层厚度/mm	5	5	6	6	6	6	6	8	8	8	8	8.5	9
输送带总厚度/mm	13	14	16	17	18	20	22	25	25	25	26	28	30
输送带参考重量/kg·m^{-2}	17.9	20.1	23.3	25.8	28.8	35.2	38.6	45.6	47	48	51	59	62
宽度规格/mm	钢 丝 绳 根 数												
800	75	75	63	63	63	63	50	50	50				
1000	95	95	79	79	79	79	64	64	64	64	59	55	55
1200	113	113	94	94	94	94	76	76	77	77	71	66	66
1400	133	133	111	111	111	111	89	89	90	90	84	78	78
1600	151	151	126	126	126	126	101	101	104	104	96	90	90
1800		171	143	143	143	143	114	114	117	117	109	102	102
2000			159	159	159	159	128	128	130	130	121	113	113
2200						176	141	141	144	144	134	125	125
2400						193	155	155	157	157	146	137	137
2600						209	168	168	170	170	159	149	149
2800									194	194	171	161	161

注:1. 表中所列数据仅供参考,详细数据请查阅各厂商产品样本。

2. 输送带参考重量指宽 1 m,长 1 m 的普通型输送带额定厚度基础上的近似重量。

3. 上、下覆盖层以及总厚度可根据用户要求或使用环境、设计要求等确定。

4. 输送带的重量根据不同厂商使用的覆盖层的材料和厚度变化。

5. 结构:钢丝绳芯输送带由上、下覆盖胶、中间胶、边胶及按一定间距纵向排列的钢丝绳组成。

6. 品种:根据覆盖胶性能可细分为:普通型、耐热型、难燃型、耐寒型、耐油型和耐酸碱型等。

表 6-18　德国 DIN22131 系列钢丝绳芯输送带主要技术参数

输送带强度规格		ST400	ST500	ST630	ST800	ST1000	ST1250	ST1600	ST1800	ST2000	ST2500	ST3150	ST3500	ST4000	ST4500	ST5000	ST5400
纵向拉伸强度/N·mm⁻¹		400	500	630	800	1000	1250	1600	1800	2000	2500	3150	3500	4000	4500	5000	5400
钢丝绳最小拉伸强度/kN		5.3	5.3	10.0	11.5	13.2	19.2	26.4	26.4	26.4	41.2	52.0	57.7	66.0	79.2	93.5	101.0
钢丝绳最大公称直径(±1.5 mm)/mm		2.5	2.5	3.3	3.5	4.1	4.9	5.6	5.6	5.6	7.2	8.1	8.6	8.9	9.7	10.9	11.3
钢丝绳间距/mm		12	10	13.5	13.5	12	14	15	13	12	15	15	15	15	16	17	17
上覆盖层厚度/mm		4	4	6	6	6	6	8	8	8	10	10	10	12	12	12	12
下覆盖层厚度/mm		4	4	4	4	4	6	6	8	6	8	8	8	8	8	10	10
输送带总厚度(+1.0～-0.5 mm)/mm		10.5	10.5	13.5	13.5	14	14	19.5	19.5	19.5	25.0	26.0	26.5	29.0	29.5	33.0	33.5
输送带参考重量/kg·m⁻²	X	13.0	13.5	17.0	18.0	19.5	20.0	28.0	28.5	29.0	38.0	41.0	44.0	49.0	51.5	59.0	62.0
	Y	13.5	14.0	17.5	18.5	20.0	20.5	28.5	29.0	29.5	39.0	42.0	45.0	50.0	52.5	60.0	63.0

钢丝绳根数

宽度规格/mm	公差/mm	ST400	ST500	ST630	ST800	ST1000	ST1250	ST1600	ST1800	ST2000	ST2500	ST3150	ST3500	ST4000	ST4500	ST5000	ST5400
500	±5	40	48	36	36	40	34										
650	±7	53	63	47	47	52	44										
800	±8	65	78	58	58	64	55	50	58	62	50	50	50	50			
1000	±10	82	98	73	73	81	69	64	73	78	64	64	64	64	59	55	55
1200	±10	98	118	87	87	97	84	77	88	97	77	77	77	77	71	66	66
1400	±12	115	138	102	102	114	98	90	104	114	90	90	90	90	84	78	78
1600	±12	132	158	117	117	131	112	104	120	131	104	104	104	104	96	90	90
1800	±14	148	177	131	131	147	126	117	136	147	117	117	117	117	109	102	102
2000	±14	164	197	146	146	164	141	130	150	164	130	130	130	130	121	113	113
2200	±15			161	161	181	155	144	166	181	144	144	144	144	134	125	125
2400	±15			175	175	197	169	157	182	197	157	157	157	157	146	137	137
2600	±15					214	184	170		214	170	170	170	170	159	149	149
2800	±15					231	198	170		214	170	170	170	170	159	149	149
3000	±15					247	212	197		247	197	197	197	197	184	172	172
3200	±15					264	227	210		264	210	210	210	210	196	184	184

注:1. 表中所列数据仅供参考，详细数据请查阅各厂商产品样本。
　　2. 上、下覆盖层以及总重量指宽度1 m，长1 m的普通型输送带额定厚度基础上的近似重量。
　　3. 输送带的重量根据厂商使用的覆盖层材料和厚度而变化。
　　4. 输送带的重量可根据用户要求或使用环境、设计要求等确定。
　　5. 结构：钢丝绳芯输送带由上、下覆盖胶，中间胶、边胶及按一定间距纵向排列的钢丝绳组成。
　　6. 品种：根据覆盖胶性能可细分为：普通型、耐热型、难燃型、耐油型、耐寒型和耐酸碱型等。
　　7. X表示划细工作条件下；Y表示示范耐磨冲击。
　　8. 高强度规格的输送带没有列入本表，如ST6300,ST7500,ST8500等。

表6-19　根据带强推荐最小滚筒直径

输送带强度规格	最小滚筒直径/mm								
	允许最大张力(T_1)的利用率								
	100%≥T_1>60%			60%≥T_1>30%			T_1≤30%		
	类　型			类　型			类　型		
	A	B	C	A	B	C	A	B	C
ST400	400	315	250	315	250	250	250	200	200
ST500	500	400	315	400	315	250	315	250	200
ST630	500	400	315	400	315	250	315	250	200
ST800	630	500	400	500	400	315	400	315	250
ST1000	800	630	500	630	500	400	500	400	315
ST1250	800	630	50	630	500	400	500	400	315
ST1600	1000	800	500	800	630	500	630	500	400
ST1800	1000	800	500	800	630	500	630	500	400
ST2000	1000	800	500	800	630	500	630	500	400
ST2500	1250	1000	630	1000	800	500	800	630	500
ST3150	1250	1000	630	1000	800	630	800	630	500
ST3500	1250	1000	630	1000	800	630	800	630	500
ST4000	1400	1250	800	1250	1000	800	1000	800	630
ST4500	1400	1250	800	1250	1000	800	1000	800	630
ST5000	1600	1400	1000	1400	1250	800	1250	1000	630
ST5400	1600	1400	1000	1400	1250	800	1250	1000	630

注:1. 表中所列数据仅供参考,详细数据请查阅各厂商产品样本。不同的厂商根据钢丝绳芯输送带的带强有使用最小滚筒直径的推荐值。

2. A表示产生较大输送带张力处的滚筒:驱动滚筒、头部滚筒或其他滚筒等;B表示产生较小输送带张力处的滚筒:张紧滚筒、尾部滚筒等;C表示改变输送带方向小于30°的滚筒:压紧滚筒、改向滚筒或增面滚筒等。

3. 也可通过根据带芯的钢丝直径、滚筒平均表面压力或带芯所在的表面压力等计算所得的最小滚筒直径中的最大直径来确定滚筒直径。

4. 《金属非金属矿山安全规程》第6.3.1.16条规定:钢绳芯带式输送机的滚筒直径,应不小于钢丝绳直径的150倍,不小于钢丝直径的1000倍;且最小直径应不小于400 mm。

根据带体结构不同,钢丝绳芯输送带可细分为:

普通钢丝绳芯输送带:根据盖胶类型或等级有耐磨型、耐寒型、阻燃型、耐热型、抗冲击型等;常见的国标GB/T 9770和德国标准DIN 22131覆盖胶性能等级代号对照表见表6-20。

表6-20　输送带覆盖胶性能等级

| 覆盖胶性能等级代号 | | 拉伸强度(最小值)/MPa | 扯断伸长率(不小于)/% | 磨耗量(不大于)/m³ |
DIN 22131	GB/T 9770			
W	(D)	18(18)	400(400)	90(90)
X	(H)	25(25)	450(450)	120(120)
Y		20	400	150
Z	(L)	15(20)	350(400)	250(150)
K*	(P)	20(14)	400(350)	200(200)

注:D表示高耐磨型;H表示耐磨抗冲击型;L表示一般工作条件下;P表示耐油、耐热、耐酸碱、耐寒和一般难燃的输送带;K*表示阻燃抗静电。

抗撕裂型钢丝绳芯输送带:在普通钢丝绳芯输送带的上盖胶与芯胶之间(或下盖胶与芯胶之间),加一层(或两层)抗撕裂网,阻止异物插入或撕裂带体,也叫横向增强型输送带。用户可以根据需要选用不同类型的抗撕裂网如抗撕裂钢丝绳网、帆布线绳防撕裂网、KEVLAR 纤维(芳纶)编制的芳纶线绳网、抗冲击的聚酯线绳网等。

防撕裂型钢丝绳芯输送带:在输送带覆盖胶和骨架层之间沿纵向按一定距离埋设传感器(线圈)或网束,当输送带发生撕裂事故线圈撕裂时,通过预设检测控制装置,获取声光报警信号,以便及时发出停机指令,防止撕裂事故的扩大。

d 管形输送带

管形输送带骨架受力体为单层或多层化纤帆布或钢丝绳,带体两侧采用特殊的生产工艺,使成品带具有适当的横向刚性,易于成圆管形且不疲劳。其特点是能实现密闭输送、弯曲输送、大倾角输送、往复输送等。根据骨架受力体的材质,管状输送带可分为化纤织物芯管形带和钢丝绳芯管形带。表 6-21 给出了部分管形输送带的主要技术参数。

表 6-21　管形输送带技术参数参照表

管形公称直径 /mm	带宽 /mm	重叠部分 /mm	实际直径 /mm	70% 填充时横截面积/m²	输送量 /m³·h⁻¹	最大粒度 /mm
100	350	35	100.27	0.005	40	40
150	500	50	143.24	0.011	81	80
200	650	65	186.21	0.019	137	100
250	800	80	279.18	0.028	208	130
300	1000	100	286.48	0.045	325	150
350	1200	120	343.77	0.064	468	180
400	1400	140	401.07	0.088	637	200
450	1600	160	458.37	0.115	832	220
500	1900	170	507.5	0.145	850	230
600	2300	195	609	0.205	1020	250

注:1. 表中所列数据主要以银河德普输送带有限公司产品样本为基础,仅供参考,其他厂家详细数据请查阅各厂商产品样本。

2. 表中输送量是在带速为 2 m/s 的情况下计算所得。

3. 表中数据是基于化纤织物芯的管形输送带。

e　其他类型的输送带

耐高温输送带:主要适用于输送烧结、焦炭、水泥熟料等高温物料。

波纹挡边输送带:主要适用于煤炭、矿山、冶金等行业大角度输送物料。

横向刚性波形挡边带:近年新开发的一种新型输送带。

花纹输送带:能防止物料下滑,提升输送角度。

夹带式输送机覆盖带:与普通输送带配合,能实施任意角度输送物料。

f　输送带的平方数折算方法

分层织物芯输送带的平方数折算计算式

$$平方米数 = 带宽(m) \times \left[层数 + \frac{上胶厚(mm) + 下胶厚(mm)}{1.5(mm)} \right] \times 带长(m)$$

钢丝绳芯输送带的平方数折算计算式

$$平方米数 = 带宽(m) \times \frac{带厚(mm)}{1.5(mm)} \times 带长(m)$$

B 输送带的选择

a 适应运输功能和环境特征

运输功能指运人、运矿以及运送矿石种类等；环境特征包括气候、地形、环保、地表运输或坑内运输等。普通橡胶输送带适用的环境温度一般为 -10 ~ 40℃；工作环境温度低于 -15℃时，不宜采用普通棉织芯输送带；工作环境温度低于 -20℃时，采用钢丝绳芯输送带应选用耐寒型。普通输送带输送倾角一般为 -12° ~ 15°；花纹输送带输送倾角可达 30° ~ 35°，波纹挡边和横向刚性波形挡边输送带输送倾角可达 60°，但这几种输送带清扫困难，不适合输送黏性矿石；夹带式输送机可以实现 90°倾角输送；普通管形输送带的最大倾角可达 35°，可实现空间三维曲线输送物料。

带芯的选择还需要考虑输送机工作条件、成槽性、抗冲击性、带强、拉紧行程等因素。

b 适应输送物料特性

一般情况下，需考虑物料的密度、硬度、最大块度、动堆积角、黏结度、温度、湿度等。输送带的使用寿命一般取决于输送带覆盖层的磨损情况，覆盖层的磨损主要是由于输送带与物料的相对运动而产生的；其主要影响因素有输送物料的密度、硬度和块度、装载点的落差、给料方向、带速、输送带的运转周期、物流的集中程度等。天然橡胶、异戊二烯橡胶具有很好的耐冲击性，天然橡胶、丁苯橡胶具有很好的耐磨性和吸能性，天然橡胶、顺丁橡胶、异戊二烯具有很好的的耐寒性等。多数输送带生产商都有专门的覆盖胶研究部门或研究手段，针对不同的物料特性提供不同配方的覆盖胶，以提高输送带的适应性和使用寿命。

覆盖胶厚度的增加有利于提高输送带的耐冲击与抗磨损性能。但增加覆盖胶的厚度也会相应增加带体重量，降低带体的成槽性、耐曲挠性、耐动态疲劳性能等。设计覆盖胶的厚度必须与输送带的磨损速率、受料条件、物料特性以及输送带的运转周期等相结合考虑。

c 合理带宽的确定

输送机的带宽、速度与单位时间输送量有关；而单位时间输送量是由工程系统设计确定的。最佳带宽与带速的匹配，应经过优化设计确定，特别是对于大型带式输送机。带宽加大，不仅增加输送机整机重量，而且增加占地面积或井巷工程量，导致造价升高。而提高带速是提高运输能力和降低带宽最有效的措施，同时，对于水平和上行带式输送机还可以通过适当提高带速来降低输送带的带强；但输送带的带速也同样受到很多因素的限制，如提高带速也会增加输送带的磨损，缩短输送带的使用寿命；所需驱动功率加大，增加运营费用和维护费用。所以，应从技术和经济两个方面综合考虑，以吨公里运输费用最低为原则确定带宽和带速。《金属非金属矿山安全规程》第 6.3.1.16 条规定：带式输送机输送物料的最大外形尺寸应不大于 350 mm；输送带的最小宽度，应不小于物料最大尺寸的 2 倍加 200 mm。输送带宽度要满足输送量、输送物料粒度以及运行张力的要求。各种带宽对应的输送带允许的最大装载截面积见表 6 - 22，物料的有效体积输送量除与带速成正比外，还需要考虑一个与输送倾角、块度、动堆积角、给料均匀性、输送机的直线性以及输送能力储备等有关的有效装料系数（一般在 0.7 ~ 1.1 之间）；各种带宽推荐适用的输送物料粒度见表 6 - 23。美国 CEMA 推荐：对于动堆积角为 20°的物料，全部为块料没有粉矿的情况下，输送物料粒度尺寸不大于带宽的 1/5；输送物料为 10% 的块料和 90% 的粉矿的情况下，粒度尺寸不大于带宽的 1/3。

d 合理安全系数的确定

输送带的安全系数应考虑安全、可靠、使用寿命、制造质量、经济成本、接头效率、启动系数、现场条件等因素;使用时可以参照各制造厂的产品样本说明或输送带的质量和接头效率按经验选取。《金属非金属矿山安全规程》第6.3.1.16条规定:带式输送机的输送带安全系数,按静荷载计算时应不小于8,按启动和制动时的动荷载计算时应不小于3。钢绳芯带式输送机的静荷载安全系数应不小于5~8。

选型时还应考虑覆盖胶与带芯寿命的配合。

表6－22　平行和三等长槽形托辊输送带上的截面积　　　　　　　　　　（m²）

带宽 /mm	堆积角/(°)	槽 角/(°)						
		0	20	25	30	35	40	45
500	0		0.0098	0.0120	0.0139	0.0157	0.0178	0.0186
	10	0.0047	0.0142	0.0162	0.0180	0.0196	0.0210	0.0220
	20	0.0094	0.0187	0.0206	0.0222	0.0236	0.0247	0.0256
	30	0.0145	0.0234	0.0252	0.0266	0.0278	0.0287	0.0293
650	0		0.0184	0.0224	0.0260	0.0294	0.0322	0.0347
	10	0.0083	0.0262	0.0299	0.0332	0.0362	0.0386	0.0407
	20	0.0169	0.0342	0.0377	0.0406	0.0433	0.0453	0.0469
	30	0.0259	0.0427	0.0459	0.0484	0.0507	0.0523	0.0534
800	0		0.0279	0.0344	0.0402	0.0454	0.0500	0.0540
	10	0.0130	0.0405	0.0466	0.0518	0.0564	0.0603	0.0636
	20	0.0265	0.0535	0.0591	0.0638	0.0678	0.0710	0.0736
	30	0.0406	0.0671	0.0722	0.0763	0.0798	0.0822	0.0840
1000	0		0.0478	0.0582	0.0677	0.0793	0.0838	0.0898
	10	0.0210	0.0674	0.0771	0.0857	0.0933	0.0998	0.1050
	20	0.0427	0.0876	0.0966	0.1040	0.1110	0.1160	0.1200
	30	0.0653	0.1090	0.1170	0.1240	0.1290	0.1340	0.1360
1200	0		0.0700	0.0853	0.0992	0.1120	0.1230	0.1320
	10	0.0303	0.0988	0.1130	0.1260	0.1370	0.1460	0.1540
	20	0.0626	0.1290	0.1420	0.1530	0.1630	0.1710	0.1760
	30	0.0958	0.1600	0.1720	0.1820	0.1900	0.1960	0.1960
1400	0		0.0980	0.1200	0.1390	0.1570	0.1710	0.1840
	10	0.0425	0.1380	0.1580	0.1750	0.1910	0.2040	0.2140
	20	0.0864	0.1790	0.1970	0.2130	0.2200	0.2370	0.2450
	30	0.1320	0.2210	0.2380	0.2530	0.2640	0.2720	0.2770
1600	0		0.1300	0.1590	0.1850	0.2080	0.2280	0.2440
	10	0.0560	0.1820	0.2090	0.2330	0.2530	0.2700	0.2830
	20	0.1140	0.2360	0.2610	0.2820	0.3000	0.3140	0.3240
	30	0.1750	0.2930	0.3150	0.3340	0.3490	0.3600	0.3660

续表 6 - 22

带宽 /mm	堆积角/(°)	槽 角/(°)						
		0	20	25	30	35	40	45
1800	0		0.1670	0.2030	0.2370	0.2660	0.2920	0.3130
	10		0.2330	0.2680	0.2980	0.3240	0.3460	0.3630
	20		0.3020	0.3340	0.3610	0.3840	0.4010	0.4140
	30		0.3740	0.4030	0.4270	0.4460	0.4600	0.4630
2000	0		0.2070	0.2680	0.2940	0.3310	0.3620	0.3830
	10		0.3770	0.3320	0.3700	0.4030	0.4290	0.4500
	20		0.4010	0.4150	0.4480	0.4700	0.4980	0.5140
	30		0.5690	0.5010	0.5300	0.5540	0.5710	0.5810
2200	0		0.257	0.311	0.363	0.408	0.446	0.478
	10		0.357	0.408	0.455	0.494	0.527	0.552
	20		0.461	0.508	0.549	0.584	0.610	0.629
	30		0.569	0.613	0.649	0.677	0.697	0.710
2400	0		0.303	0.368	0.428	0.482	0.528	0.566
	10		0.423	0.484	0.539	0.586	0.625	0.655
	20		0.541	0.604	0.653	0.694	0.725	0.748
	30		0.677	0.729	0.772	0.806	0.830	0.845
2600	0		0.306	0.489	0.510	0.573	0.628	0.672
	10		0.502	0.575	0.640	0.695	0.741	0.777
	20		0.648	0.716	0.774	0.822	0.859	0.885
	30		0.801	0.863	0.914	0.953	0.982	0.999
2800	0		0.413	0.505	0.585	0.660	0.721	0.774
	10		0.578	0.663	0.737	0.808	0.855	0.897
	20		0.749	0.827	0.894	0.950	0.993	1.025
	30		0.928	0.998	1.063	1.140	1.137	1.158

表 6 - 23　带宽与适宜的最大物料粒度

带宽/mm	300	400	500	650	800	1000	1200	1400	1600	1800	2000
已筛分	50	70	100	130	160	200	240	280	320	360	400
未筛分	70	100	150	200	270	330	400	460	530	600	670

注:1. 表中所列数据为推荐值,仅供参考。

2. 已筛分表示物料全为块料,且均匀。

6.3.2.2 滚筒组

滚筒组是带式输送机的重要部件,一般由滚筒轴、轴承座、轮毂、辐板、筒壳等部分组成。按其在输送机中是否传递扭矩可以将滚筒分为传动滚筒和改向滚筒。

A 传动滚筒

传动滚筒是传递动力的主要部件,它通过与输送带之间的摩擦力牵引输送带运行。根据其承载能力方向分轻型、中型和重型三种;根据其表面覆盖层分钢制光面滚筒、包胶滚筒和陶瓷滚筒等;根据出轴有单向出轴和双向出轴两种形式。钢制光面滚筒表面摩擦系数小,一般用在环境干燥、短距离小型带式输送机中。陶瓷滚筒和包胶滚筒的主要优点是表面摩擦系数大,适用于长距离带式输送机。其中,包胶滚筒按其表面形状可分为光面包胶滚筒、人字形沟槽包胶滚筒和菱形(网纹)包胶滚筒。人字形沟槽包胶滚筒表面有沟槽存在,能使其表面水薄膜中断,具有良好的防滑性能和排水性能,特别适合在潮湿环境下使用,但有方向性,不能反向运转。菱形(网纹)包胶滚筒没有方向性,可以正反转,多用于可逆或双向运行的输送机。用于重要场合或大运量、长距离大型带式输送机中的重型传动滚筒,建议选用硫化橡胶胶面。陶瓷滚筒其滚筒表面由许多陶瓷片镶成,一方面增加了表面的摩擦系数,另一方面便于滚筒表面清扫。国内外许多滚筒生产商采用新研究的新型胶面材料,不仅增加了滚筒表面的摩擦系数,同时也能减少滚筒包胶层的磨耗和增加滚筒自我清洁能力。

传动滚筒直径大小直接影响输送带绕经滚筒时的附加弯曲应力和输送带在滚筒上的比压;输送带绕经滚筒的包角的大小是决定输送带出现打滑前所传递的功率的重要因素。

环行锁紧器是广泛应用于重型载荷下机械连接的一种先进基础部件,在带式输送机中主要用于传动滚筒与轴的连接以及减速器输出轴与传动滚筒轴的连接。环行锁紧器通过其内外环产生的摩擦力传递扭矩,具有压配合的全部优点,又避免了压配合计算繁琐、公差配合严格、装配困难等缺点,容易实现高精度的定位,可传递大扭矩和轴向力,同时也避免了滚筒的轴向攒动,降低了孔和轴的加工精度。

B 改向滚筒

改向滚筒是用于改变输送带的运行方向或增加输送带与传动滚筒间的围包角的重要部件。根据改向滚筒在带式输送机中的位置和作用不同可分为不传递扭矩的头部滚筒和尾部滚筒、增加传动滚筒围包角的增面滚筒、拉紧滚筒以及用于拉紧装置的导向滚筒。180°改向滚筒一般位于头部、尾部或垂直拉紧装置处,90°改向滚筒一般位于垂直拉紧装置的上方,增面滚筒一般改变输送带运行方向小于或等于45°。改向滚筒覆面有裸露光钢面和平滑胶面之分。

C 滚筒的选择

带式输送机中滚筒属于定型部件,已经系列化和标准化。不过,不同国家标准在确定滚筒直径和宽度系列上也不完全一样,且有英制和公制之分。选择滚筒主要考虑因素有:

(1)滚筒所在位置。头部、尾部、增面、拉紧或拉紧装置导向等。一般来说传动滚筒与不同位置的改向滚筒也需要合理匹配。不同位置的滚筒其滚筒直径允许公差也不同。

(2)滚筒直径、滚筒宽度。滚筒直径是选择滚筒的主要指标之一,滚筒直径的大小影响输送带绕经滚筒时的附加弯曲应力及输送带在滚筒表面的比压。绕经滚筒的输送带的带芯的附加应力必须在输送带的许用疲劳极限以下,超负载可能导致输送带粘合层分离或输送带过早破坏。选用大直径传动滚筒对输送带的使用有利,但滚筒直径增大后,传动滚筒的质量、驱动装置的传动比以及质量、占用空间和面积也相应增加。首先根据选用输送带的类型、构造、带强以及张力大小、接头形式、传动滚筒位置、传动扭矩所需的围包角等因素确定传动滚筒直径;然后,根据选定传动滚筒的直径、改向滚筒处输送带许用强度利用率、输送带对滚筒的围包角以及改向滚筒所处位置、作用、改变输送带运行方向的角度大小等因素确定改向滚筒的直径。不同类型和带强的输送带推荐使用的最小滚筒直径参见表6-12、表6-13和表6-19;表中的最小滚筒直径由带芯厚度、带芯的抗拉系数、输送带额定破断张力以及输送带所受最大张力等四个因素决定。在双滚筒驱动中受反向弯曲应力或在单驱动滚筒中受高张力反向弯曲应力的滚筒应在推荐的最小滚筒直径基础上相应增加一个等级。滚筒宽度一般与输送带的宽度相对应,一般滚筒宽度比相应带宽多 100 ~ 400 mm。

（3）输送带的传动扭矩和张力。传动滚筒选择主要根据确定的带宽、传动滚筒直径、实际传递的扭矩以及传动滚筒受到的实际合力。改向滚筒选择主要根据确定的带宽、改向滚筒的直径、改向滚筒受到的实际合力等条件。带式输送机正常运行时,滚筒所受到的载荷不能超过选定滚筒的许用扭矩和许用合力。由于启动、堆料或装料堵塞、拉紧装置失效、制动、输送带跑偏、装料过多等因素都有可能导致滚筒过载。带式输送机启动时滚筒所受到的载荷或偶尔峰值载荷不能超过选定滚筒的许用扭矩和许用合力的 50%。滚筒所受的瞬时事故载荷不能超过选定滚筒的许用扭矩和许用合力的 100%。

（4）运行环境。带式输送机工作环境温度、湿度、灰尘或其他特殊环境以及是在露天或坑内等都对滚筒表面的包胶层及其厚度、表面形式的确定都有影响。

（5）其他影响因素。带式输送机的拉紧位置、拉紧装置的布置形式等。

6.3.2.3　托辊组

托辊属于定型产品,是带式输送机的重要部件,其作用是支承和保护输送带以及输送带上所承载的物料,并使输送带的垂度不超过一定限度,减少运行阻力,以保证输送带平稳运行。托辊沿带式输送机全线分布,是数量最大的运转部件,总重约占带式输送机整机的 30% ~ 40%;因而托辊的质量和性能直接影响带式输送机运行的可靠性、运营成本以及功率消耗。

A　托辊的种类

托辊基本可分为承载托辊和回程托辊两大类。承载托辊主要包括槽形托辊、缓冲托辊、过渡托辊、调心托辊、平形上托辊。回程托辊主要包括平形回程托辊、V 形回程托辊、清扫托辊、调心托辊。

槽形托辊组主要用来支承输送带以及带上所承载的物料。按角度分有 30°、35°、45°等槽角。按形式可分为标准型和前倾型。前倾型托辊组多用于轻型带式输送机,有调心和对中的作用。按辊子数可分为三托辊、五托辊、七托辊等。常用的槽形托辊多由三个等长辊子组成。

缓冲托辊组安装在输送机的受料点,以减缓大块物料下落时对输送带的冲击和破坏,延长输送带的使用寿命。一般的缓冲托辊用弹性材料制成。橡胶圈的缓冲托辊是常用的一种形式,它的辊体由具有一定间隔的弹性圆盘构成。其他类型的缓冲托辊还有弹簧板式缓冲托辊、钢制铸胶螺旋式槽形托辊等。缓冲托辊组分槽形和平行两种形式,槽形缓冲托辊按角度分有 30°、35°、45°三种槽角。

过渡托辊组安装在端部滚筒与第一组承载托辊之间,可使输送带逐步成槽形或由槽形展平,以降低输送带边缘附加应力,同时避免输送带展平时出现撒料现象。过渡托辊按角度分一般有 10°、20°、30°三种槽角。

调心托辊组用于调整输送带跑偏,防止蛇行,保证输送带稳定运行。常用的调心托辊组有一个支承辊子的托架,该托架装在近似垂直于输送带的中心枢轴上,能使承载托辊相对于输送机的中心偏斜。当输送带跑偏时,这些偏斜的辊子迫使偏移的输送带回到输送机中心线上来;同时偏斜的辊子也回到正常位置。调心托辊可分为摩擦型和圆锥型两种。调心托辊一般情况承载分支每 10 组布置一组,回程分支每 4 ~ 6 组布置一组。立辊式调心托辊的立辊与输送带的边缘连续接触,加大了输送带边缘的磨损,降低输送带的使用寿命;国外多数带式输送机成套商一般不推荐使用。

平行托辊又分平行上托辊和平行下托辊。平行上托辊组用于平行带式输送机承载分支输送成件物品。平行下托辊组用于回程分支支承输送带。平行下托辊由单根长托辊组成,有平形、梳形、螺旋形和弹簧形等各类形式。梳形和螺旋形托辊也叫清扫托辊,可以防止输送带表面物料的黏着和集结。

V 形托辊组多用于下托辊,由两个辊子组成,每根辊子的倾斜角约为 10°~15°。随着高强度织物带和钢丝绳芯输送带的大量使用,能够有效支承输送带和防止输送带跑偏的 V 形回程托辊组得到了普遍应用。V 形托辊按形式可分为 V 形回程托辊组、V 形前倾托辊组、反 V 形回程托辊组等。V 形下托辊可采用钢辊式、橡胶圆盘梳形结构;根据使用经验,钢辊比橡胶圆盘结构优越,后者磨损较快。

B 托辊的结构

普通托辊由管体、轴承座、轴承、轴和密封件构成。影响托辊性能的主要因素为轴承结构、密封结构以及润滑方式。

带式输送机托辊偏重于采用深沟向心球轴承和圆锥滚子轴承。近年更倾向于选用双面密封的大游隙球轴承,以改善轴承的工作状态,减小托辊的运转阻力,降低托辊的制造成本。如英国采用专用大游隙大滚珠深槽轴承,德国采用凹槽大游隙轴承,也有国外公司采用圆锥滚子轴承的,如美国朗艾道公司。

密封的目的是为了防止外界灰尘和水分等侵入轴承。托辊密封性能的好坏,直接影响托辊的阻力系数和托辊寿命。按照密封原理的不同,可分为接触式密封和非接触式密封两种,前一种多用于低速场合,后一种多用于高速场合。接触式密封包括毡圈密封和密封圈密封,其密封件也由单一的接触式密封发展到双重接触式密封、高性能柔性密封等。非接触式密封为迷宫式密封,是大多数厂家采用的托辊密封方式,如国内的 DT - Ⅱ 托辊、JRC 托辊,美国的朗艾道托辊、澳大利亚福克斯托辊、加拿大捷佛里托辊等。轴承润滑方式也由封入式一次性注油润滑,发展到可注油式润滑方式。

C 托辊的选型

托辊的选型主要考虑托辊组的承载能力和寿命。需要考虑的因素主要有载荷的大小及特征、输送带的宽度和运行速度、使用条件、输送机的工作制度、使用年限、被输送物料的性质、预定的轴承寿命以及维修制度等。

托辊的载荷计算分静载荷计算和动载荷计算。

a 静载荷

承载分支计算:
$$p_0 = 9.81 e a_0 (I_m/V + q_b) \qquad (6-24)$$

回程分支计算:
$$p_u = 9.81 e a_u q_b \qquad (6-25)$$

式中 e——托辊载荷系数,见表 6-24;

a_0——承载分支托辊间距,m;

I_m——输送能力,kg/s;

q_b——输送带单位重量,kg/m;

V——输送带输送速度,m/s;

a_u——回程分支托辊间距,m。

b 动载荷

承载分支计算:
$$p_{01} = p_0 f_s f_d f_a \qquad (6-26)$$

回程分支计算:
$$p_{u1} = p_u f_s f_a \qquad (6-27)$$

式中 f_s——运行系数,见表 6-24;

f_a——工况系数,见表 6-24;

f_d——冲击系数,见表 6-25。

表 6 – 24 托辊载荷系数、运行系数、工况系数

托辊形式	e	每天运行时间/h	f_s	工 况 条 件	f_a
一个辊	1	<6	0.8	正常工作和维护	1.0
二节辊	0.63	≥6, <9	1.0	有腐蚀或磨损性物料	1.1
三节辊	0.80	≥9, <16	1.1	磨蚀性较高的物料	1.15
		≥16	1.2		

表 6 – 25 托辊冲击系数

物料粒度/mm	带 速/m·s^{-1}						
	2.00	2.50	3.15	3.50	4.00	5.00	6.50
0 ~ 100	1	1	1	1	1	1	1.05
≥100, <150	1.02	1.03	1.06	1.07	1.09	1.13	1.23
≥150, <300（细料中有少量大块）	1.04	1.06	1.11	1.12	1.16	1.24	1.39
≥150, <300（块料中有少量大块）	1.06	1.09	1.14	1.16	1.21	1.35	1.57
≥150, <300	1.20	1.32	1.57	1.70	1.90	2.30	2.94

托辊直径和轴承可根据托辊所受的载荷情况、输送带宽度和运行速度选择。托辊直径和长度已经标准化和系列化。一般情况下,根据托辊的承载能力确定托辊轴承型号,通过输送带宽度和带速确定托辊直径和单辊长度。表 6 – 26 给出了托辊直径与带宽的关系表。托辊直径增大,其重量和旋转质量也相应增大,但同时又降低了托辊的转速和减小了振动,使带式输送机的运转条件得到改善,减少了输送带运行阻力系数,也避免轴承过早失效。为避免产生过大振动和延长轴承使用寿命,建议选用托辊的转速低于 600 r/min。表 6 – 27 给出了托辊适应带速与对应转速的关系表。

表 6 – 26 托辊直径与带宽的关系

托辊直径/mm	带宽/mm										
	500	650	800	1000	1200	1400	1600	1800	2000	2200	2400
89	√	√	√								
108		√	√	√	√	√					
133			√	√	√	√	√	√	√		
159			√	√	√	√	√	√	√	√	√
194							√	√	√	√	√
219										√	√

D 托辊的布置

根据托辊在不同部位的工作状况或需要选择不同类型的托辊组。如在装载段布置缓冲托辊组;在头部和尾部过渡段布置一组或多组过渡托辊组;为防止跑偏在整个输送机上每隔数组布置一个调心托辊组;输送黏性物料时,为防止物料集结一般在靠近头部回程段布置一定数量的清扫托辊组。

影响托辊组间距的主要因素是带速、输送带的允许下垂度和张力以及托辊组的振动频率、托辊轴承的额定载荷。带速越快,物料块度越大,输送带的允许下垂度应越小。输送带下垂度计算

表 6-27 托辊适应带速与对应转速

托辊直径/mm	带速/m·s⁻¹									
	0.8	1.0	1.25	1.60	2.0	2.5	3.15	4.0	5.0	6.5
89	172	215	268	344	429	537				
108	142	177	221	283	354	442	557			
133		144	180	230	287	359	453	575		
159		120	150	192	240	300	379	481	601	
194			123	158	197	246	310	394	492	
219							275	349	436	567

的基本公式如下:

$$Sag\% = \frac{Wa_i}{8T}g \tag{6-28}$$

式中　W——输送带和承载物料的单位质量,kg/m;

　　　a_i——托辊间距,m;

　　　g——重力加速度;

　　　T——输送带的张力,N。

经验表明,当输送带的垂度大于 3% 时,输送带容易撒落粉料。所以托辊间距需要遵循以下限制条件:输送带以正常负荷运行时,输送带的下垂度不超过 3%(ISO 标准规定输送带的相对垂度为 0.5%~2%);输送带负载停机状态时,输送带的下垂度不超过 4.5%;任何托辊上的负荷不能超过托辊的额定载荷。

目前大多数带式输送机的常规设计中,整个输送机的承载段(除特殊部位托辊组的布置外)均采用等间距布置。对于带式输送机而言,不同区段或部位的输送带所受的载荷或张力是不同的,也就是说允许的最大托辊间距各处也是不一样的。所以在同一台带式输送机上采用不同的托辊间距更加符合输送带的实际情况,这样可以减少整个输送机的托辊数量,从而减少输送机的运行阻力,降低输送机负荷,降低输送机的运营成本。

对于高速运行的带式输送机,确定托辊间距时,还必须考虑避免托辊的振动频率与输送带作上下横向振动的固有频率接近而产生共振现象。

带式输送机的装载段,上托辊的布置应使输送带保持稳定,并使输送带上表面在导料槽全长内能与其挡板下部橡胶边缘密切接触,防止导料槽挡板下部漏料;同时,还要能减缓物料对输送带的冲击和对输送带覆盖胶的磨耗。上托辊的间距一般与物料的松散密度、块度、装载量等有关,其间距一般为正常段托辊间距的 1/2(或更小)。生产实践证明,在确定装载段的上托辊间距时,应力求使物料负荷的主要部分分配在两个托辊之间的输送带上。

带式输送机从最近一个槽形托辊到端部滚筒之间的输送段称为过渡段。在过渡段内输送带边缘应力随输送带由槽形过渡到平形过程而增加,而产生附加弹性伸长或永久伸长。合理确定过渡段的长度对于输送机设计是很重要的。过渡段的布置形式有两种:一种是滚筒表面与槽形托辊组的中间托辊表面平行,其推荐最小过渡段长度参见表 6-28;二是滚筒表面相对于槽形托辊组的中间托辊表面有一定的抬高值,其推荐最小过渡段长度参见表 6-29,如美国 CEMA 推荐的抬高值为托辊组槽深的 1/2,德国 DIN22101 推荐的抬高值为托辊组槽深的 1/3。

表 6-28　滚筒表面与槽形托辊组的中间托辊表面平行时推荐最小过渡段长度

托辊槽角/(°)	张力利用率/%	织物输送带	钢绳芯输送带
20	>90	1.8B	4.0B
	60~90	1.6B	3.2B
	<60	1.2B	2.8B
35	>90	3.2B	6.8B
	60~90	2.4B	5.2B
	<60	1.8B	3.6B
45	>90	4.0B	8.0B
	60~90	3.2B	6.4B
	<60	2.4B	4.4B

注: B 为带宽。

表 6-29　滚筒表面相对于槽形托辊组中间托辊表面有一定的抬高值推荐最小过渡段长度

托辊槽角/(°)	张力利用率/%	织物输送带	钢绳芯输送带
20	>90	0.9B	2.0B
	60~90	0.8B	1.6B
	<60	0.6B	1.0B
35	>90	1.6B	3.4B
	60~90	1.3B	2.6B
	<60	1.0B	1.8B
45	>90	2.0B	4.0B
	60~90	1.6B	3.2B
	<60	1.3B	2.3B

注: B 为带宽。

E　托辊组旋转部分质量

在带式输送机设计的标准计算方法中,主要运行阻力等于托辊摩擦阻力系数与重力加速度、输送带质量及输送带输送的物料质量和托辊旋转部分质量之和的乘积。托辊旋转部分的质量是计算运行阻力的重要依据,尤其是在长距离带式输送机设计中。托辊的旋转部分质量主要由钢管、轴承、轴承座以及端盖组成。

ISO 标准将承载带和回程带所用的托辊旋转部分质量用以下式表示:

$$q_{RU} = \frac{承载段托辊旋转部分质量}{承载段托辊间距} \tag{6-29}$$

$$q_{RO} = \frac{回程段托辊旋转部分质量}{回程段托辊间距} \tag{6-30}$$

不同厂家生产的托辊其旋转部分的质量也不一样。带式输送机设计中,输送机的运行阻力可以采用不同厂家样本的推荐值计算。

6.3.2.4　驱动装置

带式输送机的驱动装置一般由电动机、减速器、联轴器及逆止器或制动器组成。根据减速器的类型不同驱动装置分为平行轴式、直交轴式和轴装式。轴装式减速器驱动装置只适合短距离、小功率的单机驱动;对于长距离、大功率多点驱动的带式输送机多采用平行轴式或直交轴式减速器驱动装置。

带式输送机的负载是一种典型的恒转矩负载,且不可避免地要有负载启动或制动。电动机的机械特性即电动机转速－转矩特性曲线,不完全符合理想的带式输送机速度－转矩特性曲线。对于小型带式输送机一般可采用电动机直接启动的方式。而对于由双电动机或多电动机驱动的长距离、大功率带式输送机来说,其驱动装置应满足下列基本要求:

(1) 电动机启动对电网冲击小,理想状态为电动机无载启动;

(2) 驱动装置应该具有较高的传动效率;

(3) 驱动装置能实现过载保护;

(4) 驱动装置的加、减速度可控可调,最好能实现理想的可控速度曲线启动和制动,使带式输送机启动、制动平稳;

(5) 多电机驱动时,应能使各电动机的负荷均衡;

(6) 能提供设计速度10% ~ 12%的低速运行状态。

A　减速器

减速器作为电动机与传动滚筒之间的减速装置是带式输送机的重要设备之一。它既要满足输送机功率、速比、转矩等要求,还要具有重量轻、体积小、传动效率高、故障率小、维护方便等特点。

带式输送机减速器多采用圆柱齿轮减速器和圆锥圆柱齿轮减速器,且多为硬齿面传动。

减速器的选型设计主要步骤为:(1) 计算传动比;(2) 确定减速器的额定功率;(3) 校核所选减速器的类型和规格是否满足输送机最大扭矩要求,如峰值工作扭矩、启动扭矩或制动扭矩;(4) 确定供油方式、安装方式;(5) 计算所需热容量,确定减速器的冷却方式。

B　电动机驱动及软启动

电动机是带式输送机的主要动力来源。带式输送机常用的电动机主要有鼠笼型交流电动机、绕线转子电动机以及直流电动机。

在长距离、大功率带式输送机系统设计中,为了适应带式输送机的黏弹性体特征,实现带式输送机按可控曲线启动和停车,减少对传动系统和机械设备的冲击,减小带式输送机的启动张力以及对电动机的热冲击负荷和对电网的冲击,常采用可控启动装置实现软启动传动技术方案。

对带式输送机实现可控启动技术,大致分为两大类:一类是用电动机调速启动;一类是用鼠笼式电动机配用机械调速装置对负荷实现可控启动和停车。电动机的调速启动可用直流电机调速、绕线转子电动机调速、交流电动机变频调速等多种方式;机械类调速装置有液力耦合器、CST可控启动传输、MST 机械软启动传动装置等。

a　直流电动机驱动

直流电动机具有优良的调速性能,调速范围宽,在低速时有较大的扭矩,可以缓解电动机的启动冲击;同时,直流电动机过载能力较强,启动和制动转矩较大。直流电动机的调速方式有三种,一是改变电枢电压,使电动机机械特性平行下移,达到恒转矩调速。这种方式的特点是调速后转速稳定性不变,无级、平滑、损耗小等,但是只能下调,且需专用设备,成本高,如晶闸管调压调速系统。二是通过减少励磁电流即减少磁通(调节励磁电阻),使电动机机械特性的理想空载转速和斜率增大,而实现恒功率调速。这种方式的特点是励磁回路电流小,损耗小,连续调速,容易控制,但只能上调。三是通过在电枢回路中串入调节电阻,增大电动机机械特性的斜率,改变与负载机械特性的交点,达到调速的目的。这种方式设备简单,操作简洁,但是只能降速,低转速时变化率和电枢电流较大,不易连续调速,有损耗。直流电动机的明显缺点是造价昂贵,电刷和整流子的维护量大,同时,直流电动机长时间低转速运行将使温升增高,且需要配套相应容量的直流电源设备。

b 绕线转子电动机驱动

绕线转子电动机调速有转子电路串接启动电阻调速和串级调速两种。

在转子电路中串接可变电阻,适当调节可变电阻可以改变电动机的临界转差率,而其最大转矩保持不变,这种调速方式对于恒转矩负载的带式输送机十分有利。这种方式是依靠增加转差功率损耗来调速,损耗主要集中在电动机外的附加电阻上,低速运行不会过热,但是这时电动机的效率低,且调速不平滑,维护工作量也偏大。这种方式过去在 DX 型带式输送机常用。

串级调速是在绕线转子电动机的转子回路中加一组与变化的转子绕组感应电势频率相同的可控附加电势,从而调节转差电压,也是一种改变电动机转差率的调速方法。通过改变转差电压实现调速,外加电势通过晶闸管逆变电路来实现。这种方式与前者相比,避免了在电阻中的无益损耗,效率高,但整套装置复杂。

c 交流电动机变频调速

变频调速系统是通过改变供电电源的频率来改变电动机的转速,连续地改变供电电源的频率,就可以连续平滑地调节电动机的转速。变频调速的加减速度曲线可以在较宽的范围内设定,能满足控制带式输送机加速度和减速度的要求。它具有调速效率高、调速平滑性能好、机械特性较硬等特点,可以实现恒转矩或恒功率无级调速。变频调速的调速精度高,可控特性好,易于实现启动和制动速度曲线跟踪,能够提供可控的、理想的启动制动性能。其启动系数可以控制在 1.05 ~ 1.1,启动加速度可以控制在 0.05 m/s² 以下,完全满足大功率、长距离带式输送机的软启动和调速性能的要求。目前通用的变频器的主电路大多采用交 - 直 - 交电路,根据异步电动机的控制方式和发展历程,变频调速可分为恒定压频比控制变频调速、矢量控制变频调速、直接转矩控制变频调速等。

电动机变频调速驱动装置为非线性负载,会在电源侧产生高次谐波电流,造成电压波形畸变,对电源系统产生严重污染。通常需要采用专用变压器对变频器供电,与其他供电系统分离,或在变频器输入侧加装滤波电抗器或多种整流桥回路等滤波设备,降低高次谐波分量。变频器输出电压中含有高频尖峰浪涌电压,这些高次谐波冲击电压可能会降低电动机绕组的绝缘强度。变频器输出波形中含有的高次谐波也势必增加电动机的铁损和铜损,从而增加电动机的发热量,对于普通电动机就需要进行强制通风冷却或提高电动机规格等级,或选用变频专用电动机。另外,由于使用大功率交流变频技术,容易在轴承上产生高频电流脉冲,当这些脉冲的能量达到一定量时,就会对轴承造成破坏,缩短轴承使用寿命。

大功率、长距离带式输送机大多采用高压、大容量的鼠笼电动机驱动,在这种情况下,采用高压变频器变频调速,需要增加相应的辅助电气设施以及需要解决电气方面的一系列问题,从而导致交流变频调速系统复杂、价格昂贵、维护量大,使其应用受到一定程度的限制。

d 液力耦合器

液力耦合器是利用液体动能和势能来传递动力(力矩)的一种液力传动设备。液力耦合器是一种软连接,可以隔离振动,缓和冲击,改善电动机的启动性能,缩短电动机的启动时间,协调多台原动机的载荷分配。液力耦合器由主动轴、泵轮、涡轮、从动轴以及转动外壳等主要部件组成。在耦合器内充以工作油,运转时,主动轴带动泵轮旋转,形成高压高速油流冲击涡轮叶片,使涡轮跟随泵轮作同方向旋转,从而实现由主动轴到从动轴的动力传递。常用于带式输送机的液力偶合器有限矩型和调速型两种。

限矩型液力耦合器一般设有辅油室,具有挡板或延充阀等限矩措施,从而限制过大转矩出现或减少特性中转矩跌落现象等。其特点是运转前充入一定量的工作液体,在运转期,其充液量不能改变,从而决定了限矩型液力耦合器在运转中不能实现调速和脱离,只适用于小型带式输送机。

调速型液力耦合器的结构比限矩型液力耦合器复杂。其主要特点是在输入转速不变的情况下,通过勺管等进行进油或排油调节,控制耦合器流道内的充油度,达到改变和控制输出转速目的,实现无级调速。按照调节方式可分进口调节式、出口调节式和进出口调节式。调速型液力耦合器可实现无载启动,可控调速。

液力耦合器的不足在于:(1) 液力耦合器传递的扭矩与其转速的平方成正比,低速时传递扭矩小;(2) 在低速阶段不能提供稳定平滑的加速度,其传动特性是非线性的,其控制特性不精准;(3) 效率低,在传递额定扭矩时,液力耦合器也存在 2% ~5% 的额定滑差损耗。

e CST 可控启动传输

CST 系统是美国 Rockwell Automation/Dodge 公司专门为带式输送机系统而研制和开发的一种采用液体黏性传动技术的机电一体化可控启动系统。典型的 CST 系统由 CST 减速器、电液控制系统、热交换器、油泵系统和冷却控制系统等部分组成。CST 减速器是其机械传动部分,包括减速齿轮、行星轮系和可控离合器。

CST 可控启动传输系统实际上是由一个差动轮系和一个可控的湿式线性离合器构成的传动系统。电动机启动时带动太阳轮 1 旋转并驱动三个行星轮 2。行星轮 2 自转,并带动自由旋转的内齿圈 4 旋转;此时,与输出轴为一体的行星轮架 3 并不转动(行星轮并不绕太阳轮公转),当压力控制阀增加离合器 5 的环形油缸压力时,离合器的静止盘和内齿圈相连的转动盘相互作用,内齿圈受到力矩作用,转速受到控制,同时,行星轮在内齿圈上滚动(即行星轮围绕太阳轮公转)并带动与输出轴为一体的行星轮架 3 转动,输出力矩。行星轮的转速与内齿圈的转速之和为常数。传递到输出轴的力矩完全由压力控制阀的压力控制。CST 机构传动链示意图见图 6-23 所示。

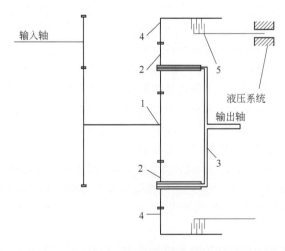

图 6-23 CST 机构传动链
1—太阳轮;2—行星轮;3—行星轮架;4—内齿圈;5—离合器

CST 的工作程序:根据系统需要,通过控制器设置所需要的加速度曲线和启动时间。在收到启动信号后,电动机空载启动,达到额定速度后,电液控制系统开始对湿式线性离合器系统增加油压,反应盘开始相互作用,其输出力矩与液压系统的压力成正比,逐渐带动负载。设在输出轴上的速度传感器,实时检测出转速并反馈给控制系统,与控制系统设定的加速度曲线进行比较,其差值将用于调整反应盘的压力,从而保证稳定的加速度斜率和启动时间。

CST 系统的特点:(1)系统运行加、减速度可控可调,可实现启动和停车速度曲线跟踪,能提供可控的、理想的启动制动性能;(2)能精确控制输送带的速度和多台 CST 之间的功率平衡,其准确度能达到 2% ;(3)能实现多台电机顺序空载启动,减少对电网的冲击;(4)湿式线性离合器提供了对减速器和负载的双向保护;它既保护了减速器免受输送机冲击负载的影响,又因限制了过大力矩,保护了输送机免受过大驱动力矩的损害。CST 可控启动传输系统是长距离、大运量、线路复杂的带式输送机的理想装置,具有设定启动速度曲线和停车速度曲线自动跟踪控制功能、过载保护功能、多级平衡功能和低速验带功能。其启动系数可以控制在 1.05~1.1,启动加速度可以控制在 0~0.05 m/s^2。

CST 系统的选择计算:已知传动滚筒轴功率 P_a,可根据下式计算以及传递速比选定 CST 的规格。

$$P_n \geq S_F P_a \tag{6-31}$$

式中　　P_n——CST 的计算功率,kW;

P_a——传动滚筒轴功率,kW;

S_F——服务系数,一般取 1.35~1.4。

f　MST 机械软启动传动装置

MST 机械软启动传动装置是我国研制的一种复合传动的液体黏性启动调速装置;主要由差动行星减速器、外置液体黏性制动器、辅助传动机构、冷却润滑系统和电气控制系统等组成。其中,外置液体黏性制动器与辅助传动机构的输出轴相连,并通过辅助传动机构对差动的内齿圈的转速进行控制。

在电动机启动之前,通过对制动器进行操作,释放辅助传动机构的输出轴,使得差动行星减速器因输出轴上的外负载较大而成为一个行星架不转动的定轴轮系。电动机的力矩经由中心轮、行星轮、内齿圈和辅助传动机构驱动辅助传动机构的输出轴空转。电动机在空载工况下启动,达到额定转速后,根据预先设定的启动速度曲线,通过制动器逐步控制辅助传动机构的输出轴的转速,即逐步降低内齿圈的转速,将来自电动机的动力逐渐施加到与输出轴相连的驱动滚筒,从而实现带式输送机的软启动。目前,在煤矿、建材等行业已得到应用,并取得了良好效果,其设备投资相对同类进口设备能减少 20%~30% 。

MST 机械软启动传动装置的特点:(1)系统运行加、减速度可控可调,可实现启动和停车速度曲线跟踪,能提供可控的、理想的启动制动性能;(2)通过调节和匹配多台 MST 机械软启动传动装置的输出轴速度,达到对多台驱动电动机功率进行平衡的目的;(3)能实现多台电机在空载工况下顺序启动,减少对电网的冲击;(4)液体黏性控制器和辅助传动机构提供了对减速器和负载的双向保护,它既保护了减速器免受输送机冲击负载的影响,又因限制了过大力矩,保护了输送机免受过大驱动力矩的损害。

g　其他软启动装置或方式

其他软启动装置或方式还有低速大扭矩液压马达、差动变频无级调速、开关磁阻调速电动机、晶闸管软启动器等。

C　可控启动曲线

理想的启动速度曲线,应能实现带式输送机没有加速度突变的平稳启动,而整个启动过程中加速度的最大值较小,以最大限度地减少启动惯性力和启动冲击作用。目前,国外在软启动设计中比较广泛采用的加速度控制曲线有由澳大利亚专家(Harrison)提出的正弦形加速度控制曲线和由美国专家(Nordell)提出的三角形加速度控制曲线。除此之外,带式输送机软启动设计中采用的加速度控制曲线还有梯形加速度控制曲线、抛物线加速度控制曲线以及矩形或等加速度控制曲线。合理设计加速度控制曲线可以有效地限制或消除带式输送机的弹性振动。

a 正弦形加速度启动速度曲线

正弦形加速度控制曲线是澳大利亚专家 Harrison 提出的。

加速度计算式为: $\qquad a(t) = a_m \sin \dfrac{\pi}{T} t \qquad (0 \leqslant t \leqslant T)$ (6-32)

启动速度计算式为: $v(t) = \dfrac{v}{2}\left(1 - \cos \dfrac{\pi}{T} t\right) \qquad (0 \leqslant t \leqslant T)$ (6-33)

式中 v——设计带速;

      T——设定启动时间。

启动开始时,加速度为0,速度平稳增加;加速到 $T/2$ 时,加速度达到最大值$\left(\dfrac{\pi v}{2T}\right)$,速度达到 $v/2$;然后,加速度按对称曲线逐渐地降低,速度继续增加;当达到设计带速时,加速度降低为0,从而完成启动过程。除起点和终点外,加速度曲线的一阶导数是连续的。

b 三角形加速度启动速度曲线

三角形加速度控制曲线是美国专家 Nordell 提出的。

加速度计算式为: $\qquad a(t) = 2a_m \dfrac{t}{T} \qquad\qquad (0 \leqslant t \leqslant T/2)$ (6-34)

$\qquad\qquad\qquad\qquad a(t) = 2a_m \left(1 - \dfrac{t}{T}\right) \qquad (T/2 \leqslant t \leqslant T)$ (6-35)

启动速度计算式为: $v(t) = 2v\left(\dfrac{t}{T}\right)^2 \qquad\qquad (0 \leqslant t \leqslant T/2)$ (6-36)

$\qquad\qquad\qquad\qquad v(t) = v\left(-1 + 4\dfrac{t}{T} - 2\dfrac{t^2}{T^2}\right) \quad (T/2 \leqslant t \leqslant T)$ (6-37)

式中 v——设计带速;

      T——设定启动时间。

启动开始时,加速度为0,速度平稳增加;加速到 $T/2$ 时,加速度线性增加到最大值$(2v/T)$,速度达到 $v/2$;然后,加速度按对称线性逐渐地降低,速度继续增加;当达到设计带速时,加速度降低为0,从而完成启动过程。

上述两种加速度控制方式,都能获得理想的启动效果,在整个启动过程中加速度的最大值较小,且没有加速度突变。由于输送带在启动之前,输送带处于松弛状态,为避免对输送带的冲击,首先在启动开始阶段加入一个时间延迟段,消除松弛,将输送带拉紧后启动,延迟段的速度一般取输送机设计带速的10%左右。

启动时间 T 是一个非常重要的设计参数,可通过控制最大启动加速度,初步确定启动时间,再根据动态分析结果进行优化。为避免输送机在启动过程中发生共振或输送带的弹性振动等现象,启动时间 T 需大于输送带纵向应力波由机头传递到机尾所需要时间的5~10倍。

6.3.2.5 输送带拉紧装置

带式输送机的启动和运转必须使输送带具有一定的拉紧力,拉紧装置是提供拉紧力的设备。拉紧装置是保证带式输送机正常运转必不可少的重要设备,它的功能主要有:

(1)使输送带在传动滚筒上形成足够正压力,以满足传动滚筒的摩擦传动要求。

(2)满足输送带的垂度限制条件,防止输送带在托辊间距内过分松弛,导致撒料或输送带跑偏。

（3）补偿输送带的弹性伸长和永久伸长,同时,在带式输送机启动、制动过程中保持输送带的自动张紧。

（4）为输送带接头提供必要的行程。

在带式输送机设计中,拉紧装置的布置主要考虑以下因素:

（1）尽量布置在输送带张力最小处或靠近传动滚筒的松边。

（2）确定拉紧力的大小必须考虑正常运转和满载或空载启动、制动等各种情况。

（3）拉紧行程必须考虑输送带的弹性伸长、永久伸长和输送带的接头余量;输送带的伸长特性、启动和制动过程是否可控等因素。

（4）拉紧装置对输送带张力的响应速度。

拉紧装置一般可分为固定式拉紧装置和自动式拉紧装置两大类。

固定式拉紧装置又分重力拉紧装置、螺旋拉紧装置以及绞车固定拉紧装置等几类。重力拉紧装置始终使输送带拉紧力保持恒定,在启动和制动时会产生上下振动,但惯性力也会很快消失。由于重力拉紧装置的拉紧力是恒定的,拉紧力要按带式输送机启动、制动以及正常运转时的最大张紧力进行设定,也就是说输送带在一定程度上始终处于高张力状态。螺旋拉紧装置拉紧行程短,只适用于短距离带式输送机。绞车固定拉紧装置有手动和电动两种形式,手动绞车一般适用于中等长度的带式输送机,电动绞车一般适用于长距离带式输送机。

自动式拉紧装置分电动绞车自动拉紧装置和液压自动拉紧装置两种类型。自动拉紧装置和固定拉紧装置最大的不同点在于自动拉紧装置具有响应功能,即在开车前停机后以及运行中可以使滚筒车架有位移,拉紧力可以变化,也可保持恒定;而固定拉紧装置只是在开机前、停机后,可以开动绞车,使滚筒车架有位移,改变拉紧力,而在运转中,绞车不开,车架无位移,但拉紧力随输送带张力变化而自动变化,不能保持恒定。

电动绞车自动拉紧装置由拉力传感器、制动器、变速联轴器、SCR 励磁器、拉紧绞车等部分组成。带式输送机启动前,启动拉紧绞车使拉紧力增加到启动要求的张紧力(根据带式输送机的布置形式是上行、下行或水平,在 $1.1 \sim 1.5$ 之间合理选取启动系数 k 值),然后,启动驱动装置主电机,输送机正常运转后,绞车又自动调整成正常运转所需要的拉紧力。这种装置的传感器精度低,响应速度慢。

ZLY 型输送带自动液压拉紧装置是中国矿业大学开发的一种液压自动拉紧装置;它由慢速绞车及附件、蓄能站、拉紧油缸、液压泵站等部分组成。具有以下特点:（1）输送带由拉紧绞车拉紧,与拉紧油缸结合,实现拉紧力的任意调节;（2）在输送机启动和正常运转时拉紧力可以自动调节,完全满足启动时拉紧力的要求,且系统调定后,可以按预定程序工作,确保输送带在理想状态下工作;（3）响应快,带式输送机在启动时处于非稳定状态,输送带松边会突然松弛伸长,此时,通过拉紧油缸可以及时补偿输送带伸长,保证输送带张力恒定,从而保证启动平稳、可靠,避免"飘带"和断带事故;（4）具有断带时自动停机和输送带打滑自动增加拉紧力等保护功能;（5）可实现远程控制。

6.3.2.6　逆止器与机械制动器

A　逆止器

逆止器是防止带式输送机逆向运行的一种装置。常用的逆止器有带式逆止器、滚柱型逆止器和异形块逆止器。

带式逆止器主要由限制器、制动带和止退器等三部分组成,将制动带放置在驱动滚筒后方,一端固定在机架上,另一端自由。当带式输送机正常运行时,制动带离开滚筒。当发生逆转,制动带便进入滚筒和输送带之间,阻止逆转。其缺点是需要逆转一段距离后才能逆止,不适用于大功率和大运量的带式输送机。

滚柱型逆止器由装在传动滚筒轴上的星轮、固定在机架上的套筒和嵌放在星轮缺口中的滚柱组成,滚柱后装有弹簧。发生逆转时,滚柱向缺口小端处卡住,阻止带式输送机逆转而停车。

异形块逆止器是一种接触式防逆转装置,由逆止器本体和逆止臂构成。逆止臂的一端和逆止器本体的外圈固定在一起,另一端固定在输送机机架或基础支架上,以获得逆止力矩。其工作原理和滚柱型逆止器类似。这种逆止器能承受较大的冲击力矩,安装精度要求低。

逆止器的使用是针对上行带式输送机,但不是所有的上行带式输送机都必须安装逆止器。只有当带式输送机逆转时运行阻力之和小于输送机上物料的下滑力时,才需要安装逆止器。从安全角度出发,一般需要考虑一定的安全系数。

B 机械制动器

对于带式输送机,经常使用的机械制动器主要有液压推杆块式制动器和盘式制动器等。

液压推杆块式制动器由制动架和电力液压推杆(ED)组成。电力液压推杆由交流异步电动机、叶轮和活塞组成。驱动装置工作时,它同步工作,电机转子高速旋转产生油压,推动活塞上升,制动器松闸,工作可靠。ED 系列电力液压推杆带有缓冲弹簧,可以实现制动时间延时,以减小制动器的冲击。

盘式制动器是利用液压油通过油缸推动闸瓦压向制动盘,使其产生摩擦力而制动。其特点是制动力矩大、散热性能好、动作迅速、结构紧凑,在工作中制动力矩可作无级调整。工作制动力矩的调节是通过电液调节阀改变油压,使活塞部分或全部抵消碟形弹簧组的压力,以改变闸瓦与闸盘间的正压力,从而改变制动力矩。盘式制动器一般成对成组布置。

6.3.2.7 带式输送机的辅助设备

带式输送机的辅助设备主要包括给料装置、卸料装置、清扫器、称量装置、取样装置以及除铁器、金属探测器、硫化机等。

6.3.2.8 输送机的机电保护

对于长距离大型带式输送机设置各种机电保护设施或措施,不仅可以保证工作人员和设备的安全,而且对延长设备的使用寿命、提高运输系统的运行效率都起着十分重要的作用。带式输送机机电保护设施或措施主要有输送带跑偏保护装置、打滑(速度检测器)检测装置、输送带纵向撕裂保护装置、溜槽堵塞检测装置、紧急停车开关、金属探测器、断带保护等。

6.3.3 带式输送机的线路设计

6.3.3.1 输送带翻转段设计

对于黏性小的物料,使用常规的清扫器能达到良好的效果,不会导致物料在托辊和输送带表面集结,而影响输送带输送机的正常运行。对于黏性大的物料,长距离(大于 1 km 以上)输送带输送机使用输送带翻转装置比较理想。通常在靠近头部适当位置的回程段,将输送带翻转180°,使承载面翻转到上面,不与托辊接触,非承载面接触托辊运行,运行到靠近机尾适当位置再翻回180°。采用输送带翻转清扫可以避免黏性物料粘结在托辊和滚筒表面,减轻输送带和托辊的磨损,延长托辊和输送带的使用寿命,同时也可以避免沿输送机线路撒落黏结物,保持沿线清洁。

输送带的翻转方法主要有以下三种:自然式输送带翻转、导向式输送带翻转和螺旋支撑式输送带翻转。表 6 – 30 是按照 DIN 22101 标准推荐的输送带翻转段最小长度。

表 6 – 30　输送带翻转段推荐长度 L

翻转方法	翻转方法示意图	最大适应带宽/mm	翻转段长度	
			织物芯	钢绳芯
自然式		1200	10B	
导向式		1600	12.5B	22B
螺旋支撑式		2400	10B	15B

　　输送带的翻转方向在机头和机尾最好采取相同的方向,均衡输送带带边应力。翻转段的两个立辊应尽量靠近中部,合理安装防止输送带跑偏。

　　也可按照下式进行计算,即按照带边应力不超过许用应力进行计算。

$$L \geqslant \frac{B}{\sqrt{[\varepsilon]}} \tag{6-38}$$

式中　B——输送带的宽度,m;

　　　　$[\varepsilon]$——带芯的许用应变值,如织物芯$[\varepsilon] = 0.008$,钢绳芯$[\varepsilon] = 0.002$。

　　翻转段输送带的下垂量 ξ 可按下式计算:

$$\xi = (0.6 \sim 0.7)\frac{q_B L^2 g}{8 S_f} \tag{6-39}$$

式中　S_f——翻转段输送带的张力,kN;

　　　　其他符号的含义同前。

6.3.3.2　垂直面凹弧曲线段设计

　　当规定下坡时角度为负值,上坡时角度为正值时,凹弧曲线段变坡的特征就是在变坡过程中,循运行方向坡度逐渐增大。由于输送带成槽形在凹弧曲线段输送带横截面上的拉伸应力是不均布的,输送带在中轴线会出现附加伸长,而在边缘会出现压缩。在凹弧曲线段运行时,输送带自重和物料使输送带压在托辊上,而输送带张力会使输送带向上翻脱离托辊;在空载时,只有输送带自重使输送带压在托辊上。凹弧曲线段半径的确定主要考虑以下因素:

　　(1) 在任何情况下不发生飘带现象。即在任何情况下,使输送带不脱离托辊运行,特别是不脱离中间托辊,槽形断面不变。一般按空载时输送带自重克服输送带张力作用的向上分力来计算凹弧曲线段最小曲率半径。

　　(2) 变坡处输送带侧边拉应力不小于零,避免带边松弛而撒料。

典型凹弧曲线段如图 6 - 24 所示。其曲率半径为:

$$R_{amin} = \frac{S_{max}}{gq_B cos\beta}$$

(6 - 40)

式中　　S_{max}——凹弧曲线段输送带最大张力,kN;

　　　　β——凹弧曲线段输送机最大倾角,(°);

其他符号的含义同前。

上述公式是参照德国 DIN22101 标准规定的曲率半径计算公式。不同国家标准规定的曲率半径计算方式也不一样,选择标准按个人倾向。

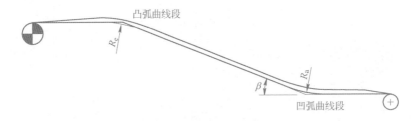

图 6 - 24　带式输送机竖向凹弧和凸弧曲线段

6.3.3.3　垂直面凸弧曲线段设计

当规定下坡时角度为负值,上坡时角度为正值时,凸弧曲线段变坡的特征就是在变坡过程中,循运行方向坡度逐渐减小。由于输送带成槽形,在凸弧曲线段输送带横截面上的拉伸应力是不均布的,在凸弧曲线段输送带侧边会出现附加伸长,带中轴线出现压缩。由于凸弧的存在,凸弧曲线段的承载托辊不仅承受输送带和物料的压力,而且还承受了由于输送带张力的作用而产生的附加压力。凸弧曲线段半径的确定主要考虑以下因素:

(1)输送带侧边和中轴线的伸缩率均不超过输送带的许用值。

(2)不致因侧边输送带张力的作用而导致输送带中轴线出输送带皱曲或隆起。

(3)不致因中轴线输送带张力的作用而导致承载托辊寿命的缩短。

典型凸弧曲线段如图 6 - 22 所示。其曲率半径为:

$$R_{emin} = C_{Re} h_{ko}$$

(6 - 41)

式中　　C_{Re}——最小半径参考值系数,织物芯带 $C_{Re} = 125$,钢绳芯带 $C_{Re} = 360$;

　　　　h_{ko}——输送带成槽深度值,mm。

上述公式是参照德国 DIN22101 标准规定的曲率半径计算公式。不同国家标准规定的曲率半径计算方式也不一样,选择标准按个人倾向。

6.3.3.4　水平转弯曲线段设计

带式输送机水平转弯曲线的出现主要是为了适应特殊地形或受限空间,但也只能在有限范围内实现。

A　实现水平转弯的措施

一般实现水平转弯主要有基本措施和附加措施。

基本措施有:(1)使托辊具有安装支撑角 φ,即使托辊轴线方向与曲线法线方向成一定夹角,φ 越小,托辊给予输送带离心方向的平衡横向推力就越大,而产生的输送带附加阻力越小;但是若 $\varphi = 0$,将不产生托辊给予输送带向外的推力,输送带将会向内移动。(2)增大成槽角 φ,即增加侧托辊轴线与中间水平托辊轴线之间的夹角。

附加措施有:(1)构成内曲线抬高角 γ,输送带在转弯曲线段的内侧边所形成的曲线为内曲线,另一侧为外曲线。(2)在采用平形回程托辊的回程分支设置压辊,增加输送带与托辊组之间的横向摩擦力。(3)在曲线段输送带内外侧设置立辊,限制输送带跑偏。

B 转弯曲率半径的确定

(1)根据力的平衡条件确定曲率半径。曲率半径:

$$R = \frac{S_i}{\mu_0 q_B g} \cdot e^{\frac{(q_B + q_{RO})f}{\mu_0 q_B}} \theta \quad 或 \quad R = \frac{S_i}{\mu_0 (q_B + q_G) g} \cdot e^{\frac{(q_B + q_G + q_{RO})f}{\mu_0 (q_B + q_G)}} \theta \quad (6-42)$$

式中 S_i——弯曲段起始点的输送带张力,N;

   θ——弯曲段转弯角,rad;

   μ_0——导出摩擦系数,是一个变值,随 τ、γ、φ 而变化,γ 为内曲线抬高角,(°),τ 为摩擦力利用系数,计算值;$\tau = S_i [(q_B + q_G) R\mu \cos\varphi]^{-1}$,$\varphi$ 为托辊安装支撑角,(°);

   μ——托辊与输送带间的横向摩擦系数;

   其他符号的含义同前。

(2)根据输送带的许用应力确定曲率半径。按输送带强度确定曲率半径时,应使得曲线处的最大应力(包括输送带的拉伸应力和弯曲段的附加应力)不大于输送带的许用应力,最大拉伸张力应按输送机满载时承载分支曲线段终了点的张力。其曲率半径应满足下式要求:

$$R \geqslant \frac{EBF}{2(S_e - S_i)} \quad (6-43)$$

式中 S_i——弯曲段输送带张力,N;

   S_e——输送带的许用张力,N;

   E——输送带的拉伸弹性模量,N/m²;

   B——输送带的有效宽度,m;

   F——输送带带芯的截面积,m²。

(3)根据曲线段外侧输送带不离开托辊确定曲率半径。曲线段曲率半径过小时,有可能产生在外侧托辊上的输送带飘起而离开托辊或翻立现象,也因此而产生附加向心力,致使输送带向内跑偏。其曲率半径应满足下式要求:

$$R \geqslant \frac{0.5 S_{max} \tan\lambda}{(q_B + q_G) g} \pm \sqrt{\left[\frac{0.5 S_{max} \tan\lambda}{(q_B + q_G) g}\right]^2 + \frac{E_0 K_0 B \sin\lambda}{3(q_B + q_G) g}} \quad (6-44)$$

式中 S_{max}——弯曲段输送带最大张力,N;

   E_0——输送带的刚度,N;

   λ——外侧托辊与水平线的夹角,(°);

   K_0——外侧托辊上物料和输送带的质量分配系数,一般不大于3;

   其他符号的含义同前。

6.4 机 车 运 输

6.4.1 概述

目前国内地下矿山主要采用机车轨道运输方式,少数矿山采用汽车运输方式,也有矿山采用带式输送机运输、管道运输或索道运输方式。机车运输在生产过程中可运送矿石、废石、材料、设备和人员等,主要由矿车、牵引设备和辅助机械等设备组成,常与耙矿、装矿、带式输送机或无轨运输等设备组成有效的运输系统,它是组织生产、决定矿山生产能力的主要因素之一。地下矿山机车运输的任务是将从采场漏斗、采场天井或溜井放出的矿石(或废石)通过运输巷道运至地下储矿仓、井底(或中段)车场、或直接通过平硐运出矿井,将井底(或中段)车场处的材料、设备、人员等运至作业场所。

机车牵引矿车列车在轨道上运行是水平长距离运输的主要方式。轨道轨距分为标准轨距和窄轨,标准轨距为1435 mm,窄轨又分为600 mm、762 mm、900 mm 三种。按轨距的不同,机车也可分为标准轨距机车和窄轨机车;按使用场合不同,分为露天矿用机车和地下矿山用机车;按使用的动力不同,矿用机车可分为电机车、内燃机车、蒸汽机车。蒸汽机车已基本淘汰,内燃机车一般只用在地表。电机车由电能驱动,按电源性质不同,电机车又可分为直流电机车和交流电机车,直流电机车应用最广。现在,也有不少用户开始使用变频电机车。按供电方式不同,直流电机车有架线式电机车和蓄电池电机车之分,我国非煤矿井下使用的绝大部分都是架线式电机车。

架线式电机车结构简单,成本低,维护方便,机车的运输能力大,速度高,用电效率高,运输费用低,应用最广。其缺点是:须有整流和架线设施,不够灵活;架线对巷道尺寸与行人的安全有一定的影响;集电弓与架线之间容易产生火花,不允许在瓦斯严重的矿山使用;初期建设时投资较大,但从长远来看,采用架线电机车的总成本要比蓄电池电机车低得多。国内井下架线电网的直流电压有250 V 和550 V 两种,露天的有550 V 和750 V 两种。

蓄电池式电机车是用蓄电池供给电能的。蓄电池充电一般在井下电机车库进行。电机车上的蓄电池组用到一定程度后,就把它取下换上充好电的蓄电池。这种电机车的优点是无火花引爆危险,适合在有瓦斯的矿井使用,不须架线,使用灵活,对于产量小、巷道不太规则的运输系统和巷道掘进运输很适用。其缺点是:须设充电设备;初期投资大;用电效率低,运输费用较高。一般出矿阶段采用架线式电机车,开拓阶段运输可采用蓄电池电机车用以克服外部条件限制。《金属与非金属安全规程》规定:在有爆炸性气体的回风巷道,不应使用架线式电机车,高硫和有自然发火危险的矿井,应使用防爆型蓄电池电机车。

除上述两种电机车外,还有复式能源电机车,主要可分为架线 – 蓄电池式和架线 – 电缆式。架线 – 蓄电池式电机车上有自动充电器,可利用架线电源随时对车载蓄电池自动充电,无需经常到充电室充电可提高机车的利用率;还可直接开进开拓掘进巷道,使用机动灵活;架线 – 电缆式电机车在运输大巷工作时,直接从架线吸取电能;在不便装设架线的区域行驶时,可由电缆供电,但用电缆供电的运输距离不能超过电缆的长度。

内燃机车不需架线,投资低,非常灵活,但构造复杂,废气污染空气,需在排气口装废气净化装置,要加强巷道通风。这种机车目前国内仅有少数矿山在通风良好的平硐地表联合区段以及地表运输使用,国外矿山使用较多。

矿用车辆有运送矿石(废石)的矿车,运送人员的人车和材料车、炸药车、水车、消防车、卫生车等专用车辆。

据介绍,瑞典LKAB 公司基律纳铁矿(Kiruna)设计生产规模3000 万 t/a,采用82 t 电机车牵引24 辆10 m³矿车,每列车载重约500 t,每个循环约40 min,每小时约有7 列车卸矿,采用人工遥控装矿及运输。

6.4.2 机车运输设备

6.4.2.1 窄轨电机车

窄轨电机车是指轨距为600 mm、762 mm 和900 mm 的电机车,在非煤矿山使用最广,主要有架线式电机车和蓄电池电机车两种,通常按黏着重量分为1.5 t、3 t、6 t、7 t、10 t、14 t、20 t、30 t等。下面主要介绍架线式矿用电机车。

架线式矿用电机车由机械部分和电气部分组成。以 ZK10 型架线式电机车为例,如图6－25所示,其机械部分包括车架、轮对、轴承与轴箱、弹簧托架、齿轮传动系统、制动系统、撒砂装置、缓冲连接装置及空气压缩系统等。电气部分包括牵引电动机、控制器、集电弓、电阻箱、保护和照明装置等。

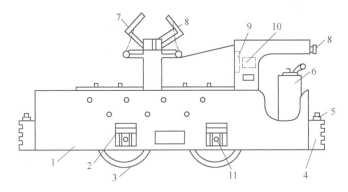

图 6-25 ZK10 型架线式电机车外形图

1—车架；2—弹簧托架；3—轮对；4—缓冲器；5—连接器；6—控制器；7—集电弓；
8—照明灯；9—过流自动开关；10—电流表；11—轴箱

窄轨电机车的主要参数有：

（1）黏着重量：电机车主动轮作用在轨道上的正压力的总和，单位用 t 来表示。由于电机车的车轮都是主动轮，所以电机车的自重就是黏着重量。

（2）轨距：与电机车适应铺设在巷道底板或露天地面上的两根钢轨（上部）之间的距离，单位为 mm。

（3）集电弓工作高度：是指电机车正常运行时与集电弓（或称受电器）适应的架空线高度（也叫接触线高度），单位为 mm。

（4）轴距：是指电机车两轴中心线的距离，单位为 mm。它与机车的纵向稳定性和适应轨道的曲率半径有关。

（5）制动方式：是指使机车减速或停车所采用的方式。电机车经常采用的制动方式有机械（手）制动、电气制动（利用电动机发电制动）、空气制动（利用压缩空气控制操纵制动闸）三种。

（6）牵引电动机的工作方式：牵引电动机的工作方式分为小时制和长时制。小时制是指电动机连续工作 1 h 其绕组温升不超过额定值的工作方式。小时容量是指电动机在小时制工作方式下所能输出的最大功率。牵引电动机铬牌上注明的额定容量即为小时容量。长时制是指电动机长时间连续运转时电动机绕组的温升不超过规定值时的工作方式，长时容量是指电机车在长时制工作方式下所能输出的最大功率。

根据小时容量和长时容量，还分为小时电流和长时电流，单位为 A。长时电流与小时电流的比值与电动机的冷却条件有关。矿用电动机的牵引电机是全封闭自然冷却的，其长时电流与小时电流的比值较低，一般为 0.4 左右。

（7）牵引力：小时牵引力是指机车的额定牵引力，单位为 kN；长时牵引力是指机车电动机在长时制情况下工作时，电机车具有的牵引力，单位为 kN。

（8）速度：小时速度是指电机车在额定电流情况下工作时电机车能够达到的最大速度；长时速度是指电机车在长时制电流情况下工作时电机车能够达到的速度。

（9）外形尺寸：指除受电器外的机车外形最大尺寸（长、宽、高），单位为 mm。

（10）最小曲线半径：指机车能安全、顺利通过的最小的曲线半径，单位为 m。

湘潭电机股份有限公司提供的矿用架线式电机车主要技术参数见表 6-31。

在选用电机车时需要计算不同技术条件电机车的牵引质量。重车上坡、弯道启动条件下电机车牵引质量可参考表 6-32。另外有时还需要计算重车下坡制动条件电机车的牵引质量，高原地区电机车制动力还需修正，这里从略。

表 6-31 矿用架线式电机车主要技术参数

产品型号	粘着重量/t	轨距/mm	小时制牵引力/kN	小时制速度/km·h⁻¹	最大牵引力/kN	直流电压/V	牵引电机功率/kW	总长/mm	总宽/mm	轨面距顶棚高/mm	牵引高度/mm	轴距/mm	轮径/mm	受电器工作高度/mm	最小曲率半径/m	调速方式	制动方式	备注
ZK1.5-6(7,9)/100	1.5	600 762 900	2.55	4.54	3.68	100	1×3.5	2340	950	1550	320	650	φ460	1600~2000	5	电 阻	机械	内车架单电机
ZK1.5-6(7,9)/250	1.5	600 762 900	3.24	6.6	3.68	250	1×6.5	2370	914 1076 1214	1550	210 (320)	650	φ460	1800~2200	5	电 阻	机械	单电机,外车架
ZK3-6(7,9)/250-1	3	600 762 900	5.74	7.5	7.36	250	2×6.5	2750	944 1106 1244	1550	210 (320)	850	φ520	1800~2200	6	可控硅斩波	机械	双电机,二级传动
ZK3-6(7,9)/250-2																电 阻		二级传动
ZK6-6(7,9)/250	6	600 762 900	11.94	10	14.7	250	2×18	4430	1050 1212 1350	1600	320 (430)	1150	φ680	1800~2200	7	电 阻	机械、电气	双机牵引二级传动 主副司机室二级传动
ZK6-6(7,9)/550						550												
ZK7-6(7,9)/250	7	600 762 900	13.05	11	17.2	250	2×21	4470	1054 1354 1354	1550	320 (430)	1100	φ680	1800~2200	7	电 阻	机械、电气	一级传动
ZK7-6(7,9)/250-Z																IGBT斩波		
ZK7-6(7,9)/550			15.09			550	2×24	4456								电 阻		一级传动
ZK7-6(7,9)/550-Z																IGBT斩波		
ZK10-6(7,9)/250	10	600 762 900	13.05	11	24.5	250	2×21	4470	1054 1354 1354	1550	320 (430)	1100	φ680	1800~2200	7	电 阻	机械、电气	一级传动,侧板加厚型(50 mm)
ZK10-6(7,9)/250-0(1)																电 阻		
ZK10-6(7,9)/250-Z																IGBT斩波		

续表 6-31

产品型号	黏着重量/t	轨距/mm	小时制牵引力/kN	小时制速度/$(\mathrm{km\cdot h^{-1}})$	最大牵引力/kN	直流电压/V	牵引电机功率/kW	总长/mm	总宽/mm	轨面距顶棚高/mm	牵引高度/mm	轴距/mm	轮径/mm	受电器工作高度/mm	最小曲率半径/m	调速方式	制动方式	备注
ZK10-6(7,9)/250-3	10	600/762/900	18.93	10.5	24.5	250	2×30	4460	1050/1212/1350	1600	320(430)	1220	φ680	2000~2400	10	电阻	机械、电气	二级传动
ZK10-6(7,9)/550-9	10	600/762/900	15.09	11	24.56	550	2×24	4456	1054/1354/1354	1550	320(430)	1100	φ680	1800~2200	7	电阻	机械、电气	一级传动,侧板加厚型(50 mm)
ZK10-6(7,9)/550-Z								4530	1354							IGBT斩波		一级传动
ZK10-6(7,9)/550-4	10	600/762/900	18.93	10.5	24.5	550	2×30	4660	1050/1212/1350	1600	320(430)	1220	φ680	2000~2200	10	电阻	机械、电气	二级传动
ZK10-6(7,9)/550-6C.1								4800	1350							IGBT斩波		双机牵引
ZK14-6(7,9)/250-4C	14	600/762/900	26.68	12.87	34.3	250	2×52	5150	1060/1350/1350	1700	320(430)	1700	φ760	2000~3200	15	IGBT斩波	机械、电气	二级传动
ZK14-6(7,9)/250-5C								4900	1350							电阻		
ZK14-6(7,9)/550-6C	14	600/762/900	26.68	12.87	34.3	550	2×53	5150	1060/1350/1350	1700	320(430)	1700	φ760	2000~3200	15	IGBT斩波	机械、电气	二级传动
ZK14-6(7,9)/550-5C								4900	1350							电阻		
ZK20-7(9)/550-2C	20	762/900	39.23	15	49	550	2×85	7600	1750	1900	780	2500	φ760	2000~3200	30(22)	电阻	机械、电气	双机牵引,间接控制自动挂钩
ZK20-7(9)/550-3C							2×78					2300				电阻		直控控制自动挂钩

注:1. 表中的参考数据由湘潭电机股份有限公司提供。
2. 型号含义:Z—架线式;K—井下矿下矿用;C—带翘板,配底卸侧卸或底卸式侧卸式矿车用;Z—斩波;其他数字分别代表黏着着重量,轴距,电压,设计序号。
3. 窄轨架线式工矿电机车的使用环境:(1)周围空气最高温度为40℃,最低温度为-25℃,最高温度为25℃。(2)空气相对湿度为最湿月平均月平均最大相对湿度不大于90%,同时该月的月平均最低温度不高于25℃。

表6-32 重车上坡、弯道启动条件电机车牵引质量

t

电机车粘着重量/t	矿车类型	矿车容积/m³	牵引方式	重车上坡、弯道启动条件 不同坡度/‰							重车上坡弯道启动条件 不同坡度/‰						
				3	4	5	6	7	10	12	3	4	5	6	7	10	12
3	翻斗式	0.5	单机	22.6	21.5	20.4	19.4	18.5	16.2	14.9	16.5	15.8	15.2	14.6	14	12.5	11.7
	固定式			22.6	21.5	20.4	19.4	18.5	16.2	14.9	16.9	16.2	15.6	14.9	14.4	12.8	11.9
	翻斗式	0.7	单机	22.6	21.5	20.4	19.4	18.5	16.2	14.9	16.1	15.4	14.8	14.3	13.7	12.3	11.5
	固定式			22.6	21.5	20.4	19.4	18.5	16.2	14.9	16.5	15.8	15.2	14.6	14	12.5	11.7
	侧卸式			22.6	21.5	20.4	19.4	18.5	16.2	14.9	16.1	15.4	14.8	14.3	13.7	13.3	11.5
6	翻斗式	0.7	单机	46.1	43.7	41.6	39.6	37.7	33	30.4	32.8	31.5	30.3	29.1	28	25.1	23.4
	固定式			46.1	43.7	41.6	39.6	37.7	33	30.4	33.7	32.3	31	29.8	28.6	25.6	23.9
	侧卸式			46.1	43.7	41.6	39.6	37.7	33	30.4	32.8	31.5	30.3	29.1	28	25.1	23.4
	固定式	1.2	单机	46.7	46.9	44.5	42.2	40.2	34.9	32	34.7	33.2	31.8	30.6	29.4	26.2	24.4
	侧卸式			46.7	46.9	44.5	42.2	40.2	34.9	32	34.7	33.2	31.8	30.6	29.4	26.2	24.4
7	翻斗式	0.7	单机	53.8	51	48.5	46.2	44	38.5	35.5	38.3	36.8	35.3	33.9	32.7	29.3	27.3
	固定式			53.8	51	48.5	46.2	44	38.5	35.5	39.3	37.7	36.1	34.7	33.4	29.9	27.9
	侧卸式			53.8	51	48.5	46.2	44	38.5	35.5	38.3	36.8	35.3	33.9	32.7	29.3	27.3
	固定式	1.2	单机	57.9	54.8	51.9	49.3	46.8	40.7	37.4	40.5	38.8	37.1	35.7	34.3	30.6	28.5
	侧卸式			57.9	54.8	51.9	49.3	46.8	40.7	37.4	40.5	38.8	37.1	35.7	34.3	30.6	28.5
	固定式	2.0	单机	62.8	59.1	55.8	52.8	50.1	43.2	39.4	42	40.1	38.4	36.8	35.3	31.4	29.2
	侧卸式		单机	62.8	59.1	55.8	52.8	50.1	43.2	39.4	42	40.1	38.4	36.8	35.3	31.4	29.2
	底侧卸式		双机	119.3	112.3	106	100.3	95.1	82	75	79.7	76.2	73	69.9	67.1	59.7	55.5
	底侧卸式	4.0	双机	130.2	122	114.6	108	102.1	87.3	79.4	85.8	81.8	78.1	74.7	71.5	63.2	58.6
	底侧卸式			130.2	122	114.6	108	102.1	87.3	79.4	85.8	81.8	78.1	74.7	71.5	63.2	58.6

续表 6-32

电机车黏着重量/t	矿车类型	矿车容积/m³	牵引方式	重车上坡启动条件 不同坡度/‰							重车上坡弯道启动条件 不同坡度/‰						
				3	4	5	6	7	10	12	3	4	5	6	7	10	12
10	固定式	2.0	单机	90.6	85.2	80.5	76.1	72.2	62.3	56.9	60.5	57.9	55.4	53.1	51	45.4	42.1
	侧卸式	2.0	单机	90.6	85.2	80.5	76.1	72.2	62.3	56.9	60.5	57.9	55.4	53.1	51	45.4	42.1
	底侧卸式	2.0	双机	172.1	162	152.9	144.6	137.2	118.3	108.1	115	110	105.3	100.9	96.9	86.2	80.1
	底卸式	4.0	双机	187.8	175.9	165.3	155.8	147.3	125.9	114.5	123.7	118	112.7	107.7	103.2	91.3	84.5
	底侧卸式	4.0	双机	187.8	175.9	165.3	155.8	147.3	125.9	114.5	123.7	118	112.7	107.7	103.2	91.3	84.5
	底卸式	6.0	双机	206.7	192.5	180	168.9	158.9	134.6	121.7	129.4	123.1	117.4	112.1	107.1	94.4	81.2
	底侧卸式	6.0	双机	206.7	192.5	180	168.9	158.9	134.6	121.7	128.8	122.6	116.9	111.6	106.7	94	86.9
14	固定式	4.0	单机	139.7	130.8	123	115.9	109.5	93.7	85.2	92.1	87.8	83.8	80.2	76.8	67.9	62.9
	侧卸式	4.0	单机	139.7	130.8	123	115.9	109.5	93.7	85.2	92.1	87.8	83.8	80.2	76.8	67.9	62.9
	底卸式	6.0	双机	292.1	272	254.4	238.7	224.6	190.2	172.1	182.9	174.1	165.9	158.4	151.5	133.5	123.4
	底侧卸式	6.0	双机	292.1	272	254.4	238.7	224.6	190.2	172.1	182.1	173.3	165.2	157.8	150.9	133	122.9
20	固定式	10.0	单机	180.3	166.2	153.9	143.2	133.8	111.3	99.7	108.1	102.4	97.1	92.3	87.9	76.7	70.5
	固定式	10.0	双机	342.7	315.7	292.4	272.1	254.2	211.4	189.5	205.4	194.5	184.5	175.5	167.1	145.7	133.9
	固定式	10.0	单机	260	239.6	221.9	206.5	192.9	160.5	143.9	156	147.7	140.1	133.3	126.9	110.7	101.7
	固定式	10.0	双机	494	455.2	421.6	392.3	366.6	305	273.4	296.3	280.5	266.2	253.1	241.1	210.3	193.3

注：表中的参考数据计算时松散物料密度按 1.8~2.5 t/m³；矿车装满系数按 0.9。

6.4.2.2 矿用车辆

矿用车辆一般由机车牵引沿轨道运行,按用途分类,矿用车辆有运送矿石(或废石)的矿车,运送人员的人车和专用车辆(材料车、炸药车、水车、消防车、卫生车等);按货物性质不同,货车包括运输松散货物的矿车,木材车和运输设备的平板车;按构造不同,有固定式、翻斗式、曲轨侧卸式、底卸式、底侧卸式矿车、梭式矿车和自行式矿车等。

采用电机车运输的矿井,由井底车场或平硐口到作业地点所经平巷长度超过 1500 m 时,应设专用人车运送人员。专用人车应有金属顶棚,从顶棚到车厢和车架应作好电气连接,确保通过钢轨可靠接地。《金属非金属矿山安全规程》(GB 16423—2006)中规定:每班发车前,应有专人检查车辆结构、连接装置、轮轴和车闸,确认合格方可运送人员;人员上下车的地点,应有良好的照明和发车电铃,如有两个以上的开往地点,应设列车去向灯光指示牌;架线式电机车的滑触线须设分段开关,人员上下车时,必须切断电源;调车场应设区间闭锁装置,人员上下车时,禁止其他车辆进入乘车线;列车行驶速度应不超过 3 m/s;不应同时运送爆炸性、易燃性和腐蚀性物品或附挂处理事故以外的材料车;乘车人员必须服从司机指挥,携带的工具和零件不得露出车外,列车行驶时和停稳前不应上下车或将头部和身体探出车外,不应超员乘车,列车行驶时应挂好安全门链,不应扒车、跳车和坐在车辆连接处或机车头部平台上,不应搭乘除人车、抢救伤员和处理事故的车辆外的其他车辆。

矿用车辆中使用数量最多的是运输松散货物的矿车。专用车辆通常采用和固定式矿车相同的底盘,只是车箱根据用途各有不同。各种矿车的特点及适用条件见表 6-33 所示。

表 6-33　各种矿车的特点及适用条件

矿车类型	用　途	卸车方式及设备	优　点	缺　点	使用条件
固定式矿车	主要用于运输矿石,也可用于运输废石	列车不摘钩用电动翻车机卸载,小型单车可用无动力翻车架或翻车机	结构简单、车皮系数小。坚固耐用、成本及经营费用低、不漏矿、不污积巷道	卸车设备复杂、卸载站工程量大,矿车易结底	对黏结性大的矿石不大适用
翻斗式矿车	用于运输废石及井下充填物等。对于小型矿山可同时运输废石和矿石	常用人工翻卸,当卸载点固定或不须经常移动时,可用无动力翻车架(固定式及移动式)卸车	结构简单、卸载方式灵活、卸车设备简单	用人工翻卸时卸车效率不高,车皮系数较大维修量大	一般矿山均可使用
侧卸式矿车	用于运输矿石和废石	曲轨卸载	连续卸载,速度快、效率高,卸车设备简单	结构复杂、维修量大,成本和经营费较高;过卸载曲轨时冲击大;侧门容易漏度粉矿	对矿石中含粉矿和含泥含水量大时不大适用
底卸式矿车	用于运输矿石和废石	曲轨卸载	连续卸载,速度快、效率高,矿石不易结底	结构复杂、成本高,车宽较固定式和侧卸式矿车大,增加了巷道工程量;卸载站结构较侧卸式复杂;卸载时冲击力大,需控制速度,对曲轨冲撞严重	适用于大中型矿山

矿车类型	用 途	卸车方式及设备	优 点	缺 点	使用条件
底侧卸式矿车	用于运输矿石和废石	曲轨卸载	具有底卸式矿车优点;卸矿站地坑短、深度小;矿石不砸曲轨;卸载速度平稳,前冲击力很小	结构复杂、成本较高;车体宽度大	适用于大中型矿山
梭式矿车	转载运输废石	连续自卸式	能自卸、转载运输能力大、效率高、使用灵活	结构复杂,设备外形尺寸大,车皮系数大	用于平巷掘进或大中型矿山转载运输废石
自行式矿车	用于采场、巷道运输矿石或地面排废	曲轨自卸式	能自卸、设备较简单	单车转载,运输能力低,车皮系数大	短距离转运物料用

矿车需要高的坚固性和足够的稳定,能经受静负荷和动负荷(如装载、运行的冲击)的作用。车皮系数(矿车自重与载重后矿车总重量之比)是矿车特征的重要标志,其值越小越好;容积系数(矿车车厢容积与矿车外形体积即矿车长、宽、高乘积的比值)越大越好。在容积一定的条件下,矿车的外形尺寸应尽可能小;另外,使用时要求摘挂钩方便,卸载干净;维护时要求清扫容易,润滑简单。矿车由车厢、车架、轮对、缓冲器和连接器组成。车厢由钢板焊接而成,其位置应尽可能低些,以保证矿车稳定;车厢应坚固刚硬,卸载方便,制造修理简单。列车运输时,矿车应采用不能自行脱钩的连接装置。不能自动摘挂钩的车辆,其两端的碰头或缓冲器的伸出长度,不应小于100 mm。

固定车厢式矿车如图6-26所示。这类矿车由车厢、车架(包括缓冲器)、轮对和连接器等构成,车厢固定在车架上,卸载时必须将矿车推入翻车机,把整个矿车翻转过来才能卸出矿石。车厢通常用厚5 mm以上的钢板焊接而成,车厢底制成半圆形。车厢上口焊有扁钢或扣焊等边角钢。车架由纵梁和兼作横梁的碰头座构成。车架纵梁与碰头座之间通常为铆接或焊接。

翻斗式矿车能用人力或专设的卸载架向任意一侧翻转卸载,如图6-27所示。

当采用人力推车时,一个人只允许推一辆车,推车人员应携带矿灯;在能够自滑行的线路上运行,应有可靠的制动装置,行车速度应不超过3 m/s,推车人员不应骑跨车辆滑行或放飞车;矿车通过道岔、巷道口、风门、弯道和坡度较大的区段,以及出现两车相遇、前面有人或障碍物、脱轨、停车等情况时,推车人应及时发出警告。

同方向行驶的车辆其轨道坡度不大于5‰时,车辆间距不小于10 m,照明不良的区段或同方向行驶的车辆其坡度大于5‰时不应人力推车。

单侧曲轨侧卸式矿车只能在曲轨上向轨道上设定的一侧卸载,如图6-28所示,车厢的一侧用铰轴与车架相连,另一侧装有卸载辊轮。卸载时,当辊轮沿曲轨过渡装置及卸载曲轨上坡段上升,使车厢倾斜,活动侧门被打开而卸载;当辊轮沿倾斜卸载曲轨的下坡段运行时,车厢复位开关闭侧门。列车以低速通过卸载地点,整个车组便卸载完毕。

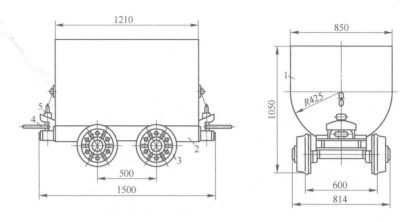

图 6-26　YGC0.7-6 型固定车厢式矿车外形图

1—车厢;2—车架;3—轮对;4—连接器;5—插销

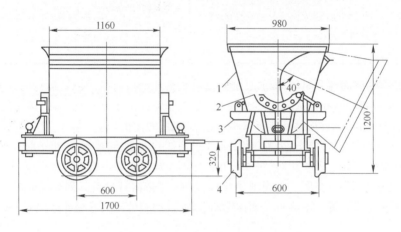

图 6-27　YFC0.7-6 型翻斗式矿车

1—车厢;2—钢环;3—车架;4—轮对

底卸式矿车如图 6-29 所示,车厢两侧壁上焊有支撑翼板,车底的一端与车厢端壁铰接,另一端装设一个卸载轮。卸载轨上方的两边各安装一列托轮,支持车厢两侧的支承翼板,当矿车进入卸载站时,因为矿仓上方不设轨道,车厢的支承翼板被托轮支撑,使车厢悬空,矿车底部失去支持而被矿石压开,车底连同轮对一起绕铰轴转动进行卸载,车底下行端的卸载轮在卸载曲轨上运行并起定位作用。卸载完毕,矿车继续运行,车底被卸载曲轨抬起而复位。牵引机车的两侧也有翼板,当它进入卸载站时,也会因失去轨道支持而失去牵引力。

底侧卸式矿车卸载站如图 6-30 所示,它与底卸式矿车卸载类似,但矿车的车底打开方向不一样。

梭式矿车如图 6-31 所示,车厢底部装有刮板输送机(或板式输送机)。用装载机把矿岩装到输送机上,开动输送机将矿岩移动,待梭车装载后,便用机车把它拉到卸载地点,再用输送机将矿岩卸出。梭式矿车可由电机车牵引,也有自带牵引装置的,动力源可用架线直流电、蓄电池组或柴油机。

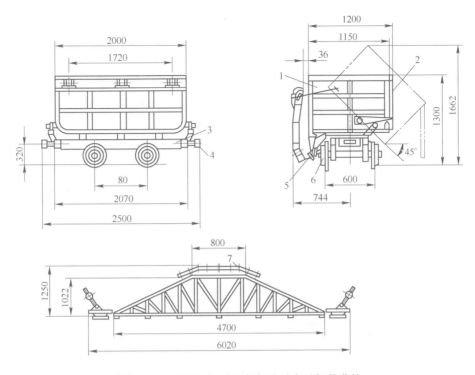

图 6-28　YCC1.6-6 型侧卸式矿车及卸载曲轨

1—车厢;2—侧门;3—车架;4—缓冲器;5—卸载辊轮;6—轮对;7—卸载曲轨

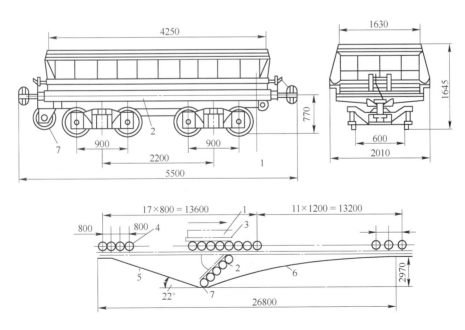

图 6-29　6 m³ 底卸式矿车及卸载曲轨

1—车厢;2—车底;3—翼板;4—拖轮;5—曲轨卸载段;6—曲轨复位段;7—卸载轮

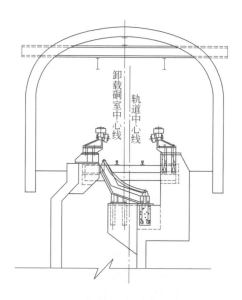

图 6 – 30　底侧卸式矿车卸载站图

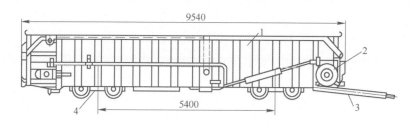

图 6 – 31　S8 型(8 m³)梭式矿车
1—车厢;2—输送机传动装置;3—伸缩牵引杆;4—转向架

矿山选用矿用车辆,除辅助用车辆外,力求车型最少,以一种或两种为宜,以减少组车、调车和维修的复杂性。采用罐笼提升时,使用固定车厢式矿车最为普遍。废石运输一般采用翻斗车。如用 2 m³ 以下的固定车厢式矿车运矿,且废石场不需经常移动卸载点时,可考虑采用同一种矿车运输矿石及废石。当掘进废石量很大时,亦可选用梭式矿车运输废石。目前,新设计的大、中型地下矿山,如采用箕斗提升时,一般选用底侧卸式矿车运输矿石。地下矿用矿车规格及主要参数见表 6 – 34,辅助车辆规格及主要参数见表 6 – 35。

6.4.2.3　装、卸设备及设施

矿山机车运输常用的装载设备根据结构形式的不同可分为移动式和固定式两种。移动式装载设备包括带行走机构的装岩机、装斗机和斗式转载车;固定式装载设备包括装(放)矿闸门、振动放矿机、带振动底板装置的组合闸门、板式给矿机等。目前矿山常用的装载设备主要为振动放矿机和板式给矿机。板式给矿机详见 6.6.2.3 中介绍。常用的振动放矿机有座式和悬吊式之分,表 6 – 36 和表 6 – 37 分别为 FZC 和 XZC 系列振动放矿机的技术性能参数表;图 6 – 32 和图 6 – 33 分别为 FZC 和 XZG 型振动放矿机配置简图,国内主要生产厂家有鹤壁市煤化机械厂、钟祥市新宇机电制造有限公司等。

矿车的卸载方式有翻车架、翻车机(包括无动力翻车机)、曲轨卸车及人工卸车等。各类矿车的卸载设施见 6.4.2.2 小节内容。

表 6-34 地下矿用矿车规格及主要参数表

矿车类型	型号	车厢容积 /m³	最大装载量 /kg	轨距 /mm	外形尺寸/mm			轴距 /mm	车轮直径/mm	卸载角度/(°)	车厢长度/mm	挂钩		碰头缓冲方式	轴架缓冲方式	质量 /kg
					长	宽	高					牵引高度/mm	牵引力/kN			
固定车厢式	YGC0.5-6	0.5	1250	600	1200	850	1000	400	300		910	320	59	橡胶	刚性	450
	YGC0.7-6	0.7	1750	600	1500	850	1050	500	300		1210	320	59	橡胶	刚性	500
	YGC1.2-6	1.2	3000	600	1900	850	1200	600	300		1500	320	59	橡胶	橡胶	720
	YGC1.2-7	1.2	3000	762	1900	1050	1200	600	300		1500	320	59	橡胶	橡胶	730
	YGC2-6	2	5000	600	3000	1050	1200	1000	400		2650	320	59	弹簧	橡胶	1330
	YGC2-7	2	5000	762	3000	1200	1200	1000	400		2650	320	59	弹簧	橡胶	1350
	YGC4-7	4	10000	762	3700	1200	1550	1300	450		3300	320	59	弹簧	橡胶	2620
	YGC4-9	4	10000	900	3700	1330	1550	1300	450		3300	320	59	弹簧	橡胶	2900
	YGC10-7	10	25000	762	7200	1330	1550	4500 (850)	450		6780	430	78	弹簧 橡胶	弹簧	7000
	YGC10-9	10	25000	900	7200	1500	1550	4500 (850)	450		6780	430	78	弹簧 橡胶	弹簧	7080
翻转车厢式	YFC0.5-6	0.5	1250	600	1500	850	1050	500	300	40	1110	320	59	橡胶	刚性	590
	YFC0.7-6	0.7	1750	600	1650	980	1200	600	300	40	1160	320	59	橡胶	橡胶	710
	YFC0.7-7	0.7	1750	762	1650	980	1200	600	300	40	1160	320	59	橡胶	橡胶	720

续表 6－34

矿车类型	型号	车厢容积/m³	最大装载量/kg	轨距/mm	外形尺寸/mm 长	外形尺寸/mm 宽	外形尺寸/mm 高	轴距/mm	车轮直径/mm	卸载角度/(°)	车厢长度/mm	挂钩 牵引高度/mm	挂钩 牵引力/kN	碰头缓冲方式	轴架缓冲方式	质量/kg
单侧曲轨侧卸式	YCC0.7-6	0.7	1750	600	1650	980	1050	600	300	40	1300	320	59	橡胶	橡胶	750
单侧曲轨侧卸式	YCC1.2-6	1.2	3000	600	1900	1050	1200	600	300	40	1600	320	59	橡胶	橡胶	1000
单侧曲轨侧卸式	YCC2-6	2	5000	600	3000	1250	1300	1000	400	42	2500	320	59	弹簧	橡胶	1830
单侧曲轨侧卸式	YCC2-7	2	5000	762	3000	1250	1300	1000	400	42	2500	320	59	弹簧	橡胶	1880
单侧曲轨侧卸式	YCC4-7	4	10000	762	3900	1400	1650	1300	450	42	3200	430	59	弹簧	橡胶	3230
单侧曲轨侧卸式	YCC4-9	4	10000	900	3900	1400	1650	1300	450	42	3200	430	59	弹簧	橡胶	3300
底卸式	YDC4-7	4	10000	762	3900	1600	1600	1300	450	50	3415	600	59	弹簧	橡胶	4320
底卸式	YDC6-7	6	15000	762	5400	1750	1650	2500(800)	400	50	4545	730	59	弹簧	弹簧	6320
底卸式	YDC6-9	6	15000	900	5400	1750	1650	2500(800)	400	50	4545	730	59	弹簧	弹簧	6380
底侧卸式	DC-2-6	2		600	3240	1200	1310	1000	400	50		430		橡胶		2320
底侧卸式	4 m³	4		762	3500	1450	1700	1300	450	50		450			橡胶	3540
底侧卸式	6 m³	6	15000	900	3833	1900	1800	1300	450	50		440	59	橡胶	橡胶	5745

表 6-35 辅助车辆规格及主要参数表

| 类别 | 型号 | 容积 /m³ | 装载量 /kg | 轨距 /mm | 外形尺寸/mm | | | 轴距 /mm | 轮径 /mm | 车厢长度/mm | 联结器 | | | 质量/kg |
					长	宽	高				型式	高度 /mm	牵引力 /kN	
平板车	YPC 1(6)		10000	600	1500	850	400	500	500	1100	单环	320	59	430
	YPC 3(6)		3000	600	1900	1050	426	600	300	1500	单环	320	59	530
	YPC 3(7)		3000	762	1900	1050	426	600	300	1500	单环	320	59	540
	YPC 5(6)		5000	600	3000	1200	510	1000	400	2300	单环	320	59	1000
	YPC 5(7)		5000	762	3000	1200	510	1000	400	2300	单环	320	59	1050
	YPC 5(9)		5000	900	3000	1200	510	1000	400	2300	单环	320	59	1080
	2 m 长木材车		3000	76	2000	1100	1176	700	300		三环销		29	610
	3 m 长木材车		2000	600	32400	1050	1200	1000	300		单环	320	59	758
	YLC 1(6)		1000	600	1900	1050	1200	600	300	1500	单环	320	59	580
	YLC 1(7)		1000	762	1900	1050	1200	600	300	1500	单环	320	59	590
材料车	2 t		2000	600	2000	880	1151				三链环	320		470
				762	2000	880	1151				三链环	320		470
				900	2000	880	1151				三链环	320		470
	YLC 3(6)		3000	600	3000	1200	1200	1000	400	2300	单环	320	59	990
	YLC 3(7)		3000	762	3000	1200	1200	1000	400	2300	单环	320	59	1040
	YLC 3(9)		3000	900	3000	1200	1200	1000	400	2300	单环	320	59	1060
炸药车	0.5 t		500	600	2358	1050	1365					329		720
水车	1 t		1000	600	2390	1010	1277				单环	320		892
	3 t		3000	900	3020	1410	1987				单环	500		1798
卫生车	0.6 m²	0.6		900	2092	1155	1000				单环	320		670
平巷	PRC-12		12	600	4280	1020	1525		450		单环	320	29	1361
人车	PRC-18		18	762	4280	1300	1525		450		单环	320	29	1314
	PRC-18		18	900	4280	1300	1525		450		单环	320	29	1656

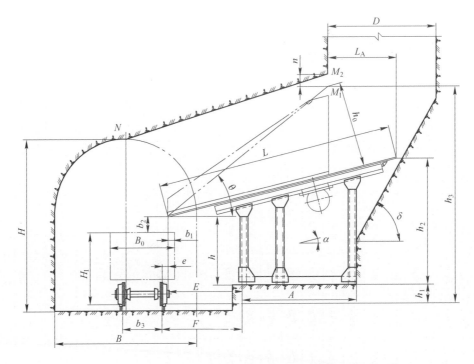

图 6 - 32 FZC 型振动放矿机配置简图

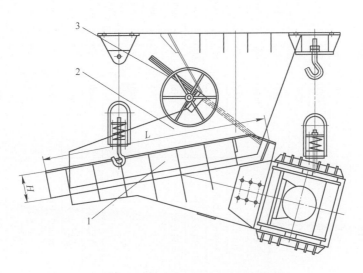

图 6 - 33 XZG 型振动放矿机配置简图
1—振动放矿机;2—漏斗;3—闸门

表 6-36 FZC 系列振动放矿机技术性能参数表

机号	型号	合面长度 L/m	合面宽度 B/m	合面倾角 α/(°)	额定振频 /$r \cdot min^{-1}$	振动幅值/mm	最大激振力 /kN	额定功率 /kW	工况系数 K_k	技术生产力 /$t \cdot h^{-1}$	机重 /kg	埋设深度 L_d/m	眉线高度 h/m	眉线角 θ/(°)
1	FZC-1.6/1-1.5	1.6	1.0	12	1420	0.8	10	1.5	0.89	300~360	440	0.6	0.6	40
2△	FZC-1.8/0.9-1.5	1.8	0.9	12	1420	0.9	10	1.5	0.88	350~400	430	0.6	0.7	40
3	FZC-2/0.8-1.5	2.0	0.8	14	1420	0.9	10	1.5	0.89	310~370	490	0.6	0.7	38
4	FZC-2.3/0.7-1.5	2.3	0.7	16	1420	0.8	10	1.5	0.89	290~330	575	0.7	0.7	38
5△	FZC-2/1-3	2.0	1.0	14	960	3.0	20	3.0	1.43	850~1000	690	0.7	0.7	40
6	FZC-2.3/0.9-3	2.3	0.9	14	960	3.0	20	3.0	1.38	770~910	870	0.8	0.8	40
7△	FZC-2.3/1.2-3	2.3	1.2	14	960	1.8	20	3.0	1.04	630~760	960	0.8	0.8	40
8	FZC-2.8/1-3	2.8	1.0	18	960	1.7	20	3.0	1.02	580~690	1000	0.9	0.9	41
9	FZC-2.3/1.2-4	2.3	1.2	14	1420	0.9	30	4.0	1.55	630~730	1010	0.9	0.8	41
10	FZC-2.5/1.2-3	2.5	1.2	16	960	1.7	20	3.0	0.95	590~720	980	0.8	0.8	39
11	FZC-3.1/1-3	3.1	1.0	18	960	1.7	20	3.0	0.92	560~670	1060	0.8	0.9	38
12△	FZC-2.5/1.2-4	2.5	1.2	16	1420	0.9	30	4.0	1.43	660~770	1030	0.8	0.9	41
13	FZC-3.1/1-4	3.1	1.0	18	1420	1.0	30	4.0	1.38	760~870	1110	0.9	0.9	38
14	FZC-3.5/0.9-4	3.5	0.9	14	1420	1.0	30	4.0	1.36	730~830	1130	0.9	1.0	37
15△	FZC-2.5/1.4-5.5	2.5	1.4	14	960	2.0	40	5.5	1.63	990~1180	1360	0.9	0.9	41
16	FZC-3.5/1-5.5	3.5	1.0	18	960	2.0	40	5.5	1.63	980~1150	1525	1.1	1.1	40

续表 6－36

机号	型　　号	台面长度 L/m	台面宽度 B/m	台面倾角 α/(°)	额定振频 n/r·min^{-1}	振动幅值/mm	最大激振力/kN	额定功率/kW	工况系数 K_k	技术生产力 /t·h^{-1}	机重 /kg	埋设深度 L_a/m	眉线高度 h/m	眉线角 θ/(°)
17	FZC-2.8/1.4-5.5	2.8	1.4	14	960	1.8	40	5.5	1.46	900～1080	1460	1.0	1.0	41
18△	FZC-3.1/1.2-5.5	3.1	1.2	14	960	1.8	40	5.5	1.54	910～1090	1515	1.1	1.1	40
19	FZC-3.1/1.4-5.5	3.1	1.4	14	960	1.7	40	5.5	1.32	920～1120	1600	1.0	1.1	39
20△	FZC-3.5/1.2-5.5	3.5	1.2	14	960	1.8	40	5.5	1.36	870～1050	1670	1.0	1.1	36
21	FZC-4.5/1-5.5	4.5	1.0	18	960	1.8	40	5.5	4.59	830～980	2040	1.0	1.1	34
22	FZC-3.1/1.4-7.5	3.1	1.4	14	960	2.0	50	7.5	1.65	1260～1500	1875	1.1	1.1	40
23	FZC-3.5/1.2-7.5	3.5	1.2	14	960	2.1	50	7.5	1.7	1220～1440	1810	1.2	1.2	39
24	FZC-4.5/1-7.5	4.5	1.0	18	960	2.0	50	7.5	1.59	1290～1510	2225	1.2	1.4	39
25△	FZC-3.5/1.4-7.5	3.5	1.4	14	960	1.8	50	7.5	1.46	1160～1380	2000	1.0	1.2	37
26	FZC-4/1.2-7.5	4.0	1.2	18	960	1.6	50	7.5	1.49	870～1040	1935	1.2	1.2	39
27	FZC-5/1-7.5	5.0	1.0	18	960	1.6	50	7.5	1.43	840～1010	2355	1.2	1.4	37
28	FZC-4/1.6-10	4.0	1.6	16	960	1.8	75	10	1.67	1570～1870	2355	1.2	1.4	40
29△	FZC-5/1.4-10	5.0	1.4	18	960	1.7	75	10	1.53	1300～1550	2800	1.4	1.4	38
30	FZC-3.1/1×2-4×2	3.1	1.0×2	18	1420	1.0	30×2	4.0×2	1.38	1520～1740	2220	0.9	0.9	38
31	FZC-3.5/1×2-5.5×2	3.5	1.0×2	18	960	2.0	40×2	5.5×2	1.63	1960～2300	3050	1.1	1.1	40
32	FZC-3.1/1.2×2-5.5×2	3.1	1.2×2	14	960	1.8	40×2	5.5×2	1.54	1820～2180	3030	1.1	1.1	40
33△	FZC-3.5/1.2×2-5.5×2	3.5	1.2×2	14	960	1.8	40×2	5.5×2	1.36	1740～2100	3310	1.0	1.1	36
34	FZC-3.5/1.4×2-7.5×2	3.5	1.4×2	14	960	1.8	50×2	7.5×2	1.46	2320～2760	3970	1.0	1.2	37
35	FZC-1.2×2-7.5×2	4.0	1.2×2	18	960	1.6	50×2	7.5×2	1.49	1740～2080	3870	1.2	1.2	39

注：表中△表示主要机型；工况系数 K_k 供选型使用，公式为：$P = K_k LBp$，其中：p 取 6.86 kN/m^2；机号 30～35 为双台板并联振动放矿机。

表6-37 XZG系列振动放矿机技术性能参数表

型号	槽体尺寸 /mm×mm×mm	生产率/t·h⁻¹			给料粒度 /mm	振动频率 /r·min⁻¹	振幅 /mm	额定电流 /A	额定电压 /V	额定功率 /kW	外形尺寸 /mm×mm×mm	重量/kg		
		-5°	-10°	-12°								漏斗闸门	给料机	整机重量
XZG1	200×600×100	5	10	15	50	980	2	0.7	220/380	0.2	1000×318×611	30	70	100
XZG2	300×800×120	10	20	30	50	980	2.5	0.7	220/380	0.2	1230×433×882	40	140	180
XZG3	400×900×150	20	50	80	70	980	2.5	0.7	220/380	0.2	1269×548×882	50	200	250
XZG4	500×1100×200	50	100	150	100	980	3	1.23	380/660	0.4	1623×712×1157	320	290	610
XZG5	700×1200×250	100	150	200	150	980	3	2.11	380/660	0.75	1705×980×1265	350	650	1000
XZG6	900×1600×250	150	250	350	200	980	3.5	3.77	380/660	1.5	2100×1150×2000	1500	1240	2470
XZG7	1100×1800×250	250	400	550	250	980	3.5	5.47	380/660	2.2	2610×1370×2222	1610	1900	2510
XZG8	1300×2200×300	400	600	800	300	980	4	9.28	380/660	3.7	3050×1800×2360	1730	3000	4730
XZG9	1500×2400×300	600	800	1000	350	980	4	13.31	380/660	5.5	3270×2050×2450	1840	3700	5540
XZG10	1800×2500×375	750	1100	1300	500	980	5	17.93	380/660	7.5	3420×2300×3000	3130	6450	9580
XZG11	2000×2800×375	1000	1500	1800	500	980	5	21.7	380/660	9.5	3584×2470×3000	3210	7630	10840

注：本表由鹤壁市煤化机械厂提供；表中角度值为槽体的安装角度。

6.4.3　机车运输线路

6.4.3.1　概述

矿用机车与矿用有轨车辆须在轨道上运行。铺设轨道是为了减小车辆运行的阻力。轨道铺设应牢固而平稳,并具有一定的弹性以缓和车辆运行的冲击,延长车辆和轨道的使用年限。轨道线路在平面上应力求能成直线,如不可能应尽量采用较大的曲线半径,在纵断面上应力求平坦,避免过多的起伏,以免增加机车运输困难。停放在能自动滑行的坡道上的车辆,应用制动装置或木楔可靠地稳住。

钢轨有轻轨、重轨之分,地下矿山主要采用轻轨,对于年运输量在 200 万 t 以上的矿山,其主要运输线路也可采用重轨。钢轨的型号以每米长度的质量来表示,单位为 kg/m。轻轨规格有 9 kg/m、12 kg/m、15 kg/m、22 kg/m、30 kg/m 五种,重轨有 38 kg/m,43 kg/m,50 kg/m 三种。钢轨质量越大,强度越大,稳定性越好。钢轨接头间隙不得大于 5 mm。

轨道由下部建筑和上部建筑两大部分组成。地面轨道的下部建筑包括路基及附属设施(排水和防护加固设施),桥涵设施(桥梁、隧洞、涵洞)。井下轨道的下部建筑是巷道底板和水沟。轨道上部建筑包括道床、轨枕、钢轨、道岔、连接零件安全设施等。连接零件包括道钉、鱼尾板、垫板。图 6 - 34 为某矿井下单轨直线段断面图。

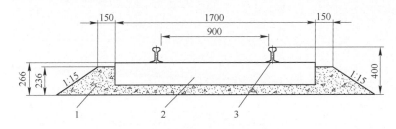

图 6 - 34　单轨直线段断面图
1—道床;2—38 kg/m 轨枕;3—钢轨

永久性轨道应及时敷设,永久性轨道路基应铺以碎石或砾石道碴,轨枕下面的道碴厚度应不小于 90 mm,轨枕埋入道碴的深度应不小于轨枕厚度的 2/3。

轨枕有木质的、金属的、钢筋混凝土的。矿山一般采用木轨枕,为了节省木材,也推广使用钢筋混凝土轨枕,金属轨枕使用较少。轨枕间距一般小于 0.8 m。

当列车行驶速度在 1.5 m/s 以下时,轨道曲线半径不小于车辆最大轴距的 7 倍;当列车行驶速度大于 1.5 m/s 或轨道弯道转角大于 90°时,轨道曲线半径不小于车辆最大轴距的 10 倍;对于带转向架的大型车辆(如梭车、底卸式矿车等),轨道曲线半径应不小于车辆技术文件的要求。

《金属非金属矿山安全规程》(GB 16423—2006)规定架线式电机车运输的滑触线悬挂高度(由轨面算起),应符合下列规定:在主要运输巷道中当线路电压低于 500 V 时,不低于 1.8;当线路电压高于 500 V 时,不低于 2.0 m;在井下调车场、架线式电机车道与人行道交叉点,当线路电压低于 500 V 时,不低于 2.0;当线路电压高于 500 V 时,不低于 2.2 m;在井底车场(至运送人员车站),不低于 2.2 m。

电机车运输的滑触线应设分段开关,分段距离应不小于 500 m。滑触线悬挂点的间距,在直线段内不超过 5 m;在曲线段内不超过 3 m;滑触线线夹两侧的横拉线,应用瓷瓶绝缘;线夹与瓷瓶的距离不超过 0.2 m;线夹与巷道顶板或支架横梁间的距离不小于 0.2 m;滑触线与管线外缘的距离不小于 0.2 m;滑触线与金属管线交叉处应用绝缘物隔开。

6.4.3.2　道岔

为了使列车或单个车辆能由一条线路驶向另一条线路,需在线路交叉处铺设道岔。单开道岔的构造见图 6-35 所示。道岔警冲标是允许停车的界限标,它是为了保证车辆安全运行而设置的。表 6-38 中列举了一些地下矿山常用道岔的参数。

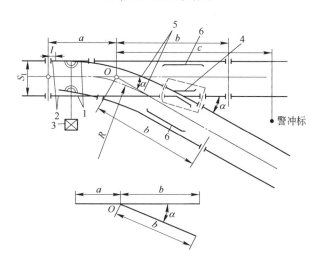

图 6-35　单开道岔示意图

1—尖轨;2—基本轨道;3—转辙机构;4—辙岔;5—过渡轨;6—护轨

表 6-38　部分道岔参数表

型　　号	类　别	辙叉角 α	a/mm	b/mm	L/mm	重量/kg
DK615-3-6	单开道岔	18°55′30″	3063	2597	5660	551
DK615-4-12	单开道岔	14°02′10″	3398	3502	6900	684
DK622-4-12	单开道岔	14°15′	3496	3404	6900	958
DK622-6-25	单开道岔	9°31′38″	4287	4713	9000	1171
DK722-4-16	单开道岔	14°15′	4606	4169	8775	1170
DK630-6-25	单开道岔	9°31′38″	4301	5099	9400	1739
DK730-5-20	单开道岔	11°25′16″	4254	5146	9400	1612
DK730-6-35	单开道岔	9°31′38″	5184	6016	11200	2059
DC612-3-12	对称道岔	18°55′30″	2000	2880	4880	439
DC615-3-12	对称道岔	18°26′06″	2681	2909	5590	624
DC622-3-12	对称道岔	18°55′30″	2064	2736	4800	738
DC722-4-30	对称道岔	14°15′	4284	4164	8448	1163
DC730-4-30	对称道岔	14°15′	3414	4286	7700	1499

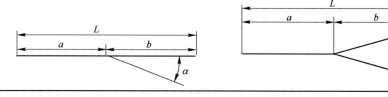

道岔的类型一般可分为单开道岔(右开或左开)、对称道岔、渡线道岔和菱形道岔等,如图 6-36所示。道岔根据驱动方式的不同也可分为电动道岔、弹簧道岔、手动道岔。电动道岔可由调度员在调度室中集中控制。

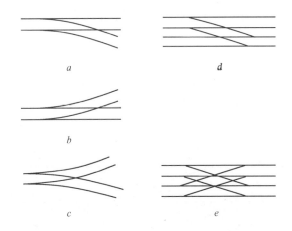

图 6-36 道岔类型

a—右开道岔;*b*—左开道岔;*c*—对称道岔;*d*—渡线道岔;*e*—菱形道岔

6.4.4 机车运输计算实例

机车运输的简易计算可参考表 6-39。

表 6-39 机车运输计算实例

项　目	单　位	矿　石	废　石
运输任务	t/d	6061	250
最大运距	m	2756	5503
平均运距	m	2314	2314
矿、废石密度	t/m³	3.61	2.54
矿、废石松散系数		1.5	1.5
矿、废石松散体重	t/m³	2.4	1.693
电机车型号		ZK14-7/550-C	
一列车电机车数量	个	2	2
矿车类型		底侧卸式	
矿车容积	m³	6	
装满系数		0.9	
矿车质量	kg	6800	
矿车最大载量	t	14.4	10.2
矿车有效载量	t	13	9.2
电机车可牵引质量	t	182.1	
一列车矿车数量	个	11	11
一列车有效载量	t	143	101
运行速度	m/s	3.3	3.3
运行时间	min	23.4	23.4
装车时间	min	11	11

续表 6 - 39

项　目	单　位	矿　石	废　石
卸车时间	min	2	2
调车时间	min	3	3
意外耽搁	min	3	3
一个循环时间	min	42.4	42.4
班有效作业时间	h	6	6
班循环次数	次	8.49	8.49
运输不均衡系数		1.2	1.2
班需运输量	t	2424	100
班需运输次数	次	16.95	1.0
所需列车数量	列	2	0.12
选用矿车列数	列	3	
选用电机车数量	辆	6	
选用矿车数量	辆	33	
每班完成任务工作时间	h	4.24	

6.5 无 轨 运 输

6.5.1 概述

地下矿山采用无轨自行设备运输开始于 20 世纪 60 年代,并随着地下无轨设备的完善,地下无轨开采技术也得到了迅速的发展。

无轨运输设备的主要优点是生产率高,机动性好,可克服较大坡度,回转半径小。缺点是价格昂贵,结构复杂,轮胎磨损快,维修困难,在利用柴油机驱动时,必须有废气净化装置,通风风量也需加大。

据国外介绍,当矿山岩石适合开凿大断面斜坡道,矿山年产量小于 100 万 t 时,使用无轨自卸卡车运输的斜坡道开拓与深度为 300 m 的竖井提升方案相比,斜坡道是可行的。只有在更深的开采深度和更大的矿石产量时,竖井提升方案才是优先考虑的。

6.5.2 无轨运输设备

按卸载方式不同,地下矿用卡车可分为倾卸式、推卸式两类。倾卸式汽车是用液压油缸将车厢前端顶起,向后倾翻卸下物料,这种形式的自卸汽车使用最为广泛。推卸式汽车车厢内的矿岩是被液压油缸驱动的卸载推板推出车厢后端而卸载的。倾卸式汽车的主要缺点是卸载空间需要较大,但与推卸式汽车相比成本低,重量轻,速度较快,运量较大,维修保养费用也较低。

地下矿用卡车是专为地下矿山设计的自行车辆,与地面自卸式汽车相比,在结构上通常有以下特点:

(1) 能拆装,方便大件下井。

(2) 采用铰接式底盘、液压转向,因而使车体宽度变窄,转弯曲线半径较小。

(3) 车体高度低,一般在 2 ~ 3 m 之间,使得地下矿用汽车适合在狭窄低矮的井下空间作业,汽车重心低,加大了爬坡能力。

（4）地下矿用卡车的行驶速度低,其发动机功率较小,从而减少了废气排放量。

（5）都设有废气净化装置。

图 6 - 37 为地下矿用卡车外形图,图 6 - 38 为结构示意图。国内和国外部分地下矿用汽车的型号和主要技术参数见表 6 - 40 和表 6 - 41。图 6 - 39 为 AJK12 型矿用卡车外形尺寸。

图 6 - 37　地下矿用卡车外形图

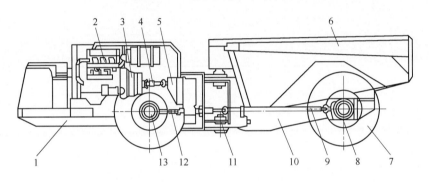

图 6 - 38　地下矿用卡车结构示意图

1—前车架;2—发动机;3—液力变矩器;4—传动轴;5—变速箱;6—车厢;7—后轮;
8—后桥;9—后传动轴;10—后车架;11—中央铰接;12—前传动轴;13—前桥

表 6 - 40　阿特拉斯·科普柯的矿用卡车主要参数

设备型号	MT2000	MT431B	MT436B	MT5010
载重/kg	20000	28100	32650	50000
空车重量/kg	18900	29270	30570	38000
推荐巷道尺寸（宽×高）/m×m	4×5	5×5	5×5	5.5×6
发动机	Detroit Diesel Series 50,224 kW	Detroit Diesel Series 60 DDEC III,298 kW	Detroit Diesel Series 60 DDEC III,298 kW	Cummins QSK19,485 kW
转弯半径/mm	内侧 4637 外侧 7489	内侧 4651 外侧 8571	内侧 4523 外侧 8571	内侧 4895 外侧 9325
设备宽度/mm	2209	2794	3050	3200
设备高度/mm	2424	2741	2450	2826
举升高度/mm	4418	5460	5620	6910
配套铲运机	ST3.5,EST3.5,ST710,ST1020	ST8C,ST1020	ST8C,ST1020	ST1520
配套凿岩台车	Boomer 282/Boomer M2	Boomer 282/Boomer M2	Boomer 282/Boomer M2	Boomer L2

注:由于产品更新较快,具体参数以厂家提供的最新参数为准。

表 6-41 部分国产矿用卡车主要参数

设备型号	TDQ-10	TDQ-12	AJK-10	AJK-12	AJK-20	AJK-25
载重/kg	10000	12000	11000	11600	19000	25000
空车重量/kg	9000	9500	11000	12000	20000	23000
发动机	Deutz BF4M2012C 88 kW	Deutz BF4M1013C 112 kW	Deutz BF4M1013C 104 kW	Deutz BF4M1013C 104 kW	Deutz F8L413FWB 130 kW	Deutz F10L413FWB 170 kW
转弯半径/mm	内侧 4500 外侧 7100	内侧 4600 外侧 7200	内侧 4900 外侧 7300	内侧 4772 外侧 7290	内侧 5466 外侧 8944	内侧 5247 外侧 9209
设备宽度/mm	1800	1900	1780	1880	2480	2950
设备高度/mm	2200	2500	2300	2300	2272	2421
举升高度/mm	3850	4050				

注:TDQ 为铜陵金湘重型机械科技发展有限责任公司产品型号;AJK 为北京安期生技术有限公司产品型号,表中参数供参考之用,以厂家提供的资料为准。

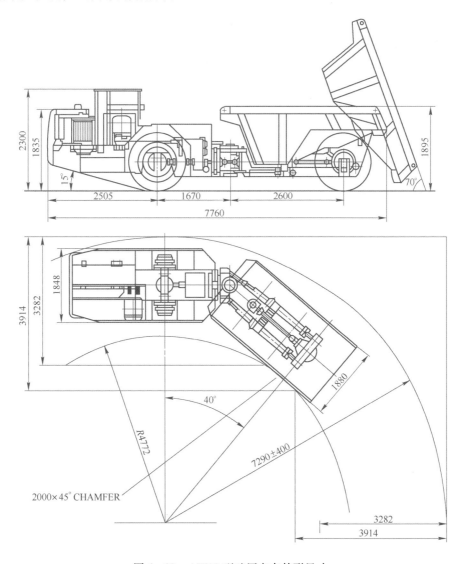

图 6-39 AJK12 型矿用卡车外形尺寸

6.5.3 设备选型计算

6.5.3.1 运输能力计算

卡车的运输能力与运行的作业条件紧密相关。作业条件中包括很多因素,如照明、装载站、运输道、卸载场所等。

根据矿山地下运输作业的情况,卡车的作业条件可分为最佳、一般、恶劣三种。一般条件系对照最佳和恶劣二条件的平均值。现结合具体情况说明如下。

照明的最佳条件为自卸卡车备有充分照明,可照亮巷道路面、顶部及墙壁。恶劣条件为车辆灯光不足,司机在照明不良的巷道中驾驶,容易发生撞碰。

装载站最佳条件为自卸卡车装载时,为了充分装满,开车向前或向后定位次数较少,装载站有固定照明,或装载机上有灯能充分照亮自卸车车厢;待装物料较碎而且紧靠自卸车不远。恶劣条件是自卸汽车用装载机装载时要反复移动多次,或待装位置多变;照明不足,视界有限;待装物料大块多,离装载处较远。

运输道最佳条件为主运输道有足够的高度和宽度,可保证车辆和司机安全地快速行驶;道路维护良好,路面平整,无撒落物,没有积水或流水;线路急弯最少,需要时装有交通控制装置。恶劣条件是主运输道宽度较小,路面又滑,到处是撒落物,或路面软有积水区或流水;调车时急弯较多,没有适当的交通控制装置。

卸载场所最佳条件是卸载处既宽大还有安全车挡防护;卸载容量大,可以容纳所有运行的卡车充分卸载,不用等待。恶劣条件是卸载处只有一很小的调车道,又无安全车挡,卸载受限制,卸不干净,这些限制包括格筛阻塞,车厢粘结,受矿仓容积小。

卡车的作业条件的好坏对运输能力及最终运输成本都有很大的影响。设计时应创造最佳作业条件,以期达到较高的运输能力和较低的运输成本。进行运输能力计算时,首先要根据矿山的具体要求,作出运输路线布置图,确定各段运输距离及坡度。除了充分考虑作业条件的因素外,对选定车辆的技术性能要充分了解,如车厢有效装载能力,在各种坡道上重车和空车可达到的最大车速等。此外,对装载设备及卸载站的布置也应事先拟定,在这些前提下,可合理选取各项计算参数。

汽车的小时运输能力可按下式计算:

$$Q_{\mathrm{h}} = \frac{Q_0 T_{\mathrm{h}}}{T_{\mathrm{f}} + T_{\mathrm{v}}} \tag{6-45}$$

式中　Q_{h}——卡车小时运输量,t;

　　　Q_0——卡车有效装载量,t;

　　　T_{h}——每小时纯运行时间,min;

　　　T_{f}——每循环装卸及调车时间,min;

　　　T_{v}——每循环在装卸站间行驶时间,min。

自卸卡车运输作业在每小时 60 min 内,由于生产中各种不可避免的耽误,纯运行时间会降低。计算时,在最佳作业条件下,每小时纯运行时间 55 min;一般作业条件下为 50 min,恶劣条件下为 45 min。以上每小时纯运行分钟数,通常不考虑换班时司机到地下需要的时间,这些因素在每班的有效作业时间中考虑。由于运输物料的松散密度的变化,自卸卡车的额定载运能力都按有效装载量确定,应根据物料松散密度的不同配用不同容积的车厢。通常在最佳作业条件下,装满系数取 1.00~0.95;在一般作业条件下,装满系数取 0.94~0.90;在恶劣作业条件下,装满系数取 0.89~0.85。

为了使自卸卡车能充分装满额定有效装载量，又不向两侧撒矿，最好是用顶部溜井闸门装矿，先装车厢后部，使自卸卡车逐步后退装满前端。另一种常用的方法是用装载机或铲运机装矿，一般要求装矿场所高度较大，而且撒落较多，装载机前轮还可能与汽车相碰，影响卸载范围。为提高装载效率，在装矿地点可采取一些改善措施，如修筑装车台，垫高铲运机，增大卸载范围。此外，可采用铲斗抛卸式卸载，增加装载量。采用铲运机装载时，铲斗大小最好是 2~4 次装满一车。否则装载时间过长会影响运输能力。装载时，由于物料性质的不同，如大块多，有黏性，以及装载设备配合不好等，都不能达到额定堆装量，装满系数可低到 0.85。

运输循环中的装卸及调车时间包括装载定位、装载、卸载定位、卸载及装卸调车时间，一般约为 3~8min。

运输循环在装卸站间行驶时间包括从装载点运送物料到卸载站入口调车道和空车回到装载地点调车道所需的全部时间。计算运输循环中行驶时间的主要参数是各段距离及行车速度。地下卡车运输可达到的最大速度受一些因素的限制，这些影响因素包括作业条件、选用卡车的设计特点、车辆传动系、坡道上的车速等。重车上坡的速度应直接从该型车辆的性能曲线上选取，要注意该曲线是设定在海平面标高行驶和一定条件下计算作出的，条件改变，曲线的性能也会不同。在海拔以上标高行驶时，应按发动机功率降低的比例降低速度。过载或增加行驶阻力也会对重车上坡的速度有不利影响。关于下坡行车速度，为安全起见，要求使用低挡速度，以便控制车速，减少使用工作制动器，防止工作制动器因过度使用而发热甚至失效。当坡道较长时，尤其有重车下坡运行的情况，须由制造厂研究选用合适车辆。

在确定运输设备台数时，还需要考虑工作时间利用系数以及卡车备用系数。卡车的工作时间利用系数每日一班工作时可取 0.9，两班工作时可取 0.85，三班工作时可取 0.8。卡车的备用系数取决于维修能力可达到的设备完好率，设备完好率国内可取 0.70~0.80。

6.5.3.2 车型选择

地下矿用卡车运输设备的选型，应根据矿体的赋存条件、要求的运输任务及运输线路布置以及装卸条件来选定，使运输每吨矿岩的总成本最低。设备的技术性能必须适应矿山的具体使用条件。考虑的主要方面有：车型、装载能力、发动机性能、传动系统、废气净化装置、轮胎、传动系统、车厢尺寸以及司机工作条件和安全性等。

地下专用的矿用卡车，各国制造商都是根据订货要求小批量制造，价格比较昂贵。因此，有的矿山倾向于选用标准型的载重汽车即一般地面用车，配用低污染发动机，其性能也能满足地下使用条件，但价格要便宜得多，这是值得考虑的因素。标准型载重汽车外形及转弯半径大，只适用于主阶段或主斜坡道运输。

地下矿用卡车的技术性能适用于坡度不大的水平运输，虽然具有较大的爬坡能力，但重载上坡时，行驶速度降低很多。若需要长时间在这种情况下使用，则应考虑选用增大发动机能力的车型，以提高重车上坡的车速，增加运量。

目前，各国生产的地下矿用卡车可以适应各种生产规模的矿山和不同的运输路线要求。对矿车载重量的选择要注意车辆装载能力的增加，其购置费及经营费不一定成正比例增加。长期使用中，大设备提供的高生产能力，往往足以补偿稍高的购置费和经营费以及加大巷道宽度所需的附加费用。

各种地下矿用卡车，要根据设计的载重量和使用条件，配备额定输出功率的发动机。选用时，需考虑矿山位置的海拔高度，因它对发动机的输出功率有影响。同时，要根据安全规程对有害气体浓度的规定，选择高效率低污染的发动机。

为了尽可能降低柴油发动机排放有害气体的含量,除了发动机内的措施外,还须有机外净化装置,使废气排放达到安全规程的要求。常用的净化装置有水洗涤箱、催化净化器、扩散器等。净化功能各有特点,必要时可用两种串联使用以达到最佳净化效果。

卡车轮胎费用对运输经营费影响很大,除了日常保养外,正确的选用也是一个比较重要的因素。轮胎要求耐磨和耐切割,需要用特殊配方的矿用橡胶制成。无内胎的轮胎价格相对要便宜,有内胎的轮胎价格相对较贵,但轮胎大面积损坏后还可修理。有的矿山在轮胎内充入75%体积的液体(常用氯化钙水溶液,其中每升水含0.42 kg氯化钙)增重轮胎,可以增加轮胎附着力,减少燃油消耗成本。

6.5.4 线路设计及通风要求

运输巷道的底板要平整、无大块,巷道的坡度应小于设备的爬坡能力,弯道的曲线半径应符合设备的要求。地下卡车运输道的路面质量对保证行车速度,降低轮胎和燃油消耗,改善行车安全,提高设备完好率,增加运输能力,降低运输成本,具有重要作用。地下汽车运输的线路,主要有主运输阶段线路、装卸矿站布置和斜坡道。主运输线路通常为水平运输线路,坡度不小于4‰;装卸站的调车道可为通过式或尽头式;对于斜坡道的线路,应尽量避免采用螺旋形,线路的半径取决于车型及行车密度,一般为25~40 m,运输繁忙时可取50 m。

我国《金属非金属矿山安全规程》中规定井下采用内燃无轨设备,应遵守下列规定:内燃设备,应使用低污染的柴油发动机,每台设备必须有废气净化装置,净化后的废气中有害物质的浓度应符合GBZ1、GBZ2的有关规定;运输设备应定期进行维护保养;采用汽车运输时,汽车顶部至巷道顶板的距离应不小于0.6 m;斜坡道长度每隔300~400 m,应设坡度不大于3%、长度不小于20 m并能满足错车要求的缓坡度;主要斜坡道应有良好的混凝土、沥青或级配均匀的碎石路面;不应熄火下滑;在斜坡上停车时,应采取可靠的挡车措施;每台设备应配备灭火器。

我国《工作场所有害因素职业接触限值》规定工作场所空气中有毒物质容许浓度如下:一氧化碳在非高原地点时间加权平均容许浓度20 mg/m³,短时间接触容许浓度30 mg/m³;在海拔2000~3000 m间最高容许浓度20 mg/m³;在海拔大于3000 m时最高容许浓度15 mg/m³。二氧化氮的时间加权平均容许浓度5 mg/m³,短时间接触容许浓度10 mg/m³。甲醛最高容许浓度0.5 mg/m³;丙烯醛最高容许浓度0.3 mg/m³。

我国《金属非金属矿山安全规程》规定有柴油机设备运行的矿井,矿井所必需的通风量按同时作业机台数每千瓦每分钟供风量4 m³计算。

6.5.5 维修工作

采用无轨设备生产的矿山必须建立必要的维修制度,维修设施,配备技术熟练的维修队伍,保障必需的备品备件储存和供应。经验证明作好预防性维修,建立定期更换磨损件制度,能显著减少设备停机时间,提高设备运转率,保障正常生产,同时也能降低故障维修费用。

6.6 矿山粗破碎装置

6.6.1 概述

出矿(岩)块度较大或大块较多的矿山,常需在露天采场、地下采掘工作面、溜井旁或矿山地面上设粗破碎装置,将矿岩破碎至装运设施所要求的块度。粗破碎装置有固定式、移动式和半移动式几种类型。目前,矿山粗破碎装置常见的设备有简摆颚式破碎机、复摆颚式破碎机、旋回破碎机、颚旋式破碎机等。

设置矿山破碎系统及其装备时应注意如下事项:

(1)依据矿(岩)石所具有物理机械特性的有关参数来计算和选型,如块度组成,密度,强度,脆性,磨蚀性,水、泥含量,粉矿率,自然安息角,内摩擦角,黏聚力等。

(2)地下破碎系统所处地段岩石的稳定性将影响设备基础、破碎机硐室宽度和溜井的使用。

(3)在高差、场地均受到限制而无条件设置储料仓,采用间断给料时,应按两次卸矿的间歇时间内,破碎完一次卸入的全部物料量来确定破碎机的处理能力。

(4)破碎机给料口宽度通常应比最大给料块度大 15% ~ 20%。

6.6.2 破碎机及其给料设备

6.6.2.1 颚式破碎机

颚式破碎机经过 100 多年的实践和不断地改进,其结构已日臻完善。它具有构造简单,工作可靠,制造容易,维修方便等特点。直到现在仍然广泛地用于采矿工程中。它在矿业中多半用来对坚硬和中硬矿石进行粗碎和中碎。现有颚式破碎机按动颚的运动特征分为简单摆动型、复杂摆动型和混合摆动型三种型式。如图 6 - 40 所示,其中前两种使用较为普遍。混合摆动型颚式破碎机工作原理如图 6 - 40c 所示,偏心轴及其轴承受力很大,工作条件恶劣,容易损坏,虽然国内曾制成混合摆动型破碎机,均未能推广。

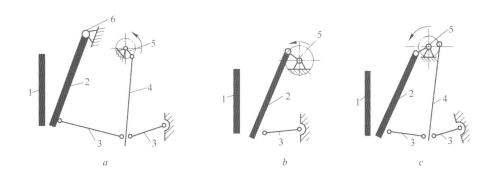

图 6 - 40　颚式破碎机主要类型

a—简单摆动型;b—复杂摆动型;c—混合摆动型
1—定颚;2—动颚;3—推力板;4—连杆;5—偏心轴;6—悬挂轴 5

简摆型颚式破碎机工作原理如图 6 - 40a 所示,颚式破碎机有定颚 1 和动颚 2,定颚固定在机架的前壁上,动颚则悬挂在轴 6 上。当偏心轴 5 旋转时,带动连杆 4 作上下往复运动,从而使两块推力板 3 亦随之作往复运动。通过推力板的作用,推动悬挂在悬挂轴 6 上的动颚作左右往复运动,当动颚摆向定颚时,落在颚腔的物料主要受到颚板的挤压作用而粉碎。当动颚摆离定颚时,已被粉碎的物料在重力作用下,经颚腔下部的出料口自由卸出。这种破碎机工作时,动颚上各点均以悬挂轴 6 为中心作圆弧摆动,由于运动轨迹比较简单。故称为简单摆动型颚式破碎机,简称简摆型颚式破碎机。根据动颚的运动轨迹,其最大行程在动颚的下部,而且卸料口宽度在破碎机运转中是变动的,因此破碎的物料粒度不均匀。另外,简摆型颚式破碎机动颚垂直位移小,破碎时过粉碎现象少,物料对颚板的磨损小。所以,简摆型颚式破碎机可破碎各种硬度的矿石和岩石,且特别适用于破碎各种坚硬的磨蚀性强的石料。

图 6 – 41 为沈阳重型机械集团有限责任公司生产的 PEJ 型简摆式颚式破碎机结构图,其性能参数见表 6 – 42。

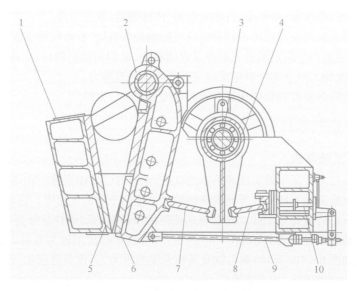

图 6 – 41 PEJ 简摆型颚式破碎机结构图

1—架体部;2—动颚部;3—主轴部;4—连杆部;5—固定齿板;6—动颚齿板;

7—前肘板;8—后肘板;9—拉杆部;10—调整千斤顶

复摆型颚式破碎机工作原理如图 6 – 40b 所示,动颚 2 直接悬挂在偏心轴 5 上,受到偏心轴的直接驱动。动颚的底部用一块推力板 3 支撑在机架的后壁上。当偏心轴转动时,动颚一方面对定颚作往复摆动,同时还顺着定颚有很大程度的上下运动。动颚上每一点的运动轨迹并不一样,顶部的运动受到偏心轴的约束,运动轨迹接近于圆弧,在动颚的中间部分,运动轨迹为椭圆曲线,愈靠近下方椭圆愈偏长。这类破碎机工作时,动颚各点上的运动轨迹比较复杂,故称为复杂摆动型颚式破碎机,简称复摆型颚式破碎机。复摆型颚式破碎机的工作过程中,动颚顶部的水平摆幅约为下部的水平摆幅的 1.5 倍,而垂直摆幅稍小于下部,就整个动颚而言,垂直摆幅为水平摆幅的 2~3 倍。由于动颚上部的水平摆幅大于下部,保证了颚腔上部的强烈粉碎作用,大块物料在上部容易破碎。整个颚板破碎作用均匀,有利于生产能力的提高。同时,动颚向定颚靠拢,在挤压物料过程中,顶部各点还顺着定颚向下运动,又使物料能更好地夹持在颚腔内,并促使破碎的物料尽快地排出。因此,在相同条件下,这类破碎机的生产能力较简摆型颚式破碎机高。复摆型颚式破碎机动颚在上端及下端的运动不同步,交替进行压碎及排料,功率消耗均匀;动颚的垂直行程相对较大,这对于排料,特别是排出黏性及潮湿物料有利;和简摆型颚式破碎机相比,结构比较简单,轻便紧凑,生产能力较高;动颚垂直行程较大,物料不仅受到挤压作用,还受到部分的磨剥作用,加剧了物料过粉碎现象,增加了能量消耗,产生粉尘较大,颚板比较容易磨损;复摆型颚式破碎机在破碎物料时,动颚受到的巨大挤压力,直接作用到偏心轴上。

图 6 – 42 为沈阳重型机械集团有限责任公司生产的 PEF 型复摆式颚式破碎机结构图,其性能参数见表 6 – 43。

表 6 – 42　PEJ 简摆颚式破碎机性能参数表

型 号 规 格		PEJ 0609	PEJ 0912	PEJ 1215	PEJ 1521
给料口尺寸	宽/mm	600	900	1200	1500
	长/mm	900	600	1500	2100
推荐最大给料尺寸/mm		500	750	1000	1300
开边排料口宽度	公称尺寸/mm	100	130	155	180
	调整范围/mm	±25	±35	±40	±45
排料口为公称值时的产量/m³·h⁻¹		60	180	310	550
主电机	型　号	YR315M – 8	JR126 – 8	YR450 – 12	YR500 – 12
	功率/kW	75	110	160	250
	转速/r·min⁻¹	740	730	492	490
	电压/V	380		3000/6000	
机器外形尺寸（不含电机）	长/mm	3160	4455	5572	6715
	宽/mm	2600	3356	4582	5790
	高/mm	2390	3321	3715	4620
主要部件重量	机架部/kg	8500	20000	24500 + 18500	45000 + 27000
	动颚部/kg	3300	6783	15200	27000
	最大件重/kg	8500	20000	24500	45000
机器总重(不包括电动机)/kg		25900	55363	110380	187660

注:1. 表中的参考数据来自沈阳重型机械集团有限责任公司提供的《产品简明手册》。

　　2. 表中产量以待碎物料体积密度为 1.6 t/m³;抗压强度为 150 MPa 的矿物(自然状态);新颚板;连续进料且物料
粒度级分符合有关国家标准为依据。

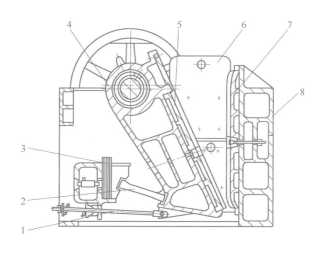

图 6 – 42　PEF 复摆颚式破碎机结构图

1—锁紧弹簧;2—肘板;3—调整片;4—动颚部;5—活动颚板;6—侧衬板;7—固定颚板;8—架体

表6-43 PEF复摆颚式破碎机性能参数表

型 号 规 格		PEF 0204	PEF 0406	PEF 0507	PEF 0609	PEF 0710	PEF 0912	PEF 0207	PEF 0210
给料口尺寸	宽/mm	250	400	500	600	750	900	250	250
	长/mm	400	600	750	900	1060	1200	750	1050
推荐最大给料尺寸/mm		210	340	400	500	630	750	210	210
开边排料口宽度	公称尺寸/mm	40	60	75	100	110	130	40	40
	调整范围/mm	±20	±30	±25	±25	±30	±35	±20	±20
排料口为公称值时的产量/m³·h⁻¹		10	18	40.5	60	110	130	20	32
主电机	型号	Y180L-6	Y225M-6	YR280M-6	JR75-8	YR280M-6	JR126-8	Y225M-6	Y280S-6
	功率/kW	15	30	50	75	90	110	30	45
	转速/r·min⁻¹	970	980	985	730	972	730	980	980
	电压/V	380							
机器外形尺寸	长/mm	1033	156	3495	2575	2730	5000	1482	1482
	宽/mm	1016	1742	1940	3723	2760	4471	1914	2342
	高/mm	1140	1593	2205	2373	2820	3280	1516	1535
主要部件重量	机架部/kg	1050	2590	4010	6142	14405	20860	2725	3075
	动颚部/kg	765	3300	5160	7550	12360	18735	3130	4080
	最大件重/kg	535	1563	3450	5760	10600	18800	1905	2075
机器总重(不包括电动机)/kg		2325	6550	10570	16950	27940	44130	6345	7715

注:1. 表中的参考数据来自沈阳重型机械集团有限责任公司提供的《产品简明手册》。

2. 表中产量以物料体积密度为1.6 t/m³;抗压强度为150 MPa的矿物(自然状态);新颚板;连续进料且物料粒度级分符合有关国家标准为依据。

颚式破碎机的生产能力可以由设备生产厂家提供,也可参考类似矿山的实践经验或采用下列经验公式计算:

$$Q = K_1 K_2 q_0 e \frac{\delta}{1.6} \tag{6-46}$$

式中 K_1——矿石可碎性系数(见表6-44);

K_2——粒度修正系数(见表6-45);

q_0——单位排矿口宽度的生产能力,t/(mm·h)(见表6-46);

e——排矿口宽度,mm;

δ——矿石的松散密度,t/m³。

表6-44 矿石可碎性系数 K_1

矿石强度	抗压强度/MPa	普氏硬度系数	K_1
硬	160~200	16~20	0.9~0.95
中硬	80~160	8~16	1.0
软	<80	<8	1.1~1.2

表 6–45　粒度修正系数 K_2

给矿最大粒度 D_{max}/给矿口宽度 B	0.85	0.6	0.4
K_2	1.0	1.1	1.2

表 6–46　颚式破碎机单位排矿口宽度的生产能力

破碎机规格	250×400	400×600	600×900	900×1200	1200×1500	1500×2100
q_0	0.4	0.65	0.95~1	1.25~1.3	1.9	2.7

6.6.2.2　旋回破碎机

旋回破碎机应用广泛,其工作原理如图 6–43 所示。一般形式的旋回破碎机的工作机构是由两个截面圆锥——动锥(破碎圆锥)和固定圆锥(中空圆锥体)组成。当动锥心轴 OA 旋转时,动锥的每条素线尤似绕心轴摆动,当动锥靠近固定锥腔体时,处于两者间的矿石就被破碎;当动锥离开固定锥腔体时,破碎后的矿石则因自重经排矿口排出。旋回破碎机的主要破碎作用是压碎,同时矿石也受弯曲作用。

旋回破碎机与颚式破碎机相比较,其优点是生产能力大,工作平稳,破碎单位质量矿石的耗电量少,产品粒度较均匀。它的缺点是设备尺寸较大,构造较复杂。

旋回破碎机结构图可参见图 6–43。沈阳重型机械集团有限责任公司生产的 PXZ 系列旋回破碎机性能参数见表 6–47。

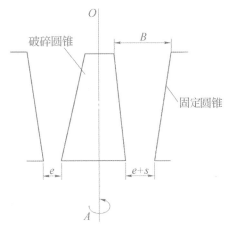

图 6–43　旋回破碎机工作原理图

6.6.2.3　给料机

矿山粗破碎系统的给料机,国内目前常用的有板式、振动、辊式等。应根据给料块度大小、粒级组成及其物理力学特性等有关参数选用,并按其所承受矿仓中矿石柱压力的大小而别。国外有些矿山在矿仓和矿堆下曾使用芬兰生产的液压往复式给料,小时给料能力达千余立方米,给料最大块度可达 2m 左右。振动给料机见 6.4 节机车运输中相关部分。

表 6-47 PXZ 系列旋回破碎机性能参数表

型号规格	PXZ 0506	PXZ 0710	PXZ 0909	PXZ 0913	PXZ 0917	PXZ 1216	PXZ 1221	PXZ 1417	PXZ 1422	PXZ 1618	PXZ 1623
给矿口尺寸/mm	500	700	900	900	900	1200	1200	1400	1400	1600	1600
排矿口尺寸/mm	60	100	90	130	170	160	210	170	220	180	230
最大给料尺寸/mm	420	580	750	750	750	1000	1000	1200	1200	1350	1350
排矿口调间/mm	60~75	100~130	90~120	130~160	170~190	160~190	210~230	170~200	210~230	180~210	210~240
产量/t·h⁻¹	140~170	310~400	380~510	625~770	815~910	1250~1480	1560~1720	1750~2060	2160~2370	2400~2800	2800~3200
动锥底部直径/mm	1200	1400	1650	1650	1650	2000	2000	2200	2200	2500	2500
主电机 型号	JR128-10	JR126-8	JR137-8	JR137-8	JR137-8	JRQ158-10	JRQ158-10	JRQ1510-1	JRQ1510-1	JRQ158-10	JRQ158-10
主电机 功率/kW	130	155	210	210	210	310	310	430	400	310	310
主电机 转速/r·min⁻¹	585	730	735	735	735	590	590	590	590	590	590
主电机 电压/V	380	380	380	380	380	6000	6000	3000	6000	6000	6000
润滑站规格/L·mm⁻¹	40	40	63	63	63	125	125	125	125	125	125
冷却水耗量/m³·h⁻¹	3	3	3	3	3	6	6	6	6	6	6
主要部件重量/kg 机座部	8.6	18.5	28	28	28	40	40	55	55	66	66
主要部件重量/kg 横梁部	8.5	17.4	29	29	29	39	39	56	56	75	75
主要部件重量/kg 中架体	8.7	21	34	34	34.7	70	70	93	93	170	170
主要部件重量/kg 动锥部	7.7	14.6	23	23	23	42	42	59	59	89	89
主要部件重量/kg 偏心套部	1.8	3	4	4.3	4.3	6	6	8	8	13	13
主要部件重量/kg 传动部	1.5	3.3	5	5.1	5.1	8	8	10	10	11	11
主要部件重量/kg 原动部	0.8	4.4	4.6	4.6	4.6	7	7	7	7	7	7
主要部件重量/kg 油缸部	1.5	2.3	3.6	3.6	3.6	6	6	9	9	12	12
最重零件	7.2	16	24	24	24	33	33	45	45	73	73
机器总重/kg	44.1	91.2	141	141	141	228.2	228.2	309	309	481	481

注：表中的参考数据来自沈阳重型机械集团有限责任公司提供的《产品简明手册》，表中产量以物料体积密度为 1.6 t/m³ 计。

重型板式给矿机外形见图 6 – 44 所示,板式给料机可以承受矿仓中矿石的冲击和矿柱的压力,给矿均匀可靠,是向破碎机和带式输送机给料的一种主要设备,但设备笨重,价格较贵。板式给料机按其承受矿仓中矿柱压力大小和给矿块度的尺寸可分为重型、中型或轻型。由于粗破碎系统工作条件较恶劣,可靠性要求较高,因而当采用板式给矿机时常选用重型的板式给矿机。唐山胜达机械有限公司的 BZOK 系列重型板式给料机技术参数见表 6 – 48。

图 6 – 44 重型板式给矿机外形图

板式给料机链板宽度一般按最大给矿粒度的 2.0 ~ 2.5 倍(大块含量少时取小值)选取。其长度按矿仓容积及配置要求确定。板式给料机有水平和倾斜两种配置方式,倾斜配置可以加大矿仓容积及降低配置高度。如果布置条件许可,其下部应设斜溜槽与下部溜井或矿仓相连,让粘结在链板上的粉矿或泥浆能直接落在斜槽上,或者在板式给料机下部设一带式输送机,在其胶带上固定有小刮板。开动带式输送机,即可将板式给料机下部所粘结的粉矿刮下,使其同破碎后的物料一道运出。

表 6 – 48　BZOK 系列重型板式给料机技术参数

型　号	规　格		最大物料块度/mm	给料能力/m³·h⁻¹	最大倾度/(°)	外形尺寸/mm	重量/t
	链板宽/mm	中心距/mm					
BZOK1250-8	1250	800	600	80 ~ 400	15	9100 × 4600 × 1542	28
BZOK1250-10	1250	1000	600	80 ~ 400	15	11100 × 4600 × 1542	30
BZOK1250-12	1250	1200	600	80 ~ 400	15	13100 × 4600 × 1542	34
BZOK1250-15	1250	1500	600	80 ~ 400	15	16100 × 4600 × 1542	40
BZOK1500-6	1500	600	700	100 ~ 500	15	7150 × 4800 × 1635	30
BZOK1500-8	1500	800	700	100 ~ 500	15	9150 × 4800 × 1635	36
BZOK1500-10	1500	1000	700	100 ~ 500	15	11150 × 4800 × 1635	44
BZOK1500-12	1500	1200	700	100 ~ 500	15	13150 × 4800 × 1635	50
BZOK1500-15	1500	1500	700	100 ~ 500	15	16150 × 4800 × 1635	60
BZOK1600-6	1600	600	800	150 ~ 600	20	7150 × 5000 × 1640	32
BZOK1600-8	1600	800	800	150 ~ 600	20	9150 × 5000 × 1640	38
BZOK1600-10	1600	1000	800	150 ~ 600	20	11150 × 5000 × 1640	46
BZOK1600-12	1600	1200	800	150 ~ 600	20	13150 × 5000 × 1640	50
BZOK1800-6	1800	600	900	200 ~ 800	20	7200 × 5200 × 1744	42
BZOK1800-8	1800	800	900	200 ~ 800	20	9200 × 5200 × 1744	48
BZOK1800-10	1800	1000	900	200 ~ 800	20	11200 × 5200 × 1744	55
BZOK1800-12	1800	1200	900	200 ~ 800	20	13200 × 5200 × 1744	64
BZOK2000-6	2000	600	1000	250 ~ 1000	22	7250 × 5600 × 1810	48
BZOK2000-8	2000	800	1000	250 ~ 1000	22	9250 × 5600 × 1810	56

续表 6-48

型　号	规　格		最大物料块度/mm	给料能力/m³·h⁻¹	最大倾度/(°)	外形尺寸/mm	重量/t
	链板宽/mm	中心距/mm					
BZOK2000-10	2000	1000	1000	250~1000	22	11250×5600×1810	65
BZOK2000-12	2000	1200	1000	250~1000	22	13250×5600×1810	76
BZOK2200-6	2200	600	1200	300~1200	23	7300×6000×1862	52
BZOK2200-8	2200	800	1200	300~1200	23	9300×6000×1862	60
BZOK2200-10	2200	1000	1200	300~1200	23	11300×6000×1862	75
BZOK2400-6	2400	600	1400	400~1500	24	7300×6400×1904	66
BZOK2400-8	2400	800	1400	400~1500	24	9300×6400×1904	78
BZOK2400-10	2400	1000	1400	400~1500	24	11300×46400×1904	90
BZOK2500-6	2500	600	1500	450~1800	25	7000×6800×1905	70
BZOK2500-8	2500	800	1500	450~1800	25	9000×6800×1905	81
BZOK2500-10	2500	1000	1500	450~1800	25	11300×6800×1905	95
BZOK2800-6	2800	600	1750	500~2000	25	7450×7500×2008	102
BZOK2800-8	2800	800	1750	500~2000	25	9450×7500×2008	118
BZOK2800-10	2800	1000	1750	500~2000	25	11450×7500×2008	135

注：1. 表中的参考数据来自唐山胜达机械有限公司提供的产品样本。

2. 当链板宽小于 2000 mm 时，链速为 0.015~0.12 m/s；当链板宽大于 2000 mm 时，链速为 0.025~0.12 m/s。

3. 表中给料能力计算时体积密度选取如下：当链板宽小于 2000 mm 时，体积密度 1.5~1.8 t/m³；当链板宽等于 2000 mm 时，体积密度 1.6~2 t/m³；当链板宽为 2000 mm~2500 mm 时，体积密度 1.6~2.2 t/m³；当链板宽等于或大于 2500 mm 时，体积密度 1.6~2.4 t/m³。

6.6.3　破碎站

6.6.3.1　地下破碎站

地下破碎站有固定式和移动式两种。目前国内矿山使用的常为固定式，大多设置于主溜井或箕斗井旁侧，集中处理矿岩。也有矿山在采场内或其附近设移动式破碎装置，将处理后的矿石经带式输送机输出，以缩短运费较贵的铲运机或汽车运距。

有关建设地下破碎站的要求参见第 5 章，图 6-45 为地下固定破碎站配置图实例，其所采用的设备为 42-65 型旋回破碎机。

6.6.3.2　露天破碎站

露天粗破碎站可分为固定式、半固定式及移动式等形式。固定式破碎机站常设于露天采场境界外附近、中间阶段上、平硐口或竖井口旁侧，具体位置依地形高差及工程地质条件而定。破碎后的矿岩通常转载到胶带输送机，直接运往选厂。与半固定式破碎机相比，其优点是服务年限长，受爆破影响较小，能布置一定容量的贮矿设施来调节物料的转运，基建总投资较省；缺点是增长了露天采场内原矿（岩）的运距，建、构筑物工程量大，施工时间较长，初期基建投资大。

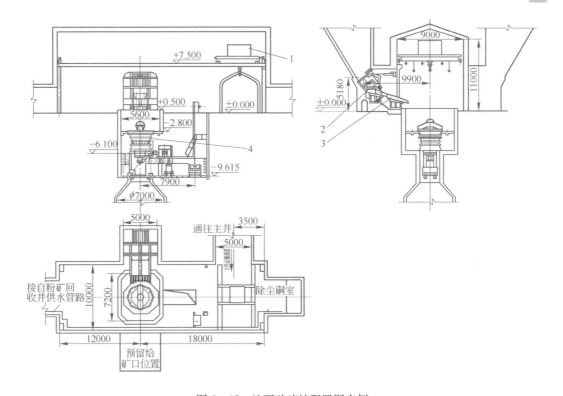

图 6 – 45　地下破碎站配置图实例
1—50/10 t 电动双梁起重机;2—指状闸门;3—振动给料设施;4— 42 – 65 型旋回破碎机

图 6 – 46 为地表固定破碎站配置示意图。在进行破碎站配置时需要注意如下几点:

（1）将破碎机横梁和卡车卸料方向保持一致,横梁能对进入破碎腔的物料进行分流,使之均匀分布。

（2）设置一个料仓。从卡车上卸下的物料在进入破碎腔之前,先落到料仓的死角的料层上

（3）避免将物料直接倾卸到横梁帽或主轴总成上,以减少冲击力。

（4）增大卡车的规格和装载量将显著改变卸料的角度以及大块物料的冲击点,所以需相应调整卡车的卸载平台。

（5）排料仓容量应能够至少储存两辆卡车（最大）的装载量或更大。

（6）可以使用料位计,能够在缓冲仓装满时提醒操作人员。

半固定式破碎机站多设在露天采场工作平台间或溜井口,随着开采的延伸而向下移设,布置时受工作平台宽度、高度的制约。其优点是可缩短露天采场内原矿（岩）的运距,建、构筑物均较简单,常将其作成钢制拼装式,以便于拆迁,基建初次投资较少;缺点是受所服务阶段矿量的限制,服务年限较短,移设时对生产有些影响,在其周围进行爆破作业时亦需采取一定安全措施。图 6 – 47 为某露天矿半固定破碎站现场照片。

当矿岩运距超过搬运机具的经济使用范围,或采场出矿块度大于运输机具要求时,经过技术经济综合比较,可以采用移动式破碎机站。移动式破碎机站应位于矿岩运输中心,并有合适的地形可供利用,基建工程量较小。半固定式或移动式破碎机站迁址,还应考虑到施工时不干扰生产正常的进行。确定半固定式或移动破碎机站的移动步距,应充分考虑到拆迁、安设和调整所需要的时间及其工程量。

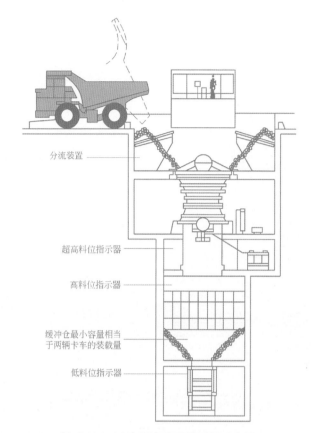

分流装置

超高料位指示器

高料位指示器

缓冲仓最小容量相当
于两辆卡车的装载量

低料位指示器

图 6 - 46   地表固定破碎站配置示意图

图 6 - 47   某露天矿半固定破碎站

参 考 文 献

1　王荣祥,李捷,任效乾．矿山工程设备技术．北京:冶金工业出版社,2005

2　曹金海,于殿斌,毕绪民．地下矿山无轨采矿设备．吉林:吉林科学技术出版社,1994

3　洪晓华,陈军．矿井运输提升．北京:中国矿业大学出版社,2005

4　宋伟刚.通用带式输送机设计.北京:机械工业出版社,2006

5　《运输机械设计选用手册》编辑委员会.运输机械设计选用手册(上册).北京:化学工业出版社,1999

6　CEMA,Belt Conveyours for Bulk Materials (Fifth Edition)1997

7　Paul,Moore. Tracking the changes. Mining Magazine, 2007. 5

7　地下采矿方法选择

7.1　采矿方法分类

　　地下采矿是一门动态艺术和科学。在为矿床选择最佳采矿方法时,要考虑各种各样的设计、生产和经济准则。每一个矿体的开采条件几乎都是独一无二的,必须采用与其特点和开采条件相适应的采矿系统,从这个意义上讲,地下采矿是一门艺术。人们力图将人类目前已经取得的一切科学研究成果应用到采矿工程实践中去,实现采矿的安全、高效率和高效益,减小对生态环境的影响,实现矿业可持续发展。岩石力学、矿山地震学、计算机科学和数字化信息和通讯技术等在地下采矿领域愈来愈广泛和深入的应用,为实现采矿从艺术向科学的飞跃奠定了理论基础。现代采矿早已超越了完全靠经验进行各种决策的阶段,采矿系统的设计和选择越来越多地依赖于科学的分析和计算,因此,我们说地下采矿是一门科学,而且是一门综合性很强的科学。评价每个矿体的独特性并利用正确的工程设计原则设计最佳的采矿系统,这就是采矿方法的有效选择。采矿工艺的选择是一个需要逐步改进的动态过程,因为人们对矿体开采条件的认识本身就是一个渐进的过程。在矿床开发前很难获得用于做出采矿方法选择决策的全部信息和资料,因此,决策失误总是无法完全排除的;这就要求选择的采矿方法要尽可能有较大的灵活性。矿床勘探和开拓都会进一步提供有关矿体开采条件的信息,最佳的采矿方法不仅要充分考虑并适应所有已知信息,而且还要考虑以最低的成本对采矿工艺进行改进以适应未知条件。

　　我国采矿工作者通常把地下采矿方法分为三大类:空场采矿法、充填采矿法和崩落采矿法。国际上通常也把地下采矿方法分为三大类:自然支撑采矿法、人工支撑采矿法和无支撑采矿法。虽然我国和国际上常用的采矿方法分类不尽相同,但是总体分类的依据基本一致。两者都是以采矿生产过程中采空区的维护方式进行采矿方法分类的。为了便于理解,通常可以把空场采矿法等同于自然支撑采矿法,充填采矿法等同于人工支撑采矿法,崩落法等同于无支撑采矿法。在回采过程中,依靠顶底盘岩石和矿体自身的强度保持采空场的稳定状态,使得采矿作业能安全进行,这类采矿方法就属于空场法或自然支撑采矿法。实际生产中,空场采矿法也不是完全不需要人工支护,只是空场采矿法采用的支护一般只限于局部少量的支柱、锚杆或锚索等;在回采过程中,当顶底盘岩石自身强度不足以维持采场稳定性时,为了确保采矿作业安全,必须采取系统的人工支护措施,这类采矿方法属于充填采矿法或人工支撑采矿法。最常见的人工支护措施是在采空区内排放各种充填料;在回采过程中,自然或强制崩落采场顶盘岩石或顶板矿石,采场出矿总是在覆盖岩石或矿石下进行,这类采矿方法就是无支撑采矿法或崩落采矿法。

根据上述采矿方法分类原则进行采矿方法分类,有时会出现界限不清、难以归类的难题,如:国际上有人把留矿采矿法和 VCR 法都归到自然支撑采矿法一类,也有人把它们划归到人工支撑采矿法一类;我国习惯上把留矿法归入空场法,而把 VCR 法归入充填法。如果不与干式充填法对比的话,就不会有留矿法到底是空场法还是充填法的争论。干式充填法是在矿房回采过程中向采场内充填废石或其他干废料,而留矿法是将崩落的矿石暂时留在采场内,这二者的区别是采场内充填的物料不同,相同点是都利用松散的物料支撑采场的顶底盘岩石,以维持采场的稳定性。从采空区维护这个角度考虑,二者没有原则差别,因此应同属一类采矿方法,也就是都属于充填采矿法的范畴。为了维持我国的分类习惯,本手册仍把留矿法归入空场法这一类。这样做的理论依据可以这样理解,留矿法只是滞后放出崩落的部分矿石,虽然留在采场内的矿石具有临时支撑顶底盘岩石的作用,但是采用留矿法还是主要依靠矿石和围岩自身的强度维持采场的稳定性。干式充填采矿法毕竟是在采场内引进了人工充填物料,这些充填料将永久留在采空区作为支撑。典型的 VCR(垂直球状药包倒退式采矿)法与留矿法相比,在本质上没有差别。目前矿山实际采用严格意义上的 VCR 法已经很少,大多矿山都采用大直径深孔柱状药包阶段或分段爆破,而 VCR 工艺仅用于切割天井和切割槽的施工,最多也只是在厚大矿体分两步回采时的第二步回采中使用 VCR 法工艺。目前我国通常把这类采矿方法称为大直径深孔采矿法。大直径深孔采矿法适用于中厚以上矿体的回采,一般都是分两步回采。为了进行第二步回采,第一步采矿的空区总是需要充填。从矿床的总体采矿工艺考虑,充填是必不可少的一道工序,所以习惯上把大直径深孔采矿归入充填采矿这一大类。

除了在留矿法和 VCR 法分类时遇到的两难情况外,还有如何区分分段空场采矿嗣后充填和分段充填采矿法的问题。本手册分类采取的原则是:如果就整个矿体开采而言,充填工序是采矿工艺的有机组成部分,充填工作在很大程度上影响着矿床整体的采矿顺序和采矿效率,不进行及时充填就无法继续采矿,我们把这种方法叫做充填采矿法;相反,充填只是为减小废石和尾砂在地表堆放对生态环境的影响,不进行充填也不会在很大程度上影响正常的采矿顺序,这样的采矿工艺就属于空场采矿,这时的充填只是作为处理空区的一种措施。

国外矿业发达国家目前比较常用的采矿方法及其分类见表 7-1。我国采用的采矿方法及其分类见表 7-2。

表 7-1 国外矿业发达国家常用地下采矿方法及其分类

自然支撑采矿法	人工支撑采矿法	无支撑采矿法
房柱法、全面法、留矿采矿法、分段空场采矿法、垂直漏斗倒退采矿法(VCR 法)	上向分层充填采矿法、下向分层充填采矿法	长壁采矿法、分段崩落采矿法、矿块崩落采矿法

表 7-2 我国常用地下采矿方法及其分类

空场采矿法	充填采矿法	崩落采矿法
全面采矿法、房柱采矿法、薄和极薄矿脉留矿采矿法、	进路充填采矿法、分层充填采矿法、壁式充填采矿法、削壁充填采矿法、分段充填采矿法、空场嗣后充填采矿法	无底柱分段崩落法、有底柱分段崩落法、自然崩落法

7.2 地下采矿方法选择

7.2.1 影响采矿方法选择的因素

选择适合的采矿方法,要遵循许多原则。影响采矿方法选择的因素有许多都是动态变化的,我们无论怎样强调其重要性都不过分。因为采矿生产一旦开始,在生产过程中再改变采矿方法通常是非常困难的,至少是要进行必要的试验,再次增加投资,有时甚至影响生产或损失资源储量,而且有些灵活性差的采矿方法还难以改变。严格讲,正因为每一个矿体的开采条件都是独一无二的,有时候固然可以选用某种传统的采矿方法,但更多的情况需要在不同类型方法结合、渗透的基础上,产生出一种更适合特定开采条件的新的采矿方法,因此,所谓选择采矿方法实质是一种依靠丰富经验的创造。

影响采矿方法选择的因素可以归纳为以下 7 个方面:

(1) 矿床地质及水文地质条件;

(2) 矿石价值、矿石品位及其分布特征;

(3) 矿体形态及其连续性;

(4) 采矿人员的健康与安全因素;

(5) 环境状况;

(6) 经济因素;

(7) 加工部门的特殊要求;

(8) 劳动力和政治因素。

上述因素中的任何一条都可能成为采矿方法选择的决定性因素。但是将任何一种因素作为决定因素的同时,都不能忽略对其他因素的全面评价。采矿方法选择是矿山项目的基本决策,将影响矿山其他主要决策。

7.2.1.1 矿床地质及水文地质评价

采矿方法选择中要考虑的地质及水文地质条件包括:地质构造及岩石力学特性、矿石性质、地下水等。分析范围必须包括含矿带、矿床上盘和下盘围岩以及总体地表地貌。

A 地质构造及岩石力学特性

通过对地质勘探、水文地质勘探、工程地质钻探钻孔资料的分析和岩石力学研究,建立矿床和岩石力学的三维模型,可以获得如下的重要信息:

(1) 影响矿体和围岩完整性的断层、节理、片理状况。断层的数量、成因、宽度、破碎程度、含水情况;节理组数、倾角、方位、节理面粗糙度及充填物。

(2) 矿体与围岩接触是否明显。

(3) 氧化带的分布特征。

(4) 岩体的 RQD 值、MRMR 值。

(5) 矿石和与工程有关的岩石的密度、抗拉强度、抗压强度、弹性模量、泊松比、内摩擦角。

(6) 如有可能,要尽量获得原岩应力资料。

这些资料是评价矿岩稳固性、可崩性、确定某种采矿方法的采场结构、支护量、贫化率和损失率的基础,对正确选择采矿方法具有极重要的意义。

B 地下水资料

从水文地质资料了解以下重要信息：

（1）地下水的水位；

（2）含水层与隔水层的分布及其与矿体的关系；

（3）岩层内水的渗透性和含水层的承压情况；

（4）有无岩溶存在，其分布和规模以及填充与含水情况。

这些资料不仅对正确选择采矿方法非常重要，而且也是生产期间指导防治水患的依据。

C 矿床成因

矿床成因的研究成果主要应用于新矿体的圈定和增加已有矿床的储量。有时矿床成因可能会成为进行采矿方法评价的主要因素。如后生脉状矿床常包含有高品位矿体，为了降低采矿贫化率，通常要采用具有选择性的采矿方法。热液上升形成的矿床通常呈现出规则的平板状，这类矿床一般可用房柱法开采。未经区域变质作用的沉积共生矿床的结构稳定性一般较差，通常需要减小采空区跨度并且在矿区内留下永久矿柱。另外，矿床成因是控制矿体形态的最主要因素。

与矿床成因有关的矿石性质，如矿石含胶状黄铁矿或在采区范围内具有煤系地层等可导致自燃发火，含硫及黏土质矿物易引起矿石结块，这些均对采矿方法选择具有重要影响。

7.2.1.2 矿石价值、矿石品位及其分布特征

开采品位较高的富矿和贵重、稀有金属矿床时，为了尽可能提高回收率，应采用贫化率、损失率低的采矿方法。这类采矿方法通常成本较高，但提高出矿品位和多回收金属的经济效益会超过采矿成本的增加。反之，则应采用成本低、效率高、生产能力大的采矿方法。

如果矿石品位在矿床中分布比较均匀，则不必要采用选别回采的采矿方法；如果情况相反，则应考虑采用能够剔除夹石或分采的采矿方法。在确定首采地段时，也应选在品位高的区段，提高前期经济效益，以便能在最短时期内收回全部投资。要是在一个矿床中有多个品位相差悬殊的矿体，可采用不同的采矿方法，或采用能够先采高品位矿体又能保护贫矿的采矿方法。

7.2.1.3 矿体形态及其连续性

矿体的厚度、倾角、侧伏角和矿体形状等是影响采矿方法选择的几个关键因素。

（1）许多依靠重力将矿石下放到出矿口的采矿方法，当矿体底盘倾角小于爆破下来的松散矿石安息角（一般来讲是55°）时，就会出现采下矿石无法全部放出的情况。在这种情况下，如不宜采用机械化分层充填法时，则须在底盘设置放矿漏斗。当矿体围岩稳定性不好时，矿体顶盘的倾角也是必须加以考虑的一个因素，因为不稳固的顶板围岩会在重力放矿期间掉落下来，导致矿石贫化和损失。反之，当矿体倾角较缓且顶盘围岩稳固时，若选用无底柱分段崩落法，强制放顶的工作量和难度都很大。

（2）矿体厚度对采矿方法的选择、采场布置以及采场生产能力都有显著的影响，尤其是对极薄和极厚矿体。

（3）沿矿体走向的侧伏角会影响单位矿石回采时采切工程量的大小。沿走向侧伏角平缓的矿体回采时采切工程量要远大于倾角很陡的矿体。对于此种情况，自上而下进行采矿的采矿方法比较适应，可以减小基建工程量。如能采用允许多中段作业的采矿方法，矿山生产能力也可提高。

（4）矿体形状是否规整也会影响采矿方法的选择，如果选择不当，将使贫化、损失难以控制。

7.2.1.4 安全因素

人员的身体健康和安全是选择任何采矿方法时都必须考虑的首要因素。

（1）用人最少的采矿方法,人员不需要在暴露面积大的采场内作业的采矿方法,在安全方面具有其固有的优点。

（2）提高采矿的机械化程度,不仅可以提高劳动生产率、减少劳动力的需求,而且降低了工人的体力劳动强度和造成工伤的概率。许多过去劳动力密集型采矿方法已经提高了机械化程度。如过去采用气腿式凿岩机和电耙出矿的采矿方法现在多数都改用了无轨设备。当然,采矿机械化程度的提高,特别是大量柴油设备的使用,也增加了新的安全问题。大量采用柴油设备的坑内矿山,必须采取特殊的环境控制措施,以便提供足够风量排出柴油机尾气,降低工作面温度。需要通风量的多少取决于柴油设备的总功率,如果无法满足通风量要求时,就要考虑用电动或风动设备。另外,一台 75 kW 柴油机工作释放出的热量是 844000 kJ/h,而一台同样功率的电动设备释放出的热量是 264000 kJ/h。因此,地热增温率大的矿山必须进行是采用另外的空调制冷机还是采用电动设备的经济比较。

（3）有氡气释放的矿山,最好的办法是加大通风量将氡气的浓度稀释到可以接受的水平以下。氡子体容易黏附在柴油机排出的尾气颗粒上,用水降尘是最常用和最好的方法。乏气洗涤器和陶瓷过滤器可以有效控制柴油机尾气。在所有这些条件下,工作人员戴上防毒面具都是绝对必要的。

（4）实际上,所有地下采矿方法使用的设备都是噪声很大的。到目前为止,制造厂家从设备设计方面控制噪声只取得了有限的成功。因此,井下工作人员佩戴耳塞仍是目前防止由于噪声导致听力下降的最好方法。由于地下空间的封闭性特点,井下有毒有害气体浓度、粉尘浓度和噪声水平都进一步提高,如果不采取有效的防治措施,必将会损害井下工作人员的健康,并可能危及他们的安全。

（5）采矿方法选择不当会产生与地压控制有关的严重的安全问题。如片帮、冒顶,在放矿区形成自然结拱和大块卡斗,要处理这些事故,人员和设备就不可避免地暴露在不稳定的岩体下,而悬顶最终下落时又很容易产生空气冲击波。因此,任何可能产生安全问题的因素在采矿方法选择时都要预先考虑到。

7.2.1.5　环境状况

（1）地表是否允许陷落,也是选择采矿方法首先要考虑的问题。除了崩落采矿方法外,大多数地下采矿方法都具有对地表环境影响很小的优点。只要采矿方法选择适当,遵守严格合理的开采顺序和生产作业程序,可以做到对地表的保护,不过,越是厚大的矿体越应当建立更加严格的约束。

（2）采用充填采矿法时,如果料浆浓度低,在采场脱水时会带走不少细粒级的物料,造成对井下巷道的严重污染,一旦发生隔墙破坏跑浆,则尤为严重,因此提倡采用高浓度(膏体)充填。

（3）与露天采矿不同,地下粉尘或气体将会从专用回风通道排除到地表大气中,出风口应位于人员居住区的下风侧。

（4）矿山是产出固体废料最多的企业,有时为了减少固体废料占地和对环境的污染,也直接影响采矿方法的选择。

7.2.1.6　经济因素

矿床的经济可行性取决于下列基本因素:矿石可采储量、矿体的品位、有用矿物的价值、基建投资和生产成本。采矿方法选择将会影响除矿物价值以外的所有这些因素,因此采矿方法选择的正确与否影响着整个矿床开采项目盈利水平的高低。

（1）矿体可采储量反映了能够获得预期经济效益的矿石量和品位。采矿方法是否可选别回采,对可采储量产生重大影响。一般可选别回采的采矿法的损失率和贫化率都很低,但生产成本较高,生产效率偏低。因此须进行综合经济比较来选择安全的、经济效益最好的采矿方法。表7-3列出了几种采矿方法的相对直接成本的比较。

表7-3　硬岩地下采矿方法相对直接成本比较

采矿方法	相对成本
自然(矿块)崩落法	1.0
房柱采矿法	1.2
分段空场采矿法	1.3
分段崩落采矿法	1.5
VCR法	4.3
机械化水平分层充填采矿法(铲运机出矿)	4.5
留矿采矿法	6.7
普通分层充填采矿法(气腿凿岩、电耙出矿)	9.7

如果在高品位矿石采完后开采剩余矿石储量时仍能获利,那么这样的开发方案可能就是一种最佳的方案,这在考虑投资的贷款和现金流贴现率因素情况下尤其如此。但是这种做法通常有其固有的缺点:这将会导致低品位矿石的损失和矿山服务年限的缩短,而这些低品位矿石本来可以与高品位矿石混在一起构成经济品位矿石得以回收,并延长矿山的服务年限。实质上,目标就是在追求投资的最快回收和获得最高投资回报率之间找到最佳组合方案。

(2)边界品位是一个动态值,受到商品价格和生产成本的影响。从这个意义上讲,每种采矿方法在一定的市场价格条件下,都会有其独一无二的边界品位值。在选择采矿方法时进行的边界品位计算,必须考虑生产矿石所消耗的全部成本,这与生产矿山现行采用的边界品位相一致。将基建投资包括在边界品位的计算里,会产生非现实的高数值,而且也不能真实反映在给定市场条件下,为了持续产生预期的现金流量而需要的矿石品位。

(3)采矿方法选择对投资和基建时间具有重大影响。有些采矿方法(如矿块崩落法)的基建工程量很大,导致投资多、基建时间长和投产时间推后。但是采用这类采矿方法的矿山一旦投产,由于大部分开拓工程都在基建期间完成了,所以生产期间的经营成本低。在开采低品位矿床时,为了保持低的单位采矿成本以获得盈利,这类大规模采矿方法可以为矿山提供很好的规模效益。

(4)矿山投产后的达产时间,也是选择采矿方法应当考虑的问题。不同的采矿方法生产发展的周期不一,可以同时作业的采场数、可以利用的作业线长短也都不一样,所以在选择采矿方法时,也应将这一因素纳入综合比较的范畴中。

7.2.1.7　加工部门的特殊要求

某些加工部门对矿石的品位、品级、出矿块度、有害成分的含量等具有特殊要求,在这种情况下,就要研究所选采矿方法分采、分运,甚至配矿的可能性。但这属于极特殊的情况。

7.2.1.8　劳动力和政治因素

选择任何采矿方法必须考虑劳动力供应和成本。熟练的技术工人和较高的机械化、自动化水平可以获得高的经济效益,如无熟练的技术工人,机械化和自动化未必能发挥其应有的作用。进入国际市场,这更是值得注意的问题。

有些国家的经济条件是缺乏技艺的劳动力非常丰富。在这种情况下,由于劳动力成本低廉,机械化程度高的采矿工艺就不是具有吸引力的采矿方法。此时政府看重的是高就业率,而不是经济效益。

不考虑经济利益,生产更容易实现稳定。机械化采矿工艺需要培训人员,而由于机器的采用又没有降低对劳动力的需求,所以这种情况采用机械化采矿工艺可能不是一种现实的选择。

有些国家的政治环境是政府频繁更迭,这种情况适宜采用投资少、能够尽快回收投资的采矿工艺。如分段崩落法可能要让位于分层充填采矿法,因为后者具有投资少、投产见效快的优点。在这类情形下,尽量降低投资风险是采矿方法选择时要考虑的重要因素。

7.2.2 选择采矿方法的要求

以下为大体按照重要性排列的选择最优采矿方法的基本要求:

(1) 最大的安全性;

(2) 最低的生产成本;

(3) 最大的采场生产能力;

(4) 最短的达产周期;

(5) 最优的回采率(不低于地质储量的80%);

(6) 最小的贫化率(不高于20%的废石混入率,混入的废石中可能含或不含品位);

(7) 最短的回采循环周期(凿岩、装药、爆破、出矿、充填);

(8) 最高的机械化程度;

(9) 最好的自动化水平(如采用远程遥控和自动化运行设备等);

(10) 最少的基建工程量;

(11) 最少的采准工程量;

(12) 最充分利用重力;

(13) 最大限度地利用自然支护;

(14) 最短的崩下矿石滞留时间;

(15) 最大的灵活性和实用性(对目标采区的形状、大小和分布,对矿石品位的分布和变化,对开挖空间的稳定性,对岩层支护的要求,对地下水、地表径流等)。

没有一种采矿方法能够完全满足这些要求,这只是在选择采矿方法时应当按其重要性逐个认真研究的问题,避免由于缺乏经验,资料不足,或对资料研究不细,造成所选方法与产量和品位要求不适应,与选矿厂和市场要求不适应,与环境、健康、安全要求不协调。

7.2.3 采矿方法选择的步骤

目前虽然有不少优选采矿方法的计算机程序和专家系统,也有不少学者提出了各种采矿方法的数值优化选择方法,如灰关联分析法、多目标决策密切值法、相似率价值工程法、模糊综合评判法、神经网络模糊优选法、多属性物元决策法等,但由于影响采矿方法选择因素的复杂性,这些优选算法的成熟程度能达到普遍实用水平的并不多,主要是智能化程度还满足不了广泛应用的要求,因此在实际工作中,仍然是在经验法则的基础上通过技术经济比较来选择采矿方法。其步骤大体如下。

7.2.3.1 仔细调查研究与采矿方法选择有关的基础资料

需要仔细调查研究的与采矿方法选择有关的基础资料主要有:

(1) 地质资料及水文地质资料,包括矿床成因、矿体赋存特征、地质构造、矿岩稳固程度、矿石储量、矿石品位及其分布情况、共伴生有益有害组分、矿石特性、含水层及相对隔水层产状和分布规律等;

(2) 岩石力学资料,包括矿岩物理力学参数、节理片理分布特征、原岩应力数据等;

（3）矿区生态和环境状况,包括植物资源、动物资源、土地利用、土壤侵蚀、地表水体、村庄道路、气候条件、工业概况、可利用充填材料等;

（4）与选矿有关资料,包括尾矿产率及粒度分析、选矿的特殊要求;

（5）类似开采条件矿床采矿方法实例。

7.2.3.2　采矿方法(方案)初选

在对上述基础资料仔细研究的基础上,根据技术上可行条件初步选定几种可以应用的采矿方法(方案),然后参照类似开采条件矿床采矿方法确定几项主要期望目标,即7.2.2节中的生产成本、采场生产能力、出矿品位,这三项指标中只能有一项选用最高值,之后再按照专家评分的方法,对7.2.2节中的15项基本要求分别赋值,并确定赋值的权重。

根据上述比选,挑出最接近目标值的两三种方法(方案)进行经济比较。

7.2.3.3　采矿方法(方案)的经济比较

在经济比较中,当矿石含有多种可回收的有用元素时,可将副产元素换算成主元素,求得当量品位。换算系数:

$$f = \frac{\phi_i \varepsilon_i}{\phi_k \varepsilon_k} \tag{7-1}$$

式中　ϕ_i——主元素精矿含金属的价格,元/t;

$\quad\ \varepsilon_i$——主元素选矿回收率,%;

$\quad\ \phi_k$——副产元素精矿含金属的价格,元/t;

$\quad\ \varepsilon_k$——副产元素选矿回收率,%。

主元素的当量品位:

$$a_f = a_k + a_1 f_1 + a_2 f_2 + \cdots + a_i f_i \tag{7-2}$$

式中　a_k——换算前主元素品位,%;

$a_1, a_2, \cdots, a_i$——副产元素的品位,%;

$f_1, f_2, \cdots, f_i$——副产元素的换算系数。

经济比较可参照表7-4进行。

表7-4　采矿方法(方案)经济比较表

序号	指 标 名 称	方案1	方案2	方案3
1	每1 t工业储量的采出矿量/t			
1.1	地质品位/%			
1.2	围岩中品位/%			
1.3	贫化率/%			
1.4	损失率/%			
1.5	出矿品位/%			
1.6	废石混入率/%			
1.7	每1 t采出矿量中的工业矿量/t			
	每1 t采出矿量中的废石量/t			
2	每1 t处理矿量的精矿产量/t			
2.1	选矿回收率/%			
2.2	精矿品位/%			
2.3	精矿含金数量/t			

序号	指 标 名 称	方案 1	方案 2	方案 3
3	每 1 t 处理矿量精矿产品价值			
3.1	金属价格/元·kg^{-1}			
3.2	精矿计价扣减品位/%			
3.3	计价金属量/kg			
3.4	精矿含金属价格系数/%			
3.5	每 1 t 处理矿量精矿产品价值/元			
4	采选制造成本			
4.1	采矿制造成本/元·t^{-1}			
4.2	选矿制造成本/元·t^{-1}			
4.3	每 1 t 采出处理矿量采选制造成本/元			
5	每 1 t 工业储量的采选盈利能力/元			

有时需要进行综合经济比较,才能选定采矿方法。例如采用不同边界品位,将有不同的矿体形态,不同的地质储量,因而也就有不同的采矿方法和不同的矿山生产规模,自然也会采用不同的采掘设备,如此等等,在这种情况下,只能进行综合经济比较。加拿大莱特公司为三山岛金矿所作的采矿方法比较就是一个典型的例子。

该矿床为一倾角 30°~45°,走向长 900 m,延深 600 余米,厚度 2~30 余米的蚀变岩型金矿床。确定矿山生产能力的步骤如下:

(1) 根据地质勘探钻孔和坑道探矿资料,按 1.5 g/t、2.0 g/t、3.0 g/t 三种边界品位圈定矿体并计算储量,同时按选定的采矿方法及贫化、损失指标估算可采储量和出矿品位,如表 7-5。对勘探程度做出评价,对补充探矿提出要求和建议,对可能的品位变化进行分析,画出直方图,提出高品位处理意见。

表 7-5 矿床不同边界品位的储量

边界品位/g·t^{-1}	矿石储量/万 t		平均品位/g·t^{-1}	
	地质储量	可采储量	地质储量	可采储量
1.5	2000	1870	3.45	3.34
2.0	1618	1530	3.81	3.6
3.0	1000	1052	4.68	4.44

(2) 计算各方案的初步规模及服务年限,如表 7-6 所示。

表 7-6 不同边界品位矿体的计算矿山生产能力

边界品位/g·t^{-1}	矿体形态描述	矿山生产能力/t·d^{-1}	服务年限/a
3.0	矿体分为两条,每条宽 2~15 m,夹石宽 5~15 m,含品位 1~2.5 g/t	~2000	~20
2.0	矿体宽 5~35 m,少量夹石	2000~3000	15~20
1.5	矿体宽 5~40 m,中间基本无夹石	3000	~20

（3）按不同矿体厚度估算不同采场生产能力。不同边界品位圈定的矿体厚度统计如图7-1所示。不同矿体厚度的采场生产能力如表7-7所示。

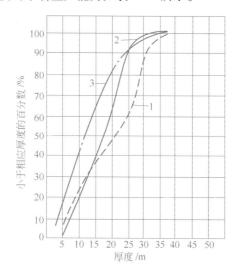

图7-1 矿体不同厚度分布情况

1—1.5 g/t边界品位曲线;2—2.0 g/t边界品位曲线;3—3.0 g/t边界品位曲线

表7-7 不同矿体厚度采场生产能力

采场长100 m时 其平均宽度/m	采场平均生产能力 （包括充填）/t·d⁻¹	最大可能达到的 生产能力/t·d⁻¹	采用的回采设备
<8	<150	—	气腿凿岩机,电耙
8~9	270	600	双机或单机凿岩台车,3.82 m³铲运机,分级尾砂水力充填
12~13	450	900	
18~19	600	1100	
23~24	700	1300	

（4）按三种不同黄金价格(400、500、600美元/盎司)进行方案计算。

（5）按全部国内筹资和65%国外贷款两种资金来源进行多方案计算。

（6）估算各方案的基建投资,编制进度计划,估算基建时间。

（7）编制矿山回采进度计划,估算不同方案在整个服务年限内的生产成本。

（8）按不同黄金价格、不同边界品位、不同规模和服务年限、不同资金来源、不同投资费用和生产成本,估算各方案(共27个)整个矿山服务年限内的收益情况和投资返本年限,得出包括下列内容的经济比较结果:

1）年处理矿石量;

2）矿石金、银出矿品位、回收率和年产金银量(kg);

3）不同金银价格;

4）不同方案包括销售、保险和运输费用的年生产总成本和年经营费;

5）各方案基建投资包括设备更新、长远规划中的勘探和开拓估算费用;

6）不同方案的金、银收益和总收益;

7）各方案的贷款、利息以及偿还;

8）税前、税后利润；

9）流动资金和净现金流量以及残余物资回收费用的估算；

10）各方案考虑贴现率（按10%、12%、15%）后的净收益；

11）税前、税后返本率和返本年限。

（9）绘制各方案的返本率和返本年限以及净现金流量的比较图表（图7-2、图7-3和表7-8、表7-9），并作敏感性分析与风险分析。

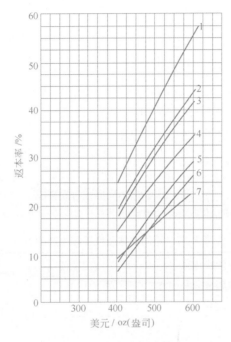

图7-2　各方案返本情况

1—初期2000 t/d,后期3000 t/d,65% 贷款,税前;2—同上,税后;3—3000 t/d,边界品位 3 g/t,65% 贷款;

4—3000 t/d,边界品位 1.5 g/t,65% 贷款;5—2000 t/d,边界品位 2 g/t,65% 贷款;

6—2000 t/d,边界品位 1.5 g/t,65% 贷款;7—2000 t/d,全部自筹资金

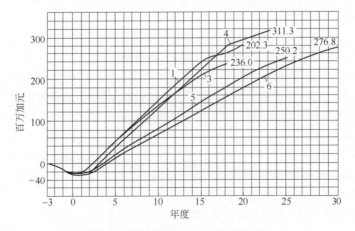

图7-3　各方案年度累计现金流量

（1,3,4,5,6—含义同图7-2）

表 7 – 8 各方案不同规模和不同金价的返本年限

方案号	生产规模 /t·d⁻¹	边界品位 /g·t⁻¹	不同金价偿还年限/a			服务年限 /a
			12.86 美元/g	16.08 美元/g	19.29 美元/g	
1	2000/3000	3.0/1.5	6.2	3.2	2.3	20
3	2000	3.0	5.9	3.4	2.4	10
4	3000	1.5	8.0	4.7	5.4	23
5	2000	2.0	13.7	5.6	3.5	25
6	2000	1.5	17.8	6.5	3.5	31

注:表中金价分别为 400、500、600 美元/盎司,按每金衡盎司等于 31.1035 g 换算。

表 7 – 9 不同边界品位和规模的返本率及金的总回收量

方案号	生产规模/t·d⁻¹	边界品位/g·t⁻¹	19.29 美元/g 金价的返本率/%	金的总回收量/t
1	2000/3000	3.0/1.5	43.8	52.5
3	2000	3.0	41.9	44.5
4	3000	1.5	34.8	59.5
5	2000	2.0	29.5	52.5
6	2000	1.5	26.2	59.5

根据上述分析,采用 65% 国外贷款,初期用 3 g/t 的边界品位,日产矿石 2000 t,生产若干年后,再用 1.5 g/t 的边界品位,按 3000 t/d 规模生产,即第一方案,可获得最大的投资返本率和最短的返本年限,矿山服务年限也比较合理,同时也可获得较高的金的总回收量和净现值,故此方案最佳。

7.3 矿山生产规模的确定

7.3.1 确定矿山生产规模的原则

矿山生产规模确定得是否合理,直接关系着企业的经济效益,而影响矿山生产能力的因素很多,如资源条件,所用采矿方法,装备水平,水、电供应能力及其价格,基建和达产时间,主要工种技术水平,管理水平,市场因素等。如赴异国开矿,当地的政策、法规、税费也有很大影响。市场经济国家确定矿山生产规模(能力)的基本原则是:对一定可采储量的投入得到最大回报,所关注的重点为资源状况和前景、劳动力的投入、设备选择与维修以及市场变化。按照这一逻辑思维,确定矿山生产规模可参考下列经验法则:

(1)在可采储量消耗掉一半时,应能收回全部贷款;

(2)具有一定的灵活性,能适应市场的变化;

(3)对于品位低、资源储量丰富的矿床,应根据市场状况尽量发挥规模效益;

(4)因各种原因需分期建设时,两期的间隔时间应不少于 5 年,对控制性工程是否一次到位应进行技术经济比较;

(5)生产成本最好不超过采出矿石价值的一半;

(6)以强化采场(盘区)生产能力为基础来确定矿产生产能力;

(7)要考虑设备大型化的发展趋势;

(8)矿山生产能力应作为项目风险分析的内容;

（9）确定矿山生产能力须考虑达产周期，中型及中型以下的矿山为1年，大型及特大型矿山为2～3年，矿山投产时必须准备好满足6个月产量的采场；

（10）美国《Hard Rock Miner's Handbook》根据众多矿山的实际经验，推荐的与矿山年产量有关的年下降速度为25～40 m。

国内金属矿山与矿业发达国家的矿山相比，在类似开采条件下，除个别矿山外，生产能力普遍偏低，这是包括思维逻辑、装备水平、技术管理水平等因素的综合差距。对上述某些经验法则的应用可能需要一个过程。从技术层面讲，需要提高机械化程度，而且设备要大型化；需要改善维修制度，提高设备的完好率、利用率；尽可能采用大规模采矿方法取代选别性采矿方法；广泛应用信息化技术。国内一些矿山已经在这方面做出了很大的努力。

7.3.2　矿山最优生产规模

矿山项目可行性研究的主要任务之一就是通过经济分析确定最优生产规模。按照矿山生产能力的确定应使对一定可采储量的投入得到最大回报的原则，如果生产规模相对于可采储量定得太大，矿山服务年限内难以回收投资；而且在储量大量消耗之前也没有足够的机会去调整矿山和选厂生产中的缺陷。如果规模定得太小，生产收益不高，也难以在最初几年收回投资，而且投产后再进行扩建，所花的投资要比一次建设高很多。简单的办法可按美国《SNME采矿工程手册》（第二版）推荐的泰勒（Taylor，1986）经验公式计算：

$$T = \frac{4.88 T_r^{0.75}}{D_{yr}} \tag{7-3}$$

式中　T——矿山日产量，短吨，可除以1.10231换算为长吨；

　　　T_r——探明和控制储量（Proven Ore + Probable ore），短吨（当以公吨计量的探明和控制储量 T_m 代入时，$T_r = T_m \times 1.10231$）；

　　　D_{yr}——年工作日，每周工作5天时为250天，每周工作7天时为350天。

如果矿床包含大量推测储量，可将这部分储量按下列公式计算，并将其结果计入式7-3的计算结果，但这仅适用于预可行性研究。

$$T = \frac{200 T_d^{0.5}}{D_{yr}} \tag{7-4}$$

式中　T_d——推测储量的，短吨；

　　　其他含义同式7-3。

式7-3计算主要用于正式可行性研究确定矿山生产规模，但在实际执行中也会遇到一些意外情况而需改变规模。如未能筹集到所需资金（有不少实例）；该种产品市场容量有限，会对市场产生较大冲击（非洲Black Mountain铅矿）；储量太大，实际上由于受行政管理和后勤规模限制不能按理论计算的生产规模生产（P. T. Freeport Indonesia在伊朗的Jaya）；矿石来自两个或更多的矿山，有集中选厂处理，需考虑选厂规模和最优的配矿（加拿大Thompson镍矿）；政府提供财政资助，要求降低规模，延长当地雇员服务期限（Nanisivik锌矿）。国内也有类似的情况。

7.3.3　技术可行的最大生产能力

目前并没有一种能够计算技术可行的最大生产能力的方法，只能根据选定的采矿方法，对影响矿山生产能力的各种主要技术因素进行分析，如何能使其达到最优的程度。这些因素包括合理的开采顺序，采场、盘区或进路的布置，采场或盘区综合生产能力计算，人员配置。

（1）关于开采顺序涉及一个阶段开采，还是两个或两个以上阶段同时开采；连续回采还是分步骤回采。对于平行矿脉,要根据采矿方法的不同来确定开采顺序。开采顺序不影响可布采场数,但影响同时可利用采场数。

(2)布置采场一般须将矿体两翼狭小的难以布置完整采场的部分、构造带影响的部分、需设临时矿柱的部分扣除,在阶段平面图上正常地段布置采场。

(3)可同时利用采场是指按合理开采顺序回采采场(包括凿岩爆破、出矿、支护、充填)加备用采场(通常按回采采场数的30%)的最大数。

(4)采场综合生产能力计算。按以下步骤进行:

1)根据所选定的采矿方法、采场结构、回采工艺选择适合的回采设备;

2)计算每一种设备的小时(小时有效时间为50min)生产能力;

3)分析每一生产循环包含的工序;

4)计算每一循环的矿石产量;

5)确定每日能完成的循环数;

6)计算采场综合生产能力。

(5)计算日副产矿石量;

(6)按可能的同时回采采场数求出矿山日采矿量;

(7)如果以上各项都达到最优程度,(5)+(6)便可认为是技术可行的最大生产能力。

7.3.4　矿山生产能力的验证

7.3.4.1　按新水平开拓和采准实践验证

矿山生产能力验证首先要考虑新水平开拓和采准这两个工序与回采工序的衔接,充填(如果有的话)对回采工序的保证。新水平开拓和采准与掘进的机械化程度回采强度有直接关系,国内有的矿山由于掘进速度满足不了要求而造成所谓"采掘失调",这一点在验证矿山生产能力时必须给予重视。

当矿山生产能力初步确定后,便可根据阶段储量求出阶段服务时间,多阶段开采时以服务时间最短者为准。完成新阶段开拓和必须在该阶段内完成的采准工程的时间,应比阶段最短的服务时间提前半年。如在高度机械化程度下仍不能实现,则应调整矿山生产能力。

7.3.4.2　按矿山服务年限验证

矿山服务年限与投资回收期有直接关系,在正常情况下,应在可采储量消耗不超过一半时回收全部投资。

7.4　井下采矿主要设备的选择

7.4.1　井下采矿设备的发展

近十多年,采掘设备的发展步伐日益加速,国外发展的主要方向是大型化、实现远程遥控和自动化,其追求的目标是使矿山生产更高效、更安全、更有利于进行信息化改造,使矿山企业获得更高的经济效益。国内矿山的采掘装备水平也在朝着无轨化、液压化的方向推进,首先,新设计的矿山,出矿基本都采用了无轨设备,凿岩视采矿方法的不同,或者采用液压凿岩台车,或者采用高风压潜孔钻机,这是主流。这类设备的国产化率也在不断提高,不过目前还未能生产出我国自己的在国际市场上有竞争力的品牌产品。与矿业发达国家相比,除极个别矿山外,总体机械化水平尚有较大差距,远程遥控和自动化采矿还未起步。从矿业发展的历史来看,机械化、自动化的介入必然促进采矿方法的创新。

7.4.1.1 凿岩设备

采矿凿岩设备包括三大类:气腿凿岩机、凿岩台车和潜孔钻机。

(1)气腿凿岩机是大家都非常熟悉的传统设备,不作过多介绍。

(2)凿岩台车有风动的和全液压的两种,同时又分为浅孔凿岩台车和深孔(中深孔)凿岩台车两类。国内风动浅孔凿岩台车并没有真正发展起来,有些矿山仍在使用以 YG - 90 风动凿岩机为主体的中深孔台架或台车,这种设备投资省,但效率低很多。国外矿山和国内新设计的矿山都采用了全液压浅孔和深孔凿岩台车。这类台车的发展趋势是:

1)深孔凿岩台车能满足钻凿 360°扇形炮孔的要求。

2)利用机载计算机实现全自动炮孔准确定位、开孔和钻进,保证炮孔的最小偏斜,避免爆破时对周边爆破范围外的矿岩的破坏和矿石的过粉碎。

3)凿岩过程有关数据的自动检测,用于评价凿岩的效果,预测前方的地质条件。

(3)潜孔钻机

1)利用增压空压机实现高风压凿岩,风压已从 1.0~1.1 MPa 提高到 2.5~2.8 MPa。

2)孔深可达 75 m(如 Mount Isa 矿)

3)孔的偏斜可控制在 0.5%~1%,最多不超过 1.5%。

4)孔径 90~254 mm,通常 110~171 mm。根据经验,孔径每增加 25 mm,由于单位用药量增加,破碎扩展范围达 1 m。

5)与孔外凿岩机中深孔凿岩相比,设备的完好率、利用率高,在每天 2~3 个班工作的条件下,其效率可达每年 50000 m,而且设备运转时的噪声低,在破碎岩体中不易卡钻。

6)已可实现 360°凿岩,如 Simba M6 C-ITH 潜孔钻机采用 2.5 MPa 风压、孔径 115 mm,钻凿 360°炮孔,最大孔深 52 m。但由于大量岩粉碎屑会堆积在工作面,应尽可能避免钻凿上向孔。

7.4.1.2 装运设备

A 铲运机(LHD)

自 1963 年铲运机首次在矿山应用,40 多年来,经过不断改进发展,推出各种新的型号,已被公认为是生产可靠、高效、低成本的地下矿用设备。由于其成功地应用于苛刻的采矿环境,能爬较陡的坡度,能作长距离快速运行,能适应低矮的、高大的采矿空间,因而在地下采矿中应用日益广泛。

柴油铲运机具有灵活性和多功能性的特点,除了其正常装运矿岩的功能外,还可用于清理道路,搬运材料,向卡车装载。因通风和环保因素,电动铲运机应运而生。其价格稍高,灵活性稍差,但用于采场短距离固定点装运矿石比较适合。

铲运机的规格通常是以铲斗的容积或铲斗有效载重来表示,目前最小的柴油铲运机为 0.75 m³最大的为 9 m³,最小的电动铲运机为 2 m³,最大的 10 m³。此外还生产有低矮式铲运机。

远程遥控装载、自动运行和卸载的铲运机已在不少国家的矿山使用,提高了工时利用率,降低了生产成本。对于某些采矿方法的最后清理采场,甚为方便。

B 地下矿用汽车

地下矿用汽车在国外应用较为普遍,我国金川二矿区 1000 m 主运输水平便采用了汽车运输。目前无人驾驶、自动导航、自动定位的地下运矿汽车,已在国外一些矿山的示范采区投入运行。

7.4.2 当代常用井下采矿设备

7.4.2.1 凿岩台车

掘进用凿岩台车见表 7 - 10、表 7 - 11。

表 7 – 10 阿特拉斯(Atlas Copco)公司产品

产品	凿岩机	悬臂	断面/m²	长/mm	宽/mm	回转半径/mm	重量/kg
Rocket Boomer S1	1 × COP 1838ME /COP 1838HF	1 × BUT 28	6 ~ 29	13450	2480	5600/2900	12500
RB104	1 × COP 1838ME	1 × BUT 4	6 ~ 20	9710	1220	4400/2539	12500
RB 281	1 × COP 1838ME	1 × BUT 28	6 ~ 31	11700	1700	4400/2800	9300
RB L1 C – DH	1 × COP 1838ME /COP 1838HF	1 × BUT 435G	15 ~ 64	14220	2210	6250/3750	17800
Rocket Boomer 282	2 × COP 1838ME	2 × BUT 28	8 ~ 45	11820	1900	5500/3000	17500
RB E2	COP 1838/ COP 3038	BUT 45	20 ~ 117	14820	2530	4400/7200	23600
RB M2 C	2 × COP 1838ME/ COP 1838HF	2 × BUT 32	10 ~ 53	13610	2210	6250/3800	19600
RB M2 D	2 × COP 1838ME	2 × BUT 32E	10 ~ 53	13530	2210	6250/3800	19600
RBL2 C	2 × COP 1838ME/ COP 1838HF	2 × BUT 35G	15 ~ 104	14170	2500	7360/4000	23600
RB L2 D	2 × COP 1838ME	2 × BUT 35G	15 ~ 104	13800	2530	7200/4300	23600

表 7 – 11 山特维克(Sandvik)公司产品

型 号	原型号	作业巷道最小高度/m	成巷最大规格 h × w /m × m	凿岩机	一次进尺/m	悬臂数	宽度/mm	高度(护顶以下)/mm
DD210L	Tamrock Axera LP-126 XL	1.7	5.9 × 7.5	HLX 5	305 ~ 406	1	2250	1300
DD120L	Tamrock Axera XLP	1.1	1.4 × 6.66	HLX 1	CRXS-F6-F7	2	2200	carrier up: 970 carrier down:820
DD210L-V	Tamrock Axess rig	1.7	3.35 × 5.17	Hydrastar 200	CR – T Telescopic	1	2250	1300
窄断面凿岩台车								
DD210L	Tamrock Axera LP – 126 XL	1.7	5.9 × 7.5	HLX 5	305 ~ 406	1	2250	1300
DD120L	Tamrock Axera XLP	1.1	1.4 × 6.66	HLX 1	CRXS-F6-F7	2	2200	carrier up: 970 carrier down:820
DD210L-V	Tamrock Axess rig	1.7	3.35 × 5.17	Hydrastar 200	CR-T Telescopic	1	2250	1300
窄矿脉凿岩台车								

型 号	原型号	作业巷道最小规格 h × w/m × m	成巷最大规格 h × w/m × m	凿岩机	一次进尺/m	悬臂数	宽度/mm	高度(护顶以下)/mm
DD210-V	Tamrock Quasar NV	3 × 2.5	4.75 × 5.5	Hydrastar 200 NV	NVTF Telescopic 152 ~ 305	1	1200	2750 (1850)
DD210	Tamrock Quasar 1F	2.5 × 2.5	4.4 × 5.5	HL510S	203 ~ 305	1	1200	2750 (1950)
			4.4 × 5.5	HL 510 S HL 510 LH	TF500 203 ~ 305LHF 2000	1	1200	2750 (1950)

采矿凿岩台车见表 7 – 12 ~ 表 7 ~ 15。

表7-12　阿特拉斯公司产品

产品	凿岩机	孔径/mm	孔深(最大)/m	钻孔类型	长/mm	宽/mm	高/mm	回转半径/mm	功率/kW	重量/kg
全液压顶锤										
Simba L6C	1×COP 4050	89~115	51	360°扇形孔,平行3.0 m	10500	2210	2950/3200	6300/3800	2×75	22600
Simba L3C	1×COP 4050	89~115	51	360°扇形孔,平行1.5 m	10500	2350	2875/2965	6300/3800	2×75	18700
Simba M7 C	1×COP 1838	51~89	32	360°扇形孔,平行6.1 m	9460	2350	2875/2945	6250/3800	1×2×55	17800
Simba M6 C	1×COP 1838	51~89	51	360°扇形孔,平行3.0 m	10500	2210	2945/3200	6750/3800	2×55	20900
Simba M4 C	1×COP 1838	51~89	51	360°扇形孔,平行3.0 m	10500	2350	2875/2965	6300/3800	2×55	17800
Simba M3 C	1×COP 1838	51~89	51	360°扇形孔,平行1.5 m	10500	2350	2875/2965	6300/3800	2×55	17000
Simba M2 C	1×COP 1838	51~89	51	360°扇形孔,平行1.5 m	10500	2210	2875/2965	6300/3800	2×55	17300
Simba 1250系列	1×COP 1838HE	57~89	33	360°扇形孔,平行3.0 m	6500~6525	1925/2380	2660/2770/2810	5100/2500~2700	2×55	11300
Simba H257/1257	1×COP 1238/1838	48~64	32	360°扇形孔,平行5.7 m	9460	2000	2100	4900/2700	1×1×45/1×55	8800
Simba 1257	1×COP 1238/1838	48~64	32	360°扇形孔,平行3.7 m	9460	1220	1990	4400/2485	1×1×50/1×60	8800
潜孔凿岩台车										
Simba M6 C ITH	1×COP 34,44,54,64	85~165		360°扇形孔,平行3.0 m	10500	2210	3200	6300/3800	1×55	20900
Simba M4 C ITH	1×COP 34,44,54,64	85~165		360°扇形孔,平行3.0 m	10500	2350	2875/2965	6300/3800	1×55	17000
Simba M3 C ITH	1×COP 34,44,54,64	85~165		360°扇形孔,平行1.5 m	10500	2350	2875/2965	6300/3800	1×55	17000
Simba 2C ITH	1×COP 34,44,54,64	85~165		360°扇形孔,平行1.5 m	10500	2210	2875/2965	6300/3800	1×55	17300
Simba 260系列	1×COP 34,44,54,64	85~165		360°扇形孔,平行3.0 m	10500	2210	2875/2965	6300/3800	1×55	17300

表 7 – 13　山特维克(Sandvik)公司产品

型　号	原 型 号	作业巷道最小规格/m×m[①]	成巷最大规格/m×m[①]	孔深/m	孔径/mm	宽度/mm	高度/mm	重量/kg	凿岩机
DL210-5	Tamrock Quasar 1L	2.4 ×2.6	5.6 ×3.8	30	48 ~64	1290	2750	7400	HL510LH
DL310 – 5	Tamrock Solo 5 – 5C	3.1 ×3.1	5.3 ×4.2	38	51 ~64	1900	2675	17000	HL510S
DL320 – 5	Tamrock Solo 5 – 5F	3.1 ×3.3	5.3 ×4.2	38	51 ~64	1900	3100	17000	HL510S
DL330 – 5	Tamrock Solo 5 – 5V	2.9 ×2.9	7.0 ×4.6	23	48 ~64	1900	3100	14600	HL710S
DL310 – 7	Tamrock Solo 5 – 7C	3.2 ×3.2	5.3 ×4.2	38	64 ~102	1900	2675	17000	HL710S
DL320 – 7	Tamrock Solo 5 – 7F	3.2 ×3.4	5.3 ×4.2	38	64 ~102	1900	3100	17000	HL710S
DL410 – 7	Tamrock Solo 7 – 7C	3.5 ×3.5	5.1 ×4.4	54	64 ~102	2240	2700	20000	HL710S
DL420 – 7	Tamrock Solo 7 – 7F	3.5 ×3.8	5.1 ×4.4	54	64 ~102	2240	3400	22000	HL710S
DL430 – 7	Tamrock Solo 7 – 7V	3.2 ×3.2	5.3 ×5.3	40	64 ~102	2240	2750	20100	HL710S
DL410 – 10	Tamrock Solo 7 – 10C	3.5 ×3.5	5.4 ×4.7	54	89 ~127	2240	2700	21000	HL1010S
DL420 – 10	Tamrock Solo 7 – 10F	3.5 ×3.8	5.4 ×4.7	54	89 ~127	2240	3700	22000	HL1010S
DL410 – 15	Tamrock Solo 7 – 15 C	3.5 ×3.5	5.4 ×4.7	54	89 ~127	2240	2700	21000	HL1560S
DL420 – 15	Tamrock Solo 7 – 15F	3.5 ×3.8	5.4 ×4.7	54	89 ~127	2240	3700	22000	HL1560S

低矮断面采矿台车

型　号	原 型 号	孔径/mm	成巷断面面积/m²	凿岩机	推进器	车体	重量/kg	最大爬坡能力/%
DL230L – 5	Solo LP – 126LC	48 ~64	18	HL 510 LH	LHF 2000	CBLP	12500	0.3

① 取决于一次进尺。

表7-14 铜陵金湘重型机械科技发展有限责任公司产品(采矿凿岩—高气压环形潜孔钻机)

型 号	钻孔直径 /mm	孔深/m	钻杆长 度/m	钻孔 方向/(°)	钻臂倾 角/(°)	机器重 量/kg	外形尺寸 /mm×mm×mm	风压/MPa	推进力 /kN	穿孔速度 /m·min⁻¹
T-100	76~127	0~60	1.5	0~360	10(前) 75(后)	4100	3450×1700× 2500	1~1.7	0~38	0.3
T-150	120~254	100		360		6000	4350×1580× 2360	0.5~2.1	0~44	0.28

表7-15 湖南有色重型机器有限责任公司产品(CS-100高风压环型潜孔钻机)

	参数名称	单位	规 格	备 注		参数名称	单位	规 格
整体参数	钻孔直径	mm	φ76~127		变位	前倾角	(°)	10
	钻孔深度	m	100			后倾角	(°)	75
	长×宽×高	mm×mm× mm	3650×1700×2140			回转角	(°)	360
	总 重	kg	3000					
	适用风压	MPa	0.5~1.7			补偿行程	mm	500
推进	推进力	kN	0~38	连续可调	行走	行走速度	km/h	1.2
	推进行程	mm	1677			转弯半径	mm	4000
	推进速度	m/min	8			爬坡能力	(°)	15
回转	回转速度	r/min	38		动力	功率	kW	15
	正转扭矩	N·m	800	限压 10 MPa		电压	V	交流 380
	反转扭矩	N·m	1800			转速	r/min	1470

7.4.2.2 地下无轨装运设备——铲运机

几个公司的铲运机系列如表7-16~表7-24所示。

表 7 - 16　阿特拉斯产品 - 柴油铲运机

产　品	各部尺寸/mm	承载能力/t	铲取力(液压)/t	运动时间/s	备　注
ST2D		3.6	5.936(9.36)	臂提升 3.7 臂下落 3.0 铲斗卸载 6.4	推荐巷道规格:2.4 m×2.8 m 标准斗容:1.9 m³ 净重 11.540 t
ST2G		3.6	5.936(9.36)		推荐巷道规格:2.4 m×2.9 m 标准斗容:1.9 m³

续表 7－16

产品	各部尺寸/mm	承载能力/t	铲取力（液压）/t	运动时间/s	备注
ST3.5		6.0	7.95（9.96）	臂提升 347 臂下落 5.0 铲斗卸载 3.6	推荐巷道规格:3.5 m×3.0 m 标准斗容:3.1 m³ 净重 17.51 t 与 MT1020 汽车匹配 适用于中、小型矿山
ST600LP		6.0	8.688（9.3）	臂提升 4.7 臂下落 5.0 铲斗卸载 3.6 铲斗转回 3.2	推荐巷道规格:4.5 m×1.8 m 标准斗容:3.1 m³ 外形低矮,适用于薄矿脉开采

续表 7-16

产品	各部尺寸/mm	承载能力/t	铲取力(液压)/t	运动时间/s	备 注
ST710		6.5	10.347(14.2)	臂提升 6.1 臂下落 4.6 铲斗卸载 1.3 铲斗转回 1.7	推荐巷道规格:3.5 m×3.0 m 标准斗容:3.2 m³ 与 MT1020 汽车匹配 中、小型地下施工作业
ST1030		10.0	13.9(15.2)	臂提升 8.0 臂下落 6.0 铲斗卸载 2.1 铲斗转回 3.2	推荐巷道规格:4.0 m×3.0 m 标准斗容:5.0 m³ 与 MT431B,436B 汽车匹配 大、中型地下施工作业

续表 7 – 16

产 品	各部尺寸/mm	承载能力/t	铲取力(液压)/t	运动时间/s	备 注
ST14		14.0	18.24(22.30)	臂提升 7.6 臂下落 3.0 铲斗卸载 1.8	推荐巷道规格:4.5 m×3.5 m 标准斗容 6.4 m³
ST1520		15.0	21.7(25.5)	臂提升 7.3 臂下落 5.0 铲斗卸载 2.3 铲斗转回 3.1	推荐巷道规格:4.5 m×3.7 m 标准斗容 7.5 m³ 与 MT5010 汽车匹配
ST1520LP	长 11.32 m×高 2.3 m×宽 2.65 m	15.0	21.7(25.5)		推荐巷道规格:4.4 m×2.7 m 标准斗容 7.5 m³

表 7 – 17　阿特拉斯产品 – 电动铲运机 Scooptram

产品	外形及尺寸（长×宽×高）/mm×mm×mm	承载能力/t	铲取力（液压）/t	运动时间/s	备注
EST2D		3.6	6	臂提升 3.7 臂下落 2.4 铲斗卸载 3.0	电机额定功率 56 kW 重量 11382 kg
EST3.5		6.0	6	臂提升 6.8 臂下落 8.0 铲斗卸载	电机额定功率 74.6 kW 重量 17000 kg 与 Scooptram EST 351 矿运卡车匹配 EOD 铲斗

表 7 – 18　中钢集团衡阳重机有限公司产品

参数项目	单位	名称、型号(规格)					
		CY – 1.5 (922D)	CY – 1.5E (922E)	CY – 2	CY – 3 (ST – 3 1/2)	CY – 4 (ST – 5C)	CY – 6 (928D)
额定铲斗容量	m³	1.53	1.53	2	3.1	3.8	5.4 ~ 6.9
最大铲取力	kN	69.6	69.6	80	91	196	234
单机总重	t	10.32	10.65	11.4	16.5	22.8	34
净载荷	t	3.63	3.63	4	6.00	9.5	13.6
外转弯半径(最小)	mm	4791	4791	5100	5530	6405	6840
内转弯半径(最小)	mm	2781	2781	2800	2740	3175	3402
90°转弯时巷道宽度	mm	2845	2845	3100	3680	3810	4350
装料时最大举升高度	mm	3708	3708	4060	3980	5400	6200
卸料高度(最大)	mm	1300	1300	1550	1500	1600	2160
外形尺寸(长×宽×高)	mm×mm ×mm	6735×1524 ×2032	6735×1524 ×2032	6760×1684 ×2032	8203×1956 ×2156	9271×2261 ×2286	10535×2810 ×2580

表 7 – 19　金川集团机械制造有限公司产品

系列参数及名称	铲 运 机				矿用汽车	
	JCCY – 2	JCCY – 4	DCY – 4	CY – 6	JKQ – 25	JKQ – 10
额定斗容/m³	2	4	4	6	15	5.5
变速箱	R28421	R34440	R34440	5420	R36420	R28000
变矩器	C272	C5402	C5472	C8502	C5472	C273
驱动桥	徐州	19D	19D	21D	19D2748	SOMA – C103
发动机	F6L912FW (带增压器)	F8L413 FW	Y315 M4P	F12L413FW	F10L413FWB (带增压器)	BF4M1013C
额定载荷/kg	4000	8000	8000	12000	25000	10000
额定功率/kW	63	136	110	204	170	104
最大牵引力/kN	104	199	170	330	231	197
车速 Ⅰ挡/km·h⁻¹	0~3.6	0~5.1	0~3.2	0~5	5.0	0~3.5
Ⅱ挡/km·h⁻¹	0~7.6	0~11.7	0~17.4	0~9	11.0	0~7
Ⅲ挡/km·h⁻¹	0~12.5	0~18.4	0~12.6	0~16	19.0	0~13
Ⅳ挡/km·h⁻¹	0~20	0~25		0~26	26.0	0~23
最大转向角/(°)	40	42	42	42	42	40
转向半径(内)/mm	2800	3578	3148	3770	5234	4820
(外)/mm	5100	6125	6181	7250	9200	7290
卸载距离/mm	900	900	900	1060		
整机长/mm	7060	9070	9250	11067	9200	7760
宽/mm	1768	2400	2350	2602	2950	1780
高/mm	1880	2200	2120	2498	2300	2284
整机重量/kg	12500	23000	24000	31875	25500	11000

表7－20　Sandvik 公司产品——柴油铲运机

型　号	原型号	铲运能力/kg	作业重量/kg	车长/mm	最大宽度/mm	高度(安全护顶/驾驶室)/mm
LH201	Microscoop 100	1000	3650	4650	1055	2045
LH202	EJC 65D	2948	6759	5486	1448	2134
LH203	TORO 151	3500	8700	6970	1480	1840/1740
LH307	TORO 6	6700	18020～19600	8631	2230	2200
LH410	TORO 7	10000	26200	9680	2550	2395
LH514	TORO 9	14000	38100	10870	2920 (with cabin)	2540
TORO 0010		17200	44000	11120	3000	2750
LH621	TORO 11	21000	56800	11993	3100	2950

表7－21　Sandvik 公司产品——电动铲运机

型　号	原型号	铲运能力/kg	作业重量/kg	车长/mm	最大宽度/mm	高度(安全护顶/驾驶室顶)/mm
LH201E	Microscoop 100E	1000	3850	4850	1055	2045
LH202E	EJC 65E	2948	7130	5842	1448	2134
LH203E	TORO 151E	3500	9400	6995	1480	1840
LH306E	EJC 145E	6600	17237	8407	2159	2235
LH409E	TORO 400E	9600	24500	9736	2525	2320
TORO 1400E		14000	33850	10116	2700	2540
LH625E	TORO 2500E	25000	77500	14011	3900	3161

表7－22　Sandvik 公司产品——低矮型铲运机

型　号	原型号	铲运能力/kg	作业重量/kg	车长/mm	最大宽度/mm	高度/mm
EJC 115LP		5500	15658	7817	2273	1600
LH209L	TORO 400LP	9600	24300	9240	3260	1690

表7－23　铜陵金湘重型机械科技发展有限责任公司产品

型　号	装备重量/kg	最大输出功率/kW	最大爬坡能力/%	转弯半径/mm	外形尺寸/mm×mm×mm
3 m³ 地下柴油铲运机	14500	144,2300 r/min	25	3578(内) 6308(外)	8576×2174×2118(1812)
2 m³ 地下电动铲运机	4500	65,2300 r/min	25	2461(内) 4772(外)	6816×1770×2000

表7－24　Caterpillar 公司产品

型　号	总功率/kW	额定载荷/kg	总重量/kg	外转弯半径/mm	标准斗容/m³	外形尺寸/mm×mm×mm
R1300G Ⅱ	136	6800	27675	5741(间隙)	3.1	8714×2221×2120
R1600G	200	10200	40000	6638	4.8	9707×2664×2400
R1700G	263	12500	41000	6828	5.7	10589×2872×2557

续表 7 – 24

型　号	总功率/kW	额定载荷/kg	总重量/kg	外转弯半径/mm	标准斗容/m³	外形尺寸/mm×mm×mm
R2900G	321	17200	67409	7323（间隙）	7.2	11392×3054×2886
R2900G XTRA	282	17200	76000	751I	8.9	11083×3454×2988

7.4.2.3　地下运矿汽车

地下矿用汽车国内外都有产品，其系列及规格见表 7 – 25～表 7～31。

表 7 – 25　阿特拉斯公司产品

产品	承载能力/t	外形尺寸/mm×mm×mm	半堆积体积/m³	额定功率/kW	运转重量/kg（空车）
MT2010	20.00	9146×2210×2444	10.0	2100 r/min，224	20500
MT431B	28.10	10180×2795×2740	11.5	2100 r/min，298	28000
MT436B	32.65	9146×2210×3065	13.8	2100 r/min，298	32600
MT5010	50.00	11200×3200×2815	25.5	2100 r/min，485	42000

表 7 – 26　Sandvik 公司产品

型　号	原型号	能力/kg	作业重量/kg	车长/mm	最大宽度/mm	高度/mm
EJC 417		15400	15014	7010	2235	2286
TH320	EJC 522	20000	22317	9093	2210	2438
EJC 30SX		30000	26308	9241	2591	2438
EJC 530		28000	25265	9550	2896	2692
EJC 533		30000	26218	9804	3099	2743
TORO 40		40000	30700	10217	2990	2670
TORO 50		50000	32500	10220	3220	2720
TORO 50 plus		50000	35200	10534	3484	2900
TH660	TORO 60	60000	48500	10630	3265	3374
TH680	Supra 0012H	80000	58000	11600	3900	3600

表 7 – 27　Sandvik 公司产品——低矮型地下矿运卡车

型　号	原型号	能力/kg	作业重量/kg	车长/mm	最大宽度/mm	高度/mm
TH230L	EJC 433LP	30000	25401	9633	3467	1962

表 7 – 28　铜陵金湘重型机械科技发展有限责任公司产品

型　号	设备重量/kg	荷载重量/kg	转向角度/(°)	爬坡能力/%	最大堆装斗容/m³	最大平装斗容/m³	转弯半径/mm
10 t 井下自卸卡车	11000	22000	±40	35	5.5	4.5	4900±200（内）、7300±200（外）

表 7 – 29　湖南有色重型机器有限责任公司产品

型　号	装备质量 /t	有效载荷 /t	最小转弯 半径/m	爬坡能力/%	最大牵引力 /kN	外形尺寸 /mm × mm × mm
10 t 井下自 卸卡车	17	18	9.2	20(重载 3.7 km/h)	165.7	8992 × 2440 × 2602

表 7 – 30　Caterpillar 公司产品

型　号	总功率/kW	有效载荷/t	总重量/t	内转弯半径/mm	标准斗容/m³	外形尺寸/mm × mm × mm
AD30	304	30	60	5030	14.4	10153 × 2650 × 3133
AD45B	438	45	85	5310	21.3	11194 × 3000 × 3610
AD55	485	55	102	5310	25.9	11547 × 3346 × 3848

表 7 – 31　GIA Industri AB 产品

Kiruna 矿运卡车型号	载荷/t	容积/m³	发动机功率
K 250	35	14 ~ 24	
K 503	50	21 ~ 31	349 kW　2100 r/min

　　此外,南宁重型机器厂生产地下矿用汽车,型号为 QD15 ~ 25 t 采用道依茨低污染柴油机和二级净化器,美国的变距器及变速箱,法国的驱动桥。

7.4.2.4　辅助设备

A　锚杆台车

山特维克公司生产的锚杆台车规格见表 7 – 32。

表 7 – 32　山特维克公司锚杆台车

型　号	原型号	锚杆长度 /m	最小工作高度 /m①	最大工作 高度/m①	车体	锚杆类型
DS420	Cabolt 7 – 5	可达到 25	3.4	8.4	TC 7	锚索
DS310	Robolt 5 – 126 XL	1.5 ~ 3.0	2.95	6.7	TC 5	M & MW,S,WI,GCR & GCC
DS410	Robolt 7 – 3	1.5 ~ 3.0	2.85	7.9	TC 7	M & MW,S,WI,GCR & GCC,BC,K
DS510	Robolt 8 – 3	1.5 ~ 6.0	2.85	12.4	TC 8	M & MW,S,WI,GCR & GCC,BC,K
低矮断面锚杆台车						
DS210L	Robolt LP – 126 XL	1.5 ~ 2.3	1.7	2.25	TC LP	M & MW,WI,GCR & GCC
DS210L – M	Robolt LPM – 126 XL	1.11 ~ 1.85	1.6	1.905	TC LP	M & MW,WI,GCR & GCC
DS110L	Robolt XLP	1.2 ~ 2.0	1.1	1.5	TC XLP	M & MW & GCC
DS210L – V	Hybrid Bolter LP	可达到 2.2	2.25	3.25	TC LP	M & MW,S,GCR & GCC

注:M & MW—机械和楔形锚杆;
　　S—劈裂式锚杆;
　　WI—水涨式锚杆(Excalibur or Swellex);
　　GCR & GCC—树脂砂浆锚杆或水泥卷锚杆;
　　BC—注浆锚杆 Bolts grouted with bulk cement;
　　K—Kiruna 锚杆(楔形和注浆锚杆结合)。
① 取决于锚杆长度。

B　多功能服务车

铜陵金湘重型机械科技发展有限公司生产的多功能服务车规格见表 7 - 33。

表 7 - 33　铜陵金湘重型机械科技发展有限责任公司多功能服务车

型　号	装备重量 /kg	额定载重量/kg	最大转向角度/(°)	爬坡能力/%	输出功率/kW	转弯半径/mm	外形尺寸/mm × mm × mm
JY - 5 系列多功能服务车	6600	5000	±40°	235	65, 2300 r/min	3800(内)/ 5780(外)	6612 × 1800 × 2000

7.4.2.5　天井钻机

Sandvik 产品规格见表 7 - 34,阿特拉斯产品 Robbins 系列规格见表 7 - 35。

表 7 - 34　Sandvik 产品

型　号	钻井直径/mm	最大钻进倾角/(°)	最大孔深/m	刀盘转速/r · min⁻¹	一次进尺/mm	安装功率/kW	刀盘驱动
MD 320	1600	70	100	5 ~ 20	500	300	液压

表 7 - 35　阿特拉斯产品 Robbins 系列

型　号	钻井直径/m(范围)	井深(最大)/m	杆径/mm	钻杆长/mm(台肩对台肩)	导孔直径(可选)/mm	安装功率/kW	外形尺寸(长(退刀)×宽×高)/mm × mm × mm	钻架重/t
34RH	1.2(0.6 ~ 1.5)	340(610)	203	1219	229(279)	110 ~ 160	3200 × 1700 × 1800	7.6
44RH	1.5(1.0 ~ 1.8)	340(610)	203	1219	229(254)		3350 × 1750 × 1600	8
53RH	1.8(1.2 ~ 2.4)	490(650)	286	750	311(349)	255	2700(2700) × 1900 × 2150	14
53RH - EX	1.8(1.2 ~ 2.4)	490(650)	286	1219	311(349)	255	4000(3650) × 1900 × 2150	14
73RAC	2.1(1.5 ~ 2.4)	550(700)	254	1524	279(311)	215	5550(3600) × 1600 × 1900	12
73RH	2.1(1.5 ~ 3.1)	550(700)	286	1524	311(279)	305	5250(3800) × 1600 × 1900	11.5
73RVF	2.1(1.5 ~ 3.1)	550(700)	286	1524	311(279)	305	5900(3850) × 1600 × 1900	13
83RH	4(2.4 ~ 4.5)	500(1000)	327	1524	349	455	6000(4350) × 1650 × 2150	20
91RH	5(2.4 ~ 5)	600(1000)	327	1524	349	500	5100(4000) × 2300 × 2500	24
97RDC	5(2.4 ~ 5)	500(1000)	327	1524	349	375	4400(4400) × 2250 × 3300	24
123RH	4(3.1 ~ 5)	920(1100)	357	1524	349(381)	500	5700(TBA) × 2300 × 2500	25.4
123RVF	5(2.1 ~ 6)	920(1100)	352	1524	381(349)	525	5800(TBA) × 2300 × 2500	25.4
191RH	5(4.5 ~ 6)	1000(1400)	375	1524	381	750	6500(4600) × 2300 × 2700	45

破碎后矿石的安息角),矿体厚度一般小于 3 m,矿岩完整稳固,顶板允许暴露面积不小于 200 ~ 300 m² 的矿床。矿柱通常不回收。在其他条件下,则需采用辅助支护或各种变形方案。全面法和房柱法的主要区别在于其矿柱的形状和大小都是不规则的,不需要专门设计,通常是顺矿开采,如图 8－1 所示。由于矿柱承载能力的限制,开采深度不宜太深,否则回采率太低。

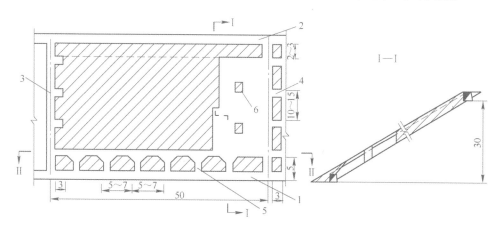

图 8－1 通化铜矿全面采矿法
1—运输平巷;2—回风平巷;3—天井;4—天井联络道;
5—漏斗;6—不规则矿柱

全面法的优点:采准工程量小,回采工序简单,能适应矿体形态、品位及倾角的变化,灵活性大,对于矿体变厚的地段,可以采用分层开采的方法,对于矿体倾角变陡的地段,可以采用留矿全面法,品位低的部位可留作矿柱。全面法的缺点主要是在采用气腿凿岩机和电耙的条件下,采场生产能力低,劳动强度大,回采率也不高。有的矿山为了提高回采率,采用人工矿柱,但不可能成为全面法的主流。

8.2.2 工艺技术特点

8.2.2.1 全面法的结构参数

一般沿矿体走向布置矿块,长 50 ~ 60 m,有些矿山以断层为界划分矿块。矿块间留 2 ~ 3 m 间柱(也有的矿山不留间柱),留 2 ~ 3 m 顶柱,3 ~ 7 m 底柱(也有的矿山不留顶、底柱,如东江铜矿、綦江铁矿大罗坝矿区)。矿块内留不规则矿柱,其规格大体为(2 m×2 m)~(3 m×3 m)或 φ3 m,每个矿柱负担的面积 80 ~ 300 m² 之间。阶段高度受矿块斜长的限制,一般 20 ~ 30 m。

8.2.2.2 采准工作

由于基本为顺矿开采,采准工作比较简单。首先,根据矿体走向长度确定沿脉运输平巷的位置,当矿体走向长度不大,且可利用原有探矿巷道时,一般采用脉内布置,用漏斗和采场联系,漏斗间距 5 ~ 15 m。矿体走向长出矿点多时采用脉外布置,脉外平巷距矿体底板不小于 6 ~ 8 m,采用矿溜井与采场联系,溜井容积应大于一列车的容积。溜井间距与出矿设备有关,采用固定点布置电耙绞车,50~60 m,采用移动布置的电耙绞车,10~12 m。切割平巷的位置取决于回采工作面推进方向。

8.2.2.3 回采工作

(1)回采工作面推进方向有三种:第一种为沿走向推进,即从矿块一端的切割上山向矿块的另一端推进,适用于倾角小于30°的矿体,工作面呈直线形或阶梯形,采用阶梯形布置时,梯段长8~20 m,下梯段超前上梯段3~5 m,以利凿岩和出矿工序平行进行,提高采场生产能力;第二种为逆倾斜推进,适用于矿体倾角较陡的情况,从布置在矿块下端的切割平巷向上推进,工作面同样可以呈直线形或阶梯形;第三种为当顶板稳固性稍差时,可采用沿倾斜推进,即从矿块上端的切割平巷一般以扇形工作面向下推进。

(2)通常采用浅孔落矿,气腿式凿岩机凿岩,孔径36~44 mm,孔深1.2~2.0 m,孔距0.6~1.2 m,排距0.5~1.0 m。

(3)国内一般都采用电耙出矿,当耙运距离40~60 m时,台效一般在50~70 t。采场的生产能力主要取决于耙矿效率。

(4)对于顶板欠稳固的地段,采用木垛、石垛、混凝土块垛或锚网支护。

8.2.2.4 技术经济指标

国内某些矿山全面采矿法的传统技术经济指标见表8-1。

表8-1 国内某些矿山全面采矿法的技术经济指标

项目名称	矿 山 名 称				
	松树脚矿	车江铜矿	大罗坝铁矿	湘西金矿	巴里锡矿
矿山生产能力/t·d^{-1}	50~90	60~80	70	40~80	50~80
采掘比/m·kt^{-1}	8~18	13	12.4~14.0	25~30	30
损失率/%	14~20	4~6	10	3~5	8~13
贫化率/%	8~17	18~20	6~9	4~6	<15
掌子面工效/t	3.5~7.0	9~10	12	5.0~6.5	10~13
炸药单耗/kg·t^{-1}	0.47	0.29~0.54	0.25	0.32	0.51~0.63
雷管单耗/个·t^{-1}	0.32~0.67	0.59~0.83	0.19	0.41	0.41~0.56
导火线单耗/m·t^{-1}	0.3~0.69	0.90~1.62	0.37	0.70	0.92~1.07
钎钢单耗/kg·t^{-1}	0.017~0.032	0.09	0.025	0.03	0.06~0.08
硬合金单耗/g·t^{-1}	0.014~0.024(个)	0.62~1.53	0.46	0.02(个)	0.07~0.09(个)
木材单耗/m^3·t^{-1}	0.0011~0.0057	0.00043~0.00059	—	0.004	0.0029~0.0074

8.2.2.5 发展趋势

全面法这一最古老的采矿方法一直沿用至今,其生命力就在于方法本身具有采准工程量小、回采工序简单、灵活性大的优势。对于中小型矿山,全面法仍然是一种重要的采矿方法,其发展的特点,在国内是立足于气腿式凿岩机和电耙,因地制宜地创造多种变形方案,在国外则是采用无轨设备提高采场生产能力和劳动生产率并扩大其应用范围。具体表现为:

(1)采用无轨设备,包括凿岩台车、铲运机、锚杆台车等,由于这些措施,在国外单层开采的矿体厚度已提高到7.5~9 m,逐渐扩大了全面法的应用范围。

(2)采用锚杆、锚杆金属网、锚索、预注浆等支护技术加固顶板,保证作业安全。

（3）与留矿法相结合用于倾角较陡的矿体,形成留矿全面法。

（4）与崩落法相结合形成崩落全面法,用于顶板欠稳固的矿体。

（5）采用人工矿柱或嗣后回收矿柱。

国内矿山也应在采用无轨设备和支护顶板技术方面向前推进。

8.2.3 典型方案的矿山实例

8.2.3.1 綦江铁矿全面采矿法

綦江铁矿位于重庆市綦江县,距重庆市 160 km。该矿为内陆湖沼相沉积缓倾斜薄矿床,一般呈似层状产出,倾角 13°~25°,厚度 1.47~2.00 m。矿石为赤铁矿($f=6~8$)和菱铁矿($f=8~10$),中等稳固。顶、底板为石英砂岩($f=10~12$)或铁质砂岩($f=6~10$),较稳固。

阶段高度 20~30 m,矿块沿走向布置,长 80~100 m,斜长 40~60 m,不留顶、底柱和间柱。阶段运输巷道布置在底板岩石中,每隔 12~15 m 开凿高 3~6 m 的放矿溜井并与切割巷道贯通。切割巷道沿走向布置在矿块下部。回采工作从矿块边部的切割上山开始,以梯段工作面向另一侧推进。采用 YT-25 型和 7655 型凿岩机凿岩,台效平均约 60 t。用 2DPJ-30 型电耙绞车出矿,台效 40~60 t。采空区用不规则矿柱、废石垛、混凝土块垛或木垛等进行支护(见图 8-2)。空区范围大时采用封闭处理的方法。矿块生产能力 70 t/d 左右,损失率 19.3%,贫化率 5.6%~8.7%。

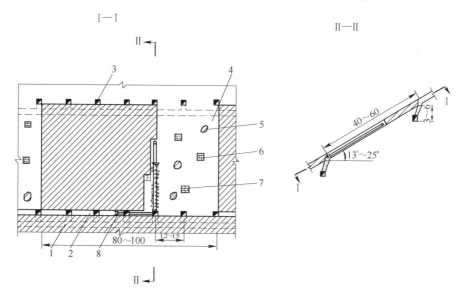

图 8-2 綦江铁矿全面采矿法

1—中段运输巷道(2.0 m×2.7 m);2—拉底坑道(2×2 m²);3—漏斗(1.5×1.5 m²);

4—切割上山(2×2 m²);5—矿柱;6—预制块垛;7—废石垛;8—电耙绞车

8.2.3.2 云锡松树脚矿全面采矿法

硫化矿脉为岩浆后期高温热液交代型矿床。矿脉倾角一般为 10°~25°,厚度一般为 1~3 m。矿脉沿走向较稳定,倾斜方向顶板起伏变化大。矿脉呈致密块状,比较稳固($f=10$),矿脉上盘为中等稳固的大理岩($f=8$),底盘为致密坚硬的砂卡岩($f=10~12$)。矿石含锡品位为 0.4%,含铜 0.5%。

矿块沿走向布置,长 50~60 m,阶段斜长 40~50 m,电耙硐室间距 10~15 m。回采工作从矿块一侧切割上山向另一侧以扇形工作面推进,留不规则矿柱。采用浅孔落矿,电耙出矿,直接往运输平巷中的矿车装矿(见图 8-3)。主要技术经济指标为:矿块生产能力(50~90)t/d,损失率14%~20%,贫化率为8%~17%。

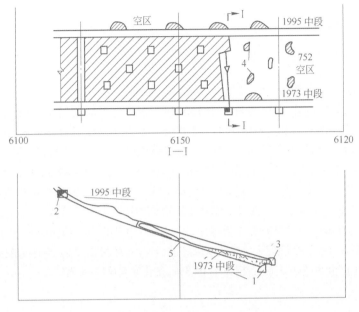

图 8-3 硫化矿 1^{-2} 矿体 753 全面法

1,2—阶段平巷;3—电耙硐室;4—永久矿柱;5—电耙

8.2.4 留矿全面法

留矿全面法是一种变形方案,适用于倾角大于 30°小于 55°的薄矿体,由于其适应性强,装备简单(气腿式凿岩机和电耙),在国内中小型矿山应用较为广泛,如新冶铜矿、彭县铜矿、通化铜矿、德保铜矿、文峪金矿、秦岭金矿、东闯金矿、哈图金矿、安底金矿、刘冲磷矿、香花岭锡矿、东坡多金属矿、铜锣井锰矿等。在上述矿山中,有些是已经关闭的矿山,曾经采用过这种采矿方法,有些矿山目前仍在采用此种方法生产。适应不同开采条件留矿全面法具有多种形式,如留规则矿柱的留矿全面法(四川彭县铜矿)、留不规则矿柱的留矿全面法(湖北新冶铜矿)、不留矿柱的留矿全面法(新疆哈图金矿)、分采留矿全面法(河南安底金矿),这些都是回采过程逆倾斜推进,此外还有伪倾斜推进的斜工作面留矿全面法(铜锣井锰矿)。

8.2.4.1 彭县铜矿留矿全面法(留规则矿柱方案)

开采技术条件:矿体为含铜黄铁矿,稳固,平均厚度 2.8 m,倾角 40°~45°,上下盘围岩均为片岩,中等稳固到不稳固。

采矿方法结构:矿块沿矿体走向布置,长 40~60 m,阶段高度 30 m,顶柱 3~5 m,底柱 3~5 m,间柱 6.5 m,在采场内留间距为 12 m 的规则矿柱 $\phi3.5$ m(图 8-4)。

采准切割工程:在矿体下盘接触线处布置沿脉运输平巷,每隔 5 m 设一小溜井与采场连通,在间柱中布置人行上山及通向采场的联络道。利用上阶段运输平巷回风。切割平巷布置在矿块下部运输平巷上方。

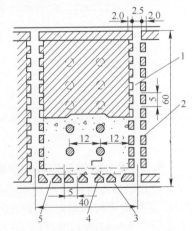

图 8-4 彭县铜矿留矿全面法

1—天井;2—联络道;3—运输平巷;4—切割平巷;5—漏斗颈

回采:从矿块下方切割平巷逆倾斜直线工作面推进,气腿凿岩机浅孔落矿,炮孔呈梅花形布置,孔深 1.2~1.5 m,排距 0.7 m。出矿依靠电耙沿走向平场和漏斗放矿相结合,出矿步骤与留矿法基本相同,通过局部放矿在矿堆上保持足够的操作空间,全部采完后,电耙配合大量放矿。采场内基本不需要支护。

技术经济指标:矿块生产能力 30~40 t/d。损失率 19.23%,贫化率 7.29%。

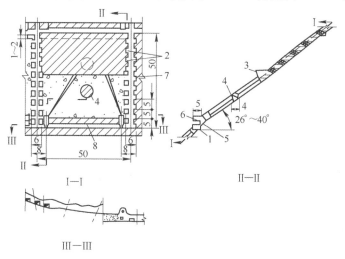

图 8-5　新冶铜矿留矿全面法
1—运输平巷;2—联络巷;3—电耙绞车硐室;4—矿柱;5—矿石溜子;
6—电耙绞车;7—天井;8—底柱

8.2.4.2　新冶铜矿留矿全面法(留不规则矿柱方案)

开采技术条件:矿体亦为含铜黄铁矿,稳固,厚度可达 10 m,倾角 40°~50°。上下盘均为灰岩,中等稳固。

采矿方法结构:矿块沿走向布置,长 50 m,矿块倾斜长度 50 m,顶柱 0~2.5 m,底柱 5 m,间柱 6 m。采场内根据上盘岩石稳固情况和矿石品位留不规则矿柱(图 8-5)。

采准切割布置:采用脉内运输平巷,大部分不支护。在矿块两侧间柱内布置人行上山,每隔 4~5 m 以横川与采场连通。在矿块两侧各布置一个溜矿井,同时在对应溜矿井的矿体上盘设电耙硐室。以矿块底部的切割平巷为自由面,形成高 2 m、宽度为矿体水平厚度、长度为矿房长度的拉底层。

回采:自下而上逆倾斜分层回采,分层高度与矿体倾角有关。多采用气腿式凿岩机下盘超前开帮,浅孔压顶落矿。每个采场用 4 台电耙,在拉底层电耙硐室安装两台,另两台随工作面上升,作平场用。矿石经接力耙运至溜井自重放矿。顶柱视回风平巷保存与否决定是否回收,如需回收,可并入矿房一起回收,也可利用运输平巷进行回收。底柱一般并入下部顶柱综合考虑。间柱除每隔 200 m 留一个支撑空区外,其余均利用人行上山进行回收。采场内的不规则矿柱不予回收。

技术经济指标:损失率 6%~9%,贫化率 19.28%。

8.2.4.3　哈图金矿留矿全面法(不留矿柱方案)

开采技术条件:矿体为石英脉,较稳固,平均厚度 1.28 m,倾角 40°~55°。上盘围岩为辉绿岩,中等稳固。

采矿方法结构:矿块沿走向布置,长 20~30 m,阶段高 40~50 m。顶底柱和间柱均为混凝土柱宽 6~8 m,间柱中布置人行梯子,混凝土底柱中设两个钢溜井(图 8-6)。

回采:逆倾斜回采,直线工作面,在留矿堆上用浅孔落矿。电耙在采场内沿走向平场,下部钢溜井重力放矿。放矿的步骤与其他方案相同。

技术经济指标:矿块生产能力 50t/d,损失率 15%,贫化率 35%。

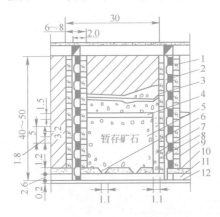

图 8 - 6　哈图金矿电耙出矿留矿全面法

1—人行梯子;2—间柱联络巷;3—电耙绞车;4—副段矿柱;5—暂存矿石;6—漏斗;7—钢溜井;8—间柱天井;

9—混凝土间柱;10—人工混凝土假底;11—阶段运输平巷;12—钢筋混凝土底板

8.2.5　台阶式全面法(Step stope and pillar)

这是国外的全面法方案。由于采用无轨设备,国外全面法的适用范围在矿体厚度上与国内完全不同,只是缓倾斜矿体和留不规则矿柱的条件是一样的。例如美国弗吉尼亚州奥斯汀维尔(Austinville)铅锌矿和密苏里州邦恩特尔(Bonne Terre)矿的自上而下分层全面法,矿柱最大高度达 90 m。为了适应矿体倾斜超过 20% 无轨设备难以逆倾斜运行的条件,也产生了许多变形方案,其中台阶式全面法可用于倾角达 30°的矿体。

台阶式全面法适用于厚度 2~5 m,倾角 15°~30°的矿体,采用无轨设备,其通路,亦即进路式采场沿走向水平布置,在阶段内自上而下回采。伪倾斜布置的斜坡道贯通整个采场。图 8 - 7 为台阶式全面法局部示意图。采场从运输巷道出岔开始推进,采场的回采类似巷道掘进,一直通向下一个平行的采场。下一道工序是开掘一个相似的进路式采场,或者是通过扩帮比相邻的前一采场下降一个台阶。然后重复这一程序,使回采工作一个台阶一个台阶地向下发展。

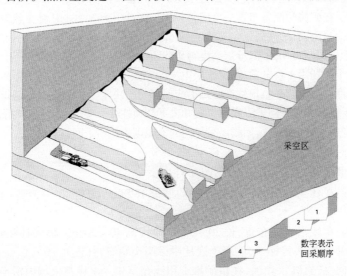

图 8 - 7　台阶式全面法局部示意图

这种采矿方法机械化程度高,采场可以获得高效率;由于工作面多,可以有较高的生产能力;在合理设计的条件下,不会影响到地表沉陷;但是矿石回采率一般很难超过 70%。

8.2.6 硬岩长壁式全面法(Breast stoping)

长壁式全面法是全面法的一个变形方案,矿石可 100% 采出,不留自然矿柱,而是用人工支护支承顶板(通常采用木垛中间充填废石),预计顶板会 100% 闭合。这种方法在南非的金矿得到广泛应用,那里由于开采深度大多处于高应力区,岩石坚硬具有岩爆倾向,致使留常规矿柱成为不可能。

这种方法适用于平缓的、倾角不超过矿石自然安息角的矿体。采高不超过 2.4 m,以控制采场闭合而不使顶板崩落。凿岩通常采用气腿式凿岩机,炮孔深度 1.2 m,电雷管起爆。工作面出矿采用电耙,耙至下部转运巷道,然后再用一段电耙或耙入矿溜井或直接耙入有轨列车车厢。直接工作面的支护采用摩擦式或液压支柱以及木背板,防止飞石。工作面应当尽可能直,为减轻岩爆事故,最长的工作面可达 1200 m(图 8-8)。此种方法的效率低,劳动强度大,南非金矿井下工人的平均工效不超过 5 t/工班。

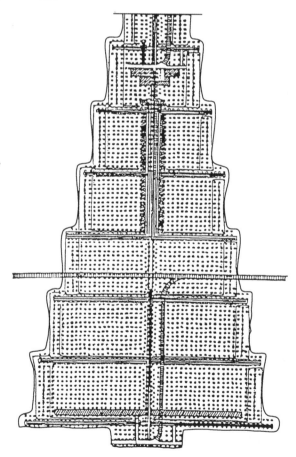

图 8-8 长壁式全面法
(矿体倾角为 25°;长壁的长度 275 m;工作面宽为 1 m)

这种方法很容易被矿体中的断层所破坏,但在多数情况下,顶板管理良好,矿石差不多可以 100% 回收。这种方法亦可采用削壁回采,从而大大改善经济效益。

8.3 房柱采矿法

8.3.1 适用条件和分类

房柱法实质上是全面法的变形方案,要求留规则矿柱,其形状通常为方形、矩形或圆形。如矿石品位分布不均匀,则贫矿部分留为矿柱,又成为全面法。

房柱法的适用条件:倾角30°以下的缓倾斜矿体,矿岩稳固,或用锚杆支护后顶板能保证安全,顶底板与矿体接触线平整为最好。对矿体厚度的限制不严格。如果矿石品位很高,或者顶板岩石稳固性差,则宜于改用条带形矿柱(即矿壁),矿房采完充填后再回采矿柱,即变成两步骤回采的充填采矿法。

根据所采矿体厚度的不同,房柱法可分为整层回采和分层回采两种。国外,在采用凿岩台车、撬毛台车、锚杆台车、LHD 和自卸汽车的条件下,整层回采的高度可达8~10 m;而像国内在采用气腿式凿岩机和电耙出矿的条件下,整层回采的高度则限制在3~4 m以内。分层回采一般是顶层超前,并用锚杆或锚网支护顶板,工人能在较安全的顶板下工作;也有采用底层超前(即拉底),在留矿堆上进行上层凿岩的矿山,除非矿岩十分稳固,否则此种方法安全性较差。采用不同的装备,采矿方法的效率差别很大,详见表8-2。

表8-2 不同装备水平房柱法的效率

房柱法类型	凿岩设备	出矿设备	采场生产能力 /t·d⁻¹	工作面工人劳动生产率 /t·工班⁻¹
普通房柱法	气腿式凿岩机	电耙	50~80	5~10
中深孔落矿房柱法	YG-80、YZ-90 配台架	电耙	150~250	12~15
无轨设备房柱法	双机液压凿岩台车等	LHD 及自卸汽车	>1000	50~70

8.3.2 工艺技术特点

8.3.2.1 结构参数

一般情况下采用划分盘区,盘区内划分5~7个矿块(即矿房+矿柱)的布置方式。矿房、矿柱的布置应考虑矿体的倾角和地质构造。对于近水平的矿体,而且没有断层的情况下,布置比较灵活;如果盘区内存在Ⅱ级结构面,则矿房的长轴应与断层呈较大的夹角,并在断层两侧保留带状矿柱;当采用普通凿岩设备和电耙出矿时,矿房长轴方向一般沿矿体倾斜布置;对于用自行设备开采缓倾斜、倾斜矿体的房柱法,矿房长轴方向沿走向布置,在盘区内自上而下回采,以适应自行设备的工作条件。

阶段高度、矿体倾角、电耙运距之间有密切关系,电耙运距不应超过50 m,否则采场生产能力将显著降低。如果阶段高度高,矿体倾角又缓,电耙运距太长时,则应设分段。矿房的跨度取决于矿岩的稳固性,一般5~18 m。矿柱的规格:圆形φ3~5 m,间距等于或小于矿房跨度;方形(3 m×3 m)~(4 m×4 m),间距5~8 m;矩形(3 m×4 m)~(5 m×6 m);顶柱2~3 m,底柱3~7 m;盘区矿柱宽度一般4~6 m。

8.3.2.2 采准切割

房柱法和全面法一样,采准工作也比较简单。矿房长轴方向沿倾斜布置的房柱法,基本上是采用电耙沿倾斜耙矿,其采准切割工程包括下盘运输巷道、漏斗或溜矿井、切割巷道、联络上部回风巷道的人行上山、电耙硐室。有些薄矿体矿山,往往将运输巷道布置在脉内,以减少废石工程量,采下的矿石用电耙直接耙入矿车。

采用无轨设备时,矿房长轴方向通常沿走向布置。这种房柱法的采准切割工程包括脉内斜坡道、矿溜井、通风巷道。斜坡道可直线布置,或按之字形布置,轮胎式自行设备的合理爬坡坡度为8°~12°,所以当矿体倾角小于12°时,斜坡道可沿倾斜布置,当矿体倾角大于12°时,则沿伪倾斜布置。

对于分层回采或中深孔落矿的方案,还需要根据具体布置形式增加一些采切工程量。

8.3.2.3 回采

回采落矿有浅孔落矿和中深孔落矿之分,这两种落矿方式又都可以用于整层回采和分层回采。比较先进的凿岩方式,不论整层回采还是分层回采,都采用液压凿岩台车,安装锚杆则采用锚杆台车。目前国内的矿山仍多采用气腿式凿岩机。

所用炸药差别不大,以铵油炸药为主。

当采用气腿凿岩机凿岩时,出矿设备以电耙为主,采用凿岩台车时,出矿设备则皆为 LHD 并配以自卸汽车。

当采用气腿式凿岩机和电耙一类设备进行整层回采时,矿房的回采从下部切割巷道开始逆倾斜推进,相邻矿房的工作面顺序超前20~30 m即可,在推进工作面的同时或落后于工作面5~10 m形成矿柱。

8.3.3 矿山实例

8.3.3.1 锡矿山锑矿房柱法

A 整层回采方案

锡矿山锑矿属低温热液矿床,呈似层状产出,矿岩接触不明显,不规则,多起伏,倾角5°~35°,主体15°左右。自上而下有三个含矿层,一号矿层顶板为不稳固的页岩,矿体为硅化灰岩,强度系数 $f = 12 \sim 16$,坚硬稳固,矿体厚度1~5 m,一般2~3 m,底板为硅化灰岩或灰岩,稳固。采用锚杆房柱法开采。沿矿体走向划分盘区,盘区间留4~6 m宽的盘区矿柱,盘区内分为4~6个矿块,矿块斜长40~60 m,矿房跨度8 m,矿柱(3 m×4 m)~(4 m×5 m),矿柱间距5~6 m,顶底柱宽3 m。在矿房中央掘进斜天井与上中段连通。采准布置如图8-9所示。

回采从下部切割巷道开始以一字形工作面逆倾斜向上推进,采用YG-40型凿岩机凿岩,铵油炸药爆破,30 kW电耙出矿。要求紧跟回采工作面安装锚杆,采用楔缝式锚杆,锚杆长2.0~2.3 m,网度0.8×1.0 m,用01-45型凿岩机安装锚杆。

主要技术经济指标:采切比30~40 m/kt,采场生产能力50~60 t/d,回采率70%~75%,贫化率25%~35%,锚杆消耗量1200~1500根/万 t,锚杆安装效率15~20根/台班。

B 分层回采方案

锡矿山锑矿的二、三矿层厚4~8 m,采用锚杆护顶的分层回采方案。采矿方法的构成要素与整层回采方案基本一致,只是回采分为拉底和压顶两道工序。拉底以矿房下部的切割巷道和斜天井做自由面,逆倾斜推进,拉底层高度2.5 m左右。整个采场拉底全部结束后,开始在留矿堆上用水平孔压顶,压顶分层高度一般为2 m,揭露顶板时用锚杆护顶。压顶回采全部结束后,大量出矿。出矿仍采用30 kW电耙。此时的采场生产能力约80 t/d,回采率75%~80%,贫化率5%~10%,采切比5~15 m/kt,万吨锚杆消耗量500~800根。

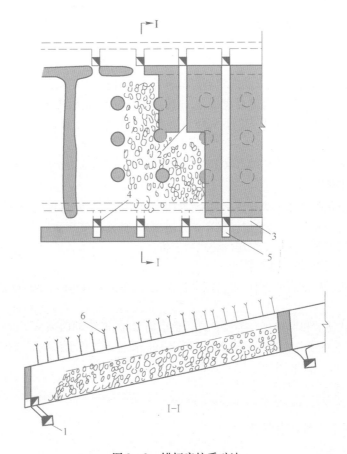

图 8 – 9 锚杆房柱采矿法

1—阶段运输巷道;2—上山;3—切割巷道;4—溜矿井;

5—电耙硐室;6—锚杆

8.3.3.2 波尔科维茨－塞罗斯佐维斯铜矿薄矿体房柱法变形方案

莱格尼察－格洛古夫(Legnica-Glogow)盆地具有属于波兰 KGHM 公司的三个铜矿区:鲁宾(Lubin)、鲁德纳(Ludna)和波尔科维茨－塞罗斯佐维斯(Polkowice-Sieroszowice)。

波尔科维茨－塞罗斯佐维斯矿处于前苏台德单斜构造带,其基底为元古代晶质岩和石炭系沉积岩组成,二叠纪和三叠纪沉积岩覆盖其上,再上是第三纪和第四纪的覆盖层。二叠纪岩层以泥质－灰质胶结或局部石膏－硬石膏胶结的砂岩、粒岩和页岩为代表,总厚度达十多米。硫化铜矿即赋存在此砂岩中,矿体埋藏深度 600 ~ 1200 m。三叠纪由中、细粒砂岩、泥灰岩、泥质页岩和白云岩组成。前苏台德单斜构造是被主要为 NW-SE 向断层从前苏台德板块分割出来的,在井下可直接观察到许多变形和构造错动(见图 8 – 10)。60% 的断层断距不超过 1 m,35% 的断层断距1 ~ 10 m,最大的断距达 50 ~ 60 m。断层的倾角 30° ~ 90°,多数 71° ~ 75°,即使在同一断层中,其倾角变化也很大。

在第三纪和第四纪覆盖层中有两个含水层:一是区域性的地下水库,距地表 200 ~ 300 m;一是碳酸盐岩含水,特别是在断层错动带。

矿床中的主要矿物有辉铜矿、蓝辉铜矿、低辉铜矿、铜蓝、斑铜矿和黄铜矿。矿体形态不规整,倾角约 6°。波尔科维茨－塞罗斯佐维斯矿矿体厚度不超过 3 m,但品位很高,平均超过 6%,且矿石品位在垂直方向上变化也很大,最薄的含矿页岩平均品位超过 10%,灰岩矿石 1% ~ 3%。

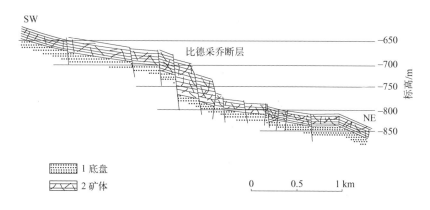

图 8-10 采区地质剖面图上的断层

在采区遇到的沉积岩主要是灰岩、白云岩、砂岩和页岩,其物理力学参数见表 8-3。

表 8-3 岩石物理力学参数

岩石类型	体重/kg·dm⁻³	抗压强度/MPa	抗拉强度/MPa	抗弯强度/MPa	剪切强度/MPa	变形模量/GPa	杨氏模量/GPa	泊松比	岩爆能量指数 W_{et}
白云岩	2.46~2.678	55.8~182.5	3.7~9.1	7.5~17.3	12.3~25.9	21.5~83.8	25.3~86.0	0.22~0.55	2.46~7.56
白云质灰岩	2.47~2.67	65.9~144.4	3.9~7.7	8.5~15.9	14.7~21.8	27.6~68.4	32.2~72.3	0.22~0.24	2.41~6.161
页岩	2.48~2.64	35.1~115.2	3.2~7.8	5.3~12.9	8.5~19.2	13.3~35.1	18.5~42.1	0.21~0.23	1.81~3.94
砂岩	1.98~2.73	15.1~103.2	0.7~5.5	1.8~12.1	3.0~21.2	3.8~42.9	6.6~48.6	0.12~0.22	0.71~2.79

这些岩石的层理、节理组和单层的厚度各处变化都很大,最危险的现象是岩石能够聚集很高的能量,成为导致岩爆的重要因素。此外,在强度很高的顶板中,某些部位存在薄而软弱的页岩夹层,显著降低了顶板的承载能力,因而必须普遍对其进行加固,并对锚杆精确设计,采用机械和树脂锚杆,长 1.6~2.6 m,在巷道交叉点增加 5~7 m 长的锚索。1972 年在波尔科维茨-塞罗斯佐维斯矿第一次发生了岩爆。

该矿开发了特殊的选别回采的房柱法,其布置如图 8-11 所示。

在采区内先开凿 2~3 条采准巷道,矿房、矿柱和采准巷道的宽度均为 7 m。回采分两步骤进行:首先回采靠近顶板的含矿层,将其运往主运输系统;第二步骤回采靠近底板的废石,将其运往其他矿房作为干式充填料,干式充填宽度为 14 m,采矿作业线的最大长度为 49 m。在采区内同时未被覆盖的矿柱排数不得超过 3 排。当回采到最后一排矿柱时,只采含矿层直到该矿柱横断面积达到约 21 m²。采区废弃之前,矿柱的回采结束于顶板下沉依托在水平巷道的干式充填料上。

20 世纪 90 年代末凿岩开始采用阿特拉斯公司的 COP 1238、COP 1838 液压凿岩机和低矮式台车,目前已采用 10 台。出矿采用铲斗为 1.5 m³ 的 LHD,主运输为胶带运输机。2003 年阿特拉斯公司还为该矿研制了高度仅 1.4 m 能在 1.6 m 高的工作面作业的凿岩台车

Rocket Boomer SILP。

该矿 2001 年的矿石产量为 1000 万 t。

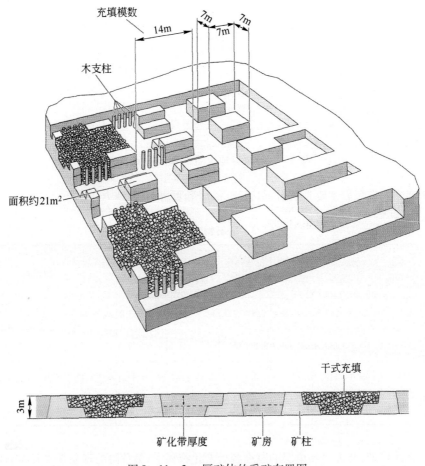

图 8-11　3 m 厚矿体的采矿布置图

8.3.3.3　南非瓦特瓦尔(Waterval)铂矿的房柱法

该矿属于南非盎格鲁铂集团新矿山之一,为极薄缓倾斜矿体,矿体平均厚度仅 0.6 m,倾角 9°,计划年产矿石 320 万 t,因此生产必须保证安全、高产、高效。

由于作业空间非常矮,实现机械化的难度很大。阿特拉斯公司专门为其研制了低矮型无轨设备,包括 Rocket Boomer SIL 型凿岩台车、Boltec SL 型锚杆台车、ST 600 LPS 型铲运机。在 Rocket Boomer SIL 型凿岩台车装有 COP 1838 型液压凿岩机;Boltec SL 是配备电动遥控系统的半机械化锚杆台车,同时也能安装锚索;ST 600 LPS 型铲运机高度约 1.5 m,运载能力 6 t,采用道依茨柴油发动机 136 kW。每一采区配备凿岩台车、锚杆台车各一台,LHD 两台。阿特拉斯对这些设备承担 24 小时服务和维修。

矿山分为 12 个采区,每个采区 9 个采场(或盘区),每个盘区宽 12 m,高 1.8 m,矿柱尺寸为 6 m×6 m。每个采场一次循环的炮孔(68～74)×3.4 m,膨胀式锚杆长 1.6 m,布置网度 1.5×(1.2～1.5) m。铲运机铲斗内的矿石由推刮板直接卸到给料机上,然后再转载到胶带机上运出地表(参见图 8-12)。盘区月产量为 23000 t。

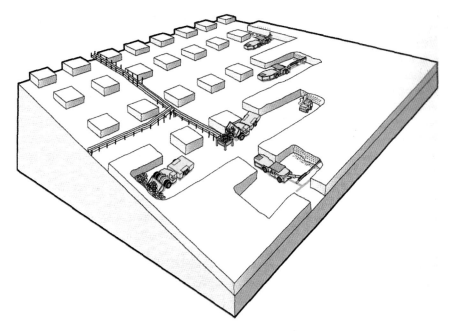

图 8 - 12　瓦特瓦尔矿房柱法

（盘区宽：12 m；矿柱：6 m×6 m；矿房高：1.8 ~ 2.0 m）

8.3.3.4　开阳磷矿房柱法

A　概述

开阳磷矿位于贵州省开阳县金中镇境内，西南距省会贵阳市 88 km。开阳磷矿区包括沙坝土、马路坪、牛赶冲、用沙坝、两岔河和极乐等六个矿段。矿区内磷矿资源总量达 6 亿多吨，2004 年底探明储量 4 亿多吨，保有储量 2 亿多吨，平均 P_2O_5 含量 33.8%，均属不选矿即可直接用于生产高浓度磷复肥的优质富矿，占全国富矿储量（P_2O_5 含量大于 30%）的约三分之一，具有得天独厚的磷矿资源优势。矿区有准轨铁路支线与川黔线上的小寨坝车站接轨，支线全长 31.4 km，有四条公路与外部连接，交通方便。

开阳磷矿于 1958 年开始筹建，1965 年开始大规模建设，已建成沙坝土矿、马路坪矿、青菜冲矿、用沙坝矿、极乐南矿和北矿，总生产能力达 220 万 ~ 250 万 t/a，目前正在进行总规模 400 万 t/a 的延深改扩建工程建设。

开阳磷矿各矿采用斜井胶带提升、辅助斜坡道运输，中段运输采用坑内卡车运输，采场采用大型无轨自行和液压采掘设备作业，具有较先进的开采技术水平。

B　地质条件

矿区内出露地层为震旦系下统南沱组至寒武系下统明心寺组。磷矿层赋存在震旦系陡山沱组（俗称下磷矿）和寒武系牛蹄塘组（俗称上磷矿），工业矿层为下磷矿，上磷矿在矿区无工业价值。

开阳磷矿矿体分布于洋水河背斜两翼，洋水背斜轴部的磷矿层均已被风化剥离，两翼的磷矿层均出露地表。在平面上呈似椭圆状，椭圆长轴方向为 NE23°，长轴长 14 km，平均宽度约 5 km；从剖面图上看，矿体呈一环带状向四周深部倾伏。矿体倾角一般为 20° ~ 40°；矿体厚度一般为 3 ~ 8 m。

矿层与顶底板岩层的岩性差异较大，矿层与顶底板岩层的界线清晰易辨。矿层顶板（真顶）

一般为白云岩,矿层底板(真底)一般为石英砂岩(厚1.35~17 m),其下为紫红色砂页岩。矿层与真顶和真底之间均产出一层不稳固的岩层,分别称之为假顶和假底。矿层的直接顶板有时为一层水云母黏土质页岩或含磷砾岩,这层岩石为矿层的假顶,它与上部的真顶(白云岩)结合不紧密,力学性质差,遇水易膨胀、松软,为一软弱层。马路坪矿和青菜冲矿的假顶厚度较大,为0.1~5.87 m,平均厚度为2.06 m,假顶的工程遇见率一般为30%;其他矿假顶厚度一般为0.5 m左右,工程遇见率一般在10%以内。矿层的直接底板有时为一层砂质白云岩,有时为一层泥状海绿石层,有时为一层白云岩质角砾岩,这些岩石为矿层的假底。假底以砂质白云岩为主,主要分布在极乐矿、沙坝土矿和两岔河矿北部。砂质白云岩厚度一般为0~2.61 m,平均0.68 m。其他矿段假底厚度极薄。

矿石为磷块岩,致密坚硬,菱形节理较发育,易掉块,凿岩爆破性较好,属中稳-不稳固岩石。

矿层顶板(真顶),一般为白云岩,矿区北部为硅质岩,属中稳-稳固岩石。

矿层假顶,易冒落坍塌,属不稳固-极不稳固岩石。

矿层底板(真底),一般为石英砂岩,属不稳-较稳固岩石。

矿层假底,胶结疏松,易风化变软,稳固性差。

矿岩物理力学性质见表8-4。

表8-4 矿岩物理力学性质表

序号	层位	矿岩名称	抗压强度/MPa	强度系数f	体重/t·m^{-3}	内摩擦角	自然安息角/(°)
1	顶板	硅质含锰白云岩	$\dfrac{42.9~65.7}{58.8}$	$\dfrac{4~7}{6}$	2.65	$75°58'~75°52'$	
2	矿层	磷块岩	$\dfrac{68.9~108.8}{73.5}$	$\dfrac{7~11}{7}$	2.90	$81°52'~84°48'$	37
3	底板	砂岩	$\dfrac{63.3~133.5}{78.5}$	$\dfrac{6~14}{8}$	2.55	$80°31'~85°55'$	
		页岩	$\dfrac{26.5~48.2}{}$	$\dfrac{3~5}{4}$	2.75	$71°33'~78°41'$	

矿层赋存在震旦系上统底部陡山沱组地层中,其下部南沱组粉砂质页(板)岩及清水江组粉砂质板岩为隔水层,其上覆灯影组白云岩为矿区唯一的含水层,灯影组白云岩之上寒武系金顶山组-牛蹄塘组砂质页岩亦具有隔水作用,且在平面分布上组成东、西、南三面环形展布,从而隔断了其上部区域含水层与矿区的水力联系,形成一个独立的、封闭水文地质单元。矿区总体水文地质条件属简单-中等类型。矿区主要地表水体洋水河床为隔水砂岩,一般情况下对矿坑无补给作用。矿床属以溶洞和溶隙为主,矿层顶板直接进水的岩溶充水矿床。

C 采矿方法的演变历史

开阳磷矿因矿层小构造发育、直接顶板不稳固、矿体倾角缓倾斜-倾斜、矿体厚度中厚等特性,采矿方法的选择是一个技术难题。矿山自1967年开始生产以来,通过多次采矿方法试验,基本采用无底柱沿走向端部退采的分段空场法。但该方法存在以下主要问题:一是由于没有有效控制顶板,不稳固的直接顶板经常冒落,严重威胁作业安全,事故率高;二是开采损失贫化率大,多年平均损失率达41.3%,平均贫化率达15.8%;三是工人劳动强度大,生产效率低,工作条件差。

1985年开阳磷矿与法国索法明公司签订了引进锚杆护顶房柱法的技术协议,在青菜冲矿940 m中段下盘矿进行工业性试验,采用锚杆有效地控制顶板的冒落,使用大型无轨自行设备提高了采场生产能力,降低了劳动强度。1988年新采矿方法工业试验取得突破性进展,获得的技术经济指标为:采矿贫化率下降为4.79%,采矿回收率为72%,采场能力达到1008 t/d。该方法在马路坪矿一期延深开采中得到推广后,锚杆护顶分段空场法在矿区其他矿也推广采用。虽然使用中结合每个矿的不同情况进行了局部调整,但锚杆护顶空场法采用大型无轨液压采掘设备、分段空场崩矿、采场锚杆护顶这些基本特征仍然保留。锚杆护顶分段空场法主要技术经济指标见表8-5。

表8-5　开阳磷矿采矿方法主要技术经济指标

序号	指标名称	单位	沙坝土矿	马路坪矿	青菜冲矿	用沙坝矿	极乐矿
1	采矿方法		锚杆护顶分段空场法	锚杆护顶分段空场法	锚杆护顶房柱法	锚杆护顶分段空场法	锚杆护顶盘区房柱法
2	回收率	%	68～70	70	68～70	65～68	66.5/68
3	废石混入率	%			4	2～5 2～10	3.6(北)
4	贫化率	%	6	6	6～7	6～8	6
5	采场生产能力	t/d	1000	1000		400～500	500(南)
		万t/a			15～21		35.5(北)

D　锚杆护顶分段空场采矿方法

a　矿块构成要素

中段高度:40～60 m。

分段高度:分段高度根据矿体倾角而定,保证分段斜长在15～20 m范围内,以尽量减少底板残留矿石和满足深孔凿岩台车作业要求。倾角大于30°时分段高度为10 m;倾角20°～30°时,分段高度降为7～8 m。

矿房尺寸:矿房宽12.5 m,房间矿柱1.5 m。每3个分段留3 m(斜长)分段矿柱;盘区连续矿柱8 m。

矿块尺寸:正常情况下矿块沿走向长200 m,包含6～8个分段,各分段沿走向每隔14 m划分一个回采矿房,其中,靠近溜井的一个矿房宽18 m。

盘区斜坡道间距(盘区长度):正常情况下800 m作为盘区斜坡道间距,根据各中段矿体走向长度不同可适当调整。

b　采准切割工作

溜矿井:溜矿井设于底板围岩中,离矿体最小水平距离15～20 m,倾角55°～60°,直径2 m,掘进断面3.14 m²,不支护,采用天井钻机掘进。溜矿井下部设振动放矿机。

分段联络道:分段联络道系连接分段平巷与溜井或者盘区斜坡道之间的通道,按满足各种无轨设备的行驶要求考虑,掘进断面13.67 m²,喷锚支护。

回风联络横巷:在两个盘区之间,掘一条连通中段运输大巷和采空区的平巷,掘进断面为13.67 m²,喷锚支护。此平巷主要供下中段盘区回采时回风用,同时亦可为本中段探矿所利用。

盘区斜坡道:在每个盘区中央脉外开掘一条,掘进断面14.47 m²,喷锚支护,直线段坡度18%,弯道段坡度10%,转弯半径10 m。

分段联络巷、回风联络巷及盘区斜坡道掘进主要依靠浅孔台车、铲运机、锚杆台车、混凝土喷射机组完成。

分段平巷:分段平巷布置在脉内,坡度5‰,沿顶板掘进,留一层0.5 m厚的护顶矿层,以利于支护直接顶板。根据矿体不同倾角、厚度,分段平巷掘进断面为12.55~19.02 m²,采用锚网支护。掘进作业设备为浅孔台车、铲运机和锚杆台车。

切割上山:分段平巷掘进后,沿走向每隔14 m在矿房中央布置一条切割上山,切割上山沿顶板留0.5 m厚护顶矿层,开掘在矿层顶部脉内,倾角与矿层一致。由于安装3 m长的锚杆,需要4 m×3 m的巷道空间,故掘进断面12 m²,采用锚网支护。掘进作业设备主要为气腿子凿岩机、铲运机和气动锚杆机。

c 回采作业

回采作业步骤:

第一步:分段平巷刷帮取底,即沿走向方向将分段平巷向底帮方向拓宽至8~9 m左右,同时将分段平巷底部加深1.5~2 m左右,作业断面扩大为20~21 m²。

第二步:分段切割上山取底,即以平行于切割上山的深孔爆破把4 m宽的切割上山加深至矿体底板,形成切割槽。

第三步:矿房回采,即把已开掘取底的切割上山两侧的矿柱用深孔爆破直至矿房边界,两矿房间留1.5 m矿柱,在处理空区老顶时崩塌,参见图8-13。

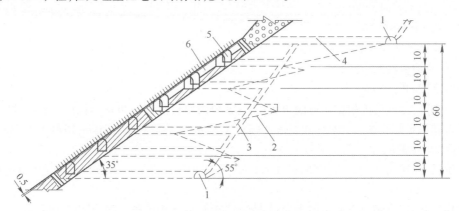

图8-13 采矿方法剖面示意图

1—中段运输巷道;2—盘区斜坡道(单线表示);3—溜矿井;4—分段联络巷道;
5—分段平巷;6—切割上山

凿岩:凿岩设备为SIMBA1354深孔台车,最大凿岩深度为30 m,最大凿岩高度为8.1 m,工作宽度10.5 m,采用接杆式凿岩方式,接杆钎杆直径32 mm,有效长度1.83 m,钎头为十字形钎头,直径为51 mm。

爆破:爆破材料采用粒状铵油炸药,用装药车装药。起爆材料为导爆索和非电毫秒延期雷管,采用复式起爆网络起爆。

矿石搬运:爆破崩下的矿石在顶板监测装置监测下使用4.6 m³电动铲运机运至溜井口并卸入溜矿井。当顶板监测装置发出声光警报信号立即停止出矿,并撤走人员、设备。

采场通风:采场通风是利用盘区斜坡道进新鲜风流,经分段平巷流向采掘工作面,在工作面布置局扇辅助通风,污浊空气经采空区或废弃溜井、回风联络道排入上中段运输平巷,再经回风井排出地表。

d 顶板管理

顶板管理包括采场支护、顶板监测和空区处理三大部分。

采场支护:在脉内采切巷道开掘时,预留 0.5 m 左右的护顶矿层以封闭直接顶板,防止其与大气接触而风化冒落,在护顶层上安装树脂金属锚杆并挂上金属网,锚杆采用全长锚固,以加固顶板,控制巷道顶部平展跨距,使巷道两帮与顶部交接处呈拱形支撑,增加巷道围岩自身稳定性。总之,通过分段平巷和切割上山顶板上安装的锚杆及留盘区矿柱、分段矿柱及临时矿柱以实现对矿房顶板的支护。

顶板监测:开掘分段平巷期间,在平巷和切割上山口各安装一组岩层形变传感装置,并按规定程序测取岩层形变数据。巷道掘进期间用于测定岩层变形情况,回采期间用于监测采场顶板,当顶板变形下沉达到一定形变值,下沉加速度超过一定值时,表明采场顶板即将崩落,监测装置则发出声光警报信号。另外,在开掘巷道期间,还在具有代表性的矿柱中央安装岩石压力计,以观测矿柱压力值。这一套仪器设备均系法国沙夏公司的专利产品,型号为 SYALEB。

空区处理:采空区顶板的处理借用开采过程中形成的采空区达到老顶自然崩落的暴露面积,使采空区顶板自然崩落。要求首先控制好整个中段的回采顺序,5~6 个分段形成 45°~60° 回采线向后退采,在回采线外形成较大面积的采空区。其次,回采中不留大尺寸的永久矿柱,随着回采后退,依次爆破顶柱及间柱使采空区面积逐渐达到自然崩落面积。采空区允许暴露面积一般在 1000 m² 左右。

e 主要采掘设备及效率

H281 型浅孔凿岩台车,180 m/台班;

SIMBA1354 深孔凿岩台车,100 m/台班;

ROBOLT 锚杆台车,25 根/台班;

装药台车,200 kg/台班;

EST-6C 电动铲运机,400 t/台班,26.5 万 t/台年;

ST1020 柴油铲运机,250 t/台班;

CY-2A 柴油铲运机,110 t/台班。

f 回采主要材料消耗

回采(含采切作业消耗)主要材料单位消耗见表 8-6。

表 8-6 回采主要材料单位消耗表

材料名称	炸药	雷管	导火线	导爆索	钎钢	合金片	轮胎	树脂	锚杆	金属网
单 位	kg	个	m	m	g	g	套	节	根	m²
吨矿消耗	0.323	0.4	0.707	0.057	28.5	1.34	0.000287	0.233	0.032	0.027

E 采矿方法的改进

(1)适应矿体赋存状态变化的改进

根据矿体倾角的变化,调整分段高度,变化范围为 5~10 m,或增加副分段平巷,以适应凿岩设备的钻孔深度和减少底板残留矿石损失,当矿体倾角小于 10°~20° 时,由分段空场法调整为盘区房柱法;根据矿体厚度的变化,当矿体厚度小于 4 m 时,取消取底的回采步骤;当矿体顶板稳固性较好时,适当增加矿房宽度,以减少矿柱损失等。

（2）支护方式的改进

为适应较厚的假顶和改善顶板的支护强度,可改锚杆支护为锚索支护或锚杆和锚索联合支护,以提高作业安全和减少矿石损失。

（3）空区处理方式的改进

为提高矿石回收率和保护地面环境,可改崩落顶板的空场处理方式为胶结充填的空场处理方式,即中深孔落矿嗣后胶结充填法。按预测,充填法采出矿石成本增加 45 ~ 50 元/吨,但由于可提高矿石回采率约 23%,降低矿石贫化率约 2%,延长矿山服务年限和提高出矿品位,而且可将开采与磷铵加工的废碴充填到井下采空区,减少对环境的危害,对矿山地表危崖的稳定和减少地质灾害也十分有利,其潜在综合效益是十分巨大的。

上述方面的改进,矿山已经部分在实施,有些正在进行或拟进行工业性试验。

8.3.3.5 奥罗拉(Auaora)矿卡尔卡斯(Charcas)区房柱法

A 概述

奥罗拉矿属于墨西哥集团,位于圣路易斯波托西以北 120 km 处。1583 年当地就开始采银。1925 ~ 1969 年 ASARCO 进行开采,产量 725 t/d。1965 年墨西哥实行矿业本土化,51% 的股份改为墨西哥投资者,公司更名为 ASARCO Mecxicana, S. A。1974 年公司又改名为 International Minera Mecxica, S. A,次年产量突破 1000 t/d。1992 ~ 2000 年产量达到 4500 t/d。

卡尔卡斯区从奥罗拉、莱瑞纳、圣巴尔托拉三个矿体开采银、铅、铜、锌矿,生产铅精矿、铜精矿、锌精矿等三种精矿。奥罗拉矿体采用房柱法,产量为 652 t/d,其他两矿体采用点柱充填法,产量相应为 3422 t/d 和 815 t/d。

B 采矿方法

奥罗拉矿体的厚度 15 ~ 60 m,倾角 20° ~ 35°。矿岩均稳固,顶板灰岩的抗压强度为 235 MPa,矿体 87 MPa,底板无矿斯卡隆 146 MPa。在确定回采顺序时要考虑矿石品位、采场内台阶数、矿岩稳定性等因素。

采矿方法名为下向房柱法,矿房宽 12 m,矿柱为方形,6 m×6 m,最高可达 30 m。对顶板、矿柱和矿房壁均采用锚杆加固,当矿柱达到其最大高度时,留 8 m 顶柱,以保证下阶段采矿作业的安全,如图 8 - 14 所示。

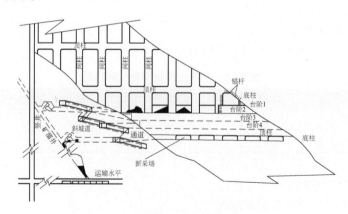

图 8 - 14　下向房柱法布置横断面示意图

C 采准工作

在矿体下盘每隔 30 m 掘进新采场的沿脉巷道,然后每隔 18 m 掘进穿脉巷道至顶板接触线,巷道断面 4 m×3.5 m。在设计矿柱及确定其间距时,主节理组的方位是非常重要的因素,穿脉巷道必须垂直这些构造(图 8－15),穿脉巷道两帮各刷大 4 m 即达到矿房跨度。当穿脉巷道掘进至中间时,在穿脉巷道之间掘进联络道。对已经暴露出来的顶、壁、柱必须立即安装锚杆,防止其在反复爆破过程中弱化。这一点非常重要,因为在梯段回采时,人员和设备已不可能接触到顶部。在掘进这些巷道的同时,向下掘进 －12% 的斜坡道(图 8－16),并从斜坡道首先在顶柱下开凿一联络道至切顶层(高 3.5 m)形成初始新矿房,然后向下延深斜坡道,在 6 m 高的梯段底部掘进通向顶盘边界的第一梯段联络道,在底盘边界处开凿切割天井,然后开始矿房的正式回采。依此类推(图 8－16)。

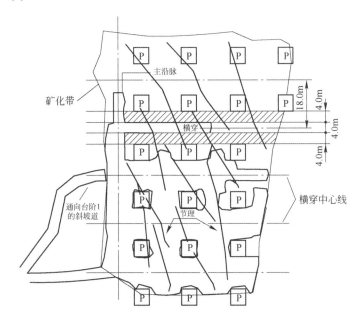

图 8－15 典型采场垂直节理走向布置横穿平面示意图

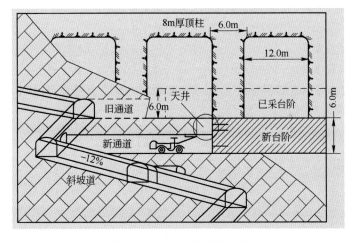

图 8－16 新台阶开始回采

D 回采

回采和采准凿岩采用同样的电动液压台车,钻凿水平炮孔,钎头直径 44 mm,钻孔有效深度

4.27 m,孔距 1.5 m,最小抵抗线 1.0 m。梯段两侧采用间距为 0.5 m 的预裂孔,以使矿柱成形并防止爆破将其破坏。

支护参数通过岩石力学研究确定,安装水泥药卷(ϕ27 mm,长 450 mm)锚杆采用锚杆台车,锚杆长 2.4 m,锚杆孔径 38 mm,网度约 1 m^2 一根。

装矿采用 6 yd^3 铲运机装入 26 t 低矮式自卸汽车,运行约 500 m,卸入矿溜井。在主运输水平矿石装入有轨列车(6.6 m^3),再运往主井旁破碎站矿仓,经 0.9 m × 1.2 m 颚式破碎机将矿石破碎至 −15 cm,放入碎矿仓,再经胶带机和计量硐室,由箕斗提至地表。

矿石回采率 80% 左右,回采贫化率 8% ~ 10%。

8.3.4 矿柱设计

在房柱法工程设计中,矿柱尺寸是一个关键参数。矿柱尺寸过大,降低回采率,使有用资源白白损失;矿柱尺寸不足,影响采矿作业安全,甚至引起多米诺式的大量矿柱崩塌,给矿山带来灾难。对于矿石品位很高或矿石价值很高的矿床,趋向于采用条形矿柱分两步骤回采,在矿房采完充填后再回采矿柱的做法。

8.3.4.1 关于矿柱设计

当具有设计矿山岩石力学参数和原岩应力场实测资料时,最好的方法是采用有限元或边界元程序,如 FLAC-3D 等进行数值分析,确定采矿方法参数。如不具备这些条件,只好用传统的计算矿柱强度的方法进行设计。

A 矿柱平均应力

首先求原岩垂直应力

$$\sigma_z = \lambda z \tag{8-1}$$

式中　λ——岩石体重;

　　　z——开采水平深度。

然后求矿柱平均应力,对于方形矿柱其平均应力

$$\sigma_{pa} = \sigma_z \left(\frac{W_p + W_o}{W_p} \right)^2 \tag{8-2}$$

式中　W_p——矿柱宽度;

　　　W_o——矿房宽度。

即矿柱轴向应力可以根据矿房、矿柱尺寸和原岩应力垂直分量计算得到。对于矩形和不规则矿柱,矿柱平均应力与回采率有关,即

$$\sigma_{pa} = \sigma_z \left(\frac{1}{1-R} \right) \tag{8-3}$$

式中　R——回采率。

$$R = \frac{A_M}{A_T} = \frac{A_T - A_P}{A_T} \tag{8-4}$$

式中　A_T——矿体总面积;

　　　A_M——回采面积;

　　　A_P——矿柱面积。

这种计算方法视盘区内所有矿柱尺寸相同,而且忽略盘区中部矿柱应力大于周边矿柱应力的事实。

B 矿柱强度

1977 年 Hardy 和 Agapito 提出计算矿柱强度的经验表达式后,经多人根据现场观察资料数据库进行完善、改进,到 1997 年,Lunder 和 Pakalnis 基于大量的现场观察数据,综合矿柱负担面积计算法和边界元分析,提出了如下的矿柱强度计算公式

$$P_s = K\sigma_c(C_1 + C_2 k) \tag{8-5}$$

式中　K——与现场矿柱岩体强度和实验室岩石试块强度有关的系数,通常介于 $0.30 \sim 0.51$,有代表性的值为 0.44;

　　　σ_c——岩石试块无侧限抗压强度;

　　　C_1、C_2——经验常数,$C_1 = 0.68$,$C_2 = 0.52$;

　　　k——从矿柱应力状态摩尔圆求得的矿柱内摩擦。

$$k = \tan\{a\cos[(1 - C_{pav})/(1 + C_{pav})]\} \tag{8-6}$$

式中　$C_{pav} = 0.46[\log(W/H) + 0.75]$;

　　　W——矿柱宽度;

　　　H——矿柱高度。

Lunder 和 Pakalnis 所用大量矿柱性状的现场观察数据如图 8-17 和图 8-18 所示。鉴于上述计算是基于较理想状态,而且忽略了一些因素,需要考虑安全系数,但系数取值也不一致,大体是不小于 $1.4 \sim 1.6$。

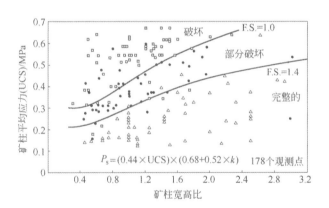

图 8-17　矿柱性状变化图 1

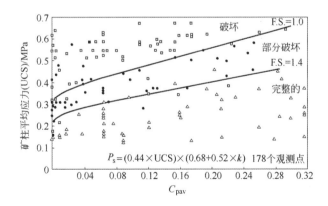

图 8-18　矿柱性状变化图 2

8.3.4.2　矿柱破坏的多米诺效应

多米诺效应的矿柱破坏是所有房柱法面临的潜在问题。此种问题的发生,首先是某一矿柱突然崩塌,应力传递到邻近的矿柱,引起它们崩塌,依此迅速扩展,在几秒钟之内且无任何预兆的情况下,会造成大面积的矿柱崩塌,同时产生强烈的冲击波,对矿工的安全和矿山的生产构成极大的威胁。在美国,过去20年中曾发生过21起这样的事故,其中多数发生在煤矿,但也有多起发生在采用房柱法的金属矿山(铅矿、铜矿,见表8－7)和非金属矿山(天然碱、盐矿、石灰石矿)。以强度为基础的设计方法难以彻底避免多米诺效应的矿柱破坏。即使矿柱强度安全系数取1.5,产生此类破坏仍有一定概率。通过一些实例研究表明,导致多米诺式矿柱破坏最严重的危险,是已形成大量矿柱而又缺少坚固的隔离矿柱加以阻隔。

表8－7　金属矿山多米诺式矿柱崩塌实例

矿山名称及年代	崩塌面积/m×m	开采深度/m	回采率/%	采高/m	矿房宽/m	矿柱尺寸/m×m	W/H	盘区宽度/m	空气冲击波影响
Bautsch Mn,1972	90×360	75	90	27	23	11×11	0.4	90	极微
Cu－Ag矿,1987	90×120	300	60×65	20	14	9×90	0.5	150	—
Cu矿,1988	600×900	600	68	3.5~8.5	8.5	22×22(A)7×7(R)	2.00.9	—	较小
Pb矿,1986	120×200	300	78	12	9.7	8.5×8.5	0.7	180	较小

注:金属矿山发生多米诺式矿柱破坏有些是有先兆的,如Bautsch矿在大量矿柱破坏前四周就发生矿柱和顶板的片冒。在铜矿和铅矿数天前都出现过岩石噪声和局部冒落。

多米诺式矿柱破坏的机理是其应变软化特性,由于应变软化导致矿柱承载能力急速降低,而达到其极限强度。矿柱的应变软化特性与固有的材料特性和矿柱几何形状有关。W/H比值低的矿柱比W/H比值高的矿柱呈现较大的应变软化特性,后者具有典型的弹塑性或应变硬化特性。

根据现场观察,矿山经历多米诺式矿柱破坏的特征主要是由于:回采率远大于60%,使矿柱接近极限强度;对于金属矿山,W/H远小于1;横跨盘区的矿柱数最少在5个以上,甚至超过10个;没有W/H超过10的隔离矿柱。

有几种方法可用于控制多米诺式破坏:

(1)封闭法。其设计特点是采用W/H>10的不具有应变软化特性的隔离矿柱,而盘区矿柱的强度安全系数则较低,通常1.1~1.5,W/H比也较低,通常3~4,即使当盘区内所有矿柱均遭破坏的情况下,隔离矿柱仍具有足够的强度。

(2)预防法。要求盘区矿柱W/H比大于3~4,强度安全系数大于2,使多米诺式矿柱崩塌不可能发生。严格讲,采用这种方法可以不要隔离矿柱,然而仍建议设置隔离矿柱,以适合的隔离矿柱间距限制盘区宽度,也是一种增加矿山局部刚性和满足稳定参数要求的手段。

(3)空区部分充填法。在经济条件允许的情况下,对空区进行部分充填,有利于改变矿柱受力状态。

(4)充分回采法。采用后退式回采,使空区完全闭合,地表充分沉陷,以避免多米诺式矿柱崩塌发生。这种方法无需隔离矿柱来保证盘区的稳定,但必须隔离出回采空间,同时保护管网。其设计特点是:前方的盘区矿柱应具有适合的强度安全系数,即大于2;当采矿向前推进时,W/H比应大于4,以满足矿山局部刚性稳定准则;在喉部的盘区矿柱强度安全系数应小于1,保证其在后退式回采过后充分塌落。

目前尚无适合于计算非煤矿山隔离矿柱的公式,可采用数值模拟法或按 Hoek – Brown 破坏准则进行计算。

8.4 薄和极薄矿脉留矿采矿法

8.4.1 适用条件

留矿法具有较严格的使用条件:

(1) 矿体倾角大于 55°的急倾斜矿体,大于 60°更为有利;

(2) 矿石和围岩在中等稳固以上,否则须在采场进行支护;

(3) 矿石无氧化、结块和自燃性,否则一旦发生留矿结拱,会给作业安全带来严重问题。处理悬拱的方法,对上部 30 m 遥控水炮比较有效,下部则可采用高压水管。

(4) 留矿法采场不宜过大,否则回采周期太长,存在留矿被压实现象,会对矿石回采率产生不利影响。

在国内有色金属和黄金矿山,很多适合使用此种方法的矿床。留矿法也具有悠久的历史,各种方案较多,使用效果一般良好。在国外留矿法不属于广泛使用的采矿方法,但对于薄和极薄矿脉,尤其像金矿和铀矿以及零星小矿体,仍在采用。对矿石品位高或矿石价值高矿体厚度又较大的矿床,留矿法有被充填法取代的趋势。

留矿法的生产能力属于小到中等,采准工程量小,工艺简单容易掌握,劳动生产率不高,劳动强度较大,薄矿脉留矿法的回采率和贫化率指标可以达到较好水平,但极薄矿脉留矿法的贫化率都在 50% 以上,成为一大技术难点,国内某些有代表性的矿山的指标见表 8 – 8。

表 8 – 8 国内某些有代表性的矿山指标

矿山名称	主要技术条件	损失率 /%	贫化率 /%	采场生产能力 /t·d^{-1}	劳动生产率 /t·工班$^{-1}$
大吉山钨矿	矿脉厚平均 0.34 m,爬罐浅孔留矿法	0.4	80.8		7.1
西华山钨矿	矿脉厚 0.2 ~ 0.5 m,不留间柱留矿法	6.2	80.2	50 ~ 60	11.8
盘古山钨矿	矿脉平均厚 0.35 m,不留间柱留矿法	2.6	72.4	42	8.2
石人嶂钨矿	矿脉平均厚 0.77 m,振动机出矿	11.6	69		13.3
瑶坑钨矿	矿脉厚 0.15 ~ 0.9 m,块石砌壁支护顶盘	14.2	71.8		4.74
湘东钨矿	矿脉平均厚 0.55 m,横撑支柱留矿法	6 ~ 7	56.2	50 ~ 70	5.3
银山铅锌矿	平底结构留矿法	12.6	12 ~ 14	55 ~ 75	10 ~ 12
小龙钨矿	矿脉平均厚 0.2 ~ 0.3 m,采幅宽 1.4 m 分段留矿法	10	79	6	

因此,目前对极薄矿脉留矿法的改进,主要有以下几个方面的发展趋势:

(1) 对厚度小于 0.8 m 的矿脉改用削壁充填法,降低贫化率(削壁充填法描述见第 9 章);

(2) 采用小型无轨设备及平底结构提高机械化程度;

(3) 采场内对欠稳固围岩采用锚杆或锚网支护;

(4) 采用斜长工作面方案;

(5) 对低分段只采矿不采围岩的空场法方案进行试验。

8.4.2 薄矿脉留矿法主要方案及特点

薄矿脉指厚度 1~5 m 的矿体。采场沿走向布置,长 40~60 m,阶段高度一般也是 40~60 m。方案的差别主要表现在矿柱的留法和因出矿方法不同导致的底部结构的差异。大体分为:

(1) 留顶柱、底柱和间柱的典型留矿法,顶柱厚度 4~6 m,间柱宽度 6~8 m,底柱厚度取决于是电耙耙矿还是普通漏斗放矿,前者 12~14 m,后者 4~5 m,漏斗间距 4~6 m。此外还有采用 LHD 出矿的平底结构和采用振动放矿机放矿的底部结构等。

(2) 不留间柱的留矿法。

(3) 只留顶柱,不留间柱和底柱,平底装矿留矿法。

采准切割工程:

(1) 阶段沿脉运输平巷,有脉内布置和脉外布置两种形式,也有脉内脉外布置两条运输巷道成环形运输的,主要取决于矿体厚度和矿山生产能力,脉内沿脉巷道也起到探矿的作用。上阶段沿脉巷道作为下阶段回采时的回风巷道。

(2) 采准天井,一般布置在间柱中,断面为 $(1.5~2.0)\,m \times (2.0~2.5)\,m$,每隔 4~6 m 开凿联络道 $(1.5\,m \times 2.0\,m)$ 通往采场,采场两端的联络道错开布置。

(3) 采用漏斗自重放矿时的漏斗颈和扩漏,漏斗颈间距 4~6 m。采用电耙出矿时的漏斗和电耙道 $(2.0\,m \times 2.0\,m)$、电耙绞车硐室(长 3~4m,宽 2~3m,高 2m)以及放矿小井。采用平底出矿时的出矿巷道(根据出矿设备确定)及小溜井。

(4) 拉底平巷及扩漏,拉底高度一般不超过 2.5 m,矿体厚时拉底巷道扩帮形成拉底层。

回采:自下而上分层回采,分层高度 2.0~2.5 m。分层回采作业包括浅孔落矿、通风、局部出矿、平场及处理松石。回采工作面多采用梯段形。局部出矿一般放出每次崩矿量的 30% 左右,使回采工作面保持 2.0~2.5 m 的作业空间。当回采至顶柱时,即进行大量放矿。

8.4.3 极薄矿脉留矿法主要方案及特点

极薄矿脉指厚度小于 1 m 的矿体。开采极薄矿脉常遇到平行矿脉和在平面上交替出现的平行矿脉,其开采原则是:

(1) 两脉间距大于 5 m 时则分采,当两脉间距小于 3 m 时可考虑合采,但合采的品位必须满足矿山对出矿品位的要求,否则只能采主脉丢副脉。

(2) 相邻 3~5 m 的矿脉,其采场同时上采,上盘矿脉采场超前下盘采场,超前距离不大于 5 m。

(3) 对走向方向出现分支复合的矿脉,在分支和交叉处留矿柱,并在该处设共用天井和漏斗,主、支脉采场同时上采。

(4) 当垂直方向出现分支复合现象时,如两脉间距大于 3 m,可另设盲阶段按第(2)条原则处理。如间距较小,可根据情况合采或在采矿工作面向平行矿脉开斜漏斗,然后进行切割并继续上采。

极薄矿脉留矿法采场也是沿走向布置,分为留矿柱和不留矿柱两类。留矿柱的方案一般只留顶、底柱,不留间柱;不留矿柱的方案又分为人工假底和平底结构方案。

采准切割工程:

(1) 当采用漏斗重力放矿时,不论是留矿石底柱还是人工假底,运输平巷一般采用原有沿脉探矿巷道;当采用无轨设备和平底结构时,再在脉外掘进沿脉运输巷道,从运输巷道每隔 7.5~15 m 掘进与运输巷道呈 60°夹角的出矿巷道通向脉内平巷,脉内沿脉探矿平巷则作为切割平巷。

(2) 采准天井一般利用原有脉内探矿天井,当采准天井处于采场一侧时,在另一侧可架设顺路天井,如采准天井处于采场中央,则可在采场两侧布置顺路天井。

（3）人工假底结构是从脉内沿脉平巷上挑 2.5 m，出完矿石后砌筑混凝土假底。

回采工艺与薄矿脉留矿法基本相同。对于稳固性较差的围岩，为了安装 1.2 m 长的锚杆，采幅须控制在 1.4 m。

8.4.4 矿山实例

留矿法典型方案比较简单，薄矿脉留矿法技术问题也不突出，因此在矿山实例中只选择介绍几个有特色的极薄矿脉开采方案，有些是过去用过的方案。

8.4.4.1 大吉山钨矿爬罐留矿法

大吉山钨矿于 1983 ～ 1984 年在 467 m 阶段 13 号脉的一个留矿法采场曾试用了这一方案，其特点是利用爬罐在采场中央掘进采准天井，并兼有探矿功能，然后在回采过程中利用爬罐运送材料和人员上下。采场两端还各设一金属圆筒顺路天井，内径 0.7 m，内壁焊有梯子，作为通风和安全出口。此外还利用振动放矿机出矿。采场结构如图 8 - 19 所示。

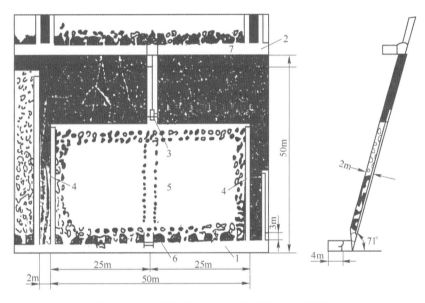

图 8 - 19　爬罐升降人员、材料和设备的留矿法
1—阶段运输巷道；2—回风巷道；3—爬罐天井；4—顺路天井；5—留矿堆；6—底柱；7—顶柱

该矿脉赋存于寒武纪变质砂岩和砂质板岩互层中，矿岩稳固性好。矿脉沿走向和倾斜均有尖灭、再现、膨胀、缩小现象，平均倾角 75°，平均厚度 0.34 m。采场长 50 m，采高 52.6 m，顶底柱各 3 m，间柱 2 m，采幅 1.02 m，漏斗间距 7 m，每个漏斗下安设一台振动放矿机。在采准天井下端上盘围岩内掘进一个 2.5 m×2.5 m×4.0 m 的藏罐硐室。

切割工作从在漏斗位置掘进振动放矿机硐室开始，然后从硐室掘进断面为 1.4 m×1.6 m 高 5 m 的漏斗颈，在漏斗颈中从平巷顶板以上 1.5 m 高处扩斗，最后掘进断面为 2.0 m×1.4 m 的拉底巷道。

回采工作面不分梯段，采用上向炮孔，一次打完全工作面的炮孔，孔深 1.2 m 左右，孔距约 0.9 m，排距约 0.75 m。回采工作一昼夜一个循环。

8.4.4.2 石人嶂钨矿振动出矿机出矿留矿法

该矿开采含黑钨石英脉，平均厚度 0.77 m，时有胀、缩、分支复合现象出现，矿脉倾角 75° ～ 85°，平均品位 0.93%，围岩以黑色薄层燧石板岩为主，矿岩稳固，矿脉与围岩接触明显。

在2240采场采用振动出矿机出矿。采场两端受断层限制,采场长66 m,阶段高40 m,底柱高3 m。在采场中央掘进采准天井,两侧为顺路天井。底部漏斗间距6~7 m,靠近顺路天井的两个漏斗安装木闸门,其他漏斗底部均安装振动出矿机,共9台,振动出矿机台面安装角度15°,按矿石最小放出角55°,眉线高0.8 m,眉线角50°,埋设深度0.7 m。采场结构示意图如图8-20所示。

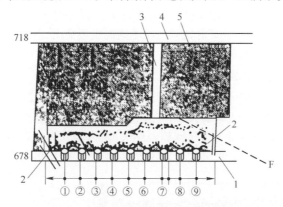

图8-20 石人嶂钨矿2240矿块留矿法采场

1—阶段运输巷道;2—顺路天井;3—天井;4—回风巷道;5—顶柱;
F—断层线;①~⑨—振动放矿漏斗编号

8.4.4.3 湘东钨矿横撑支柱留矿法

该矿矿脉平均厚度0.55 m,倾角68°~80°,矿岩中等稳固,围岩中三角节理比较发育,有局部片冒现象,因此采场内采用横撑支柱支护。

阶段高40 m,采场长60~70 m,采幅宽1.4~1.5 m,漏斗间距3.5~4.5 m。采场一般不留顶、底、间柱,只在天井上部留有点柱,采场底部采用混凝土假底。采准天井布置有两种形式,一种是布置在采场一端,另一端为顺路天井,第二种形式是在采场中央布置采准天井,而采场两端均为顺路天井。采场结构如图8-21所示。

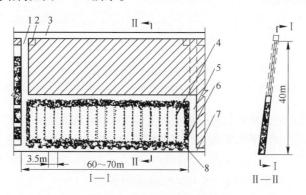

图8-21 湘东钨矿支柱留矿法

1—先进天井;2—矿柱;3—回风平巷;4—支柱;5—顺路天井;
6—放矿漏斗;7—运输平巷;8—混凝土假底

切割工作是从脉内沿脉巷道顶板上挑1.8~2.0 m,出矿后,砌筑混凝土假底。

为便于支柱运搬、架设和维修,回采工作面应为直线工作面。采用上向炮孔,每分层采高1.2~1.4 m。采场内采用规则横撑支柱,支柱水平间距与漏斗间距一致,沿倾斜方向横撑支柱上下间距与分层高度对应,并应对准漏斗脊部成一直线,以利放矿。回采工作一昼夜一个循环。

8.4.4.4 茅斯卡(Mouska)金矿锚杆护壁平底结构留矿法

茅斯卡金矿位于加拿大魁北克省西北部,1990年7月开始商业性生产,目前的生产规模为100000 t/a,其中72%来自留矿法。开采对象为平均厚度0.3 m沿走向及沿倾斜均比较连续的石英脉,边界品位为9.8 g/t,按1.6 m采幅再增加零品位的5%废石混入。1999年末的储量303000 t,品位15.2 g/t,含金148000 oz(盎司),另有资源量329000 t品位9.7 g/t,含金102500 oz。1992年以来,平均每年新增金属量40495 oz,约相当一年的产量,每年平均要投入24650 m钻探工作量,新增金属量的成本为10美元/oz。

围岩为闪长岩,RQD值80%,RMR值为79,具有三组节理:N110°E ,接近垂直(平行于矿脉);N45°E,倾斜60°~90°;第三组接近水平。节理面不太平整,轻微绿泥石化。

为了更准确地掌握矿脉的形状和连续性,需要掘进脉内沿脉巷道,在相距10 m的下盘脉外掘进运输巷道,脉内沿脉的掘进应超前运输沿脉30 m。从脉内沿脉每隔10 m开凿一条出矿巷道通向运输巷道,出矿巷道的前2.9 m,断面为2.9 m×2.1 m,其余部分2.9 m×2.7 m,与运输巷道交叉点再挑高0.6 m,以利装岩机往矿车装载,参见图8-22。阶段高60 m,采场长亦为60 m,断面为1.8 m×2.1 m的采准天井以60°~65°的角度从采场一侧连接上下水平,在采场另一侧构筑顺路天井,用作通风和安全通道,整个采场结构示意图如图8-23所示。

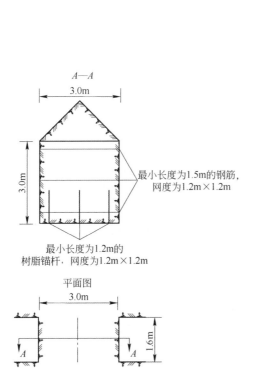

图8-22 典型矿柱设计图

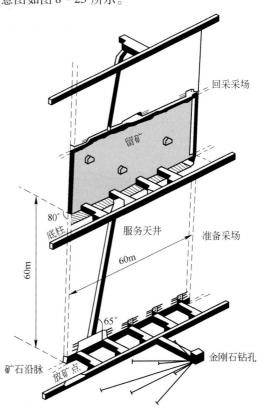

图8-23 留矿法采场不同步骤示意图

回采分层高度2.4 m,采用气腿式凿岩机凿岩,轮胎式CAVO 320型遥控装岩机出矿,在工作面用电耙平场,工作面两帮和顶板用网度为1.2 m×1.2 m交错排列的锚杆支护,锚杆长1.2 m,最后一层采完后,顶部增加链接式金属网。出矿巷道采用长1.5 m、网度为1.2 m×1.2 m的树脂锚杆。必要时在采场内也可局部将低品位矿留作矿柱,以增加岩体的稳固性,有利于提高出矿品位。保证每天400 t生产能力,需要10个采场同时作业,其中2个进行采准,6个回采,2个大量放矿。矿石回采率95%。

由于采场狭窄,放矿过程中可能出现悬拱,该矿处理悬拱的方法是采用遥控水炮(Water can-non),即当采完最后一层时,在顶板架设一木导轨,一台装有高压水管的遥控小车可沿此滑道运行(图8-24、图8-25),能有效地处理矿石悬拱。

图8-24　遥控小车木导轨

图8-25　高压水管遥控小车

8.4.4.5 辽宁二道沟金矿斜长工作留矿法

东北大学黄金学院与该矿于 1997～1999 年在 Ⅱ－2 号脉七中段开展了这一方案的采矿方法试验,取得了良好的效果。

试验矿段矿脉平均厚度 0.59 m,倾角 66°,矿石平均品位 13.6 g/t。上下盘围岩分别为流纹岩和闪长岩,中等稳固。采用此种方案可将采场长度加大到 160 m,从而减少了采准工程量和矿石间柱,阶段高仍为 40 m,采幅宽 0.8 m,斜工作面角度 20°,采用平底结构,装矿巷道间距 6 m,长 7 m。采场结构见图 8－26。

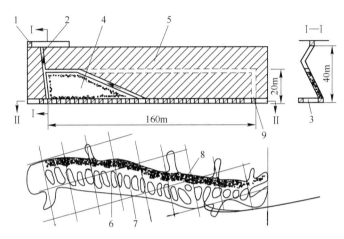

图 8－26　斜长工作面浅孔留矿法示意图
1—回风巷道;2—先进天井;3—联络道;4—矿石堆;5—岩体;6—装矿穿脉;
7—运输巷道;8—拉底巷道;9—顺路天井

沿脉运输巷道布置在下盘距矿体 7 m 左右处,从运输巷道掘进装矿巷道至矿体,然后在其末端相互贯通形成拉底巷道。在采场一侧布置采准天井,以此作为自由面开始回采,逐渐形成斜工作面,并向采场另一侧推进。每采一分层后,通过局部放矿在上部形成 2 m 高的空间,与倾斜工作面和上部采准天井构成风流通路,人员则从运输沿脉、超前装矿巷道进入采场,安全,省力,材料、设备的运送也很方便。最后在采场另一侧随回采架设顺路天井。

回采用气腿式凿岩机打上向孔,炮孔倾角与矿体倾斜一致,孔深 1.4 m。采用装岩机装矿,也可采用微型 LHD 出矿。试验达到的技术经济指标为:采场生产能力 52 t/d,采场工效 8.7 t/工班,损失率 1.74%,贫化率 39.2%。

8.4.4.6 金翅岭金矿低分段只采矿不采围岩空场法

金翅岭金矿位于山东招掖金矿带中部,地质构造和水文地质条件均较复杂,多数矿脉属于急倾斜极薄矿脉。在 2 号脉试验了低分段只采矿不采围岩的空场法。

2 号矿脉赋存于花岗岩体中,受断层的严格控制。矿脉走向长 115 m,平均厚度 0.17 m,倾角 56°,平均品位 17.93 g/t,矿脉厚度和品位沿走向及倾向都有较大变化。上下盘围岩均为花岗岩,矿岩接触界限明显平整,矿岩均较稳固,矿石凿岩爆破性好。

所用方法阶段高 40 m,采场长 50 m。该阶段 －22.4 m 以上已用削壁充填法回采,并留有 1.0 ～2.0 m 顶柱。该水平以下至 －38.4 m 为低分段只采矿不采围岩空场法试验地段。分段高 6.0 ～7.6 m,采场顶柱 5.8 m,漏斗间距 5～6 m。采准工程布置见图 8－27。

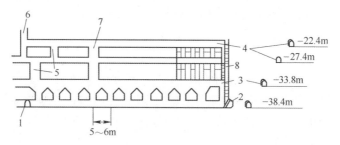

图 8 - 27　分段掏槽空场法

1—穿脉平巷;2—沿脉运输平巷;3—拉底巷道;4—分段巷道;5—切割天井;
6—脉外风井;7—措施井;8—人行天井

　　分段平巷的掘进采用分采的办法,即将平巷靠一帮布置,距巷道侧壁 0.1 m,分采顺序是先爆破下盘岩石,再爆破矿脉,分段巷道断面及炮孔布置见图 8 - 28。分段巷道掘完后,从各分段巷道向上下掏槽回采极薄矿脉,上向炮孔深度为 2.0 m 左右,下向炮孔 1.4 m 左右,孔径 32 mm,倾角 80° ~ 85°,如图 8 - 28 所示。为了获得爆破后的最佳采幅,一般沿走向分段装药爆破,每次爆破沿走向长度 2.0 m 左右,上下分段同时爆破,此外还必须选取适合的爆破材料,以及合理确定各炮孔装药量和爆破方法,一般采用 6 段导爆管效果良好。为了崩落矿石能沿掏槽后的空间顺利下溜到运输水平,要求下分段超前上分段 2.0 m。

　　这一方案与削壁充填法、混采留矿法的技术经济比较见表 8 - 9。

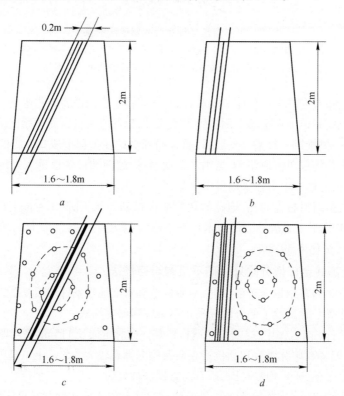

图 8 - 28　分段平巷布置

a,b—巷道布置与矿脉关系;c,d—炮孔布置示意图

表 8 - 9   技术经济比较

指标名称	单位	分段只采矿脉方案 ①	削壁充填法 ②	混采留矿法 ③	增减 ①:②/①:③
采切比	m/kt	233	52	28	+8.32 倍/+4.48 倍
贫化率	%	57.5	77	78.75	-26.95%/-25.32%
采矿成本	元/t	28.28	17.88	6.91	+1.58 倍/+4.09 倍
采场生产能力	t/d	21.2	16	23.5	+32.5%/-9.79%
采矿工效	t/工班	3.8	2	4.8	+1.9 倍/-20.8%
出矿品位	g/t	7.225	3.91	3.61	+1.85 倍/+2.0 倍
采场利润	万元	11.8	7.3	6.0	+1.6 倍/+1.97 倍

参 考 文 献

1 《采矿设计手册》编委会. 采矿设计手册 矿床开采卷下 第六章:空场采矿法. 北京:中国建筑工业出版社,1989

2 《采矿手册》编辑委员会. 采矿手册 4 第 19 章:空场采矿法. 北京:冶金工业出版社,1990

3 Laisvall Lead Mine,Sweden. http://www. mining-technology. com,2007 - 2 - 7

4 Laisvallgruvan-Short background. http://laisvall, net,2007 - 2 - 7

5 Tara Lead and Zinc Mine Republic of Ireland. http://www. mining-technology. com,2007

6 Tara,Boliden. http://www. infomine. com/minesite,2006 - 4 - 27

7 KGHM Copper mining and Smelting Combine,Poland. http://www. mining-technology. com, 2007 - 1 - 24

8 Assmang Manganese mines,South Africa. http://www. mining-technology. com, 2007 - 1 - 24

9 McArthur River Mine,Australia. http://www. mining-technology. com/projects,2007 - 2 - 7

10 Karmis M and Haycocks C. SME Mining Engineering Handbook Section18 Underground Mining: Self-supported Methods. 2nd Edition. SME USA, 1992

11 Marchand R,Godin P,Doucet C. Shrinkage Stoping at the Mouska mine. Underground mining methods-Engineering fundamentals and International Case Studies. SME USA, 2001

12 Marco A,Perez G,Abel Gonzalez V. Underground Room-And-Pillar Mining as Applied at the Aurora mine. Underground mining methods-Engineering fundamentals and International Case Studies. SME USA, 2001

13 Korzenlowski W,Stanklewicz A. Modifications of the Room-and-Pillar mining method for Polish Copper Ore Deposits. Underground mining methods-Engineering fundamentals and International Case Studies. SME USA, 2001

14 Begg W R,Pohrivchak N A. Mining Methodology and Description:The Immel mine. Underground mining methods-Engineering fundamentals and International Case Studies. SME USA, 2001

15 Carmak J,Dunn B. The Viburnum Trend Underground-An Overview Underground mining methods-Engineering fundamentals and International Case Studies. SME USA, 2001

16 Narrow-Vein Mining Research Project. http://mmsdl. mms. nrcan. gs. ca,2007 - 3 - 2

17 郭忠林,钟春辉. 留矿采矿法在极薄矿脉开采中的应用与发展. 铜业工程. 2004(2)

18 赵永红,郝小非,曹进成. 极倾斜薄矿脉采矿方法优选研究. 矿产保护与利用. 2006(2)

19 王福才,宋健,周占魁等. 斜长工作面浅孔留矿法在急倾斜极薄矿脉开采中的应用. 有色金属(矿山部分). 2000(6)

20 齐广金. 留矿采矿法在黄金矿山的应用及改进措施. 黄金. 1999(7)

21 周君才等. 金翅岭金矿倾斜极薄矿脉分段掏槽空场法的试验研究. 难采矿体新型采矿法第二章. 北

京:冶金工业出版社,1998

22　张世雄,贾建民,焦新庄等.分采留矿全面法在安底金矿的试验研究.中国矿业,1996(1)

23　Brady B H G and Brown E T. Pillar Supported Mining Methods. Rock Mechanics for Underground Mining 13. 3rd Edition London:Kluwer Academic Publishers,2004

24　Zipf(Jr) R K Pillar Design to Prevent Collapse of Room-and-Pillar Mines. Underground mining methods-Engineering fundamentals and International Case Studies. SME USA, 2001